AF598477

Gmelin Handbuch der Anorganischen Chemie

Achte völlig neu bearbeitete Auflage

Main Series, 8th Edition

Gmelin Handbuch der Anorganischen Chemie

BEGRÜNDET VON Leopold Gmelin

Achte völlig neu bearbeitete Auflage

ACHTE AUFLAGE begonnen im Auftrage der Deutschen Chemischen Gesellschaft
von R. J. Meyer
E. H. E. Pietsch und A. Kotowski

fortgeführt von
Margot Becke-Goehring

HERAUSGEGEBEN VOM Gmelin-Institut für Anorganische Chemie
der Max-Planck-Gesellschaft zur Förderung der Wissenschaften

Springer-Verlag
Berlin · Heidelberg · New York 1976

Gmelin Handbuch der Anorganischen Chemie

Achte völlig neu bearbeitete Auflage

Mangan

Teil C 6

Verbindungen des Mangans mit Schwefel, Selen und Tellur

Mit 127 Figuren

HAUPTREDAKTEUR (CHIEF EDITOR) Hartmut Katscher

REDAKTEURE (EDITORS) Lieselotte Berg, Karl-Christian Buschbeck, Gerhard Czack, Vera Haase, Hartmut Katscher, Rudolf Keim, Gerhard Kirschstein, Dieter Koschel

WISSENSCHAFTLICHE MITARBEITER (AUTHORS) Elisabeth Bienemann, Helga Demmer, Konrad Holzapfel, Lore Iwan-Hilterhaus, Hartmut Katscher, Hannelore Keller-Rudek, Irmberta Leitner, Manfred Röder, Fachhochschule Nürnberg, Ludwig Roth

System-Nummer 56

Springer-Verlag
Berlin · Heidelberg · New York 1976

ENGLISCHE FASSUNG DER STICHWÖRTER NEBEN DEM TEXT:
ENGLISH HEADINGS ON THE MARGINS OF THE TEXT:

E. LELL, LINZ, ÖSTERREICH

DIE LITERATUR IST BIS ENDE 1975 AUSGEWERTET, IN MANCHEN FÄLLEN DARÜBER HINAUS

LITERATURE CLOSING DATE: UP TO END OF 1975, IN SOME CASES MORE RECENT DATA HAVE BEEN CONSIDERED

Die vierte bis siebente Auflage dieses Werkes erschien im Verlag von Carl Winter's Universitätsbuchhandlung in Heidelberg

Library of Congress Catalog Card Number: Agr 25-1383

ISBN 3-540-93325-5 Springer-Verlag, Berlin · Heidelberg · New York
ISBN 0-387-93325-5 Springer-Verlag, New York · Heidelberg · Berlin

Wiesbadener Graphische Betriebe GmbH, Wiesbaden

Vorwort

Der vorliegende Band „Mangan" C 6 gliedert sich in drei Hauptabschnitte, in denen die Verbindungen des Mangans mit Schwefel, Selen und Tellur behandelt werden. Dabei nehmen die Verbindungen mit Schwefel einen weit größeren Umfang ein als die Verbindungen mit den beiden anderen Elementen.

Ausführlich untersucht sind das Sulfid MnS, besonders aber das Sulfat $MnSO_4$ und seine wichtigsten Hydrate, da sie bei der Aufbereitung von Manganerzen und als Ausgangssubstanz für viele andere Manganverbindungen eine wichtige Rolle spielen. Wie in den vorangegangenen Bänden „Mangan" C 1 bis C 3 werden auch hier im Anschluß an die reinen Verbindungen die Doppel- und Mehrfachverbindungen mit anderen Metallen beschrieben. Dabei sind die Doppelverbindungen von MnS und $MnSO_4$ von besonderem Interesse. Die weniger intensiv bearbeiteten Verbindungen des Mangans mit Selen zeigen eine große Ähnlichkeit zu denen mit Schwefel. Von den Verbindungen mit Tellur sind besonders das Tellurid MnTe und seine Mischkristalle mit anderen Metalltelluriden genauer bekannt. Bei nahezu allen Verbindungen sind die magnetischen Eigenschaften untersucht worden und waren oft der Anlaß für ihre Herstellung.

Größeren Abschnitten ist wieder eine zusammenfassende Übersicht in deutscher und englischer Sprache vorangestellt. Die englische Fassung ist eingerückt und durch die Marginalie „Review in English" kenntlich gemacht.

Frankfurt/Main, Oktober 1976 Hartmut Katscher

Preface

The present volume "Manganese" C6 is divided into three main sections, which deal with the compounds of manganese with sulfur, selenium, and tellurium. The compounds with sulfur occupy considerably more space than compounds with the other two elements.

The sulfide MnS, but especially the sulfate $MnSO_4$ and its important hydrates, have been extensively studied, because they play an important role in processing of manganese ores and as starting material for many manganese compounds. As in the previous volumes "Manganese" C1 to C3 the double and multiple compounds with other metals are treated following the pure compounds. The double compounds of MnS and $MnSO_4$ are of special interest. The less extensively studied compounds of manganese with selenium show a strong resemblance to those of sulfur. Of the compounds with tellurium the telluride MnTe in particular and its solid solutions with other metal tellurides are best known. Nearly of all compounds the magnetic properties have been investigated and frequently have been the reason for their preparation.

Larger chapters are again introduced by a review in German and English. The English version is indented and marked by the marginalia "Review in English".

Frankfurt/Main, October 1976

Hartmut Katscher

Inhaltsverzeichnis

(Table of Contents see page XVII)

Seite

Seite

Seite

Seite

Seite

Seite

Seite

Seite

Seite

Seite

Seite

Table of Contents

(Inhaltsverzeichnis s. S. I)

Page

Page

Page

Page

Page

Page

8 Mangan und Schwefel

Manganese and Sulfur

Übersicht

Review in German

Mangan bildet mit Schwefel die Verbindungen MnS, MnS_2 und MnS_3. Von den vielen Modifikationen des MnS kommt die stabile grüne α-Form vom NaCl-Typ in der Natur als Mineral Alabandin (Manganblende) vor. Die bekannten fleischfarbenen Niederschläge des analytischen Trennungsgangs bestehen aus den instabilen β- und γ-Modifikationen. Bei tiefen Temperaturen werden alle drei genannten Modifikationen antiferromagnetisch.

MnS_2 kristallisiert im Pyrit-Typ (FeS_2) und ist als Mineral Hauerit (Mangankies) bekannt. Es wird bei tiefen Temperaturen ebenfalls antiferromagnetisch. Bei hohen Temperaturen zersetzt sich die Verbindung leicht zu MnS und Schwefel.

MnS_3 ist noch wenig untersucht. Erwähnenswert ist, daß es im Dampf von MnS auftritt.

Review in English

Review. Manganese and sulfur form the compounds MnS, MnS_2, and MnS_3. The green α-MnS is the stable form among the known modifications and crystallizes with the NaCl-type. It is found as the mineral alabandite. The well-known flesh-colored precipitates of the chemical analysis consist of the unstable β- and γ-modifications. All three modifications become antiferromagnetic at low temperatures.

MnS_2, known as the mineral hauerite, crystallizes with the pyrite-type (FeS_2). It also becomes antiferromagnetic at low temperatures. It decomposes easily to MnS and sulfur at high temperatures.

MnS_3 is scarcely investigated. It is noteworthy that it is found in the vapor of MnS.

8.1 Das System Mn-S

The Mn-S System

Auf Grund thermischer, mikroskopischer und chemischer Untersuchungen von Vogel, Hotop [1] ergibt sich das in **Fig. 1**, S. 2, (nach [2]) dargestellte Zustandsdiagramm zwischen 0 und 60 Atom-% Schwefel. Die Umwandlungstemperaturen des Mangans werden durch die Gegenwart von Schwefel nicht beeinflußt. Das Eutektikum zwischen Mn und MnS liegt bei 1230°C und S-Gehalten unterhalb 0.14 Gew.-% (≙ 0.24 Atom-%); der Schmelzpunkt des reinen Mn liegt bei 1238°C [2]. Im flüssigen Zustand löst Mn maximal 0.14 Gew.-% S bei 1300°C und etwa 0.37 Gew.-% S bei 1500°C, was durch die Formel $c_S = (1.14 - 1.76 \times 10^3/T)^{0.5}$ wiedergegeben werden kann. Zusätze von C, Si oder Fe setzen die Löslichkeit von S in Mn herab [3]. Bei etwa 1580°C besteht eine Mischungslücke zwischen 0.3 und 33.5 Gew.-% S (≙ 0.5 bis etwa 46 Atom-%) [1]. Der Homogenitätsbereich von MnS liegt unterhalb der röntgenographischen Nachweisgrenze (±0.003 Å) [4]. In Abhängigkeit vom S_2-Druck wird ein Unterschuß an Mangan gemäß $Mn_{1-x}S$ mit $10^{-5} < x < 3 \times 10^{-4}$ bei 700°C gefunden [5, 6]. Bis 1000°C steigt x auf etwa 10^{-3} bei einem Partialdruck von $p(S_2) = 0.1$ atm [6]. Diffusionsuntersuchungen ergeben dagegen $Mn_{1+x}S$ mit $0.057 \leqq x \leqq 0.173$ [7]. Die chemische Analyse verschiedener, auf trockenem Wege hergestellter Präparate ergibt die Zusammensetzungen $MnS_{0.98}$ und $MnS_{1.07}$ [8]. Zur Polymorphie von MnS s. S. 8.

Im System Mn-S existiert außerdem noch die Verbindung MnS_2, s. S. 35. Eine Verbindung der Zusammensetzung Mn_3S_4, die zwischen MnS und MnS_2 liegen würde [9], kann später nicht bestätigt werden [10]. Die Bildung von Mn_3S_4 wird in Sulfidphosphoren (CaS, SrS, ZnS) für

The Mn-S System

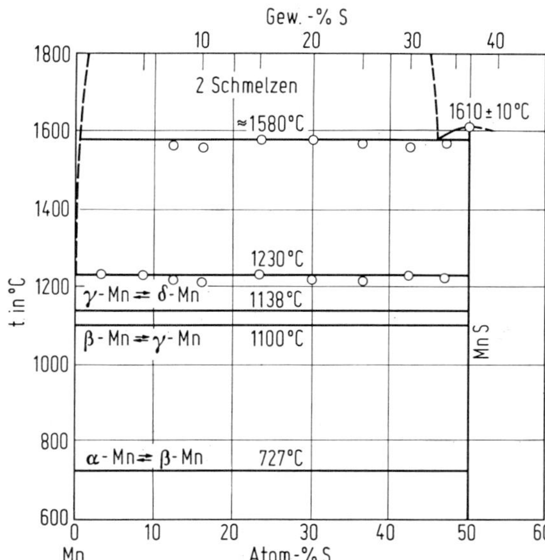

Fig. 1

Zustandsdiagramm des Systems Mn-S (Ausschnitt).

möglich gehalten [11]. Im System $MnSO_4$-Na_2S_3-H_2O soll die Verbindung MnS_3 auftreten [12]. Gasförmiges MnS_3 wird im Dampf von MnS beobachtet [13].

Literatur:

[1] R. Vogel, W. Hotop (Arch. Eisenhüttenw. **11** [1937/38] 41/54). — [2] M. Hansen, K. Anderko (Constitution of Binary Alloys, McGraw-Hill Book Comp., New York-Toronto-London 1958, S. 949/50). — [3] V. Ya. Dashevskii, V. I. Kashin (Izv. Akad. Nauk SSSR Metally **1973** Nr. 5, 85/8; gekürzte englische Übersetzung in Russ. Met. **1973** Nr. 5, S. 58/60). — [4] H. Wiedemeier, A. G. Sigai (High Temp. Sci. **1** [1969] 18/25, 19). — [5] H. Le Brusq, J.-P. Delmaire, F. Marion (Compt. Rend. C **273** [1971] 139/42).

[6] H. Le Brusq, J.-P. Delmaire (Rev. Intern. Hautes Temp. Refract. **11** [1974] 193/8). — [7] S. Trajkov (Tehnika [Belgrade] **20** [1965] 1496/500; C. A. **67** [1967] Nr. 85434). — [8] J. Bousquet, M. Diot, M. Roubin (Compt. Rend. C **267** [1968] 861/2). — [9] A. Gautier, L. Hallopeau (Compt. Rend. **108** [1889] 806/9). — [10] W. Biltz, F. Wiechmann (Z. Anorg. Allgem. Chem. **228** [1936] 268/74, 269).

[11] R. Schenck (Z. Elektrochem. **55** [1951] 1/12, 5, 10). — [12] E. M. Nanobashvili, S. G. Kurashvili (Tr. Inst. Khim. Akad. Nauk Gruz. SSR **14** [1958] 105/12 nach C. A. **1961** 7124). — [13] H. Wiedemeier, P. W. Gilles (J. Chem. Phys. **42** [1965] 2765/9).

Manganese(II) Sulfide

8.2 Mangan(II)-sulfid MnS

Formation. Preparation

8.2.1 Darstellung und Bildung

Bei den trockenen Herstellungsverfahren entsteht in der Regel die unter Normalbedingungen stabile Modifikation α-MnS. Durch Fällung aus Lösungen bilden sich dagegen zunächst die fleischfarbenen, instabilen Modifikationen β- und γ-MnS, die sich leicht in α-MnS umwandeln.

By Dry Methods

8.2.1.1 Auf trockenem Wege

Aus stöchiometrischen Mengen der Elemente entsteht beim Erhitzen in evakuierten Quarzglasröhren im Bereich von etwa 675 bis 800°C grünes α-MnS [1 bis 4]. Auch mit einem großen S-Überschuß, der nach dem Abschrecken mit CS_2 extrahiert wird, bildet sich nur MnS (und nicht etwa

MnS_2) [3, 5, 6]. Werden Preßlinge mit überschüssigem S in einen auf 1300°C vorerhitzten Kohletiegel geworfen, steigt die Temperatur infolge der exothermen Reaktion auf 1620°C. Auch dabei entsteht stöchiometrisches MnS [7, S. 190]. Auf massivem Mn bildet sich im Schwefelgasstrom bei 250 bis 700°C eine fest haftende Schicht von MnS [3]. Cox u. a. [8] setzen die Elemente im H_2S-Strom um. Zur Reaktion von Mn und S s. auch „Mangan" B, S. 347.

Die Verbindungen MnO [9], Mn_2O_3, MnO_2 (s. „Mangan" C1, S. 117 bzw. 301), $MnCO_3$ [10, 11] und $MnSO_4$ [12, 13] reagieren mit Schwefeldampf bei Temperaturen bis 900°C zu MnS und SO_2. Man kann auch die Oxide oder $MnSO_4$ mit Schwefel vermischen und im H_2-Strom erhitzen [12]. — Bei erhöhten Temperaturen werden Mn [14], MnO [15 bis 18], MnO_2 (s. „Mangan" C1, S. 306) [20], $MnCO_3$ [17], $MnCl_2$ [16], MnC_2O_4 (bei 750°C) [19] und andere Manganverbindungen mit reinem H_2S-Gas [16] oder einem H_2-H_2S-Gemisch (z. B. $MnCl_2$ bei 800°C [11]) zu MnS umgesetzt. Auch hier kann man Mn_2O_3, $MnCl_2$ oder $KMnO_4$ vorher mit Schwefel vermischen und dann mit H_2S reagieren lassen [16]. — MnS entsteht ferner aus Mn [21], MnOOH (Manganit, s. „Mangan" C1, S. 393) [22], Mn_3O_4 (erhalten durch wiederholtes Erhitzen von $MnSO_4$ auf 950°C, s. S. 90) [23] oder $MnSO_4$ und CS_2-Dampf mit CO_2 als Trägergas bei etwa 750°C [24]. — Pyrophores Mn reagiert im SO_2-Strom beim Erwärmen unter Aufglühen zu MnS und MnO [25]. Mn_2O_3 wird von SO_2 in Gegenwart von Kohlenstoff bei erhöhten Temperaturen zu MnS umgesetzt, Einzelheiten s. „Mangan" C1, S. 119.

In Na_2S-Schmelzen wird MnO teilweise in MnS übergeführt [7, S. 198], s. „Mangan" C1, S. 69. Man kann auch $MnSO_4$ mit K_2CO_3 und Schwefel (1 : 12 : 12) zusammenschmelzen [26]. Aus K_2S_3 oder K_2S_5 und $MnSO_4$ (Molverhältnis 5 : 1) entsteht in evakuierten Ampullen bei 175°C innerhalb von 4 d reines γ-MnS [27]. In KSCN-Schmelze werden $KMnO_4$, K_2MnO_4, Na_3MnO_4 und MnO_2 bei 200°C über Zwischenprodukte, $MnCl_2$ bei 250°C sowie $MnPO_4 \cdot H_2O$ und Mn_3O_4 bei 290°C direkt in MnS übergeführt [28]. Die Reaktion gelingt auch mit MnO [29]. Als Nebenprodukte entstehen S, S^{2-}, SO_4^{2-}, $S_2O_3^{2-}$, CNO^-, CN^- und NO_3^- [28].

Von überschüssiger Holzkohle wird $MnSO_4$ (2 bis 6 mol C je mol $MnSO_4$) im Luftstrom bei 800 bis 900°C teilweise zu MnS reduziert [30], s. auch [31, 32, 33]. Bei Verwendung eines reinen oder SO_2-haltigen Ar-Stroms statt Luft sowie durch Zusätze von CaO oder Mn_2O_3 kann die Menge des gebildeten MnS erhöht werden [34]. — MnS entsteht außerdem bei der thermischen Zersetzung von MnS_2, s. S. 38.

Literatur:

[1] H. Haraldsen, W. Klemm (Z. Anorg. Allgem. Chem. **220** [1934] 183/92, 185). — [2] H. E. Swanson, R. K. Fujat, G. M. Ugrinic (Natl. Bur. Std. [U. S.] Circ. Nr. 539, Bd. 4 [1955] 11/2). — [3] S. Furuseth, A. Kjekshus (Acta Chem. Scand. **19** [1965] 1405/10). — [4] H. Wiedemeier, A. Khan (Trans. AIME **242** [1968] 1969/72), H. Wiedemeier, A. G. Sigai (High Temp. Sci. **1** [1969] 18/25, 18). — [5] J. Le Bot, D. T. Quan (Compt. Rend. **253** [1961] 1321/2).

[6] B. J. Skinner (Am. Mineralogist **46** [1961] 1399/411, 1400). — [7] K. Geissler, E. J. Kohlmeyer (Z. Anorg. Allgem. Chem. **297** [1958] 189/212). — [8] E. M. Cox, M. C. Bachelder, N. H. Nachtrieb, A. S. Skapski (J. Metals **1** [1949] Trans. **185** 27/31). — [9] J. J. Berzelius (Lehrbuch der Chemie, Bd. II/1, Dresden 1826, S. 412/3). — [10] L. R. v. Fellenberg (Ann. Physik Chem. [2] **50** [1840] 61/80, 76).

[11] J. Bousquet, M. Diot, M. Roubin (Compt. Rend. C **267** [1968] 861/2). — [12] H. Rose (Ann. Physik Chem. [2] **110** [1860] 120/42, 122). — [13] H. C. Chao, L. Thomassen, L. H. van Vlack (Am. Soc. Metals Trans. Quart. **57** [1964] 386/98). — [14] T. Mukaibo, K. Fueki, K. Ohta (J. Fac. Eng. Univ. Tokyo A **1971** Nr. 9, S. 66/77 nach C. A. **77** [1972] Nr. 10086). — [15] J. A. Arfvedson (Ann. Physik Chem. [2] **1** [1824] 49/74, 55).

[16] C. Doelter (Z. Krist. **11** [1886] 29/41, 32). — [17] L. Moser, E. Neusser (Chemiker-Ztg. **47** [1923] 541/3, 581/2). — [18] M. Picon (Compt. Rend. **184** [1927] 98/9). — [19] J. Bousquet,

A. Auroux (Bull. Soc. Chim. France **1970** 4300/2). — [20] M.-P. Pardo, P.-H. Fourcroy, J. Flahaut (Mater. Res. Bull. **10** [1975] 665/75, 666).

[21] A. Gautier, L. Hallopeau (Compt. Rend. **108** [1889] 806/9). — [22] A. Völker (Liebigs Ann. Chem. **59** [1846] 35/41, 41). — [23] J. P. Coughlin (J. Am. Chem. Soc. **72** [1950] 5445/7). — [24] C. T. Anderson (J. Am. Chem. Soc. **53** [1931] 476/83, 477). — [25] Guntz (Bull. Soc. Chim. France [3] **7** [1892] 275/8).

[26] R. Schneider (Ann. Physik Chem. [2] **151** [1874] 437/50, 445). — [27] A. Auroux, J. Bousquet, R. D. Joly, J. M. Letoffe (J. Chim. Phys. **70** [1973] 1133/6). — [28] D. H. Kerridge, M. Mosley (J. Chem. Soc. A **1967** 352/5). — [29] J. Milbauer (Z. Anorg. Allgem. Chem. **42** [1904] 433/49, 439). — [30] V. V. Pechkovskii (Zh. Prikl. Khim. **28** [1955] 237/44; J. Appl. Chem. USSR **28** [1955] 217/22, 221).

[31] J. W. Döbereiner (Schweiggers J. Chem. Physik **14** [1815] 206/23, 210). — [32] P. Berthier (Ann. Chim. Phys. [2] **39** [1828] 244/65, 252). — [33] M. Picon, J. Flahaut (Bull. Soc. Chim. France **1950** 1070/5). — [34] V. V. Pechkovskii (Zh. Prikl. Khim. **32** [1959] 2613/8; J. Appl. Chem. USSR **32** [1959] 2691/6).

In Solutions

8.2.1.2 In Lösungen

Die Fällung von MnS aus einer Mangan(II)-Salzlösung mit H_2S oder einem löslichen Sulfid ist schon lange bekannt [1] und seitdem häufig angewandt worden, s. z. B. die Zusammenstellung bei Schnaase [2] sowie „Schwefel" B 1, S. 102/3. Die ohne besondere Vorkehrungen gefällten Präparate enthalten einen Überschuß an Schwefel (s. z. B. [3]), der durch sorgfältigen Ausschluß von Sauerstoff verringert werden kann [2]. Präparate, die mit H_2S aus einer ammoniakalischen $MnCl_2$-Lösung von pH = 9.6 gefällt und nach dem Trocknen einige Stunden im Vakuum auf 1000°C erhitzt werden [4], enthalten keinen Überschuß an Schwefel, aber bis zu 3.6 Mol-% Sauerstoff. Dessen Konzentration läßt sich auf Werte unterhalb 0.11 Mol-% vermindern, indem 1 h im H_2S-Strom auf 1150°C und anschließend 6 h im Vakuum auf 800°C erhitzt wird. Das Präparat muß in trocknem N_2 aufbewahrt werden [5], s. auch [6, 7, 8]. Andere Autoren tempern nach der Behandlung mit H_2S-Gas bei 500°C im H_2-Strom [9], erhitzen das Präparat 3 h bei 600°C in einem Strom aus H_2 und Schwefeldampf [10] oder 5 h bei 900°C in H_2 und H_2S [11], s. auch [12].

Durch die Nachbehandlung bei erhöhten Temperaturen werden die Präparate in grünes α-MnS umgewandelt. Unmittelbar bei der Herstellung entsteht diese Modifikation, wenn man eine $MnSO_4$-Lösung mit überschüssigem Ammonsulfid in der Siedehitze fällt und dann noch bis zur vollständigen Umwandlung weiter am Kochen hält [7, 13, 14]. Bei einer $MnCl_2$-Lösung wird vor dem Fällen etwas $K_2C_2O_4$ zugesetzt [2, 15, 16], doch wird die Bildung von α-MnS auch ohne Oxalatzusatz beobachtet [17]. Aus einer chloridfreien Lösung fällt α-MnS mittels Ammonsulfid schon in der Kälte bei Einwirkung von Ultraschall (optimale Wirkung bei 10 W sowie 280 und 500 kHz) [18].

Reines β-MnS entsteht durch fraktionierte Fällung einer kalten $Mn(CH_3COO)_2$-Lösung mit H_2S. Nach der 8. bis 10. Fraktion wird leuchtend rotes β-MnS ohne Beimengungen von γ-MnS erhalten [19]. Die Präparate von Schnaase [2, S. 94] sind stets mit etwas γ-MnS verunreinigt, s. auch [16].

γ-MnS wird durch Einleiten von H_2S in eine kochende Lösung von $MnCl_2$ und NH_4Cl hergestellt. Gleichzeitig wird mit einer konzentrierten NH_3-Lösung im Überschuß $Mn(OH)_2$ gefällt, das allmählich in das fleischfarbene Sulfid übergeht. Nach dem Waschen wird es noch 2 d in einer 10%igen NH_4Cl-Lösung unter Einleiten von H_2S gekocht. Überschüssiger Schwefel wird nach dem Trocknen mit siedendem CS_2 herausgelöst. Alle Vorgänge müssen unter sorgfältigem Ausschluß von O_2 in N_2-Atmosphäre durchgeführt werden [2, S. 95; 16]. Statt in wäßriger Lösung kann in absolutem Alkohol gefällt werden. Der Lösung werden einige Milliliter konzentrierter NH_3-Lösung oder etwas Kalium zugesetzt. Umgekehrt entsteht γ-MnS auch, wenn in eine kochende alkoholische Lösung von KHS oder K_2S_5 wasserfreies $MnCl_2$ oder (bei K_2S_5) $MnSO_4$ sowie $Mn(CH_3COO)_2$ eingetragen wird. Bei Verwendung der alkoholischen Lösungen muß ebenfalls unter Ausschluß von O_2

und H_2O in N_2-Atmosphäre gearbeitet werden [20]. Zur Herstellung durch Fällung einer $MnSO_4$-Lösung mit einer Natriumsulfidlösung s. [21].

Bei der Umsetzung neutraler $KMnO_4$-Lösungen mit Na_2S und Natriumpolysulfiden entsteht MnS im Gemisch mit zahlreichen Nebenprodukten [22]. Die Umsetzung eines löslichen Mangansalzes mit einer Alkalisulfidlösung kann im geschlossenen Bombenrohr bei 185°C erfolgen [23]. Die Synthese gelingt auch, wenn statt der Alkalisulfidlösung eine essigsaure NH_4SCN-Lösung verwendet und 4 bis 6 h auf 230 bis 250°C erhitzt wird [24]. Im Autoklaven wird eine Lösung von $MnSO_4$ von H_2 bei 350 atm und 380°C zu MnS reduziert [25].

Aus einer siedenden Lösung von Manganthiosulfat in Wasser scheidet sich bei der Elektrolyse an der Platinkathode ein mattschwarzer, festhaftender Überzug von MnS zusammen mit Beimengungen unbekannter Art ab [26].

Literatur:

[1] J. J. Berzelius (Lehrbuch der Chemie, Bd. II/1, Dresden 1826, S. 412/3). — [2] H. Schnaase (Z. Physik. Chem. B **20** [1933] 89/117). — [3] J. Le Bot, D. T. Quan (Compt. Rend. **253** [1961] 1321/2), D. T. Quan (Compt. Rend. **258** [1964] 2045/6). — [4] J. J. Banewicz, R. Lindsay (Phys. Rev. [2] **104** [1956] 318/20). — [5] R. D. Archer, W. N. Mitchell (J. Chem. Phys. **39** [1963] 250/2).

[6] H. Wiedemeier, H. Schäfer (Z. Anorg. Allgem. Chem. **326** [1964] 230/4). — [7] B. E. F. Fender, A. J. Jacobson, F. A. Wedgwood (J. Chem. Phys. **48** [1968] 990/4). — [8] A. Neuhaus, R. Steffen (Z. Physik. Chem. [Frankfurt] **73** [1970] 188/214, 195). — [9] E. Diepschlag, E. Horn (Arch. Eisenhüttenw. **4** [1930/31] 375/382, 377). — [10] R. A. Ford, E. Kauer, A. Rabenau, D. A. Brown (Ber. Bunsenges. Physik. Chem. **67** [1963] 460/5).

[11] M. Katsumoto, K. Fueki, T. Mukaibo (Bull. Chem. Soc. Japan **46** [1973] 3641/4 [englisch]; C. A. **80** [1974] Nr. 64195). — [12] E. M. Cox, M. C. Bachelder, N. H. Nachtrieb, A. S. Skapski (J. Metals **1** [1949] Trans. **185** 27/31). — [13] C. Meinecke (Angew. Chem. **3** [1888] 3/7). — [14] F. L. Hahn (Z. Anorg. Allgem. Chem. **121** [1922] 209/10). — [15] A. Classen (Z. Anal. Chem. **16** [1877] 319/20).

[16] G. Brauer (Handbuch der Präparativen Anorganischen Chemie, 2. Aufl., Bd. 2, Enke, Stuttgart 1962, S. 1279/80). — [17] W. Biltz, F. Wiechmann (Z. Anorg. Allgem. Chem. **228** [1936] 268/74, 271). — [18] G. Wagner (Mitt. Chem. Forschungsinst. Ind. Österr. **3** [1949] 63/5). — [19] I. Maak (laut Ford u. a. [10]). — [20] A. Auroux, J. Bousquet, R. D. Joly, J. M. Letoffe (J. Chim. Phys. **70** [1973] 1133/6).

[21] S. S. Batsanov, L. I. Gorogotskaya (Zh. Neorgan. Khim. **4** [1959] 62/70; Russ. J. Inorg. Chem. **4** [1959] 24/7), S. S. Batsanov, V. V. Kopytina (Vestn. Mosk. Univ. Ser. Mat. Mekhan. Astron. Fiz. i Khim. **12** Nr. 3 [1957] 227/36; C. A. **1958** 6885). — [22] Riaz-ur-Rahman, Badar-ud-Din (Pakistan J. Sci. Res. **5** [1953] 111/7; C. A. **1954** 9249). — [23] H. de Senarmont (Ann. Chim. Phys. [3] **32** [1851] 129/75, 163). — [24] E. Weinschenk (Z. Krist. **17** [1890] 495/504, 500). — [25] W. Ipatiew, A. Kisselew (Ber. Deut. Chem. Ges. **59** [1926] 1412/26, 1420).

[26] E. Beutel, A. Kutzelnigg (Monatsh. Chem. **58** [1931] 295/306, 304).

8.2.1.3 Darstellung besonderer Formen

Preparation of Special Forms

Einkristalle

In einer bei 0°C mit H_2S gesättigten, wäßrigen Lösung eines Mangan(II)-salzes, die einen kleinen Überschuß an Ammonium-Acetat und Essigsäure enthält, bilden sich bei Raumtemperatur erst nach einigen Jahren bis zu 0.5 mm große Oktaeder von α-MnS [1]. Aus einmolaren Lösungen von $MnSO_4$ (oder $MnCl_2$) und Na_2S, die sich in den gegenüberliegenden Schenkeln eines mit Kieselgel gefüllten U-Rohres befinden, entstehen zwischen 4 und 41°C Einkristalle von α-MnS und γ-MnS, die in 12 bis 15 d eine Größe von 0.1 bis 1 mm erreichen. Mit Wein- oder Schwefelsäure erzeugte Gele liefern schlechtere Ergebnisse im Vergleich zu den mit Essigsäure bei pH = 6.0 bis 6.9 her-

Preparation of MnS Single Crystals

gestellten. In Gelen, die mit Salpetersäure gefällt wurden, entstehen feinkristalline, rhythmische Fällungen von γ-MnS. Bei 41°C in Essigsäure gewachsene γ-MnS-Kristalle enthalten 2 Gew.-% Si, dagegen nur 0.03 Gew.-% Si, wenn sie bei Raumtemperatur gezüchtet werden [2].

Das Zonenschmelz-Verfahren unter Ar und/oder N_2 liefert bis zu 1 cm große Einkristalle von α-MnS [3], s. auch [4].

Bei Transportreaktionen wird MnS im evakuierten Quarzrohr mit J_2 (5 mg/ml Rohrvolumen) vom heißeren zum kälteren Rohrende transportiert und dort als α-MnS niedergeschlagen. Im Temperaturgefälle 1000 → 550°C entstehen in 40 h Plättchen der maximalen Größe 5 × 5 × 0.1 mm [5]. Für den Transport sind auch folgende Temperaturgradienten geeignet: 960 → 830°C [6], 850 → 450°C (Plättchen von 1 bis 8 mm Kantenlänge) [7], 1000 → 750°C [8]. Von einer Mischung der Elemente ausgehend ergibt der Transport mit J_2 (1 bis 3 mg/ml Rohrvolumen) im Gefälle von 900 → 850°C Oktaeder (2 bis 5 mm Kantenlänge) und Plättchen (Diagonallänge 4 bis 8 mm); Jod-Gehalt der Kristalle etwa 0.001 Gew.-% [9]. Im Temperaturgefälle 900 → 800°C entstehen ebenfalls Oktaeder und Plättchen [10]. Die Plättchenfläche entspricht der (111)-Ebene [7, 9].

Kolloides MnS

Die Darstellung von kolloidem MnS gelingt durch Vereinigen der wäßrigen Lösungen der Na-Salze von Protalbin- oder Lysalbinsäure, $MnSO_4$ und NaOH, in die H_2S eingeleitet wird. Bei der Dialyse geringfügig abgeschiedenes MnS löst sich auf Zusatz einiger Tropfen Na_2CO_3-Lösung fast vollständig wieder auf [11]. Zur Koagulation durch Gefrieren von MnS-Hydrogelen s. [12, 13]. Über die Fällung in 5%iger Gelatinegallerte mit gesättigter Na_2S-Lösung in Gegenwart von Ionen andrer Nebengruppenelemente s. [14]. Zur rhythmischen Fällung (Liesegangsche Ringe) in Silicagel, Agar-Agar, Gelatine und Stärke s. [15 bis 18].

Literatur:

[1] H. Baubigny (Compt. Rend. **104** [1887] 1372/3). — [2] A. Schwartz, A. Tauber, J. R. Shapirio (Mater. Res. Bull. **2** [1967] 375/80). — [3] H. C. Chao, L. Thomassen, L. H. van Vlack (Am. Soc. Metals Trans. Quart. **57** [1964] 386/98). — [4] P. G. Riewald, L. H. van Vlack (J. Am. Ceram. Soc. **52** [1969] 370/5). — [5] R. Nitsche (Phys. Chem. Solids **17** [1960] 163/5), R. Nitsche, H. U. Bölsterli, M. Lichtensteiger (Phys. Chem. Solids **21** [1961] 199/205, 203).

[6] H. Wiedemeier, H. Schäfer (Z. Anorg. Allgem. Chem. **326** [1964] 230/4). — [7] D. R. Huffman, R. L. Wild (Phys. Rev. [2] **156** [1967] 989/97). — [8] K. Fueki, Y. Oguri, T. Mukaibo (Denki Kagaku **38** [1970] 758/62 [englisch]; C. A. **74** [1971] Nr. 148020). — [9] H. Wiedemeier, A. G. Sigai (J. Cryst. Growth **6** [1969] 67/71). — [10] H. Wiedemeier, A. Khan (Trans. AIME **242** [1968] 1969/72).

[11] O. Fisseler (Diss. Erlangen 1904). — [12] S. Uno (Kogyo Kagaku Zasshi **43** [1940] 475/8; J. Soc. Chem. Ind. Japan Suppl. **43** [1940] 197 B/198 B). — [13] J. R. I. Hepburn (Rec. Trav. Chim. **45** [1926] 321/7, 327). — [14] S. Kusmenko (Ukr. Khim. Zh. **3** [1928] 231/5 nach C. **1929** II 2 987). — [15] H. Friedeberg (Nature **152** [1943] 305/6).

[16] A. C. Chatterji, N. R. Dhar (Kolloid-Z. **40** [1926] 97/112). — [17] O. F. Tower, E. E. Chapman (J. Phys. Chem. **35** [1931] 1474/6). — [18] O. F. Tower (J. Phys. Chem. **40** [1936] 599/602).

Thermodynamic Data of Formation

8.2.1.4 Thermodynamische Daten der Bildung

Bildungsenthalpie $\Delta H°$ und freie Bildungsenthalpie $\Delta G°$ bei 298 K unter Standardbedingungen jeweils in kcal/mol.

Die aus zahlreichen älteren Untersuchungen für die Reaktion α-Mn + α-S → α-MnS abgeleiteten Werte $\Delta H° = -48.8$ und $\Delta G° = -49.9$ [1] sind offenbar zu niedrig. Mah [2] gibt auf Grund der Messungen von Jeffes u. a. [3] $\Delta H° = -49.5 \pm 0.3$ und $\Delta G° = -50.55$ an. Diese Werte werden auch von Zordan, Hepler [4] für die zuverlässigsten angesehen. Aus Untersuchungen des Gleichgewichts α-MnS + $H_2O \rightleftarrows$ MnO + H_2S [5] wird $\Delta H° = -49.0 \pm 0.4$ und $\Delta G° = -50.02 \pm 0.4$ berechnet [6]. Eine erneute kalorimetrische Bestimmung liefert $\Delta H° = -51.01 \pm 0.19$ und $\Delta G° = -52.0 \pm 0.3$ [7]. Wagman u. a. [8] geben daraufhin $\Delta H° = -51.2$ und $\Delta G° = -52.2$ an.

Nach Mah [2] steigen $\Delta H°$ und $\Delta G°$ für die Reaktion Mn(fest) + S(fest, flüssig) → MnS(fest) bis zum Siedepunkt des Schwefels (717.8 K) folgendermaßen an:

T in K . .	350	368.6¹)	368.6	392²)	392	500	600	717.8
$-\Delta H$ . .	49.5	49.5	49.6	49.65	49.95	50.35	50.7	51.15
$-\Delta G$ . .	50.7	50.75	50.75	50.85	50.85	51.05	51.15	51.2

¹) Umwandlungstemperatur des Schwefels, ²) Schmelzpunkt des Schwefels.

Für die Reaktion Mn(fest) + 0.5 S_2(gas) → MnS(fest) wird bei 298 K $\Delta H° = -66.4 \pm 0.3$, $\Delta G° = -61.6 \pm 0.3$ [7] und $\Delta H° = -64.9$, $\Delta G° = -60.1$ erhalten [2]. Die Temperaturabhängigkeit dieser Größen ist in folgender Tabelle wiedergegeben [2]:

T in K . . .	400	800	1000¹)	1000	1374¹)	1374	1410¹)	1410	1517²)	1517	2000
$-\Delta H$ . . .	64.8	64.4	64.5	65.0	65.2	65.7	65.8	66.2	66.4	69.9	63.7
$-\Delta G$ . . .	58.5	52.3	49.3	49.3	43.4	43.4	42.85	42.8	41.0	41.0	32.5

¹) Umwandlungstemperaturen von Mn, ²) Schmelzpunkt von Mn. (Die Werte mit dem falschen, auf Silverman [9] zurückgehenden und von Coughlin [10] übernommenen Schmelzpunkt von MnS, nämlich 1803 K, sind hier weggelassen.)

In Abhängigkeit vom Temperaturbereich gelten für die Werte von ΔG der obigen Reaktion folgende Gleichungen:

von 298 bis 1000 K (α-Mn): $\Delta G = -64.000 + 15.32 \times 10^{-3}T$,
von 1000 bis 1374 K (β-Mn): $\Delta G = -64.535 + 15.85 \times 10^{-3}T$,
von 1374 bis 1410 K (γ-Mn): $\Delta G = -65.080 + 16.25 \times 10^{-3}T$,
von 1410 bis 1517 K (δ-Mn): $\Delta G = -65.510 + 16.55 \times 10^{-3}T$,
von 1517 K bis T_f von MnS (flüssiges Mn): $\Delta G = -69.010 + 18.56 \times 10^{-3}T$,
von T_f von MnS bis 2000 K: $\Delta G = -62.770 + 15.40 \times 10^{-3}T$ [11].

Nach elektrochemischen Messungen ergibt sich zwischen 1021 und 1360 K (β-Mn): $\Delta G = -67.190 + 16.17 \times 10^{-3}T$ [12]. — Aus massenspektrometrischen Untersuchungen des MnS-Dampfes folgt für die Reaktion Mn(fest) + S(fest) → MnS(gas): $\Delta H_0° = 67 \pm 6$ [13]. Für die Bildung von festem MnS aus Mn(gas) und 0.5 S_2(gas) wird $\Delta H°_{298} = -137.2$ erhalten [14]. — Bildungsentropie: $\Delta S°_{298} = 3.8$ cal · mol⁻¹ · K⁻¹ [15].

Für γ-MnS wird experimentell $\Delta H° = -45.3 \pm 0.6$ bestimmt [16], während in der Literatur für gefälltes, amorphes MnS $\Delta H° = -47.8$ [1] bzw. -51.1 [8] und $\Delta G° = -53.3$ angegeben wird [17]. Zordan, Hepler [4] können keinen thermodynamischen Unterschied zwischen den verschiedenen Modifikationen finden.

Literatur:

[1] F. D. Rossini, D. D. Wagman, W. H. Evans, S. Levine, I. Jaffe (Natl. Bur. Std. [U. S.] Circ. Nr. 500 [1952] 276). — [2] A. D. Mah (U. S. Bur. Mines Rept. Invest. Nr. 5600 [1960] 1/34, 5). — [3] J. H. E. Jeffes, F. D. Richardson, J. Pearson (Trans. Faraday Soc. **50** [1954] 364/70). — [4] T. A. Zordan, L. Hepler (Chem. Rev. **68** [1968] 737/45, 741). — [5] E. W. Dewing, F. D. Richardson (J. Iron Steel Inst. [London] **195** [1960] 56/8).

[6] R. A. Robie (U. S. Geol. Surv. Open-File Rept. TEI-816 [1962] 21). — [7] L. H. Adami, E. G. King (U. S. Bur. Mines Rept. Invest. Nr. 6495 [1964] 1/10, 3). — [8] D. D. Wagman, W. H. Evans, V. B. Parker, I. Halow, S. M. Bailey, R. H. Schumm (Natl. Bur. Std. [U. S.] Tech. Note 270-4

[1969] 1/141, 109). — [9] A. Silverman, Morey, F. D. Rossini (Bull. Natl. Res. Council [U. S.] Nr. 107 [1943] 1/94; C. A. **1944** 225). — [10] J. P. Coughlin (J. Am. Chem. Soc. **72** [1950] 5445/7).

[11] F. D. Richardson, J. H. E. Jeffes (J. Iron Steel Inst. [London] **171** [1952] 165/75, 173). — [12] H. R. Larson, J. F. Elliott (Trans. AIME **239** [1967] 1713/20). — [13] H. Wiedemeier, P. W. Gilles (J. Chem. Phys. **42** [1965] 2765/9). — [14] H. Wiedemeier, H. Schäfer (Z. Anorg. Allgem. Chem. **326** [1964] 230/4). — [15] K. K. Kelley (U. S. Bur. Mines Bull. Nr. 406 [1937] 1/154, 48).

[16] A. Auroux, J. Bousquet, R. D. Joly, J. M. Letoffe (J. Chim. Phys. **70** [1973] 1133/6). — [17] W. M. Latimer (The Oxidation States of the Elements and Their Potentials in Aqueous Solutions, 2. Aufl., Prentice Hall, Englewood Cliffs, N. J., 1961, S. 235).

The Molecule

8.2.2 Molekül

Im King-Ofen wird das Emissionsspektrum von MnS bei 2200°C [1] bzw. 2000°C [2] registriert, wobei für die Wellenzahl der (0, 0)-Bande, die Termenergie T_e, die Schwingungszahlen ω_e' und ω_e'' sowie die Anharmonizitätsfaktoren $\omega_e x_e'$ und $\omega_e x_e''$ folgende Werte (in cm^{-1}) erhalten werden:

$\nu(0,0)$	T_e	ω_e''	$\omega_e x_e''$	ω_e'	$\omega_e x_e'$	Lit.
18865	18920.3	490.4	2.6	369.2	1.16	[1]
18858.20	18917.37	490.45	1.78	371.50	1.30	[2]

Außerhalb des von Biron u. a. [2] untersuchten Spektralbereichs (600 bis 490 nm) tritt noch ein zweites Bandensystem mit $\nu(0,0)$ = 22327, T_e = 22332, ω_e' = 466.0, $\omega_e x_e'$ = 2.0 cm^{-1} auf [1]. — Die Dissoziationsenergie ergibt sich aus massenspektrometrischen Untersuchungen zwischen 1800 und 1900 K zu 65 ± 5 kcal/mol [3], zwischen 1587 und 1754 K zu 71 ± 4 kcal/mol [4].

Literatur:

[1] A. Monjazeb, H. Mohan (Spectry. Letters **6** [1973] 143/6). — [2] M. Biron, H. Boulet, J. Ruamps (Compt. Rend. B **278** [1974] 835/6). — [3] R. Colin, P. Goldfinger, M. Jeunehomme (Nature **194** [1962] 282). — [4] H. Wiedemeier, P. W. Gilles (J. Chem. Phys. **42** [1965] 2765/9).

Crystallographic Properties

8.2.3 Kristallographische Eigenschaften

8.2.3.1 Polymorphie

Polymorphism

Die unter Normalbedingungen stabile grüne, kubische Modifikation α-MnS wandelt sich bei T_N (etwa 150 K, s. S. 17) in eine rhomboedrische Tieftemperaturmodifikation um [1, 2, 3]. Eine Hochdruckmodifikation entsteht bei Raumtemperatur oberhalb 100 kbar [4]. — Die genauen Existenzbereiche der beiden metastabilen, roten Modifikationen β- und γ-MnS sind bislang nicht bekannt. Zu ihrer Darstellung s. S. 4. γ-MnS entsteht außerdem durch Abschrecken des Dampfes von α-MnS im Vakuum von 1200 auf 17°C [5]. Diese beiden metastabilen Modifikationen können bereits durch Verreiben irreversibel in die α-Form umgewandelt werden [6, 7]. Beim Erwärmen beginnt die Umwandlung bei etwa 200°C [8, 9] und ist bei etwa 320°C beendet [8 bis 11]. β-MnS scheint sich bei etwas tieferen Temperaturen und schneller als γ-MnS umzuwandeln [8, 9]. Für reines γ-MnS wird sowohl eine exotherme Umwandlung bei etwa 245°C [5] als auch eine endotherme Umwandlung (ΔH = +1.7 kcal/mol) bei 425 ± 5°C angegeben [12]. Bei Raumtemperatur wird γ-MnS bei einem Druck von etwa 37 kbar vollständig in α-MnS umgewandelt [13]. — Während die Umwandlung γ-MnS → α-MnS bei einem Gehalt von 0.03 Gew.-% Si bei 264 ± 5°C innerhalb von 1 h vollständig abläuft, ist sie bei 2 Gew.-% Si selbst bei 450°C nach einigen Stunden noch unvollständig [7]. — Bei Raumtemperatur soll außerdem eine metastabile Modifikation δ-MnS mit NiAs-Struktur existieren, über die aber außer dem Röntgenabsorptionsspektrum (s. S. 11) keine Angaben gemacht werden [14, 15].

Literatur:

[1] H. P. Rooksby, N. C. Tombs (Nature **167** [1951] 364). — [2] E. F. Bertaud, F. Sayetat, F. Tchéou, G. Bassi, R. Georges (Compt. Rend. B **270** [1970] 704/7). — [3] B. Morosin (Phys. Rev. [3] B **1** [1970] 236/43). — [4] R. L. Clendenen, H. G. Drickamer (J. Chem. Phys. **44** [1960] 4223/8). — [5] J. Bousquet, A. Auroux (Bull. Soc. Chim. France **1970** 4300/2).

[6] E. Jordis, E. Schweizer (Z. Angew. Chem. **23** [1910] 577/91, 588). — [7] A. Schwartz, A. Tauber, J. R. Shappirio (Mater. Res. Bull. **2** [1967] 375/80). — [8] H. Schnaase (Z. Physik. Chem. B **20** [1933] 89/117, 98). — [9] S. Furuseth, A. Kjekshus (Acta Chem. Scand. **19** [1965] 1405/10). — [10] P. De Clermont, H. Guiot (Bull. Soc. Chim. France [2] **27** [1877] 353/9).

[11] U. Antony, P. Donnini (Gazz. Chim. Ital. **23** I [1893] 560/7, 565). — [12] A. Auroux, J. Bousquet, R. D. Joly, J. M. Letoffe (J. Chim. Phys. **70** [1973] 1133/6). — [13] C. J. M. Rooymans (J. Inorg. Nucl. Chem. **25** [1963] 253/5). — [14] Y. Fujino, Ch. Sugiura, S. Kiyono (Technol. Rept. Tohoku Univ. **34** [1969] 301/6; C. A. **72** [1970] Nr. 105370). — [15] Ch. Sugiura, Y. Gohshi, I. Suzuki (Japan. J. Appl. Phys. **11** [1972] 911/2).

8.2.3.2 Spaltbarkeit, Gleiten

Cleavage. Gliding

Obgleich die Spaltbarkeit nach {100} beim Zerschlagen und Zerreiben von α-MnS vorherrschend ist, werden die {110}-Ebenen die primären Spaltebenen bei Belastung mit dem Diamanthärteprüfer. Die Spaltbarkeit nach {110} ist eine Folge von Wechselwirkungen der Gleitebenen $(110)_{45°}$ und {111}. Das primäre Gleitsystem von α-MnS ist {110} $\langle 1\bar{1}0 \rangle$ mit sekundärer Gleitung auf {111}-Ebenen, H. C. Chao, L. Thomassen, L. H. van Vlack (Am. Soc. Metals Trans. Quart. **57** [1964] 386/98), P. G. Riewald, L. H. van Vlack (J. Am. Ceram. Soc. **52** [1969] 370/5).

8.2.3.3 Kristallstruktur

Crystal Structure

α-MnS kristallisiert kubisch im NaCl-Typ [1, 2, 3], Raumgruppe Fm3m-O_h^5 (Nr. 225); Z = 4. Gitterkonstanten bei Raumtemperatur (in Auswahl): 5.210 ± 0.005 [4], 5.222 [5], 5.223 [6, 7, 8], 5.224 [9, 10], 5.225 [11], 5.244 Å [12]. Bei 20°C wird a = 5.2226 [13], bei 23 ± 1°C a = 5.2233 ± 0.0002 [14], bei 25°C a = 5.2234 ± 0.0008 [15] und bei 26°C a = 5.2236 Å gemessen [16]. Tabelle mit d-Werten s. bei Swanson u. a. [16]. — Die Gitterkonstante steigt linear bis 225°C auf a = 5.2448 Å, dann flacher bis 591°C auf a = 5.2763 Å und nach einem erneuten Knick wieder

Fig. 2

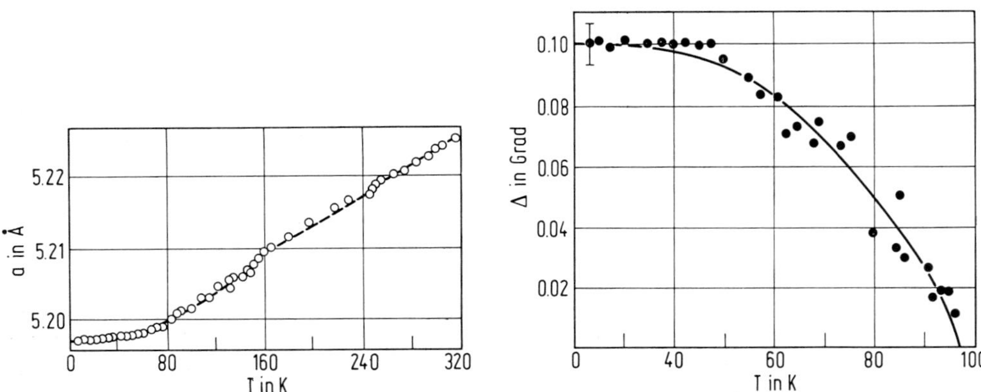

Temperaturabhängigkeit der Gitterkonstanten a (links) und der Abweichung Δ vom rechten Winkel (α = 90° + Δ) bei rhomboedrisch verzerrtem α-MnS (rechts).

Crystal Structure of MnS

steiler auf a = 5.3052 Å bis zur untersuchten Temperatur von 928°C [13]. Zum Verlauf von a bei tieferen Temperaturen s. **Fig. 2**, S. 9 [14]. — Bei Druckerhöhung fällt a/a_0 bei Raumtemperatur annähernd linear auf 0.97 bei 85 kbar [17], was durch spätere Untersuchungen bestätigt wird [18].

Unterhalb T_N tritt (ähnlich wie bei MnO, s. „Mangan" C1, S. 26) eine rhomboedrische Deformation auf, die mit fallender Temperatur zunimmt [19], s. Fig. 2 [14]. Bei 4.2 K ist a = 5.1982 ± 0.0004 Å und α = 90.099° ± 0.015° [14]. Georges [20] beobachtet einen ähnlichen Verlauf der Gitterkonstanten, findet aber keine rhomboedrische Deformation. Die von Bertaut u. a. [21] gemessene Abweichung von der kubischen Symmetrie ist etwa 4.5mal kleiner als die von Morosin [14] angegebene. Unterhalb 10 K scheint α nochmal stark anzusteigen [21]. Ältere Werte von a im Bereich von 130 bis 299 K s. bei Ellefson, Taylor [22].

Fehlordnung. Die gegenüber der stöchiometrischen Zusammensetzung S-reicheren Präparate von α-MnS enthalten Lücken im Kationenuntergitter. Zur Bildung einer einfach geladenen Lücke sind 15.9 und für eine doppelt geladene Lücke 23.8 kcal/mol erforderlich. Aus elektrischen Messungen ergibt sich ein Wert, der etwa zwischen diesen beiden liegt [30].

β-MnS kristallisiert kubisch im Zinkblende-Typ (ZnS), Raumgruppe $F\bar{4}3m\text{-}T_d^2$ (Nr. 216); Z = 4, d-Werte s. Original [6, S. 102]. Gitterkonstante bei gewöhnlicher Temperatur: a = 5.611 [6], 5.60 [5, 13], 5.606 ± 0.003 Å [23].

γ-MnS kristallisiert hexagonal im Wurtzit-Typ (ZnS), Raumgruppe $P6_3/mc\text{-}C_{6v}^4$ (Nr. 186); Z = 4, d-Werte s. Original [6, S. 106] sowie [24]. Gitterkonstanten bei gewöhnlicher Temperatur (die ersten beiden Wertepaare von kX auf Å umgerechnet): a = 3.984, c = 6.445 [6]; a = 3.99_6, c = 6.44_6 [5]; a = 3.98_5, c = 6.44_6 [13]; a = 3.987 ± 0.003, c = 6.438 ± 0.003 Å [23]. Die Extrapolation aus ZnS-MnS-Mischkristallreihen ergibt a = 3.9858, c = 6.4654 Å [25]. Durch den Einbau von Si (bei der Züchtung in Silicagel, s. S. 5) nehmen die Gitterkonstanten von a = 3.99, c = 6.47 Å bei 0.03 Gew.-% Si auf a = 3.96, c = 6.40 Å bei 2 Gew.-% Si ab [26].

Die Hochdruckmodifikation kristallisiert wahrscheinlich im hexagonalen NiAs-Typ, was durch Analogien mit MnSe und MnTe (s. S. 271 und 315) und Beobachtungen an natürlichem α-MnS (Alabandin) [27] gestützt wird [28, 29]. Eine tetragonale Symmetrie [17] wird vermutlich durch den Restreflex 200 von α-MnS vorgetäuscht [29].

Literatur:

[1] R. W. G. Wyckoff (Am. J. Sci. [5] **2** [1921] 239/49). — [2] H. Ott (Z. Krist. **63** [1926] 222/35, 222). — [3] V. M. Goldschmidt (Geochemische Verteilungsgesetze der Elemente, Tl. VII, Kristiania 1926, S. 1/117, 25, Tl. VIII, 1927, S. 1/156, 44). — [4] V. G. Vanyarkho, V. P. Zlomanov, A. V. Novoselova, A. F. Novozhilov (Izv. Akad. Nauk SSSR Neorgan. Materialy **9** [1973] 313/4; Inorg. Materials [USSR] **9** [1973] 282/3). — [5] F. Mehmed, H. Haraldsen (Z. Anorg. Allgem. Chem. **235** [1938] 193/200, 196).

[6] H. Schnaase (Z. Physik. Chem. B **20** [1933] 89/117, 101). — [7] H. Wiedemeier, A. Khan (Trans. AIME **242** [1968] 1969/72). — [8] M. Yokota, Y. Syono, S. Minomura (J. Solid State Chem. **3** [1971] 520/4). — [9] J. Le Bot, D. T. Quan (Compt. Rend. **253** [1961] 1321/2). — [10] H. Wiedemeier, A. G. Sigai (High Temp. Sci. **1** [1969] 18/25, 19).

[11] H. C. Chao, L. Thomassen, L. H. van Vlack (Am. Soc. Metals Trans. Quart. **57** [1964] 386/98, 388). — [12] T. Y. Tien, R. J. Martin, L. H. van Vlack (Trans. AIME **242** [1968] 2153/4). — [13] S. Furuseth, A. Kjekshus (Acta Chem. Scand. **19** [1965] 1405/10). — [14] B. Morosin (Phys. Rev. [3] B **1** [1970] 236/43). — [15] B. J. Skinner, F. D. Luce (Am. Mineralogist **56** [1971] 1269/96, 1272).

[16] H. E. Swanson, R. K. Fuyat, G. M. Ugrinic (Natl. Bur. Std. [U. S.] Circ. Nr. 539, Bd. 4 [1955] 11/2). — [17] R. L. Clendenen, H. G. Drickamer (J. Chem. Phys. **44** [1966] 4223/8). — [18] I. Wakabayashi, H. Kobayashi, H. Nagasaki, S. Minomura (J. Phys. Soc. Japan **25** [1968] 227/33, 231). — [19] H. P. Rooksby, N. C. Tombs (Nature **167** [1951] 364). — [20] R. Georges (Compt. Rend. B **268** [1969] 16/9).

[21] E. F. Bertaut, F. Sayetat, F. Tchéou, G. Bassi, R. Georges (Compt. Rend. B **270** [1970] 704/7). — [22] B. S. Ellefson, N. W. Taylor (J. Chem. Phys. **2** [1934] 58/64). — [23] L. Corliss, N. Elliott, J. Hastings (Phys. Rev. [2] **104** [1956] 924/8). — [24] S. S. Batsanov, L. I. Gorogotskaya (Zh. Neorgan. Khim. **4** [1959] 62/70; Russ. J. Inorg. Chem. **4** [1959] 24/7), S. S. Batsanov, V. V. Kopytina (Vestn. Mosk. Univ. Ser. Mat. Mekhan. Astron. Fiz. i Khim. **12** Nr. 3 [1957] 227/36, 229; C. A. **1958** 6885). — [25] B. J. Skinner, P. M. Bethke (Am. Mineralogist **46** [1961] 1382/98, 1389).

[26] A. Schwartz, A. Tauber, J. R. Shappirio (Mater. Res. Bull. **2** [1967] 375/80). — [27] P. Ramdohr (Neues Jahrb. Mineral. Monatsh. **1971** 179/82). — [28] A. Neuhaus, R. Steffen (Z. Physik. Chem. [Frankfurt] **73** [1970] 188/214, 213). — [29] L. Cemič, A. Neuhaus (High Temp.-High Pressures **6** [1974] 203/15, 211). — [30] H. Le Brusq, J.-P. Delmaire (Rev. Intern. Hautes Temp. Refract. **11** [1974] 193/8).

8.2.3.4 Chemische Bindung

Chemical Bond

Aus der Lage der Röntgen-K-Absorptionskante von Mn in α- und in γ-MnS folgt, daß, wenn die Kovalenz von γ-MnS als c = 0.50 angesetzt wird, in α-MnS c = 0.41 ist, der Ionizitätsgrad also 59% beträgt [1]. Die Lage der Kβ-Linien von Mn in α-MnS ist mit der Annahme, daß Mn und S je 0.6 Ladungen tragen, gut vereinbar [2] in Übereinstimmung mit Elektronenbeugungsuntersuchungen [3]. Hinsichtlich der Kβ-Linien verhält sich α-MnS sehr ähnlich wie MnO [4], s. „Mangan" B, S. 152/4. — Neutronenbeugungsuntersuchungen an α-MnS bei 4.2 K (unter Vernachlässigung der rhomboedrischen Verzerrung) ergeben für die Summe der Kovalenzparameter (s. hierzu [5]): $A_\sigma^2 + 2A_\pi^2 + A_s^2 = 7.6\%$, woraus eine Verminderung der effektiven Ladung von Mn^{2+} um etwa 0.5 e folgt [6]. Mit Hilfe der dielektrischen Theorie der Elektronegativität wird für β-MnS unter Berücksichtigung der d-Elektronen ein Ionizitätsgrad von 78.4% bestimmt [7]. — Aus der Lage und der Feinstruktur der K-Absorptionskante von S in mehreren Sulfiden, darunter drei MnS-Modifikationen, versuchen Fujino u. a. [8] Schlüsse über die Elektronenverteilung zu ziehen. Auch nach Untersuchung der Kβ-Linien von S in α-, β- und δ-MnS (NiAs-Typ) ergeben sich nur wenig konkrete Angaben über die Bindung [9]. Eher läßt sich ein Zusammenhang mit den Elektronenenergiebändern erkennen [10]. — Die Bindungsordnung zwischen Mn und S ergibt sich zu 0.28 bis 0.33 [13].

Die Analyse des Photoelektronenspektrums von (wahrscheinlich α-) MnS ergibt, daß das 3s-Niveau der Mn-Atome um ΔE = 5.3 eV aufgespalten ist und daß die Bindungsenergie der $2p_{3/2}$-Elektronen 640.5 eV beträgt [11]. Neuere Messungen ergeben ΔE = 5.4 eV [12].

Literatur:

[1] I. A. Ovsyannikova, S. S. Batsanov, L. I. Nasonova, L. R. Batsanova, E. A. Nekrasova (Izv. Akad. Nauk SSSR Ser. Fiz. **31** [1967] 922/6; Bull. Acad. Sci. USSR Phys. Ser. **31** [1967] 936/40). — [2] A. S. Koster, H. Mendel (J. Phys. Chem. Solids **31** [1970] 2523/30). — [3] A. G. Buntar, V. V. Storozhenko (Str. Svoistva Primen. Metallidov [Mater. Simp.] 2nd, Moscow 1972 [1974], S. 149/52 nach C. A. **82** [1975] Nr. 116300). — [4] H. Nakamori, Ch. Sugiura, K. Tsutsumi (J. Phys. Soc. Japan **35** [1973] 1708/10). — [5] J. Owen, J. H. M. Thornley (Rept. Progr. Phys. **29** [1966] 675/728).

[6] B. E. F. Fender, A. J. Jacobson, F. A. Wedgwood (J. Chem. Phys. **48** [1968] 990/4). — [7] B. F. Levine (Phys. Rev. [3] B **7** [1973] 2591/600, 2594). — [8] Y. Fujino, Ch. Sugiura, S. Kiyono (Technol. Rept. Tohoku Univ. **34** [1969] 301/6, **35** [1970] 55/60; C. A. **72** [1970] Nr. 105370, **73** [1970] Nr. 103688). — [9] Ch. Sugiura, Y. Gohshi, I. Suzuki (Japan. J. Appl. Phys. **11** [1972] 911/2); über α-MnS allein s. auch Ch. Sugiura (Japan. J. Appl. Phys. **10** [1971] 1120/1). — [10] Ch. Sugiura, Y. Gohshi, I. Suzuki (Phys. Rev. [3] B **10** [1974] 338/43).

[11] J. C. Carver, G. K. Schweitzer, T. A. Carlson (J. Chem. Phys. **57** [1972] 973/82). — [12] S. Hüfner, G. K. Wertheim (Phys. Rev. [3] B **8** [1973] 2333/6). — [13] H. F. Franzen (J. Inorg. Nucl. Chem. **28** [1966] 1575/9).

Lattice Energy

8.2.3.5 **Gitterenergie** U in kcal/mol

Mit Hilfe des Born-Haber-Kreisprozesses werden die Werte U = 807 [1, 2] und 841 [3] erhalten. Das elektrostatische Modell liefert U = 774 [2], 773 (Ionenradien von Goldschmidt) bzw. 776 (Ionenradien von Pauling) [4] und 788 [3]. Parameter der Born-Mayer-Gleichung, die aus Druckuntersuchungen abgeleitet werden, s. bei Clendenen, Drickamer [5]. Klemm [6] erhält für den Quotienten U(Born-Haber)/U(elektrostatisch) = 1.07. — Durch Interpolation ergibt sich U = 775 [7], bei Einbeziehung von Elektronenaffinität und Ionisationspotential U = 816 [2] und bei Berücksichtigung der Elektronenkonfiguration U = 837 [8].

Litetatur:

[1] K. B. Yatsimirskii (Zh. Neorgan. Khim. **3** [1958] 2244/52; Russ. J. Inorg. Chem. **3** Nr. 10 [1958] 26/36, 29). — [2] K. B. Yatsimirskii (Zh. Neorgan. Khim. **6** [1961] 518/25; Russ. J. Inorg. Chem. **6** [1961] 265/9). — [3] J. Sherman (Chem. Rev. **11** [1932] 93/170, 154). — [4] A. Kapustinsky, B. Waselowsky (Z. Physik. Chem. B **22** [1933] 261/6). — [5] R. L. Clendenen, H. G. Drickamer (J. Chem. Phys. **44** [1966] 4223/8).

[6] W. Klemm (Z. Physik. Chem. B **12** [1931] 1/32, 14). — [7] M. Kh. Karapet'yants (Zh. Fiz. Khim. **28** [1954] 1136/52; C. A. **1955** 7917). — [8] E. S. Sarkisov (Zh. Fiz. Khim **28** [1954] 627/36; C. A. **1955** 7917).

Mechanical and Thermal Properties

8.2.4 **Mechanische und thermische Eigenschaften**

Density. Thermal Expansion

8.2.4.1 **Dichte** D in g/cm^3, **thermische Ausdehnung**

Aus der bei 26°C an synthetischem α-MnS gemessenen Gitterkonstanten a = 5.2236 Å (s. S. 9) ergibt sich D = 4.053 [1]; damit ist der ältere Wert D = 4.056 [2] (ohne Temperaturangabe) praktisch bestätigt. Die abweichenden Werte D = 3.98 [3] und D = 4.08 [4] beruhen auf weniger genauen Gitterkonstanten.

Pyknometrische und andere direkte Messungen ergeben (wie üblich) etwas kleinere D-Werte. Mit dem bei 25°C erhaltenen Wert D = 4.01 bestätigen Batsanov u. a. [5] die älteren Ergebnisse D = 4.03 [6] und 4.0 [7]. Stärker abweichende Werte: 3.93 bei 21.9°C [8], 3.9 bei 17°C [9], 3.83 bei 25°C [10].

Für β-MnS liegt nur der Wert D = 3.289 [2] vor. — Bei γ-MnS sind die direkt bestimmten D-Werte (3.12 [5], 3.15 [10]) ebenfalls kleiner als die Röntgendichte 3.280 [2].

Der lineare Ausdehnungskoeffizient von α-MnS ergibt sich aus der Temperaturabhängigkeit der Gitterkonstanten a zu 77×10^{-6} K^{-1} zwischen 130 und 160 K sowie 8.3×10^{-6} K^{-1} zwischen 160 und 299 K [11]. Über die Temperaturabhängigkeit von α zwischen 100 und 310 K (dilatometrisch bestimmt) und seine diskontinuierliche Änderung am Néel-Punkt (156.5 K) s. auch Kerimov u. a. [12]. Röntgenographisch wird zwischen 225 und 591°C sowie 591 und 928°C $\alpha = 16.3 \times 10^{-6}$ bzw. 17.4×10^{-6} K^{-1} ermittelt. Zwischen 20 und 225°C nimmt a stärker als linear zu; bei 20°C ist $\alpha = 23 \times 10^{-6}$ K^{-1} [13].

Literatur:

[1] H. E. Swanson, R. K. Fuyat, G. M. Ugrinic (Natl. Bur. Std. [U. S.] Circ. Nr. 539, Bd. 4 [1955] 11). — [2] H. Schnaase (Z. Physik. Chem. B **20** [1933] 89/117, 101/8). — [3] H. Ott (Z. Krist. **63** [1926] 222/35). — [4] H. B. Weiser, W. O. Milligan (J. Phys. Chem. **35** [1931] 2330/44). — [5] S. S. Batsanov, O. I. Ryabinina, K. F. Obzherina, S. S. Derbeneva (Izv. Akad. Nauk SSSR Ser. Khim. **1968** 8/14; Bull. Acad. Sci. USSR Div. Chem. Sci. **1968** 6/11).

[6] W. Fischer (Zh. Russ. Fiz. Khim. Obshchestva **46** [1915] 1481/519 nach C. **1915** I 1106/8). — [7] F. Ephraim (Helv. Chim. Acta **7** [1924] 474/85). — [8] C. T. Anderson (J. Am. Chem. Soc. **53** [1931] 476/83). — [9] E. Wedekind, Th. Veit (Ber. Deut. Chem. Ges. **44** [1911] 2663/70). —

[10] S. S. Batsanov, V. V. Kopytina (Vestn. Mosk. Univ. Ser. Mat. Mekhan. Astron. Fiz. i Khim. **12** Nr. 3 [1957] 227/36; C. A. **1958** 6885).

[11] B. S. Ellefson, N. W. Taylor (J. Chem. Phys. **2** [1934] 58/64). — [12] I. G. Kerimov, T. A. Mamedov, N. G. Aliev (Teplofiz. Svoistva Tverd. Tel **1971** 19/23; C. A. **76** [1972] Nr. 51868); vgl. auch T. A. Mamedov, I. G. Kerimov, N. G. Aliev (Dokl. Akad. Nauk Azerb. SSR **24** Nr. 10 [1968] 15/20; C. A. **71** [1969] Nr. 7885). — [13] S. Furuseth, A. Kjekshus (Acta Chem. Scand. **19** [1965] 1405/10).

8.2.4.2 Grüneisensche Konstante

Grüneisen Constant

Nach zwei verschiedenen Formeln erhalten I. Wakabayashi, H. Kobayashi, H. Nagasaki, S. Minomura (J. Phys. Soc. Japan **25** [1968] 227/33) übereinstimmend g = 1.6 bei gewöhnlicher Temperatur; bis 350 K nimmt g zu.

8.2.4.3 Elastizität

Elasticity

Morosin [1] benutzt als elastische Modulen c_{ik} (in 10^{12} dyn/cm^2) von α-MnS die geschätzten Werte $c_{11} = 1.43$, $c_{12} = 0.74$, $c_{44} = 0.52$.

Die Kompressibilität ϰ ergibt sich aus der Abnahme der Gitterkonstante bei steigendem Druck (s. S. 10). Bis p = 86 kbar nimmt sie um 3.0% ab [2]. Im Bereich bis 65 kbar wird diese Verringerung bestätigt; daraus ergibt sich die Volumenabnahme $V/V_0 = -a \cdot p + b \cdot p^2$ mit $a = 1.24 \times 10^{-6}$ bar^{-1} und $b = 4.0 \times 10^{-12}$ bar^{-2} [3]. — Zur Prüfung eines allgemeinen Modells zur Berechnung von ϰ ziehen Plendl und Gielisse [4] auch Daten für MnS heran.

Literatur:

[1] B. Morosin (Phys. Rev. [3] B **1** [1970] 236/43). — [2] R. L. Clendenen, H. G. Drickamer (J. Chem. Phys. **44** [1966] 4223/8). — [3] I. Wakabayashi, H. Kobayashi, H. Nagasaki, S. Minomura (J. Phys. Soc. Japan **25** [1968] 227/33). — [4] J. N. Plendl, P. J. M. Gielisse (U. S. Air Force Cambridge Res. Lab. Phys. Sci. Res. Papers Nr. 395 [1969] 1/24 nach C. A. **74** [1971] Nr. 67996).

8.2.4.4 Härte

Hardness

α-MnS-Einkristalle zeigen bei 20°C für unterschiedliche Kristallflächen und -richtungen folgende Werte der Knoop-Härte in kg/mm^2 (eingeklammerte Werte gelten für −70°C):

Kristallfläche	Richtung der langen Eindruckachse			
	[010]	[0$\bar{1}$1]	[1$\bar{1}$1]	[112]
{100}	122 (170)	142 (188)	—	—
{011}	119	142	142	140
{111}	—	140	—	140

Die Vickers-Härte ist bei −196°C H_v = 208 kg/mm^2 [1]. Die Mikrohärte von α-MnS ist 170 kg/mm^2 [2].

Literatur:

[1] P. G. Riewald, L. H. van Vlack (J. Am. Ceram. Soc. **52** [1969] 370/5). — [2] R. Kiessling, C. Westman (J. Iron Steel Inst. [London] **204** [1966] 377/9).

Volatilization. Vapor Pressure. Enthalpy of Sublimation

8.2.4.5 Verflüchtigung, Dampfdruck p, Sublimationsenthalpie ΔH_S

Die durch Messungen von Colin u. a. [1] gestützte Annahme [2], daß MnS bei der Sublimation überwiegend in Mn-Atome und S_2-Moleküle übergeht, wird durch Messungen von Wiedemeier und Gilles [3] bestätigt; S-Atome sowie die Moleküle Mn_2, Mn_3, S_3, S_4, MnS, MnS_2 und MnS_3 werden in der Dampfphase zwar nachgewiesen, jedoch nur in kleinen oder sehr kleinen Konzentrationen. Für den Partialdruck des S_2 gilt nach Messungen zwischen 1267 und 1583 K die Formel $\lg p = 8.029 - 21\,350/T$ [4]; ältere Angaben hierzu s. bei Britzke u. a. [5] und Jellinek u. a. [6, 7].

Der Gesamtdampfdruck wurde zwischen 1177 und 1379 K nach der Langmuir-Methode gemessen; die Meßwerte (in Torr) lassen sich mit der Formel $\lg p = 4.633 - 11\,937/T$ erfassen [8]. Im Bereich zwischen 1536 und 1693 K werden für die Parameter der Formel $\lg p = B - 10^4\,A/T$ nach zwei Effusionsmethoden etwas unterschiedliche Werte erhalten:

$A = 1.921 \pm 0.040$ K $\quad B = 11.89 \pm 0.25$ (Torsionsmethode)
$A = 1.997 \pm 0.021$ K $\quad B = 12.39 \pm 0.13$ (Gewichtsabnahme)

Mit diesen Zahlenwerten ergibt sich p in Pa [9]. Der bei 1674 K gemessene Einzelwert [2] ist um den Faktor 1.9 kleiner, als sich nach diesen Formeln ergibt [9].

Die nach dem 3. Hauptsatz berechnete Sublimationsenthalpie bei 298 K ergibt sich nach den beiden Methoden zu 563.7 ± 0.3 bzw. 562.8 ± 0.2 kJ/mol [9]. Der ältere Wert $\Delta H_S = 137.2$ kcal/mol $= 574.0 \pm 0.2$ kJ/mol [2] beruht auf dem zu kleinen Dampfdruckwert. — Aus Kreisprozessen berechnete ΔH_S-Werte hängen davon ab, welche Sublimationsenthalpie von Mn (s. „Mangan" B, S. 219) eingesetzt wird. Mit $\Delta H_S(Mn) = 69.3$ kcal/mol wird $\Delta H_S(MnS) = 137.2$ kcal/mol $= 561.6$ kJ/mol [2] erhalten; andere Ergebnisse liegen tiefer [9]. Mit $\Delta H_S(298\ K) = 137.2$ kcal/mol wird für die unzersetzte Sublimation $\Delta H_S\,(0) = 116 \pm 6$ kcal/mol bei T = 0 berechnet [3].

Literatur:

[1] R. Colin, P. Goldfinger, M. Jeunehomme (Nature **194** [1962] 282/3). — [2] H. Wiedemeier, H. Schäfer (Z. Anorg. Allgem. Chem. **326** [1964] 230/4). — [3] H. Wiedemeier, P. W. Gilles (J. Chem. Phys. **42** [1965] 2765/9). — [4] E. M. Cox, M. C. Bachelder, N. H. Nachtrieb, A. S. Skapski (J. Metals **1** [1949] Trans. **185** 27/31). — [5] E. V. Britzke, A. F. Kapustinsky, B. K. Wesselowsky (Z. Anorg. Allgem. Chem. **213** [1933] 65/70).

[6] K. Jellinek, J. Zakowski (Z. Anorg. Allgem. Chem. **142** [1925] 1/53, 43). — [7] K. Jellinek, G. v. Podjaski (Z. Anorg. Allgem. Chem. **171** [1928] 261/70). — [8] C. M. Hsiao, A. W. Schlechten (J. Metals **4** [1952] Trans. **194** 65/9, 1179). — [9] P. Viswanadham, J. G. Edwards (J. Chem. Phys. **62** [1975] 3875/82).

Melting Point. Enthalpy of Fusion

8.2.4.6 Schmelzpunkt t_f, Schmelzenthalpie ΔH_f in kcal/mol

An einer α-MnS-Probe (2 h lang in Ar bei 800 bis 900°C geglüht) wird in Tiegeln aus Sinterkorund und Graphit $t_f = 1590$ bzw. 1605°C gemessen [1]. Diese Werte sind mit älteren Ergebnissen (1580°C [2], 1620°C [3], 1610°C [4]) gut vereinbar. Verunreinigung von MnS durch O bewirkt deutliche Verringerung von t; s. S. 74.

Der Schätzwert $\Delta H_f \approx 6.42$ [5] liegt nach Messungen von Coughlin [6], der bei 1814 K $\Delta H_f = 6.24$ bestimmt, nur wenig zu hoch.

Literatur:

[1] R. Vogel, W. Hotop (Arch. Eisenhüttenw. **11** [1937] 41/54). — [2] P. Bardenheuer, H. Ostermann (Mitt. Kaiser Wilhelm-Inst. Eisenforsch. Düsseldorf **9** [1927] 129/49). — [3] G. Röhl (Iron Steel Inst. Carnegie Scholarship Mem. **4** [1912] 28/79, 51; Stahl Eisen **33** [1913] 565/7). — [4] Z. Shibata (Technol. Rept. Tohoku Univ. **7** [1928] 279/89). — [5] K. K. Kelley (U. S. Bur. Mines Bull. Nr. 406 [1937] 1/154, 124/5).

[6] J. P. Coughlin (J. Am. Chem. Soc. **72** [1950] 5445/7).

8.2.4.7 Thermodynamische Funktionen

Thermo-dynamic Functions

Enthalpie H in cal/mol, Wärmekapazität C_p und Entropie S in cal · mol^{-1} · K^{-1}. — Kalorimetrische Messungen von Georges u. a. [1] an antiferromagnetischem, 99.9%ig reinem MnS ergeben zwischen 1.4 und 40 K die in **Fig. 3** dargestellten C_p-Werte. Die Meßpunkte unterhalb 4 K sind durch eine gestrichelte Kurve dargestellt; die ausgezogene Kurve umfaßt die nach Abzug des Hyperfeinanteils korrigierten C_p-Werte, für die unterhalb 6 K eine $T^{3/2}$- und oberhalb 15 K eine T^3-Abhängigkeit gilt [1]. Unterhalb 4.2 K liefert die Hyperfeinwechselwirkung einen großen Beitrag zur Wärmekapazität [2].

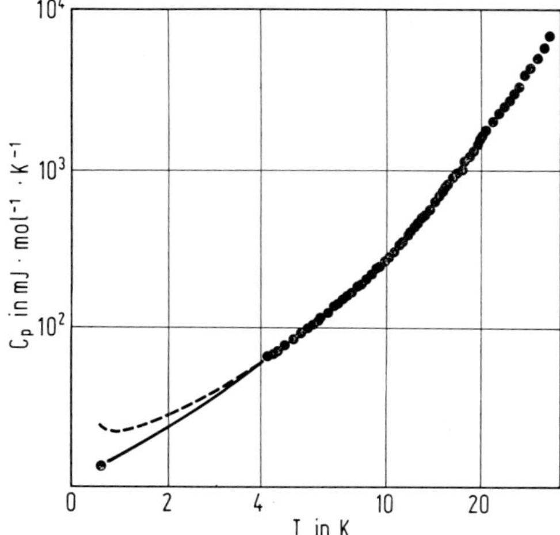

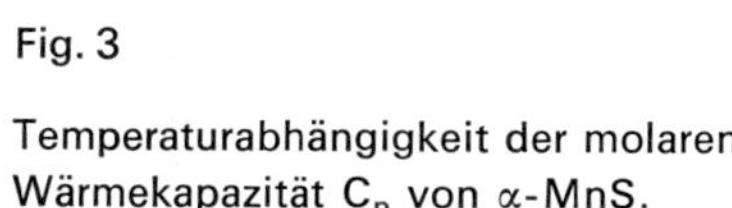
Fig. 3

Temperaturabhängigkeit der molaren Wärmekapazität C_p von α-MnS.

Zwischen 80 und 240 K wird an α-MnS mit etwa 700 ppm O ein Maximum von C_p (15.6) bei 152 ± 0.8 K (Néel-Temperatur) gefunden [3]; es wird später an zwei verschieden hergestellten Proben ($MnS_{0.98}$ und $MnS_{1.07}$) bestätigt (154 bzw. 156 K) [4]. Ausgewählte Werte zwischen 50 und 298.15 K:

T in K	50	100	150	200	298.15
C_p	3.46	9.41	11.91	11.39	11.94

Mah [5]. Damit ist der ältere Befund [6], wonach unterhalb 160 K zwei Maxima von C_p auftreten, widerlegt. Die Standardentropie S^0_{298} ist in den neueren Arbeiten [3, 4] nicht bestimmt worden; der ältere Wert (18.7) beruht auf einer nicht bestätigten Temperaturabhängigkeit von C_p [6].

Oberhalb Raumtemperatur ist die Enthalpie bis 1814 K gemessen worden, wobei die verwendete Probe schon flüssig war ($H-H_{298.16}$ = 26440); für festes MnS ergeben sich aus den Meßdaten für glatte Temperaturen folgende Werte:

T in K . . .	400	600	800	1000	1200	1400	1600	1800
$H_T - H_{298.16}$.	1220	3690	6260	8850	11450	14130	16970	19970
$S_T - S_{298.16}$.	3.52	8.52	12.21	15.10	17.47	19.54	21.43	23.20

Im Temperaturbereich 298 bis 1803 K gilt die Interpolationsformel $H_T - H_{298.16} = 11.40\,T + 0.90 \times 10^{-3}\,T^2 - 3479$, aus der sich $C_p = 11.40 + 1.80 \times 10^{-3}\,T$ ergibt [7]. Im Bereich unterhalb 1000 K führt die auf Schätzungen beruhende Formel $C_p = 11.55 + 1.30 \times 10^{-3}\,T$ [8] zu nur wenig abweichenden Werten.

Messungen der spezifischen Wärme von Carter [9] im Temperaturbereich von 76 bis 250 K an einer Probe (1) von β-MnS, die etwa 23 Gew.-% α-MnS enthält, ergeben eine starke Anomalie

Heat Capacity of MnS

bei der Néel-Temperatur 100 K. Eine andere Probe (2) von α-MnS, verunreinigt mit 20 Gew.-% β-MnS, zeigt eine schwache Anomalie bei 110 K. Diese kann durch antiferromagnetische Ordnung innerhalb von Stapelfehlern bedingt sein. Auf Grund röntgenographischer Untersuchungen und der Berechnung der Madelung-Konstanten für mehrere Stapelfehler-Typen besteht der Verdacht, daß die Struktur der Probe (2) und wahrscheinlich auch der Probe (1) eher durch Stapelfehler als durch einen Gehalt von β-MnS bzw. α-MnS zu erklären ist [9].

Literatur:

[1] R. Georges, E. Gmelin, D. Landau, J. C. Lasjaunias (Compt. Rend. B **269** [1969] 827/30). — [2] B. C. Passenheim (Diss. Univ. of California 1969 nach Diss. Abstr. Intern. B **30** [1969] 2374). — [3] D. R. Huffman, R. L. Wild (Phys. Rev. [2] **148** [1966] 526/8). — [4] J. Bousquet, M. Diot, M. Roubin (Compt. Rend. C **267** [1968] 861/2). — [5] A. D. Mah (U. S. Bur. Mines Rept. Invest. Nr. 5600 [1960] 1/34, 5).

[6] C. T. Anderson (J. Am. Chem. Soc. **53** [1931] 476/83). — [7] J. P. Coughlin (J. Am. Chem. Soc. **72** [1950] 5445/7). — [8] K. K. Kelley (U. S. Bur. Mines Bull. Nr. 406 [1937] 1/154, 48). — [9] W. S. Carter (Proc. Phys. Soc. [London] **76** [1960] 969/78).

Debye Temperature

8.2.4.8 Charakteristische Temperatur Θ_D

B. E. F. Fender, A. J. Jacobson, F. A. Wedgwood (J. Chem. Phys. **48** [1968] 990/4) benutzen (ohne Quellenangabe) für α-MnS Θ_D = 370 K.

Magnetic Properties

8.2.5 Magnetische Eigenschaften

Bei gewöhnlicher Temperatur sind alle drei MnS-Modifikationen paramagnetisch. α-MnS wird bei etwa 150 K antiferromagnetisch, β-MnS und γ-MnS erst unterhalb 100 K.

Exchange Interaction. Magnetic Structure

8.2.5.1 Austauschwechselwirkung, magnetische Struktur

Bei MnS wird die antiferromagnetische Ordnung wie bei MnO (s. „Mangan" C1, S. 41) durch Superaustausch bewirkt. In α-MnS überwiegt die Austauschwechselwirkung zwischen übernächsten, in β- und γ-MnS diejenige zwischen nächsten Nachbarn. Wie bei MnO scheint die Austauschwechselwirkung auch bei α-MnS eine kleine biquadratische Komponente $j(S_a \cdot S_b)^2$ zu haben, die ebenso zu deuten ist [1, 2]. Für die Austauschparameter selbst wurden zunächst die Werte $J_1 = -7.0$ K, $J_2 = -12.5$ K [1] ermittelt, wovon J_2 leicht korrigiert wurde (12.7 K) [3]. Nach einer anderen Berechnungsmethode wurde $J_1 = -7.3 \pm 0.1$, $J_2 = -12.5 \pm 0.1$ K [4] gefunden. Jansen u. a. [5] leiten aus älteren Meßdaten [6] $J_1 = -8.4$ K ab und berechnen selbst $J_1 = -7.0$ K und die (als vermutlich zu klein bezeichnete) Konstante $J_2 = -4.2$ K. Für $j_2 = d\lg J_2/d\lg V$ erhält Georges [7] aus der Druckabhängigkeit der Néel-Temperatur den Wert -6.4 ± 0.3, der mit dem aus $J_2 = -4.3$ K abgeleiteten Wert $j_2 = -6.1 \pm 0.8$ gut übereinstimmt.

Zum Hamilton-Operator gehören noch 2 Anisotropiekonstanten D_1 („out of plane") und D_2 („in plane"), die aus optischen Daten abgeleitet werden können. Stevens [8] erhält aus Meßdaten von Lines und Jones [1] $D_1 = 0.34$ K.

Für β- und γ-MnS leiten Jansen u. a. [5] ebenso wie für α-MnS die experimentellen Konstanten $J_1 = -12.4$ K bzw. -10.7 K ab, während die theoretische Berechnung $J_1 = -10.2$ bzw. -10.1 K und $J_2 = -0.02$ K bzw. -0.005 K ergibt. Ältere Werte für die Austauschparameter in β- und γ-MnS s. bei Danielian und Stevens [16].

Neutronenbeugung bei 4.2 K an MnS-Pulvern ergibt nach Corliss u. a. [9] für die drei MnS-Modifikationen unterschiedliche antiferromagnetische Strukturen. Übereinstimmend mit früheren Ergebnissen von Shull u. a. [10] ist das an α-MnS beobachtete Diagramm identisch mit demjenigen für MnO (s. „Mangan" C1, S. 42). Wie bei MnO ist die Kante der magnetischen Elementarzelle doppelt so lang wie die Kante der chemischen Elementarzelle. Die zusätzlichen Neutronenbeugungsmaxima bei 4.2 K ergeben eine kubische magnetische Elementarzelle mit der Gitterkonstante a = 10.423 Å. Die magnetischen Momente liegen — ferromagnetisch geordnet — in den (111)-Ebenen. Die Orientierung innerhalb der (111)-Ebenen kann aus Pulveraufnahmen nicht bestimmt werden. Aufeinanderfolgende (111)-Ebenen bilden eine antiferromagnetische Sequenz [9]. Kritische Bemerkungen zu der von Shull u. a. [10] ermittelten Momentanordnung in antiferromagnetischem α-MnS s. bei Li [11]. — Aus den oberhalb T_N vorliegenden Abweichungen des Temperaturverlaufs der magnetischen Suszeptibilität vom Curie-Weiss-Gesetz (s. S. 20) ist auf verbleibende Nahbereichs-Ordnungseffekte im paramagnetischen Zustand zu schließen [12].

Das Neutronenbeugungsdiagramm von β-MnS kann mit einer kubischen Zelle mit der Gitterkonstante a = 11.200 Å (entsprechend etwa der doppelten Kantenlänge der chemischen Elementarzelle, s. S. 9) indiziert werden; die magnetischen Momente sind senkrecht zur x-Achse ausgerichtet [9]. — Nach einer theoretischen Betrachtung von Keffer und O'Sullivan [13] weist die von Corliss u. a. [9] für β-MnS vorgeschlagene antiferromagnetische Ordnung 3. Art kein Minimum der dipolaren Energie auf. Keffer [14] diskutiert demzufolge für β-MnS einen anisotropen Superaustausch vom Moriya-Typ. — Über die magnetische Struktur von β-MnS diskutieren auch Carter und Stevens [6] sowie Pearson [15].

Im Falle von γ-MnS können die Überstrukturlinien mit einer orthohexagonalen Zelle vom vierfachen Volumen der chemischen hexagonalen Elementarzelle indiziert werden; Gitterkonstanten $a' = a\sqrt{3}$ = 6.885 Å, b' = 2 a = 7.950 Å, c' = c = 6.426 Å (a und c sind die Gitterkonstanten der hexagonalen chemischen Elementarzelle). Die magnetischen Momente sind senkrecht zur (011)-Ebene ausgerichtet. Hier besteht also dieselbe Spinkorrelation wie in β-MnS, mit dem Unterschied, daß die Anordnung der Mn^{2+}-Ionen verschieden ist: in β-MnS kubisch-dichtest, in γ-MnS hexagonal-dichtest gepackt [9].

Literatur:

[1] M. E. Lines, E. D. Jones (Phys. Rev. [2] **139** [1965] A 1313/27, **141** [1966] 525/37). — [2] L. C. Bartel (Solid State Commun. **11** [1972] 55/9; Phys. Rev. [3] B **1** [1970] 1254/60). — [3] D. R. Huffman, R. L. Wild (Phys. Rev. [2] **148** [1966] 526/7). — [4] R. Shanker, R. A. Singh (Indian J. Pure Appl. Phys. **12** [1974] 589/91). — [5] L. Jansen, R. Ritter, E. Lombardi (Physica **71** [1974] 425/36).

[6] W. S. Carter, K. W. H. Stevens (Proc. Phys. Soc. [London] B **69** [1956] 1006/12). — [7] R. Georges (Compt. Rend. B **268** [1969] 16/9). — [8] A. Stevens (J. Phys. C **5** [1972] 1859/75). — [9] L. Corliss, N. Elliott, J. Hastings (Phys. Rev. [2] **104** [1956] 924/8). — [10] C. G. Shull, W. A. Strauser, E. O. Wollan (Phys. Rev. [2] **83** [1951] 333/45).

[11] Yin-Yuan Li (Phys. Rev. [2] **100** [1955] 627/31). — [12] R. Lindsay, J. J. Banewicz (Phys. Rev. [2] **110** [1958] 634/7). — [13] F. Keffer, W. O'Sullivan (Phys. Rev. [2] **108** [1957] 637/44). — [14] F. Keffer (Phys. Rev. [2] **126** [1962] 896/900). — [15] J. J. Pearson (Diss. Univ. of Pittsburgh, Pittsburgh, Pa., 1961, S. 1/59 nach Diss. Abstr. **22** [1961] 896; Phys. Rev. [2] **126** [1962] 901/11).

[16] A. Danielian, K. W. H. Stevens (Proc. Phys. Soc. [London] **77** [1961] 124/8).

8.2.5.2 Néel-Temperatur T_N

Néel Temperature

Die durch Röntgenstrahlenbeugung in α-MnS nachgewiesene Strukturumwandlung (s. S. 8) erfolgt bei etwa 147 K [1]. Auch aus der Temperaturabhängigkeit der Intensität der Kernresonanzlinien läßt sich eine Umwandlung bei 147 K ablesen [2]. Die magnetische Umwandlung scheint jedoch bei einer etwas höheren Temperatur stattzufinden, wie folgende Übersicht zeigt:

Néel Temperature of MnS

T_N in K	gemessene Größe	Lit.
150	Suszeptibilität	[3]
154	Suszeptibilität	[4]
158	Suszeptibilität	[5]
152 ± 0.5	paramagnetische Resonanzabsorption	[6]
152 ± 0.8	Wärmekapazität	[7]
154 ± 0.5	$MnS_{0.98}$ } Wärmekapazität	[8]
156 ± 0.5	$MnS_{1.07}$ } Wärmekapazität	[8]
156.5	Ausdehnungskoeffizient	[9]
149.5	Ausdehnungskoeffizient	[10]

In γ-MnS verschwindet die magnetische Ordnung bei einer tieferen Temperatur als in β-MnS; genaue T_N-Werte lassen sich nicht angeben, da die Messungen [11, 12] an Gemischen aus β- und γ-MnS ausgeführt wurden. Vermutlich liegt T_N für γ-MnS in der Nähe von 100 K, für β-MnS zwischen 100 und 150 K [13].

Bei Kompression nimmt T_N im Bereich bis 2.4 kbar um 1.20 ± 0.02 K/kbar zu [10].

Literatur:

[1] B. Morosin (Phys. Rev. [3] B **1** [1970] 236/43). — [2] E. D. Jones (Phys. Rev. [2] **151** [1966] 315/24). — [3] D. Bloch, R. Georges, I. S. Jacobs (J. Phys. [Paris] **31** [1970] 589/95). — [4] J. E. Banewicz, R. Lindsay (Phys. Rev. [2] **104** [1956] 318/20). — [5] I. G. Kerimov, T. A. Mamedov, N. G. Aliev (Izv. Akad. Nauk Azerb. SSR Ser. Fiz. Tekhn. i Mat. Nauk **1968** Nr. 4, S. 3/6 nach C. A. **70** [1969] Nr. 62493).

[6] J. W. Battles (J. Appl. Phys. **42** [1971] 1286/7). — [7] D. R. Huffman, R. L. Wild (Phys. Rev. [2] **148** [1966] 526/8). — [8] J. Bousquet, M. Diot, M. Roubin (Compt. Rend. C **267** [1968] 861/2). — [9] I. G. Kerimov, T. A. Mamedov, N. G. Aliev (Teplofiz. Svoistva Tverd. Tel **1971** 19/23 nach C. A. **76** [1972] Nr. 51868), T. A. Mamedov, I. G. Kerimov, N. G. Aliev (Dokl. Akad. Nauk Azerb. SSR **24** Nr. 10 [1968] 15/20; C. A. **71** [1969] Nr. 7885). — [10] R. Georges (Compt. Rend. B **268** [1969] 16/9).

[11] L. Corliss, N. Elliott, J. Hastings (Phys. Rev. [2] **104** [1956] 924/8). — [12] W. S. Carter, K. W. H. Stevens (Proc. Phys. Soc. [London] B **69** [1956] 1006/12). — [13] W. S. Carter (Proc. Phys. Soc. [London] **76** [1960] 969/78).

Magnetostriction

8.2.5.3 Magnetostriktion

Die Änderung der Néel-Temperatur bei Kompression (s. oben) und die übermäßige Abnahme der Gitterkonstanten unterhalb etwa 150 K sind wie bei MnO (s. „Mangan" C1, S. 43) Anzeichen für das Vorliegen von Magnetostriktion [1]. Messungen an einem Einkristall ergeben die in **Fig. 4** dargestellte Feldabhängigkeit der Magnetostriktionskonstanten $\lambda_{\parallel}$ und $\lambda_{\perp}$, die beide positiv sind [2].

Fig. 4

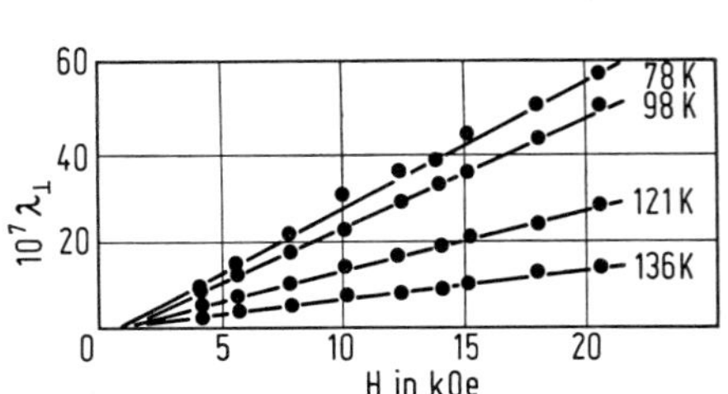

Feldabhängigkeit der Magnetostriktionskonstanten λ eines α-MnS-Einkristalls bei verschiedenen Temperaturen.

Literatur:

[1] R. Georges (Compt. Rend. B **268** [1969] 16/9). — [2] T. A. Mamedov, J. G. Kerimov, N. G. Aliev (Dokl. Akad. Nauk Azerb. SSR **24** Nr. 10 [1968] 15/20; C. A. **71** [1969] Nr. 7885).

8.2.5.4 Kernmagnetische Resonanz

Nuclear Magnetic Resonance

Die Resonanzfrequenz von ^{55}Mn in antiferromagnetischem α-MnS in einem statischen Magnetfeld beträgt bei 1.5 K, extrapoliert auf $H_0 = 0$, $\nu = 577.5 \pm 0.1$ MHz und nimmt bis etws 5 K kaum ab; dann folgt ein stärkerer Abfall auf $\nu = 575.6 \pm 0.2$ MHz bei 20.4 K. Die Linienbreite beträgt $\Delta H \approx$ 900 Oe, die Hyperfein-Kopplungskonstante $A = -(77.72 \pm 0.03) \times 10^{-4}\ cm^{-1}$ bei 0 K [1]. Aus einem zwischen 1.2 und 4.2 K ermittelten Beitrag der Hyperfeinwechselwirkung zur Wärmekapazität berechnet Passenheim [2] die Resonanzfrequenz $\nu = 585$ MHz.

Im paramagnetischen Bereich ist an α-MnS-Pulver eine durch Hyperfeinwechselwirkung bedingte Verschiebung der Resonanzfrequenz zu beobachten. Aus der Temperaturabhängigkeit dieser Verschiebung zwischen 175 und 300 K ergibt sich für ^{55}Mn die Hyperfeinkopplungskonstante $A = -(71.8 \pm 5.3) \times 10^{-4}\ cm^{-1}$. Die reziproke Spin-Spin-Relaxationszeit beträgt $1/T_2 = 1.44 \times 10^6\ s^{-1}$ [3]. An derselben Probe wird im gleichen Temperaturbereich auch die ^{33}S-Kernresonanz untersucht, wobei sich $A = (1.65 \pm 0.04) \times 10^{-4}\ cm^{-1}$ ergibt; die Linienbreite ist zu groß, um T_2 zu bestimmen [4].

Literatur:

[1] M. E. Lines, E. D. Jones (Phys. Rev. [2] **141** [1966] 525/37). — [2] B. C. Passenheim (Diss. Univ. of California, 1969, S. 1/156 nach Diss. Abstr. Intern. B **30** [1969] 2374). — [3] E. D. Jones (Phys. Rev. [2] **151** [1966] 315/24). — [4] K. Lee (Phys. Rev. [2] **172** [1968] 284/7).

8.2.5.5 Antiferromagnetische Resonanz, paramagnetische Resonanz

Antiferromagnetic and Paramagnetic Resonances

Bei Untersuchungen der Resonanzabsorption von Mikrowellen (3.2 cm) an α-MnS-Pulver beobachten Okamura u. a. [1] und Maxwell, McGuire [2] im Bereich gewöhnlicher Temperatur eine scharfe Resonanzlinie bei 3510 Oe, die mit abnehmender Temperatur, besonders unterhalb T_N, flacher und breiter wird. Für die Höhe des Absorptionsmaximums und der Halbwertsbreite erhalten Panfilov und Vereshchagin [3] ähnliche Kurven im Bereich von −195 bzw. −131°C bis +98°C. Eine bei −195°C oder −155°C [2] gefundene Resonanzlinie, die später [3] nicht bestätigt wird, könnte mit Verunreinigungen in der Probe oder geringer Korngröße erklärt werden. — Nach ESR-Messungen an α-MnS-Pulver mit 3cm-Wellen bei gewöhnlicher Temperatur von MacLean, Kor [4], bei welchen die Linienform der Resonanzkurve gemäß der Theorie von Van Vleck [5] ausgewertet wird, ergibt sich die sehr geringe Halbwertsbreite $\Delta H = 780$ Oe. die wegen der starken Austauschwechselwirkung wesentlich kleiner als die berechnete ($\Delta H = 7520$ Oe) ist. — Zur Erprobung eines neuen Mikrowellen-Reflexions-Polarimeters zur Untersuchung paramagnetischer Salze im transversalen Magnetfeld wird von Sardos [6] auch α-MnS verwendet. Hayashi, Ono [7] bestimmen an MnS-Pulver die üblichen Hyperfeinstrukturkonstanten $A = -69.0$ G, $D \approx 0$, $E \approx 0$. Vergleichswert für mit ZnS verdünntes MnS: $A = -68$ G [8]. In α-MnS-Einkristallen läßt sich nach Messungen von Battles [9] die Temperaturabhängigkeit der ESR-Linienbreite bei 35 GHz für $T > T_N + 10$ K durch $\Delta H = 80\,T/(T-T_N)$ beschreiben. Für $1\ K \leqq (T-T_N) \leqq 6$ K ist ΔH proportional $(T-T_N)^{-3/8}$. Jain u. a. [10] beobachten in α-MnS-Einkristallen unterhalb T_N keine Restabsorption; Kurven für die Temperaturabhängigkeit der Linienbreite und -höhe und der Fläche unter der Absorptionslinie zwischen −130 und +300°C (bei $g = 2.005$) s. im Original.

Literatur:

[1] T. Okamura, Y. Torizuka, Y. Kojima (Phys. Rev. [2] **82** [1951] 285/6; Sci. Rept. Res. Inst. Tohoku Univ. A **3** [1951] 209/13). — [2] L. R. Maxwell, T. R. McGuire (Rev. Mod. Phys. **25** [1953] 279/84). — [3] V. V. Panfilov, L. F. Vereshchagin (Dokl. Akad. Nauk SSSR **154** [1964] 819/20;

Soviet Phys.-Dokl. **9** [1964] 152/3). — [4] C. MacLean, G. J. W. Kor (Appl. Sci. Res. B **4** [1955] 425/33). — [5] J. H. Van Vleck (Phys. Rev. [2] **74** [1948] 1168/83).

[6] R. Sardos (J. Phys. [Paris] Suppl. **25** [1964] 163/7). — [7] I. Hayashi, K. Ono (J. Phys. Soc. Japan **8** [1953] 270/1). — [8] T. S. England, E. E. Schneider (Nature **166** [1950] 437). — [9] J. W. Battles (J. Appl. Phys. **42** [1971] 1286/7). — [10] S. C. Jain, R. Singh, R. K. Jain (J. Phys. Chem. Solids **29** [1968] 1703/5).

Magnetic Susceptibility

8.2.5.6 Magnetische Suszeptibilität

Spezifische Suszeptibilität χ in 10^{-6} cm^3/g, Molsuszeptibilität χ_{mol} in 10^{-6} cm^3/mol.

Der für Antiferromagnetika typische Verlauf der χ-T-Kurve ist nach ersten Messungen an α-MnS [1] an allen 3 Modifikationen [2] und nochmals an α-MnS [3] beobachtet worden. Die Gültigkeit des Curie-Weiss-Gesetzes wurde zwischen 307 und 510 K an α-, β- und γ-MnS bestätigt [4]. Neuere Messungen an α-MnS, γ-MnS und einer β-MnS-Probe, die 13.5 Gew.-% γ-MnS enthielt, ergeben folgende χ_{mol}-Werte:

α-MnS	T in K	61	76	167	195	298	340	375	405
	χ_{mol}	6450	6500	6600	6420	5560	5270	5050	4855
β-MnS	T in K		76	91	195	295	396	417	440
	χ_{mol}		3490	3610	3750	3470	3240	3190	3130
γ-MnS	T in K	59	76	91	195	295	386	441	471
	χ_{mol}	3900	4165	4265	4040	3765	3540	3400	3330

Da die oberhalb der Néel-Temperatur erfaßten Bereiche nur klein waren, kann die Curie-Temperatur nur näherungsweise bestimmt werden: $\Theta_p = -465$, -982 bzw. -932 K [5]. Bei gleichzeitigen Untersuchungen stand β-MnS nur als noch stärker verunreinigte Probe (mit 23 Gew.-% γ-MnS) zur Verfügung; an γ-MnS wird $\Theta_p = -938$ K erhalten [6]. Bei gesintertem α-MnS verläuft die $1/\chi$-T-Kurve auch zwischen 675 und 1244 K nicht streng linear; die Curie-Temperatur läßt sich auf $\Theta_p = -397 \pm 6$ K extrapolieren [7].

Der oben für α-MnS bei 298 K zitierte Wert liegt zwischen den älteren, bei 20°C gemessenen Werten $\chi_{mol} = 5680$, $\chi = 64.7$ [1] und $\chi_{mol} = 5480$, $\chi = 62.4$ [2]. Mit dem ersten Ergebnis ist die Angabe, daß $\chi \approx 63$ bei 310 K sei [3], gut vereinbar; jedoch liegt das bei 145 K beobachtete Maximum ($\chi \approx 95$) [3] offensichtlich zu hoch; andererseits dürfte $\chi_{mol} = 6010$ bei 165 K [8] zu niedrig liegen. Weitere Angaben für gesinterte und pulverförmige Proben s. bei Lindsay und Banewicz [9].

Die in schwachen Feldern beobachtete Unabhängigkeit der Suszeptibilität von der Feldstärke [2, 9] bleibt zwischen 78 und 280 K bis 25 kOe bestehen [10]; bei 20.4 K ist χ bis 30 kOe konstant [11]. In stärkeren Feldern (bis 68 kOe) wird unterhalb 150 K eine Zunahme von χ nachweisbar. Ein Sättigungswert von χ wird nicht erreicht; dies könnte erst bei etwa 100 kOe eintreten [12].

Literatur:

[1] H. Haraldsen, W. Klemm (Z. Anorg. Allgem. Chem. **220** [1934] 183/92). — [2] F. Mehmed, H. Haraldsen (Z. Anorg. Allgem. Chem. **235** [1938] 193/200). — [3] C. F. Squire (Phys. Rev. [2] **56** [1939] 922/5). — [4] S. S. Bhatnagar, B. Prakash, J. Singh (J. Indian Chem. Soc. **16** [1939] 313/20). — [5] L. Corliss, N. Elliott, J. Hastings (Phys. Rev. [2] **104** [1956] 924/8).

[6] W. S. Carter, K. W. H. Stevens (Proc. Phys. Soc. [London] B **69** [1956] 1006/12). — [7] J. J. Banewicz, R. F. Heidelberg, R. Lindsay (Phys. Rev. [2] **117** [1960] 736/7). — [8] H. Bizette (Ann. Phys. [Paris] [12] **1** [1946] 233/334, 316). — [9] R. Lindsay (Phys. Rev. [2] **110** [1958] 634/7), J. E. Banewicz, R. Lindsay (Phys. Rev. [2] **104** [1956] 318/20). — [10] I. G. Kerimov, T. A. Mamedov (Fiz. Metal. i Metalloved. **26** [1968] 188/91; Phys. Metals Metallog. [USSR] **26** Nr. 1 [1968] 189/91),

I. G. Kerimov, T. A. Mamedov, N. G. Aliev (Izv. Akad. Nauk Azerb. SSR Ser. Fiz. Tekhn. i Mat. Nauk **1968** Nr. 4, S. 3/6; C. A. **70** [1969] Nr. 62493).

[11] C. Starr, F. Bitter, A. Kaufmann (Phys. Rev. [2] **57** [1940] 569). — [12] D. Bloch, R. Georges. I. S. Jacobs (J. Phys. [Paris] **31** [1970] 589/95).

8.2.6 Elektrische Eigenschaften

Electrical Properties

8.2.6.1 Dielektrizitätskonstante ε

Dielectric Constant

Nach einer Dispersionsanalyse der Reststrahlenresonanz (20 bis 90 μm) an polierten Preßkörpern von α-MnS-Pulver ist die statische Dielektrizitätskonstante $\varepsilon_0 = 20 \pm 2$, die Hochfrequenzkonstante $\varepsilon_\infty = 6.8$. Für Einkristalle weisen Real- und Imaginärteil ε_1, ε_2 der Dielektrizitätskonstante, aus dem Reflexionsvermögen durch Kramers-Kronig-Analyse ermittelt, zwischen 0.5 und 14 eV den in **Fig. 5** dargestellten Verlauf auf [1]. Bei etwa 9500 MHz tritt am Néel-Punkt eine Anomalie der komplexen Dielektrizitätskonstante auf. Beim Übergang vom antiferromagnetischen in den paramagnetischen Zustand ist $\Delta\varepsilon_1/\varepsilon_1 \approx 0.01\%$ [2].

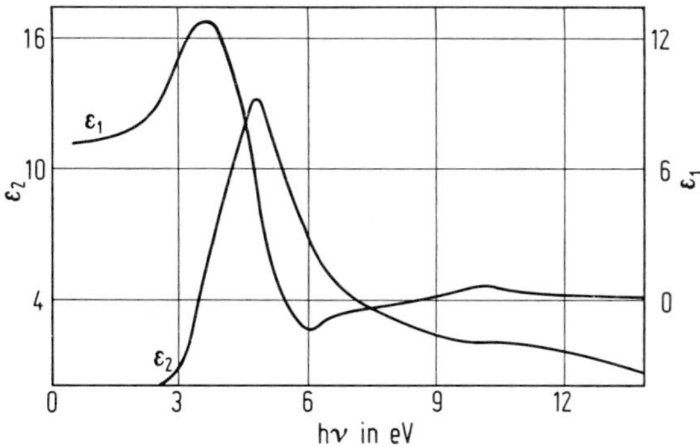

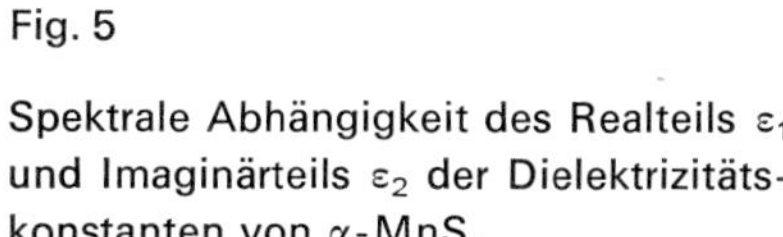
Fig. 5

Spektrale Abhängigkeit des Realteils ε_1 und Imaginärteils ε_2 der Dielektrizitätskonstanten von α-MnS.

Durch direkte Synthese aus den Elementen mit großem S-Überschuß hergestelltes und mit CS_2 extrahiertes α-MnS zeigt bei dielektrischer Untersuchung im Bereich von 100 bis 180 K für die Frequenzen $f = 10^2$, 10^3, 10^4 und 10^5 Hz Dipol-Relaxationsbanden mit der Aktivierungsenergie U = 0.22 eV. Die Untersuchung des Einflusses unterschiedlicher thermischer Vorbehandlung läßt darauf schließen, daß die dielektrische Relaxation durch die Oberfläche des MnS-Pulvers bedingt ist und der Schwefel dabei die entscheidende Rolle spielt [3].

Messungen des dielektrischen Verlustes an α-MnS-Preßtabletten mit einem Maxwell-Wagner-Plattenkondensator ergeben im gleichen Temperaturbereich wie bei MnS-Pulver eine Relaxation gleicher Aktivierungsenergie. Man schließt daraus, daß es sich beim α-MnS um eine Relaxation vom Maxwell-Wagner-Typ handelt. Ein weiterer Beweis dafür ist die mit obigen Aktivierungsenergien identische Aktivierungsenergie der elektrischen Leitfähigkeit ($E_a = 0.23$ eV) [4].

Die von Fry [5] für einen Modell-Isolator erhaltene statische dielektrische Funktion weicht stark von derjenigen ab, die Penn [6] für einen isotropen Modell-Halbleiter berechnet.

Literatur:

[1] D. R. Huffman, R. L. Wild (Phys. Rev. [2] **156** [1967] 989/97). — [2] A. A. Samokhvalov (Fiz. Tverd. Tela **3** [1961] 3593/601; Soviet Phys.-Solid State **3** [1961] 2613/8), A. A. Samokhvalov, I. G. Fakidov, E. I. Kopytov (Fiz. Metal. i Metalloved. **10** [1960] 538/42; Phys. Metals Metallog. [USSR] **10** Nr. 4 [1960] 45/8). — [3] Jean Le Bot, M. L. Blanchard, A. Baron, Y. Colin, D. T. Quan, G. Grosvald, Jacques Le Bot (Arch. Sci. [Geneva] **13** [1960] Fasc. Spec., S. 25/9), J. Le Bot, D. T. Quan

(Compt. Rend. **253** [1961] 1321/2), D. T. Quan (Compt. Rend. **258** [1964] 2045/6). — [4] D. T. Quan (Compt. Rend. B **262** [1966] 34/6). — [5] J L. Fry. (Phys. Rev. [2] **179** [1969] 892/905).
[6] D. R. Penn (Phys. Rev. [2] **128** [1962] 2093/7).

Energy Band Structure

8.2.6.2 Energiebänderstruktur

Bei der Aufstellung eines Bändermodells für α-MnS ergeben sich die gleichen Schwierigkeiten wie bei MnO, s. „Mangan" C 1, S. 48/9. — Nach der APW-Methode berechnet Wilson [1] die Bänderstruktur von antiferromagnetischem α-MnS. Dabei werden ähnliche Ergebnisse wie bei antiferromagnetischem MnO erhalten, mit dem Unterschied, daß bei α-MnS die 3d-Bänder der Mn^{2+}-Ionen von den 3d-Bändern der S^{2-}-Ionen weggedrängt und als Folge dieser $Mn^{2+}(3d)$-$S^{2-}(3d)$-Wechselwirkung die besetzten 3d-Bänder in die 3p-Bänder der S^{2-}-Ionen geschoben werden (Figur s. Original). Die Energielücke berechnet sich zu $E_g \approx 3.2$ eV, und die Bänderstruktur führt zu der Voraussage, daß antiferromagnetisches α-MnS ein Isolator ist. Aus der Energie des 3d-Leitungsbandes errechnet sich die Kristallfeldaufspaltung $\Delta = 10$ Dq $= 0.055$ Ry (6035 cm^{-1}). Ford u. a. [2] berechnen aus optischen Reflexionsmessungen für α-MnS $\Delta = 7300$ cm^{-1}; für γ-MnS wird $\Delta = 5200$ cm^{-1} angenommen. Eine von Bartling [3] durchgeführte Berechnung der Bänderstruktur von α-MnS nach der LCAO-Methode ergibt keine befriedigende Übereinstimmung mit den oben zitierten Werten [2].

Zur Interpretation der durch optische Absorptions- und Reflexionsmessungen an α-MnS-Einkristallen zwischen 0.05 und 14 eV erhaltenen Ergebnisse (s. S. 26) diskutieren Huffman und Wild [4] ein schematisiertes Bändermodell, s. **Fig. 6.** In der Reihenfolge steigender Energie werden die

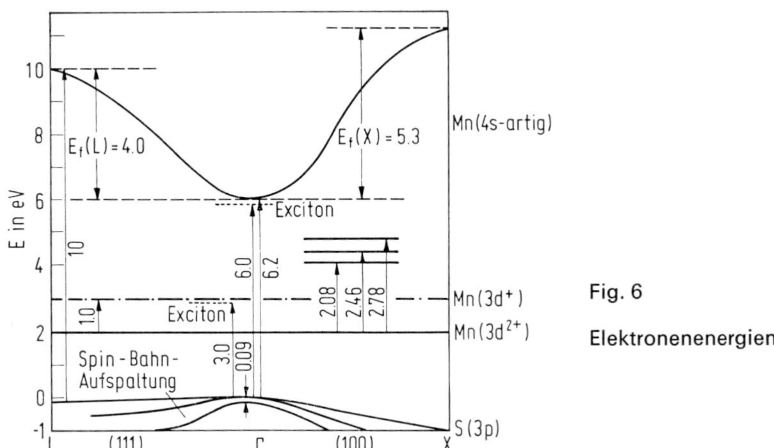

Fig. 6

Elektronenenergien von α-MnS.

folgenden Übergänge charakterisiert (2, 3 und 4 sind wegen der besseren Schärfe auf 4.2 K bezogen, die übrigen auf gewöhnliche Temperatur):

1) Etwa 1 eV: mögliche $3d^{2+} \rightarrow 3d^{+}$-Übergänge zwischen lokalisierten Niveaus unter Beteiligung von Phononen. Der Übergang könnte auch durch Verunreinigungen verursacht sein.

2) 2.08, 2.46 und 2.78 eV: 3d-Übergänge infolge Kristallfeld-Aufspaltung.

3) 2.96 und 3.05 eV: Excitonen-Linie des 3p → 3d-Übergangs, Aufspaltung durch Spin-Bahn-Kopplung.

4) 3.1 eV: 3p → 3d-Breitband → Schmalband-Absorptionskante.

5) 6.0 eV: mögliche 3p → 4s-Breitband → Breitband-Excitonen-Linie, vermutlich bei Γ.

6) 6.2 bis 10 eV: 3p → 4s-Breitband → Breitband-Übergänge.

7) 10 eV: Einsetzen von Übergängen, die möglicherweise bei L in der (100)-Richtung der Brillouin-Zonenkante liegen.

Aus einer bei 77 K auftretenden Struktur der energiereichsten Absorptionsbande folgt, daß das 3d-Band höchstens 0.1 eV breit ist [4].

Die tiefer liegenden Elektronenzustände sind teils aus dem Photoelektronenspektrum [6, 7], teils aus dem Röntgenspektrum [8] abgeleitet worden. Die Energie der $2p_{3/2}$-Elektronen (L_{III}) des Mn beträgt 640.5 eV (geringster Wert unter 13 untersuchten Mn-Verbindungen) und diejenige der 3s-Elektronen im Mittel 86.1 eV [6]. Weitere Messungen zeigen, daß das 3s-Niveau in 2 Komponenten im Abstand von 5.4 ± 0.1 eV aufgespalten ist [7]. — Das $M_{II,III}$-Niveau des Mn liegt um 46 eV, das K-Niveau des Mn um 6538 eV, dasjenige des S um 2470 eV unter dem Fermi-Niveau [8].

Nach Untersuchungen der Lichtabsorption und -reflexion an α-MnS-Einkristallen ist E_g = 2.61 bzw. 3.12 eV [5]. Ford u. a. [2] ermitteln aus den an Kristallpulvern von α-, β- und γ-MnS gemessenen Remissionsspektren für 77 K die Werte E_g = 2.97, 3.47 bzw. 3.83 eV (24000, 28800 bzw. 30900 cm^{-1}).

Literatur:

[1] T. M. Wilson (Proc. Intern. Symp. At. Mol. Solid State Theory Quantum Biol., Sanibel Island, Fla., 1969 [1970], Tl. 2, S. 757/74). — [2] R. A. Ford, E. Kauer, A. Rabenau, D. A. Brown (Ber. Bunsenges. Physik. Chem. **67** [1963] 460/5). — [3] J. Q. Bartling (Diss. Univ. of California 1969, S. 1/219; Diss. Abstr. Intern. B **30** [1969] 2369). — [4] D. R. Huffman, R. L. Wild (Phys. Rev. [2] **156** [1967] 989/97). — [5] A. Khan (Diss. Rensselaer Polytech. Inst. 1968, S. 1/203 nach Diss. Abstr. Intern. B **30** [1969] 156).

[6] J. C. Carver, G. K. Schweitzer, T. A. Carlson (J. Chem. Phys. **57** [1972] 973/82). — [7] S. Hüfner, G. K. Wertheim (Phys. Rev. [3] B **7** [1973] 2333/6). — [8] A. S. Koster, H. Mendel (J. Phys. Chem. Solids **31** [1970] 2523/30).

8.2.6.3 Elektrische Leitfähigkeit

Electrical Conductivity

Spezifische Leitfähigkeit ϰ in $\Omega^{-1} \cdot cm^{-1}$, spezifischer Widerstand ρ in $\Omega \cdot cm$, Widerstand R in Ω.

Natürlich vorkommendes α-MnS (Alabandin) ist bei gewöhnlicher Temperatur ein Isolator, $\rho > 10^6$ [1]. Durch thermische Anregung, Fremdatome, Gitterfehler oder stöchiometrische Abweichungen werden bei den meisten synthetischen Proben Halbleitereigenschaften hervorgerufen; α-MnS ist p-leitend.

Bei Untersuchung der Temperaturabhängigkeit von ϰ an α-MnS-Einkristallen ergibt sich eine lg ϰ − 1/T-Kurve mit 2 deutlich zu unterscheidenden Bereichen. Unterhalb der Néel-Temperatur T_N (≈160 K) verläuft die Kurve ab der niedrigsten Meßtemperatur 77 K linear mit einer Neigung, die einer Aktivierungsenergie der elektrischen Leitfähigkeit E_a = 0.018 eV entspricht. Oberhalb T_N ist die Neigung stärker, bis 700 K resultiert E_a = 0.182 eV. Bei gewöhnlicher Temperatur ist für mono- und polykristallines α-MnS lg ϰ = −4.38 bzw. −3.4 [2]. Für polykristallines α-MnS steigt ϰ von 10^{-13} bei 100 K auf 2×10^{-7} bei 250 K; E_a = 0.23 eV [3]. An Sinterkörpern (Verdichtungsgrad 75%), welche durch 13stündiges Glühen von α-MnS-Preßkörpern bei 1100°C an Luft erhalten sind, wird zwischen 280 und 1000 K aus dem Anstieg der beim Aufheizen (bzw. beim Abkühlen) erhaltenen lg ϰ − 1/T-Kurven die Aktivierungsenergie E_a = 0.44 (0.34) eV bestimmt; im Vakuum hergestellte Proben haben E_a = 0.89 (1.53) eV [4].

In H_2S-H_2-Atmosphäre ist die spezifische Leitfähigkeit ϰ eines α-MnS-Einkristalls, bei t = 584, 624, 664, 705, 746, 796 und 838°C jeweils bei den Druckverhältnissen $p(H_2S)/p(H_2)$ = 0.107, 0.297, 0.809 und 7.04 untersucht, proportional $[p(H_2S)/p(H_2)]^{0.32}$. Bei konstantem $p(H_2S)/p(H_2)$ ergibt sich die Aktivierungsenergie der elektrischen Leitfähigkeit E_a = 14.6 kcal/mol. Für eine zunächst bei 732°C bis zur Gleichgewichtseinstellung in H_2S-H_2-Atmosphäre geglühte und dann unter N_2 auf gewöhnliche Temperatur abgeschreckte α-MnS-Probe ist E_a = 5 kcal/mol. Alle Proben sind p-leitend. Die Ergebnisse werden so gedeutet, daß (3d-)Löcher und Kationleerstellen gebildet

Electrical Conductivity of MnS

werden und die Leitung durch ein „hopping" dieser Löcher erfolgt; Berechnung von Konzentration und Beweglichkeit der Löcher s. im Original [5].

Nach Messungen der isothermen Abhängigkeit des elektrischen Widerstandes R (bei 600, 700, 800, 900 und 1000°C) vom Schwefel-Partialdruck $p(S_2)$ (10^{-10} bis 0.125 atm) ist $R \sim p(S_2)^{-0.208}$. Diese Änderung von R wird damit erklärt, daß die Mn-Leerstellen teils einfach, teils zweifach ionisiert sind. Bei 700°C beträgt die Eigenleitfähigkeit von $Mn_{1-x}S$ ($10^{-5} < x < 3 \times 10^{-4}$) etwa 0 [6].

Literatur:

[1] M. Telkes (Am. Mineralogist **35** [1950] 536/56, 544). — [2] A. G. Rustamov, I. G. Kerimov, L. M. Valiev, S. Kh. Babaev (Izv. Akad. Nauk SSSR Neorgan. Materialy **6** [1970] 1339/40; Inorg. Materials [USSR] **6** [1970] 1176/7). — [3] D. T. Quan (Compt. Rend. B **262** [1966] 34/6). — [4] R. Singh (Proc. 15th Nucl. Phys. Solid State Phys. Symp., Madurai, India, 1970 [1971], Bd. 3, S. 181/6; C. A. **76** [1972] Nr. 28768). — [5] K. Fueki, Y. Oguri, T. Mukaibo (Denki Kagaku **38** [1970] 758/62 [englisch]; C. A. **74** [1971] Nr. 148020), T. Mukaibo, K. Fueki, K. Ohta (J. Fac. Eng. Univ. Tokyo A **1971** Nr. 9, S. 66/77; C. A. **77** [1972] Nr. 10086).

[6] H. Le Brusq, J. P. Delmaire, F. Marion (Compt. Rend. C **272** [1971] 1034/6, C **273** [1971] 139/42), H. Le Brusq, J. P. Delmaire (Rev. Intern. Hautes Temp. Refract. **11** [1974] 193/8; C. A. **82** [1975] Nr. 79308).

Photoconductivity

8.2.6.4 Photoleitfähigkeit

Das Spektrum der Photoleitfähigkeit von α-MnS-Einkristallen (Dicke 10 μm, elektrischer Widerstand R ≈ 1 MΩ) zeigt bei gewöhnlicher Temperatur im Bereich von 1.75 bis 3.0 eV, übereinstimmend mit dem Absorptionsspektrum (s. S. 26), 2 Maxima bei 1.96 und etwa 2.4 eV, welche den Übergängen von Mn^{2+}-Ionen vom Grundzustand $^6A_1$ in angeregte Zustände $^4T_1$ bzw. $^4T_2$ entsprechen. Der anschließende starke Anstieg ist wahrscheinlich die Kristall-Absorptionskante. Mit sinkender Temperatur nimmt der Photostrom stark ab, K. Sato, T. Teranishi (J. Phys. Soc. Japan **32** [1972] 1159).

Thermoelectric Power

8.2.6.5 Thermokraft α in μV/K

Messungen der Temperaturabhängigkeit von α an α-MnS-Einkristallen ergeben von T = 125 K bis T_N (≈160 K) den fast gleichbleibenden Wert α ≈ 230. Oberhalb T_N folgt zunächst ein flacher, dann ein sehr steiler Anstieg mit der Temperatur bis zu einem Maximum bei 700 K (α = 1000). Bei gewöhnlicher Temperatur ist für mono- und polykristallines α-MnS α = 550 bzw. 370 [1]. An einem α-MnS-Einkristall wird im Temperaturbereich T = 863 bis 1120 K ein Abfall von α = 7 auf 6 gemessen [2]. Nach Messungen bei 600, 700, 800, 900 und 1000°C und Schwefelpartialdrücken $p(S_2)$ von 10^{-10} bis 0.125 atm hängt α linear von lg $p(S_2)$ ab [3]. Bei 700°C wächst α bei $Mn_{1-x}S$ (mit $10^{-5} < x < 3 \times 10^{-4}$) linear von 600 auf 1000 mit fallendem S_2-Druck [4].

Für die thermoelektrische Stromerzeugung kann p-leitendes MnS_{1+x} ($x \leqq 0.1$) oder n-leitendes MnS_{1-x} ($x \leqq 0.1$) verwendet werden; p-Leitung kann auch durch Li-Zusatz, n-Leitung durch Al-Zusatz erzielt werden [5].

Literatur:

[1] A. G. Rustamov, I. G. Kerimov, L. M. Valiev, S. Kh. Babaev (Izv. Akad. Nauk SSSR Neorgan. Materialy **6** [1970] 1339/40; Inorg. Materials [USSR] **6** [1970] 1176/7). — [2] K. Fueki, Y. Oguri, T. Mukaibo (Denki Kagaku **38** [1970] 758/62; C. A. **74** [1971] Nr. 148020). — [3] H. Le Brusq, J. P. Delmaire, F. Marion (Compt. Rend. C **272** [1971] 1034/6). — [4] H. Le Brusq, J. P. Delmaire, F. Marion (Compt. Rend. C **273** [1971] 139/42). — [5] R. R. Heikes, W. D. Johnston (U. S. P. 2921973 [1960], 2953617 [1960] nach C. A. **1960** 8310, **1961** 1248).

8.2.7 Optische Eigenschaften

Optical Properties

α-MnS hat eine grüne Farbe; die Modifikationen β-MnS und γ-MnS sind hellrot gefärbt.

Absorption, Durchlässigkeit T, **Reflexionsvermögen** R, **Brechungsindex** n

Absorption. Transmittance Reflectivity. Refractive Index

Im fernen IR ist die Absorption durch Gitterschwingungen und magnetische Schwingungen bedingt. Im ultraroten und sichtbaren Bereich setzt sich die Absorption aus einem Kontinuum und einzelnen Linien zusammen. Im Sichtbaren und UV absorbieren die Mn^{2+}- und S^{2-}-Ionen.

Messungen im fernen IR zwischen 90 und 20 μm (Reststrahlenspektrum) an polierten Preßkörpern von α-MnS-Pulver ergeben den in **Fig. 7** dargestellten Verlauf für R; die ausgezogene Kurve ist nach den phänomenologischen Gleichungen von Huang [2] für „Ein-Frequenz-Dispersion" mit einem Dämpfungsterm berechnet. Zwischen der Reststrahlen- und der Kristallfeld-Absorption

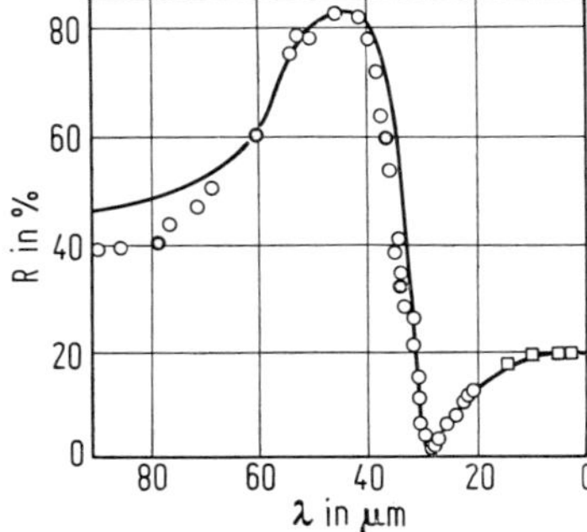

Fig. 7

Reflexionsvermögen R von α-MnS im IR-Bereich.

hat α-MnS auf einem mit der Energie stetig ansteigenden Untergrund eine vergleichsweise schwache, breite Absorptionsbande, die für Einkristalle von 134 bis 577 μm Dicke bei gewöhnlicher Temperatur bei etwa 1 eV liegt. Bei tiefer Temperatur (80 und 6 K) ist die Bande schmäler und zu höherer Energie verschoben. Der hieraus berechnete Brechungsindex steigt mit abnehmender Wellenlänge λ folgendermaßen an (ausgewählte Werte) [1]:

λ in μm . . .	13	11	9	7	5	3	2
n	2.435	2.508	2.554	2.582	2.605	2.625	2.632

λ in nm . . .	1800	1500	1200	1000	800	700	600
n	2.637	2.646	2.663	2.682	2.720	2.753	2.807

Im Bereich von 15.5 bis 2 μm hat α-MnS ein Maximum von T bei 14.5 μm, γ-MnS eines bei 12 bis 14 μm; die Minima liegen bei 5.5 bzw. 2 μm. Für den Bereich von 10 bis 4 μm ergeben sich die Mittelwerte n = 2.3 bzw. 2.0 [3]. Das Absorptionsspektrum von β-MnS im Bereich 400 bis 1400 cm^{-1} zeigt ausgeprägte Minima von T bei 620, 1000 und 1130 cm^{-1} (T ≈ 45, 70 bzw. 40%) [4]. Alabandin (natürliches α-MnS) reflektiert weißes (Farbtemperatur 3050 K), linear polarisiertes Licht in Luft zu 23.4% (bezogen auf einen Pyrit-Standard mit R = 54.5%) [5]. Bestwerte von Folinsbee [6]: R = 23.9%, n = 2.70. Das Reflexionsmaximum von MnS (wahrscheinlich Alabandin) liegt zwischen 590 und 570 nm [7].

Die Absorptionsbanden von MnS im Sichtbaren und im UV sind wie bei MnO (s. „Mangan" C1, S. 57) vorwiegend durch Anregung des Mn^{2+}-Ions in Energiezustände bedingt, die durch Aufspaltung der Mn^{2+}-Terme durch das kubische Kristallfeld entstehen, und zwar spaltet der ^4G-Term in $^4T_1$, $^4T_2$, ^4E und $^4A_1$, der ^4D-Term in $^4T_2$ und ^4E, der ^4F-Term in $^4A_2$, $^4T_1$ und $^4T_2$ auf, s. „Mangan" B, S. 180.

Optical Properties of MnS

Unter Anwendung von Lichtfiltern photographisch und spektroskopisch untersuchtes α-MnS gibt in durchfallendem Licht ein Spektrum mit größten Intensitäten im Grünen [8]. An α-MnS-Einkristallen im transparenten Bereich zwischen etwa 20 und 0.45 μm durchgeführte Untersuchungen ergeben im Sichtbaren bei 80 K 3 Banden bei 2.0, 2.4 und 2.7 eV, die Übergängen zu den niedrigen Termen $^4T_1$, $^4T_2$, $^4A_1$ + ^4E (wahrscheinlicher $^4A_1$) entsprechen. Bei 4.2 K liegen die Banden bei 2.08, 2.46 und 2.78 eV; zugehörige Wellenzahlen: 16420, 19308 und 22016 cm^{-1} [1]. Diese 3 Banden werden schon von McClure [9] bei 4.2 K an 0.05 mm dicken α-MnS-Einkristallen bei etwa 605, 510 und 450 nm beobachtet. Ford u. a. [10] erhalten im diffusen Reflexionsspektrum von α-MnS-Pulver bei 77 K diese 3 Banden bei 16240 (16400), 19440 (19290) und 21600 (21600) cm^{-1}; eingeklammerte Werte sind nach der Ligandenfeldtheorie aus den Racah-Parametern B = 583 und C = 3125 cm^{-1} sowie der Kristallfeldstärke 10 Dq = 7300 cm^{-1} berechnet. Für Pulverpräparate von β-MnS und γ-MnS liegen die entsprechenden Banden für 77 K bei 20560 und 24000 bzw. 20800, 23200 und 25200 cm^{-1}. Auch die Remissionsspektren der Mischkristalle mit 10 und 20 Mol-% MnS in hexagonalem ZnS werden von Ford u. a. [10] bei Raumtemperatur und 77 K aufgenommen. — Bei 20°C findet Sobolev [11] im Reflexionsspektrum zwischen 1 und 5 eV eine starke Bande bei 3 bis 4 eV und zwei oder drei schwächere Banden.

Die an Einkristallen gemessene Absorption von α-MnS ist bei 80 K schwächer als bei 300 K; die (schärfste) Absorptionsbande bei 2.7 eV verschiebt sich zwischen 300 und 4.2 K um etwa 150 cm^{-1} zu größeren Wellenzahlen auf Grund der Austauschwechselwirkung. Die Absorptionskante (2.8 eV bei gewöhnlicher Temperatur, 3.1 eV und beträchtlich schärfer ausgeprägt bei 80 K) wird durch Übergänge aus dem breiten S^{2-}(3p)-Band in ein 3d-Band (s. S. 22) erklärt. Bei 4.2 K treten in der Kante zwei kleine, scharfe Linien bei 2.96 und 3.05 eV auf, die wahrscheinlich Excitonen-Linien des durch Spin-Bahn-Kopplung aufgespaltenen Grundterms sind [1]. Näheres über den Elektronenübergang in das Leitungsband s. bei Chou und Fan [20].

Außer Blauverschiebung beim Abkühlen von gewöhnlicher Temperatur auf 77 K findet Komura [12, 13] bei Absorptionsmessungen zwischen 700 und 340 nm an α-MnS-Einkristallen bei Temperaturabnahme von 77 auf 4.2 K eine Feinstruktur der energiereichsten Bande. Die beiden (breiten) Banden mit 16470 und 19420 cm^{-1} verschieben sich bis 77 K nach 16640 und 19840 cm^{-1}. Die 3. (schärfere) Bande bei 22100 cm^{-1} verschiebt sich mit ihrer Spitze weniger stark nach 22210 cm^{-1} und weist außerdem noch 2 Schultern bei 21620 und 21980 cm^{-1} auf. Bei 4.2 K sind die Wellenzahlen der $^6A_1 \rightarrow {}^4T_1$- und der $^6A_1 \rightarrow {}^4T_2$-Bande unverändert; fünf weitere Banden sind den Übergängen $^6A_1 \rightarrow {}^4E$ (21440, 21659 cm^{-1}) bzw. $^6A_1 \rightarrow {}^4A_1$ (21825, 22030 und 22270 cm^{-1}) zuzuordnen. Die Aufspaltung der Terme ^4E und $^4A_1$ wird durch Kovalenzanteil, Symmetrieerniedrigung des Kristallfeldes und Phononenbeitrag erklärt. Bei 4.2 K treten im nahen UV hinter der Absorptionskante, die bei gewöhnlicher Temperatur bei 440 nm liegt, noch 2 Banden bei 24691 und 27397 cm^{-1} auf, deren Natur ungeklärt ist; Übergänge zu den Termen $^4T_2$ und $^4E(^4D)$ müßten viel größere Energien (28035 bzw. 28367 cm^{-1}) haben [12]. Auch in der energieärmsten Absorptionsbande ($^6A_1 \rightarrow {}^4T_1$) sind bei 4.2 K 5 sehr schwache Komponenten (1 bis 5) zu unterscheiden. Die extrem scharfen Linien 1 und 2 (Halbwertsbreite $< 2\ cm^{-1}$) mit den Wellenzahlen 15242 und 15272 cm^{-1} werden als reine Elektronenübergänge bezeichnet (Null-Magnonen-Linien). Die Linie 3 (15365 cm^{-1}) ist die Magnonen-Nebenbande der ersten, die Komponenten 4 und 5 bei 15426 und 15455 cm^{-1} sind Phononen-Nebenbanden [14, 13]. Über die Mitwirkung von Phononen an dieser Absorptionsbande s. auch Huffman [18]. Die anomal hohe Intensität der Absorption ($^6A_1 \rightarrow {}^4T_1$, $^4T_2$) in α-MnS und ihre besondere Temperaturabhängigkeit (Intensität nimmt bei Temperaturerhöhung bis zur Néel-Temperatur T_N zu, oberhalb T_N strebt sie einem Sättigungswert zu) beruhen nach Motizuki und Harada [15] auf Magnonen-Nebenbanden; weitere theoretische Überlegungen über die durch Magnonen bedingten optischen Effekte s. bei Harada, Motizuki [16] und Stevens [17]. Die besonders an Halogenverbindungen von Mn^{II} zu beobachtenden Magnonen-Nebenbanden werden von Lohr und McClure [19] eingehend behandelt, wobei auch α-MnS erwähnt wird.

Die Reflexionsspektren von pulverförmigem α-, β- und γ-MnS sind bei 77 K viel deutlicher ausgeprägt als bei gewöhnlicher Temperatur; dieser Effekt ist am stärksten bei β-MnS. Eine (starke) Verschiebung zu höherer Energie erleidet beim Abkühlen nur die einem „charge transfer" zugeordnete Bande bei 24000, 28800 bzw. 30900 cm^{-1} [10]. Im UV untersuchen Huffman und Wild [1] bei gewöhnlicher Temperatur und 4.2 K das direkte Reflexionsvermögen von α-MnS-Einkristallen bis 14 eV. Der Extinktionskoeffizient k und der Brechungsindex n, ermittelt durch Kramers-Kronig-Analyse, hat den in **Fig. 8** gezeigten Verlauf. Die daraus abgeleitete spektrale Abhängigkeit des Absorptionskoeffizienten α ist in **Fig. 9** dargestellt. Wie das Reflexionsspektrum zeigt, finden weitere Übergänge bei 2.8 bis 4.8 eV, etwa 5.8 bis 6.0 eV, 6.2 bis 10 eV und 10 bis 14 eV statt (s. „Energiebänderstruktur" S. 22).

Fig. 8

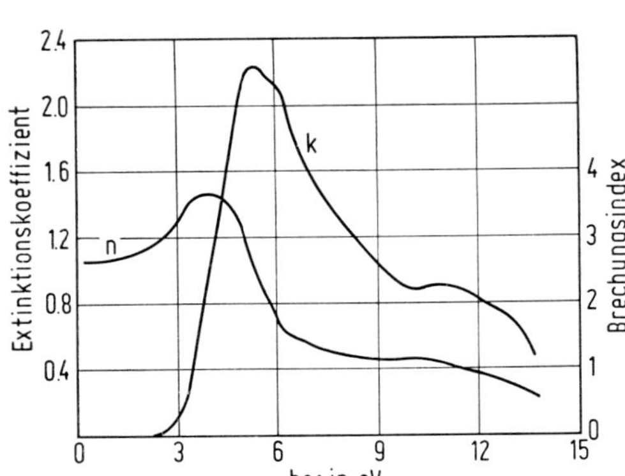

Extinktionskoeffizient k und Brechungsindex n von α-MnS im UV-Bereich.

Fig. 9

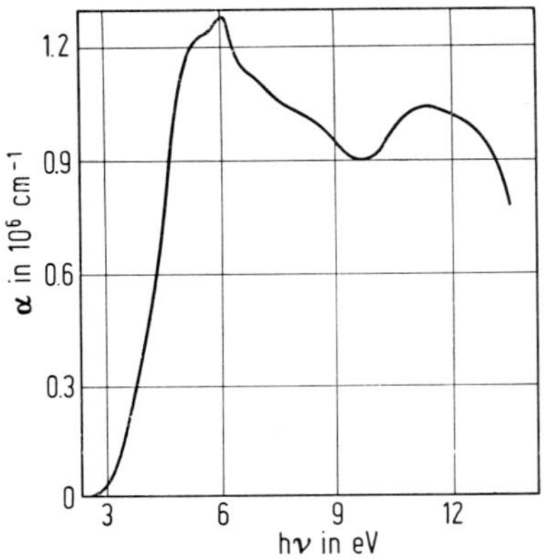

Spektrale Abhängigkeit des Absorptionskoeffizienten α bei α-MnS.

Literatur:

[1] D. R. Huffman, R. L. Wild (Phys. Rev. [2] **156** [1967] 989/97). — [2] K. Huang (Proc. Roy. Soc. [London] A **208** [1951] 352/65). — [3] S. S. Batsanov, V. V. Kopytina (Vestn. Mosk. Univ. Ser. Mat. Mekhan. Astron. Fiz. i Khim. **12** Nr. 3 [1957] 227/36, 229/30; C. A. **1958** 6885). — [4] O. Kammori, K. Sato, F. Kurosawa (Bunseki Kagaku **17** [1968] 1270/3; C. A. **70** [1969] Nr. 42454). — [5] S. H. U. Bowie, K. Taylor (Mining Mag. [London] **99** [1958] 265/77, 270, 337/45).

[6] R. E. Folinsbee (Econ. Geol. **44** [1949] 425/36). — [7] H. Majima, M. Wada (Suiyokwai Shi **13** [1957] 241/4 nach C. A. **1961** 124). — [8] H. Löfquist (Tek. Tidskr. Bergsvetenskap **67** Nr. 41 [1937] 77/83 nach C. **1938** I 3501). — [9] D. S. McClure (J. Chem. Phys. **39** [1963] 2850/5). — [10] R. A. Ford, E. Kauer, A. Rabenau, D. A. Brown (Ber. Bunsenges. Physik. Chem. **67** [1963] 460/5).

[11] V. V. Sobolev (Issled. Slozhnykh Poluprov. **1970** 190/6; C. A. **75** [1971] Nr. 114487). — [12] H. Komura (J. Phys. Soc. Japan **26** [1969] 1446/51). — [13] H. Komura (Mem. Fac. Sci. Kyoto Univ. Ser. Phys. Astrophys. Geophys. Chem. **34** [1972] 41/59; C. A. **79** [1973] Nr. 98748). — [14] H. Mitsuhashi, H. Komura (J. Phys. Soc. Japan **30** [1971] 895/6). — [15] K. Motizuki, I. Harada (Solid State Commun. **8** [1970] 951/4; J. Phys. [Paris] **32** [1971] Suppl. C1-1053/C1-1054; Progr. Theor. Phys. Suppl. Nr. 46 [1970] 40/60).

[16] I. Harada, K. Motizuki (J. Phys. Soc. Japan **32** [1972] 927/40). — [17] A. Stevens (J. Phys. C **5** [1972] 1859/75). — [18] D. R. Huffman (J. Appl. Phys. **40** [1969] 1334/5). — [19] L. L. Lohr, D. S. McClure (J. Chem. Phys. **49** [1968] 3516/21). — [20] H. H. Chou, H. Y. Fan (Phys. Rev. [3] B **10** [1974] 901/10).

Electro-chemical Behavior

8.2.8 Elektrochemisches Verhalten

Theoretische Betrachtungen des Durchtrittsmechanismus halbleitender Sulfidelektroden ergeben eine Abhängigkeit der Potentiale von der Ionenaktivität des Elektrolyten und der Aktivität der Einzelkomponenten in der Sulfidphase. Aus thermodynamischen Daten berechnet Sato [1] das Normalpotential von α-MnS zu ${}_0E_h = -0.830$ V bei 25°C. Für eine maximale Aktivität des Schwefels in α-MnS im Gleichgewicht mit S bzw. minimale Aktivität des Schwefels in α-MnS im Gleichgewicht mit Mn werden folgende Werte berechnet (E_h bezogen auf die Normalwasserstoffelektrode):

Ionenaktivität im Elektrolyten . . .	$a(Mn^{2+}) = 1$	$a(S^{2-}) = 1$
E_h(max) in V	0.095	−0.480
E_h(min) in V	1.18	−1.565

Ein vereinfachtes E_h-pH-Diagramm des Systems Mn-S-H_2O bei 25°C in der von Pourbaix angegebenen Weise zeigt **Fig. 10**. Es ist berechnet mit Hilfe des von Latimer [2] angegebenen Wertes für die freie Bildungsenthalpie von gefälltem MnS ($\Delta G° = -53.3$ kcal/mol) und gibt den Stabilitätsbereich von MnS wieder [3]. Noddack u. a. [4] messen die Potentiale von Schwermetallsulfiden in Metallsalzlösungen und erhalten für das Normalpotential von β-MnS ${}_0E_h = 0.16$ V. Die Werte der Sulfidelektroden sind in allen Fällen edler als die der entsprechenden Metallelektroden, aber nur in Grenzen reproduzierbar. Das Potential MnS/0.1 n Mn^{2+}-Salzlösung ist unter N_2 konstant, steigt jedoch stark an bei Zutritt von Luft. — Ähnlich empfindlich reagiert nach Chyżewski, Skąpski [5] das Potential α-MnS/0.005 n $MnSO_4$, 0.005 n $FeSO_4$ bei 18 bis 20°C, das unter N_2 oder H_2 $E_h = -0.005$ V beträgt und beim Einleiten von Luft bzw. Sauerstoff auf Werte von etwa +0.01 bzw. +0.1 V ansteigt.

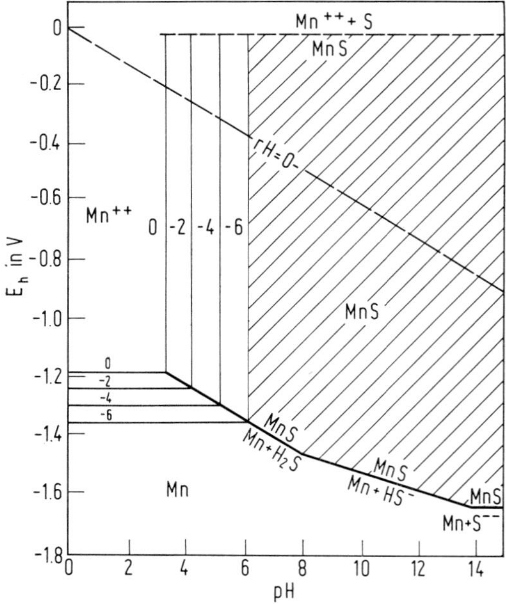

Fig. 10

E_h-pH-Diagramm des Systems Mn-S-H_2O bei 25°C. (rH = 0 ist das Potential der Wasserstoffelektrode; die Werte 0 bis −6 entsprechen den Mn^{2+}-Aktivitäten von 10^0 bis 10^{-6} mol/l.)

Noddack u. a. [4] stellen nach ihren Messungen eine empirische Spannungsreihe auf: Ag_2S > CuS > ZnS > Cu_2S > FeS > Bi_2S_3 > PbS > **MnS** > CoS. Die Reihenfolge der von Sato [1] theoretisch berechneten Reihe weist demgegenüber Abweichungen auf: PtS > HgS > Ag_2S > CuS > Cu_2S > SnS > PbS > CdS > ZnS > NiS > **MnS** > FeS.

Literatur:

[1] M. Sato (Electrochim. Acta **11** [1966] 361/73, 370). — [2] W. M. Latimer (The Oxidation States of the Elements and Their Potentials in Aqueous Solutions, 2. Aufl., Prentice Hall, Englewood Cliffs, N. J., 1961, S. 235). — [3] J. Horvath, M. Novak (Corrosion Sci. **4** [1964] 159/78, 169). — [4] W. Noddack, K. Wrabetz, W. Herbst (Z. Elektrochem. **59** [1955] 752/5). — [5] E. Chyżewski, A. Skąpski (Z. Elektrochem. **41** [1935] 843/9).

8.2.9 Chemisches Verhalten

Chemical Reactions

8.2.9.1 Gegen Elemente

With Elements

Die Reduktion mit Wasserstoff gemäß MnS(fest, flüssig) + H_2(gas) ⇌ Mn(fest, flüssig) + H_2S(gas) ist stark endotherm. Thermodynamische Berechnungen ergeben, daß selbst bei 2000 K weniger als 0.02% des Wasserstoffs zu H_2S umgesetzt werden (ausgewählte Werte):

T in K	298.15	800	1300	1517[1])	1517	2000
ΔH° in kcal/mol	44.65	43.2	43.6	44.8	48.4	42.4
ΔG° in kcal/mol	42.65	40.2	38.35	37.4	37.4	34.4
$K_p = p(H_2S)/p(H_2)$	5.44×10^{-32}	1.01×10^{-11}	3.57×10^{-7}	4.16×10^{-6}	4.16×10^{-6}	1.72×10^{4}

[1]) Schmelzpunkt von Mn.

(Die Werte mit dem falschen, auf Silverman [1] zurückgehenden und von Coughlin [2] übernommenen Schmelzpunkt von 1803 K sind hier weggelassen.) Diese berechneten Werte weichen von neueren experimentellen deutlich ab, wofür der Autor keine Erklärung geben kann [3]. (In älteren Arbeiten wird keine Reaktion zwischen MnS und H_2 bis 1200°C festgestellt, s. beispielsweise [4].) Nach Untersuchungen von Cox u. a. [5] steigt K_p von 5.68×10^{-4} bei 1267 K über 2.80×10^{-3} bei 1460 K auf 5.40×10^{-3} bei 1583 K. Jellinek, Zakowski [6] erhalten $K_p = 1.8 \times 10^{-4}$ bei 1373 K, s. auch [7, 8]. Zur Reaktion bei gleichzeitiger stiller elektrischer Entladung s. [9].

α-MnS reagiert mit Luftsauerstoff im Bereich von 100 bis 400°C zu Sulfidsulfaten [10] s. S. 171. Die Reaktion läßt sich durch $1 - \sqrt[3]{1 - q} = K\sqrt{t}$ beschreiben, wobei q der Grad der Umsetzung und t die Zeit in min ist. Die Konstante K steigt von 2.7×10^3 bei 200°C auf 39×10^3 bei 300°C. Die Aktivierungsenergie beträgt 28 kcal/mol [11]. Oberhalb 400°C bilden sich dunkelbraune bis schwarze Oxidsulfate, z. B. $Mn(SO_4)_{0.6}O_{0.6}$ bei 600°C, s. S. 176. Der von anderen Autoren [12, 13] vertretene Mechanismus, wonach gebildetes Sulfat mit dem Sulfid zu SO_2 und MnO (und schließlich zu Mn_3O_4) reagieren soll, wird als überholt betrachtet [10]. Im Bereich von 600 bis 800°C wird eine Aktivierungsenergie von 5.3 kcal/mol und zwischen 800 und 1000°C von 0.5 kcal/mol gefunden [13]. Unter dem Einfluß von CuK-Röntgenstrahlung scheint sich α-MnS an der Luft schon bei Raumtemperatur in Manganoxidsulfid umwandeln zu können [14]. Bei erhöhten Temperaturen entsteht in Luft Mn_3O_4 und SO_2 [15]. Die Oxidation beginnt bei feinteiligen Präparaten bei 310 bis 320°C und ist bei 340°C beendet [16]. In reinem O_2 verläuft die Reaktion unter Flammenerscheinung [17].

γ-MnS geht bereits beim Stehen an der Luft langsam in Mn_2O_3 über [18, 19] s. auch [20]. Frisch gefälltes, rotes MnS, das meist einen Überschuß an S besitzt, kann sich nach dem Trocknen an der Luft entzünden [21, 22, 23]. Sorgfältig gereinigtes γ-MnS wird mit steigender Temperatur an der Luft ähnlich wie α-MnS bis 400°C zu Sulfidsulfaten umgesetzt [10]. Die Kinetik ist durch die gleichzeitig stattfindende Umwandlung in α-MnS komplizierter als bei dieser Modifikation. Die Aktivierungsenergie beträgt im Bereich bis 300°C 10.6 kcal/mol [11]. Bei weiterer Temperaturerhöhung bilden sich Oxidsulfate, z. B. $Mn(SO_4)_{0.5}O_{0.7}$ bei 600°C [10]. Die thermogravimetrische Analyse wird dagegen so gedeutet, daß sich oberhalb 100°C aus frisch gefälltem nassem Sulfid ein Gemisch aus MnS und MnO bildet, das mit steigender Temperatur langsam zu $MnSO_4$ und

Reactions of MnS with Elements

Mn_3O_4 oxidiert wird [24]. — In wäßrigen Suspensionen wird das Sulfid von Luftsauerstoff zum Sulfat oxidiert [20, 25, 26, 27].

Von Ozon wird γ-MnS bei Raumtemperatur zu einer Verbindung der Bruttozusammensetzung $Mn_3S_2O_8$ oxidiert, die wahrscheinlich ebenfalls ein Oxidsulfat ist [11] in Übereinstimmung mit früheren Versuchen [28].

Von Fluor wird α-MnS bei Raumtemperatur nicht angegriffen, reagiert aber beim Erwärmen unter Feuererscheinung [4]. — Bei Raumtemperatur reagiert trockenes γ-MnS mit trockenem Chlor innerhalb von 35 h zu $MnSCl_2$ (s. S. 263). α-MnS verhält sich ähnlich [14]. Bei 350°C tritt heftige Umsetzung zu $MnCl_2$ und S_2Cl_2 ein [4, 29]. Für die Reaktion $MnS + Cl_2 \rightleftharpoons MnCl_2 + 0.5\ S_2$ werden die Gleichgewichtskonstanten lg K_p = 12.160 bei 700 K und 8.829 bei 900 K mit Hilfe der thermodynamischen Daten von Mah [3] berechnet. Danach ist MnS bereits in Gegenwart von 1 bis 10% Cl_2 gegenüber $MnCl_2$ thermodynamisch instabil [30]. — Mit flüssigem, trocknem Brom entsteht aus γ-MnS in 30 h MnSBr (s. S. 263), das sich auch aus α-MnS gewinnen läßt [14]. Montignie [31] erhält dagegen bei Raumtemperatur $MnBr_2$ und S_2Br_2 in schwach exothermer Reaktion, s. auch [4]. — Mit Jod reagiert γ-MnS im geschlossenen Rohr bei 175 bis 180°C innerhalb 50 h zu MnSJ (s. S. 263); ähnliches gilt für α-MnS [14]. Bei 600°C entsteht MnJ_2 [4].

Verdampft man MnS-Kohlenstoff-Gemenge oder MnS aus Kohletiegeln bei Temperaturen über 1000°C, so wird auch der Kohlenstoff verflüchtigt [32, 33]. Dabei läuft die Reaktion MnS(fest) + C(fest) → Mn(gas) + CS(gas) ab [34]. Messungen der Gleichgewichtsdrücke über Gemengen von α-MnS und C mit der Effusionsmethode in Graphitzellen bei 1400°C ergeben für diese Umsetzung die Reaktionsenthalpie ΔH°_{298} = 176.7 ± 0.5 kcal/mol [35]. Die tiefste Temperatur, bei der CS (massenspektrometrisch bestimmt über ^{34}CS) noch nachweisbar ist, beträgt 1200°C [36].

Die Erhitzungskurve eines Magnesium-MnS-Gemisches zeigt bei 360°C den Beginn der exothermen Bildung von MgS [37]. — α-MnS reagiert bei 1400°C nicht mit Molybdän. Auch die thermodynamische Rechnung zeigt, daß die Bildung von MoS_2 nicht zu erwarten ist [38]. — Nach mikroskopischen und thermischen Untersuchungen scheint α-MnS, wenn überhaupt, in festem [39] und flüssigem [40] Eisen nur sehr wenig löslich zu sein. Das Löslichkeitsprodukt von MnS, definiert als K = % Mn · % S, in Eisen mit 1.00 bis 1.75 Gew.-% Mn steigt im Temperaturbereich von 1100 bis 1440°C steil von 0.03 auf etwa 0.65 [41]. Wird einer Eisenschmelze MnS zugesetzt, so erfolgt beim Erstarren eine Resulfurierung nach $Fe + MnS \rightleftharpoons FeS + Mn$; in Schmelzen mit mehr als 0.8% Mn wird diese Reaktion verhindert [40].

Literatur:

[1] A. Silverman u. a. (Bull. Natl. Res. Council [U. S.] Nr. 107 [1943] 1/94; C. A. **1944** 225). — [2] J. P. Coughlin (J. Am. Chem. Soc. **72** [1950] 5445/7). — [3] A. D. Mah (U. S. Bur. Mines Rept. Invest. Nr. 5600 [1960] 1/34, 22). — [4] A. Mourlot (Ann. Chim. Phys. [7] **17** [1899] 510/74, 548; Compt. Rend. **121** [1895] 202/3). — [5] E. M. Cox, M. C. Bachelder, N. H. Nachtrieb, A. S. Skapski (J. Metals **1** [1949] Trans. **125** 27/31).

[6] K. Jellinek, J. Zakowski (Z. Anorg. Allgem. Chem. **142** [1925] 1/53, 33). — [7] A. E. Martin, G. Glockler, C. E. Wood (U. S. Bur. Mines Rept. Invest. Nr. 3552 [1941] 1/14). — [8] G. Gallo, M. del Guerra (Ann. Chim. [Rome] **41** [1951] 51/60, 59). — [9] S. Miyamoto (J. Sci. Hiroshima Univ. A **3** [1932/33] 99/115, 112). — [10] S. S. Batsanov, O. I. Ryabinina, K. F. Obzherina, S. S. Derbeneva (Izv. Akad. Nauk SSSR Ser. Khim. **1968** 8/14; Bull. Acad. Sci. USSR Div. Chem. Sci. **1968** 6/11).

[11] S. S. Batsanov, V. P. Kazakov, S. S. Derbeneva (Zh. Neorgan. Khim. **12** [1967] 1417/22; Russ. J. Inorg. Chem. **12** [1967] 749/52). — [12] Ya. G. Buchukuri, V. T. Chagunava, T. V. Pantsulaya (Soobshch. Akad. Nauk Gruz. SSR **17** [1956] 703/10; C. A. **1959** 3661). — [13] V. M. Kakabadze, T. V. Pantsulaya (Zh. Vses. Khim. Obshchestva im. D. I. Mendeleeva **5** [1960] 471; C. A. **1961** 286). — [14] S. S. Batsanov, L. I. Gorogotskaya (Zh. Neorgan. Khim. **4** [1959] 62/70; Russ. J. Inorg. Chem. **4** [1959] 24/7). — [15] J. A. Arvfedson (Ann. Physik Chem. [2] **1** [1824] 49/74, 52).

[16] R. Dimitrov, A. Khekimova (Nauchn. Tr. Plovdivski Univ. Mat. Fiz. Khim. Biol. **10** Nr. 1 [1972] 117/22 [bulgarisch]; C. A. **78** [1973] Nr. 11054). — [17] A. Mourlot (Ann. Chim. Phys. [7] **17** [1899] 510/74, 548; Compt. Rend. **121** [1895] 202/3). — [18] P. W. Hofmann (Dinglers Polytech. J. **181** [1866] 364; C. **1868** 1092/7). — [19] A. Auroux, J. Bousquet, R. D. Joly, J. M. Letoffe (J. Chim. Phys. **70** [1973] 1133/6). — [20] M. P. Babkin (Zh. Analit. Khim. **2** [1947] 118/21; C. **1947** II 1227).

[21] A. Oppenheim (Ber. Deut. Chem. Ges. **1** [1868] 242/8, 247). — [22] P. de Clermont, H. Guiot (Compt. Rend. **85** [1877] 73/4). — [23] O. Binder (Z. Anal. Chem. **47** [1908] 144). — [24] T. Dupuis, J. Besson, C. Duval (Anal. Chim. Acta **3** [1949] 599/605, 601). — [25] T. I. Drobasheva (Tr. Novocherk. Politekhn. Inst. **1957** Nr. 44/58, S. 225/46 nach C. A. **1959** 19709).

[26] L. F. Khudyakov, A. V. Klyueva (Tr. Ural'sk. Politekhn. Inst. Nr. 155 [1967] 53/9 nach C. A. **70** [1969] Nr. 23516). — [27] I. F. Khudyakov, A. S. Yaroslavtsev (Tr. Ural'sk. Politekhn. Inst. Nr. 155 [1967] 30/8 nach C. A. **68** [1968] Nr. 80624). — [28] A. Mailfert (Compt. Rend. **94** [1882] 1186/7). — [29] R. L. v. Fellenberg (Ann. Physik Chem. [2] **50** [1840] 61/80, 76). — [30] R. F. Pilgrim, T. R. Ingraham (Can. Met. Quart. **6** [1967] 333/46, 335).

[31] E. Montignie (Bull. Soc. Chim. France [5] **9** [1942] 654/8). — [32] M. Picon (Bull. Soc. Chim. France [4] **41** [1927] 189/91; Compt. Rend. **184** [1927] 98/9). — [33] M. Picon, J. Flahaut (Bull. Soc. Chim. France **1950** 1070/5; Compt. Rend. **230** [1950] 1954/6, 2192/3). — [34] H. Schäfer, H. Wiedemeier (Z. Anorg. Allgem. Chem. **296** [1958] 241/5). — [35] H. Wiedemeier, H. Schäfer (Z. Anorg. Allgem. Chem. **326** [1964] 235/42).

[36] H. Wiedemeier, P. W. Gilles (J. Chem. Phys. **42** [1965] 2765/9). — [37] G. Tammann, H. O. v. Samson-Himmelstjerna (Z. Anorg. Allgem. Chem. **216** [1934] 288/302). — [38] H. Wiedemeier, H. Schäfer (Z. Anorg. Allgem. Chem. **326** [1964] 230/4). — [39] J. H. Andrew, D. Binnie (J. Iron Steel Inst. [London] **119** [1929] 309/58; Iron Coal Trades Rev. **118** [1929] 640/4). — [40] G. Röhl (Iron Steel Inst. Carnegie Scholarship Mem. **4** [1912] 28/79, 57/8, 69).

[41] C. H. Herty, J. M. Gaines (J. Franklin Inst. **204** [1927] 407/9).

8.2.9.2 Gegen Verbindungen

With Compounds

Nichtmetallverbindungen

In H_2O-Dampf wird MnS bei Rotglut unter Entwicklung von H_2 und H_2S zu Mn_3O_4 oxidiert [1]. Beim Gleichgewicht MnS(fest) + H_2O(gas) $\rightleftharpoons$ MnO(fest) + H_2S(gas) wird für den Bereich von 0 bis 1200°C der konstante Wert $\Delta G° = 10.5 \pm 0.5$ kcal/mol bestimmt. Aus den Messungen von Jeffes u. a. [2] (s. unten) folgt für diese Reaktion $\Delta H^\circ_{298} = 10.46$ kcal/mol und im Falle von flüssigem H_2O $\Delta H^\circ_{298} = 20.97 \pm 0.25$ kcal/mol [3]. Eine spätere Neubestimmung ergibt $\Delta H^\circ_{298} = 22.51 \pm 0.12$ kcal/mol [4]. Für die Reaktion MnS(fest) + H_2O(flüssig) $\rightarrow$ $Mn(OH)_2$(fest) + H_2S(gelöst) wird mit Hilfe des von Kolthoff [5] angegebenen Löslichkeitsprodukts $K_{So} = 7 \times 10^{-16}$ eine Hydrolysekonstante von 3.2×10^{-10} berechnet [6], s. auch [7]. — In verdünnten Mineralsäuren und Essigsäure ist MnS leicht löslich, s. beispielsweise [8], ebenso in Königswasser [9]. Bei 25°C löst sich MnS in 10 M HF gemäß MnS(fest) + 2 HF(gelöst) $\rightarrow$ MnF_2(gelöst) + H_2S(gas) mit $\Delta H = -9.43 \pm 0.25$ kcal/mol [2]. Die Enthalpie der Reaktion MnS(fest) + 2 HCl(gelöst) $\rightarrow$ $MnCl_2$(gelöst) + H_2S(gas) beträgt bei α-MnS $\Delta H = -10.95$ kcal/mol und bei γ-MnS $\Delta H = -9.20$ kcal/mol [10]. In älteren Untersuchungen wird nur $\Delta H_{303} = -5.26 \pm 0.11$ kcal/mol gefunden [4]. – Von wäßrigem H_2O_2 (20 Vol.-%) wird MnS unter Schwefelabscheidung zu Mangan(IV)-oxidhydrat oxidiert [11].

Mit HF reagiert MnS schon in der Kälte, ebenso mit HCl [9, 12]. Die Auswertung der Untersuchungen bei hohen Temperaturen [13] ergibt für die Reaktion MnS(fest) + 2 HCl(gas) $\rightleftharpoons$ $MnCl_2$(fest) + H_2S(gas) bei 298 K $\Delta H° = -28.9$ kcal/mol, $\Delta G° = -18.4$ kcal/mol, $\Delta S° = -35.3$ cal · $mol^{-1} \cdot K^{-1}$ [14], wogegen unter Verwendung des 3. Hauptsatzes $\Delta H° = -27.5$ kcal/mol und $\Delta S° = -30.5$ cal · $mol^{-1} \cdot K^{-1}$ erhalten werden [15]. Die theoretische Berechnung liefert $\Delta H° = -26.4$ kcal/mol und $\Delta G° = -17.15$ kcal/mol sowie $K_p = p(H_2S)/p^2(HCl) = 3.72 \times 10^{12}$. Auf Grund thermodynamischer Berechnungen wird mit steigender Temperatur die Reaktion zunehmend un-

Reactions of MnS with Nonmetallic Compounds

günstiger. Bei 1600 K reagieren bei einem Gesamtdruck von 1 atm nur noch 2.7% des HCl zu H_2S. Bei 900 K ist $\Delta H° = -25.2$ kcal/mol, $\Delta G° = +0.95$ kcal/mol und bei 1600 K $\Delta H° = -12.7$ kcal/mol, $\Delta G° = 13.6$ kcal/mol [16] s. auch [14]. Aus den Untersuchungen bei hohen Temperaturen [13, 17] ergibt sich $K_p = 6.27 \times 10^2$ bei 600 K, $K_p = 1.75$ bei 800 K und $K_p = 5.18 \times 10^{-2}$ bei 1000 K. Aus thermodynamischen Berechnungen folgt $K_p = 7.87 \times 10^2$ bei 600 K, $K_p = 2.10 \times 10^{-1}$ bei 1000 K und $K_p = 1.39 \times 10^{-2}$ bei 1600 K [16]. — In der Kälte reagieren HBr und HJ nicht mit MnS, dagegen beim Erwärmen [9, 12].

Im SO_2-Strom reagiert MnS bei 500°C zu $MnSO_4$ und Schwefel. Wegen der thermischen Instabilität erhält man jedoch oberhalb 800°C statt $MnSO_4$ nur Mn_3O_4 [18]. — Bei der Reaktion einer Suspension von frisch gefälltem MnS mit SO_2 (Einleiten des Gases oder Zutropfen einer wäßrigen Lösung) entsteht primär $MnSO_3$, das mit überschüssigem SO_2 zum sauren Sulfit weiterreagieren kann. Gleichzeitig bildet sich Schwefel aus dem freiwerdenden H_2S und SO_2, wodurch das Sulfit teilweise in Thiosulfat übergeführt wird [19, 20], s. auch [21, 22, 23]. Direkt zum Thiosulfat gelangt man, wenn eine MnS-Suspension in eine überschüssige SO_2-Lösung eingetragen wird [19]. — Mit CO_2 verdünnter SO_2Cl_2-Dampf reagiert zwischen 20 und 150°C nicht mit MnS. Bei 350 bis 370°C wird innerhalb 10.5 h eine 66%ige Umsetzung zu $MnCl_2$, SO_2 und Schwefel beobachtet [24].

Von feuchtem CO_2 wird besonders frisch gefälltes MnS unter Freisetzung von H_2S zersetzt [25, 26]. α-MnS wird auch unter reduzierenden Bedingungen schon bei einem Verhältnis von $\lg(p(H_2S)/p(CO_2)) \leqq -0.7$ in $MnCO_3$ umgewandelt [27]. Für das Gleichgewicht $MnS + 3CO_2 \rightleftharpoons MnO + SO_2 + 3CO$ wird $\lg K_p = \lg(p^3(CO) \cdot p(SO_2)/p^3(CO_2)) = -18290.6/T + 8.28$ zwischen 873 und 1273 K gefunden [28]. — Bei der Extraktion von frisch gefälltem, nassem MnS mit CS_2 (oder Benzol) wird nicht nur überschüssiger Schwefel herausgelöst, sondern das Präparat auch teilweise zersetzt [29].

Reactions with Metallic Compounds

Metallverbindungen

Mit CaO reagiert MnS im Bereich von 500 bis 1600°C teilweise zu CaS und MnO. Daneben bilden sich (das thermisch wenig beständige) $3CaO \cdot MnS$ und stabiles Ca_2MnO_4 (s. „Mangan" C2, S. 247) [30]. — Bei der Umsetzung mit überschüssigem PbO entsteht SO_2 und Pb [31]. — Die Reaktion MnS(fest, flüssig) + 2MnO(fest) $\rightleftharpoons$ 3Mn(fest, flüssig) + SO_2(gas) ist stark endotherm und thermodynamisch ungünstig. Die theoretische Berechnung liefert bei 298.15 K: $\Delta H° = 162.55$ kcal/mol, $\Delta G° = 152.25$ kcal/mol, $p = 2.49 \times 10^{-112}$ atm, bei 1100 K: $\Delta H° = 163.1$ kcal/mol, $\Delta G° = 126.2$ kcal/mol, $p = 8.43 \times 10^{-26}$ atm und bei 2000 K: $\Delta H° = 173.0$ kcal/mol, $\Delta G° = 91.4$ kcal/mol, $p = 1.03 \times 10^{-10}$ atm [16]. Über Aktivitätskoeffizienten des Sulfids in MnO-Al_2O_3-, MnO-SiO_2-, MnO-Al_2O_3-SiO_2- und MnO-MgO-SiO_2-Schmelzen s. [32]. Für die Reaktion $MnS + 3Mn_3O_4 \rightarrow 10MnO + SO_2$ wird $\Delta G° = -11.0$ bei 800 K, -14.7 bei 900 K und -26.0 kcal/Formelumsatz bei 1000 K berechnet. Analog für die Reaktion $MnS + 3Mn_2O_3 \rightarrow 7MnO + SO_2$ $\Delta G° = -35.1$, -38.7 bzw. -45.4 kcal/Formelumsatz [33]. — Die Reaktion $MnS + 9Fe_2O_3 \rightarrow MnO + 6Fe_3O_4 + SO_2$ beginnt bei 550°C und ist bei 850°C beendet, während die bei 975°C beginnende Reaktion $MnS + 3Fe_3O_4 \rightarrow MnO + 9FeO + SO_2$ bei 1250°C bis zu 95.5% abläuft [34].

Gefälltes MnS reagiert bei 15°C mit HgJ_2 unter Bildung von MnJ_2 und schwarzem HgS [35]. — Die Feststoffreaktion zwischen α-MnS und Cr_2S_3 unter Ar zu $MnCr_2S_4$ ist anfangs durch die Korngrenzendiffusion bestimmt. Aus Leitfähigkeitsmessungen ergibt sich, daß um 500°C ein Umsatz von etwa 16% stattfindet und die Aktivierungsenergie etwa 59 kcal/mol beträgt. Bei weiterer Temperatursteigerung überwiegt die Volumendiffusion. Um 600°C wird ein Umsatz von 84 bis 90% erreicht und die Aktivierungsenergie wird zu etwa 48 kcal/mol bestimmt [36, 37]. — MnS kann bei 700°C bis zur Zusammensetzung $Mn_{0.4}Fe_{0.6}S$ [38] und bei 1180°C mit maximal 72 [39] bis 75 (Gew.-)% FeS Mischkristalle bilden [40]. Bei der Erstarrung von Stählen ausgeschiedenes α-MnS enthält etwa 3 (Typ I und III) bis etwa 20 Gew.-% FeS (Typ II), s. beispielsweise [41]. — Zur Bildung weiterer Mischkristalle sowie binärer und ternärer Sulfide mit anderen Metallsulfiden s. Kapitel 8.5.

Mit überschüssigem Na_2SO_4 entsteht bei 1260°C eine Mischschmelze aus MnS, MnO und Na_2S unter gleichzeitiger Entwicklung von SO_2 [42]. Eine wäßrige $K_2S_2O_8$-Lösung oxidiert MnS bei Raumtemperatur zum Sulfat [43]. Im Bereich der thermischen Zersetzung (600 bis 900°C) reagiert $MnSO_4$ (s. S. 90) heftig mit MnS nach $MnS + 3MnSO_4 \rightarrow 4MnO + 4SO_2$. Daneben bildet sich eine metallische Phase [44]. Alkalische $K_3[Fe(CN)_6]$-Lösung zersetzt MnS unter Abscheidung von Schwefel [43].

Katalyse

MnS katalysiert zwischen 180 und 420°C die Reaktion von Wasserstoff mit Schwefel zu H_2S [45] und zwischen 420 und 500°C den Isotopenaustausch zwischen D_2 und H_2S [46]. Weiterhin katalysiert es die thermische Zersetzung von AgN_3 und TlN_3 [47].

Literatur:

[1] V. Regnault (Ann. Chim. Phys. [2] **62** [1836] 337/88, 381). — [2] J. H. E. Jeffes, F. D. Richardson, J. Pearson (Trans. Faraday Soc. **50** [1954] 364/70). — [3] E. W. Dewing, F. D. Richardson (J. Iron Steel Inst. [London] **195** [1960] 56/8). — [4] L. H. Adami, E. G. King (U. S. Bur. Mines Rept. Invest. Nr. 6495 [1964] 1/10, 3). — [5] I. M. Kolthoff (J. Phys. Chem. **35** [1931] 2711/21, 2720).

[6] A. M. Egorov, A. N. Vol'skii (Zh. Neorgan. Khim. **5** [1960] 2677/80; Russ. J. Inorg. Chem. **5** [1960] 1293/5). — [7] M. P. Babkin (Tr. Khim. Tekhnol. Fak. Donetsk. Ind. Inst. Nr. 1 [1956] 3/13 nach C. A. **1959** 18713). — [8] R. B. Hahn, C. H. Sanders, G. Gutnikov (J. Chem. Educ. **37** [1960] 412). — [9] A. Mourlot (Compt. Rend. **121** [1895] 202/3). — [10] A. Auroux, J. Bousquet, R. D. Joly, J.-M. Letoffe (J. Chim. Phys. **70** [1973] 1133/6).

[11] D. Pereira de Berito, Y. M. Pinto (Arg. Biol. Technol. **13** [1969/70] 255/9; C. A. **74** [1971] Nr. 60390). — [12] A. Mourlot (Ann. Chim. Phys. [7] **17** [1899] 510/74, 548). — [13] K. Jellinek, G. v. Podjaski (Z. Anorg. Allgem. Chem. **171** [1928] 261/70). — [14] K. K. Kelley (U. S. Bur. Mines Bull. Nr. 406 [1937] 1/154, 49). — [15] T. A. Zordan, L. Hepler (Chem. Rev. **68** [1968] 737/45).

[16] A. D. Mah (U. S. Bur. Mines Rept. Invest. Nr. 5600 [1960] 1/34, 22/3). — [17] E. V. Britzke, A. F. Kapustinsky, B. K. Wesselowsky (Z. Anorg. Allgem. Chem. **213** [1933] 65/70). — [18] J. Milbauer, J. Tuček (Chemiker-Ztg. **50** [1926] 323/5). — [19] W. E. Henderson, H. B. Weiser (J. Am. Chem. Soc. **35** [1913] 239/44). — [20] A. Sander (Z. Angew. Chem. **28** [1915] 9/12).

[21] C. Rammelsberg (Ann. Physik Chem. [2] **56** [1842] 295/323, 305). — [22] A. Guérout (Compt. Rend. **75** [1872] 1276/7). — [23] W. Feld (Z. Angew. Chem. **26** [1913] 286/8). — [24] H. Danneel, F. Schlottmann (Z. Anorg. Allgem. Chem. **212** [1933] 225/32, 227). — [25] R. Wagner (Dinglers Polytech. J. **195** [1870] 532; Bull. Soc. Chim. France [2] **14** [1870] 96).

[26] P. de Clérmont, H. Guiot (Compt. Rend. **85** [1877] 404/5). — [27] H. Gamsjäger, W. Kraft, P. Schindler (Helv. Chim. Acta **53** [1970] 290/9, 298). — [28] T. Uno, K. Kanbara, E. Homma (Tetsu to Hagane **36** [1950] 479/85 nach C. A. **1953** 32). — [29] E. Jordis, E. Schweizer (Z. Angew. Chem. **23** [1910] 577/91, 588). — [30] D. Mirew (Arch. Eisenhüttenw. **12** [1939] 529/31).

[31] P. Berthier (Ann. Chim. Phys. [2] **39** [1828] 244/65, 252). — [32] R. A. Sharma, F. D. Richardson (Trans. AIME **233** [1965] 1586/92). — [33] T. K. Roy (Trans. Indian Inst. Chem. Engrs. **7** [1954/55] 21/32, 27; C. A. **1956** 14189). — [34] E. Diepschlag, E. Horn (Arch. Eisenhüttenw. **4** [1930/31] 375/82, 379). — [35] E. Montignie (Bull. Soc. Chim. France [5] **8** [1941] 198/202).

[36] H. D. Lutz, H.-J. Scholz, H. Randolph (Z. Anorg. Allgem. Chem. **378** [1970] 291/302). — [37] H. D. Lutz, H. Randolph, G. P. Görler, H.-J. Scholz (Z. Anorg. Allgem. Chem. **390** [1972] 41/52). — [38] H. Le Brusq, J.-P. Delmaire, F. Marion (Compt. Rend. C **273** [1971] 139/42). — [39] H. C. Chao, L. Thomassen, L. H. van Vlack (Am. Soc. Metals Trans. Quart. **57** [1964] 386/98, 387). — [40] H. Wentrup (Tech. Mitt. Krupp **5** [1937] 131/52, 139).

[41] T. J. Baker, J. A. Charles (J. Iron Steel Inst. [London] **210** [1972] 702/6). — [42] K. Geissler, E. J. Kohlmeyer (Z. Anorg. Allgem. Chem. **297** [1958] 189/212, 199, 205). — [43] E. Montignie

(Bull. Soc. Chim. France [5] **9** [1942] 654/8). — [44] T. V. Pantsulaya (Tr. Gruz. Politekhn. Inst. **1959** Nr. 4, S. 59/65 nach C. A. **58** [1963] 1118). — [45] V. A. Zazhigalov, S. V. Gerei, M. Ya. Rubanik (Dopovidi Akad. Nauk Ukr. RSR B **35** [1973] 253/6 nach C. A. **78** [1973] Nr. 164721).

[46] M. Katsumoto, K. Fueki, T. Mukaibo (Bull. Chem. Soc. Japan **46** [1973] 3641/4 [englisch]; C. A. **80** [1974] Nr. 64195). — [47] E. S. Kurochkin, Yu. A. Zakharov, G. G. Savel'ev (Zh. Fiz. Khim. **45** [1971] 1570; Russ. J. Phys. Chem. **45** [1971] 890).

Sorption

8.2.9.3 Sorption

In einer radioaktiv markierten $Na_2S^*O_4$-Lösung findet bei gefälltem MnS-Pulver ein Austausch zwischen adsorbierten S^{2-}- und $S^*O_4^{2-}$-Ionen statt, nicht dagegen mit den S^{2-}-Ionen des Gitters [1]. Zur intermediären Adsorption von Schwefel an MnS bei der Reaktion $H_2S + D_2 \rightleftharpoons D_2S + H_2$ (s. S. 33), wobei MnS als Katalysator wirkt, s. [2]. Bei der Fällung von MnS aus alkalischer Lösung werden leicht Ba^{2+}-Ionen adsorbiert, was sich durch die Gegenwart von NH_4^+-Ionen unterdrücken läßt [3]. MnS adsorbiert Hg-Dampf, wodurch aus Amalgamen erzeugter Wasserstoff gereinigt werden kann [4].

Literatur:

[1] C. V. King, B. Levy (J. Phys. Chem. **60** [1956] 374/6). — [2] M. Katsumoto, K. Fueki, T. Mukaibo (Bull. Chem. Soc. Japan **46** [1973] 3641/4 [englisch]; C. A. **80** [1974] Nr. 64195). — [3] L. Lehrmann, J. Been, I. Mandel (J. Am. Chem. Soc. **63** [1941] 1348/50). — [4] T. Yukimori, Y. Kabeyama, H. Wada, S. Ohsaki, Osaka Hydrogen Industries Co. Ltd. (Japan. Kokai 72 27182 [1972] nach C. A. **78** [1973] Nr. 99904).

Solubility

8.2.10 Löslichkeit

Die aus thermodynamischen Daten berechnete Löslichkeit S (in mol/l) von α-MnS in wäßrigen Lösungen bei verschiedenen Temperaturen und pH-Werten gibt folgende Tabelle wieder:

Temperatur in °C	25	100	200	400	600
pH = 3	4.17	4.84×10^{-1}	8.68×10^{-2}	1.06×10^{-2}	3.76×10^{-3}
pH = 7	5.93×10^{-4}	1.29×10^{-4}	4.69×10^{-5}	1.35×10^{-5}	9.16×10^{-6}
pH = 11	4.23×10^{-6}	1.59×10^{-6}	2.22×10^{-6}	3.94×10^{-6}	5.95×10^{-6}

Die Werte für 400 und 600°C (überkritisches Gebiet) sind extrapoliert [1]. Im Gegensatz dazu ergeben ältere Berechnungen für reines H_2O mit steigender Temperatur eine Zunahme von S = 0.2 bei 25°C auf S = 5.1 × 10^4 g/l bei 400°C [2]. Kapustinsky [3] berechnet bei 25°C folgende pH-Abhängigkeit der Löslichkeit S:

pH	3	5	7	9	11
S in mol/l	3.1	3.2×10^{-2}	4.5×10^{-4}	3.2×10^{-5}	3.2×10^{-6}

Die Löslichkeit von α-MnS bei 20°C in mit H_2S gesättigter 0.01 N H_2SO_4-Lösung ist 5.6×10^{-3} mol/l bzw. 0.4874 g MnS/l [4].

Das Löslichkeitsprodukt K_{So} von α-MnS, das aus der freien Bildungsenthalpie ΔG° bei Raumtemperatur für die Ionenstärke I = 0 berechnet wird, zeigt stark streuende Werte, s. beispielsweise [5]. Neuere Berechnungen ergeben $K_{So} = 5 \times 10^{-12}$ [6] bzw. lg $K_{So} = -12.99$ [7] (aus ΔG° = −50.0 kcal/mol [8]), $K_{So} = 2 \times 10^{-12}$ (aus ΔG° = −50.5 kcal/mol [9]) und $K_{So} = 2 \times 10^{-13}$ (aus ΔG° = −52.0 kcal/mol [10]) [6]. — NMR-Untersuchungen an MnS, das aus homogener Lösung bei 25°C und pH = 7.60 mit Thioacetamid gefällt wurde, führen zu $K_{So} < 6 \times 10^{-12}$ [11]. Das aus thermodynamischen Daten berechnete Löslichkeitsprodukt steigt mit der Temperatur in folgender Weise an:

t in °C	25	100	200	400	600
K_{So}	2.29×10^{-13}	1.08×10^{-12}	4.76×10^{-12}	1.55×10^{-11}	3.54×10^{-11}

Die Werte für 400 und 600°C (überkritisches Gebiet) sind extrapoliert [1].

Für die Reaktion α-MnS(fest) + 2 H^+(gelöst) ⇌ Mn^{2+}(gelöst) + H_2S(gas) wird bei 25°C und einer Ionenstärke von I = 3 (eingestellt mit $NaClO_4$) mit elektrochemischen und analytischen Methoden ein Löslichkeitsprodukt von lg $^*K_{So}$ = 7.27 ± 0.10 bestimmt [12].

In LiCl-KCl-Schmelzen eutektischer Zusammensetzung (59 Mol-% LiCl) von 400 bis 500°C löst sich MnS unter Dissoziation in Mn^{2+}- und S^{2-}-Ionen; ein Na_2S-Zusatz beeinflußt die Löslichkeit nicht [13].

Literatur:

[1] G. K. Czamanske (Econ. Geol. **54** [1959] 57/63; Diss. Stanford Univ. 1961, S. 1/114; Diss. Abstr. **21** [1961] 3418). — [2] J. Verhoogen (Econ. Geol. **33** [1938] 775/7). — [3] A. F. Kapustinsky (Compt. Rend. Acad. Sci. URSS [2] **28** [1940] 144/7). — [4] L. Moser, M. Behr (Z. Anorg. Allgem. Chem. **134** [1924] 49/74). — [5] L. G. Sillén, A. E. Martell (Stability Constants of Metal-Ion Complexes, Chem. Soc. London Spec. Publ. Nr. 17 [1964] 217).

[6] T. A. Zordan, L. Hepler (Chem. Rev. **68** [1968] 737/45, 742). — [7] M. Sato (Electrochim. Acta **11** [1966] 361/77, 370). — [8] R. A. Robie (U. S. Geol. Surv. Open-File Rept. TEI-816 [1962] 21). — [9] J. H. E. Jeffes, F. D. Richardson, J. Pearson (Trans. Faraday Soc. **50** [1954] 364/70). — [10] L. H. Adami, E. G. King (U.S. Bur. Mines Rept. Invest. Nr. 6495 [1964] 1/10).

[11] R. L. Causey, R. M. Mazo (Anal. Chem. **34** [1962] 1630/3). — [12] H. Gamsjäger (Monatsh. Chem. **98** [1967] 1803/9; Allgem. Prakt. Chem. **19** [1968] 259/63). — [13] G. Delarue (Bull. Soc. Chim. France **1960** 792, 906/10; Rec. Trav. Chim. **79** [1960] 510/7, 515; Chim. Anal. [Paris] **44** [1962] 91/101, 98).

8.3 Mangan(II)-disulfid MnS_2

Manganese(II) Disulfide

8.3.1 Darstellung und Bildung

Preparation. Formation

Zur Darstellung wird in Anlehnung an ältere Vorschriften von de Sénarmont [1] und Biltz, Wiechmann [2] eine wäßrige Lösung von $MnSO_4$ und eine alkoholische Lösung von M_2S_5 (M = Na, K oder NH_4) im molaren Verhältnis 1 : 2 in einem evakuierten Autoklaven 60 h auf 170°C erhitzt. Nach dem Auswaschen mit kochendem H_2O, absolutem Alkohol sowie CS_2 und Trocknen bei 110°C im Vakuum verbleibt reines rotbraunes MnS_2 [3]. Die Hydrothermalsynthese gelingt auch aus $MnSO_4$ und überschüssigem Kaliumpolysulfid in wäßriger Lösung unter Zusatz von Schwefelblume bei 240°C in 24 h. Besser kristallines MnS_2 entsteht bei 300°C innerhalb 2 h. Bei Verwendung von $MnSO_4$ sind die Präparate rotbraun, bei $MnCl_2$ braun [4]. Zur Darstellung aus $MnSO_4$ und Na_2S_2 in wäßriger Lösung s. auch [5]. Mn_2O_7 reagiert mit flüssigem Schwefel unterhalb 10°C unter Bildung von MnS_2, SO_2 und wenig Mn_3O_4 [6], s. auch „Mangan" C 1, S. 366. Die direkte Synthese von MnS_2 aus den Elementen ist nicht möglich [7].

Bildungsenthalpie in kcal/mol bei 298 K: $\Delta H^\circ = -48.7 \pm 0.5$ nach Knudsen-Effusionsmessungen im Temperaturbereich von 440 bis 610 K [8]; $\Delta H^\circ = -48.8 \pm 0.6$, kalorimetrisch aus der Lösungswärme in 11.8 N Salzsäure bestimmt [9]; $\Delta H^\circ = -55.1$ [10], berechnet aus der Reaktionsenthalpie von 8 MnS_2 (fest) → 8 MnS (fest) + S_8(gas) nach den Messungen von Biltz, Wiechmann [2].

Literatur:

[1] H. de Sénarmont (Ann. Chim. Phys. [3] **32** [1851] 129/75, 163). — [2] W. Biltz, F. Wiechmann (Z. Anorg. Allgem. Chem. **228** [1936] 268/74), F. Wiechmann (Diss. Hannover T. H. 1937, S. 1/33). — [3] A. Auroux, B. Bonnetot, J. Bousquet (Bull. Soc. Chim. France **1971** 3904/5). — [4] M. Avinor, G. de Pasquali (J. Inorg. Nucl. Chem. **32** [1970] 3403/4). — [5] E. M. Nanobashvili, S. G. Kurashvili (Tr. Inst. Khim. Akad. Nauk Gruz. SSR **14** [1958] 105/12 nach C. A. **1961** 7124).

[6] G. W. Watt, U. Kask (J. Inorg. Nucl. Chem. **27** [1965] 1925/31), U. Kask (Diss. Univ. of Texas 1963, S. 1/104 nach Diss. Abstr. **26** [1965] 51). — [7] S. Furuseth, A. Kjekshus (Acta Chem.

Scand. **19** [1965] 1405/10). — [8] A. Auroux, B. Cabaud, J. M. Letoffe, J. Bousquet (J. Chim. Phys. **69** [1972] 1367/70). — [9] A. Auroux, R. D. Joly, G. Perachon, J. M. Letoffe (J. Chim. Phys. **69** [1972] 1371/3). — [10] A. D. Mah (U.S. Bur. Mines Rept. Invest. Nr. 5600 [1960] 1/34, 6).

The Molecule

8.3.2 Molekül

Für die Dissoziation eines MnS_2-Moleküls in MnS und S wird aus massenspektrometrischen Messungen eine Energie von etwa 76 ± 15 kcal/mol abgeleitet, H. Wiedemeier, P. W. Gilles (J. Chem. Phys. **42** [1965] 2765/9).

Crystallographic Properties

8.3.3 Kristallographische Eigenschaften

MnS_2 kristallisiert kubisch im Pyrit(C2)-Typ (FeS_2, s. „Eisen" B, S. 379), Raumgruppe Pa3-T_h^6 (Nr. 205); Z = 4 [1]. Neuere Untersuchungen an synthetischen Proben ergeben folgende Gitterkonstanten: a = 6.09 ± 0.01 [2], 6.1001 ± 0.0002 (bei 21°C) [3] und 6.1021 Å [4], womit ältere Angaben [5, 6] bestätigt werden. Beim Abkühlen von natürlichem MnS_2 (Hauerit) fällt a von 6.102 ± 0.001 Å bei Raumtemperatur auf 6.096 Å bei 4 K [7]. Beim Erwärmen steigt a zunächst steiler von 6.1016 Å bei 20°C auf 6.1077 Å bei 70°C und dann flacher auf 6.123 Å bei 258°C (bei 260°C beginnt die Zersetzung zu MnS) [4]. — Tabelle der d-Werte s. bei Auroux u. a. [3]. — Der Parameter des Schwefels ergibt sich für natürliches MnS_2 röntgenographisch zu x = 0.4012 ± 0.0004 [8], s. auch [1], und mittels Neutronenbeugung zu x = 0.4040 ± 0.0005 [9]. Daraus folgen die Abstände Mn-S = 2.59 Å und S-S = 2.086 Å [8] bzw. Mn-S = 2.60 Å und S-S = 2.03 ± 0.01 Å; der Winkel Mn-S-Mn beträgt 112.1° [9].

Literatur:

[1] P. P. Ewald (Ann. Physik [4] **44** [1914] 1183/96, 1192; Strukturbericht, Bd. 1, 1913/28 [1931], S. 215). — [2] M. Avinor, G. de Pasquali (J. Inorg. Nucl. Chem. **32** [1970] 3403/4). — [3] A. Auroux, B. Bonnetot, J. Bousquet (Bull. Soc. Chim. France **1971** 3904/5). — [4] S. Furuseth, A. Kjekshus (Acta Chem. Scand. **19** [1965] 1405/10). — [5] W. Biltz, F. Wiechmann (Z. Anorg. Allgem. Chem. **228** [1936] 268/74).

[6] H. Schnaase (Z. Physik. Chem. B **20** [1933] 89/117, 116). — [7] E. F. Westrum, F. Grønvold (J. Chem. Phys. **52** [1970] 3820/6). — [8] F. Offner (Z. Krist. **89** [1934] 182/4). — [9] J. M. Hastings, N. Elliott, L. M. Corliss (Phys. Rev. [2] **115** [1959] 13/7).

Mechanical and Thermal Properties

8.3.4 Mechanische und thermische Eigenschaften

Density. Thermal Expansion

8.3.4.1 Dichte D in g/cm³, thermische Ausdehnung

Die an natürlichen und synthetischen Proben zunächst gefundenen Werte [1] werden durch röntgenographische und pyknometrische Messungen bestätigt, die bei 25°C D = 3.46 bis 3.47 ergeben [2]. Durch genauere Messung der Gitterkonstanten (s. oben) wird zwischen 20 und 258°C eine Zunahme des Volumens der Elementarzelle von 227.160 auf 229.56 Å³ erhalten; danach nimmt in diesem Bereich D von 3.4835 auf 3.4455 ab. Der lineare Ausdehnungskoeffizient nimmt von α = $21.6 \times 10^{-6}\ K^{-1}$ bei 20°C auf $13.0 \times 10^{-6}\ K^{-1}$ bei 70°C ab und bleibt dann bis 252°C konstant [3].

Literatur:

[1] W. Biltz (Raumchemie der festen Stoffe, Leipzig 1934, S. 93, 330). — [2] W. Biltz, F. Wiechmann (Z. Anorg. Allgem. Chem. **228** [1936] 268/74). — [3] S. Furuseth, A. Kjekshus (Acta Chem. Scand. **19** [1965] 1405/10).

Thermodynamic Functions

8.3.4.2 Thermodynamische Funktionen

Notation und Einheiten s. S. 15. Kalorimetrische Messungen an 99.85%ig reinen Hauerit-Einkristallen zwischen 5 und 350 K ergeben einen sehr steilen Anstieg der molaren Wärmekapazität C_p auf ein Maximum von C_p = 87.26 bei 47.93 K.

Ausgewählte Werte:

T in K . .	5	10	20	40	60	100	180	240	300
$H°-H_0°$ . .	0.02	0.48	5.85	53.97	183.5	512.2	1520.5	2434.0	3415.4
C_p . . .	0.018	0.196	0.975	4.195	6.079	10.129	14.418	15.89	16.77
S°	0.006	0.063	0.405	1.947	4.572	8.682	15.967	20.337	23.983

Interpolation ergibt $H_{298.15}°-H_0° = 3384$, $S_{298.15}° = 23.88$. Die Umwandlung bei 47.93 K ist mit einer Enthalpiezunahme um 33 cal/mol und einer Entropiezunahme um 0.71 $cal \cdot mol^{-1} \cdot K^{-1}$ verbunden [1].

Geschätzte Werte des Wärmeinhaltes $H_T°-H_{298.15}°$ und der Entropie $S_T°-S_{298.15}°$ in Abhängigkeit von der Temperatur T:

T in K	400	500	600	700	800
$H_T°-H_{298.15}°$	1630	3230	4830	6430	8030
$S_T°-S_{298.15}°$	4.70	8.27	11.19	13.66	15.79

Mah [2]. Abtrennung des magnetischen Anteils der Wärmekapzität von C_p und Vergleich der Temperaturabhängigkeit mit der magnetischen Suszeptibilität s. bei Lin [4].

Literatur:

[1] E. F. Westrum, F. Grønvold (J. Chem. Phys. **52** [1970] 3820/6). — [2] A. D. Mah (U.S. Bur. Mines Rept. Invest. Nr. 5600 [1960] 1/34, 6). — [3] M. E. Fisher (Phil. Mag. [8] **7** [1962] 1731/43).— [4] Mao-Shiu Lin (Diss. Univ. of Michigan 1964, S. 1/113 nach Diss. Abstr. **25** [1965] 7159).

8.3.5 Elektrische und magnetische Eigenschaften

Electrical and Magnetic Properties

Die Lage der Elektronenenergien zeigt **Fig. 11**, in der das Niveau der fünf 3d-Elektronen des Mn^{2+} in der verbotenen Zone unterhalb des Fermi-Niveaus E_F liegt. Die Energien der Mn-Ionen mit vier bzw. sechs d-Elektronen sind mit E_4 bzw. E_6 bezeichnet. Sehr ähnlich muß das Bändermodell bei $MnSe_2$ und $MnTe_2$ sein [1].

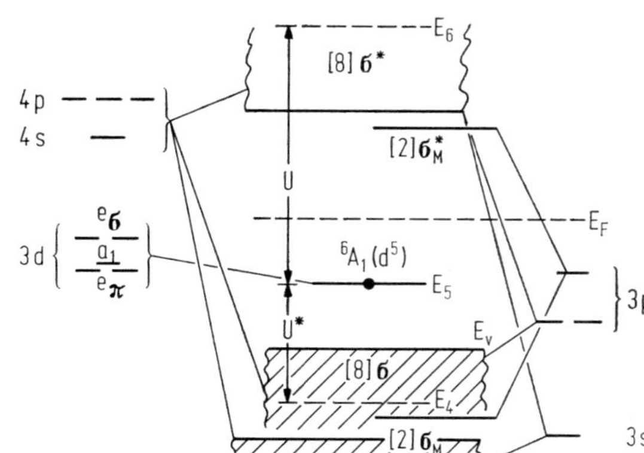

Fig. 11

Modell der Elektronenenergiebänder von MnS_2.

Bei 4.2 K sind die Momente der Mn-Ionen antiferromagnetisch geordnet; die Ordnung ist von der 3. Art, d. h. jedes Mn-Ion ist von 4 anderen mit parallelen Momenten und 2 anderen mit antiparallelen Momenten umgeben. Die Richtung der Momente wird wie bei $MnTe_2$ als parallel zur Würfel-Kante an-

Electrical and Magnetic Properties of MnS_2

genommen [2]; für $MnTe_2$ mußte diese Annahme allerdings korrigiert werden, s. S. 334. Die Néel-Temperatur ergibt sich aus Suszeptibilitätsmessungen zu $T_N = 48.2$ K [3]; die Wärmekapazität (s. S. 36) hat ein Maximum bei 47.93 K [4].

Oberhalb 70 K fällt die Molsuszeptibilität χ_{mol} folgendermaßen ab:

T in K	76	177	183	210	233	296	386	418	483
χ_{mol} in 10^{-6} cm^3/mol . . .	7150	6310	6250	6065	5925	5550	5060	4820	4580

Das Curie-Weiss-Gesetz $\chi_{mol} = C_m/(T + 592)$ gilt oberhalb 300 K und ergibt das effektive Moment 6.30 μ_B [2]; frühere Messungen ergaben oberhalb 300 K $\chi_{mol} = 4.53/(T + 479)$ und μ_{eff} = 5.90 μ_B [5]. Ältere Angaben für den Bereich von 90 bis 423 K s. bei Haraldsen und Klemm [6]; der bei 290 K erhaltene Wert für die spezifische Suszeptibilität ($\chi = 47 \times 10^{-6}$ cm^3/g [6]) wird bei neueren Messungen mit 44.7×10^{-6} cm^3/g [3] praktisch bestätigt.

Der spezifische Widerstand von Hauerit liegt oberhalb 10^6 $\Omega \cdot$ cm [7].

Literatur:

[1] J. B. Goodenough (J. Solid State Chem. **5** [1972] 144/52). — [2] J. M. Hastings, N. Elliott, L. M. Corliss (Phys. Rev. [2] **115** [1959] 13/7), L. M. Corliss, N. Elliott, J. M. Hastings (J. Appl. Phys. **29** [1958] 391/2). — [3] Mao-Shiu Lin, H. Hacker (Solid State Commun. **6** [1968] 687/9), Mao-Shiu Lin (Diss. Univ. of Michigan 1964, S. 1/113 nach Diss. Abstr. **25** [1965] 7159). — [4] E. Westrum, F. Grønvold (J. Chem. Phys. **52** [1970] 3820/6). — [5] R. Benoit (J. Chim. Phys. **52** [1955] 119/32), L. Néel, R. Benoit (Compt. Rend. **237** [1953] 444/7).

[6] H. Haraldsen, W. Klemm (Z. Anorg. Allgem. Chem. **223** [1935] 409/16). — [7] M. Telkes (Am. Mineralogist **35** [1950] 536/56).

Optical Properties

8.3.6 Optische Eigenschaften

Über den Brechungsindex von Hauerit s. im später erscheinenden Band „Mangan" A. — Mit einem He-Ne-Laser (6328 Å) wird an feingepulvertem Hauerit in KBr-Preßlingen eine verhältnismäßig intensive Raman-Linie bei 490 cm^{-1} beobachtet. Nach einer Faktorgruppenanalyse des Pyrit-Struktyps für den Grenzfall ionischen Aufbaues ist diese Bande der Valenzschwingung des S_2^{2-}-Ions zuzuordnen [1]. Den (schematisch veranschaulichten) verschiedenen Bewegungen der S_2-Gruppen werden die im IR-Spektrum beobachteten Banden bei 86, 125, 194, 224 und 250 cm^{-1} zugeordnet [2]. Bei neueren Untersuchungen des IR- und des Ramanspektrums von Hauerit werden neun von den zehn im Pyritgitter optisch aktiven Phononen beobachtet, nämlich IR-Schwingungen bei 191.5, 196.0, 220.6 und 249.5 cm^{-1} und Ramanlinien bei 224, 246, 486, 655 und 743 cm^{-1}. Aus dem IR-Spektrum folgt $\varepsilon_\infty = 6.139$. Vergleich mit FeS_2 ergibt Gleichheit der elektrostatischen Kräfte und der kovalenten S-S-Bindungen in beiden Verbindungen, jedoch Verschiedenheit in den Kräften kurzer Reichweite zwischen Metall und S-Ionen [3].

Literatur:

[1] H. H. Eysel, H. Siebert, G. Agiorgitis (Z. Naturforsch. **24b** [1969] 932/3), vgl. auch H. H. Eysel (Spectrochim. Acta A **27** [1971] 173/7). — [2] H. D. Lutz, P. Willich (Z. Anorg. Allgem. Chem. **405** [1974] 176/82). — [3] J. L. Verble, F. M. Humphrey (Solid State Commun. **15** [1974] 1693/7).

Chemical Reactions

8.3.7 Chemisches Verhalten

Hydrothermal hergestelltes MnS_2 ist unter Normalbedingungen an der Luft beständig [1]. Beim Erhitzen beginnt ab etwa 250 [2, 3] bis 260°C [4] eine merkliche Zersetzung in α-MnS und Schwefeldampf, der hauptsächlich aus S_2 neben geringen Mengen S, S_3, S_4, S_5, S_6, S_7 und S_8 besteht. Der Gesamtdruck steigt von 2.82×10^{-6} atm bei 441 K auf 4.27×10^{-4} atm bei 590 K, der Partialdruck $p(S_2)$ von 1.27×10^{-6} auf 2.72×10^{-4} atm im selben Temperaturbereich [5]. Ältere Angaben auf

Grund der Messungen von Biltz, Wiechmann [2] s. bei Mah [6]. Für die Reaktion MnS_2(fest) → α-MnS(fest) + 0.5 S_2(gas) ergibt sich aus Effusionsmessungen nach Knudsen bei 298 K $\Delta H° =$ 14.8 ± 0.5 kcal/mol und $\Delta S° = 8.2 \pm 0.4$ cal · mol^{-1} · K^{-1} [5], ältere Angaben s. bei Mah [6].

MnS_2 wird von verdünnter Salzsäure aufgelöst nach MnS_2(fest) + 2 HCl(gelöst) → $MnCl_2$(gelöst) + S(fest) + H_2S(gas) mit $\Delta H = -10.46 \pm 0.09$ kcal/mol [7]. — Mit AlJ_3 reagiert MnS_2 im evakuierten Rohr bei 230°C in 48 h zu MnJ_2, Al_2S_3 und S [8]. — MnS_2 kann wie MnS (s. S. 34) Hg-Dampf adsorbieren [9].

Literatur:

[1] M. Avinor, G. de Pasquali (J. Inorg. Nucl. Chem. **32** [1970] 3403/4). — [2] W. Biltz, F. Wiechmann (Z. Anorg. Allgem. Chem. **228** [1936] 268/74), F. Wiechmann (Diss. Hannover T.H. 1937, S. 1/33). — [3] A. Auroux, B. Bonnetot, J. Bousquet (Bull. Soc. Chim. France **1971** 3904/5). — [4] S. Furuseth, A. Kjekshus (Acta Chem. Scand. **19** [1965] 1405/10). — [5] A. Auroux, B. Cabaud, J. M. Letoffe, J. Bousquet (J. Chim. Phys. **69** [1972] 1367/70).

[6] A. D. Mah (U.S. Bur. Mines Rept. Invest. Nr. 5600 [1960] 1/34, 23). — [7] A. Auroux, R. D. Joly, G. Perachon, J.-M. Letoffe (J. Chim. Phys. **69** [1972] 1371/3). — [8] M. Chaigneau, M. Chastagnier (Bull. Soc. Chim. France **1958** 1192/3). — [9] T. Yukimori, Y. Kabeyama, H. Wada, S. Ohsaki, Osaka Hydrogen Industries Co. Ltd. (Japan. Kokai 72 27182 [1972] nach C. A. **78** [1973] Nr. 99904).

8.4 Mangantrisulfid MnS_3

Manganese Trisulfide

Im System $MnSO_4$-Na_2S_3-H_2O bildet sich bis pH = 10 mit überschüssigem Na_2S_3 die Verbindung MnS_3 [1]. — Das Molekül MnS_3 tritt im Dampf über α-MnS bei 1664 K auf. Die Dissoziationsenergie für die Abspaltung von einem S-Atom beträgt nach massenspektrometrischen Untersuchungen etwa 86 ± 15 kcal/mol [2].

Literatur:

[1] E. M. Nanobashvili, S. G. Kurashvili (Tr. Inst. Khim. Akad. Nauk Gruz. SSR **14** [1958] 105/12 nach C. A. **1961** 7124; Ref. Zh. Geol. **1960** Nr. 12910). — [2] H. Wiedemeier, P. W. Gilles (J.Chem. Phys. **42** [1965] 2765/9).

8.5 Verbindungen des Mangans mit Schwefel und weiteren Metallen

Compounds of Manganese with Sulfur and Other Metals

Übersicht

Review in German

Wie bei den Oxiden des Mangans (s. „Mangan" C 1 bis C 3) werden auch hier im Anschluß an die Mangansulfide diejenigen Verbindungen und Phasen behandelt, die außer Mangan und Schwefel noch weitere Metalle enthalten. Dabei handelt es sich vorwiegend um Substanzen, die sich von MnS ableiten lassen. MnS selbst bildet außer mit MgS, CaS und CdS in der Regel nur mit sehr geringen Mengen anderer Metallsulfide Mischkristalle. Durch Druck (z. B. bei ZnS) oder rheöhte Temperatur kann die Konzentration an Fremdmetallen erhöht werden. Mit anderen Metallen, deren Wertigkeit von zwei abweicht, entstehen meist Lückenstrukturen (z. B. bei Y oder V). Neben den Verbindungstypen $MnM_4^{III}S_7$ und $MnM_2^{III}S_4$, die bei dreiwertigen Metallen M^{III} häufig auftreten, sind besonders die Schichtstrukturen von Mn_xMS_2 mit M = Nb und Ta sowie der Spinell $MnCr_2S_4$ ausführlicher bearbeitet. Viele dieser Verbindungen und Phasen sind vor allem wegen ihrer magnetischen Eigenschaften hergestellt und genauer untersucht worden.

Review in English

Review. Compounds and phases that contain additional metals besides sulfur and manganese are treated after the manganese sulfides. This practice was used with the oxides of manganese (see „Mangan" C 1 to C 3) and is continued here. It concerns mainly substances which can be derived from MnS. MnS forms solid solutions with only very small amounts of other metal sulfides with the exception of MgS, CaS, and

Review in English (Continuation)

CdS. The concentration of additional metals may be increased with increasing pressure (e.g., ZnS) or temperature. Introduction of metals with a valence different from two (e.g., Y or V) creates vacancies in the structure. In addition to the compound types $MnM_4^{III}S_7$ and $MnM_2^{III}S_4$, which occur frequently with trivalent metals M^{III}, the layer structures of Mn_xMS_2 (M = Nb and Ta) and the spinel $MnCr_2S_4$ have been studied more extensively. Many of these compounds and phases have been prepared and studied because of their magnetic properties.

Compounds of Manganese with Sulfur and Group Ia Metals

8.5.1 Verbindungen des Mangans mit Schwefel und Metallen der 1. Hauptgruppe

Compounds with Sodium

8.5.1.1 Verbindungen des Mangans mit Schwefel und Natrium

The MnS-Na_2S System

8.5.1.1.1 Das System MnS-Na_2S

In diesem System wird nur die peritektische Verbindung $Na_2Mn_2S_3$ beobachtet, s. **Fig. 12**. Das Eutektikum liegt bei 47.5 Mol-% MnS und 690°C. Die beim Erstarren der Schmelze erhaltenen braunvioletten Produkte sind stark hygroskopisch; ihr wasserlöslicher Anteil steigt mit dem Na_2S-Gehalt. Es hinterbleiben braune bis schwarze Rückstände. Durch Oxidation einer Schmelze vom Molverhältnis Na_2S:MnS = 2:1 mit Luft entstehen zwei Schichten, wobei die leichtere aus Na_2SO_4, Na_2S und MnS, die schwerere aus Na_2S, MnO und MnS besteht. Bei vollständiger Oxidation wird eine Schmelze aus Na_2SO_4 und MnO erwartet [1]. Ältere Untersuchungen des Systems s. [2]. Über die Eigenschaften von Na_2S s. „Natrium" Erg.-Bd. 3, S. 1049/52.

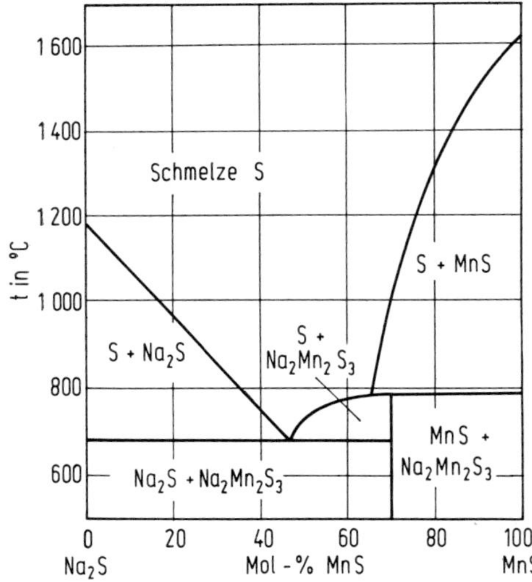

Fig. 12

Zustandsdiagramm des Systems MnS-Na_2S.

Literatur:

[1] K. Geissler, E. J. Kohlmeyer (Z. Anorg. Allgem. Chem. **297** [1958] 189/212, 198, 201). — [2] P. Bardenheuer, H. Ostermann (Mitt. Kaiser Wilhelm Inst. Eisenforsch. Düsseldorf **9** [1927] 129/49).

$Na_2Mn_2S_3$

8.5.1.1.2 $Na_2Mn_2S_3$

Diese Verbindung wird als einzige im System MnS-Na_2S gefunden, s. Fig. 12. Sie schmilzt inkongruent bei etwa 780°C, K. Geissler, E. J. Kohlmeyer (Z. Anorg. Allgem. Chem. **297** [1958] 189/212, 198).

8.5.1.1.3 $Na_2Mn_3S_4$

$Na_2Mn_3S_4$

Diese Verbindung soll durch Zusammenschmelzen von $MnSO_4$ (oder $MnCO_3$) mit Ruß und überschüssigem Na_2CO_3 sowie S entstehen. Nach Auswaschen des überschüssigen Natriumsulfids erhält man die Verbindung in Form hellroter, nadelförmiger Kristalle. Sie sind in Wasser, Äthanol und Äther nicht löslich, oxidieren sich aber besonders in feuchtem Zustand sehr leicht an der Luft und können sich dabei auch entzünden. Durch verdünnte Säuren werden sie unter Entwicklung von H_2S zersetzt, A. Völker (Liebigs Ann. Chem. **59** [1846] 35/41, 37).

8.5.1.2 $K_2Mn_3S_4$

$K_2Mn_3S_4$

Diese Verbindung entsteht durch Erhitzen von K_2CO_3 mit Mn-Pulver und Schwefel auf 750 bis 850°C in N_2-Atmosphäre. Sie wird anschließend aus der erkalteten Schmelze mit H_2O herausgewaschen [1]. Sie läßt sich auch wie die entsprechende Natriumverbindung (s. oben) herstellen, wenn K_2CO_3 an Stelle von Na_2CO_3 eingesetzt wird [2].

Die dunkelroten Plättchen [1, 2] kristallisieren rhombisch: a = 5.83, b = 11.11, c = 13.49 Å, Z = 4. Die Struktur ist zu der von $Rb_2Mn_3S_4$ und $Cs_2Mn_3S_4$ (s. unten) analog. — Pyknometrische Dichte 2.85, Röntgendichte 2.83 g/cm³. — $K_2Mn_3S_4$ ist in H_2O, Äthanol und Äther nicht löslich, wird aber im feuchten Zustand an der Luft leicht oxidiert. Von verdünnten Mineralsäuren und Essigsäure wird es unter Entwicklung von H_2S zersetzt [2].

Literatur:

[1] W. Bronger (Angew. Chem. **78** [1966] 113/4; Angew. Chem. Intern. Ed. Engl. **5** [1966] 134). — [2] A. Völker (Liebigs Ann. Chem. **59** [1846] 35/41).

8.5.1.3 $Rb_2Mn_3S_4$

$Rb_2Mn_3S_4$

Die Verbindung wird analog wie die des Kaliums (s. oben) hergestellt [1], doch empfiehlt sich ein sechsfacher atomarer Überschuß an Rb und S gegenüber Mn. Die Ausgangssubstanzen werden in den auf 700 bis 900°C vorgeheizten Ofen eingebracht und 12 h lang erhitzt. Die Reaktionsdauer läßt sich durch Verwendung von H_2S an Stelle von N_2 verkürzen. — Die mit Methanol gewaschenen und im Hochvakuum bei 100°C getrockneten granatroten Plättchen kristallisieren rhombisch: a = 5.84_5, b = 11.21, c = 13.66 Å, Z = 4. Die Struktur ist mit der von $Cs_2Mn_3S_4$ isotyp [2]. — Pyknometrische Dichte 3.37, Röntgendichte 3.42 g/cm³ [1, 2] — Die Verbindung ist feuchtigkeitsempfindlich und zersetzt sich an der Luft unter H_2S-Entwicklung [2].

Literatur:

[1] W. Bronger (Angew. Chem. **78** [1966] 113/4; Angew. Chem. Intern. Ed. Engl. **5** [1966] 134). — [2] W. Bronger, P. Böttcher (Z. Anorg. Allgem. Chem. **390** [1972] 1/12).

8.5.1.4 $Cs_2Mn_3S_4$

$Cs_2Mn_3S_4$

Die Verbindung wird wie die analoge des Rubidiums (s. oben) hergestellt. Die granatroten Plättchen kristallisieren rhombisch: a = 5.92_0, b = 11.47, c = 14.16 Å, Z = 4, Raumgruppe Ibam-D_{2h}^{26} (Nr. 72). Die Atome besetzen folgende Punktlagen:

Atom	Punktlage	Besetzung	x	y	z
Cs	8j	8	0.243	0.123	0
Mn	4a	1	0	0	0.25
Mn	4b	4	0.5	0	0.25
Mn	8g	7	0	0.234	0.25
S	16k	16	0.236	0.372	0.153

$Cs_2Mn_3S_4$

Die Mn-Atome sind tetraedrisch von S-Atomen im Abstand von 2.41 bis 2.54 Å umgeben. Diese Tetraeder sind über Kanten zu Schichten verknüpft, so daß relativ kurze Mn-Mn-Abstände von 2.68 bis 3.06 Å entstehen. Zwischen diesen Schichten befinden sich die Cs^+-Ionen mit Cs-S-Abständen von 3.62 bis 3.72 Å, s. **Fig. 13** [1]. — Pyknometrische Dichte 3.83, Röntgendichte 3.86 g/cm³ [**1, 2**]. — Die feuchtigkeitsempfindliche Verbindung zersetzt sich an der Luft unter Entwicklung von H_2S [1].

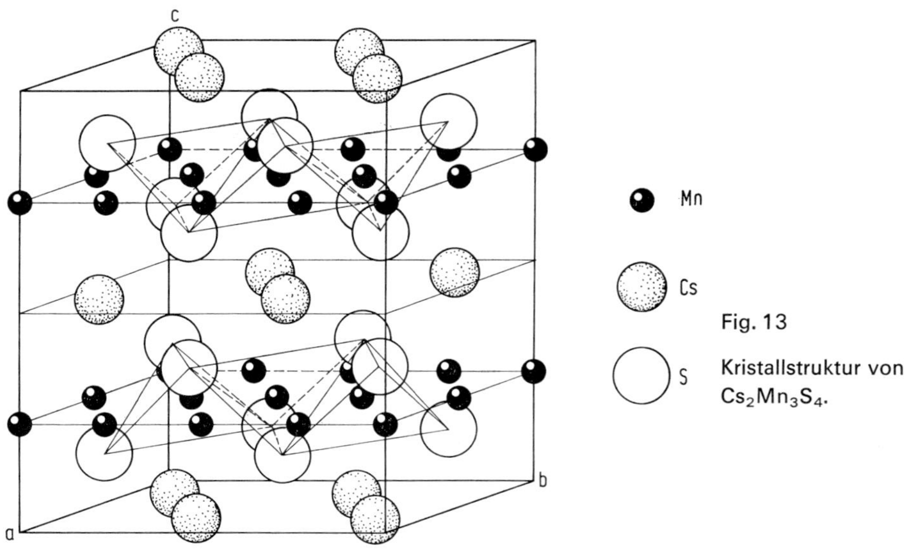

Fig. 13

Kristallstruktur von $Cs_2Mn_3S_4$.

Literatur:

[1] W. Bronger, P. Böttcher (Z. Anorg. Allgem. Chem. **390** [1972] 1/12). — [2] W. Bronger (Angew. Chem. **78** [1966] 113/4; Angew. Chem. Intern. Ed. Engl. **5** [1966] 134).

Compounds of Manganese with Sulfur and Group Ib Metals

8.5.2 Verbindungen des Mangans mit Schwefel und Metallen der 1. Nebengruppe

Wegen des Prinzips der letzten Stelle werden Untersuchungen, die die Elemente der 1. Nebengruppe mit einbeziehen, in den einzelnen Elementbänden (Cu, Ag, Au) behandelt. In den Systemen Mn-Cu-S und $MnS-Ag_2S$, die in den Bänden „Kupfer" B 3, S. 1246 bzw. „Silber" B 4, S. 379 beschrieben sind, treten keine ternären Verbindungen auf. In dem 1954 erschienenen Band „Gold", der die Literatur bis 1949 erfaßt, sind keine Angaben über Phasen oder Verbindungen des Systems Mn-Au-S enthalten.

Compounds of Manganese with Sulfur and Group IIa Metals

8.5.3 Verbindungen des Mangans mit Schwefel und Metallen der 2. Hauptgruppe

MnS-MgS Solid Solutions

8.5.3.1 MnS-MgS-Mischkristalle

α-MnS bildet mit MgS zwischen 600 und 1000°C eine lückenlose Mischkristallreihe, die wahrscheinlich auch bei 500°C noch stabil ist. Der Verlauf der Gitterkonstanten folgt der Regel von Vegard, B. J. Skinner, F. D. Luce (Am. Mineralogist **56** [1971] 1269/96, 1273, 1280).

8.5.3.2 Verbindungen des Mangans mit Schwefel und Calcium

Compounds with Calcium

8.5.3.2.1 Mischkristalle im System MnS-CaS

Solid Solutions in the MnS-CaS System

Im System α-MnS-CaS (s. auch „Calcium" B, S. 636/47) besteht bei 700°C eine Mischungslücke zwischen 2.5 und 94.8 Mol-% MnS und bei 1000°C zwischen 12.7 und 72.4 Mol-% MnS, s. **Fig. 14** [1]. Bei weiterer Temperaturerhöhung verkleinert sich die Mischungslücke und schließt sich bei etwa 1200°C [2]. Weitere Untersuchungen im Bereich der Mischungslücke s. [3, 4, 5].

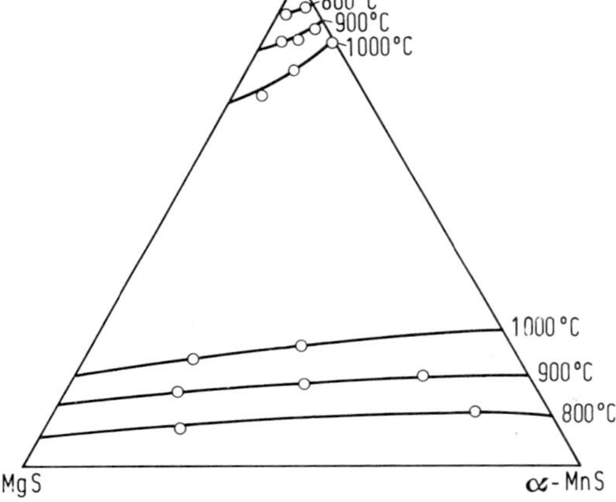

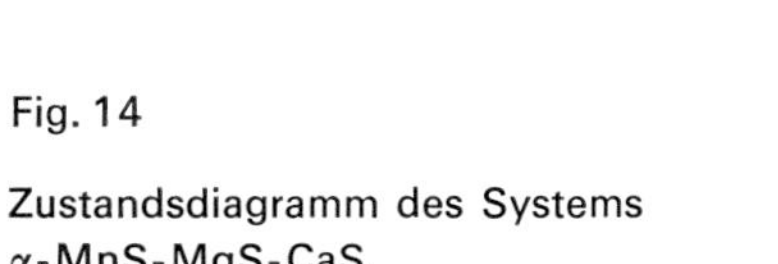

Fig. 14

Zustandsdiagramm des Systems α-MnS-MgS-CaS.

Die Gitterkonstanten der bei 1000 und 1150°C hergestellten Mischkristalle verlaufen linear [2], und zwar fällt a von 5.6726 Å bei 4.71 Mol-% MnS auf 5.6313 Å bei 13.54 Mol-% MnS und von 5.3206 Å bei 77.22 Atom-% MnS auf 5.2504 Å bei 93.15 Mol-% MnS (Fehler aller Gitterkonstanten ± 0.0008 Å) [1]. Die Werte auf der Ca-reichen Seite münden nicht in den linearen Verlauf der bei 1300°C hergestellten vollständigen Mischkristallreihe [2]. — Die Mn-reichen Mischkristalle sind härter als reines MnS und sind im Gegensatz zu den Ca-reichen in H_2O nicht löslich [2].

Literatur:

[1] B. J. Skinner, F. D. Luce (Am. Mineralogist **56** [1971] 1269/96, 1279), — [2] R. Kiessling, C. Westman (J. Iron Steel Inst. [London] **208** [1970] 699/700). — [3] H. C. Chao, L. Thomassen, L. H. van Vlack (Am Soc. Metals Trans. Quart. **57** [1964] 386/98, 388). — [4] C. P. Church, T. M. Krebs, J. P. Rowe (J. Metals **18** [1966] 62/8). — [5] W. J. M. Salter, F. B. Pickering (J. Iron Steel Inst. [London] **207** [1969] 992/1002, 999).

8.5.3.2.2 Mischkristalle im System MnS-MgS-CaS

Solid Solutions in the MnS-MgS-CaS System

Das ternäre Phasendiagramm α-MnS-MgS-CaS ist in Fig. 14 wiedergegeben. Gitterkonstanten ausgewählter Mischkristallproben s. Original, B. J. Skinner, F. D. Luce (Am. Mineralogist **56** [1971] 1269/96, 1284).

Compounds with Barium

8.5.3.3 Verbindungen des Mangans mit Schwefel und Barium

$BaMnS_2$

8.5.3.3.1 $BaMnS_2$

Die Verbindung bildet sich, wenn eine äquivalente Mischung von $BaCO_3$ und Mn-Pulver 3 h bei 1000°C im H_2S-Strom erhitzt wird. Aus der erstarrten rosaroten Schmelze können Einkristalle isoliert werden, die nach röntgenographischer Untersuchung rhombisch kristallisieren; Gitterkonstanten: a = 7.00_0, b = 4.14_4, c = 14.00 Å. Raumgruppe Pnma-D_{2h}^{16} (Nr. 62), Z = 4. $BaMnS_2$ ist isotyp mit $SrZnO_2$ [1]. Alle Atome besetzen die Punktlage 4c (x, $^1/_4$, z usw.) mit folgenden Parametern:

Atom	x	z
Ba	0.212	0.129
Mn	0.772	0.635
S(1)	0.250	0.461
S(2)	0.027	0.748

Die Mn-Atome sind verzerrt tetraedrisch von Schwefel umgeben mit Mn-S-Abständen von 2.38 bis 2.47 Å. Diese Tetraeder sind über Ecken zu gewellten Schichten verknüpft. Zwischen den Schichten liegen die Ba-Atome, die von 6 S-Atomen in Form eines verzerrten trigonalen Prismas umgeben sind; Ba-S-Abstände zwischen 3.15 und 3.22 Å. Ein weiteres S-Atom befindet sich im Abstand von 3.47 Å, s. **Fig. 15.** — Pyknometrische Dichte 4.11, Röntgendichte 4.19 g/cm³ [2].

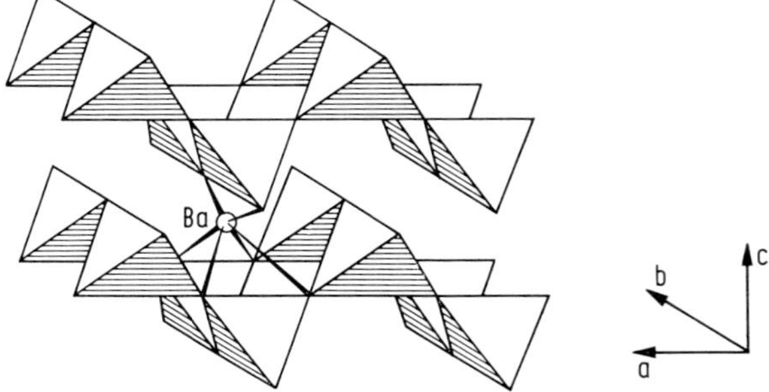

Fig. 15

Verknüpfung der MnS_4-Tetraeder und Koordination eines Ba-Atoms in der Kristallstruktur von $BaMnS_2$ (schematisch).

Literatur:

[1] H. G. Schnering, R. Hoppe (Z. Anorg. Allgem. Chem. **312** [1961] 87/98). — [2] D. Schmitz, W. Bronger (Naturwissenschaften **58** [1971] 322; Z. Anorg. Allgem. Chem. **402** [1973] 225/31).

Ba_2MnS_3

8.5.3.3.2 Ba_2MnS_3

Zur Herstellung werden stöchiometrische Mengen BaS, Mn und S in evakuierten Ampullen 2 bis 5 h auf 1050°C erhitzt. Zur Vermeidung einer Reaktion mit der Glaswand befindet sich das Reaktionsgemisch in einem Graphitrohr. — Die in Form tief orangeroter, säulenförmiger Kristalle anfallende Verbindung ist rhombisch; Gitterkonstanten bei 25.0 ± 0.5°C: a = 8.814(5), b = 4.302(2), c = 17.048(8) Å; Z = 4. Raumgruppe Pnma-D_{2h}^{16} (Nr. 62). Die Verbindung ist isotyp mit K_2AgJ_3 [1] und Ba_2MnSe_3 (s. S. 287). Alle Atome besetzen die Punktlage 4c (x, $^1/_4$, z usw.) mit folgenden Parametern:

Atom	x	z
Ba(1)	0.4182(6)	0.7137(2)
Ba(2)	0.2617(5)	0.4558(3)
Mn	0.3748(12)	0.1320(6)
S(1)	0.3186(23)	0.2711(10)
S(2)	0.1293(22)	0.0724(11)
S(3)	0.9986(21)	0.5993(10)

R = 5.8%. Die Mn-Atome sind tetraedrisch von Schwefel im Abstand von 2.39 bis 2.42 Å umgeben. Die Tetraeder sind über Ecken zu Ketten parallel b verknüpft. Der Abstand der Mn-Atome zum Brückenatom S(3) ist mit 2.48 Å deutlich länger. Der Mn-Mn-Abstand innerhalb einer Kette beträgt 4.30 Å. Die Ba-Atome sind von 7 S-Atomen in unterschiedlicher Anordnung koordiniert (s. dazu bei Ba_2MnSe_3) [2].

Aus Suszeptibilitätsmessungen zwischen 50 und 600 K ergibt sich, daß das Curie-Weiss-Gesetz oberhalb 300 K gilt: Θ_p = 210 K, effektives Moment μ = 4.65 μ_B bei 300 K. Der Austauschparameter kann nach 2 verschiedenen Modellen zu J/k = −12.3 bzw. −11.5 K ermittelt werden. Unveröffentlichte ESR-Messungen von R. W. Bene ergeben g = 2.005 [2].

Literatur:

[1] C. Brink, H. A. S. Kroese (Acta Cryst. **5** [1952] 433/6). — [2] I. E. Grey, H. Steinfink (Inorg. Chem. **10** [1971] 691/6).

8.5.4 Verbindungen des Mangans mit Schwefel und Metallen der 2. Nebengruppe

Compounds of Manganese with Sulfur and Group IIb Metals

8.5.4.1 Verbindungen des Mangans mit Schwefel und Zink

Compounds with Zinc

8.5.4.1.1 Mischkristalle im System MnS-ZnS

Solid Solutions in the MnS-ZnS System

Zustandsdiagramm

Durch gleichzeitige Fällung von Zn^{2+}- und Mn^{2+}-Ionen aus kochender wäßriger Lösung mit Ammoniumsulfid in Gegenwart von NH_4Cl entstehen (Zn, Mn)S-Mischkristalle vom Zinkblende-Typ bis zu einem Gehalt von 20 Mol-% MnS und (Mn,Zn)S-Mischkristalle ebenfalls vom Zinkblende-Typ bis 15 Mol-% ZnS. Dazwischen befindet sich eine Mischungslücke. Außerdem treten Mischkristalle vom Wurtzit-Typ bis 32 Mol-% MnS bzw. bis 16 Mol-% ZnS auf [1], s. auch [2, 3]. Wird aus einer Lösung von pH = 5 bei 25°C mit Na_2S-Lösung unter N_2 gefällt, so enthalten die Mischkristalle in der Lösung nach 144 h maximal 11 Atom-% Mn [4].

Bei der Umsetzung der Komponenten ZnS (s. „Zink" Erg.-Bd., S. 903/34) und MnS bei höheren Temperaturen und Normaldruck wird das in **Fig. 16** (nach [10]) wiedergegebene Zustands-

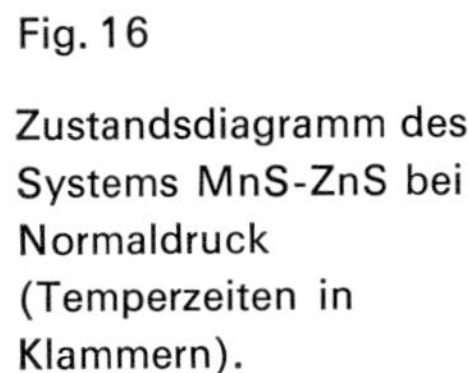

Fig. 16

Zustandsdiagramm des Systems MnS-ZnS bei Normaldruck (Temperzeiten in Klammern).

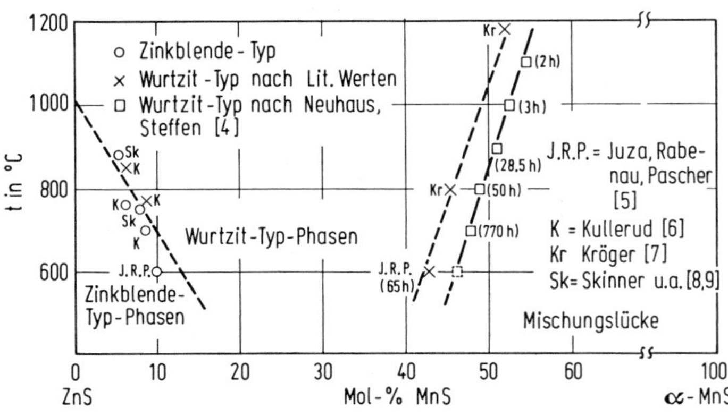

The MnS-ZnS System

diagramm erhalten. Auf Grund neuerer Untersuchungen [10] mit längeren Temperzeiten liegt die Grenze zwischen den Wurtzit-Typ-Phasen und der Mischungslücke bei höheren MnS-Gehalten im Vergleich zu älteren Arbeiten [5 bis 9]. Die Lücke besteht bis etwa 1400°C. Im Bereich von 600 bis 1100°C und etwa 1 bar läßt sich die Grenzzusammensetzung als Funktion der Konzentration c von MnS durch $\Delta c/\Delta T$ = 1.8 Mol-% MnS/100 K wiedergeben. Mit steigendem Druck verschiebt sich diese Grenze zu kleineren MnS-Gehalten, z. B. um etwa 2 Mol-% MnS je kbar im Bereich von 1 bis 15 kbar, während die Temperaturabhängigkeit zwischen 800 und 1400°C etwa dieselbe bleibt. Bei 1000°C und 33 kbar wandeln sich die Wurtzit-Typ-Phasen in Phasen vom Zinkblende-Typ um, s. **Fig. 17**. Deren Isobaren haben im c-T-Diagramm nahezu denselben Verlauf wie die Wurtzit-Typ-Phasen. Bei etwa 120 kbar und 1000°C wird praktisch kein Mn mehr in ZnS eingebaut [10].

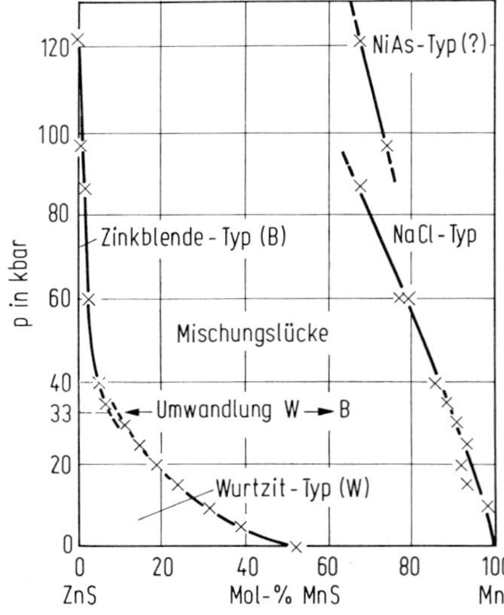

Fig. 17

Zustandsdiagramm des Systems MnS-ZnS bei erhöhten Drücken und 1000°C.

Läßt man unter Normaldruck Mn in ZnS vom Zinkblende-Typ bei 1170°C in trockener NH_3-Atmosphäre eindiffundieren (von $MnCl_2$ ausgehend), so wandeln sich die Präparate in den Wurtzit-Typ um, was bei reinem ZnS nicht auftritt. Der Anteil der Wurtzit-Typ-Phase nimmt im Bereich von 10^{-4} bis 10^{-7} mol Mn je mol ZnS mit fallendem Mn-Gehalt ab. Kubische Präparate, denen das Mangan schon bei der Herstellung beigegeben wurde, zeigen diese Umwandlung in den Wurtzit-Typ nicht [11]. Bei dünnen, mit Mn dotierten ZnS-Schichten vom Zinkblende-Typ wird die Umwandlung in den Wurtzit-Typ schon bei 500 bis 600°C beobachtet [12]. Zum Kristallfeld in hexagonalem ZnS mit eingebauten Mn^{2+}-Ionen s. [13].

α-MnS baut bei Normaldruck kein Zn ein, doch bilden sich schon bei 10 bis 20 kbar und 1000°C leicht Mischkristalle vom NaCl-Typ. Die Extrapolation der Grenzkurve auf 100 Mol-% ZnS ergibt einen Druck von 250 kbar (in Übereinstimmung mit experimentellen Untersuchungen [14]). Bei etwa 25 Mol-% ZnS und oberhalb 90 kbar wandeln sich diese Mischkristalle bei 1000°C in eine neue Hochdruckform um, die wahrscheinlich NiAs-Struktur besitzt. Die extrapolierte Grenzkurve würde die ZnS-Ordinate bei etwa 350 kbar schneiden, s. Fig. 17 [10].

Einkristalle

Durch Transportreaktion können Einkristalle aus einem Gemisch von ZnS und MnS gezüchtet werden. Im Temperaturgefälle t_1 = 1050°C → t_2 = 750°C entstehen schwach orange gefärbte Kristalle vom Zinkblende-Typ mit 2 Gew.-% Mn (≈3 Mol-% MnS). Mit steigender Temperatur t_2

bilden sich bis 850°C Kristalle dieses Typs aber mit zunehmendem Mn-Gehalt. Bei t_2 = 860 bis 880°C erhält man nebeneinander die Zinkblende- und Wurtzit-Phase. Oberhalb t_2 = 900°C entstehen nur Kristalle vom Wurtzit-Typ mit etwa 10 Gew.-% Mn (≈17 Mol-% MnS) [15].

Gitterkonstanten

Bei den aus Lösungen gefällten Zinkblende-Typ-Phasen wird die Gitterkonstante der Zn-reichen Grenzzusammensetzung zu a = 5.453 Å und der Mn-reichen Grenzzusammensetzung zu a = 5.591 Å bestimmt; entsprechende Werte der Wurtzit-Typ-Phasen: a = 3.873 Å, c = 6.314 Å bzw. a = 3.961 Å, c = 6.410 Å (alle Werte von kX auf Å umgerechnet) [1]. Die Gitterkonstanten der bei höheren Temperaturen dargestellten Mischkristalle vom Zinkblende- und Wurtzit-Typ zeigen eine lineare Abhängigkeit vom MnS-Gehalt z (in Mol-%): a steigt bei den Zinkblende-Typ-Phasen z. B. von 5.4116 ± 0.0003 Å bei z = 1.19 (Tempertemperatur 850°C) auf 5.4236 ± 0.0003 Å bei z = 7.99 (Tempertemperatur 750°C) und kann durch a = 5.4093 + 0.00202 z wiedergegeben werden [9], s. auch [5]. Die Werte von Kullerud [6] weichen davon ab, da die Präparate vermutlich nicht homogen waren [9]. Bei den Wurtzit-Typ-Phasen steigen die Gitterkonstanten von a = 3.8270 ± 0.0005 Å, c = 6.2603 ± 0.0008 Å bei z = 1.86 auf a = 3.9050 ± 0.0005 Å, c = 6.3618 ± 0.0008 Å bei z = 49.84 (Tempertemperatur jeweils 1200°C) und können durch a = 3.8230 + 0.001628 z, c = 6.2565 + 0.002089 z wiedergegeben werden [8] in guter Übereinstimmung mit früheren Messungen [5, 7]. Lediglich die Werte von Smith u. a. [16] weichen davon ab. Die Gitterkonstanten der Mischkristalle vom NaCl-Typ sind vom ZnS-Gehalt y (in Mol-%) linear abhängig: a = 5.224 − 0.00108 y; z. B. ist a = 5.196 Å bei einem Präparat mit y = 25, das bei 80 kbar und 1000°C hergestellt wurde [10].

Magnetische und elektrische Eigenschaften

Die magnetische Suszeptibilität χ hexagonaler $Zn_{1-x}Mn_xS$-Mischkristalle (0.004 ≦ x ≦ 0.4), gemessen im Temperaturbereich von 77 bis 400 K, gehorcht nur für x < 0.01 dem Curie-Weiss-Gesetz; bei höheren Mn-Konzentrationen treten infolge antiferromagnetischer Wechselwirkung zwischen den Mn-Ionen Abweichungen auf. Bestrahlung mit einer Xenonlampe (λ < 540 nm) bewirkt einen Abfall von χ, der von der Temperatur, der Bestrahlungsintensität und der Mn-Konzentration abhängt [17]. Beträchtliche Abweichungen vom Curie-Weiss-Verhalten oberhalb 77 K finden schon Brumage u. a. [18] an Kristallen (Zinkblende-Struktur) mit 0.5 bis 7.5% Mn^{2+}-Ionen.

Bei der paramagnetischen Resonanzabsorption von $Zn_{1-x}Mn_xS$ nimmt die Linienbreite mit wachsendem Mn-Gehalt (x = 0.0205, 0.11, 0.23) ab, vermutlich infolge der zunehmenden Austauschwechselwirkung [19]. Ältere Angaben über die Linienbreite s. bei Kashaev [20]. — Das Resonanzspektrum von Mn^{2+} in ZnS (vgl. „Mangan" B, S. 113) ist von Lambert u. a. [21] an der kubischen und der hexagonalen Modifikation untersucht worden, wobei auch der Einfluß von Gitterfehlern isoliert wurde. Bei eingehenden Untersuchungen an kubischem ZnS mit Stapelfehlern ermitteln Blanchard u. a. [22] im Bereich von 77 bis 300 K bei Drücken bis 2.8 × 10^8 dyn/cm^2 die Konstante der Spin-Gitter-Kopplung. — Eine Berechnung der HF-Wechselwirkungskonstante A von Mn auf Tetraederplätzen in ZnS und ZnSe ergibt Werte, die mit Meßdaten schlecht übereinstimmen, vermutlich weil das zugrunde gelegte Punktladungsmodell zu einfach war [23].

Die spezifische Leitfähigkeit $\varkappa$ von $Mn_{1-x}Zn_xS$ liegt bei hohem Zn-Gehalt unterhalb 10^{-8} $\Omega^{-1} \cdot cm^{-1}$. Wenn x unter 0.4 fällt, beginnt $\varkappa$ zu steigen, erreicht etwa 9 × 10^{-4} $\Omega^{-1} \cdot cm^{-1}$ bei x = 0.2 und steigt weiter auf den an reinem MnS beobachteten Wert (s. S. 23) $\varkappa \approx 4 \times 10^{-3}$ [5].

Optische Eigenschaften

Das Absorptionsspektrum von (Mn,Zn)S-Mischkristallen, erstmals von Kröger [24] bei verschiedenen Zusammensetzungen untersucht, weist 2 Banden auf, die Übergängen vom Grundzustand ($^6A_1$) in die Anregungszustände $^4T_2$ und $^4A_1$, ^4E entsprechen [25], s. „Mangan" B, S. 188. Bei Konzentrationen von 1 bis 4 Mol-% Mn werden auch Banden bei 1280, 830 und 655 nm beobachtet, die Übergängen vom ersten Anregungszustand $^4T_1(^4G)$ zu den höheren Anregungszuständen

Optical Properties of MnS-ZnS Solid Solutions

$^4E(^4D)$, $^4T_1(^4P)$ und $^4A_2(^4F)$ entsprechen [26]. Zur Lage der Absorptionsbanden von Mn-haltigem ZnS s. auch Oelkrug [27]. Einen Überblick über neuere Untersuchungen, die das Mn-Absorptionsspektrum in verschiedenen Verbindungen, darunter ZnS, betreffen, geben Curie u. a. [28].

Beim Lumineszenzspektrum von (Mn,Zn)S-Mischkristallen, das ebenfalls schon von Kröger [24] untersucht wurde, macht sich die unterschiedliche Struktur der beiden ZnS-Modifikationen deutlich bemerkbar, s. „Mangan" B, S. 188/9. Mit steigendem Mn-Gehalt treten Banden auf, die Mn_2-Paaren zuzuordnen sind; andererseits tritt Konzentrationslöschung auf [27]. Auch von der Darstellungsart (und dadurch bedingten Gitterfehlern und Verunreinigungen) hängt die Lage der Lumineszenzbanden ab [29]. Eingehende Untersuchungen über den Einfluß von Gitterstörungen auf das Lumineszenzspektrum beschreiben Lambert u. a. [30]. Bei weiteren derartigen Messungen wird die Lumineszenz von Mn in ZnS, ZnSe und (Zn,Cd)S verglichen [31]. Wie der Mn-Gehalt den Lumineszenzmechanismus verändert, wird von Kanari u. a. [32] sowie Ato u. a. [33] untersucht. — Die von einigen Autoren an ZnS beobachteten blauen Lumineszenzbanden sind nicht auf die Mitwirkung eines Aktivators (Al, Cu, Mn und ähnliche Elemente) zurückzuführen, sondern auch an reinem ZnS zu beobachten [34]. — Zum Remissionsspektrum s. S. 26.

Mit den verschiedenen, in $Mn(SZn_3)_4$ möglichen Orbitalenergien versucht Johnson [35] das Lumineszenzspektrum von (Mn,Zn)S zu deuten.

Das Raman-Spektrum von ZnS mit 3% Mn zeigt drei, durch die Verunreinigung verursachte Schwingungen mit den Wellenzahlen 297, 313 und 333 cm^{-1} [36].

Chemisches Verhalten

Die ZnS-reichen Mischkristalle lassen sich in einem Gemisch von Salpetersäure und Brom auflösen [4].

Literatur:

[1] H. Schnaase (Z. Physik. Chem. B **20** [1933] 89/117, 114). — [2] E. M. Nanobashvili, S. G. Kurashvili (Tr. Inst. Khim. im. P. G. Melikishvili Akad. Nauk Gruz. SSR **14** [1958] 105/12 nach C. A. **1961** 7124). — [3] F. Feigl (Z. Anal. Chem. **65** [1924/25] 25/46, 34). — [4] N. Blaton, J. Glibert (Bull. Soc. Chim. Belges **84** [1975] 1131/8). — [5] R. Juza, A. Rabenau, G. Pascher (Z. Anorg. Allgem. Chem. **285** [1956] 61/9).

[6] G. Kullerud (Norsk Geol. Tidsskr. **32** [1953] 61/147, 112). — [7] F. A. Kröger (Z. Krist. **100** [1939] 543/5). — [8] B. J. Skinner, P. M. Bethge (Am. Mineralogist **46** [1961] 1382/98, 1387). — [9] B. J. Skinner (Am. Mineralogist **46** [1961] 1399/411, 1402). — [10] A. Neuhaus, R. Steffen (Z. Physik. Chem. [Frankfurt] **73** [1970] 188/214).

[11] G. E. Arkhangel'skii, T. I. Voznesenskaya, M. V. Fok (Kristallografiya **18** [1973] 544/7; Soviet Phys.-Cryst. **18** [1973] 342/3). — [12] G. E. Arkhangel'skii (Kristallografiya **19** [1974] 1296/8; Soviet Phys.-Cryst. **19** [1974] 807/8). — [13] S. A. Kostylev, B. N. Sherstyak (Kristallografiya **8** [1963] 456/9; Soviet Phys.-Cryst. **8** [1963] 357/9). — [14] P. L. Smith, J. E. Martin (Phys. Letters **19** [1965] 541/3). — [15] R. Nitsche, H. U. Bölsterli, M. Lichtensteiger (Phys. Chem. Solids **21** [1961] 199/205).

[16] F. G. Smith, S. K. Dasgupta, V. G. Hill (Can. Mineralogist **6** [1957] 128/35, 132). — [17] N. C. Andreadakis, F. Williams (J. Appl. Phys. **40** [1969] 1232/4). — [18] W. H. Brumage, C. R. Yarger, C. C. Lin (J. Appl. Phys. **35** [1964] 994/5). — [19] J. P. Gayda, A. Deville, E. Lendway (J. Phys. [Paris] **33** [1972] 935/40). — [20] S. Kh. G. Kashaev (Dokl. Akad. Nauk SSSR **110** [1956] 362/4; Soviet Phys.-Dokl. **1** [1956] 546/8).

[21] B. Lambert, T. Buch, A. Geoffroy, P. Kovacs (Solid State Commun. **12** [1973] 147/51). — [22] C. Blanchard, R. Parrot, D. Boulanger (Phys. Rev. [3] B **7** [1973] 4072/84). — [23] B. P. Koch (Phys. Status Solidi B **68** [1975] 193/200). — [24] F. A. Kröger (Physica **6** [1939] 369/79, 779/84). — [25] D. S. McClure (J. Chem. Phys. **39** [1963] 2850/5).

[26] T. Kushida, Y. Tanaka, Y. Oha (J. Phys. Soc. Japan **37** [1974] 1341/8; Solid State Commun. **14** [1974] 617/20). — [27] D. Oelkrug (Ber. Bunsenges. Physik. Chem. **71** [1967] 697/703). — [28] D. Curie, C. Barthou, B. Canny (J. Chem. Phys. **61** [1974] 3048/62). — [29] K. Kynev, N. Preslavski (Dokl. Bolg. Akad. Nauk **22** [1969] 1103/6; C. A. **72** [1970] Nr. 83974). — [30] B. Lambert, T. Buch, A. Geoffroy (Phys. Rev. [3] B **8** [1973] 863/9).

[31] H. Röppischer, M. Klopfleisch (Phys. Status Solidi A **20** [1973] K 21/K 24). — [32] P. S. Kanari, V. B. Singh, J. N. Nanda (J. Phys. D **4** [1971] 1824/9). — [33] Y. Ato, S. Miyagawa, R. Huzimura, L. Ozawa (Nagoya Kogyo Gijutsu Shikensho Hokoku **22** [1973] 18/22; C. A. **79** [1973] Nr. 120033). — [34] R. Grasser, G. Roth, A. Scharmann (Z. Physik **249** [1971] 91/100). — [35] K. H. Johnson (J. Phys. [Paris] **33** [1972] Suppl., S. C3-195/C3-203).

[36] M. Zigone, R. Beserman, M. Balkanski (Proc. 2nd Intern. Conf. Light Scattering Solids, Paris 1971, S. 61/5; C. A. **78** [1973] Nr. 22020).

8.5.4.1.2 $Zn_{1-x}Mn_xS_2$-Mischkristalle (x = 0.27, 0.47, 0.65)

$Zn_{1-x}Mn_xS_2$ Solid Solutions

Disulfide dieser Zusammensetzung erhält man aus einer Pulvermischung von ZnS, MnS und S bei einem Druck von 50 bis 100 kbar bei 600 bis 1200°C. Innerhalb 5 h wird auf 875°C abgekühlt und dann auf gewöhnliche Temperatur abgeschreckt. Die Mischkristalle kristallisieren im Pyrit-Typ wie MnS_2 (s. S. 36), T. A. Bither (U. S. P. 3372997 [1966/68] nach C. A. **69** [1968] Nr. 39785).

8.5.4.1.3 $ZnMn_2S_4$

$ZnMn_2S_4$

Zur Darstellung werden stöchiometrische Mengen der Elemente in evakuierten Ampullen zunächst langsam auf 550°C erhitzt und dann einige Tage bei dieser Temperatur gehalten. Das Röntgendiagramm zeigt, daß die Präparate neben $ZnMn_2S_4$ auch ZnS und MnS enthalten. $ZnMn_2S_4$ kristallisiert im kubischen Spinell-Typ mit der Gitterkonstante a = 10.4 Å. Die Spinell-Struktur bleibt bis 113 K erhalten.

Die Temperaturabhängigkeit der reziproken magnetischen Suszeptibilität (bis 4.2 K gemessen) zeigt bei 40 K einen Knick zu kleineren Werten. Die Néel-Temperatur wird auf 160 K und die asymptotische Curie-Temperatur auf −550 K geschätzt, G. Matsumoto, K. Ohbayashi, K. Kohn, S. Iida (J. Phys. Soc. Japan **21** [1966] 2429).

8.5.4.2 Mischkristalle im System MnS-CdS

Solid Solutions in the MnS-CdS System

Zustandsdiagramm

Durch gleichzeitige Fällung einer Lösung von $CdSO_4$ und $MnSO_4$ mit Ammonsulfid werden bei 19°C Mischkristalle vom Zinkblende-Typ mit maximal 0.1 Mol-% MnS erhalten [1], s. auch [2]. Die frisch gefällten Niederschläge enthalten etwas überschüssigen Schwefel und Wasser [3], das nach ESR-Untersuchungen in Form von $[Mn(H_2O)_6]^{2+}$ eingebaut ist [4], s. auch [5]. Dagegen wird bei der Fällung einer siedenden Lösung eine lückenlose Mischkristallreihe beobachtet. Möglicherweise bildet sich außerdem eine Mischkristallreihe vom Wurtzit-Typ [6], s. auch [7]. — Durch Erhitzen von α-CdS (Wurtzit-Typ, s. „Cadmium" Erg.-Bd., S. 584/608) mit α-MnS (NaCl-Typ) in evakuierten Quarzglasampullen wird das in **Fig. 18**, S. 50, wiedergegebene Zustandsdiagramm erhalten [8] in guter Übereinstimmung mit Untersuchungen anderer Autoren bei 900°C [9] und im Bereich von 600 bis 1000°C [10].

Mit steigendem Druck wandeln sich die CdS-reichen Mischkristalle vom Wurtzit-Typ in Phasen vom NaCl-Typ um, die sich oberhalb 80 Mol-% CdS nicht abschrecken lassen. Bei weiterer Drucksteigerung entstehen nicht abschreckbare, mit CdS III isotype Phasen, die vermutlich im B23-Typ (α-AgJ, s. „Silber" B 2, S. 213) kristallisieren. Der Bereich der MnS-reichen Mischkristalle vom NaCl-Typ bleibt bei Drücken bis 40 kbar und Temperaturen bis 600°C praktisch unverändert, s. **Fig. 19**, S. 50 [11]. Bei Druckuntersuchungen bis 45 kbar treten bei den CdS-reichen Mischkristallen beim Entspannen auch Phasen mit Zinkblende-Struktur auf [12].

The MnS-CdS System

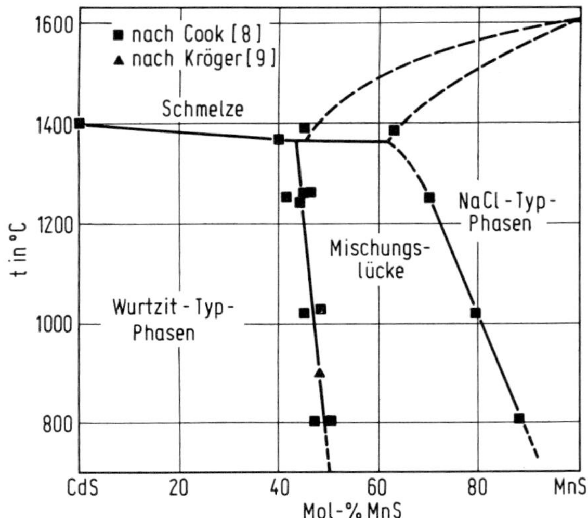

Fig. 18

Zustandsdiagramm des Systems MnS-CdS.

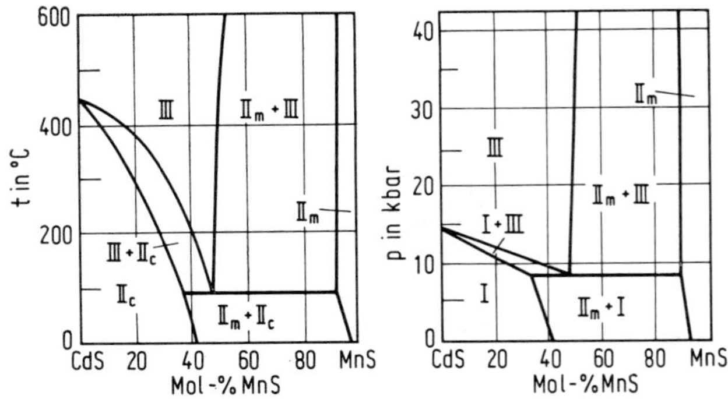

Fig. 19

Isobare bei 25 kbar (links) und Isotherme bei 500°C (rechts) im System MnS-CdS (I = Phasen vom Wurtzit-Typ, II = vom NaCl-Typ, III = nicht abschreckbare Phase (B 23 ?); m = MnS-reiche, c = CdS-reiche Phasen).

Einkristalle

Nach dem Bridgman-Stockbarger-Verfahren lassen sich Einkristalle darstellen, wobei Ar-Drücke von 40 kg/cm^2 angewandt werden, um die Sublimation von CdS niedrig zu halten. Die pulverförmigen Ausgangssubstanzen MnS und CdS werden vorher wiederholt bei 1000°C in N_2-H_2S-Atmosphäre getempert, gemahlen und verpreßt, um homogene Kristalle zu erhalten. Nachdem die Sulfide $Cd_{1-x}Mn_xS$ 1 h oberhalb des Schmelzpunkts gehalten wurden, werden sie im Bereich $0 \leqq x \leqq 0.3$ auf 1450°C und im Bereich $0.7 \leqq x \leqq 1$ auf 1620°C abgesenkt. Im Bereich $0.3 < x < 0.7$ entstehen keine Einkristalle. — Die Spaltbarkeit ist wie bei den reinen Sulfiden: nach $(11\bar{2}0)$ bei den CdS-reichen vom Wurtzit-Typ und nach (111) bei den MnS-reichen vom NaCl-Typ [13].

Gitterkonstanten

Bei Mischkristallen, die bei Normaldruck hergestellt wurden, gehorchen die Gitterkonstanten der Regel von Vegard [8, 10]. Bei 600°C betragen die Werte der Grenzzusammensetzungen: a = 4.071, c = 6.606 Å (bei 44.3 Mol-% MnS) und a = 5.236 Å (bei 94.0 Mol-% MnS); bei 1000°C: a = 4.060, c = 6.581 Å (53.0 Mol-% MnS) und a = 5.260 Å (82.5 Mol-% MnS) [10]. Bei den NaCl-Typ-Phasen steigt a bis 1390°C und 63 Mol-% MnS auf 5.307 ± 0.001 Å [8].

Physical Properties of MnS-CdS Solid Solutions

Magnetische, elektrische und optische Eigenschaften

Die magnetische Suszeptibilität von Mischkristallen mit 0.026 bis 5 Mol-% MnS ist zwischen 1 und 4.2 K gemessen worden, um die Stärke der Austauschwechselwirkung zwischen den Mn-Ionen zu ermitteln [14].

Bei elektrischen Messungen an Mischkristallen $Cd_{1-x}Mn_xS$ zwischen 78 und 300 K (x = 0.03 bis 0.25) bzw. zwischen 400 und 500 K (x = 0.4) werden für den spezifischen Widerstand ρ (in Ω · cm), den Hall-Koeffizienten R_H (in cm^3/C) und die Hall-Beweglichkeit μ_H (in $cm^2 \cdot V^{-1} \cdot s^{-1}$) bei 300 K sowie die Donator-Ionisationsenergie E_d (in eV) folgende Werte erhalten (eingeklammerte Werte gelten bei 78 K):

x	ρ	R_H	μ_H	E_d
0	0.08 (0.2)	25 (90)	324 ± 13	0.011
0.03	0.18 (0.5)	47 (250)	256 ± 11	0.015
0.1	0.23 (1.0)	45 (250)	190 ± 8	0.015
0.25	7.8×10^4	1.0×10^7	129 ± 6	0.52
0.4	$\approx 10^{15}$*)	$\approx 10^{17}$*)	130 ± 30*)	1.16

*) extrapoliert aus den Hochtemperaturmessungen bei 400 bis 500 K [1].

Die Breite des verbotenen Bandes E_g fällt, wie optische Messungen ergeben, mit steigendem Mn-Gehalt auf ein Minimum bei x ≈ 0.03 und steigt dann wieder, für x ≧ 0.1 linear, mit dem Mn-Gehalt [15].

Im Absorptionsspektrum (zum Bereich unterhalb 10000 cm^{-1} s. „Mangan" B, S. 188) von $Cd_{0.6}Mn_{0.4}S$ treten im sichtbaren Bereich 3 Banden auf, deren Maxima bei 19610, 20830 und 21980 cm^{-1} liegen. Sie sind den Übergängen zu den Termen (^4E, $^4A_1$), $^4T_2$ und $^4T_1$ zuzuordnen [15]. Zur Ableitung von Kristallfeldparametern aus dem Absorptionsspektrum s. Vanyushina u. a. [16].

Auch in CdS bewirkt der Einbau von Mn^{2+} das Auftreten von 3 zusätzlichen Ramanlinien; ihre Wellenzahlen sind 275, 283 und 293 cm^{-1} [17].

Literatur:

[1] M. Paić (Croat. Chem. Acta **43** [1971] 169/74 [englisch]; C. A. **76** [1972] Nr. 104489). — [2] J. N. Herak, M. Paić (J. Phys. Chem. Solids **33** [1972] 1159/61). — [3] M. Paić, Z. Despotovic (Croat. Chem. Acta **43** [1971] 175/8 [englisch]; C. A. **43** [1971] Nr. 104490). — [4] Yu. S. Kuznetsov, G. A. Kitaev, A. P. Stepanov (Zh. Fiz. Khim. **48** [1974] 2062/3; Russ. J. Phys. Chem. **48** [1974] 1215/6). — [5] M. Paić, K. Kranjc, V. Paić (Fizika **3** [1971] 247/58 [englisch]; C. A. **76** [1972] Nr. 77741).

[6] H. Schnaase (Z. Physik. Chem. B **20** [1933] 89/117, 110). — [7] F. Feigl (Z. Anal. Chem. **65** [1924/25] 25/46, 35). — [8] W. R. Cook (J. Am. Ceram. Soc. **51** [1968] 518/20). — [9] F. A. Kröger (Z. Krist. **102** [1939/40] 132/5). — [10] H. Wiedemeier, A. Khan (Trans. AIME **242** [1968] 1969/72).

[11] R. O. Miller, F. Dachille, R. Roy (J. Appl. Phys. **37** [1966] 4913/8). — [12] J. Corll (laut Cook [8]). — [13] H. Komura, Y. Kondo, H. Mitsuhashi (J. Appl. Phys. **46** [1975] 5294/6). — [14] M. M. Kreitman, F. J. Milford, R. P. Kenan, J. G. Daunt (Phys. Rev. [2] **144** [1966] 367/72). — [15] M. Ikeda, K. Itoh, H. Sato (J. Phys. Soc. Japan **25** [1968] 455/60).

[16] N. G. Vanyushina, V. V. Il'yushchenko, A. N. Men', Yu. N. Rezchikov (Opt. i Spektroskopiya **35** [1973] 1099/103; Opt. Spectry. [USSR] **35** [1973] 638/40). — [17] M. Zigone, R. Beserman, M. Balkanski (Proc. 2nd Intern. Conf. Light Scattering Solids, Paris 1971, S. 61/5).

Solid Solutions in the MnS-ZnS-CdS System

8.5.4.3 Mischkristalle im System MnS-ZnS-CdS

Pulvermischungen von MnS, ZnS und CdS bei 900°C mit KCl als Mineralisator einige Stunden erhitzt ergeben ternäre Mischkristalle bis maximal 48 Mol-% MnS auf der CdS-Seite und 54 Mol-% MnS auf der ZnS-Seite. Bei höherem MnS-Gehalt scheidet sich reines α-MnS aus [1, 2].

Mischkristalle mit hohem ZnS-Gehalt besitzen Zinkblende-Struktur [1, 2]. Bei einem Mischkristall aus 97.2 Mol-% ZnS, 0.5 Mol-% CdS und 2.3 Mol-% MnS wird die Gitterkonstante a = 5.4010 ± 0.0003 Å gemessen [3]. Die anderen ternären Mischkristalle haben Wurtzit-Typ-Struktur. Die für die hexagonale a-Achse gemessenen Werte folgen der Regel von Vegard, die der c-Achse sind etwas größer [1, 2].

Der Einbau von CdS in ZnS-MnS-Phosphore bewirkt eine Verschiebung des Absorptionsbereichs von ZnS (mit einer langwelligen Grenze bei etwa 338 nm) zur roten Seite des Spektrums [4]. — Neuere Angaben über das Lumineszenzspektrum von Mn-haltigen ZnS-CdS-Mischkristallen s. bei Kodzhespirov u. a. [5].

Literatur:

[1] F. A. Kröger (Z. Krist. **102** [1939/40] 132/5). — [2] F. A. Kröger (Chem. Weekblad **37** [1940] 590/6). — [3] G. Kullerud (Norsk Geol. Tidsskr. **32** [1953] 61/147, 117). — [4] F. A. Kröger (Physica **6** [1939] 779/84, **7** [1940] 92/100). — [5] F. F. Kodzhespirov, L. A. Mozharovskii, N. D. Borisenko, M. F. Bulanyi (Zh. Prikl. Spektroskopii **15** [1971] 860/3; C. A. **76** [1972] Nr. 92432).

Compounds of Manganese with Sulfur and Group IIIa Metals

8.5.5 Verbindungen des Mangans mit Schwefel und Metallen der 3. Hauptgruppe

$MnAl_2S_4$

8.5.5.1 $MnAl_2S_4$

Die blaß goldgelbe Verbindung entsteht beim Überleiten von H_2S über eine Mischung von Al-Pulver und MnS bei Rotglut [1], s. auch [2]. Sie läßt sich außerdem aus den Elementen, aus MnS und Al_2S_3 sowie aus Al, MnS und überschüssigem Schwefel herstellen. Bei diesen Verfahren bildet sich die unter Normalbedingungen stabile, rhomboedrische Modifikation **$MnAl_2S_4$ I**. Gitterkonstanten: a = 12.24 ± 0.02 Å, α = 17°17′ ± 2′, Z = 1 bzw. bei hexagonaler Indizierung a = 3.680 ± 0.003, c = 36.18 ± 0.07 Å [2] und a = 3.696 ± 0.002, c = 36.29 ± 0.02 Å, Z = 3, Raumgruppe R3m-C_{3v}^5 (Nr. 160) [3]. Tabelle der d-Werte s. Original [2, 3]. Die leicht spaltbaren Rhomboeder [2] besitzen wie das isotype $ZnIn_2S_4$ [4] eine ausgeprägte Schichtstruktur [3]. — Pyknometrische Dichte 2.73, Röntgendichte 2.766 g/cm³ [2].

Bei erhöhten Drücken und Temperaturen wandelt sich die Modifikation I in eine Hochdruckmodifikation **$MnAl_2S_4$ II** vom Spinell-Typ um, s. **Fig. 20** [3]. Auf direktem Wege erhält man diese Modifikation aus den Elementen bei Drücken von 3 bis 65 kbar und 1000 bis 1200°C in Form orangefarbener Kristalle, die sich auf Normalbedingungen abschrecken lassen [5]. Die Präparate sind jedoch nicht stöchiometrisch zusammengesetzt. Sie entsprechen vielmehr der Formel $Mn_{1-x}Al_2S_{4-x}$, wobei x mit steigendem Druck (bis 80 kbar) fällt, aber von der Temperatur (bis 1200°C) in diesem Druckbereich praktisch unabhängig ist. — Die Gitterkonstante fällt z. B. von a = 10.092 Å bei x = 0.3 auf a = 10.050 Å bei x = 0.5 [3, 5]. Tabelle der d-Werte eines bei 10 kbar und 1000°C hergestellten Präparates s. Original [3]. An einem Präparat mit a = 10.092 Å und der Röntgendichte 3.06 g/cm³ (bezogen auf $MnAl_2S_4$) wird D = 2.95 g/cm³ gemessen [5].

Suszeptibilitätsmessungen zwischen 77 und 300 K ergeben die paramagnetische Curie-Temperatur $\Theta_p = -116$ K und das effektive Moment 5.6 ± 0.4 μ_B. Der spezifische Widerstand beträgt $1.2 \times 10^{10}\ \Omega \cdot cm$ bei 298 K [5].

Bei 600°C bildet sich oberhalb 90 kbar eine neue, an der Luft instabile Phase (s. Fig. 20) [3]. — $MnAl_2S_4$ wird von H_2O nur langsam zersetzt [1, 2], leichter dagegen von verdünnter Essigsäure [1]. Bei längerem Erhitzen an der Luft wird die Verbindung zu Mn_3O_4 und Al_2O_3 oxidiert. Mit Graphit im Vakuum auf 1450°C erhitzt dissoziiert sie in MnS und Al_2S_3, wobei Kohlenstoff mit transportiert wird ähnlich wie bei reinem MnS (s. S. 30) [2].

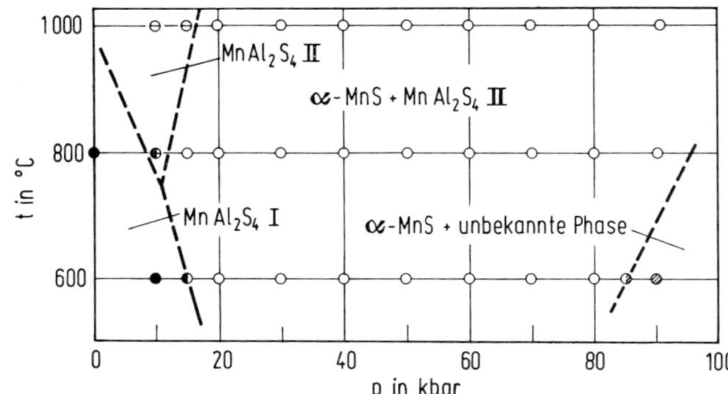

Fig. 20

Phasendiagramm von $MnAl_2S_4$.

Literatur:

[1] M. Houdard (Compt. Rend. **144** [1907] 801/4). — [2] J. Flahaut (Ann. Chim. [Paris] [12] **7** [1952] 632/96, 679; Compt. Rend. **233** [1951] 1279/81). — [3] M. Yokota, Y. Syono, S. Minomura (J. Solid State Chem. **3** [1971] 520/4). — [4] F. Lappe, A. Niggli, R. Nitsche, J. G. White (Z. Krist. **117** [1962] 146/52). — [5] P. C. Donohue (J. Solid State Chem. **2** [1970] 6/8).

8.5.5.2 Verbindungen des Mangans mit Schwefel und Gallium

Compounds of Manganese with Sulfur and Gallium

8.5.5.2.1 Das System MnS-Ga_2S_3

The MnS-Ga_2S_3 System

Zur Untersuchung werden entsprechende Mengen der Sulfide in evakuierten Quarzampullen 2 h auf 800°C sowie 2 h auf 1000°C erhitzt und dann im gewünschten Temperaturbereich zwischen 500 und 900°C längere Zeit getempert. Danach wird in H_2O abgeschreckt. Die Ergebnisse röntgenographischer Messungen und der DTA sind in **Fig. 21**, S. 54, wiedergegeben. Das Eutektikum liegt bei dem Kationenverhältnis n = Mn/(Mn + Ga) = 0.35 und 985°C, M.-P. Pardo, P.-H. Fourcroy, J. Flahaut (Mater. Res. Bull. **10** [1975] 665/75).

8.5.5.2.2 Mischkristalle und Phasen im System MnS-Ga_2S_3

Solid Solutions and Phases in the MnS-Ga_2S_3 System

Mischkristalle vom hexagonalen Wurtzit-Typ existieren zwischen n = 0.03 und 0.18. Sie können auf Normaltemperatur abgeschreckt werden. Die Grenze bei hohen Temperaturen ist nicht genau bekannt. — Die Gitterkonstanten steigen linear von a = 3.699, c = 6.033 Å bei n = 0.03 auf a = 3.724, c = 6.095 Å bei n = 0.20 (Präparate von 1000°C abgeschreckt) [1], s. auch [2, 3].

Mischkristalle von einem verzerrten Zinkblende-Typ treten zwischen etwa n = 0.05 und 0.14 auf. An der Grenze zu den Wurtzit-Typ-Mischkristallen scheint ein schmales Zweiphasengebiet zu existieren, das aber nicht genau festgelegt werden kann. Beim Abkühlen findet auch bei längerem Tempern bei 600 und 500°C keine Umwandlung in die Phasen φ_1 oder φ_2 (s. unten) statt. Die in der Fig. 21, S. 54, eingezeichneten Umwandlungstemperaturen von 735 bzw. 750°C gelten für steigende Temperaturen. Die Abweichung vom idealen kubischen Zinkblende-Typ nimmt mit fallender Temperatur zu [1], s. auch [2, 3].

Die Phasen φ_1, φ_2 und φ_3 lassen sich durch Tempern von Mischkristallen des Wurtzit-Typs (s. oben) bei 500 bis 600°C herstellen, nicht dagegen aus denen des deformierten Zinkblende-Typs. Umgekehrt wandeln sich jedoch diese Phasen φ_1 bis φ_3 beim Erwärmen in Mischkristalle des deformierten Zinkblende-Typs um, wie in Fig. 21 wiedergegeben. Die Phasenbreite liegt etwa zwischen n = 0.11 bis 0.12, n = 0.14 bis 0.15 bzw. n = 0.18 bis 0.20. Die Zusammensetzung läßt sich angenähert durch die allgemeine Formel $MnGa_{2+2x}S_{4+3x}$ mit x = 3, 2 und 1 für φ_1, φ_2 bzw. φ_3 wieder-

Phases in the $MnS-Ga_2S_3$ System

Fig. 21

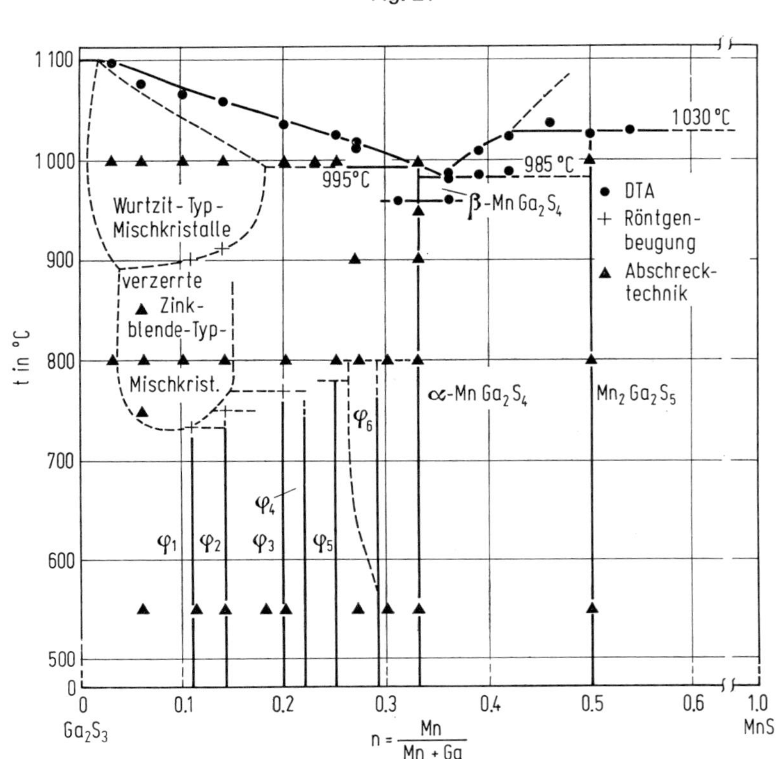

Zustandsdiagramm des Systems $MnS-Ga_2S_3$.

geben. — Die Kristallstruktur aller 3 Phasen kann man als rhombisch verzerrte Überstruktur des Wurtzit-Typs auffassen. Die Abmessungen des Untergitters betragen:

Phase	n	Formel	a_0 in Å	b_0 in Å	c_0 in Å
φ_1	0.111	$MnGa_8S_{13}$	3.74	6.37	6.02
φ_2	0.143	$MnGa_6S_{10}$	3.77	6.43	6.12
φ_3	0.200	$MnGa_4S_7$	3.80	6.45	6.09

Tabelle der d-Werte s. Original. Auf Grund von Einkristallaufnahmen hat die Überstruktur von $MnGa_4S_7$ die Gitterkonstanten $a = 7a_0$, $b = b_0$, $c = 4c_0$, Z = 16 [1], s. auch [3].

Die Phasen φ_4 und φ_5 sind nichtstöchiometrisch. Ihre genaue Phasenbreite kann nicht angegeben werden. Sie kristallisieren in einem deformierten Zinkblende-Typ [1].

Die Phase φ_6 läßt sich aus MnS und Ga_2S_3 herstellen [1], entsteht aber auch bei der Sublimation von $MnGa_2S_4$ (s. unten) [4]. Sie hat die Zusammensetzung $Mn_{1-x}Ga_{2+2x/3}S_4$. Bei niedrigen Temperaturen ist der Phasenbereich dicht bei n = 0.29 [1], und die Präparate sind rosa gefärbt [1, 4]. Bei höheren Temperaturen nimmt die Phasenbreite in Richtung Ga_2S_3 zu und die Präparate werden braun bis schwarz. — Die Phase φ_6 kristallisiert in einer geordneten tetragonalen Überstruktur des Zinkblende-Typs (wie $ZnGa_2S_4$ und andere homologe Verbindungen [5]). Gitterkonstanten: a = 5.44, c = 10.17 Å bei n = 0.29 und a = 5.39, c = 10.24 Å bei n = 0.26 (abgeschreckt von 800°C);

Z = 2 $Mn_{1-x}Ga_{2+2x/3}S_4$ [1], s. auch [4]. Tabelle der d-Werte s. Original. — Die Dichte beträgt 3.56 g/cm³ bei n = 0.29 [1].

Literatur:

[1] M.-P. Pardo, P.-H. Fourcroy, J. Flahaut (Mater. Res. Bull. **10** [1975] 665/75). — [2] J. Flahaut, L. Domange, M. Patrie, A. M. Bostsarron, M. Guittard (Advan. Chem. Ser. **39** [1963] 179/90, 182). — [3] M.-P. Pardo, M. Julien-Pouzol, S. Jaulmes, J. Flahaut (Compt. Rend. C **277** [1973] 1021/3). — [4] P. Viswanadham, J. G. Edwards (Mater. Res. Bull. **8** [1973] 1079/82). — [5] H. Hahn, G. Frank, W. Klingler, A. D. Störger, G. Störger (Z. Anorg. Allgem. Chem. **279** [1955] 241/70, 254).

8.5.5.2.3 $MnGa_2S_4$

$MnGa_2S_4$

Zwischen Raumtemperatur und etwa 985°C ist die grüne α-Modifikation stabil. Einkristalle lassen sich durch Tempern bei 800°C mit überschüssigem Ga_2S_3 züchten. Sie sind monoklin, Gitterkonstanten: a = 12.14, b = 22.75, c = 6.46 Å, β = 108°, Z = 2, Raumgruppe C2/c-C_{2h}^6 (Nr. 15); d-Werte s. Original. Die Struktur ist isotyp mit der von $MgGa_2S_4$ [1]. Röntgendichte 3.60 g/cm³ [3,4].

Die gelborange gefärbte Hochtemperaturmodifikation β-$MnGa_2S_4$ läßt sich von 950 bis 1000°C auf Raumtemperatur abschrecken. Sie kristallisiert rhombisch, Gitterkonstanten: a = 12.90, b = 7.66, c = 6.13 Å, Z = 4, Raumgruppe $Pna2_1$-C_{2v}^9 (Nr. 33); d-Werte s. Original. Ihre Struktur stellt eine Überstruktur des verzerrten Wurtzit-Typs dar. Das Pulverdiagramm ist praktisch mit dem der Hochtemperaturmodifikation von $ZnAl_2S_4$ [2] identisch. Röntgendichte 3.54 g/cm³. Bei 995°C zersetzt sich β-$MnGa_2S_4$ peritektisch [3, 4].

Im Gegensatz zu diesen Ergebnissen wird bei der Synthese aus stöchiometrischen Mengen der Elemente in evakuierter Vycorglasampulle bei 500 bis 800°C ein kubisch kristallisierendes, grünes Produkt mit Spinell-Struktur neben einer nicht identifizierten Phase (d-Werte s. [5]) erhalten. Gitterkonstante a = 10.42 ± 0.05 Å, pyknometrische Dichte 3.67, Röntgendichte 3.78 g/cm³, Schmelzpunkt 1015°C. — Oberhalb 925°C bildet sich aus $MnGa_2S_4$ die Verbindung $Mn_3Ga_2S_6$ (s. unten) neben anderen, bisher nicht identifizierten Phasen [5, 6]. Bei systematischen Untersuchungen im System MnS-Ga_2S_3 kann die Phase vom Spinell-Typ nicht bestätigt werden [3].

Untersuchungen bis 95 kbar und 1000°C ergeben neben der Normaldruckmodifikation $MnGa_2S_4$ I (≡ α-$MnGa_2S_4$) fünf Hochdruckmodifikationen II bis VI, s. **Fig. 22**. Die Pulverdiagramme der Modifikationen I bis III ähneln dem Diagramm der Modifikation IV. Diese hat die gleiche Struktur wie $MnAl_2S_4$ I (s. S. 52). Hexagonale Gitterkonstanten: a = 3.695 ± 0.003, c = 36.35 ± 0.05 Å (Präparat bei 70 kbar und 600°C hergestellt), Z = 3; d-Werte s. Original. Die Struktur der Modifikationen V und VI ist noch unbekannt. Bei 30 kbar und 600°C wandeln sich alle Hochdruckmodifikationen reversibel in die Modifikation I um [7].

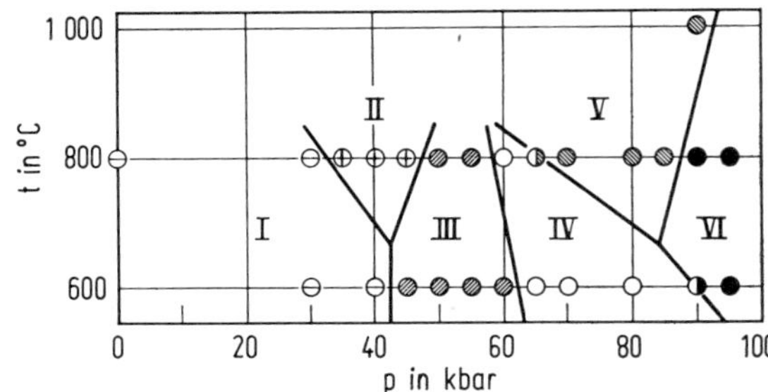

Fig. 22

Phasendiagramm von $MnGa_2S_4$.

Aus Dampfdruckmessungen zwischen 500 und 975°C wird geschlossen, daß oberhalb 860°C nur Ga_2S und S_2 in die Gasphase gehen, so daß $Mn_3Ga_2S_6$ entsteht. — Bei Temperaturen zwischen 500 und 975°C reagiert $MnGa_2S_4$ mit Mo zu $Mo_{0.5}Ga_2S_4$ [5].

Literatur:

[1] C. Romers, B. A. Blaisse, D. J. W. Ijdo (Acta Cryst. **23** [1967] 634/40). — [2] G. A. Steigmann (Acta Cryst. **23** [1967] 142/7). — [3] M.-P. Pardo, P.-H. Fourcroy, J. Flahaut (Mater. Res. Bull. **10** [1975] 665/75). — [4] M.-P. Pardo, M. Julien-Pouzol, S. Jaulmes, J. Flahaut (Compt. Rend. C **277** [1973] 1021/3). — [5] P. Viswanadham, J. G. Edwards (Mater. Res. Bull. **10** [1975] 651/7), P. Viswanadham (Diss. Univ. of Toledo, Ohio, 1974; Diss. Abstr. Intern. B **35** [1974] 2694).

[6] P. Viswanadham, J. G. Edwards (Mater. Res. Bull. **8** [1973] 1079/82). — [7] M. Yokota, Y. Syono, S. Minomura (J. Solid State Chem. **3** [1971] 520/4).

$Mn_2Ga_2S_5$

8.5.5.2.4 $Mn_2Ga_2S_5$

Diese Verbindung zeigt keine Phasenbreite. Sie schmilzt peritektisch bei 1030°C. Die roten durchsichtigen Kristalle sind trigonal, Gitterkonstanten: a = 3.72, c = 15.24 Å, Z = 1; d-Werte s. Original. Dichte 3.73 g/cm³, M.-P. Pardo, P.-H. Fourcroy, J. Flahaut (Mater. Res. Bull. **10** [1975] 665/75), M.-P. Pardo, M. Julien-Pouzol, S. Jaulmes, J. Flahaut (Compt. Rend. C **277** [1973] 1021/3).

$Mn_3Ga_2S_6$

8.5.5.2.5 $Mn_3Ga_2S_6$

Die Verbindung bleibt als brauner Rückstand bei der Sublimation von $MnGa_2S_4$ (s. oben) bei 950°C zurück. Das Röntgenpulverdiagramm läßt sich hexagonal mit a = 7.47 ± 0.06, c = 15.16 ± 0.08 Å oder tetragonal mit a = 6.43 ± 0.04, c = 15.16 ± 0.20 Å indizieren, Z = 3; d-Werte s. Original. Dichte 3.51 ± 0.3 g/cm³. Bei der Verflüchtigung gehen unterhalb 975°C Ga_2S und S_2 in die Gasphase, so daß festes MnS zurückbleibt, P. Viswanadham, J. G. Edwards (Mater. Res. Bull. **10** [1975] 651/7).

$MnIn_2S_4$

8.5.5.3 $MnIn_2S_4$

Zur Herstellung der dunkelbraunen Verbindung werden stöchiometrische Mengen der Elemente in evakuierten Quarzglasampullen auf 600 bis 1000°C erhitzt [1, 3]. Man kann auch entsprechende Mengen α-MnS und In_2S_3 160 h bei 850°C [4] oder 12 h bei 900°C in evakuierter Quarzglasampulle umsetzen [5]. Die Verbindung entsteht über Feststoffreaktion aus den Sulfiden im Inertgasstrom bei 800°C in 80 h [4]. Oktaederförmige, rote Einkristalle der Größe 3 × 3 × 3 mm lassen sich aus den Elementen durch Transportreaktion im Temperaturgefälle 1100 → 1000°C unter Zusatz von J_2 züchten [6].

Unter Normalbedingungen kristallisiert $MnIn_2S_4$ kubisch im Spinell-Typ. Gitterkonstante a = 10.694 ± 0.008 [5], 10.71 [2] und 10.72 ± 0.01 Å [1], Z = 8, Raumgruppe Fd3m-O_h^7 (Nr. 227). Der Schwefel-Parameter beträgt x = 0.380 [2] bis 0.384 [5]. Die Struktur ist zu 35% invers [2], s. auch [5]. Bei erhöhter Temperatur und erhöhtem Druck wandelt sich die Spinell-Modifikation in eine bisher unbekannte Hochdruckmodifikation um [3].

Die pyknometrische Dichte der Spinell-Modifikation beträgt 4.39 ± 0.05 [1], 4.45 g/cm³ [5], die Röntgendichte 4.44 [1], 4.45_4 g/cm³ [5].

Die magnetische Suszeptibilität wurde zunächst in einem zu starken Feld (10 kOe) gemessen, so daß das Maximum von $1/\chi$ nicht deutlich zu erkennen war. Wie neue Messungen bei 1.27 kOe zeigen, liegt das Maximum von $1/\chi$ bei T_N = 4.9 K. Im paramagnetischen Bereich (untersucht bis 300 K) gilt das Curie-Weiss-Gesetz mit $\Theta_p = -75$ K und der molaren Curie-Konstanten C_m = 4.26 cm³ · K/mol [7].

Von den im IR-Spektrum zu erwartenden vier Absorptionsmaxima (vgl. „Mangan" C3, S. 193) sind an $MnIn_2S_4$ nur zwei zu beobachten: ν_8 = 238, ν_9 = 326 cm⁻¹ [4].

$MnIn_2S_4$ bildet mit In_2S_3 Mischkristalle vom Spinell-Typ [8].

Literatur:

[1] W. Schlein, A. Wold (J. Solid State Chem. **4** [1972] 286/91). — [2] T. Kanomata, H. Ido, T. Kaneko (J. Phys. Soc. Japan **34** [1972] 554). — [3] R. E. Tressler, F. A. Hummel, V. S. Stubican (J. Am. Ceram. Soc. **51** [1968] 648/51), R. E. Tressler, V. S. Stubican (Natl. Bur. Std. [U. S.] Spec. Publ. Nr. 364 [1972] 695/702). — [4] H. D. Lutz, M. Fehér (Spectrochim. Acta A **27** [1971] 357/65). — [5] H. Hahn, W. Klingler (Z. Anorg. Allgem. Chem. **263** [1950] 177/90).

[6] R. Nitsche (J. Phys. Chem. Solids Suppl. Nr. 1 [1967] 215/20). — [7] Ch.-I Hsu, J. J. Steger, E. A. Dekeo, A. Wold, G. S. Heller (J. Solid State Chem. **13** [1975] 304/6). — [8] J. Flahaut, L. Domange, M. Patrie, A. M. Bostsarron, M. Guittard (Advan. Chem. Ser. **39** [1963] 179/90, 183).

8.5.6 Verbindungen des Mangans mit Schwefel und Metallen der 3. Nebengruppe

Compounds of Manganese with Sulfur and Group IIIb Metals

8.5.6.1 Verbindungen und Phasen in den Systemen MnS-M_2S_3 (M = Sc, Y, La, Ce bis Lu)

Compounds and Phases in MnS-M_2S_3 Systems

Übersicht

Review in German

Mit zunehmendem MnS-Gehalt treten in den Systemen folgende Phasen und Verbindungen auf: Die Sulfide M_2S_3 von M = La, Ce, Pr, Nd, Sm und Gd bilden mit geringen Mengen MnS Mischkristalle. Von M = Y, La, Ce, Pr, Nd, Sm, Gd, Dy, Ho, Er, Tm und Yb sind Verbindungen der Zusammensetzung MnM_4S_7 bekannt. Die tatsächliche Zusammensetzung der früher beschriebenen Verbindung $MnLa_2S_4$ ist wahrscheinlich $Mn_{11}La_{32.66}S_{60}$. Vertreter des Typs MnM_2S_4 treten bei M = Sc, Y, Tb, Dy, Ho, Er, Tm, Yb und Lu auf, wobei die Sc-Verbindung einen schmalen Homogenitätsbereich zum Sc_2S_3 hin aufweist. α-MnS selbst bildet mit geringen Mengen M_2S_3 Mischkristalle, wobei M = Y, Sm, Gd, Dy, Er, Yb und Lu sein kann.

Review in English

Review. The following phases and compounds occur in the systems with increasing MnS content: The sulfides M_2S_3 with M = La, Ce, Pr, Nd, Sm, and Gd form solid solutions with small amounts of MnS (8.5.6.1.1). Compounds of the composition MnM_4S_7 are known with M = Y, La, Ce, Pr, Nd, Sm, Gd, Dy, Ho, Er, Tm, and Yb (8.5.6.1.2). The actual composition of the previously described compound $MnLa_2S_4$ is probably $Mn_{11}La_{32.66}S_{60}$ (8.5.6.1.3). The compound type MnM_2S_4 occurs with M = Sc, Y, Tb, Dy, Ho, Er, Tm, Yb, and Lu, the Sc-compound of which shows a narrow homogeneity range towards Sc_2S_3 (8.5.6.1.4). α-MnS forms solid solutions with small amounts of M_2S_3 with M = Y, Sm, Gd, Dy, Er, Yb, and Lu (8.5.6.1.5).

8.5.6.1.1 Mischkristalle von M_2S_3 mit MnS (M = La, Ce, Pr, Nd, Sm, Gd)

Solid Solutions of M_2S_3 with MnS

Die Sulfide M_2S_3 bilden bei 1200 bis 1300°C mit geringen Mengen MnS kubische Mischkristalle [1, 2, 3]. Ihre Gitterkonstanten fallen bis zur Grenzzusammensetzung linear mit steigendem Mn-Gehalt [1]:

M	La	Ce	Pr	Nd	Sm	Gd
Grenzzusammensetzung in Kation-% Mn	5	15	16	19	23	11
Gitterkonstante a in Å	8.69	8.58	8.52	8.465	8.39	8.34

Die Mischkristalle besitzen wie die reinen Sulfide M_2S_3 (s. [4]) eine vom Th_3P_4-Typ (s. „Thorium" S. 315) ableitbare Struktur mit Lücken im Kationen-Untergitter [1].

Literatur:

[1] J. Flahaut, L. Domange, M. Patrie (Bull. Soc. Chim. France **1962** 2048/54), M. Patrie, J. Flahaut, L. Domange (Rev. Hautes Temp. Refractaires **2** [1965] 187/98). — [2] J. Flahaut, L. Domange, M. Patrie, A.-M. Bostsarron, M. Guittard (Advan. Chem. Ser. **39** [1963] 179/90, 186). — [3] J. Flahaut, L. Domange, M. Patrie (Compt. Rend. **254** [1962] 4037/9). — [4] M. Picon, L. Domange, J. Flahaut, M. Guittard, M. Patrie (Bull. Soc. Chim. France **1960** 221/8).

Compounds of the Composition MnM_4S_7

8.5.6.1.2 Verbindungen der Zusammensetzung MnM_4S_7
(M = Y, La, Ce, Pr, Nd, Sm, Gd, Dy, Ho, Er, Tm, Yb)

MnS reagiert bei 1320 bis 1400°C in H_2S-Atmosphäre mit La_2S_3 oder Ce_2S_3 vollständig zu hexagonalem $MnLa_4S_7$ bzw. $MnCe_4S_7$. Mit den Sulfiden von Pr, Nd, Sm und Gd entstehen entsprechende Verbindungen, doch ist keine vollständige Umsetzung zu erreichen [1]. Aus MnS und Y_2S_3 bildet sich in evakuierten Quarzampullen bei 800 bis 1350°C monoklines MnY_4S_7 [2], s. auch [3]. Auf analoge Weise werden die entsprechenden Verbindungen mit Ho, Er und Tm hergestellt. Bei der Darstellung von $MnDy_4S_7$ werden die Sulfide erst bei 1250°C in H_2S-Atmosphäre und dann 1 h bei 1200°C im evakuierten Quarzrohr umgesetzt. Wegen der leichten thermischen Dissoziation von Yb_2S_3 wird bei der Herstellung von $MnYb_4S_7$ eine Mischung von MnS und Yb_2S_3 zuerst 1 h bei 1300°C in H_2S-Atmosphäre gehalten und dann 1 h bei 1000°C, um den Schwefelverlust wieder auszugleichen [4].

Die hexagonalen Verbindungen kristallisieren in der Raumgruppe $P6_3$-C_6^6 (Nr. 173), Z = 2, und haben folgende Gitterkonstanten:

Verbindung	a in Å	c in Å
$MnLa_4S_7$	10.330	5.751
$MnCe_4S_7$	10.217	5.660

Das Mn^{2+}-Untergitter ist offensichtlich nur lückenhaft besetzt [1]. An andrer Stelle wird eine Verbindung beschrieben, die genau die gleichen Gitterkonstanten, die gleiche Raumgruppe und gleiches Z wie $MnLa_4S_7$ hat, der aber die Zusammensetzung $MnLa_{3.33}S_6$ zugeschrieben wird. Strukturvorschlag s. im Original. Pyknometrische Dichte 5.20, Röntgendichte 5.23 g/cm³ [5].

Die monoklinen Verbindungen kristallisieren in der Raumgruppe C2/m-C_{2h}^3 (Nr. 12), Z = 2. Gitterkonstanten (in Å) sowie gemessene Dichte D_{exp} und Röntgendichte $D_{rö}$ (in g/cm³) sind in folgender Tabelle zusammengefaßt:

Verbindung	a	b	c	β	D_{exp}	$D_{rö}$
MnY_4S_7	12.636	3.790	11.443	105.45°	3.89	4.00
$MnDy_4S_7$	12.679	3.804	11.448	105.55°	5.81	5.79
$MnHo_4S_7$	12.637	3.786	11.436	105.48°	—	—
$MnEr_4S_7$	12.577	3.768	11.395	105.31°	6.03	6.05
$MnTm_4S_7$	12.519	3.755	11.357	105.40°	—	—
$MnYb_4S_7$	12.473	3.745	11.315	105.20°	—	—

Die Verbindungen sind mit Y_5S_7 (s. [4]) isotyp [2, 4], s. auch [6].

Nach Messungen der magnetischen Suszeptibilität zwischen −196 und 400°C sind die als repräsentativ für die Verbindungsklasse MnM_4S_7 ausgewählten Verbindungen MnY_4S_7 und $MnEr_4S_7$ paramagnetisch. Paramagnetische Curie-Temperatur: $\Theta_p = -20$ bzw. 0 K. Die effektiven paramagnetischen Momente $\mu_{eff} = 5.7$ bzw. 19.7 μ_B sind etwas kleiner, als sich aus den Momenten von Mn^{2+} (5.9 μ_B) und Er^{3+} (3.55 μ_B) berechnen läßt [2].

Literatur:

[1] G. Collin, F. Rouyer, J. Loriers (Compt. Rend. C **266** [1968] 689/91). — [2] J. Flahaut, L. Domange, M. Patrie (Bull. Soc. Chim. France **1961** 1887/91, **1962** 159/63; Compt. Rend. **252** [1961] 3266/7). — [3] G. N. Dubrovskaya, E. A. Doroshkevich, R. Kiessling (Khal'kogenidy Nr. 3 [1974] 182/7 nach Ref. Zh. Khim. **1975** Nr. 1 B 753). — [4] C. Adolphe (Ann. Chim. [Paris] [13] **10** [1965] 271/97), C. Adolphe, M. Guittard, P. Laruelle (Compt. Rend. **258** [1964] 4773/5). — [5] G. Collin, M.-M. Granger (Compt. Rend. B **266** [1968] 732/3).

[6] C. Adolphe, P. Laruelle (Bull. Soc. Franc. Mineral. Crist. **91** [1968] 219/32).

8.5.6.1.3 $Mn_{11}La_{32.66}S_{60}$

$Mn_{11}La_{32.66}$-S_{60}

Bei mehrstündigem Erhitzen von gepulvertem $MnLa_2S_4$ (s. S. 60) im H_2S-Strom bei 1100°C entstehen rotbraune, transparente Kristalle der Zusammensetzung $Mn_{11}La_{32.66}S_{60}$, in denen die Metalle als Mn^{II} und La^{III} vorliegen. Die Kristalle sind monoklin: a = 16.650(6), b = 10.906(2), c = 14.082(2) Å, γ = 102.58(3)°; Raumgruppe Bm-C_s^3 (Nr. 8). Der Zellinhalt beträgt 32.80 La, 11 Mn und 60 S. Die monokline Struktur ist die Überstruktur einer kleineren hexagonalen Zelle (a_h = 8.12, c_h = 7.26 Å, Raumgruppe $P6_3$/mcm-D_{6h}^3, Nr. 193) mit einem Zellinhalt von $Mn_2La_6S_{10}$. In der monoklinen Zelle besetzen 8 Mn-Atome viermal die Punktlage 2a (x, y, 0 usw.), während sich die übrigen 3 Mn-Atome auf die Punktlagen 2a und 4b (allgemeine Punktlage) statistisch verteilen. Ähnliches gilt für die La-Atome: 24 La besetzen je viermal die Lagen 2a und 4b während 8.80 La sich statistisch auf die Punktlagen 2a und 4b (je zweimal) verteilen. Die 60 Schwefelatome besetzen sechsmal die Lage 2a und zwölfmal die Lage 4b; Parameter s. Original. Vier Mn-Atome sind verzerrt oktaedrisch von Schwefel mit einem mittleren Abstand von 2.68 Å umgeben. Die statistisch verteilten Mn-Atome liegen in relativ kurzen Abständen (etwa 1.95 Å) beieinander und bilden mit 12 S-Atomen einen Mn_2S_{12}-Cluster. Die La-Atome sind von 7 bis 8 S-Atomen koordiniert, deren La-S-Abstände bei etwa 3 Å liegen, s. **Fig. 23**; R = 7.2% [1].

Fig. 23

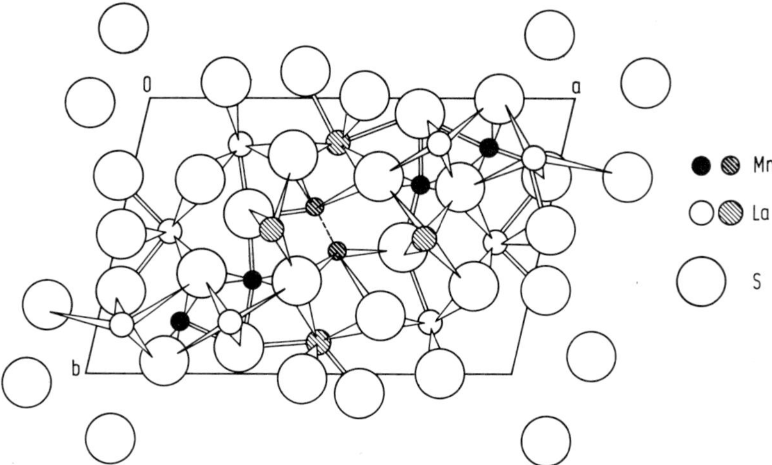

Projektion der Kristallstruktur von $Mn_{11}La_{32.66}S_{60}$ entlang [001] (die schraffierten Atome befinden sich auf nur teilweise besetzten Punktlagen).

Eine hexagonale Verbindung der Zusammensetzung $MnLa_{3.33}S_6$ wurde schon früher beschrieben, jedoch mit den (irrtümlichen?) Gitterkonstanten von $MnLa_4S_7$ (s. S. 58) [2].

Literatur:

[1] G. Collin, P. Laruelle (Acta Cryst. B **30** [1974] 1134/9). — [2] G. Collin, M. M. Granger (Compt. Rend. B **266** [1968] 732/3).

Compounds of the Composition MnM_2S_4

8.5.6.1.4 Verbindungen der Zusammensetzung MnM_2S_4 (M = Sc, Y, La, Tb, Dy, Ho, Er, Tm, Yb, Lu)

Bei der Herstellung der Verbindungen vom Spinell-Typ (M = Sc, Tm, Yb und Lu) werden die Sulfide in evakuierten Quarzampullen auf 1200 [1, 2] bis 1300°C [3] oder im H_2S-Strom auf 1150 bis 1300°C erhitzt [1, 3, 4]. Die rhombischen Verbindungen (M = Y, Tb, Dy, Ho, Er und Tm) werden ebenfalls aus stöchiometrischen Mengen der Sulfide in evakuierten Quarzampullen bei 1100°C hergestellt [5, 6], s. auch [7]. Bei der Tm-Verbindung muß die Darstellungstemperatur im Bereich von 800 bis 1000°C bleiben, da oberhalb 1100°C die Spinell-Phase entsteht. Bei diesen niedrigen Temperaturen werden jedoch nur schlecht kristallisierte Präparate erhalten [5]. $MnLa_2S_4$ läßt sich aus den Sulfiden in evakuierten Quarzglasampullen zwischen 700 und 1200°C herstellen [8]. Die Elemente Ce bis Gd bilden keine Verbindungen des Typs MnM_2S_4 [5, 9].

In der folgenden Tabelle sind die Gitterkonstanten a (in Å), der Schwefelparameter x und die Dichte D (in g/cm³) der im Spinell-Typ kristallisierenden Verbindungen angegeben:

Verbindung	a	x	D	Lit.
$MnSc_2S_4$	10.623 ± 0.006	0.385 ± 0.004	3.03	[1]
	10.615	0.381	—	[4]
$MnTm_2S_4$	10.932	—	—	[10]
$MnYb_2S_4$	10.949 ± 0.006	0.375 ± 0.004	5.36	[1]
	10.95	0.380	—	[3]
	10.95 ± 0.01	—	—	[2]
$MnLu_2S_4$	10.921 ± 0.006	0.373 ± 0.004	5.44	[1]

Bei allen Verbindungen handelt es sich um normale Spinelle [1, 3, 4]. $MnSc_2S_4$ besitzt einen Homogenitätsbereich bis $Mn_{0.7}Sc_{2.2}S_4$ mit Lücken im Kationen-Untergitter [1]. Tabelle der d-Werte von $MnYb_2S_4$ s. [3].

$MnSc_2S_4$ ist bei tiefen Temperaturen antiferromagnetisch. Die Néel-Temperatur liegt unterhalb des Meßbereichs (4.2 bis 295 K). Für die Temperaturabhängigkeit der Suszeptibilität gilt das Curie-Weiss-Gesetz mit $C \approx 3.6$ und $\Theta_p \approx -21$ K; hieraus ergibt sich der Austauschparameter $J/k = -0.80$ K [4]. Für $MnYb_2S_4$ gilt zwischen 77 und 300 K $\chi_{mol} = 10.15/(T + 30)$ [2]. Die $1/\chi$-T-Kurve verläuft weiter bis etwa 50 K linear, darunter (gemessen bis 4.2 K) dagegen gekrümmt [3].

Die Gitterkonstanten (in Å ± 0.01) der rhombisch kristallisierenden Verbindungen sowie ihre Dichte D (in g/cm³) zeigt folgende Tabelle:

Verbindung	a	b	c	D
MnY_2S_4	12.62	12.75	3.78	3.94
$MnTb_2S_4$	12.63	12.76	3.78	5.47
$MnDy_2S_4$	12.61	12.72	3.77	5.58
$MnHo_2S_4$	12.54	12.66	3.76	5.71
$MnEr_2S_4$	12.52	12.63	3.75	5.80

Die Raumgruppe von MnY_2S_4 ist Cmcm-D_{2h}^{17} (Nr. 63), Z = 4 [5]; d-Werte s. [5, 6]. Röntgendichte 3.975 g/cm³ [6]. Rhombisches $MnTm_2S_4$ wandelt sich bei etwa 1100°C sehr langsam aber reversibel in die Spinell-Phase um [5].

Für eine monokline Phase der Zusammensetzung $MnLa_2S_4$ werden die Gitterkonstanten $a_m = 16.71$, $b_m = 10.94$, $c_m = 14.12$ Å, $\gamma = 102°39'$; Z = 16 angegeben, die eine Überstruktur der kleineren hexagonalen Zelle $a_h = 8.152$, $c_h = 7.296$ Å darstellen ($a_m = a_h - 2c_h$, $b_m = a_h + c_h$, $c_m = a_h + 2b_h$) [8]. Neuere Untersuchungen an Einkristallen, die aus $MnLa_2S_4$-Pulver im H_2S-Strom bei 1100°C gezüchtet wurden, ergeben jedoch die Zusammensetzung $Mn_{11}La_{32.66}S_{60}$ (s. S. 59) bei nahezu unveränderten Gitterkonstanten. Pyknometrische Dichte 4.64 [8, 11], Röntgendichte 4.86 g/cm³ [8].

Literatur:

[1] M. Patrie, J. Flahaut, L. Domange (Compt. Rend. **258** [1964] 2585/6). — [2] L. Suchow, A. A. Ando (J. Solid State Chem. **2** [1970] 156/9). — [3] J. M. Longo, P. M. Raccah (Mater. Res. Bull. **2** [1967] 541/7). — [4] P. J. Wojtowicz, L. Darcy, M. Rayl (J. Appl. Phys. **40** [1969] 1023/4). — [5] M. Patrie, R. Chevalier (Compt. Rend. C **263** [1966] 1061/4).

[6] J. Flahaut, L. Domange, M. Patrie (Bull. Soc. Chim. France **1961** 159/63, 1887/91). — [7] G. N. Dubrovskaya, E. A. Doroshkevich, R. Kiessling (Khal'kogenidy Nr. 3 [1974] 182/7 nach Ref. Zh. Khim. **1975** Nr. 1 B 753). — [8] M. Patrie, N. Huy-Dung, J. Flahaut (Compt. Rend. C **266** [1968] 1575/8). — [9] J. Flahaut, L. Domange, M. Patrie, A. M. Bostsarron, M. Guittard (Advan. Chem. Ser. **39** [1963] 179/90, 185). — [10] M. Guittard, C. Souleau, H. Farsam (Compt. Rend. **259** [1964] 2847/9).

[11] J. Flahaut, L. Domange, M. Patrie (Compt. Rend. **254** [1962] 4037/9).

8.5.6.1.5 Mischkristalle von MnS mit M_2S_3 (M = Y, Sm, Gd, Dy, Er, Yb, Lu)

Solid Solutions of MnS with M_2S_3

α-MnS bildet mit Y_2S_3 Mischkristalle vom NaCl-Typ. Die Grenzzusammensetzung erstreckt sich von 87 Mol-% MnS bei 800°C über 80 Mol-% MnS bei 1000°C bis 76 Mol-% MnS bei 1350°C [1, 2]. In Übereinstimmung damit wird bei 1150°C eine Substitution von 36 Kation-% (≙ 78 Mol-% MnS) gefunden [3]. Die Gitterkonstanten der Grenzzusammensetzungen steigen linear von 5.32 Å (87 Mol-% MnS) auf 5.40 Å (76 Mol-% MnS) [1]. Bei 78 Mol-% MnS wird a = 5.362 Å gefunden [3]. Die Struktur hat Lücken im Kationen-Untergitter [1, 3]. — Die Dichte der bei 1200°C hergestellten Präparate steigt nahezu linear von 3.55 bei 81 Mol-% MnS über 3.74 bei 90.9 Mol-% MnS auf 3.88 g/cm³ von reinem α-MnS [1].

Ähnliche Mischkristalle vom NaCl-Typ bilden sich aus MnS und M_2S_3 mit M = Sm, Gd, Dy, Er, Yb, Lu bei 1200°C in evakuierten Quarzglasampullen in 2 h. Anschließend wird abgeschreckt. Der Mischkristallbereich nimmt mit fallendem Ionenradius von M zu [2], s. auch [4].

Literatur:

[1] J. Flahaut, L. Domange, M. Patrie (Bull. Soc. Chim. France **1961** 1887/91, **1962** 159/63; Compt. Rend. **253** [1961] 1454/6). — [2] M. Patrie, J. Flahaut, L. Domange (Rev. Hautes Temp. Refractaires **2** [1965] 187/98, 189). — [3] E. A. Doroshkevich, R. Kiessling, C. Westman (J. Iron Steel Inst. [London] **208** [1970] 698), G. N. Dubrovskaya, E. A. Doroshkevich, R. Kiessling (Khal'kogenidy Nr. 3 [1974] 182/7 nach Ref. Zh. Khim. **1975** Nr. 1 B 753). — [4] J. Flahaut, L. Domange, M. Patrie, A.-M. Bostsarron, M. Guittard (Advan. Chem. Ser. **39** [1963] 179/90, 188).

8.5.6.2 Verbindungen in den Systemen „Mn_2S_3"-M_2S_3 (M = La, Pr, Nd)

Compounds in „Mn_2S_3"-M_2S_3 Systems

In diesen Systemen mit dem hypothetischen Mn_2S_3 treten Verbindungen vom Typ $M_6Mn_{3.33}S_{14}$ (= $3M_2S_3 \cdot {}^5/_3 Mn_2S_3$) und $MMnS_3$ (= $0.5M_2S_3 \cdot 0.5Mn_2S_3$) auf.

8.5.6.2.1 Verbindungen der Zusammensetzung $M_6Mn_{3.33}S_{14}$ (M = La, Pr, Nd)

Compounds of the Composition M_6-$Mn_{3.33}S_{14}$

Zur Herstellung werden die Citrate der Metalle im entsprechenden Verhältnis in NH_3 gelöst, eingedampft und an der Luft langsam zu den Oxicarbonaten pyrolysiert. Über diese wird 4 h bei 700°C H_2S-Gas geleitet. Die hexagonalen Verbindungen haben folgende Gitterkonstanten:

$M_6Mn_{3.33}S_{14}$

M	La	Pr	Nd
a ± 0.04 in Å	10.24	10.00	9.91
c ± 0.02 in Å	6.05	6.04	6.04

Ihre Struktur ist isotyp mit der von $Ce_6Al_{3.33}S_{14}$ [1]; Raumgruppe $P6_3$-C_6^6 (Nr. 173); Z = 1 [2]. Dabei handelt es sich um eine Lückenstruktur mit einem Kationen-Defizit: $M_6(Mn_{1.33}\square_{0.67})Mn_2S_{14}$ [3].

Literatur:

[1] D. de Saint-Giniez, P. Laruelle, J. Flahaut (Compt. Rend. C **267** [1968] 1029/32). — [2] G. Sallavuard, R.-A. Pâris (Compt. Rend. C **273** [1971] 1428/30). — [3] J. Flahaut, P. Laruelle, G. Collin, M. Guittard, J. Etienne, A. Michelet (Proc. 9th Rare Earth Res. Conf., Blacksburg, Va., 1971, Bd. 2, S. 741/51, 748; C. A. **76** [1972] Nr. 132566).

$LaMnS_3$

8.5.6.2.2 $LaMnS_3$

Die gelbe Verbindung entsteht aus $LaMnO_3$ durch Überleiten von CS_2-Gas mit Hilfe von Ar bei 1250°C in etwa 20 h. Bei niedrigeren Temperaturen (etwa 1200°C) bildet sich ein grünes Produkt der ungefähren Zusammensetzung $LaMnS_{2.8}$. In Analogie zu $LaFeS_3$ läßt sich das Pulverdiagramm hexagonal mit a = 10.35 ± 0.02 und c = 5.75 ± 0.01 Å indizieren; d-Werte s. Original; Z = 6. Röntgendichte 4.691 g/cm³. Das grüne Produkt hat die Gitterkonstanten a = 10.30 ± 0.02, c = 5.81 ± 0.01 Å und die Röntgendichte 4.687 g/cm³, T. Takahashi, T. Oka, O. Yamada, K. Ametani (Mater. Res. Bull. **6** [1971] 173/81, 177).

Compounds of Manganese with Sulfur and Group IIIa and IIIb Metals

8.5.6.3 Verbindungen des Mangans mit Schwefel und Metallen der 3. Haupt- und Nebengruppe

8.5.6.3.1 Verbindungen der Zusammensetzung MnM_3AlS_7 (M = Y, La, Ce, Pr, Nd, Sm, Gd, Dy)

Compounds of the Composition MnM_3AlS_7

Zur Darstellung werden entsprechende Mengen M_2S_3, Al und Mn (oder MnS) im Graphitschiffchen in einem H_2S-Gasstrom auf etwa 900°C erhitzt [1]. Die Verbindungen kristallisieren hexagonal mit folgenden Gitterkonstanten [1, 2]:

M	Y	La	Ce	Pr	Nd	Sm	Gd	Dy
a in Å	9.626	10.224	10.101	10.020	9.923	9.791	9.715	9.610
c in Å	6.12	6.02	6.04	6.05	6.07	6.10	6.12	6.12

Raumgruppe $P6_3$-C_6^6 (Nr. 173) wie bei den hexagonalen Verbindungen des Typs MnM_4S_7 (s. S. 58); Z = 2. Bei $MnLa_3AlS_7$ besetzen die Atome folgende Punktlagen mit den entsprechenden Parametern:

Atom	Punktlage	x	y	z
Mn	2a	0	0	0.086
La	6c	0.138	0.375	0.25
Al	2b	$^1/_3$	$^2/_3$	0.180
S(1)	6c	0.094	0.240	0.845
S(2)	6c	0.404	0.501	0.575
S(3)	2b	$^1/_3$	$^2/_3$	0.527

R = 9%. Die La-Atome sind von 8 S-Atomen umgeben. Die Mn-Atome befinden sich genau in der Mitte eines S-Oktaeders; mittlerer Mn-S-Abstand 2.62 Å. Die Al-Atome liegen in der Mitte eines etwas abgeflachten S-Tetraeders; Abstände: Al-S(2) = 2.24 Å (3mal), Al-S(3) = 2.09 Å [2].

Literatur:

[1] G. Collin, J. Flahaut (Compt. Rend. C **270** [1970] 488/90). — [2] J. Flahaut, P. Laruelle, G. Collin, M. Guittard, J. Etienne, A. Michelet (Proc. 9th Rare Earth Res. Conf., Blacksburg, Va., 1971, Bd. 2, S. 741/51, 744; C. A. **76** [1972] Nr. 132566).

8.5.6.3.2 Verbindungen der Zusammensetzung MnM_3GaS_7 (M = La, Ce, Pr, Nd, Sm, Gd)

Compounds of the Composition MnM_3GaS_7

Die Verbindungen werden durch Erhitzen stöchiometrischer Mengen M_2S_3, MnS und Ga_2S_3 in evakuierten Quarzampullen auf 900 bis 950°C hergestellt. Sie kristallisieren hexagonal mit folgenden Gitterkonstanten:

M	La	Ce	Pr	Nd	Sm	Gd
a in Å	10.22	10.10	10.03	9.91	9.80	9.70
c in Å	6.07	6.07	6.07	6.07	6.07	6.07

Die Struktur ist mit der von den entsprechenden Al-Verbindungen (s. oben) isotyp, G. Collin, J. Flahaut (Bull. Soc. Chim. France **1972** 2207/9).

8.5.7 Verbindungen des Mangans mit Schwefel und Metallen der 4. Hauptgruppe

Compounds of Manganese with Sulfur and Group IVa Metals

8.5.7.1 Verbindungen des Mangans mit Schwefel und Germanium

Compounds with Germanium

8.5.7.1.1 Mn_2GeS_4

Untersuchungen im System MnS-GeS_2 zwischen 900 und 1200°C ergeben nur die Verbindung Mn_2GeS_4 [1]. Zu ihrer Herstellung werden stöchiometrische Mengen der Elemente in evakuierten Quarzglasampullen zunächst vorsichtig auf 800°C erhitzt, 16 h bei dieser Temperatur gehalten und dann 48 h bei 1050°C getempert [2]. Einkristalle lassen sich aus den Elementen über Transportreaktion im Temperaturgefälle 1150 → 1100°C unter Zusatz von Jod züchten [3].

Mn_2GeS_4

Die Verbindung fällt in Form gelber Nadeln an [1, 3, 4]. Sie kristallisieren rhombisch mit a = 12.796 ± 0.002, b = 7.454 ± 0.003, c = 6.034 ± 0.008 Å [1, 4] und sind isotyp mit dem Olivin Forsterit Mg_2SiO_4 (s. „Magnesium" S. 353), Raumgruppe Pnma-D_{2h}^{16} (Nr. 62); Z = 4 [4]. Tabelle der d-Werte s. [1, 2]. Die röntgenographisch bestimmte Struktur [4] wird durch Neutronenbeugung bei 373 K bis auf eine Korrektur des z-Parameters von Ge bestätigt:

Atom	Punktlage	x	y	z
Mn(1)	4a	0	0	0
Mn(2)	4c	0.266 ± 0.003	0.25	0.496 ± 0.003
Ge	4c	0.408 ± 0.004	0.25	0.089 ± 0.006
S(1)	8d	0.322 ± 0.010	0.014 ± 0.012	0.243 ± 0.012
S(2)	4c	0.405 ± 0.010	0.25	0.732 ± 0.008
S(3)	4c	0.566 ± 0.010	0.25	0.257 ± 0.012

R = 6%. Die Mn-Atome sind verzerrt oktaedrisch im Abstand von 2.52 bis 2.75 Å, die Ge-Atome sind tetraedrisch von S im Abstand von 2.15 bis 2.27 Å umgeben [2].

Pyknometrische Dichte 3.56, Röntgendichte 3.59 g/cm^3 [4]. — Neutronenbeugungsuntersuchungen ergeben, daß die Mn^{2+}-Momente bei 4.2 K antiferromagnetisch geordnet sind (s. Figur im Original); sie sind alle parallel zur b-Achse gerichtet [2].

Mn_2GeS_4 ist an der Luft stabil, wird aber von Salzsäure hydrolytisch zersetzt [1].

Literatur:

[1] P. Hagenmuller, G. Perez, J. Serment, A. Hardy (Compt. Rend. **259** [1964] 4689/91). — [2] T. Duc, H. Vincent, E. F. Bertaut, Vu Van Qui (Solid State Commun. **7** [1969] 641/5). — [3] R. Nitsche (J. Phys. Chem. Solids Suppl. Nr. 1 [1967] 215/20). — [4] A. Hardy, G. Perez, J. Serment (Bull. Soc. Chim. France **1965** 2638/40).

Mn_3GeS_5, $Mn_3GeS_5 \cdot nH_2O$

8.5.7.1.2 Mn_3GeS_5, $Mn_3GeS_5 \cdot nH_2O$

Die wasserhaltige Verbindung läßt sich aus einer wäßrigen Lösung von Na_6GeS_5 mit $MnCl_2$ bei pH = 8 bis 8.5 ausfällen. Das Wasser wird bei 160 bis 180°C abgegeben. Beim Erhitzen an der Luft wird die Verbindung bei 400 bis 500°C oxidiert, E. M. Nanobashvili, N. V. Putkaradze, L. A. Gordzholadze, N. S. Gedenidze (Tr. Tbilis. Gos. Pedagog. Inst. **22** [1969] 265/8; C. A. **74** [1971] Nr. 146911).

Mn_4GeS_6, $Mn_4GeS_6 \cdot 5H_2O$

8.5.7.1.3 Mn_4GeS_6, $Mn_4GeS_6 \cdot 5H_2O$

Aus einer wäßrigen Lösung von Na_8GeS_6 fällt auf Zusatz von $MnCl_2$ die Verbindung $Mn_4GeS_6 \cdot 5H_2O$ aus, wenn das Verhältnis $MnCl_2 : Na_8GeS_6 \geqq 3$ ist. Bei Normaldruck wird das Wasser zwischen 180 und 280°C abgegeben. Bei 10^{-4} bis 10^{-5} Torr zwischen 100 und 150°C in 1 bis 2 h dehydratisiertes Mn_4GeS_6 hat bei gewöhnlicher Temperatur eine spezifische elektrische Leitfähigkeit $\varkappa = 10^{-6}$ bis $10^{-5}\ \Omega^{-1} \cdot cm^{-1}$ mit einer Aktivierungsenergie zwischen 0.5 und 0.6 eV. — Das zwischen 700 und 1800 cm^{-1} registrierte Absorptionsspektrum wird als Spektrogramm wiedergegeben. — Mn_4GeS_6 wird an der Luft oberhalb 350°C zu den entsprechenden Sulfaten oxidiert, E. M. Nanobashvili, N. V. Putkaradze, L. A. Gordzholadze, V. Sh. Sharashenidze (Izv. Akad. Nauk SSSR Neorgan. Materialy **5** [1969] 1659/60; Inorg. Materials [USSR] **5** [1969] 1407/8).

Compounds of the Composition $M_6MnGe_2S_{14}$

8.5.7.1.4 Verbindungen der Zusammensetzung $M_6MnGe_2S_{14}$ (M = Y, La, Ce, Pr, Nd, Sm, Gd, Dy, Er, Tm)

Zur Darstellung werden M_2S_3 und MnS mit entsprechenden Mengen Ge und S in evakuierten Quarzglasampullen auf 1000°C erhitzt. Aus den polykristallinen Präparaten wachsen bei längerem Tempern kleine Einkristalle. Sie besitzen hexagonale Symmetrie und haben folgende Gitterkonstanten:

M	Y	La	Ce	Pr	Nd	Sm	Gd	Dy	Er	Tm
a ± 0.02 in Å . .	9.81	10.35	10.26	10.19	10.13	10.03	9.94	9.82	9.68	9.65
c ± 0.02 in Å . .	5.75	5.78	5.76	5.76	5.76	5.75	5.73	5.75	5.80	5.84

Die Struktur läßt sich wie bei anderen analogen Verbindungen mit Elementen der 3. Nebengruppe (s. S. 61) von der des $Ce_6Al_{3.33}S_{14}$ ableiten; Raumgruppe $P6_3\text{-}C_6^6$ (Nr. 173); Z = 1. Sie ist durch Lücken auf den Oktaederplätzen charakterisiert: $M_6(Mn\square)Ge_2S_{14}$ [1], s. auch [2].

Literatur:

[1] A. Michelet, J. Flahaut (Compt. Rend. C **269** [1969] 1203/5). — [2] J. Flahaut, P. Laruelle, G. Collin, M. Guittard, J. Etienne, A. Michelet (Proc. 9th Rare Earth Res. Conf., Blacksburg, Va., 1971, Bd. 2, S. 741/51, 747; C. A. **76** [1972] Nr. 132566).

Solid Solutions and Phases in the MnS-PbS System

8.5.7.2 Mischkristalle und Phasen im System MnS-PbS

Auf der PbS-reichen Seite bilden sich Mischkristalle, deren Grenzzusammensetzung von 1 Mol-% MnS bei 580°C über 3 Mol-% MnS bei 720°C auf 6 Mol-% MnS bei 870°C ansteigt und bis 930°C wieder auf 2 Mol-% MnS abfällt. Oberhalb 870°C tritt eine neue Phase mit 65 Mol-% PbS und 35 Mol-% MnS auf. Bei Temperaturen oberhalb 800°C scheidet sich elementares Blei aus, so daß in diesen Bereichen das System nicht mehr quasibinär ist [1]. Über die Eigenschaften von PbS s. „Blei" C, S. 415/531.

Zur Darstellung werden entweder die Elemente [2] oder die Sulfide in evakuierten Quarzglasampullen getempert [1, 2], und zwar bei 580°C bis zu 1100 h [1]. Zur Fällung von Mischkristallen aus einer wäßrigen, Pb^{2+}- und Mn^{2+}-haltigen Lösung mit Na_2S s. [3].

Die Struktur der Mischkristalle ist vom NaCl-Typ wie bei den reinen Sulfiden. Die Gitterkonstanten fallen linear von 5.936 Å bei reinem PbS auf 5.89 Å bei einem Gehalt von 5 Mol-% MnS [2]. Tabelle der d-Werte der Phase bei 35 Mol-% MnS s. Original [1].

Die Breite der Energielücke wird von E_g = 0.425 eV für reines PbS auf 0.382 eV für $Pb_{0.98}Mn_{0.02}S$ linear verringert. Infolgedessen verschiebt sich das Maximum der Photoempfindlichkeit durch diesen Mn-Zusatz zu längeren Wellen, bei 20°C um 0.25 μm, bei −130°C um 0.4 μm [2].

Literatur:

[1] V. G. Vanyarkho, V. P. Zlomanov, A. V. Novoselova, A. F. Novoselova (Izv. Akad. Nauk SSSR Neorgan. Materialy **9** [1973] 313/4; Inorg. Materials [USSR] **9** [1973] 282/3). — [2] B. V. Izvozchikov, I. A. Taksami (Fiz. i Tekhn. Poluprov. **1** [1967] 565/7; Soviet Phys.-Semicond. **1** [1967] 468/70). — [3] E. M. Nanobashvili, S. G. Kurashvili (Tr. Inst. Khim. im. P. G. Melikishvili Akad. Nauk Gruz. SSR **14** [1958] 105/12 nach C. A. **1961** 7124).

8.5.8 Verbindungen des Mangans mit Schwefel und Metallen der 4. Nebengruppe

Compounds of Manganese with Sulfur and Group IVb Metals

8.5.8.1 Mischkristalle im System Mn-Ti-S

Solid Solutions in the Mn-Ti-S System

Die Ti_3S_4-Phase scheint mit MnS zwischen 600 und 1000°C nur in sehr geringem Maße Mischkristalle zu bilden [1]. α-MnS kann bei 1150°C Ti bis zur Zusammensetzung $Mn_{0.96}Ti_{0.03}S$ einbauen. Dabei fällt die Gitterkonstante von 5.226 Å bei MnS auf 5.209 Å bei der Grenzzusammensetzung. Vermutlich befinden sich Lücken im Kationen-Untergitter, da Titan als Ti^{III} vorzuliegen scheint [2]. Zur Abhängigkeit der Mikrohärte von MnS mit steigendem Ti-Gehalt s. [3].

Literatur:

[1] H. Hahn, B. Harder, W. Brockmüller (Z. Anorg. Allgem. Chem. **288** [1956/57] 260/8, 267). — [2] R. Kiessling, C. Westman (J. Iron Steel Inst. [London] **204** [1966] 377/9). — [3] H.-E. Bühler, G. Robusch, F. Leiber (Thyssenforschung **4** [1972] 133/40).

8.5.8.2 Mischkristalle im System Mn-Zr-S

Solid Solutions in the Mn-Zr-S System

α-MnS kann bei 1150°C bis zu 4.5 Gew.-% Zr ins Gitter einbauen [1] (im Gegensatz zu früheren Untersuchungen [2]). Zur Abhängigkeit der Mikrohärte vom Zr-Gehalt s. Original [1].

Literatur:

[1] H.-E. Bühler, G. Robusch, F. Leiber (Thyssenforschung **4** [1972] 133/40). — [2] E. Dorosch-kewitsch, R. Kiessling, C. Westman (J. Iron Steel Inst. [London] **208** [1970] 698).

8.5.9 Verbindungen des Mangans mit Schwefel und Metallen der 5. Nebengruppe

Compounds of Manganese with Sulfur and Group Vb Metals

8.5.9.1 Verbindungen des Mangans mit Schwefel und Vanadium

Compounds with Vanadium

8.5.9.1.1 (Mn, V)S-Mischkristalle

(Mn,V)S Solid Solutions

Durch Umsetzung von Mn, V und S in evakuierten Quarzglasampullen bei 1150°C werden Mischkristalle bis zur Grenzzusammensetzung $Mn_{0.61}V_{0.26}S$ erhalten. Sie kristallisieren im NaCl-Typ wie α-MnS (s. S. 9). Die Gitterkonstanten fallen von 5.226 Å bei MnS auf 5.180 Å bei der Phasengrenze. Vermutlich liegt das Vanadium in Form von V^{III} vor, wodurch Lücken im Kationen-Untergitter entstehen, R. Kiessling, C. Westman (J. Iron Steel Inst. [London] **204** [1966] 377/9).

MnV_2S_4

8.5.9.1.2 MnV_2S_4

Die Verbindung kristallisiert im Fe_3S_4-Typ [1], der als Defektstruktur des NiAs-Typs aufgefaßt werden kann [2].

Literatur:

[1] A. Okazaki, K. Hirakawa (J. Phys. Soc. Japan **11** [1956] 930/6). — [2] F. Hulliger (Struct. Bonding [Berlin] **4** [1968] 83/229, 158).

Mn_xNbS_2 and Mn_xTaS_2

8.5.9.2 Mn_xNbS_2 und Mn_xTaS_2 ($x \approx 0.03$ bis 0.5)

Phasen mit Nb existieren im Bereich $\approx 0.03 < x \leqq 0.05$, wobei die untere Grenze gegenüber reinem NbS_2 (s. „Niob" B 1, S. 265/8) nicht genau bestimmbar ist, und bei $0.10 \leqq x \leqq 0.50$ [1]. In α-MnS läßt sich Mn bei 1150°C nicht durch Nb substituieren [2]. — Ta-haltige Phasen sind bei x = 0.25 und 0.33 bekannt [3, 4]. Über TaS_2 s. „Tantal" B1, S. 172/5.

Herstellung

Nb- und Ta-Verbindungen des Bereichs $0.10 \leqq x \leqq 0.50$ lassen sich aus entsprechenden Mengen der Elemente in evakuierten Quarzglasampullen bei 850 [3, 5] bis 1080°C herstellen [6, 7]. Man kann auch zunächst die Oxide im Platintiegel 1 d an der Luft auf 1000°C erhitzen und das zerkleinerte Produkt bei 1150°C im Graphittiegel mit H_2S umsetzen. Anschließend wird 4 d bei 800°C getempert [4]. Die Nb-Verbindungen beider Phasenbereiche lassen sich durch Erhitzen von Mn und NbS_2 im evakuierten Quarzglasrohr auf 950°C darstellen. Zur Vermeidung von Nebenreaktionen wird das Rohr innen mit Kohlenstoff beschichtet [1]. Von anderen Autoren wird sowohl $Mn_{0.33}NbS_2$ als auch $Mn_{0.33}TaS_2$ auf diese Weise bei etwa 1000°C synthetisiert [7]. Alle Präparate sind dunkelgrau [6] bis schwarz [1].

Bereits beim Tempern der Preßkörper können sich auf der Oberfläche kleine Einkristalle von $Mn_{0.33}NbS_2$ und $Mn_{0.33}TaS_2$ bilden [7]. Größere lassen sich über Transportreaktion unter Zusatz von Brom [7] oder Jod [5, 7] im Temperaturgefälle 950°C → 800°C [5] oder 1100°C → 1050 bis 1000°C züchten [7], s. auch [1]. Auf ähnlichem Wege werden auch Einkristalle von $Mn_{0.25}NbS_2$ erhalten [8].

Kristallstruktur

Die Phasen Mn_xNbS_2 mit $\approx 0.03 < x \leqq 0.05$ kristallisieren rhomboedrisch in einer ähnlichen Struktur wie 3s-NbS_2 (s. „Niob" B1, S. 266) [1].

Im Bereich zwischen $0.10 \leqq x \leqq 0.50$ treten bei den Nb- und Ta-Verbindungen zwei verschiedene, aber miteinander eng verwandte hexagonale Strukturtypen bei x = 0.25 und 0.33 auf. Davon unabhängig steigt bei Mn_xNbS_2 die Gitterkonstante c annähernd linear mit wachsendem Mn-Gehalt von 12.23 auf 12.71 Å innerhalb dieses Bereichs [1].

$Mn_{0.25}NbS_2$ hat folgende röntgenographisch bestimmte Gitterkonstanten: a = 6.644, c = 12.472 Å [1], a = 6.674 ± 0.001, c = 12.526 ± 0.001 Å [8]. Neutronenbeugungsuntersuchungen ergeben bei 293 K a = 6.670(1), c = 12.491(2) Å, c/a = 1.8726(2). Beim Abkühlen auf 4.2 K sinkt c/a auf 1.8676(2). Beim Erwärmen ändert sich c bei der Übergangstemperatur (680 K, s. S. 68) diskontinuierlich, während a praktisch unverändert bleibt [4]. Im Vergleich zum hexagonalen 2s-NbS_2 (s. „Niob" B1, S. 266) mit a = 3.31 Å ist die a-Achse bei $Mn_{0.25}NbS_2$ verdoppelt, während die c-Achse nur geringfügig vergrößert ist. Die Ursache dafür ist, daß in der Struktur von $Mn_{0.25}NbS_2$ die Schichten, wie sie bei 2s-NbS_2 vorliegen, erhalten bleiben. Die Mn-Atome besetzen lediglich einen Teil der zwischen diesen Schichten befindlichen Oktaederlücken, s. **Fig. 24.** Unter Verwendung

Fig. 24

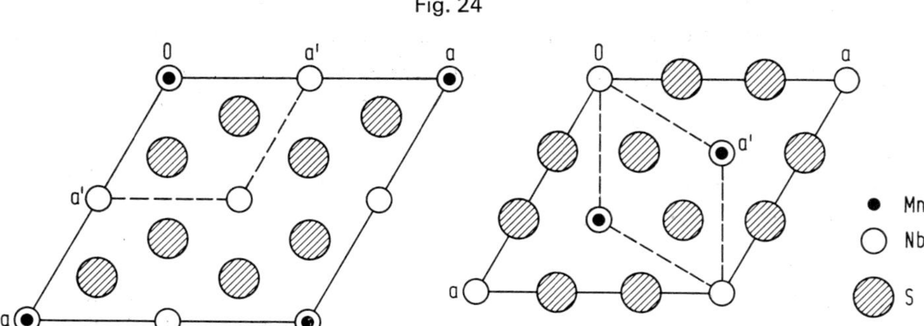

Projektionen der Kristallstrukturen von $Mn_{0.25}NbS_2$ (links) und $Mn_{0.33}NbS_2$ (rechts) entlang [001] (die Elementarzelle von 2s-NbS_2 mit der Gitterkonstante a' ist gestrichelt eingezeichnet).

der Raumgruppe $P6_3/m\text{-}C^2_{6h}$ (Nr. 176) und Z = 8 ergeben sich aus röntgenographischen Einkristalluntersuchungen folgende Punktlagen und Parameter:

Atom	Punktlage	x	y	z
Mn	2b	0	0	0
Nb(1)	2a	0	0	$^1/_4$
Nb(2)	6h	−0.0126	0.4941	$^1/_4$
S(1)	4f	$^1/_3$	$^2/_3$	−0.1220
S(2)	12i	0.1683	0.3387	0.1261

R = 4.5% [8]. Neutronenbeugungsuntersuchungen an Pulvern ergeben das gleiche Strukturprinzip [4]. Das trigonale Prisma aus 6 S-Atomen um Nb(1) ist unverzerrt mit einem Nb-S-Abstand von 2.50 Å, während das Prisma um Nb(2) verzerrt ist mit Abständen von 2.45 und 2.49 Å. Die Mn-Atome sind zentrosymmetrisch von einem S_6-Oktaeder umgeben, das in Richtung der c-Achse leicht gestreckt ist (α = 78.2° statt regulär α = 84.5°). In Richtung der c-Achse verlaufen -Mn-Nb-Mn-Ketten mit intermetallischen Abständen von c/4 [8].

Die Struktur von $\mathbf{Mn_{0.25}TaS_2}$ kann wie bei der Nb-Verbindung von der Schichtstruktur des 2s-TaS_2 (s. „Tantal" B1, S. 173) abgeleitet werden. Gitterkonstanten bei 293 K: a = 6.645(1), c = 12.552(2) Å, c/a = 1.8893(2). Bei 4.2 K ist c/a = 1.8844(2). Bei der Übergangstemperatur (690 K, s. S. 68) zeigt der Verlauf von c eine Diskontinuität und bei 725 K ist c/a = 1.9039(2) [4].

$\mathbf{Mn_{0.33}NbS_2}$ hat eine ähnliche Struktur wie $Mn_{0.25}NbS_2$ mit geordnet verteilten Mn-Atomen in den Oktaederlücken zwischen den NbS_2-Schichten, außer daß die Gitterkonstante a um etwa $\sqrt{3}$ mal größer ist als die von 2s-NbS_2 s. Fig. 24. In Richtung der c-Achse ist das Gitter etwas aufgeweitet: a = 5.782 ± 0.001, c = 12.629 ± 0.001 [3, 5] und a = 5.782 ± 0.002, c = 12.598 ± 0.004 Å (Röntgenbeugung) [7], a = 5.7853(2), c = 12.6377(8) Å (Neutronenbeugung bei 293 K) [4]. Bei 4.2 K ist a = 5.7794(4), c = 12.5993(13) Å [4]. Raumgruppe $P6_322\text{-}D^6_6$ (Nr. 182), Z = 6 [3, 4, 5] Die Atome befinden sich auf folgenden Punktlagen mit den entsprechenden Parametern:

Atom	Punktlage	x	y	z
Mn	2c	$^1/_3$	$^2/_3$	$^1/_4$
Nb(1)	4f	$^1/_3$	$^2/_3$	−0.0006
Nb(2)	2a	0	0	0
S	12i	0.33299	0.00394	0.37601

$Mn_{0.33}NbS_2$ R = 2.7% [5]. Neutronenbeugungsuntersuchungen führen zum gleichen Ergebnis, nur daß sich für den Schwefel die Parameter x = 0.6727, y = 0.0072, z = 0.1242 ergeben. Die theoretisch für die Mn-Atome ebenfalls möglichen Punktlagen 2b (0, 0, $^1/_4$ usw.) und 2d ($^1/_3$, $^2/_3$, $^3/_4$ usw.) werden nur zu 1 bzw. 5% besetzt gegenüber 2c mit 94%. Parameter bei 4.2 K s. Original [4]. Die Koordination der Metallatome gegenüber Schwefel ist dieselbe wie bei $Mn_{0.25}NbS_2$; Abstände: Nb-S 2.472 und 2.508 Å, Mn-S 2.519 Å, α = 78.1°. In Richtung der c-Achse bilden sich Zickzack-Ketten der Form -Nb-Mn-Nb-Nb-Mn-Nb- mit Mn-Nb-Abständen von 3.168 Å und Nb-Nb-Abständen der Länge a' von 2s-NbS_2 [5], s. auch [8].

$Mn_{0.33}TaS_2$ ist isotyp mit $Mn_{0.33}NbS_2$. Gitterkonstanten: a = 5.757(0), c = 12.697(1) [3] und a = 5.751 ± 0.002, c = 12.508 ± 0.004 Å [7]. Ungefähre Atomparameter aus Pulveraufnahmen s. Original. Abstände: Ta-S = 2.488, Mn-S = 2.488, Mn-Ta = 3.171 Å [3].

$Mn_{0.5}NbS_2$ kristallisiert ebenfalls hexagonal [1, 9] entgegen älteren rhombischen Indizierungen [6].

Aus magnetischen Untersuchungen folgt, daß das Mangan in $Mn_{0.33}NbS_2$ und $Mn_{0.33}TaS_2$ als Mn^{III} vorliegt mit lokalisierten Orbitalen $(e_g)^2(a_{1g})^1(e_g{}^*)^1$ und entsprechend Niob und Tantal als Nb^{III} bzw. Ta^{III} im Gegensatz zu anderen homologen Verbindungen $M_{0.33}NbS_2$ mit M = Fe, Co, Ni [3, 5].

Physikalische Eigenschaften

Die Dichte beträgt bei x = 0.05 etwa 4.85 g/cm³. Im hexagonalen Phasengebiet steigt sie von 4.42 bei x = 0.1 über 4.65 bei x = 0.25 und 4.70 bei x = 0.33 auf 4.71 g/cm³ bei x = 0.5 [1].

Magnetische Eigenschaften. $Mn_{0.25}NbS_2$, $Mn_{0.25}TaS_2$ und $Mn_{0.33}NbS_2$ scheinen bei 4.2 K ferromagnetisch zu sein; die Mn-Ionen haben in diesen Phasen das Moment 3.4 ± 0.1, 4.2 ± 0.1 bzw. 4.0 ± 0.1 μ_B [4]. Zuvor wird an $Mn_{0.33}NbS_2$ μ = 3.8 μ_B und die Curie-Temperatur T_f = 48 K, an $Mn_{0.33}TaS_2$ μ = 3.9 μ_B und T_f = 80 K gefunden [10]. — Oberhalb 77 K gilt das Curie-Weiss-Gesetz [3]. Die $1/\chi$-T-Geraden von $Mn_{0.25}NbS_2$ und $Mn_{0.25}TaS_2$ ändern zwischen 650 und 700 K ihren Verlauf; unterhalb dieses Temperaturbereichs gilt Θ_p = 119 bzw. 113 K, μ_{eff} = 5.42 bzw. 5.30 μ_B, bei höheren Temperaturen dagegen Θ_p = −97 bzw. −20 K, μ_{eff} = 6.09 bzw. 5.60 μ_B [4]. An den beiden anderen Phasen wurden folgende Θ_p-und μ_{eff}-Werte gefunden:

	$Mn_{0.33}NbS_2$				$Mn_{0.33}TaS_2$	
Θ_p in K	33	65	68	93	83	112
μ_{eff} in μ_B . . .	5.56	5.16	4.80	4.68	4.67	4.82
Lit.	[4]	[10]	[3]	[8]	[10]	[3]

Literatur:

[1] J. Rouxel, A. Le Blanc, A. Royer (Bull. Soc. Chim. France **1971** 2019/22). — [2] E. Doroschkewitsch, R. Kiessling, C. Westman (J. Iron Steel Inst. [London] **208** [1970] 698). — [3] J. M. Van den Berg, P. Cossee (Inorg. Chim. Acta **2** [1968] 143/8). — [4] B. Van Laar, H. M. Rietveld, D. J. W. Ijdo (J. Solid State Chem. **3** [1971] 154/60). — [5] K. Anzenhofer, J. M. Van den Berg, P. Cossee, J. N. Helle (J. Phys. Chem. Solids **31** [1970] 1057/67).

[6] M. Eibschütz, E. Hermon, S. Shtrikman (Acta Cryst. **22** [1967] 944/5). — [7] F. Hulliger, E. Pobitschka (J. Solid State Chem. **1** [1970] 117/9). — [8] K. Anzenhofer, J. J. de Boer (Rec. Trav. Chim. **90** [1971] 56/64). — [9] B. Van Laar, D. J. W. Ijdo (Acta Cryst. B **25** [1969] 993/4). — [10] F. Hulliger, E. Pobitschka (J. Solid State Chem. **1** [1970] 117/9).

8.5.10 Verbindungen des Mangans mit Schwefel und Metallen der 6. Nebengruppe

Compounds of Manganese with Sulfur and Group VIb Metals

8.5.10.1 Verbindungen des Mangans mit Schwefel und Chrom

Compounds with Chromium

8.5.10.1.1 (Mn, Cr)S-Mischkristalle

(Mn,Cr)S Solid Solutions

Durch Erhitzen von Mn, Cr und S in evakuierten Quarzglasampullen auf 1000 [1] bis 1150°C [2] und anschließendem Abschrecken lassen sich Mischkristalle vom NaCl-Typ (wie α-MnS, s. S. 9) darstellen, in denen ein Teil des Mn durch Cr ersetzt ist. In diesen als $Mn_xCr_{1-x}S$ bezeichneten Mischkristallen liegt Chrom nach Burlet, Bertaut [1] in Form von Cr^{II} vor. Die Mischkristallreihe reicht von x = 1 bis 0.33. Die Gitterkonstanten steigen von 5.15 Å bei x = 0.33 auf 5.185 Å bei x = 0.7. Röntgen- und Neutronenbeugungsuntersuchungen zeigen keinerlei Überstrukturreflexe, so daß auf eine statistische Kationenverteilung geschlossen wird [1]. Kiessling, Westman [2] finden eine Substitution bis zu 36 Gew.-% Cr. Untersuchungen mit der Mikrosonde ergeben, daß die Mischkristalle nicht stöchiometrisch zusammengesetzt sind, z. B. $Mn_{0.77}Cr_{0.08}S$ bei 5 Gew.-% Cr. Der Mischkristall der Zusammensetzung $Mn_{0.26}Cr_{0.49}S$ (35.5 Gew.-% Cr) hat die Gitterkonstante a = 5.105 Å. Es wird angenommen, daß das Chrom in Form von Cr^{III} vorliegt und sich folglich im Kationenuntergitter Lücken befinden [2].

An $Mn_xCr_{1-x}S$ mit x = 0.33, 0.50, 0.60 und 0.66 wurde durch Neutronenbeugung die magnetische Struktur im paramagnetischen Zustand untersucht. Für die Austauschintegrale (in K) ergeben sich, falls für J_1'(Mn-S-Mn) und J_2'(Mn-S-Mn) die Werte $J_1' = J_1/2 = -3.5$ bzw. $J_2' = J_2/2 = -6.3$ (s. S. 16) übernommen werden, $J_1' = -10$, $J_2' = +14$ für Cr-S-Cr sowie $J_1' = -1$, $J_2' = +9$ für Mn-S-Cr [3]. Bei 4.2 K wurde die Änderung der magnetischen Struktur von MnS beim Einbau von Cr^{II} untersucht. Die Ergebnisse sowie die theoretische Deutung [1] müssen als provisorisch gelten.

Literatur:

[1] P. Burlet, E. F. Bertaut (Compt. Rend. B **264** [1967] 323/6, 1208/11). — [2] R. Kiessling, C. Westman (J. Iron Steel Inst. [London] **204** [1966] 377/9). — [3] P. Burlet, E. F. Bertaut (J. Phys. Chem. Solids **30** [1969] 851/8), E. F. Bertaut, P. Burlet (Solid State Commun. **5** [1967] 279/83).

8.5.10.1.2 $MnCr_2S_4$

$MnCr_2S_4$

Darstellung

Die Verbindung läßt sich aus stöchiometrischen Mengen der Elemente durch wiederholtes Tempern zwischen 700 und 1150°C [1 bis 5] oder aus Mn, S und Cr_2S_3 bei 800°C in evakuierten Quarzglasampullen darstellen [6]. Sie entsteht auch aus α-MnS und Cr_2S_3 im Inertgasstrom bei 800°C in 70 h [7]. Die Umsetzung beginnt oberhalb 390°C und ist bei etwa 600°C nahezu vollständig [8, 9]. Aus $MnCr_2O_4$ (s. „Mangan" C3, S. 190) bildet sich $MnCr_2S_4$ durch Überleiten von H_2S bei 1000 [10] bis 1100°C [11]. Statt $MnCr_2O_4$ kann man auch die gemeinsam gefällten und getrockneten Hydroxide von Mn^{II} und Cr^{III} mit überschüssigem Schwefel im H_2-Strom [12] oder im H_2S-Strom erhitzen [13]. Sehr feinteilige Präparate entstehen durch Thermolyse der Pyridinkomplexe $Mn(Py)_4Cr_2O_7$ und $Mn[(Py)_2Cr(C_2O_4)_2]_2$ im H_2-H_2S-Strom bei 350°C [14], s. auch [15]. Auf nassem Wege bildet sich die Verbindung durch Eindampfen einer Suspension von $NaCrS_2$ (s. „Chrom" B, S. 491) in wäßriger $MnCl_2$-Lösung. Das erhaltene Produkt wird mit Schwefel in H_2-Atmosphäre geschmolzen [13, 16].

Schwarze, oktaederförmige Einkristalle lassen sich durch Transportreaktion im Temperaturgefälle 1000 → 900°C aus den Sulfiden unter Zusatz von wasserfreiem $AlCl_3$ züchten [17]. Als Transportmittel eignet sich auch Chlor, das entweder direkt eingesetzt wird oder durch thermische Zersetzung von $CrCl_3$ bei hohen Temperaturen gebildet wird [18].

Dünne Schichten entstehen durch Verdampfung von $MnCr_2S_4$ mittels eines Wolframdrahtes von 2500 bis 3000°C bei etwa 10^{-4} Torr auf (111)- und (100)-Flächen von NaCl oder (100) von

MgO bei 170 bis 180°C („flash"-Verdampfung nach [19]). Die Schichten werden bei 210 bis 220°C getempert. 1500 Å dicke Schichten sind opak. Auf (111) von NaCl niedergeschlagene polykristalline Schichten sind teilweise orientiert [5, 20].

Physical Properties of $MnCr_2S_4$

Kristallographische und mechanische Eigenschaften

Unter Normalbedingungen kristallisiert $MnCr_2S_4$ kubisch im Spinell-Typ; Raumgruppe Fd3m-O_h^7 (Nr. 227), Z = 8. Die erste Bestimmung der Gitterkonstante mit a = 10.07_5 Å [13] (von kX in Å umgerechnet) wird später wiederholt bestätigt: a = 10.06 Å [2], 10.107 ± 0.001 Å [3, 20], 10.110 Å [10, 11, 21], 10.129 Å [1]. Elektronenbeugungsuntersuchungen an dünnen Schichten ergeben in Übereinstimmung damit a = 10.12 ± 0.02 Å [20]. Tabelle der d-Werte s. [13]. Der Parameter des Schwefels ergibt sich aus Röntgenbeugungsmessungen zu x = 0.3863 (mit R = 5.7%) [21] und aus Neutronenbeugungsmessungen zu x = 0.3876 gegenüber dem theoretischen Wert x = 0.375 bei idealer Packung. Die Kationenverteilung entspricht einem normalen Spinell: $Mn(Cr_2)S_4$ [10]. Die Abstände betragen Mn-S = 2.39 Å, Cr-S = 2.42 Å [7].

Bei hohen Drücken und Temperaturen wandelt sich die kubische Spinell-Modifikation in eine monokline Hochdruck-Modifikation vom NiAs-Typ mit Kationenlücken um. Die Phasengrenze verläuft linear von 53 kbar und 240°C bis 28 kbar und 930°C. In der Nähe der Phasengrenze tritt kurzzeitig auch eine Modifikation vom hexagonalen NiAs-Typ auf [4, 5]. Bei 65 kbar wird zwischen 600 und 1500°C α-MnS neben der Hochdruckmodifikation gefunden [22]. Gitterkonstanten abgeschreckter Proben: a = 5.98 ± 0.01, b = 3.45 ± 0.01, c = 11.74 ± 0.05 Å, β = 91.2° ± 0.10° [3, 4, 5], a = 5.93 ± 0.02, b = 3.429 ± 0.002, c = 11.307 ± 0.005 Å, β = 90.94° ± 0.3°; Raumgruppe I2/m-C_{2h}^3 (Nr. 12). Das Volumen der Elementarzelle ist gegenüber der Spinell-Modifikation um 10.9% kleiner [22]. Die 7d bei 60 kbar und 520°C gehaltenen Präparate besitzen eine geordnete Struktur [4, 5], während die bei 65 kbar zwischen 600 und 1500°C in 1 h hergestellten diffuse Beugungsreflexe zeigen [22].

Die pyknometrische Dichte der Spinell-Modifikation beträgt 3.44, die Röntgendichte 3.73_6 g/cm^3 [13].

Magnetische und elektrische Eigenschaften

Kubisches $MnCr_2S_4$ ist unterhalb der Curie-Temperatur T_c = 75 K [23] oder 74 K [24] ferrimagnetisch. Die Austauschwechselwirkung zwischen den Cr-Ionen (J_{BB}) ist positiv, diejenigen zwischen den Mn-Ionen (J_{AA}) und zwischen Mn- und Cr-Ionen (J_{AB}) sind negativ. Die zunächst erhaltenen Werte $J_{AA} = -1.68$ K, $J_{BB} = 3.5$ K, $J_{AB} = -1.79$ K [25] werden später korrigiert zu $J_{AA} = -1.8$ K, $J_{BB} = 2.70$ K, $J_{AB} = -1.92$ K [24]. Da J_{AA} und J_{AB} etwa gleich groß sind, sind die magnetischen Momente der Mn-Ionen verkantet (Yafet-Kittel-Struktur) [29]. Das effektive Moment der Mn-Ionen wird dadurch verringert, so daß das resultierende Moment je Formeleinheit größer ist als bei genau ferrimagnetischer Ordnung, nämlich 1.20 μ_B [24]. — Unterhalb 5 K sowie (unterhalb 30 K) in sehr starken Feldern (> 100 kOe) werden auch die Mn-Momente parallel ausgerichtet. Bei mittleren Feldstärken wird die Temperatur, bei der die verkantete in eine kollineare Momentanordnung übergeht, erhöht, z. B. auf 8 bzw. 15 K bei 45 bzw. 70 kOe [26]. Diese Ergebnisse versuchen Plumier u. a. [27] durch Einführung eines biquadratischen Terms in der Mn-Mn-Wechselwirkung unter Beachtung magnetostriktiver Effekte zu deuten. Wegen einer bei 10 K beobachteten spontanen isotropen Kontraktion $\Delta a/a \approx 4 \times 10^{-4}$ halten Nauciel-Bloch u. a. [25] es für erforderlich, auch die Austauschstriktion in das Molekularfeldmodell einzubeziehen. Beste Übereinstimmung mit den Meßwerten liefern die Parameter $|\alpha| = 165$ K, $|\beta| = 615$ K und $\alpha\beta > 0$.

Oberhalb etwa 350 K gilt für die Suszeptibilität χ das Curie-Weiss-Gesetz; die paramagnetische Curie-Temperatur wird zunächst zu $\Theta_p = -12 \pm 10$ K [28] bestimmt, neuere Messungen [24] ergeben $\Theta_p = -27$ K.

Monoklines $MnCr_2S_4$ mit NiAs-Defektstruktur ist nach magnetischen Messungen von Tressler, Stubican [3] im Bereich von 298 bis 1.5 K unterhalb $T_N \approx 70$ K antiferromagnetisch. Aus der oberhalb 150 K dem Curie-Weiss-Gesetz folgenden $1/\chi_{mol}$-T-Kurve errechnet sich das effektive magnetische Moment $\mu_{eff} = 7.61\ \mu_B$ und die Curie-Temperatur $\Theta_p = -325$ K. Ein bei 1.65 K beobachtetes remanentes magnetisches Moment ist jedoch Hinweis auf eine ferri- oder ferromagnetische Komponente.

Kubisches $MnCr_2S_4$ ist ein Halbleiter. Aus Messungen des spezifischen Widerstandes ρ an Sinterkörpern im Bereich von 93 bis 423 K resultiert eine aus zwei abgewinkelten Geraden bestehende lg ρ-1/T-Kurve, deren Knickpunkt bei 260 K liegt. Die nach $\rho = \rho_0 \cdot \exp(E/kT)$ ermittelte Aktivierungsenergie beträgt unterhalb 260 K E = 0.091 ± 0.005 eV, bei höheren Temperaturen E = 0.30 ± 0.02 eV. Bei gewöhnlicher Temperatur ist $\rho = 4 \times 10^9\ \Omega \cdot cm$ [11].

Optische Eigenschaften

In Nujol dispergiertes $MnCr_2S_4$-Pulver weist zwischen 33 und 800 cm^{-1} Absorptionsmaxima bei $\nu_8 = 323$, $\nu_9 = 381$, $\nu_{10} = 260$, $\nu_{11} = 120\ cm^{-1}$ auf [7]; zur Bezeichnung der Gitterschwingungen s. „Mangan" C3, S. 193.

Chemisches Verhalten

Die Verbindung ist in H_2O unlöslich, löst sich dagegen in konzentrierter Salpetersäure und Königswasser unter Zersetzung [12, 13]. Beim Erhitzen an der Luft verglimmt $MnCr_2S_4$ zu Cr_2O_3 und $MnSO_4$ unter Entwicklung von SO_2. Beim Schmelzen mit $NaNO_3$ und Na_2CO_3 entstehen MnO_2, Na_2CrO_4 und Na_2SO_4 [12], s. auch [13].

Literatur:

[1] F. K. Lotgering (Philips Res. Rept. **11** [1956] 190/249, 219, 244). — [2] R. Kiessling, C. Westman (J. Iron Steel Inst. [London] **204** [1966] 377/9). — [3] R. E. Tressler, V. S. Stubican (J. Am. Ceram. Soc. **51** [1968] 391/3). — [4] R. E. Tressler, F. A. Hummel, V. S. Stubican (J. Am. Ceram. Soc. **51** [1968] 648/51). — [5] R. E. Tressler, V. S. Stubican (Natl. Bur. Std. [U. S.] Spec. Publ. Nr. 364 [1972] 695/702).

[6] L. Darcy, P. K. Baltzer, E. Lopatin (J. Appl. Phys. **39** [1968] 898/9). — [7] H. D. Lutz, M. Fehér (Spectrochim. Acta A **27** [1971] 357/65). — [8] H. D. Lutz, H.-J. Scholz, H. Randolph (Z. Anorg. Allgem. Chem. **378** [1970] 291/302). — [9] H. D. Lutz, H. Randolph, G. P. Goerler, H.-J. Scholz (Z. Anorg. Allgem. Chem. **390** [1972] 41/52). — [10] N. Menyuk, K. Dwight, A. Wold (J. Appl. Phys. **36** [1965] 1088/9).

[11] R. J. Bouchard, P. A. Russo, A. Wold (Inorg. Chem. **4** [1965] 685/8). — [12] M. Gröger (Monatsh. Chem. **1** [1880] 248; Sitz.-Ber. Akad. Wiss. Wien Math. Naturw. Kl. **81** II [1880] 531/8; C. **1880** 261). — [13] L. Passerini, M. Baccaredda (Atti Reale Accad. Lincei [6] **14** [1931] 33/7; Strukturbericht, Bd. 2, 1928/32 [1937], S. 485). — [14] É. Vallet, J. M. Pâris (Compt. Rend. C **264** [1967] 772/4). — [15] Centre National de la Recherche Scientifique (Neth. Appl. 6608222 [1966]; C. A. **66** [1967] Nr. 106692).

[16] M. Gröger (Sitz.-Ber. Akad. Wiss. Wien Math. Naturw. Kl. **83** II [1881] 749/58). — [17] H. D. Lutz, Cs. Lovász, K. H. Bertram, M. Srećković, U. Brinker (Monatsh. Chem. **101** [1970] 519/24); H. D. Lutz, Cs. v. Lovász (Angew. Chem. **80** [1968] 562). — [18] H. L. Pinch, L. Ekstrom (RCA Rev. **31** [1970] 692/701, 697; C. A. **74** [1971] Nr. 68630). — [19] L. Harris, B. M. Siegel (J. Appl. Phys. **19** [1948] 739/41). — [20] R. E. Tressler, V. S. Stubican (Mater. Res. Bull. **2** [1967] 1119/24).

[21] P. M. Raccah, R. J. Bouchard, A. Wold (J. Appl. Phys. **37** [1966] 1436/7). — [22] R. J. Bouchard (Mater. Res. Bull. **2** [1967] 459/64). — [23] R. Plumier, M. Sougi (Compt. Rend. B **268** [1969] 1549/52). — [24] M. Robbins, P. Gibart, L. M. Holmes, R. C. Sherwood, G. W. Hull (AIP [Am. Inst. Phys.] Conf. Proc. Nr. 10 [1973] 1153/7). — [25] M. Nauciel-Bloch, A. Castets, R. Plumier (Phys. Letters A **39** [1972] 311/2).

[26] J. Denis, Y. Allain, R. Plumier (J. Appl. Phys. **41** [1970] 1091/3; Compt. Rend. B **269** [1969] 740/3). — [27] R. Plumier, R. Conte, J. Denis, M. Nauciel-Bloch (J. Phys. [Paris] **32** [1971] Suppl., S. C1-55/C1-56). — [28] F. K. Lotgering (Philips Res. Rept. **11** [1956] 337/50). — [29] F. K. Lotgering (J. Phys. Chem. Solids **29** [1968] 2193/7).

Solid Solutions of $MnCr_2S_4$ with Thiospinels

8.5.10.1.3 Mischkristalle von $MnCr_2S_4$ mit Thiospinellen

$MnCr_2S_4$-$ZnCr_2S_4$

Diese Mischkristalle bilden sich durch Erhitzen des Pyridinkomplexes $[(Mn_xZn_{1-x})Py_n]Cr_2O_7$ im H_2-H_2S-Strom auf 500°C. (Der Komplex wird durch Fällung einer Lösung von $MnSO_4$ und $ZnSO_4$ mit $(NH_4)_2Cr_2O_7$ und Pyridin gewonnen.) An die Stelle von Pyridin kann auch NH_3, Äthylendiamin oder Anilin treten [1]. Die Mischkristalle entstehen außerdem aus einem Gemisch von $MnCr_2O_7$ und $ZnCr_2O_7$ im H_2-H_2S-Strom bei Temperaturen bis 1000°C [2].

$MnCr_2S_4$-$CdCr_2S_4$

Die Mischkristalle werden aus den Elementen in evakuierten Quarzglasampullen bei 700 bis 800°C hergestellt. Beim Molverhältnis 1 : 1 beträgt die Gitterkonstante a = 10.16 Å. Die Magnetisierungskurve von $Mn_{0.5}Cd_{0.5}Cr_2S_4$ verläuft im Bereich von 4.2 bis 100 K wie theoretisch erwartet [3].

$MnCr_2S_4$-$MnIn_2S_4$

Aus den Elementen (oder Cr_2S_3 anstelle von metallischem Cr) bei 800°C hergestellte Mischkristalle $MnIn_xCr_{2-x}S_4$ ($0 \leqq x \leqq 1$) kristallisieren mit Spinellstruktur [4] (zur Struktur von $MnIn_2S_4$ s. S. 56). $MnInCrS_4$ läßt sich auch aus entsprechenden Mengen Mn, In_2O_3 und Cr_2O_3 bei 1000°C in H_2S-Atmosphäre in 24 h herstellen [5]. — Die Gitterkonstante steigt linear von a = 10.168 Å (x = 0.2) auf a = 10.418 Å [4] bzw. 10.427 Å (x = 1) [5]. Alle Mischkristalle sind vom normalen Spinell-Typ $Mn(In_xCr_{2-x})S_4$ [4, 5] mit einem Schwefelparameter x = 0.385 bei $MnInCrS_4$ [5].

Beim Einbau von In in $MnCr_2S_4$ bleiben die Mischkristalle zunächst ferrimagnetisch; an $MnIn_{0.2}Cr_{1.8}S_4$ und $MnIn_{0.3}Cr_{1.7}S_4$ wird die Curie-Temperatur T_C = 48 bzw. 36 K gemessen; das resultierende Moment beträgt 1.15 bzw. 0.85 μ_B. Mischkristalle mit höherem In-Gehalt sind anscheinend antiferromagnetisch. Für die Néel-Temperatur T_N, die molare Curie-Weiss-Konstante C_m und die paramagnetische Curie-Temperatur Θ_p von $MnIn_xCr_{2-x}S_4$ werden folgende Werte gemessen:

x	0.4	0.6	0.8	1.0
T_N, Θ_p in K	18, −9	17, −21	16, −27	13, −36
C_m	6.81	6.33	6.27	5.94

Darcy u. a. [4]. Neuere Messungen an $MnInCrS_4$ (x = 1.0) ergeben bis 4.2 K hinunter keinen Übergang zur antiferromagnetischen Ordnung, jedoch einen negativen Θ_p-Wert (−20 K) und C_m = 5.29 [5].

Literatur:

[1] Centre National de la Recherche Scientifique (Neth. Appl. 6608222 [1966] nach C. A. **66** [1967] Nr. 106692). — [2] É. Vallet, J. M. Pâris, R. A. Paris (F. P. 1474725 [1965/67] nach C. A. **67** [1967] Nr. 76774). — [3] F. K. Lotgering (J. Phys. Chem. Solids **29** [1968] 699/709, 702). — [4] L. Darcy, P. K. Baltzer, E. Lopatin (J. Appl. Phys. **39** [1968] 898/9). — [5] Y. Mimura, M. Shimada, M. Koizumi (Solid State Commun. **15** [1974] 1035/7).

8.5.10.2 Verbindungen des Mangans mit Schwefel und Molybdän

Compounds of Manganese with Sulfur and Molybdenum

8.5.10.2.1 $MnMo_xS_{1+x}$-Mischkristalle

$MnMo_xS_{1+x}$ Solid Solutions

Der Mischkristallbereich zwischen MnS und dem hypothetischen MoS erstreckt sich von x = 2 bis 6 [1]. Dagegen wird in α-MnS bei 1150°C kein Mn durch Mo substituiert [2]. Zur Darstellung werden entweder stöchiometrische Mengen der Elemente [1, 3] oder MnS, Mo und S in evakuierten Quarzglasampullen 24 bis 48 h auf 1100°C erhitzt. An der unteren Grenze (x = 2) treten MoS_2 und Mn oder $MnMo_2S_4$ (besonders bei S-Überschuß) oder MnS als zusätzliche Phasen auf, während sich an der oberen Grenze (besonders bei S-Unterschuß) Mo_2S_3 neben Mo bildet. Die Präparate sind schwarz und meist mikrokristallin, es können sich aber auch kleine Kristalle bilden [1].

$MnMo_6S_7$ kristallisiert rhomboedrisch mit a = 6.500 Å, α = 93°38′ (hexagonale Zelle: a = 9.480, c = 10.522 Å) [1]. Die Pulverreflexe von $MnMo_4S_5$ sind sehr diffus. Die Mn-Atome sollen sich statistisch auf 12 Lagen verteilen [3]. Bei $MnMo_2S_3$ ist die Struktur triklin verzerrt. Das Molybdän liegt in Form von Mo^{II} vor, was durch die Temperaturabhängigkeit der magnetischen Suszeptibilität χ, die dem Curie-Weiss-Gesetz folgt, gestützt wird [1].

Der Verlauf der 1/χ-T-Kurve von $MnMo_4S_5$ weist zwischen 77 und 300 K keine Anomalie auf; die paramagnetische Curie-Temperatur beträgt $\Theta_p = -50 \pm 5$ K, das effektive Moment 5.4 μ_B [3]. — Der spezifische Widerstand von $MnMo_3S_4$ hat bei etwa 15 K ein deutliches Maximum und nimmt oberhalb etwa 40 K in der üblichen Weise zu [4].

Literatur:

[1] R. Chevrel, M. Sergent, J. Prigent (J. Solid State Chem. **3** [1971] 515/9). — [2] E. Doroschkewitsch, R. Kiessling, C. Westman (J. Iron Steel Inst. [London] **208** [1970] 698). — [3] J. G. Booth, N. Morton, S. W. Young (J. Less-Common Metals **40** [1975] 353/5). — [4] A. C. Lawson (Mater. Res. Bull. **7** [1972] 773/6).

8.5.10.2.2 $MnMo_2S_4$

$MnMo_2S_4$

Zur Herstellung werden stöchiometrische Mengen der Elemente oder entsprechend Mn und MoS_2 in evakuierten Quarzglasampullen 20 h auf 1100°C erhitzt. Die Verbindung fällt in Form schwarzer, an der Luft stabiler Kristalle an. Tabelle der d-Werte s. Original. Das Molybdän liegt als Mo^{III} vor, R. Chevrel, M. Sergent, J. Prigent (Compt. Rend. C **267** [1968] 1135/6).

8.5.10.3 MnU_8S_{17}

MnU_8S_{17}

Zur Herstellung werden stöchiometrische Mengen MnS und US_2 oder Mn, S und US_2 im Graphitschiffchen, das sich in einer evakuierten Quarzglasampulle befindet, auf 800 bis 1200°C erhitzt. Die Verbindung kristallisiert monoklin mit den Gitterkonstanten a = 13.403(10), b = 8.401(4), c = 10.531(6) Å, β = 101°38(5)′, Z = 2. Pyknometrische Dichte 7.07, Röntgendichte 7.16 g/cm³, H. Noël (Compt. Rend. C **277** [1973] 463/4).

8.5.11 Verbindungen des Mangans mit Schwefel und Metallen der 7. und 8. Nebengruppe

Compounds of Manganese with Sulfur and Group VII b and VIII b Metals

Verbindungen und Phasen, die diese Metalle enthalten, werden nach dem Prinzip der letzten Stelle bei den einzelnen Elementen behandelt. Besonders hervorzuheben ist, daß MnS mit FeS Mischkristalle bildet (s. S. 32), die für die Metallurgie des Eisens wichtig sind und in einem später erscheinenden Band „Eisen" ausführlicher beschrieben werden. Von den anderen Metallen sind in den bis jetzt erschienenen Bänden keine Angaben über entsprechende Verbindungen oder Phasen enthalten.

Compounds of Manganese with Sulfur and Oxygen Including Other Elements

8.6 Verbindungen des Mangans mit Schwefel und Sauerstoff einschließlich weiterer Elemente

Review in German

Übersicht

Unter diesen Verbindungen sind die Sulfite, Dithionate und besonders die Sulfate von Mangan(II) wegen ihrer Bedeutung für die Mangangewinnung aus Erzen (s. „Mangan" B, S. 9) ausführlich untersucht. Dabei interessiert vor allem das Lösungsverhalten in Wasser und die thermische Dehydratation der verschiedenen Hydrate. Im Hinblick auf die Weiterverarbeitung ist auch die thermische Zersetzung von $MnSO_4$ sowie die Reduktion, z. B. mit Kohlenstoff, untersucht worden. Die zahlreichen Sulfate des Mangans und weiterer Metalle werden gesondert in Kapitel 8.6.31 behandelt. — Neben diesen Verbindungen sind noch andere Salze von Oxosäuren des Schwefels mit Mn^{II}, Mn^{III} und Mn^{IV} bekannt, die aber bisher nur wenig Interesse gefunden haben. Etwa vorhandene Doppelsalze mit anderen Metallen sind im Anschluß an die reinen Mangansalze beschrieben.

Review in English

Review. Of these compounds the sulfites, dithionates, and especially sulfates of manganese(II) have been investigated in detail because of their importance in manganese production from ores (see "Mangan" B, p. 9). Of main interest is the behavior of aqueous solutions and the thermal dehydration of the various hydrates. Thermal decomposition of $MnSO_4$ as well as reduction, e. g., with carbon, was investigated with regard to subsequent processing. The numerous sulfates of manganese and of further metals will be treated separately in chapter 8.6.31.—Besides these compounds other salts of oxoacids of sulfur with Mn^{II}, Mn^{III}, and Mn^{IV} are known, which, however, have been of little interest so far. Possibly existing double salts with other metals will be treated subsequent to the pure manganese salts.

The Mn-S-O System

8.6.1 Das System Mn-S-O

Mit den bei 1000 und 1250 K gemessenen SO_2- und O_2-Drücken über $MnSO_4$ und Angaben von Marchal [1] stellt Ingraham [2] das in **Fig. 25** wiedergegebene Zustandsdiagramm auf. Es wird später bei 700 und 1100 K im Bereich $\lg p(SO_2) = -10$ bis $+4$ und $\lg p(O_2) = -12$ bis 0 und um den Existenzbereich von MnO_2 (bei 700°C) ergänzt; Tripelpunkt zwischen MnO_2, Mn_2O_3 und $MnSO_4$ bei 700 K: $\lg p(O_2) \approx -1.6$, $\lg p(SO_2) \approx -8.6$ [3]. Zuvor hatte schon Holland [4] für metallisches Mangan, $MnSO_4$ sowie die natürlich vorkommenden Verbindungen MnS, MnS_2, MnO, Mn_3O_4 und Mn_2O_3 ein schematisches Zustandsdiagramm mit den in der Literatur wiedergegebenen thermischen Größen in Abhängigkeit von den S_2- und O_2-Fugazitäten für 400, 600, 800 und 1000 K zusammengestellt. Die Tripelpunkte zwischen Mn, MnS und MnO sowie MnO, MnS und $MnSO_4$ sind mit den Angaben von Ingraham [2] vergleichbar.

Im Teilsystem **Mn-MnO-MnS** tritt eine große Mischungslücke zwischen den flüssigen Phasen auf, die sich von der Mn-MnO-Seite bis zur Mn-MnS-Seite erstreckt. Es wird auf zwei invariante Gleichgewichte geschlossen, und zwar das eine bei etwa 1225°C, wo γ-Mn, flüssiges Mn (beide mit Spuren S und O), festes MnO ($a \approx 0.98$) und festes MnS ($a \approx 0.98$) vorliegen; $p(O_2) = 5.8 \times 10^{-20}$ atm, $p(S_2) = 1.2 \times 10^{-12}$ atm. Das andere befindet sich bei etwa 1230°C mit flüssigem Mn (Spuren von S und O enthaltend), flüssigem „Oxisulfid" (etwa 30% Mn, 35% S und 35% O), festem MnO ($a \approx 0.98$) und festem MnS ($a \approx 0.98$); $p(O_2) = 7.6 \times 10^{-20}$ atm, $p(S_2) = 1.5 \times 10^{-12}$ atm [5].

Durch Zusammenschmelzen von MnO und MnS unter N_2-Atmosphäre und anschließendem Abschrecken der Proben in Wasser wird das Teilsystem **MnO-MnS** im Bereich des Eutektikums und in der Umgebung von MnS und MnO untersucht. Das Eutektikum wird bei 1232 ± 5°C und 64 Gew.-% MnS gefunden, s. **Fig. 26** [6], in guter Übereinstimmung mit den Angaben von Silverman [7], der 63 Gew.-% MnS und 1246°C findet (damit sind die älteren Angaben [8] überholt). MnS löst bei 1260°C maximal 1.7 ± 0.2 Gew.-% MnO und MnO maximal 1.8 ± 0.2 Gew.-% MnS [6]. Beim Eutektikum wachsen die Kristalle beider Komponenten in Richtung $[11\bar{2}]$ und haben (111) als gemeinsame Flächen [9].

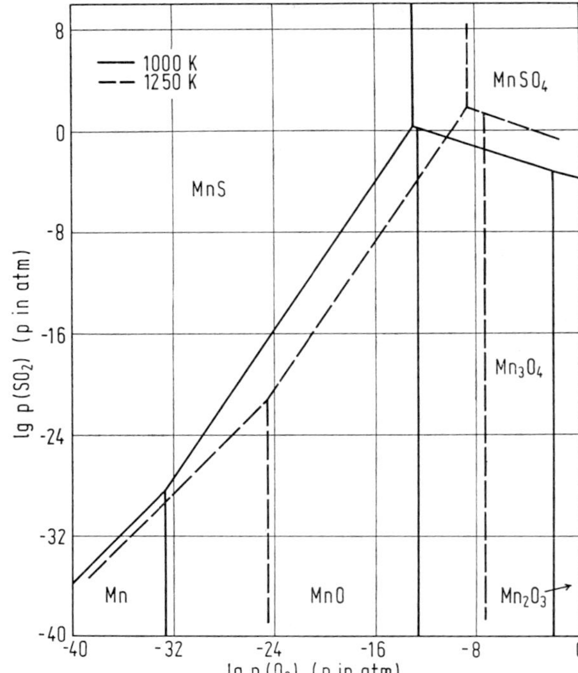

Fig. 25

Ausschnitt aus dem Zustandsdiagramm des Systems Mn-S-O.

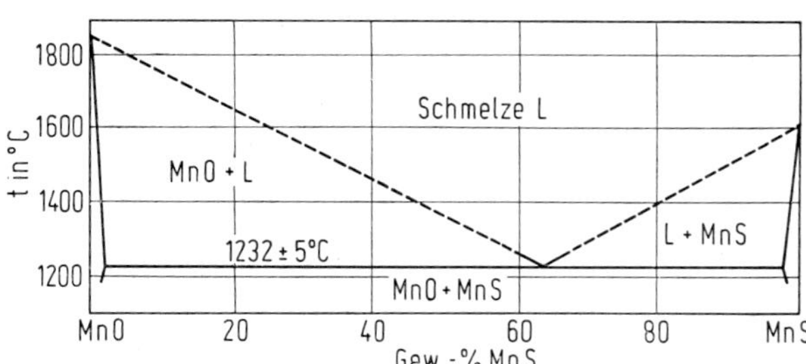

Fig. 26

Zustandsdiagramm des Teilsystems MnO-MnS.

Außer den genannten Verbindungen gehören in das System Mn-S-O noch weitere, die in den folgenden Kapiteln beschrieben werden.

Literatur:

[1] G. Marchal (J. Chim. Phys. **22** [1925] 559/82, 575). — [2] T. R. Ingraham (Can. Met. Quart. **5** [1966] 109/22, 120). — [3] T. R. Ingraham, P. Marier (Trans. AIME **242** [1968] 2039/43). — [4] H. D. Holland (Econ. Geol. **54** [1959] 184/233, 200). — [5] E. T. Turkdogan, G. J. W. Kor, L. S. Darken, R. W. Gurry (Met. Trans. **2** [1971] 1561/70, 1566).

[6] H. C. Chao, Y. E. Smith, L. H. van Vlack (Trans. AIME **227** [1963] 796/7). — [7] E. N. Silverman (Trans. AIME **221** [1961] 512/7, 515). — [8] J. H. Andrew, W. R. Maddocks, E. A. Fowler (J. Iron Steel Inst. [London] **124** [1931] 283/325, 295/8). — [9] J. W. Moore, L. H. van Vlack (J. Am. Ceram. Soc. **51** [1968] 428/30).

Manganese (II) Dithionite Solution

8.6.2 Mangan(II)-dithionit-Lösung

Aus ESR-Messungen an wäßrigen Lösungen von Mn^{2+}-Ionen (5×10^{-4} bis 10^{-2} mol $MnCl_2$/l) bei Zugabe von $S_2O_4^{2-}$-Ionen (5×10^{-3} bis 10^{-1} mol $Na_2S_2O_4$/l) wird auf die Bildung von assoziierten Ionenpaaren in einer ersten Reaktion und eines Komplexes in einer zweiten Reaktion geschlossen: $Mn(H_2O)_6^{2+} + S_2O_4^{2-} \overset{K_1}{\rightleftharpoons} [Mn(H_2O)_6^{2+}; S_2O_4^{2-}] \overset{K_2}{\rightleftharpoons} [Mn(H_2O)_4S_2O_4] + 2H_2O$ [1, 2]. Der vergleichsweise hohe Wert von K_1 steigt von 15 bei 20°C auf 55 $(mol/l)^{-1}$ bei 100°C. Die thermodynamischen Daten der Ionenpaarbildung betragen bei 20°C: $\Delta H° = 3.5 \pm 0.3$ kcal/mol, $\Delta G° = -1.57 \pm 0.05$ kcal/mol, $\Delta S° = 17.3 \pm 1$ cal · mol^{-1} · K^{-1}. Bei der Komplexbildungsreaktion fällt K_2 von 4.2 bei 20°C auf 1.1 $(mol/l)^{-1}$ bei 100°C. $\Delta H° = -3.6 \pm 0.3$ kcal/mol, $\Delta G° = -0.83 \pm 0.05$ kcal/mol, $\Delta S° = -9.5 \pm 1$ cal · mol^{-1} · K^{-1}. Die Ionenstärke (eingestellt mit $KClO_4$) ist innerhalb der Fehlergrenzen ohne Einfluß [3]. Mit den im Gleichgewicht mit $S_2O_4^{2-}$-Ionen befindlichen monomeren SO_2^--Ionen bilden die Mn^{2+}-Kationen ebenfalls Ionenpaare ($K = 2.4$ $(mol/l)^{-1}$) und Komplexe [2].

Literatur:

[1] L. Burlamacchi, E. Ferroni, E. Tiezzi (Ric. Sci. **36** [1966] 841/4; C. A. **66** [1967] Nr. 89037). — [2] L. Burlamacchi, E. Tiezzi (J. Mol. Struct. **2** [1968] 261/70). — [3] L. Burlamacchi, E. Tiezzi (J. Phys. Chem. **73** [1969] 1588/90).

Manganese (II) Sulfites

8.6.3 Mangan(II)-sulfite

$MnSO_3$

8.6.3.1 $MnSO_3$

Die Verbindung wird durch einstündiges Entwässern der Hydrate (s. S. 78) bei 190 bis 200°C [1] oder 230°C im N_2-Strom erhalten [2]. Sie soll auch beim Einengen einer $Mn(HSO_3)_2$-Lösung (s.S.79) im Vakuum bei 45 bis 50°C auskristallisieren [3]. Mit Hilfe der Bildungswärmen von MnO und SO_2 wird für $MnSO_3$ die Bildungsenthalpie zu $\Delta H^\circ_{298} = -198.2$ [4] und -184 ± 15 kcal/mol [5] geschätzt. Aus der Lösungsenthalpie in Schwefelsäure ergibt sich $\Delta H^\circ_{298} = -165.9 \pm 0.15$ kcal/mol [1]. Entropie $S^\circ_{298} = 24.4$ cal · mol^{-1} · K^{-1}, Wärmekapazität $C^\circ_p = 21.94 \pm 0.14$ cal · mol^{-1} · K^{-1} bei 25°C [6]. Dichte $D^{25} = 4.00 \pm 0.02$ g/cm^3 [1]. Zum Vergleich der theoretisch berechneten und gemessenen ESR-Linienbreite s. [7].

Beim Erhitzen im Vakuum zersetzt sich $MnSO_3$ bei 600°C [3], beim Erhitzen unter Luftausschluß entsteht bei Rotglut unter Abgabe von SO_2 ein pulvriger Rückstand aus MnS, MnO und $MnSO_4$ [8, 9]. Unter der vereinfachten Annahme, daß nur eine Dissoziation in MnO und SO_2 stattfindet, kann der SO_2-Druck (in atm) im Bereich von 0 bis 300°C durch $\lg p(SO_2) = -7689/T + 10.794$ wiedergegeben werden [6]. Im Autoklaven oder N_2-Strom disproportioniert $MnSO_3$ zu MnS, $MnSO_4$, S und SO_2. Im Autoklaven sind nach dem Erhitzen auf 281°C 97.4% $MnSO_3$ unzersetzt und 1.7% disproportioniert, bei 420°C 3.2% unzersetzt und 94.4% disproportioniert und bei 450°C ist alles zersetzt. Beim Erhitzen im N_2-Strom sind bei 316°C 94.0% $MnSO_3$ unzersetzt und bei 392°C 66.6%. Neben der Disproportionierungsreaktion findet auch die Dissoziation zu MnO und SO_2 statt [2]. Im H_2-Strom wird beim langsamen Erhitzen auf Rotglut eine Mischung von 87% MnO und 13% MnS erhalten. Beim schnellen Erhitzen an Luft entsteht Mn_3O_4 [9]. $MnSO_3$ ist in flüssigem SO_2 bei −19°C praktisch unlöslich [10, 11]. In einer eutektischen LiCl-KCl-Schmelze von etwa 500°C ist es löslich [12]. $MnSO_3$ setzt sich in wäßriger Lösung mit Schwefel bei Zimmertemperatur sehr langsam, mit steigender Temperatur schneller zu Mangan(II)-thiosulfat (s. S. 257) um [13], s. auch [14]. — In Schwefelsäure mit einem Molverhältnis von $H_2SO_4 : H_2O = 1 : 30$ beträgt die Lösungsenthalpie bei 25°C $\Delta H_L = -9.81 \pm 0.03$ kcal/mol [1].

Literatur:

[1] Z. L. Leshchinskaya, N. M. Selivanova (Izv. Vysshikh Uchebn. Zavedenii Khim. i Khim. Tekhnol. **9** [1966] 523/7; C. A. **66** [1967] Nr. 108978). — [2] M. Cola, S. Tarantino (Gazz. Chim. Ital. **92** [1962] 174/88, 182/4). — [3] P. N. Dzhaparidze, N. V. Kelbakiani (Dokl. Akad. Nauk SSSR **188**

[1969] 859/60; Dokl. Chem. Technol. **184/189** [1969] 181/2). — [4] E. Erdös (Collection Czech. Chem. Commun. **27** [1962] 1428/37, 1434). — [5] D. E. Wilcox, L. A. Bromley (Ind. Eng. Chem. **55** Nr. 7 [1963] 32/9, 37).

[6] E. Erdös (Collection Czech. Chem. Commun. **27** [1962] 2273/83, 2276, 2279). — [7] L. Yarmus, A. A. Harkavy (Phys. Rev. [2] **173** [1968] 427/35, 429). — [8] C. Rammelsberg (Ann. Physik Chem. [2] **67** [1846] 245/57, 256). — [9] A. Gorgeu (Compt. Rend. **96** [1883] 341/43). — [10] H. Immig (Diss. Greifswald 1936, S. 56).

[11] G. Jander, K. Wickert (Z. Physik. Chem. A **178** [1936/37] 57/73, 64). — [12] G. Delarue (Bull. Soc. Chim. France **1960** 906/10). — [13] G. Matroff (Diss. Braunschweig T. H. 1930, S. 15/6). — [14] E. Terres, H. Buscher, G. Matroff (Brennstoff-Chem. **35** [1954] 65/74, 113/20, 114; C. A. **1955** 11260).

8.6.3.2 $MnSO_3 \cdot nH_2O$ (n = 1, 3)

$MnSO_3 \cdot$ nH_2O

Die Verbindungen bilden sich in kalten Lösungen bei der doppelten Umsetzung von Alkalisulfiten mit einem löslichen Mangan(II)-salz. Rammelsberg [1] gibt Natriumsulfit- und Mangan(II)-acetat-Lösungen zusammen. Gorgeu [2] fügt zu kalter $MnCl_2$-Lösung solange portionsweise Alkalisulfit hinzu, bis es sich nicht mehr löst. Seubert und Elten [3] vereinigen bei Zimmertemperatur unter CO_2 (zur Vermeidung von Oxidation) äquivalente Mengen von einnormaler $MnSO_4$- und Na_2SO_3-Lösung, s. auch [4]. Beim Vereinigen von kochenden Sulfit- und Mangan(II)-Salzlösungen entstehen dagegen basische Mangansulfite (s. S. 79). Bei einem weiteren Verfahren wird $MnCO_3$ in überschüssigem H_2SO_3 gelöst und das überschüssige SO_2 durch Erhitzen vertrieben [5], s. auch [6, 7]. Man kann auch in eine wäßrige Suspension von $MnCO_3$ bei Zimmertemperatur so lange SO_2 einleiten, bis eine klare Lösung entstanden ist. Dann wird die Lösung erhitzt und mit einem schnellen N_2-Strom kräftig gerührt, um überschüssiges SO_2 auszutreiben. Hierbei fällt Mangan(II)-sulfit aus [8], s. auch [1, 6, 9]. In der Technik wird in Aufschlämmungen, die MnO_2 und CaO enthalten, SO_2 unter einem Druck von etwa 3 bis 4 atm eingeleitet, um die Zersetzung des gebildeten $Mn(HSO_3)_2$ zu vermeiden. Das hierbei ebenfalls gebildete $Ca(HSO_3)_2$ setzt bei etwa 86°C vorhandenes $MnSO_4$ zu $Mn(HSO_3)_2$ um. Die filtrierte Lösung wird unter vermindertem Druck bei 45 bis 60°C eingeengt, wobei sich das gesamte in Lösung befindliche $Mn(HSO_3)_2$ als Mangansulfit ausscheidet [10, 11].

Mangan(II)-sulfit kristallisiert aus den Lösungen bei Zimmertemperatur als $MnSO_3 \cdot 3H_2O$ und bei 100°C als $MnSO_3 \cdot H_2O$ aus [2, 4, 8]. Abweichend hiervon wird bei Zimmertemperatur ein 2-Hydrat [6] bzw. ein 2.5-Hydrat [1, 7] gefunden, die aber möglicherweise nur Gemische des Mono- und Trihydrats sind [2].

$MnSO_3 \cdot 3H_2O$. Farblose Prismen entstehen bei Diffusion von $MnSO_4$- und Na_2SO_3-Lösungen durch Na_2SO_4-Lösung [13], ältere Angaben s. [2, 3, 4]. Sie kristallisieren rhombisch: a = 9.72(2), b = 5.63(1), c = 9.53(2) Å, Z = 4, Raumgruppe Pnma-D_{2h}^{16} (Nr. 62). Atomlagen:

Atom	Punktlage	x	y	z
Mn	4c	0.22340	0.25	0.06260
S	4c	0.06527	0.75	0.09052
O(1)	4c	0.91171	0.75	0.11714
O(2)	8d	0.11909	0.53524	0.17215
$H_2O(1)$	4c	0.62263	0.75	0.76451
$H_2O(2)$	8d	0.36254	0.50486	0.95202

In dieser Struktur ist Mn oktaedrisch von O-Atomen umgeben, s. **Fig. 27**, S. 78; Mn-O-Abstände zwischen 2.158 und 2.235 Å. Drei der O-Atome gehören drei verschiedenen SO_3-Pyramiden an, drei weitere O-Atome sind den Wassermolekeln zuzuordnen. Die MnO_6-Oktaeder sind durch SO_3-

$MnSO_3 \cdot 3H_2O$

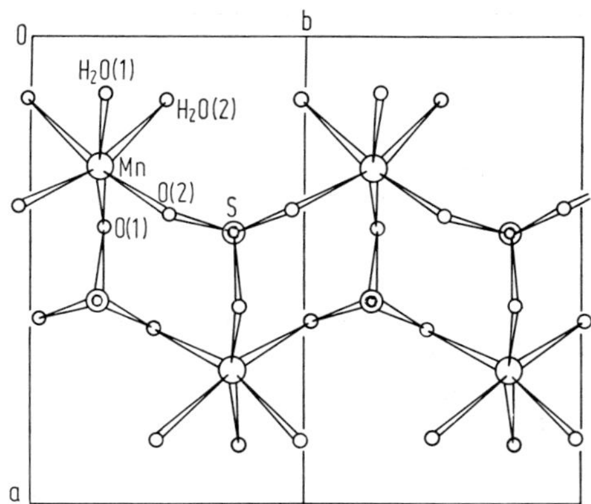

Fig. 27

Projektion der Kristallstruktur von $MnSO_3 \cdot 3H_2O$ in Richtung der c-Achse.

Pyramiden zu Ketten verbunden, die sich parallel zur b-Achse erstrecken. Weitere Abstände und Winkel s. Original. Gemessene und berechnete Dichte D = 2.40 g/cm³ [13].

$MnSO_3 \cdot 3H_2O$ wird an trockner Luft langsam, in feuchter Luft schneller oxidiert [2]. Die mit reinem Wasser gewaschene Probe färbt sich nach dem Trocknen an Luft rasch dunkel [3], während Proben, die mit stark verdünnter Essigsäure gewaschen werden, sich nach dem Trocknen erst nach mehr als vier Wochen braun zu färben beginnen. Durch Übergießen mit verdünnter Essigsäure verschwindet die Braunfärbung wieder vollständig. Für längere Zeit bewahrt man $MnSO_3 \cdot 3H_2O$ am besten nicht trocken, sondern unter stark verdünnter Essigsäure in einem gut verschlossenen Gefäß auf [12]. Beim trocknen Erhitzen wird die beginnende Wasserabgabe von Gorgeu [2] bei 70°C, von Muspratt [6] dagegen erst bei 100°C beobachtet. $MnSO_3 \cdot 3H_2O$ wird durch Chlor, Brom oder Jod zum Sulfat oxidiert [2]. Beim Kochen in der Mutterlauge wird es in $MnSO_3 \cdot H_2O$ (s. unten) umgewandelt [8]. In kaltem Wasser lösen sich 0.1, in heißem Wasser 0.2 g $MnSO_3 \cdot 3H_2O$/l. Es reagiert in Wasser schwach alkalisch. In konzentrierten Mn^{II}-Salzlösungen ist es etwas löslicher als in reinem H_2O; in mit CO_2 gesättigtem Wasser löst sich beim Kochen bis zu 1 g Salz/l, und schweflige Säure kann 15 bis 17% $MnSO_3$ lösen [2]. Es löst sich in Mineralsäuren leicht unter SO_2-Entwicklung [6, 12]. In Alkohol und Äther ist $MnSO_3 \cdot 3H_2O$ unlöslich [6], s. auch [7].

$MnSO_3 \cdot H_2O$ wird außer nach den genannten Darstellungsmethoden auch erhalten, wenn $Mn(HSO_3)_2 \cdot 2C_6H_5NH_2$ in kochendes Wasser eingetragen wird. Es entsteht Anilin und $Mn(HSO_3)_2$, das sich zu $MnSO_3$ und H_2SO_3 zersetzt. Die Verbindung kristallisiert in rhombischen Prismen aus [2, 4]. Sie ist blaßrot [2] bis rötlich [8]. Das Kristallwasser wird erst oberhalb 150°C abgegeben [2]. Beim einstündigen Entwässern im N_2-Strom bei 230 bis 240°C wird zwar ein geringer SO_2-Verlust (0.3 bis 0.5%) festgestellt, doch ist bei tieferer Temperatur auch bei längerem Erhitzen nicht alles Kristallwasser zu entfernen. $MnSO_3 \cdot H_2O$ wird an der Luft leicht zum Sulfat oxidiert [8], s. auch [2]. Das Salz wandelt sich in Wasser oder in der Mutterlauge bei Zimmertemperatur in $MnSO_3 \cdot 3H_2O$ um. H_2SO_3 aktiviert diese Hydratation [2].

Literatur:

[1] C. Rammelsberg (Ann. Physik Chem. [2] **67** [1846] 245/57, 256). — [2] A. Gorgeu (Compt. Rend. **96** [1883] 341/3). — [3] K. Seubert, M. Elten (Z. Anorg. Allgem. Chem. **4** [1893] 44/95, 81). — [4] G. Denigès (Bull. Soc. Chim. France [3] **7** [1892] 569/73). — [5] P. Berthier (Ann. Chim. Phys. [3] **7** [1843] 74/87, 78).

[6] J. S. Muspratt (Liebigs Ann. Chem. **50** [1844] 259/92, 280). — [7] A. Röhrig (J. Prakt. Chem. [2] **37** [1888] 217/53, 243/5). — [8] M. Cola, S. Tarantino (Gazz. Chim. Ital. **92** [1962] 174/88, 180). — [9] J. Danson (Compt. Rend. Trav. Chim. **5** [1849] 243/6). — [10] P. N. Dzhaparidze,

N. V. Kelbakiani (Dokl. Akad. Nauk SSSR **188** [1969] 859/60; Dokl. Chem. Technol. **184/189** [1969] 181/2).

[11] P. N. Dzhaparidze, N. V. Kelbakiani, G. N. Tsitsilashvili (UdSSR P. 225869 [1965/68]; Izobret. Prom. Obraztsy Tovarnye Znaki **45** [1968] 14; C. A. **70** [1969] Nr. 13625). — [12] G. Matroff (Diss. Braunschweig T.H. 1930, S. 15/6). — [13] R. F. Baggio, S. Baggio (Acta Cryst. B **32** [1976] 1959/62).

8.6.4 Mangan(II)-hydrogensulfit-Lösung

Manganese (II) Hydrogen Sulfite Solution

Die wäßrige Lösung bildet sich beim Einleiten von SO_2 in eine Suspension von $MnCO_3$ [1], von MnS (in der Waschlauge vom Rohgas der Steinkohlendestillation) [2, 3], von Aufschlämmungen reduzierend gerösteter Manganerze [4, 5] oder beim Mischen wäßriger Lösungen von $NaHSO_3$ und $MnSO_4$ [6]. Die Lösung gibt im Vakuum bei 45 bis 60°C SO_2 ab, wobei $MnSO_3$ ausfällt [4, 5]. Sie oxidiert H_2S zu elementarem Schwefel [2]. Mit Anilinwasser bildet sich $Mn(HSO_3)_2 \cdot 2\,C_6H_5NH_2$, das beim Einengen auskristallisiert [6]. Festes Mangan(II)-hydrogensulfit ist in reiner Form nicht bekannt.

Literatur:

[1] M. Cola, S. Tarantino (Gazz. Chim. Ital. **92** [1962] 174/88, 180). — [2] G. Matroff (Diss. Braunschweig T. H. 1930, S. 13). — [3] E. Terres, H. Buscher, G. Matroff (Brennstoff-Chem. **35** [1954] 65/74, 113/20, 114). — [4] P. N. Dzhaparidze, N. V. Kelbakiani (Dokl. Akad. Nauk SSSR **188** [1969] 859/60; Dokl. Chem. Technol. **184/189** [1969] 181/2). — [5] P. N. Dzhaparidze, N. V. Kelbakiani, G. N. Tsitsilashvili (UdSSR P. 225869 [1965/68]; Izobret. Prom. Obraztsy Tovarnye Znaki **45** [1968] 14; C. A. **70** [1969] Nr. 13625).

[6] G. Denigès (Compt. Rend. **112** [1891] 802/5).

8.6.5 $5\,MnSO_3 \cdot 2\,Mn(OH)_2 \cdot nH_2O$ (n = 8, 11)

$5\,MnSO_3 \cdot 2\,Mn(OH)_2 \cdot n\,H_2O$

Zur Darstellung werden siedendheiße Lösungen von $MnSO_4$ und Na_2SO_3 zusammengegossen und kurz gekocht, wobei SO_2 entweicht. Der rosafarbene Niederschlag wird abgesaugt und mit heißem Wasser ausgewaschen. Aus einnormalen Lösungen wird ein Salz der ungefähren Zusammensetzung $5\,MnSO_3 \cdot 2\,Mn(OH)_2 \cdot 8\,H_2O$ und aus 0.1 normalen Lösungen ein Salz der ungefähren Zusammensetzung $5\,MnSO_3 \cdot 2\,Mn(OH)_2 \cdot 11\,H_2O$ erhalten, K. Seubert, M. Elten (Z. Anorg. Allgem. Chem. **4** [1893] 44/95, 83).

8.6.6 Sulfite des Mangans und weiterer Elemente

Sulfites of Manganese and Other Elements

8.6.6.1 $Na_2Mn(SO_3)_2 \cdot H_2O$ (= $Na_2SO_3 \cdot MnSO_3 \cdot H_2O$)

$Na_2Mn(SO_3)_2 \cdot H_2O$

In eine kalt gesättigte, etwas Hydrogensulfit enthaltende Na_2SO_3-Lösung wird bei 80°C solange eine 20%ige $MnCl_2$-Lösung gegossen, bis sich der anfangs bildende Niederschlag nicht mehr auflöst. Aus der warmen Lösung scheiden sich monokline Prismen aus, die noch heiß getrocknet werden müssen, da sie sich selbst in der Mutterlauge beim Erkalten zersetzen. Die Verbindung wird durch kaltes Wasser in wenigen Minuten vollständig zersetzt. Sie verliert dagegen durch heißes Wasser nur wenig Na_2SO_3. Das Kristallwasser wird bei etwa 150°C abgegeben, A. Gorgeu (Compt. Rend. **96** [1883] 376/9).

8.6.6.2 $Na_2Mn_4(SO_3)_5$ (= $Na_2SO_3 \cdot 4\,MnSO_3$)

$Na_2Mn_4(SO_3)_5$

Wird die Sulfitlösung wie bei $Na_2Mn(SO_3)_2 \cdot H_2O$ (s. oben) um die Hälfte ihres Volumens mit Wasser verdünnt, so scheidet sich bei 80°C die gut kristallisierte Verbindung $Na_2Mn_4(SO_3)_5$ aus. Sie wird durch kaltes oder heißes Wasser kaum verändert, A. Gorgeu (Compt. Rend. **96** [1883] 376/9).

$K_2Mn(SO_3)_2$

8.6.6.3 $K_2Mn(SO_3)_2$ (= $K_2SO_3 \cdot MnSO_3$)

Aus einer gesättigten wäßrigen Lösung von SO_2, die 15 bis 20% K_2SO_3 und 3 bis 4% $MnSO_3$ enthält, scheiden sich beim Aufbewahren über einem SO_2-Absorbens hexagonale Platten ab, beim Erhitzen der Mutterlauge auf dem Wasserbad sternförmig gruppierte sechsflächige Prismen. Die farblose Verbindung mit schwach rotem Stich oxidiert sich an feuchter Luft sehr schnell. Sie ist gegenüber kaltem Wasser stabil, heißes Wasser wirkt langsam ein. Beim Erhitzen unter Luftausschluß wird ein Gemisch von Sulfat, Sulfid und MnO, beim Erhitzen an Luft ein Gemisch von Sulfat und Mn_3O_4 gebildet, wobei SO_2 entweicht, A. Gorgeu (Compt. Rend. **96** [1883] 376/9).

$K_2Mn_2(SO_3)_3$

8.6.6.4 $K_2Mn_2(SO_3)_3$ (= $K_2SO_3 \cdot 2MnSO_3$)

Beim Erhitzen der Mutterlauge von $K_2Mn(SO_3)_2$ (s. oben) auf dem Wasserbad können auch vierflächige, nadelförmige, farblose Prismen mit schwach rotem Stich ausgeschieden werden. Ihre chemischen Eigenschaften sind ähnlich wie von $K_2Mn(SO_3)_2$, A. Gorgeu (Compt. Rend. **96** [1883] 376/9).

$(NH_4)_2Mn(SO_3)_2$

8.6.6.5 $(NH_4)_2Mn(SO_3)_2$ (= $(NH_4)_2SO_3 \cdot MnSO_3$)

Zur Darstellung wird entweder eine Lösung von $(NH_4)_2SO_3$ mit einer Mn^{II}-Salzlösung vereinigt [1, 2] oder eine mit SO_2 gesättigte Lösung von $MnSO_3$ und $(NH_4)_2SO_3$ auf dem Wasserbad erhitzt [2, 3]. Über die Bildung in Gasreinigungsmassen s. [4]. Die Verbindung kristallisiert in großen, farblosen [1, 2] hexagonalen Platten oder Prismen mit Perlmuttglanz [3]. Nach dem IR-Spektrum ist sie ein Doppelsalz und nicht ein Sulfito-Komplex. Die Schulter bei 964 und die sehr starke Bande bei 907 cm^{-1} im IR-Spektrum werden Valenzschwingungen, die schwachen Banden bei 655 und 482 cm^{-1} den Deformationsschwingungen des SO_3^{2-}-Ions zugeordnet [5]. — Das Salz kann ohne Veränderung bis 180°C erhitzt werden. Bei stärkerem Erhitzen unter Luftausschluß entweicht zunächst NH_3, dann NH_4HSO_3 und danach SO_2. Es bleibt ein Gemisch von MnO und S zurück. Beim Erhitzen an der Luft hinterbleibt nur Mn_3O_4. $(NH_4)_2Mn(SO_3)_2$ ist gegen Oxidation stabiler als die entsprechenden Na- und K-Verbindungen. Von Wasser wird nur wenig $(NH_4)_2SO_3$ herausgelöst [3].

Literatur:

[1] E. Berglund (Lunds Univ. Arsskr. Afdel. Mat. Naturwet. **10** [1873] 1/34, 8; Ber. Deut. Chem. Ges. **7** [1874] 469/72; Bull. Soc. Chim. France [2] **21** [1874] 212/5). — [2] F. L. Hahn, H. A. Meier, H. Siegert (Z. Anorg. Allgem. Chem. **150** [1926] 126/8). — [3] A. Gorgeu (Compt. Rend. **96** [1883] 376/9). — [4] G. Matroff (Diss. Braunschweig T. H. 1930, S. 20). — [5] G. Newman, D. B. Powell (Spectrochim. Acta **19** [1963] 213/24, 214, 224).

$N_2H_6Mn(SO_3)_2$

8.6.6.6 $N_2H_6Mn(SO_3)_2$ (= $N_2H_6SO_3 \cdot MnSO_3$)

Zur Darstellung wird eine Lösung von $MnSO_3$ in überschüssigem H_2SO_3 mit verdünnter Hydrazinhydratlösung neutralisiert. Der ausgefallene weiße, kristalline Niederschlag wird zuerst mit Wasser, dann mit Alkohol gewaschen und im Vakuum über Schwefelsäure getrocknet. Beim Erhitzen der trocknen Verbindung im Reagenzglas entweicht SO_2, am oberen Rand setzt sich $(NH_4)_2SO_4$ ab und zurück bleibt ein fast schwarzer Rückstand, der Mangansulfid enthält. Die Verbindung ist in Wasser wenig löslich. In der Lösung, die gegen Lackmus sauer reagiert, sind Mn^{2+}, SO_3^{2-} und Hydrazin nachweisbar. In siedendem Wasser wird keine Zersetzung beobachtet. Die Verbindung löst sich in verdünnten Mineralsäuren unter Abgabe von SO_2. Wird sie mit NH_3- oder NaOH-Lösung geschüttelt, so fällt Manganhydroxid aus, P. Rây, B. K. Goswami (Z. Anorg. Allgem. Chem. **168** [1928] 329/38, 330/2).

8.6.6.7 $Tl_2Mn(SO_3)_2$ (= $Tl_2SO_3 \cdot MnSO_3$)

$Tl_2Mn(SO_3)_2$

Zur Darstellung wird in eine wäßrige Suspension von Manganhydroxid bis zur vollständigen Auflösung SO_2 eingeleitet. Zur klaren Lösung wird eine konzentrierte Lösung von Tl_2CO_3 in entsprechender Menge gegeben. Die Verbindung fällt als mikrokristallines, farbloses Pulver aus, G. Canneri (Gazz. Chim. Ital. **53** [1923] 182/5).

8.6.7 Mangan(II)-sulfat $MnSO_4$

Manganese (II) Sulfate

8.6.7.1 Darstellung und Bildung

Formation. Preparation

Die Verbindung wird durch Trocknen der Hydrate bei höheren Temperaturen erhalten. Die Angaben in der Literatur schwanken jedoch zwischen 180 und 450°C [1 bis 6]. Nach halbstündigem Erhitzen auf 350°C enthält das Salz noch Spuren von H_2O, bei etwa 450°C ist es nach 1 h bis 2 d wasserfrei [7 bis 9]. Zur Darstellung wird ein Hydrat zunächst bei 100°C getrocknet, danach allmählich auf 150°C, später auf 550°C erhitzt und anschließend im Exsikkator abgekühlt [10]. Zur technischen Anwendung der stufenweisen Entwässerung s. [11]. — Im Vakuum (5×10^{-1} bis 10^{-2} Torr) wird mit der Thermowaage die vollständige Entwässerung bei einer Erhitzungsgeschwindigkeit von 50 grd/h bei etwa 150°C gefunden [12]. — $MnSO_4 \cdot 4H_2O$ wird drei Stunden bei 300°C entwässert [13] oder mehrere Tage im Vakuum auf 180°C erhitzt [14]. $MnSO_4 \cdot H_2O$ wird bei 250°C bis zur Gewichtskonstanz [15] bzw. auf 300°C erhitzt [16].

Zur Darstellung wird auch wasserfreies MnO mit Dimethylsulfat bei tiefen Temperaturen unter Feuchtigkeitsausschluß umgesetzt. Unter Rühren wird die Mischung langsam auf 160 bis 189°C erhitzt. Während der Reaktion soll Dimethylsulfat stets in geringem Überschuß vorhanden sein, und gegen Ende der Reaktion sollen Temperaturen über 189°C vermieden werden. Der entstandene Niederschlag wird unter Luftabschluß filtriert, mit absolutem Äther gewaschen und im Exsikkator über Schwefelsäure oder im Trockenschrank getrocknet. Anstelle des Oxids soll die Reaktion auch mit fein gepulvertem, wasserfreiem Nitrit, Nitrat, Halogenid, Sulfid, Formiat oder Acetat ablaufen [17].

Große Kristalle sollen aus einer Lösung von $MnSO_4$ in konzentrierter Schwefelsäure bei 200°C kristallisieren [18]. — Nichtstaubende Pellets entstehen beim Versprühen einer $MnSO_4$-Lösung von 38 bis 49°C unter 80 bis 200 atm Druck in einem Trockenraum von 260°C und gewöhnlichem Druck [19].

Bildungsreaktionen. $MnSO_4$ bildet sich bei der Reaktion von MnO [20], Mn_3O_4, Mn_2O_3 oder MnO_2 mit SO_2 oder SO_3 zwischen 300 und 800°C. Wegen der Nebenreaktionen ist das $MnSO_4$ mit MnO, Mn_3O_4 und Mn_2O_3 [21] oder MnS verunreinigt [22], vgl. hierzu das System Mn-S-O (s. S. 74) sowie „Mangan" C1, S. 66, 95, 119/20, 307. — Mn_2O_3 reagiert zwischen 450 und 750°C mit SO_2, das in einem Luftstrom in einer Konzentration von 1 bis 6 Vol.-% über das Material geleitet wird, zu $MnSO_4$ [23]. Das günstigste Gas-Luft-Gemisch ist fünf Vol.-% SO_2, die Ausbeute beträgt bei 700°C 50.3%, bei 800°C 52.8% und bei 900°C 53.3% [24]. — MnO_2 bildet mit Pyrit (FeS_2) beim Erhitzen unter Luftausschluß im Temperaturbereich von 380 bis 425°C ein Gemisch von $MnSO_4$, Mn_3O_4, Fe_3O_4 und FeS [25]. Optimale Temperatur und Dauer für die Erhitzung dieser Mischung in Abwesenheit von Luft sind 500°C und 1 h [26]. Zwischen 500 und 550°C ändert sich bei Luftausschluß der Reaktionsmechanismus, und es wird kein $MnSO_4$ mehr gebildet [25]. Wird unter Luftzutritt eine innige Mischung von MnO_2 und Pyrit auf dem Sandbad unter ständigem Rühren 6 h auf 300 bis 350°C erhitzt, so werden nach $4MnO_2 + 4FeS_2 + 11O_2 \rightarrow 4MnSO_4 + 2Fe_2O_3 + 4SO_2$ bis zu 47.8% des Schwefels zu Sulfat oxidiert [26, 27]. Ein anderer Autor röstet die Mischung von MnO_2 und Pyrit (1 : 1) 7 h bei 500°C [28]. Die Röstreaktion verläuft vermutlich nach $8MnO_2 + 4FeS_2 + 11O_2 \rightarrow 2Fe_2O_3 + 8MnSO_4$ [29]. Hierbei reagieren bis zu 88% des MnO_2 zu $MnSO_4$, das das MnO_2 als Kruste umgibt [28]. Bei halbstündigem Erhitzen auf 800°C werden 89% MnO_2 zu $MnSO_4$ umgewandelt [29]. Die Temperatur soll wegen der thermischen Zersetzung

Formation of $MnSO_4$

von $MnSO_4$ (s. S. 90) 700 bis 800°C nicht übersteigen [30]. Zur Reaktion von MnO_2 mit FeS_2 s. auch „Mangan" C1, S. 316.

Aus $MnCO_3$ läßt sich $MnSO_4$ zwischen 450 und 750°C in einem Luft-SO_2-Strom (1 bis 6 Vol.-% SO_2) herstellen. Mit 6 Vol.-% SO_2 werden in 30 min bei 450°C 19.6%, bei 750°C 98.4% $MnCO_3$ zu $MnSO_4$ umgesetzt [23]. — In Mischungen von FeS_2 und $MnCO_3$ wird beim Erhitzen an der Luft das zunächst gebildete MnS in $MnSO_4$ umgewandelt [31]. — MnS wird beim Rösten an Luft primär zu $MnSO_4$ oxidiert [32], s. auch [30], im Endprodukt sind jedoch immer auch Oxide enthalten, s. S. 29. MnS läßt sich unter strömendem SO_2 im Rohrofen zu $MnSO_4$ und Schwefel umsetzen. Bei 500°C werden 19.69, bei 600°C 54.21 und bei 700°C 19.75% $MnSO_4$ gebildet. Mit steigender Temperatur nimmt die Zersetzung des gebildeten $MnSO_4$ zu Mn-Oxiden zu [33]. — $MnSO_3$ (s. S. 76) reagiert beim Erhitzen unter Stickstoff zwischen 280 und 450°C zu $MnSO_4$, MnS und SO_2 [34]. — $MnS_2O_6 \cdot nH_2O$ (s. S. 258) zersetzt sich beim Erhitzen auf 190°C zu $MnSO_4$ [35]. — Bei 640°C disproportioniert $Mn_2(SO_4)_3$ unter Bildung von $MnSO_4$, SO_2 und O_2 (s. S. 172) [36]. — $MnWO_4$ reagiert zwischen 350 und 550°C mit $(NH_4)_2SO_4$ zu $MnSO_4$ neben WO_3, NH_3 und H_2O [37, 38]. — $MnSO_4$ bildet sich neben äquivalenten Mengen $Mn(HSO_4)_2$ bei tropfenweiser Zugabe einer wasserfreien Lösung von 15 mol H_2SO_4 in 1000 g Trifluoressigsäure zu einer wasserfreien Lösung von 0.25 g-Ion Mn^{2+} in 1000 g Trifluoressigsäure [39].

Thermodynamische Daten der Bildung. Bildungsenthalpie ΔH und freie Bildungsenthalpie ΔG in kcal/mol, Bildungsentropie ΔS in cal · mol^{-1} · K^{-1} für die Bildung aus den Elementen unter Standardbedingungen bei 298 K:

−ΔH	−ΔG	−ΔS	Anmerkungen	Lit.
254.18 ± 0.25	—	—	aus kalorischen Messungen	[40]
—	228.38	86.5	aus kalorischen Messungen	[41]
254.60	228.83	—	aus Literaturangaben [5, 40, 43]	[42]
254.2	228.45	—	aus Literaturangabe [40]	[44]

Für die Bildung aus metallischem Mangan, gasförmigem zweiatomigem Schwefel und gasförmigem Sauerstoff wird $\Delta H^\circ_{298} = -269.6$ und $\Delta G^\circ_{298} = -238.0$ unter Zuhilfenahme der Angaben von Southard, Shomate [40] berechnet [44].

Bei 368.6 K (Umwandlungstemperatur des Schwefels) ist ΔH = −254.2, ΔG = −222.3, bei 392 K: ΔH = −254.35 (S_{fest}) bzw. −254.65 (S_{fl}), ΔG = −220.3 (S_{fest} und S_{fl}), bei 717.8 K (Siedepunkt des Schwefels): ΔH = −254.5, ΔG = −191.7. Für die Bildung aus metallischem Mangan, gasförmigem, zweiatomigem Schwefel und gasförmigem Sauerstoff wird bei 700 K ΔH = −267.95, ΔG = −195.95, bei 1000 K (Umwandlungstemperatur des Mangans) ΔH = −265.95, ΔG = −165.45 und bei 1100 K ΔH = −265.75, ΔG = −155.4 berechnet (ausgewählte Werte) [44].

Literatur:

[1] C. E. Linebarger (Am. Chem. J. **15** [1893] 225/48, 245). — [2] F. G. Cottrell (J. Phys. Chem. **4** [1899/1900] 637/56, 646/7). — [3] T. E. Thorpe, J. I. Watts (J. Chem. Soc. **37** [1880] 102/17, 113). — [4] K. Friedrich, A. Blickle (Metallurgie [Halle] **7** [1910] 323/32, 329). — [5] J. Perreu (Compt. Rend. **209** [1939] 167/9).

[6] R. de Forcrand (Compt. Rend. **159** [1914] 12/6). — [7] T. W. Richards, F. R. Fraprie (Am. Chem. J. **26** [1901] 75/80, 75). — [8] P. J. Rentzeperis (Neues Jahrb. Mineral. Monatsh. **1958** 210/5). — [9] G. Brinkmann, W. Schmedding (Z. Anal. Chem. **114** [1938] 161/70, 162). — [10] J. H. Křepelka, B. Rejha (Collection Czech. Chem. Commun. **3** [1931] 517/35, 518).

[11] W. Spormann, J. Heinke, Badische Anilin- & Soda-Fabrik A. G. (D. A. S. 1097955 [1959/61]; C. **1961** 11851; B. P. 905759 [1960/62]; C. **1964** Nr. 10-1983). — [12] J. Cueilleron, O. Hartmanshenn (Bull. Soc. Chim. France **1959** 168/72). — [13] C. W. F. T. Pistorius (J. Chem. U. A. R. **3**

[1960] 79/81; C. A. **1961** 60977). — [14] G. Will, B. C. Frazer, D. E. Cox (Acta Cryst. **19** [1965] 854/7). — [15] F. Hammel (Ann. Chim. [Paris] [11] **11** [1939] 247/358, 293).

[16] F. Hammel (Compt. Rend. **202** [1936] 57/9). — [17] R. Lautié (Bull. Soc. Chim. France **1947** 508/12). — [18] W. W. Wellborn (AECD-2305 [LADC-561] [1948]; N. S. A. **1** [1948] Nr. 1260). — [19] H. vom Bramer, R. M. Switzer (U. S. P. Appl. 780422 Official Gaz. **654** [1952] 322; C. A. **1952** 11542). — [20] H. R. Spedden, K. J. Richards, W. J. Schlitt, Kennecott Copper Corp. (U. S. P. 3723598 [1970/73]; C. A. **78** [1973] Nr. 163607).

[21] T. R. Ingraham, P. Marier (Trans. AIME **242** [1968] 2039/43). — [22] V. V. Pechkovskii (Zh. Prikl. Khim. **30** [1957] 825/33; J. Appl. Chem. USSR **30** [1957] 873/80, 877/9). — [23] V. V. Pechkovskii (Zh. Prikl. Khim. **29** [1956] 977/80; J. Appl. Chem. USSR **29** [1956] 1067/70). — [24] V. V. Pechkovskii (Zh. Prikl. Khim. **30** [1957] 1579/83; J. Appl. Chem. USSR **30** [1957] 1643/7). — [25] R. A. W. Haul, H. J. Schumann (J. S. African Chem. Inst. [2] **8** [1955] 80/9; C. A. **1956** 9197).

[26] K. N. Moorthy, D. S. Datar (J. Sci. Ind. Res. [India] B **10** [1951] 196/7; C. A. **1953** 8329). — [27] K. N. Moorthy, D. S. Datar, S. H. Zaheer (Ind. P. 42886 [1951] nach C. A. **1951** 6356). — [28] Z. Horvath (Banyasz. Kohasz. Lapok **82** [1949] 202/5; C. A. **1951** 994). — [29] I. Tsubaki (Ryusan **13** [1960] 250/2 nach C. A. **1961** 16921). — [30] K. H. S. Löfquist, Wargöns Aktiebolag (Schwed. P. 136497 [1952] nach C. A. **1953** 5650).

[31] A. Blažek, V. Cisař (Silikaty **3** Nr. 1 [1959] 26/35, 32; C. A. **1959** 16483). — [32] E. M. Kurian, R. V. Tamhankar (Trans. Indian Inst. Metals **25** Nr. 3 [1972] 68/75 nach C. A. **79** [1973] Nr. 56259). — [33] J. Milbauer, J. Tuček (Chemiker-Ztg. **50** [1926] 323/5). — [34] M. Cola, S. Tarantino (Gazz. Chim. Ital. **92** [1962] 174/88, 182). — [35] E. Torikai, H. Maeda, Y. Kawami (Osaka Kogyo Gijutsu Shikensho Kiho **22** [1971] 173/7 nach C. A. **76** [1972] Nr. 9993).

[36] R. I. Razouk, S. K. Tobia, M. A. Messiha (J. Appl. Chem. [London] **14** [1964] 105/8). — [37] A. P. Nadol'skii, L. A. Anfilogova, E. G. Sanfonova, G. M. Zhiteneva (Izv. Vysshikh Uchebn. Zavedenii Tsvetn. Met. **15** Nr. 5 [1972] 63/6 nach C. A. **78** [1973] Nr. 126383). — [38] A. P. Nadol'skii, A. A. Lapan, L. A. Anfilogova (Izv. Vysshikh Uchebn. Zavedenii Tsvetn. Met. **1973** Nr. 1, S. 82/5; C. A. **79** [1973] Nr. 70599). — [39] G. S. Fujioka, G. H. Cady (J. Am. Chem. Soc. **79** [1957] 2451/4). — [40] J. C. Southard, C. H. Shomate (J. Am. Chem. Soc. **64** [1942] 1770/4).

[41] G. E. Moore, K. K. Kelley (J. Am. Chem. Soc. **64** [1942] 2949/51). — [42] D. D. Wagman, W. H. Evans, V. B. Parker, I. Halow, S. M. Bailey, R. H. Schumm (Natl. Bur. Std. [U. S.] Tech. Note Nr. 270-4 [1969] 109). — [43] J. Thomsen (Thermochemische Untersuchungen, Leipzig 1882/86). — [44] A. D. Mah (U. S. Bur. Mines Rept. Invest. Nr. 5600 [1960] 1/34, 13).

8.6.7.2 Kristallographische Eigenschaften

Crystallographic Properties

Polymorphie. Die durch Entwässern von Hydraten entstehende Modifikation α-$MnSO_4$ wandelt sich bei 438°C endotherm in die nicht abschreckbare Hochtemperaturmodifikation β-$MnSO_4$ um. Beim Abkühlen tritt ein schwacher exothermer Effekt bei der DTA bei etwa 328°C auf [1]. Andere Autoren finden eine Umwandlung bei 460°C mit einer Umwandlungsenthalpie von 0.57 kcal/mol [2] sowie einen exothermen Effekt bei 500°C [3]. Die Phasenbeziehungen sind ähnlich wie bei $MnSeO_4$ (s. S. 300). Damit sind ältere Angaben [4, 5] überholt. Zwischen 300 und 700°C und 40 und 120 kbar treten drei mit II, III und IV bezeichnete Hochdruckmodifikationen auf, s. **Fig. 28**, S. 84. (Die Modifikation α-$MnSO_4$ wird hier mit $MnSO_4$ I bezeichnet) [4].

Kristallstruktur. α-$MnSO_4$ kristallisiert rhombisch. Gitterkonstanten in Å (alle Werte aus Pulveraufnahmen, sie sind wie bei der unten angegebenen Strukturbestimmung angeordnet):

a	b	c	Lit.
5.267 ± 0.001	8.046 ± 0.002	6.848 ± 0.001	[6]
5.260 ± 0.002	8.042 ± 0.002	6.847 ± 0.002	[5]
5.248 ± 0.010	8.048 ± 0.005	6.842 ± 0.005	[7]
5.264(3)	8.040(3)	6.846(3)	[8]

Crystal Structure of $MnSO_4$

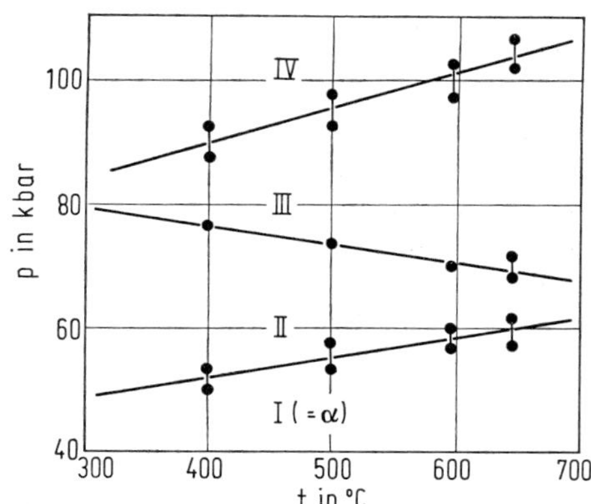

Fig. 28

Druck-Temperatur-Diagramm von $MnSO_4$.

Die früher [9] angegebenen Gitterkonstanten sind durch Vergleich mit der Hochtemperaturmodifikation von $CoSO_4$ errechnet und dadurch überholt [6]. Z = 4, tabellarische Angabe der d-Werte s. Originale [5, 7, 8]. Raumgruppe Cmcm-D_{2h}^{17} (Nr. 63) auf Grund der Isotypie mit $NiSO_4$ (s. „Nickel" B, S. 681/2) [5 bis 8]. Parameter der Atomlagen aus Röntgen- und Neutronenbeugungsaufnahmen (letztere bei 77 K, Werte in Klammern) ermittelt:

Atom	Punktlage	x	y	z
Mn	4a	0	0	0
S	4c	0	0.361 ± 0.002 (0.355 ± 0.01)	0.25
O(1)	8f	0	0.256 ± 0.003 (0.254 ± 0.002)	0.084 ± 0.006 (0.071 ± 0.003)
O(2)	8g	0.231 ± 0.006 (0.229 ± 0.005)	0.459 ± 0.003 (0.460 ± 0.003)	0.25

In der $MnSO_4$-Struktur liegen S-Atome in leicht verzerrten O-Tetraedern, die so orientiert sind, daß eine Symmetrieebene, die ein S-Atom und zwei O-Atome enthält, parallel zu (100) liegt; S-O-Abstände 1.45 und 1.49 Å, O-S-O-Winkel zwischen 108.2° und 113.6°. Das Mn-Atom befindet sich etwa im Zentrum eines von O-Atomen gebildeten Oktaeders; Mn-O-Abstände 2.11 und 2.25 Å, O-Mn-O-Winkel 78.4° und 92.0°. Weitere Abstände s. Original. Die früher [6] vorgeschlagenen Atomlagen, die durch geringe Verschiebung der S-Atome allein erhalten wurden, sind ungenauer [8]. — Zur Isotypie mit $NiSO_4$ sowie den Sulfaten von Mg, Fe, Co (Tieftemperaturmodifikation) und den Hochdruckmodifikationen von $CuSO_4$ und $ZnSO_4$ s. [10].

Gitterenergie U = 699 kcal/mol, berechnet nach Haber-Born [11], s. auch [12].

Hochtemperaturaufnahmen von β-$MnSO_4$ bei etwa 430°C ergeben ebenfalls rhombische Symmetrie und die Gitterkonstanten a = 4.821, b = 8.774, c = 7.069 Å. Raumgruppe Pbnm-D_{2h}^{16} (Nr. 62). Tabelle der d-Werte s. Original. Die Struktur ist mit der von β-$MnSeO_4$ (s. S. 301) isotyp [1].

Literatur:

[1] A. Kirfel, G. Will (High Temp. High Pressures **6** [1974] 525/7). — [2] T. R. Ingraham, P. Marier (Can. Met. Quart. **4** [1965] 169/76, 174). — [3] N. N. Runov (Uch. Zap. Yaroslavsk. Gos. Ped. Inst. Nr. 66 [1969] 147/52; C. A. **72** [1970] Nr. 59755). — [4] C. W. F. T. Pistorius (Z. Krist. **116** [1961] 220/50, 227). — [5] J. Coing-Boyat (Compt. Rend. **248** [1959] 2109/11).

[6] P. J. Rentzeperis (Neues Jahrb. Mineral. Monatsh. **1958** 210/5). — [7] C. W. F. T. Pistorius (J. Chem. U. A. R. **3** [1960] 79/81; Structure Reports, Bd. 24, 1960, S. 380). — [8] G. Will, B. C. Frazer, D. E. Cox (Acta Cryst. **19** [1965] 854/7). — [9] F. Hammel (Compt. Rend. **202** [1936] 57/9, 2147/9; Ann. Chim. [Paris] [11] **11** [1939] 247/358, 295, 309). — [10] G. B. Bokii, L. I. Gorogotskaya (Zh. Strukt. Khim. **8** [1967] 662/9; J. Struct. Chem. [USSR] **8** [1967] 590/6).

[11] K. B. Yatsimirskii (Zh. Neorgan. Khim. **3** [1958] 2244/52; Russ. J. Inorg. Chem. **3** Nr. 10 [1958] 26/36, 29). — [12] M. F. C. Ladd, W. H. Lee (Progr. Solid State Chem. **1** [1964] 37/82, 58).

8.6.7.3 Mechanische und thermische Eigenschaften

Mechanical and Thermal Properties

Die in der Literatur angegebenen Werte der experimentell gemessenen Dichte von α-$MnSO_4$ schwanken zwischen 2.965 und 3.386 g/cm³ [1], da die Präparate meist durch Entwässern der Hydrate gewonnen werden und sehr hygroskopisch sind. Aus den Gitterkonstanten werden für α-$MnSO_4$ D = 3.45_4 [2], 3.46 [3] und 3.470 g/cm³ [4], für β-$MnSO_4$ D = 3.55 g/cm³ berechnet [16].

Bei 4.9 kbar wird der Schmelzpunkt zu 710 ± 10°C bestimmt [5]. — Unter normalem Druck schmilzt $MnSO_4$ nicht, weil es sich vor dem Schmelzen thermisch zersetzt [6 bis 9] im Gegensatz zu älteren Angaben [10]. Zur thermischen Zersetzung s. S. 90.

Thermodynamische Funktionen. Aus kalorischen Messungen zwischen 53.1 und 294.7 K [11] bzw. 870.3 und 1082.3 K [12] wird bei 294.7 K C_p = 23.83 cal · mol⁻¹ · K⁻¹ [11] und bei 298.15 C_p = 24.02 cal · mol⁻¹ · K⁻¹ erhalten [13] (100.00 bzw. 100.5 J · mol⁻¹ · K⁻¹ bei 298.15 K [14]). Für die Temperaturabhängigkeit von C_p ergibt sich:

T in K	60	80	100	200	400	600	800	1000
C_p in J · mol⁻¹ · K⁻¹ . .	25.98	37.32	46.99	79.91	119.0	136.6	147.7	156.8

[11, 12] nach [14], s. auch [13]. Die Werte von Southard, Shomate [12] lassen sich durch die Formel $C_p = 29.26 + 8.92 \times 10^{-3}\,T - 7.04 \times 10^5\,T^{-2}$ wiedergeben (Einheit cal · mol⁻¹ · K⁻¹) [15], s. auch [14]. Neuere Messungen ergeben $C_p = 7.73 + 0.067\,T - 0.0411 \times 10^{-3}\,T^2$ zwischen 200 und 600 K, bei 298.15 K also C_p = 24.04 [17]. — Die Ergebnisse von Messungen zwischen 5 und 20 K werden von Lecomte u. a. [18] graphisch wiedergegeben; aus der Lage der Maxima von C_p wird auf die Art der Umwandlungen bei 7.2, 10.5 und 11.5 K (s. S. 86) geschlossen.

$H_T - H_{298}$ steigt von 2.68 bei 400 K auf 26.74 kcal/mol bei 1100 K gemäß $H_T - H_{298} = 29.26 \times 10^{-3}\,T + 4.46 \times 10^{-6}\,T^2 + 704\,T^{-1} - 11.482$ [15]. Entropie auf Grund kalorischer Messungen S°_{298} = 26.8 ± 0.3 cal · mol⁻¹ · K⁻¹ [11]; $S^\circ_T - S^\circ_{298}$ wächst bis 1100 K auf 41.67 cal · mol⁻¹ · K⁻¹ an [13].

Literatur:

[1] J. W. Mellor (A Comprehensive Treatise on Inorganic and Theoretical Chemistry, Bd. 12, London-New York-Toronto 1932, Nachdruck 1957, S. 404). — [2] P. J. Rentzeperis (Neues Jahrb. Mineral. Monatsh. **1958** 210/5). — [3] J. Coing-Boyat (Compt. Rend. **248** [1959] 2109/11). — [4] C. W. F. T. Pistorius (J. Chem. U. A. R. **3** [1960] 79/81; C. A. **1961** 6097). — [5] C. W. F. T. Pistorius (Z. Krist. **116** [1961] 220/50, 225/7).

[6] K. H. Stern, E. L. Weise (Natl. Std. Ref. Data Ser. Natl. Bur. Std. [U. S.] Nr. 7 [1966] 1/38, 20/1). — [7] H. H. Kellog (Trans. AIME **230** [1964] 1622/34, 1631). — [8] Yu. V. Klimenko, A. P. Kvaskov (Khimicheskoe Obogashchenie Margantsevykh Rud, Sverdlovsk-Moskva 1943, S. 142/9, 145). — [9] K. Geissler, E. J. Kohlmeyer (Z. Anorg. Allgem. Chem. **297** [1958] 189/212, 191). — [10] K. Friedrich, A. Blickle (Metallurgie [Halle] **7** [1910] 323/32, 329).

[11] G. E. Moore, K. K. Kelley (J. Am. Chem. Soc. **64** [1942] 2949/51). — [12] J. C. Southard, C. H. Shomate (J. Am. Chem. Soc. **64** [1942] 1770/4). — [13] A. D. Mah (U. S. Bur. Mines Rept. Invest. Nr. 5600 [1960] 1/34, 12). — [14] W. Auer (in: Landolt-Börnstein, 6. Aufl., Bd. 2, Tl. 4, 1961, S. 492, 510). — [15] K. K. Kelley (U. S. Bur. Mines Bull. Nr. 476 [1949] 1/241, 116).

[16] A. Kirfel, G. Will (High Temp. High Pressures **6** [1974] 525/7). — [17] G. Palavit, S. Noël (Bull. Soc. Chim. France **1975** 1040/2). — [18] M. Lecomte, J. de Gunzbourg, M. Teyrol, A. Miedan-Gros, Y. Allain (Solid State Commun. **10** [1972] 235/7).

Magnetic and Electrical Properties

8.6.7.4 Magnetische und elektrische Eigenschaften

8.6.7.4.1 Néel-Temperatur T_N, magnetische Struktur

Néel Temperature. Magnetic Structure

α-$MnSO_4$ ist bei gewöhnlicher Temperatur paramagnetisch und wird, wie Messungen der Temperaturabhängigkeit der Suszeptibilität und der Wärmekapazität ergeben, bei 11.5 K antiferromagnetisch [1, 2]. Durch Untersuchung mittels Neutronenbeugung an pulverförmigen Proben bei 4.2 K stellen Will u. a. [3] fest, daß die magnetische Struktur aus einer zykloidischen, spiralförmigen Anordnung besteht, in der ferromagnetische (001)-Schichten antiferromagnetisch an benachbarte Schichten gekoppelt sind. Der Fortpflanzungsvektor der Spirale ist entlang der a-Achse mit einer Periodizität von 30 Å (etwa 6a) ausgerichtet, und die spiraligen Spinkomponenten liegen in der ab-Ebene, wobei der Drehwinkel zwischen den Schichten 30° beträgt [3]. Diese Struktur ist in **Fig. 29** nach Lecomte u. a. [4] dargestellt. Die Momente liegen auf den Mantelflächen von Kegeln, deren Achse parallel [001] gerichtet ist und mit der Mantelfläche den Winkel 78° bildet. — Eine von Sólyom [5] entwickelte Theorie, nach der die konische Spiralstruktur von $MnSO_4$ bei 4.2 K nach drei aufeinanderfolgenden Phasenumwandlungen 2. Ordnung entsteht, wird von Lecomte u. a. [4] durch Messung der Wärmekapazität bestätigt. Neben der Umwandlung bei der Néel-Temperatur (11.5 K) treten zwei Umwandlungen bei 10.5 und 7.2 K auf. Bei 11.5 und 7.2 K ist die Umwandlung vom λ-Typ, bei 10.5 K hat sie dagegen einen unterschiedlichen Verlauf. Möglicherweise handelt es sich um eine zweidimensionale Umwandlung innerhalb der nur schwach aneinander gekoppelten (100)-Ebenen; vgl. auch [1] und [2].

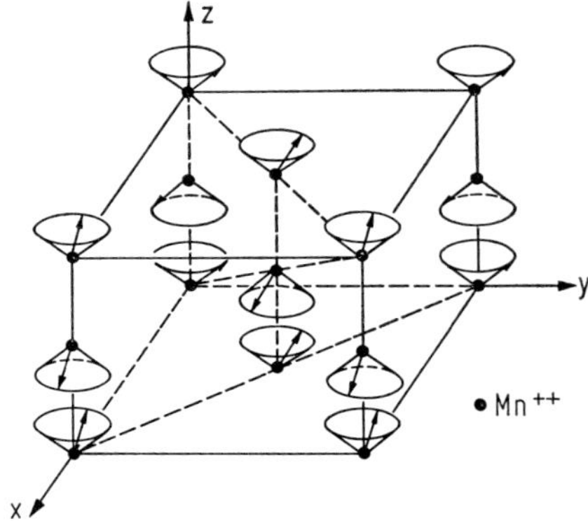

Fig. 29

Anordnung der magnetischen Momente der Mn^{2+}-Ionen in $MnSO_4$.

Literatur:

[1] Y. Allain, J. P. Krebs, J. de Gunzbourg (J. Appl. Phys. **39** [1968] 1124/5). — [2] J. P. Krebs (CEA-R-3495 [1968] 1/165, 117; C. A. **70** [1969] Nr. 52496). — [3] G. Will, B. C. Frazer, G. Shirane, D. E. Cox, P. J. Brown (Phys. Rev. [2] **140** [1965] A 2139/42). — [4] M. Lecomte, J. de Gunzbourg, M. Teyrol, A. Miedan-Gros, Y. Allain (Solid State Commun. **10** [1972] 235/7). — [5] J. Sólyom (Physica **32** [1966] 1243/52).

Magnetization

8.6.7.4.2 Magnetisierung

Die Feldabhängigkeit der Magnetisierung von pulverförmigem $MnSO_4$ in pulsierenden Feldern bis zu 420 kOe zwischen 1.6 und 72 K ist in **Fig. 30** dargestellt. Bei 1.6 K wird die Sättigung erst bei etwa 250 kOe erreicht; das Sättigungsmoment beträgt 5.15 μ_B. Bei tiefen Temperaturen ändert sich das Moment vor der Sättigung nicht linear mit dem angelegten Feld (unabhängig von Anisotropieeffekten), und das Sättigungsfeld ist niedriger, als es nach der einfachen Molekularfeldtheorie für einen Antiferromagneten zu erwarten wäre [1]. Diese Erscheinung kann teilweise durch die Spinwellentheorie von Jacobs und Silverstein [2] erklärt werden, doch ist die Ursache für die Nichtlinearität in der Abhängigkeit der Austauschenergie von der Deformation zu suchen, durch die neben dem gewöhnlichen bilinearen Term noch ein biquadratischer Anteil zur Austauschwechselwirkung eingeführt wird (vgl. „Mangan" C1, S. 41). Weitere Magnetisierungsmessungen in statischen Feldern bis 80 kOe zeigen eine merkliche Anisotropie, die zu der Erscheinung des Spin-Flops führt (für pulverförmige Proben ist dieser Effekt nicht scharf ausgeprägt). Eine grobe Abschätzung ergibt ein Spin-Flop-Feld $H_C \approx 40$ kOe, und wegen der Beziehung $H_C \approx (2H_EH_A)^{1/2}$ zwischen H_C, dem Anisotropiefeld H_A und dem Austauschfeld H_E ist $H_A \approx 6$ kOe [1]; vgl. auch Allain u. a. [3].

Literatur:

[1] J. P. Krebs (CEA-R-3495 [1968] 1/165, 117/27; C. A. **70** [1969] Nr. 52496). — [2] I. S. Jacobs, S. D. Silverstein (Phys. Rev. Letters **13** [1964] 272/4). — [3] Y. Allain, J. P. Krebs, J. de Gunzbourg (J. Appl. Phys. **39** [1968] 1124/5).

8.6.7.4.3 Spezifische Suszeptibilität χ in 10^{-6} cm³/g, Molsuszeptibilität χ_{mol} in 10^{-6} cm³/mol

Specific and Molar Susceptibility

Bei gewöhnlicher Temperatur erhält Sucksmith [1] als Mittelwert aus 2 Messungen $\chi = 92.5$; Herroun [2] findet bei 17.2°C $\chi = 92.7$. Nach Messungen von Asmussen [3] bei 19°C ist $\chi = 95.5$, und daraus ergibt sich das effektive Moment $\mu_{eff} = 5.85\ \mu_B$ (theoretischer Wert für das freie Mn^{2+}-Ion: $\mu_{eff} = 5.92\ \mu_B$).

Zwischen 4 und 250 K erhält Krebs [4] an Pulverproben eine z. T. in **Fig. 31** dargestellte Kurve mit dem Maximum bei $T_N = 11.5$ K. Im paramagnetischen Bereich befolgt χ das Curiesche Gesetz; $1/\chi$ nimmt zwischen 50 und 250 K linear von etwa 2800 auf 9200 g/cm³ zu; die asymptotische Curie-Temperatur beträgt $\Theta_p = -27$ K, das effektive Moment $\mu_{eff} = 5.77\ \mu_B$; vgl. auch [5]. — Die von de Haas u. a. [6] zwischen 20 K und gewöhnlicher Temperatur (H < 5000 Oe) gemessenen Werte der Molsuszeptibilität liegen um 1.7% höher als die von Kamerlingh-Onnes, Oosterhuis [7] erhaltenen Ergebnisse (Abnahme von $\chi_{mol} = 636$ auf 87.8 zwischen 14.4 und 293.9 K), aus denen

Fig. 30

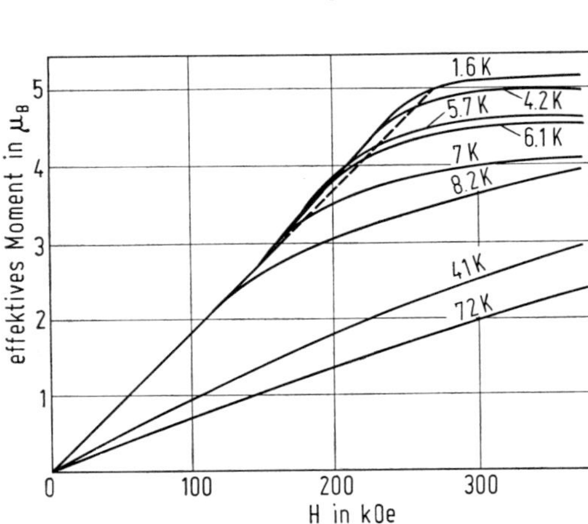

Abhängigkeit des effektiven Moments bei $MnSO_4$ von der Feldstärke H bei verschiedenen Temperaturen.

Fig. 31

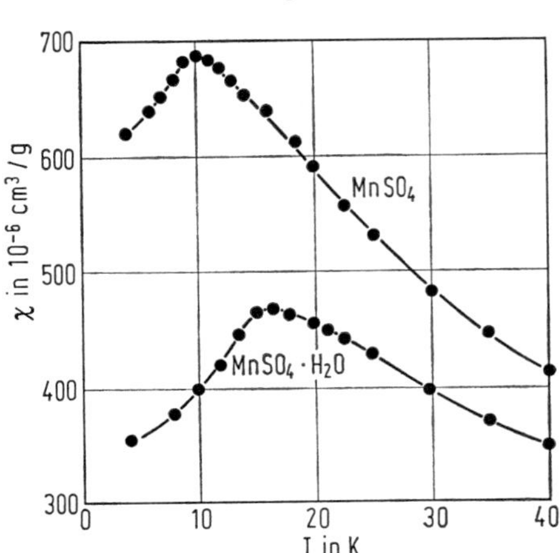

Temperaturabhängigkeit der spezifischen Suszeptibilität von $MnSO_4$ und $MnSO_4 \cdot H_2O$.

Suscepti-bility of $MnSO_4$

$\Theta_p = -24$ K folgt. Von der Feldstärke hängt χ nach Messungen bei tiefen Temperaturen unterhalb 3000 Oe nicht ab; dagegen nimmt χ zwischen 3000 und 5000 Oe bei 20.4 K um 0.5%, bei 14.55 K um 1.2% ab [6]. In sehr starken Feldern scheint sich die Austauschwechselwirkung zu ändern, so daß χ zwischen 190 und 270 kOe um 19% zunimmt [8].

Literatur:

[1] W. Sucksmith (Proc. Roy. Soc. [London] A **133** [1931] 179/88, 185). — [2] E. F. Herroun (Proc. Phys. Soc. [London] **46** [1934] 872/81, 877). — [3] R. W. Asmussen (Magnetokemiske Undersøgelser over Uorganiske Kompleksforbindelser, København 1944, S. 149). — [4] J. P. Krebs (CEA-R-3495 [1968] 1/165, 117/27; C. A. **70** [1969] Nr. 52496). — [5] Y. Allain, J. P. Krebs, J. de Gunzbourg (J. Appl. Phys. **39** [1968] 1124/5).

[6] W. J. de Haas, B. H. Schultz, J. Koolhaas (Physica **7** [1940] 59/69, 58). — [7] H. Kamerlingh-Onnes, E. Oosterhuis (Commun. Kamerlingh Onnes Lab. Univ. Leiden Nr. 132e [1913] 45/52, 46). — [8] R. Stevenson (Can. J. Phys. **40** [1962] 1385/93).

Electron Paramagnetic Resonance (EPR)

8.6.7.4.4 Paramagnetische Resonanz

Aus der Form der Resonanzlinie, die bei $\lambda = 3$ cm und gewöhnlicher Temperatur an 25 pulverförmigen Mn-Salzen registriert wird, ist zu entnehmen, daß die Spin-Gitter- und die Spin-Spin-Wechselwirkung nur wenig Einfluß auf die Breite der Absorptionslinie (bei etwa 3500 Oe) haben und auch eine Verbreiterung der Linie auf Grund der Anisotropie der Zeeman-Aufspaltung geringfügig ist; dagegen hat die Austauschwechselwirkung der magnetischen Ionen einen deutlichen Einfluß auf die Linienbreite: die Resonanzkurve wird schmaler [1]. Unter Verwendung der von van Vleck [2] bestimmten Momente 2. und 4. Ordnung der paramagnetischen Absorptionskurve bei hohen Frequenzen, $\langle\Delta H^2\rangle_{av}^{1/2}$ und $\langle\Delta H^4\rangle_{av}^{1/4}$ wird von MacLean, Kor [1] der Austauschkoeffizient $\langle\Delta H^4\rangle_{av}^{1/4}/\langle\Delta H^2\rangle_{av}^{1/2}$ berechnet; er liegt infolge der Austauschwechselwirkung mit 1.35 oberhalb des Gaußschen Wertes 1.32. $\langle\Delta H^2\rangle_{av}^{1/2}$ wird nicht, $\langle\Delta H^4\rangle_{av}^{1/4}$ dagegen stark von den Austauschkräften vergrößert, wodurch das Maximum der Resonanzlinie wesentlich schärfer wird und nicht mehr der aus dem 2. Moment resultierenden Gaußschen Linienform entspricht. Für die Halbwertsbreite $\Delta H_{1/2}$ wird 665 Oe erhalten, der g-Faktor beträgt innerhalb des experimentellen Fehlerbereiches g = 2. — Ein von Glebashev [3] eingeführtes Moment 6. Ordnung der paramagnetischen Resonanzkurve unterscheidet sich nur wenig von dem 4. Ordnung und bestätigt die van Vlecksche Theorie der „Austauschverengung" (exchange narrowing). Ein mathematisches Modell zur Diskussion der Linienform der paramagnetischen Resonanz bei vorhandener starker Wechselwirkung (Austauschverengung) s. bei Anderson, Weiss [4].

Weitere Werte für $\Delta H_{1/2}$ (in Oe) und den g-Faktor ($\lambda \approx 3$ cm):

$\Delta H_{1/2}$	655	660 ± 30	870	330
g	2.00	—	2.07	2.05
Literatur	[5,6]	[7]	[8]	[9]

Literatur:

[1] C. MacLean, G. J. W. Kor (Appl. Sci. Res. B **4** [1955] 425/33). — [2] J. H. van Vleck (Phys. Rev. [2] **74** [1948] 1168/83). — [3] G. Ya. Glebashev (Zh. Eksperim. i Teor. Fiz. **32** [1957] 82/6; Soviet Phys.-JETP **5** [1957] 38/41). — [4] P. W. Anderson, P. R. Weiss (Rev. Mod. Phys. **25** [1953] 269/76). — [5] H. Kumagai, K. Ono, I. Hayashi, H. Abe, H. Shono, S. Tachimori, H. Ibamoto, J. Shimada (Phys. Rev. [2] **82** [1951] 954/5).

[6] H. Kumagai, K. Ono, I. Hayashi, H. Abe, J. Shimada, H. Shono, H. Ibamoto (Phys. Rev. [2] **83** [1951] 1077). — [7] N. N. Neprimerov (Izv. Akad. Nauk SSSR Ser. Fiz. **18** [1954] 360/7; C. A. **1955** 1428). — [8] A. Narasimha Murti (J. Sci. Ind. Res. [India] B **17** [1958] 470/1). — [9] B. M. Kozyrev, S. G. Salikhov, Yu. Ya. Shamonin (Zh. Eksperim. i Teor. Fiz. **22** [1952] 56/61), vgl. auch B. M. Kozyrev, S. G. Salikhov (Zh. Eksperim. i Teor. Fiz. **19** [1949] 185/92).

8.6.7.4.5 Paramagnetischer Faraday-Effekt (magnetische Drehung der Polarisationsebene)

Paramagnetic Faraday Effect

Die Faraday-Rotation in paramagnetischem $MnSO_4$ im Mikrowellenbereich untersucht Soutif-Guicherd [1] bei einer Wellenlänge von 9.9 cm (3000 MHz) und Magnetfeldern H bis 2000 Oe. Der als Funktion von H gemessene Rotationswinkel Θ erreicht seinen Maximalwert (etwa 12′) bei H $\approx$ 900 Oe, geht bei 1100 Oe durch den Nullpunkt und hat sein Minimum (etwa −14′) bei 1200 Oe. Die gesamte Rotationsamplitude (26.7′) stimmt mit dem theoretischen Wert $\Theta = 26'$ überein, der nach einer Gleichung berechnet wurde, die die Proportionalität zwischen der Rotation der Symmetrieebene und dem Realteil der nichtdiagonalen Tensorkomponente der Suszeptibilität berücksichtigt. — Diskussion dieser Ergebnisse s. bei Robbrecht [2]. Weitere Messungen des Faraday-Effekts im Mikrowellenbereich (bei etwa 3 cm Wellenlänge) s. bei Hedvig, Nagy [3] und Neprimerov [4].

Literatur:

[1] J. Soutif-Guicherd (J. Appl. Phys. **29** [1958] 256/8; Compt. Rend. **240** [1955] 2126/8), vgl. auch J. Soutif-Guicherd, M. Lambinet (Compt. Rend. **231** [1950] 1460/2). — [2] G. Robbrecht (Koninkl. Vlaam. Acad. Wetenschap. Letteren en Schone Kunsten Belg. Kl. Wetenschap., Toepassing CmGolven Symp., Brussels 1958 [1959], S. 16/29, 20/1; C. A. **1959** 21164). — [3] P. Hedvig, A. Nagy (Magy. Tud. Akad. Kozp. Fiz. Kut. Int. Kozlem. **3** [1955] 478/93, 489; C. A. **1958** 19468). — [4] N. N. Neprimerov (Zh. Eksperim. i Teor. Fiz. **26** [1954] 511; C. A. **1955** 15307).

8.6.7.4.6 Dielektrizitätskonstante ε

Dielectric Constant

Die bei der Wellenlänge $\lambda = 3$ cm nach der Methode der stehenden Wellen an pulverförmigem $MnSO_4$ bestimmte DK von etwa 2.06 wird unter Anwendung einer Näherung von Böttcher [1] auf den Wert $\varepsilon = 3.00$ für die massive Verbindung umgerechnet [2]. Die Berechnung nach einer theoretischen Formel, die nur an $CuSO_4 \cdot 5\,H_2O$ experimentell geprüft wurde, ergibt $\varepsilon = 8.4 \pm 0.2$ [3].

Literatur:

[1] C. J. F. Böttcher (Theory of Electric Polarization, Amsterdam 1952, S. 417). — [2] R. S. Rao (Indian J. Pure Appl. Phys. **4** [1966] 83). — [3] N. N. Neprimerov (Izv. Akad. Nauk SSSR Ser. Fiz. **18** [1954] 360/7; C. A. **1955** 1428).

8.6.7.5 Optische Eigenschaften

Optical Properties

Im IR-Spektrum werden die Normalschwingungen des SO_4^{2-}-Ions (vgl. „Schwefel" B 2, S. 637, 647/8) beobachtet. Im $MnSO_4$-Kristall mit der Raumgruppe Cmcm-D_{2h}^{17} und SO_4^{2-}-Ionen auf C_{2v}-Gitterplätzen sollten die IR-inaktiven Schwingungen ν_1 und ν_2 einfach bei Site-Symmetrie-, als Dublett bei Faktorgruppenaufspaltung erscheinen und die Entartung von ν_3 und ν_4 aufgehoben werden (drei bzw. sechs Komponenten bei Site-Symmetrie- bzw. Faktorgruppenaufspaltung).

Für ν_1, ν_2 und ν_4 werden experimentell die Site-Symmetrieregeln bestätigt [1 bis 4], ν_3 zeigt auch Faktorgruppenaufspaltung [2, 3]. Folgende Wellenzahlen (in cm^{-1}) werden an Nujolsuspensionen von Tayal, Khandelwal [1], an Nujol- und Hexachlorbutadiensuspensionen von Hezel, Ross [2], an Nujolsuspensionen und KBr-Preßlingen von Steger, Schmidt [3], an KBr-Preßlingen von Ahmed [4] (hier keine Zuordnung angegeben) beobachtet:

Schwingung	ν_1	ν_2	ν_3	ν_4	Lit.
T_d-Symmetrie	A_1	E	F_2	F_2	
C_{2v}-Site-Symmetrie	A_1	A_1	A_1, B_1, B_2	A_1, B_1, B_2	
D_{2h}^{17}-Faktorgruppe	B_u	B_u	B_{2u}, B_{1u}, B_{3u}	B_{2u}, B_{1u}, B_{3u}	
	1005	475	1105, 1140, 1210	605, 672, 682	[1]
	995	—	1026 bis 1042, 1093, 1136, 1198	602, 665, 670	[2]
	1000	470	1050, 1105, 1140, 1185, 1200	605, 665, 675	[3]
	995	475	1050 1135, 1200	620, 665, 675	[4]

Optical Properties of $MnSO_4$

Die ν_3-Aufspaltung geben Zaitsev u. a. [5] mit 110 cm^{-1} an. — An Pulverproben untersuchen Duval, Lecomte [6] den Bereich der Deformationsschwingungen (290 bis 650 cm^{-1}). — Zur Lumineszenz s. S. 117.

Literatur:

[1] V. P. Tayal, D. P. Khandelwal (Proc. 17th Nucl. Phys. Solid State Phys. Symp., Chandigarh, India, 1972 [1973], Bd. C, S. 477/81; C. A. **80** [1974] Nr. 76204). — [2] A. Hezel, S. D. Ross (Spectrochim. Acta **22** [1966] 1949/61). — [3] E. Steger, W. Schmidt (Ber. Bunsenges. Physik. Chem. **68** [1964] 102/9). — [4] S. Ahmed (Pakistan J. Sci. Ind. Res. **15** [1972] 146/7). — [5] B. E. Zaitsev, B. N. Ivanov-Emin, L. G. Korotaeva, V. G. Remizov (Kolebatel'nye Spektry Neorgan. Khim. **1971** 300/9; C. A. **75** [1971] Nr. 81984).

[6] C. Duval, J. Lecomte (Compt. Rend. **239** [1954] 249/51).

Chemical Reactions

8.6.7.6 Chemisches Verhalten

Thermal Decomposition

8.6.7.6.1 Thermische Zersetzung

$MnSO_4$ zersetzt sich bei Temperaturen oberhalb etwa 700°C in Manganoxide und ein Gemisch aus SO_3 und SO_2. Die Zersetzung wurde bereits von Friedrich und Blickle [1, 2] durch Thermoanalyse untersucht. Seitdem war sie Gegenstand zahlreicher, besonders thermogravimetrischer (TG) Arbeiten. In strömendem Stickstoff ist der beginnende Zerfall nach magnetischen Untersuchungen bereits bei 650°C erkennbar [3]. Bei neueren TG-Untersuchungen mit einer Erhitzungsgeschwindigkeit von etwa 9 grd/min wird er bei etwa 750°C beobachtet [4, 5]. Das Zerfallsmaximum liegt nach einer Differentialthermoanalyse (DTA) bei 920°C [4], nach thermoanalytischen Untersuchungen (Erhitzungsgeschwindigkeit 2 grd/min) bei 1000°C [6]. — Im dynamischen Vakuum bei laufender Pumpe (etwa 10^{-1} Torr) zersetzt sich die Verbindung beim Erhitzen mit 200 grd/h zwischen 550 und 700°C (TG-Untersuchungen) [7]. Im statischen Vakuum (2×10^{-3} Torr) beginnt der Zerfall gemäß tensimetrischer Messungen bei 720°C [8]. — In strömender Luft beginnt die Zersetzung nach TG-Untersuchungen bei 700°C [9, 10], in stehender Luft bei 780 [11], 790 [12], 800 [13, 14], 815 [15], 863 [16], 900 [17] bzw. 980°C [18]. Die Zersetzung ist vollständig bei 885 [16], 900 [14], 970 [11], 1020 [18], 1070 [13] bzw. 1090°C [17]. Bei isothermer Erhitzung zeigt die chemische Analyse die beginnende Thermolyse bei ähnlicher Temperatur, nämlich 775°C, an [19]. Das Zerfallsmaximum liegt nach einer DTA bei 1020°C [18]. Zu einer Beziehung zwischen der Temperatur des Zersetzungsbeginns von $MnSO_4$ und anderen Metall(II)-sulfaten und der Elektronegativität der Metalle s. [4, 20].

Zersetzungsprodukte

Das feste Zersetzungsprodukt des Mangansulfats besteht je nach der Temperatur sowie dem Sauerstoff- und Schwefeldioxid-Partialdruck aus MnO, Mn_3O_4 oder Mn_2O_3. (Zur Stabilität der verschiedenen Manganoxide s. „Mangan" C1.) In Stickstoffatmosphäre verläuft die Zersetzung auf Grund von TG- und DTA-Untersuchungen zwischen 750 und 1050°C gemäß $MnSO_4 \rightleftharpoons {}^1/_3\,Mn_3O_4 + SO_2 + {}^1/_3\,O_2$, s. beispielsweise [4]. Die Gleichung wird durch kinetische [21] sowie Röntgen- und mikroskopische Untersuchungen bestätigt [5]. Bei der Zersetzung laufen folgende Teilreaktionen ab: $MnSO_4$ zerfällt in MnO und SO_3, dieses dissoziiert zu SO_2 und O_2, und MnO wird zu Mn_3O_4 oxidiert [21], s. auch [4, 5]. Dabei verläuft in diesem Temperaturbereich die Oxidation von MnO zu Mn_3O_4 so schnell, daß mit den verwendeten Methoden nur Mn_3O_4 nachgewiesen werden kann. Bei höheren Temperaturen wird auf Grund des Rückstandsgewichtes einer auf 1320°C erhitzten Probe der Zerfall gemäß $9\,MnSO_4 \rightarrow 6\,MnO + Mn_3O_4 + 8\,SO_3 + SO_2$ angenommen [6]. In einem geschlossenen evakuierten System ist beim Abkühlen durch Abschrecken das Zerfallsprodukt ebenfalls ausschließlich Mn_3O_4. Bei langsamer Abkühlung auf Raumtemperatur enthält der Rückstand dagegen immer auch Mn_2O_3. Dieses Oxid bildet sich in einer Folgereaktion aus Mn_3O_4

und Sauerstoff, der bei der Dissoziation von SO_3 entsteht [22]. Auch an der Luft zwischen 800 und 1100°C besteht das Zersetzungsprodukt aus Mn_3O_4, in strömender Luft unterhalb 850 [23], 900 [24] bzw. 950°C [25] außerdem aus Mn_2O_3. In O_2-Atmosphäre wird das entstehende Mn_3O_4 sofort zu Mn_2O_3 weiteroxidiert. Entsprechend wird die Bruttozersetzungsgleichung $MnSO_4 \rightleftharpoons 0.5\,Mn_2O_3 + SO_2 + 0.25\,O_2$ formuliert [21]. Zu den Zustandsbereichen von $MnSO_4$ und den Manganoxiden in Abhängigkeit vom O_2- und SO_2-Partialdruck s. auch das System Mn-S-O, S. 74.

Die gasförmigen Zersetzungsprodukte sind SO_2 und SO_3. Das SO_3 ist bei den Zerfallstemperaturen weitgehend in SO_2 und O_2 dissoziiert [22]. Bei 1150°C treten nur 1 bis 2% des ursprünglich vorhandenen Sulfatschwefels als SO_3 auf, die Hauptmenge ist SO_2 [24]. Bei der Zersetzung zwischen 825 und 925°C wird gaschromatographisch ein $SO_2 : O_2$-Verhältnis von etwa 3 : 1 gefunden [5].

Zersetzungsdruck p in atm

Die logarithmischen Meßwerte von p ergeben, gegen 1/T aufgetragen, eine Gerade von $p \approx 0.022$ bei 1075 K bis $p \approx 0.66$ bei 1267 K [22]. Frühere Meßwerte [8] liegen bei den hohen und tiefen Temperaturen des Meßbereiches etwas niedriger [22]. Stärker nach unten abweichende Werte, z. B. 0.009 bei 1073 K und 0.158 bei 1173 K, werden von Pechkovskii u. a. [19] gemessen (aus p-T-Kurve im Original). Bei 1301 K wird der Zersetzungsdruck $p = 1$ [8]. Zur Berechnung einer Temperaturfunktion aus den Meßwerten von Marchal [8] und Extrapolation der Druckwerte auf 400 bis 700°C s. Diev u. a. [3]. Theoretische Angaben zur Berechnung der SO_2- und O_2-Partialdrücke aus den Gesamtdrücken s. Ingraham [22]; aus älteren Meßwerten berechnete Partialdrücke für SO_3, SO_2 und O_2 s. Marchal [8]. Thermodynamisch berechnete Gleichgewichtsdrücke für verschiedene Zersetzungsreaktionen s. Mah [26], für die Zersetzung zu Mn_3O_4 s. auch Stern, Weise [27].

Gleichgewichtskonstanten

Für die Reaktion $MnSO_4 \rightleftharpoons {}^1/_3\,Mn_3O_4 + SO_2 + {}^1/_3\,O_2$ wird aus tensimetrisch im Temperaturbereich von 1080 bis 1260 K bestimmten Zersetzungsdrücken [22] und der Dissoziationskonstanten des SO_3, die aus Daten von Evans, Wagman [28] berechnet wurde, $\lg K = 9.06837 - 1.22697 \times 10^4/T$ abgeleitet [22] (aus dem 3fachen Formelumsatz umgerechnet). Daraus berechnete Zahlenwerte stimmen gut mit lg K-Werten überein, die von Kellogg [29] aus älteren Zersetzungsdrücken von Marchal [8] berechnet wurden. Aus thermodynamischen Daten von Kelley [30] wird $K = 7.36 \times 10^{-41}$ bei 298 K und 2.09×10^{-2} bei 1100 K berechnet; Werte bei dazwischenliegenden Temperaturen s. Original [26]. Ähnliche Werte ermitteln Kellogg [29] und Stern, Weise [27] aus thermodynamischen Daten. Die berechneten Werte [26, 27, 29] liegen oberhalb 1000 K tiefer als die experimentell ermittelten [22, 29]. Weitere aus Meßwerten von Marchal [8] berechnete K-Werte s. Maier [31].

Für die Reaktion $MnSO_4 \rightleftharpoons 0.5\,Mn_2O_3 + SO_2 + 0.25\,O_2$ wird mit Hilfe der Gleichgewichtskonstanten von Teilreaktionen $\lg K = -3.0365$ bei 1000 K und $\lg K = -0.765$ bei 1240 K berechnet [22] (aus den Werten für den doppelten Formelumsatz umgerechnet).

Thermodynamische Daten

Enthalpie ΔH, freie Enthalpie ΔG in kcal/mol $MnSO_4$, Entropie ΔS in cal · mol^{-1} · K^{-1}.

$MnSO_4 \rightleftharpoons {}^1/_3\,Mn_3O_4 + SO_2 + {}^1/_3\,O_2$. Für diese unter Einbeziehung des SO_3-Dissoziationsgleichgewichtes formulierte Zersetzungsgleichung wird aus thermodynamischen Daten von Kelley [30] $\Delta H_{298} = 72.8$ und $\Delta H_{1100} = 68.7$ ermittelt; Werte bei dazwischenliegenden Temperaturen s. Original [26]. Der Wert bei 298 K wird von Stern, Weise [27] bestätigt. Eine niedrigere Enthalpie, nämlich $\Delta H_{1000} = 66.38$ im Vergleich zu $\Delta H_{1000} = 69.4$ [26] wird aus Standardwerten von Coughlin [32] und Kelley [33] berechnet [34]. (Der von Ingraham, Marier [21] angegebene Wert $\Delta H = 56$ paßt besser zur Zersetzung in Mn_3O_4, SO_3 und SO_2, s. unten.) — Die freie Enthalpie in Abhängigkeit von der Temperatur wird aus den Zersetzungsdrücken zwischen 1075 und 1267 K durch die Funktion $\Delta G_T = 56.143 - 0.041495\,T$ dargestellt [22] (aus der Funktion für den 3fachen Formelumsatz um-

Thermodynamic Data of the Thermal Decomposition of $MnSO_4$

gerechnet). Eine Temperaturfunktion für den Bereich 1100 bis 1300 K wird aus Meßwerten von Marchal [8] abgeleitet [29]. Der entsprechende ΔG-Wert bei 1000 K liegt um etwa 10% höher als der von Ingraham [22]. Die Abweichung nimmt mit steigender Temperatur ab. Eine weitere mit Hilfe von thermodynamischen Daten von Rossini u. a. [35], Coughlin [32] und Kelley, King [36] für den Temperaturbereich 700 bis 1100 K aufgestellte Funktion [29] liefert ΔG-Werte, die mit denen von Mah [26] und Stern, Weise [27] innerhalb des angegebenen Fehlers übereinstimmen, von den aus Meßwerten von Ingraham [22] bzw. Marchal [8] ermittelten jedoch stark abweichen (bei 1100 K um 20 bzw. 30%). Als Ursache der Diskrepanz wird von Ingraham [22] ein von Kellogg [29] verwendeter fehlerhafter Wert für die spezifische Wärme von $MnSO_4$ vermutet; Kellog [29] nimmt dagegen die Bildung einer metastabilen Mn_3O_4-Modifikation an.

$MnSO_4 \rightleftharpoons {}^1/_3 Mn_3O_4 + {}^2/_3 SO_3 + {}^1/_3 SO_2$. Unter Annahme dieser Zersetzungsgleichung wird aus Zersetzungsdrücken im Temperaturbereich von 1093 bis 1373 K [8] die Temperaturfunktion $\Delta H_T = 51.267 - 6.217 \times 10^{-3} T + 4.283 \times 10^{-6} T^2 - 2.6 \times 10^{-9} T^3$ berechnet (aus der Funktion für den 3fachen Formelumsatz umgerechnet) und daraus $\Delta H_{298} = 49.73$ ermittelt [31]. Aus kalorimetrischen Daten von Berthelot [37] ergibt sich die Enthalpie zu $\Delta H = 55.7$ [38], aus thermodynamischen Daten zu $\Delta H_{298} = 51.85$ und $\Delta S_{298} = 47.11$ [39]. Berechnungen der freien Enthalpie nach Meßwerten von Marchal [8] s. Maier [31], aus thermodynamischen Daten s. Amirova u. a. [39].

$MnSO_4 \rightleftharpoons 0.5\,Mn_2O_3 + 0.5\,SO_3 + 0.5\,SO_2$. Für dieses Zersetzungsgleichgewicht wird aus thermodynamischen Daten $\Delta H_{298} = 51.49$ und $\Delta S_{298} = 46.52$ berechnet. Die freie Enthalpie sinkt von $\Delta G \approx +15$ bei 773 K auf $\Delta G \approx -8$ bei 1273 K (nach Figur im Original) [39].

$MnSO_4 \rightleftharpoons MnO + SO_3$. Für diese Zersetzungsgleichung werden aus thermodynamischen Daten von Kelley [30] die Werte $\Delta H_{298} = 67.75$ und $\Delta H_{1100} = 64.6$ berechnet; Werte bei dazwischenliegenden Temperaturen s. Original [26]. Bei ähnlichen Berechnungen wird $\Delta H_{298} = 63.27$ und $\Delta S_{298} = 51.10$ ermittelt [39]. Die freie Enthalpie wird aus thermodynamischen Daten zu $\Delta G_{298} = 53.2$ und $\Delta G_{1100} = 16.1$ berechnet; Werte bei dazwischenliegenden Temperaturen s. Original [26]. Niedrigere ΔG-Werte, z. B. etwa 8 bei 1100 K, werden von Amirova u. a. [39] angegeben (nach Figur im Original).

Kinetik

In Stickstoffatmosphäre ergeben TG-Untersuchungen des Zerfalls von zu Kügelchen verpreßtem $MnSO_4$ zwischen 825 und 925°C in Abhängigkeit von der Zeit Kurven von zunächst steilem, dann etwas flacherem Verlauf, entsprechend einer Beschleunigungs- und anschließenden sogenannten Zerfallsperiode. Eine Induktionsperiode wird nicht beobachtet. Werden die Proben jedoch in einem Gemisch aus SO_2 und O_2 aufgeheizt, das erst bei beginnender Zersetzung durch N_2 ersetzt wird, dann tritt eine Induktionsperiode auf. Die beobachteten Induktionsphänomene werden dabei auf die im Anfangsstadium stattfindende Desorption von SO_2 und O_2 zurückgeführt [5]. Bei ähnlichen Untersuchungen an zu Scheibchen verpreßtem $MnSO_4$ zwischen 800 und 900°C wird eine ausgeprägte Induktionsperiode nur bei 800°C gefunden [21]. Übereinstimmend wird ein topochemischer Verlauf der Reaktion angenommen [5, 21]. Von Mulik [5] wird diese Annahme durch Röntgen- und mikroskopische Untersuchungen teilweise zerfallener $MnSO_4$-Kügelchen gestützt.

Für den Bereich der Beschleunigungsperiode wird die Aktivierungsenergie E aus den Anfangsgeschwindigkeiten zu $E = 51 \pm 2$ kcal/mol ermittelt [21]. Dieser Wert ist wegen der experimentellen Schwierigkeit, zuverlässige Anfangsgeschwindigkeiten zu bestimmen, unsicher [5]. Die anwachsende Mn_3O_4-Schicht umhüllt den $MnSO_4$-Kern und behindert dadurch zunehmend die Gasdiffusion nach außen, was zum allmählichen Stillstand der Reaktion führt [5, 21]. Die Zerfallsgeschwindigkeit beträgt z. B. bei 700°C in den ersten Minuten 0.35 bis 0.45%/min, nach 70 bis 80 min jedoch nur noch 0.05%/min [3]. Von der Durchflußgeschwindigkeit des übergeleiteten N_2 ist die Zerfallsgeschwindigkeit von $MnSO_4$ vergleichsweise unabhängig [21].

Durch die Anwesenheit der Zerfallsprodukte Sauerstoff oder SO_2 in der umgebenden Atmosphäre wird die Zerfallsgeschwindigkeit herabgesetzt. Sie ist umgekehrt proportional zum SO_2-Partialdruck (TG-Untersuchungen bei 950°C). Der Einfluß von O_2 ist geringer, und zwar fällt bei 950°C die Anfangsgeschwindigkeit bei Zunahme des O_2-Partialdrucks von Null auf 1 atm um 25% [21]. Nach 30 min Reaktionszeit haben sich bei 0, 10 und 21% O_2 in einem N_2-O_2-Gemisch folgende Mengen Sulfat zu $SO_2 + SO_3$ umgesetzt: 5.0, 2.7 bzw. 1.6% bei 800°C; 60.5, 34.4 bzw. 23.0% bei 900°C und 96.2, 83.3 bzw. 58.8% bei 950°C. Bei 1000°C ist der Zerfall in den ersten beiden Gasgemischen nach 30 min bereits vollständig, in Luft ist der Umsatz 97.1%; weitere Werte im Original [25]. An der Luft ergibt sich aus TG-Messungen die Reaktionsordnung zu 0.3 [13] bzw. Null [40]. Bei der Thermolyse im Luftstrom zwischen etwa 800 und 1000°C zeigen die Kurven des Zerfallsgrades in Abhängigkeit von der Zeit einen S-förmigen Verlauf mit ausgeprägter Induktions-, Beschleunigungs- und Zerfallsperiode. Wie schon von Ingraham, Marier [21] und Mulik [5] wird auch hier ein topochemischer Reaktionsverlauf angenommen. Die Induktionsperiode wird mit der Aktivierung der Oberflächen und der Bildung von Reaktionszentren in Verbindung gebracht. Während der Beschleunigungsperiode findet die starke Vergrößerung der Reaktionsgrenzflächen statt. Induktions- und Beschleunigungsperiode werden durch Erhöhung der Temperatur und höheren Zerteilungsgrad des $MnSO_4$ stark verkürzt. Eine starke Zunahme des Zerfallsgrades wird auch bei Steigerung des Luftstroms von 0.37 auf 0.5 l/min beobachtet. Eine Erhöhung über 0.5 l/min hinaus hat dagegen nur noch geringen Einfluß [23].

Kinetics of the Thermal Decomposition

Für den Bereich der Beschleunigungsperiode wird aus TG-Messungen nach einer Methode von Freeman, Carroll [41] die Aktivierungsenergie $E = 52.8 \pm 5$ kcal/mol ermittelt [13], mit Hilfe der Arrhenius-Gleichung $E_A = 55$ kcal/mol [23]. Einen höheren Wert, nämlich $E_A \approx 60$ kcal/mol erhalten Mihalik, Horvath [40] durch TG. Für den Bereich der Zerfallsperiode wird $E_A = 25$ kcal/mol bestimmt [23]. Für die Zersetzung in reinem Sauerstoff unterhalb 950°C (zu Mn_2O_3) wird aus den Anfangsgeschwindigkeiten $E_A = 62 \pm 2$ kcal/mol ermittelt [21].

Einfluß von Zusätzen

Beim Erhitzen von $MnSO_4$ mit Fe_2O_3 (Molverhältnis 1 : 1) um 10 grd/min zersetzt sich das Sulfat zwischen 850 und 1320°C; der Rückstand ist MnO und Mn_3O_4. Im Gemisch von $MnSO_4$ mit Fe_2O_3 und Na_2SO_4 (Molverhältnis 1 : 1 : 1) wird beim Erhitzen (Temperatursteigerung um 5 grd/min) zwischen 1050 und 1300°C vollständige Dissoziation zu MnO beobachtet [6]. Nach mehrstündigem Erhitzen von Schmelzen aus $MnSO_4$ und LiCl, NaCl bzw. Na_2SO_4 in den Molverhältnissen 0.1 : 1, 0.1 : 1 bzw. 0.3 : 1 auf 1000°C an der Luft und anschließender Abkühlung mit 50 bis 80 grd/h auf 100 grd unter den Schmelzpunkt des Lösungsmittels besteht der Zersetzungsrückstand aus Mn_2O_3 [42]. Mit einem Überschuß an NaCl (oder KCl) reagiert $MnSO_4$ in Gegenwart eines Luft-Wasserdampf-Gemisches bei 700 bis 850°C zu Mn_2O_3, Na_2SO_4 und HCl. Das primär eingesetzte $MnSO_4 \cdot H_2O$ wird dabei zur Vermeidung von Sintern oder Schmelzen mit der 8fachen Menge Mn_2O_3 gemischt. (Der Prozeß besitzt wegen der gleichzeitigen Rückgewinnung von Manganoxiden aus $MnSO_4$ und Gewinnung von HCl aus NaCl technisches Interesse) [43]. Bei Zusatz von Na_2SO_4 steigt die Zersetzungstemperatur an: Bei Gehalten von 4.3 und 63.5 Gew.-% Na_2SO_4 und Erhitzen mit etwa 13 grd/min in N_2-Atmosphäre tritt Dissoziation bei 1025 bzw. 1225°C ein [6]. Die Anwesenheit von Dithionaten beeinflußt die thermische Dissoziation von $MnSO_4$ nicht [24].

In der Technik ist die thermische Zersetzung von $MnSO_4$ ein Teilverfahren bei der hydrometallurgischen Mangangewinnung, s. hierzu „Mangan" B, S. 9. Man geht dabei meist von $MnSO_4 \cdot H_2O$ aus, das bei ≈200°C zu $MnSO_4$ dehydratisiert wird, s. S. 128. Durch die katalytische Wirkung der Verunreinigungen und die lockere Struktur infolge der Dehydratation wird die Zerfallstemperatur gegenüber reinem $MnSO_4$ gesenkt. Trotzdem erfolgt die Zersetzung mit einer für praktische Zwecke ausreichenden Geschwindigkeit in strömender Luft erst oberhalb 1000°C [24], s. auch [25], und in strömendem N_2 erst oberhalb 950°C [25]. Eine Möglichkeit zur Intensivierung des Prozesses bei tieferen Temperaturen bietet die weitgehende Entfernung der Schwefeloxide und des

Effect of Additives on the Thermal Decomposition of $MnSO_4$

Sauerstoffs aus dem Zersetzungsgleichgewicht. Dies wird z. B. in der Wirbelschicht erreicht [23] oder auch durch Einwirkung erhitzter Gase auf versprühtes $MnSO_4$ im Gegenstrom, s. beispielsweise [44]. Zur Bildung der Oxide in Anwesenheit von Reduktionsmitteln bei deutlich niedrigeren Temperaturen s. S. 95, s. auch S. 97. — Andere technische Zersetzungsverfahren werden einstufig bei 1175°C [45] oder zweistufig bei 1000 und 1200 bis 1300°C in Schachtöfen durchgeführt [45, 46]. Bei einem neueren Verfahren wird $MnSO_4$ im Gemisch mit Manganoxiderz in einem Drehrohrofen bei 1250°C zersetzt [47]. — Die thermische Zersetzung besitzt außerdem technisches Interesse bei der Regenerierung von sorptiv wirksamen Mn-Oxiden, die bei der Chemisorption von SO_2 aus Abgasen verwendet werden [5], s. hierzu auch „Mangan" C1, S. 344.

Literatur:

[1] K. Friedrich, A. Blickle (Metallurgie [Halle] **7** [1910] 323/32). — [2] K. Friedrich (Zentr. Mineral. **1912** 174/84, 207/20). — [3] N. P. Diev, M. I. Kochnev, V. V. Paduchev, G. Ya. Sioridze (Zh. Prikl. Khim. **27** [1954] 356/9; J. Appl. Chem. USSR **27** [1954] 339/42). — [4] A. G. Ostroff (Diss. Iowa 1957; Diss. Abstr. **17** [1957] 972). — [5] P. R. Mulik (Diss. Pittsburgh, Pa., 1973; Diss. Abstr. Intern. B **34** [1973] 647).

[6] K. Geissler, E. J. Kohlmeyer (Z. Anorg. Allgem. Chem. **297** [1958] 189/212). — [7] J. Cueilleron, O. Hartmanshenn (Bull. Soc. Chim. France **1959** 168/72). — [8] G. Marchal (J. Chim. Phys. **22** [1925] 559/82, 575/7). — [9] P. Dubois (Compt. Rend. **198** [1934] 1502/4). — [10] H. O. Hofman, W. Wanjukow (Trans. AIME **43** [1913] 523/7).

[11] T. Ukai (J. Chem. Soc. Japan **52** [1931] 461/2; C. A. **1932** 5028). — [12] A. Ya. Zvorykin (Zh. Prikl. Khim. **33** [1960] 1019/24; J. Appl. Chem. USSR **33** [1960] 1015/9). — [13] P. Lumme, M. T. Raivio (Suomen Kemistilehti B **41** [1968] 194/202; C. A. **69** [1968] Nr. 70245). — [14] C. Duval (Mikrochim. Acta **1964** 1073/81). — [15] N. Unohara (J. Chem. Soc. Japan Pure Chem. Sect. **75** [1954] 724/32; C. A. **1955** 8040).

[16] K. Yamamoto, K. Bito (Bull. Dept. Appl. Chem. Waseda Univ. **9** [1929] 12/8; C. A. **1930** 1276). — [17] B. Lorant (Z. Anal. Chem. **219** [1966] 256/71). — [18] A. I. Tsvetkov, E. P. Val'yashikhina (Tr. Inst. Geol. Nauk Akad. Nauk SSSR Nr. 157 [1955] 30/109, 62/4; Ref. Zh. Geol. Geogr. **1956** Nr. 1875). — [19] V. V. Pechkovskii, S. A. Amirova, A. N. Ketov (Uch. Zap. Permsk. Gos. Univ. **17** Nr. 1 [1960] 3/14; C. A. **57** [1962] 8267). — [20] A. G. Ostroff, R. T. Sanderson (J. Inorg. Nucl. Chem. **9** [1959] 45/50).

[21] T. R. Ingraham, P. Marier (Trans. AIME **242** [1968] 2039/43). — [22] T. R. Ingraham (Can. Met. Quart. **5** [1966] 109/22). — [23] V. N. Gaprindashvilli, N. D. Kalandadze, A. V. Tsereteli (Soobshch. Akad. Nauk Gruz. SSR **73** [1974] 353/6; C. A. **81** [1974] Nr. 30148). — [24] Yu. V. Klimenko, A. P. Kvaskov (Khimicheskoe Obogashchenie Margantsevykh Rud, Sverdlovsk-Moskva 1943, S. 142/9). — [25] V. V. Pechkovskii (Zh. Prikl. Khim. **28** [1955] 237/44; J. Appl. Chem. USSR **28** [1955] 217/22).

[26] A. D. Mah (U. S. Bur. Mines Rept. Invest. Nr. 5600 [1960] 25/7). — [27] K. H. Stern, E. L. Weise (Natl. Std. Ref. Data Ser. Natl. Bur. Std. [U. S.] Nr. 7 [1966] 20/2). — [28] W. H. Evans, D. D. Wagman (J. Res. Natl. Bur. Std. **49** [1952] 141/8). — [29] H. H. Kellogg (Trans. AIME **230** [1964] 1622/34). — [30] K. K. Kelley (U. S. Bur. Mines Bull. Nr. 584 [1960] 122).

[31] C. G. Maier (U. S. Bur. Mines Inform. Circ. Nr. 6769 [1934] 134/8). — [32] J. P. Coughlin (U. S. Bur. Mines Bull. Nr. 542 [1954] 29). — [33] K. K. Kelley (U. S. Bur. Mines Bull. Nr. 406 [1937] 101). — [34] H. C. Fuller, V. E. Edlund (U. S. Bur. Mines Rept. Invest. Nr. 6794 [1966] 7). — [35] F. D. Rossini, D. D. Wagman, W. H. Evans, S. Levine, I. Jaffe (Natl. Bur. Std. [U. S.] Circ. Nr. 500 [1952] 273).

[36] K. K. Kelley, E. G. King (U. S. Bur. Mines Bull. Nr. 592 [1961] 64). — [37] M. Berthelot (Essai de Méchanique Chimique, Bd. I, Paris 1879, S. 384, 534). — [38] G. Marchal (Rev. Met. [Paris] **23** [1926] 353/60). — [39] S. A. Amirova, V. V. Pechkovskii, A. N. Ketov (Sb. Nauchn. Tr. Permsk. Politekhn. Inst. Nr. 10 [1961] 33/51; C. A. **58** [1963] 980). — [40] A. Mihalik, Z. Horvath (Banyasz. Kohasz. Lapok Kohasz. **102** [1969] 174/9; C. A. **71** [1969] Nr. 64637).

[41] E. S. Freeman, B. Carroll (J. Phys. Chem. **62** [1958] 394/7). — [42] K.-Th. Wilke (Z. Anorg. Allgem. Chem. **330** [1964] 164/9). — [43] N. C. Christensen (U. S. P. 2767056 [1956]; C. A. **1957** 3946). — [44] K. Ebner, Metallgesellschaft A.G. (D. P. 753306 [1935/51]; C. **1952** 585). — [45] W. E. Lewis, L. F. Heising, J. W. Pennington, C. Prasky (U. S. Bur. Mines Rept. Invest. Nr. 5400 [1958] 47).

[46] C. Prasky, F. E. Joyce, W. S. Swanson (U. S. Bur. Mines Rept. Invest. Nr. 6160 [1963] 16/7). — [47] D. Cvetanovic, L. Rikalovic, C. Kostic (Tehnika [Belgrade] **26** [1971] 1510/3; C. A. **76** [1972] Nr. 88910).

8.6.7.6.2 Gegen Elemente

With Elements

Während $MnSO_4$ mit Wasserstoff bei Raumtemperatur unter Einwirkung einer stillen elektrischen Entladung nur minimal zu MnS und Mn reagiert [1], wird es oberhalb 500°C durch H_2 zu MnS, MnO, SO_2, H_2O und geringen Mengen H_2S reduziert [2 bis 4]. Bei der Reaktion in strömendem H_2 (20 Liter H_2/h; Temperaturanstieg 150 grd/h) setzen sich bei 550°C etwa 35 und bei 600°C etwa 98% des Sulfats um. Das feste Reduktionsprodukt enthält 12% MnO neben MnS [4]. Bei isothermer Versuchsdurchführung mit 3 Liter H_2/h haben sich nach 15 min bei 600 und 700°C 22 bzw. 29% des Sulfats in Sulfid und 29 bzw. 43% in SO_2 und H_2S umgesetzt [2]. Nach einstündiger Einwirkung eines Gemisches aus H_2 und N_2 auf eine Probe aus $MnSO_4 \cdot H_2O$ (die bei etwa 200°C entwässert wird, s. S. 128) haben sich bei den angegebenen Temperaturen folgende Anteile des ursprünglich vorhandenen Sulfatschwefels in Sulfid umgewandelt bzw. sind in die Gasphase übergegangen [3]:

t in °C	500	550	600	700	800	900
S als Sulfid in Gew.-%	1.0	36.2	54.1	43.9	41.8	30.6
S in der Gasphase in Gew.-%	0.0	15.8	45.4	56.1	58.2	68.9

Die Reaktion hat autokatalytischen Charakter. Nach thermogravimetrischen und differential-thermoanalytischen Untersuchungen verläuft sie (wie auch die Reduktion anderer Sulfate und Selenate zweiwertiger Metalle mit H_2) in mehreren gleichzeitig oder nacheinander ablaufenden Einzelreaktionen, deren Auftreten stark von den jeweiligen experimentellen Bedingungen abhängt. Dabei soll die direkte Reduktion des Sulfats zu Sulfid unter Bildung von H_2O vorherrschen. Daneben soll die Reaktion $MnSO_4 + H_2 \rightarrow MnO + SO_2 + H_2O$ ablaufen [4]. Nach thermodynamischen Berechnungen soll dagegen primär die thermische Zersetzung in MnO und SO_3 stattfinden und das MnS erst in Folgereaktionen entstehen in Übereinstimmung mit experimentellen [2] Ergebnissen [5]. Nach DTA-Untersuchungen ist die Gesamtreaktion exotherm [4]. Die Enthalpie der Teilreaktion $MnSO_4 + H_2 \rightarrow MnO + SO_2 + H_2O$ beträgt auf Grund der Bildungswärmen nach Coughlin [6] und Kelley [7] bei 1000 K $\Delta H = 24.89$ kcal/mol [3]. Für $MnSO_4 + H_2 \rightarrow MnSO_3 + H_2O$ wird aus Bildungsgrößen $\Delta H^\circ_{298} = 8.20$ kcal/mol und $\Delta S^\circ_{298} = 9.41 \text{ cal} \cdot \text{mol}^{-1} \cdot \text{K}^{-1}$ berechnet [5].

Gegen Sauerstoff. Aus thermogravimetrischen Untersuchungen an der Luft wird auf die Oxidation des $MnSO_4$ durch Luftsauerstoff bei etwa 380°C unter Bildung von $Mn_2O(SO_4)_2$ (s. S. 177) geschlossen [8]. Während Berg, Nikolaev [9] bei der DTA einen exothermen Effekt bei 385°C finden, den sie ebenfalls mit oberflächlicher Oxidation des $MnSO_4$ deuten, beobachten Tsvetkov, Val'yashikhina [10] einen solchen Effekt nicht. Zur thermischen Zersetzung an der Luft s. S. 90.

Gegen Schwefel. Die Enthalpie der angenommenen Reaktion $2\,MnSO_4 + S \rightarrow 2\,MnO + 3\,SO_2$ wird bei 1000 K mit Hilfe von Bildungswärmen von Coughlin [6] und Kelley [7] zu $\Delta H = 47.3$ kcal/mol berechnet [3]. Für die Teilreaktion $2\,MnSO_4 + {}^1/_2\,S_2 \rightarrow 2\,MnSO_3 + SO_2$ ergibt sich $\Delta H^\circ_{298} = 45.52$ kcal/mol und $\Delta S^\circ_{298} = 23.04 \text{ cal} \cdot \text{mol}^{-1} \cdot \text{K}^{-1}$ [5].

Mit Kohlenstoff (Holzkohle) beginnt $MnSO_4$ oberhalb etwa 600°C zu reagieren [2]. Bei 700 bis 850°C entstehen bei äquimolarem Verhältnis (Holzkohle mit 9.1%C) Mn_3O_4, SO_2 und SO_3 sowie CO und CO_2. Bei größeren C-Mengen im Ausgangsgemisch tritt zunehmend MnO auf [11]. Mit 10 bis 15% C entsteht oberhalb 700°C in einer Folgereaktion außerdem MnS, dessen Anteil an

Reactions of $MnSO_4$ with Elements

den festen Reaktionsprodukten mit der Temperatur, dem C-Gehalt im Ausgangsgemisch und dem SO_2-Gehalt der Atmosphäre ansteigt [2, 12]; s. hierzu auch Bildung von MnS, S. 3. Nebenreaktionen führen ferner zur Bildung geringer Mengen von elementarem Schwefel [13]. Im Lichtbogen entstehen mit etwa 37% Kohle außerdem Spuren von MnC [14]. Die Umwandlung des Sulfatschwefels in SO_2 in Abhängigkeit vom C-Gehalt (Steinkohle) des Ausgangsgemisches durchläuft im Gegensatz zur Umwandlung in Sulfid ein Maximum, das bei 700°C in Stickstoffatmosphäre in einem engen Bereich um 15% Kohle im Ausgangsgemisch liegt (die verwendete Kohle enthielt 65% C in fester Form und 27.5% C als flüchtige Verbindungen); Reaktionszeit 3h. Bei gleichen Mengen wird mit Steinkohle ein größerer Umwandlungsgrad des Sulfats in Schwefeloxide und Sulfid erreicht als mit Holzkohle [3]. Bei 850°C wird im Luftstrom (3 Liter/h) nach 30 min das Maximum der Umwandlung in SO_2 und SO_3 bei Anwendung des äquimolaren Verhältnisses an C (Holzkohle) beobachtet. Bei größeren C-Gehalten zeigt der Umwandlungsgrad auch in Abhängigkeit von der Temperatur ein Maximum, das z. B. bei 3 bis 6 mol C je mol $MnSO_4$ unter sonst gleichen Bedingungen bei 800°C liegt [11]. Der Anteil V des SO_2 an den Schwefeloxiden bei der Umsetzung im Luftstrom (3 Liter/h) nach einer Reaktionszeit von 60 min in Abhängigkeit vom C-Gehalt des Ausgangsgemisches und der Temperatur geht aus der folgenden Aufstellung hervor:

mol C je mol $MnSO_4$ . . .	0	0	0.5	0.5	0.5	1	1	1	3
t in °C	900	1000	800	850	900	800	850	900	800
$V(SO_2)$ in Gew.-%	57.5	89.5	77.6	94.0	97.7	90.4	97.8	99.3	100.0

Der Umwandlungsgrad ändert sich ferner im umgekehrten Verhältnis zum O-Gehalt der Gasatmosphäre [11]. Im praktisch O-freien Ar-Strom (3 Liter/h) beträgt er z. B. bei C-Gehalten von 7 und 30% bei 600°C nach 15 min Reaktionszeit 6.3 und 26.0% [2].

Für die folgenden angenommenen Gesamtgleichungen werden die Enthalpiewerte ΔH in kcal/mol mit Hilfe von Bildungswärmen nach Coughlin [6] und Kelley [7] berechnet: $\Delta H_{1000} = 36.94$ für $2MnSO_4 + C \rightarrow 2MnO + 2SO_2 + CO_2$; $\Delta H_{1000} = 34.94$ für $3MnSO_4 + C \rightarrow Mn_3O_4 + 3SO_2 + CO_2$ und $\Delta H_{1000} = 38.47$ für $4MnSO_4 + C \rightarrow 2Mn_2O_3 + 4SO_2 + CO_2$ [3].

Kinetische Untersuchungen der Umwandlung des Sulfatschwefels in SO_2 und SO_3 mit 1 mol C je mol $MnSO_4$ im Temperaturbereich von 650 bis 850°C im Luftstrom (3 Liter/h), in strömendem N_2 mit 10% O_2 und in reinem N_2 s. [11]. Durch Anwesenheit von Metalloxiden wird die Umwandlung des Sulfatschwefels in Sulfid katalytisch beschleunigt. Dabei wirkt sich bei Untersuchungen mit 24.2% C im Temperaturbereich von 700 bis 900°C im Ar-Strom der Zusatz von Mn_2O_3 stärker aus als der von CaO [12]. Der Prozeß läuft mit einer für technische Zwecke ausreichenden Geschwindigkeit zwischen 800 und 900°C ab [15], s. auch [11]; also bei wesentlich niedrigeren Temperaturen als die thermische Zersetzung. Er besitzt daher Interesse zur Gewinnung von Manganoxiden aus $MnSO_4$. Jedoch wirken sich die Nebenprodukte (MnS, S [13] und Kohlenasche [15]) ungünstig auf Reinheit und Ausbeute der Oxide aus [13]. Zur technischen Durchführung der Reduktion von $MnSO_4$ mit C s. [3].

Gegen Metalle. Beim Erhitzen mit Al-Pulver auf 900°C wird $MnSO_4$ explosionsartig zum Sulfid reduziert. Entsprechend reagieren Mg, Zn und Fe [16]. Mit feinverteiltem Cu reagiert $MnSO_4$ im Molverhältnis 6 : 1 in N_2-Atmosphäre oberhalb 585°C zu Cu_2O, MnO und SO_2. Der Umsatz nach 60 min Versuchszeit steigt von 0.5% bei 550°C auf 88.5% bei 800°C an. Weitere Angaben s. Original [17].

Literatur:

[1] S. Miyamoto (J. Sci. Hiroshima Univ. A **3** [1932/33] 99/115, 111/2; C. **1933** II 3381). — [2] V. V. Pechkovskii, S. A. Amirova, A. N. Ketov (Uch. Zap. Permsk. Gos. Univ. **17** Nr. 1 [1960] 3/14; C. A. **57** [1962] 8267). — [3] H. C. Fuller, V. E. Edlund (U. S. Bur. Mines Rept. Invest. Nr. 6794 [1966] 3, 7, 10/4). — [4] P. Courtine (Ann. Chim. [Paris] [14] **1** [1966] 303/57, 312). — [5] S. A. Amirova, V. V. Pechkovskii, A. N. Ketov (Sb. Nauchn. Tr. Permsk. Politekhn. Inst. Nr. 10 [1961] 33/51, 38, 46; C. A. **58** [1963] 980).

[6] J. P. Coughlin (U. S. Bur. Mines Bull. Nr. 542 [1954] 29). — [7] K. K. Kelley (U. S. Bur. Mines Bull. Nr. 406 [1937] 101). — [8] B. Lorant (Z. Anal. Chem. **219** [1966] 256/71). — [9] L. G. Berg, A. V. Nikolaev (Bull. Acad. Sci. URSS Classe Sci. Chim. **1940** 865/75; C. A. **1941** 3513). — [10] A. I. Tsvetkov, E. P. Val'yashikhina (Tr. Inst. Geol. Nauk Akad. Nauk SSSR **157** [1955] 30/109, 62/4; Ref. Zh. Geol. Geogr. **1956** Nr. 1875).

[11] V. V. Pechkovskii (Zh. Prikl. Khim. **28** [1955] 237/44; J. Appl. Chem. USSR **28** [1955] 217/22). — [12] V. V. Pechkovskii (Zh. Prikl. Khim. **32** [1959] 2613/8; J. Appl. Chem. USSR **32** [1959] 2691/6). — [13] V. N. Gaprindashvilli, N. D. Kalandadze, A. V. Tsereteli (Soobshch. Akad. Nauk Gruz. SSR **73** [1974] 353/6; C. A. **81** [1974] Nr. 30148). — [14] E. Kunheim (Diss. Berlin 1900, S. 34/7). — [15] Yu. V. Klimenko, A. P. Kvaskov (Khimicheskoe Obogashchenie Margantsevykh Rud, Sverdlovsk-Moskva 1943, S. 142/9).

[16] H. Heinrichs (Glastech. Ber. **6** [1928/29] 51/4). — [17] V. V. Pechkovskii (Nauchn. Tr. Novocherk. Politekhn. Inst. **26** [1955] 292/8; C. A. **1958** 4373).

8.6.7.6.3 Gegen Nichtmetallverbindungen

With Non-metal Compounds

$MnSO_4$ ist sehr hygroskopisch [1], es wandelt sich beim Stehen an der Luft in $MnSO_4 \cdot H_2O$ um. Bei Raumtemperatur und 50% Luftfeuchtigkeit beträgt die Wasseraufnahme 0.14, 0.23, 0.68 bzw. 0.99 mol H_2O je mol wasserfreies Salz nach 3, 10, 46 bzw. 75 d [2]. Frisch geglühtes $MnSO_4$ (1 h bei 500°C) geht an der Luft mit normalem Feuchtigkeitsgehalt innerhalb von 10 h in das Monohydrat über. Eine langsame Gewichtszunahme wird auch über konzentrierter Schwefelsäure (D = 1.840 g/cm³) beobachtet. Dagegen nimmt in einem mit frisch entwässertem $CaCl_2$ gefüllten Exsikkator das Gewicht nicht zu [3]. Zur Bildung von Hydraten mit weniger als 1 mol H_2O je mol $MnSO_4$ durch Hydratation s. auch S. 130. Zur Löslichkeit in H_2O s. S. 99, 101. — Bei der Einwirkung von überhitztem H_2O-Dampf zersetzt sich $MnSO_4$ oberhalb 600°C. Es entstehen Mangan- und Schwefeloxide sowie geringe Mengen H_2SO_4. Bei einer H_2O-Zufuhr von 0.1 ml/min beträgt die H_2SO_4-Ausbeute in Mol-% (bezogen auf das ursprünglich vorhandene Sulfat) nach jeweils 60 min Reaktionszeit 0.28 bei 600°C, 0.65 bei 700°C [4] und 1.95 bei 800°C [5]. Die Reaktion ist wegen der Beschleunigung der thermischen Zersetzung (s. S. 90) durch den H_2O-Dampf und wegen der Bildung von Schwefelsäure von technischem Interesse [4]. Im Gemisch mit 90 bis 99% $FeSO_4$ reagiert $MnSO_4$ bei 600°C nicht mit H_2O-Dampf [5]. Zur Reaktion mit überhitztem H_2O-Dampf in Gegenwart von MgO s. S. 98.

Bei der Adsorption von SO_2 an $MnSO_4$ (dünne Schichten auf Silicagel) fällt die Adsorptionsenthalpie ΔH_{ads} (in kcal/mol) bei 423 K von 28 bei einer Belegungsdichte von 0.004 steil auf 13 bei 0.04 μmol/m² ab, dann flacher auf 9 bei 0.2 μmol/m². In ähnlicher Weise sinkt ΔH_{ads} bei 373 K von etwa 19 bei 0.004 auf etwa 10 bei 0.5 μmol/m². Eine flacher abfallende Kurve von $\Delta H_{ads} \approx 30$ bei 0.004 auf 9 bis 10 bei 0.4 μmol/m² wird bei 323 K erhalten. ($MnSO_4$ unterscheidet sich bei dieser Temperatur am deutlichsten von den gleichzeitig untersuchten Oxiden Mn_2O_3 (s. „Mangan" C 1, S. 120), Fe_2O_3, V_2O_5 und Silicagel.) Die Messungen zeigen, daß die stärksten Gas-Feststoff-Wechselwirkungen bei Belegungsdichten von weniger als $^1/_{100}$ der monomolekularen Schicht auftreten. Die Adsorption-Desorption-Isothermen besitzen eine ähnliche Gestalt wie bei Mn_2O_3. Die Isotherme bei 273 K zeigt jedoch zwischen 450 und 750 Torr eine doppelt so große Hystereseschleife wie bei Mn_2O_3 [6].

Bei der Reduktion mit CH_4 (Erdgas) werden oberhalb 700°C ähnliche Umsätze erhalten wie mit Wasserstoff (s. S. 95) oder CO (s. unten). Dabei ist der Anteil der flüchtigen Schwefeloxide größer als bei H_2 und CO. Die Enthalpie der Reaktion $4\,MnSO_4 + CH_4 \rightarrow 4\,MnO + 4\,SO_2 + 2\,H_2O + CO_2$ wird aus Daten von Coughlin [8] und Kelley [9] bei 1000 K zu ΔH = 36.4 kcal/mol berechnet [7]. — $MnSO_4$ reagiert oberhalb 500°C mit CO unter Bildung von MnO, MnS, SO_2 und CO_2 ähnlich wie mit H_2 und C, s. S. 95. Die Enthalpie der Reaktion $MnSO_4 + CO \rightarrow MnO + SO_2 + CO_2$ wird mit Hilfe von Bildungswärmen nach Coughlin [8] und Kelley [9] zu ΔH_{1000} = 16.55 kcal/mol berechnet [7]. — Adsorptionsmessungen von $CFCl_3$ an $MnSO_4$ mit einer spezifischen Oberfläche

Reactions of $MnSO_4$ with Non-metal Compounds

von 17.6 bis 17.9 m^2/g bei −10, +6 und 20°C ergeben eine Adsorptionsenthalpie (bei der Belegungsdichte Null) von 7.40 kcal/mol [10]. Zur Adsorption von CCl_4 s. [11].

Literatur:

[1] G. v. Knorre (Z. Angew. Chem. **14** [1901] 1149/62, 1152). — [2] J. H. Křepelka, B. Rejha (Collection Czech. Chem. Commun. **3** [1931] 517/35, 521). — [3] G. Brinkmann, W. Schmedding (Z. Anal. Chem. **114** [1938] 161/70, 164, 168). — [4] A. B. Suchkov, B. A. Borok, Z. I. Morozova (Zh. Prikl. Khim. **32** [1959] 1616/8; J. Appl. Chem. USSR **32** [1959] 1646/8). — [5] A. B. Suchkov, B. A. Borok, Z. I. Morozova (Zh. Prikl. Khim. **32** [1959] 1618/20; J. Appl. Chem. USSR **32** [1959] 1649/51).

[6] R. W. Glass, R. A. Ross (Can. J. Chem. **49** [1971] 2832/9). — [7] H. C. Fuller, V. E. Edlund (U. S. Bur. Mines Rept. Invest. Nr. 6794 [1966] 1/18, 3, 7). — [8] J. P. Coughlin (U. S. Bur. Mines Bull. Nr. 542 [1954] 29). — [9] K. K. Kelley (U. S. Bur. Mines Bull. Nr. 406 [1937] 101). — [10] W. D. Machin (Trans. Faraday Soc. **65** [1969] 529/34).

[11] W. D. Machin (J. Phys. Chem. **73** [1969] 1170/1).

With Metal Compounds

8.6.7.6.4 Gegen Metallverbindungen

$MnSO_4$ reagiert mit MgO oberhalb etwa 675°C primär zu MnO und $MgSO_4$ [1]. (Das MnO wandelt sich in Folgereaktionen weiter in höhere Manganoxide um [2], s. dazu „Mangan" C1, S. 61.) Die Reaktion erfolgt an der Luft unter plötzlicher Farbänderung. Sie ist nur vollständig, wenn ein großer Überschuß an MgO angewendet wird [3]. Nach Untersuchungen an zu Tabletten verpreßtem $MnSO_4$ und MgO, wobei die Tabeletten bei der Umsetzung im Abstand von 1 mm voneinander gehalten werden, verläuft die Reaktion über die Gasphase, stellt also keine echte Festkörperreaktion dar [1]. Untersuchungen im Strom von überhitztem Wasserdampf zeigen, daß H_2O während der Reaktion nicht mit den Reaktionsteilnehmern reagiert, da H_2SO_4 erst beim Abkühlen des Reaktionsgemisches gebildet wird. Die H_2SO_4-Ausbeute, bezogen auf die Zahl der ursprünglich vorhandenen Mole Sulfat, beträgt nach 10 und 60 min Reaktionszeit 9.1 bzw. 27.2 Mol-% [2]. — Mit CaO und BaO verlaufen analoge Reaktionen wie mit MgO [3]. Mit CaO beginnt die Reaktion oberhalb etwa 625°C [4]. Die Umsetzungen zwischen $MnSO_4$ und Metalloxiden, besonders mit MgO und CaO, besitzen wegen der niedrigeren Temperatur der Manganoxidbildung gegenüber der thermischen Zersetzung (s. hierzu S. 90) praktische Bedeutung [1].

$MnSO_4$ reagiert mit MnS bei 700 bis 800°C (im N_2-Strom) gemäß $3\,MnSO_4 + MnS \rightleftharpoons 4\,MnO + 4\,SO_2$. Nach einstündigem Erhitzen eines stöchiometrischen Gemisches sind bei 700°C 97% und bei 800°C 99% des ursprünglich vorhandenen Schwefels umgesetzt [5]. Bei anderen Untersuchungen im N_2-Strom (2.5 Liter/h) beträgt der Umwandlungsgrad nach 30 min bei 400, 550, 600 und 900°C: 2.03, 35.22, 80.30 bzw. 87.14%. Bei der Umsetzung im äquimolaren Verhältnis haben sich bei 900°C nach 30 min erst etwa 57% des Schwefels in SO_2 umgewandelt. Aus Untersuchungen mit radioaktivem $Mn^{35}SO_4$ wird auf geringe intermediäre Bildung von metallischem Mangan und Rückbildung von MnS geschlossen [6]. Nach thermodynamischen Berechnungen aus Bildungsgrößen sinkt die freie Enthalpie für die Hauptreaktion von $\Delta G \approx +6.7$ bei 773 K auf etwa −76 kcal/mol bei 1273 K. Für die Nebenreaktion $MnSO_4 + MnS \rightleftharpoons 2\,Mn + SO_2$ werden Enthalpie und Entropie bei Raumtemperatur zu $\Delta H^\circ_{298} = 152.66$ kcal/mol und $\Delta S^\circ_{298} = 88.20$ cal · mol^{-1} · K^{-1} berechnet. Die freie Enthalpie sinkt von $\Delta G = 82.7$ bei 773 K auf 40 kcal/mol bei 1273 K [7]. — In SO_2-Atmosphäre reagiert $MnSO_4$ mit MnS bei dunkler Rotglut zu Mn_3O_4 und SO_2 [8]. — Über die Gleichgewichte zwischen $MnSO_4$, MnS, MnO, Mn_2O_3 und Mn_3O_4 s. S. 74.

Mit Pyrit (FeS_2) reagiert $MnSO_4$ ähnlich wie mit MnS. Mit dem Verhältnis $MnSO_4 : FeS_2 = 100 : 9.53$ bei 700°C durchgeführte Versuche (zur Herstellung von Ferromangan) zeigen, daß der Umsatz des Sulfats zu SO_2 unvollständig ist (63.2%). Durch Zusatz von gemahlener Kohle im Gewichtsverhältnis SO_4 : Kohle = 0.016 und 0.048 steigt er auf 75 bzw. 82% an. Bei höheren C-Zusätzen sinkt er wieder ab. Bei 1000 K betragen die Enthalpien ΔH (in kcal/mol) der vermutlich ablaufenden Reaktionen:

$$33\,MnSO_4 + 4\,FeS_2 \rightarrow 11\,Mn_3O_4 + 41\,SO_2 + 2\,Fe_2O_3,\ \Delta H_{1000} = 41.92$$
$$22\,MnSO_4 + 2\,FeS_2 \rightarrow 11\,Mn_2O_3 + 26\,SO_2 + Fe_2O_3,\ \Delta H_{1000} = 43.60$$
$$16\,MnSO_4 + 2\,FeS_2 + 3\,C \rightarrow 16\,MnO + 20\,SO_2 + 3\,CO_2 + 2\,FeO,\ \ \Delta H_{1000} = 45.34$$
$$32\,MnSO_4 + 4\,FeS_2 + 5\,C \rightarrow 32\,MnO + 40\,SO_2 + 5\,CO_2 + Fe_2O_3,\ \Delta H_{1000} = 44.13$$ [5].

Zur gemeinsamen Zersetzung von $MnSO_4$ und $ZnSO_4$ in der eutektischen K-Na-Sulfat-Schmelze unter Bildung von $Zn_xMn_{3-x}O_{4+y}$-Mischkristallen s. „Mangan" C 2, S. 281. — $MnSO_4$ reagiert beim Erhitzen mit $CaCO_3$ zu $CaSO_4$, CO_2 und MnO, das in O_2-haltiger Atmosphäre zu Mn_2O_3 oxidiert wird. Untersuchungen an einem Gemisch aus $MnSO_4$ und $CaCO_3$ im Molverhältnis 1 : 1 beim Überleiten trockener Luft ergeben nach einstündiger Reaktionsdauer bei 500, 600, 700 und 800°C einen Umwandlungsgrad von 0.86, 7, 35.7 bzw. 92.75%. Bei 900°C ist die Zersetzung nach 15 bis 20 min praktisch vollständig. Die Abhängigkeit der Reaktionsgeschwindigkeit von der reziproken Temperatur folgt der Arrhenius-Gleichung. Die zwischen 500 und 800°C ermittelte Aktivierungsenergie beträgt E_A = 30.28 und zwischen 800 und 900°C E_A = 6.4 kcal/mol. Die Änderung der Aktivierungsenergie bei etwa 800°C wird darauf zurückgeführt, daß oberhalb 800°C nicht mehr die chemische Reaktion geschwindigkeitsbestimmend ist, sondern die Diffusion der gasförmigen Reaktionsprodukte [9]. — Mit $Pb_3(PO_4)_2$ reagiert $MnSO_4$ bei 650°C in 24 h zu kubischem $Pb_3MnSO_4(PO_4)_2$ vom Eulitin-Typ ($Bi_4(SiO_4)_3$ [10], s. auch „Wismut" S. 12, 193) [11].

Literatur:

[1] M. E. Pozin, A. M. Ginstling, V. V. Pechkovskii (Zh. Prikl. Khim. **27** [1954] 273/9; J. Appl. Chem. USSR **27** [1954] 261/6). — [2] A. B. Suchkov, B. A. Borok, Z. I. Morozova (Zh. Prikl. Khim. **32** [1959] 1382/5; J. Appl. Chem. USSR **32** [1959] 1413/6). — [3] F. Feigl, L. I. Miranda, H. A. Suter (J. Chem. Educ. **21** [1944] 18/24, 18/9, 32). — [4] M. E. Pozin, A. M. Ginstling, V. V. Pechkovskii (Zh. Prikl. Khim. **27** [1954] 376/81; J. Appl. Chem. USSR **27** [1954] 355/8). — [5] H. C. Fuller, V. E. Edlund (U. S. Bur. Mines Rept. Invest. Nr. 6794 [1966] 1/18, 4/5, 10/3).

[6] T. V. Pantsulaya (Tr. Gruz. Politekhn. Inst. **1959** Nr. 4, S. 59/65; C. A. **58** [1963] 1118). — [7] S. A. Amirova, V. V. Pechkovskii, A. N. Ketov (Sb. Nauchn. Tr. Permsk. Politekhn. Inst. Nr. 10 [1961] 33/51, 38; C. A. **58** [1963] 980). — [8] D. L. Hammick (J. Chem. Soc. **111** [1917] 379/89, 382). — [9] Ya. G. Buchukuri (Soobshch. Akad. Nauk Gruz. SSR **42** [1966] 99/104; C. A. **65** [1966] 11392). — [10] D. J. Segal, R. P. Santoro, R. E. Newnham (Z. Krist. **123** [1966] 73/6).

[11] A. Durif (Compt. Rend. **245** [1957] 1151/2).

8.6.7.7 Löslichkeit

Solubility

Zur Löslichkeit in Wasser s. beim System $MnSO_4$-H_2O, S. 101. Die Standardlösungsenthalpie ergibt sich aus den unten angegebenen Meßwerten und den geschätzten Verdünnungswärmen zu $\Delta H^\circ_{298} = -15.3 \pm 0.2$ kcal/mol [1]. Die integrale Lösungsenthalpie ΔH_i (in kcal/mol) beim Lösen von 1 mol Salz in 400 mol H_2O (≙ 7200 ml) beträgt −13.790 bei 18°C [2, 3]. Andere Autoren finden ΔH_i = −13.57 bei 15°C [4] und ΔH_i = −13.60 bei 16°C [5]. Beim Lösen in größeren Wassermengen bei 25 ± 0.15°C werden höhere Werte gefunden [1]:

g $MnSO_4$/950 ml H_2O . . .	1.27342	0.50792	0.22383
ΔH_i	−14.62	−14.76	−15.04

(Die angegebenen Konzentrationen entsprechen 6247 bis 35536 mol H_2O je mol $MnSO_4$.)

Die Löslichkeit in D_2O ist geringer als in H_2O. Der Unterschied steigt von 16% der Löslichkeit in H_2O bei 99°C auf 44% bei 138°C an. $MnSO_4$ unterscheidet sich hierin stark von anderen Salzen (beispielsweise KCl oder CdJ_2), bei denen die prozentuale Löslichkeitsdifferenz in D_2O und H_2O

Solubility of $MnSO_4$

mit steigender Temperatur abnimmt. Die molale Löslichkeit L (in mol $MnSO_4$/kg D_2O) beträgt bei 99, 116 und 138°C L = 1.64, 0.857 bzw. 0.297. Der Bodenkörper ist $MnSO_4 \cdot D_2O$ [6].

In wäßriger Ammoniak-Lösung ist $MnSO_4$ gut löslich. Durch die Anwesenheit von NH_3 nimmt die Löslichkeit von $MnSO_4$ in organischen Lösungsmitteln zu. Für die folgenden, mit NH_3 gesättigten Lösungsmittel werden die Löslichkeiten L größenordnungsmäßig bestimmt:

Lösungsmittel . . .	Methanol + NH_3	Glykol + NH_3	Glyzerin + NH_3	Aceton + NH_3
L in g/l	0.1 bis 1	10^2 bis 10^3	10^1 bis 10^2	0.1 bis 1

In NH_3-gesättigtem Methanol löst sich $MnSO_4$ unter Oxidation des Mn^{2+} zu Mn^{3+} [7]. — In Hydrazin lösen sich etwa 0.01 g $MnSO_4$ je ml N_2H_4 [8].

In mit Chlorwasserstoff gesättigten Lösungsmitteln werden folgende Sättigungskonzentrationen gefunden: 10^1 bis 10^2 g/l in Dioxan + HCl, etwa 0.1 g/l in Trichloräthylen + HCl und Benzol + HCl [7].

In Methanol ist das Salz schwerer löslich als in Wasser, jedoch leichter als in Äthanol. Die Sättigungskonzentrationen c betragen bei den angegebenen Temperaturen:

t in °C	15	25	35	45	55
c in mg $MnSO_4$/g CH_3OH . .	1.90	1.14	0.64	0.43	0.29

Die feste Phase ist $MnSO_4$ [9]. Beim Lösen von $MnSO_4$ in wäßrigem Methanol tritt im Gegensatz zu wäßrigem Äthanol und Propanol (s. unten) keine Phasentrennung ein [10].

$MnSO_4$ ist in Äthanol schwer löslich. Die Sättigungskonzentrationen c in mg Salz je g C_2H_5OH betragen bei 15, 35 und 55°C c = 0.12, 0.14 bzw. 0.21. Die mit der gesättigten C_2H_5OH-Lösung im Gleichgewicht stehende feste Phase ist $MnSO_4$, es bildet sich also kein Alkoholat [9]. Bei Zusatz steigender Mengen H_2O sinkt die Löslichkeit bis 23.3 Gew.-% H_2O auf etwa Null ab. Bei weiterem H_2O-Zusatz steigt sie wieder an und beträgt 0.56 Gew.-% bei 42.05 Gew.-% H_2O. Bei Anwesenheit größerer H_2O-Mengen geht zwar mehr $MnSO_4$ in Lösung, es tritt jedoch eine Trennung in eine C_2H_5OH-reiche Phase mit niedrigem $MnSO_4$-Gehalt und eine C_2H_5OH-arme Phase mit hohem Salzgehalt ein [11, 12]; weitere Einzelheiten s. S. 166.

In wäßrigem Propanol ist $MnSO_4$ schwerer löslich als in wäßrigem Äthanol. Bei 20°C tritt Phasentrennung ein. Für den alkoholreichen Teil der Binodalkurve wird die Zusammensetzung der Mischungen angegeben, die bei 20°C jeweils 0.3205 g $MnSO_4$ und folgende Mengen C_3H_7OH und H_2O enthalten [10]:

C_3H_7OH in g . . .	1.84	5.44	10.24	14.56
H_2O in g	4.17	7.77	13.77	15.17

In Glykol lösen sich bei Raumtemperatur 0.1 bis 1 g $MnSO_4$/l [7]. In wasserhaltigem Glykol (Molverhältnis 1 : 1) werden bei 15°C nach 8 Tagen 0.5 g je 100 g gesättigte Lösung gefunden [13]. — In Glyzerin beträgt die Löslichkeit 1 bis 10 g/l [7].

Die Löslichkeit von $MnSO_4$ in Aceton liegt bei etwa 0.1 g/l [7]. Beim Auflösen von $MnSO_4$ in wäßrigem Aceton zerfällt die Lösung innerhalb weiter Konzentrationsgrenzen in zwei flüssige Phasen. Für den acetonreichen Teil der Binodalkurve werden bei 20°C die Zusammensetzungen der Mischungen angegeben, die jeweils 0.3205 g $MnSO_4$ und die folgenden Mengen $(CH_3)_2CO$ und H_2O enthalten [10]:

$(CH_3)_2CO$ in g . . .	1.36	4.8	8.72	12.64	18.88	22.4	30.00	34.48
H_2O in g	3.47	8.52	12.97	17.17	22.97	26.07	31.97	35.47

In Essigsäureäthylester ist $MnSO_4$ unlöslich [14], in saurem Trimethylammoniumacetat ($(CH_3)_3N \cdot 4\,CH_3COOH$) nur wenig löslich [15]. — Zur Einwirkung von Malein- und Citronensäure auf $MnSO_4$ im Boden s. [16].

Literatur:

[1] L. M. Gedansky, L. G. Hepler (Can. J. Chem. **47** [1969] 699/701). — [2] J. Thomsen (Systematische Durchführung Thermochemischer Untersuchungen, Stuttgart 1906, S. 30). — [3] J. Thomsen (J. Prakt. Chem. [2] **17** [1878] 165/83, 177). — [4] R. de Forcrand (Compt. Rend. **159** [1914] 12/6). — [5] J. Perreu (Compt. Rend. **209** [1939] 311/3).

[6] R. D. Eddy, P. E. Machemer, A. W. C. Menzies (J. Phys. Chem. **45** [1941] 908/15, 912/4). — [7] H. Barber, D. Ali (Mikrochem. ver. Mikrochim. Acta **38** [1951] 194/211, 200). — [8] T. W. B. Welsh, H. J. Broderson (J. Am. Chem. Soc. **37** [1915] 816/24, 820). — [9] G. C. Gibson, J. O. Driscoll, W. J. Jones (J. Chem. Soc. **1929** 1440/3). — [10] C. E. Linebarger (Am. Chem. J. **14** [1892] 380/98, 394/5).

[11] E. Cuno (Ann. Physik [4] **25** [1908] 346/76, 357, 374/5). — [12] F. A. H. Schreinemakers, J. J. B. Deuss (Z. Physik. Chem. **79** [1912] 554/64). — [13] W. Oechsner de Coninck (Bull. Acad. Roy. Belg. **1905** 275/6, 359). — [14] A. Naumann (Ber. Deut. Chem. Ges. **43** [1910] 313/21, 314). — [15] W. Hubicki, K. Wiacek (Z. Anal. Chem. **175** [1960] 97/103, 99).

[16] G. Masoni (Staz. Sperim. **49** [1916] 132/49 nach C. **1916** II 107).

8.6.8 Das System $MnSO_4$-H_2O

The $MnSO_4$-H_2O System

Im Gleichgewicht mit wäßrigen $MnSO_4$-Lösungen treten im Temperaturbereich zwischen etwa −11 und +175°C als Bodenkörper Eis, $MnSO_4 \cdot H_2O$, $MnSO_4 \cdot 5H_2O$ und $MnSO_4 \cdot 7H_2O$ als stabile Phasen und $MnSO_4 \cdot 4H_2O$ als metastabiler Bodenkörper auf [1]. Diese Hydrate werden von späteren Autoren [2, 3] bestätigt. Von Rohmer [4] wird zusätzlich das metastabile Dihydrat nachgewiesen. Zur Existenz der nicht gesicherten Hydrate $MnSO_4 \cdot nH_2O$ mit $n \leqq 0.5$ sowie n = 3, 3.5 und 6 s. in den folgenden Kapiteln. Die Stabilitätsbereiche und Übergangspunkte der Hydrate gehen aus **Fig. 32** (nach [3 bis 6]) und den Zahlenwerten auf S. 102 hervor. Wegen der großen Neigung der $MnSO_4$-Lösung zur Übersättigung gehen das Tetra- und Pentahydrat an den Punkten G

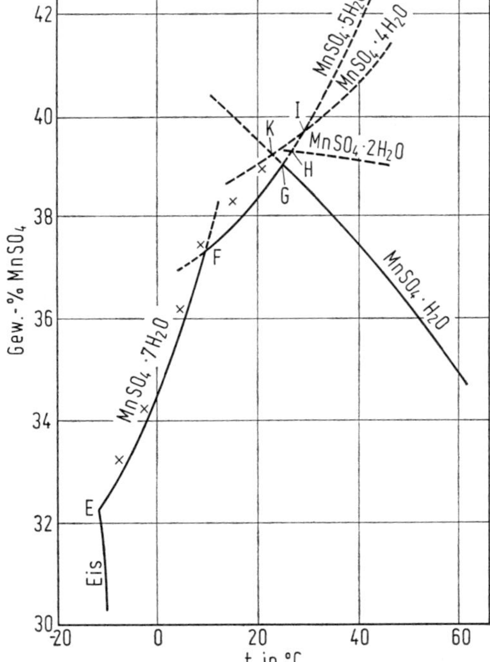

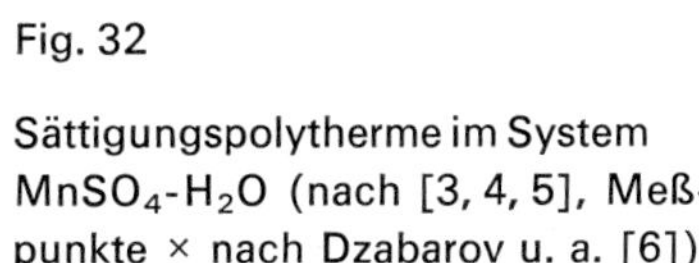

Fig. 32

Sättigungspolytherme im System $MnSO_4$-H_2O (nach [3, 4, 5], Meßpunkte × nach Dzabarov u. a. [6]).

The $MnSO_4$-H_2O System

und K nicht spontan in das Monohydrat über. Dagegen ist der Übergangspunkt I eine reale Grenze zwischen dem Existenzgebiet des Penta- und des Tetrahydrats. Oberhalb 27.5°C kristallisiert im allgemeinen das Tetrahydrat, unterhalb das Pentahydrat aus [3] (Zahlenwert des Punktes I nach [4, 5]). Die Existenzdauer der metastabilen Hydrate $MnSO_4 \cdot 4H_2O$ und $MnSO_4 \cdot 2H_2O$ kann im Bereich der Übergangspunkte G und H mehrere Wochen erreichen. Sie vermindert sich mit steigender Temperatur und liegt bei 42°C unter einer Stunde [4].

Die Löslichkeit von $MnSO_4$ in Abhängigkeit von der Temperatur zeichnet sich durch einen stark negativen Temperaturkoeffizienten oberhalb 24°C aus. In der folgenden Tabelle werden für die Übergangspunkte E bis K des Systems (nonvariante Gleichgewichte zwischen der gesättigten Lösung und zwei festen Phasen) der Gehalt der gesättigten Lösung c in Gew.-% $MnSO_4$ bzw. c′ in g $MnSO_4$ je 100 g H_2O bei verschiedenen Temperaturen und die zugehörigen Bodenkörper angegeben (die in Klammern gesetzten Werte sind aus c′ umgerechnet). Für die Bodenkörper $MnSO_4 \cdot 7H_2O$ usw. werden die Abkürzungen Mn7 usw. verwendet.

Übergangspunkt	E		F			G	
t in °C	−11.4	−9.9	8.6	9	8.8	23.9	24.1
c	32.3	32.5	(37.3)	37.2	37.9	39.0	(39.3)
c′	47.7	—	59.6	59.3	—	—	64.9
Bodenkörper	Eis + Mn7		Mn7 + Mn5			Mn5 + Mn1	
Literatur	[3]	[6]	[3]	[2]	[6]	[4]	[3]

Übergangspunkt	H	I			K
t in °C	26.1	27.5	26	24.8	23
c	39.4	39.7	(39.6)	39.9	(39.3)
c′	—	—	65.5	—	64.9
Bodenkörper	Mn5 + Mn2	Mn5 + Mn4			Mn4 + Mn1
Literatur	[4]	[4]	[3]	[6]	[3]

Rohmer [4] verwendet zur Bestimmung der Übergangspunkte G, H, I und zum Nachweis der niederen Hydrate eine an Heptahydrat gesättigte, metastabile Lösung, in der sich durch Rühren nacheinander das Gleichgewicht gegenüber dem Penta-, Tetra-, Di- und nach etwa 500 h dem Monohydrat einstellt. Von anderen Autoren werden ähnliche Übergangspunkte [7, 8] und Sättigungskonzentrationen [2, 9 bis 11] ermittelt. Frühere Werte von Linebarger [12] werden von Cottrell [2] korrigiert. Für das Eisgebiet werden c = 31.3 bei −10°C und c = 23.3 Gew.-% bei −5°C bestimmt [3]. Von Rüdorff [13] ermittelte Konzentrationen und Gefrierpunktserniedrigungen wäßriger $MnSO_4$-Lösungen passen anscheinend nur dann zur Eiskurve von Křepelka, Rejha [3], wenn der Rechnung statt dem angegebenen Tetra- das Heptahydrat zugrunde gelegt wird, s. hierzu auch [14].

Oberhalb 60°C sinkt die Löslichkeit mit steigender Temperatur entsprechend der Verlängerung der Sättigungslinie von $MnSO_4 \cdot H_2O$ (s. Fig. 32, S. 101) in einer konvex gekrümmten Kurve auf 26.2 Gew.-% bei 100°C ab. Aus den Meßwerten werden folgende Gleichungen für die Temperaturabhängigkeit der Gleichgewichtskonzentrationen c′ (in g/100 g H_2O) abgeleitet:

$$c' = -7.526\,t - 0.290\,t^2 + 0.000664\,t^3 \quad \text{für das Eisgebiet,}$$
$$c' = 96 - \sqrt{1857.6 - 53.4\,t - t^2} \quad \text{für } MnSO_4 \cdot 7H_2O,$$
$$c' = 118.2 - \sqrt{3538 - 3.4\,t - t^2} \quad \text{für } MnSO_4 \cdot 5H_2O,$$
$$c' = 62.14 + 0.0485\,t + 0.00321\,t^2 \quad \text{für } MnSO_4 \cdot 4H_2O,$$
$$c' = 71.232 - 0.28296\,t + 0.000581\,t^2 - 0.00001318\,t^3 \quad \text{für } MnSO_4 \cdot H_2O \text{ [3].}$$

Im Temperaturbereich von 90 bis 175°C fällt die Löslichkeit (in mol je 1000 g H_2O) in einer leicht durchgebogenen Kurve steil von 2.41 bei 90°C auf 0.275 bei 150°C, dann flacher auf 0.039 bei 175°C, s. Fig. 45, S. 170 [15]. Vergleichbare Konzentrationen liegen bei Křepelka, Rejha [3] um etwa 10% niedriger. Nach Bestimmungen in einem Hochtemperaturkristallisator beträgt die Sättigungskonzentration bei 190°C etwa 2 g/l Lösung [16]. In einer ähnlichen Kurve wie die Löslichkeitskurve, jedoch bei um etwa 20 Gew.-% höheren Konzentrationen, verläuft die Ausscheidungskurve zwischen etwa 100 und 190°C. Danach erreicht die Löslichkeit von $MnSO_4$ bei etwa 200°C den Wert Null [17], s. auch [14]. — Lösungsenthalpien s. S. 99 und bei den Hydraten.

Die Dichtepolythermen des Systems bilden Geraden, deren Neigung für die an Penta- und Tetrahydrat gesättigte Lösung positiv, für die an Di- und Monohydrat gesättigte Lösung negativ ist, s. **Fig. 33** [4]. Die Dichteangaben von Rohmer [4] stimmen mit früheren Werten von Flöttmann [10] gut überein. Für die Dichte der übersättigten Lösung bei 25°C wird D = 1.485 bei 39.5 Gew.-% $MnSO_4$ ermittelt und D = 1.540 g/cm³ bei 42 Gew.-% $MnSO_4$ extrapoliert [16].

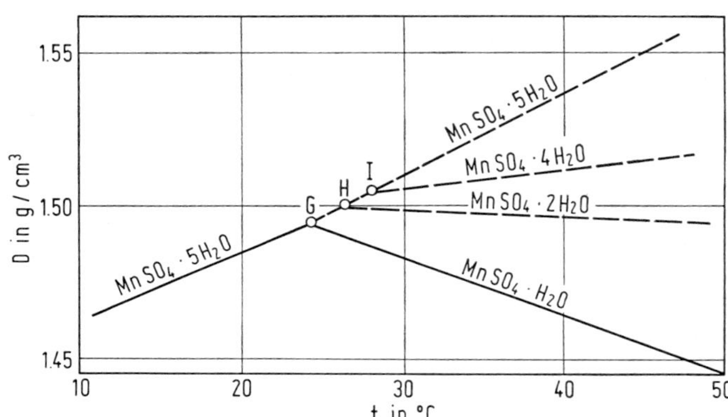

Fig. 33

Dichtepolythermen gesättigter, wäßriger $MnSO_4$-Lösungen (die Schnittpunkte G, H, I entsprechen denen in Fig. 32, S. 101, die gestrichelten Linien geben metastabile Phasen an).

Für den Dampfdruck p der gesättigten Lösung werden folgende Werte angegeben (Auswahl):

t in °C	24.99	25	30.17	40.19	50	65.16	100.1 bis 100.2
p in Torr	20.1	20 ± 1	27.1	49.3	80.1	174.7	746
Literatur	[18]	[19]	[18]	[18]	[20]	[18]	[3]

Ältere Messungen ergeben etwa 11.3 Torr bei 20°C und etwa 162 Torr bei 60°C [21]. Aus dem letzten Wert der Tabelle berechnet sich der Siedepunkt der gesättigten Lösung zu 100.6 bis 100.7°C [3].

Literatur:

[1] W. Schieber (Monatsh. Chem. **19** [1898] 280/97, 297). — [2] F. G. Cottrell (J. Phys. Chem. **4** [1899/1900] 637/56, 645/56). — [3] J. H. Křepelka, B. Rejha (Collection Czech. Chem. Commun. **5** [1933] 67/75). — [4] R. Rohmer (Compt. Rend. **209** [1939] 315/7). — [5] J. Myl, D. Koubova (Sb. Ved. Praci Vysoka Skola Chem. Technol. Pardubice **1964** Nr. 2, S. 59/65; C. A. **64** [1966] 4571).

[6] A. I. Dzabarov, A. I. Agaev, V. A. Aliev (Uch. Zap. Azerb. Gos. Univ. Ser. Khim. Nauk **1970** Nr. 3, S. 6/11; C. A. **77** [1972] Nr. 10190). — [7] F. A. H. Schreinemakers (Chem. Weekblad **6** [1909] 131/6). — [8] B. F. Markov, N. Kh. Tumanova (Zh. Fiz. Khim. **34** [1960] 1534/42; Russ. J. Phys. Chem. **34** [1960] 733/7). — [9] T. W. Richards, F. R. Frapie (Am. Chem. J. **26** [1901] 75/80, 77). — [10] F. Flöttmann (Z. Anal. Chem. **73** [1928] 1/39, 25, 38).

[11] R. M. Caven, W. Johnston (J. Chem. Soc. **1927** 2358/65, 2361). — [12] C. E. Linebarger (Am. Chem. J. **15** [1893] 225/48, 241). — [13] F. Rüdorff (Ann. Physik Chem. [2] **145** [1872] 599/622, 615). — [14] J. D'Ans, H. E. Freund, N. H. Woelk (in: Landolt-Börnstein, Bd. 2, Tl. 2b, 1962, S. 3-5/3-174, 3-135). — [15] R. D. Eddy, P. E. Machemer, A. W. C. Menzies (J. Phys. Chem. **45** [1941] 908/15, 910/2).

[16] H. C. Fuller (U. S. Bur. Mines Rept. Invest. Nr. 6762 [1966] 1/30, 27/30). — [17] A. Benrath (Z. Anorg. Allgem. Chem. **247** [1941] 147/60, 156). — [18] C. D. Carpenter, E. R. Jette (J. Am. Chem. Soc. **45** [1923] 578/90, 583). — [19] N. K. Voskresenskaya (Zh. Obshch. Khim. **2** [1932] 630/6; C. **1933** I 3405). — [20] E. B. Singh, P. C. Sinha (J. Indian Chem. Soc. **43** [1966] 750/8, 757).

[21] H. Lescoeur (Ann. Chim. Phys. [7] **4** [1895] 213/34, 220).

Manganese (II) Sulfate Heptahydrate

8.6.9 Mangan(II)-sulfat-heptahydrat $MnSO_4 \cdot 7H_2O$

Formation. Preparation

8.6.9.1 Bildung und Darstellung

Die Verbindung, die in der Natur als Mallardit vorkommt, tritt im System $MnSO_4$-H_2O (s. S. 101) als stabile Phase auf [1], s. auch [2], ferner als Bodenkörper in wäßrigen Systemen mit anderen Metallsulfaten (s. Kapitel 8.6.31, S. 178) sowie im System $MnSO_4$-H_2O-C_2H_5OH, s. S. 166. Das Heptahydrat bildet sich außerdem bei der doppelten Umsetzung $(NH_4)_2Mn(SO_4)_2 \cdot 6H_2O + NiSO_4 \cdot 7H_2O \rightleftharpoons (NH_4)_2Ni(SO_4)_2 \cdot 6H_2O + MnSO_4 \cdot 7H_2O$ bei 15 bis 16°C [3].

Zur Darstellung läßt man das Heptahydrat aus einer bei 27 bis 40°C gesättigten wäßrigen Lösung von $MnSO_4$ zwischen etwa −10 und 0°C auskristallisieren. So kühlen Kobe [4] und Cottrell [5] die Lösung auf einige Grade unter 0°C, wobei sich große rosafarbene Kristalle abscheiden [4]. Durch Abkühlen einer bei Zimmertemperatur stark konzentrierten Lösung auf −9°C gelangt Gieleßen [6] ebenfalls zu gut ausgebildeten Kristallen. Bei Temperaturen von etwa 0°C kristallisiert $MnSO_4 \cdot 7H_2O$ beim Fehlen von Kristallkeimen aus der bei Zimmertemperatur gesättigten Lösung nur sehr zögernd aus [7]. Bolte [8] erhält die Verbindung bei 0°C erst nach einigen Tagen. Zur Vermeidung der Bildung basischer Salze wird etwa 0.5% H_2SO_4 zugesetzt [4].

Unter Verwendung von Zersetzungsdrücken [8, 9] und Lösungswärmen [10] wird die Bildungsenthalpie für die Bildung aus den Elementen bei Standardbedingungen zu $\Delta H^\circ_{298} = -750.0$ kcal/mol berechnet [11]. Eine Neuberechnung ergibt den Wert −750.3 kcal/mol [12].

Literatur:

[1] J. H. Křepelka, B. Rejha (Collection Czech. Chem. Commun. **5** [1933] 67/75, 71). — [2] J. H. Křepelka, B. Rejha (Collection Czech. Chem. Commun. **3** [1931] 517/35, 532/4). — [3] M. Lemarchands, L. Péju (Bull. Soc. Chim. France [5] **6** [1939] 79/83). — [4] K. A. Kobe (J. Chem. Educ. **16** [1939] 183). — [5] F. G. Cottrell (J. Phys. Chem. **4** [1899/1900] 637/56, 643).

[6] J. Gieleßen (Ann. Physik [5] **22** [1935] 537/60, 538). — [7] R. de Forcrand (Compt. Rend. **158** [1914] 1760/3). — [8] H. Bolte (Z. Physik. Chem. **80** [1912] 338/60, 352). — [9] W. Biltz (Z. Anorg. Allgem. Chem. **89** [1914] 141/63, 147). — [10] J. Perreu (Compt. Rend. **198** [1934] 1410/2).

[11] F. D. Rossini, D. D. Wagman, W. H. Evans, S. Levine, I. Jaffe (Natl. Bur. Std. [U. S.] Circ. Nr. 500 [1952] 277, 921, 923). — [12] D. D. Wagman, W. H. Evans, I. Halow, V. B. Parker, S. M. Bailey, R. H. Schumm (Natl. Bur. Std. [U. S.] Tech. Note 270-4 [1969] 110).

Crystallographic, Mechanical, and Thermal Properties

8.6.9.2 Kristallographische, mechanische und thermische Eigenschaften

Das Heptahydrat kristallisiert auf Grund der Morphologie monoklin [1, 2], $\beta = 104°51'$ [1]. Während Purkayastha, Sarkar [3] aus Verteilungsuntersuchungen von ^{54}Mn-markiertem $MnSO_4$ zwischen rhombischem $MgSO_4$ als Wirtskristall und dessen gesättigter Lösung auf eine metastabile rhombische Modifikation schließen, deutet nach Benrath, Blankenstein [4] die geringe Löslichkeit des Salzes in $MgSO_4 \cdot 7H_2O$ darauf hin, daß es auch im metastabilen Zustand nicht rhombisch vorkommt. — Die monoklinen Kristalle sind meist tafelartig nach der Basis ausgebildet. Parallel dazu ist auch eine gute Spaltbarkeit vorhanden [1]. — $MnSO_4 \cdot 7H_2O$ ist vermutlich mit $FeSO_4 \cdot 7H_2O$ (s. „Eisen" B, S. 409) und $CoSO_4 \cdot 7H_2O$ (s. „Kobalt" A, Erg.-Bd., S. 635) isotyp [5].

Eigenschaften des $[Mn(H_2O)_6]^{2+}$-Ions, beispielsweise Mn-O-Bindungsabstände oder Aufspaltung der d-Orbitale des Mn^{2+}-Ions unter dem Einfluß des Ligandenfeldes der H_2O-Molekeln, werden in einer späteren Lieferung bei Komplexverbindungen des Mangans mit neutralen und innerkomplexbildenden Liganden behandelt.

Dichte D = 1.846 g/cm³, nach der Schwebemethode bei 3 bis 4°C bestimmt [1], D = 1.888 g/cm³ [6]. — Den Dampfdruck bei 14.75°C bestimmt Bolte [7] zu 10.55 Torr. Auf Grund dieser Messungen wird der Druck von p = 0.1 atm bei 40°C erreicht [8].

Literatur:

[1] E. Günther (Diss. Jena 1908, S. 1/30, 20; Z. Krist. **50** [1912] 91/2). — [2] A. Carnot (Compt. Rend. **88** [1879] 1268/70). — [3] B. C. Purkayastha, S. Sarkar (J. Indian Chem. Soc. **48** [1971] 65/9). — [4] A. Benrath, A. Blankenstein (Z. Anorg. Allgem. Chem. **216** [1933] 41/8, 47). — [5] F. Hammel (Ann. Chim. [Paris] [11] **11** [1939] 247/358, 268).

[6] E. A. Gapon (J. Chim. Phys. **25** [1928] 154/6). — [7] H. Bolte (Z. Physik. Chem. **80** [1912] 338/60, 352). — [8] W. Biltz (Z. Anorg. Allgem. Chem. **89** [1914] 141/63, 147).

8.6.9.3 Optische Eigenschaften

Optical Properties

Da die Spektren der verschiedenen Hydrate und von $MnSO_4 \cdot D_2O$ untereinander sehr ähnlich sind, werden sie hier beim Heptahydrat gemeinsam behandelt.

8.6.9.3.1 IR- und Raman-Spektrum

IR and Raman Spectra

Im IR-Spektrum von $MnSO_4 \cdot H_2O$ (Suspensionen in Nujol, Hexachlorbutadien, Vaseline sowie KBr-Preßlinge) werden außer den SO_4^{2-}-Banden (vgl. S. 89) die H_2O-Schwingungen zur Untersuchung der Bindung der Wassermolekeln im Kristall (s. S. 124) betrachtet.

Die SO_4^{2-}-Banden bestätigen die Site-Symmetrieregeln (C_{2v}: ν_1 wird IR-aktiv, ν_3 und ν_4 zeigen vollständige Aufhebung der Entartung), ν_2 wird nicht beobachtet (s. jedoch die Fußnote folgender Tabelle) [1 bis 4]. Für H_2O werden außer der (im Vergleich zur freien Molekel verschobenen) symmetrischen Streckschwingung ν_1 und der Biegeschwingung ν_2 [2 bis 5] Banden beobachtet, die die behinderte Rotation der im Kristall gebundenen Molekel (die Schaukelschwingung in der Molekelebene ρ und die Nickschwingung aus der Ebene heraus γ) zeigen [2 bis 4].

Für $MnSO_4 \cdot H_2O$ [1, 2] und $MnSO_4 \cdot D_2O$ [2] ergeben sich folgende Wellenzahlen ν_1 (in cm^{-1}):

Sulfat-Ion:	ν_1	ν_3	ν_4	Lit.
	1025	1210 (?), 1140, 1100	660, 640, 605	[2]
	1018	1250, 1136, 1093	645, 621, 600	[1]

Wasser:	ν_1	ν_2	ρ	γ	
H_2O	3320, 3180 ± 20	1635, 1555	883, 825	520, 486 *)	[2]
D_2O	2460, 2350	1350, 1310	502, 435	—	[2]

*) $\nu = 486\ cm^{-1}$ ist möglicherweise ν_2 von SO_4^{2-}.

Ähnliche Ergebnisse s. auch bei Schubert [4], Duval, Lecomte [5]. Die von Oswald [3] als H_2O-Biegeschwingung identifizierte Bande bei 1498 cm^{-1} wird nicht bestätigt [2, 4]. Weitere von Lendormy [6] beobachtete Banden beruhen laut anderen Autoren [3, 4] auf Verunreinigungen.

Entsprechende IR-Untersuchungen und Raman-Effektmessungen (R) an Kristallen von stärker hydratisiertem $MnSO_4$ ergeben folgende Banden (in cm^{-1}):

IR and Raman Spectra of $MnSO_4$ Hydrates

Verbindung	Spektrum	SO_4^{2-}-Banden ν_4	ν_1	ν_3	H_2O-Banden ν_1	ν_2	ρ	γ	Lit.
$MnSO_4 \cdot 7H_2O$	IR				3226 (oder 3236) 3400 3477 3533				[5]
$MnSO_4 \cdot 7H_2O$	R		993	1084					[13]
$MnSO_4 \cdot 5H_2O$ *)	R	603 693	994	1085 1148	3399 3467			457**)	[12]
$MnSO_4 \cdot 4H_2O$	R		988.4						[11]
		624	992	1077 1104 1144 1176	3322 3422 3475 3542			458**) 475**)	[10]
$MnSO_4 \cdot 4H_2O$	IR	605 630 670	997	1085 1105 1140 (?) 1210	3220 3400	1545 1620 1650	915 830 bis 700	470***) 540	[2]
$MnSO_4 \cdot 2H_2O$	IR			1014 1106	3268				[9]
		660		1025 1135	3225		825		[7]

*) Laut [10]; im Original [12]: $7H_2O$.
**) Im Original [12] $\nu_2(SO_4^{2-})$ zugeordnet.
***) $\nu = 470\ cm^{-1}$ ist möglicherweise ν_2 von SO_4^{2-}.

Zum IR-Spektrum eines Handelspräparats ($MnSO_4 \cdot 4H_2O$?) s. [8].

Im IR-Spektrum von $MnSO_4 \cdot 5H_2O$ (Aufdampfschichten) werden ferner $\nu_1 + \nu_3$ und $\nu_2 + \nu_3$ von H_2O (s. [14]) bei 1.464 und 1.958 μm ($\triangleq$ 6830 und 5107 cm^{-1}) beobachtet [15].

Literatur:

[1] A. Hezel, S. D. Ross (Spectrochim. Acta **22** [1966] 1949/61). — [2] V. P. Tayal, D. P. Khandelwal (Proc. 17th Nucl. Phys. Solid State Phys. Symp., Chandigarh, India 1972 [1973], Bd. C, S. 477/81; C. A. **80** [1974] Nr. 76204). — [3] H. R. Oswald (Helv. Chim. Acta **48** [1965] 600/8). — [4] K. D. Schubert (Bergakademie **19** [1967] 291/4). — [5] C. Duval, J. Lecomte (J. Chim. Phys. **50** [1953] C 64/C 71).

[6] N. Lendormy (Chim. Anal. [Paris] **44** [1962] 255/60; Compt. Rend. **253** [1961] 1804/5). — [7] F. A. Miller, C. H. Wilkins (Anal. Chem. **24** [1952] 1253/94). — [8] F. A. Miller, G. L. Carlson, F. F. Bentley, W. H. Jones (Spectrochim. Acta **16** [1960] 135/235, 150). — [9] V. V. Klimov (Tr. Kazakhsk. Nauchn. Issled. Inst. Mineral'n. Syr'ya Nr. 1 [1959] 218/27; C. A. **1961** 9036). — [10] D. Krishnamurti (Proc. Indian Acad. Sci. A **48** [1958] 355/63).

[11] P. Krishnamurti (Indian J. Phys. **5** [1930] 184/91). — [12] B. Lakshman Rao (Proc. Indian Acad. Sci. A **14** [1941] 48/55). — [13] H. Nisi (Japan. J. Phys. **7** [1931] 1/32). — [14] G. Herzberg (Molecular Spectra and Molecular Structure II. Infrared and Raman Spectra of Polyatomic Molecules, Toronto-New York-London 1945, S. 281). — [15] L. Passerini (Gazz. Chim. Ital. **65** [1935] 511/7).

8.6.9.3.2 Absorption im Sichtbaren und UV

Absorption in the Visible and UV Regions

An festem $MnSO_4 \cdot 4H_2O$ wird die langwellige Grenze der UV-Absorption bei 240 nm beobachtet [1].

Im Sichtbaren und nahen UV erscheinen die Spin-verbotenen und daher schwachen d-d-Übergänge des Mn^{2+}-Ions $^6S \rightarrow {}^4G$, ^4D, ^4F, die im kubischen Kristallfeld aufspalten in $^6A_1 \rightarrow {}^4T_1$, $^4T_2$, ^4E, $^4A_1$ bzw. $^4T_2$, ^4E bzw. $^4A_2$, $^4T_1$, $^4T_2$, s. „Mangan" B, S. 134, 180. Sie bewirken die blaßrosa Färbung der Mn^{II}-Verbindungen [2]. Die Aufhebung des Spin-Verbots wird auf eine Beimischung von $^4T_1$-Anregungszuständen zum Grundzustand $^6A_1$ über die Spin-Bahn-Kopplung und weniger auf einen vibronischen Mechanismus zurückgeführt. Mit $MnSO_4 \cdot 4H_2O$ liegt ein „isoliertes" System vor, im Gegensatz zu einer Reihe anderer Mn^{II}-Verbindungen (beispielsweise $MnCl_2 \cdot 2H_2O$), in denen die Mn^{2+}-Ionen durch ein gemeinsames Anion verbrückt werden und eine interionische Kopplung eine um eine Größenordnung stärkere Absorption hervorruft ("cooperative intensity mechanism"). An Einkristallen ergibt die Absorption in Richtung der c-Achse bei 300 K folgende Wellenzahlen ν (in cm^{-1}) und Oszillatorenstärken f für die d-d-Übergänge ($^4A_1$, ^4E ($^4G_2$) sind zufällig entartet) [3]:

ν	18520	22830	24880	27860	29580	32260	40320
$f \times 10^7$	1.18	0.58	0.60	1.06	0.33	0.31	0.89
Anregungsterm . . .	$^4T_1$	$^4T_2$	$^4A_1$, ^4E	$^4T_2$	^4E	$^4T_1$	$^4A_2$
		^4G		^4D		^4F	

Bei Temperaturerhöhung von 77 auf 300 K nimmt die Summe der Oszillatorenstärken der ^4G-Banden (hier Absorption in Richtung der a-Achse gemessen) um 23% zu, was den Beitrag an vibronischer Kopplung zeigt [3]. — Ein hochaufgelöstes Spektrum von $MnSO_4 \cdot 4H_2O$-Einkristallen bei 20 K zwischen 24700 und 30000 cm^{-1} zeigt außer Schwingungsstrukturen auch die Aufspaltungen der Übergänge bei 25000 und 27000 cm^{-1}, die durch die nichtkubischen Anteile des Kristallfelds hervorgerufen werden. Der Übergang $^6A_1 \rightarrow {}^4A_1$, ^4E (^4G) besteht aus einem intensiven Triplett bei 24838, 24882, 24950 cm^{-1} und einer Folge von sechs weniger ausgeprägten Banden bis 25311 cm^{-1}; der $^6A_1 \rightarrow {}^4T_2$ (^4D)-Übergang zeigt ein intensives Dublett bei 27292, 27352 cm^{-1} und eine Folge von etwa 19 Banden bis 28670 cm^{-1}, die auf Grund der Temperaturabhängigkeit ihrer Intensitäten der Anregung von Gitterschwingungen im elektronischen Anregungszustand zugeordnet werden; der $^6A_1 \rightarrow {}^4E$ (^4D)-Übergang erscheint als diffuse Linie bei 29700 cm^{-1}. Ein schwaches Quadruplett bei 25800 cm^{-1} mit $f \approx 3 \times 10^{-10}$ kann kein elektrischer Dipolübergang, eher ein magnetischer Dipol- oder elektrischer Quadrupolübergang sein [4].

Bei Untersuchungen an $MnSO_4 \cdot 4H_2O$ werden an Einkristallplättchen die ^4G- und ^4D-Übergänge bei 19800, 23470, 25000, 28330 und 29850 cm^{-1} gefunden, der Kristallfeld- und die Racah-Parameter zu $D_q = 750$ cm^{-1}, $B = 693$ cm^{-1}, $C = 3614$ cm^{-1} berechnet, das nephelauxetische Verhältnis B(Kristall)/B(freies Ion) (ein Maß für den Kovalenzgrad der Mn^{2+}-Bindung im Kristall) zu 88% bestimmt [2].

In einem äußerem Magnetfeld (167 bzw. 133 kOe) zeigen die Übergänge $^6A_1 \rightarrow {}^4A_1$, ^4E(^4G) bzw. $^4T_2$ (^4D) einen normalen Zeeman-Effekt, wie er bei g-Faktoren g = 2 für den Grundzustand und g = 2 bzw. 1.5 für die Anregungszustände erwartet wird; das bestätigt die Annahme, daß die Absorption in $MnSO_4 \cdot 4H_2O$ hauptsächlich durch einen Ein-Ionen-Mechanismus (s. oben) hervorgerufen wird. Leichte Anomalien im Polarisationsverhalten zeigen möglicherweise eine schwache interionische Kopplung [5].

An $MnSO_4 \cdot H_2O$ in KBr-Preßlingen wird die UV-Absorption zwischen 220 und 400 nm (mehr zur Erprobung der KBr-Technik) untersucht und eine Abplattung der an wäßriger $MnSO_4 \cdot H_2O$-Lösung gefundenen Maxima bei etwa 250 und 300 nm beobachtet [6].

Absorption of $MnSO_4$ Hydrates in the Visible and UV Regions

Eine ältere Untersuchung an $MnSO_4 \cdot nH_2O$-Kristallen mit n = 7, 5, 4, 1 ergibt folgendes Absorptionsverhalten (ohne Zuordnung): $MnSO_4 \cdot 7H_2O$ (aus einer stark konzentrierten Lösung bei −9°C auskristallisiert) zeigt bei −189°C eine selektive Absorption bei 24945 cm^{-1}; $MnSO_4 \cdot 5H_2O$ (bei Raumtemperatur unter vermindertem Druck auskristallisiert) bei −195°C Banden bei 24885, 24958, 25148, 25253, 25323 cm^{-1}; $MnSO_4 \cdot H_2O$ (bei 60 bis 70°C hergestellt) bei −189°C relativ breite Banden bei 24756, 24823, 25014, 25098 cm^{-1}. Das Spektrum von $MnSO_4 \cdot 4H_2O$ (bei 35°C hergestellt), aufgenommen senkrecht und parallel zur c-Achse bei −195 und −189°C, erfaßt den Bereich der Übergänge $^6A_1(^6S) \rightarrow {}^4A_1, {}^4E(^4G)$ bis $^6A_1(^6S) \rightarrow {}^4F(^4A_2)$ (s. S. 107) [7].

Literatur:

[1] M. Kimura, M. Takewaki (Sci. Papers Inst. Phys. Chem. Res. **9** [1928/29] 57/64). — [2] K. L. Keester, W. B. White (Papers Proc. 5th Gen. Meeting Intern. Mineral. Assoc., Cambridge 1966 [1968], S. 22/35; C. A. **71** [1969] Nr. 43995). — [3] L. L. Lohr, D. S. McClure (J. Chem. Phys. **49** [1968] 3516/21). — [4] R. Pappalardo (Phil. Mag. [8] **2** [1957] 1397/414). — [5] C. J. Marzacco, D. S. McClure (Symp. Faraday Soc. Nr. 3 [1969/70] 106/18).

[6] W. H. Waggoner, M. E. Chambers (Talanta **5** [1960] 121/30). — [7] J. Gieleßen (Ann. Physik [5] **22** [1935] 537/60).

Chemical Reactions. Solubility

8.6.9.4 Chemisches Verhalten. Löslichkeit

Dehydratation. $MnSO_4 \cdot 7H_2O$ schmilzt bei 24°C in seinem Kristallwasser. An der Luft bei 70% relativer Feuchtigkeit und 8 bis 14°C verwittert es oberflächlich. Bei etwa 50% relativer Feuchtigkeit und Zimmertemperatur haben sich große Kristalle nach 38 d vollständig in das Monohydrat umgewandelt. An trockener Luft zerfällt das Heptahydrat ebenfalls in das Monohydrat [1]. Nach thermogravimetrischen Untersuchungen (Erhitzungsgeschwindigkeit 5 grd/min) [2] und thermoanalytischen Untersuchungen [1] geht das Heptahydrat bei etwa 100°C in das Monohydrat über. DTA-Untersuchungen (Erhitzungsgeschwindigkeit etwa 1 grd/min) ergeben endotherme Effekte bei etwa 28, 60, 78 und 102°C und einen exothermen Effekt bei 65°C, der wahrscheinlich auf die Umwandlung eines amorphen Zwischenprodukts in den kristallinen Zustand zurückzuführen ist [3]. Im Vakuum (10^{-2} Torr) wird bei 15°C eine 3stufige Dehydratation zum (nicht gesicherten) $MnSO_4 \cdot 0.5H_2O$ beobachtet. Die Zwischenstufen sind $MnSO_4 \cdot 5H_2O$ und $MnSO_4 \cdot 2H_2O$ [4].

Die Enthalpie der Reaktion $MnSO_4 \cdot 7H_2O \rightarrow MnSO_4 \cdot 5H_2O + 2H_2O(gas)$ wird aus den von Bolte [4] bestimmten Dampfdruckwerten zu $\Delta H_{313} = 12.83$ kcal/mol H_2O berechnet [5]. Aus thermodynamischen Daten von Rossini u. a. [6] ergibt sich die Enthalpie der Reaktion $MnSO_4 \cdot 7H_2O \rightarrow MnSO_4 \cdot H_2O + 6H_2O(gas)$ zu $\Delta H_{298} = 12.4$ kcal/mol H_2O [7].

Mit LiBr im Überschuß reagiert die Verbindung in absolutem Äther nach: $MnSO_4 \cdot 7H_2O + 10\,LiBr \rightarrow Li_2SO_4 \cdot H_2O(fest) + 6\,LiBr \cdot H_2O(fest) + Li_2MnBr_4(gelöst)$ [8].

$MnSO_4 \cdot 7H_2O$ bildet Mischkristalle mit anderen Sulfatheptahydraten, s. Kapitel 8.6.31, S. 178. Neuere Untersuchungen zur Mischkristallbildung mit $NiSO_4 \cdot 7H_2O$ zwischen 8 und 30°C s. Purkayastha, Das [9], mit $FeSO_4 \cdot 7H_2O$ zwischen 3 und 20°C s. Purkayastha, Sarkar [10].

Zur Löslichkeit in Wasser s. das System $MnSO_4$-H_2O (S. 101). $MnSO_4 \cdot 7H_2O$ löst sich endotherm in Wasser. Die integrale Lösungsenthalpie ΔH_i (in kcal/mol) wird beim Lösen von 1 mol Hydrat in 334.7 mol H_2O zu $\Delta H_i = 3.47$ bei 9°C bestimmt [11]. Bei 15°C (in wahrscheinlich ähnlichen Wassermengen) wird $\Delta H_i = 3.251$ gemessen [12]. Die Lösungsenthalpie beim Lösen in (fast) gesättigter Lösung (letzte Lösungswärme) ist $\Delta H = 5.47$ [11].

Literatur:

[1] J. H. Křepelka, B. Rejha (Collection Czech. Chem. Commun. **3** [1931] 517/35, 520). — [2] J. Cabicar, F. Einhorn (Acta Fac. Rerum Nat. Univ. Comenianae Chimia **1968** Nr. 12, S. 103/9; C. A. **71** [1969] Nr. 27066). — [3] H. Chihara, S. Seki (Bull. Chem. Soc. Japan **26** [1953] 88/92). —

[4] H. Bolte (Z. Physik. Chem. **80** [1912] 338/60, 352/3). — [5] W. Biltz (Z. Anorg. Allgem. Chem. **89** [1914] 141/63, 147).

[6] F. D. Rossini, D. D. Wagman, W. H. Evans, S. Levine, I. Jaffe (Natl. Bur. Std. [U. S.] Circ. Nr. 500 [1952] 277). — [7] Ya. K. Syrkin, V. M. Ezuchevskaya (Zh. Strukt. Khim. **5** [1964] 864/72; J. Struct. Chem. [USSR] **5** [1964] 798/805). — [8] G. Monnier (Ann. Chim. [Paris] [13] **2** [1957] 14/57, 29/30). — [9] B. C. Purkayastha, N. Das (J. Radioanal. Chem. **25** [1975] 35/46). — [10] B. C. Purkayastha, S. Sarkar (J. Indian Chem. Soc. **48** [1971] 65/9).

[11] J. Perreu (Compt. Rend. **198** [1934] 1410/2). — [12] R. de Forcrand (Compt. Rend. **159** [1914] 12/6).

8.6.10 $MnSO_4 \cdot 6H_2O$ (?)

$MnSO_4 \cdot 6H_2O$ (?)

Ein von älteren Autoren (s. beispielsweise [1, 2]) erwähntes Hexahydrat existiert nach Untersuchungen von Schieber [3] nicht. Da sich unterhalb 9°C neben dem stabilen Heptahydrat das Pentahydrat metastabil abscheiden kann, nehmen Křepelka, Rejha [4] an, daß es sich bei diesen „Hexahydraten" um Gemische aus Penta- und Heptahydrat gehandelt hat, deren Kristallwassergehalt zufällig dem eines Hexahydrats entsprach. — Zur Bildung des monoklinen Doppelsalzes $(NH_4)_2BeF_4 \cdot MnSO_4 \cdot 6H_2O$ s. [5].

Literatur:

[1] R. Brandes (Ann. Physik Chem. [2] **20** [1830] 556/90, 569/70). — [2] C. E. Linebarger (Am. Chem. J. **15** [1893] 225/48, 234). — [3] W. Schieber (Monatsh. Chem. **19** [1898] 280/97, 282/4). — [4] J. H. Křepelka, B. Rejha (Collection Czech. Chem. Commun. **3** [1931] 517/35, 531/2). — [5] P. C. Rây (Nature **124** [1929] 480/1), P. B. Sarkar, N. Rây (J. Indian Chem. Soc. **6** [1929] 987/90).

8.6.11 Mangan(II)-sulfat-pentahydrat $MnSO_4 \cdot 5H_2O$

Manganese(II) Sulfate Pentahydrate

8.6.11.1 Bildung und Darstellung

Formation. Preparation

$MnSO_4 \cdot 5H_2O$ tritt im System $MnSO_4$-H_2O (s. S. 101) als stabile Phase auf [1], ferner als Bodenkörper in wäßrigen Systemen mit anderen Metallsulfaten (s. Kapitel 8.6.31, S. 178) sowie in den Systemen $MnSO_4$-H_2SO_4-H_2O (s. S. 169), $MnSO_4$-H_2O-C_2H_5OH (s. S. 166) und $MnSO_4$-$CO(NH_2)_2$-H_2O. Zur Bildung aus dem Heptahydrat s. S. 108 bzw. das System $MnSO_4$-H_2O.

Das rosafarbene Salz kristallisiert leicht aus der gesättigten wäßrigen Lösung bei Normaltemperatur aus. Bei langsamer Verdampfung der Lösung an Luft, besser im Exsikkator, soll man gut ausgebildete, tafelförmige Kristalle mit 4 bis 5 cm Kantenlänge erhalten. Um die Bildung des Tetrahydrats zu vermeiden, impft man mit Kristallen des Pentahydrats [2]. Zur Kristallisation aus der Lösung s. auch [3 bis 7]. Zum Kristallisationsvorgang aus einer Lösung in mit Tritium markiertem Wasser HTO s. [8]. — Nach einer anderen Darstellungsmethode versetzt man die bei 20°C gesättigte wäßrige $MnSO_4$-Lösung mehrmals mit C_2H_5OH und gelangt nach Abdekantieren der sich bildenden Alkohol-Wasser-Phase ebenfalls zur reinen Verbindung [9]. Dagegen führt einfaches Ausfällen der bei 20°C gesättigten Lösung mit C_2H_5OH nach Křepelka, Rejha [10] zu einem feinkörnigen Kristallisat, das wegen der anhaftenden Mutterlauge kaum ohne Zersetzung getrocknet werden kann. Cotton-Feytis [11] gelingt es nicht, nach dieser Methode ein definiertes Hydrat herzustellen.

Zur technischen Herstellung von sehr reinem $MnSO_4 \cdot 5H_2O$ wird eine gereinigte $MnSO_4$-Lösung auf pH = 2 angesäuert und eingedampft, wobei sich zunächst das Monohydrat abscheidet. Die erhaltene Suspension wird unter Rühren 10 bis 12 h auf 15 bis 20°C gekühlt. Dabei erfolgt Rekristallisation und Abscheidung des Pentahydrats [12].

Bildungsenthalpie (in kcal/mol) für die Bildung der Verbindung aus den Elementen bei Standardbedingungen: $\Delta H^\circ_{298} = -609.6$, unter Verwendung von Lösungswärmen und Zersetzungsdrücken wie bei $MnSO_4 \cdot 7H_2O$ (s. S. 104) ermittelt [13]. Eine Neuberechnung ergibt $\Delta H^\circ_{298} = -610.2$ [14].

Literatur:

[1] J. H. Křepelka, B. Rejha (Collection Czech. Chem. Commun. **5** [1933] 67/75, 69, 71). — [2] F. Hammel (Ann. Chim. [Paris] [11] **11** [1939] 247/358, 276). — [3] E. S. Larsen, H. L. Glenn (Am. J. Sci. [4] **50** [1920] 225/33, 232). — [4] L. Passerini (Gazz. Chim. Ital. **65** [1935] 511/7). — [5] J. Gieleßen (Ann. Physik [5] **22** [1935] 537/60, 538).

[6] L. C. Jackson (Proc. Roy. Soc. [London] A **140** [1933] 695/713, 703). — [7] F. G. Cottrell (J. Phys. Chem. **4** [1899/1900] 637/56, 642). — [8] H. Tanaka (J. Sci. Hiroshima Univ. A **36** [1972] 31/45; C. A. **77** [1972] Nr. 67045). — [9] P. Dubois (Compt. Rend. **198** [1934] 1502/4). — [10] J. H. Křepelka, B. Rejha (Collection Czech. Chem. Commun. **3** [1931] 517/35, 530).

[11] E. Cotton-Feytis (Ann. Chim. [Paris] [10] **4** [1925] 9/78, 61/4). — [12] Kh. G. Purtseladze, E. N. Bogoyavlenskii, M. A. Danielashvili, E. N. Shoshiashvili (Pererab. Margantsevykh Polimetal. Rud Gruz. **1970** 87/92; C. A. **74** [1972] Nr. 77869). — [13] F. D. Rossini, D. D. Wagman, W. H. Evans, S. Levine, I. Jaffe (Natl. Bur. Std. [U. S.] Circ. Nr. 500 [1952] 277, 921, 923). — [14] D. D. Wagman, W. H. Evans, I. Halow, V. B. Parker, S. M. Bailey, R. H. Schumm (Natl. Bur. Std. [U. S.] Tech. Note 270-4 [1969] 110).

Physical Properties

8.6.11.2 Physikalische Eigenschaften

Die Kristalle von $MnSO_4 \cdot 5H_2O$ treten nadelig oder blättrig auf [1]. Bei der Kristallisation im Magnetfeld werden rautenförmige Blättchen erhalten. Die große Diagonale liegt dabei senkrecht zu den Feldlinien [2]. Formen und Winkel s. [3]. — Das Pentahydrat kristallisiert triklin [1]. Hammel [4] bestimmt aus Drehkristallaufnahmen die Gitterkonstanten a = 6.2, b = 10.7, c = 6.1 Å und übernimmt die von Marignac [1] gemessenen Winkel: $\alpha = 82°37'$, $\beta = 110°5'$, $\gamma = 104°59'$; Z = 2 [4]. d-Werte s. bei Druzhinin, Duishenalieva [5].

Dichte D in g/cm³: D = 2.1006 bei 14.5°C nach der Schwebemethode ermittelt [6], D = 2.103 bei 15°C pyknometrisch bestimmt [7], D = 2.099 bis 2.107 bei 15.2 bis 17.6°C [8], D = 2.059 bei 16°C [9], D = 2.046 bei 25°C pyknometrisch bestimmt [10].

Spezifische Wärmekapazität in $cal \cdot g^{-1} \cdot K^{-1}$ zwischen 0 und 100°C: $c_p = 0.323$ [11], zwischen 12 und 22°C: $c_p = 0.338$ [9]. Die molare Wärmekapazität in $cal \cdot mol^{-1} \cdot K^{-1}$ zwischen 290 und 319 K berechnet Kelley [12] zu $C_p = 78$ unter Verwendung des Meßwertes von Kopp [11]. Myuller [13] berechnet bei 300 K $C_p = 71.4$ bei Annahme von Ionenbindung und $C_p = 63.0$ bei Annahme kovalenter Bindung.

Für den Dampfdruck p werden folgende Werte bestimmt:

p in Torr	9.2	13.20	13.4	14.56	18.40	18.5	19.8
t in °C	14.8	20	20	21	25	25	25
Literatur	[14]	[14, 16]	[15]	[14, 16]	[14, 16]	[16]	[17]

Auf Grund der Messungen von Bolte [14] wird der Druck von p = 0.1 atm bei 43°C erreicht [18].

Bei 17.2°C beträgt die spezifische Suszeptibilität $\chi = 62.6 \times 10^{-6}$ cm³/g, die Molsuszeptibilität $\chi_{mol} = 15060 \times 10^{-6}$ cm³/mol [19]. Messungen an kleinen Kristallen, bei denen innerhalb des experimentellen Fehlerbereiches (0.5 bis 1%) keine magnetische Anisotropie beobachtet wird, ergeben:

T in K	293.2	198.6	169.7	147.8	90.3	84.8	78.8
χ_{mol} in 10^{-6} cm³/mol . .	14760	21980	25590	28910	46970	49480	53260

Das effektive magnetische Moment μ_{eff} beträgt etwa 5.9 μ_B [20]. Nach Lallemand [21] fällt χ_{mol} zwischen 147.5 und 294.1 K von 29730×10^{-6} auf 14810×10^{-6} cm³/mol; $\mu_{eff} \approx 5.8\ \mu_B$.

Bei der Untersuchung der paramagnetischen Resonanzabsorption ($\nu = 9.97$ GHz) finden Kumagai u. a. [22], daß die Resonanzlinie eines Einkristalls je nach Ausrichtung im Magnetfeld eine Halbwertsbreite $\Delta H_{1/2}$ zwischen 980 und 1500 Oe (g = 2.00 bis 2.07) hat; bei 2 pulverförmigen Proben wird $\Delta H_{1/2}$ = 1250 und 1140 Oe (g = 2.06 bzw. 2.07) gefunden; Angaben für pulverförmige Proben ($\Delta H_{1/2}$ = 1250 Oe) s. auch bei Kumagai u. a. [23].

Die Anisotropie der paramagnetischen Spin-Spin-Absorption in Magnetfeldern, die parallel zu den kristallographischen Achsen gerichtet sind, untersuchen Kozlova, Sakharov [24] an Einkristallen bei gewöhnlicher Temperatur und 3.7 GHz. Bei Wiedergabe der Ergebnisse durch die Gleichung von Shaposhnikov [25]: $\chi''/\chi_0 = (1-F)^2 \tau_s \omega/[1-(1-F)^2 \tau_s^2 \omega^2]$, wo $F = H^2/(b/C) + H^2$ und τ_s die isotherme Relaxationszeit bedeuten, zeigt sich, daß die b/C-Werte für H parallel zur a- und b-Achse und für eine pulverförmige Probe gleich sind (2×10^6 Oe^2), während der Wert für H parallel zur c-Achse um 20% kleiner ist (Absorptionskurven s. im Original).

Die Brechungsindizes der optisch negativen Kristalle betragen in weißem Licht $n_\alpha = 1.495$, $n_\beta = 1.508$ und $n_\gamma = 1.514$ [26]. Über die Spektren im IR-, sichtbaren und UV-Bereich s. S. 105/8.

Literatur:

[1] J.-C. de Marignac (Œuvres Complètes, Bd. 1, Genf-Paris-Berlin 1902, S. 355/426, 381/3; Mem. Soc. Phys. Hist. Nat. Genève **14** [1855] 234). — [2] G. Roasio (Z. Krist. **59** [1924] 88/9). — [3] P. Groth (Chemische Krystallographie, Tl. 2, Leipzig 1908, S. 416/7). — [4] F. Hammel (Ann. Chim. [Paris] [11] **11** [1939] 247/358, 276/7). — [5] I. G. Druzhinin, N. Duishenalieva (Vzaimodeistvie Tiomocheviny Mocheviny Mineral'n. Solyami, Akad. Nauk Kirg. SSR Inst. Neorgan. Fiz. Khim. **1965** 70/6; C. A. **65** [1966] 6425).

[6] J. L. Andreae (Z. Physik. Chem. **76** [1911] 491/6). — [7] T. E. Thorpe, J. I. Watts (J. Chem. Soc. **37** [1880] 102/17, 114). — [8] O. Petterson (Nova Acta Regiae Soc. Sci. Upsaliensis **10** Nr. 7 [1879] 1/26, 18). — [9] C. Pape (Ann. Physik Chem. [2] **120** [1863] 337/84, 372). — [10] E. Moles, M. Crespi (Z. Physik. Chem. **130** [1927] 337/44).

[11] H. Kopp (Phil. Trans. Roy. Soc. London **155** [1865] 71/202, 155). — [12] K. K. Kelley (U. S. Bur. Mines Bull. Nr. 371 [1934] 1/78, 67). — [13] R. L. Myuller (Zh. Fiz. Khim. **28** [1954] 1193/209; C. A. **1955** 7953). — [14] H. Bolte (Z. Physik. Chem. **80** [1912] 338/60, 352). — [15] R. Hollmann (Z. Physik. Chem. **37** [1901] 193/213, 205).

[16] N. K. Voskresenskaya (Zh. Obshch. Khim. **2** [1932] 630/6; C. **1933** I 3405). — [17] C. D. Carpenter. E. R. Jette (J. Am. Chem. Soc. **45** [1923] 578/90, 583). — [18] W. Biltz (Z. Anorg. Allgem. Chem. **89** [1914] 141/63, 147). — [19] E. F. Herroun (Proc. Phys. Soc. [London] **46** [1934] 872/81, 877). — [20] L C. Jackson (Proc. Roy. Soc. [London] A **140** [1933] 695/713, 703).

[21] A. Lallemand (Ann. Phys. [Paris] [11] **3** [1935] 97/197, 171). — [22] H. Kumagai, K. Ono, I. Hayashi, H. Abe, J. Shimada, H. Shono, H. Ibamoto (Phys. Rev. [2] **83** [1951] 1077). — [23] H. Kumagai, K. Ono, I. Hayashi, H. Abe, J. Shimada, H. Shono, H. Ibamoto, S. Tachimori (J. Phys. Soc. Japan **9** [1954] 369/75), H. Kumagai, K. Ono, I. Hayashi, H. Abe, H. Shono, S. Tachimori, H. Ibamoto, J. Shimada (Phys. Rev. [2] **82** [1951] 954/5), H. Kumagai, K. Ono, I. Hayashi (Phys. Rev. [2] **85** [1952] 925). — [24] A. N. Kozlova, V. G. Sakharov (Tr. Estestvennonauchn. Inst. Perm. Gos. Univ. **12** [1969] 65/8; C. A. **73** [1970] Nr. 114856). — [25] I. G. Shaposhnikov (Radiospektrografiya Sb. **3** [1966] 129/45, 139).

[26] E. S. Larsen, M. L. Glenn (Am. J. Sci. [4] **50** [1920] 225/33, 233).

8.6.11.3 Chemisches Verhalten. Löslichkeit

Chemical Reactions. Solubility

Dehydratation. Bei 55°C schmilzt das Pentahydrat in seinem Kristallwasser [1]. An der Luft mit normalen Feuchtigkeitsgehalten verhält es sich wie das Heptahydrat, s. S. 108. Über $CaCl_2$ bei 25°C wandelt sich das Penta- in das Dihydrat um. Die Reaktion ist nach 150 h beendet [2]. Das Dihydrat wird auch nach 44stündigem Erwärmen auf 30°C im Luftstrom erhalten [3]. In ruhender Luft entsteht dagegen bei 30°C das Tetrahydrat [4]. Bei TG-Untersuchungen (Erhitzungsgeschwindigkeit 3 grd/h) wird eine 3stufige Zersetzung zum Monohydrat beobachtet. Dabei findet der Übergang $MnSO_4 \cdot 5\,H_2O \rightarrow MnSO_4 \cdot 4\,H_2O$ bei etwa 30°C, der Übergang $MnSO_4 \cdot 4\,H_2O \rightarrow MnSO_4 \cdot 2\,H_2O$

Dehydration of $MnSO_4 \cdot 5H_2O$

bei etwa 50°C und der Übergang $MnSO_4 \cdot 2H_2O \rightarrow MnSO_4 \cdot H_2O$ bei etwa 65°C statt [5]. Frühere Untersuchungen in strömender Luft mit höherer Erhitzungsgeschwindigkeit ergeben einen Zerfall bei 25 bis 60°C in das Dihydrat, das bei 60 bis 87°C weiter zum Monohydrat abgebaut wird [3]. Während Rencker, Dubois [6] bei TG-Untersuchungen an zu Stäbchen verpreßtem $MnSO_4 \cdot 5H_2O$ im Luftstrom zwei Zwischenstufen beobachten, die sie dem Tetra- und einem (nicht gesicherten) Trihydrat zuordnen, finden sie bei der Entwässerung von normalem $MnSO_4 \cdot 5H_2O$ eine einstufige Dehydratation zu $MnSO_4 \cdot H_2O$. Einstufiger Abbau zum Monohydrat wird auch bei isothermen Untersuchungen in strömender trockner Luft bei 54°C [7] und 70°C [8], bei TG-Untersuchungen zwischen 50 und 70°C [8, 9] und bei thermischer Analyse bei 99°C [1] beobachtet. Die Ergebnisse einer weiteren thermogravimetrischen Arbeit weichen von denen der übrigen Autoren durch wesentlich niedrigere Gewichtsverluste bei vergleichbaren Temperaturen ab [10]. DTA-Untersuchungen ergeben endotherme Effekte bei 40, 60 und 95 bis 105°C [11] bzw. 47, 69 und 95°C [12], s. auch [9]. Über Schwefelsäure verschiedener Konzentration verläuft die Entwässerung von $MnSO_4 \cdot 5H_2O$ bei Zimmertemperatur über $MnSO_4 \cdot 4H_2O$ zu $MnSO_4 \cdot H_2O$ [13], s. auch [14], wo jedoch die Zwischenstufe nicht gefunden wird. Die Entwässerung über das Tetrahydrat zum Dihydrat folgt aus Untersuchungen im geschlossenen, evakuierten System (Wasserstrahlvakuum) bei 70°C. TG-Untersuchungen unter denselben Bedingungen (Erhitzungsgeschwindigkeit 0.5 grd/min) ergeben ebenfalls eine zweistufige Dehydratation zum Dihydrat bei 50 bis 60 und 70 bis 80°C. Jedoch entspricht der Gewichtsverlust beim Erreichen der Zwischenstufe 2.3 mol H_2O [8].

Durch Behandeln mit absolutem Äthanol wird das Pentahydrat innerhalb 4 h zum Tetrahydrat entwässert. Im Acetonbad (t_S = 56°C) hat sich das Pentahydrat nach 12 h, im Ätherdampfbad (t_S = 35°C) nach 60 h vollständig in das Monohydrat umgewandelt [15].

Die Dehydratation von $MnSO_4 \cdot 5H_2O$ (untersucht bei 54°C im trockenen Luftstrom) ist ein autokatalytischer Prozeß. Die Kurve des Gewichtsverlustes in Abhängigkeit von der Zeit zeigt einen S-förmigen Verlauf. Durch Zusatz des festen Dehydratationsprodukts ($MnSO_4 \cdot H_2O$) ändert sich der Kurvenverlauf entsprechend einer Beschleunigung und schnelleren Beendigung der Entwässerung, wobei aber die insgesamt abgegebene Wassermenge geringer ist als ohne Zusatz [7]. — Die Dehydratation des Pentahydrats zum Monohydrat bei 100°C und auch die im Vakuum (10^{-2} bis 10^{-3} Torr) bei Zimmertemperatur verläuft über energiereiche Zwischenprodukte. Nach Messungen der Lösungswärmen (s. hierzu S. 128) ist der Energieinhalt des thermisch gewonnenen um etwa 8 kcal/mol und des im Vakuum hergestellten Dehydratationsprodukts um etwa 10 kcal/mol höher als bei dem aus der Lösung auskristallisierten Monohydrat. Zu verschiedenen Formen des Monohydrats s. S. 122. Die Zwischenprodukte gehen unter Energieabgabe in den stabilen Zustand über [16]. Zur früheren Beobachtung eines entsprechenden exothermen Effekts an Entwässerungsprodukten des Pentahydrats s. [17].

Die Enthalpie der Reaktion $MnSO_4 \cdot 5H_2O \rightarrow MnSO_4 \cdot H_2O + 4H_2O(gas)$ wird aus Lösungswärmen von Thomsen [18] zu ΔH_{298} = 12.412 kcal/mol H_2O berechnet [14]. Für $MnSO_4 \cdot 5H_2O \rightarrow MnSO_4 \cdot 2H_2O + 3H_2O(gas)$ wird aus Dampfdruckwerten von Bolte [19] ΔH_{316} = 12.92 kcal/mol H_2O ermittelt [20], für $MnSO_4 \cdot 5H_2O \rightarrow MnSO_4 + 5H_2O$(flüssig) aus Lösungswärmen ΔH_{291} = 13.750 kcal/mol H_2O [18]. Diesen Wert übernehmen spätere Autoren [21].

Chemical Reactions

Bei den im folgenden behandelten chemischen Reaktionen von $MnSO_4 \cdot 5H_2O$ mit Elementen und Verbindungen handelt es sich meist um Umsetzungen des Kristallwassers. $MnSO_4 \cdot 5H_2O$ setzt sich mit Al-Pulver im Molverhältnis 1 : 1.66 beim Erhitzen auf 100 bis 200°C unter H_2-Entwicklung um. Dabei tritt nur ein kleiner Teil des Kristallwassers (0.89%) in Reaktion [22]. Bei ähnlichen Untersuchungen mit Zn-Pulver im Molverhältnis 1 : 2.5 reagieren bei Temperaturen bis 100°C 0.44%, zwischen 100 und 200°C 0.72% des Kristallwassers [23]. Beim Verreiben von $MnSO_4 \cdot 5H_2O$ mit festem NaOH im Molverhältnis 1 : 4 bildet sich langsam unter Wärmeentwicklung Manganhydroxid als braunes, viskoses Gel [24]. Mit festem $FeCl_3 \cdot 6H_2O$ im Molverhältnis 1 : 1 oder 2 : 1 verrieben, hydrolysieren die Verbindungen unter Verflüssigung, und nach einigen Minuten wird ein Hydroxidgemisch als ferromagnetisches viskoses Gel erhalten [25, 26]. Bei Zusatz von NaOH zu diesem Gemisch bildet sich ebenfalls ein ferromagnetisches Gel [24]. Beim Erhitzen von $MnSO_4 \cdot 5H_2O$ und CaC_2 im Molverhältnis 1 : 5 auf 100°C reagieren 45% des Kristallwassers unter Bildung von C_2H_2. Etwa dieselbe Menge Kristallwasser tritt in Reaktion bei der Umsetzung mit PCl_3 bzw. CH_3COCl in den Molverhältnissen 3 : 5 bzw. 1 : 5 bei 15°C [27]. — $MnSO_4 \cdot 5H_2O$ bildet Mischkristalle mit anderen Sulfathydraten, s. Kapitel 8.6.31, S. 178.

Zur Löslichkeit in Wasser s. das System $MnSO_4$-H_2O (S. 101). Für die integrale Lösungswärme ΔH_i (in kcal/mol) werden beim angegebenen Molverhältnis $MnSO_4 : H_2O$ folgende Werte bestimmt: $\Delta H_i = +0.26$ (1 : 340 bei 9°C), −0.070 (1 : 340 bei 17°C) [28], −0.040 (1 : 400 bei 18°C) [29, 30]. In einer anderen Arbeit wird $\Delta H_i = +0.040$ bei 15°C gemessen [31]. Neuere kalorimetrische Messungen werden an verdünnteren Lösungen bei höherer Temperatur durchgeführt und ergeben einen höheren Wert: $\Delta H_i = -4.145$ (1 : 19000 bis 47000 bei 29°C) [16]. Die differentiale Lösungsenthalpie bei 17°C sinkt von 2.54 bei einem Molverhältnis von $MnSO_4 : H_2O$ = 1 : 13.92 auf 0.20 bei 1 : 138.85. Bei 1 : 454.54 wird sie Null. Die Lösungsenthalpie beim Lösen in gesättigter Lösung (letzte Lösungswärme) ist ΔH = 2.50 bei 9°C und ΔH = 2.59 bei 17°C (durch Extrapolation ermittelt) [28]. Solubility

Literatur:

[1] J. H. Křepelka, B. Rejha (Collection Czech. Chem. Commun. **3** [1931] 517/35, 520). — [2] B. Bružs (Z. Physik. Chem. B **3** [1929] 427/39). — [3] H. O. Hofmann, W. Wanjukow (Trans. AIME **43** [1913] 523/77, 548/51). — [4] F. Hammel (Ann. Chim. [Paris] [11] **11** [1939] 247/358, 279). — [5] J.-M. Brégeault, F. Penin, A. Dereigne, G. Pannetier (Compt. Rend. C **268** [1969] 2165/8), J.-M. Brégeault, M. Tardy, G. Pannetier (Therm. Anal. Proc. 3rd Intern. Conf., Davos, Switz., 1971 [1972], S. 573/85, 585; C. A. **78** [1973] Nr. 168008).

[6] E. Rencker, P. Dubois (Compt. Rend. **203** [1936] 185/7). — [7] G. V. Sakovich (Zh. Fiz. Khim. **33** [1959] 1847/51; Russ. J. Phys. Chem. **33** [1959] 186/8). — [8] A. P. Buntin, G. V. Sakovich (Tr. Tomsk. Gos. Univ. Ser. Khim. **154** [1962] 3/13; C. A. **60** [1964] 8885). — [9] A. I. Tsvetkov, E. P. Val'yashikhina (Tr. Inst. Geol. Nauk Akad. Nauk SSSR Nr. 157 [1955] 30/109, 62/4; Ref. Zh. Geol. **1956** Nr. 1875). — [10] B. Lorant (Z. Anal. Chem. **219** [1966] 256/71).

[11] L. G. Berg, A. V. Nikolaev (Bull. Acad. Sci. URSS Classe Sci. Chim. **1940** 865/75; C. A. **1941** 3513). — [12] H. Chihava, S. Seki (Bull. Chem. Soc. Japan **26** [1953] 88/92; C. A. **1954** 1190). — [13] A. Benrath (Z. Anorg. Allgem. Chem. **235** [1938] 42/8, 47/8). — [14] N. K. Voskresenskaya (Zh. Obshch. Khim. **2** [1932] 630/6; C. **1933** I 3405). — [15] W. Schieber (Monatsh. Chem. **19** [1898] 280/97, 284).

[16] J. W. S. Jamieson, G. R. Brown, D. W. Gruener, R. V. Peiluck, R. A. LaMontagne (Can. J. Chem. **43** [1965] 2148/56, 2153/4). — [17] K. G. Khomyakov (Zh. Fiz. Khim. **11** [1938] 805/17, 816; C. A. **1939** 6132). — [18] J. Thomsen (J. Prakt. Chem. [2] **17** [1878] 165/78, 172, 180). — [19] H. Bolte (Z. Physik. Chem. **80** [1912] 338/60, 352/3). — [20] W. Biltz (Z. Anorg. Allgem. Chem. **89** [1914] 141/63, 147).

[21] K. K. Kelley (U. S. Bur. Mines Bull. Nr. 406 [1937]; U. S. Bur. Mines Bull. Nr. 601 [1962] Tl. VII, S. 1/154, 102). — [22] V. I. Semishin (Zh. Obshch. Khim. **10** [1940] 319/27; C. A. **1940** 7706). — [23] V. I. Semishin (Zh. Obshch. Khim. **10** [1940] 328/34, 331; C. A. **1940** 7707). — [24] T. Katsurai, M. Fuda (Sci. Papers Inst. Phys. Chem. Res. [Tokyo] **36** [1939] 458/62, 458; C. A. **1940** 2232). — [25] T. Katsurai (Kolloid-Z. **84** [1938] 311/4).

[26] T. Katsurai (Sci. Papers Inst. Phys. Chem. Res. [Tokyo] **35** [1939] 191/227, 221/2; C. **1939** II 582). — [27] V. I. Semishin (Zh. Obshch. Khim. **16** [1946] 523/30; C. A. **1947** 1145). — [28] J. Perreu (Compt. Rend. **198** [1934] 1410/2). — [29] J. Thomsen (Systematische Durchführung Thermochemischer Untersuchungen, Stuttgart 1906, S. 30). — [30] J. Thomsen (J. Prakt. Chem. [2] **18** [1878] 1/63, 26/7).

[31] R. de Forcrand (Compt. Rend. **159** [1914] 12/6).

Manganese (II) Sulfate Tetrahydrate

8.6.12 Mangan(II)-sulfat-tetrahydrat $MnSO_4 \cdot 4H_2O$

Neben dem Monohydrat ist das rosafarbene Tetrahydrat das handelsübliche Mangansulfathydrat. In der Natur kommt es als Mineral Ilesit vor. Das Tetrahydrat tritt als metastabile Phase im System $MnSO_4$-H_2O auf (s. S. 101), außerdem als metastabiler Bodenkörper in wäßrigen Systemen mit anderen Metallsulfaten (s. Kapitel 8.6.31, S. 178) sowie beispielsweise im System $MnSO_4$-H_2SO_4-H_2O (s. S. 169).

Formation. Preparation

8.6.12.1 Bildung und Darstellung

Obwohl $MnSO_4 \cdot 4H_2O$ nur metastabil auftritt, scheidet es sich infolge der Neigung der wäßrigen Lösung zur Übersättigung bezüglich des Monohydrats im allgemeinen zwischen 26 und 45°C aus der Lösung ab. Wenn es durch Animpfen bereits unterhalb 26°C auskristallisiert, ist es mit dem Pentahydrat verunreinigt [1].

Zur Darstellung läßt man das Salz nach Marignac [2] aus der wäßrigen Lösung bei 30 bis 40°C bei langsamer Verdampfung auskristallisieren. Cottrell [3] verwendet dabei eine bei 30°C gesättigte Lösung. Während Larsen, Glenn [4] die Lösung zur Kristallisation auf 45°C erwärmen, führt Pichon [5] die Kristallisation unter vermindertem Druck über konzentriertem H_2SO_4 bei Zimmertemperatur aus. Myl, Koubova [6] impfen zur Herstellung von gut ausgebildeten Einkristallen von etwa 1 cm Kantenlänge eine bei 40°C gesättigte $MnSO_4$-Lösung bei 30°C mit Kristallen, die durch Kristallisation im Thermostaten bei 30°C gewonnen wurden. Nach Hammel [7] und Rao [8] können bei ungestörter Kristallisation Einkristalle von mehreren Zentimetern Kantenlänge gezüchtet werden. — Das Tetrahydrat kann ferner durch Fällung aus einer konzentrierten $MnSO_4$-Lösung mit Alkohol hergestellt werden [9], s. auch [10]. Zur Bildung bei der Dehydratation des Pentahydrats s. S. 111.

Die Bildungsenthalpie aus den Elementen unter Standardbedingungen wird wie beim Heptahydrat (s. S. 104) aus Zersetzungsdrücken und Lösungswärmen zu $\Delta H^\circ_{298} = -539.3$ kcal/mol bestimmt [11]. Eine Neuberechnung ergibt −539.7 kcal/mol [12].

Literatur:

[1] J. H. Křepelka, B. Rejha (Collection Czech. Chem. Commun. **3** [1931] 517/35, 527). — [2] J.-C. de Marignac (Œuvres Complètes, Bd. 1, Genf-Paris-Berlin 1902, S. 381). — [3] F. G. Cottrell (J. Phys. Chem. **4** [1899/1900] 637/56, 642). — [4] E. S. Larsen, H. L. Glenn (Am. J. Sci. [4] **50** [1920] 225/33, 231). — [5] M. Pichon (Bull. Soc. Pharm. Lille **1948** Nr. 2, S. 21/2; C. A. **1950** 8276).

[6] J. Myl, D. Koubova (Sb. Ved. Praci Vysoka Skola Chem. Technol. Pardubice **1964** Nr. 2, S. 59/65; C. A. **64** [1966] 4571). — [7] F. Hammel (Ann. Chim. [Paris] [11] **11** [1939] 247/358, 279). — [8] C. Raghavendra Rao (Indian J. Pure Appl. Phys. **2** [1964] 172). — [9] J. Perreu (Compt. Rend. **209** [1939] 167/9). — [10] E. Rencker, P. Dubois (Compt. Rend. **203** [1936] 185/7).

[11] F. D. Rossini, D. D. Wagman, W. H. Evans, S. Levine, I. Jaffe (Natl. Bur. Std. [U. S.] Circ. Nr. 500 [1952] 277). — [12] D. D. Wagman, W. H. Evans, I. Halow, V. B. Parker, S. M. Bailey, R. H. Schumm (Natl. Bur. Std. [U. S.] Tech. Note 270-4 [1969] 110).

Crystallographic Properties

8.6.12.2 Kristallographische Eigenschaften

$MnSO_4 \cdot 4H_2O$ kristallisiert monoklin. Formen und Flächenwinkel s. [1]. Es bildet auch faserige, radial angeordnete Kristalle [2]. Sie sind nach (100), (010) und (001) spaltbar [3], s. auch [1].

An Einkristallen eines Handelsprodukts werden die Gitterkonstanten a = 5.94 ± 0.01, b = 13.76 ± 0.02, c = 8.01 ± 0.01 Å, β = 90°48′ ± 10′ bestimmt; Z = 4, Raumgruppe $P2_1/n$-C^5_{2h} (Nr. 14) [3]. Ähnliche Werte wurden schon früher ermittelt: a = 5.97, b = 13.8, c = 7.87 Å [4], β = 90°53′ [5]. Das Achsenverhältnis a : b : c = 0.432 : 1 : 0.582 [3] stimmt mit Werten überein, die Groth [1] aus Meßwerten von Marignac [5] ableitet. d-Werte s. bei Druzhinin, Duishenalieva [6]. Die Struktur von $MnSO_4 \cdot 4H_2O$ ist mit der von $MgSO_4 \cdot 4H_2O$ und $FeSO_4 \cdot 4H_2O$ isotyp, Strukturbeschreibung

s. Original [3]. Bei Untersuchungen der kernmagnetischen Resonanz wird der Abstand der H-Atome zu 1.58 ± 0.03 Å bestimmt [7], s. auch [8]. — Röntgenuntersuchungen nach Anwendung von Drücken bis 3000 kg/cm² auf eine gepulverte Probe zeigen, daß sich die Kristallstruktur dabei nur sehr geringfügig ändert [9].

Frequenzverschiebungen im Raman-Spektrum werden folgenden Gitterschwingungen zugeordnet: 51, 71, 90, 113, 137, 156, 184, 203, 220, 266 und 320 cm^{-1} [10].

Literatur:

[1] P. Groth (Chemische Krystallographie, Tl. 2, Leipzig 1908, S. 413/4). — [2] E. v. Lengyel (Z. Krist. **97** [1937] 67/87, 74/5). — [3] W. H. Baur (Acta Cryst. **15** [1962] 815/26). — [4] F. Hammel (Ann. Chim. [Paris] [11] **11** [1939] 247/358, 281). — [5] J.-C. de Marignac (Œuvres Complètes, Bd. 1, Genf-Paris-Berlin 1902, S. 381; Ann. Mines [5] **9** [1856] 1).

[6] I. G. Druzhinin, N. Duishenalieva (Vzaimodeistvie Tiomocheviny Mocheviny Mineral'n. Solyami, Akad. Nauk Kirg. SSR Inst. Neorgan. Fiz. Khim. **1965** 70/6 nach C. A. **65** [1966] 6425). — [7] C. Raghavendra Rao (Indian J. Pure Appl. Phys. **2** [1964] 172). — [8] Z. M. El Saffar (Acta Cryst. B **24** [1968] 1131/3). — [9] Y. Ogino, T. Kawakami (Bull. Chem. Soc. Japan **38** [1965] 972/8; C. A. **63** [1965] 7715). — [10] D. Krishnamurti (Proc. Indian Acad. Sci. A **48** [1958] 355/63).

8.6.12.3 Mechanische und thermische Eigenschaften

Mechanical and Thermal Properties

Pyknometrisch bestimmte Dichten D in g/cm^3; bei 15°C: D = 2.211 [1] und 2.261 [2, 3], bei 25°C: D = 2.201 [4], bei Raumtemperatur: D = 2.156 [5] und 2.25 [6]. Die Röntgendichte beträgt D = 2.203 [5] bzw. 2.26_3 [7].

Die Wärmekapazität sinkt im Temperaturbereich von 1.3 bis 4 K von etwa 2.5 bei 1.3 K auf etwa 0.8 bei 2.3 K ab und steigt dann wieder auf etwa 3.5 $cal \cdot mol^{-1} \cdot K^{-1}$ bei 4 K an [8].

Der Dampfdruck beträgt 15.1 Torr bei 22°C [9] und 33.8 Torr bei 34.2°C [10].

Literatur:

[1] J. N. Rakshit (Z. Elektrochem. **33** [1927] 578/81). — [2] T. E. Thorpe, J. I. Watts (J. Chem. Soc. **37** [1880] 102/17, 113). — [3] M. H. Topsøe (Arch. Sci.Phys. Nat. [2] **45** [1872] 223; C. **1873** 76/9). — [4] E. Moles, M. Crespi (Z. Physik. Chem. **130** [1927] 337/44). — [5] M. Schmitt (Diss. Heidelberg 1959, S. 1/31, 3).

[6] D. Krishnamurti (Proc. Indian Acad. Sci. **48** [1958] 355/63, 356). — [7] W. H. Baur (Acta Cryst. **15** [1962] 815/26, 815). — [8] H. Forstat, G. O. Taylor (J. Phys. Soc. Japan **16** [1961] 128/9). — [9] J. Perreu (Compt. Rend. **209** [1939] 167/9). — [10] C. E. Linebarger (Z. Physik. Chem. **13** [1894] 500/8, 504, 507).

8.6.12.4 Magnetische Eigenschaften

Magnetic Properties

Spezifische Suszeptibilität χ in 10^{-6} cm^3/g, Molsuszeptibilität χ_{mol} in 10^{-6} cm^3/mol. Für eine sehr reine kristallisierte Probe erhalten Kamerlingh-Onnes, Oosterhuis [1] folgende Werte:

T in K . . .	288.7	169.6	77.4	70.5	64.9	20.1	17.8	14.4
χ	66.3	111.5	247	270	292	914	1021	1233

Bis zu den tiefsten Temperaturen gehorcht das Salz streng dem Curie-Gesetz. Etwas tiefer liegen die Werte (Zunahme von χ = 65.20 bei 290.0 K auf 233.2 bei 79.5 K), die Jackson [2] an kleinen Kristallen findet, an denen innerhalb der Meßgenauigkeit (0.5 bis 1%) keine magnetische Anisotropie beobachtet wird [2]. χ = 67.2, χ_{mol} = 14990 und ein effektives magnetisches Moment von 5.96 μ_B erhält Asmussen [3] bei 19°C, und Herroun [4] gibt χ = 66.8, χ_{mol} = 14900 an.

Magnetic Properties of $MnSO_4 \cdot 4H_2O$

Austauschwechselwirkungen. Der niedrige Wert für den Austauschkoeffizienten $\langle \Delta H^4 \rangle_{av}^{1/4} / \langle \Delta H^2 \rangle_{av}^{1/2} = 1.28$ (s. S. 88), den MacLean, Kor [5] bei Messungen an sehr reinem Pulver erhalten, läßt auf eine sehr schwache Austauschwechselwirkung schließen. Dies ist auch ersichtlich aus den von Glebashev [6] aus einem Vergleich des berechneten Moments 6. Ordnung der Absorptionskurve mit experimentellen Werten bestimmten Austauschkoeffizienten (1.468, 1.431, 0.813).

Paramagnetische Resonanzabsorption, Relaxation. Bei Untersuchungen an pulverförmigen Proben unter Verwendung eines Mikrowellenfeldes (ν = 9.5 GHz) wird ein Resonanzmaximum bei 3410 Oe mit der Halbwertsbreite $\Delta H_{1/2}$ = 460 Oe (g-Faktor = 1.993) gefunden, Huque [7]. Das bei 9.375 GHz beobachtete Absorptionsmaximum bei 3370 Oe hat eine Halbwertsbreite von 415 Oe, Cummerow u. a. [8]. Die von Kumagai u. a. [9] untersuchte Mikrowellenabsorption (ν = 9.97 GHz) ergibt für das Maximum bei etwa 3500 Oe nach Messungen an einem Einkristall je nach Ausrichtung im Magnetfeld Werte zwischen $\Delta H_{1/2}$ = 980 und 1500 Oe (g = 2.00 bis 2.07), für eine pulverförmige Probe $\Delta H_{1/2}$ = 1140 Oe (g = 2.04); vgl. auch Kumagai u. a. [10]. — Bei 35.57 GHz ist die Resonanzlinie, gemessen an einer pulverförmigen Probe, schmaler: $\Delta H_{1/2}$ = 450 Oe, g = 2.00 [11].

Die paramagnetische Relaxation wird normalerweise nach dem Modell von Casimir und Du Pré [12] gedeutet; s. hierzu den Übersichtsbericht von Gorter und van der Marel [13]. Man geht von den Wärmekapazitäten bei konstantem äußerem Feld C_H und bei konstanter Magnetisierung C_M aus und setzt das Curie-Gesetz $\chi = C/T$ als gültig voraus. Dann ist $C_M = b/T^2$. Ist H_c das äußere Gleichfeld, so ergibt sich $(C_H - C_M)/C_H = F = H_c^2/(b/C + H_c^2)$. Das Verhältnis von b zur Curie-Konstante C ist ein Maß für die Stärke des inneren Feldes. Die Spin-Gitter-Relaxationszeit τ ergibt sich aus dem Imaginärteil der Suszeptibilität χ'' nach der Formel $\chi''/\chi_0 = F \cdot \omega \cdot \tau/(1 + \omega^2\tau^2)$. Statt $\omega\tau$ wird von einigen Autoren $\nu\rho$ geschrieben, und wegen $\omega = 2\pi\nu$ ist $\rho = 2\pi\tau$ (mitunter als Relaxationsparameter bezeichnet).

Relaxationsmessungen bei Hörfrequenzen an $MnSO_4 \cdot 4H_2O$ von 1 bis 4 K und 14 bis 20 K ergeben $b/C = 6.2 \times 10^6$ Oe² und die in der folgenden Tabelle aufgeführten F- und ρ-Werte:

H in Oe		670	1120	1685	2250	3370	4030
ρ in ms bei	14.4 K	9.3	10.5	12.5	14.5	18.2	19.0
	18.4 K	2.56	2.82	3.30	3.90	4.90	5.12
	20.5 K	1.37	1.52	1.82	2.13	2.64	2.78
F		0.070	0.165	0.315	0.445	0.640	0.705

Zwischen 14 und 20.5 K ist ρ proportional zu $T^{-4.7}$, Bijl [14]. — Die bei 77.4, 90.2 und 290 K von Teunissen, Gorter [15] erhaltenen Ergebnisse der paramagnetischen Dispersion ($\nu \approx 0.5$ bis 9 MHz) stimmen ebenfalls mit der Gleichung von Casimir, Du Pré [12] überein; für ρ und F ergibt sich:

H in Oe		800	1600	2400	3200
ρ in μs bei	77.4 K	3.6	5.3	6.7	7.7
	90.2 K	2.9	4.2	5.3	6.3
	290 K	0.30	0.42	0.53	0.65
F		0.12	0.30	0.48	0.60

Die Kurven für χ'/χ als Funktion von ν bei den 4 untersuchten Magnetfeldern verlaufen bei 290 K ähnlich, jedoch etwas flacher als bei $(NH_4)_2Mn(SO_4)_2 \cdot 6H_2O$, s. S. 208. Messungen der paramagnetischen Dispersion bei 77.3 K s. auch bei Starr [16].

Bei Untersuchung der Spin-Gitter-Relaxation (10.5 MHz) in Einkristallen findet Volokhova [17], daß $b/C = 6.3 \times 10^6$ Oe² innerhalb der experimentellen Fehlergrenze nicht von der Orientierung der

Kristalle im Magnetfeld abhängt; den gleichen Wert für b/C erhält Sitnikov [18] aus Untersuchung der Spin-Spin-Relaxation bei gewöhnlicher Temperatur und ν = 600 MHz.

Für die Spin-Gitter-Relaxationszeit erhalten Bloembergen, Wang [19] nach Resonanzmessungen (3 Methoden) im Mikrowellenbereich (λ = 3 cm) bei 77 und 300 K die Werte ρ = 1.2 bzw. 0.078 μs. — Für die aus Messungen von χ''(ν = 10.5 MHz) als Funktion des konstanten Magnetfeldes bestimmte Spin-Gitter-Relaxation in Einkristallen (Absorptionskurven s. im Original) werden folgende Relaxationsparameter erhalten:

H in Oe. . . .	800	1600	2400	3200	4000	4800	5600
ρ in μs	0.3	0.4	0.52	0.65	0.78	0.90	0.99

Das Verhältnis p = ρ_0/ρ_∞ (ρ_0 = 0.28 μs für H = 0, ρ_∞ = 2.0 μs für H $\rightarrow \infty$) beträgt 0.14, Volokhova [20]. Die von Salikhov [21] in Magnetfeldern zwischen 1000 und 6000 Oe bei 30, 15 und 8.7 MHz bestimmten Spin-Gitter-Relaxationsparameter betragen bei 90 K ρ_0 = 4.0 μs, ρ_∞ = 18.0 μs, bei 290 K ρ_0 = 0.3 μs, ρ_∞ = 1.5 μs; für beide Temperaturen ist b/C = 6.40×10^6 Oe^2.

Literatur:

[1] H. Kamerlingh-Onnes, E. Oosterhuis (Commun. Kamerlingh Onnes Lab. Univ. Leiden Nr. 132e [1913] 45/52). — [2] L. C. Jackson (Proc. Roy. Soc. [London] A **140** [1933] 695/713). — [3] R. W. Asmussen (Magnetokemiske Undersøgelser over Uorganiske Kompleksforbindelser, København 1944, S. 149). — [4] E. F. Herroun (Proc. Phys. Soc. [London] **46** [1934] 872/81, 877). — [5] C. MacLean, G. J. W. Kor (Appl. Sci. Res. B **4** [1955] 425/33, 429).

[6] G. Ya. Glebashev (Zh. Eksperim. i Teor. Fiz. **32** [1957] 82/6; Soviet Phys.-JETP **5** [1957] 38/41). — [7] A. O. Huque (Pakistan J. Sci. Res. **19** [1967] 140/5). — [8] R. L. Cummerow, D. Halliday, G. E. Moore (Phys. Rev. [2] **72** [1947] 1233/40). — [9] H. Kumagai, K. Ono, I. Hayashi, H. Abe, J. Shimada, H. Shono, H. Ibamoto (Phys. Rev. [2] **83** [1951] 1077). — [10] H. Kumagai, K. Ono, I. Hayashi, H. Abe, H. Shono, S. Tachimori, H. Ibamoto, J. Shimada (Phys. Rev. [2] **82** [1951] 954/5), H. Kumagai, K. Ono, I. Hayashi (Phys. Rev. [2] **85** [1952] 925), H. Kumagai, K. Ono, I. Hayashi, H. Abe, J. Shimada, H. Shono, H. Ibamoto, S. Tachimori (J. Phys. Soc. Japan **9** [1954] 369/75).

[11] F. W. Lancaster, W. Gordy (J. Chem. Phys. **19** [1951] 1181/91, 1187). — [12] H. B. G. Casimir, F. K. Du Pré (Physica **5** [1938] 507/11). — [13] C. J. Gorter, L. C. van der Marel (in: Landolt-Börnstein, 6. Aufl., Bd. 2, Tl. 9, 1962, S. 6-1/6-50). — [14] D. Bijl (Physica **16** [1950] 269/77). — [15] P. Teunissen, C. J. Gorter (Physica **7** [1940] 33/44, 38).

[16] C. Starr (Phys. Rev. [2] **60** [1941] 241/9). — [17] T. Volokhova (Zh. Eksperim. i Teor. Fiz. **33** [1957] 856/60, **31** [1956] 889/90; Soviet Phys.-JETP **6** [1957] 661/4, **4** [1956] 918/9). — [18] K. P. Sitnikov (Zh. Eksperim. i Teor. Fiz. **34** [1958] 1093/5, **39** [1960] 521/6; Soviet Phys.-JETP **7** [1958] 757/8, **12** [1960] 365/9). — [19] N. Bloembergen, S. Wang (Phys. Rev. [2] **93** [1954] 72/83, 75; PB-114124 [1953] 1/24, 7). — [20] T. I. Volokhova (Izv. Vysshikh Uchebn. Zavedenii Fiz. **8** Nr. 5 [1965] 153/7; Soviet Phys. J. **8** Nr. 5 [1965] 103/5).

[21] S. G. Salikhov (Paramagnitn. Rezonans Sb. **1960** 107/13; C. A. **57** [1962] 4173).

8.6.12.5 Optische Eigenschaften

Optical Properties

Die Brechungsindizes der optisch negativen Kristalle betragen in weißem Licht n_α = 1.508, n_β = 1.518, n_γ = 1.522 [1], 2V = −63° [2].

Über die Spektren im IR-, sichtbaren und UV-Bereich s. S. 104/8.

Die mit Kathodenstrahlen angeregte Lumineszenz wird im folgenden für $MnSO_4 \cdot 4H_2O$, $MnSO_4 \cdot H_2O$ und $MnSO_4$ zusammen beschrieben. Mit abnehmendem Kristallwassergehalt zeigt sich eine Verschiebung der Fluoreszenz vom UV in den sichtbaren Bereich über hellgrün ($MnSO_4 \cdot H_2O$) nach dunkelgrün ($MnSO_4$); die Stärke des Nachleuchtens (Phosphoreszenz)

Lumines-
cence

nimmt dabei zu. Mit zunehmender Darstellungstemperatur des wasserfreien $MnSO_4$ (100 bis 700°C) wächst die Fluoreszenzintensität [3]. Bei Anregung von $MnSO_4 \cdot 4H_2O$ (kommerzielles Mangansulfat) mit UV-Licht (Fe-Bogen) wird eine rotviolette Fluoreszenz beobachtet [4]. — Thermolumineszenz in $MnSO_4$ (nicht sehr rein, bei 260°C getrocknet) erscheint bei 290°C, nach der Bestrahlung mit ^{60}Co-γ-Strahlen bei 80 bis 110°C [5].

Literatur:

[1] E. S. Larsen, M. L. Glenn (Am. J. Sci. [4] **50** [1920] 225/33, 233). — [2] A. N. Winchell, H. Winchell (The Microscopical Characters of Artificial Inorganic Solid Substances, Academic Press, New York-London 1964, S. 166). — [3] W. Schikore (Z. Anorg. Allgem. Chem. **261** [1950] 121/9). — [4] M. Haitinger, F. Feigl, A. Simon (Mikrochemie **10** [1931/32] 117/28). — [5] L. E. Moore (J. Phys. Chem. **61** [1957] 636/9).

Chemical
Reactions.
Solubility

8.6.12.6 Chemisches Verhalten. Löslichkeit

Dehydratation. An der Luft bei 70% relativer Feuchtigkeit und 8 bis 14°C ist das Tetrahydrat beständig. Bei 50% relativer Luftfeuchtigkeit und Zimmertemperatur ist es nach 38 Tagen von einer dünnen Schicht Monohydrat bedeckt [1]. An trockener Luft (über P_2O_5) verwittert es kaum [2]. Zur Dehydratation bei 30°C über konzentrierter Schwefelsäure s. [3]. Nach TG-Untersuchungen (Erhitzungsgeschwindigkeit 8 grd/h) geht das Tetrahydrat bei etwa 50°C in das Monohydrat über [4]. Andere Untersuchungen ergeben einen Zerfall bei 60°C [5] und 70 bis 110°C [6]. Bei 90°C ist die Umwandlung nach 30 min vollständig [7]. Bei DTA-Untersuchungen werden endotherme Effekte bei 60 und 100°C beobachtet [8]. Die Zerfallstemperaturen sind stark von der Herstellung der jeweiligen Probe abhängig, und zwar zerfallen aus wäßriger Lösung auskristallisierte Tetrahydrat-Proben bei höherer Temperatur als solche aus schwefelsaurem Medium. Die Dihydratstufe wird, anders als beim $MnSO_4 \cdot 5H_2O$ und dem vermutlichen $MnSO_4 \cdot 3.5H_2O$, auch in Gegenwart von 8% $MnSO_4 \cdot 2H_2O$ als Keimbildner nicht durchlaufen. Das abweichende Verhalten von $MnSO_4 \cdot 4H_2O$ wird auf strukturelle Unterschiede zurückgeführt [4]. Zum Auftreten eines möglichen Trihydrats als Zwischenstufe bei dilatometrischen Untersuchungen an zu Stäbchen verpreßten Proben s. [9]. Im Vakuum von 10^{-5} Torr wird das Tetrahydrat in nur einer Stufe bei 22°C [10] bzw. 40°C [11] zum Monohydrat abgebaut. Bei 22°C dauert die Entwässerung mehrere Tage [10]. Bei tensimetrischen Messungen wird der Übergang bei 60 bis 100°C beobachtet [12].

Im geschlossenen System (Wasserstrahlvakuum) bei Zimmertemperatur über P_2O_5 entsteht nach 2 Wochen das Dihydrat, das sich in weiteren 3 Wochen in das Monohydrat umwandelt [2]. Auch bei 50°C wird bei von 10^{-5} auf 3.9 Torr ansteigendem Druck (die Pumpe wurde nach 10% des möglichen Gewichtsverlustes abgestellt) das Dihydrat nach etwa 2 h erhalten. Während bei der Entwässerung von $MnSO_4 \cdot 4H_2O$ zu $MnSO_4 \cdot H_2O$ im dynamischen Vakuum ein langsamerer aber sonst ähnlicher Verlauf in Abhängigkeit von der Zeit wie für $MnSO_4 \cdot 5H_2O$ (s. S. 111) gefunden wird, zeigt die Gewichtsverlustkurve des Tetrahydrats bei ansteigendem Druck einen anderen Verlauf: Perioden schneller wechseln mit solchen langsamer Entwässerung. Die Entwässerungsgeschwindigkeit fällt zunächst mit steigendem Wasserdampfdruck auf ein Minimum bei 1.2 Torr, durchläuft bei weiter zunehmendem Druck ein Maximum, um danach endgültig abzufallen, s. **Fig. 34**. Der anfängliche Abfall der Geschwindigkeit wird auf eine Übergangsschicht aus amorphem Material zurückgeführt [11]. Die Bildung eines amorphen Zwischenprodukts wird auch bei Entwässerungsversuchen bei 45°C und 0.8 Torr gefunden. Und zwar wird nach einer gewissen Zeit (die bei niedrigen Temperaturen länger ist) nach Abbruch der Dehydratation ein exothermer Effekt beobachtet, der dem Übergang in den stabilen Zustand des Endprodukts zugeordnet wird. Bei höheren Drücken als 1 Torr soll dieser Übergang so schnell verlaufen, daß das Zwischenprodukt nicht in Erscheinung tritt [13]. Durch Anwendung von Drücken bis 3000 kg/cm² auf eine gepulverte Probe wird nur eine geringe Dehydratation und nur eine geringe Änderung der damit verbundenen Oberflächenacidität bewirkt [14].

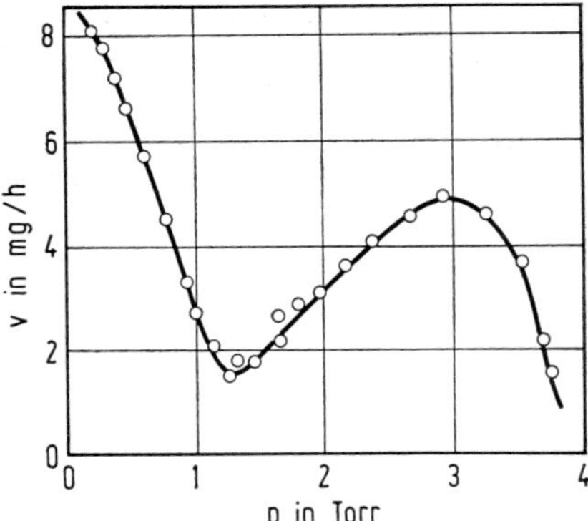

Fig. 34

Abhängigkeit der Entwässerungsgeschwindigkeit v vom Druck p bei $MnSO_4 \cdot 4H_2O$.

Im siedendem Cyclohexan (t_S = 80°C) ist die Umwandlung des Tetrahydrats in das Monohydrat nach 25 min, in siedendem Leichtöl (t_S = 120°C) nach 11 min vollständig [15]. Zur Dehydratation in siedendem Toluol (t_S = 110°C) zu amorphem $MnSO_4 \cdot H_2O$ s. [7]. $MnSO_4 \cdot 4H_2O$ setzt sich mit Essigsäureanhydrid im Überschuß zu $MnSO_4 \cdot H_2O$ und CH_3COOH um [7].

Die Enthalpie der Reaktion $MnSO_4 \cdot 4H_2O \rightarrow MnSO_4 + 4H_2O$(flüssig) wird aus Lösungswärmen [16, 17] zu ΔH_{291} = 11.5 kcal/mol berechnet [18].

Mit Phosphorsäure, die 50% P_2O_5 enthält, reagiert das Tetrahydrat bei 80°C zu $Mn(H_2PO_4)_2$ und H_2SO_4 [19]. — $MnSO_4 \cdot 4H_2O$ findet wegen der Bedeutung des Mangans als Spurenelement Verwendung als Düngemittelzusatz, s. hierzu beispielsweise [19 bis 21].

Zur Löslichkeit in Wasser s. das System $MnSO_4$-H_2O, S. 101. Die integrale Lösungswärme ΔH_i (in kcal/mol) beim Lösen von 1 mol Salz in 396 mol H_2O wird zu ΔH_i = −2.24 [16, 22] und −1.770 [23] bei 18°C bestimmt. Beim Lösen in ähnlichen Wassermengen wird ΔH_i = −1.853 bei 15°C [24] und −1.85 bei 16°C gemessen [25]. Die Umrechnung des von Thomsen [16] angegebenen Werts für $MnSO_4 \cdot 3.912\,H_2O$ auf ein Gemisch aus $MnSO_4 \cdot 4H_2O$ und $MnSO_4 \cdot H_2O$ ergibt für das Tetrahydrat den Wert −2.29 bei 18°C [17].

Literatur:

[1] J. H. Křepelka, B. Rejha (Collection Czech. Chem. Commun. **3** [1931] 517/35, 520, 531). — [2] R. de Forcrand (Compt. Rend. **158** [1914] 1760/3). — [3] A. Benrath (Z. Anorg. Allgem. Chem. **235** [1938] 42/8, 47/8). — [4] J.-M. Brégeault, F. Penin, A. Dereigne, G. Pannetier (Compt. Rend. C **268** [1969] 2165/8), J.-M. Brégeault, M. Tardy, G. Pannetier (Therm. Anal. Proc. 3rd Intern. Conf., Davos, Switz., 1971 [1972], Bd. 2, S. 573/85, 585; C. A. **78** [1973] Nr. 168008). — [5] E. Moles, M. Crespi (Z. Physik. Chem. **130** [1927] 337/44).

[6] K. Honda (Sci. Rept. Tohoku Imp. Univ. II **4** [1915] 97/103; C. A. **1915** 2610). — [7] J. G. F. Druce (Chem. News **144** [1932] 199/200). — [8] H. Chihara, S. Seki (Bull. Chem. Soc. Japan **26** [1953] 88/92; C. A. **1954** 1190). — [9] E. Rencker, P. Dubois (Compt. Rend. **203** [1936] 185/7). — [10] J. Perreu (Compt. Rend. **209** [1939] 167/9).

[11] R. C. Wheeler, G. B. Frost (Can. J. Chem. **33** [1955] 546/61, 548/9). — [12] L. Hackspill, A. P. Kieffer (Ann. Chim. [Paris] [10] **14** [1930] 227/82, 270). — [13] G. B. Frost, K. A. Moon, E. H. Tompkins (Can. J. Chem. **29** [1951] 604/32, 609). — [14] Y. Ogino, T. Kawakami (Bull. Chem. Soc. Japan **38** [1965] 972/8; C. A. **63** [1965] 7715). — [15] F. G. H. Tate, L. A. Warren (Trans. Faraday Soc. **35** [1939] 1192/200, 1196).

[16] J. Thomsen (J. Prakt. Chem. [2] **18** [1878] 1/63, 26/7). — [17] W. P. Jorissen (Z. Physik. Chem. **74** [1910] 308/24, 311/2). — [18] W. P. Jorissen (in: Landolt-Börnstein, 5. Aufl., Bd. 2, 1923, S. 1571). — [19] K. M. Kamalov, G. G. Grinenko (Uzbeksk. Khim. Zh. **15** Nr. 3 [1971] 3/5; C. A. **75**

[1971] Nr. 109388). — [20] S. Moriyama (Japan. P. 71 05 002 [1963/71]; C. A. **75** [1971] Nr. 117599).

[21] C. N. Ashley, Cu-Fe-Co Manufg. Inc. (U.S.P. 3536471 [1967/70]; C. A. **74** [1971] Nr. 31246). — [22] J. Thomsen (Systematische Durchführung Thermochemischer Untersuchungen, Stuttgart 1906, S. 30). — [23] J. Thomsen (J. Prakt. Chem. [2] **11** [1875] 402/30, 407/8). — [24] R. de Forcrand (Compt. Rend. **159** [1914] 12/6). — [25] J. Perreu (Compt. Rend. **209** [1939] 311/3).

$MnSO_4 \cdot 3.5\,H_2O$ (?)

8.6.13 $MnSO_4 \cdot 3.5\,H_2O$ (?)

Die Existenz dieses Hydrats ist nicht gesichert. Es wird erstmals von Hammel [1] beschrieben, wonach es in prismatischen, länglichen Kristallen aus der bei 40°C an Tetrahdyrat übersättigten Lösung auskristallisieren soll. Seine Erscheinungsform soll sich deutlich von der des Tetra- und Pentahydrats unterscheiden. Nach Brégeault u. a. [2] kristallisiert es bei etwa 43°C aus der wäßrigen Lösung. Das Röntgen-Pulverdiagramm ist dem des Tetrahydrats sehr ähnlich [3]. Nach Einkristall- und Pulveraufnahmen kristallisiert es monoklin, Gitterkonstanten a = 11.084, b = 12.618, c = 9.079 Å, β = 98°93′, Raumgruppe $P2_1/c\text{-}C_{2h}^5$ (Nr. 14); Z = 4.

Bei TG-Untersuchungen (Erhitzungsgeschwindigkeit 8 grd/h) zersetzt sich die Verbindung zwischen 35 und 50°C zum Dihydrat, das bei etwa 58°C weiter in das Monohydrat zerfällt [2].

Literatur:

[1] F. Hammel (Compt. Rend. **199** [1934] 282/3). — [2] J.-M. Brégeault, F. Penin, A. Dereigne, G. Pannetier (Compt. Rend. C **268** [1969] 2165/8), J.-M. Brégeault, M. Tardy, G. Pannetier (Therm. Anal. Proc. 3rd Intern. Conf., Davos, Switz., 1971 [1972], Bd. 2, S. 573/85, 585; C. A. **78** [1973] Nr. 168008). — [3] F. Hammel (Ann. Chim. [Paris] [11] **11** [1939] 247/358, 284).

$MnSO_4 \cdot 3\,H_2O$ (?)

8.6.14 $MnSO_4 \cdot 3\,H_2O$ (?)

Ein früher erwähntes Trihydrat, s. z. B. [1 bis 3] kann bei späteren Kristallisations-, Dehydratations- und Hydratationsversuchen nicht erhalten werden [4 bis 8]. Rencker, Dubois [9] finden bei der thermogravimetrischen Analyse des normalen Pentahydrats in feinverteilter Form ebenfalls keinen Haltepunkt, der einem Trihydrat entspricht. Auf Grund thermogravimetrischer und dilatometrischer Untersuchungen am Penta- und Tetrahydrat, die zu Stäbchen verpreßt wurden, schließen sie jedoch auf die Existenz eines Trihydrats.

Bei Messungen der paramagnetischen Resonanzabsorption (ν = 3.54 GHz) an einem Präparat der Zusammensetzung $MnSO_4 \cdot 3\,H_2O$ werden 5 Maxima bei etwa 1300, 650, 430, 325 und 260 Oe beobachtet. Das effektive magnetische Moment beträgt 4.90 μ_B, der g-Faktor 1.96 [10]. — Zur Lösungswärme s. Fig. 35.

Literatur:

[1] R. Brandes (Ann. Physik Chem. [2] **20** [1830] 556/90, 572). — [2] T. E. Thorpe, J. I. Watts (J. Chem. Soc. **37** [1880] 102/17, 113). — [3] C. E. Linebarger (Am. Chem. J. **15** [1893] 225/48, 236/7). — [4] W. Schieber (Monatsh. Chem. **19** [1898] 280/97, 289/93). — [5] F. G. Cottrell (J. Phys. Chem. **4** [1899/1900] 637/56, 638/9).

[6] R. de Forcrand (Compt. Rend. **158** [1914] 1760/3). — [7] J. H. Křepelka, B. Rejha (Collection Czech. Chem. Commun. **3** [1931] 517/35, 526/7). — [8] J. Perreu (Compt. Rend. **209** [1939] 167/9). — [9] R. Rencker, P. Dubois (Compt. Rend. **203** [1936] 185/7). — [10] E. Zavoiskii (Dokl. Akad. Nauk SSSR **57** [1947] 887/8; C. **1949** I 170).

Manganese (II) Sulfate Dihydrate

8.6.15 Mangan(II)-sulfat-dihydrat $MnSO_4 \cdot 2H_2O$

Die rosafarbene Verbindung wird bereits von Brandes [1] erwähnt. Da frühere Untersuchungen zunächst keinen Anhaltspunkt für ihre Existenz gaben, war sie lange Zeit umstritten, s. beispielsweise [2 bis 6]. Nach Rohmer [7] tritt das Dihydrat als metastabiler Bodenkörper im System $MnSO_4$-H_2O (s. S. 101) auf. Es entsteht durch Dehydratation des Heptahydrats in dessen gesättigter Lösung nach etwa 150stündigem Rühren bei 36°C [2]. Frühere Versuche, die Verbindung aus einer kalt gesättigten Lösung des Tetrahydrats durch Verdampfen bei 98°C herzustellen, führten offensichtlich zu Gemischen von Di- und Monohydrat [8]. Andere Autoren stellen das Dihydrat durch Kochen von gepulvertem Pentahydrat mit absolutem Äthanol dar oder gießen eine gesättigte Lösung von $MnSO_4 \cdot 5H_2O$ in Oleum [9]. Zur Bildung bei der Dehydratation höherer $MnSO_4$-Hydrate s. S. 108, 111, 118 und 120. De Forcrand [10] findet ähnlich wie beim Monohydrat (s. S. 124) bei der Dehydratation des Tetrahydrats bei 100°C bzw. im Vakuum über Schwefelsäure zwei Formen des Dihydrats, deren Lösungswärmen sich um 3.7 kcal/mol voneinander unterscheiden, s. **Fig. 35**.

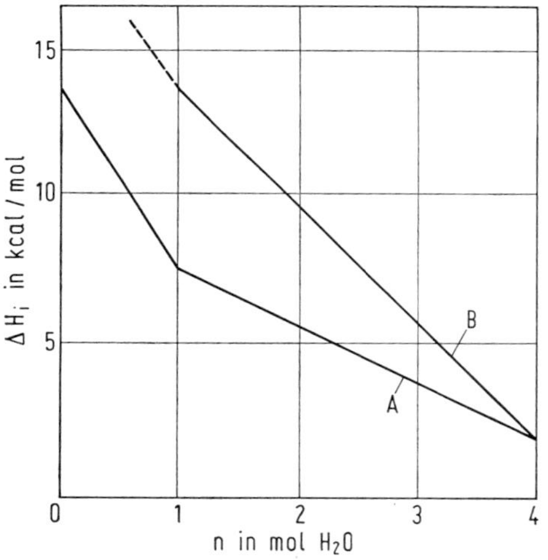

Fig. 35

Integrale Lösungswärme ΔH_i bei kristallinen (A) und energiereicheren (B) Präparaten von Mangan(II)-sulfat-hydraten $MnSO_4 \cdot nH_2O$.

Die Verbindung zeigt keine kristallographische Verwandtschaft mit dem entsprechenden Selenat-Hydrat (s. S. 303); d-Werte s. Original [11]. — Pyknometrische Dichte bei 15°C D = 2.526 g/cm³ [9]. — Der Dampfdruck beträgt bei 20°C p = 3.48 Torr [12]. Daraus folgt p = 0.1 atm bei 60.5°C [13]. — Zum IR-Spektrum s. S. 105/6.

Beim Erhitzen wandelt sich das Dihydrat unter Wasserabgabe in das Monohydrat um. Bei TG- und DT-Analysen höherer Hydrate (s. hierzu S. 108, 111, 118 und 120) wird der Zersetzungsbeginn des als Zwischenprodukt auftretenden Dihydrats bei etwa 60 bis 100°C beobachtet. Die vollständige Entwässerung zu $MnSO_4 \cdot H_2O$ geht nur zögernd und erst bei Temperaturen oberhalb 100°C vor sich. Eine durch Dehydratation von $MnSO_4 \cdot 5H_2O$ (44 h bei 30°C) gewonnene $MnSO_4 \cdot 2H_2O$-Probe war durch 25stündiges Erhitzen auf 100°C noch nicht zum Monohydrat entwässert, sondern mußte hierzu auf 120°C erhitzt werden [14]. Andere Autoren gelangen durch einstündiges Erhitzen von $MnSO_4 \cdot 2H_2O$ auf 130°C zur Zusammensetzung $MnSO_4 \cdot 1.1\,H_2O$, dessen Wassergehalt durch nochmaliges Erhitzen nur geringfügig abnimmt [15]. — Für die angenommene Reaktion $MnSO_4 \cdot 2H_2O \rightarrow MnSO_4 \cdot 0.5H_2O + 1.5H_2O(gas)$ ergibt sich aus Dampfdruckwerten von Bolte [12] $\Delta H_{333} = 13.73$ kcal/mol H_2O [13].

Zur Löslichkeit in H_2O s. das System $MnSO_4$-H_2O (S. 101). Integrale Lösungsenthalpie ΔH_i in kcal/mol. Für kristallines $MnSO_4 \cdot 2H_2O$, das durch thermische Dehydratation des Tetrahydrats hergestellt wurde, wird beim Lösen von 1 mol Salz in 398 mol H_2O $\Delta H_i = -6.240$ bei 18°C ge-

Solubility of $MnSO_4 \cdot 2H_2O$

messen [16, 17]. Beim Lösen in ähnlichen Wassermengen wird $\Delta H_i = -5.668$ bei 15°C [10] und $\Delta H_i = -5.60$ bei 16°C bestimmt [6]. Bei einer energiereicheren, durch Dehydratation im Vakuum bei Raumtemperatur dargestellten Form werden höhere Werte gefunden: −9.369 bei 15°C [10] und −9.66 bei 16°C, s. Fig. 35, S. 121 [6]. — Das Dihydrat ist unlöslich in Furfurol [18].

Literatur:

[1] R. Brandes (Ann. Physik Chem. [2] **20** [1830] 556/90, 582, 586). — [2] W. Schieber (Monatsh. Chem. **19** [1898] 280/97, 295/6). — [3] F. G. Cottrell (J. Phys. Chem. **4** [1899/1900] 637/56). — [4] J. H. Křepelka, B. Rejha (Collection Czech. Chem. Commun. **3** [1931] 517/35, 524). — [5] J. Perreu (Compt. Rend. **209** [1939] 167/9).

[6] J. Perreu (Compt. Rend. **209** [1939] 311/3). — [7] R. Rohmer (Compt. Rend. **209** [1939] 315/7). — [8] R. de Forcrand (Compt. Rend. **158** [1914] 1760/3). — [9] T. E. Thorpe, J. I. Watts (J. Chem. Soc. **37** [1880] 102/17, 113). — [10] R. de Forcrand (Compt. Rend. **159** [1914] 12/6).

[11] J.-M. Brégeault, F. Penin, A. Dereigne, G. Pannetier (Compt. Rend. C **268** [1969] 2165/8). — [12] H. Bolte (Z. Physik. Chem. **80** [1912] 338/60, 352). — [13] W. Biltz (Z. Anorg. Allgem. Chem. **89** [1914] 141/63, 147). — [14] H. O. Hofmann, W. Wanjukow (Trans. AIME **43** [1912] 523/77, 548/50). — [15] L. G. Berg, A. V. Nikolaev (Bull. Acad. Sci. URSS Classe Sci. Chim. **1940** 865/75; C. A. **1941** 3513).

[16] J. Thomsen (Systematische Durchführung Thermochemischer Untersuchungen, Stuttgart 1906, S. 30). — [17] J. Thomsen (J. Prakt. Chem. [2] **18** [1878] 1/63, 26/7). — [18] F. Trimble (Ind. Eng. Chem. **33** [1941] 660/2).

Manganese (II) Sulfate Monohydrate

8.6.16 Mangan(II)-sulfat-monohydrat $MnSO_4 \cdot H_2O$

Die Verbindung kommt als Mineral Szmikit in der Natur vor. Sie tritt als stabile Phase im System $MnSO_4$-H_2O (s. S. 101) auf, ferner als Bodenkörper in verschiedenen wäßrigen Systemen mit anderen Metallsulfaten, s. Kapitel 8.6.31, S. 178, sowie beispielsweise in den Systemen $MnSO_4$-H_2SO_4-H_2O (s. S. 169), $MnSO_4$-H_2O-C_2H_5OH (s. S. 166) und $MnSO_4$-$CO(NH_2)_2$-H_2O.

Formation. Preparation

8.6.16.1 Bildung und Darstellung

Das zuerst von Kühn [1] dargestellte Monohydrat bildet sich durch Zersetzung höherer Hydrate bereits bei Zimmertemperatur an trockener Luft oder bei Wasserentzug durch H_2SO_4 oder P_2O_5 im Exsikkator. Die Darstellung kann durch thermische Dehydratation des Penta- oder Tetrahydrats bei etwa 100°C erfolgen: Pistorius [2] stellt die Verbindung durch einstündiges Erhitzen des Tetrahydrats auf 100°C her, Perreu [3] arbeitet bei 110°C, Oswald [4] erhitzt 12 h an trockener Luft auf 120 bis 150°C. Während Křepelka, Rejha [5] als geeignete Temperatur 150°C und als obere Grenze 200°C angeben, beobachten Brinkmann, Schmedding [6] bei 130°C bereits langsame Zersetzung des Monohydrats unter H_2O-Abgabe. Bei 40°C ist die Dehydratation in etwa 70 h vollständig [7]. De Forcrand [8] erhält nach 3wöchigem Aufbewahren über P_2O_5 unter vermindertem Druck bei Zimmertemperatur $MnSO_4 \cdot 1.08\,H_2O$, s. auch [9]. Jamieson u. a. [10] stellen das Monohydrat durch Vakuumdehydratation bei 10^{-2} bis 10^{-3} Torr und Zimmertemperatur her, s. auch [3]. Sie beobachten bei diesen und bei 100°C durchgeführten Dehydratationsuntersuchungen des Pentahydrats die Bildung energiereicher, jedoch nur schlecht kristallisierter Präparate, s. auch [3, 7, 11]. Die Verbindung kann außerdem durch Hydratation von $MnSO_4$ gewonnen werden [6, 7]. $MnSO_4$ wandelt sich durch Aufnahme von Wasserdampf aus der Luft nach etwa 10 h vollständig in $MnSO_4 \cdot H_2O$ um [6]. Weitere Angaben zur Bildung durch Dehydratation bzw. Hydratation s. bei den höheren Hydraten bzw. bei $MnSO_4$.

Eine andere Darstellungsmethode ist die Kristallisation der bei 30 bis 40°C gesättigten Lösung etwa bei der Siedetemperatur [12]. Zur Vermeidung der Bildung des Penta- und Tetrahydrats, die sich auch oberhalb 50°C metastabil abscheiden können und sich hinterher nur zögernd in das Monohydrat umwandeln, erhitzt man die Lösung auf eine möglichst hohe Temperatur [5]. Das normalerweise mikrokristallin anfallende Salz wird durch sehr langsame Verdampfung bei 95°C etwas grobkörniger (etwa 0.1 mm Kantenlänge) [7]. In gut kristallisierter Form wird die Verbindung durch 24stündiges Erhitzen einer 0.2 molaren $MnSO_4$-Lösung unter hydrothermalen Bedingungen auf 300°C erhalten [13]. — Das Monohydrat kann ferner durch Einwirkung von H_2SO_4 auf die gesättigte Lösung bei 30°C hergestellt werden [7, 14]. Qualität und Ausbeute der so dargestellten Präparate sind jedoch schlechter, als wenn sie aus wäßriger Lösung auskristallisieren [15], s. auch [7].

Bei der technischen Herstellung von $MnSO_4 \cdot H_2O$ geht man meist von $MnSO_4$-Lösungen aus, die bei Laugungsprozessen von Erzen mit SO_2-Lösungen oder Schwefelsäure anfallen (s. hierzu „Mangan" B, S. 9). Hierbei wird die $MnSO_4$-Lösung durch Verdampfung zu einem Schlamm eingedickt, der anschließend filtriert und getrocknet wird [16]. Bei einer anderen, bereits von Thomas, Whalley [17] erwähnten Methode, die besonders bei Lösungen mit geringem Mangangehalt vorteilhaft ist, wird die Lösung unter Druck auf etwa 190°C erhitzt, wobei das Monohydrat auf Grund seiner sehr geringen Löslichkeit bei diesen Temperaturen auskristallisiert. Es fällt als trockenes, frei fließendes Kristallisat an, das reiner ist als das bei der Verdampfung gewonnene [16]. Durch Erhitzen einer bei 100°C gesättigten Lösung auf 150 bzw. 175°C werden bereits 90 bzw. 98% des Mangans gewonnen. Die Lösung wird dabei zur Zurückdrängung der Hydrolyse auf pH = 2 eingestellt [18]. Bei der technischen Darstellung durch Dehydratation höherer Hydrate wird in einer Anfangsstufe eine relativ niedrige Temperatur eingehalten, bei der sich das höhere Hydrat in das Monohydrat umwandelt. In der Endstufe wird das Salz durch Erhitzen auf hohe Temperaturen zur Kristallisation gebracht [19].

Thermodynamische Daten der Bildung. Bildungsenthalpie ΔH° und freie Bildungsenthalpie ΔG° in kcal/mol für die Bildung der Verbindung aus den Elementen bei Standardbedingungen: Aus den Lösungswärmen von kristallinem $MnSO_4 \cdot H_2O$ [3, 8, 11, 14] wird $\Delta H^\circ_{298} = -328.5$ berechnet [20]; eine erneute Auswertung ergibt den Wert −329.0 [21]. Die Lösungswärme von Thomsen (nach [22]) führt zu $\Delta H^\circ_{298} = -329.2$ [23]. Für ein durch Dehydratation im Vakuum bei Raumtemperatur hergestelltes, energiereicheres amorphes Präparat [11] ergibt sich entsprechend $\Delta H^\circ_{298} = -322.4$ [20] bzw. −322.2 [21]. Aus Lösungsenthalpien und Dampfdrücken wird für kristallines $MnSO_4 \cdot H_2O$ der Wert $\Delta G^\circ_{298} = -289.9$ abgeleitet [23]; übereinstimmend damit ergibt sich aus den thermodynamischen Daten der Ionen in gesättigter Lösung $\Delta G^\circ_{298} = 290.2$ [24].

Literatur:

[1] O. B. Kühn (Schweigger's J. Chem. Physik **61** [1831] 236/45, 239). — [2] C. W. F. T. Pistorius (Z. Anorg. Allgem. Chem. **307** [1961] 226/8). — [3] J. Perreu (Compt. Rend. **209** [1939] 167/9). — [4] H. R. Oswald (Helv. Chim. Acta **48** [1965] 590/600). — [5] J. H. Křepelka, B. Rejha (Collection Czech. Chem. Commun. **3** [1931] 517/35, 519/23).

[6] G. Brinkmann, W. Schmedding (Z. Anal. Chem. **114** [1938] 161/70, 164/5). — [7] F. Hammel (Ann. Chim. [Paris] [11] **11** [1939] 247/358, 287/8). — [8] R. de Forcrand (Compt. Rend. **158** [1914] 1760/3). — [9] F. Hammel (Compt. Rend. **202** [1936] 2147/9). — [10] J. W. S. Jamieson, G. R. Brown, D. W. Gruener, R. V. Peiluck, R. A. LaMontagne (Can. J. Chem. **43** [1965] 2148/56, 2153/4).

[11] J. Perreu (Compt. Rend. **209** [1939] 311/3). — [12] F. G. Cottrell (J. Phys. Chem. **4** [1899/1900] 637/56, 640). — [13] Pi-Chang Kong, T. W. Swaddle (Can. J. Chem. **49** [1971] 2442/6). — [14] R. de Forcrand (Compt. Rend. **159** [1914] 12/6). — [15] J. Petlička (Hutnicke Listy **25** [1970] 804/7; C. A. **74** [1971] Nr. 16439).

[16] H. C. Fuller (U. S. Bur. Mines Rept. Invest. Nr. 6762 [1966] 1/30, 22, 26). — [17] G. Thomas, B. J. P. Whalley (Can. J. Chem. Eng. **36** [1958] 37/43, 42). — [18] B. J. P. Whalley, D. E. Pickett, R. F. Pilgrim, T. R. Ingraham (Indian Mining J. **5** [1957] Spec. Issue, S. 61/5, 68; C. A. **1960** 1196). — [19] W. Spormann, J. Heinke, Badische Anilin- & Sodafabrik A.-G. (DAS 1097955 [1959/61]; C. **1961** 11851). — [20] F. D. Rossini, D. D. Wagman, W. H. Evans, S. Levine, I. Jaffe (Natl. Bur. Std. [U. S.] Circ. Nr. 500 [1952] 277).

[21] D. D. Wagman, W. H. Evans, I. Halow, V. B. Parker, S. M. Bailey, R. H. Schumm (Natl. Bur. Std. [U. S.] Tech. Note 270-4 [1969] 110). — [22] F. R. Bichowsky, F. D. Rossini (The Thermochemistry of Chemical Substances, New York 1936, S. 93, 316). — [23] T. A. Zordan, L. G. Hepler (Chem. Rev. **68** [1968] 737/45, 742, 744). — [24] M. V. Ionin, A. E. Ezheleva (Tr. po Khim. i Khim. Tekhnol. **1969** Nr. 1, S. 12/3; C. A. **73** [1970] Nr. 7960).

Crystallographic Properties

8.6.16.2 Kristallographische Eigenschaften

Das Monohydrat kristallisiert aus schwefelsaurer Lösung in Form von Bipyramiden oder vierseitigen Prismen [1]. Sie sind monoklin und haben folgende Gitterkonstanten (in Å, Achsenwahl entsprechend der unten angegebenen Kristallstruktur): a = 7.126 ± 0.008, b = 7.612 ± 0.008, c = 7.758 ± 0.008, β = 115°42.5′ ± 2′ [2], a = 7.13_9, b = 7.62_9, c = 7.94_1, β = 118°18′ [3], a = 7.124 ± 0.006, b = 7.663 ± 0.004, c = 7.764 ± 0.007, β = 115°51′ ± 7′ [4]. Damit ist die ältere rhombische Indizierung [5] überholt. Raumgruppe C2/c-C_{2h}^6 (Nr. 15); Z = 4 [2, 3, 4]. Tabelle der d-Werte s. Original [2]. Die bereits von Hammel [5] angenommene Isotypie mit Kieserit ($MgSO_4 \cdot H_2O$, s. „Magnesium" A, S. 69/71 sowie [6, 7])und den entsprechenden Sulfathydraten von Cu, Zn, Fe, Co und Ni wird später bestätigt [2, 3, 4]. Ausgehend von Werten für $CoSO_4 \cdot H_2O$ [8] werden folgende Atomlagen bestimmt (abweichend von den anderen Strukturbestimmungen [3, 7] befinden sich hier die Kationen jedoch auf der Punktlage 4c statt 4b):

Atom	Punktlage	x	y	z
Mn	4c	0.25	0.25	0
S	4e	0	0.100 ± 0.006	0.25
O(H_2O)	4e	0	0.609 ± 0.009	0.25
O(1)	8f	0.191 ± 0.009	−0.012 ± 0.007	0.342 ± 0.009
O(2)	8f	0.025 ± 0.006	0.203 ± 0.008	0.111 ± 0.008

R = 11.1%. Die Abstände Mn-O(H_2O) sind mit 2.25 Å größer als die Abstände Mn-O(1) und Mn-O(2): 2.13 bzw. 2.15 Å (jeweils 2 ×). In den SO_4-Tetraedern sind die Abstände S-O(1) = 1.50 und S-O(2) = 1.41 Å. Weitere Abstände s. Original [4]. Durch die Strukturuntersuchungen von Oswald [3] wird die von Lendormy [9] auf Grund von IR-Untersuchungen für $MnSO_4 \cdot H_2O$ und ähnliche Verbindungen aufgestellte Strukturformel $MnSO_5H_2$, die auch Duval [10] verwendet, widerlegt. Nach IR-Untersuchungen von Ben-Dor, Margalith [11] sind sowohl die Struktur MnH_2SO_5 als auch die außerdem vorgeschlagene Formulierung $Mn(OH)HSO_4$ auszuschließen. Die beobachtete Acidität (s. S. 128) läßt sich auf Grund der IR-Untersuchung und der von Oswald [3] bestimmten Struktur folgendermaßen erklären: Das Sauerstoffatom O(1), das gleichzeitig zur Sulfatgruppe und zum MnO_6-Oktaeder gehört, rückt so nahe an das Sauerstoffatom des H_2O-Moleküls (2.71 Å), daß eine abstoßende Wirkung auf die H-Atome entsteht [11].

Neben der gut kristallinen, monoklinen Form, die bei der Kristallisation aus der Lösung gewonnen wird, können bei der Dehydratation höherer Hydrate energiereichere Präparate entstehen [12, 13], die nur ein unscharfes Röntgenbeugungsdiagramm liefern [5]. Nach Perreu [14] sollen sie jedoch ein Diagramm zeigen, das von der monoklinen Form abweicht. Durch Tempern lassen sich diese Präparate in die monokline Form umwandeln [5].

Literatur:

[1] D. Taylor (J. Chem. Soc. **1952** 2370/5). — [2] C. W. F. T. Pistorius (Z. Anorg. Allgem. Chem. **307** [1961] 226/8). — [3] H. R. Oswald (Helv. Chim. Acta **48** [1965] 590/600). — [4] Y. Le Fur, J. Coing-Boyat, G. Bassi (Compt. Rend. C **262** [1966] 632/5). — [5] F. Hammel (Ann. Chim. [Paris] [11] **11** [1939] 247/358, 289; Compt. Rend. **202** [1936] 2147/9).

[6] G. Weinert (Neues Jahrb. Mineral. Beilage-Bd. A **75** [1939/40] 297/314; Naturwissenschaften **26** [1938] 410). — [7] J. Leonhardt, R. Weiss (Naturwissenschaften **44** [1957] 338/9). — [8] J. Coing-Boyat (Compt. Rend. **256** [1963] 1482/5). — [9] U. Lendormy (Compt. Rend. **253** [1961] 1804/5). — [10] C. Duval (Inorganic Thermogravimetric Analysis, 2. Aufl., New York 1963, S. 316).

[11] L. Ben-Dor, R. Margalith (Inorg. Chim. Acta **1** [1967] 49/54). — [12] R. de Forcrand (Compt. Rend. **158** [1914] 1760/3, **159** [1914] 12/6). — [13] J. W. S. Jamieson, G. R. Brown, D. W. Gruener, R. V. Peiluck, R. A. LaMontagne (Can. J. Chem. **43** [1965] 2148/56, 2153). — [14] J. Perreu (Compt. Rend. **209** [1939] 311/3).

8.6.16.3 Mechanische und thermische Eigenschaften

Mechanical and Thermal Properties

Dichte D in g/cm³: Röntgendichte: 2.942 ± 0.009 [1], 2.947 [2], 2.960 [3]. Die pyknometrisch bestimmten Dichten differieren stark untereinander, s. z. B. [3]. Ausgewählte Werte: D_{288} = 2.845 [4], D_{288} = 2.904 [6], D_{298} = 2.874 [5].

Wärmekapazität und Entropie in $cal \cdot mol^{-1} \cdot K^{-1}$, Enthalpie in kcal/mol. Die molare Wärmekapazität von kristallinem $MnSO_4 \cdot H_2O$ wird auf C_p = 34.2 geschätzt [7]. Eine Entropie von S°_{298} = 40.62 berechnen Ionin, Ezheleva [8] aus den Werten der Ionen in gesättigter Lösung; außerdem wird S°_{298} = 37 geschätzt [9]. — Folgende Werte für den Wärmeinhalt $H^\circ_T - H^\circ_{298}$ und die Entropie $S^\circ_T - S^\circ_{298}$ werden aus dem oben genannten C_p-Wert berechnet [7]:

T in K	320	340	360	380	400
$H^\circ_T - H^\circ_{298}$	0.745	1.430	2.115	2.800	3.485
$S^\circ_T - S^\circ_{298}$	2.41	4.49	6.44	8.29	10.06

Die mit dem magnetischen Übergang bei der Néel-Temperatur (s. S. 126) verbundene Enthalpieänderung wird aus Messungen der Wärmekapazität zu ΔH = 0.30 cal/g ermittelt [10].

Über $MnSO_4 \cdot H_2O$ werden folgende Dampfdrücke gemessen:

t in °C	20	22	25	50	60
p in Torr	<3	0.3	<0.1	2.9	<28
Literatur	[11]	[12]	[9]	[13]	[11]

Außerdem wird aus thermodynamischen Daten $p = 3 \times 10^{-5}$ atm bei 25°C berechnet [9].

Literatur:

[1] Y. Le Fur, J. Coing-Boyat, G. Bassi (Compt. Rend. C **262** [1966] 632/5). — [2] H. R. Oswald (Helv. Chim. Acta **48** [1965] 590/600, 591). — [3] C. W. F. T. Pistorius (Z. Anorg. Allgem. Chem. **307** [1961] 226/8). — [4] T. E. Thorpe, J. I. Watts (J. Chem. Soc. **37** [1880] 102/17, 113). — [5] E. Moles, M. Crespi (Z. Physik. Chem. **130** [1927] 337/44).

[6] O. Petterson (Nova Acta Regiae Soc. Sci. Upsaliensis [3] **10** [1879] Tl. VII, S. 1/26, 19). — [7] A. D. Mah (U. S. Bur. Mines Rept. Invest. Nr. 5600 [1960] 1/34, 13). — [8] M. V. Ionin, A. E. Ezheleva (Tr. po Khim. i Khim. Tekhnol. **1969** Nr. 1, S. 12/3; C. A. **73** [1970] Nr. 7960). — [9] T. A. Zordan, L. G. Hepler (Chem. Rev. **68** [1968] 737/45, 742). — [10] M. Lecomte, J. de Gunzbourg, M. Teyrol, A. Miedan-Gros, Y. Allain (Solid State Commun. **10** [1972] 235/7).

[11] H. Lescoeur (Ann. Chim. Phys. [7] **4** [1895] 213/34, 220). — [12] J. Perreu (Compt. Rend. **209** [1939] 167/9). — [13] E. B. Singh, P. C. Sinha (J. Indian Chem. Soc. **43** [1966] 750/8, 757).

Magnetic and Electrical Properties

8.6.16.4 Magnetische und elektrische Eigenschaften

Die magnetischen Eigenschaften von $MnSO_4 \cdot H_2O$ zeigen eine große Ähnlichkeit mit denen von $MnSO_4$ (s. S. 86). Die aus der Temperaturabhängigkeit der Suszeptibilität bestimmte Néel-Temperatur beträgt $T_N = 16$ K, Y. Allain, J. P. Krebs, J. de Gunzbourg (J. Appl. Phys. **39** [1968] 1124/5), J. P. Krebs (CEA-R-3495 [1968] 1/165, 117/27; C. A. **70** [1969] Nr. 52496).

Specific Suscepti-bility. Magneti-zation

8.6.16.4.1 Spezifische Suszeptibilität χ in 10^{-6} cm³/g, Magnetisierung

Für die zwischen 4 und 250 K von Krebs [1] an pulverförmigen Proben erhaltenen Ergebnisse für χ (s. Fig. 31, S. 87) gelten die gleichen Aussagen wie für $MnSO_4$. Aus dem linearen Verlauf von $1/\chi$ oberhalb T_N (16 K) ergibt sich $\Theta_p = -26$ K und $\mu_{eff} = 5.74\ \mu_B$; vgl. auch [2]. Die Abweichung vom Curie-Gesetz wird unterhalb etwa 10 K schon früher [3] beobachtet, jedoch nicht das den Übergang in den antiferromagnetischen Zustand anzeigende Maximum. — Einzelwert bei 18°C: $\chi = 83.4$ [4].

In sehr starken Feldern scheint sich die Austauschwechselwirkung zu ändern, so daß χ bei 300 K zwischen 210 und 290 kOe um 12% zunimmt [5]. Diese sprunghafte Zunahme von χ wird von Zavadskii u. a. [6] bestätigt.

Für die von Krebs [1] durchgeführten Untersuchungen der Magnetisierung treffen ebenfalls die für $MnSO_4$ gemachten Beobachtungen zu. Die Magnetisierungskurve verläuft ähnlich wie in Fig. 30, S. 87; der Übergang in den Sättigungsbereich ist jedoch wesentlich schärfer und tritt bei H = 320 kOe auf. Bei 1.6 K beträgt das Sättigungsmoment 4.95 μ_B je Mn-Ion; vgl. auch [2].

Literatur:

[1] J. P. Krebs (CEA-R-3495 [1968] 1/165, 117/27; C. A. **70** [1969] Nr. 52496). — [2] Y. Allain, J. P. Krebs, J. de Gunzbourg (J. Appl. Phys. **39** [1968] 1124/5). — [3] M. Date (J. Phys. Soc. Japan **12** [1957] 1314). — [4] E. F. Herroun (Proc. Phys. Soc. [London] **46** [1934] 872/81, 877). — [5] R. Stevenson (Can. J. Phys. **40** [1962] 1385/93).

[6] E. A. Zavadskii, I. G. Fakidov, N. Ya. Samarin (Zh. Eksperim. i Teor. Fiz. **47** [1964] 836/9; Soviet Phys.-JETP **20** [1964] 558/9).

Electron Para-magnetic Resonance (EPR)

8.6.16.4.2 Paramagnetische Resonanz

Die Resonanzlinie von $MnSO_4 \cdot H_2O$, gemessen bei etwa 10 GHz, ist schärfer als beim Tetrahydrat (s. S. 116), weil die Austauschwechselwirkung im Monohydrat stärker ist. Dies geht aus mehreren Arbeiten von Kumagai u. a. [1] hervor, die aus ihren Messungen des Absorptionsanteils der Hochfrequenzsuszeptibilität χ'' bei gewöhnlicher Temperatur für die Halbwertsbreite $\Delta H_{1/2} = 305$ Oe erhalten (g-Faktor = 2.00); vgl. auch [2].

Auch der hohe Wert für den Austauschkoeffizienten $\langle \Delta H^4 \rangle_{av}^{1/4} / \langle \Delta H^2 \rangle_{av}^{1/2} = 1.42$ (s. S. 88), den McLean, Kor [3] aus Messungen von χ'' an sehr reinen pulverförmigen Proben erhalten, zeigt starke Austauschwechselwirkung an ($\Delta H_{1/2} = 320$ Oe, g = 2). $\Delta H_{1/2} = 310 \pm 20$ Oe [4], $\Delta H_{1/2} = 350$ Oe, g = 1.97 [5].

Eine von Pleau, Kokoszka [6] durchgeführte Untersuchung der Änderung der EPR-Absorptionslinienbreite mit der Frequenz ergibt für das Verhältnis der experimentell bestimmten Linienbreiten bei 25 und 9 GHz den Wert 0.91. Dies entspricht einer Austauschfrequenz von 59 GHz und einem Austauschintegral von $J = 0.24 \pm 0.04$ K (zur Berechnung werden 6 nächste Nachbarn angenommen). — Für den absoluten Wert des Absorptionskoeffizienten χ'' am Resonanzmaximum ergibt sich aus Messungen an pulverförmigen Proben $\chi'' = 0.1567$ cm³/mol [7] bzw. $\chi'' = 0.143$ cm³/mol [8].

Literatur:

[1] H. Kumagai, K. Ono, I. Hayashi, H. Abe, H. Shono, S. Tachimori, H. Ibamoto, J. Shimada (Phys. Rev. [2] **82** [1951] 954/5), H. Kumagai, K. Ono, I. Hayashi, H. Abe, J. Shimada, H. Shono, H. Ibamoto (Phys. Rev. [2] **83** [1951] 1077), H. Kumagai, K. Ono, I. Hayashi (Phys. Rev. [2] **85** [1952] 925), H. Kumagai, K. Ono, I. Hayashi, H. Abe, J. Shimada, H. Shono, H. Ibamoto, S. Tachimori (J. Phys. Soc. Japan **9** [1954] 369/75). — [2] M. Date (J. Phys. Soc. Japan **12** [1957] 1314). — [3] C. MacLean, G. J. W. Kor (Appl. Sci. Res. B **4** [1955] 425/33, 429). — [4] N. N. Neprimerov (Izv. Akad. Nauk SSSR Ser. Fiz. **18** [1954] 360/7; C. A. **1955** 1428). — [5] J. Uebersfeld (Compt. Rend. **236** [1953] 1645/7).

[6] E. Pleau, G. Kokoszka (J. Chem. Soc. Faraday Trans. II **69** [1973] 355/62). — [7] K. Sundaramma (Proc. Indian Acad. Sci. A **44** [1957] 345/50). — [8] H. Kumagai, I. Hayashi, K. Ono, H. Abe, J. Shimada, H. Shono (J. Phys. Soc. Japan **9** [1954] 376/7).

8.6.16.4.3 Magnetooptische Effekte

Magneto-optical Effects

Paramagnetischer Faraday-Effekt (magnetische Drehung der Polarisationsebene). Die von Soutif-Guicherd [1] bei Untersuchungen der Faraday-Rotation bei einer Wellenlänge von 9.9 cm (3000 MHz) erhaltene Kurve für den als Funktion des Magnetfeldes gemessenen Rotationswinkel Θ hat einen ähnlichen Verlauf wie bei $MnSO_4$ (s. S. 89). Die gesamte Rotationsamplitude beträgt 25.2′ (berechneter Wert 24.8′); vgl. auch [2]. — Weitere Messungen des Faraday-Effekts im Mikrowellenbereich s. [3, 4]. Neben den Faraday-Rotationen beobachtet Servant [5] auch Elliptizitäten dieser im Bereich der 3000 MHz-Bande auftretenden Rotationen. Kurven für die Rotationen α (in min) und $-\alpha$ (bei entgegengesetzter Richtung des Magnetfeldes) und für die Elliptizitäten β (in rad) s. im Original.

Cotton-Mouton-Voigt-Effekt (magnetische Doppelbrechung). Diesen Effekt im Bereich der EPR in der X-Bande untersuchten Sardos, Bissey [6] mit einem Mikrowellenreflexionspolarimeter, das eine gleichzeitige genaue Bestimmung der Rotationen α und der Elliptizitäten β ermöglicht. Der aus dem α-β-Diagramm bestimmte Deflexionsfaktor $D = |\beta_{min}/\beta_{max}| = 0.80$ stimmt mit dem theoretischen Wert (0.74) überein, der aus einer Beziehung zwischen Schwingungsfrequenz und Spin-Spin-Relaxationszeit berechnet wurde. Graphische Wiedergabe für Θ und β als Funktion des Magnetfeldes s. [7]. Der von Kastler [8] vorausgesagte Effekt wurde bereits von Battaglia u. a. [9] an pulverförmigem $MnSO_4 \cdot H_2O$ bei einer Frequenz von 9345 MHz beobachtet.

Literatur:

[1] J. Soutif-Guicherd (J. Appl. Phys. **29** [1958] 256/8; Compt. Rend. **240** [1955] 2126/8). — [2] G. Robbrecht (Koninkl. Vlaam. Acad. Wetenschap. Letteren en Schone Kunsten Belg. Kl. Wetenschap. Toepassing CmGolven Symp., Brussels 1958 [1959], S. 16/29, 20/1; C. A. **1959** 21164). — [3] A. I. Kurushin (Zh. Eksperim. i Teor. Fiz. **37** [1959] 297/8; Soviet Phys.-JETP **10** [1959] 209/10). — [4] M. C. Wilson, G. F. Hull (Phys. Rev. [2] **74** [1948] 711). — [5] Y. Servant (Compt. Rend. **258** [1964] 1455/7, B **269** [1969] 123/5).

[6] R. Sardos, J. C. Bissey (Compt. Rend. B **268** [1969] 1373/6). — [7] R. Sardos, J. C. Bissey (Compt. Rend. B **268** [1969] 1141/4), vgl. auch R. Sardos (Compt. Rend. **258** [1964] 5394/7; J. Phys. [Paris] Suppl. **25** [1964] 163 A/167 A). — [8] A. Kastler (Compt. Rend. **231** [1950] 1462/4). — [9] A. Battaglia, A. Gozzini, E. Polacco (Nuovo Cimento [9] **10** [1953] 1205/6).

8.6.16.4.4 Dielektrizitätskonstante ε

Dielectric Constant

Die Berechnung der Dielektrizitätskonstante nach einer theoretischen Formel, die nur an $CuSO_4 \cdot 5H_2O$ experimentell geprüft wurde, ergibt $\varepsilon = 9.90 \pm 0.2$, N. N. Neprimerov (Izv. Akad. Nauk SSSR Ser. Fiz. **18** [1954] 360/7; C. A. **1955** 1428).

Optical Properties

8.6.16.5 Optische Eigenschaften

Die optisch positiven Kristalle haben in weißem Licht folgende Brechungsindizes: $n_\alpha = 1.562$, $n_\beta = 1.595$, $n_\gamma = 1.632$, $2V \approx 90°$, E. S. Larsen, M. L. Glenn (Am. J. Sci. [4] **50** [1920] 225/33, 233).

Über die Spektren im IR-, sichtbaren und UV-Bereich s. S. 105/8, über die Lumineszenz s. S. 117.

Chemical Reactions. Solubility

8.6.16.6 Chemisches Verhalten. Löslichkeit

$MnSO_4 \cdot H_2O$ ist an der Luft mit normal vorkommenden Wasserdampfgehalten beständig [1]. Die thermische Stabilität ist größer als die der übrigen Mangansulfat-Hydrate. Sie beruht auf einer besonders festen Bindung des Wassermoleküls [2], s. dazu S. 124.

Über den Beginn der thermischen Dehydratation gehen die Angaben auseinander. Während Druce [3] auch bei längerer Destillation mit Xylol (Siedepunkt $t_S \approx 140°C$) kein wasserfreies $MnSO_4$ erhält und Lescoeur [4] sogar bei 160°C noch keine merkliche Dissoziation beobachtet, beginnt sie nach Brinkmann, Schmedding [1] bereits bei 130°C merklich zu werden. Beim Erhitzen unter isothermen Bedingungen auf Temperaturen >190°C geht das Monohydrat in wasserfreies $MnSO_4$ über, z. B. durch Destillation mit einem hochsiedenden Kohlenwasserstoff (t_S = 190 bis 195°C) oder Nitrobenzol (t_S = 207°C) [3]. Bei 200°C ist die Entwässerung innerhalb 3 bis 4 h vollständig [1]. Unter vermindertem Druck über P_2O_5 bildet sich bei wochenlangem Erhitzen auf 45 bis 75°C ein Produkt der Zusammensetzung $MnSO_4 \cdot 0.51\ H_2O$ [5], s. hierzu auch S. 130. — Bei thermogravimetrischen Untersuchungen werden höhere Zersetzungstemperaturen beobachtet: 150 bis 200°C (etwa 6 grd/min, im Luftstrom) [6], 150 bis 250°C (5 grd/min) [7], 150 bis 270°C (100 grd/h) [8], 200 bis 260°C [9], 200 bis 300°C (1.25 grd/min, im Luftstrom) [10], s. auch [11], und 230 bis 260°C [12]. Unter vermindetem Druck (etwa 0.1 Torr, 50 grd/h) erfolgt der Abbau zwischen 50 und 130°C [13]. Durch DTA-Untersuchungen werden die genannten Zerfallstemperaturen bestätigt. Endotherme Effekte werden bei den folgenden Temperaturen beobachtet: 260°C (6 grd/min) [14], 250 bis 270°C [15], 280°C [16] und 260 bis 300°C [17]. Ein endothermer Effekt bei 225°C ist ungeklärt [15].

Enthalpie ΔH, freie Enthalpie ΔG in kcal/mol, Entropie ΔS in $cal \cdot mol^{-1} \cdot K^{-1}$ für die Zersetzungsreaktion $MnSO_4 \cdot H_2O(fest) \rightarrow MnSO_4(fest) + H_2O(gas)$: $\Delta H^\circ_{298} = 16.5$, berechnet von Syrkin, Ezuchevskaya [18] aus Werten von Rossini u. a. [19]; $\Delta G^\circ_{298} = 6.1$, $\Delta S^\circ_{298} = 35$, berechnet von Zordan, Hepler [20] aus Literaturwerten. Diesen Werten wird der Vorzug gegeben gegenüber denen von Kelley [21], die auf ältere Messungen [22] zurückgehen [20]. — Für $MnSO_4 \cdot H_2O(fest) \rightarrow MnSO_4(fest) + H_2O(flüssig)$ berechnen Zordan, Hepler [20] bzw. Kelley [21] mit Hilfe der Lösungswärmen von Thomsen [23] $\Delta H^\circ_{298} = 6.0$ bzw. 5.970. Thomsen selbst hatte übereinstimmend damit $\Delta H_{291} = 5.98$ angegeben [23].

Festes $MnSO_4 \cdot H_2O$ wirkt so sauer, daß beim Mischen mit NaCl Chlorwasserstoff freigesetzt wird [14]. — Durch Erhitzen von $MnSO_4 \cdot H_2O$ mit $Li_2MnTi_3O_8$ (s. „Mangan" C3, S. 115) auf 310°C entsteht in einer Woche $Mn_2Ti_3O_8$ (s. „Mangan" C3, S. 114), mit $Li_2ZnTi_3O_8$ bei 480°C entsprechend $ZnMnTi_3O_8$ (s. „Mangan" C3, S. 121) und mit $Li_2ZnGe_3O_8$ bei 580°C $ZnMnGe_3O_8$ [24]. — $MnSO_4 \cdot H_2O$ bildet mit einer Reihe anderer Metallsulfate Mischkristalle, die in Kapitel 8.6.31, S. 178, beschrieben werden.

Zur Löslichkeit in H_2O s. System $MnSO_4$-H_2O (S. 101). — Integrale Lösungsenthalpie ΔH_i in kcal/mol. Für kristallines $MnSO_4 \cdot H_2O$, das durch thermische Dehydratation des Tetrahydrats bei etwa 100°C hergestellt wurde, wird beim Lösen von 1 mol Salz in 399 mol H_2O $\Delta H = -7.810$ bei 18°C bestimmt [23, 25, 26]. Beim Lösen in ähnlichen Wassermengen wird $\Delta H_i = -7.635$ bei 15°C [27] und $\Delta H_i = -7.61$ bei 16°C [28] gemessen. Die Werte stimmen beim Vergleich mit Hilfe eines von de Forcrand [27] ermittelten Temperaturkoeffizienten von -0.055 kcal/grd gut überein. Spätere kalorimetrische Messungen werden an verdünnteren Lösungen bei höheren Temperaturen durchgeführt und liefern höhere Werte: für $MnSO_4 \cdot H_2O$, das aus der Lösung auskristallisiert wurde, beim Lösen von 0.2 bis 0.5 g Hydrat je 1000 ml H_2O (entspricht etwa 47000 bis 19000 mol H_2O je mol Hydrat) $\Delta H_i = -9.549$ bei 29°C. Für eine energiereichere Form, die durch thermische Dehydratation des Pentahydrats bei 100°C hergestellt wurde, ist $\Delta H_i = -17.644$ bei 29°C [29]. Eine weitere energiereichere Form des $MnSO_4 \cdot H_2O$, die durch Dehydratation im Vakuum bei Raumtemperatur dargestellt wurde, ergibt beim Lösen von 1 mol Salz in (wahrscheinlich) 300 bis 400 mol H_2O $\Delta H_i = -13.740$ bei 15°C [27] und $\Delta H_i = -13.75$ bei 16°C [28], s. Fig. 35, S. 121. Bei der Auflösung von 0.2 bis 0.5 g Hydrat in 1000 ml H_2O wird an einem ähnlich hergestellten Präparat $\Delta H_i = -19.621$ bei 29°C bestimmt. Messungen an energiereichen Präparaten mit 8 bis 16 Gew.-% H_2O (Wassergehalt des Monohydrats 10.66 Gew.-%) ergeben eine lineare Abhängigkeit der Lösungswärme vom H_2O-Gehalt [29].

Literatur:

[1] G. Brinkmann, W. Schmedding (Z. Anal. Chem. **114** [1938] 161/70, 164/5). — [2] H. R. Oswald (Helv. Chim. Acta **48** [1965] 590/600). — [3] J. G. F. Druce (Chem. News **144** [1932] 199/200). — [4] H. Lescoeur (Ann. Chim. Phys. [7] **4** [1895] 213/34). — [5] R. de Forcrand (Compt. Rend. **158** [1914] 1760/3).

[6] H. O. Hofmann, W. Wanjukow (Trans. AIME **43** [1913] 523/77, 548/51). — [7] C. Duval (Mikrochim. Acta **1964** 1073/81). — [8] N. Lendormy (Chim. Anal. [Paris] **44** [1962] 255/60). — [9] T. Ukai (Nippon Kwagaku Kwaishi **52** [1931] 461/2; C. A. **1932** 5028). — [10] P. Dubois (Compt. Rend. **198** [1934] 1502/4).

[11] E. Rencker, P. Dubois (Compt. Rend. **203** [1936] 185/7). — [12] K. Honda (Sci. Rept. Tohoku Imp. Univ. II **4** [1915] 97/103; C. A. **1915** 2610). — [13] J. Cueilleron, O. Hartmanshenn (Bull. Soc. Chim. France **1959** 168/72). — [14] L. Ben-Dor, R. Margalith (Inorg. Chim. Acta **1** [1967] 49/54). — [15] L. G. Berg, A. V. Nikolaev (Bull. Acad. Sci. URSS Classe Sci. Chim. **1940** 865/75; C. A. **1941** 3513).

[16] N. N. Runov (Uch. Zap. Yaroslavsk. Gos. Ped. Inst. Nr. 66 [1969] 147/52; C. A. **72** [1970] Nr. 59755). — [17] A. I. Tsvetkov, E. P. Val'yashikhina (Tr. Inst. Geol. Nauk Akad. Nauk SSSR Nr. 157 [1955] 30/109, 62/4; Ref. Zh. Geol. **1956** Nr. 1875). — [18] Ya. K. Syrkin, V. M. Ezuchevskaya (Zh. Strukt. Khim. **5** [1964] 864/72; J. Struct. Chem. [USSR] **5** [1964] 798/805, 802). — [19] F. D. Rossini, D. D. Wagman, W. H. Evans, S. Levine, I. Jaffe (Natl. Bur. Std. [U. S.] Circ. Nr. 500 [1952] 277). — [20] T. A. Zordan, L. G. Hepler (Chem. Rev. **68** [1968] 737/45, 742).

[21] K. K. Kelley (U. S. Bur. Mines Bull. Nr. 406 [1937], Nr. 601 [1962] Tl. VII, S. 1/154, 102). — [22] C. D. Carpenter, E. R. Jette (J. Am. Chem. Soc. **45** [1923] 578/90). — [23] J. Thomsen (Systematische Durchführung Thermochemischer Untersuchungen, Stuttgart 1906, S. 30). — [24] J. C. Joubert (Bull. Soc. Franc. Mineral. Crist. **90** [1967] 598/602). — [25] J. Thomsen (J. Prakt. Chem. [2] **17** [1878] 165/83, 177).

[26] J. Thomsen (J. Prakt. Chem. [2] **18** [1878] 1/63, 26/7). — [27] R. de Forcrand (Compt. Rend. **159** [1914] 12/6). — [28] J. Perreu (Compt. Rend. **209** [1939] 311/3). — [29] J. W. S. Jamieson, G. R. Brown, D. W. Gruener, R. V. Peiluck, R. A. LaMontagne (Can. J. Chem. **43** [1965] 2148/56, 2153/4).

8.6.17 $MnSO_4 \cdot D_2O$

$MnSO_4 \cdot D_2O$

Die Verbindung tritt als Bodenkörper im System $MnSO_4$-D_2O auf [1] (s. hierzu die Löslichkeit von $MnSO_4$ in D_2O, S. 99). Sie kann hergestellt werden durch Aufbewahren von wasserfreiem $MnSO_4$ in einem geschlossenen Gefäß in Gegenwart von D_2O. Anschließend wird das Hydratationsprodukt unter denselben Bedingungen gehalten, bei denen auch das Monohydrat stabil ist (s. hierzu Darstellung des Monohydrats durch Dehydratation des Penta- oder Tetrahydrats, S. 122). Die Thermolysekurve ist mit der von $MnSO_4 \cdot H_2O$ identisch [2, 3]. — Zum IR-Spektrum s. S. 105. — $MnSO_4 \cdot D_2O$ ist bis zur untersuchten Temperatur von etwa 150°C stabil. Seine Eigenschaften sind denen von $MnSO_4 \cdot H_2O$ (s. S. 122) sehr ähnlich [1].

Literatur:

[1] R. D. Eddy, P. E. Machemer, A. W. C. Menzies (J. Phys. Chem. **45** [1941] 908/15, 912/3). — [2] N. Lendormy (Compt. Rend. **253** [1961] 1804/5). — [3] N. Lendormy (Chim. Anal. [Paris] **44** [1962] 255/60).

$MnSO_4 \cdot nH_2O$ (?)

8.6.18 $MnSO_4 \cdot nH_2O$, $n \leqq 0.5$ (?)

Bei der Entwässerung des Heptahydrats bzw. des Monohydrats unter vermindertem Druck gelangen Bolte [1] bzw. de Forcrand [2] zu einem Hydrat der ungefähren Zusammensetzung $MnSO_4 \cdot 0.5\,H_2O$, s. hierzu auch S. 108 und 128. Während Křepelka, Rejha [3] bei der Hydratation von $MnSO_4$ keinen Anhaltspunkt für die Existenz eines solchen Hydrats finden, schließen Predwoditelew, Blinow [4] bei Messungen des Photostroms in Abhängigkeit vom Wassergehalt bei der Hydratation von $MnSO_4$ auf die Existenz von Hydraten der Zusammensetzung $MnSO_4 \cdot 0.5\,H_2O$ und $MnSO_4 \cdot 0.25\,H_2O$. Deren Bildung soll allerdings nur unter bestimmten Bedingungen erfolgen, die die Autoren nicht näher präzisieren können. Später beobachten Lumme, Raivio [5] bei der thermogravimetrischen Untersuchung einer im Handel erworbenen Probe (wahrscheinlich $MnSO_4 \cdot H_2O$) einen Wassergehalt, der einer Zusammensetzung $MnSO_4 \cdot 0.5\,H_2O$ entspricht.

Der Dampfdruck von $MnSO_4 \cdot 0.5\,H_2O$ liegt bei 20°C unterhalb der Meßgrenze [1]. — Beim Erhitzen (5 grd/min) geht die Verbindung zwischen 192 und 305°C in $MnSO_4$ über. Die Aktivierungsenergie wird zu $E = 43.7 \pm 4$ kcal/mol bestimmt [5]. Die hohe katalytische Aktivität eines vorher auf 250°C erhitzten $MnSO_4$-Hydrats bei der Depolymerisation von Paraldehyd wird auf den Gehalt von weniger als 1 mol Kristallwasser je mol $MnSO_4$ zurückgeführt [6].

Literatur:

[1] H. Bolte (Z. Physik. Chem. **80** [1912] 338/60, 357/3). — [2] R. de Forcrand (Compt. Rend. **158** [1914] 1760/3). — [3] J. H. Křepelka, B. Rejha (Collection Czech. Chem. Commun. **3** [1931] 517/35, 523). — [4] A. Predwoditelew, W. Blinow (Z. Physik **44** [1927] 205/15, 212). — [5] P. Lumme, M. T. Raivio (Suomen Kemistilehti **41** [1968] 194/202, 196/7).

[6] T. Kawaguchi, S. Hasegawa (Kogyo Kagaku Zasshi **73** [1970] 88/92).

Aqueous $MnSO_4$ Solution

8.6.19 Wäßrige $MnSO_4$-Lösung

Formation

8.6.19.1 Bildung

Wäßrige $MnSO_4$-Lösungen fallen bei der Aufbereitung von Manganerzen mit SO_2 oder Schwefelsäure an, s. „Mangan" B, S. 11, 13. Zum System $MnSO_4$-H_2O s. S. 101.

Reinigung. Eine wäßrige $MnSO_4$-Lösung (etwa 10 g/100 ml Lösung) kann von den Ionen der Elemente Pb, Cu, Ag und Fe dadurch gereinigt werden, daß man die Lösung durch eine mit aktiviertem Al_2O_3 beschickte Säule laufen läßt. Der Gehalt z. B. an Ag^+ wird dabei auf 0.7 ppm gesenkt [1]. Zur Reinigung von Fe^{3+} eignet sich auch die Extraktion mit Fettsäuren wie n-Caprylsäure, n-Pelargonsäure und anderen. Bei einem pH-Wert der Lösung von 6.6 bis 7.0 läßt sich der Gehalt an Fe^{3+} bis unter 2×10^{-3} g/l senken. Die Ionen von Co und Ni werden mit Ammonsulfid gefällt oder an Mangandioxid adsorbiert [2].

Bildungsdaten. Bildungsenthalpie unter Standardbedingungen $\Delta H°$ in kcal/mol von $MnSO_4$ in n mol H_2O bei 25°C, aus Literaturdaten neu berechnet (Werte in Auswahl) [3]:

n	20	50	200	1000	3000	10000	100000	∞
$-\Delta H^\circ_{298}$ . . .	267.58	268.18	268.49	268.85	269.14	269.40	269.77	270.1

Von Rossini u. a. [4] werden aus Meßwerten [5, 6, 7] für $MnSO_4$ in Lösungen mit n = 50 bis ∞ mol H_2O um 0.5 bis 1 kcal/mol niedrigere Werte für ΔH°_{298} ermittelt. Ältere Werte s. [8]. Für die Bildung der Verbindung in hypothetischer idealer 1 M Lösung wird die Bildungsenthalpie aus

Literaturdaten neu zu $\Delta H^\circ_{298} = -270.1$ [3], aus Meßwerten [5, 6, 7] zu $\Delta H^\circ_{298} = -269.2$ kcal/mol berechnet [4]; die freie Bildungsenthalpie für die Verbindung in hypothetischer idealer 1 M Lösung ergibt sich aus Literaturdaten zu $\Delta G^\circ_{298} = -232.5$ [3], aus weiteren Literaturangaben [9, 10, 11] zu $\Delta G^\circ_{298} = -230.7$ kcal/mol [4]. Für die Bildung der undissoziierten Verbindung in hypothetischer idealer 1 M Lösung ist $\Delta H^\circ_{298} = -266.7$ kcal/mol und $\Delta G^\circ_{298} = -235.6$ kcal/mol (aus Literaturdaten neu berechnet) [3].

Literatur:

[1] B. A. J. Lister (J. Appl. Chem. **2** [1952] 280/3). — [2] D. G. Shengeliya, R. I. Agladze (Elektrokhim. Margantsa Akad. Nauk Gruz. SSR **3** [1967] 440/55; C. A. **69** [1968] Nr. 80905). — [3] D. D. Wagman, W. H. Evans, I. Halow, V. B. Parker, S. M. Bailey, R. H. Schumm (Natl. Bur. Std. [U. S.] Tech. Note 270-4 [1969] 109/10). — [4] F. D. Rossini, D. D. Wagman, W. A. Evans, S. Levine, I. Jaffe (Natl. Bur. Std. [U. S.] Circ. Nr. 500 [1952] 276/7, 921). — [5] C. H. Shomate (J. Am. Chem. Soc. **65** [1943] 785/90).

[6] J. C. Southard, C. H. Shomate (J. Am. Chem. Soc. **64** [1942] 1770/4). — [7] E. Plake (Z. Physik. Chem. A **162** [1932] 257/80, 262). — [8] F. R. Bichowsky, F. D. Rossini (The Thermochemistry of the Chemical Substances, New York 1936, S. 93). — [9] A. Seidell (Solubilities of Inorganic and Metal-Organic Compounds, New York 1940, S. 1006). — [10] R. A. Robinson, R. S. Jones (J. Am. Chem. Soc. **58** [1936] 959/61).

[11] H. S. Harned, B. B. Owen (The Physical Chemistry of Electrolytic Solutions, New York 1943, S. 427).

8.6.19.2 Verdünnungs- und Lösungsenthalpien

Dilution and Dissolution Enthalpies

Zur Definition s. „Kalium", S. 295. An $MnSO_4$-Lösungen der Ausgangskonzentration c werden bei den angegebenen Temperaturen die aufgeführten intermediären Verdünnungsenthalpien $\Delta H_i(25)$ bzw. $\Delta H_i(50)$ in kcal/mol bei 25- bzw. 50facher Verdünnung bestimmt:

t in °C	0.2	0.59	10.20	9.50	21.18	21.09	20.90	20.92	20.90
c in mol/l	0.025	0.1	0.025	0.1	0.01	0.025	0.05	0.1	0.25
$-\Delta H_i(25)$ in kcal/mol	0.212	0.178	0.386	0.392	0.437	0.563	0.642	0.661	0.687
$-\Delta H_i(50)$ in kcal/mol	0.238	0.230	0.427	0.466	0.493	0.631	0.728	0.768	0.832

Für dieselben Ausgangskonzentrationen bei 0 und 20°C nach der Theorie von Debye-Hückel-Bjerrum für verschiedene mittlere Ionendurchmesser bei 2-2-wertigen Salzen berechnete $\Delta H_i(50)$-Werte s. Original [1]. Bei Verdünnung einer Lösung von $MnSO_4$ in H_2O im Molverhältnis 1 : 20 auf 1 : 80 ist $\Delta H_i = 0.714$ kcal/mol, bei Verdünnung von 1 : 20 auf 1 : 180 ist $\Delta H_i = 0.792$ kcal/mol [2]. Lösungsenthalpien von $MnSO_4$ s. S. 99, Lösungsenthalpien der $MnSO_4$-Hydrate s. bei den einzelnen Verbindungen.

Literatur:

[1] E. Plake (Z. Physik. Chem. A **162** [1932] 257/80, 262). — [2] L. W. Öholm (Finska Kemistsamfundets Medd. **44** [1935] 71/9; C. A. **1936** 6265).

8.6.19.3 Komplexbildung

Complex Formation

8.6.19.3.1 Hydratation in reiner wäßriger Lösung

Hydration in Pure Aqueous Solution

In verdünnten wäßrigen $MnSO_4$-Lösungen tritt als freies Kation nach Leitfähigkeitsmessungen die Spezies $[Mn(H_2O)_6]^{2+}$ auf [1], s. auch „Mangan" B, S. 364. Für die 0.2 molare Mangan(II)-sulfatlösung wird auf Grund einfacher Berechnungen geschätzt, daß das hydratisierte Metall-Ion in kugelförmiger monomolekularer Schicht von etwa 30 Wassermolekülen umgeben ist [2]. Das SO_4^{2-}-Ion wird ebenfalls als hydratisiert angenommen, s. beispielsweise [2]. Durch Messung der

Hydration in Pure Aqueous Solution

Dielektrizitätskonstanten (s. S. 158) an 1 M Mangan(II)-sulfatlösungen wird die Zahl N der rotationsgehinderten Wassermoleküle in den Hydrathüllen der Ionen Mn^{2+} und SO_4^{2-} zu N ≈ 12 bzw. 2, in den Hydrathüllen des Ionenpaars $[Mn^{2+}(H_2O)(H_2O)SO_4^{2-}]_{aq}$ (Erläuterung der darin verwendeten vereinfachten Schreibweise s. unten) ebenfalls zu N ≈ 12 bzw. 2 und in denen des Ionenpaars $[Mn^{2+}(H_2O)SO_4^{2-}]_{aq}$ zu 6 bzw. 0 bestimmt. Bei wachsender Konzentration von $MnSO_4$ nimmt N ab [3]. Untersuchungen mit Röntgenbeugung an 0.55 bis 2.77 molalen $MnSO_4$-Lösungen zeigen oktaedrische Koordination um das Mn^{2+}-Ion und ein Ansteigen der Koordinationszahl für H_2O von 4.52 auf 4.67 bei der angegebenen Konzentrationszunahme [4]. Oberhalb Konzentrationen von etwa 1.8 mol/l soll nach ESR-Messungen das Wasser der inneren Koordinationssphäre des Mn^{2+}-Ions bereits weitgehend durch SO_4^{2-} substituiert sein [5], s. hierzu auch im folgenden Abschnitt. Nach NMR-Messungen, die allerdings an verdünnten $MnSO_4$-Lösungen durchgeführt wurden, fungiert das SO_4^{2-}-Ion bei dieser Substitution als zweizähniger Ligand [6].

Literatur:

[1] E. M. Hanna, A. D. Pethybridge, J. E. Prue (Electrochim. Acta **16** [1971] 677/86). — [2] K. Fritsch, C. J. Montrose, J. L. Hunter, J. F. Dill (J. Chem. Phys. **52** [1970] 2242/52). — [3] R. Pottel (Ber. Bunsenges. Physik. Chem. **69** [1965] 363/78). — [4] I. M. Shapovalov, I. V. Radchenko (Zh. Strukt. Khim. **12** [1971] 769/73; J. Struct. Chem. [USSR] **12** [1971] 705/8). — [5] P. G. Tishkov, G. P. Vishnevskaya (Zh. Eksperim. i Teor. Fiz. **38** [1960] 335/40; Soviet Phys.-JETP **11** [1960] 243/6).

[6] L. S. Frankel, T. R. Stengle, C. H. Langford (J. Inorg. Nucl. Chem. **29** [1967] 243/6).

Sulfato-aquo Complexes in Pure Aqueous Solution

8.6.19.3.2 Sulfato-aquo-Komplexe in reiner wäßriger Lösung

$MnSO_4$ ist nur in sehr verdünnter Lösung (unterhalb etwa 10^{-4} mol/l nach [1]) weitgehend in hydratisierte Mn^{2+}- und SO_4^{2-}-Ionen zerfallen, s. hierzu im vorangehenden Abschnitt. Bei höheren Konzentrationen treten die Ionen zunehmend zu Assoziaten (Ionenpaaren) zusammen. Zwischen den freien Ionen und einem (nicht näher definierten) Assoziat besteht nach zahlreichen nichtkinetischen Untersuchungen das bekannte Gleichgewicht $Mn^{2+}_{aq} + SO^{2-}_{4\,aq} \rightleftharpoons [MnSO_4]_{aq}$. Außer dem Komplex $[MnSO_4]_{aq}$ wird bei neueren isopiestischen [2] und osmotischen [3] Untersuchungen die Bildung sogenannter Tripel-Ionen $[Mn_2SO_4]^{2+}_{aq}$ und $[Mn(SO_4)_2]^{2-}_{aq}$ angenommen. Die Versuchsergebnisse lassen sich mit dieser Annahme mit Hilfe einer erweiterten Debye-Hückel-Beziehung bis zu einer Konzentration von 0.3 mol/l interpretieren [2]. Auf die Spezies $[Mn(SO_4)_2]^{2-}_{aq}$ wird auch schon nach früheren Viskositätsmessungen an etwa 10^{-3} M $MnSO_4$-Lösungen geschlossen [24]. Auf Grund der Tatsache, daß an 2-2-wertigen Metallsulfaten eine Siedepunktserniedrigung statt einer -erhöhung beobachtet wird, wird eine (teilweise) Dimerisierung der Komplexe $[MnSO_4]_{aq}$ bei 100°C angenommen [25]. Die Vereinigung zweier Ionenpaare $[MnSO_4]_{aq}$ zu $[Mn_2(SO_4)_2]_{aq}$ wird auch bei Yokoyama, Yamatera [3] diskutiert.

In neueren kinetischen Untersuchungen werden Zwischenstufen des oben angeführten Gesamtgleichgewichts erfaßt. Auf Grund von Ultraschalluntersuchungen (s. S. 151) wird folgender mehrstufiger Mechanismus vorgeschlagen [4]:

Three-Step Mechanism

$$\underset{(1)}{Mn^{2+}_{aq} + SO^{2-}_{4\,aq}} \underset{k_{21}}{\overset{k_{12}}{\rightleftharpoons}} \underset{(2)}{[Mn^{2+}(H_2O)(H_2O)SO_4^{2-}]_{aq}}$$

$$k_{32} \ \upharpoonleft\downharpoonright \ k_{23}$$

$$\underset{(4)}{[MnSO_4]^{*}_{aq}} \underset{k_{43}}{\overset{k_{34}}{\rightleftharpoons}} \underset{(3)}{[Mn^{2+}(H_2O)SO_4^{2-}]_{aq}}$$

Hier und in den folgenden Abschnitten bezeichnet jedes in Klammern gesetzte H_2O-Symbol je eine zwischen den Ionen befindliche monomolekulare H_2O-Schicht der die Ionen umgebenden Hydrathüllen und $[MnSO_4]^{*}_{aq}$ einen Komplex, in dem zwei H_2O-Moleküle der inneren Koordinationssphäre durch SO_4^{2-} substituiert sind. Dieser Komplex wird zur Unterscheidung von dem Komplex $[MnSO_4]_{aq}$ des Gesamtgleichgewichts mit einem Stern gekennzeichnet. In Stufe 12 treffen die hydratisierten Ionen aufeinander, in Stufe 23 werden die Hydratschichten bis auf eine abgebaut, und in Stufe 34 treten die Ionen nach Durchdringung der verbliebenen Wasserschicht zum Kontakt-Ionenpaar zusammen, s. zur Verdeutlichung **Fig. 36** (nach [8]), in der die Hydrathüllen schraffiert gezeichnet sind. Diese in der „Relaxationstheorie der mehrstufigen Dissoziation" theoretisch untermauerten Vorstellungen [5] werden von späteren Autoren [6 bis 11] übernommen. Während jedoch von Eigen, Tamm [5] nur die Stufe 34 bzw. 43 zweifelsfrei einem Ultraschall-Absorptionsmaximum, und zwar dem Niederfrequenzmaximum zugeordnet werden kann, entspricht nach Atkinson, Kor [6] jeder Stufe eines der drei beobachteten Maxima. Die aus den Messungen ermittelten Stabilitätskonstanten für die einzelnen Stufen (s. die Tabellen auf S. 139 und 140) führen zu einer mit Werten aus

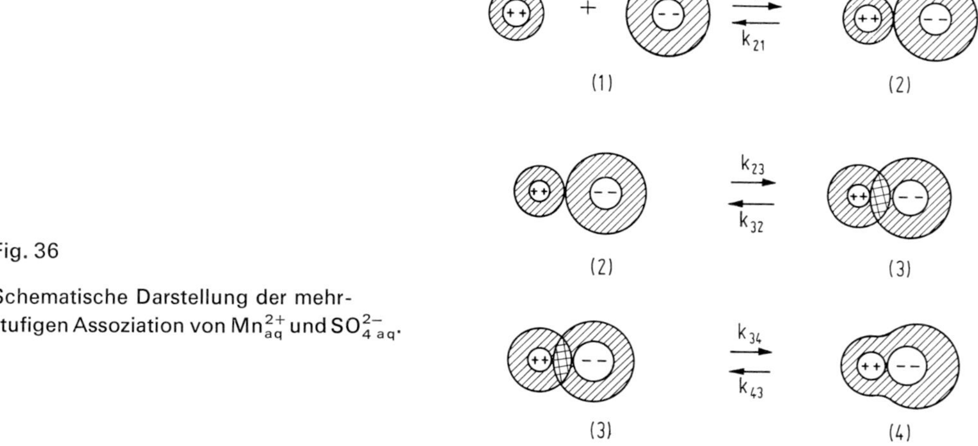

Fig. 36

Schematische Darstellung der mehrstufigen Assoziation von Mn^{2+}_{aq} und $SO^{2-}_{4\,aq}$.

Leitfähigkeitsmessungen übereinstimmenden Stabilitätskonstanten für die Gesamtreaktion (s. Tabelle S. 136) [6]. Die Zuordnung nach [6] wird nach nochmaligen Ultraschalluntersuchungen und neuer Analyse der Meßwerte bestätigt [12]. Im Gegensatz dazu werden auf Grund von Ultraschallmessungen, bei denen jedoch nur zwei Maxima beobachtet werden, außer den Ionenpaaren (2) und (3) (s. S. 132 und Fig. 36) noch weitere Zwischenzustände zwischen den freien Ionen und dem Kontakt-Ionenpaar (4) angenommen. Diese Ionenpaare sollen sich miteinander und mit denen des Typs (2) und (3) in einem so schnell eingestellten Gleichgewicht befinden, daß sie für sich allein nicht nachgewiesen werden können; schematische Abbildung einiger Ionenpaare s. Original. Es wird daher insgesamt ein zweistufiger Mechanismus vorgeschlagen [13]. Auch bei ESR-Messungen kann nicht zwischen den Ionenpaaren (2) und (3) unterschieden werden [11]. Es ergibt sich daher das in Anlehnung an Bard, Wear [11] für $MnSO_4$ formulierte Schema:

$$\underset{(a)}{Mn^{2+}_{aq} + SO^{2-}_{4\,aq}} \underset{k_{ba}}{\overset{k_{ab}}{\rightleftharpoons}} \underset{(b)}{[Mn^{2+}(H_2O)_nSO_4^{2-}]_{aq}} \underset{k_{cb}}{\overset{k_{bc}}{\rightleftharpoons}} \underset{(c)}{[MnSO_4]^*_{aq}}$$

Two-Step Mechanism

In diesem Schema bedeutet $[Mn^{2+}(H_2O)_nSO_4^{2-}]_{aq}$ mit n = 1 oder 2 einen Komplex mit SO_4^{2-} in einer äußeren Koordinationssphäre des Mn^{2+}-Ions [11]; zur vereinfachten Schreibweise des Komplexes und Indizierung des Kontakt-Ionenpaars mit einem Stern s. beim S. 132 angegebenen Dreistufenschema. Von früheren Autoren [14] wird auf Grund von ESR-Messungen, abweichend vom dargestellten Zweistufenschema, in Zustand (b) ein Komplex $[Mn^{2+}(H_2O)SO_4^{2-}]_{aq}$ mit SO_4^{2-} in der zweiten Koordinationssphäre angenommen, s. auch [15 bis 17]. Dieser Komplex entspricht dem Ionenpaar (3) im Dreistufenmechanismus. Zur Interpretierung von Ultraschallabsorptionsmessungen durch ein einstufiges Gleichgewicht s. [5].

Die Verteilung des komplex gebundenen Mangans bei einer bestimmten Mangankonzentration läßt sich aus den S. 136 bis 142 behandelten Stabilitätskonstanten berechnen. Von einigen Autoren wird eine solche Verteilung neben oder anstelle der Stabilitätskonstanten angegeben. Nach Leitfähigkeitsmessungen steigt der Anteil nichtleitender Ionenpaare am Gesamtelektrolyten (entsprechend dem Assoziationsgrad) von 7% bei 0.0005 mol/l auf 41.5% bei 0.02 mol/l [1]. Der Assoziationsgrad ergibt sich aus Literaturdaten von Leitfähigkeitsmessungen bei 25°C zu $1-\alpha=0.14$ bei 0.0025, $1-\alpha=0.52$ bei 0.025 mol/l, von Messungen der Gefrierpunktserniedrigung zu $1-\alpha=0.89$ bei 0.3 mol/l und von Messungen der Siedepunktserhöhung zu $1-\alpha=1.13$ bei 0.3 mol/l [25]. Aus weiteren Leitfähigkeitsmessungen (Literaturangaben) ergeben sich die Assoziationsgrade 75.4 bei 0.69, 81 bei 1.48, 83.7 bei 2.03, 91.1 bei 4.26 und 93.6% bei 5.32 g-Äquivalent/l [26]. Der Anteil des Kontakt-Ionenpaars (4) am Gesamtmangangehalt steigt nach NMR-Messungen von 0 bei sehr verdünnten Lösungen in einer leicht konvex gebogenen Kurve auf etwa 28% bei 0.05 mol/l an (nach Figur im Original) [18]. Ein ähnlicher Wert bei derselben Konzentration ergibt sich aus potentiometrischen Messungen (nach Figur im Original) [19]. Bei 0.5 mol/l betragen die Anteile der Ionenpaare (4), (3) und (2) am Gesamtmangangehalt nach Ultraschalluntersuchungen 17, 20 bzw. 5% [12].

Durch Ausmessung maßstabgerechter Holzkugelmodelle lassen sich die Abstände der Ionenzentren der Ionenpaare $[Mn^{2+}(H_2O)(H_2O)SO_4^{2-}]_{aq}$ (2) und $[Mn^{2+}(H_2O)SO_4^{2-}]_{aq}$ (3) bei Annahme von SO_4^{2-} als einzähnigem Liganden aus den bekannten Abmessungen der Ionen bzw. des H_2O-Moleküls in Kristallen zu $d_2=4.9$ und $d_3=4.2$ Å näherungsweise bestimmen. Der für d_2 ermittelte Wert ist mit dem aus Leitfähigkeitsmessungen folgenden Abstandsparameter a = 5 Å [20] (s. auch unten) vergleichbar. Für die gleichen bzw. ähnlichen Abmessungen (wie d_2 und d_3) der halben Hauptachsen der Ionenpaare (2) und (3) werden aus DK-Messungen die Werte $b_2=6.8$ und $b_3=4.9$ Å abgeleitet. Schätzungen mit Hilfe von Kristallradien und Radien der hydratisierten Ionen ergeben ähnliche Werte [7]. Für die verschiedenen in Zustand (b) des Zweistufenmechanismus (s. S. 133) angenommenen Ionenpaare werden mit Hilfe von Radien unter der Annahme verschiedener Bindungsarten Ionenabstände zwischen 5.5 und 9.2 Å abgeschätzt [13]. Für den kritischen Abstand der Ionen, unterhalb dessen sie ein Ionenpaar bilden, wird q = 10.7 Å berechnet. Mit diesem Parameter lassen sich Leitfähigkeitsdaten [20] bis zu einer maximalen Konzentration von $3\cdot10^{-3}$ mol/l optimal interpretieren [23]. Werte von etwa 5 Å für den a-Parameter aus Leitfähigkeitsmessungen s. [3, 20, 21], aus osmotischen Messungen s. [3] und aus spektralphotometrischen Messungen s. [22].

Literatur:

[1] F. H. Fisher, D. F. Davis (J. Phys. Chem. **69** [1965] 2595/8). — [2] K. S. Pitzer (J. Chem. Soc. Faraday Trans. II **68** [1972] 101/13). — [3] H. Yokoyama, H. Yamatera (Bull. Chem. Soc. Japan **48** [1975] 2708/18). — [4] H. Diebler, M. Eigen (Z. Physik. Chem. [Frankfurt] **20** [1959] 299/306). — [5] M. Eigen, K. Tamm (Z. Elektrochem. **66** [1962] 93/121).

[6] G. Atkinson, S. K. Kor (J. Phys. Chem. **69** [1965] 128/33). — [7] R. Pottel (Z. Elektrochem. **69** [1965] 363/78). — [8] Y. Yeh, R. N. Keeler (J. Chem. Phys. **51** [1969] 1120/7). — [9] G. Rai, O. N. Awasthi (Z. Physik. Chem. **243** [1970] 244/8). — [10] K. Fritsch, C. J. Montrose, J. L. Hunter, J. F. Dill (J. Chem. Phys. **52** [1970] 2242/52).

[11] J. R. Bard, J. O. Wear (Z. Naturforsch. **26 b** [1971] 1091/6). — [12] K. Tamm (6th Intern. Congr. Acoust., Tokyo 1968, S. GP 25/GP 38). — [13] L. G. Jackopin, E. Yeager (J. Phys. Chem. **74** [1970] 3766/72). — [14] R. G. Hayes, R. J. Myers (J. Chem. Phys. **40** [1964] 877/82). — [15] D. C. McCain, R. J. Myers (J. Phys. Chem. **72** [1968] 4115/22).

[16] L. Burlamacchi, E. Tiezzi (J. Phys. Chem. **73** [1969] 1588/90, 1590). — [17] M. Ružinský, L. Treindl (Collection Czech. Chem. Commun. **38** [1973] 1008/11). — [18] L. S. Frankel, T. R. Stengle, C. H. Langford (J. Inorg. Nucl. Chem. **29** [1967] 243/6). — [19] V. S. Kublanovskii, V. N.

Belinskii, D. P. Zosimovich (Zh. Neorgan. Khim. **16** [1971] 3009/13; Russ. J. Inorg. Chem. **16** [1971] 1598/600). — [20] C. J. Hallada, G. Atkinson (J. Am. Chem. Soc. **83** [1961] 3759/62).

[21] S. Petrucci, P. Hemmes, M. Battistini (J. Am. Chem. Soc. **89** [1967] 5552/7). — [22] H. Yokoyama, H. Yamatera (Bull. Chem. Soc. Japan **48** [1975] 2719/26). — [23] E. M. Hanna, A. D. Pethybridge, J. E. Prue (Electrochim. Acta **16** [1971] 677/86). — [24] G. Sutra (J. Chim. Phys. **43** [1946] 290/326, 310). — [25] E. Plake (Z. Physik. Chem. **162** [1932] 257/80).

[26] L. W. Öholm (Finska Kemistsamfundets Medd. **44** [1935] 71/9; C. A. **1936** 6265).

8.6.19.3.3 Komplexe bei Sulfat-Überschuß

Complexes with Excess Sulfate

Nach potentiometrischen [1] und polarographischen [2] Messungen an Lösungen mit 0.05 bis 0.2 g-Ion Mn^{2+} und 0 bis 1.5 g-Ion SO_4^{2-} [1] sowie 0.001 g-Ion Mn^{2+} und 0.05 bis 0.5 g-Ion SO_4^{2-} [2] werden die Spezies Mn^{2+}_{aq}, $[MnSO_4]_{aq}$, $[Mn(SO_4)_2]^{2-}_{aq}$ und $[Mn(SO_4)_3]^{4-}$ angenommen. Auf dieselben Komplexe wird auf Grund von Löslichkeitsuntersuchungen geschlossen [1]. Die Verteilung der Komplexe in Abhängigkeit von der Konzentration geht aus **Fig. 37** hervor [2]. Bei ähnlichen Untersuchungen wird die Spezies $[Mn(SO_4)_3]^{4-}$ nicht gefunden. Die Verteilung der drei Komplexe ist nach einer Figur im Original ähnlich wie in Fig. 37. Anders als in Fig. 37 steigt jedoch die $[Mn(SO_4)_2]^{2-}_{aq}$-Konzentration in einer S-ähnlichen Kurve von 0 bei 0.05 auf etwa 80% bei 0.5 g-Ion SO_4^{2-}/l an [3]. Ergebnisse aus NMR-Messungen, wonach in Lösungen mit 0.01 mol $MnSO_4$/l und 2 g-Ion SO_4^{2-}/l bei Annahme von SO_4^{2-} als zweizähnigem Liganden 50% des Gesamtmangangehalts als $[MnSO_4]_{aq}$ vorliegen sollen [4], weichen stark von denen der neueren Untersuchungen [1, 2, 3] ab. Aus Messungen des Dialysekoeffizienten an Lösungen mit 0.05 mol $MnSO_4$/l und 1 g-Ion SO_4^{2-}/l wird ferner auf die Bildung der zweikernigen Spezies $[Mn_2(SO_4)_4]^{4-}$ geschlossen [5]. Über Abhängigkeit des komplex gebundenen Mangan-Anteils von der SO_4^{2-}- und HCO_3^--Aktivität (Diagramm) s. [6].

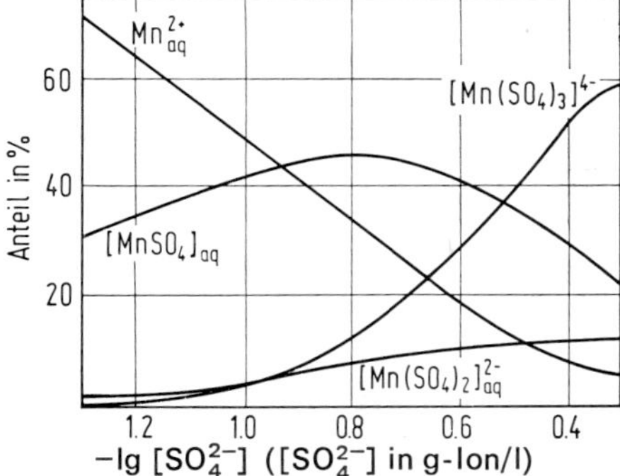

Fig. 37

Verteilung der verschiedenen Spezies in 10^{-3} M Mn^{2+}-Lösung in Abhängigkeit von der SO_4^{2-}-Konzentration.

Literatur:

[1] V. A. Fedorov, T. N. Koneva (Koord. Khim. **1** [1975] 836/9; C. A. **83** [1975] Nr. 121735). — [2] D. S. Jain, N. K. Goswami, J. N. Gaur (Electrochim. Acta **13** [1968] 1757/63). — [3] V. S. Kublanovskii, V. N. Belinskii, D. P. Zosimovich (Zh. Neorgan. Khim. **16** [1971] 3009/13; Russ. J. Inorg. Chem. **16** [1971] 1598/600). — [4] L. S. Frankel, T. R. Stengle, C. H. Langford (J. Inorg. Nucl. Chem. **29** [1967] 243/6). — [5] H. Brintzinger, H. Osswald (Z. Anorg. Allgem. Chem. **221** [1934] 21/4).

[6] J. D. Hem (J. Chem. Eng. Data **8** [1963] 99/101).

Stability Constants and Related Data

8.6.19.3.4 Stabilitätskonstanten und verwandte Größen

In diesem Abschnitt werden die beim Drei- und Zweistufenschema (S. 132) eingeführten Indizes für die Stabilitätskonstanten und die entsprechenden thermodynamischen Größen verwendet. Im folgenden werden die Stabilitätskonstanten (z. T. nicht in Übereinstimmung mit Sillén, Martell [1]) definiert:

$$K_1 = [[MnSO_4]_{aq}]/[Mn^{2+}_{aq}][SO^{2-}_{4aq}]$$
$$K_{12} = [[Mn^{2+}(H_2O)(H_2O)SO_4^{2-}]_{aq}]/[Mn^{2+}_{aq}][SO^{2-}_{4aq}]$$
$$K_{23} = [[Mn^{2+}(H_2O)SO_4^{2-}]_{aq}]/[[Mn^{2+}(H_2O)(H_2O)SO_4^{2-}]_{aq}]$$
$$K_{34} = [[MnSO_4]^{*}_{aq}]/[[Mn^{2+}(H_2O)SO_4^{2-}]_{aq}]$$
$$K_{ab} = [[Mn^{2+}(H_2O)_nSO_4^{2-}]_{aq}]/[Mn^{2+}_{aq}][SO^{2-}_{4\,aq}], \quad n = 1 \text{ oder } 2$$
$$K_{bc} = [[MnSO_4]^{*}_{aq}]/[[Mn^{2+}(H_2O)_nSO_4^{2-}]_{aq}]$$
$$K_2 = [[Mn(SO_4)_2]^{2-}_{aq}]/[[MnSO_4]_{aq}]\,[SO^{2-}_{4\,aq}]$$
$$K_t = [[Mn_2SO_4]^{2+}_{aq}]/[Mn^{2+}_{aq}]^2\,[SO^{2-}_{4\,aq}]$$
$$\beta_2 = [[Mn(SO_4)_2]^{2-}_{aq}]/[Mn^{2+}_{aq}][SO^{2-}_{4\,aq}]^2$$
$$\beta_3 = [[Mn(SO_4)_3]^{4-}]/[Mn^{2+}_{aq}][SO^{2-}_{4\,aq}]^3$$

Zwischen der Stabilitätskonstanten K_1 und den Konstanten K_{12}, K_{23}, K_{34}, K_{ab} und K_{bc} bestehen die Beziehungen $K_1 = K_{12}(1 + K_{23} + K_{23} \cdot K_{34})$ [2] und $K_1 = K_{ab}(1 + K_{bc})$ (umgerechnet aus einer im Original für die entsprechenden Dissoziationskonstanten angegebenen Gleichung) [3]. Die Konstanten K_{ab} und K_{bc} sind mit den Konstanten K_{12}, K_{23} und K_{34} durch die Beziehungen $K_{ab} = K_{12}(1 + K_{23})$ und $K_{bc} = K_{34}(1 + K_{23})$ verknüpft (umgerechnet aus einer im Original für die reziproken Werte von K_{12}, K_{23} und K_{34} angegebenen Gleichung) [4].

$Mn^{2+}_{aq} + SO^{2-}_{4\,aq} \rightleftharpoons [MnSO_4]_{aq}$

Stabilitätskonstante K_1. In der folgenden Tabelle sind rechnerisch oder graphisch auf die Ionenstärke 0 korrigierte Werte für lg K_1 zusammengestellt (lg K_1-Werte bei Ionenstärken > 0 s. S. 137). Die Werte sind z. T. aus den in der Literatur angegebenen Dissoziationskonstanten umgerechnet worden. Die Bestimmungsmethoden sind abgekürzt. Es bedeuten: Leitf. = Leitfähigkeitsmessungen, EMK = EMK-Messungen, Ultra. = Ultraschallmessungen, ESR = Messungen der paramagnetischen Resonanzabsorption, Lösl. = Löslichkeitsbestimmungen, Diel. = Messungen der Dielektrizitätskonstante, osm. = Bestimmungen des osmotischen Koeffizienten, isop. = isopiestische Messungen, spektr. = spektroskopische Messungen, kal. = kalorimetrische Messungen, ber. = berechnet, ber.(Leitf.) = berechnet aus Leitfähigkeitsdaten, polar. = polarographische Messungen, verd. = die Messungen wurden an verdünnter $MnSO_4$-Lösung (bis 0.1 mol/l) ausgeführt.

Nr.	Methode	t in °C	lg K_1	Lit.
1	Leitf.	25	2.28	James 1947 [5]
2	Leitf.	25	2.30	Kor, Verma 1958 [6]
3	Ultra.	20	2.40	Kor 1959 [7]
4	EMK	25	2.26	Nair, Nancollas 1959 [8]
5	Leitf.	25	2.12	Hallada, Atkinson 1961 [9]
6	Ultra.	25	2.14	Atkinson, Kor 1965 [10]
7	Leitf.	25	2.36	Fisher, Davis 1965 [11]
8	Diel.	25	2.03	Pottel 1965 [12]
9	Leitf.	25	2.13	Petrucci u. a. 1967 [13]
10	Ultra.	20	2.30	Tamm 1968 [14]
11	EMK	35 ?	2.27	Prasad 1968 [15]
12	ber. (Leitf.)	25	2.30	Hanna u. a. 1971 [16]
13	ESR	25	2.18	Bard, Wear 1971 [17]

Nr.	Methode	t in °C	lg K_1	Lit.
14	isop.	25	2.35	Pitzer 1972 [18]
15	osm.	25	2.18	Yokoyama, Yamatera 1975 [19]
16	spektr.	25	2.03	Yokoyama, Yamatera 1975 [20]
17	ber. (Leitf.)	25	2.09	Yokoyama, Yamatera 1975 [20]
18	ber. (Leitf.)	25	2.12	Yokoyama, Yamatera 1975 [20]
19	Lösl.	25	2.01	Fedorov, Koneva 1975 [21]

Bemerkungen zu den Angaben der Tabelle:

zu Nr. 3: ermittelt aus Ultraschallmessungen im Frequenzbereich von 1 bis 6 MHz bei Konzentrationen von 0.0025 bis 0.02 mol/l bei Annahme eines einstufigen Gleichgewichts, s. hierzu [22],

zu Nr. 4: Figur lg K_1 gegen 1/T aus 6 Leitfähigkeitsmessungen zwischen 0 und 45°C s. Original [8],

zu Nr. 6: berechnet aus den durch Ultraschallmessungen bestimmten Konstanten K_{12}, K_{23} und K_{34} (vgl. S. 133),

zu Nr. 8: berechnet aus einem durch DK-Messungen bestimmten K_{23}-Wert und einem K_{34}-Wert [22],

zu Nr. 12: berechnet aus Leitfähigkeitsdaten von Hallada, Atkinson [9] (Nr. 5 der Tabelle),

zu Nr. 13: berechnet aus den durch ESR-Messungen bestimmten Konstanten K_{ab} und K_{bc},

zu Nr. 14: aus den Meßdaten ermittelt unter der Annahme der Bildung von Tripel-Ionen $[Mn_2SO_4]^{2+}_{aq}$ und $[Mn(SO_4)_2]^{2-}_{aq}$ (s. auch S. 132),

zu Nr.15 und 16: aus den Meßdaten ermittelt mit Hilfe einer auf der Basis der Debye-Hückel-Theorie abgeleiteten, die Ionenassoziation berücksichtigenden Beziehung für K_1 als Funktion des Abstandsparameters a,

zu Nr. 17: berechnet aus Leitfähigkeitsdaten von Hallada, Atkinson [9] (Nr. 5 der Tabelle) mit Hilfe der bei den Bemerkungen zu Nr. 15 und 16 erwähnten Beziehung,

zu Nr. 18: berechnet aus Leitfähigkeitsdaten von Petrucci u. a. [13] (Nr. 9 der Tabelle) mit Hilfe der bei den Bemerkungen zu Nr. 15 und 16 erwähnten Beziehung.

Einen stark von den Werten der Tabelle abweichenden Wert, lg K_1 = 2.86 ± 0.05, finden Izatt u. a. [23]. Werte von lg K_1 bei höheren Drücken s. S. 138.

In der folgenden Tabelle sind bei Ionenstärken >0 und SO_4^{2-}-Überschuß ermittelte lg K_1-Werte aufgeführt. Die der Tabelle vorangestellten Abkürzungen sind bereits auf S. 136 erklärt.

Nr.	Methode	t in °C	Medium (Konzentration in mol/l oder g-Ion/l)	lg K_1	Lit.
1	polar.	30 ± 0.1	0.05 bis 0.5 Na_2SO_4, I = 1.5 ($NaClO_4$)	0.93	[24]
2	spektr.	?	0.2 bis 0.4 Mn^{2+}, 0 bis 2 $(NH_4)_2SO_4$, pH 3 bis 4	0.60	[25]
3	EMK	?	0 bis 2 $(NH_4)_2SO_4$, I = 7.5 (NH_4NO_3), pH 3 bis 4	0.60	
4	EMK	25	0.05 bis 0.2 Mn^{2+}, 3 Li(ClO_4, $^1/_2$ SO_4) 0 bis 1.5 SO_4^{2-}	0.59	[21]
5	Lösl.	25	1.62 bis 3.60 Li(ClO_4, $^1/_2$ SO_4), I = 0.5	0.77	[21]
6	Lösl.	25	1.61 bis 5.70 Li(ClO_4, $^1/_2$ SO_4), I = 1.0	0.57	[21]
7	Lösl.	25	1.10 bis 4.61 Li(ClO_4, $^1/_2$ SO_4), I = 2.0	0.60	[21]
8	Lösl.	25	0.55 bis 4.44 Li(ClO_4, $^1/_2$ SO_4), I = 3.0	0.56	[21]
9	Lösl.	25	0.255 bis 2.80 Li(ClO_4, $^1/_2$ SO_4), I = 4.0	0.72	[21]

Thermodynamic Data of Complex Formation

Thermodynamische Daten

ΔH_1° und ΔG_1° in kcal/mol, ΔS_1° in cal · mol^{-1} · K^{-1}. Die Enthalpie der Reaktion unter Standardbedingungen wird aus der Abhängigkeit von lg K_1 von 1/T ermittelt zu ΔH_1° = 3.37 ± 0.31 [8]. Aus denselben lg K_1(T)-Werten [8] wird ΔH_1° = 3.62 neu berechnet [26]. Aus einem K_1-Wert, der aus den Stabilitätskonstanten der Zwischenstufen berechnet wurde, wird ΔH_1° = 3.2 ermittelt [27]. Niedrigere Werte ergeben sich bei kalorimetrischen Messungen: ΔH_1° = 2.17 [28] und 2.3 [29]. Bei einer weiteren kalorimetrischen Bestimmung wird ein stark abweichender Wert gefunden: ΔH_1° = 0.61 ± 0.01 [23]. Die Abweichung dieses Wertes von dem ebenfalls kalorimetrisch bestimmten Wert ΔH_1° = 2.17 [28] beruht auf der Verwendung eines abweichenden Wertes für die Stabilitätskonstante und darauf, daß der Enthalpiewert nicht auf die Ionenstärke 0 korrigiert wurde [28]. Die freie Enthalpie ergibt sich aus der Stabilitätskonstanten K_1 zu ΔG_1° = −3.07 ± 0.02 [8], aus einem Wert für K_1 aus Ultraschallmessungen zu ΔG_1° = −2.9 [27]. Aus der Summe der Stabilitätskonstanten K_{ab} und K_{bc} [30] wird der abweichende Wert ΔG_1° = 0.22 berechnet [29]. Die Entropie der Reaktion bei Standardbedingungen wird zu ΔS_1° = 22.6 ± 1 [8], 22.4 [26], 21 [27] berechnet. Außerdem werden kleinere Werte erhalten: 15.2 ± 0.2 [23] und 7 [29]. Zu einer empirischen Beziehung zwischen der Assoziationsentropie und der Hydratationsentropie s. Nancollas [31].

Volumenänderung. Bei der Reaktion $Mn^{2+}_{aq} + SO^{2-}_{4\ aq} \rightleftharpoons [MnSO_4]_{aq}$ ist auf Grund abnehmender Elektrostriktion eine Volumenzunahme zu erwarten [3]. Die Differenz der partiellen molalen Volumina wird aus der Druckabhängigkeit von K_1 (s. unten) bei 0.0005 mol $MnSO_4$/l und 25°C zu ΔV = 7.4 ml/mol berechnet. Der Wert stimmt mit einem nach der Theorie von Fuoss errechneten Wert überein. Mit Anstieg der Konzentration auf 0.002 mol/l steigt ΔV auf 10 ml/mol an, bei Druckanstieg auf 2000 atm sinkt ΔV auf 5.3 ml/mol ab. Werte bei weiteren Konzentrationen und Drücken s. Original [11]. Ähnliche Werte werden aus Ultraschallmeßdaten ermittelt: ΔV = 8.1 bei 0.5 mol $MnSO_4$/l und 20°C, berechnet aus der Summe von ΔV_{12}, ΔV_{23} und ΔV_{34} (s. unten) [14], ΔV = 11 ml/mol bei 0.1 mol $MnSO_4$/l und 25°C, berechnet aus der Summe $\Delta V_{ab} + \Delta V_{bc}$ (s. S. 140) [3]. Berechnungen aus Ultraschallmeßdaten ergeben für den Konzentrationsbereich zwischen 0.001 und 0.02 mol/l $\Delta V \approx$ 11 ml/mol [32].

Druckeinfluß auf die Stabilitätskonstante. Aus Leitfähigkeitsmessungen werden folgende Werte bei 25°C und $I \rightarrow 0$ ermittelt: lg K_1 = 2.36 bei 1 atm, 2.32 bei 500 atm, 2.23 bei 1000 atm, 2.18 bei 1500 atm und 2.14 bei 2000 atm [11]. Mit Hilfe von ΔV-Werten aus Ultraschallmessungen (s. oben) wird lg K_1 = 2.15 bei 1000 atm und 20°C berechnet [14].

Kinetik. Aus neueren kinetischen Untersuchungen lassen sich Aussagen über die Geschwindigkeit der einzelnen Reaktionsschritte der Gesamtreaktion ableiten; z. B. ergeben sich aus den bei Ultraschallmessungen gefundenen Relaxationsfrequenzen direkt die Geschwindigkeitskonstanten k_{21}, k_{32} und k_{43} der Dissoziationsvorgänge [14]. Werte der Geschwindigkeitskonstanten der einzelnen Reaktionen s. in den folgenden Tabellen. Innerhalb der Gesamtreaktion beschreibt die Konstante k_{34} den langsamsten Teilschritt. Durch sie wird daher die Bruttogeschwindigkeit der Reaktion bestimmt [22]. Bei Annahme eines einstufigen Gleichgewichts aus Ultraschallmessungen bestimmte k-Werte s. [32, 33].

$$\mathbf{Mn^{2+}_{aq} + SO^{2-}_{4\ aq} \underset{k_{21}}{\overset{k_{12}}{\rightleftharpoons}} [Mn^{2+}(H_2O)(H_2O)SO_4^{2-}]_{aq}}$$

Stabilitätskonstante K_{12}. In der folgenden Tabelle sind Werte für lg K_{12} und für die Geschwindigkeitskonstanten k_{12} und k_{21} zusammengestellt. Erklärung der in der Tabelle verwendeten Abkürzungen s. S. 136. Die Werte wurden z. T. aus den im Original angegebenen Dissoziationskonstanten umgerechnet. Die in Klammern gesetzten Zahlen sind im Original nicht angegeben, sie wurden aus k_{12} und k_{21} berechnet ($I \rightarrow 0$, Konzentration in mol/l, Zeit in s).

Nr.	Methode	t in °C	lg K_{12}	k_{12}	k_{21}	Lit.
1	ber.	20	(≈1.60)	4×10^{10}	$\approx 10^9$	[22]
2	ber.	25	1.72	4.2×10^{10}	8.0×10^8	[27]
3	Ultra.	20	1.30	—	2×10^9	[14]
4	ber.	25	(1.70)	2×10^{10}	4.4×10^8	[34]

Bemerkungen:

zu Nr. 1: k_{12} berechnet aus der Theorie der diffusionsbestimmten Reaktionen nach [35, 36],

zu Nr. 2: K_{12} berechnet mit Hilfe der Fuoss-Gleichung und einem Abstandsparameter, der der Summe der beiden Ionenradien plus dem Durchmesser zweier H_2O-Moleküle entspricht (Werte für 20 und 30°C s. Original); k_{12} und k_{21} berechnet mit Hilfe eines geschätzten Werts für die Relaxationsfrequenz,

zu Nr. 3: K_{12} berechnet mit Hilfe eines wie bei Nr. 1 ermittelten k_{12}-Werts,

zu Nr. 4: k_{12} und k_{21} berechnet wie bei Nr. 1.

Thermodynamische Daten, Volumenänderung, Druckeinfluß, Kinetik. Die Enthalpie ΔH_{12} der oben genannten Reaktion wird aus der Differenz der (aus geschätzten Relaxationsfrequenzen ermittelten) Aktivierungsenthalpien $\Delta H^{\circ\ddagger}_{21}$ und $\Delta H^{\circ\ddagger}_{12}$ zu ΔH°_{12} = 1.5 kcal/mol abgeschätzt, die freie Enthalpie aus der Stabilitätskonstanten zu $\Delta G^{\circ}_{12} = -2.3$ kcal/mol berechnet. Die Entropie ergibt sich zu ΔS°_{12} = 13 cal · mol⁻¹ · K⁻¹ [27]. — Die Volumenänderung bei der Reaktion wird aus Ultraschalldaten zu ΔV = 18.3 ml/mol bei 20°C ermittelt. Mit Hilfe dieses Wertes wird lg K_{12} = 0.96 ($I \rightarrow 0$) bei 1000 atm und 20°C berechnet [14]. — Sowohl die Assoziationsreaktion 12 als auch die Dissoziationsreaktion 21 sind diffusionsbestimmt und lassen sich durch die Debyesche Diffusionstheorie beschreiben [22, 37]. Werte für k_{12} und k_{21} s. in der obigen Tabelle.

$$[Mn^{2+}(H_2O)(H_2O)SO_4^{2-}]_{aq} \underset{k_{32}}{\overset{k_{23}}{\rightleftharpoons}} [Mn^{2+}(H_2O)SO_4^{2-}]_{aq}$$

Stabilitätskonstante K_{23}. In der folgenden Tabelle sind Werte für lg K_{23} und die Geschwindigkeitskonstanten k_{23} und k_{32} zusammengestellt. Erklärung der in der Tabelle verwendeten Abkürzungen s. S. 136. Bei Konzentrationen bis zu 0.1 mol/l wird in Spalte 5 „verd." angegeben, bei höheren Werten die jeweilige Konzentration.

Nr.	Methode	t in °C	Konzentration in mol $MnSO_4$/l	lg K_{23}	k_{23} in s⁻¹	k_{32} in s⁻¹	Lit.
1	Diel.	25	1	0.15	—	—	[12]
2	Ultra.	25	verd.	−0.44	$6.7_3 \times 10^8$	$1.8_7 \times 10^8$	[27]
3	Ultra.	20	0.5	0.68	—	3.7×10^8	[14]
4	Ultra.	25	0.2	−0.52	6×10^8	2.0×10^8	[34]

Bemerkungen:

zu Nr. 2: weitere Werte bei 20 und 30°C s. Original,

zu Nr. 3: K_{23} wurde berechnet mit Hilfe des aus Meßwerten ermittelten k_{32}-Werts, einem k_{34}-Wert aus NMR-Messungen [38], einem mit Hilfe der Diffusionstheorie berechneten k_{12}-Wert [22] und einem K_1-Wert aus Leitfähigkeitsmessungen [8],

zu Nr. 4: k_{23} und k_{32} wurden ermittelt mit Hilfe von Ultraschallmeßdaten der Literatur sowie k_{12}- und k_{21}-Werten, s. oben.

Thermodynamische Daten, Volumenänderung, Druckeinfluß, Kinetik. Die Reaktionsenthalpie wird aus der Differenz der Aktivierungsenthalpien $\Delta H^{\circ\ddagger}_{32}$ und $\Delta H^{\circ\ddagger}_{23}$ zu $\Delta H^{\circ}_{23} = -3.2$ kcal/mol, die freie Enthalpie aus der Stabilitätskonstanten K_{23} zu ΔG°_{23} = 0.6 kcal/mol ermittelt. Die Entropie ergibt sich hieraus zu $\Delta S^{\circ}_{23} = -13$ cal · mol⁻¹ · K⁻¹ [27]. — Die Volumenänderung bei der

Reaktion wird aus Ultraschalldaten zu $\Delta V = -13.3$ ml/mol bei 20°C bestimmt. Mit Hilfe dieses Wertes wird lg $K_{23} = 0.92$ bei 1000 atm und 20°C berechnet [14]. — Über die Kinetik der Reaktionen 23 und 32 s. [22]. Die Geschwindigkeitskonstanten k_{23} und k_{32} sind von etwa gleicher Größenordnung, d. h. der Abbau der Hydrathüllen ist etwa im gleichen Maß gehemmt wie die Trennung der Ionen in dieser Stufe, die eine Arbeitsleistung gegen die elektrostatische Anziehung erfordert [22].

$$[Mn^{2+}(H_2O)SO_4^{2-}]_{aq} \underset{k_{43}}{\overset{k_{34}}{\rightleftharpoons}} [MnSO_4]^*_{aq}$$

Stabilitätskonstante K_{34}. In folgender Tabelle sind Werte für lg K_{34} und die Geschwindigkeitskonstanten k_{34} und k_{43} zusammengestellt. Erklärung der verwendeten Abkürzungen s. S. 136.

Nr.	Methode	t in °C	Konzentration in mol/l	lg K_{34}	k_{34} in s^{-1}	k_{43} in s^{-1}	Lit.
1	Ultra.	20	verd.	(−0.7)	4×10^6	$2 \times 10^7 \pm 10\%$	[22]
2	Ultra.	25	verd.	0.54	4.75×10^7	1.35×10^7	[27]
3	Ultra.	20	0.5	−0.04	—	2.2×10^7	[14]
4	ber.	25	0.2	—	3.6×10^6	2.2×10^7	[34]

Bemerkungen:

zu Nr. 2: weitere Werte bei 20 und 30°C s. Original,

zu Nr. 3: K_{34} wurde mit Hilfe eines k_{34}-Werts aus NMR-Messungen [38] berechnet,

zu Nr. 4: k_{43} wurde ermittelt mit Hilfe von Ultraschallmeßdaten der Literatur, des auf Grund von Berechnungen für M^{II}-Sulfate [22] angenommenen Werts $K_{34} = 6$ und nach der Diffusionstheorie berechneten k_{12}- und k_{21}-Werten (s. S. 139).

Thermodynamische Daten, Volumenänderung, Druckeinfluß, Kinetik. Die Enthalpie wird aus der Differenz der Aktivierungsenthalpien $\Delta H^{\circ\ddagger}_{43}$ und $\Delta H^{\circ\ddagger}_{34}$ zu $\Delta H^\circ_{34} = 1.6$ kcal/mol, die freie Enthalpie aus K_{34} zu $\Delta G^\circ_{34} = -0.7$ kcal/mol ermittelt. Die Entropie ergibt sich zu $\Delta S^\circ_{34} = 8\ cal \cdot mol^{-1} \cdot K^{-1}$ [27]. — Die Volumenänderung bei der Reaktion wird aus Ultraschalldaten zu $\Delta V = 3.5$ ml/mol ermittelt. Mit Hilfe dieses Werts wird lg $K_{34} = -0.11$ bei 1000 atm und 20°C berechnet [14]. — Für die Geschwindigkeiten der Reaktionsschritte 34 und 43 (sowie auch bc und cb, s. S. 141) ist die Austauschgeschwindigkeit der Lösungsmittelmoleküle am Mn^{2+}-Ion bestimmend, s. beispielsweise [10]. k_{34}- und k_{43}-Werte s. oben in der Tabelle. Die Aktivierungsenergie der Reaktion 34 wird aus Ultraschallmessungen zu $\Delta E = 7.85$ kcal/mol ermittelt [29], aus der Laserstreuung zu $\Delta H^{\ddagger} = 6.15$ kcal/mol [40].

$$Mn^{2+}_{aq} + SO^{2-}_{4\,aq} \underset{k_{ba}}{\overset{k_{ab}}{\rightleftharpoons}} [Mn^{2+}(H_2O)_nSO_4^{2-}]_{aq} \quad (n = 1 \text{ oder } 2)$$

Aus Ultraschallmeßwerten [41] werden bei Annahme eines Abstandsparameters von a = 5.5 Å die Geschwindigkeitskonstanten $k_{ab} = 8 \times 10^{10}$ und $k_{ba} = 10 \times 10^8$ ermittelt [3]. Daraus läßt sich lg $K_{ab} = 1.90$ berechnen. Aus ESR-Messungen bei 25°C an 0.01 molaren $MnSO_4$-Lösungen (wahrscheinlich mit Zusatz von Na_2SO_4) wird lg $K_{ab} = 2.40$ bestimmt [17]. — Die Volumenänderung bei der Reaktion ergibt sich aus Ultraschalldaten zu $\Delta V = 9$ ml/mol [3].

$$[Mn^{2+}_{aq}(H_2O)_nSO_4^{2-}]_{aq} \underset{k_{cb}}{\overset{k_{bc}}{\rightleftharpoons}} [MnSO_4]^*_{aq} \quad (n = 1 \text{ oder } 2)$$

Stabilitätskonstante K_{bc}. In folgender Tabelle sind Werte für lg K_{bc} und die Geschwindigkeitskonstanten k_{bc} und k_{cb} zusammengestellt. Erklärung der Abkürzungen s. S. 136.

Nr.	Methode	t in °C	Konzentration in mol/l	lg K_{bc}	k_{bc} in s^{-1}	k_{cb} in s^{-1}	Lit.
1	ESR	25	mit Na_2SO_4 gesättigt	≈0	—	—	[4]
2	Ultra.	25	verd.	(0)	2×10^7	2×10^7	[3]
3	ESR	25	verd.	−0.7	—	—	[17]
4	ESR	25	$2\,Na_2SO_4$	0.54	—	—	[42]

Bemerkungen:

zu Nr. 1: ermittelt aus der Signalintensität; es ergibt sich nur eine geringe Temperaturabhängigkeit von lg K_{bc} zwischen 20 und 70°C,

zu Nr. 2: k_{bc} und k_{cb} wurden unter Annahme eines Abstandsparameters von a = 5.5 Å ermittelt,

zu Nr. 4: ermittelt aus der Signalintensität.

Die Volumenänderung bei der Reaktion ergibt sich aus Ultraschallmessungen zu ΔV = 2 ml/mol [3]. — Zur Geschwindigkeit der Reaktionen bc und cb s. auch S. 140. Die Geschwindigkeitskonstante k_{bc} (s. Tabelle) stimmt mit der aus NMR-Messungen erhaltenen Geschwindigkeitskonstanten des H_2O-Austauschs in der inneren Koordinationssphäre des Mn^{2+}-Ions, $k_{ex} = 2.5 \times 10^7\ s^{-1}$ bei 25°C, überein [3].

$[MnSO_4]_{aq} + SO^{2-}_{4\ aq} \rightleftharpoons [Mn(SO_4)_2]^{2-}_{aq}$

Aus potentiometrischen Messungen an verdünnten, $(NH_4)_2SO_4$-haltigen Mn^{2+}-Lösungen der SO_4^{2-}-Konzentration von 0 bis 2 mol/l und einer konstanten Ionenstärke von 7.5 (eingestellt mit NH_4NO_3) wird lg $K_2 = -0.3$ ermittelt. Aus spektralphotometrischen Messungen an 0.2 bis 0.4 molaren Mn^{2+}-Lösungen und SO_4^{2-}-Konzentrationen zwischen 0 und 2 mol/l im pH-Bereich 3 bis 4 ergibt sich lg $K_2 = 0.04$ [25]. Bei isopiestischen Messungen an 0.003 bis 0.3 molaren $MnSO_4$-Lösungen wird lg $K_2 = -0.48$ bei 0 und 25°C bestimmt. Die Werte sind auf die Ionenstärke 0 korrigiert [18]. Für verschiedene a-Parameter und Hydratationszahlen berechnete K_2-Werte s. [19].

$Mn^{2+}_{aq} + 2SO^{2-}_{4\ aq} \rightleftharpoons [Mn(SO_4)_2]^{2-}_{aq}$, $Mn^{2+}_{aq} + 3SO^{2-}_{4\ aq} \rightleftharpoons [Mn(SO_4)_3]^{4-}$

Stabilitätskonstanten β_2 bzw. β_3. Aus polarographischen Messungen an 0.001 molaren Mn^{2+}-Lösungen mit verschiedenen Na_2SO_4-Konzentrationen und konstanter Ionenstärke (1.5) wird ermittelt: lg $\beta_2 = 0.95$ und lg $\beta_3 = 1.97$ bei 30 ± 0.1°C [24]. Aus potentiometrischen Messungen an 3N $Li(ClO_4, {}^1/_2 SO_4)$-Lösungen bei Mn^{2+}-Konzentrationen zwischen 0.05 und 0.2 g-Ion/l ergeben sich lg $\beta_2 = 0.78$ und lg $\beta_3 = 0.20$ bei 25°C. Durch Löslichkeitsbestimmungen von $Mn_3[Fe(CN)_6]_2$ in verdünnten $Li(ClO_4, {}^1/_2 SO_4)$-Lösungen bei 25°C werden erhalten (jeweilige Ionenstärken in Klammern): lg $\beta_2 = 1.11$, lg $\beta_3 = 1.48$ (0.5); lg $\beta_2 = 1.15$, lg $\beta_3 = 1.20$ (1.0); lg $\beta_2 = 0.70$, lg $\beta_3 = 1.00$ (2.0); lg $\beta_2 = 1.00$, lg $\beta_3 = 0.90$ (3.0); lg $\beta_2 = 0.90$, lg $\beta_3 = 0.78$ (4.0) [21].

$[Mn^{2+}]_{aq} + [MnSO_4]_{aq} \rightleftharpoons [Mn_2SO_4]^{2+}_{aq}$

Stabilitätskonstante K_t[1]). Bei Annahme der Bildung gleicher Mengen $[Mn_2SO_4]^{2+}_{aq}$ und $[Mn(SO_4)_2]^{2-}_{aq}$ wird die Stabilitätskonstante K_t gleich K_2, s. hierzu oben; lg $K_t = -0.48$ bei 0 und 25°C [18]. Für verschiedene a-Parameter und Hydratationszahlen berechnete K_t (= K_2)-Werte s. [19].

Literatur:

[1] L. G. Sillén, A. E. Martell (Stability Constants of Metal-Ion Complexes, London 1964). — [2] N. Purdie, M. M. Farrow (Coord. Chem. Rev. **11** [1973] 189/226). — [3] L. G. Jackopin, E. Yeager (J. Phys. Chem. **74** [1970] 3766/72). — [4] L. Burlamacchi, E. Tiezzi (J. Phys. Chem. **73** [1969] 1588/90). — [5] J. C. James (Diss. London 1947 laut L. G. Sillén, A. E. Martell [1]).

[6] S. K. Kor, G. S. Verma (J. Chem. Phys. **29** [1958] 9/14). — [7] S. K. Kor (Z. Physik. Chem. **210** [1959] 288/92). — [8] V. S. K. Nair, G. H. Nancollas (J. Chem. Soc. **1959** 3934/9). — [9] C. J. Hallada, G. Atkinson (J. Am. Chem. Soc. **83** [1961] 3759/62). — [10] G. Atkinson, S. K. Kor (J. Phys. Chem. **69** [1965] 128/33).

[1]) Indizierung abweichend von Sillén, Martell [1].

[11] F. H. Fisher, D. F. Davis (J. Phys. Chem. **69** [1965] 2595/8). — [12] R. Pottel (Z. Elektrochem. **69** [1965] 363/78). — [13] S. Petrucci, P. Hemmes, M. Battistini (J. Am. Chem. Soc. **89** [1967] 5552/7). — [14] K. Tamm (6th Intern. Congr. Acoust., Tokyo 1968, S. GP 25/GP 38). — [15] B. Prasad (J. Indian Chem. Soc. **45** [1968] 1037/46).

[16] E. M. Hanna, A. D. Pethybridge, J. E. Prue (Electrochim. Acta **16** [1971] 677/86). — [17] J. R. Bard, J. O. Wear (Z. Naturforsch. **26 b** [1971] 1091/6). — [18] K. S. Pitzer (J. Chem. Soc. Faraday Trans. II **68** [1972] 101/13). — [19] H. Yokoyama, H. Yamatera (Bull. Chem. Soc. Japan **48** [1975] 2708/18). — [20] H. Yokoyama, H. Yamatera (Bull. Chem. Soc. Japan **48** [1975] 2719/26).

[21] V. A. Fedorov, T. N. Koneva (Koord. Khim. **1** [1975] 836/9; C. A. **83** [1975] Nr. 121735). — [22] M. Eigen, K. Tamm (Z. Elektrochem. **66** [1962] 93/121). — [23] R. M. Izatt, D. Eatough, J. J. Christensen, C. H. Bartholomew (J. Chem. Soc. A **1969** 47/53). — [24] D. S. Jain, N. K. Goswami, J. N. Gaur (Electrochim. Acta **13** [1968] 1757/63). — [25] V. S. Kublanovskii, V. N. Belinskii, D. P. Zosimovich (Zh. Neorgan. Khim. **16** [1971] 3009/13; Russ. J. Inorg. Chem. **16** [1971] 1598/600).

[26] H. C. Helgeson (J. Phys. Chem. **71** [1967] 3121/36). — [27] G. Atkinson, S. K. Kor (J. Phys. Chem. **71** [1967] 673/7). — [28] G. R. Hedwig, H. Kipton, J. Powell (J. Chem. Soc. Dalton Trans. **1973** 798/801). — [29] V. V. Blokhin, L. I. Razmyslova, Yu. A. Makashev, V. E. Mironov (Zh. Fiz. Khim. **48** [1974] 151/2; Russ. J. Phys. Chem. **48** [1974] 82/3). — [30] G. K. Ragulin (Diss. Leningrad 1969 laut Blokhin u. a. [29]).

[31] G. H. Nancollas (J. Am. Chem. Soc. **83** [1961] 755). — [32] M. Suryanarayana (J. Phys. Chem. **66** [1962] 360/1). — [33] S. K. Kor (Nature **181** [1958] 1462/3). — [34] K. Fritsch, C. J. Montrose, J. L. Hunter, J. F. Dill (J. Chem. Phys. **52** [1970] 2242/52). — [35] P. Debye (Trans. Electrochem. Soc. **82** [1942] 265/72).

[36] M. Eigen (Z. Physik. Chem. [Frankfurt] **1** [1954] 176/200). — [37] G. Atkinson, H. Tsubota (J. Am. Chem. Soc. **88** [1966] 3901/4). — [38] T. J. Swift, R. E. Connick (J. Chem. Phys. **37** [1962] 307/20). — [39] J. R. Smithson, T. A. Litovitz (J. Acoust. Soc. Am. **28** [1956] 462/8). — [40] Y. Yeh, R. N. Keeler (J. Chem. Phys. **51** [1969] 1120/7).

[41] K. G. Plass, A. Kehl (Acustica **20** [1968] 360/5). — [42] M. Ružinský, L. Treindl (Collection Czech. Chem. Commun. **38** [1973] 1008/11).

Osmotic Coefficient

8.6.19.3.5 Osmotischer Koeffizient f_o

Eine Neuberechnung auf der Grundlage älterer isopiestischer Dampfdruckmessungen [1] (s. auch [2]) ergibt für den osmotischen Koeffizienten bei 25°C folgende Werte (m in mol/1000 g H_2O):

f_o	0.964	0.886	0.788	0.740	0.629	0.583	0.541	0.517
m	0.0001	0.001	0.005	0.01	0.05	0.1	0.2	0.3

[3]. In den älteren Untersuchungen sind auch Koeffizienten bei höheren Konzentrationen angegeben (25°C):

f_o	0.501	0.481	0.475	0.504	0.556	0.588	0.782	1.048
m	0.4	0.6	1.0	1.4	1.8	2.0	3.0	4.0

[1], s. auch [2]. Aus der Siedepunktserhöhung werden folgende Werte für f_o erhalten (m in mmol/ 1000 g H_2O) [4]:

f_o	0.813	0.777	0.717	0.673	0.619	0.568	0.524	0.468	0.422
m	0.809	1.62	3.23	6.47	15.8	33.7	65.3	155	306

Literatur:

[1] R. A. Robinson, R. H. Stokes (Trans. Faraday Soc. **45** [1949] 612/24, 618; Electrolytic Solutions, 2. Aufl., Butterworths, London-Academic Press, New York 1959, S. 489). — [2] R. A. Robinson, R. S. Jones (J. Am. Chem. Soc. **58** [1936] 959/61). — [3] K. S. Pitzer (J. Chem. Soc. Faraday Trans. II **68** [1972] 101/13, 109). — [4] E. Plake (Z. Physik. Chem. **172** [1935] 113/28, 116).

8.6.19.3.6 Aktivitätskoeffizient f_a

Activity Coefficient

Eine Neuberechnung der Aktivitätskoeffizienten auf Grund der isopiestischen Dampfdruckmessungen von Robinson, Stokes [1] ergibt bei 25°C folgende Werte (m in mol/1000 g H_2O):

f_a . .	0.90	0.71	0.50	0.40	0.217	0.158	0.112	0.090	0.077	0.061
m . .	0.0001	0.001	0.005	0.01	0.05	0.1	0.2	0.3	0.4	0.6
f_a . .	0.052	0.047	0.043	0.040	0.039	0.038	0.037	0.037	0.040	0.050
m . .	0.8	1.0	1.2	1.4	1.6	1.8	2.0	2.5	3.0	4.0

Sie sind im Mittel 1.061 mal größer als die alten [1] Werte [2]. Nach einer anderen Untersuchung fällt f_a von 0.0706 bei m = 0.4 auf ein Minimum von 0.0382 bei m = 2.22 und steigt dann auf 0.0463 bei m = 3.96 [3]. — Aus der Gerfrierpunktserniedrigung werden folgende Aktivitätskoeffizienten abgeleitet:

f_a	0.236	0.228	0.312	0.272	0.162	0.110	0.084	0.128	0.321
m	0.004	0.017	0.033	0.067	0.133	0.263	0.531	1.001	1.963

[4]. Aus thermodynamischen Größen [5] wird der absolute Aktivitätskoeffizient bei der Konzentration Null und 25°C zu lg f_a = 1.33 berechnet [6]. Der Aktivitätskoeffizient (Werte nach Robinson, Jones [7]) wächst umgekehrt proportional mit der Ionenstärke I nach $f_a = -0.002 + 0.155/\sqrt{I}$ von $f_a = 0.061$ bei $\sqrt{I} = 2.45$ auf $f_a = 0.120$ bei $\sqrt{I} = 1.27$ [8]. Über Zusammenhänge mit anderen 2-2-Elektrolyten s. [9].

In Gegenwart von 7.27 mol HCl/1000 g H_2O steigt f_a bei 25°C von 0.0633 bei m = 0.4 mol $MnSO_4$/1000 g H_2O auf etwa 0.1 bei m = 3.185 (gesättigte Lösung). Der Verlauf kann durch lg f_a = 2.686 lg m −0.183 m + 0.0294 m^2 −2.058 wiedergegeben werden [3].

Literatur:

[1] R. A. Robinson, R. H. Stokes (Trans. Faraday Soc. **45** [1949] 612/24, 622; Electrolytic Solutions, 2. Aufl., Butterworths, London-Academic Press, New York 1959, S. 502). — [2] K. S. Pitzer (J. Chem. Soc. Faraday Trans. II **68** [1972] 101/13, 109). — [3] T. E. Moore (U. S. Dept. Com. Office Tech. Serv., PB Rept. 130756 [1957] 1/50, 6, 19; C. A. **56** [1962] 2951). — [4] T. V. Kashcheeva, A. L. Tseft (Tr. Vost. Sibirsk. Filiala Akad. Nauk SSSR **1960** Nr. 25, S. 43/51, 46; C. A. **1961** 11053). — [5] F. D. Rossini, D. D. Wagman, W. H. Evans, S. Levine, I. Jaffe (Natl. Bur. Std. [U. S.] Circ. Nr. 500 [1950]).

[6] A. M. Rozen, M. V. Ionin (Radiokhimiya **13** [1971] 287/9; Soviet Radiochem. **13** [1971] 290/2). — [7] R. A. Robinson, R. S. Jones (J. Am. Chem. Soc. **58** [1936] 959/61). — [8] A. E. Hill, G. S. Durham, J. E. Ricci (J. Am. Chem. Soc. **62** [1940] 2723/32, 2729). — [9] M. Moriyama (Naturwissenschaften **43** [1956] 515; Z. Physik. Chem. [Frankfurt] **25** [1960] 312/20, **27** [1961] 34/41).

8.6.19.3.7 Komplexbildung in organisch-wäßriger Lösung

Complex Formation in Mixtures of Organic Solvents and H_2O

Die in diesem Abschnitt für die Stabilitäts- und Geschwindigkeitskonstanten verwendeten Indizes werden bei den wäßrigen Lösungen (s. S. 132) eingeführt. Zur Definition der Stabilitätskonstanten s. S. 136. Nach Leitfähigkeits- [1, 2, 3], Ultraschall- [4] und NMR-Untersuchungen [5] an verdünnten $MnSO_4$-Lösungen in CH_3OH- [3, 4], $(CH_3)_2CO$- [1], $CH_3OC_2H_4OH$ (Methylcellosolve)- [2] und Dioxan-Wasser-Gemischen [5] mit etwa 10 bis 65% organischem Bestandteil wird angenommen, daß in organisch-wäßrigen $MnSO_4$-Lösungen das Mn^{2+}-Ion bevorzugt durch H_2O solvatisiert ist [5, 10]. Während jedoch in den Systemen $MnSO_4$-CH_3OH-H_2O und $MnSO_4$-$(CH_3)_2CO$-H_2O mit zunehmendem Gehalt an organischer Komponente ein gewisser Austausch des Wassers in der ersten Koordinationssphäre des Mn^{2+}-Ions stattfinden soll (s. hierzu auch frühere ESR-Messungen an methanolischen $MnSO_4$-Lösungen [6]), ist dies nach Leitfähigkeitsuntersuchungen bei Lösungen mit 0 bis 25% Dioxan [6] anscheinend nicht der Fall [1]. Auch nach ESR-Untersuchungen an ähnlichen Lösungen liegt das Mangan-Ion in dem untersuchten Konzentrationsbereich an organischer Komponente nur als $[Mn(H_2O)_6]^{2+}$ vor [6]. Der Wasser-Anteil in der ersten Koordinationssphäre des Mn^{2+}-Ions fällt nach NMR-Messungen an 3×10^{-4} M $MnSO_4$-Lösungen in Dioxan-Wasser-Gemischen von 100% bei $x(H_2O) = 1$ (x = Molenbruch) in einer konvex gebogenen Kurve auf etwa 50% bei $x(H_2O) = 0.5$ (aus Figur im Original). Unter Berücksichtigung der Tatsache, daß nach Ultraschalluntersuchungen [4] mit steigendem Dioxangehalt die Substitution von H_2O der ersten Koordinationssphäre durch SO_4^{2-} unter Bildung des Kontakt-Ionenpaars stark zunimmt (s. unten) wird geschlossen, daß das neutrale Kontakt-Ionenpaar im Gegensatz zum freien Mn^{2+}-Ion bevorzugt durch Dioxan solvatisiert ist. Bei konstanter Zusammensetzung des Dioxan-Wasser-Gemischs nimmt der Wasser-Anteil in der ersten Koordinationssphäre des Mn^{2+}-Ions mit steigender Mangankonzentration und Temperatur ab, z. B. bei $x(H_2O) = 0.6$ von 65% H_2O bei 0.025 mol/l auf 20% H_2O bei 0.2 mol/l (aus graphischer Darstellung im Original) und bei $x(H_2O) = 0.568$ von 66% H_2O bei 20°C auf 50% bei 45.5°C [5].

Für die Bildung von Assoziaten in Gegenwart organischer Lösungsmittel wird nach Leitfähigkeitsuntersuchungen [1, 2, 3, 6, 7] ein einstufiger, nach ESR-Messungen [9] ein zweistufiger und nach Ultraschalluntersuchungen ein dreistufiger Mechanismus angenommen [4, 8]. Dementsprechend werden bei der Analyse der Meßergebnisse dieselben Gleichgewichte zugrundegelegt wie in der wäßrigen Lösung (s. S. 132; die dort verwendete vereinfachte Schreibweise der Sulfato-Mangankomplexe und die Indizierung der Konstanten wird hier ebenfalls verwendet). Außer einem mehrstufigen Assoziationsprozeß wird ein Gleichgewicht zwischen Wasser und dem organischen Bestandteil gemäß $nH_2O + Org \rightleftharpoons [Org(H_2O)_n]$ angenommen, worin $[Org(H_2O)_n]$ einen Aquokomplex der organischen Komponente Org mit Wasserstoff-Brückenbindungen darstellt [10].

$Mn^{2+}_{aq} + SO^{2-}_{4\,aq} \rightleftharpoons [MnSO_4]_{aq}$

Stabilitätskonstante K_1. In folgender Tabelle sind an verschiedenen Lösungsmittel-Wasser-Systemen ermittelte lg K_1-Werte zusammengestellt. Zum Vergleich werden die an wäßriger Lösung bestimmten lg K_1-Werte ebenfalls angegeben. Alle Werte gelten für 25°C und sind auf die Ionenstärke 0 korrigiert. Die Abkürzungen für die Bestimmungsmethoden werden auf S. 136 erklärt; x = Molenbruch. (Die Konzentrationsangaben für die organische Komponente sind vermutlich in Gew.-%.)

Nr.	Methode	Medium	Konzentration	lg K_1	Lit. und Bemerkungen
1	Leitf.	CH_3OH	0%	2.12	Hallada, Atkinson 1961 [3],
2	Leitf.		20%	2.64	Auswahl
3	Leitf.		40%	3.23	
4	Leitf.		60%	3.98	Tsubota, Atkinson 1967 [11],
5	Leitf.		80%	4.95	Auswahl
6	ESR		0%, SO_4^{2-}-Überschuß	2.18	Bard, Wear 1971 [9]
7	ESR		18%, SO_4^{2-}-Überschuß	2.72	
8	ESR		38.4%, SO_4^{2-}-Überschuß	3.20	
9	Leitf.	$C_2H_4(OH)_2$	x = 0	2.13	Petrucci u. a. 1967 [7]
10	Leitf.		x = 0.1	2.42	
11	Leitf.		x = 0.3	2.93	
12	Leitf.		x = 0.5	3.63	
13	Leitf.	$(CH_3)_2CO$	9.9%	2.44	Atkinson, Petrucci 1964 [1]
14	Leitf.		19.8%	2.88	
15	Leitf.		29.9%	3.24	
16	Leitf.		40.2%	3.75	

Nr.	Methode	Medium	Konzentration	lg K_1	Lit. und Bemerkungen
17	Leitf.	$CH_3OC_2H_4OH$	20.1%	2.72	Atkinson, Tsubota 1966 [2],
18	Leitf.		39.9%	3.43	Auswahl
19	Leitf.		54.9%	4.11	
20	Leitf.	Dioxan	0%	2.30	Kor 1958 [12, 13], s. auch
21	Leitf.		25%	2.52	[14], aus Dissoziations-
22	Leitf.		35%	2.68	konstanten umgerechnet
23	Leitf.		10%	2.38	Atkinson, Hallada 1962 [6]
24	Leitf.		20%	2.91	
25	Leitf.		25%	3.06	

Weitere bei Ultraschallmessungen in Gegenwart steigender Methanol- und Dioxan-Gehalte gefundene lg K_1-Werte stimmen mit den aus Leitfähigkeitsmessungen ermittelten Werten [3, 6] überein; s. die graphische Darstellung von lg K_1 gegen die reziproke Dielektrizitätskonstante ε im Original [4]. Die lg K_1-Werte der Tabelle nehmen wie erwartet mit steigendem Gehalt der Lösung an organischer Komponente infolge des kleiner werdenden ε zu. Die Auftragung von lg K_1 gegen $1/\varepsilon$ ergibt Geraden, deren Anstieg für Glykol und Dioxan enthaltende Systeme gleich [7] aber kleiner als für die übrigen Systeme ist. Die Geraden für CH_3OH-H_2O, $(CH_3)_2CO$-H_2O und $CH_3OC_2H_4OH$-H_2O ändern bei lg $K_1 \approx 3$ und $100/\varepsilon \approx 1.5$ ihre Richtung, s. hierzu **Fig. 38** (nach [6, 11]). Während die zuerst genannten Systeme sich ideal im Sinne der Fuoss-Bjerrum-Theorie verhalten [7], wonach lg K_1 nur eine Funktion von $1/\varepsilon$ ist und nicht von den individuellen Lösungsmitteleigenschaften abhängen sollte [6], weichen die übrigen Systeme davon ab. Dieses Verhalten der CH_3OH, $(CH_3)_2CO$ und $CH_3OC_2H_4OH$ enthaltenden Systeme weist auf starke Wechselwirkungen zwischen Ionen und organischem Lösungsmittel hin [6, 1, 2]. Diese Effekte werden auch durch starkes Ansteigen der aus den Messungen ermittelten Werte für den Abstandsparameter a mit dem Gehalt an organischer Komponente widergespiegelt [2]; a-Werte für die einzelnen Systeme bei verschiedenen Gehalten an organischer Komponente s. [1, 2, 3, 7, 11]. Die Unstetigkeiten in den vom Fuoss-Bjerrum-Verhalten abweichenden Systemen können auf Grund der hier behandelten Untersuchungen nicht erklärt werden. Nach Ultraschalluntersuchungen [15] beruhen sie vermutlich auf einer Änderung der Struktur des Systems, die bei niedrigem Gehalt an organischer Komponente durch die Wasserstruktur, bei höherem Gehalt dagegen durch die Struktur der Aquo-Komplexe des organischen Lösungsmittels bestimmt wird [2].

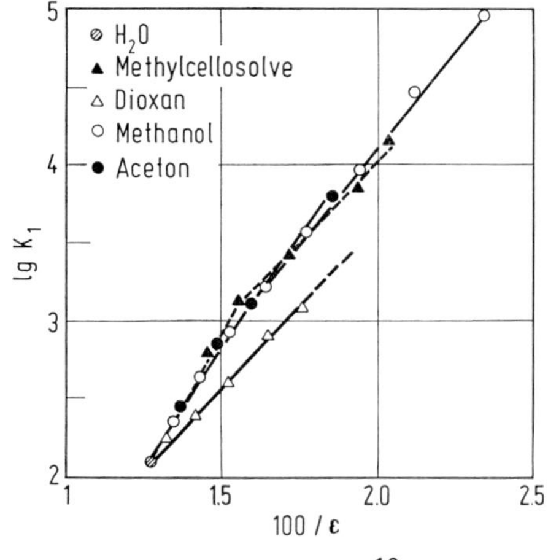

Fig. 38

Abhängigkeit der Stabilitätskonstanten K_1 von der reziproken Dielektrizitätskonstanten ε bei Lösungen von $MnSO_4$ in Mischungen aus H_2O und organischen Lösungsmitteln (Ionenstärke $I \to 0$).

Complex Formation in Mixtures of Organic Solvents and H_2O

Auch in hydrodynamischer Hinsicht verhalten sich die beiden Systemgruppen unterschiedlich: Das Waldensche Produkt (s. S. 165) gilt nur für die Systeme $MnSO_4$-Glykol-Wasser und $MnSO_4$-Dioxan-Wasser [7], für die übrigen Systeme dagegen nicht [2]. Unterschiedliches Verhalten der Systeme $MnSO_4$-Glykol-H_2O und $MnSO_4$-Dioxan-H_2O wird auch aus kinetischen Untersuchungen der Reaktionsstufen 23, 32, 34 und 43 erkennbar [4], s. unten. Aus Ultraschallmessungen an Dioxan enthaltenden $MnSO_4$-Lösungen werden für das einstufige Gleichgewicht die Geschwindigkeitskonstanten k_1 bzw. $k_2/2\pi$ bei den angegebenen DK-Werten ermittelt: $2.98 \times 10^9 s^{-1}$ bzw. $2.38\ MHz \cdot s^{-1}$ bei $\varepsilon = 78.5$; $6.07 \times 10^9 s^{-1}$ bzw. $2.90\ MHz \cdot s^{-1}$ bei $\varepsilon = 56.5$ und $8.97 \times 10^9\ s^{-1}$ bzw. $3.00\ MHz \cdot s^{-1}$ bei $\varepsilon = 48.0$ [12], s. auch [14].

$$\mathbf{Mn^{2+}_{aq} + SO^{2-}_{4aq} \underset{k_{21}}{\overset{k_{12}}{\rightleftharpoons}} [Mn^{2+}(H_2O)(H_2O)SO_4^{2-}]_{aq}}$$

Stabilitätskonstante K_{12}, Geschwindigkeitskonstanten k_{12} und k_{21} im System $MnSO_4$-Glykol-Wasser. In der folgenden Tabelle sind unter Nr. 1 bis 3 durch Ultraschallmessungen bei 25°C ermittelte lg K_{12}-, k_{12}- und k_{21}-Werte aufgeführt. Die unter Nr. 4 bis 6 genannten k_{12}- und k_{21}-Werte wurden nach der Diffusionstheorie berechnet. Die zugehörigen in Klammern gesetzten lg K_{12}-Werte sind im Original nicht angegeben, sie wurden aus den k_{12}- und k_{21}-Werten berechnet. Die unter Nr. 7 bis 9 aufgeführten lg K_{12}-Werte wurden von den Autoren nach der Bjerrum-Theorie berechnet. (Die Werte sind auf die Ionenstärke 0 korrigiert, Konzentration in mol/l, Zeit in s.)

Nr.	Methode	$[C_2H_4(OH)_2]$ in Gew.-%	lg K_{12}	k_{12}	k_{21}
1	Ultra.	20	1.82	2.14×10^{10}	3.23×10^8
2	Ultra.	30	1.91	2.07×10^{10}	2.58×10^8
3	Ultra.	40	2.03	2.06×10^{10}	1.94×10^8
4	ber.	20	(1.74)	1.98×10^{10}	3.62×10^8
5	ber.	30	(1.80)	1.82×10^{10}	2.89×10^8
6	ber.	40	(1.87)	1.71×10^{10}	2.29×10^8
7	ber.	20	1.89	—	—
8	ber.	30	1.99	—	—
9	ber.	40	2.10	—	—

Für alle in der Tabelle angegebenen Konstanten sind im Original weitere Werte für 15 und 35°C aufgeführt. Danach betragen die experimentell ermittelten lg K_{12}-Werte bei 15 bzw. 35°C: lg K_{12} = 1.80 bzw. 1.85 bei 20 Gew.-% Glykol, lg K_{12} = 1.89 bzw. 1.93 bei 30 Gew.-% Glykol und lg K_{12} = 2.00 bzw. 2.04 bei 40 Gew.-% Glykol. Aus dem Vergleich der experimentellen mit den rechnerisch erhaltenen k-Werten ergibt sich, daß diese Reaktionsstufe (wie in der wäßrigen Lösung, s. S. 138) diffusionsbestimmt ist [8]. Dasselbe Ergebnis wird aus der Abhängigkeit der k_{12}- und k_{21}-Werte von der DK in den Systemen $MnSO_4$-Dioxan-Wasser und $MnSO_4$-Methanol-Wasser abgeleitet [4].

$$\mathbf{[Mn^{2+}(H_2O)(H_2O)SO_4^{2-}]_{aq} \underset{k_{32}}{\overset{k_{23}}{\rightleftharpoons}} [Mn^{2+}(H_2O)SO_4^{2-}]_{aq}}$$

Geschwindigkeitskonstanten k_{23} und k_{32} in s^{-1}, x = Molenbruch des organischen Bestandteils. Nach Ultraschalluntersuchungen an Methanol enthaltenden, wäßrigen $MnSO_4$-Lösungen bleiben die Geschwindigkeitskonstanten k_{23} und k_{32} bei steigendem Methanolgehalt konstant und betragen im Bereich von x = 0.09 bis x = 0.23 $k_{23} \approx 9 \times 10^7$ und $k_{32} \approx 1.9 \times 10^8$. Sie betragen bei Dioxan enthaltenden Lösungen 1×10^8 bzw. 1.9×10^8 bei x = 0.035, 1.2×10^8 bzw. 1.70×10^8 bei x = 0.07 und 1.4×10^8 bzw. 1.65×10^8 bei x = 0.1 (aus graphischer Darstellung im Original). Aus den Werten geht hervor, daß Methanol keinen Einfluß auf die Reaktionsgeschwindigkeit in beiden Richtungen ausübt, während durch Dioxan die Geschwindigkeit der Hinreaktion stark vergrößert und die der Rückreaktion verringert wird [4].

$$[Mn^{2+}(H_2O)SO_4^{2-}]_{aq} \underset{k_{43}}{\overset{k_{34}}{\rightleftharpoons}} [MnSO_4]^*_{aq}$$

Geschwindigkeitskonstanten k_{34} und k_{43} in s^{-1}, x = Molenbruch des organischen Bestandteils. In dieser Stufe wird die Geschwindigkeit der Hinreaktion durch Methanol und Dioxan vergrößert und die der Rückreaktion durch beide Lösungsmittel verkleinert. Die Werte von k_{34} bzw. k_{43} betragen in Gegenwart von Methanol 5.5 × 10^7 bzw. 2 × 10^7 bei x = 0.09, 6 × 10^7 bzw. 1.5 × 10^7 bei x = 0.16 und 7.5 × 10^7 bzw. 1 × 10^7 bei x = 0.23; in Gegenwart von Dioxan 9 × 10^7 bzw. 2 × 10^7 bei x = 0.035, 9 × 10^7 bzw. 1.5 × 10^7 bei x = 0.07 und 9 × 10^7 bzw. 1 × 10^7 bei x = 0.1 (aus graphischer Darstellung im Original). Bei Betrachtung von k_{43} als Konstante pseudo-erster Ordnung gemäß $k_{43} = k^\circ_{43}\,[H_2O]$ und Auftragung des berechneten k°_{43}-Wertes gegen x stimmen die Geraden für beide Systeme überein. Daraus ergibt sich, daß bei der Reaktion 43 Wasser gegenüber der organischen Komponente stark bevorzugt wird [4].

$$Mn^{2+}_{aq} + SO^{2-}_{4\,aq} \underset{k_{ba}}{\overset{k_{ab}}{\rightleftharpoons}} [Mn^{2+}(H_2O)_nSO_4^{2-}]_{aq} \quad (n = 1 \text{ oder } 2)$$

Stabilitätskonstante K_{ab}. Bei ESR-Untersuchungen an $MnSO_4$-Lösungen mit verschiedenen Methanol-Gehalten (in Gegenwart eines SO_4^{2-}-Überschusses) bei 25°C werden die Werte lg K_{ab} = 2.40 bei 0%, lg K_{ab} =2.60 bei 18 Gew.-% und lg K_{ab} = 2.95 bei 38 Gew.-% CH_3OH ermittelt, Ionenstärke $I \to 0$ [9].

$$[Mn^{2+}(H_2O)_nSO_4^{2-}]_{aq} \underset{k_{cb}}{\overset{k_{bc}}{\rightleftharpoons}} [MnSO_4]^*_{aq} \quad (n = 1 \text{ oder } 2)$$

Stabilitätskonstante K_{bc}. Bei denselben Untersuchungen wie im vorhergehenden Abschnitt werden die Werte lg K_{bc} = −0.7 bei 0 Gew.-%, lg K_{bc} = −0.47 bei 18 Gew.-% und lg K_{bc} = 0 bei 38 Gew.-% CH_3OH erhalten, Ionenstärke $I \to 0$ [9].

Literatur:

[1] G. Atkinson, S. Petrucci (J. Am. Chem. Soc. **86** [1964] 7/10). — [2] G. Atkinson, H. Tsubota (J. Am. Chem. Soc. **88** [1966] 3901/4). — [3] C. J. Hallada, G. Atkinson (J. Am. Chem. Soc. **83** [1961] 3759/62). — [4] G. Atkinson, S. K. Kor (J. Phys. Chem. **69** [1965] 128/33). — [5] L. S. Frankel (Diss. Amherst, Mass., 1967; Diss. Abstr. B **27** [1967] 4340).

[6] G. Atkinson, C. J. Hallada (J. Am. Chem. Soc. **84** [1962] 721/4). — [7] S. Petrucci, P. Hemmes, M. Battistini (J. Am. Chem. Soc. **89** [1967] 5552/5). — [8] G. Rai, O. N. Awasthi (Z. Physik. Chem. **243** [1970] 244/8). — [9] J. R. Bard, J. O. Wear (Z. Naturforsch. **26 b** [1971] 1091/6). — [10] G. Atkinson (Chem. Soc. [London] Spec. Publ. Nr. 20 [1966] 243/4).

[11] H. Tsubota, G. Atkinson (J. Phys. Chem. **71** [1967] 1131/3). — [12] S. K. Kor (Nature **181** [1958] 1462/3). — [13] S. K. Kor (Naturwissenschaften **45** [1958] 261). — [14] S. K. Kor, G. S. Verma (J. Chem. Phys. **29** [1958] 9/14). — [15] J. Andreae, P. D. Edmonds, J. F. McKellar (Acustica **15** [1965] 74/88).

8.6.19.4 Mechanische und thermische Eigenschaften

Mechanical and Thermal Properties

8.6.19.4.1 Dichte D in g/cm³

Density

Aus den Meßergebnissen von Herz [1] und einigen älteren Daten [2, 3, 4] leiten Beattie und Gillespie [5] folgende Werte für die relative, auf H_2O bei 4°C bezogene Dichte ab, wobei w der $MnSO_4$-Gehalt in Gew.-% ist:

w	0°C	10°C	15°C	20°C	25°C
2	1.0202	1.0197	1.0188	1.0178	1.0165
6	1.0620	1.0606	1.0595	1.0583	1.0569
10	1.1057	1.1036	1.1025	1.1012	1.0998
14	1.1511	1.1488	1.1478	1.1467	1.1458
18	1.1982	1.1965	1.1956	1.1950	1.1948

Density of Aqueous $MnSO_4$ Solutions

Bei 15 und 25°C nimmt D bei steigender Konzentration weiterhin folgendermaßen zu:

w in Gew.-% . . .	20	22	24	26	28	30	32
D bei 15°C . . .	1.2205	1.2461	1.2725	1.2997	1.3277	1.3565	—
D bei 25°C . . .	1.2203	1.2464	1.2731	1.3004	1.3283	1.3568	1.3860

Aus Messungen an 3 Lösungen mit 23.6, 32.1 und 39.5 Gew.-% bei 25°C leitet Fuller [18] für w = 34, 36, 38, 40 und 42 Gew.-% D = 1.416, 1.446, 1.478, 1.509 bzw. 1.540 ab. An Lösungen unterschiedlicher $MnSO_4 \cdot 4H_2O$-Konzentration werden bei 10 bis 50°C folgende Werte für D_{20} gemessen:

w	10°C	20°C	30°C	40°C	50°C
1	1.00855	1.00700	1.00474	1.00130	0.99740
5	1.03480	1.03300	1.03050	1.02716	1.02250
10	1.06955	1.06738	1.06470	1.06085	1.05690
30	1.21970	1.21700	1.21378	1.20990	1.20560

Bei w = 30 Gew.-% ist D_{20}^{60} = 1.20136 [6]. — Auf reines H_2O bezogen, ergeben sich bei 15°C für verdünnte $MnSO_4$-Lösungen in Abhängigkeit von der Konzentration c folgende Relativwerte:

c in mol/l . . .	0.01	0.02	0.05	0.1	0.2	0.3	0.5
D	1.00071	1.00142	1.00366	1.00733	1.01493	1.02217	1.03654

Campbell [7]. — Mit den obigen Tabellenwerten stimmen gut überein: D_4^{25} = 1.1226 bzw. 1.2460 von Lösungen mit einem Gehalt an $MnSO_4$ von c = 0.94 bzw. 1.93 mol/l [8], D_4^{25} = 1.20027 bzw. 1.37368 bei den $MnSO_4$-Konzentrationen m = 1.5 bzw. 3.0 mol/kg H_2O [9] und D^{23} = 1.369 für eine 31 Gew.-%ige Lösung [10]. Im Temperaturbereich von 295.5 bis 373.5 K erhält Bose [11] bei verschiedenen $MnSO_4$-Gehalten w folgende Abnahme von D:

w = 27.73 Gew.-%	T in K .	295.5	373.0
	D . . .	1.335	1.296

w = 37.55 Gew.-%	T in K .	295.5	373.5
	D . . .	1.491	1.452

w = 32.41 Gew.-%	T in K .	296.3	307.4	317.4	328.6	341.9	351.9	368.0
	D . . .	1.404	1.399	1.394	1.388	1.381	1.375	1.365

Aus Messungen zwischen t = 12 und 26°C leiten Cabrera u. a. [12] die Interpolationsformeln D = 1.2288 [1 − 0.00030 (t −20)] bei w = 20.17 Gew.-%; D = 1.3274 [1 − 0.00032 (t −20)] bei w = 27.79 Gew.-% und D = 1.4547 [1 − 0.00026 (t −20)] bei w = 36.33 Gew.-% ab.

An gesättigten Lösungen findet Flöttmann [13] D = 1.4772 bei 15°C (37.85 Gew.-%), 1.4866 bei 20°C (38.59 Gew.-%) und 1.4993 bei 25°C (39.55 Gew.-%). Gleichzeitig gelangt Palitsch [9] bei 25°C zu D = 1.4962 (4.306 mol/kg H_2O). Zur Dichtepolytherme gesättigter Lösungen s. Fig. 33, S. 103.

Die Temperatur, bei der die Dichte der Lösung ihr Maximum erreicht, wird durch steigende Zugabe von $MnSO_4$ (w = 0.453, 0.921 bzw. 1.800 Gew.-%) auf 3.32, 2.70 bzw. 1.42°C gesenkt [14]; vgl. hierzu auch Tammann [15].

Das scheinbare Molvolumen Φ des Salzes in der Lösung steigt mit der Konzentration c von $MnSO_4$ zwischen 0.01 und 0.5 mol/l über ein Maximum an:

c in mol/l . . .	0.01	0.02	0.05	0.1	0.2	0.3	0.5
Φ in cm^3 . . .	42.0	42.3	46.7	46.9	49.6	48.1	46.5

Campbell [7]. Zur Änderung von Φ mit der Konzentration s. auch Pesce [16].

An $MnSO_4$-Lösungen in D_2O (Reinheitsgrad 98.5%) der Konzentration x (in Mol-%) erhalten Selecki u. a. [17] folgende, auf 0.5% genaue Dichtewerte:

x	25°C	35°C	45°C	60°C	75°C	90°C
0.5	1.038	1.039	1.038	1.038	1.045	1.042
1.2	1.071	1.087	1.082	1.076	1.074	1.060
2.0	1.168	1.165	1.160	1.164	1.161	1.156
2.9	1.211	1.210	1.205	1.200	1.196	1.198
3.7	1.284	1.286	1.280	1.275	1.281	1.281

Literatur:

[1] W. Herz (Z. Anorg. Allgem. Chem. **89** [1914] 393/6, **99** [1917] 132/6). — [2] C. Charpy (Ann. Chim. Phys. [6] **29** [1893] 5/68, 26). — [3] J. Wagner (Z. Physik. Chem. **5** [1890] 31/52, 39; Ann. Physik Chem. [3] **18** [1883] 259/89, 271). — [4] G. T. Gerlach (Z. Anal. Chem. **28** [1889] 466/524, 475). — [5] J. A. Beattie, L. J. Gillespie (Intern. Critical Tables, Bd. 3, 1928, S. 68).

[6] J. N. Rakshit (Z. Elektrochem. **32** [1926] 276/81). — [7] A. N. Campbell (J. Chem. Soc. **133** [1928] 653/8). — [8] W. Manchot, M. Jahrstorfer, H. Zepter (Z. Anorg. Allgem. Chem. **141** [1924] 50/81, 52). — [9] S. Palitsch (Z. Physik. Chem. **138** [1928] 379/98, 393). — [10] L. R. Ingersoll (J. Opt. Soc. Am. **6** [1922] 663/81, 668, 679).

[11] A. Bose (Proc. Indian Acad. Sci. A **1** [1934] 605/15, 612/3). — [12] B. Cabrera, E. Moles, M. Marquina (J. Chim. Phys. **16** [1918] 11/27, 19, 21). — [13] F. Flöttmann (Z. Anal. Chem. **73** [1928] 1/39, 25). — [14] F. Dreyer (Ann. Phys. Polytech. Petersburg **12** [1909] 31/48, 45/6). — [15] G. Tammann (Z. Anorg. Allgem. Chem. **174** [1928] 231/43, 237).

[16] B. Pesce (9° Congr. Intern. Quim. Pura Apl., Madrid 1934 [1935], Bd. 2, S. 285/96 nach C. **1937** I 535). — [17] A. Selecki, B. Tyminski, A. G. Chmielewski (J. Chem. Eng. Data **15** [1970] 127/30). — [18] H. C. Fuller (U. S. Bur. Mines Rept. Invest. Nr. 6762 [1966] 1/30, 28).

8.6.19.4.2 Kompressibilität β in 10^{-11} m^2/N, Schallgeschwindigkeit u in m/s

Compressibility. Velocity of Sound

Bei 20.0°C fällt die aus u berechnete adiabatische Kompressibilität von β = 46 schwach konvex verlaufend auf 32.5 ab, wenn die Konzentration c der Lösung von 0 auf 1.25 mol/l steigt [1]. Bei 25.5°C ergibt sich folgende Konzentrationsabhängigkeit von β:

c in mol/l . . .	0.1	0.2	0.3	0.4	0.5
β	40.58	39.80	39.05	38.22	37.44

Wird die Ladungsverteilung der Ionen in der Lösung durch Durchleiten eines elektrischen Stromes gestört, so nimmt β in Übereinstimmung mit der Debye-Hückel-Theorie proportional $c^{1/2}$ ab [2, 3].

Die Schallgeschwindigkeit u steigt mit der Schallfrequenz f an, wie Messungen zwischen 0.3 und 10 MHz an einer Lösung der Konzentration c von 0.5 mol $MnSO_4$/l bei Temperaturen von 9.5, 18.6 und 35°C zeigen [4]. **Fig. 39**, S. 150, (nach [5]) bezieht sich auf eine Lösung mit c = 0.5 mol $MnSO_4 \cdot 5H_2O$/l, Meßtemperaturen 10, 16, 20 und 30°C, f-Bereich 1 bis 50 MHz; zuvor wurde u bei gleicher Konzentration nur zwischen 1 und 8 MHz bei 18.6°C gemessen [6]. Bei 20°C erhalten Berdyev u. a. [7] folgende Werte für u:

c in mol/l	3.946 MHz	500 MHz	1000 MHz	1602 MHz
0.1	1494	1502.3	1504.7	1507.2
0.5	1534	1528.3	1548.8	1545.0
1.0	1586.3	1596.3	1610.0	1611.6

Velocity of Sound in Aqueous $MnSO_4$ Solutions

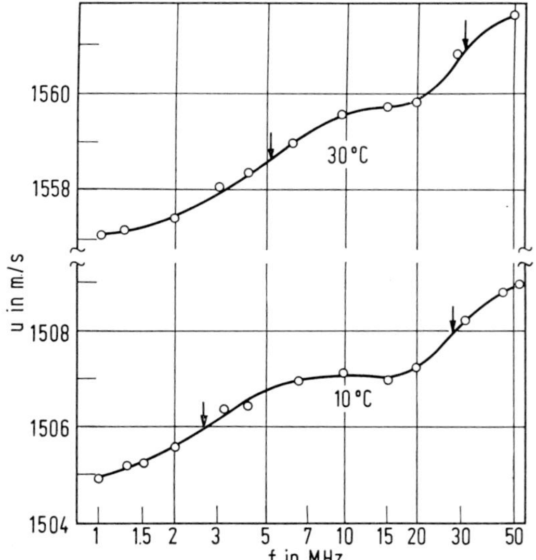

Fig. 39

Schallgeschwindigkeit u in einer 0.5 molaren $MnSO_4 \cdot 5H_2O$-Lösung als Funktion der Frequenz f bei 10 und 30°C.

Bei früheren Messungen an einer 1 molaren Lösung wurde ein Anstieg von 1570 m/s bei 7.04 MHz auf 1673 m/s bei 267.66 MHz gefunden [8]. — Bei Konzentrationen von 0.25 bis 2.0 mol/l und Temperaturen von 10 bis 40°C vergleicht Ertas [15] die Schallgeschwindigkeiten bei 0.8 und 2.4 MHz.

Mit der Konzentration steigt u linear an [1, 3]. Bei 25°C, f = 2.510 MHz und c = 0.01, 0.1, 0.3 bzw. 0.5 mol $MnSO_4$/l ist u = 1560, 1566, 1578 bzw. 1590 m/s [3]. Bei 28°C, f = 5 MHz und c = 0.5, 1.0 und 2.0 mol/l ist u = 1554, 1596 bzw. 1710 m/s [9]. Bei 20°C, f = 7.0488 MHz und c = 0, 1, 2 und 3 mol/l steigt u linear von 1484.0 auf 1630 m/s an [1].

In folgender Tabelle ist die Schalldispersion $D = (u_\infty - u_0)/(u_0 \cdot c)$ in l/mol aufgeführt mit den bei $f \to \infty$ bzw. $\to 0$ erreichten Grenzwerten u_∞ und u_0; f_r bezeichnet die primäre Relaxationsfrequenz. D_{exp} bezieht sich auf die u-Messung von Carstensen [4] und Schmid, Pessel [11]; D_{ber} folgt aus dem Absorptionskoeffizienten $(\alpha \cdot \lambda)_{max}$ [10]:

t in °C	9.5	12	18	25	35
f_r in MHz	2.7	3.1	4.2	5.4	9
$10^4\ D_{exp}$	33	36	31	34	—
$10^4\ D_{ber}$	35	35	35	35	35
Literatur	[4]	[11]	[4]	[11]	[4]

Aus Messungen zwischen 10 und 30°C ergibt sich als Mittelwert $D = 38 \times 10^{-4}$; f_r verschiebt sich von 2.7 auf 5 MHz; $D = 35 \times 10^{-4}$ wird von Grevendonk u. a. [12] abgeleitet [5]. Bei 12°C findet Findikoglu [13] $f_r = 3.22$ MHz und $D = 34.4 \times 10^{-4}$. Zur Dispersion in diesem Frequenzbereich s. auch Taşköprülü [9]. — Im Bereich von 10 bis 50 MHz (Gebiet der zweiten Relaxation) ist $D = 50 \times 10^{-4}$, ein quantitativ mit Absorptionsmessungen [14] verträglicher Wert [5]. — Im Bereich hoher Frequenzen (Gebiet der dritten Relaxation) ergibt sich bei 22°C, $f_r = 320$ MHz und c = 1 mol/l aus $(\alpha \cdot \lambda)_{max} = 0.026$ np: $(u_\infty - u_0)/u_\infty = 0.008$ [7]. Nach Geschwindigkeitsmessungen bis 1602 MHz steigt die Dispersion bei 20°C mit der Konzentration von 0.87 über 0.72 auf 1.6% bei c = 0.1, 0.5 bzw. 1 mol/l an [8].

Literatur:

[1] K. Tamm, H. G. Haddenhorst (Acustica **4** [1954] 653/7). — [2] B. Krishnamurty (J. Sci. Ind. Res. [India] B **18** [1959] 362/4). — [3] B. Krishnamurty (J. Sci. Ind. Res. [India] B **16** [1957]

337/9). — [4] E. L. Carstensen (J. Acoust. Soc. Am. **26** [1954] 862/4). — [5] D. Rutkuniene, V. Ilgunas (Nauchn. Tr. Vyssh. Uchebn. Zavedenii Litov. SSR Ul'trazvuk **1969** Nr. 2, S. 57/62; C. A. **74** [1971] Nr. 103317).

[6] O. Kubiliuniene, V. Ilgunas (Lietuvos Fiz. Rinkinys Lietuvos TSR Mokslu Akad. Lietuvos TSR Aukstosios Mokyklos **4** Nr. 1 [1964] 115/21; C. A. **62** [1965] 47). — [7] A. A. Berdyev, N. B. Lezhnev, G. A. Nazarova, M. G. Shubina (Izv. Akad. Nauk SSSR Ser. Fiz. **35** [1971] 1005/8; Bull. Acad. Sci. USSR Phys. Ser. **35** [1971] 928/31). — [8] A. A. Berdyev, M. G. Shubina, N. B. Lezhnev (Izv. Akad. Nauk Turkm. SSR Ser. Fiz. Tekhn. Khim. i Geol. Nauk **1966** Nr. 3, S. 15/9; C. A. **65** [1966] 6329). — [9] N. S. Taşköprülü (Rev. Fac. Sci. Univ. Istanbul C **19** [1954] 331/4; C. A. **1955** 12087). — [10] J. Stuehr, E. Yeager (in: P. W. Mason, Physical Acoustics, Bd. 2, Tl. A, New York-London 1965, S. 351/462, 441).

[11] G. Schmid, H. Pessel (Naturwissenschaften **44** [1957] 257/8). — [12] W. Grevendonk, A. de Bock, A. van Itterbeek (5e Congr. Intern. d'Acoustique, Liège 1965, D 15, S. 1/4). — [13] I. Findikoglu (Turk Fiz. Dernegi Bul. Nr. 66 [1964] nach C. A. **64** [1966] 18446). — [14] J. R. Smithson, T. A. Litovitz (J. Acoust. Soc. Am. **28** [1956] 462/8). — [15] I. Ertas (Rev. Fac. Sci. Univ. Istanbul C **23** [1958] 210/28; C. A. **1960** 16120).

8.6.19.4.3 Ultraschallabsorption

Absorption of Ultrasound

Allgemeine Literatur:

J. Stuehr, E. Yeager, The Propagation of Ultrasonic Waves in Electrolytic Solutions, in: P. W. Mason, Physical Acoustics, Bd. 2, Tl. A, New York-London 1965, S. 351/462, 429/51.

Bei Raumtemperatur weist die Abhängigkeit der $MnSO_4$-Absorption, d. h. der Differenz der Absorptionskoeffizienten α der Lösung und des reinen Lösungsmittels, von der Frequenz ν wie bei anderen 2-2-Elektrolyten mindestens zwei Maxima auf. Ein dazwischen liegendes Maximum ist so schwach, daß es von einigen Autoren nicht beobachtet wird. Wenn α proportional zur Konzentration ist, muß α/c (oder ein Vielfaches davon) eine für den gelösten Stoff charakteristische Größe sein. Von Eigen u. a. [1] wird dazu der Querschnitt $Q = 2\,\alpha/Nc$ gewählt, wo N die Avogadrosche Zahl ist. Als Maß für die Absorption dient dann nicht der Faktor α/ν oder $\alpha \cdot \lambda$, sondern das Produkt $Q \cdot \lambda = 2\,\alpha\lambda/Nc$; s. hierzu Tamm [2]. Gelegentlich wird auch die Größe α/ν^2 angegeben.

Bei den ersten Messungen an zahlreichen Elektrolytlösungen zwischen 5 kHz und 300 MHz [1, 3 bis 6] werden an $MnSO_4$-Lösungen bei 20°C nur zwei Maxima von $Q \cdot \lambda$ gefunden: bei 3 und > 200 MHz. Smithson und Litovitz [7] gelangen bei der Analyse ihrer Absorptionskurven zu einem dritten Maximum zwischen 30 und 40 MHz. — Ein Maximum in diesem Bereich ist auch auf $\alpha \cdot \lambda$-ν-Kurven zu beobachten; die in H_2O, H_2O-Dioxan- und H_2O-Methanol-Gemischen bei 25°C gemessenen Maxima von $\alpha \cdot \lambda$ haben folgende Stärken und Frequenzen (in MHz):

c in mol/l	Wasser		Wasser + Dioxan 15%		25%		35%		Wasser + Methanol 15%		25%		35 %	
0.01	2.7	32	3.5	33	3.6	34	3.9	35	2.4	34	—	—	1.9	37
0.05	3.1	34	4.2	35	4.4	36	4.65	37	—	—	2.6	38.5	2.5	39.6
0.10	3.3	35	4.5	36	4.8	37	5.1	38	3.2	37.5	2.9	40	—	—

Atkinson, Kor [8]. Kritische Bemerkungen [9] hierzu werden zurückgewiesen [10]. Die Verschiebung des ersten Absorptionsmaximums wird auch im Bereich von 0.05 bis 0.20 mol/l (3.28 bis 3.83 MHz) beobachtet [7]. Nach bestätigenden Messungen von Ilgunas u. a. [11, 12] wird ein Absorptionsmaximum zwischen 30 und 40 MHz auch von Bechtler u. a. [13] sowie — an einigen anderen Sulfatlösungen — von Fritsch u. a. [14] registriert. Bei 20°C liegen die Maxima von $Q \cdot \lambda$ nach Messungen an einer 0.5 M $MnSO_4$-Lösung bei folgenden Frequenzen: $\nu_1 = 500$, $\nu_2 = 70$ und

Absorption of Ultrasound in Aqueous $MnSO_4$ Solutions

ν_3 = 4.6 MHz. Die Analyse einer bei 5°C aufgenommenen Absorptionskurve für eine 2 molare Lösung zeigt **Fig. 40** [13]. Einige dieser Ergebnisse werden im voraus von Tamm [34] mitgeteilt.

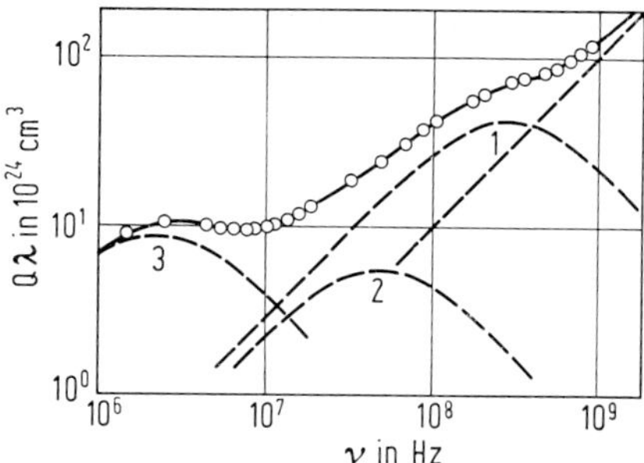

Fig. 40

Frequenzabhängigkeit der Schallabsorption in einer 2 molaren $MnSO_4$-Lösung bei 5°C.

Die vorläufige Bemerkung [9], ein Maximum zwischen 30 und 40 MHz sei nicht nachweisbar, wird durch eingehende Untersuchungen bestätigt. Die Größe $\alpha \cdot \lambda$ hat nach Messungen an einer 0.1 molaren Lösung zwei Maxima bei 4.91 und 266 MHz; ähnlich verhält sich eine Lösung in Dioxan + Wasser. Eine dritte Relaxationskomponente braucht man nur dann anzunehmen, wenn man die relaxationsfreie Absorption α/ν^2 der Lösung als identisch mit derjenigen von reinem Wasser ansieht [15]. Auch an Lösungen in Wasser-Äthylenglykol-Gemischen treten im Bereich von 3 bis 330 MHz nur zwei Relaxationsfrequenzen auf [16]. Nach kritischer Prüfung neuerer Meßdaten [8, 15, 16, 17] und der von Tamm [34] mitgeteilten Ergebnisse [13] halten Purdie und Farrow [35] es für unwahrscheinlich, daß das Maximum bei mittleren Frequenzen tatsächlich existiert. — Weitere Einzelheiten zum hochfrequenten Absorptionsmaximum s. bei Plass und Kehl [17]. Dieses macht sich jedoch nicht bemerkbar, wenn α/ν^2 als Funktion von ν aufgetragen wird; vielmehr nimmt bei MSO_4-Lösungen (M = Mg, Mn, Cu) α/ν^2 mit steigender Frequenz — zunächst bis 847 MHz [18], dann von 1 bis 3 GHz [19] gemessen — um so stärker ab, je höher die Konzentration c ist. — Auch unterhalb von 5 MHz ist diese Beziehung zwischen der Abnahme von α/ν^2 und c festzustellen [20].

Bei steigender Temperatur verschiebt sich das erste Absorptionsmaximum zu höheren Frequenzen. Absorptionsmessungen an einer 0.5 molaren Lösung ergeben zwischen 9.5 und 35°C einen Anstieg von 2.7 auf 9.0 MHz [21], während Dispersionsmessungen (s. S. 150) bei derselben Konzentration zu Werten von 3.1 bis 5.4 MHz (12 bis 25°C) führen [22]. An einer 0.1 molaren Lösung (ε = 71.4) werden bei 5 bis 45°C die Maxima bei 0.97 bis 8.80 MHz gefunden; in diesem Bereich beträgt die Aktivierungsenergie E = 7.85 kcal/mol [7]. Stark abweichende Angaben [23] werden durch eine private Mitteilung [24], wonach für eine 0.5 molare Lösung E = 8.7 kcal/mol ist, korrigiert. Im Bereich von 10 bis 30°C werden an einer Lösung mit 0.5 mol $MnSO_4 \cdot 5H_2O$ je Liter für das erste und das zweite Absorptionsmaximum (2.7 bis 5.0 bzw. 28 bis 30 MHz) die Werte E = 5.85 bzw. 5.50 kcal/mol gefunden [12].

Bei steigendem Druck (gemessen bis 20000 lb/in² $\triangleq$ 1360 atm) nimmt die Absorption im Frequenzbereich von 300 bis 500 kHz ab [25]. — Bei 60°C wird das erste Maximum von 19.1 MHz auf 30.7 MHz bei 3930 atm verschoben [26].

Welchen Relaxationsprozessen die einzelnen Absorptionsmaxima zuzuordnen sind, versucht man dadurch zu klären, daß die Dielektrizitätskonstante ε des Lösungsmittels durch Zusätze verkleinert oder gewöhnliches durch schweres Wasser ersetzt wird, s. hierzu [36], [2, S. 242/7]. Mit dem von Untersuchungen an $MgSO_4$ bekannten Verfahren [27], durch Dioxan-Zusatz ε zu verringern, wird auch bei $MnSO_4$-Lösungen versucht, die Relaxationsprozesse zu identifizieren [23, 28]. Wie sich die Absorptionsmaxima in Lösungen mit Dioxan oder Methanol verschieben [8], ist aus der oben wiedergegebenen Tabelle zu entnehmen. Bei Zusatz von Essigsäure wird kein Maximum im Bereich von 30 bis 40 MHz beobachtet [15]. Die unterschiedliche Wirkung von 1-1- und 2-2-Elektrolyten auf α

untersuchen Kurtze und Tamm [5]. Mit einem einzigen Zusatz ist jedoch, wie neuere Messungen an $MgSO_4$-Lösungen mit Dioxan zeigen, eine eindeutige Erklärung sicherlich nicht zu erreichen [29].

In D_2O hat das erste Absorptionsmaximum die gleiche Frequenz wie in H_2O, während diejenige des hochfrequenten Maximums auf etwa 200 MHz verschoben ist [7]. Zur Auswertung dieses Befundes lagen jedoch zur Zeit der Messung noch nicht genug Informationen über D_2O vor; über die Ultraschallabsorption in D_2O und D_2O-Gemischen s. beispielsweise Kor u. a. [30].

Die Absorptionsmaxima werden zunächst auf Hydrolyse zurückgeführt [31]. Nach weiteren Untersuchungen an verschiedenen Lösungen stellen Diebler und Eigen [32] ein Schema auf, innerhalb dessen zwischen vier Zuständen drei Übergänge (s. S. 132) stattfinden, und ordnen diesen Übergängen die drei beobachteten Absorptionmaxima zu; Näheres s. bei Eigen und Tamm [33]. Mit diesem Schema sind auch neuere Beobachtungen an den Lösungen zahlreicher 2-2-Elektrolyte (meist Sulfate) gut erklärbar [13, 14]. — Demgegenüber ziehen Jackopin und Yeager [15] ein Schema vor, nach dem es zwischen dem Zustand, in dem SO_4-Ionen direkt an Mn-Ionen gebunden sind, und der vollständigen Dissoziation in einzelne hydratisierte Ionen, nur e i n e n deutlich definierten Zwischenzustand gibt, in dem allerdings kleine Unterschiede hinsichtlich der Bindung von H_2O und SO_4^{2-} an Mn^{2+} unterscheidbar sind. — Zu einer Entscheidung zwischen diesen beiden Modellen müßten noch mehr Meßdaten, insbesondere über die Konzentrationsabhängigkeit der Absorptionsmaxima in verschiedenen Lösungsmitteln (deren Struktur sicher bekannt sein muß) vorliegen [29].

Literatur:

[1] M. Eigen, G. Kurtze, K. Tamm (Z. Elektrochem. **57** [1953] 103/18). — [2] K. Tamm (in: S. Flügge, Handbuch der Physik, Bd. XI/1, Berlin 1961, S. 202/74, 232). — [3] K. Tamm, G. Kurtze (Nature **168** [1951] 346). — [4] G. Kurtze (Nachr. Akad. Wiss. Göttingen Math. Physik. Kl. IIa **1952** Nr. 9, S. 57/79). — [5] G. Kurtze, K. Tamm (Acustica **3** [1953] 33/48).

[6] K. Tamm, G. Kurtze, R. Kaiser (Acustica **4** [1954] 380/6). — [7] J. Smithson, T. Litovitz (J. Acoust. Soc. Am. **28** [1956] 462/8). — [8] G. Atkinson, S. K. Kor (J. Phys. Chem. **69** [1965] 128/33). — [9] L. G. Jackopin, E. Yeager (J. Phys. Chem. **70** [1966] 313). — [10] G. Atkinson, S. K. Kor (J. Phys. Chem. **70** [1966] 314).

[11] O. Kubiliuniene, V. Ilgunas (Lietuvos Fiz. Rinkinys **3** [1963] 453/9; C. A. **61** [1964] 8918). — [12] D. Rutkuniene, V. Ilgunas (Nauchn. Tr. Vyssh. Uchebn. Zavedenii Litov. SSR Ul'trazvuk **1969** Nr. 2, S. 57/62; C. A. **74** [1971] Nr. 103317). — [13] A. Bechtler, K. G. Breitschwerdt, K. Tamm (J. Chem. Phys. **52** [1970] 2975/82); vgl. auch A. Bechtler, K. Breitschwerdt (Z. Elektrochem. **70** [1966] 1177). — [14] K. G. Fritsch, C. J. Montrose, J. L. Hunter, J. F. Dill (J. Chem. Phys. **52** [1970] 2242/52). — [15] L. G. Jackopin, E. Yeager (J. Phys. Chem. **74** [1970] 3766/72), L. G. Jackopin (Diss. Case Western Reserve Univ., Cleveland, Ohio, 1969; Diss. Abstr. Intern. B **30** [1970] 4083).

[16] P. Hemmes, F. Fittipaldi, S. Petrucci (Acustica **21** [1969] 228/36). — [17] K. G. Plass, A. Kehl (Acustica **20** [1968] 360/5). — [18] A. A. Berdyev, M. G. Shubina, N. B. Lezhnev (Izv. Akad. Nauk Turkm. SSR Ser. Fiz. Tekhn. Khim. Geol. Nauk **1966** Nr. 3, S. 15/9; C. A. **65** [1966] 6329). — [19] A. A. Berdyev, N. B. Lezhnev, G. Nazarova, M. G. Shubina (Izv. Akad. Nauk Turkm. SSR Ser. Fiz. Tekhn. Khim. Geol. Nauk **1969** Nr. 2, S. 114/5; C. A. **71** [1969] Nr. 74872). — [20] S. K. Kor (Nature **181** [1958] 1462/3; Z. Physik. Chem. [Leipzig] **210** [1959] 288/92).

[21] E. L. Carstensen (J. Acoust. Soc. Am. **26** [1954] 862/4). — [22] G. Schmid, H. Pessel (Naturwissenschaften **44** [1957] 257/8). — [23] S. K. Kor, G. S. Verma (J. Chem. Phys. **29** [1958] 9/14), G. S. Verma, S. K. Kor (Proc. Phys. Soc. [London] **72** [1958] 81/7), S. K. Kor (Current Sci. **27** [1958] 94). — [24] S. K. Kor laut J. Stuehr, E. Yeager (in: P. W. Mason, Physical Acoustics, Bd. 2A, New York-London 1965, S. 439). — [25] F. H. Fisher, W. M. Wright (J. Acoust. Soc. Am. **46** [1969] 574/9).

[26] E. H. Carnevale, T. A. Litovitz (J. Acoust. Soc. Am. **29** [1957] 769). — [27] D. A. Bies (J. Chem. Phys. **23** [1955] 428/34). — [28] S. K. Kor, G. S. Verma (J. Chem. Phys. **35** [1961] 1512/3). — [29] F. H. Fisher (J. Phys. Chem. **76** [1972] 1571/5). — [30] S. K. Kor, R. Prasad, S. C. Deorani

(Acustica **26** [1972] 289/91), S. K. Kor, B. K. Singh, S. C. Deorani (Nuovo Cimento Soc. Ital. Fis. B [11] **8** [1972] 367/72).

[31] K. Tamm (Nachr. Akad. Wiss. Göttingen Math. Physik. Kl. IIa **1952** Nr. 10, S. 81/110). — [32] H. Diebler, M. Eigen (Z. Physik. Chem. [Frankfurt] **20** [1959] 299/306). — [33] M. Eigen, K. Tamm (Z. Elektrochem. **66** [1962] 93/107, 107/21). — [34] K. Tamm (6th Intern. Congr. Acoust., Tokyo 1968, S. GP-25/GP-38). — [35] N. Purdie, M. M. Farrow (Coord. Chem. Rev. **11** [1973] 189/226, 202/4).

[36] G. S. Verma (J. Chem. Phys. **29** [1958] 1186/7).

Surface Tension

8.6.19.4.4 Oberflächenspannung γ in dyn/cm

Bei 25°C erhält Palitsch [1] an Lösungen mit 1.5, 3.0 und 4.306 mol/kg H_2O nach der Tropfenmethode γ = 74.93, 79.47 bzw. 84.72. Aus zwischen 15 und 18°C nach unterschiedlichen Methoden durchgeführten Messungen [2 bis 4] leiten Young u. a. [5] für Lösungen mit 0.5 und 1.0 mol/kg H_2O die Differenz $\Delta\gamma = \gamma(\text{Lösung}) - \gamma(H_2O)$ = 1.05 ± 0.3 bzw. 2.1 ± 0.5 ab. Mit ansteigender Konzentration durchläuft γ nach Messungen bei 18°C ein Minimum:

c in mol/l . . .	0.01	0.02	0.05	0.10	0.15	0.20	0.30	0.50	1.00
$\gamma/\gamma(H_2O)$ . . .	1.010	1.011	1.015	1.020	1.005	0.987	1.007	1.021	1.025

Dieses Verhalten widerspricht der Theorie von Onsager-Samara, die eine Wechselwirkung zwischen Ionen und polarisierten H_2O-Molekeln nicht in Betracht ziehen [6]. Zur Theorie s. auch Jones, Ray [7].

Literatur:

[1] S. Palitsch (Z. Physik. Chem. **138** [1928] 379/98, 393). — [2] J. Traube (J. Prakt. Chem. [2] **31** [1885] 177/218, 207). — [3] H. Sentis (Ann. Univ. Grenoble **9** [1897] 1/82, 80). — [4] W. H. Whatmough (Z. Physik. Chem. **39** [1902] 129/93, 153). — [5] T. F. Young, W. D. Harkins (Intern. Critical Tables, Bd. 4, 1928, S. 464).

[6] F. Ferroni, G. Gabrielli (Ric. Sci. **26** [1956] 3656/61). — [7] G. Jones, W. A. Ray (J. Am. Chem. Soc. **59** [1937] 187/98).

Viscosity

8.6.19.4.5 Viskosität η

An Lösungen in H_2O ergeben sich für die relative Viskosität $\eta(\text{Lsg})/\eta(H_2O)$ bei 25°C in Abhängigkeit von der Konzentration c folgende Werte:

c in mmol/l	0.0676	0.176	0.301	0.447	0.573	0.869
$\eta(\text{Lsg})/\eta(H_2O)$ . . .	1.000208	1.000348	1.000454	1.000599	1.000680	1.000913
c in mmol/l	1.761	3.282	4.607	6.420	8.816	14.318
$\eta(\text{Lsg})/\eta(H_2O)$ . . .	1.001633	1.002659	1.003571	1.004776	1.006408	1.009966

In der Gleichung $(\eta/\eta_0 - 1)/c^{1/2} = \psi = A + Bc^{1/2} + Dc^{3/2}$ ist A = 0.0231 in guter Übereinstimmung mit dem theoretischen Wert 0.0227 [1, 2]. Interpolationsformeln mit einem zusätzlichen Term: $\psi = 0.0231 + 0.0801c^{1/2} + 8.34c - 42.7c^{3/2}$ und $\psi = 0.0230 + 0.20c^{1/2} + 0.916c + 75c^{3/2} - 504.6c^2$ [3, 4]; vgl. auch Darmois [5]. Ebenfalls bei 25°C findet Wagner [6, 7] folgenden Anstieg von $\eta(\text{Lsg})/\eta(H_2O)$:

c in mol/l	0.0625	0.125	0.250	0.5	1	2*)	3*)
$\eta(\text{Lsg})/\eta(H_2O)$ . .	1.0158	1.0366	1.0761	1.1690	1.3640	1.825	2.557

*) Extrapolierte Werte [8].

Außer η(Lsg)/η(H_2O) ermittelt Herz [9, 10] bei 25°C auch die Viskosität η(Lsg) selbst:

c in mol/l	0.784	1.569	3.138	4.707	6.276
η(Lsg)/η(H_2O) . . .	1.296	1.670	2.901	5.424	10.198
η(Lsg) in cP	1.160	1.494	2.596	4.854	9.127

Zwischen dem spezifischen Volumen und 1/η besteht eine lineare Beziehung [9, 10]. — Bezogen auf die bei 0°C gemessene Viskosität von H_2O (s. „Sauerstoff", S. 1451) ergeben sich bei 15 bis 45°C folgende Werte für η(Lsg)/η(H_2O) [7]:

w in Gew.-%	15°C	25°C	35°C	45°C
11.45	1.2942	0.9864	0.7834	0.6339
18.80	2.2863	1.7221	1.3711	1.0742
22.08	6.6180	4.7430	3.4790	2.2080

An Lösungen in D_2O wird mit steigender Temperatur folgende Abnahme von η (in cP) beobachtet [11]:

x in Mol-%	25°C	35°C	45°C	60°C	75°C	90°C
0.0	1.103	0.864	0.713	0.551	0.445	0.366
0.5	1.297	1.00	0.827	0.620	0.503	0.411
1.2	1.590	1.247	1.008	0.765	0.609	0.489
2.0	2.183	1.696	1.371	1.045	0.802	0.654
2.9	3.140	2.404	1.912	1.413	1.087	0.847
3.7	4.452	3.327	2.575	1.878	1.432	1.167

Aus diesen Meßergebnissen lassen sich nach $\eta = AD^{4/3}T^{1/2}\exp(E/RT)$ mit A = Konstante, D = Dichte die Aktivierungsenergien E_0 für reines D_2O und E_s berechnen. Folgende Werte (in cal/mol) werden für E_0 und $\Delta E_s = E_s - E_0$ erhalten [12]:

x in Mol-%	Aktivierungs-energie	25°C	35°C	45°C	60°C	75°C	90°C
0.0	E_0	4955	4345	3807	3320	3066	2913
1.2	ΔE_s	67	153	206	240	286	413
2.9	ΔE_s	440	553	593	700	906	960
3.7	ΔE_s	1159	1013	973	746	646	480

Literatur:

[1] E. Asmus (Ann. Physik [5] **35** [1939] 1/22, 12, 15, 19). — [2] E. Asmus (Naturwissenschaften **20** [1938] 200). — [3] G. Sutra (J. Chim. Phys. **43** [1946] 290/326, 308). — [4] G. Sutra (Compt. Rend. **222** [1946] 875/6). — [5] E. Darmois (J. Chim. Phys. **43** [1946] 1/7, 19).

[6] J. Wagner (Z. Physik. Chem. **5** [1890] 31/52, 39). — [7] J. Wagner (Ann. Physik Chem. [3] **18** [1883] 259/89, 271). — [8] L. W. Öholm (Finska Kemistsamfundets Medd. **44** [1939] 71/9, 73). — [9] W. Herz (Z. Anorg. Allgem. Chem. **89** [1914] 393/6). — [10] W. Herz (Z. Anorg. Allgem. Chem. **99** [1917] 132/6).

[11] A. Selecki, B. Tyminski, A. G. Chmielewski (J. Chem. Eng. Data **15** [1970] 127/30). — [12] A. Selecki, B. Tyminski, A. G. Chmielewski (Isotopenpraxis **6** [1970] 138/42).

Diffusion

8.6.19.4.6 Diffusion

Für den Diffusionskoeffizienten D bei 20°C gegen H_2O und den Temperaturkoeffizienten α ergeben refraktometrische und interferometrische Messungen zwischen 13.4 und 20.4°C an Lösungen verschiedener Konzentration c folgende Werte:

c in mol/l	0.1	0.25	0.5	1	2	3
D in cm^2/d	0.484	0.449	0.434	0.412	0.373	0.342
α in K^{-1}	0.030	0.030	0.032	0.032	0.032	0.035

Nach Nernst wird hieraus für unendliche Verdünnung $D_\infty = 1.206$ berechnet [1]. — Aus Meßergebnissen von Graham [3] für 15°C und c = 0.5 mol/l wird D ≈ 0.3 cm^2/d abgeleitet [2].

Literatur:

[1] L. W. Öholm (Finska Kemistsamfundets Medd. **44** [1935] 71/9, 76/7, **48** [1939] 23/34, 32; C. A. **1936** 6265, **1939** 4852). — [2] H. R. Bruins (Intern. Critical Tables, Bd. 5, 1929, S. 65). — [3] J. C. Graham (Z. Physik. Chem. **59** [1907] 691/6).

Vapor Pressure

8.6.19.4.7 Dampfdruck p in Torr

Über Dampfdrücke von gesättigten $MnSO_4$-Lösungen s. S. 103. — Zugabe von $MnSO_4$ erniedrigt den Dampfdruck von H_2O. Bei 100°C wird der Dampfdruck von 760 Torr des reinen H_2O durch Lösen einer bestimmten Menge $MnSO_4$ (a in g je 100 g H_2O) um Δp erniedrigt [1]:

a	5.11	16.10	23.97	27.51	40.80
Δp	4.2	12.0	15.9	18.8	32.1

Diese und andere Angaben von Tammann [2, 3] sind in Tabellenwerke [4, 5] übernommen worden.

Literatur:

[1] G. Tammann (Mem. Acad. Imp. Sci. St. Petersbourg [7] **35** Nr. 9 [1887] 1/172, 133, 136/7). — [2] G. Tammann (Z. Physik. Chem. **2** [1888] 42/7). — [3] G. Tammann (Ann. Physik Chem. [3] **24** [1885] 523/69, 556). — [4] K. Lübben (Landolt-Börnstein, 5. Aufl., Bd. 2, 1923, S. 1387). — [5] J. C. W. Frazer, R. K. Taylor, A. Grollman (Intern. Critical Tables, Bd. 3, 1928, S. 292/300, 294).

Boiling Point

8.6.19.4.8 Siedepunkt

Siehe dazu auch beim System $MnSO_4$-H_2O, S. 103. — Siedepunktserhöhung ΔT_v und molale Siedepunktserhöhung $\Delta T_v/m$ bei Atmosphärendruck, Molalität m in mol/kg H_2O:

$m \cdot 10^2$	0.0809	0.162	0.323	0.647	1.58	3.37	6.53	15.5	30.6
$\Delta T_v \cdot 10^2$	0.0683	0.131	0.241	0.453	1.017	1.99	3.56	7.56	13.5
$\Delta T_v/m$	0.845	0.808	0.746	0.700	0.643	0.590	0.544	0.487	0.439

Die Meßgenauigkeit sinkt von etwa 1% für m ≧ 0.0065 auf 10 bis 12% für m = 0.0008 [1]. Bei weiter steigender Konzentration a (gemessen in g $MnSO_4$/kg H_2O) nimmt ΔT_v bei 739 Torr folgendermaßen zu:

a	37.13	71.32	102.50	144.64	193.49	242.09
$\Delta T_v \cdot 10^2$	11.4	19.3	28.2	37.3	52.0	67.8

Kahlenberg [2]. — An einer Lösung, die 11.81 Gew.-% $MnSO_4$ enthält, wird ΔT_v von Tarugi und Bombardini [3] gemessen.

Literatur:

[1] E. Plake (Z. Physik. Chem. A **172** [1935] 113/28, 114, 116). — [2] L. Kahlenberg (J. Phys. Chem. **5** [1900/01] 339/92, 371). — [3] N. Tarugi, G. Bombardini (Gazz. Chim. Ital. **30** II [1900] 405/20, 412).

8.6.19.4.9 Gefrierpunkt

Freezing Point

Siehe hierzu auch das System $MnSO_4$-H_2O, S. 101. — Für die molale Gefrierpunktserniedrigung $\Delta T_f/m$ ermitteln Hall und Sherrill [1] aus vorliegenden Literaturdaten folgende Werte:

m in mol/kg H_2O	0.126	0.2	0.4	0.7	1.0	2.0	3.15
$\Delta T_f/m$	2.28	2.14	1.99	1.95	2.02	2.5	3.34

Ähnliche Werte erhielten Jones und Getman [5]:

c in mol/l	0.08	0.16	0.25	0.33	0.41	0.82	0.98	1.31	1.64
$\Delta T_f/c$	2.43	2.21	2.04	2.04	1.94	1.90	1.93	2.06	2.23

An Lösungen, die 1.35 bis 5.8 Gew.-% $MnSO_4$ enthielten, wurde ΔT_f von Tarugi und Bombardini [6] gemessen.

Literatur:

[1] R. E. Hall, M. S. Sherrill (Intern. Critical Tables, Bd. 4, 1928, S. 256.) — [2] F. Rüdorff (Ann. Physik Chem. [2] **145** [1872] 599/622, 612, 615, 621). — [3] F. G. Cottrell (J. Phys. Chem. **4** [1899/1900] 637/56). — [4] L. Kahlenberg (J. Phys. Chem. **5** [1900/01] 339/92, 354). — [5] H. C. Jones, F. H. Getman (Am. Chem. J. **31** [1904] 303/59, 314).

[6] N. Tarugi, G. Bombardini (Gazz. Chim. Ital. **30** II [1900] 405/20, 409).

8.6.19.4.10 Wärmekapazität

Heat Capacity

Im Bereich von 19 bis 51°C findet C. Marignac (Ann. Chim. Phys. [5] **8** [1876] 410/30, 418), daß mit zunehmender Verdünnung (50, 100, 200 mol H_2O je mol $MnSO_4$) die mittlere spezifische Wärmekapazität von 0.8440 über 0.9125 auf 0.9529 cal · g^{-1} · K^{-1} ansteigt.

8.6.19.5 Magnetische und elektrische Eigenschaften

Magnetic and Electrical Properties

8.6.19.5.1 Magnetische Suszeptibilität χ

Magnetic Susceptibility

Der Diamagnetismus des Wassers wird durch Zusatz von 5.7 g $MnSO_4$ je Liter gerade kompensiert, so daß dann $\chi = 0$ ist [1].

An Lösungen, deren Konzentration bei 26.7°C von w = 27.73 auf 37.55 Gew.-% erhöht wird, wird bei 295.5 K ein Anstieg der Volumensuszeptibilität $\varkappa = \chi \cdot D$ von 35.41×10^{-6} auf 53.97×10^{-6} beobachtet, bei 373 K von 27.11×10^{-6} auf 41.46×10^{-6}. Die Abnahme mit steigender Temperatur zeigen folgende Werte, die an einer Lösung mit 32.41 Gew.-% bei 27.8°C erhalten wurden:

T in K	296.3	307.4	317.4	328.6	341.9	351.9	364.1	368.0
$10^6 \varkappa$	43.35	41.93	40.13	38.78	36.94	35.80	34.30	33.91

Bose [2]. An einer Lösung der Konzentration 3.31 mol/l findet Wylach [3] $\varkappa = 36.0 \times 10^{-6}$ bei 18.5°C. — Der Wert $\chi = 19.22 \times 10^{-6}$ cm^3/g, den Cabrera u. a. [4] an einer Lösung mit w = 20.17 Gew.-% messen, dürfte etwas zu hoch liegen, denn die daraus für das gelöste Salz abgeleitete Molsuszeptibilität $\chi_{mol} = 147.3 \times 10^{-4}$ cm^3/mol entspricht der spezifischen Suszeptibilität $\chi = 97.55 \times 10^{-6}$ cm^3/g, die deutlich über den an Pulvern gemessenen Werten (s. S. 87) liegt. Für Lösungen mit w = 0.833 bis 36.33 Gew.-% geben diese Autoren [4] χ nicht explizit an, sondern nur die jeweils umgerechnete Suszeptibilität des gelösten Salzes. — Aus älteren Meßdaten glaubt Heydweiler [5] einen Anstieg von $\varkappa$ (bezogen auf den Wert von $FeCl_3$) mit der Feldstärke ableiten zu können.

Literatur:

[1] C. Salceanu (Z. Physik **108** [1938] 439/43). — [2] A. Bose (Proc. Indian Acad. Sci. A **1** [1934] 605/15). — [3] O. Wylach (laut Heydweiler [5]). — [4] B. Cabrera, E. Moles, M. Marquina (J. Chim. Phys. **16** [1918] 11/27, 19). — [5] A. Heydweiler (Ann. Physik [4] **12** [1903] 608/21, 612).

Electron Paramagnetic Resonance (EPR)

8.6.19.5.2 Paramagnetische Resonanz

An 3 Lösungen (0.064, 0.160, 0.314 g $MnSO_4/cm^3$) wird die Resonanzabsorption bei einer Frequenz von 12.5 MHz (24 m) von Zavoiskii [1] erstmals gemessen, anscheinend unabhängig davon auch wenig später von Halliday und Wheatley [2] bei 9375 MHz. Sie ist ähnlich wie bei $MnCl_2$-Lösungen, über die Kozyrev [3] berichtet, und die Meßergebnisse werden normalerweise zur Bestimmung von Relaxationszeiten ausgewertet, s. „Mangan" B, S. 372/5. An $MnSO_4$-Lösungen sind derartige Messungen bei 12, 21, 32 und 42 MHz ausgeführt worden [4]. Neuere Messungen im X-Band bei 25°C und 1.75 mmol $MnSO_4$/l s. bei Dohrmann [5].

In Lösungen, die 0.001 bis 0.01 mol $MnCl_2$ je Liter und unterschiedliche Mengen Na_2SO_4 enthalten, hängen die Intensität und die Linienbreite der Absorption vom SO_4-Gehalt ab. Die Verbreiterung kommt durch die sukzessive Substitution von H_2O-Molekülen in der Hydratationshülle am Mn^{2+}-Ion durch SO_4^{2-}-Ionen zustande [6].

Literatur:

[1] E. Zavoiskii (J. Phys. USSR **8** [1944] 377/80; Zh. Eksperim. i Teor. Fiz. **15** [1945] 253/7). — [2] D. Halliday, J. Wheatley (Phys. Rev. [2] **74** [1948] 1724). — [3] B. M. Kozyrev (Izv. Akad. Nauk SSSR Ser. Fiz. **16** [1952] 533/40). — [4] P. G. Tishkov, G. P. Vishnevskaya (Zh. Eksperim. i Teor. Fiz. **38** [1960] 335/40; Soviet Phys.-JETP **11** [1960] 243/6). — [5] J. K. Dohrmann (Ber. Bunsenges. Physik. Chem. **74** [1970] 575/80).

[6] M. Ružinský, L. Treindl (Collection Czech. Chem. Commun. **38** [1973] 1008/11).

Dielectric Constant

8.6.19.5.3 Dielektrizitätskonstante ε

Bei 3 ausgewählten Frequenzen (6.82, 9.55, 23.5 GHz, entsprechend den Wellenlängen 4.4, 3.14 bzw. 1.276 cm) und 28°C ergeben sich für Real- und Imaginärteil von ε an Lösungen von $MnSO_4 \cdot 4H_2O$ folgende Werte:

c in mol/l	λ = 4.4 cm		λ = 3.14 cm		λ = 1.276 cm	
	ε′	ε″	ε′	ε″	ε′	ε″
0.25	62.0	17.3	57.5	24.3	35.5	30.5
0.50	60.0	16.8	56.0	23.0	34.5	29.5
0.75	57.0	16.0	54.3	19.8	33.5	27.5
1.00	54.9	15.0	52.5	18.1	32.5	26.0
2.00	49.5	14.5	47.5	17.9	31.5	23.5

Die ε″-Werte sind hinsichtlich der Leitfähigkeit korrigiert. Hieraus läßt sich die statische Dielektrizitätskonstante zu ε_s = 67.5, 65.3, 62.5, 60.0 bzw. 55.0 extrapolieren; die Sprungwellenlänge λ_s fällt von 1.33 cm bei c = 0.25 mol/l auf 1.30 cm bei 1.00 mol/l und 1.24 cm bei 2.00 mol/l [1]. — Bei der eingehenden Untersuchung der Frequenzabhängigkeit von ε zwischen 0.1 und 38 GHz werden an mehreren Sulfatlösungen (darunter 1 molare $MnSO_4$-Lösung) Kurven erhalten [2], die sich nach dem Modell der stufenweisen Dissoziation von Eigen und Tamm [3] (s. S. 132 und 153) gut deuten lassen. Für die den drei Übergängen entsprechenden diskontinuierlichen Änderungen von ε wird die Temperaturabhängigkeit zwischen 2 und 55°C gemessen. Da das erwähnte Modell [3] noch umstritten ist, wird hier auf die Wiedergabe von Ergebnissen verzichtet. — Die dielektrische Relaxation wird bei 4, 25 und 60°C im Frequenzbereich von 60 kHz bis 30 MHz an mehreren Elektrolytlösungen, darunter $MnSO_4$-Lösungen, von Tonkonogov u. a. [4] gemessen.

Literatur:

[1] P. S. Krishna Mohana Rao, D. Premaswarup (Trans. Faraday Soc. **66** [1970] 1974/80; Indian J. Pure Appl. Phys. **7** [1969] 68/9). — [2] R. Pottel (Ber. Bunsenges. Physik. Chem. **69** [1965] 363/78). — [3] M. Eigen, K. Tamm (Z. Elektrochem. **66** [1962] 107/21). — [4] M. P. Tonkonogov, V. A. Veksler, K. Zh. Birzhanov (Izv. Vysshikh Uchebn. Zavedenii Fiz. **18** Nr. 2 [1975] 81/5; C. A. **83** [1975] Nr. 69836).

8.6.19.6 Optische Eigenschaften

Optical Properties

8.6.19.6.1 Brechungsindex n

Refractive Index

Im infraroten Bereich steigt der Brechungsindex einer 31%igen Lösung bei 23°C von 1.3811 bei 1.25 μm auf 1.3857 bei 1.0 μm und 1.3896 bei 0.8 μm [1].

Im sichtbaren Bereich ist n zunächst bei 2 Konzentrationen bei 656.3 und 486.1 nm gemessen worden [2]. Die von Jones und Getman [3] bei 589 nm erhaltenen n_D-Werte sind nach Campbell [4] nicht zuverlässig. Bei 20°C und den Wellenlängen der H_α- und H_β-Linie (656.3 bzw. 486.1 nm) werden folgende Werte erhalten:

c in mol/l		0.01	0.02	0.05	0.1	0.3	0.5
n bei	656.3 nm	1.33123	1.33131	1.33171	1.33253	1.33535	1.33770
	486.1 nm	1.33723	1.33731	1.33770	1.33866	1.34141	1.34378

Campbell [4]. — An 1 %igen Lösungen wird bei 15, 20 und 25°C n_D = 1.33536, 1.33498 bzw. 1.33451 gemessen, an gesättigten Lösungen bei denselben Temperaturen n_D = 1.41120 (37.85%), 1.41235 (38.59%) bzw. 1.41453 (39.55%) [5]. Mahlke [6] übernimmt von Wagner [7] bei 17.5°C gemessene Werte, die von n_D = 1.33502 (10 g $MnSO_4$ je Liter Lösung) auf n_D = 1.36494 (200 g/l) ansteigen.

Literatur:

[1] L. R. Ingersoll (J. Opt. Soc. Am. **6** [1922] 663/81, 679). — [2] H. Jahn (Ann. Physik Chem. [3] **43** [1891] 280/305, 304). — [3] H. C. Jones, F. H. Getman (Am. Chem. J. **31** [1904] 303/59, 314). — [4] A. N. Campbell (J. Chem. Soc. **1928** 653/8). — [5] F. Flöttmann (Z. Anal. Chem. **73** [1928] 1/39, 25, 38).

[6] A. Mahlke (Landolt-Börnstein, 5. Aufl., Bd. 2, 1923, S. 989). — [7] B. Wagner (Tabellen zum Eintauchrefraktometer, Sondershausen 1907).

8.6.19.6.2 Schwingungsspektren

Vibrational Spectra

Während $FeSO_4$ und $CuSO_4$ (s. „Kupfer" B 1, S. 538) die Intensitäten der IR-Banden des H_2O durchweg verstärken, wird an einer $MnSO_4$-Lösung nur eine Verstärkung der Bande bei 2 μm beobachtet; die Banden bei 3 und 4.6 μm sind schwächer als bei H_2O selbst [1].

Im Raman-Spektrum wird von Houlton und Tartar [2] nur der Bereich untersucht, in dem die den SO_4-Schwingungen entsprechenden Linien auftreten. Beim Zusatz von $(NH_4)_2SO_4$ werden keine zusätzlichen Linien beobachtet.

Literatur:

[1] M. Battista (Nuovo Cimento [8] **12** [1935] 342/7). — [2] H. G. Houlton, H. V. Tartar (J. Am. Chem. Soc. **60** [1938] 549/50).

Rayleigh Scattering

8.6.19.6.3 Rayleigh-Streuung

Unter den 24 Elektrolytlösungen, an denen Lochet [1] die Intensität des gestreuten Lichtes mit theoretischen Werten vergleicht, befinden sich auch $MnSO_4$-Lösungen (0.1 molar bis gesättigt); durchweg sind die gemessenen Intensitäten um so kleiner als die theoretischen, je höher die Konzentration ist. Einen kurzen Bericht hierüber geben Rousset u. a. [2].

Literatur:

[1] R. Lochet (Ann. Phys. [Paris] [12] **8** [1953] 14/60). — [2] A. Rousset, R. Lochet, M. Pouchat (J. Chim. Phys. **49** [1952] C49/C56).

Faraday Effect

8.6.19.6.4 Faraday-Effekt

Bei einer Lösung, die bei 23°C 31.0% $MnSO_4$ enthält, steigt die Verdetsche Konstante ω (in min · cm^{-1} · Oe^{-1}) bei abnehmender Wellenlänge λ folgendermaßen an:

λ in μm	1.25	1.0	0.8	0.6
ω	0.0043	0.0066	0.0101	0.0178

Ingersoll [1]. — Für den sichtbaren Bereich liegen nur ältere Relativwerte [2, 3] vor.

Literatur:

[1] L. R. Ingersoll (J. Opt. Soc. Am. **6** [1922] 663/81, 679). — [2] H. Jahn (Ann. Physik Chem. [3] **43** [1891] 280/305, 291). — [3] O. Schönrock (Z. Physik. Chem. **11** [1893] 753/86, 781).

Electrochemical Behavior

8.6.19.7 Elektrochemisches Verhalten

Standard-Redoxpotentiale Mn^{II}/Mn^{III}, Mn^{II}/Mn^{IV} und Mn^{II}/Mn^{VII} aus Messungen mit $MnSO_4$-Lösungen s. „Mangan" B, S. 249, 250 und 251; außerdem Potentiale von $Mn/MnSO_4$-Lösungen s. S. 256 sowie Redoxpotentiale s. S. 264 und 266. Potentiale Mangan(IV)-oxid/$MnSO_4$ s. „Mangan" C1, S. 225. — Zur elektrolytischen Abscheidung von Mn aus $MnSO_4$-Lösungen s. „Mangan" B, S. 19, 329; zur anodischen Auflösung von Mn als $MnSO_4$ s. „Mangan" B, S. 279, 291. Zur anodischen Abscheidung von Mangan(IV)-oxid aus $MnSO_4$-Lösungen s. „Mangan" C1, S. 157, 160; zur kathodischen Auflösung von Mangan(IV)-oxid zu $MnSO_4$ s. „Mangan" C1, S. 262, 273. — Über die Bildung von MnO_4^--Ionen durch anodische Oxidation von $MnSO_4$-Lösung s. „Mangan" C2, S. 22. — Zum Verhalten von $MnSO_4$-Lösungen an Quecksilbertropf- und anderen inerten Indikatorelektroden s. „Mangan" B, S. 297, 324.

Specific Conductivity

8.6.19.7.1 Spezifische Leitfähigkeit $\varkappa$ in $\Omega^{-1} \cdot cm^{-1}$

Folgende Tabelle gibt die Werte für die spezifische elektrische Leitfähigkeit $\varkappa$ in wäßriger $MnSO_4$-Lösung bei 18°C, die Temperaturkoeffizienten $(1/\varkappa_{18})(d\varkappa/dt)_{22}$ in K^{-1} aus Messungen bei 18 und 22°C und die aus den Messungen ermittelten Äquivalentleitfähigkeiten Λ in $\Omega^{-1} \cdot cm^2 \cdot val^{-1}$ nach Messungen von Klein [1] wieder:

c in val/l	0.689	1.476	2.034	3.231	4.257	5.321	6.639
$\varkappa \times 10^4$	190	315	372	433	425	383	300
$(1/\varkappa_{18})(d\varkappa/dt)_{22} \times 10^2$ . . .	2.21	2.16	2.16	2.23	2.42	2.65	2.94
Λ	27.6	21.34	18.29	13.40	9.98	7.20	4.52

Die Werte werden von Landolt-Börnstein [2] übernommen. Angaben für 26°C s. Original [1]. Yankelevich [3] gibt Werte an für 15, 25 und 35°C und $MnSO_4$-Konzentrationen zwischen 16.5 und 347.6 g/l, vgl. Kurve 1, Fig. 67, S. 221. Untersuchungen in Lösungen mit 0.053 bis 4.145 mMol $MnSO_4$/l bei 15 bis 50°C s. Berecz u. a. [13]. In 0.001 normaler $MnSO_4$-Lösung beträgt $\varkappa = 0.91 \times 10^{-4}$ bei 21°C [5]. — Für die gesättigte $MnSO_4$-Lösung (38.68 Gew.-%) bei 20°C geben Karnaukhov, Runov [4] $\varkappa = 1.332 \times 10^{-2}$ an. Pottel [6] gibt eine graphische Darstellung des Anstiegs $\varkappa = f(t)$ für die 1 molare $MnSO_4$-Lösung im Bereich von 0 bis 60°C.

Die bekannte Erscheinung, daß $\varkappa$ mit steigender Konzentration des Salzes ein Maximum überschreitet, ist bei $MnSO_4$-Lösungen besonders stark ausgeprägt, so daß sich Lösungen gleicher Leitfähigkeit mit sehr unterschiedlichen Konzentrationen herstellen lassen. Auffallend ist bei $MnSO_4$-Lösungen, daß bei Hochfrequenzmessungen die Leitfähigkeitszunahme in gesättigten oder nahezu gesättigten Lösungen mit sinkender Konzentration größer ist als in den verdünnteren gleichleitenden Lösungen mit steigender Konzentration [7].

Für die Abhängigkeit zwischen $\varkappa$ und dem Dampfdruck der Lösung p gilt die empirische Beziehung $K \cdot \lg p_0/p + r \cdot \varkappa = m \cdot F$ mit K, r und F als Konstanten, m = Konzentration in mol/kg H_2O und dem Dampfdruck p_0 des Lösungsmittels. Bei 100°C betragen die entsprechenden Konstanten nach Dahlblom [8] K = 3926, r = 550 und F = 63 kg/cm². Ovchinnikov, Shur [5] bestimmen die Leitfähigkeit von 0.001 normaler $MnSO_4$-Lösung nach Ultrafiltration in Abhängigkeit vom Druck bei 4, 6 und 8 atm.

Fig. 41 a gibt die spezifische elektrische Leitfähigkeit von $MnSO_4$-Lösungen bei Zusatz von H_2SO_4 bei 20, 40 und 60°C wieder. Die experimentellen Werte sind niedriger als die aus den Einzelleitfähigkeiten für $MnSO_4$- und H_2SO_4-Lösungen berechneten Werte. Die Abweichungen sind, wie Fig. 41 b zeigt, besonders stark bei einem Molverhältnis 1 : 1 und steigen mit zunehmender Temperatur. Sie werden auf Bildung instabiler Komplexe zurückgeführt (vgl. S. 132) [9], vgl. auch [10]. Patel [11] mißt die spezifische Leitfähigkeit von schwefelsauren $MnSO_4$-Lösungen, hergestellt durch Hydrolyse von $ZrMn(SO_4)_3$-Lösungen (s. S. 254) nach Abfiltrieren des Niederschlags, und von $MnSO_4$-Lösungen mit dem Gehalt an Schwefelsäure, der einer Freisetzung von 2 mol H_2SO_4 je Formeleinheit $ZrMn(SO_4)_3$ bei der Hydrolyse entspricht. Die Werte der spezifischen Leitfähigkeit für Lösungen mit einer Anfangskonzentration von 0.1375 bis 2.200 g $ZrMn(SO_4)_3$/l stimmen nahezu überein mit den Leitfähigkeitswerten der aus $MnSO_4$ und H_2SO_4 dargestellten Lösungen. — Ishibashi u. a. [12] bestimmen die elektrische Leitfähigkeit von $MnSO_4$- und $Mn(SO_3NH_2)_2$-Lösungen (s. S. 262) im Hinblick auf ihre Eignung für die elektrolytische Abscheidung von Mangan.

Fig. 41

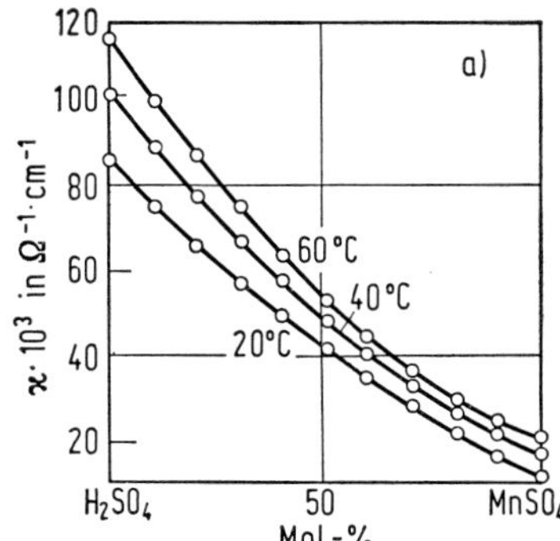

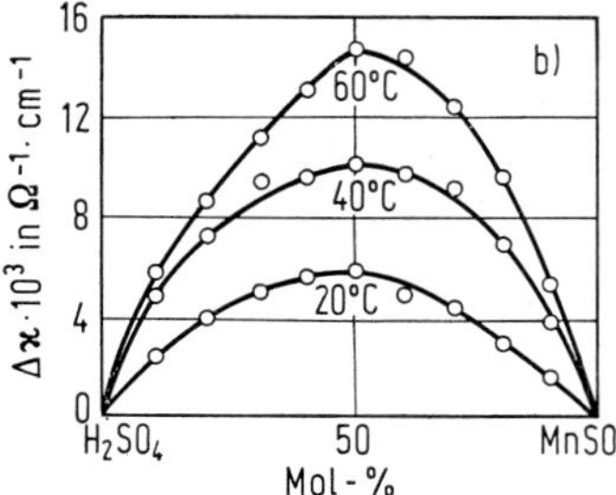

a) Spezifische elektrische Leitfähigkeit $\varkappa$ im System $MnSO_4$-H_2SO_4-H_2O.
b) Abweichung der gemessenen $\varkappa$-Werte von den additiv berechneten.

Literatur:

[1] E. Klein (Ann. Physik Chem. [3] **27** [1886] 151/78, 158). — [2] L. Holborn (in: Landolt-Börnstein, 5. Aufl. Bd. 2, 1923, S. 1073). — [3] Z. A. Yankelevich (Zh. Obshch. Khim. **15** [1945] 884/94, 885, 888; C. A. **1946** 6327). — [4] A. S. Karnaukhov, N. N. Runov (Izv. Vysshikh Uchebn.

Zavedenii Khim. i Khim. Tekhnol. **10** [1967] 1299/302; C. A. **69** [1968] Nr. 61977). — [5] L. N. Ovchinnikov, A. S. Shur (Tr. Inst. Geol. Rudn. Mestorozd. Petrogr. Mineralog. i Geokhim. Nr. 6 [1956] 57/72, 64; C. A. **1957** 8591).

[6] R. Pottel (Ber. Bunsenges. Physik. Chem. **69** [1965] 363/78, 366). — [7] H. Rieckhoff, H. Zahn (Z. Physik **53** [1929] 619/27, 624). — [8] T. Dahlblom (Tek. Tidskr. Kemi **58** [1928] 76/9; C. **1928** II 2706). — [9] D. P. Belotskii, N. P. Noval'kovskii (Zh. Neorgan. Khim. **4** [1959] 2403/4; Russ. J. Inorg. Chem. **4** [1959] 1099/100). — [10] S. R. Patel (J. Am. Chem. Soc. **74** [1952] 1050/1).

[11] S. R. Patel (J. Univ. Bombay A **20** III [1951] 87/8). — [12] S. Ishibashi, N. Shimozato, M. Orii, H. Yokohama (Himeji Kogyo Daigaku Kenkyu Hokoku Nr. 8 [1958] 63/6 nach C. A. **1958** 16080). — [13] E. Berecz, B. Balla, L. Bereczki (Kohaszat **101** [1968] 45/53 nach C. A. **70** [1969] Nr. 91230).

Equivalent and Molar Conductivity

8.6.19.7.2 Äquivalentleitfähigkeit Λ und molare Leitfähigkeit μ

Λ bzw. μ in $\Omega^{-1} \cdot cm^2 \cdot val^{-1}$ bzw. $\Omega^{-1} \cdot cm^2 \cdot mol^{-1}$. — Bei 25°C werden folgende Werte für Λ erhalten:

$c \times 10^4$ in mol/l	2.7577	7.4441	10.855	14.780	22.353
Λ	121.03	111.74	107.34	103.27	97.340

Petrucci u. a. [1] bzw.

$c \times 10^4$ in mol/l	2.0134	3.2881	5.0626	8.9728	13.945	19.570	23.732	31.411
Λ	122.84	119.89	115.98	109.94	104.54	100.0	97.14	93.02

Hallada, Atkinson [2], vgl. auch Hallada [3]. Demassieux, Fedoroff [4] geben für 25°C folgende Werte an:

c in val/l	2×10^{-4}	5×10^{-4}	10^{-3}	5×10^{-3}	0.01	0.05	0.1	0.5	1.0	2.0
Λ	125.5	121.0	115.5	95.0	84.25	61.0	52.25	35.7	29.0	21.75

Nach Messungen von Jones [5] werden folgende Werte in Abhängigkeit von der Verdünnung v (in l/mol) bei 25°C angeführt:

v	8	32	128	512	1024	2048	4096
Λ	85.0	116.5	156.9	196.8	216	236	254

und von Kahlenberg [7] bei 0 und bei 95°C:

v	0.5	1	4	16	64	256	2048	8192
Λ bei 0°C	12.1	15.8	23.4	31.2	41.0	51.4	62.8	65.5
Λ bei 95°C	—	58.2	84.7	119.6	171.2	236.4	338.6	—

Molare Leitfähigkeit μ bei 25°C [16]:

c in mol/l	10^{-4}	5×10^{-4}	10^{-3}	5×10^{-3}	10^{-2}	5×10^{-2}	0.1	0.5	1
μ	251	231	216	168.5	148.5	104.5	89.7	58.3	43.5

Nach Messungen von Winston, Hosford gibt Jones [5] folgende Werte für μ in Abhängigkeit von der Verdünnung v (in l/mol) für verschiedene Temperaturen an (Werte in Auswahl):

v	4096	2048	1024	512	128	32	8	4
μ bei 0°C	124.47	116.15	107.12	97.99	79.46	59.65	44.11	37.25
μ bei 25°C	238.20	221.33	202.94	184.58	147.24	109.27	79.77	67.17
μ bei 65°C	—	404.6	—	338.7	241.9	181.8	130.0	108.3

und berechnet die Temperaturkoeffizienten. Angaben für 0°C s. Jones, Getman [6].

Λ als Funktion der $MnSO_4$-Konzentration (s. Fig. im Original) verläuft nicht linear. Es ist die typische Kurve von stark assoziierten Elektrolyten. Die Extrapolation der Werte bei $c > 10^{-3}$ mol/l ergibt einen um 4 Einheiten zu niedrigen Wert für die Äquivalentleitfähigkeit bei unendlicher Verdünnung Λ_∞ [2]. Die genaue Ermittlung von Λ_∞ kann nach der Methode von Fuoss [8, 9] bzw. einer revidierten Form der Fuoss-Onsager-Beziehung [10] erfolgen [1]. Die so ermittelten Werte betragen für wäßrige $MnSO_4$-Lösungen bei 25°C $\Lambda_\infty = 133.54$ bzw. 133.51 [1], nach der alten Gleichung [8] ist $\Lambda_\infty = 133.22$ [2]. Hanna u. a. [11] ermitteln nach einer vereinfachten Beziehung von Hsia und Fuoss [12] aus den experimentellen Daten von Hallada, Atkinson [2] $\Lambda_\infty = 133.60$. Von Demassieux, Fedoroff [4] wird für 25°C $\Lambda_\infty = 131.7$ angegeben. Öholm [14] gibt für 18°C $\Lambda_\infty = 112$ nach Messungen von Klein [15] an.

Das Waldensche Produkt aus Λ_∞ und der Viskosität η beträgt 1.19 [2].

Berechnung des Arrheniusschen Dissoziationsgrades $\alpha = \Lambda/\Lambda_\infty$ und Vergleich mit dem wirklichen Dissoziationsgrad s. Demassieux, Fedoroff [4].

Der kritische Ionenabstand a_j ist definiert als der Abstand zwischen Ionenzentren, bei dessen Unterschreitung die Ionen zu Ionenpaaren zusammentreten, die nicht mehr zur elektrischen Leitfähigkeit beitragen. Aus Leitfähigkeitsuntersuchungen berechnen Hallada, Atkinson [2] für wäßrige $MnSO_4$-Lösungen den Wert $a_j = 5.0$ Å, der nach Pottel [13] mit dem aus kristallographischen Daten und aus den Radien „freier" hydratisierter Ionen geschätzten Abstand der Ionenzentren in $[Mn^{2+}(H_2O)(H_2O)SO_4^{2-}]_{aq}$ (s. S. 132) von 4.9 Å vergleichbar ist.

Literatur:

[1] S. Petrucci, P. Hemmes, M. Battistini (J. Am. Chem. Soc. **89** [1967] 5552/5). — [2] C. J. Hallada, G. Atkinson (J. Am. Chem. Soc. **83** [1961] 3759/62). — [3] C. J. Hallada (Diss. Univ. of Michigan 1961, S. 1/85 nach Diss. Abstr. **22** [1962] 2211). — [4] N. Demassieux, B. Fedoroff (Ann. Chim. [Paris] [11] **16** [1941] 215/36, 218, 224). — [5] H. C. Jones (Carnegie Inst. Wash. Publ. Nr. 170 [1912] 50, 191).

[6 H. C. Jones, F. H. Getman (Am. Chem. J. **31** [1904] 303/59, 314/6). — [7] L. Kahlenberg (J. Phys. Chem. **5** [1901] 339/92, 348). — [8] R. M. Fuoss (J. Am. Chem. Soc. **80** [1958] 3163). — [9] R. M. Fuoss, F. Accascina (Electrolytic Conductance, New York 1959, S. 11, 225/47). — [10] R.M. Fuoss, L. Onsager, J. F. Skinner (J. Phys. Chem. **69** [1965] 2581/94).

[11] E. M. Hanna, A. D. Pethybridge, J. E. Prue (Electrochim. Acta **16** [1971] 677/86, 683). — [12] Kai-Li Hsia, R. M. Fuoss (J. Am. Chem. Soc. **90** [1968] 3055/60). — [13] R. Pottel (Ber. Bunsenges. Physik. Chem. **69** [1965] 363/78, 370). — [14] L. W. Öholm (Finska Kemistsamfundets Medd. **44** [1935] 71/9, 74; C. A. **1936** 6265). — [15] E. Klein (Ann. Physik Chem. [3] **27** [1886] 151/78, 158).

[16] B. Fedoroff (Compt. Rend. **203** [1936] 367/9).

8.6.19.7.3 Leitfähigkeit in Lösungsmittelgemischen

Conductivity in Solvent Mixtures

Das Maximum der spezifischen Leitfähigkeit in Lösungen mit 0 bis 12% Äthanol (Konzentrationsangaben aller Lösungsmittelgemische vermutlich in Gew.-%) bei 15°C verschiebt sich mit zunehmender Äthanolkonzentration zu niedrigeren $MnSO_4$-Konzentrationen [1].

Äquivalentleitfähigkeit Λ in $\Omega^{-1} \cdot cm^2 \cdot val^{-1}$ von $MnSO_4$-Lösungen bei 25°C, c in mol/l. Werte in Auswahl:

In Methanol-Wasser

10% Methanol:

$c \times 10^4$	1.3726	5.0086	10.598	17.950	24.324	29.461
Λ	97.22	88.44	80.81	74.56	70.73	68.24

Conductivity of $MnSO_4$ Dissolved in Solvent Mixtures

40% Methanol:

$c \times 10^4$	2.2748	4.5601	6.6662	8.7040	10.716
Λ	52.11	45.72	42.00	39.38	37.32

Hallada, Atkinson [2], vgl. auch Hallada [3].

49.98% Methanol:

$c \times 10^4$	0.7723	2.2002	3.4968	4.8004
Λ	53.431	43.852	39.266	36.038

80.06% Methanol:

$c \times 10^4$	0.3936_4	0.9241_5	1.5408	2.2097	3.2009	5.2391
Λ	27.347	20.025	16.293	13.891	11.957	9.7526

In Äthylenglykol-Wasser

27.26 Gew.-% Äthylenglykol:

$c \times 10^4$	2.7833	6.2094	10.877	16.188	37.254	54.983
Λ	62.51_3	57.90_9	53.64_9	50.30_4	43.13_0	39.69_5

77.43 Gew.-% Äthylenglykol:

$c \times 10^4$	3.073	5.8293	10.188	15.642	20.740	28.309
Λ	10.088	8.451	7.165	6.273	5.736	5.190

Petrucci u. a. [5].

In Aceton-Wasser

9.94 Gew.-% Aceton:

$c \times 10^4$	2.1201	4.7003	8.9261	15.627	30.514	41.648
Λ	96.420	89.971	83.020	75.932	66.893	62.584

40.17 Gew.-% Aceton:

$c \times 10^4$	2.3767	5.2157	9.1678	16.754	32.386	40.006
Λ	42.787	34.038	28.355	22.990	18.208	16.877

Atkinson, Petrucci [6].

In Dioxan-Wasser

5% Dioxan:

$c \times 10^4$	2.5436	6.4510	11.093	14.791	20.130	24.351
Λ	109.49	100.22	93.92	90.14	85.94	83.26

25% Dioxan:

$c \times 10^4$	2.9289	6.2320	14.876	18.305	21.025	24.926
Λ	61.78	53.51	43.53	41.28	39.74	37.94

Atkinson, Hallada [7].

In Methylcellosolve-Wasser

20.14% Methylcellosolve:

$c \times 10^4$	1.0278	3.5135	4.9519	6.4330	8.4753	13.949
Λ	73.979	66.637	63.739	61.407	58.694	53.629

54.93% Methylcellosolve:

$c \times 10^4$	0.7334	1.7650	4.2534	8.2270	10.400	15.432
Λ	24.602	19.256	14.391	11.344	10.401	8.9700

Atkinson, Tsubota [8].

Mit Hilfe der Fuoss-Onsager-Beziehung [9,10] werden aus den Äquivalentleitfähigkeiten folgende Parameter ermittelt: die Grenzleitfähigkeit Λ_∞ bei unendlicher Verdünnung in $\Omega^{-1} \cdot cm^2 \cdot val^{-1}$, die Assoziationskonstante K_1 (s. S. 136) und der kritische Ionenabstand a_j in Å sowie das Waldensche Produkt $\Lambda_\infty \cdot \eta$, aus denen Rückschlüsse auf die Konstitution der Lösungen gezogen werden. Für Methanol-Wasser-Gemische ermitteln Hallada, Atkinson [2] und Tsubota, Atkinson [4] bei 25°C:

$[CH_3OH]$ in %	10.0	20.0	30.0	40.0	49.98	60.16	69.94	80.08
Λ_∞	104.9	85.8	74.7	68.9	67.1	67.6	70.2	64.9
$\Lambda_\infty \cdot \eta$	1.21	1.20	1.14	1.10	1.06	0.946	0.847	0.652
a_j	5.2	5.8	8.0	8.2	11.1	10.5	19.2	20.7

vgl. auch [3]. Für Aceton-Wasser-Gemische betragen die Werte:

$[CH_3COCH_3]$ in Gew.-%.	9.94	19.83	29.91	40.17
Λ_∞	107.5	92.0	80.0	73.5
$\Lambda_\infty \cdot \eta$	1.17	1.17	1.09	0.988

a_j ist innerhalb der Fehlergrenzen konstant und beträgt im Mittel 5.2 Å [6]. Für Äthylenglykol-Wasser-Gemische ermittelte Werte nach einer revidierten Form der Fuoss-Onsager-Beziehung [11] (in Klammern angegebene Werte nach der älteren Gleichung [9]):

[Äthylenglykol] in Gew.-% . . .	27.26	59.1	77.43
Λ_∞	71.14 (71.16)	28.62 (28.58)	17.00 (17.00)
$\Delta\Lambda$	0.105 (0.216)	0.069 (0.268)	0.008 (0.004)

$\Delta\Lambda$ gibt die mittlere Differenz zwischen Werten für Λ_∞, erhalten aus experimentellen Daten, und nach der Theorie berechneten Werten an. Die revidierte Form der Fuoss-Onsager-Beziehung ergibt danach etwas bessere Ergebnisse. $a_j = 4.6 \pm 0.5$ Å ist nahezu konstant [5].

Für Dioxan-Wasser-Gemische liegen folgende Angaben vor:

[Dioxan] in % . . .	5	10	15	20	25
Λ_∞	122.2	109.6	99.5	88.2	81.0

Im untersuchten Konzentrationsbereich beträgt $\Lambda_\infty \cdot \eta = 1.17 \pm 0.02$, $a_j = 4.98 \pm 0.29$ Å [7]. Für Mischungen von Methylcellosolve und Wasser werden folgende Werte angegeben [8]:

[Methylcellosolve] in % . . .	20.14	30.13	39.90	49.95	54.93
Λ_∞	80.7	67.0	53.0	44.0	39.0
$\Lambda_\infty \cdot \eta$	1.26	1.27	1.22	1.18	1.10
a_j	6.0	7.8	8.3	9.3	8.4

Literatur:

[1] E. Cuno (Ber. Deut. Physik. Ges. **9** [1907] 735/8; C. **1908** I 344). — [2] C. J. Hallada, G. Atkinson (J. Am. Chem. Soc. **83** [1961] 3759/62). — [3] C. J. Hallada (Diss. Univ. of Michigan 1961, S. 1/85 nach Diss. Abstr. **22** [1962] 2211). — [4] H. Tsubota, G. Atkinson (J. Phys. Chem. **71** [1967] 1131/3). — [5] S. Petrucci, P. Hemmes, M. Battistini (J. Am. Chem. Soc. **89** [1967] 5552/5).

[6] G. Atkinson, S. Petrucci (J. Am. Chem. Soc. **86** [1964] 7/10). — [7] G. Atkinson, C. J. Hallada (J. Am. Chem. Soc. **84** [1962] 721/4). — [8] G. Atkinson, H. Tsubota (J. Am. Chem. Soc.

88 [1966] 3901/4). — [9] R. M. Fuoss, F. Accascina (Electrolytic Conductance, New York 1959, S. 11). — [10] R. M. Fuoss (J. Am. Chem. Soc. **80** [1958] 3163).

[11] R. M. Fuoss, L. Onsager, J. F. Skinner (J. Phys. Chem. **69** [1965] 2581/94).

Transference Number

8.6.19.7.4 Überführungszahl

Die Überführungszahl des Mn^{2+}-Ions bei 25°C für wäßrige $MnSO_4$-Lösung bei unendlicher Verdünnung wird aus dem Grenzwert der Äquivalentleitfähigkeit $\Lambda_\infty = 133.51\ \Omega^{-1} \cdot cm^2 \cdot val^{-1}$ und der Ionenleitfähigkeit des SO_4^{2-}-Ions bei unendlicher Verdünnung $(\lambda_-)_\infty = 80.0$ zu $(n_+)_\infty = 0.401$ berechnet, S. Petrucci, P. Hemmes, M. Battistini (J. Am. Chem. Soc. **89** [1967] 5552/5).

Chemical Reactions

8.6.19.8 Chemisches Verhalten

Die wäßrige Lösung von $MnSO_4$ wird bei sehr vielen Synthesen von Verbindungen des Mangans verwendet. Ein allgemeiner Überblick über die dabei auftretenden Reaktionen des Mn^{2+}-Ions ist bereits im Band „Mangan" B, S. 363/95 gegeben. — Die Lösung eignet sich zur katalytischen Oxidation von SO_2 mit Sauerstoff, s. beispielsweise [1] und „Schwefel" B3, S. 1356. Beim Einleiten von SO_2 in eine übersättigte $MnSO_4$-Lösung fällt bei −10 bis −7°C $MnSO_4 \cdot 7H_2O$, bei 20 bis 21°C $MnSO_4 \cdot 4H_2O$ und bei 50 bis 60°C das Adsorptionsprodukt $MnSO_4 \cdot H_2O \cdot 0.05\ SO_2$ aus. Mit Äther läßt sich aus der mit SO_2 gesättigten Lösung die violette Komplexverbindung $MnSO_4 \cdot SO_2$ extrahieren [2]. — Eine 5 bis 15%ige Lösung löst bei 20°C und $p_{NO} = 0.9$ atm 0.1 l NO/l Lösung [3]. Die Löslichkeit von HNO_3 nimmt bis 1.6 M $MnSO_4$ mit steigender Salzkonzentration ab [4]. Die Löslichkeit von $PbSO_4$ nimmt bei 20°C zunächst mit steigender Salzkonzentration zu (z. B. 12.52 mg Pb/l bei 136 g $MnSO_4$/l), fällt dann aber bis 226 g $MnSO_4$/l auf 12.18 mg Pb/l ab. Im Bereich von 20 bis 80°C steigt die Löslichkeit bei allen untersuchten Salzkonzentrationen an. Zusätze von H_2SO_4 bis 90 g/l erniedrigen die Löslichkeit, während sie durch Cl^--Ionen (bis 5 g/l) erhöht wird [5]. — Zur Reduktion mit Wasserstoff zu MnS s. S. 5. — Eisen wird von $MnSO_4$-Lösungen korrodiert, und zwar werden von 0.001 bis 0.1 N Lösungen (pH = 6.0 bzw. 3.6) 0.011 bis 0.013 mg $\cdot$ $cm^{-2} \cdot h^{-1}$ gelöst, von 1 N Lösungen (pH = 2.9) dagegen 0.035 mg $\cdot$ $cm^{-2} \cdot h^{-1}$ [6]. — Mit $(NH_4)_2BeF_4$ bildet sich die monokline Verbindung $(NH_4)_2BeF_4 \cdot MnSO_4 \cdot 6H_2O$ [7]. — Wäßrige $MnSO_4$-Lösungen werden als Neutronendetektoren verwendet, wobei das Isotop ^{56}Mn (s. „Mangan" B, S. 83) entsteht, s. beispielsweise [8, 9].

Literatur:

[1] R. T. Cheng, M. Corn, J. O. Frohliger (Atmosph. Environment **5** [1971] 987/1008). — [2] L. I. Kashtanov, Ts. A. Gulyanskaya (Zh. Obshch. Khim. **6** [1936] 227/31; C. A. **1937** 1319). — [3] M. E. Pozin, V. V. Zubov, L. Ya. Tereshchenko, E. Ya. Tarat, Yu. L. Ponomarev (Izv. Vysshikh Uchebn. Zavedenii Khim. i Khim. Tekhnol. **6** [1963] 608/16; C. A. **60** [1964] 4870). — [4] G. T. Polovnikova, L. I. Chentsova, L. N. Nosova (Zh. Neorgan. Khim. **16** [1971] 3327/9; Russ. J. Inorg. Chem. **16** [1971] 1759/61). — [5] I. Muraki (Kogyo Kagaku Zasshi **64** [1961] 141/4, englische Zusammenfassung S. A 6/A 7; C. A. **57** [1962] 8324).

[6] B. Puriņš, L. Liepina (Latvijas PSR Zinatnu Akad. Vestis **1956** Nr. 7, S. 107/14; C. A. **1957** 10268). — [7] P. C. Rây (Nature **124** [1929] 480/1), P. B. Sarkar, N. Rây (J. Indian Chem. Soc. **6** [1929] 987/90). — [8] T. B. Ryves, D. Harden (J. Nucl. Energy A/B **19** [1965] 607/17). — [9] E. Hochhäuser, H. Rothe, F. Gühne (Kernenergie **12** [1969] 274/9).

The $MnSO_4$-H_2O-C_2H_5OH System

8.6.20 Das System $MnSO_4$-H_2O-C_2H_5OH

Das System ist gekennzeichnet durch zwei nicht miteinander mischbare flüssige Phasen. In **Fig. 42** ist es zwischen etwa −10 und +50°C dargestellt. An der nicht eingezeichneten Spitze des Komponentendreiecks liegt $MnSO_4$. Die Bodenkörper $MnSO_4 \cdot 7H_2O$, $MnSO_4 \cdot 5H_2O$ und $MnSO_4 \cdot H_2O$ werden in Fig. 42 und im folgenden Text mit Mn7, Mn5 und Mn1 abgekürzt. Die Sättigungsflächen der einzelnen Hydrate werden durch die Binodalfläche B unterbrochen. Diese ist

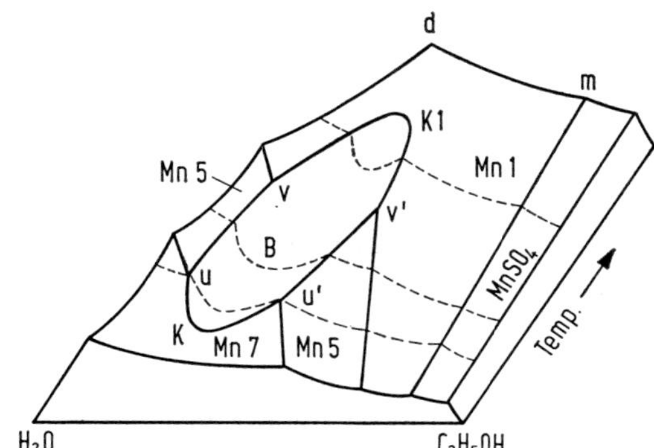

Fig. 42

Polytherme des Systems $MnSO_4$-H_2O-C_2H_5OH.

durch den unteren kritischen Punkt K und den oberen K1 begrenzt. Entmischung in stabile gesättigte Flüssigkeitspaare kann nur zwischen den entsprechenden Temperaturen T_K = 5.3°C und T_{K1} = 43.5°C auftreten. Über metastabile gesättigte Lösungen s. S. 168. Die Zusammensetzung der gesättigten wasserreichen Phase (Punkte der Kurve K-u-v-K1) und der äthanolreichen Phase (Punkte der Kurve K-u′-v′-K1) hängt folgendermaßen von der Temperatur ab (alle Angaben in Gew.-%):

t in °C	wasserreiche Phase			äthanolreiche Phase			Bodenkörper
	$[MnSO_4]$	$[C_2H_5OH]$	$[H_2O]$	$[MnSO_4]$	$[C_2H_5OH]$	$[H_2O]$	
10	25.25	13.78	60.97	5.44	37.06	57.50	Mn5
15	29.79	9.25	60.96	2.79	44.86	52.35	Mn5
21	35.05	6.10	58.85	1.10	53.55	45.35	Mn5
30	30.15	8.69	61.16	2.49	45.20	52.31	Mn1
35	28.61	9.24	62.15	3.44	41.71	54.85	Mn1
43	22.01	14.33	63.66	8.51	31.42	60.07	Mn1

In **Fig. 43** ist die Isotherme des Systems bei 25°C nach [1, 2] dargestellt. Die Löslichkeitskurve c-v-v′-n-p wird durch die Binodalkurve v-K′-v′ unterbrochen. Für den alkoholreichen Teil der

Fig. 43

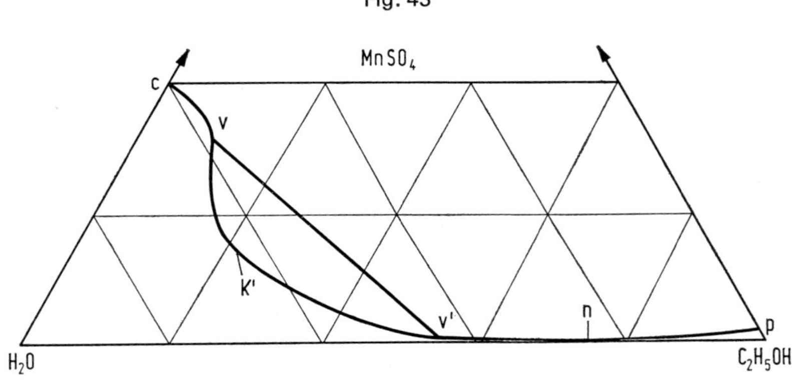

Isotherme des Systems $MnSO_4$-H_2O-C_2H_5OH bei 25°C.

The $MnSO_4$-H_2O-C_2H_5OH System

Binodalkurve werden bei 20°C die Zusammensetzungen folgender Lösungen ermittelt, die jeweils 0.3205 g $MnSO_4$ und die angegebenen Mengen C_2H_5OH und H_2O enthalten [2]:

C_2H_5OH in g . . .	1.0	4.93	7.63	15.0
H_2O in g	2.01	6.06	8.06	12.98

Da die Temperaturabhängigkeit der Gleichgewichtskonzentrationen in diesem Bereich sehr gering ist, sind die Werte (auf Gew.-% umgerechnet) mit den folgenden Zusammensetzungen der gegenseitig (aber nicht an $MnSO_4$) gesättigten Lösungen bei 25°C [1] vergleichbar (im Gleichgewicht befindliche Phasen stehen in derselben Zeile; Angaben in Gew.-%):

wasserreiche Phase			äthanolreiche Phase		
[$MnSO_4$]	[C_2H_5OH]	[H_2O]	[$MnSO_4$]	[C_2H_5OH]	[H_2O]
31.51	8.48	60.01	1.83	49.76	48.41
22.61	15.02	62.37	8.01	32.75	59.24

Von Cuno [3] bestimmte $MnSO_4$-Konzentrationen der gegenseitig gesättigten Lösungen bei 25°C liegen tiefer als die angegebenen Meßwerte [1, 2]. Entlang der Löslichkeitskurve werden folgende Zusammensetzungen der gesättigten Lösung ermittelt [1]:

[$MnSO_4$] in Gew.-% . . .	39.3	33.72	1.23	0.56	0.0
[C_2H_5OH] in Gew.-% . .	0	6.81	53.09	57.39	76.70
[H_2O] in Gew.-%	60.7	59.47	45.68	42.05	23.30
Punkt	c	v	v′	—	n

Mn5 und Mn1 sind die Bodenkörper im Abschnitt c–v, im Abschnitt v′–n ist es Mn1 und im Abschnitt n–p wasserfreies $MnSO_4$. Ältere Meßwerte der $MnSO_4$-Konzentration im Bereich c–v der Isotherme bei 15°C s. [4]. Aus Werten [2, 4], die Snell [5] zusammenstellt, ermitteln Seidell, Linke [6] für den Bereich K′–v′ der Isotherme Werte, die höher als die in den Arbeiten [1, 2] liegen. — Bei 50°C werden folgende Zusammensetzungen der gesättigten, mit Mn1 im Gleichgewicht stehenden Lösungen bestimmt (Punkte entlang d–m der Polytherme in Fig. 42, S. 167):

[$MnSO_4$] in Gew.-% . . .	36.26	28.12	18.75	12.54	4.12
[C_2H_5OH] in Gew.-% . .	0	6.67	16.02	22.63	36.47
[H_2O] in Gew.-%	63.74	65.21	65.23	64.83	59.41

Bei dieser Temperatur existiert noch eine metastabile, im Gebiet übersättigter Lösungen liegende Binodalkurve. Die bei 50°C miteinander im Gleichgewicht stehenden metastabilen Lösungen haben folgende Zusammensetzung (zusammengehörige Phasen sind in derselben Zeile angeordnet; Angaben in Gew.-%):

wasserreiche Phase			alkoholreiche Phase		
[$MnSO_4$]	[C_2H_5OH]	[H_2O]	[$MnSO_4$]	[C_2H_5OH]	[H_2O]
34.95	5.68	59.37	0.97	53.64	45.39
30.99	7.69	61.32	2.19	45.83	51.98
29.20	8.70	62.10	3.11	41.93	54.96
24.84	11.85	63.31	5.95	35.15	58.0

Diese metastabilen Lösungen werden experimentell durch Zufügen von Äthanol zu einer $MnSO_4$-Lösung bei 50°C unter kräftigem Schütteln hergestellt, während die stabilen Flüssigkeiten im Gegensatz zu den Angaben von Cuno [3] auch durch Auflösen von $MnSO_4$ in C_2H_5OH-H_2O-Gemischen erhalten werden können. Weitere Werte bei 30 und 35°C s. Original [1].

Literatur:

[1] F. A. H. Schreinemakers, J. J. B. Deuss (Z. Physik. Chem. **79** [1912] 554/64). — [2] C. E. Linebarger (Am. Chem. J. **14** [1892] 380/98, 394/5). — [3] E. Cuno (Ann. Physik [4] **25** [1908] 346/76, 357, 374/5). — [4] H. Schiff (Liebigs Ann. Chem. **118** [1861] 362/72, 365, 370). — [5] J. F. Snell (J. Phys. Chem. **2** [1898] 457/91, 469, 474).

[6] A. Seidell, W. F. Linke (Solubilities of Inorganic and Metal-Organic Compounds, Bd. II, 4. Aufl., Washington, D. C., 1965, S. 569/70).

8.6.21 Das System $MnSO_4$-H_2SO_4-H_2O

The $MnSO_4$-H_2SO_4-H_2O System

Untersuchungen dieses Systems zwischen 0 und 95.7°C ergeben das in **Fig. 44** wiedergegebene Zustandsdiagramm. Mit zunehmender Säurekonzentration treten nacheinander die festen Phasen $MnSO_4 \cdot 5H_2O$ (s. S. 109), $MnSO_4 \cdot H_2O$ (s. S. 122), $Mn(HSO_4)_2 \cdot H_2O$ (s. S. 171), $Mn(HSO_4)_2$ (s. S. 170) und $Mn(HSO_4)_2 \cdot 2H_2SO_4$ (s. S. 171) auf [1], s. auch [2]. $MnSO_4 \cdot 5H_2O$ ist im Kontakt mit der gesättigten Lösung nur unterhalb 20 [2] bis 24.5°C stabil [1]. $Mn(HSO_4)_2$ tritt im System im Gegensatz zu früheren Angaben [3] nur oberhalb 60 [2] bis 65°C auf [1]. Aus der Übertragung der Daten [1] in ein lg p−1/T-Diagramm ergibt sich die Temperatur des invarianten Punkts, an dem $Mn(HSO_4)_2 \cdot H_2O$, $Mn(HSO_4)_2$, $Mn(HSO_4)_2 \cdot 2H_2SO_4$, die ternäre Lösung und Dampf im Gleichgewicht stehen, zu etwa 55°C [4].

Fig. 44

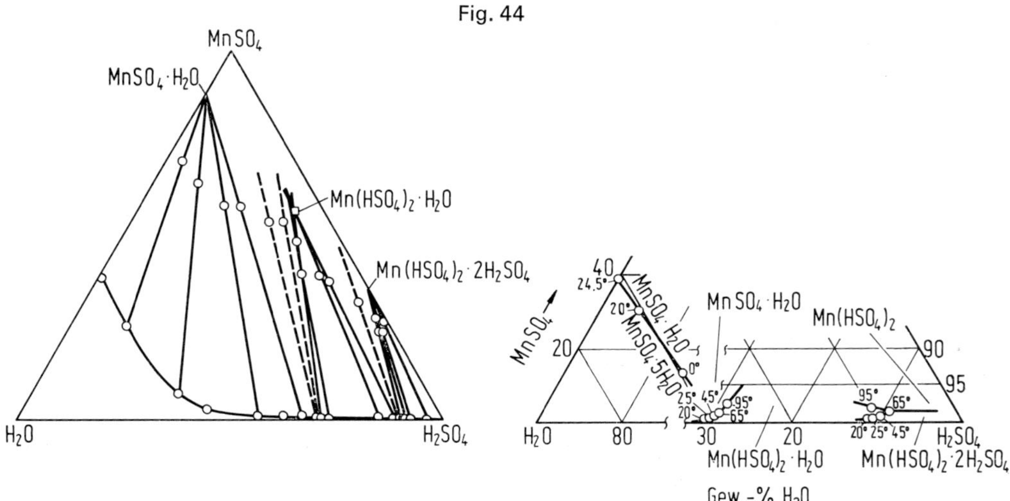

Isotherme bei 25°C (links) und Polythermen von 0 bis 95°C (rechts) des Systems $MnSO_4$-H_2SO_4-H_2O.

Die Temperaturabhängigkeit der Löslichkeit von $MnSO_4$ in Schwefelsäure bei verschiedenen pH-Werten ist in **Fig. 45**, S. 170, dargestellt [5]. Zum Vergleich ist die Löslichkeitskurve von $MnSO_4$ in H_2O eingezeichnet, die von der Linearität abweicht [6]. Unter Druck in Ar-Atmosphäre fällt die Löslichkeit z. B. von 6.05 g $MnSO_4$/100 g Lösung bei 14.7 atm, 150°C und pH = 3 auf 3.69 g $MnSO_4$/100 g Lösung bei 18.8 atm, 175°C und pH = 2.4. Oberhalb 200°C ist die Löslichkeit nahezu Null. Eine Druckerhöhung von 5 auf 15 atm hat bei 150°C praktisch keinen Einfluß auf die Löslichkeit [7].

Die Dichte der gesättigten Lösung fällt bei 12.6°C von 1.4312 g/cm³ bei 29.65 Gew.-% $MnSO_4$ und 10.06 Gew.-% H_2SO_4 auf 1.3561 g/cm³ bei 4.20 Gew.-% $MnSO_4$ und 40.51 Gew.-% H_2SO_4 und steigt dann bis auf 1.8442 g/cm³ bei 0.05 Gew.-% $MnSO_4$ und 99.12 Gew.-% H_2SO_4 [8].

The $MnSO_4$-H_2SO_4-H_2O System

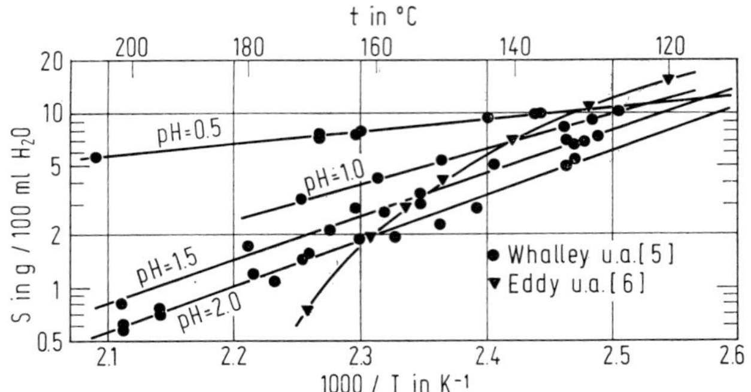

Fig. 45

Temperaturabhängigkeit der Löslichkeit S von $MnSO_4$ in Schwefelsäure bei verschiedenen pH-Werten (die gekrümmte Kurve ▼ gibt die Löslichkeit von $MnSO_4$ in H_2O wieder).

Zur elektrischen Leitfähigkeit im System $MnSO_4$-H_2SO_4-H_2O s. S. 161.

Die Lösungsenthalpie in 1.006 N H_2SO_4 beträgt bei 298.1 K $\Delta H_L = -11.629$ kcal/mol $MnSO_4$ [9]. In Schwefelsäure mit einem Molverhältnis von $H_2SO_4 : H_2O = 1 : 30$ wird bei 25°C $\Delta H_L = -10.54 \pm 0.04$ kcal/mol $MnSO_4$ gefunden [10].

Literatur:

[1] D. Taylor (J. Chem. Soc. **1952** 2370/5). — [2] J. Petlička (Hutnicke Listy **25** [1970] 727/31; C. A. **74** [1971] Nr. 116524). — [3] C. Montemartini, L. Losana (Ind. Chim. [Rome] **4** [1929] 199/205). — [4] A. J. Sukava (Can. J. Chem. **43** [1965] 1036/44). — [5] B. J. P. Whalley, D. E. Pickett, R. F. Pilgrim, T. R. Ingraham (Indian Mining J. **5** [1957] Spec. Issue, S. 61/5, 68; C. A. **1960** 1196).

[6] R. D. Eddy, P. E. Machemer, A. W. C. Menzies (J. Phys. Chem. **45** [1941] 908/15). — [7] I. F. Khudyakov, A. V. Klyueva (Tr. Ural'sk. Politekhn. Inst. Nr. 155 [1967] 53/9, 56; C. A. **70** [1969] Nr. 23516). — [8] C. Montemartini, L. Losana [3] laut A. Seidell, W. F. Linke (Solubilities of Inorganic and Metal-Organic Compounds, Bd. 2, Washington 1965, S. 563). — [9] J. C. Southard, C. H. Shomate (J. Am. Chem. Soc. **64** [1942] 1770/4). — [10] Z. L. Leshchinskaya, N. M. Selivanova (Izv. Vysshikh Uchebn. Zavedenii Khim. i Khim. Tekhnol. **9** [1966] 523/7; C.A. **66** [1967] Nr. 108978).

Manganese(II) Hydrogen Sulfates

8.6.22 Mangan(II)-hydrogensulfate

$Mn(HSO_4)_2$

8.6.22.1 $Mn(HSO_4)_2$

Über Lage und Stabilität im System $MnSO_4$-H_2SO_4-H_2O s. S. 169. — Zur Darstellung läßt man eine siedende, gesättigte Lösung von $MnSO_4$ in Schwefelsäure von 88.5 bis 100% wenige Grade unter 100°C abkühlen [1, 2]. Die Verbindung fällt in Form von rosafarbigen, doppelbrechenden Parallelepipeden [3], Stäbchen [2, 3] oder langen asbestartigen Prismen aus [1]. Die Kristalle werden in trockner Atmosphäre abfiltriert und mit trocknem Nitromethan gewaschen [2]. $Mn(HSO_4)_2$ entsteht auch durch Hydrolyse von MnS_2O_7 (s. S. 256) oder $Mn(SO_3Cl)_2$ (s. S. 268) in Wasserdampf von 6 Torr bei 65°C [2, 4]. — Aus der Lösungsenthalpie und der Wärmekapazität (s. unten) werden folgende thermodynamische Daten der Bildung unter Standardbedingungen berechnet: $\Delta H^\circ_{298} = -458$ kcal/mol, $\Delta G^\circ_{298} = -399.3$ kcal/mol, $\Delta S^\circ_{298} = -197.15$ cal · mol^{-1} · K^{-1} [5, 6].

Die Kristalle sind monoklin und haben die Gitterkonstanten a = 5.51, b = 8.40, c = 8.23 Å, $\beta = 116°$; Z = 2; Raumgruppe $P2_1/c$-C^5_{2h} (Nr. 14). Pyknometrische Dichte $D^{25} = 2.389 \pm 0.001$ g/cm³ [2]. Die Wärmekapazität läßt sich zwischen 200 und 600 K durch $C_p = 8.1 + 0.135\,T + 31 \times 10^{-6}\,T^2$ wiedergeben. Die Standardentropie beträgt $S^\circ_{298} = 52.9$ cal · mol^{-1} · K^{-1} [5, 6].

Im IR-Absorptions- und Raman-Spektrum werden folgende Banden der Schwingungen des HSO_4-Anions beobachtet:

Frequenz in cm^{-1} .	≈413 (R,IR)	438 (R, IR)	565 (R,IR)	585 (R,IR)	615 (R,IR)
Zuordnung	$\Delta\tau$ (OH)	δ_s(O-S-OH)	$\rho_r(SO_3)$	$\rho_w(SO_3)$	δ_s(O-S-O)

Frequenz in cm^{-1} .	900 (IR)	1060 (IR)	1080 (IR)	≈1200 (IR)
Zuordnung	ν_s(S-OH)	ν_s(SO)	δ(S-O-H)	ν_s, ν_{as}(SO)

Mit τ, δ, ρ und ν werden die Torsions-, Deformations-, Schaukel- bzw. Valenzschwingungen bezeichnet. Außerdem tritt im Raman-Spektrum eine Bande bei 140 cm^{-1} auf, die der Libration der HSO_4-Gruppe zugeordnet wird. Durch Vergleich mit anderen Hydrogensulfaten wird gefolgert, daß es sich bei der vorliegenden Verbindung um $Mn(HSO_4)_2$ handelt und nicht um ein Solvat der Form $MnSO_4 \cdot H_2SO_4$ [2, 7].

Zwischen 200 und 250°C zersetzt sich die Verbindung ohne zu schmelzen [1] nach $Mn(HSO_4)_2 \rightarrow MnSO_4 + H_2SO_4$(gas) mit ΔH_{493} = 30.5 kcal/mol [2] und ΔG_{493} = −31.33 kcal/mol [6]. MnS_2O_7 ist als Zwischenprodukt nicht nachweisbar und auf Grund thermodynamischer Berechnungen unter diesen Bedingungen nicht zu erwarten [2, 5, 6]. — Die Lösungsenthalpie in H_2O beträgt ΔH_d = −22 ± 0.6 kcal/mol [5]. — Mit NH_3-Gas reagiert die Verbindung nach $Mn(HSO_4)_2 + 2NH_3 \rightarrow (NH_4)_2Mn(SO_4)_2$, ΔH_{298} = −41.1 kcal/Formelumsatz (s. auch S. 200) [6].

Literatur:

[1] C. Schultz (Ann. Physik Chem. [2] **133** [1868] 137/52, 150). — [2] G. Palavit, S. Noël (Rec. Trav. Chim. **92** [1973] 977/84). — [3] D. Taylor (J. Chem. Soc. **1952** 2370/5). — [4] G. Palavit, S. Noël (Rev. Chim. Minerale **8** [1971] 1/10, 9). — [5] G. Palavit, S. Noël (Compt. Rend. C **278** [1974] 1099/101).

[6] G. Palavit, S. Noël (Bull. Soc. Chim. France **1975** 1040/2). — [7] P. Dhamelincourt, G. Palavit, S. Noël (Bull. Soc. Chim. France **1971** 2849/52).

8.6.22.2 $Mn(HSO_4)_2 \cdot H_2O$

$Mn(HSO_4)_2 \cdot H_2O$

Zur Lage im System $MnSO_4$-H_2SO_4-H_2O s. S. 169. Die Verbindung kristallisiert aus einer Lösung von $MnSO_4$ in Schwefelsäure der Dichte 1.6 g/cm^3 beim Erkalten in Form rosafarbiger, sechsseitiger Plättchen, die häufig verzwillingt sind, aus, C. Schultz (Ann. Physik Chem. [2] **133** [1868] 137/52, 150), D. Taylor (J. Chem. Soc. **1952** 2370/5).

8.6.22.3 $Mn(HSO_4)_2 \cdot 2H_2SO_4$

$Mn(HSO_4)_2 \cdot 2H_2SO_4$

Zur Lage im System $MnSO_4$-H_2SO_4-H_2O s. S. 169. Die Verbindung kristallisiert ähnlich wie $Mn(HSO_4)_2$ (s. oben) aus einer gesättigten Lösung von $MnSO_4$ in H_2SO_4 unterhalb 100°C aus [1]. Die stark doppelbrechenden, optisch negativen, zweiachsigen Kristalle haben die Form von Plättchen [1] oder vierseitigen Prismen [2]. Beim Erwärmen schmilzt die Verbindung unter Zersetzung [1].

Literatur:

[1] C. Schultz (Ann. Physik Chem. [2] **133** [1868] 137/52, 151). — [2] D. Taylor (J. Chem. Soc. **1952** 2370/5).

8.6.23 Mangan(II)-sulfidsulfate $MnS_x(SO_4)_y$

Manganese(II) Sulfide Sulfates

Bei der vorsichtigen Oxidation von γ-MnS an der Luft bei 150°C entsteht ein Produkt der Zusammensetzung $MnS_{0.9}(SO_4)_{0.05}$ [1]. Grüne Präparate der Zusammensetzung $MnS_{0.75}(SO_4)_{0.25}$ bilden sich beim Erhitzen von MnO mit überschüssigem S in evakuierten Quarzglasampullen auf 370 bis 440°C. Der überschüssige Schwefel wird mit Toluol herausgewaschen [1, 2]. Bei 300°C wird das Oxid nicht vollständig umgesetzt, die Zusammensetzung liegt bei $MnO_{0.8}S_{0.55}(SO_4)_{0.05}$ [1]. Röntgenographische d-Werte s. [2]. Die pyknometrische Dichte von $MnS_{0.9}(SO_4)_{0.05}$ beträgt D = 3.28, die von $MnS_{0.75}(SO_4)_{0.25}$ D = 3.55 bis 3.58 g/cm^3 [1]. Aus dem IR-Spektrum und der

Manganese(II) Sulfide Sulfates

chemischen Analyse wird auf die Verbindungen als Sulfidsulfate (und nicht als Oxidsulfide) geschlossen [1, 2]. Nach Reflexionsmessungen an $MnS_{0.75}(SO_4)_{0.25}$ liegt die Absorptionskante bei 2.1 eV [1]. — $MnS_{0.75}(SO_4)_{0.25}$ wird in Wasser teilweise unter Freisetzung von SO_4^{2-}-Ionen zersetzt. In Salzsäure ist es vollständig löslich, wobei H_2S entweicht. Von oxidierenden Säuren wird es ohne Rückstand gelöst. Mit organischen Lösungsmitteln reagiert die Verbindung nicht [1], s. auch [2].

Literatur:

[1] S. S. Batsanov, O. I. Ryabinina, K. F. Obzherina, S. S. Derbeneva (Izv. Akad. Nauk SSSR Ser. Khim. **1968** 8/14; Bull. Acad. Sci. USSR Div. Chem. Sci. **1968** 6/11). — [2] S. S. Batsanov, O. I. Ryabinina (Izv. Akad. Nauk SSSR Neorgan. Materialy **1** [1965] 1340/4; Inorg. Materials [USSR] **1** [1965] 1223/7).

Manganese(III) Sulfate

8.6.24 Mangan(III)-sulfat $Mn_2(SO_4)_3$

Zur Herstellung werden nach der von Franke [1] gefundenen und von Domange [2] verbesserten Methode 20 g pulverisiertes $KMnO_4$ in 100 ml Schwefelsäure (D = 1.84 g/cm^3) eingetragen und unter starkem Rühren vorsichtig auf 60°C erhitzt. Nach Entweichen der explosiven Mn_2O_7-Dämpfe (etwa 10 min) wird auf 70 bis höchstens 75°C erhitzt (darüber besteht Explosionsgefahr). Nach etwa 15 min läßt die starke Sauerstoffentwicklung nach, und die inzwischen trüb und braun gewordene Mischung wird unter weiterem Rühren 10 min auf 140°C und schließlich 15 min auf 200°C erhitzt. Nach Abkühlung wird K_2SO_4 durch zweimaliges Dekantieren mit Schwefelsäure (D = 1.84 g/cm^3) [3] (oder Eisessig [4]) entfernt. Nach drei- bis viertägigem Trocknen auf Tonplatten über P_2O_5 wird noch anhaftendes H_2SO_4 durch dreistündiges Erhitzen im Hochvakuum auf 200°C abgedampft [3]. Anstelle von $KMnO_4$ kann auch eine Mischung von MnO_2 und H_2SO_4 fein zerrieben und langsam bis 138°C erhitzt werden. Nach Abfiltrieren wird mehrmals mit konzentriertem HNO_3 dekantiert und so lange auf 130°C erhitzt, bis keine Dämpfe mehr entweichen [5], s. auch [6]. Aus Lösungen von $MnSO_4$ in Schwefelsäure (D = 1.38 bis 1.71 g/cm^3) kann sich beim Eintragen von PbO_2 unter Rühren bei 50 bis 60°C aus der zunächst entstehenden roten Lösung (von $Mn_2(SO_4)_3 \cdot H_2SO_4$, s. S. 174) bei genügend hoher Mn-Konzentration $Mn_2(SO_4)_3$ ausscheiden [7]. Die Verbindung bildet sich außerdem aus $Mn_2(SO_4)_3 \cdot H_2SO_4 \cdot nH_2O$ (s. S. 173) beim Erhitzen auf 140°C [1, 8].

Während Carius [5] nur ein dunkelgrünes, amorphes Pulver erhält, entstehen nach dem Verfahren von Franke [1] grüne Kristalle [9, 10] in Form dünner Blättchen [2] oder Nädelchen [3]. Die Kristalle sind optisch anisotrop [2]. — Dichte pyknometrisch gemessen D^{15} = 3.24 g/cm^3 [11].

Die Verbindung zerfällt beim Erhitzen in $MnSO_4$, SO_3 und Sauerstoff [1], s. auch [5]. Die Zersetzung beginnt bei 300°C und ist irreversibel [2]. — $Mn_2(SO_4)_3$ zieht an der Luft begierig Feuchtigkeit an [1, 5, 10] und zerfließt dabei zu einer violetten, klaren, zähen Lösung, die in kurzer Zeit trübe und braun wird [5], weil sich Mn^{IV}-Oxidhydrat ausscheidet [1]. Die Verbindung kann in zugeschmolzenem Rohr aufbewahrt werden [5]. Durch viel H_2O wird sie zu verschiedenen Manganoxidhydraten, $MnSO_4$ und H_2SO_4 zersetzt [1]. Die Reaktionsenthalpie bei der Hydrolyse wird mit −32.1 kcal/mol angegeben [11]. In konzentriertem HNO_3 ist $Mn_2(SO_4)_3$ unlöslich, es löst sich in konzentriertem HCl mit brauner Farbe; die Lösung entwickelt beim Erwärmen Cl_2-Gas [5]. In kaltem konzentriertem H_2SO_4 bleibt $Mn_2(SO_4)_3$ unverändert [1, 5]. Beim Erwärmen löst es sich in H_2SO_4 von mehr als 72.25 Gew.-% [3], wobei sich die Lösung violett färbt [1, 2, 10]. Die Löslichkeit L bei 16°C wird durch Verdünnen von konzentrierten Lösungen von $Mn_2(SO_4)_3$ in konzentriertem H_2SO_4 mit H_2O ermittelt:

L in g $Mn_2(SO_4)_3$ je 100 g Lösung . . .	0.017	0.011	0.008	0.016	0.048	0.075
$[H_2SO_4]$ in g je 100 g Lösung	96.8	91	85	80.1	76.7	75.3

Bei 87 Gew.-% H_2SO_4 wird das Löslichkeitsminimum von $Mn_2(SO_4)_3$ mit etwa 0.007 g/100 g Lösung gefunden [2]. In Lösungen mit weniger als 72.25 Gew.-% H_2SO_4 wird das saure Hydrat $Mn_2(SO_4)_3 \cdot H_2SO_4 \cdot nH_2O$ gebildet und bei noch geringerer Konzentration setzt sofort Hydrolyse

ein [1, 3, 5]. — Mit NH_3-Gas (3 atm) wird farbloses $Mn_2(SO_4)_3 \cdot 12NH_3$ gebildet. Mit wasserfreiem Pyridin entsteht beim Erhitzen im geschlossenen Gefäß auf 100°C kakaobraunes $Mn_2(SO_4)_3 \cdot C_5H_5N$. Mit KNH_2 reagiert $Mn_2(SO_4)_3$ nicht [4]. Gegen organische Substanzen verhält es sich wie ein Gemisch von MnO_2 und H_2SO_4. Beim Erwärmen wird die Einwirkung heftiger und beim raschen Erhitzen erglüht die Masse und verspritzt [5].

Literatur:

[1] B. Franke (J. Prakt. Chem. [2] **36** [1887] 451/68, 457/61). — [2] L. Domange (Bull. Soc. Chim. France [5] **4** [1937] 594/7, **6** [1939] 1452/9, 1453/4). — [3] G. Brauer (Handbuch der Präparativen Anorganischen Chemie, 2. Aufl., Bd. 2, Stuttgart 1962, S. 1280/1). — [4] K. W. Weber (Diss. Bonn 1952, S. 49; Jahrb. Diss. Bonn **2** [1952] 67). — [5] L. Carius (Liebigs Ann. Chem. **98** [1856] 53/66).

[6] C. M. French, J. P. Howard (Trans. Faraday Soc. **52** [1956] 712/6). — [7] Badische Anilin- u. Soda-Fabrik (D. P. 163813 [1903/05]; C. **1905** II 1398/9). — [8] M. Sem (Diss. Darmstadt T. H. 1913, S. 28). — [9] B. Singh, S. S. Sahota, B. C. Verma (Res. Bull. Panjab Univ. [2] **10** [1959] 261/6, 262; C. A. **1960** 24096). — [10] U. Wannagat, E. M. Horn, G. Valk, F. Höfler (Z. Anorg. Allgem. Chem. **340** [1965] 181/8, 185).

[11] G. Beck (Z. Anorg. Allgem. Chem. **174** [1928] 31/41, 40/1).

8.6.25 $Mn_2(SO_4)_3 \cdot H_2SO_4 \cdot nH_2O$ (n = 2 bis 9)

$Mn_2(SO_4)_3 \cdot H_2SO_4 \cdot nH_2O$

$Mn_2(SO_4)_3 \cdot H_2SO_4 \cdot 6H_2O$ bildet sich, wenn zu der Lösung von $Mn_2(SO_4)_3$ in konzentriertem H_2SO_4 soviel H_2O zugegeben wird, daß die H_2SO_4-Konzentration 70 Gew.-% beträgt (vgl. S. 172). Das unter Wärmeentwicklung gebildete Hydrat wird auf einer Glasfritte abgesaugt und zunächst auf einem Tonteller, danach im Exsikkator über P_2O_5 getrocknet. H_2SO_4 wird durch Dekantieren mit wasserfreiem Aceton entfernt, dann wird mit absolutem Äther gewaschen und im Vakuum getrocknet [1], s. auch [2]. Die Verbindung entsteht auch aus $KMnO_4$ und konzentrierter Schwefelsäure analog wie bei $Mn_2(SO_4)_3$ beschrieben, nur daß nicht auf Temperaturen über 100°C erhitzt wird [3], s. auch [4]. Sie bildet sich beim Erhitzen berechneter Mengen von MnO_2, $MnSO_4$ und einem Überschuß von konzentriertem H_2SO_4 [5]. — Bei der Elektrolyse von $MnSO_4$ in 14 bis 16 normaler Schwefelsäure unter Verwendung einer Mn-Anode mit einer Spannung von 3.1 bis 3.3 V und einer Stromdichte von 4 bis 5 A/cm^2 fällt die Verbindung aus, sobald die Konzentration an Mn^{III} 7 bis 8 g/l überschreitet [6], s. auch [7]. Gibt man zu der Mischung des bei der Elektrolyse in 70%igem H_2SO_4 ausgefallenen schwarzen Niederschlags (vermutlich $Mn(SO_4)_2$, s. S. 177) und der Mutterlauge stöchiometrische Mengen von $MnSO_4$-Lösung, so fällt durch Disproportionierung nach $Mn^{IV} + Mn^{II} \rightarrow 2Mn^{III}$ die Verbindung als roter Niederschlag aus [6]. Die bei der Elektrolyse einer $MnSO_4$-Lösung in 70%igem H_2SO_4 mit Mn-Anode erhaltene Mn^{IV}-haltige Lösung zersetzt sich unter Sauerstoffabgabe, wobei Mn^{III} gebildet wird. Bei vermindertem Druck ist die Sauerstoffabgabe so heftig, daß die Lösung zu sieden scheint und in kurzer Zeit zu $Mn_2(SO_4)_3 \cdot H_2SO_4 \cdot 8H_2O$ erstarrt [8], s. auch [6]. Die Kristalle werden abgesaugt, mit konzentriertem HNO_3 gewaschen und auf einem Tonteller über KOH im Vakuum getrocknet [9]. Zur chemischen und elektrolytischen Oxidation von Mn^{II} zu Mn^{III} s. auch „Mangan" B, S. 280/3 bzw. 381/6.

Die unterschiedlichen Kristallwassergehalte n werden von Kharabadze [6] auf verschiedene Behandlung der Niederschläge zurückgeführt:

Herstellung und Behandlung	n	Lit.
$KMnO_4 + H_2SO_4$, auf Tonteller getrocknet	9	[4]
elektrolytisch	8	[6, 8]
$Mn_2(SO_4)_3$ + Schwefelsäure über P_2O_5 getrocknet, mit Aceton und Äther gewaschen	6	[1]
$KMnO_4 + H_2SO_4$, mit Alkohol gewaschen, bei 100°C getrocknet	4	[3]
$MnO_2 + H_2SO_4$ im Überschuß	2	[5]

$Mn_2(SO_4)_3 \cdot H_2SO_4 \cdot nH_2O$

Die Verbindung fällt in Form von rhombenförmigen verzwillingten Blättchen [6, 7] an, dagegen erhält Domange [1] hexagonale Lamellen. Die Kristalle sind dunkelrot, fast schwarz [9], bordeauxrot [6] oder braun [1, 3] gefärbt. Sie sind optisch zweiachsig, Achsenwinkel annähernd 57°24′ [7].

Die Verbindung zersetzt sich beim Erhitzen auf 140°C zu $Mn_2(SO_4)_3$, H_2SO_4 und H_2O [10], s. auch [3, 6], im Vakuum beim Erhitzen auf 190 bis 200°C [1]. Durch H_2O wird sie hydrolysiert [3, 4], s. auch [1]. In Pyrophosphatlösung löst sie sich mit violetter Farbe [6].

In den bordeauxroten schwefelsauren Lösungen ist die Löslichkeit L bei 16°C von der Konzentration der Schwefelsäure wie folgt abhängig:

L in g Mn^{III}-Sulfat je 100 g Lösung . . .	0.111	0.056	0.045	0.059	0.137	0.517
$[H_2SO_4]$ in g je 100 g Lösung	75	73	69.8	64.2	59.4	54.2

Das Salz ist in Lösungen mit 75.15 bis etwa 52 Gew.-% H_2SO_4 stabil. Sein Löslichkeitsminimum liegt bei etwa 70 Gew.-% H_2SO_4, bei 52°C ist es in Schwefelsäure von 69.8 Gew.-% etwa 6.2 mal löslicher als bei 16°C. Bei H_2SO_4-Konzentrationen unterhalb 52 Gew.-% hydrolysiert das saure Mangan(III)-sulfat vollständig (s. unten) [1].

Literatur:

[1] L. Domange (Bull. Soc. Chim. France [5] **6** [1939] 1452/9; Compt. Rend. **208** [1939] 284/5). — [2] G. Brauer (Handbuch der Präparativen Anorganischen Chemie, 2. Aufl., Bd. 2, Stuttgart 1962, S. 1280/1). — [3] B. Franke (J. Prakt. Chem. [2] **36** [1887] 451/68, 453). — [4] É. Frémy (Compt. Rend. **82** [1876] 475/6, 1231/7). — [5] A. R. J. P. Ubbelohde (J. Chem. Soc. **1935** 1605/7).

[6] N. I. Kharabadze (Elektrokhim. Margantsa Akad. Nauk Gruz. SSR **2** [1963] 255/65; C. A. **62** [1965] 4906). — [7] J. Beltrán Martínez, B. Ridriguez Rios (Anales Real Soc. Espan. Fis. Quim. [Madrid] B **45** [1949] 519/32, 528; C. A. **1949** 8910). — [8] M. Sem (Z. Elektrochem. **21** [1915] 426/37, 427). — [9] F. Weckbach (Diss. München T. H. 1910, S. 44/7). — [10] M. Sem (Diss. Darmstadt T. H. 1913).

Aqueous Solution of $Mn_2(SO_4)_3$

8.6.26 Wäßrige Lösung von $Mn_2(SO_4)_3$

In Schwefelsäure von mehr als 75 Gew.-% bilden sich violette Lösungen, zwischen 75 und 52 Gew.-% H_2SO_4 sind die Lösungen bordeauxrot gefärbt und unterhalb 52 Gew.-% H_2SO_4 tritt rasch Hydrolyse ein, s. „Mangan“ B, S. 371. Die Hydrolyse wird durch Gegenwart von Mangan(II)-Ionen stark verzögert [1]. Außer durch die bei $Mn_2(SO_4)_3$ und $Mn_2(SO_4)_3 \cdot H_2SO_4 \cdot nH_2O$ (s. S. 172 und 173) beschriebenen Verfahren kann eine Lösung auch durch Umsetzung von $KMnO_4$ mit $MnSO_4$ in Schwefelsäure erhalten werden [2, 3], wobei jedoch Mangan(IV)-oxidhydrat als Nebenprodukt ausfällt [4]. Eine 0.05 N $Mn_2(SO_4)_3$-Lösung kann durch Oxidation einer $MnSO_4$-Lösung mit 0.5 N $KMnO_4$-Lösung nur dann hergestellt werden, wenn die Konzentration an H_2SO_4 wenigstens 4molar ist. Die Lösung wird sofort filtriert und im Dunkeln aufbewahrt [30].

Konstitution der Lösung. Zur Erklärung des optischen Verhaltens (s. unten) und der Kinetik katalysierter Redoxreaktionen (mit Hg^I und p-Anisidin) wird bei H_2SO_4-Konzentrationen bis 10 mol/l die Bildung des Komplexes $MnHSO_4(H_2O)_5^{2+}$ angenommen [6, 7] (gestützt auf Untersuchungen von $KMnO_4$ in reinem H_2SO_4 [8]). Die Stabilitätskonstante beträgt bei der Ionenstärke I = 5 und 23°C $\beta_1 = [MnHSO_4(H_2O)_5^{2+}]/([Mn(H_2O)_6^{3+}][HSO_4^-]) = 1.87 \pm 0.15$. Sie ist unter diesen Bedingungen unabhängig von der Acidität, hängt aber folgendermaßen von I ab:

β_1	1.20	1.63	1.87	2.50	3.75
Ionenstärke I	2.7	4.3	5.0	6.6	8.2

Oberhalb 10 mol H_2SO_4/l wird auf die Bildung des Komplexes $Mn(HSO_4)_2(H_2O)_4^+$ geschlossen [6, 7]. Überführungsmessungen in etwa 6 N H_2SO_4-Lösung deuten auf einen negativ geladenen

Komplex [2]. Aus der adiabatischen Kompressibilität (s. unten) wird im Konzentrationsbereich bis 1.5 mol/l und 28°C auf eine Hydratationszahl von 36.13 geschlossen [32].

Mechanische Eigenschaften. Aus Ultraschalluntersuchungen mit 1.4 MHz bei 28°C folgt, daß die adiabatische Kompressibilität β (in 10^{-11} m^2/N) mit steigender Konzentration zunächst flach bis auf β ≈ 42 bei 0.1 mol/l und dann steiler linear bis auf β ≈ 26 bei 1.0 mol/l fällt. Einen analogen Verlauf zeigt die Schallgewindigkeit u (in m/s), die mit zunehmender Konzentration zunächst flach auf u ≈ 1550 bei 0.1 mol/l und dann steiler linear bis auf u ≈ 1800 bei 1.5 mol/l ansteigt [32].

Optische Eigenschaften. Die schwefelsauren Lösungen zeigen eine breite schwache Bande bei etwa 12000 cm^{-1} und eine scharfe intensive bei etwa 20000 cm^{-1}. Unter Annahme von oktaedrischer Koordination um das Mn^{3+}-Ion mit O_h-Symmetrie werden die Banden den Übergängen $^5E_g \rightarrow {}^3T_{1g}(H)$ bzw. $^5E_g \rightarrow {}^5T_{2g}$ zugeordnet [5], bei tetragonal verzerrter Oktaederkoordination mit D_{4h}-Symmetrie den Übergängen $^5B_{1g} \rightarrow {}^5A_{1g}$ bzw. $^5B_{1g} \rightarrow {}^5B_{2g}$, s. dazu „Mangan" B, S. 191. Die dritte, theoretisch im nahen UV-Gebiet erwartete Bande ($^5B_{1g} \rightarrow {}^5E_g$) wird von einer starken Charge-Transfer-Bande überdeckt [6]. Wannagat u. a. [1] finden bei einer 10^{-4} molaren Lösung von 80 Gew.-% H_2SO_4 eine Bande bei etwa 34000 cm^{-1} (295 nm). — Die Lage der Bande bei etwa 20000 cm^{-1} verschiebt sich bei einer 10^{-3} molaren Lösung mit steigender H_2SO_4-Konzentration zu größeren Wellenlängen:

Lage des Bandenmaximums in nm . . .	489	492	510	528	547
$[H_2SO_4]$ in Gew.-%	15	25	40	80	96

[1], s. auch [6]. In 3 molarem H_2SO_4 tritt die Bande bei 20600 cm^{-1} (ε = 100), in H_2SO_4 von 98 Gew.-% bei 18400 cm^{-1} (ε = 130) auf, während die schwache Bande bei 12200 cm^{-1} (ε = 12) bzw. als Schulter bei 12000 cm^{-1} beobachtet wird [5]. Die Intensität der Bande bei etwa 20000 cm^{-1} nimmt bis zu einer Konzentration von 10 mol H_2SO_4/l zu und bei weiterer Konzentrationserhöhung wieder ab [6].

Chemisches Verhalten. Die in 8N H_2SO_4 aus $KMnO_4$ erhaltene Lösung zersetzt sich beim Aufbewahren im Dunkeln nur anfänglich etwas, im Tageslicht jedoch schnell und vollständig [9]. Die in 6N H_2SO_4 aus $MnSO_4$ und $KMnO_4$ erhaltene Lösung disproportioniert im Tageslicht zu Mn^{II} und Mn^{IV} [2, 10]; sie ist jedoch in 10 bis 11 N H_2SO_4, die fünfmal soviel $MnSO_4$ wie $Mn_2(SO_4)_3$ enthält, 2 bis 3 Wochen bei 20 bis 25°C beständig [7], s. auch [1, 30]. Eine 0.01 N Lösung mit 4 M H_2SO_4 und 0.1 M $MnSO_4$ zersetzt sich bei 60°C innerhalb 8 h zu 1.1 %, während bei 80°C innerhalb 1 h Mangan(IV)-oxidhydrat ausfällt [30]. Für die Disproportionierung in elektrolytisch nach Sem [31] hergestellten Mangan(III)-sulfatlösungen mit 0.05 g-Atom Mangan in 15N H_2SO_4 wird bei 12°C für das Gleichgewicht $Mn_2(SO_4)_3 \rightleftharpoons MnSO_4 + Mn(SO_4)_2$ die Gleichgewichtskonstante K = 0.0053 ermittelt [11]. $K_4Fe(CN)_6$ und $K_3Fe(CN)_6$ reagieren mit Mangan(III)-sulfatlösung, wie durch amperometrische Titration nachgewiesen wird, zu $Mn^{III}Fe^{III}(CN)_6$ [12]. Zur Oxidation organischer Verbindungen kann elektrolytisch in Schwefelsäure erhaltene Mangan(III)-sulfatlösung benutzt werden [13 bis 16]. Zur Oxidation von organischen Säuren s. [17 bis 20], von Acetaldehyd s. [21], von Ketonen s. [22 bis 27], von 3-Chlortoluol zu 3-Chlorbenzaldehyd s. [28], von Glycin und Alanin s. [29].

Literatur:

[1] U. Wannagat, E. M. Horn, G. Valk, F. Höfler (Z. Anorg. Allgem. Chem. **340** [1965] 181/8). — [2] A. R. J. P. Ubbelohde (J. Chem. Soc. **1935** 1605/7). — [3] A. I. Vogel (A Text Book of Quantitative Inorganic Analysis Including Elementary Instrumental Analysis, 2. Aufl., Longmans, Green & Co., London 1968, S. 327/8). — [4] I. M. Kolthoff, R. Belcher (Volumetric Analysis, Bd. 3, Interscience Publishers, New York-London 1957, S. 648/9). — [5] J. A. Duffy, W. J. D. MacDonald (J. Chem. Soc. A **1970** 977/80).

[6] V. P. Goncharik, L. P. Tikhonova, K. B. Yatsimirskii (Zh. Neorgan. Khim. **18** [1973] 1248/54; Russ. J. Inorg. Chem. **18** [1973] 658/62). — [7] K. B. Yatsimirskii, L. P. Tikhonova, V. P. Goncharik,

G. V. Kudinova (Chem. Anal. [Warsaw] **17** [1972] 789/802, 790; C. A. **78** [1973] Nr. 92196). — [8] H. C. Mishra, M. C. R. Symons (J. Chem. Soc. **1962** 4411/7). — [9] B. Singh, S. S. Sahota, B. C. Verma (Res. Bull. Panjab Univ. [2] **10** [1959] 261/6, 262; C. A. **1960** 24096). — [10] R. Belcher, T. S. West (Anal. Chim. Acta **6** [1952] 322/32).

[11] G. Grube, K. Hubrich (Z. Elektrochem. **29** [1923] 8/17). — [12] W. U. Malik (J. Indian Chem. Soc. **38** [1961] 303/12, 312). — [13] B. B. Dey, R. Krishna Maller (J. Sci. Ind. Res. [India] B **12** [1953] 255/61; C. A. **1953** 12056). — [14] M. S. Venkatachalapathy, R. Ramaswamy, H. V. K. Udupa (Bull. Acad. Polon. Sci. Ser. Sci. Chim. Geol. Geograph. **7** Nr. 9 [1959] 629/33; Ref. Zh. Khim. **1960** Nr. 76520). — [15] R. Ramaswamy, M. S. Venkatachalapathy, H. V. K. Udupa (J. Electrochem. Soc. **110** [1963] 202/4).

[16] J. Barek, A. Berka, I. Prochazkova (Talanta **21** [1974] 157/61). — [17] M. A. Beg, F. Ahmad (J. Indian Chem. Soc. **44** [1967] 947/50). — [18] F. Ahmad, M. A. Beg (Z. Physik. Chem. [Leipzig] **241** [1969] 160/8). — [19] M. A. Beg, F. Ahmad (Z. Physik. Chem. [Leipzig] **243** [1970] 89/94). — [20] T. J. Kemp, W. A. Waters (J. Chem. Soc. **1964** 1489/93).

[21] M. S. Murdia, R. Shanker, G. V. Bakore (Z. Naturforsch. **29b** [1974] 691/3). — [22] K. K. Banerji, P. Nath, G. V. Bakore (Indian J. Chem. **8** [1970] 337/8). — [23] K. K. Banerji, P. Nath, G. V. Bakore (Bull. Chem. Soc. Japan **43** [1970] 2027/9). — [24] K. K. Banerji, P. Nath, G. V. Bakore (Z. Naturforsch. **26b** [1971] 30/1, 318/9). — [25] P. Nath, K. K. Banerji (Can. J. Chem. **48** [1970] 2414/5).

[26] V. P. Kudesia (Ciencia Cult. [Sao Paulo] **23** [1971] 225/7; C. A. **76** [1972] Nr. 71746). — [27] P. Nath, K. K. Banerji (Current Sci. [India] **39** [1970] 369/70). — [28] S. Chidambaram, M. S. V. Pathy, H. V. K. Udupa (J. Electrochem. Soc. India **17** [1968] 95/6). — [29] M. A. Beg, Kamaluddin (Acta Chim. Acad. Sci. Hung. **86** [1975] 65/72). — [30] J. Barek, A. Berka, J. Korečková (Chim. Anal. [Warsaw] **20** [1975] 749/53; C. A. **84** [1976] Nr. 69073).

[31] M. Sem (Diss. Darmstadt T. H. 1913, S. 28). — [32] M. S. Murty, B. Krishnamurty (Indian J. Phys. **37** [1963] 359/67).

Manganese Oxide Sulfates

8.6.27 Manganoxidsulfate

8.6.27.1 $MnO_x(SO_4)_y$

$MnO_x(SO_4)_y$

Zur Darstellung wird α- oder γ-MnS an der Luft auf Temperaturen oberhalb 400 bis etwa 600°C erhitzt [1, 2, 3]. Aus α-MnS entstehen braune Präparate der Zusammensetzung $MnO_{0.6}(SO_4)_{0.6}$, während die aus γ-MnS reicher an Oxidsauerstoff sind: $MnO(SO_4)_{0.4}$ bis $MnO_{0.7}(SO_4)_{0.5}$. Bei Temperaturen unterhalb 400°C enthalten die Präparate noch Sulfid, beispielsweise $MnO_{0.3}S_{0.6}(SO_4)_{0.2}$ bei 200°C und α-MnS als Ausgangssubstanz [3]. — Tabelle der röntgenographischen d-Werte s. [1, 3]. Die Konstitution der Verbindungen als Oxidsulfate (und nicht als Oxidsulfide) geht aus der chemischen Analyse [3], dem IR- [2, 3] sowie dem UV-Reflexionsspektrum hervor. Die Absorptionskante liegt bei 2.6 eV. Die pyknometrischen Dichten liegen zwischen 3.41 und 3.68 g/cm³. — Die Präparate sind in kaltem und heißem Wasser kaum löslich. Sie lösen sich in Salzsäure (D = 1.19 g/cm³) zu einer grünen, in heißer Schwefelsäure (D = 1.84 g/cm³) zu einer violetten Lösung, nicht dagegen in heißer oder kalter Salpetersäure (D = 1.49 g/cm³). In wäßriger NH_3-Lösung tritt eine teilweise Zersetzung unter Abscheidung von Manganhydroxid ein [3].

Literatur:

[1] S. S. Batsanov, L. T. Gorogotskaya (Zh. Neorgan. Khim. **4** [1959] 62/70; Russ. J. Inorg. Chem. **4** [1959] 24/7). — [2] S. S. Batsanov, V. P. Kazakov, S. S. Derbeneva (Zh. Neorgan. Khim. **12** [1967] 1417/22; Russ. J. Inorg. Chem. **12** [1967] 749/52). — [3] S. S. Batsanov, O. I. Ryabinina, K. F. Obzherina, S. S. Derbeneva (Izv. Akad. Nauk SSSR Ser. Khim. **1968** 8/14; Bull. Acad. Sci. USSR Div. Chem. Sci. **1968** 6/11).

8.6.27.2 $Mn_2O(SO_4)_2$

$Mn_2O(SO_4)_2$

Die Verbindung bildet sich bei der Oxidation von $MnSO_4$ an der Luft bei 380°C (als Ausgangssubstanz dient $MnSO_4 \cdot 5H_2O$). Sie ist bis 800°C beständig. Beim Erhitzen auf 1090 bis 1100°C wird sie unter SO_3-Verlust zu Mn_3O_4 zersetzt, B. Lóránt (Z. Anal. Chem. **219** [1966] 256/71, 261/2).

8.6.27.3 Weitere Oxidsulfate

Other Oxide Sulfates

Ein Oxidsulfat der Zusammensetzung $2MnSO_4 \cdot MnO \cdot 3H_2O$ soll entstehen, wenn eine kochende $MnSO_4$-Lösung mit einer NaOH- oder KOH-Lösung im Unterschuß versetzt wird. Der anfänglich weiße voluminöse Niederschlag wandelt sich während des Kochens in rosafarbige rhombische Prismen um. Sie verändern sich an der Luft, sind aber bis 200°C stabil. Bei höheren Temperaturen entsteht Mn_3O_4 [1]. Nach neueren Untersuchungen entsteht die als $2MnSO_4 \cdot Mn(OH)_2$ formulierte Verbindung auch, wenn die Lösungen bei Raumtemperatur vereinigt und anschließend gekocht werden [2]. Mit den Sulfaten von Na, K und Ammonium bildet das Oxidsulfat Doppelverbindungen [3]. Feitknecht [4] erhält durch Hydrolyse mit unterschüssiger Natronlauge oder mit MgO schwach bräunlich gefärbte, hexagonale Blättchen, deren Zusammensetzung nicht angegeben wird. Pulverdiagramm s. Original [4]. Bei neueren Untersuchungen im System $MnSO_4$-NaOH-H_2O werden keine Oxid- oder Hydroxidsulfate gefunden [5]. Zum Oxidsulfat $MnSO_4 \cdot 2HgO$ s. S. 244.

Literatur:

[1] A. Gorgeu (Compt. Rend. **94** [1882] 1425/7). — [2] J. Heubel (Ann. Chim. [Paris] [12] **4** [1949] 699/744, 704). — [3] A. Gorgeu (Compt. Rend. **95** [1882] 82/4). — [4] W. Feitknecht (Helv. Chim. Acta **16** [1933] 427/54, 449). — [5] N. N. Mironov, A. N. Vdovina, L. M. Trofimova (Tr. po Khim. i Khim. Tekhnol. **1962** 311/5 nach C. A. **59** [1963] 12393).

8.6.28 Mangan(IV)-sulfat $Mn(SO_4)_2$ (?)

Manganese(IV) Sulfate(?)

Zur Herstellung wird nach einem Patent der BASF [1] $MnSO_4 \cdot 4H_2O$ (66.9 g) in 200 ml Schwefelsäure von 55 Gew.-% bei 50 bis 60°C eingerührt und zunächst rasch, später langsam feingepulvertes $KMnO_4$ (31.6 g) zugegeben. Aus der tiefschwarzen Flüssigkeit scheidet sich beim Erkalten ein Pulver aus, das als $Mn(SO_4)_2$ angesehen wird. Es wird abgesaugt und auf Tonplatten über konzentriertem H_2SO_4 getrocknet [2]. Nach einem anderen Verfahren wird wasserfreies MnO_2 unter Feuchtigkeitsausschluß in einem Überschuß von Dimethylsulfat bei tiefer Temperatur umgesetzt und unter Rühren vorsichtig erhitzt. Das abgesetzte Sulfat wird abfiltriert, mit absolutem Äther gewaschen und unter Luftabschluß über H_2SO_4 getrocknet [3]. $Mn(SO_4)_2$ ist ein schwarzer fester Körper [1, 2], von dem Sem [4] glaubt, daß es ein basisches Sulfat sei. Es löst sich in der Kälte in 40- bis 70%iger Schwefelsäure mit tiefbrauner Farbe; beim Verdünnen der Lösung mit Wasser wird es hydrolysiert [1, 2]. Im Exsikkator ist es bei Zimmertemperatur etwa 24 h haltbar [1].

Literatur:

[1] Badische Anilin- u. Soda-Fabrik (D. P. 163813 [1903/05]; Z. Elektrochem. **11** [1905] 853; C. **1905** II 1398). — [2] G. Brauer (Handbuch der Präparativen Anorganischen Chemie, Stuttgart 1954, S. 1096). — [3] R. Lautié (Bull. Soc. Chim. France **1947** 508/12). — [4] M. Sem (Z. Elektrochem. **21** [1915] 426/37).

8.6.29 Wäßrige Lösung von $Mn(SO_4)_2$

Aqueous Solution of $Mn(SO_4)_2$

Aus den durch Elektrolyse (vgl. hierzu „Mangan" B, S. 280/3) erhaltenen Lösungen läßt sich $Mn(SO_4)_2$ nicht abscheiden und nicht rein darstellen [1, 2], s. auch [3]. Die Lösung kann man auch aus $KMnO_4$-Lösung mit H_2SO_3 oder einem Fe^{II}-Salz oder durch Oxidation von $MnSO_4$ in Schwefelsäure (D = 1.40 bis 1.70 g/cm³) bei 50 bis 60°C durch PbO_2 erhalten, s. auch „Mangan" C 2, S. 169. Sie ist nur bei Konzentrationen von etwa 48 bis 78 Gew.-% H_2SO_4 beständig [4]. Aber selbst

Aqueous Solution of $Mn(SO_4)_2$

in 70%iger Schwefelsäure tritt Zersetzung unter O_2-Abgabe und Bildung von Mn^{III}-Sulfat ein [1]. Gießt man die Lösung in Wasser, so erhält man zuerst eine braune Lösung, aus der plötzlich flockiges Mangan(IV)-oxidhydrat ausfällt. Beim Eingießen in konzentriertere oder rauchende Schwefelsäure zerfällt die Lösung in $MnSO_4$ und Sauerstoff [4]. Bei der Elektrolyse in H_2SO_4 von 50 Gew.-% wird mit einer Mn-Anode unter Verwendung einer zusätzlichen Pt-Anode zur Oxidation des anfangs gebildeten $MnSO_4$ so viel $Mn(SO_4)_2$ in Lösung gebracht, daß die Lösung in 100 ml bis zu 92 g $Mn(SO_4)_2$ enthält. Trotz aller Vorsichtsmaßnahmen scheidet sich hierbei überwiegend $Mn_2(SO_4)_3 \cdot H_2SO_4 \cdot 8H_2O$ (s. S. 173) aus. Wird die schwefelsaure Lösung in überschüssigen Eisessig eingegossen und kräftig geschüttelt, so fällt ein gelbes, voluminöses Pulver aus, das aus $MnSO_4$ und Mangantetraacetat besteht [1].

Literatur:

[1] M. Sem (Z. Elektrochem. **21** [1915] 426/37). — [2] F. Weckbach (Diss. München T. H. 1910, S. 47/8). — [3] N. I. Kharabadze (Elektrokhim. Margantsa Akad. Nauk Gruz. SSR **2** [1963] 255/65, 263; C. A. **62** [1965] 4906). — [4] Badische Anilin- & Soda-Fabrik (D. P. 163813 [1903/05]; Z. Elektrochem. **11** [1905] 853; C. **1905** II 1398).

Sulfates of Manganese in Oxidation States Higher than IV

8.6.30 Sulfate mit Mangan in höheren Oxidationsstufen als IV

Beim Lösen von $KMnO_4$ in konzentrierter Schwefelsäure und Dischwefelsäure (Oleum) entstehen Lösungen von Mangansulfaten, in denen die Oxidationsstufe von Mn auch höher als vier sein kann. Es werden folgende Formeln diskutiert: $(MnO_3)_2SO_4$, MnO_3HSO_4 und $O_3MnO \cdot SO_3H$, Einzelheiten s. „Mangan" C2, S. 168/9.

Systems and Compounds of Manganese Sulfate with Other Sulfates

8.6.31 Systeme und Verbindungen von Mangansulfat mit anderen Sulfaten

With Group Ia Sulfates

8.6.31.1 Mit Sulfaten der 1. Hauptgruppe

The $MnSO_4$-Li_2SO_4 System

8.6.31.1.1 Das System $MnSO_4$-Li_2SO_4

Das Zustandsdiagramm enthält nach visuell-polythermen Untersuchungen nur ein Eutektikum bei 28 Mol-% $MnSO_4$ und 577°C [1] bzw. bei 35 Gew.-% (28.18 Mol-%) $MnSO_4$ und 580°C. Die polymorphe Umwandlung des Li_2SO_4 liegt unterhalb der eutektischen Temperatur bei etwa 565°C. Bei mehr als 85 Gew.-% (80.5 Mol-%) $MnSO_4$ kann wegen der leichten Zersetzlichkeit des $MnSO_4$ keine thermische Analyse durchgeführt werden [2].

Literatur:

[1] D. S. Lesnikh, Z. M. Karmanova (Uch. Zap. Rostovsk. na Donu Gos. Univ. **25** Nr. 7 [1955] 19/23; C. A. **1959** 11974). — [2] G. Calcagni, D. Marotta (Gazz. Chim. Ital. **45** II [1915] 368/76).

The $MnSO_4$-Li_2SO_4-H_2O System

8.6.31.1.2 Das System $MnSO_4$-Li_2SO_4-H_2O

Die in **Fig. 46** wiedergegebene, nach der Restmethode bestimmte Löslichkeitsisotherme bei 25°C zeigt 3 dem Ausscheiden von $Li_2SO_4 \cdot H_2O$, $MnSO_4 \cdot H_2O$ und $MnSO_4 \cdot 5H_2O$ entsprechende Kristallisationszweige. Die in **Fig. 47** wiedergegebenen Kurven für die Dichte D in g/cm³, Viskosität η in cP und den Brechungsindex n der gesättigten Lösungen bei 25°C bestätigen den Verlauf der

Fig. 46 Fig. 47

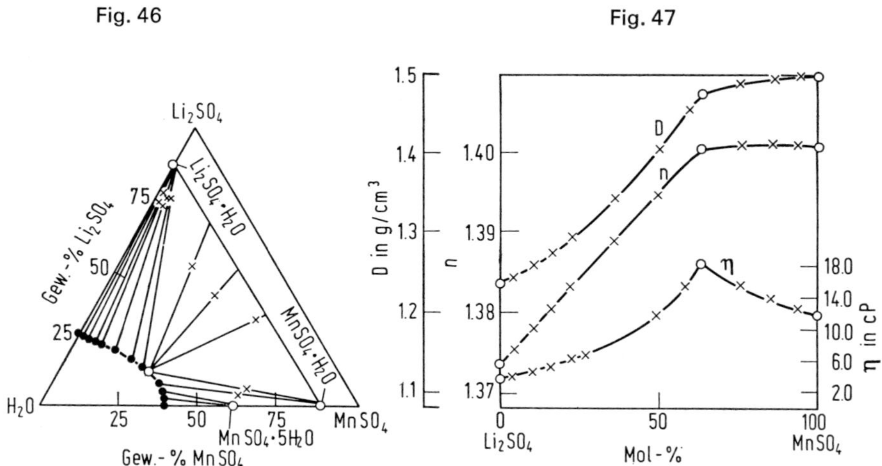

Löslichkeitsisotherme im System $MnSO_4$-Li_2SO_4-H_2O bei 25°C.

Dichte D, Brechungsindex n und Viskosität η von gesättigten wäßrigen $MnSO_4$-Li_2SO_4-Lösungen bei 25°C.

Löslichkeitsisotherme. Einige Werte der gesättigten Lösungen sind in der folgenden Tabelle nach Shevchuk, Maksimenko [1] wiedergegeben:

Gew.-%		Mol-%					
Li_2SO_4	$MnSO_4$	Li_2SO_4	$MnSO_4$	D	η	n	Bodenkörper
25.55	0	100	0	1.2345	3.6370	1.3734	$Li_2SO_4 \cdot H_2O$
19.02	14.50	64.31	35.69	1.3419	7.5590	1.3881	$Li_2SO_4 \cdot H_2O$
12.40	28.63	37.29	62.70	1.4470	18.2591	1.4084	$Li_2SO_4 \cdot H_2O + MnSO_4 \cdot H_2O$
8.13	33.79	24.84	75.16	1.4921	16.6820	1.4130	$MnSO_4 \cdot H_2O$
4.73	36.76	15.02	84.98	1.4960	15.4532	1.4130	$MnSO_4 \cdot 5H_2O$
0	39.40	0	100	1.5084	11.8530	1.4130	$MnSO_4 \cdot 5H_2O$

Die Skala für die η-Werte ist in Fig. 47 auf Grund der Tabellenwerte berichtigt worden. — Anstelle von $MnSO_4 \cdot H_2O$ wird beim Zweisalzpunkt als Bodenkörper $MnSO_4 \cdot 5H_2O$ angegeben [2].

Die Löslichkeitsisotherme bei 50°C zeigt ein einfaches „eutonisches", d. h. in seinem Löslichkeitsdiagramm nur einen Zweisalzpunkt als Schnittpunkt der 2 Kristallisationszweige von $Li_2SO_4 \cdot H_2O$ und $MnSO_4 \cdot H_2O$ aufweisendes, ternäres System. Die Zusammensetzung der mit 2 Salzen bei 50°C gesättigten Lösung (univariantes Gleichgewicht) in Gew.-% (Mol-%) wasserfreies Salz liegt bei etwa 16.27 (42.86) Li_2SO_4 und 21.69 (57.14) $MnSO_4$ mit den Bodenkörpern $Li_2SO_4 \cdot H_2O$ und $MnSO_4 \cdot H_2O$ [3].

Literatur:

[1] V. G. Shevchuk, A. A. Maksimenko (Zh. Prikl. Khim. **45** [1972] 2338/40; J. Appl. Chem. USSR **45** [1972] 2452/4). — [2] A. A. Maksimenko, V. G. Shevchuk (Zh. Neorgan. Khim. **18** [1973] 561/3; Russ. J. Inorg. Chem. **18** [1973] 296/7). — [3] A. A. Maksimenko, V. G. Shevchuk (Zh. Neorgan. Khim. **19** [1974] 539/42; Russ. J. Inorg. Chem. **19** [1974] 291/3).

The $MnSO_4$-Na_2SO_4 System

8.6.31.1.3 Das System $MnSO_4$-Na_2SO_4

Nach thermischen Untersuchungen zeigt das in **Fig. 48** wiedergegebene Zustandsdiagramm auf beiden Seiten begrenzte Mischkristallbildung, ein Eutektikum bei etwa 45 Gew.-% (46.5 Mol-%) Na_2SO_4 und 645°C, die bei etwa 24 Gew.-% Na_2SO_4 und 715°C kongruent schmelzende Verbindung $Na_2SO_4 \cdot 3\,MnSO_4$ und die sich peritektoid bei etwa 420°C und 74 Gew.-% Na_2SO_4 bildende Verbindung $3\,Na_2SO_4 \cdot MnSO_4$. Die Umwandlungstemperatur des reinen Na_2SO_4 bei 235°C wird durch $MnSO_4$ auf etwa 210°C herabgesetzt [1]. Nach neueren Angaben besteht das in **Fig. 49** wiedergegebene Schmelzdiagramm aus einer Reihe von Mischkristallen mit einem Minimum bei 670°C und 38.5 Mol-% Na_2SO_4 (Molverhältnis $2\,Na_2SO_4 : 3\,MnSO_4$). Das schon bei 1000°C dissoziierende feste $MnSO_4$ kann bereits mit einem Zusatz von 4.3 Gew.-% Na_2SO_4 bei 985°C zum Schmelzen gebracht werden; mit steigendem Na_2SO_4-Zusatz erhöht sich die Zersetzungstemperatur, z. B. bei 65.3 Gew.-% Na_2SO_4 bis auf 1225°C, s. die Punkte in Fig. 49 [2].

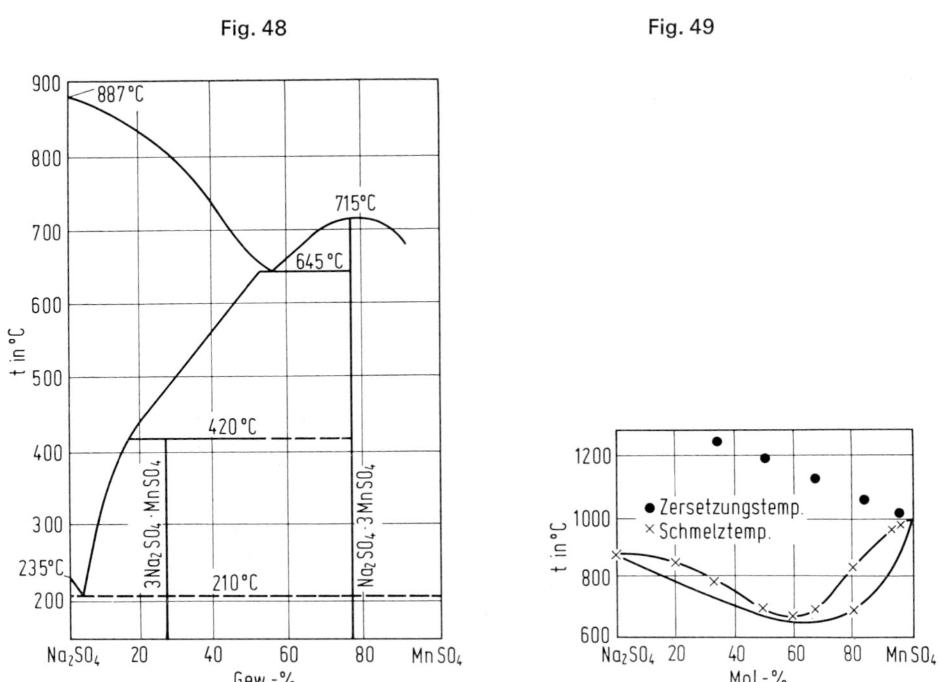

Zustandsdiagramm (links) und Schmelzdiagramm (rechts) des Systems $MnSO_4$-Na_2SO_4.

Na_6-$Mn(SO_4)_4$

8.6.31.1.3.1 $Na_6Mn(SO_4)_4$ (= $3\,Na_2SO_4 \cdot MnSO_4$)

Über das mögliche Auftreten dieser Verbindung s. oben; sie tritt auch als Bodenkörper im System $MnSO_4$-Na_2SO_4-H_2O auf, s. S. 181.

Na_2-$Mn(SO_4)_2$

8.6.31.1.3.2 $Na_2Mn(SO_4)_2$ (= $Na_2SO_4 \cdot MnSO_4$)

Die Verbindung kann durch Reaktion von Na_2SO_4 und $MnSO_4$ im festen Zustand erhalten werden. Sie entsteht durch Erhitzen von $Na_2Mn(SO_4)_2 \cdot 2\,H_2O$ im Vakuum bei 90 bis 135°C oder an der Luft bei 140 bis 275°C [3, 4], s. auch S. 185. — Bildungsenthalpie unter Standardbedingungen: $\Delta H^{\circ}_{298} = -585.5$ kcal/mol [5].

Das durch Erhitzen von $Na_2Mn(SO_4)_2 \cdot 2H_2O$ erhaltene Anhydrid der sogenannten Form I erfährt DTA und röntgenographischen Untersuchungen zufolge eine irreversible allotrope Umwandlung oberhalb von 370°C in eine Form II. Letztere kann nur indirekt durch Hydratation über das Dihydrat in die Form I übergeführt werden. Eine genügend gute Kristallisation erfolgt bei 24stündigem Erhitzen auf 300°C für Form I und 48stündigem Erhitzen auf 400°C für Form II. Netzebenenabstände und relative Intensitäten auf Grund von Debye-Scherrer-Aufnahmen s. Original [3, 4].

Das an der Luft durch Erhitzen des Dihydrats erhaltene Anhydrid (Form II) schmilzt bei 646°C unter langsamer Zersetzung, die schon im festen Zustand bei einer Erhitzungsgeschwindigkeit von 10 oder 2.5 grd/h bei 642 bzw. 620°C beginnen kann. Thermogravimetrische und röntgenographische Untersuchungen der im Vakuum hergestellten Verbindung zeigen, daß diese bei etwa 10^{-5} Torr bis 570°C stabil ist; oberhalb dieser Temperatur zerfällt sie entsprechend $3\,Na_2Mn(SO_4)_2 \rightarrow 3\,Na_2SO_4 + Mn_3O_4 + 3\,SO_2 + O_2$. Die Reaktion ist bei 720°C beendet. Bei 10^{-2} und 5×10^{-1} Torr beginnt der Zerfall bei 610 bzw. 640°C; beim Erhitzen auf 968 und 980°C beträgt der Gewichtsverlust über 6 bzw. 10% mehr als obiger Gleichung entspricht; es bleibt eine glasartige Masse zurück [3, 4].

8.6.31.1.3.3 $Na_2Mn_3(SO_4)_4$ (= $Na_2SO_4 \cdot 3\,MnSO_4$) (?)

Na_2Mn_3-$(SO_4)_4$(?)

Diese Verbindung soll im Zustandsdiagramm auftreten und einen kongruenten Schmelzpunkt haben, s. S. 180.

Literatur:

[1] G. Calcagni, D. Marotta (Gazz. Chim. Ital. **45** II [1915] 368/76). — [2] K. Geissler, E. J. Kohlmeyer (Z. Anorg. Allgem. Chem. **297** [1958] 189/212, 194/5). — [3] L. Cot (Rev. Chim. Minerale **4** [1967] 27/83, 65). — [4] L. Cot, P. Silber (Compt. Rend. C **264** [1967] 439/42). — [5] F. D. Rossini, D. D. Wagman, W. H. Evans, S. Levine, I. Jaffe (Natl. Bur. Std. [U. S.] Circ. Nr. 500 [1952] 479).

8.6.31.1.4 Das System $MnSO_4$-Na_2SO_4-H_2O

The $MnSO_4$-Na_2SO_4-H_2O System

Die Löslichkeitsisothermen bei 0, 25 und 35°C sind von Caven, Johnston [1] (s. Figuren und Tabellen im Original), bei 97°C von Benrath [2], bei 50°C sowie einige Zweisalzpunkte bei 11, 30 und 41°C und Löslichkeitswerte von Doppelsalzen von Benrath [3] ermittelt worden. **Fig. 50**, S. 182, zeigt die nach der Restmethode und Direktanalysen aufgestellte x-m-Polytherme in Parallelprojektion, x = Mol-% Na_2SO_4 (bezogen auf das wasserfreie Salzgemisch), m = mol H_2O je mol wasserfreies Salzgemisch. In Fig. 50 sind die sich gut ergänzenden Werte von Benrath [2, 3] als Kreuze, die von Caven, Johnston [1] als Dreiecke eingezeichnet; die auftretenden Felder können in der Hauptsache als gesichert angesehen werden, vielleicht mit Ausnahme des Pentahydrats $MnSO_4 \cdot 5\,H_2O$, dessen Abgrenzung gegen das Tetrahydrat $MnSO_4 \cdot 4\,H_2O$ noch nicht gelungen ist [3].

Als Bodenkörper treten auf (Abkürzungen in Klammern): $MnSO_4 \cdot H_2O$ (Mn 1), $MnSO_4 \cdot 4\,H_2O$ (Mn 4), $MnSO_4 \cdot 5\,H_2O$ (Mn 5), Na_2SO_4 (Na), $Na_2SO_4 \cdot 10\,H_2O$ (Na 10), die Doppelsalze $Na_2SO_4 \cdot MnSO_4 \cdot 2\,H_2O$ (D 2) und $3\,Na_2SO_4 \cdot MnSO_4$ (D). Zweisalzpunkte (univariante Gleichgewichte), Zusammensetzung der gesättigten Lösungen in Gew.-%, x- und m-Werte bei verschiedenen Temperaturen:

t in °C	11	11	25	25	30
Gew.-% Na_2SO_4	7.52	10.45	19.26	5.09	27.64
Gew.-% $MnSO_4$	33.50	29.0	17.15	36.94	6.40
x	19.28	27.7	—	—	82.1
m	11.93	12.66	—	—	15.43
Bodenkörper	Mn5 + D2	D2 + Na10	D2 + Na10	D2 + Mn4	D + Na10

The $MnSO_4$-Na_2SO_4-H_2O System

t in °C	35	35	41	41	41
Gew.-% Na_2SO_4	27.49	6.62	7.52	18.09	34.38
Gew.-% $MnSO_4$	9.35	34.46	32.38	17.13	2.50
x	—	—	19.86	52.65	93.5
m	—	—	12.55	14.83	13.57
Bodenkörper	D2 + Na	D2 + Mn1	Mn1 + D2	D2 + D	D + Na

t in °C	50	50	97	97	97
Gew.-% Na_2SO_4	17.17	30.2	29.82	14.72	12.64
Gew.-% $MnSO_4$	17.53	2.68	0.68	19.25	22.02
x	51.01	92.1	97.9	44.86	37.82
m	15.32	16.17	18.0	15.89	15.46
Bodenkörper	D2 + D	D + Na	Na + D	D + D2	D2 + Mn1

Werte für 11, 30, 41 und 50°C nach Benrath [3], für 25 und 35°C nach Caven, Johnston [1], für 97°C nach Benrath [2], wo auch Dichtewerte der gesättigten Lösungen für diese Temperatur angegeben werden. — Bei 0°C tritt als Bodenkörper neben $Na_2SO_4 \cdot 10H_2O$ noch $MnSO_4 \cdot 7H_2O$ auf, dagegen nicht das Doppelsalz D2 [1]. Der Zweisalzpunkt $MnSO_4 \cdot 5H_2O$ + $MnSO_4 \cdot H_2O$ bei 25°C liegt bei 3.22 Gew.-% Na_2SO_4 und 37.34 Gew.-% $MnSO_4$ entsprechend x = 8.41, m = 12.26. Bei geradliniger Extrapolation ergibt sich der Dreisalzpunkt (nonvariantes Gleichgewicht) $MnSO_4 \cdot 5H_2O$ + $MnSO_4 \cdot H_2O$ + $Na_2SO_4 \cdot MnSO_4 \cdot 2H_2O$ etwas unterhalb von 24°C [4].

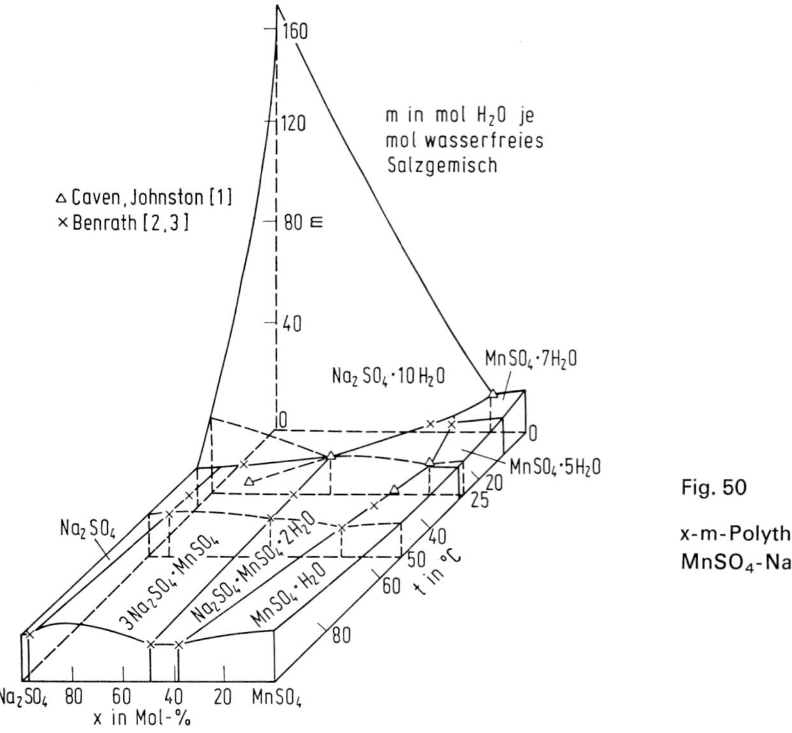

Fig. 50

x-m-Polytherme des Systems $MnSO_4$-Na_2SO_4-H_2O.

Frühere Löslichkeitsuntersuchungen von Schreinemakers, van Prooje [5] ergaben schon die Existenz des Doppelsalzes $3Na_2SO_4 \cdot MnSO_4$. Anstatt des Doppelsalzes $Na_2SO_4 \cdot MnSO_4 \cdot 2H_2O$ wurde jedoch eine Verbindung $9Na_2SO_4 \cdot 10MnSO_4$ angegeben, die nach Benrath [3] nicht besteht. Das Doppelsalz $Na_2SO_4 \cdot MnSO_4 \cdot 2H_2O$ reißt beim Kristallisieren $MnSO_4$ mit, so daß die von Schreinemakers, van Prooje [5] angewandte Restmethode versagt [3]. Daß von Caven, Johnston [1] bei 35°C das Doppelsalz $3Na_2SO_4 \cdot MnSO_4$ nicht gefunden wurde, liegt wohl daran, daß es sich äußerst langsam bildet und bei tieferer Temperatur metastabil ist. Das geht auch aus Löslichkeitsuntersuchungen hervor, wonach eine gesättigte Lösung des bei höherer Temperatur hergestellten Doppelsalzes bei 25°C mit m = 13.38 viel konzentrierter ist, als die Autoren [1] für die gesättigte Lösung der Komponenten des gleichen Mischungsverhältnisses mit m $\approx$ 21 (nach Umrechnung) erhalten [3].

Bei 0, 25 und 35°C wird die Löslichkeit von $MnSO_4$ durch Zugabe von Na_2SO_4 herabgesetzt, diejenige von Na_2SO_4 durch Zugabe von $MnSO_4$ bei 0 und 25°C leicht erhöht, bei 35°C stark herabgesetzt, da hier der Übergang vom Dekahydrat $Na_2SO_4 \cdot 10H_2O$ zum Anhydrid Na_2SO_4 erfolgt (s. Figur im Original) [1]. Weitere Eigenschaften wäßriger Lösungen von $MnSO_4$ und Na_2SO_4 s. S. 135.

Vergleich der 25°C-Isotherme mit der in den Systemen $MnSO_4$-K_2SO_4-H_2O und $MnSO_4$-$(NH_4)_2SO_4$-H_2O sowie in den entsprechenden Systemen der Alkalisulfate mit Zn-, Ni-, Co-, Cu-Sulfaten s. bei Caven [6].

Literatur:

[1] R. M. Caven, W. Johnston (J. Chem. Soc. **1928** 2506/14; J. Roy. Tech. Coll. [Glasgow] **2** [1929] 30/5). — [2] A. Benrath, H. Benrath (Z. Anorg. Allgem. Chem. **179** [1929] 369/78, 374/5). — [3] A. Benrath (Z. Anorg. Allgem. Chem. **183** [1929] 296/300). — [4] A. Benrath (Z. Anorg. Allgem. Chem. **189** [1930] 82/90, 82/5). — [5] F. A. H. Schreinemakers, D. J. van Prooje (Akad. Amsterdam Verslag Wetenschap. **21** [1913] 1367/9).

[6] R. M. Caven (J. Roy. Tech. Coll. [Glasgow] **3** [1934] 218/22).

8.6.31.1.5 $Na_2Mn(SO_4)_2 \cdot n\,H_2O$ (= $Na_2SO_4 \cdot MnSO_4 \cdot nH_2O$), n = 1, 2, 4, 6

$Na_2Mn(SO_4)_2 \cdot nH_2O$

Im System $MnSO_4$-Na_2SO_4-H_2O tritt nur das Doppelsalz $Na_2Mn(SO_4)_2 \cdot 2H_2O$ auf, s. S. 181.

8.6.31.1.5.1 $Na_2Mn(SO_4)_2 \cdot 6\,H_2O$ (= $Na_2SO_4 \cdot MnSO_4 \cdot 6H_2O$)

$Na_2Mn(SO_4)_2 \cdot 6H_2O$

Zur Darstellung wird portionsweise ein etwa 10%iger Überschuß von fein gepulvertem Mn zu einer wäßrigen Lösung von kaltgelöstem $Na_2S_2O_8$, gegebenenfalls unter gelindem Erwärmen, zugegeben. Die Reaktion erfolgt unter Wärmeentwicklung. Die Verbindung kristallisiert beim Eindunsten oder Einengen auf dem Wasserbad aus, O. Aschan (Z. Anorg. Allgem. Chem. **194** [1930] 139/46).

8.6.31.1.5.2 $Na_2Mn(SO_4)_2 \cdot 4\,H_2O$ (= $Na_2SO_4 \cdot MnSO_4 \cdot 4H_2O$)

$Na_2Mn(SO_4)_2 \cdot 4H_2O$

Die Verbindung wird durch Eindunsten einer Lösung der beiden Komponenten bei gewöhnlicher Temperatur hergestellt [1]. Kristalle werden nach einjährigem Stehenlassen der Mutterlauge erhalten, die bei der Bereitung von Chlor (aus Braunstein, NaCl und H_2SO_4, Glühen und Lösen des zurückbleibenden Gemisches, Einengen und Entfernen des entstandenen Na_2SO_4) gewonnen wurde [2]. Der Kristallwassergehalt wird im Gegensatz zu Marignac [1] von Geiger [2] mit $5H_2O$ angegeben.

Die Struktur der prismatischen, nach {001} tafeligen Kristalle ist auf Grund der Morphologie monoklin, a : b : c = 1.344 : 1 : 1.336, β = 99°18′ [3]. — Die blaß rosaroten (nach [1] hellroten) Kristalle lösen sich in etwa 1.2 Teilen siedenden Wassers, zerfließen an feuchter Luft, werden beim Erhitzen weiß und schwammig und schmelzen bei schwacher Rotglut zu einer weißgrauen, noch in H_2O löslichen Masse. Bei starkem Glühen hinterbleibt Mn_3O_4 [2]. Nach DTA-Untersuchungen verliert die Verbindung beim Erhitzen zuerst endotherm 2 mol H_2O unter inkongruentem Schmelzen und Bildung von $Na_2Mn(SO_4)_2 \cdot 2H_2O$; anschließend erfolgt Entwässerung zum Anhydrid, s. S. 185, [4, 5].

Literatur:

[1] C. Marignac (Ann. Mines [5] **9** [1856] 1/52, 20/5). — [2] Ph. L. Geiger (Mag. Pharm. **11** [1825] 27/36). — [3] A. Scacchi (Atti Reale Ist. Incorraggiamento Napoli [2] **4** [1867] 86), s. auch P. Groth (Chemische Krystallographie, 2. Tl., 1908, S. 506). — [4] L. G. Berg, V. P. Kovyrzina (Zh. Neorgan. Khim. **9** [1964] 29/35; Russ. J. Inorg. Chem. **9** [1964] 14/8). — [5] L. G. Berg, V. P. Kovyrzina (Zh. Neorgan. Khim. **12** [1967] 596/601; Russ. J. Inorg. Chem. **12** [1967] 310/3).

$Na_2Mn(SO_4)_2 \cdot 2H_2O$

8.6.31.1.5.3 $Na_2Mn(SO_4)_2 \cdot 2H_2O$ ($= Na_2SO_4 \cdot MnSO_4 \cdot 2H_2O$)

Die Verbindung tritt außer im System $MnSO_4$-Na_2SO_4-H_2O oberhalb 25°C (s. S. 181) auch im System $MnSO_4$-NaCl-H_2O auf (s. S. 267).

Bildung und Darstellung

Die Verbindung soll aus der Mutterlauge des zuerst ausgeschiedenen Tetrahydrats (s. S. 183) nach mehrmonatigem Stehenlassen ausfallen [1]. Sie wurde auch von Marignac [2] nachgewiesen. — Die Darstellung gelingt durch Eindunsten äquivalenter Lösungen der Komponenten oberhalb von 38°C (100°F), am besten bei etwa 54°C (130°F) [3]. Aus der Lösung der entsprechenden einfachen Sulfate $Na_2SO_4 \cdot 10H_2O$ und $MnSO_4 \cdot H_2O$ werden die Kristalle des Doppelsalzes bei 25°C von der Mutterlauge unter vermindertem Druck abfiltriert, mit Aceton gewaschen und im Vakuum oder bei 50°C getrocknet [4].

Bildungsenthalpie unter Standardbedingungen: $\Delta H^\circ_{298} = -732.7$ kcal/mol [5]. Formel zur Berechnung von ΔH°_{298} in kcal/mol für $MnSO_4 \cdot Na_2SO_4 \cdot nH_2O$: $-\Delta H^\circ_{298} = 590.7 + 71\,n$ [6].

Physikalische Eigenschaften

Das Doppelsalz kristallisiert nach Debye-Scherrer-Aufnahmen monoklin, a = 5.815 ± 0.002, b = 12.981 ± 0.001, c = 5.487 ± 0.004 Å, β = 106.05° ± 0.07°; Z = 2; Raumgruppe $P2_1/c$-C^5_{2h} (Nr. 14). Angabe von Netzebenenabständen und relativen Intensitäten s. Original [7].

Röntgendichte D = 2.752 ± 0.003 g/cm³, gemessene Dichte D = 2.741 ± 0.008 g/cm³ [7]; pyknometrisch bestimmte Dichte D = 2.824 g/cm³ [8].

Brechungszahlen $n_\alpha = 1.531$, $n_\beta = 1.545$, $n_\gamma = 1.553$ [8].

Schwingungsspektren. An Nujolsuspensionen von $Na_2Mn(SO_4)_2 \cdot 2H_2O$ und $Na_2Mn(SO_4)_2 \cdot 2D_2O$ werden bei Raumtemperatur und 77 K IR- und Raman-Spektren aufgenommen und in Übereinstimmung mit Röntgenbeugungs- und Kernresonanzdaten gedeutet [9]: Von den Schwingungen des gestörten SO_4-Tetraeders (Site-Symmetrie C_{2v}, Faktorgruppe C^5_{2h}) bestätigen ν_1, ν_2, ν_4 die Site-Symmetrieregeln, d. h. $\nu_1(A_1)$, $\nu_2(E)$ werden IR-aktiv, die Entartung von ν_2 und ν_4 hebt sich auf, $\nu_2(E) \rightarrow A_1 + A_2$, $\nu_4(F_2) \rightarrow A_1 + B_1 + B_2$; die IR-verbotene A_2-Komponente von ν_2 erscheint schwach, vermutlich auf Grund des Einflusses der Mn-O(SO_2)O-Mn- oder der H···O(SO_2)O···H-Bindungen. Die ν_3-Bande zeigt Faktorgruppenaufspaltung in sechs oder fünf Komponenten. Wellenzahlen der Maxima oder Schultern (sh) in cm^{-1}:

	ν_1	ν_2	ν_3			ν_4
IR	988	472, 457	1195, 1165,	1147, 1105,	1090	652, 632, 610
Raman	991	467, 448	1174, 1165(sh),	1132, 1120(sh),	1040	652, 633, 629

Im IR-Spektrum erscheinen die Valenz- und Deformationsschwingungen ν(O-H) bzw. δ(H-O-H), analog für D_2O, die Torsionsschwingung τ (Aufspaltung auf Grund des Kristallfelds) sowie die Schaukelschwingung ρ in und die Nickschwingung γ aus der Molekelebene (in cm^{-1}):

	ν	δ	τ	τ	ρ	γ
H_2O	3200, 3140	1703	836, 803	1590, 1520	748	585
D_2O	2395, 2340	1205	600, 575	—	550	443

Das MnO_6-Oktaeder (vier O-Atome der SO_4-Tetraeder, zwei O-Atome der H_2O-Molekeln) ist stark in einer Richtung deformiert und hat vermutlich D_{2h}-Symmetrie. Die Raman-aktiven Schwingungen ν_1, ν_2, ν_5 und IR-aktiven ν_3, ν_4 werden beobachtet, wobei von entarteten ν_2, ν_4 vollständige und ν_3 partielle Aufhebung der Entartung zeigen. Die langwelligste Schwingung $\nu_6(F_{2u})$ liegt außerhalb des Meßbereichs. Folgende Wellenzahlen (in cm^{-1}) aus IR- und Raman (R)-Spektren werden zugeordnet (Symmetrieklassen für O_h und D_{2h}):

ν_1(R)	ν_2(R)	ν_3(IR)	ν_4(IR)	ν_5(R)
$A_{1g} \rightarrow A_g$	$E_g \rightarrow A_g + B_g$	$F_{1u} \rightarrow B_{1u} + B_{2u} + B_{3u}$		$F_{2g} \rightarrow A_g + B_{2g} + B_{3g}$
358	277, 267	420, 410	293, 284, 274	160

Eine IR-Bande bei 215 cm^{-1} wird als Na-O-Schwingung identifiziert [9]. Zur Klassifikation der SO_4-Tetraeder- und MnO_6-Oktaederschwingungen s. [10].

Chemisches Verhalten

Das Dihydrat ist bis etwa 100°C stabil [4]. Beim Erhitzen an der Luft entsteht bei 137°C das Monohydrat, bei 194°C das Anhydrid, das sich bei 419°C langsam zu zersetzen beginnt und bei 649°C schmilzt [8]. Nach thermogravimetrischen, thermoanalytischen, tensiometrischen und röntgendiffraktometrischen Untersuchungen verliert das Salz bei einer Erhitzungsgeschwindigkeit von 10 grd/h bei 100 bis 130°C ein mol H_2O. Das zweite mol H_2O wird von 140 bis 275°C in zwei Etappen abgegeben: zuerst schnell etwa 0.8 mol H_2O unter Hinterlassen eines röntgenamorphen Rückstands, dann langsam der Rest oberhalb 175°C. Der Beginn jeder Etappe wird durch einen endothermen Effekt markiert. Bei einer Erhitzungsgeschwindigkeit von 9.6 grd/h im Vakuum unter 2×10^{-5} Torr verliert das Salz sein Kristallwasser zwischen 90 und 135°C, ohne daß das Monohydrat auftritt; das gilt auch für Drücke von 10^{-2} und 5×10^{-1} Torr, bei denen die Entwässerung bei 90 bzw. 105°C beginnt [4, 11]. Die Temperatur der Entwässerung unter Bildung des Anhydrids hängt vom äußeren Druck ab, wie folgende Tabelle zeigt:

p in Torr . . .	30	50	100	155	250	400	700
t in °C	167	175	182	185	187	197	200

Aus dem lg p − 1/T-Diagramm nach der Nernst-Gleichung berechnete thermodynamische Funktionen für die Dissoziation $Na_2Mn(SO_4)_2 \cdot 2H_2O \rightleftharpoons Na_2Mn(SO_4)_2 + 2H_2O$ bei der Standardtemperatur 298 K: $\Delta H = 30.215$, $\Delta G = 31.3027$ kcal/mol [12, 13].

Die Verbindung ist in Äthanol, Aceton, Äther und Benzol nur sehr wenig (zu etwa 0.002 bis 0.005%) löslich [8].

Literatur:

[1] Ph. L. Geiger (Mag. Pharm. **11** [1825] 27/36). — [2] C. Marignac (Ann. Mines [5] **9** [1856] 1/52, 20/5). — [3] A. R. Arrott (Phil. Mag. [3] **24** [1844] 502/3; Jahresber. Fortschr. Phys. Wiss. Chem. Mineral. Berzelius **25** [1846] 261). — [4] L. Cot (Rev. Chim. Minerale **4** [1967] 27/83, 31, 62, 66, 72). — [5] F. D. Rossini, D. D. Wagman, W. H. Evans, S. Levine, I. Jaffe (Natl. Bur. Std. [U. S.] Circ. Nr. 500 [1952] 479).

[6] P. G. Maslov (Zh. Fiz. Khim. **33** [1959] 1461/6; Russ. J. Phys. Chem. **33** Nr. 7 [1959] 6/9). — [7] L. Cot, S. Peytavin, M. Maurin (Rev. Chim. Minerale **7** [1970] 551/64, 559). — [8] V. N.

Gorokhova (Mater. Mezhvuz. 1st Nauchn. Teor. Konf. Nauchn. Pedagog. Rab. Aspir. Vyssh. Uchebn. Zavedenii Kirg. SSR Frunze Partii Kirgizii 1966, S. 165/6; C. A. **69** [1968] Nr. 5723). — [9] S. Peytavin, G. Brun, L. Cot, M. Maurin (Spectrochim. Acta A **28** [1972] 1995/2003). — [10] G. Herzberg (Molecular Spectra and Molecular Structure II. Infrared and Raman Spectra of Polyatomic Molecules, Toronto-New York-London 1945, S. 99/101, 121/3).

[11] L. Cot, P. Silber (Compt. Rend. C **264** [1967] 439/42). — [12] L. G. Berg, V. P. Kovyrzina (Zh. Neorgan. Khim. **9** [1964] 29/35; Russ. J. Inorg. Chem. **9** [1964] 14/8). — [13] L. G. Berg, V. P. Kovyrzina (Zh. Neorgan. Khim. **12** [1967] 596/601; Russ. J. Inorg. Chem. **12** [1967] 310/3).

Na_2Mn-$(SO_4)_2\cdot$ H_2O

8.6.31.1.5.4 $Na_2Mn(SO_4)_2\cdot H_2O$ (= $Na_2SO_4\cdot MnSO_4\cdot H_2O$)

Die Darstellung erfolgt durch Erhitzen des Dihydrats (s. S. 184) auf 100 bis 110°C bis zur Gewichtskonstanz. Angabe von Netzebenenabständen und relativen Intensitäten auf Grund von Debye-Scherrer-Aufnahmen s. [1, 2]. Verlust des Kristallwassers beim Erhitzen unter Bildung des Anhydrids s. S. 185.

Literatur:

[1] L. Cot (Rev. Chim. Minerale **4** [1967] 27/83, 64, 72). — [2] L. Cot, P. Silber (Compt. Rend. C **264** [1967] 439/42).

$Na_{12}Mn_7$-$(SO_4)_{13}\cdot$ $15\,H_2O$

8.6.31.1.6 $Na_{12}Mn_7(SO_4)_{13}\cdot 15\,H_2O$ (= $6\,Na_2SO_4\cdot 7\,MnSO_4\cdot 15\,H_2O$)

Darstellung. Das nach Eindampfen einer Lösung der Na- und Mn-Sulfate mit einem leichten Überschuß von $MnSO_4$ bei Temperaturen über 45°C neben den Doppelsulfaten $Na_2Mn(SO_4)_2$ mit 2 und 4 H_2O erhaltene Salz soll der Formel $Na_6Mn_4(SO_4)_7\cdot 8\,H_2O$ entsprechen [1], dem aber nach neueren Untersuchungen und eingehenden Analysen die oben angegebene Formel zukommt. Das Salz erhält man als einzigen Bodenkörper in etwa 1.5 mm großen Kristallen, wenn von einer Lösung der Komponenten im molaren Verhältnis $MnSO_4 : Na_2SO_4 \approx 4:3$ bei 95°C ausgegangen wird [2]. Es wird ferner nach der Verdunstungsmethode bei 90°C synthetisiert [3].

Kristallographische Eigenschaften. Die Verbindung kristallisiert trigonal in kleinen Rhomboedern und ist mit Mg-Löweit ($Na_{12}Mg_7(SO_4)_{13}\cdot 15\,H_2O$) isotyp. Debye-Scherrer- und Weissenberg-Aufnahmen ergeben die Gitterkonstanten a = 19.09 ± 0.05 und c = 13.55 ± 0.05 Å [2] in guter Übereinstimmung mit späteren Einkristalluntersuchungen: a = 19.109 ± 0.003, c = 13.524 ± 0.003 Å, Z = 3; Raumgruppe $R\bar{3}$-C_{3i}^2 (Nr. 148). Die Struktur wurde bis zu R = 6.6% (7.3% bei Einbeziehung der nicht gemessenen Reflexe) verfeinert. Atomparameter, Temperaturfaktoren, interatomare Abstände und Winkel sowie Projektion der Struktur s. im Original. Die Struktur ist zentrosymmetrisch mit lokalen azentrischen Bereichen. In der Struktur sind Gruppen von über Kanten verknüpften Polyedern um Mn, Na, Na, Mn in 6-Koordination durch je zwei SO_4-Tetraeder zu Ketten in c-Richtung verknüpft. Diese verknüpfen je drei Ketten um eine 3_1-Achse herum zu einem hexagonalen Gerüst, in dem Sauerstoffoktaeder um ein weiteres Mn durch SO_4-Tetraeder und über Kanten bzw. Flächen durch Sauerstoffpolyeder um Na in 7-Koordination mit je 6 umgebenden Ketten verknüpft sind. Ein weiteres SO_4-Tetraeder hat 3 gemeinsame Ecken mit je einem Sauerstoff der Polyeder um Na, während die vierte Ecke an kein weiteres Kation-Polyeder gebunden ist. Von Bedeutung ist die statistische Besetzung der Positionen dieses Tetraeders in der Art, daß die Hälfte der S-Positionen nicht besetzt ist und in diesem Falle drei O der tetraedrischen Anordnung durch H_2O ersetzt sind [3].

Literatur:

[1] A. Scacchi (Atti Reale Ist. Incorraggiamento Napoli [2] **4** [1867] 86) nach [2], s. auch P. Groth (Chemische Krystallographie, Tl. 2, 1908, S. 493). — [2] W. Schneider (Z. Anorg. Allgem. Chem. **303** [1960] 113/6). — [3] E. Matzat (Neues Jahrb. Mineral. Abhandl. **113** [1970] 1/12).

8.6.31.1.7 $Na_2Mn_3(OH)_2(SO_4)_3 \cdot 4H_2O$

Na_2Mn_3-$(OH)_2$-$(SO_4)_3 \cdot 4H_2O$

Darstellung und Eigenschaften sind dem entsprechenden Salz $K_2Mn_3(OH)_2(SO_4)_3 \cdot 2H_2O$ (s. S. 198) analog. Die Verbindung verliert jedoch ihr Kristallwasser schon bei 130°C. Sie ist wahrscheinlich mit dem entsprechenden K- und NH_4-Salz nicht isomorph und hat auf Grund analytischer Untersuchungen gegenüber diesen Salzen statt 2 mindestens 3, wahrscheinlich aber 4 mol Kristallwasser, A. Gorgeu (Compt. Rend. **95** [1882] 82/4).

8.6.31.1.8 Das System $MnSO_4$-K_2SO_4

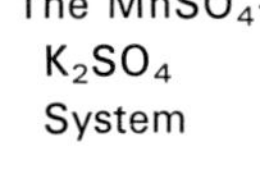

The $MnSO_4$-K_2SO_4 System

Nach thermischer Analyse zeigt das in **Fig. 51** wiedergegebene Zustandsdiagramm beiderseitig begrenzte Mischkristallbildung, ein Eutektikum bei 680°C und etwa 63 Gew.-% (59.6 Mol-%) K_2SO_4 sowie die bei etwa 850°C und 36.59 Gew.-% K_2SO_4 kongruent schmelzende Verbindung $K_2Mn_2(SO_4)_3$. Die Umwandlungstemperatur des K_2SO_4 wird durch $MnSO_4$ von 590°C auf etwa 560°C herabgesetzt [1]. Die Bildung der Verbindung wird durch Abkühlungskurven bestätigt [2].

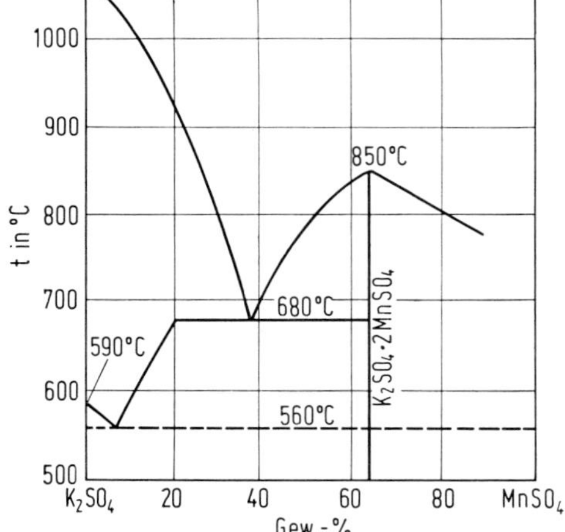

Fig. 51

Zustandsdiagramm des Systems $MnSO_4$-K_2SO_4.

Literatur:

[1] G. Calcagni, D. Marotta (Gazz. Chim. Ital. **45** II [1915] 368/76). — [2] V. S. Ivanov, N. S. Martynova, I. V. Krivousova, I. P. Susarev (Izv. Vysshikh Uchebn. Zavedenii Khim. i Khim. Tekhnol. **18** [1975] 1168; C. A. **83** [1975] Nr. 169032).

8.6.31.1.8.1 $K_2Mn(SO_4)_2$ (= $K_2SO_4 \cdot MnSO_4$)

$K_2Mn(SO_4)_2$

Die Darstellung erfolgt durch Zusammenschmelzen äquimolarer Mengen von $MnSO_4$ und K_2SO_4 [1]. Die Verbindung ist jedoch nach Carobbi, Caglioti [2] aus den Komponenten nicht darstellbar. Sie kommt auch nicht im Zustandsdiagramm (s. oben) vor. — Die Herstellung gelingt durch Entwässern von $K_2Mn(SO_4)_2 \cdot 4H_2O$ und Schmelzen im Platintiegel [3] oder Dehydratisierung unter N_2 und Erwärmen bis 180°C [4]. — Bildungsenthalpie unter Standardbedingungen: $\Delta H^\circ_{298} = -597.7$ kcal/mol [5]. — Bildungswärme aus festem K_2SO_4 und $MnSO_4$, berechnet aus den Lösungswärmen der einzelnen Sulfate und des Doppelsalzes bei etwa 18°C: 0.989 kcal/mol; Lösungswärme 6.38 kcal/mol [6].

Dichte D = 3.031 g/cm³ [3]. — Die spezifische Suszeptibilität ergibt sich bei 18°C zu $\chi = 43.6 \times 10^{-6}$ cm³/g (χ_{mol} = 14180 cm³/mol) [7]. — Zur elektrischen Leitfähigkeit in wäßriger Lösung s. S. 196.

$K_2Mn(SO_4)_2$

Das Salz ist rötlich-weiß. Nach 4 1/2 Monaten Lagern an der Luft absorbiert eine pulverisierte Probe höchstens 0.17% H_2O [1].

Literatur:

[1] F. R. Mallet (J. Chem. Soc. **81** [1902] 1546/51). — [2] G. Carobbi, V. Caglioti (Rend. Accad. Sci. Fis. Mat. Soc. Nazl. Sci. Napoli [3] **30** [1924] 62/5; Gazz. Chim. Ital. **55** [1925] 411/3). — [3] H. Schröder (J. Prakt. Chem. [2] **19** [1879] 266/94, 273, 293). — [4] N. Demassieux, B. Fedoroff (Ann. Chim. [Paris] [11] **16** [1941] 215/36, 215, 230). — [5] F. D. Rossini, D. D. Wagman, W. H. Evans, S. Levine, I. Jaffe (Natl. Bur. Std. [U. S.] Circ. Nr. 500 [1952] 514).

[6] J. Thomsen (J. Prakt. Chem. [2] **18** [1878] 1/63, 36, 49). — [7] E. F. Herroun (Proc. Phys. Soc. [London] **46** [1934] 872/81, 877).

$K_2Mn_2(SO_4)_3$

8.6.31.1.8.2 $K_2Mn_2(SO_4)_3$ (= $K_2SO_4 \cdot 2\,MnSO_4$)

Die Verbindung tritt im $MnSO_4$-K_2SO_4-Zustandsdiagramm auf (s. S. 187), ebenso im System $MnSO_4$-K_2SO_4-H_2O (s. S. 190).

Darstellung

Die Darstellung erfolgt durch Zusammenschmelzen entsprechender Mengen der Komponenten [1, 2] unter Zusatz kleiner Mengen von $(NH_4)_2SO_4$ zur Vermeidung der Zersetzung von $MnSO_4$ und sehr langsames Abkühlen (gut ausgebildete Kristalle) [3] oder schnelles Abkühlen der Schmelze und 15stündiges Glühen bei 500°C [4]. — Eine weitere Darstellungsmöglichkeit der blaßroten [2] bis fleischfarbenen [5] Verbindung ist das Eindampfen wäßriger Lösungen der Komponenten im stöchiometrischen Verhältnis bei 110°C [3] oder bei 120°C [5].

Kristallographische, mechanische und elektrische Eigenschaften

Die Verbindung kristallisiert kubisch im Langbeinit-Typ ($K_2Mg_2(SO_4)_3$), Raumgruppe $P2_13$-T^4 (Nr. 198); Z = 4 [3, 4, 5]. Gitterkonstante in Å: a = 10.1143 [4], a = 10.114 ± 0.004 [5], a = 10.13_9 [6] (aus Pulveraufnahmen), a = 10.014 [3] (aus Einkristallaufnahmen). — Dichte D^{16} = 3.017 g/cm³, bestimmt nach der Schwebemethode mit Benzol + Methylenjodid [3]. Röntgendichte D = 3.057 g/cm³ [4, 5]. — Messungen der Dielektrizitätskonstante nach der Brückenmethode (10 kHz) ergeben $\varepsilon = 8.4$ [7].

Optische Eigenschaften

Wegen der Ähnlichkeit der K-, NH_4- und Rb-Salze werden die optischen Eigenschaften im folgenden zusammen behandelt. Zum Tl-Salz s. S. 249.

Elektro-optischer Effekt, Brechungsindex. Beim Anlegen einer elektrischen Gleichspannung in (111)-Richtung werden die kubischen Kristalle $M_2Mn_2(SO_4)_3$, M = K, NH_4, Rb, optisch einachsig; ein senkrecht zur (111)-Richtung einfallender Lichtstrahl erfährt eine Phasenverzögerung Γ (in rad) = $(\sqrt{3/2})\ (2\pi lU/\lambda d)\ n_0^3 \cdot r_{41}$ (l = Weglänge des Lichtstrahls, λ = Wellenlänge, U = angelegte Spannung, d = Elektrodenabstand, n_0 = Brechungsindex ohne Feld, r_{41} = linearer elektro-optischer Koeffizient oder Pockels-Konstante). Dieser elektro-optische Effekt wird zur Lichtmodulation benutzt. An den aus der Lösung und aus der Schmelze gezogenen Kristallen werden Γ-Werte für λ = 453, 581, 642 nm, U = 500, 1000, 1500 V gemessen und Brechungsindizes für λ = 450 bis 650 nm aus der gemessenen und der scheinbaren Kristallstärke unter dem Mikroskop abgeschätzt (keine λ-Abhängigkeit für n_0 innerhalb der Fehlergrenze) [7]:

Verbindung	$K_2Mn_2(SO_4)_3$	$(NH_4)_2Mn_2(SO_4)_3$	$Rb_2Mn_2(SO_4)_3$
n_0	1.62	1.63	1.60
$10^{10} \cdot n_3^0\, r_{41}$ in cm/V	8.6 ± 0.9	0.70 ± 0.07	7.7 ± 0.8
$10^{10} \cdot r_{41}$ in cm/V	2.0 ± 0.2	0.16 ± 0.02	1.9 ± 0.2

In weißem Licht wird an $K_2Mn_2(SO_4)_3$ ein Brechungsindex von n = 1.572 gemessen [10]. Eine frühere Untersuchung an $(NH_4)_2Mn_2(SO_4)_3$ für λ = 365 bis 790 nm und U = 3000 V ergibt als Durchschnittswert $n_0^3 \cdot r_{41} = 2.5 \times 10^{-10}$ cm/V [8].

Schwingungsspektren. IR-Spektren (4000 bis 40 cm^{-1}) werden an $M_2Mn_2(SO_4)_3$ mit M = K, NH_4, Rb (als Nujolsuspensionen oder Polyäthylenpreßlinge) aufgenommen, die Banden den Schwingungen der SO_4-Tetraeder auf C_1-Gitterplätzen und der MnO_6-Oktaeder auf C_3-Gitterplätzen zugeordnet. Raman-Spektren sind wegen der starken Fluoreszenz nicht zu registrieren. Von den SO_4-Schwingungen (vgl. S. 89, 105) werden $\nu_1(A_1)$, $\nu_2(E)$ IR-aktiv, $\nu_4(F_2)$ zeigt vollständige Aufhebung der dreifachen Entartung; die $\nu_3(F_2)$-Bande spaltet in 3 bis 5 Komponenten auf, dies wird durch Faktorgruppenaufspaltung oder mit Kombinationsbanden von ν_2 und ν_4 erklärt. Folgende Wellenzahlen (in cm^{-1}) sind registriert:

M	ν_1	ν_2	ν_3	ν_4
K	985	465	1081, 1105, 1130	605, 625, 645
NH_4	985	460	1020, 1075, 1111, 1124, 1163	605, 621, 642
Rb	986	460	1041, 1080, 1110	605, 623, 644

Für die MnO_6-Oktaeder (vgl. S. 185) mit C_3-Site-Symmetrie werden zehn IR-aktive Schwingungen erwartet: $\nu_1(A_{1g} \rightarrow A)$, $\nu_2(E_g \rightarrow E)$, $\nu_3(F_{1u} \rightarrow A + E)$, $\nu_4(F_{1u} \rightarrow A + E)$, $\nu_5(F_{2g} \rightarrow A + E)$, $\nu_6(F_{2u} \rightarrow A + E)$. Im Spektrum erscheinen unterhalb von 400 cm^{-1} breite Banden, die stärksten bei 200 bis 250 cm^{-1}:

M	ν in cm^{-1}				
K	breite Banden mit nicht lokalisierbaren Maxima				
NH_4		248, 216	194	140	108
Rb	310		182		102

Anhand einer Normalkoordinatenanalyse (allgemeines Valenzkraftfeld) für die entsprechenden Verbindungen $M_2Mg_2(SO_4)_3$ und $M_2Co_2(SO_4)_3$ ergeben sich alternativ folgende Zuordnungen: 1) $\nu \approx 250$ cm^{-1} ist die antisymmetrische Mn-O-Streckschwingung ν_3, $\nu \approx 200$ cm^{-1} ist die O-M-O-Deformationsschwingung ν_4 (dann läge um 100 cm^{-1} die ν_6-Bande); 2) $\nu \approx 200$ bis 250 cm^{-1} ist die durch Symmetrieerniedrigung aufgespaltene ν_3-Bande, und die Bande bei 150 cm^{-1} ist ν_4 [9].

Chemisches Verhalten

Die Verbindung nimmt an der Luft je nach Feuchtigkeit höchstens 0.26 bis 0.86% H_2O auf [2].

Literatur:

[1] G. Carobbi, V. Caglioti (Rend. Accad. Sci. Fis. Mat. Soc. Nazl. Sci. Napoli [3] **30** [1924] 62/5; Gazz. Chim. Ital. **55** [1925] 411/3). — [2] F. R. Mallet (J. Chem. Soc. **77** [1900] 216/24). — [3] A. Bellanca (Atti Accad. Nazl. Lincei Rend. Classe Sci. Fis. Mat. Nat. [8] **2** [1947] 451/5). — [4] H. F. McMurdie, M. C. Morris, J. de Groot, H. E. Swanson (J. Res. Natl. Bur. Std. A **75** [1971] 435/9). — [5] G. Gattow, J. Zemann (Z. Anorg. Allgem. Chem. **293** [1958] 233/40).

[6] K. Kohler, W. Franke (Z. Anorg. Allgem. Chem. **331** [1964] 27/34). — [7] F. Emmenegger, R. Nitsche, A. Miller (J. Appl. Phys. **39** [1968] 3039/43). — [8] C. F. Buhrer, L. Ho (Appl. Opt. **3** [1964] 314). — [9] R. A. Brown, S. D. Ross (Spectrochim. Acta A **26** [1970] 1149/53). — [10] A. N. Winchell, H. Winchell (The Microscopical Characters of Artificial Inorganic Solid Substances, Academic Press, New York-London 1964, S. 132).

The $MnSO_4$-K_2SO_4-H_2O System

8.6.31.1.9 Das System $MnSO_4$-K_2SO_4-H_2O

Die aus Löslichkeitsuntersuchungen (Restmethode) erhaltenen Gleichgewichtsisothermen für 0 und 25°C von Caven, Johnston [1] sowie eigene für 50, 80 und 97°C und die Festlegung von Zweisalzpunkten für 17.5, 30, 35, 40, 55 und 66°C dienen zur Aufstellung der in **Fig. 52** wiedergegebenen x-m-Polytherme [2]. Als Bodenkörper treten auf (Abkürzungen in Klammern): $MnSO_4 \cdot 7H_2O$ (Mn 7), $MnSO_4 \cdot 5H_2O$ (Mn 5), $MnSO_4 \cdot 4H_2O$ (Mn 4), $MnSO_4 \cdot H_2O$ (Mn 1), K_2SO_4 (K), die

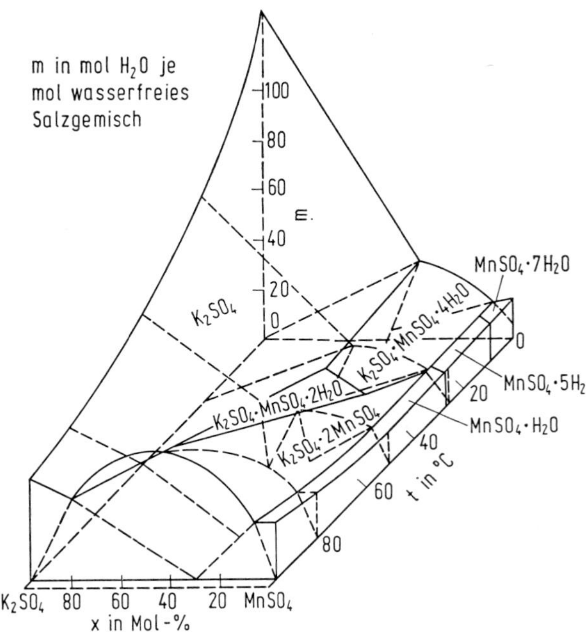

Fig. 52

x-m-Polytherme des Systems $MnSO_4$-K_2SO_4-H_2O.

Doppelsalze $K_2SO_4 \cdot MnSO_4 \cdot 4H_2O$ (D 4), $K_2SO_4 \cdot MnSO_4 \cdot 2H_2O$ (D 2) und der Mn-Langbeinit $K_2SO_4 \cdot 2MnSO_4$ (L). Zweisalzpunkte (univariante Gleichgewichte), Zusammensetzung der gesättigten Lösungen in Gew.-% wasserfreies Salz, x = Mol-% K_2SO_4 bezogen auf das wasserfreie Salzgemisch, m = mol H_2O je mol wasserfreies Salzgemisch sowie Bodenkörper bei verschiedenen Temperaturen:

t in °C	0	0	17.5	25	25	30
Gew.-% $MnSO_4$	34.30	13.68	14.85	16.58	37.92	15.46
Gew.-% K_2SO_4	3.35	8.88	10.85	12.31	4.15	12.25
x	—	—	38.80	—	—	40.8
m	—	—	25.7	—	—	23.25
Bodenkörper	Mn7 + D4	D4 + K	K + Mn5	K + D4	D4 + Mn4	K + D4

t in °C	30	35	35	40	40	40
Gew.-% $MnSO_4$	33.64	15.65	30.4	14.26	27.18	34.66
Gew.-% K_2SO_4	5.50	13.10	6.6	13.78	7.22	3.34
x	12.42	42.0	15.86	45.65	18.75	7.72
m	13.33	22.03	14.62	23.02	16.14	13.85
Bodenkörper	D4 + L	K + D2	D4 + L	K + D2	D2 + L	L + Mn1

t in °C	50	50	50	55	55	55
Gew.-% $MnSO_4$	11.53	18.70	35.22	10.5	16.71	33.6
Gew.-% K_2SO_4	15.12	11.41	3.49	15.91	12.83	3.1
x	53.05	34.58	7.91	56.8	40.0	7.4
m	24.40	20.5	13.42	25.41	21.22	14.63
Bodenkörper	K+D2	D2+L	L+Mn1	K+D2	D2+L	L+Mn1

t in °C	66	66	80	80	97	97
Gew.-% $MnSO_4$	8.63	11.35	5.76	29.76	3.63	25.92
Gew.-% K_2SO_4	16.75	14.77	18.43	2.68	19.89	2.48
x	62.8	53.5	73.5	7.25	82.6	7.66
m	27.02	25.55	29.26	17.66	31.4	21.38
Bodenkörper	K+D2	D2+L	K+L	L+Mn1	K+L	L+Mn1

Werte für 0 und 25°C von Caven, Johnston [1], die übrigen Werte von Benrath [2]. Der von Caven, Johnston [1] angegebene Zweisalzpunkt D4 + Mn4 bei 25°C ist wahrscheinlich metastabil, da Mn4, wenn es sich einmal gebildet hat, sich auch oberhalb von 27°C nur sehr langsam in Mn1 umwandelt, während Mn5 sich leicht in Mn1 umwandelt. Der Zweisalzpunkt Mn5 + Mn1 bei 25°C besteht dann, wenn die Lösung die Zusammensetzung (in Gew.-%) von 37.9 $MnSO_4$ und 2.61 K_2SO_4 bzw. x = 5.63, m = 12.43 besitzt. Bei geradliniger Extrapolation erhält man den Dreisalzpunkt (nonvariantes Gleichgewicht) Mn5 + Mn1 + D4 bei etwa 24°C. Das Feld D4 muß also bei 25°C an Mn1 anstoßen (s. Fig. 52). Zu diesen Versuchen muß man von reinem Mn5 ausgehen, weil sonst immer metastabile Gleichgewichte mit Mn4 erhalten werden, die sich nur sehr schwer stören lassen. Das Feld des inkongruent löslichen D4 erstreckt sich bis 40°C, das schmale Gebiet von D2 reicht von 34 bis etwa 74°C und ist zwischen 47 und 63°C kongruent löslich. Der Mn-Langbeinit L ist oberhalb von 46°C kongruent löslich. Die Abgrenzung zwischen den Feldern Mn7 und Mn5 ist unsicher [2].

Nach neueren Untersuchungen treten als Bodenkörper bei 0°C außer D4 und Mn7 noch $K_2SO_4 \cdot H_2O$ (K1) und $K_2Mn(SO_4)_2 \cdot 6H_2O$ (D6), bei 25 und 50°C: K, D4 und Mn4 auf. Zweisalzpunkte:

t in °C	0	25	50
Gew.-% $MnSO_4$	30.8	32.2	23.6
Gew.-% K_2SO_4	3.9	6.0	10.2
Bodenkörper	D6+Mn7	D4+Mn4	D4+Mn4

Dichte- und Viskositätsisothermen (s. S. 196) bestätigen die Angaben [3]. — Bei 60°C sollen nach Löslichkeitsuntersuchungen als Bodenkörper außer K und D2 noch $MnSO_4 \cdot 2H_2O$(Mn2) und ein Doppelsalz $K_2SO_4 \cdot 2MnSO_4 \cdot 4H_2O$(DL4) auftreten. Folgende Zweisalzpunkte werden angegeben [6]:

Gew.-% K_2SO_4	12.53	7.19	1.97 bis 1.28
Gew.-% $MnSO_4$	15.42	23.38	31.59 bis 32.70
Bodenkörper	K + D2	D2 + Mn2	Mn2 + DL4

Dichte D, Viskosität η, elektrische Leitfähigkeit $\varkappa$, Oberflächenspannung σ und Brechungsindex n bei 60°C s. S. 197. — Bei der Aufstellung der Löslichkeitspolytherme zwischen −10 und +25°C zeigen sich die Bodenkörper K1, K, Mn7, Mn5, Mn4, D6, D4 und Eis. Die Tripelpunkte D4 + K1 + Eis und D6 + Mn7 + Eis liegen bei −2.5 bzw. −8.7°C und (in Gew.-%) 6.22 K_2SO_4, 6.61 $MnSO_4$ bzw. 3.21 K_2SO_4, 29.42 $MnSO_4$ [7]. — Eine weitere Bestimmung der Löslichkeitsisotherme bei 20°C zeigt als Bodenkörper außer K, Mn5 und D4 möglicherweise noch Mischkristalle von etwa 44 bis 55 Gew.-% K_2SO_4 und 15.4 bis 25.5 Gew.-% $MnSO_4 \cdot H_2O$ (MK). Zweisalzpunkte bei 20°C:

The $MnSO_4$-K_2SO_4-H_2O System

Gew.-% $MnSO_4$ . .	16.62	34.97 bis 35.15	38.02 bis 38.12
Gew.-% K_2SO_4 . .	10.22	6.08 bis 5.99	4.61 bis 4.66
Bodenkörper . . .	K + D4	D4 + MK	MK + Mn5

Die Bildung des Doppelsalzes geht auch deutlich aus den Daten der Viskosität, Dichte und elektrischen Leitfähigkeit hervor (s. S. 197) [4]. Nach thermographischen und röntgenographischen Untersuchungen ist es wahrscheinlich, daß die Phase der (anomalen) Mischkristalle mit variabler Zusammensetzung einer mikrodispersen festen Lösung der Salze zuzuschreiben ist (s. unten) [5].

Literatur:

[1] R. M. Caven, W. Johnston (J. Chem. Soc. **1926** 2628/32, **1927** 2358/65). — [2] A. Benrath (Z. Anorg. Allgem. Chem. **189** [1930] 82/90, 82/5). — [3] A. I. Dzhabarov, A. I. Agaev, V. A. Aliev (Uch. Zap. Azerb. Gos. Univ. Ser. Khim. Nauk **4** [1970] 3/8; C. A. **77** [1972] Nr. 39747). — [4] A. S. Karnaukhov, N. N. Runov (Izv. Vysshikh Uchebn. Zavedenii Khim. i Khim. Tekhnol. **10** [1967] 1299/302; C. A. **69** [1968] Nr. 61977). — [5] N. N. Runov (Uch. Zap. Yaroslavsk. Gos. Ped. Inst. Nr. 66 [1969] 147/57; C. A. **72** [1970] Nr. 59755).

[6] A. Agaiev, Ch. A. Verdiiev (Uch. Zap. Azerb. Gos. Univ. Ser. Khim. Nauk **1974** Nr. 1, S. 8/14; C. A. **83** [1975] Nr. 184237). — [7] V. A. Aliev, A. I. Agaev (Uch. Zap. Azerb. Gos. Univ. Ser. Khim. Nauk **1973** Nr. 3, S. 20/5; C. A. **82** [1975] Nr. 160896).

$K_2Mn(SO_4)_2 \cdot nH_2O$

8.6.31.1.10 $K_2Mn(SO_4)_2 \cdot n\,H_2O$ (= $K_2SO_4 \cdot MnSO_4 \cdot n\,H_2O$), n = 1.5, 2, 4, 6

Im System $MnSO_4$-K_2SO_4-H_2O treten die Doppelsalze mit 2, 4 und, neueren Untersuchungen zufolge, wahrscheinlich auch $6\,H_2O$ auf (s. S. 191). — Außerdem sollen im System als Bodenkörper noch Mischkristalle von K_2SO_4 und $MnSO_4 \cdot H_2O$ bei 20°C auftreten (s. S. 191). Bei Mischkristallen der Zusammensetzung $2.6\,K_2SO_4 \cdot MnSO_4 \cdot x\,H_2O$ werden nach thermographischen Untersuchungen zwei endotherme Effekte bei 320 und 586°C gefunden, entsprechend dem Verlust des Kristallwassers von $MnSO_4 \cdot H_2O$ (s. S. 128) bzw. einer polymorphen Umwandlung von K_2SO_4. Das reine $MnSO_4 \cdot H_2O$ zeigt einen endothermen Effekt bei 280°C und einen exothermen Effekt bei 500°C, entsprechend der Umwandlung des löslichen $MnSO_4$ in die unlösliche Form. Im Thermogramm von Gemischen von $2.6\,K_2SO_4 + MnSO_4 \cdot H_2O$ bleibt der Effekt bei 500°C, die Temperatur der Dehydratation liegt dann bei 300°C. Nach röntgenographischen Untersuchungen liegt eine mikrodisperse feste Lösung vor, N. N. Runov (Uch. Zap. Yaroslavsk. Gos. Ped. Inst. Nr. 66 [1969] 147/54; C. A. **72** [1970] Nr. 59755).

$K_2Mn(SO_4)_2 \cdot 6H_2O$

8.6.31.1.10.1 $K_2Mn(SO_4)_2 \cdot 6H_2O$ (= $K_2SO_4 \cdot MnSO_4 \cdot 6\,H_2O$)

Die Verbindung soll bei 0°C im System $MnSO_4$-K_2SO_4-H_2O als Bodenkörper auftreten (s. S. 191), nach Kohler, Franke [1] aber nicht existieren.

Die Darstellung erfolgt durch portionsweise Zugabe eines etwa 10%igen Überschusses von feingepulvertem Mn zu einer wäßrigen Lösung von kalt gelöstem $K_2S_2O_8$, gegebenenfalls unter gelindem Erwärmen. Die Reaktion erfolgt unter Wärmeentwicklung. Das Salz kristallisiert beim Eindunsten oder Einengen auf dem Wasserbad aus [2].

Dampfdruck:

t in °C	55	62	67.5	72	77	80	85.5	91	95	99
Druck in Torr . . .	101	148	186	229	285	327	417	509	593	681

Die Verbindung ist nach dem Messen merklich gesintert [3].

Optische Eigenschaften

Wegen der Ähnlichkeit der K-, NH_4-, Rb- und Cs-Salze werden die optischen Eigenschaften im folgenden zusammen behandelt.

$K_2Mn(SO_4)_2 \cdot 6H_2O$ ist optisch zweiachsig, der Winkel zwischen den Achsen beträgt 51°6'; der Brechungsindex für gelbes Licht mit der Ausbreitungs- und Polarisationsrichtung in der Ebene der optischen Achsen beträgt n = 1.487 [4].

Schwingungsspektren. Die Elementarzelle der Tuttonschen Salze $M_2Mn(SO_4)_2 \cdot 6H_2O$ enthält 62 Atome mit 186 Normalschwingungen (Mn^{2+} auf C_i- und alle anderen Atome auf C_1-Gitterplätzen). Von den 138 inneren Schwingungen entfallen 36 auf die vier SO_4^{2-}-Ionen, 30 auf die $Mn(H_2O)_6$-Oktaeder und 72 auf Librationen und Schwingungen der zwölf H_2O-Molekeln. Für das gestörte SO_4-Tetraeder (vgl. S. 89, 105, 189) werden 18 IR-aktive Schwingungen $\nu_1(A_1 \rightarrow A_u + B_u)$, $\nu_2(E \rightarrow 2A_u + 2B_u)$, ν_3, $\nu_4(F_2 \rightarrow 3A_u + 3B_u)$ und entsprechend die Raman-aktiven Schwingungen mit Index g (A_g, B_g) erwartet, für das $Mn(H_2O)_6$-Oktaeder (vgl. S. 185) je sechs IR-aktive Schwingungen ν_3, $\nu_4(F_{1u} \rightarrow 3A_u + 3B_u)$, $\nu_6(F_{2u} \rightarrow 3A_u + 3B_u)$ und zwölf Raman-aktive $\nu_1(A_{1g} \rightarrow A_g + B_g)$, $\nu_2(E_g \rightarrow 2A_g + 2B_g)$, $\nu_5(F_{2g} \rightarrow 3A_g + 3B_g)$ [5]. — An Nujolsuspensionen und KBr-Preßlingen von $K_2Mn(SO_4)_2 \cdot 6H_2O$ werden IR- und Raman-Spektren aufgenommen und eine Reihe von SO_4- und $Mn(H_2O)_6$-Schwingungen [5, 6] sowie H_2O-Librationen [6] identifiziert. Es zeigt sich, daß die Auswahlregeln für IR- und Raman-Aktivität nicht streng eingehalten werden. Faktorgruppenaufspaltung, jedoch nicht vollständig, zeigen nur die SO_4-Banden. Von Campbell u. a. [6] wird anhand der Aufspaltungen im IR-Spektrum auf eine effektive Symmetrie C_{3v} für das SO_4^{2-}-Ion geschlossen (IR-aktive Schwingungen $\nu_1(A_1 \rightarrow A_1)$, $\nu_2(E \rightarrow E)$, ν_3, $\nu_4(F_2 \rightarrow A_1 + E)$).

Folgende Wellenzahlen (in cm^{-1}) ergeben sich für die SO_4-Schwingungen in $K_2Mn(SO_4)_2 \cdot 6H_2O$ [5, 6] und in den entsprechenden Tuttonschen Salze $M_2Mn(SO_4)_2 \cdot 6H_2O$ mit M = Rb, Cs [5], M = NH_4 [5, 6] (sh = Schulter):

M	Spektrum	ν_1	ν_2	ν_3	ν_4	Lit.
K	IR	986	455	1085 sh, 1099, 1135 sh	600, 610, 630	[5]
K	IR	980	?	1098, 1140	608, 623	[6]
K	Raman	1000, 1032	450, 454 460, 462	1106	606, 625, 643	[5]
NH_4	IR	978	464	1018, 1111, 1136	602, 620, 642	[5]
NH_4	IR	979	451	1071, 1138	609, 620	[6]
Rb	IR	976	458	1085 sh, 1103, 1123 sh, 1140	600, 618	[5]
Cs	IR	980	464	1065 sh, 1105, 1117, 1170 sh	618	[5]

Frühere Angaben zu ν_3 und ν_4 von $K_2Mn(SO_4)_2 \cdot 6H_2O$ und $(NH_4)_2Mn(SO_4)_2 \cdot 6H_2O$(IR) s. [7]. Den Librationen (Schaukelschwingung ρ in bzw. Nickschwingung γ aus der H_2O-Ebene) von äquatorialen (äqu) und axialen (ax) H_2O-Molekeln des $Mn(H_2O)_6$-Oktaeders werden zugeordnet [6]:

Verbindung	ρ (H_2O äqu)	γ (H_2O äqu)	ρ (H_2O ax)	γ (H_2O ax)
$K_2Mn(SO_4)_2 \cdot 6H_2O$	740	445	850	570
$(NH_4)_2Mn(SO_4)_2 \cdot 6H_2O$	680	420	?	547

Von den $Mn(H_2O)_6$-Oktaederschwingungen werden im IR-Spektrum beobachtet $\nu_1(A_{1g}) = 372$, $\nu_3(F_{1u}) = 396$, $\nu_4(F_{1u}) = 262$, 230, $\nu_5(F_{2g}) = 160\ cm^{-1}$, im Raman-Spektrum nur die Bande bei 230 cm^{-1}. Die Zuordnung erfolgt mit Hilfe einer Normalkoordinatenanalyse (mit plausiblen Annahmen bezüglich der Kraftkonstanten) [5].

Symmetriekraftkonstanten für $K_2Mn(SO_4)_2 \cdot 6H_2O$ ergeben sich zu: $F_{11} = 1.40$, $F_{22} = 0.80$, $F_{33} = 1.004$, $F_{44} = 0.200$, $F_{55} = 0.080$, $F_{66} = 0.067$ mdyn/Å. Sie reproduzieren in befriedigender Übereinstimmung die experimentellen Wellenzahlen und liefern $\nu_2 = 273$, $\nu_6 = 112\ cm^{-1}$ [5].

Literatur:

[1] K. Kohler, W. Franke (Z. Anorg. Allgem. Chem. **331** [1964] 27/34). — [2] O. Aschan (Z. Anorg. Allgem. Chem. **194** [1930] 139/46). — [3] F. Ephraim, P. Wagner (Ber. Deut. Chem. Ges. **50** [1917] 1088/110, 1109). — [4] H. de Sénarmont (Ann. Chim. Phys. [3] **33** [1851] 391/437, 423). — [5] R. G.Brown, S. D. Ross (Spectrochim. Acta A **26** [1970] 945/53).

[6] J. A. Campbell, D. P. Ryan, L. M. Simpson (Spectrochim. Acta A **26** [1970] 2351/61). — [7] C. Schaefer, M. Schubert (Ann. Physik [4] **50** [1916] 283/338, 305/6).

$K_2Mn(SO_4)_2 \cdot 4H_2O$

8.6.31.1.10.2 $K_2Mn(SO_4)_2 \cdot 4H_2O$ (= $K_2SO_4 \cdot MnSO_4 \cdot 4H_2O$)

Die Darstellung gelingt durch Eindunsten äquimolarer Lösungen der Komponenten bei Zimmertemperatur [1 bis 5], durch Abkühlen von bei gewöhnlicher Temperatur gesättigten Lösungen auf 0°C oder beim Verdunsten im Vakuum bei 10 bis 12°C [6, 7, 8]. Es werden bis zu 5 cm große Kristalle erhalten [2] sowie große Zwillingskristalle, aus denen durch Zerkleinern gute Einkristalle abgetrennt werden können [1]. — Bildungsenthalpie: $\Delta H^\circ_{298} = -884.0$ kcal/mol [13]. — Hydratationswärme, berechnet aus den Lösungswärmen bei 18°C: 12.82 kcal/mol [9].

Das Salz bildet nach der c-Achse gestreckte monokline Kristalle mit tafeligem Habitus nach {100}. Sie sind sowohl nach {100} als auch nach {001} nur unvollkommen spaltbar. Verwachsungszwillinge nach {100} sind häufig zu beobachten [2, 3]. Das Salz ist isotyp mit den entsprechenden K-Salzen von Mg (Leonit [2]) und Fe [10]. Raumgruppe C2/m-C^3_{2h} (Nr. 12); Z = 4 [1 bis 3]. Gitterkonstanten (nach Drehkristallaufnahmen): a = 11.986, b = 9.57, c = 9.95 Å, β = 95° [3] und a = 12.03 ± 0.03, b = 9.61 ± 0.02, c = 9.98 ± 0.04 Å, β = 95.0° ± 0.3° [2] (diese Werte sind für weitere Untersuchungen von Srikanta u. a. [1] übernommen worden).

Mit den sich aus Fourier-Projektionen ergebenden Parametern werden die R-Werte der Struktur zu $R_{[010]} = 14.3\%$ (für 240 Reflexe) und $R_{[001]} = 12.1\%$ (für 80 Reflexe) gefunden; Atomkoordinaten s. Original [2]. Aus 542 Neutronenreflexen wird der R-Wert auf 9.2% verfeinert [1]. Eine Differenz-Patterson-Projektion von Mn- und Mg-Leonit ergibt eine Struktur, in der die beiden kristallographisch inäquivalenten Mn-Atome die erwartete 6-Koordination haben und schwach verzerrt oktaedrisch von je $4H_2O$-Molekeln und 2 Sauerstoffatomen umgeben sind, im Gegensatz zum Modell von Anspach [3], in dem Mn eine unregelmäßige Koordination mit mehr als 6 Sauerstoff- oder H_2O-Nachbarn aufweist. Das Wasser bildet eine quadratische Koordination um Mn im mittleren Abstand von 2.18 Å. Die Sauerstoffatome, die einander gegenüberliegende Ecken der Oktaeder bilden, verknüpfen jedes Oktaeder mit je 2 kristallographisch gleichwertigen Sulfat-Tetraedern. Die Gruppen werden durch Bindungen zum K-Atom zusammengehalten. Das K-Atom hat 3 H_2O-Nachbarn im Abstand von 2.91 bis 3.28 Å und 6 Sauerstoffatome im Abstand von 2.66 bis 3.19 Å in unregelmäßiger Koordination. Weitere K-O-Abstände sind größer als 3.7 Å. Die Gestalt der SO_4-Gruppe weicht nicht wesentlich von der Tetraederform ab. S-O-Abstände: 1.45 bis 1.50 Å, O-O-Abstände (im SO_4-Tetraeder): 2.36 bis 2.48 Å, s. auch Figur sowie weitere Abstände und Valenzwinkel im Original [2]. Die Schweratomlagen nach Srikanta u. a. [1] sind in guter Übereinstimmung mit denen von Schneider [2], mit Ausnahme der beiden nicht äquivalenten SO_4-Gruppen, von denen eine verzerrt erscheint. Außerdem werden die H-Abstände in den H_2O-Gruppen bestimmt. Die beiden Mn-Atome sind oktaedrisch von O-Atomen der SO_4- und H_2O-Gruppen umgeben mit Mn-O-Abständen von 2.109 bis 2.227 Å. Das K-Atom hat 9 Nachbarn in Abständen von 2.63 bis 3.26 Å; mittlerer S-O-Abstand 1.478 Å. Lage der H_2O-Moleküle, Atomabstände, Valenzwinkel, Atomkoordinaten und Figuren s. Original [1].

Dichte $D_{20} = 2.313 \pm 0.003$ g/cm³ nach Messungen des Auftriebs in Benzol [3], $D_{20} = 2.234 \pm 0.002$ g/cm³, Schwebemethode mit Methylenjodid [11], D = 2.313 g/cm³ [12]. Röntgendichte 2.30 g/cm³ [14].

Bei Messungen der Suszeptibilität χ (in 10^{-6} cm³/mol) zeigt $K_2Mn(SO_4)_2 \cdot 4H_2O$ wie die monoklinen Verbindungen $Rb_2Mn(SO_4)_2 \cdot 6H_2O$ und $Cs_2Mn(SO_4)_2 \cdot 6H_2O$ (s. S. 227 und 230) eine schwache magnetische Anisotropie. Für 30°C erhaltene Werte: $\psi = -61°$, $\chi_1 - \chi_2 = 4.3$, $\chi_1 - \chi_3 = 1.5$, $\overline{\chi}_{mol} = 13830$ [15]. Bei 17°C wird $\overline{\chi}_{mol} = 15100$ erhalten [16]. — Zur Untersuchung der Wasserstoffbrückenbindung von H_2O in $K_2Mn(SO_4)_2 \cdot 4H_2O$ (und einer Reihe anderer Salzhydrate) wird die Schärfe der Bande bei 6.27 μm gemessen, die der H_2O-Deformationsschwingung entspricht [17].

Chemisches Verhalten. Die schwach rosa gefärbten Kristalle sind an der Luft beständig [3, 13]. — Beim isobaren Abbau bei 20 Torr entsteht zwischen 65 und 85°C das Dihydrat, ab 110°C wird das Salz wasserfrei; das entstehende Produkt ist ein Gemisch von K_2SO_4 und $K_2Mn_2(SO_4)_3$ [10]. Die Dehydratisierung unter N_2 beginnt langsam bei 55 bis 65°C, das Dihydrat bildet sich bei 85 bis 95°C; bei 100 bis 110°C bildet sich ein Hydrat mit 1.75 H_2O, bei 145°C wahrscheinlich eines mit 0.75 H_2O und das wasserfreie Salz bei 180°C [8]. — Das Salz löst sich leicht in H_2O [3], ziemlich leicht in kaltem, sehr leicht in siedendem H_2O [4]. Lösungswärme bei 18°C: −6.435 kcal/mol [9].

Literatur:

[1] S. Srikanta, A. Sequeira, R. Chidambaram (Acta Cryst. B **24** [1968] 1176/82). — [2] W. Schneider (Acta Cryst. **14** [1961] 784/91; Naturwissenschaften **47** [1960] 278). — [3] M. Anspach (Z. Krist. **101** [1939] 39/77). — [4] J. I. Pierre (Ann. Chim. Phys. [3] **16** [1846] 239/55, 254). — [5] C. v. Hauer (J. Prakt. Chem. **74** [1858] 431/6, 431).

[6] C. Marignac (Ann. Mines [5] **9** [1856] 1/52, 15/9). — [7] A. E. H. Tutton (J. Chem. Soc. **63** [1893] 337/423, 342). — [8] N. Demassieux, B. Fedoroff (Ann. Chim. [Paris] [11] **16** [1941] 215/36, 215, 230). — [9] J. Thomsen (J. Prakt. Chem. [2] **18** [1878] 1/63, 36, 49). — [10] K. Kohler, W. Franke (Z. Anorg. Allgem. Chem. **331** [1964] 27/34).

[11] R. Krickmeyer (Z. Physik. Chem. **21** [1896] 53/89, 67). — [12] H. Schröder (J. Prakt. Chem. [2] **19** [1879] 266/94, 273). — [13] F. D. Rossini, D. D. Wagman, W. H. Evans, S. Levine, I. Jaffe (Natl. Bur. Std. [U. S.] Circ. Nr. 500 [1952] 514). — [14] J. Trotter (Structure Reports, Bd. 26, 1961, S. 447/8). — [15] K. S. Krishnan, S. Banerjee (Phil. Trans. Roy. Soc. [London] A **235** [1936] 343/66, 348, 352).

[16] E. F. Herroun (Proc. Phys. Soc. [London] **46** [1934] 872/81, 877). — [17] E. Hartert (Naturwissenschaften **43** [1956] 275/6).

8.6.31.1.10.3 $K_2Mn(SO_4)_2 \cdot 2H_2O$ (= $K_2SO_4 \cdot MnSO_4 \cdot 2H_2O$)

$K_2Mn(SO_4)_2 \cdot 2H_2O$

Das Dihydrat entsteht beim isobaren Abbau des Tetrahydrats bei 20 Torr zwischen 65 und 85°C oder unter N_2 bei 85 bis 95°C, s. oben. — Die Darstellung erfolgt durch langsames Eindunsten einer äquimolaren Lösung der Komponenten unter normalem Druck bei 45 bis 52°C [1, 2], s. auch [3], oder durch Erhitzen einer bei gewöhnlicher Temperatur gesättigten Lösung äquimolarer Mengen der Komponenten auf 40 bis 50°C [4].

Bildungsenthalpie unter Standardbedingungen: $\Delta H^\circ_{298} = -743.7$ kcal/mol [5]; Formel zur Berechnung: $-\Delta H^\circ = 600 + 71$ n kcal/mol, n = 0 und 2 [6]. — Hydratationswärme, berechnet aus den Lösungswärmen bei 18°C: 9.3 kcal/mol; Lösungswärme des Doppelsalzes: −2.914 kcal/mol [7].

Das Dihydrat bildet blaßrote, luftbeständige, trikline Kristalle [4]. Es ist isotyp mit den entsprechenden K-Salzen von Mg, Fe und Co [8]. Gitterkonstanten: a = 6.09, b = 7.74, c = 10.87 Å (jeweils ±0.002 Å), $\alpha = 109°01' \pm 10'$, $\beta = 98°27' \pm 10'$, $\gamma = 112°12' \pm 10'$; Z = 2; Dichte D = 2.63 g/cm³ [1]. — Beim Erhitzen auf 70°C scheint die Verbindung eine Umwandlung zu erleiden. Diese neue, bis 120°C beständige Phase ist mit $K_2SO_4 \cdot CdSO_4 \cdot H_2O$ isomorph [1].

Literatur:

[1] J. Borène, J. P. Solery (Acta Cryst. B **28** [1972] 2687/94). — [2] G. Wyrouboff (Bull. Soc. Franc. Mineral. **14** [1891] 233/82, 244). — [3] A. Scacchi (Giambattista-Vico Giorn. Sci. **1857** 395/408), s. auch P. Groth (Chemische Krystallographie, Tl. 2, Leipzig 1908, S. 492/6). — [4] C. Ma-

rignac (Ann. Mines **9** [1856] 1/52, 15/9). — [5] F. D. Rossini, D. D. Wagman, W. H. Evans, S. Levine, I. Jaffe (Natl. Bur. Std. [U. S.] Circ. Nr. 500 [1952] 514).

[6] P. G. Maslov (Zh. Neorgan. Khim. **5** [1960] 1669/75; Russ. J. Inorg. Chem. **5** [1960] 811/4). — [7] J. Thomsen (J. Prakt. Chem. [2] **36** [1878] 1/63, 36, 49). — [8] K. Kohler, W. Franke (Z. Anorg. Allgem. Chem. **331** [1964] 27/34).

$K_2Mn(SO_4)_2 \cdot 1.5H_2O$

8.6.31.1.10.4 $K_2Mn(SO_4)_2 \cdot 1.5H_2O$ (= $K_2SO_4 \cdot MnSO_4 \cdot 1.5H_2O$)

Die Verbindung tritt im System $MnSO_4$-K_2SO_4-H_2O nicht auf, s. S. 190. — Die Darstellung erfolgt durch langsames Eindunsten einer äquimolaren Lösung der Komponenten unter normalem Druck oberhalb 50°C [1] oder zwischen 55 und 69°C [2].

Die Verbindung ist isomorph mit dem monoklinen $K_2SO_4 \cdot CdSO_4 \cdot 1.5H_2O$ (dessen Struktur genauer bestimmt wird). Gitterkonstanten a = 19.50(1), b = 9.72(2), c = 9.63(2) Å, β = 104°30′ ± 10′; Z = 8; Raumgruppe $P2_1/n$-C_{2h}^5 (Nr. 14, andere Achsenwahl von $P2_1/c$). Atomabstände Mn-O = 2.18 bis 2.29, S-O = 1.42 bis 1.50, K-O = 2.65 bis 3.25 Å. R-Faktor = 9%; Atomkoordinaten und Temperaturfaktoren, weitere Atomabstände sowie Bindungswinkel s. Original. Dichte D = 2.82 g/cm³ [1].

Bei der Wellenlänge von 589 nm wird der Brechungsindex n_β = 1.512 erhalten; 2V = 61°48′ [3].

Literatur:

[1] J. Borène, J. P. Solery (Acta Cryst. B **28** [1972] 2687/94). — [2] A. Scacchi (Giambattista-Vico Giorn. Sci. **1857** 395/408), s. auch P. Groth (Chemische Krystallographie, Tl. 2, Leipzig 1908, S. 492/6). — [3] A. N. Winchell, H. Winchell (The Microscopical Characters of Artificial Inorganic Solid Substances, Academic Press, New York-London 1964, S. 138).

Aqueous $MnSO_4$-K_2SO_4 Solution

8.6.31.1.11 Wäßrige $MnSO_4$-K_2SO_4-Lösung

Zur anodischen Abscheidung von Mangan(IV)-oxid aus K_2SO_4-haltigen $MnSO_4$-Lösungen s. „Mangan“ C1, S. 160, 167. — Zur Bildung von MnO_4^- durch anodische Oxidation K_2SO_4-haltiger $MnSO_4$-Lösung s. „Mangan“ C2, S. 22.

Für gesättigte wäßrige Lösungen werden Dichte D, Viskosität η und die spezifische elektrische Leitfähigkeit ϰ bei verschiedenen Temperaturen angegeben; Werte in Auswahl.

Für 0°C:

Gew.-% K_2SO_4	6.9	6.5	5.3	4.2	3.9	1.5	0.8
Gew.-% $MnSO_4$	3.7	8.0	16.9	26.5	30.8	33.6	34.3
D in g/cm³	1.0895	1.1317	1.2311	1.3637	1.4239	1.4361	1.4418
η in cP	3.11	4.97	9.49	16.23	19.66	23.45	25.58

Für 25°C:

Gew.-% K_2SO_4	10.5	9.3	8.3	7.3	6.2	3.8	1.4
Gew.-% $MnSO_4$	3.0	10.5	17.7	23.5	30.7	35.0	38.2
D in g/cm³	1.1082	1.1817	1.2635	1.3355	1.4317	1.4500	1.4558
η in cP	1.41	2.92	4.31	5.96	8.42	10.02	11.3

Für 50°C:

Gew.-% K_2SO_4	13.5	12.2	10.4	7.2	4.0	1.8	0.8
Gew.-% $MnSO_4$	3.9	10.9	21.7	27.8	31.9	34.8	36.1
D in g/cm³	1.1331	1.1989	1.3075	1.3432	1.3581	1.3647	1.3692
η in cP	0.82	1.22	2.33	2.73	3.03	3.31	3.42

Dzhabarov u. a. [1].

Für 20°C (Werte in Auswahl):

Gew.-% K_2SO_4	10.14	10.22	10.04	7.57	5.45	4.57	2.45	1.29
Gew.-% $MnSO_4$	5.02	16.62	21.19	32.13	35.64	37.92	38.37	38.44
D in g/cm^3	1.1134	1.2744	1.2751	1.3782	1.4918	1.5287	1.5234	1.5103
η in cP	1.234	2.526	3.564	10.631	16.624	19.544	18.754	18.501
$\varkappa$ in $10^2\ \Omega^{-1} \cdot cm^{-1}$ . . .	4.959	4.923	4.719	3.199	2.265	2.245	1.503	1.358

Bis zu einem Gehalt von 17.32 Gew.-% $MnSO_4$ bleibt die elektrische Leitfähigkeit nahezu konstant. Die Anzahl der stromleitenden Ionen steigt mit dem Gehalt an $MnSO_4$ und kompensiert so den Einfluß zunehmender Viskosität auf die Leitfähigkeit [2].

Bei 60°C werden außer D, η und $\varkappa$ auch der Brechungsindex n und die Oberflächenspannung σ gemessen (Auswahl) [3]:

Gew.-% K_2SO_4	14.90	13.48	11.53	9.15	7.03	3.15	1.28	0.08
Gew.-% $MnSO_4$	4.43	14.11	16.73	21.30	23.92	28.92	33.93	34.70
D in g/cm^3	1.1520	1.2465	1.2666	1.3090	1.3669	1.3451	1.3868	1.4351
η in cP	0.673	1.075	1.157	1.345	1.648	1.839	2.651	3.773
$\varkappa$ in $10^2\ \Omega^{-1} \cdot cm^{-1}$ . . .	10.12	9.843	9.240	7.590	6.990	6.466	5.592	5.060
n	1.3510	1.3800	1.3824	1.3900	1.3915	1.3923	1.3962	1.4090
σ in dyn/cm	70.00	67.13	66.17	63.59	60.40	62.30	61.40	60.40

Demassieux, Fedoroff [4] vergleichen die Äquivalentleitfähigkeit Λ in $\Omega^{-1} \cdot cm^2 \cdot$ g-Äquivalent^{-1} wäßriger $K_2Mn(SO_4)_2$-Lösungen bei 25°C mit den aus Einzelwerten für K_2SO_4 und $MnSO_4$ berechneten Werten Λ':

$[K_2Mn(SO_4)_2]$ in mol/l	2×10^{-4}	5×10^{-4}	0.001	0.005	0.01	0.05	0.1	0.5	1.0
Λ	276.0	269.0	260.0	222.5	203.0	160.0	142.25	103.2	84.2
Λ'	276.1	270.0	262.6	234.2	218.2	178.7	161.5	125.3	110.5

Die Grenzwerte von Λ und Λ' bei unendlicher Verdünnung $\Lambda_\infty = 285.0$ stimmen überein. Der Dissoziationsgrad Λ/Λ_∞ sinkt mit zunehmender Konzentration. Die Autoren ziehen daraus Rückschlüsse auf die Konstitution der Lösung. Für $K_2Mn(SO_4)_2$-Konzentrationen $c < 10^{-4}$ mol/l liegt das Salz vollständig dissoziiert in der Lösung vor. Für $10^{-4} \leqq c < 2.5 \times 10^{-1}$ erscheinen zusätzlich undissoziierte K_2SO_4- und $MnSO_4$-Moleküle sowie möglicherweise $[Mn(SO_4)_2]^{2-}$-Ionen. In noch konzentrierteren Lösungen, $c \geqq 0.25$ mol/l, treten neben den genannten Spezies mit großer Wahrscheinlichkeit noch das komplexe Ion $K[Mn(SO_4)_2]^-$ und undissoziiertes $K_2Mn(SO_4)_2$ auf [4]; vgl. dazu auch Fedoroff [5], der molare Leitfähigkeiten für 10^{-4} bis 0.85 molare $K_2Mn(SO_4)_2$-Lösungen bei 25°C angibt und schließt, daß nur bei weniger als 2.5×10^{-4} mol $K_2Mn(SO_4)_2$/l das Salz vollständig dissoziiert.

Literatur:

[1] A. I. Dzhabarov, A. I. Agaev, V. A. Aliev (Uch. Zap. Azerb. Gos. Univ. Ser. Khim. Nauk **1970** Nr. 4, S. 3/8; C. A. **77** [1972] Nr. 39747). — [2] A. S. Karnaukhov, N. N. Runov (Izv. Vysshikh Uchebn. Zavedenii Khim. i Khim. Tehknol. **10** [1967] 1299/302; C. A. **69** [1968] Nr. 61977). — [3] A. Agaiev, Ch. A. Verdiiev (Uch. Zap. Azerb. Gos. Univ. Ser. Khim. Nauk **1974** Nr. 1, S. 8/14; C. A. **83** [1975] Nr. 184237). — [4] N. Demassieux, B. Fedoroff (Ann. Chim. [Paris] [11] **16** [1941] 215/36, 218, 225, 234). — [5] B. Fedoroff (Compt. Rend. **203** [1936] 367/9).

Basic and Acid Double Salts

8.6.31.1.12 Basische und saure Doppelsalze

$K_2Mn_3(OH)_2(SO_4)_3 \cdot 2H_2O$

8.6.31.1.12.1 $K_2Mn_3(OH)_2(SO_4)_3 \cdot 2H_2O$

Zu einer siedenden 20%igen Lösung äquivalenter Mengen $MnSO_4$ und K_2SO_4 wird eine verdünnte KOH-Lösung gegeben, bis der entstehende Niederschlag sich nicht mehr auflöst. Beim Erkalten des Filtrats scheidet sich die Verbindung obiger Zusammensetzung in Form seidenglänzender, rosafarbener rhomboedrischer Prismen aus (Winkel etwa 106°). Sie sind an trockner Luft beständig. Das Salz verliert oberhalb 220°C das Kristallwasser. Bei dunkler Rotglut entstehen an der Luft 2 mol $MnSO_4$, 1 mol K_2SO_4 und Mn_2O_3, das sich aus einem mol $Mn(OH)_2$ bildet. Wasser zersetzt langsam unter Lösen von K_2SO_4 das verbleibende basische Mn-Sulfat unter Abscheidung von $Mn(OH)_2$. Salzsäure löst es farblos auf, A. Gorgeu (Compt. Rend. **95** [1882] 82/4).

$KMnH(SO_4)_2 \cdot 2H_2O$

8.6.31.1.12.2 $KMnH(SO_4)_2 \cdot 2H_2O$

Die Verbindung wird hergestellt durch Eindunsten einer wäßrigen Lösung der Sulfate entsprechend der Formel, jedoch mit einem H_2SO_4-Überschuß [1], s. auch [2].

Sie kristallisiert auf Grund der Morphologie triklin, Symmetrieklasse C_i, a:b:c = 1.9230:1:0.8295, α = 83°40′, β = 128°22′, γ = 113°30′ [2].

Im Absorptionsspektrum von Einkristallen werden zwischen 24700 und 25300 cm^{-1} ($\hat{=}$ 405 bis 395 nm) die d-d-Übergänge des Mn^{2+}-Ions $^6A_1(^6S) \rightarrow {}^4A_1, {}^4E\ (^4G)$ (O_h-Notation, vgl. S. 107) beobachtet. Bei 20 K erscheinen zwei scharfe Dubletts bei ν_1 = 24746.1, ν_2 = 24749.2 cm^{-1} ($\Delta\nu_{1/2}$ = 3 und 2 cm^{-1}) und ν_3 = 24855.6, ν_4 = 24859.3 cm^{-1} ($\Delta\nu_{1/2}$ = 8 und 6 cm^{-1}). Unter der Annahme, daß die Mn^{2+}-Ionen zwei verschiedene Arten von Gitterplätzen besetzen, werden die Dubletts dem $^6A_1 \rightarrow {}^4A_1$-Übergang zugeordnet, der auf Grund einer niedrigeren als der kubischen Symmetrie oder auf Grund von Spin-Bahn-Kopplung aufspaltet. Vier diffuse Banden bei 25095, 25141, 25198, 25207 cm^{-1} ($\Delta\nu_{1/2}$ = 20 bis 30 cm^{-1}) sollen entsprechend zum Übergang $^6A_1 \rightarrow {}^4E$ gehören [1]. Bei 4.2 und 1.6 K werden außer einer Intensitätszunahme an den Dubletts ν_1 bis ν_4 zusätzlich drei schwache Banden bei 24980, 25022, 25078 cm^{-1} beobachtet [3]. Im Bereich der Übergänge $^6A_1(^6S) \rightarrow {}^4T_2(^4D)$ und $^4E(^4D)$ ist keine Absorption zu beobachten [4].

Die Zeeman-Aufspaltung der Linien ν_1 bis ν_4 in Magnetfeldern bis zu H = 33 kOe zeigt lineare Abhängigkeit von H (H || z, elektrischer Vektor E || z und E || y; die yz-Ebene ist Symmetrieebene, d. h. sie enthält die optischen Achsen, die z-Achse ist die Mittellinie im spitzen Winkel zwischen den optischen Achsen). Unter Anwendung des Boltzmannschen Gesetzes ergibt sich für H = 33 kOe bei 1.6 K nur ein besetztes Subniveau des Grundzustands mit der magnetischen Quantenzahl $M = -5/2$, bei 4.2 K bereits drei mit $M = -5/2, -3/2, -1/2$; im Anregungszustand ist jeweils nur ein Subniveau besetzt, dessen Quantenzahl unbekannt ist [3].

Literatur:

[1] A. Le Paillier-Malécot, L. Couture (J. Chim. Phys. **62** [1965] 359/65). — [2] A. Scacchi (Giambattista-Vico Giorn. Sci. **1857** 395/408), s. auch P. Groth (Chemische Krystallographie, Tl. 2, Leipzig 1908, S. 492/6). — [3] A. Le Paillier-Malécot (Compt. Rend. B **274** [1972] 1330/3). — [4] A. Le Paillier-Malécot (Compt. Rend. **261** [1965] 943/5).

$K_4MnH_2(SO_4)_4 \cdot H_2O$

8.6.31.1.12.3 $K_4MnH_2(SO_4)_4 \cdot H_2O$

Das Salz wird durch Lösen von $MnSO_4$, K_2SO_4 und H_2SO_4 entsprechend seiner Formel und Eindunsten hergestellt [1], s. auch [2].

Es kristallisiert auf Grund der Morphologie rhombisch, Symmetrieklasse D_{2h}, a:b:c = 0.3644:1:0.5161 [2].

An orientierten Einkristallen werden zwischen 24700 und 25300 cm^{-1} (405 bis 395 nm) [1], 27000 und 42000 cm^{-1} (370 bis 240 nm) [3] bei 300, 77 und 20 K Absorptionsspektren für verschiedene Einfalls- und Polarisationsrichtungen des Lichts aufgenommen. Bei 20 K erscheinen zwei Dubletts bei 24708, 24716, 24762, 24772 cm^{-1} (Bereich I) [1], eine intensive, schmale (20 cm^{-1}) und vier schwächere, breite (120 bis 200 cm^{-1}) Banden bei 27240, 27440, 27566, 27740, 28060 cm^{-1} (Bereich II) und eine unstrukturierte Bande bei 29470 cm^{-1} (Bereich III) [3]. Das Polarisationsverhalten weist eindeutig auf elektrische Dipolübergänge hin, es handelt sich um die d-d-Übergänge im Mn^{2+}-Ion (in O_h-Notation, vgl. S. 107) $^6A_1(^6S) \rightarrow {}^4A_1$, $^4E(^4G)$ (I), $^4T_2(^4D)$ (II), $^4E(^4D)$ (III). Veränderungen der Spektren in den Bereichen I und II bei Temperaturerniedrigung auf 4.2 und 1.6 K (Intensitätszunahme der schmalen Banden, Ausbildung von Strukturen auf den Flanken) sind möglicherweise auf eine schwache Kopplung mit externen oder auch internen (SO_4^{2-}-Ion) Schwingungen zurückzuführen [4].

Die Zeeman-Aufspaltung der scharfen Linien der Bereiche I und II in Magnetfeldern bis zu H = 33 kOe (in Richtung der b- und c-Achse) und bei 4.2 und 1.6 K zeigt eine Diskontinuität zwischen H = 14.5 und 19.6 kOe. Man schließt auf eine antiferromagnetische Ordnung bei tiefen Temperaturen, das kritische Magnetfeld beträgt demnach $H_c = 17 \pm 2.5$ kOe. Die Néel-Temperatur müßte zwischen 10 und 4.2 K liegen [4].

Literatur:

[1] A. Le Paillier-Malécot, L. Couture (J. Chim. Phys. **62** [1965] 359/65). — [2] A. Scacchi (Giambattista-Vico Giorn. Sci. **1857** 395/408), s. auch P. Groth (Chemische Krystallographie, Tl. 2, Leipzig 1908, S. 492/6). — [3] A. Le Paillier-Malécot (Compt. Rend. **261** [1965] 943/5). — [4] A. Le Paillier-Malécot (J. Quant. Spectry. Radiative Transfer **13** [1973] 543/53).

8.6.31.1.13 Kaliummangan(III)-sulfate

Potassium Manganese(III) Sulfates

8.6.31.1.13.1 $KMn(SO_4)_2$ (= $K_2SO_4 \cdot Mn_2(SO_4)_3$)

$KMn(SO_4)_2$

Zur Darstellung werden 5 g feingepulvertes $KMnO_4$ mit 150 ml Eisessig unter Erhitzen reduziert, wobei nahe dem Siedepunkt eine heftige Reaktion unter CO_2-Entwicklung einsetzt. Die nach Erkalten rotbraune Lösung wird unter Kühlung mit konzentriertem H_2SO_4 in kleinen Anteilen versetzt, wobei der anfänglich entstehende Niederschlag auf weiteren Zusatz von H_2SO_4 in Lösung geht. Nach kurzem Sieden scheidet sich das Salz quantitativ als brauner, kristalliner Niederschlag ab, der nach Absaugen mit Eisessig ausgewaschen und im Exsikkator über H_2SO_4 und KOH getrocknet wird [1]. Bei einem anderen Verfahren wird die schwach grün gefärbte konzentrierte H_2SO_4-Lösung, aus der sich die Verbindung $Mn_2(SO_4)_3 \cdot H_2SO_4 \cdot 4H_2O$ ausgeschieden hat (s. S. 173) und die viel $KHSO_4$ enthält, mit wenig H_2O versetzt, wobei die Farbe nach braun umschlägt, dann mit $KMnO_4$, wobei sich beim vorsichtigen Erwärmen größere Mengen Mn_2O_7 abscheiden, die durch Umschwenken wieder in Lösung gebracht werden. Bei weiterem langsamen Erhitzen scheidet sich unter O_2-Entwicklung das rotbraune Salz kristallin aus. Nach Abkühlen wird abgesaugt, das Salz mit Alkohol und Äther gewaschen und durch Erwärmen getrocknet [2].

Das Salz zerfällt beim Erhitzen in $MnSO_4$, SO_3 und Sauerstoff, zerfließt an feuchter Luft mit roter Farbe und zersetzt sich bei Zugabe von wenig H_2O in H_2SO_4, $MnSO_4$ und MnO_2-Hydrat. Es löst sich in konzentriertem, mäßig konzentriertem und verdünntem H_2SO_4 mit violetter, roter bzw. brauner Farbe; aus letzterer Lösung scheidet sich dann MnO_2-Hydrat ab [2].

Literatur:

[1] R. J. Meyer, H. Best (Z. Anorg. Allgem. Chem. **22** [1900] 169/91, 188). — [2] B. Franke (J. Prakt. Chem. [2] **36** [1887] 451/68, 453, 461).

8.6.31.1.13.2 $5K_2SO_4 \cdot 2Mn_5(SO_4)_8$ (?)

$5K_2SO_4 \cdot 2Mn_5(SO_4)_8$ (?)

Zur Darstellung trägt man $KMnO_4$ in kleinen Portionen in warme, mäßig konzentrierte H_2SO_4-Lösung ein, wobei sich anfangs unter Sauerstoffentwicklung eine rotgefärbte Lösung bildet, die

$5K_2SO_4 \cdot 2Mn_5(SO_4)_8$ (?)

sich bei weiterem Zusatz von $KMnO_4$ bis zur Sättigung braun färbt, bedingt durch das sich bei der Reaktion bildende H_2O. Beim Erwärmen scheidet sich unter weiterer O_2-Entwicklung das bordeauxrote Salz kristallin aus, das beim Erkalten in großen Mengen ausfällt. Nach dem Abgießen der Schwefelsäure werden die Kristalle mit Alkohol und Äther gewaschen und bis zur Trockne erwärmt. Das Salz zerfällt bei starkem Erhitzen unter Bildung von $MnSO_4$, Sauerstoff und SO_3. In verdünntem H_2SO_4 löst es sich mit brauner, in mäßig konzentriertem H_2SO_4 beim Erwärmen mit blauvioletter Farbe auf. Bei Zusatz von viel Wasser zerfällt es unter Bildung von $MnSO_4$, MnO_2-Hydrat und einer gelblichen Lösung, B. Franke (J. Prakt. Chem. [2] **36** [1887] 166/74, 168, 171).

$KMn(SO_4)_2 \cdot 12H_2O$

8.6.31.1.13.3 $KMn(SO_4)_2 \cdot 12H_2O$ (= $K_2SO_4 \cdot Mn_2(SO_4)_3 \cdot 24H_2O$)

Zur Darstellung dieses Alauns werden Lösungen von 1.74 g pulverisiertem K_2SO_4 in 10 bis 15 ml und 5.36 g $Mn(CH_3COO)_3$ in 30 ml verdünntem H_2SO_4 (1 Vol H_2SO_4 + 3 Vol H_2O) gemischt und unter öfterem Umrühren in einem Gemisch von festem CO_2 und Äther gekühlt. Nach einiger Zeit scheidet sich ein kristalliner Niederschlag aus, der nach Abgießen der Mutterlauge eine korallenrote Farbe zeigt, aber unterhalb −30°C noch kristallisiertes H_2SO_4-Hydrat enthält. Das Salz konnte noch nicht rein erhalten werden und zerfließt sogleich an der Luft. Beim Stehenlassen mit der Mutterlauge löst es sich bei gewöhnlicher Temperatur wieder auf [1]. Kristallisation aus H_2SO_4-saurer Lösung (1 : 3) bei −8°C s. [2].

Der Alaun zersetzt sich bereits bei Zimmertemperatur [3]. — Bei der Entwässerung von 100 mg $KMn(SO_4)_2 \cdot 12H_2O$ im Luftstrom der Geschwindigkeit 1.3 l/h aus dem Gewichtsverlust berechneter H_2O-Gehalt n des bei konstanter Temperatur verbleibenden Rückstandes $KMn(SO_4)_2 \cdot nH_2O$ sowie für die Entwässerung berechnete Reaktionskonstante $K = (^2/_3\,t) \cdot \ln [a/(a-x)]$ mit t = Reaktionszeit in min, a = eingesetzte und x = während t umgesetzte Menge $KMn(SO_4)_2$-Hydrat in mg:

Temp. in °C	10	20	30	40	50	60	70	80
n	9	9	8	6.8	6.1	5.8	5.8	5.8
$K \cdot 10^2$	0.116	0.82	1.52	2.73	3.61	5.2	7.2	9.8

Die lg K-1/T-Kurve weist bei etwa 20°C im Gegensatz zum K-V-Alaun (geradlinig) einen Knick auf wie die der K-Alaune von Al, Ti, Cr und Fe. Die Aktivierungsenergie beträgt oberhalb des Knicks 8.65 und unterhalb 33.0 kcal/mol. Kristallfeldtheoretische Diskussion des Reaktionsmechanismus s. Original [2].

Literatur:

[1] O. T. Christensen (Z. Anorg. Allgem. Chem. **27** [1901] 320/40, 335/6). — [2] K. A. Yudina (Zh. Neorgan. Khim. **9** [1964] 1559/64; Russ. J. Inorg. Chem. **9** [1964] 846/9). — [3] F. Ephraim, P. Wagner (Ber. Deut. Chem. Ges. **50** [1917] 1088/110, 1107).

Ammonium Manganese Sulfates

8.6.31.1.14 Ammoniummangansulfate

$(NH_4)_2Mn(SO_4)_2$

8.6.31.1.14.1 $(NH_4)_2Mn(SO_4)_2$ (= $(NH_4)_2SO_4 \cdot MnSO_4$)

Das Doppelsulfat soll bei der Entwässerung von $(NH_4)_2Mn(SO_4)_2 \cdot 6H_2O$ entstehen, s. S. 218. — Es bildet sich beim Durchleiten eines trocknen Gemisches von Stickstoff und NH_3 durch auf Frittenglas gebrachtes $Mn(HSO_4)_2$ bei −25°C nach $Mn(HSO_4)_2 + 2NH_3 \rightarrow (NH_4)_2Mn(SO_4)_2$. Das erhaltene Produkt entspricht analytisch und röntgenographisch demjenigen von dehydratisiertem Hexahydrat. Berechnung der Standardbildungsenthalpie durch Abzug von 71 kcal je mol Kristallwasser von der Standardenthalpie des Hexahydrats mit −968 kcal/mol ergibt $\Delta H^\circ_{298} = -542$ kcal/mol; die Entropieänderung bei der Bildung beträgt $\Delta S^\circ_{298} = -314$ cal · mol^{-1} · grd^{-1} (Standardentropie: $S^\circ_{298} = 75.5$ cal · mol^{-1} · grd^{-1}) und die freie Enthalpie $\Delta G^\circ_{298} = -448.4$ kcal/mol, J. Palavit, S. Noël (Bull. Soc. Chim. France **1975** 1040/2).

8.6.31.1.14.2 $(NH_4)_2Mn_2(SO_4)_3$ (= $(NH_4)_2SO_4 \cdot 2\,MnSO_4$)

$(NH_4)_2$-Mn_2-$(SO_4)_3$

Die Verbindung tritt im System $MnSO_4$-$(NH_4)_2SO_4$-H_2O als Bodenkörper auf, s. unten. — Sie entsteht beim isobaren Abbau von $(NH_4)_2Mn(SO_4)_2 \cdot 6\,H_2O$ schon bei 65°C und 20 Torr (s. S. 202) [1], durch Entwässern über P_2O_5 im Vakuum bei Zimmertemperatur (500 h) und anschließendes Tempern bei möglichst niedriger Temperatur bis zur Kristallbildung oder durch sofortiges Entwässern bei höherer Temperatur [2]. — Die Darstellung gelingt durch Eindampfen von Lösungen der Komponenten $(NH_4)_2SO_4$ und $MnSO_4$ im Molverhältnis 1 : 2 bei 100°C [3] oder bei 120°C [4]. Bei einem anderen Verfahren gibt man zu 5 Gewichtsteilen geschmolzenem $(NH_4)HSO_4$ etwa 1 Gewichtsteil kristallisiertes Mn-Sulfat, erhitzt zur Entfernung des Kristallwassers auf 180 bis 200°C und erhält bei etwa 250°C große Kristalle, die nach Abgießen des überschüssigen $(NH_4)HSO_4$ mit siedendem Alkohol bei 70°C gewaschen werden. Bei Zugabe von reinem H_2SO_4 zum geschmolzenen $(NH_4)HSO_4$ erhält man sehr reine Kristalle. Bei Verwendung von $(NH_4)_2SO_4$ statt des Hydrogensulfats ist die Reinigung wegen der Unlöslichkeit des neutralen Sulfats in Alkohol schwieriger [5].

Das Salz kristallisiert kubisch im Langbeinit-Typ wie die K-Verbindung (s. S. 188) [1, 3,4 ,5]. Gitterkonstante in Å: a = 10.21_1 [1], a = 10.1892 [3], a = 10.192 ± 0.003 [4] (Pulveraufnahmen bei Zimmertemperatur); Z = 4; Raumgruppe $P2_13$-T^4 (Nr. 198) [3, 4]. — Dichte D^{14} = 2.56 g/cm² [5]. Röntgendichte D = 2.726 [3], 2.723 g/cm³ [4]. — Messungen der Dielektrizitätskonstante nach der Brückenmethode (10 kHz) ergeben ε = 9.5 [6]. — Die Verbindung ist farblos bis schwach gelb [5], fleischfarben [4]. Optische Eigenschaften s. S. 188.

Sie löst sich in H_2O, beim Eindunsten der Lösung bildet sich $(NH_4)_2Mn(SO_4)_2 \cdot 6\,H_2O$ (s. S. 203). Beim Erhitzen auf 350°C hinterbleibt $MnSO_4$ [5].

Literatur:

[1] K. Kohler, W. Franke (Z. Anorg. Allgem. Chem. **331** [1964] 17/26). — [2] H. Hölemann (Z. Anorg. Allgem. Chem. **239** [1938] 257/72, 261). — [3] H. F. McMurdie, M. C. Morris, J. de Groot, H. E. Swanson (J. Res. Natl. Bur. Std. A **75** [1971] 435/9). — [4] G. Gattow, J. Zemann (Z. Anorg. Allgem. Chem. **293** [1958] 233/40). — [5] C. Lepierre (Bull. Soc. Chim. France [3] **13** [1895] 594/8; Compt. Rend. **120** [1895] 924/6).

[6] F. Emmenegger, R. Nitsche, A. Miller (J. Appl. Phys. **39** [1968] 3039/43).

8.6.31.1.15 Das System $MnSO_4$-$(NH_4)_2SO_4$-H_2O

The $MnSO_4$-$(NH_4)_2SO_4$-H_2O System

Zur Aufstellung der nach der Restmethode gewonnenen Löslichkeitspolytherme sind die Isothermen bei 25 und 50°C von Schreinemakers [1], die Isotherme bei 0°C von Caven, Johnston [2] (nach Umrechnung der Werte für die x-m-Darstellung) und eigene Untersuchungen bei 12.5, 40 und 100°C verwendet worden und in **Fig. 53**, S. 202, wiedergegeben. Als Bodenkörper treten auf (Abkürzungen in Klammern): $MnSO_4 \cdot 7\,H_2O$ (Mn7), $MnSO_4 \cdot 5\,H_2O$ (Mn5), $MnSO_4 \cdot H_2O$ (Mn1), $(NH_4)_2SO_4$ (N) sowie die Doppelsalze $(NH_4)_2SO_4 \cdot MnSO_4 \cdot 6\,H_2O$ (D6) und $(NH_4)_2SO_4 \cdot 2\,MnSO_4$ (D). Die Löslichkeitspolythermen für $(NH_4)_2SO_4$ und $MnSO_4$ sind der Literatur entnommen. Nach diesen Untersuchungen ist das Doppelsalz D 6 zwischen 0 und 40°C, das Salz D zwischen 37 und 100°C kongruent löslich [3]. Mit 2 Salzen gesättigte Lösungen (univariante Gleichgewichte), Zusammensetzung der Lösungen in Gew.-% wasserfreies Salz, x = Mol-% $(NH_4)_2SO_4$, bezogen auf das wasserfreie Salzgemisch, und m = mol H_2O je mol wasserfreies Salzgemisch bei verschiedenen Temperaturen nach Benrath [3]:

t in °C	12.5	12.5	40	40	100	100
Gew.-% $(NH_4)_2SO_4$	3.17	41.75	—	41.81	3.45	50.15
Gew.-% $MnSO_4$	36.9	1.2	—	3.80	25.96	1.66
x	8.96	97.56	50	92.65	14.17	97.11
m	12.45	9.75	12.5	8.83	19.80	6.85
Bodenkörper	Mn5 + D6	D6 + N	D + D6	D6 + N	Mn1 + D	D + N

The $MnSO_4$-$(NH_4)_2SO_4$-H_2O System

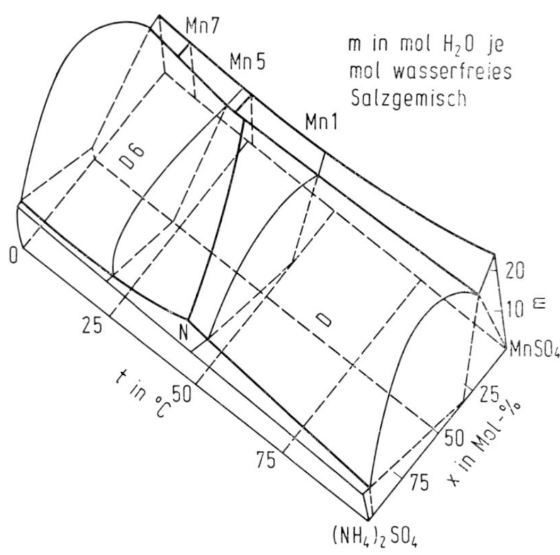

Fig. 53

x-m-Polytherme des Systems $MnSO_4$-$(NH_4)_2SO_4$-H_2O.

Zweisalzpunkte bei 25 und 50°C nach Schreinemakers [1]:

t in °C	25		50	
Gew.-% $(NH_4)_2SO_4$	3.64	42.58	2.95	43.24
Gew.-% $MnSO_4$	38.49	1.75	35.35	5.70
Bodenkörper	D6 + Mn5	D6 + N	D + Mn1	D + N

Die Gleichgewichte stellen sich langsam ein [1].

Zweisalzpunkte bei 0°C, Angabe des Salzgehaltes in mol Salz je 1000 g H_2O:

mol$(NH_4)_2SO_4$	0.251	5.229
mol $MnSO_4$	3.665	0.081
Bodenkörper	Mn7 + D6	D6 + N

Der Vergleich der Isotherme bei 0°C mit derjenigen von Schreinemakers [1] bei 25°C zeigt, daß die durch $(NH_4)_2SO_4$ verursachte Zunahme der Löslichkeit von $MnSO_4$ bei 0°C stärker als bei 25°C, die durch $MnSO_4$ verursachte Abnahme der Löslichkeit von $(NH_4)_2SO_4$ bei 0°C stärker als bei 25°C ist, s. Figur im Original [2].

Literatur:

[1] F. A. H. Schreinemakers (Chem. Weekblad **6** [1909] 131/6). — [2] R. M. Caven, W. Johnston (J. Chem. Soc. **1927** 2358/65). — [3] A. Benrath (Z. Anorg. Allgem. Chem. **195** [1931] 247/54).

$(NH_4)_2$-$Mn(SO_4)_2 \cdot nH_2O$

8.6.31.1.16 $(NH_4)_2Mn(SO_4)_2 \cdot nH_2O$ (= $(NH_4)_2SO_4 \cdot MnSO_4 \cdot nH_2O$), n = 2, 4, 6

Im System $MnSO_4$-$(NH_4)_2SO_4$-H_2O tritt nur das Doppelsalz mit 6 H_2O auf, s. S. 201.

Beim isobaren Abbau bei 20 Torr entsteht zwischen 30 und 38°C aus dem Hexahydrat das Tetrahydrat, zwischen 45 und 51°C das Dihydrat. Oberhalb 60°C bildet sich ein Gemisch aus $(NH_4)_2SO_4$ und $(NH_4)_2Mn_2(SO_4)_3$ im Molverhältnis 1 : 1. Nach Dampfdruckmessungen zeigt das Dihydrat den gleichen Dampfdruck wie das Tetrahydrat und dürfte daher metastabil sein. Die Dampfdruckkurve des Tetrahydrats schneidet die des Hexahydrats bei 50.9°C und ergibt unterhalb dieser Temperatur höhere Druckwerte als das Hexahydrat. Das p-T-Diagramm ergibt einen Schnittpunkt der Hexahydratkurve mit der gesättigten Lösung bei 58°C; dieser Wert stimmt gut mit dem mikroskopisch beobachteten inkongruenten Schmelzpunkt bei 59°C überein. Nach der Funktion $\lg p = -A/T + B$ ergeben sich auf Grund der Einzeldampfdruck- bzw. Differenzdampfdruckmessungen folgende Werte für A und B:

System	A	B	Temperatur
gesättigte Lösung	2164	8.60	33 bis 47°C
6-Hydrat/4-Hydrat	2824	10.59	33 bis 58°C
4-Hydrat/wasserfreies Salz	2200	7.66	43 bis 54°C

Die angegebenen Werte sind reine Interpolationsdaten und zur Berechnung thermodynamischer Größen nicht verwendbar [1].

Dampfdruck p bei der Abgabe des Kristallwassers von $(NH_4)_2Mn(SO_4)_2 \cdot 6H_2O$ [2]:

t in °C . . .	25	30	35	41	51	55	66	73	79	82	85	90
p in Torr . .	16	17	20	28	44	54	154	207	283	332	371	446

Literatur:

[1] K. Kohler, W. Franke (Z. Anorg. Allgem. Chem. **331** [1964] 17/26). — [2] F. Ephraim, P. Wagner (Ber. Deut. Chem. Ges. **50** [1917] 1088/110, 1109).

8.6.31.1.16.1 $(NH_4)_2Mn(SO_4)_2 \cdot 6H_2O$ (= $(NH_4)_2SO_4 \cdot MnSO_4 \cdot 6H_2O$)

$(NH_4)_2$-$Mn(SO_4)_2 \cdot$ $6H_2O$

Darstellung und kristallographische Eigenschaften

Preparation and Crystallographic Properties

Das Salz entsteht beim Eindampfen einer Lösung von $(NH_4)_2SO_4 \cdot 2MnSO_4$ [1]. Die Darstellung gelingt durch langsames Eindunsten äquimolarer Lösungen der Komponenten bei Zimmertemperatur [2]; nach einigen Tagen erhält man große Kristalle, die schnell mit wenig Wasser gewaschen und abfiltriert werden [3]; s. auch [4]. Man kann auch portionsweise einen etwa 10%igen Überschuß von feingepulvertem Mn zu einer wäßrigen Lösung von kalt gelöstem $(NH_4)_2S_2O_8$ zugeben, gegebenenfalls unter gelindem Erwärmen. Die Reaktion erfolgt unter Wärmeentwicklung. Das Salz kristallisiert beim Eindunsten oder Einengen auf dem Wasserbad aus [5]. — Bildungsenthalpie unter Standardbedingungen: $\Delta H^\circ_{298} = -968$ kcal/mol [6].

Die Verbindung kristallisiert monoklin. Ausgezeichnete Spaltbarkeit parallel ($\bar{2}01$), ziemlich gute Spaltbarkeit parallel (010) [7], s. auch [8]. — Röntgenographische Untersuchungen ergeben die Gitterkonstanten a = 9.29(2), b = 12.66(1), c = 6.211(6) Å, β = 107.05(66)° [3]; a = 9.374, b = 12.676, c = 6.253 Å, β = 106°49′ [2]; a = 9.398 ± 0.0015, b = 12.742 ± 0.020, c = 6.256 ± 0.006 Å, β = 106°59′ ± 6′ [9]; Z = 2; Raumgruppe $P2_1/a$-C^5_{2h} (Nr. 14) [3, 2, 9]. Atomkoordinaten:

Atom	Punktlage	x	y	z
Mn	2a	0	0	0
S	4e	0.4069(2)	0.1377(1)	0.7402(4)
O(3)	4e	0.4069(5)	0.2271(4)	0.5907(10)
O(4)	4e	0.5466(5)	0.0812(4)	0.7842(10)
O(5)	4e	0.2825(4)	0.0674(3)	0.6294(8)
O(6)	4e	0.3870(5)	0.1766(4)	0.9495(11)
O(7)	4e	0.1774(5)	0.1088(3)	0.1718(9)
O(8)	4e	−0.1671(4)	0.1150(3)	0.0325(9)
O(9)	4e	−0.0016(4)	−0.0726(3)	0.3096(9)
N	4e	0.1331(6)	0.3507(4)	0.3592(11)

Crystal Structure of $(NH_4)_2$-$Mn(SO_4)_2 \cdot 6H_2O$

Die Struktur ist analog wie bei anderen Tutton-Salzen. Atomabstände Mn-O(H_2O) = 2.15 bis 2.20 Å, S-O = 1.452 bis 1.475 Å, Wasserstoffbindungen der H_2O-Moleküle und des NH_4-Ions zu den O-Atomen der SO_4-Gruppe mit O-O = 2.72 bis 2.86 bzw. N-O = 2.87 bis 3.11 Å. Der O-O-Abstand der H_2O-Oktaeder entlang der c-Achse beträgt 3.009 Å. Die H_2O-Moleküle sind um Mn in nahezu regelmäßigen Oktaedern angeordnet. R-Faktor 5.1 %. Einzelwerte der interatomaren Abstände sowie Bindungswinkel s. Original [9].

Untersucht wird die Änderung der Kristallwachstumsgeschwindigkeit der (110)-, (001)- und (011)-Flächen bei Zusatz von Bismarckbraun zu einer wäßrigen Lösung von $(NH_4)_2Mn(SO_4)_2 \cdot 6H_2O$ in Konzentrationen von 5×10^{-6} bis 5×10^{-3} g Farbe je g Doppelsulfat. Bei der Kristallisation und einem Verhältnis von 1 g Farbe zu 8000 g Doppelsulfat beginnt der Kristall sich in Richtung der c-Achse zu verlängern, die Wachstumsgeschwindigkeit der (110)-Fläche unter Farbadsorption sich zu vermindern und die (011)-Fläche zu verschwinden [10].

Literatur:

[1] C. Lepierre (Bull. Soc. Chim. France [3] **13** [1895] 594/8; Compt. Rend. **120** [1895] 924/6). — [2] H. F. McMurdie, M. C. Morris, J. de Groot, H. E. Swanson (J. Res. Natl. Bur. Std. A **75** [1971] 435/9). — [3] C. Cipriani (Rend. Soc. Mineral. Ital. **14** [1958] 124/37). — [4] K. Kohler, W. Franke (Z. Anorg. Allgem. Chem. **331** [1964] 17/26). — [5] O. Aschan (Z. Anorg. Allgem. Chem. **194** [1930] 139/46).

[6] F. D. Rossini, D. D. Wagman, W. H. Evans, S. Levine, I. Jaffe (Natl. Bur. Std. [U. S.] Circ. Nr. 500 [1952] 281). — [7] A. E. H. Tutton (Phil. Trans. Roy. Soc. London A **216** [1916] 1/62, 24/33). — [8] A. Murmann, L. Rotter (Sitz.-Ber. Akad. Wiss. Wien **34** [1859] 135/95, 148). — [9] H. Montgomery, R. V. Chastain, E. C. Lingafelter (Acta Cryst. **20** [1966] 731/3). — [10] M. Giglio (Bull. Soc. Franc. Mineral. Crist. **78** [1955] 598/603).

Mechanical and Thermal Properties

Mechanische und thermische Eigenschaften

Dichte D in g/cm³: 1.837 ± 0.003 bei 18°C (Schwebemethode mit Methylenjodid) [1]; D_4^{20} = 1.831 (Immersionsmethode) [2]; D = 1.825 [3]; D = 1.82; Röntgendichte: 1.858 [4] und 1.827 [5].

Wärmekapazität C, Entropie S, beide in cal · $mol^{-1} \cdot K^{-1}$.

An einem Einkristall wird C zwischen 1 und 4 K zunächst ohne Magnetfeld (zur Bestimmung der Wärmeverluste der Apparatur und der Wärmekapazität des leeren Kalorimeters) und dann in verschiedenen Magnetfeldern senkrecht zur kristallographischen b-Achse gemessen. Ausgewählte Ergebnisse (Temperatur T in K):

H = 4360 Oe	T . . .	1.291	1.732	2.266	2.942	3.522	4.150
	C_H . .	0.916	0.560	0.369	0.225	0.148	0.123
H = 17760 Oe	T . . .	1.701	2.051	2.392	2.757	2.970	3.349
	C_H . .	1.543	1.648	1.642	1.525	1.529	1.367

Die in **Fig. 54** gezeigten Ergebnisse weichen nur wenig von der „idealen" Kurve ab, die aus einer Brillouin-Funktion mit S = 5/2 und g = 2.00 berechnet wurde. Die aus C_H und aus den Magnetisierungskurven bestimmte Entropie als Funktion von H/T (s. Figur im Original) zeigt für kleine H/T-Werte Übereinstimmung mit den „idealen" Werten innerhalb 0.01 cal · $mol^{-1} \cdot K^{-1}$. Oberhalb H/T = 5000 Oe/K sind die beobachteten Entropien deutlich höher, bei H/T = 12000 Oe/K um 0.06 cal · $mol^{-1} \cdot K^{-1}$. Außerdem nimmt die Entropie des Salzes für einen bestimmten H/T-Wert bei Temperaturerhöhung um einen Betrag zu, der viel größer ist als die Zunahme der Entropie auf Grund von Gitterschwingungen (s. Figur im Original). Aus der Tatsache, daß für H/T > 10000 Oe/K (S < 1.60) die Entropie nur von H/T abhängt, ist zu schließen, daß bei diesem hohen Ordnungsgrad

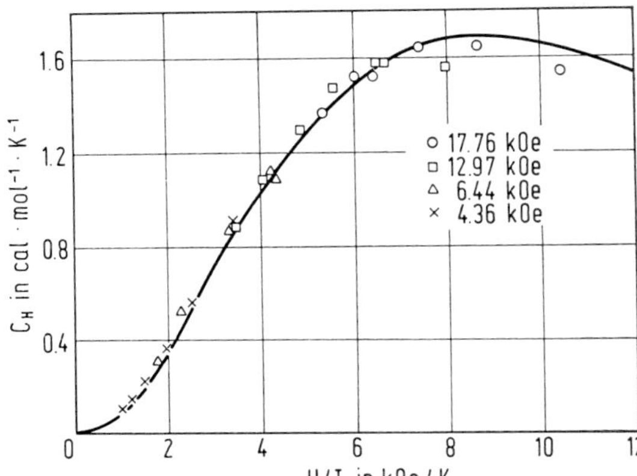

Fig. 54

In Magnetfeldern verschiedener Stärke gemessene Wärmekapazität als Funktion des Verhältnisses von Magnetfeld zu Temperatur bei $(NH_4)_2Mn(SO_4)_2 \cdot 6\,H_2O$.

das Magnetfeld die inneren Wechselwirkungen im Kristall unterdrückt. Dies stimmt mit der Beobachtung überein, daß die Wärmekapazität für 17760 Oe näher bei dem „idealen" Maximum liegt als für 12970 Oe [6].

Parallel zur b-Achse werden im gleichen Temperaturbereich bei H = 2800 bzw. 22400 Oe folgende Werte erhalten:

H = 2800 Oe	T . . .	1.247	1.484	2.017	2.514	3.013	3.532	4.142	
	C_H . .	0.447	0.356	0.2060	0.1425	0.1113	0.0955	0.0905	
H = 22400 Oe	T . . .	1.496	1.659	2.088	2.527	3.053	3.381	3.628	3.913
	C_H . .	1.401	1.511	1.644	1.676	1.669	1.600	1.551	1.466

In dieser Kristallrichtung weichen die Wärmekapazitäten (und die daraus abgeleiteten Entropien) nur wenig von den idealen Werten ab; bei kleinem H/T liegt C_H nur wenig über den für eine „ideale" paramagnetische Substanz nach der Brillouin-Funktion (S = 5/2) berechneten Werten. Bei 22400 Oe tritt das Maximum bei dem Wert von H/T (8870 Oe/K) auf, der aus der Brillouin-Funktion erwartet wird. Bei kleineren Feldern erscheint das Maximum bei kleineren H/T-Werten, und die Wärmekapazität fällt unter die „ideale" bei hohen H/T-Werten [7].

Unterhalb 1 K messen Fritz u. a. [8] C ohne Magnetfeld und in 6 Feldern zwischen 1400 und 22300 Oe parallel zur b-Achse. Oberhalb 0.4 K wird C überwiegend durch den aus der Brillouin-Funktion berechneten „idealen" Anteil bestimmt. Daher eignet sich die Überschußwärmekapazität $C_{ex} = C_{beob} - C_{ideal}$ besser zur Messung; außerdem ändert sie sich nur langsam mit dem Magnetfeld und der Temperatur. Für H > 2800 Oe beträgt C_{ex} oberhalb 0.6 K 1 % oder weniger von dem Wert der gesamten Wärmekapazität, die in **Fig. 55**, S. 206, auch für nicht direkt bestimmte Werte (T < 0.4 K) dargestellt ist. Im allgemeinen nimmt C_{ex} mit zunehmendem Feld ab (ist aber in einem Feld von 22300 Oe noch deutlich festzustellen) und zeigt am unteren Temperaturende für alle Felder einen mit abnehmender Temperatur erfolgenden Anstieg. Der einzige Wechselwirkungsmechanismus, der eine geeignete Erklärung der Überschußwärmekapazität in hohen Feldern geben kann, ist die Polarisation der Momente der ^{55}Mn-Kerne infolge der Hyperfeinwechselwirkung. Diese Annahme wird im wesentlichen bestätigt durch Berechnung der Wärmekapazität unter Verwendung der Hyperfeinkonstanten von Bleaney, Ingram [9].

Die starke Zunahme von C_{ex} in schwachen Feldern (und ohne Magnetfeld) kann jedoch nicht durch Kernpolarisation erklärt werden, sondern beruht auf Austauschwechselwirkung zwischen den Mn-Ionen. Diese Deutung stimmt mit derjenigen von Benzie u. a. [10] überein, die für den magnetischen Anteil zur Wärmekapazität oberhalb 1 K größere Werte finden, als durch Kernspins und

Heat Capacity of $(NH_4)_2$-$Mn(SO_4)_2 \cdot 6H_2O$

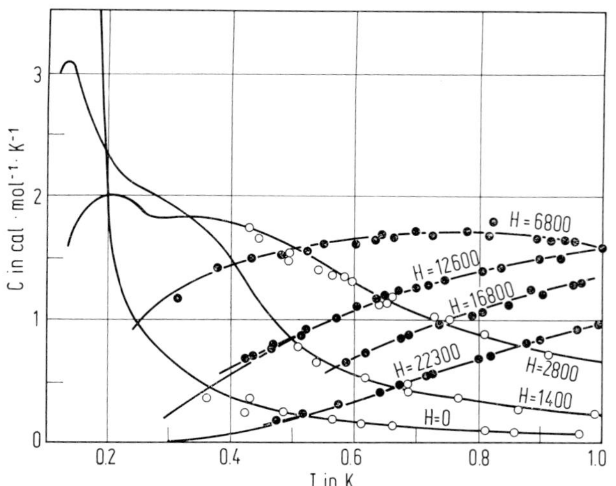

Fig. 55

Temperaturabhängigkeit der Wärmekapazität für verschiedene Magnetfelder H (in Oe) bei $(NH_4)_2Mn(SO_4)_2 \cdot 6H_2O$.

magnetische Dipolwechselwirkung erklärt werden kann. Somit setzt sich C_{ex} aus zwei Hauptanteilen zusammen: einem Kernspinanteil, der bei hohen Feldstärken nahezu konstant ist und sich bei Annäherung an das Feld Null auf das Drei- bis Vierfache vergrößert, sowie einem Austauschanteil, der in Feldern von 3000 bis 6000 Oe überwiegt, in stärkeren Feldern jedoch allmählich gegen Null geht [8].

Auch die Entropie oberhalb 0.4 K wird am besten durch die Beziehung $S_{ex} = S_{beob} - S_{ideal}$ beschrieben. S_{ex} wird mit steigender Temperatur größer, wobei der Anstieg mit wachsendem H zunehmend schwächer wird (zwischen 0.4 und 1 K Zunahme für S_{ex} von −1.08 auf −0.20 bei H = 1400 Oe bzw. von −0.03 auf +0.03 bei H = 22300 Oe) [8].

Unterhalb 0.4 K wird die Wärmekapazität aus dem Diagramm abgeleitet, das die Temperaturänderung mit dem Magnetfeld für einige Isentropen (S von 0.110 bis 3.383) darstellt; **Fig. 56** zeigt die bei H = 200 bis 1400 Oe erhaltenen Ergebnisse. Die in der Nähe der magnetischen Umwandlung (0.14 bis 0.22 K) gemessenen Werte für Felder von 0 bis 200 Oe [8] sind in **Fig. 57** dargestellt. Sie zeigt den Einfluß kleiner Magnetfelder, der aus der Abnahme in der Höhe und einer Erweiterung des Temperaturbereichs der Anomalie in der Nähe von T_N ersichtlich ist. Dieses Abflachen und Verbreitern der Umwandlung für Felder bis H = 1400 Oe ist auch in Fig. 56 zu finden (für H > 6000 Oe verschwindet diese Anomalie, und es wird eine allmähliche Näherung an ein nahezu „ideales" Schottky-Maximum beobachtet). Die Messungen ohne Feld stimmen mit denen von Rayl u. a. [11] überein,

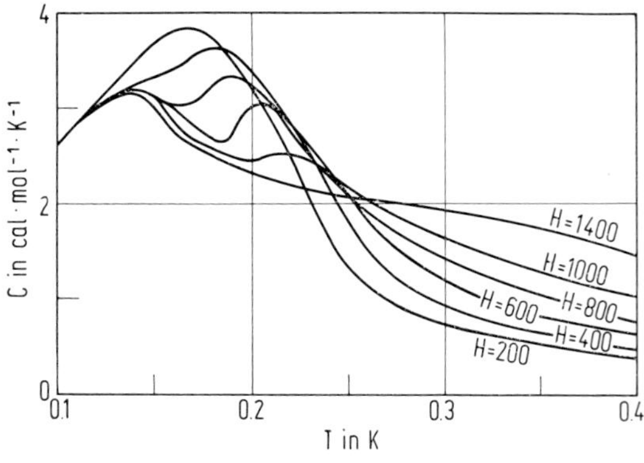

Fig. 56

Temperaturabhängigkeit der Wärmekapazität unterhalb 0.4 K für Magnetfelder von 200 bis 1400 Oe bei $(NH_4)_2Mn(SO_4)_2 \cdot 6H_2O$.

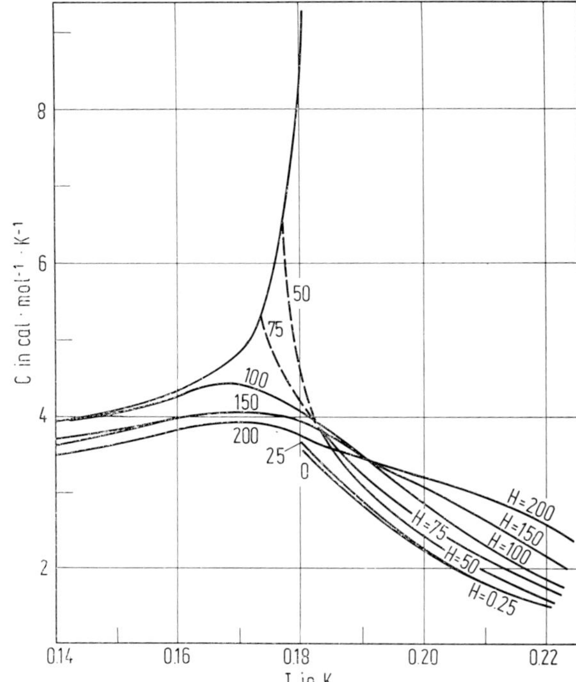

Fig. 57

Wärmekapazität bei kleinen Magnetfeldern H (in Oe) in der Nähe der magnetischen Umwandlung bei $(NH_4)_2Mn(SO_4)_2 \cdot 6H_2O$.

mit Ausnahme der nicht so hohen Maxima für die Entropie S direkt unter- und oberhalb von T_N sowie den kleinen Unterschieden in den Werten für T_N (s. S. 208) und S bei T_N (S_N = 2.42 [8], 2.54 [11]). Graphische Darstellung von S/R zwischen 0.74 und 0.124 K s. bei Miedema u. a. [12].

Die Ergebnisse zeigen, daß bei tiefen Temperaturen der starke Einfluß der Kernspins bis hinunter zum Feld Null reicht. Die Gründe dafür sind einmal, daß durch den Austausch entlang der Kristallrichtung [010] eine sehr schnelle Zunahme der Magnetisierung mit dem Feld erfolgt, wobei die Kernpolarisation angeregt wird. Zum anderen ist die Wechselwirkung zwischen den Kernspins und dem Ligandenfeld bei H = 0 ziemlich stark, so daß ein komplexer und breiter Satz von Energieniveaus entsteht [8].

Literatur:

[1] R. Krickmeyer (Z. Physik. Chem. **21** [1896] 53/89, 67). — [2] A. E. H. Tutton (Phil. Trans. Roy. Soc. London A **216** [1916] 1/62, 24/33). — [3] H. Schröder (J. Prakt. Chem. [2] **19** [1879] 266/94, 273). — [4] C. Cipriani (Rend. Soc. Mineral. Ital. **14** [1958] 124/37). — [5] H. F. McMurdie, M. C. Morris, J. de Groot, H. E. Swanson (J. Res. Natl. Bur. Std. A **75** [1971] 435/9).

[6] J. J. Fritz, R. L. Davies, H. W. Bernard, J. G. Aston (J. Chem. Phys. **47** [1967] 3693/7). — [7] J. T. Clark, J. J. Fritz (J. Chem. Phys. **52** [1970] 1227/31). — [8] J. J. Fritz, J. T. Clark, J. Cesarano (J. Chem. Phys. **62** [1975] 200/7). — [9] B. Bleaney, D. J. E. Ingram (Proc. Roy. Soc. [London] A **205** [1951] 336/56, 353). — [10] R. J. Benzie, A. H. Cooke, S. Whitley (Proc. Roy. Soc. [London] A **232** [1955] 277/89, 286).

[11] M. Rayl, O. E. Vilches, J. C. Wheatley (Phys. Rev. [2] **165** [1968] 692/7; Ann. Acad. Sci. Fennicae A VI Nr. 210 [1966] 224/5), O. E. Vilches, J. C. Wheatley (Phys. Rev. [2] **148** [1966] 509/16). — [12] A. R. Miedema, J. van den Broek, H. Postma, W. J. Huiskamp (Physica **25** [1959] 1177/92, 1181).

Magnetic and Electrical Properties

Magnetische und elektrische Eigenschaften

Bis etwa 1 K hinunter gilt das Curie-Gesetz $\chi = C/T$, und bei etwa 0.2 K gehen die Momente der Mn-Ionen in einen geordneten Zustand über.

Die Anisotropie der Suszeptibilität ist im paramagnetischen Bereich äußerst gering. Theoretisch müßte das Salz (wie alle Mn^{II}-Verbindungen) isotrop sein, da der Grundterm von Mn^{2+} $^6S_{5/2}$ ist. Tatsächlich ist jedoch eine sehr schwache Anisotropie zu beobachten, und zwar ist bei gewöhnlicher Temperatur $(\chi_1 - \chi_2)/\chi$ von der Größenordnung 10^{-3}. Diese Anisotropie kommt durch Störeffekte höherer Ordnung (Spin-Bahn-Kopplung) zustande.

Die Komponenten von χ sind auf ein System von drei Achsen K_1, K_2, K_3 bezogen, deren dritte parallel zur kristallographischen b-Achse liegt; K_1 und K_2 liegen in der (010)-Ebene. Die Winkel zwischen K_1 und der c-Achse bzw. der a-Achse werden mit ψ bzw. $\beta - \psi$ bezeichnet ($\beta = 107°$, s. S. 203).

Magnetische Struktur, Umwandlungstemperatur, Austauschwechselwirkung

Aus Suszeptibilitätsmessungen unterhalb 1 K schließt Miedema [1], daß die magnetischen Momente der Mn-Ionen im geordneten Zustand infolge anisotroper Wechselwirkung nicht genau antiferromagnetisch ausgerichtet sind; vielmehr bildet sich eine verkantete Spinstruktur, so daß in K_3-Richtung eine spontane Magnetisierung resultiert. Da für $(NH_4)_2Mn(SO_4)_2 \cdot 6H_2O$ die Anisotropieenergie von der gleichen Größenordnung ist wie die Energie der magnetischen Wechselwirkungen, bildet sich zwischen den Momenten in den Untergittern ein Winkel von 32°. Die die Wechselwirkung zwischen den nächsten und übernächsten Nachbarn beschreibenden Austauschparameter J_1 und J_2 betragen $+60 \times 10^{22}$ cm^{-3} bzw. -31×10^{22} cm^{-3} (jedes Mn-Ion hat 4 magnetische Nachbarn mit J_2 und zwei Nachbarn mit J_1) [1].

Aus der Temperaturabhängigkeit der Wärmekapazität wird geschlossen, daß die magnetische Umwandlung bei 0.173 K [2], 0.176 K [3] bzw. 0.181 K [4] stattfindet. Aus Suszeptibilitätsmessungen wird eine Umwandlungstemperatur von 0.14 K [1] bzw. 0.15 K [5] abgeleitet. Man kann jedoch zwischen geordnetem und ungeordnetem Zustand keine scharfe Grenze ziehen [4].

Eine weitere Umwandlung, bei der beide Untergitter in je 2 Teilgitter mit verschieden gerichteten Momenten aufspalten, scheint (wie sich aus unveröffentlichten Suszeptibilitätsmessungen ergibt) bei 0.07 K zu erfolgen [6].

Literatur:

[1] A. R. Miedema (Proc. Koninkl. Ned. Akad. Wetenschap. B **64** [1961] 98/114, 245/62), vgl. auch A. R. Miedema, J. van den Broek, H. Postma, W. J. Huiskamp (Physica **25** [1959] 1177/92). — [2] O. E. Vilches, J. C. Wheatley (Phys. Rev. [2] **148** [1966] 509/16). — [3] M. Rayl, O. E. Vilches, J. C. Wheatley (Phys. Rev. [2] **165** [1968] 692/7). — [4] J. J. Fritz, T. J. Clark, J. Cesarano (J. Chem. Phys. **62** [1975] 200/7, 205). — [5] A. H. Cooke (Proc. Phys. Soc. [London] A **62** [1949] 269/78).

[6] K. Tsuru, N. Uryu (J. Chem. Phys. **63** [1975] 4090/1).

Magnetische Suszeptibilität

Spezifische Suszeptibilität χ in 10^{-6} cm^3/g, Molsuszeptibilität χ_{mol} in 10^{-3} cm^3/mol.

Die Gültigkeit des Curieschen Gesetzes wurde von Jackson und Kamerlingh Onnes [1] für den Bereich von 289.7 bis 14.54 K festgestellt. Zwischen 15 und 20.4 K gilt es für jede der drei Komponenten von χ einzeln [2]. Nach weiteren Messungen von Jackson [3] zwischen 291.8 und 80.3 K (χ_{mol} steigt von 14.73 auf 52.64) fand Guha [4] bei 242.8, 204.7 und 79.7 K $\chi_{mol} = 17.68$, 20.80 bzw. 53.30. Unter Einbeziehung des von Krishnan u. a. [5] bei 303 K erhaltenen Wertes $\chi_{mol} = 14.00$ ergibt sich das effektive Moment $\mu = 5.86$ μ_B [4]. Dieser Verlauf wurde durch Messungen an einer pulverförmigen Probe zwischen 295 und 81 K bestätigt [6].

Die Anisotropie der Molsuszeptibilität (zum Bezugssystem s. S. 208, 227) beträgt bei 303 K $\chi_1 - \chi_2 = 0.0077$, $\chi_1 - \chi_3 = 0.0054$; bei 194.5 K ist $\chi_1 - \chi_2$ 2.6 mal, bei 90 K 11.9 mal so groß wie bei 303 K, und die entsprechenden Beträge von $\chi_1 - \chi_3$ verhalten sich wie 1:2.3:9.0 [5]; ähnliche Ergebnisse erhalten auch Bleaney, Ingram [13] bei 20, 90 und 195 K. Diese Anisotropie konnte von Rabi [7] noch nicht gefunden werden. Auch bei 1 K ist sie kaum nachweisbar [8]. Dagegen ist sie in der Nähe der magnetischen Umwandlung deutlich zu beobachten [9].

Unterhalb 1 K untersuchen Miedema u. a. [10] die Anisotropie der Suszeptibilität an Einkristallen. Die Werte für χ werden als Funktion der Entropie S wiedergegeben, da bei den adiabatischen Entmagnetisierungsversuchen (s. S. 211) diese Beziehung von Interesse ist. **Fig. 58** zeigt die aus Messungen ohne Magnetfeld bestimmte adiabatische Suszeptibilität für die 3 magnetischen Achsen. Dabei ist die dimensionslose Größe $S/R = \partial(T \ln z)/\partial T$ und Z die Verteilungsfunktion für einen einzelnen Dipol in der Beziehung für die Verteilungsfunktion $Z = z^N$ der Gesamtheit der im Salz vorhandenen paramagnetischen Ionen [11] (N = Anzahl der Dipole, die als identisch und unabhängig

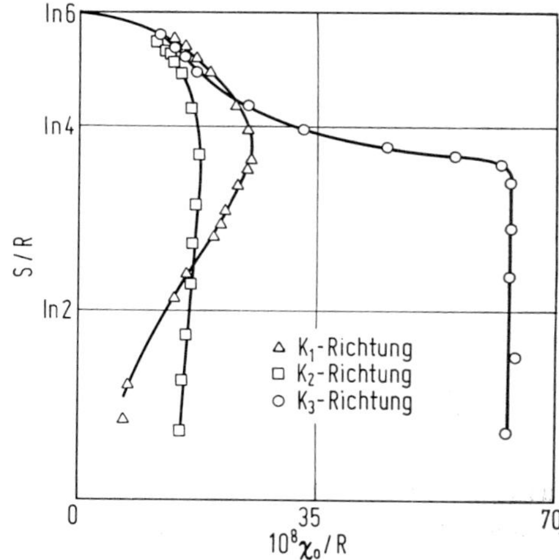

Fig. 58

Adiabatische Suszeptibilität in Richtung der drei magnetischen Achsen, extrapoliert auf das Magnetfeld H = 0 bei $(NH_4)_2Mn(SO_4)_2 \cdot 6H_2O$.

voneinander angenommen werden). Solange S > ln 4 ist, sind die Suszeptibilitäten (χ_1, χ_2, χ_3) nicht sehr unterschiedlich für die 3 Richtungen. Fällt S unter R ln 4, so steigt χ_3 auf einen Maximalwert, der innerhalb des experimentellen Fehlerbereichs von 2% gleich dem Wert 3/4 π ist (bei einer Berechnung je cm³). Bei S = 1.25 R geht χ_1 durch ein ausgeprägtes Maximum, während χ_2 unabhängig von S ist. Diese Entropie von 1.25 R wird als Entropie am Néel-Punkt (S_N) betrachtet. Bei der niedrigsten Entropie (S = 0.29 R) hat χ_1 abgenommen auf 7×10^{-8} R; χ_2 und χ_3 betragen 15×10^{-8} R bzw. 63×10^{-8} R. Die in einem Wechselfeld (225 Hz) gemessenen Komponenten χ' und χ'' (beide sind stark abhängig von der Amplitude und Frequenz des Feldes) in K_3-Richtung (nur in dieser treten Relaxationseffekte auf) sind in **Fig. 59**, S. 210, zusammen mit der statischen Suszeptibilität χ_0 dargestellt. Bei relativ hohen Entropien (oberhalb S_N) ist χ'' vernachlässigbar klein und $\chi' = \chi_0$. Unterhalb S_N fällt χ' mit abnehmender Entropie, während χ'' ein Maximum (0.22 χ_0) bei S ≈ 0.5 erreicht [10]. Bei verschiedenen Entropien unterhalb S_N ergeben sich in K_1-Richtung Kurven von antiferromagnetischem Charakter (der starke Anstieg in Feldern von einigen hundert Oe beruht auf der Umwandlung vom antiferromagnetischen in den paramagnetischen Zustand), während in K_3-Richtung ferromagnetisches Verhalten zu beobachten ist, s. **Fig. 60**, S. 210 [10].

Die isentrope Suszeptibilität $(\partial M/\partial H)_S$ im Bereich der magnetischen Umwandlung bestimmen Fritz u. a. [12] durch graphische Differentiation ihrer Werte für die Magnetisierungsintensität (s. S. 213). Die in Richtung der K_3-Achse erhaltenen Isentropen setzen, soweit sie im Néel-Bereich beginnen, bei

Suscepti-bility of $(NH_4)_2$-$Mn(SO_4)_2 \cdot 6H_2O$

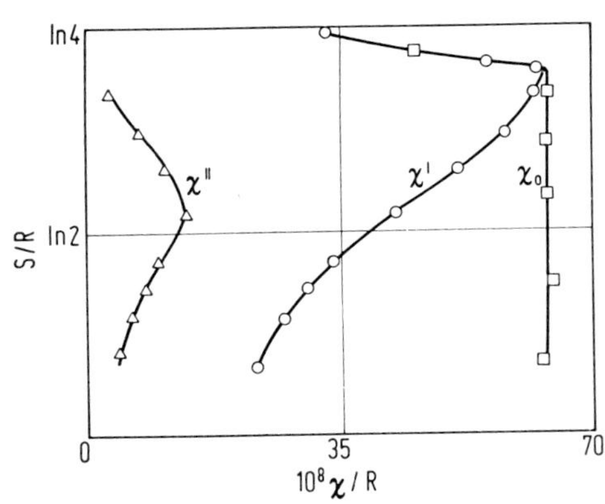

Fig. 59

Komplexe Suszeptibilität χ', χ'' und statische Suszeptibilität χ_0 in K_3-Richtung als Funktion der Entropie bei $(NH_4)_2Mn(SO_4)_2 \cdot 6H_2O$.

Fig. 60

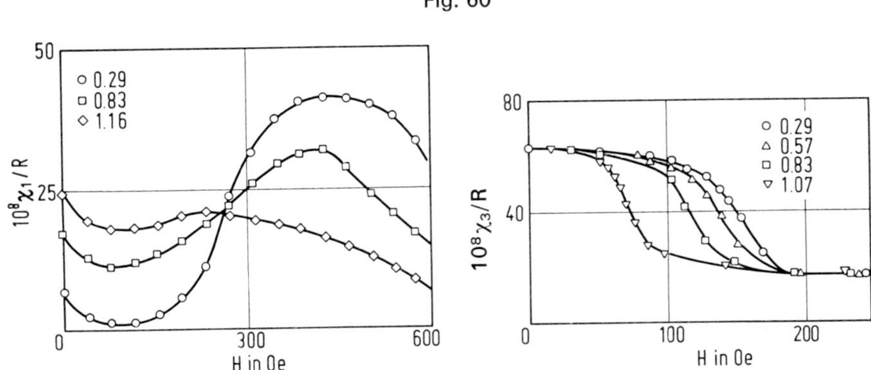

Suszeptibilität in K_1-Richtung (links) und K_3-Richtung (rechts) als Funktion des longitudinalen Magnetfelds bei $(NH_4)_2Mn(SO_4)_2 \cdot 6H_2O$.

einer verhältnismäßig großen Suszeptibilität χ_3 ein, und in einem kleinen, für die jeweilige Entropie charakteristischen Feldbereich fällt χ_3 scharf ab. Dieser Abfall in der Suszeptibilität wird zur Festlegung der Abgrenzung des Néel-Bereichs verwendet. — Ein Vergleich mit 4 von Miedema u. a. [10] erhaltenen Isentropen zeigt Übereinstimmung in dem Ausgangspunkt der Kurven, die für eine bestimmte Entropie den gleichen Verlauf haben, mit Ausnahme der Werte im Bereich von 150 bis 300 Oe, in dem sie etwa 10% höher liegen und durch eine einzelne, von der Entropie unabhängige Linie dargestellt werden.

Literatur:

[1] L. C. Jackson, H. Kamerlingh Onnes (Proc. Roy. Soc. [London] A **104** [1923] 671/6). — [2] L. C. Jackson, W. J. de Haas (Proc. Koninkl. Ned. Akad. Wetenschap. **31** [1928] 346/9; Koninkl. Ned. Akad. Wetenschap. Verslag Gewone Vergader. Afdel. Nat. **36** [1927] 1117/20); kritische Bemerkungen dazu s. bei K. S. Krishnan (Z. Physik **71** [1931] 137/40). — [3] L. C. Jackson (Proc. Roy. Soc. [London] A **140** [1933] 695/713, 702). — [4] Bhagawati Charan Guha (Proc. Roy. Soc. [London] A **206** [1951] 353/73, 360). — [5] K. S. Krishnan, S. Banerjee (Phil. Trans. Roy. Soc. London A **235** [1936] 343/66, 348), K. S. Krishnan, A. Mokherji, A. Bose (Phil. Trans. Roy. Soc. London A **238** [1939] 125/48, 132).

[6] H. Soling (Acta Chem. Scand. **12** [1958] 1005/14). — [7] I. I. Rabi (Phys. Rev. [2] **29** [1927] 174/87, 184). — [8] J. J. Fritz, R. L. Davies, H. W. Bernard, J. G. Aston (J. Chem. Phys. **47** [1967]

3693/7). — [9] M. J. Steenland (Diss. Univ. Leiden 1952, S. 63/8). — [10] A. R. Miedema, J. van den Broek, H. Postma, W. J. Huiskamp (Physica **25** [1959] 1177/92), A. R. Miedema (Proc. Koninkl. Ned. Akad. Wetenschap. B **64** [1961] 98/114), A. R. Miedema, W. J. Huiskamp (Proc. 7th Intern. Conf. Low Temp. Phys., Toronto 1960 [1961], S. 110/2).

[11] E. Ambler, R. P. Hudson (Rept. Progr. Phys. **18** [1955] 251/303, 254). — [12] J. J. Fritz, J. M. Cesarano, J. T. Clark (J. Low Temp. Phys. **2** [1970] 87/102, 94/5). — [13] B. Bleaney, D. J. E. Ingram (Proc. Roy. Soc. [London] A **205** [1951] 336/56, 354).

Verwendung zur Temperaturmessung

Application for Temperature Measurement

Temperaturen unterhalb 1 K können durch adiabatische Entmagnetisierung erreicht werden; s. hierzu den Fortschrittsbericht von Ambler, Hudson [1]. Zu den dafür geeigneten Salzen gehört $(NH_4)_2Mn(SO_4)_2 \cdot 6H_2O$, das von Kürti, Simon [2] erstmals verwendet wurde. Als Maß für die erreichte Temperatur wird die Suszeptibilität verwendet, und die Abweichung der so erhaltenen Temperaturen (als T^* bezeichnet) von der thermodynamischen Temperatur T ist um so kleiner, je größer der Temperaturbereich ist, in dem das Curie-Gesetz $\chi = C/T$ genau gilt. Um wieviel die magnetische Temperaturskala von der absoluten abweicht, kann nach verschiedenen Methoden festgestellt werden. Eine von Cooke [3] angewandte thermodynamische Methode beruht auf der kalorimetrischen Bestimmung der dem Salz zugeführten Wärme und der Änderung der Entropie S als Funktion der magnetischen Temperatur: $T = (dQ/dT^*)/(dS/dT^*)$. Die (S, T^*)-Beziehung wird durch Messung von T^* direkt nach der Entmagnetisierung und Berechnung von S aus den Ausgangsbedingungen von H (Magnetfeld) und T erhalten. Aus der graphischen Wiedergabe der Ergebnisse leiten Ambler, Hudson [1] folgende Werte für die Beziehung zwischen T und T^* ab:

T in K	0.13	0.13	0.16	0.205	0.26	0.315	0.37	0.425	0.48
T^* in K	0.115*)	0.15	0.20	0.25	0.30	0.35	0.40	0.45	0.50

*) Minimum

Bei einer anderen thermodynamischen Methode [4] wird als geeigneter thermometrischer Parameter der Imaginärteil der Suszeptibilität χ'' gewählt (χ' hängt von der Entropie ab und ist daher nicht geeignet), aus dem die dem Salz durch ein magnetisches Wechselfeld zugeführte Wärmemenge ΔQ und daraus S berechnet wird. Dagegen kann T oberhalb der Curie-Temperatur aus dem Realteil der Suszeptibilität χ' nach dem Curie-Gesetz bestimmt werden (χ'' vernachlässigbar). Derartige Messungen werden an pulverförmigem $(NH_4)_2Mn(SO_4)_2 \cdot 6H_2O$ bei 225 und 525 Hz durchgeführt [4].

Besonders gut geeignet zur Messung tiefer Temperaturen ist $2Ce(NO_3)_3 \cdot 3Mg(NO_3)_2 \cdot 24H_2O$, weil dessen Suszeptibilität sich bis 0.006 K dem Curie-Gesetz entsprechend ändert. Die aus der Suszeptibilität von $(NH_4)_2Mn(SO_4)_2 \cdot 6H_2O$ abgeleitete Temperatur T^* liegt jeweils etwas höher, wie Messungen an einer kugelschalenförmigen Probe (über einem Kern aus Ce-Mg-Nitrat) ergeben [5]:

T in K	0.200	0.300	0.400	0.500	0.600	0.700	0.800	0.900	1.000
T^* in K	0.236	0.340	0.437	0.532	0.627	0.722	0.817	0.908	1.005

Die relative Abweichung vom Curie-Gesetz $(T^* - T)/T^*$ ist für 3 Proben (Proben 1 und 2 Korndurchmesser von etwa 0.1 mm, Probe 3 von etwa 0.4 mm) als Funktion von T in **Fig. 61**, S. 212, dargestellt. Bei sehr tiefen Temperaturen besteht ein systematischer Unterschied zwischen den Werten für die Proben 1 und 2 und denen für Probe 3. Zum Vergleich sind auch die von Cooke u. a. [5] nach einer thermodynamischen Methode erhaltenen Ergebnisse angeführt (gestrichelte Linie). Eine Bestimmung absoluter Temperaturen nach der beschriebenen Methode [7] unter Verwendung der χ'-Werte in der magnetischen K_3-Richtung (vgl. S. 209) in Ausgangsfeldern von 0.05 und 0.7 Oe als Thermometer führen Miedema u. a. [6] durch. Die erhaltene Beziehung zwischen Entropie und absoluter Temperatur (0.074 bis 0.124 K) werden graphisch und tabellarisch wiedergegeben.

Application of $(NH_4)_2$-$Mn(SO_4)_2 \cdot 6H_2O$ for Temperature Measurement

Fig. 61

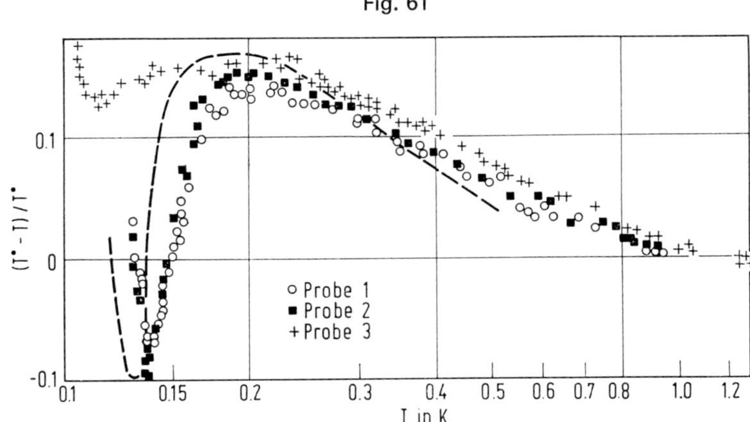

Relative Abweichung der Suszeptibilität vom Curie-Gesetz bei $(NH_4)_2Mn(SO_4)_2 \cdot 6H_2O$.

Eine thermodynamische Temperaturskala, die mit Suszeptibilitätswerten mehrerer Salze (darunter $(NH_4)_2Mn(SO_4)_2 \cdot 6H_2O$) im Bereich zwischen 1.3 und 5 K gut vereinbar ist, wird von van Dijk und Durieux [7] vorgeschlagen.

Literatur:

[1] E. Ambler, R. P. Hudson (Rept. Progr. Phys. **18** [1955] 251/303, 271). — [2] N. Kürti, F. Simon (Proc. Roy. Soc. [London] A **149** [1935] 152/76, 171; Physica **1** [1934] 1107/8; Phil. Mag. [7] **26** [1938] 849/54). — [3] A. H. Cooke (Proc. Phys. Soc. [London] A **62** [1949] 269/78, 275). — [4] M. J. Steenland, L. C. van der Marel, D. de Klerk, C. J. Gorter (Physica **15** [1949] 906/12). — [5] A. H. Cooke, H. Meyer, W. P. Wolf (Proc. Roy. Soc. [London] A **233** [1956] 536/55, 547/8).

[6] A. R. Miedema, J. van den Broek, H. Postma, W. J. Huiskamp (Physica **25** [1959] 1177/92, 1181). — [7] H. van Dijk, M. Durieux (Physica **24** [1958] 920/30, 924).

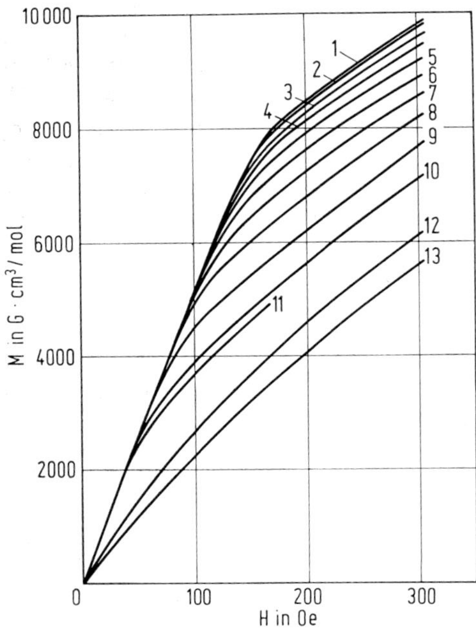

Fig. 62

Feldabhängigkeit der Magnetisierungsintensität von $(NH_4)_2Mn(SO_4)_2 \cdot 6H_2O$ für konstante Werte der Entropie:

1–0.620	8–1.940
2–0.730	9–2.180
3–0.920	10–2.370
4–1.110	11–2.420
5–1.250	12–2.680
6–1.480	13–2.825
7–1.690	

Magnetisierung M

Die Feldabhängigkeit der Magnetisierungsintensität bei konstanter Entropie S (im folgenden immer in cal · mol^{-1} · K^{-1}) ist nach Messungen von Fritz u. a. [1] an einem kugelförmigen Einkristall entlang der b-Achse in der Nähe der magnetischen Umwandlung in **Fig. 62** dargestellt. Auch zwischen 300 und 1000 Oe verlaufen die Isentropen etwa parallel. Oberhalb 1000 Oe bleibt die Steigung der Kurven für kleine Entropien nahezu die gleiche (M = 22010 G · cm^3 · mol^{-1} bei H = 1670 Oe für Kurve 1, S = 0.620). Mit zunehmender Entropie wird der Anstieg schwächer und bei S = 2.370 und 2.825 werden bei H = 1670 Oe die Magnetisierungswerte M = 17100 bzw. 14000 G · cm^3 · mol^{-1} erreicht. Diese Ergebnisse sind mit den von Miedema u. a. [2] erhaltenen 3 Isentropen (S/R =0.29, 0.83 und 1.07) gut vereinbar [1]. — Zwischen 0.1 und 0.4 K werden für verschiedene Feldstärken (100 bis 18000 Oe) die in **Fig. 63** wiedergegebenen M-S-Kurven (gemessen in b-Richtung) erhalten. In starken Feldern weist M praktisch die „ideale" Abhängigkeit von S auf, und im Bereich der magnetischen Ordnung ist M unabhängig von S, so daß die Temperatur bei konstantem S unabhängig von der Feldstärke ist. Die Abweichungen vom idealen Verhalten bei tiefen Temperaturen und in starken Magnetfeldern lassen sich durch die Polarisation der Kernspins erklären, die durch Hyperfeinwechselwirkung mit den Elektronenspins zustande kommt [6].

Als Maß für die Magnetisierung kann auch die Entropie S oder die zur Erreichung einer bestimmten Entropie anzuwendende Feldstärke H dienen. Die Temperaturabhängigkeit von H/T bei konstan-

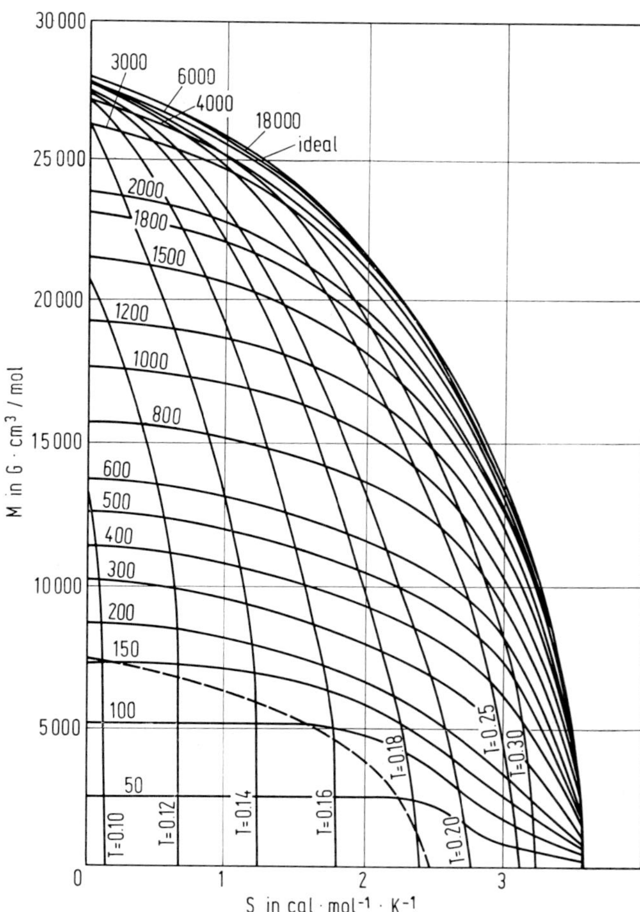

Fig. 63

Magnetisierungsintensität M als Funktion der Entropie S für verschiedene Magnetfelder (in Oe) und Temperaturen (T in K) bei $(NH_4)_2Mn(SO_4)_2 \cdot 6H_2O$. Unterhalb der gestrichelten Linie liegt der Bereich der magnetischen Ordnung.

Magnetization of $(NH_4)_2$-$Mn(SO_4)_2 \cdot 6H_2O$

tem S ist nach Messungen an einem kugelförmigen Einkristall zwischen 1 und 4 K senkrecht zur b-Achse in **Fig. 64** dargestellt. Für $S \leqq 1.50$ ist H/T innerhalb der Meßgenauigkeit unabhängig von T, zum Beispiel H/T = 10860, 12180 und 12620 bei S = 1.46, 1.28 und 1.22 (alle zwischen 1.4 und 2.1 K). Am Verlauf der Magnetisierungskurven (konkav oberhalb S = 3.00, linear zwischen S = 1.50 und 3.00, temperaturunabhängig unterhalb S = 1.50) ist deutlich die magnetische „Unvollkommenheit" zu erkennen. Ein Teil der Änderung von H/T mit der Temperatur kann Änderungen in der Gitterentropie zugeschrieben werden (ausgeprägt nur oberhalb etwa 2.5 K). Die Hauptursache der magnetischen Unvollkommenheit ist der Einfluß des Kristallfeldes. Dies wird geprüft anhand der von Bleaney, Ingram [4] angegebenen Hamilton-Funktion, die unter anderem Magnetisierungskurven ähnlich der in Fig. 64 dargestellten voraussagt. Außerdem läßt die Tatsache, daß für H/T oberhalb 10000 Oe/K ($S < 1.60$) die Entropie nur eine Funktion von H/T allein ist, vermuten, daß bei diesem hohen Ordnungsgrad das äußere Feld stärker ist als die inneren Wechselwirkungen im Kristall [3]. In parallel zur b-Achse gerichteten Feldern erhaltene H/T-Kurven sind ähnlich denen der vorausgegangenen Arbeit, nur sind sie flacher [5].

Fig. 64

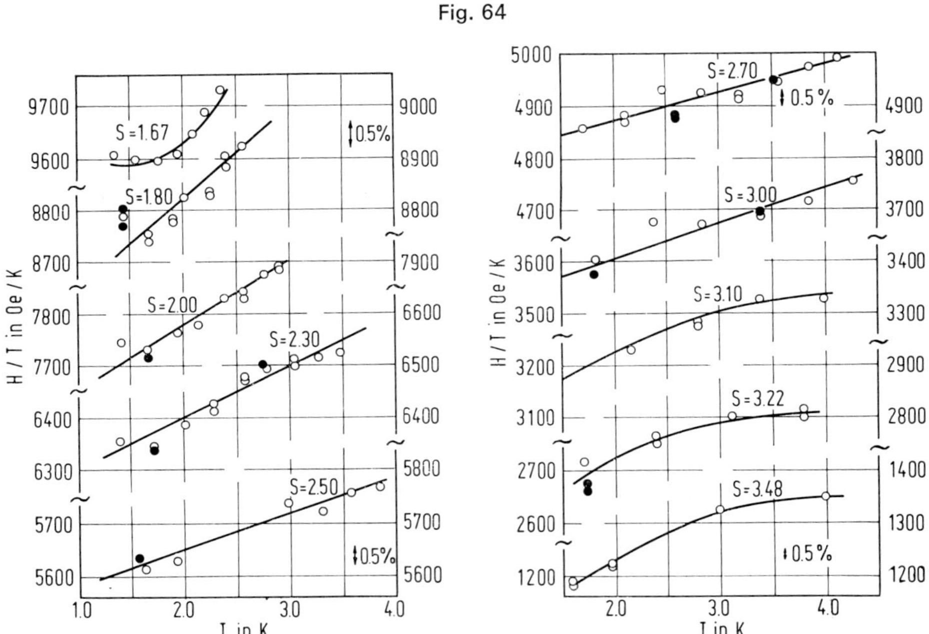

Temperaturabhängigkeit von H/T für konstante Entropie-Werte S (in $cal \cdot mol^{-1} \cdot K^{-1}$) bei $(NH_4)_2Mn(SO_4)_2 \cdot 6H_2O$.

Literatur:

[1] J. J. Fritz, J. M. Cesarano, J. T. Clark (J. Low Temp. Phys. **2** [1970] 87/102, 90/3). — [2] A. R. Miedema, J. van den Broek, H. Postma, W. J. Huiskamp (Physica **25** [1959] 1177/92, 1188), A. R. Miedema (Proc. Koninkl. Ned. Akad. Wetenschap. B **64** [1961] 98/114, 105). — [3] J. J. Fritz, R. L. Davies, H. W. Bernard, J. G. Aston (J. Chem. Phys. **47** [1967] 3693/7). — [4] B. Bleaney, D. J. E. Ingram (Proc. Roy. Soc. [London] A **205** [1951] 336/56, 339). — [5] J. T. Clark, J. J. Fritz (J. Chem. Phys. **52** [1970] 1227/31).

[6] J. J. Fritz, J. T. Clark, J. Cesarano (J. Chem. Phys. **62** [1975] 200/7).

Paramagnetische Relaxation

Paramagnetic Relaxation

Allgemeine Literatur:

C. J. Gorter, L. C. van der Marel, Paramagnetische Relaxation, in: Landolt-Börnstein, 6. Aufl., Bd. 2, Tl. 9, 1962, S. 6-1/6-50.

C. J. Gorter, A. J. van Duyneveldt, Some Recent Results on Paramagnetic Spin-Lattice Relaxations in Hydrated Cobalt, Manganese, and Chromium Salts, Rev. Mex. Fis. **23** [1974] 343/64.

Zwischen 1 und 4 K sowie 14 und 20 K findet Bijl [1] den Feldparameter (s. S. 116) $b/C = 0.64 \times 10^6$ Oe^2 und folgende Zeitparameter ρ_0, ρ_∞ der Spin-Gitter-Relaxation für die Grenzfälle H = 0 und $H \rightarrow \infty$:

T in K	20.3	14.3	4.21
ρ_0, ρ_∞ in ms	1.06, 2.47	5.86, 13.6	50.3, 117

Die Modelle von Casimir, du Pré [2] und van Vleck [3] erweisen sich als anwendbar, und vorhergehende Meßdaten von Broer [4] werden bestätigt. Auch an Einkristallen wird $b/C = 0.64 \times 10^6$ Oe^2 gefunden, und zwar innerhalb der Meßfehlergrenzen (5%) unabhängig von der Orientierung des äußeren Feldes [5]. — Bei höheren Temperaturen und Feldstärken von 800 bis 3200 Oe werden für die Spin-Gitter-Relaxation folgende Werte für die Parameter ρ und F gemessen:

H in Oe	800			1600			2400			3200		
T in K	77.4	90.2	290	77.4	90.2	290	77.4	90.2	290	77.4	90.2	290
ρ in µs	8.3	6.3	0.41	10.4	7.7	0.55	13.0	9.8	0.60	13.9	10.3	0.68
F		0.49			0.77			0.87			0.91	

Teunissen, Gorter [6]. An Einkristallen wird bei gewöhnlicher Temperatur ein Anstieg von $\rho = 0.53$ µs bei 800 Oe auf 0.80 µs bei 5600 Oe gemessen, aus dem sich die Grenzwerte $\rho_0 \approx 0.4$ µs und $\rho_\infty \approx 0.8$ µs extrapolieren lassen [7]. Die Feldabhängigkeit von ρ wird zwischen 1200 und 3600 Oe von Tishkov [24] an 3 Proben gemessen. — Im Bereich von 200 bis 1000 Hz wird bei 800 Oe $\rho = 0.048$ µs (300 K) und 1.6 µs (77 K) gemessen; bei 77 K ist $\rho_0 = 1.12$ µs [8].

Um den Einfluß von Gitterfehlern auf ρ und b/C zu klären, untersuchen de Vries u. a. [9] außer reinem $(NH_4)_2Mn(SO_4)_2 \cdot 6H_2O$ auch Proben von handelsüblicher Reinheit (beide auch mit dem analogen Zn-Salz $(NH_4)_2Zn(SO_4)_2 \cdot 6H_2O$ verdünnt) sowie Proben, die 1 oder 10% Li oder Pb enthielten. Röntgenstrahlen oder Einbau von ^{54}Mn haben keinen Einfluß auf b/C. Die Ergebnisse sind in 16 Diagrammen dargestellt und in mehreren Tabellen zusammengefaßt. Die Änderung von ρ bei Verdünnung mit dem Zn-Salz (s. S. 242) wird zwischen 1.266 und 4.221 K sowie 14.267 und 19.379 K schon von van der Marel u. a. [10] untersucht und mit den Werten des reinen Mn-Salzes verglichen. Bei 15 K ist die Relaxation in Feldern unterhalb 15 kOe nicht durch eine einzige Zeitkonstante zu beschreiben; oberhalb H = 15 kOe nimmt ρ proportional zu $H^{-1.7}$ ab [25]. — Eine Diskussion der Temperatur- und Feldabhängigkeit von ρ (He-Temperaturen, 5.14 bis 852 Oe) wird von Benzie, Cooke [11] durchgeführt. Die Bedeutung der Spin-Gitter-Relaxationszeit für die Energieübertragung zwischen einem System paramagnetischer Spins und dem Kristallgitter wird von Bölger u. a. [12] erörtert.

Die bei sehr hohen Frequenzen durch Spin-Spin-Relaxation verursachte paramagnetische Absorption wird von Smits u. a. [13] durch die Gleichung $\chi''/\chi_0 = (1 - F)\rho_s\nu$ beschrieben (ρ_s = Spin-Spin-Relaxationszeit), von Shaposhnikov [14] dagegen durch $\chi''/\chi_0 = (1 - F)^2\rho_s\nu$. Mit keiner dieser Formeln sind die von Hadders u. a. [15] an pulverförmigen Proben erhaltenen Ergebnisse (1325 MHz, s. **Fig. 65**, S. 216) ohne weiteres vereinbar. Hieraus schließt Nyashin [16], daß die Ergebnisse eher nach der phänomenologischen Theorie von Shaposhnikov [14] gedeutet werden müssen. Diese Theorie führt zu dem Ausdruck $\chi''/\chi_0 = (1 - F)^2(1 + \rho_s^2\nu^2)/[1 + (1 - F)^2\rho_s^2\nu^2]$ (ρ_s = isotherme Relaxationszeit des magnetischen Moments); sie ermöglicht allerdings nicht, den Charakter der Feldabhängigkeit von ρ_s zu bestimmen. Ein Vergleich der Gleichung mit zahlreichen

Paramagnetic Relaxation of $(NH_4)_2$-$Mn(SO_4)_2$· $6\,H_2O$

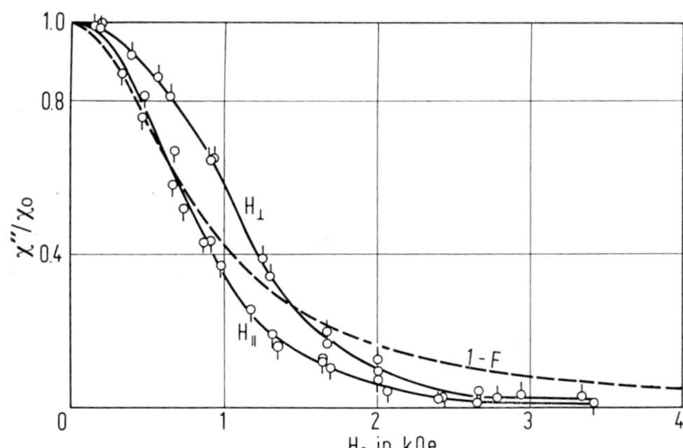

Fig. 65

Verhältnis der paramagnetischen Absorption bei $(NH_4)_2Mn(SO_4)_2 \cdot 6\,H_2O$ im resultierenden Feld zu der im Feld H = 0 als Funktion der Stärke H_c des statischen Feldes für H_c parallel bzw. senkrecht zum Hochfrequenzfeld bei 20.4 K. Die gestrichelte Linie gibt $1-F = b/(b + C\,H_c^2)$ an.

experimentellen Absorptionskurven läßt ihre Gültigkeit erkennen, wenn ρ_s unabhängig von H_c ist. Für $(NH_4)_2Mn(SO_4)_2 \cdot 6\,H_2O$ sind die experimentellen Punkte den Untersuchungen von Sitnikov [17] entnommen.

Die longitudinale Spin-Spin-Relaxationszeit beträgt nach spektrometrischen Messungen (Frequenz etwa 10 GHz) unabhängig vom konstanten Magnetfeld und von der Temperatur etwa 9×10^{-11} s [8].

Die Größe b/C bestimmt Garif'yanov [18] experimentell mit der Annahme, daß die Spin-Spin-Relaxationszeit unabhängig von $H_\parallel$ ist, nach der Beziehung $b/C = (1 + \sqrt{2})(\Delta H_\parallel)^2$, wobei $\Delta H_\parallel$ die Halbwertsbreite der Spin-Spin-Absorptionskurve bedeutet. Bei $\nu = 300$ MHz wird für reines Pulver und $(NH_4)_2Mn_{0.5}Zn_{0.5}(SO_4)_2 \cdot 6\,H_2O$ $\Delta H = 500$ bzw. 480 Oe und $b/C = 0.61 \times 10^6$ bzw. 0.56×10^6 Oe^2 erhalten [18]. Für die reine Probe ist bei $\nu = 600$ MHz und gewöhnlicher Temperatur $b/C = 0.65 \times 10^6$ Oe^2 [17].

Der als Kreuzrelaxation [19] bezeichnete Effekt wird bei 20.4 K und Frequenzen zwischen etwa 10 und 40 MHz von Smits u. a. [13] beobachtet. Die in **Fig. 66** in der Form χ''/χ_0 als Funktion der Stärke des Gleichfeldes H_c für 3 Frequenzen dargestellte Absorption ist für $(NH_4)_2Mn(SO_4)_2 \cdot 6\,H_2O$ temperaturunabhängig und wird durch die Theorie von de Kronig, Bouwkamp [20] beschrieben; vgl. auch Gorter [21].

Bei 77 und 90 K und verschiedenen Frequenzen zwischen 10 und 50 MHz sowie bei gewöhnlicher Temperatur bei 30 MHz beobachtet Kutuzov [22] ein Absorptionsmaximum auf Grund von Kreuzrelaxation in einem konstanten parallelen Feld von etwa 2700 Oe. — Das Verhältnis von χ'' zur

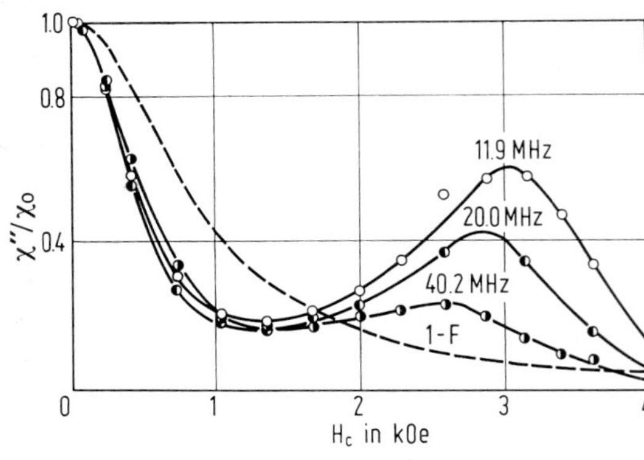

Fig. 66

Verhältnis der paramagnetischen Absorption bei $(NH_4)_2Mn(SO_4)_2 \cdot 6\,H_2O$ im Feld H zu der im Feld H = 0 für 3 Frequenzen als Funktion des parallelen Feldes H_c; gestrichelte Linie für $1-F = b/(b + C\,H_c^2)$.

adiabatischen Suszeptibilität $\chi_{ad} = \chi_0/\{1 + H_{\parallel}^2/(b/C)\}$ mit $(b/C)^{1/2} = 0.80$ kOe weist als Funktion von $H_{\parallel}$ bei 179 Hz ein nur schwach angedeutetes flaches Maximum zwischen etwa 1800 und 2800 Oe auf [23].

Literatur:

[1] D. Bijl (Physica **16** [1950] 269/77, 271/2). — [2] H. B. G. Casimir, F. K. Du Pré (Physica **5** [1938] 507/11). — [3] J. H. van Vleck (Phys. Rev. [2] **57** [1940] 426/47). — [4] L. J. F. Broer (Physica **13** [1947] 353/65, 364). — [5] T. M. Volokhova (Zh. Eksperim. i Teor. Fiz. **33** [1957] 856/60; Soviet Phys.-JETP **6** [1957] 661/4).

[6] P. Teunissen, C. J. Gorter (Physica **7** [1940] 33/44, 36/7). — [7] T. I. Volokhova (Izv. Vysshikh Uchebn. Zavedenii Fiz. **8** Nr. 5 [1965] 153/7; Soviet Phys. J. **1965** Nr. 5, S. 103/5). — [8] M. Kacimi, I. G. Shaposhnikov (Magn. Resonance Relat. Phenomena, Proc. 17th Congr. AMPERE, Turku, Finland, 1972 [1973], S. 377/8; C. A. **80** [1974] Nr. 150792). — [9] A. J. de Vries, J. W. M. Livius, D. A. Curtis, A. J. van Duyneveldt, C. J. Gorter (Physica **36** [1967] 65/90). — [10] L. C. van der Marel, J. van den Broek, C. J. Gorter (Physica **24** [1958] 101/15, 110/1).

[11] R. J. Benzie, A. H. Cooke (Proc. Phys. Soc. [London] A **63** [1950] 201/12). — [12] B. Bölger, J. M. Noothoven van Goor, C. J. Gorter (Physica **27** [1961] 277/95), B. Bölger (Proc. Koninkl. Ned. Akad. Wetenschap. B **62** [1959] 315/65, B **63** [1960] 51/91). — [13] L. J. Smits, H. E. Derksen, J. C. Verstelle, C. J. Gorter (Physica **22** [1956] 773/84). — [14] I. G. Shaposhnikov (Zh. Eksperim. i Teor. Fiz. **18** [1948] 533/8; C. A. **1951** 9945). — [15] H. Hadders, P. R. Locher, C. J. Gorter (Physica **24** [1958] 839/47).

[16] Yu. I. Nyashin (Fiz. Tverd. Tela **3** [1961] 154/5; Soviet Phys.-Solid State **3** [1961] 110/1). — [17] K. P. Sitnikov (Zh. Eksperim. i Teor. Fiz. **34** [1958] 1093/5; Soviet Phys.-JETP **7** [1958] 757/8). — [18] N. S. Garif'yanov (Zh. Eksperim. i Teor. Fiz. **37** [1959] 1551/7; Soviet Phys.-JETP **10** [1959] 1101/5). — [19] N. Bloembergen, S. Shapiro, P. S. Pershan, J. O. Artman (Phys. Rev. [2] **114** [1959] 445/59). — [20] R. de Kronig, C. J. Bouwkamp (Physica **5** [1938] 521/6).

[21] K. Gorter (Izv. Akad. Nauk SSSR Ser. Fiz. **21** [1957] 1083/7; Bull. Acad. Sci. USSR Phys. Ser. **21** [1957] 1073/6). — [22] V. A. Kutuzov (Izv. Akad. Nauk SSSR Ser. Fiz. **27** [1963] 81/2; Bull. Acad. Sci. USSR Phys. Ser. **27** [1963] 85/6). — [23] P. R. Locher, C. J. Gorter (Physica **28** [1962] 797/833, 813). — [24] P. G. Tishkov (Zh. Eksperim. i Teor. Fiz. **36** [1959] 1337/41; Soviet Phys.-JETP **9** [1959] 949/52). — [25] C. L. M. Pouw, A. J. van Duyneveldt (Physica BC **81** [1976] 15/23).

Dielektrizitätskonstante ε

Dielectric Constant

Die Berechnung nach einer theoretischen Formel, die nur an $CuSO_4 \cdot 5H_2O$ experimentell geprüft wurde, ergibt $\varepsilon = 7.7 \pm 0.2$, N. N. Neprimerov (Izv. Akad. Nauk SSSR Ser. Fiz. **18** [1954] 360/7; C. A. **1955** 1428).

Optische Eigenschaften

Optical Properties

$(NH_4)_2Mn(SO_4)_2 \cdot 6H_2O$ ist optisch zweiachsig mit positiver Doppelbrechung. Die Achsen des optischen Ellipsoids (Indikatrix) liegen im stumpfen Winkel der morphologischen Achsen a und c, die erste Mittellinie zwischen den optischen Achsen (Schwingungsrichtung entsprechend n_γ) um 9°15′ zur a-Achse, die zweite Mittellinie (entsprechend n_α) um 7°36′ zur c-Achse geneigt. Die dritte Schwingungsrichtung, entsprechend n_β, liegt parallel zur Symmetrieachse b. Der Winkel zwischen den optischen Achsen nimmt von 69°45′ bei 670.8 nm auf 70°2′ bei 486.1 nm zu. Folgende Brechungsindizes n_α, n_β, n_γ sind nach der Prismenmethode bei Raumtemperatur bestimmt (im Original keine Wellenlängen, sondern nur Spektrallinien angegeben):

Optical Properties

λ in nm	n_α	n_β	n_γ
670.8	1.4770	1.4810	1.4882
656.3	1.4775	1.4815	1.4887
589.3	1.4801	1.4840	1.4913
535.0	1.4827	1.4865	1.4940
508.6	1.4842	1.4881	1.4956
486.1	1.4858	1.4987	1.4971
434.0	1.4912	1.4951	1.5025

Daraus folgt als Mittelwert für die Na-D-Linie (λ = 589.3 nm) $n_D = (n_\alpha + n_\beta + n_\gamma)/3$ = 1.4851 und die Doppelbrechung Δn_D = 0.0112. — Bei Temperaturerhöhung auf 70°C nehmen die n_α-Werte um 0.0019, die n_γ-Werte um 0.0021 ab. — Die Molrefraktionen $R = (M/d) \cdot (n^2 - 1)/(n^2 + 2)$ betragen für die H_α-Linie (λ = 656.3 nm) R_α = 59.99, R_β = 60.42, R_γ = 61.20 cm³, für die H_γ-Linie (λ = 434.0 nm) R_α = 61.46, R_β = 61.87, R_γ = 62.66 cm³, die molekulare Dispersion $R(H_\gamma) - R(H_\alpha)$ ist demnach 1.47, 1.45 bzw. 1.46 cm³ [1].

Die Absorption im nahen UV wird an kristallinem $(NH_4)_2Mn(SO_4)_2 \cdot 6H_2O$ gemessen. Im Bereich des $^6A_1(^6S) \rightarrow {}^4A_1, {}^4E(^4G)$-Übergangs von Mn^{2+} (vgl. S. 107) werden bei 20 K ein schwaches, aber scharfes Dublett bei 24728 und 24795 cm⁻¹ ($\Delta\nu_{1/2} \approx$ 15 cm⁻¹, f = 1.5 × 10⁻⁹) und zwei stärkere Banden bei 25144 cm⁻¹ ($\Delta\nu_{1/2}$ = 66 cm⁻¹, f = 3 × 10⁻⁸) und 25063 cm⁻¹ beobachtet. Bei 78 K erscheint nur eine Bande bei etwa 25220 cm⁻¹ [2]. Ältere Untersuchungen bei −189°C ergeben (ohne Zuordnung) zwei starke Banden bei 24862 und 25207 cm⁻¹ sowie schwächere bei 24792, 24929, 24994, 25143, 25240 und 25306 cm⁻¹ [3]. — Zur IR-Absorption s. S. 193.

Magnetooptische Effekte. Den Faraday-Effekt (magnetische Drehung der Polarisationsebene) im Mikrowellenbereich (s. S. 127) untersucht Servant [4] bei 8780 MHz (20°C) an pulverförmigen Proben in Feldern bis zu 4000 Oe. Außer Kurven für den Rotationswinkel α und die Elliptizität β als Funktion des Magnetfelds wird auch ein α-β-Diagramm erhalten, das theoretischen Voraussagen (modifizierte Bloch-Gleichungen, Kramers-Kronig-Beziehungen) entspricht [5]. Der Deflexionsfaktor $D = |\alpha_{min}/\alpha_{max}|$ = 0.75 stimmt mit dem theoretischen Wert D = 0.79 überein [4]. Die paramagnetische Faraday-Rotation wurde außerdem von Neprimerov [6] gemessen.

Auch zur Darstellung des Cotton-Mouton-Voigt-Effekts (magnetische Doppelbrechung) im Mikrowellenbereich (X-Band) eignet sich ein α-β-Diagramm. Der Deflexionsfaktor $D = |\beta_{min}/\beta_{max}|$ beträgt 0.57 (theoretischer Wert 0.51) [7].

Literatur:

[1] A. E. H. Tutton (Phil. Trans. Roy. Soc. London A **216** [1916] 1/62, 28/33). — [2] R. Pappalardo (Phil. Mag. [8] **2** [1957] 1397/414). — [3] J. Gieleßen (Ann. Physik [5] **22** [1935] 537/60). — [4] Y. Servant (Compt. Rend. B **269** [1969] 123/5). — [5] Y. Servant (Rev. Phys. Appl. **6** [1971] 207/9).

[6] N. N. Neprimerov (Izv. Akad. Nauk SSSR Ser. Fiz. **18** [1954] 368/77; C. A. **1955** 1428). — [7] J.-C. Bissey (Compt. Rend. B **269** [1969] 905/8; Rev. Phys. Appl. **6** [1971] 211/3).

Chemical Reactions

Chemisches Verhalten

Die Verbindung wird schon bei 68°C feucht und ist bei 70°C geschmolzen [1]. Sie schmilzt in ihrem Kristallwasser und verliert dieses bei 120 bis 125°C; bei weiterem Erhitzen hinterbleibt $MnSO_4$ [2]. Sie gibt im trocknen Luftstrom zwischen 20 und 65°C kontinuierlich alles Wasser ab [3], s. auch S. 202. — Löslichkeit in H_2O bei 25°C: 372 g wasserfreies Salz bzw. 1.321 mol je Liter H_2O [4], 28.19 Gew.-% wasserfreies Salz [5]. — Lösungswärme bei 25°C: −7.83 kcal/mol [6].

Literatur:

[1] F. Ephraim, P. Wagner (Ber. Deut. Chem. Ges. **50** [1917] 1088/110, 1109). — [2] C. Lepierre (Bull. Soc. Chim. France [3] **13** [1895] 594/8; Compt. Rend. **120** [1895] 924/6). — [3] M. T. Salazar, E. Moles (Anales Soc. Espan. Fis. Quim. [Madrid] **27** [1929] 561/8). — [4] J. Locke (Am. Chem. J. **27** [1902] 455/81, 459). — [5] Yu. D. Tret'yakov (Zh. Neorgan. Khim. **6** [1961] 2197/202; Russ. J. Inorg. Chem. **6** [1961] 1121/4).

[6] M. K. Kydynov, D. Usubaliev, S. Lomteva, L. Balkunova (Materialy Nauchn. Konf. Posvyashch. 100-[Sto] Letiyu Period. Zakona D. I. Mendeleeva, Frunze 1969 [1970], S. 79/80; C. A. **76** [1972] Nr. 28460).

8.6.31.1.16.2 $(NH_4)_2Mn(SO_4)_2 \cdot 4\,H_2O$ (= $(NH_4)_2SO_4 \cdot MnSO_4 \cdot 4\,H_2O$)

$(NH_4)_2$-$Mn(SO_4)_2 \cdot 4\,H_2O$

Das Salz entsteht beim isobaren Abbau von $(NH_4)_2Mn(SO_4)_2 \cdot 6\,H_2O$, s. S. 202. Nach röntgenographischen Untersuchungen ist es isotyp mit den Tetrahydraten der entsprechenden Ammoniumdoppelsulfate von Mg, Fe und Co, K. Kohler, W. Franke (Z. Anorg. Allgem. Chem. **331** [1964] 17/26).

8.6.31.1.16.3 $(NH_4)_2Mn(SO_4)_2 \cdot 2\,H_2O$ (= $(NH_4)_2SO_4 \cdot MnSO_4 \cdot 2\,H_2O$)

$(NH_4)_2$-$Mn(SO_4)_2 \cdot 2\,H_2O$

Das Salz entsteht beim isobaren Abbau von $(NH_4)_2Mn(SO_4)_2 \cdot 6\,H_2O$ als wahrscheinlich metastabile Verbindung, s. S. 202. Nach röntgenographischen Untersuchungen ist es isotyp mit den entsprechenden Fe- und Co-Salzen, K. Kohler, W. Franke (Z. Anorg. Allgem. Chem. **331** [1964] 17/26).

8.6.31.1.17 Wäßrige Lösung von $MnSO_4$ und $(NH_4)_2SO_4$

Aqueous Solution of $MnSO_4$ and $(NH_4)_2SO_4$

Auf Grund der experimentell bestimmten Werte für den Brechungsindex n, die Viskosität η in cP und die Dichte D in g/cm³ der Lösungen bei 30°C wird festgestellt, daß die Abweichungen Δn, $\Delta\eta$ und ΔD von den additiv berechneten Werten bei einem Molverhältnis der beiden Salzkomponenten von 1 : 1 ein Maximum erreichen, das auf die Bildung einer Verbindung der Zusammensetzung $(NH_4)_2[Mn(SO_4)_2]$ hinweist. Werte (in Auswahl) von Lösungen mit einem Gesamtgehalt der wasserfreien Salzgemische von 5 Mol-% und einem Molverhältnis $MnSO_4 : (NH_4)_2SO_4$ von 4 : 1 bis 1 : 4 nach Ermolenko, Vasil'eva [1]:

Molverhältnis	4 : 1	2.5 : 1	1 : 1	1 : 2	1 : 2.5	1 : 4
n(ber)	1.388656	1.387211	1.383573	1.380699	1.379870	1.378371
n(gem)	1.388200	1.386579	1.382776	1.379998	1.379179	1.377793
$\Delta n \cdot 10^6$	456	632	797	701	691	578
η(ber)	4.5159	4.1920	3.3747	2.7291	2.5431	2.2066
η(gem)	3.8635	3.3827	2.4775	2.0121	1.9434	1.7243
$\Delta\eta \cdot 10^4$	6524	8092	8972	7170	5997	4823
D(ber)	1.3163	1.2995	1.2573	1.2239	1.2143	—
D(gem)	1.3115	1.2920	1.2478	1.2172	1.2093	—
$\Delta D \cdot 10^4$	48	75	95	67	50	—

Auch nach refraktometrischen Untersuchungen besteht in der Lösung der Komplex $[Mn(SO_4)_2]^{2-}$ [2], der ebenso nach elektrischen Leitfähigkeitsmessungen auftreten soll [3]; nach spektrometrischen und potentiometrischen Untersuchungen existiert außerdem die Spezies $[MnSO_4]$. Die spektrometrischen Untersuchungen erfolgten in $Mn(ClO_4)_2$-Lösungen (deren pH-Wert zur Vermeidung der Bildung von Amminkomplexen auf 3 bis 4 eingestellt wird) bei Mn-Konzentrationen von 0.2 und 0.4 molar sowie variablen $(NH_4)_2SO_4$-Konzentrationen bis zu 2 molar, die potentiometrischen Untersuchungen bei $Mn(NO_3)_2$-Konzentrationen von 0.1 und 0.05 molar (unter Zusatz von NH_4NO_3 zur Einhaltung einer konstanten Ionenstärke von 7.5) sowie variablen $(NH_4)_2SO_4$-Konzentrationen bis zu etwa 2 molar. Stabilitätskonstanten der Komplexe $[MnSO_4]$ und $[Mn(SO_4)_2]^{2-}$: $K_1 = 4$, $K_2 = 1.1$ (spektrometrisch) bzw. $K_1 = 4$, $K_2 = 0.5$ (potentiometrisch) [4]; zur Definition von K_n

Aqueous Solution of $MnSO_4$ and $(NH_4)_2SO_4$

s. beispielsweise „Blei" C 1, S. 322 oder „Kobalt" B, Erg.-Bd. 1, S. 3. — In wäßrigen Lösungen mit 0.1 val/l $(NH_4)_2Mn(SO_4)_2$ und 2 val/l $(NH_4)_2SO_4$ oder Na_2SO_4 soll nach Dialyseversuchen bei 18°C der Komplex $[Mn_2(SO_4)_4]^{4-}$ in der Lösung vorliegen [5], außerdem nach elektrischen Leitfähigkeitsmessungen (s. unten) noch komplexe Salze der Form $MnSO_4 \cdot n[(NH_4)_2SO_4]$ [6]. Nach Messungen der Siedepunktserhöhung ist das gelöste Doppelsalz bei 100°C z. T. in seine Komponenten dissoziiert [7]. — Bei der titrimetrischen Bestimmung der Pufferkapazität von Elektrolytlösungen, die für die Abscheidung von $Mn(OH)_2$ geeignet sind, mit $MnSO_4$-Konzentrationen von 0.2, 0.5 und 1 molar sowie $(NH_4)_2SO_4$-Konzentrationen von 0.044 bis 2 molar wird angenommen, daß bei pH = 7 bis 8 ein Komplex $[Mn(NH_3)(H_2O)_{n-1}]^{2+}$ eher vorliegt als der von Agladze [9] und Agladze, Legran [10] angegebene Komplex $[Mn(NH_3)_n]^{2+}$ mit n = 4 oder 6. Der berechnete Wert der Komplexbildungskonstante mit K ≈ 3 deutet einen schwachen Komplex an [11]. — Bei einer Ionenmolarität von 0.73 M Mn^{2+}, 1.8 M SO_4^{2-}, 2.12 M NH_4^+ und pH = 8 des Elektrolyten herrscht der Komplex $[Mn(H_2O)_4SO_4]$ mit 54.9% des Mn vor, gefolgt von $[Mn(H_2O)_2(SO_4)_2]^{2-}$ mit 27.5% und $[Mn(H_2O)_6]^{2+}$ mit 13.7%. 3.5% des Mn liegen als $[Mn(H_2O)_5NH_3]^{2+}$, 0.3% als $[Mn(H_2O)_4(NH_3)_2]^{2+}$, 0.03% als $[Mn(H_2O)_5OH]^+$ sowie 0.01% als $[Mn(H_2O)_3(NH_3)_3]^{2+}$ vor. Bei niedrigerem pH von 3 bis 7 beträgt der Anteil von $[Mn(H_2O)_5NH_3]^{2+}$ nur noch 0.04%, während der Anteil der drei erstgenannten praktisch unverändert bleibt [8].

Elektrochemisches Verhalten

Über Potentiale von Mn in $MnSO_4$-$(NH_4)_2SO_4$-Lösungen s. „Mangan" B, S. 256; zur elektrolytischen Abscheidung von Mn aus $(NH_4)_2SO_4$-haltigen Bädern s. „Mangan" B, S. 20, 329; zur anodischen Auflösung von Mn in $(NH_4)_2SO_4$-haltigen Lösungen s. „Mangan" B, S. 279, 291. Potentiale von Mn^{IV}-Oxid in $MnSO_4$-$(NH_4)_2SO_4$-Lösungen s. „Mangan" C 1, S. 226; zur kathodischen Auflösung von Mn^{IV}-Oxid in $(NH_4)_2SO_4$-Lösungen s. „Mangan" C 1, S. 262.

Spezifische Leitfähigkeit $\varkappa$ in $\Omega^{-1} \cdot cm^{-1}$ von $MnSO_4$-Lösungen in Gegenwart von $(NH_4)_2SO_4$ in Abhängigkeit von der $MnSO_4$-Konzentration bei verschiedenen Temperaturen:

g Mn^{2+} als $MnSO_4$/l	10	20	30	40	10	20	30	40
g $(NH_4)_2SO_4$/l	150	150	150	150	200	200	200	200
$\varkappa$ bei 25°C	0.144	0.138	0.136	0.132	0.172	0.164	0.159	0.154
$\varkappa$ bei 35°C	0.170	0.161	0.162	0.156	0.204	0.198	0.190	0.183
$\varkappa$ bei 50°C	0.210	0.198	0.199	0.194	0.244	0.238	0.232	0.225

Bei 100 g $(NH_4)_2SO_4$/l liegen die entsprechenden Werte für $\varkappa$ bei 25°C zwischen 0.104 und 0.106, bei 35°C zwischen 0.124 und 0.127 und bei 50°C zwischen 0.152 und 0.156 [12]. Die Kurven 2 bis 7 in **Fig. 67** zeigen den Einfluß zunehmender $MnSO_4$-Konzentration auf $\varkappa$ in Lösungen mit jeweils konstanter $(NH_4)_2SO_4$-Konzentration von 25 bis 150 g/l bei 15°C. Entsprechende Werte bei 25 bzw. 35°C mit 25 bis 200 g $(NH_4)_2SO_4$/l und bis auf etwa 350 g/l ansteigender $MnSO_4$-Konzentration s. im Original [6]. — Das Absinken von $\varkappa$ mit zunehmender $MnSO_4$-Konzentration bei konstantem Gehalt der Lösung an $(NH_4)_2SO_4$ führen Garkavi, Stender [12] auf den Einfluß der Viskosität zurück und berechnen korrigierte Werte für $\varkappa$ durch Multiplikation mit der Viskosität η; bei 25°C und 150 g $(NH_4)_2SO_4$/l erhalten sie:

g Mn^{2+}/l als $MnSO_4$	10	20	30	40
$\varkappa \cdot \eta$	0.00158	0.00164	0.00174	0.00180

Mit zunehmender Konzentration an $(NH_4)_2SO_4$ steigt $\varkappa$ bei 16.5 g $MnSO_4$/l zunächst an und nähert sich bei 300 bis 350 g $(NH_4)_2SO_4$ einem Grenzwert, s. **Fig. 68**a. Bei einem Gehalt von 56.8, 114.3 und 214.4 g $MnSO_4$/l tritt, wie **Fig. 68**b zeigt, eine Diskontinuität des Anstiegs von $\varkappa$ auf. Für Gehalte über etwa 250 g $MnSO_4$/l (untersucht bis 347.6 g $MnSO_4$/l) steigt $\varkappa$ bis zur Sättigung der Lösung mit zunehmender $(NH_4)_2SO_4$-Konzentration stetig an, s. **Fig. 68**c. Die Ergebnisse zeigen,

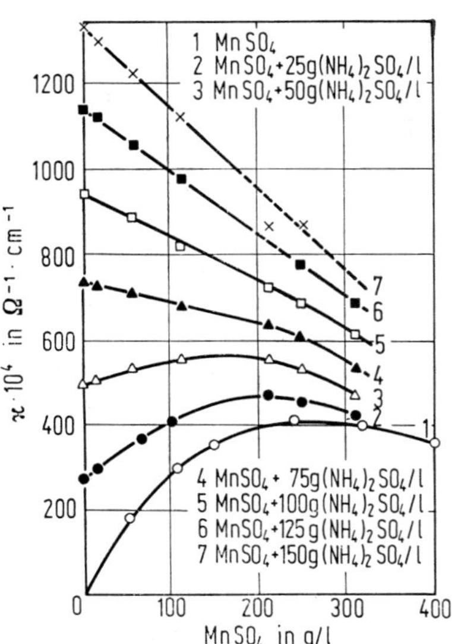

Fig. 67

Spezifische elektrische Leitfähigkeit ϰ von $MnSO_4$-Lösungen mit und ohne Zusatz von $(NH_4)_2SO_4$ bei 15°C als Funktion der $MnSO_4$-Konzentration.

Fig. 68

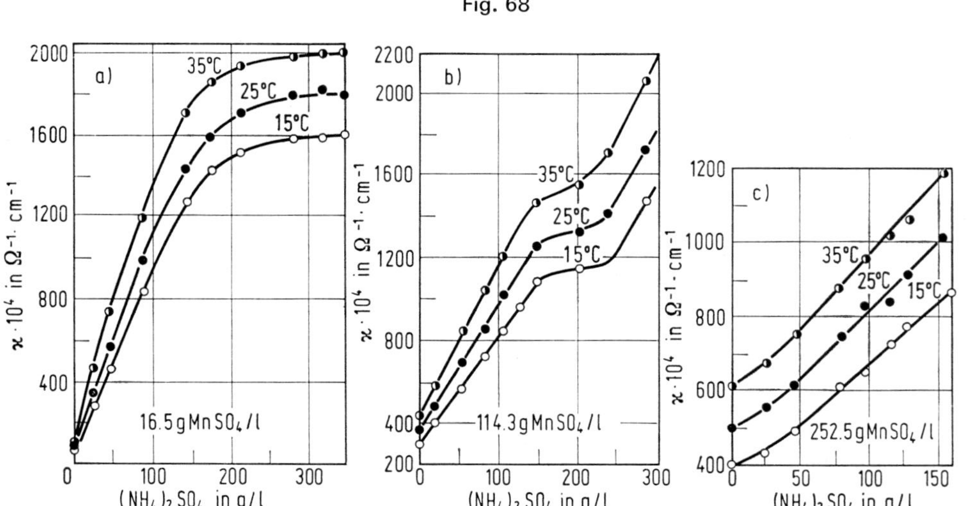

Spezifische elektrische Leitfähigkeit ϰ von $MnSO_4$-Lösungen als Funktion der $(NH_4)_2SO_4$-Konzentration bei verschiedenen Temperaturen.

daß neben dem Doppelsalz $(NH_4)_2SO_4 \cdot MnSO_4$ komplexe Salze der Form $n(NH_4)_2SO_4 \cdot MnSO_4$ vorliegen, bei denen n von der Konzentration der Salze abhängt [6]. Hingegen soll nach Messungen von Sheka, Gol'dinov [3] nur eine molekulare Verbindung $(NH_4)_2Mn(SO_4)_2$ vorliegen, s. auch [2].

In einer Lösung mit 10 g Mn^{2+}/l als $MnSO_4$, 135 g $(NH_4)_2SO_4$/l und 50 g H_2SO_4/l werden folgende Werte gemessen: ϰ = 0.323, 0.347 bzw. 0.374 bei 25, 35 bzw. 50°C. Die Temperaturkoeffizienten für $(NH_4)_2SO_4$-haltige $MnSO_4$-Lösungen liegen zwischen 25 und 50°C bei α = 0.0019 bis 0.0030 $\Omega^{-1} \cdot K^{-1}$ [12]; vgl. hierzu auch die graphische Darstellung des spezifischen Widerstandes von Lösungen mit 20, 40 und 80 g $MnSO_4 \cdot 4H_2O$/l bei 25, 45 und 80°C in Abhängigkeit von der Konzentration an $(NH_4)_2SO_4$ (0 bis 150 g/l) bei Jangg u. a. [13].

Literatur:

[1] N. F. Ermolenko, G. I. Vasil'eva (Uch. Zap. Belorussk. Gos. Univ. Ser. Khim. Nr. 29 [1956] 295/305; C. A. **1960** 23683). — [2] N. F. Ermolenko, K. Ya. Levitman (Zh. Neorgan. Khim. **1** [1956] 1162/72; Russ. J. Inorg. Chem. **1** Nr. 6 [1956] 36/46). — [3] I. A. Sheka, A. L. Gol'dinov (Ukr. Khim. Zh. **16** Nr. 1 [1950] 83/98; C. **1954** 1432). — [4] V. S. Kublanovskii, V. N. Belinskii, D. P. Zosimovich (Zh. Neorgan. Khim. **16** [1971] 3009/13; Russ. J. Inorg. Chem. **16** [1971] 1598/600). — [5] H. Brintzinger, H. Osswald (Z. Anorg. Allgem. Chem. **221** [1935] 21/4).

[6] Z. A. Yankelevich (Zh. Obshch. Khim. **15** [1945] 884/94). — [7] E. Rouyer (Ann. Chim. [Paris] [10] **13** [1930] 423/91, 457; Compt. Rend. **183** [1926] 46/8). — [8] V. S. Kublanovskii, V. N. Belinskii (Ukr. Khim. Zh. **41** [1975] 1024/7; C. A. **84** [1976] Nr. 35888). — [9] R. I. Agladze (Zh. Obschch. Khim. **10** [1940] 340/6; C. A. **1940** 7202). — [10] K. I. Agladze, A. E. Legran (Zh. Fiz. Khim. **24** [1950] 1122/7; C. A. **1951** 4582).

[11] B. V. K. S. R. A. Tilak, S. R. Rajagopalan, A. K. N. Reddy (Trans. Faraday Soc. **58** [1962] 795/804). — [12] I. Ya. Garkavi, V. V. Stender (Zh. Prikl. Khim. **23** [1950] 599/606; J. Appl. Chem. USSR **23** [1950] 633/40, 638). — [13] G. Jangg, G. Zwerenz, H. Hohn (Metall **13** [1959] 31/6, 35).

Nonaqueous Solutions of $MnSO_4$ and $(NH_4)_2SO_4$

8.6.31.1.18 Nichtwäßrige Lösungen von $MnSO_4$ und $(NH_4)_2SO_4$

Löslichkeit von $(NH_4)_2Mn(SO_4)_2 \cdot 6H_2O$ in wäßrigen Lösungen mit verschiedenen Zusätzen von Methanol, Äthanol, Aceton, Äthylenglykol und Glycerin bei 25°C (Konzentrationen w_s für das wasserfreie Doppelsalz, w_c für den Zusatz der organischen Lösungsmittel in Gew.-%):

Methanol:

w_c . . .	0	4.00	5.29	13.92	20.81	30.97	38.41	56.27	54.77
w_s . . .	28.19	23.59	23.12	15.00	10.00	5.14	2.84	1.30	0.90

Äthanol:

w_c . . .	4.17	8.06	11.76	17.00	31.34	41.87	56.08
w_s . . .	21.33	17.56	14.00	9.82	3.44	1.80	0.68

Aceton:

w_c . . .	2 49	11.08	22.59	34.08	46.18	49.6	60.23
w_s . . .	23.79	14.48	6.05	2.39	1.30	0.80	0.30

Äthylenglykol:

w_c . . .	7.39	8.18	14.69	26.09	29.54	31.25	50.81
w_s . . .	24.20	23.16	20.30	14.19	12.79	12.21	5.37

Glycerin:

w_c . . .	6.46	14.01	23.14	31.18	52.34	54.14
w_s . . .	25.73	22.27	18.46	15.97	10.12	9.01

Alle organischen Zusätze reduzieren die Löslichkeit des Doppelsalzes mit steigender Konzentration. Der zunehmende Aussalzeffekt ergibt die Reihenfolge Glycerin, Äthylenglykol, Methanol, Äthanol, Aceton. Bei Verwendung von Propanol zeigt sich eine Schichtenbildung schon bei geringen Salzkonzentrationen. Beim Auftragen des Logarithmus der Löslichkeit gegen den reziproken Wert der Dielektrizitätskonstante der verschiedenen Lösungen erhält man Geraden, s. Figuren im Original, Yu. D. Tret'yakov (Zh. Neorgan. Khim. **6** [1961] 2197/202; Russ. J. Inorg. Chem. **6** [1961]1121/4).

8.6.31.1.19 $(NH_4)_2Mn_3(OH)_2(SO_4)_3 \cdot 2\,H_2O$

$(NH_4)_2$-$Mn_3(OH)_2$-$(SO_4)_3 \cdot 2\,H_2O$

Darstellung und Eigenschaften sind analog dem entsprechenden basischen K-Salz (s. S. 198), nur daß die Darstellung durch Zutropfen von NH_3-Lösung bei 80°C zu der 20%igen Lösung äquivalenter Mengen $MnSO_4$ und $(NH_4)_2SO_4$ erfolgt. Die Verbindung ist isomorph mit dem entsprechenden K-Salz. Sie verliert bei 180°C das Kristallwasser; bei dunkler Rotglut bleibt ein völlig löslicher Rückstand von $MnSO_4$, A. Gorgeu (Compt. Rend. **95** [1882] 82/4).

8.6.31.1.20 Ammoniummangan(III)-sulfate

Ammonium Manganese (III) Sulfates

8.6.31.1.20.1 $(NH_4)Mn(SO_4)_2$ (= $(NH_4)_2SO_4 \cdot Mn_2(SO_4)_3$)

$(NH_4)Mn$-$(SO_4)_2$

Zu dem durch Zugabe von $MnSO_4$ zu geschmolzenem NH_4HSO_4 entstandenen $(NH_4)_2Mn_2(SO_4)_3$ (s. S. 201) gibt man nach und nach unter Erhitzen eine Mischung gleicher Teile von konzentriertem HNO_3 und H_2SO_4. Nach anfänglicher Violettfärbung der Lösung scheiden sich braunviolette hexagonale Kristalle ab, die noch heiß abfiltriert, mit 100°C heißem konzentriertem H_2SO_4, dann mit Eisessig und schließlich mit Äther ausgewaschen werden. Dichte D^{11} = 2.40 g/cm^3. Beim Erhitzen gibt das Salz SO_3 und O_2 ab unter Bildung von $(NH_4)_2Mn_2(SO_4)_3$, bei weiterem Erhitzen bleibt $MnSO_4$ zurück. Es zeigt die Reaktion der Mangan(III)-Salze, gibt mit Alkali einen braunen, mit Cyanoferrat(II) einen schmutziggrünen, mit Cyanoferrat(III) einen gelben, dann braun werdenden Niederschlag. Mit H_2O zersetzt es sich unter Abscheidung von Mn_2O_3-Hydrat. Es ist unlöslich in konzentriertem H_2SO_4, Äther und Benzol, löslich in 50%igem H_2SO_4 mit violetter Farbe, die sich beim Erhitzen verändert, C. Lepierre (Bull. Soc. Chim. France [3] **13** [1895] 594/8; Compt. Rend. **120** [1895] 924/6).

8.6.31.1.20.2 $(NH_4)Mn(SO_4)_2 \cdot 12\,H_2O$ (= $(NH_4)_2SO_4 \cdot Mn_2(SO_4)_3 \cdot 24\,H_2O$)

$(NH_4)Mn$-$(SO_4)_2 \cdot 12\,H_2O$

Einer Lösung von 1.32 g $(NH_4)_2SO_4$ in 30 ml verdünntem H_2SO_4 (1 Vol H_2SO_4 + 3 Vol H_2O) werden bei gewöhnlicher Temperatur 5.36 g pulverisiertes $Mn(CH_3COO)_3$ unter Rühren zugesetzt. Die Lösung wird in einem Gemisch von festem CO_2 und Äther abgekühlt, wobei sich bei −30 bis −40°C ein korallenroter, kristalliner Niederschlag ausscheidet, der beim Abfiltrieren bei gewöhnlicher Temperatur sich wieder in der Mutterlauge löst. Zur Abtrennung wird der Niederschlag daher auf einer porösen Porzellanplatte etwa 1 h bei −25 bis −30°C gehalten, wodurch die Mutterlauge abgesogen wird. Der hellrötliche Alaun schmilzt bei gewöhnlicher Temperatur in seinem Kristallwasser und bildet nach wenigen Minuten eine dunkle, fast schwarze Flüssigkeit, O. T. Christensen (Z. Anorg. Allgem. Chem. **27** [1901] 320/40, 336).

8.6.31.1.21 Das System $MnSO_4$-$(NH_4)_2SO_4$-K_2SO_4-H_2O

The $MnSO_4$-$(NH_4)_2SO_4$-K_2SO_4-H_2O System

Das Randsystem $MnSO_4$-$(NH_4)_2SO_4$-H_2O s. S. 201, das Randsystem $MnSO_4$-K_2SO_4-H_2O s. S. 190. Im Randsystem $(NH_4)_2SO_4$-K_2SO_4-H_2O liegt als Bodenkörper eine lückenlose Reihe von wasserfreien Mischkristallen vor.

Isothermen: Bei 25°C treten nach Löslichkeitsuntersuchungen als Bodenkörper auf (Abkürzungen in Klammern): $(NH_4)_2SO_4$ (N), K_2SO_4 (K), $MnSO_4 \cdot 4\,H_2O$ (Mn4), die Doppelsalze $(NH_4)_2Mn(SO_4)_2 \cdot 6\,H_2O$ (D6), $K_2Mn(SO_4)_2 \cdot 4\,H_2O$ (D4) sowie die Mischkristalle $l\,(NH_4)_2SO_4 \cdot m\,K_2SO_4$ (l · m) und $k\,MnSO_4 \cdot l\,(NH_4)_2SO_4 \cdot m\,K_2SO_4 \cdot x\,H_2O$ (k · l · m · x). Bei 50°C: anstelle von D6 erscheint das Doppelsalz $(NH_4)_2Mn_2(SO_4)_3$ (DNH_4Mn), anstelle von Mn4 das Salz $MnSO_4 \cdot H_2O$ (Mn1) und anstelle von D4 die Doppelsalze $K_2Mn(SO_4)_2 \cdot 2\,H_2O$ (D2) und $K_2Mn_2(SO_4)_3$ (DKMn), s. **Fig. 69**, S. 224. Bei 80°C verschwindet das Doppelsalz D2, und anstelle der Mischkristalle k · l · m · x treten die wasserfreien Mischkristalle $k\,MnSO_4 \cdot l\,(NH_4)_2SO_4 \cdot m\,K_2SO_4$ (k · l · m) auf, s. Fig. 69.

Mit steigender Temperatur verkleinern sich die Kristallisationsfelder von K und l · m wegen der Zunahme der Löslichkeit, diejenigen von k · l · m · x bzw. k · l · m erweitern sich wegen der Abnahme der Löslichkeit. Auf Grund der Untersuchungen des Schnittes $(NH_4)_2Mn_2(SO_4)_3$-K_2SO_4-H_2O

The $MnSO_4$-$(NH_4)_2SO_4$-K_2SO_4-H_2O System

Fig. 69

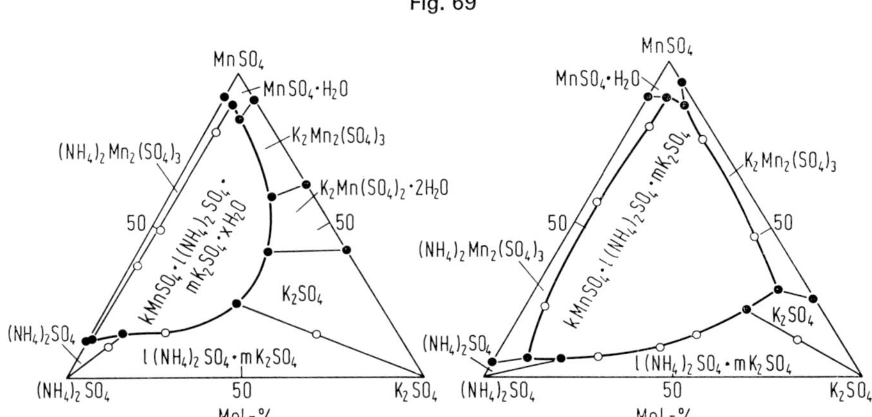

50°C-Isotherme (links) und 80°C-Isotherme (rechts) im System $MnSO_4$-$(NH_4)_2SO_4$-K_2SO_4-H_2O.

nach der Restmethode bei 80°C können die Mischkristalle k · l · m möglicherweise auch Mischkristalle zwischen dem Doppelsalz DNH_4Mn und K_2SO_4 (K) bzw. umgekehrt sein (s. Figur im Original), O. B. Belekov, I. G. Druzhinin, B. I. Imanakunov, M. K. Kydynov (Izv. Akad. Nauk Kirg.SSR **1968** Nr. 5, S. 57/60; C. A. **70** [1969] Nr. 41293).

$(N_2H_5)_2$-$Mn(SO_4)_2$

8.6.31.1.22 $(N_2H_5)_2Mn(SO_4)_2$ (= $(N_2H_5)_2SO_4 \cdot MnSO_4$)

Die Verbindung bildet sich beim Mischen konzentrierter Lösungen der Komponenten und nachfolgendem Eindampfen. Wegen der guten Löslichkeit (1 Teil des Salzes löst sich in 60 Teilen H_2O bei 18°C) muß übermäßiges Auswaschen vermieden werden. Das Salz ist nach dem Trocknen ein farbloses, sehr schwach rötlich schimmerndes kristallines Pulver, das an der Luft bis 100°C beständig ist [1], s. auch [2].

Die Temperaturabhängigkeit der Molsuszeptibilität, gemessen an pulverförmigen Proben zwischen 2 und 80 K, läßt sich durch ein Modell deuten, das Glieder einer antiferromagnetischen, eindimensionalen linearen Kette enthält [3]. Dies besagt, daß die Wechselwirkung innerhalb der Kette verhältnismäßig viel stärker ist als die Wechselwirkung zwischen den Ketten. Aus den experimentell bestimmten Werten des Maximums der Suszeptibilität (24.50×10^{-2} cm^3/mol) und der Temperatur (4.8 K), bei der es auftritt, läßt sich nach zwei Formeln von Weng [4] unter Verwendung des Wertes g = 2.01 von Nieuwpoort, Reedijk [5] der Austauschparameter J/k berechnen: −0.59 und −0.620 K. In **Fig. 70** geben die Meßpunkte die in einem Feld von etwa 2.7 kOe erhaltenen Werte wieder (χ_{mol} ist feldunabhängig bis etwa 10 kOe). Die asymptotische Curie-Temperatur

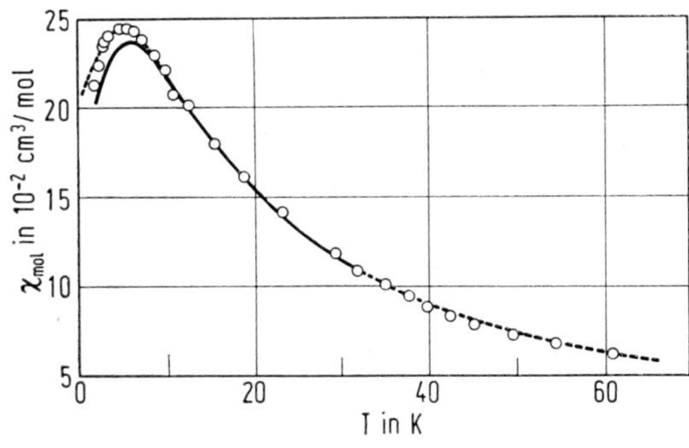

Fig. 70

Temperaturabhängigkeit der Molsuszeptibilität χ_{mol} von $(N_2H_5)_2Mn(SO_4)_2$.

beträgt $\Theta_p = -5.5$ K. Die beste Anpassung an die Meßdaten wird mit den Parametern $J/k = -0.59$ K und $g = 2.01$ erzielt (durchgezogene Kurve); bei tiefen Temperaturen gilt eher die gestrichelte Kurve mit $J/k = -0.615$ K und $g = 2.01$. Die Néel-Temperatur beträgt nach unveröffentlichten Messungen der Wärmekapazität von F. W. Klaaijsen, F. Dokoupil $T_N = 2.09$ K [3]. — Das effektive magnetische Moment ergibt sich aus χ-Messungen bei 21°C zu 5.79 μ_B [6].

Literatur:

[1] T. Curtius, F. Schrader (J. Prakt. Chem. [2] **50** [1894] 311/46, 329). — [2] F. Sommer, K. Weise (Z. Anorg. Allgem. Chem. **94** [1916] 51/91, 71). — [3] H. T. Witteven, J. Reedijk (J. Solid State Chem. **10** [1974] 151/66). — [4] C. Weng (Diss. Carnegie-Mellon Univ. 1968). — [5] A. Nieuwpoort, J. Reedijk (Inorg. Chim. Acta **7** [1973] 323/8).

[6] C. K. Prout, H. M. Powell (J. Chem. Soc. **1961** 4177/82).

8.6.31.1.23 $Rb_2Mn(SO_4)_2$ (= $Rb_2SO_4 \cdot MnSO_4$)

$Rb_2Mn(SO_4)_2$

Die Darstellung gelingt durch Zusammenschmelzen äquimolarer Mengen $MnSO_4$ und Rb_2SO_4. Das Salz ist rötlichweiß. Eine pulverisierte Probe absorbiert nach 4.5 Monaten Lagern an der Luft höchstens 0.51% Wasser, F. R. Mallet (J. Chem. Soc. **81** [1902] 1546/51).

8.6.31.1.24 $Rb_2Mn_2(SO_4)_3$ (= $Rb_2SO_4 \cdot 2MnSO_4$)

$Rb_2Mn_2(SO_4)_3$

Die Verbindung tritt im $MnSO_4$-Rb_2SO_4-H_2O-System auf, s. unten. — Die Darstellung erfolgt durch Zusammenschmelzen stöchiometrischer Gemische der Komponenten [1, 2, 5] oder durch Eindampfen wäßriger Lösungen der Komponenten im stöchiometrischen Verhältnis bei 120°C [3]. Beim Eindunsten äquimolarer Lösungen der Komponenten bei 60 bis 70°C kristallisiert zuerst das Salz in Krusten aus und anschließend die Verbindung $Rb_2Mn(SO_4)_2 \cdot 2H_2O$ (s. dazu jedoch S. 228) [4].

Das Salz kristallisiert kubisch im Langbeinit-Typ ($K_2Mg_2(SO_4)_3$) wie die analoge K-Verbindung (s. S. 188), Raumgruppe $P2_13$-T^4 (Nr. 198); Z = 4 [2, 3]. Gitterkonstante (aus Pulveraufnahmen): a = 10.218 ± 0.004 Å [3] und a = 10.2147 ± 0.001 Å [2, 5]. Tabelle der d-Werte s. Original [5]. Röntgendichte 3.542 g/cm³ [3] bzw. 3.546 g/cm³ [2, 5].

Die Dielektrizitätskonstante ergibt sich nach der Brückenmethode (10 kHz) zu $\varepsilon = 8.1$ [6]. — Das fleischfarbene [3] bis farblose Salz hat einen Brechungsindex von n = 1.590 [5]. Weitere optische Eigenschaften s. S. 188.

Literatur:

[1] F. R. Mallet (J. Chem. Soc. **77** [1900] 216/24). — [2] H. F. McMurdie, M. C. Morris, J. de Groot, H. E. Swanson (J. Res. Natl. Bur. Std. A **75** [1971] 435/9). — [3] G. Gattow, J. Zemann (Z. Anorg. Allgem. Chem. **293** [1958] 233/40). — [4] G. Wyrouboff (Bull. Soc. Franc. Mineral. **14** [1891] 233/82, 242). — [5] H. E. Swanson, H. F. McMurdie, M. C. Morris, E. H. Evans (Natl. Bur. Std. [U. S.] Monograph Nr. 25, Sect. 7 [1969] 1/186, 52).

[6] F. Emmenegger, R. Nitsche, A. Miller (J. Appl. Phys. **39** [1968] 3039/43).

8.6.31.1.25 Das System $MnSO_4$-Rb_2SO_4-H_2O

The $MnSO_4$-Rb_2SO_4-H_2O System

Die nach Löslichkeitsuntersuchungen aufgestellte x-m-Polytherme für 0 bis 100°C ist in **Fig. 71**, S. 226, wiedergegeben. Als Bodenkörper treten auf (Abkürzungen in Klammern): Rb_2SO_4 (Rb), $MnSO_4 \cdot H_2O$(Mn1), $MnSO_4 \cdot 5H_2O$ (Mn5), $MnSO_4 \cdot 7H_2O$ (Mn7), die kongruent löslichen Doppelsalze $Rb_2Mn(SO_4)_2 \cdot 6H_2O$ (D6) und $Rb_2Mn_2(SO_4)_3$ (D). Die Existenzfelder der beiden Doppelsalze schneiden sich in einer Kurve, deren Verlauf durch Extrapolation bestimmt ist (s. Tabelle im Original). Da $Rb_2Mn_2(SO_4)_3$ zwischen etwa 30 und 100°C beständig ist, kann kein von Wyrouboff [1] angenommenes Doppelsalz $Rb_2Mn(SO_4)_2 \cdot 2H_2O$ bei 60 bis 70°C auftreten [2].

The $MnSO_4$-Rb_2SO_4-H_2O System

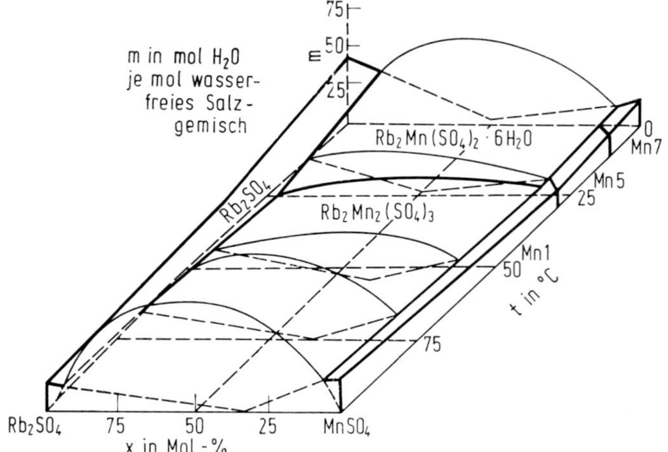

Fig. 71

x-m-Polytherme des Systems $MnSO_4$-Rb_2SO_4-H_2O.

Mit 2 Salzen gesättigte Lösungen (univariante Gleichgewichte), Zusammensetzung der Lösungen in Gew.-% wasserfreies Salz, x = Mol-% Rb_2SO_4 bezogen auf das wasserfreie Salzgemisch, m = mol H_2O je mol wasserfreies Salzgemisch bei verschiedenen Temperaturen t nach Benrath [2]:

t in °C	0	0	25	25	60	75	75
Gew.-% Rb_2SO_4	26.51	4.8	32.73	3.3	39.33	2.97	45.56
Gew.-% $MnSO_4$	1.69	33.4	3.77	37.5	3.17	30.8	2.12
x	39.63	7.59	84.7	4.74	87.6	5.16	92.6
m	33.8	14.35	23.9	12.6	19.0	17.16	15.78
Bodenkörper	Rb + D6	D6 + Mn7	Rb + D6	D6 + Mn1	D + Rb	Mn1 + D	D + Rb

25°C-Isotherme: Genauere Untersuchungen an 28 Proben (Gleichgewichtseinstellung 15 d) nach der Restmethode ergeben neben den Bodenkörpern Rb, Mn5 und D6 noch begrenzte Mischkristallbildung (MK) $m\,MnSO_4 \cdot n\,Rb_2O_4 \cdot x\,H_2O$ aus Lösungen mit 13.6 bis 5.1 Gew.-% Rb_2SO_4 und 19.4 bis 37.4 Gew.-% $MnSO_4$. Mit 2 Salzen gesättigte Lösungen (in Auswahl), Zusammensetzung der Lösungen in Gew.-% (Mol-%) wasserfreies Salz:

Gew.-% (Mol-%) Rb_2SO_4	35.74 (88.41)	14.81 (32.56)	4.50 (6.16)
Gew.-% (Mol-%) $MnSO_4$	2.65 (11.59)	17.35 (67.44)	38.75 (93.84)
Bodenkörper	Rb + D6	D6 + MK	MK + Mn5

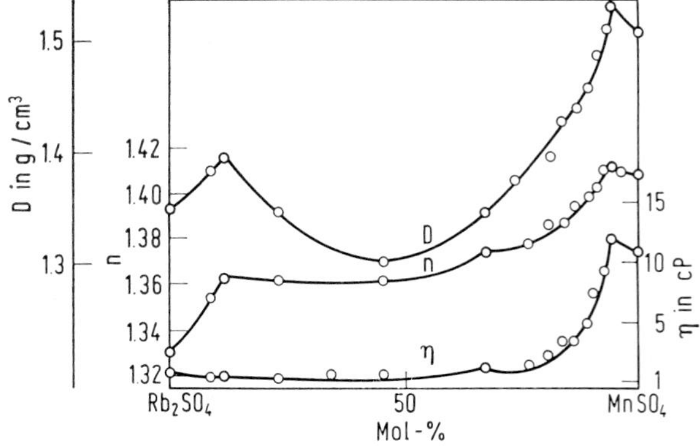

Fig. 72

Dichte D, Brechungsindex n und Viskosität η von gesättigten $MnSO_4$-Rb_2SO_4-Lösungen bei 25°C.

Die in **Fig. 72** wiedergegebenen Kurven für die Dichte D in g/cm^3, die Viskosität η in cP und den Brechungsindex n der gesättigten Lösungen bei 25°C bestätigen mit ihren 4 Kurvenästen den Verlauf der 25°C-Isotherme (s. Figur im Original). Mikroskopische Untersuchung des Doppelsalzes $Rb_2Mn(SO_4)_2 \cdot 6\,H_2O$ und der Mischkristalle s. Original [3].

Literatur:

[1] G. Wyrouboff (Bull. Soc. Franc. Mineral. **14** [1891] 233/82, 242). — [2] A. Benrath (Z. Anorg. Allgem. Chem. **195** [1931] 247/54). — [3] A. A. Maksimenko, V. G. Shevchuk (Zh. Neorgan. Khim. **18** [1973] 1401/5; Russ. J. Inorg. Chem. **18** [1973] 741/4).

8.6.31.1.26 $Rb_2Mn(SO_4)_2 \cdot n\,H_2O$ (= $Rb_2SO_4 \cdot MnSO_4 \cdot n\,H_2O$), n = 2 und 6 $Rb_2Mn(SO_4)_2 \cdot n\,H_2O$

Im System $MnSO_4$-Rb_2SO_4-H_2O treten nur das Doppelsalz $Rb_2Mn(SO_4)_2 \cdot 6\,H_2O$ und außerdem noch begrenzte Mischkristalle $m MnSO_4 \cdot n Rb_2SO_4 \cdot x H_2O$ auf, s. S. 226.

8.6.31.1.26.1 $Rb_2Mn(SO_4)_2 \cdot 6\,H_2O$ (= $Rb_2SO_4 \cdot MnSO_4 \cdot 6\,H_2O$) $Rb_2Mn(SO_4)_2 \cdot 6\,H_2O$

Die Darstellung gelingt durch langsames Auskristallisieren aus kalten äquimolaren Lösungen der Komponenten [1], s. auch [2]. — Die Hydratationswärme bei der Bildung aus dem Dihydrat beträgt bei 50°C 13000 cal je mol Wasserdampf und 82 cal je mol flüssiges Wasser [5]. Das Salz kristallisiert tafelförmig oder kurzprismatisch; auftretende Formen s. Original. Goniometrische Untersuchungen ergeben monokline Struktur, Achsenverhältnis a : b : c = 0.7382 : 1 : 0.4950, β = 105°57′ [1]; a : b : c = 0.7395 : 1 : 0.4951, β = 105°52′ [2]. Vollkommene Spaltbarkeit parallel ($\bar{2}01$) [3].

Dichte D^{15} = 2.49 g/cm^3 [2], D_4^{20} = 2.459 g/cm^3 [3].

Dampfdruck p bei der Abgabe des Kristallwassers:

t in °C	32	45	55	66	75	84	90	95
p in Torr	5	34	103	182	270	375	478	575

Die Substanz schmilzt bei etwa 85°C ohne Ausprägung in der Dampfdruckkurve [4]. Dampfdruck beim Gleichgewicht $Rb_2Mn(SO_4)_2 \cdot 6\,H_2O \rightleftharpoons Rb_2Mn(SO_4)_2 \cdot 2\,H_2O + 4\,H_2O$:

t in °C	27.5	34.4	41.0	46.7	53.4	70.7
p_{beob} in Torr	16.7	28.7	45.8	67.4	98.5	216.7
p_{ber} in Torr	16.3	28.6	46.3	67.3	98.5	216.8

Berechnung entsprechend der empirischen Formel $\lg p = -7.084 + 8419/T - 1\,781\,000/T^2$. Bei der graphischen Auftragung der Ergebnisse von Ephraim, Wagner [4] zeigen sich Unregelmäßigkeiten, die später nicht beobachtet werden [5].

Bei Messungen der Molsuszeptibilität χ_{mol} (in 10^{-6} cm^3/mol) an Kristallen dieser Verbindung zeigt sich eine schwache magnetische Anisotropie. Zwei der magnetischen Hauptachsen liegen in der (010)-Ebene, die Suszeptibilitäten werden mit χ_1 und χ_2 bezeichnet ($\chi_1 > \chi_2$); die Richtung von χ_1 bildet mit der c-Achse den Winkel ψ. Die dritte Komponente χ_3 wird in Richtung der b-Achse gemessen. Bei 30°C ergibt sich $\psi = -12°$, $\chi_1 - \chi_2 = 8.9$, $\chi_1 - \chi_3 = 6.2$ und die mittlere Molsuszeptibilität $\bar{\chi}_{mol} = 14030$ [6], s. auch [7]. Eine Diskussion der paramagnetischen Anisotropie mit Hinweis auf obige Untersuchungen s. bei Horrocks, Hall [8].

Optische Eigenschaften. $Rb_2Mn(SO_4)_2 \cdot 6\,H_2O$ ist optisch zweiachsig mit positiver Doppelbrechung. Die Achsen des optischen Ellipsoids (Indikatrix) liegen im spitzen Winkel der morphologischen Achsen a und c um 1° zur Achse a geneigt (erste Mittellinie zwischen den optischen Achsen, Schwingungsrichtung entsprechend n_γ), im stumpfen Winkel zwischen a und c um 16°57′ zur Achse c geneigt (zweite Mittellinie, entsprechend n_α), die dritte Schwingungsrichtung, entsprechend n_β, liegt parallel zur Symmetrieachse b. Der Winkel zwischen den optischen Achsen nimmt von 67°10′ bei 670.8 nm auf 66°55′ bei 486.1 nm ab, die Dispersion beruht praktisch nur auf

$Rb_2Mn(SO_4)_2 \cdot 6H_2O$

der Verschiebung einer der beiden optischen Achsen. Folgende Brechungsindizes n_α, n_β, n_γ sind von Tutton [3, 9] nach der Prismenmethode bei Raumtemperatur bestimmt, zum Vergleich sind in Klammern ältere, nach der Methode der Totalreflexion von Perrot [2] angegeben (in den Originalen keine Wellenlängen, sondern nur die Bezeichnungen der Spektrallinien angegeben):

λ in nm	n_α	n_β	n_γ
670.8	1.4741	1.4781	1.4880
656.3	1.4745 (1.4741)	1.4785 (1.4785)	1.4884 (1.4886)
589.3	1.4767 (1.4764)	1.4807 (1.4809)	1.4907 (1.4910)
535.0	1.4791	1.4831	1.4933
486.1	1.4821 (1.4818)	1.4860 (1.4864)	1.4965 (1.4970)
434.0	1.4864	1.4907	1.5015

Daraus folgen als Mittelwert für die Na-D-Linie (λ = 589.3 nm) $n_D = (n_\alpha + n_\beta + n_\gamma)/3 = 1.4827$ und die Doppelbrechung $\Delta n_D = (n_\gamma - n_\alpha)_D = 0.0140$. Bei Temperaturerhöhung auf 70°C nehmen die Brechungsindizes um 0.0018 ab [3, 9].

Die Molrefraktionen $R = (M/d) \cdot (n^2 - 1)/(n^2 + 2)$ betragen $R_\gamma = 61.19$, $R_\beta = 60.13$, $R_\alpha = 59.70$ cm³ für die H_α-Linie (λ = 656.3 nm), $R_\gamma = 62.59$, $R_\beta = 61.44$, $R_\alpha = 60.98$ cm³ für die H_γ-Linie (λ = 434.0 nm), die molekulare Dispersion demnach $R(H_\gamma) - R(H_\alpha) = 1.40$, 1.31, 1.28 cm³ [10]; es sind gegenüber den früheren Angaben [3, 9] korrigierte Größen (auf Grund verbesserter Dichtewerte). — Zur IR-Absorption s. S. 193.

Die Verbindung bildet große, durchsichtige, glänzende, hell fleischfarbene [1] bzw. sehr schwach violette Kristalle, die an der Luft oberflächlich angegriffen werden [2].

Literatur:

[1] A. E. H. Tutton (Z. Krist. **21** [1893] 491/573, 522; J. Chem. Soc. **63** [1893] 337/423, 373). — [2] F.-L. Perrot (Arch. Sci. Phys. Nat. [3] **25** [1891] 669/79, 675, **29** [1893] 28/50, 45, 131/40). — [3] A. E. H. Tutton (Z. Krist. **27** [1897] 113/265, 161). — [4] F. Ephraim, P. Wagner (Ber. Deut. Chem. Ges. **50** [1917] 1088/110, 1109). — [5] R. M. Caven, J. Ferguson (J. Chem. Soc. **125** [1924] 1307/12).

[6] K. S. Krishnan, S. Banerjee (Phil. Trans. Roy. Soc. [London] A **235** [1936] 343/66, 348, 352). — [7] K. S. Krishnan, S. Banerjee (Nature **135** [1935] 873). — [8] W. De W. Horrocks, D. De W. Hall (Coord. Chem. Rev. **6** [1971] 147/86, 176). — [9] A. E. H. Tutton (J. Chem. Soc. **69** [1896] 344/525, 399/403). — [10] A. E. H. Tutton (Phil. Trans. Roy. Soc. [London] A **216** [1916] 1/62, 32).

$Rb_2Mn(SO_4)_2 \cdot 2H_2O$?

8.6.31.1.26.2 $Rb_2Mn(SO_4)_2 \cdot 2\,H_2O$ (= $Rb_2SO_4 \cdot MnSO_4 \cdot 2H_2O$)?

Das Dihydrat soll auf Grund von Dampfdruckmessungen existieren (s. S. 227), konnte aber im System $MnSO_4$-Rb_2SO_4-H_2O nicht nachgewiesen werden (s. S. 225).

Das Salz soll aus äquimolaren Lösungen der Komponenten bei 60 bis 70°C nach Ausscheiden von wasserfreiem $Rb_2Mn_2(SO_4)_3$ in rosafarbenen, durchsichtigen, nach der Herausnahme aus der Mutterlauge matt werdenden Kristallen ausfallen. Es soll auf Grund der Morphologie triklin kristallisieren, Achsenverhältnis a : b : c = 0.8250 : 1 : 0.4412, α = 89°26′, β = 90°28′, γ = 108°46′; Dichte D^{16} = 2.980 g/cm³, G. Wyrouboff (Bull. Soc. Franc. Mineral. **14** [1891] 233/82, 242).

$RbMn(SO_4)_2 \cdot 12H_2O$

8.6.31.1.27 $RbMn(SO_4)_2 \cdot 12\,H_2O$ (= $Rb_2SO_4 \cdot Mn_2(SO_4)_3 \cdot 24H_2O$)

Zur Darstellung werden 2.66 g Rb_2SO_4 in 30 ml verdünntem H_2SO_4 (1 Vol H_2SO_4 auf 3 Vol H_2O) gelöst und auf 5.36 g gepulvertes $Mn(CH_3COO)_3$ gegossen, das beim Rühren bei gewöhnlicher Temperatur leicht in Lösung geht. Beim Abkühlen in festem CO_2 (oder festem CO_2 + Äther) auf etwa −30°C scheidet sich langsam ein korallenrotes, feinkristallines Pulver des Alauns aus, das bei Temperaturen unterhalb −30°C etwas kristallisiertes H_2SO_4-Hydrat enthält. Man trennt die

Mutterlauge durch Absaugen unter Kühlung mit festem CO_2 ab und breitet das Produkt auf einer gekühlten porösen Porzellanplatte aus. Bei gewöhnlicher Temperatur wird die Verbindung schnell dunkelbraun unter Abgabe des Kristallwassers [1]. — Versuche zur elektrolytischen Darstellung s. [2].

Literatur:

[1] O. T. Christensen (Z. Anorg. Allgem. Chem. **27** [1901] 320/40, 333/5). — [2] J. L. Howe, E. A. O'Neal (J. Am. Chem. Soc. **20** [1898] 759/65).

8.6.31.1.28 Das System $MnSO_4$-Cs_2SO_4-H_2O

The $MnSO_4$-Cs_2SO_4-H_2O System

Caesiumsulfat bildet mit Mangansulfat ein Doppelsulfat $Cs_2Mn(SO_4)_2 \cdot 6\,H_2O$, das bis nahezu 80°C beständig ist und oberhalb dieser Temperatur in ein niederes Hydrat übergeht. Ein Doppelsalz $Cs_2Mn_2(SO_4)_3$ entsteht auch bei 100°C nicht [1].

Löslichkeitsisotherme bei 25°C: Durch die Bestimmung nach der Restmethode und eine Gleichgewichtseinstellung von 5 bis 20 d wird die in **Fig. 73** wiedergegebene Isotherme erhalten. Als Bodenkörper treten auf (Abkürzungen in Klammern): Cs_2SO_4 (Cs), $MnSO_4 \cdot 5\,H_2O$ (Mn5), das Doppelsalz $Cs_2Mn(SO_4)_2 \cdot 6\,H_2O$ (D6) und Mischkristalle (MK). Zusammensetzung der Lösungen in Gew.-% wasserfreies Salz:

Gew.-% Cs_2SO_4 . . .	65.50	19.95	9.20
Gew.-% $MnSO_4$ . . .	1.13	30.98	38.42
Bodenkörper	Cs + D6	D6 + MK	MK + Mn5

Der Bereich der Mischkristalle $m\,CsSO_4 \cdot n\,MnSO_4 \cdot x\,H_2O$, die aus gesättigten Lösungen mit etwa 19.81 bis 10.05 Gew.-% Cs_2SO_4 und 31.46 bis 37.91 Gew.-% $MnSO_4$ auskristallisieren, ist sehr schwer zu bestimmen, da die Gleichgewichtseinstellung etwa ein Jahr dauern kann [2].

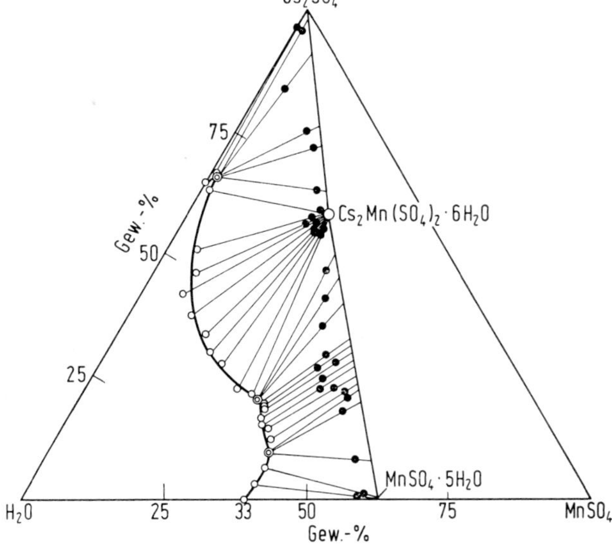

Fig. 73

Löslichkeitsisotherme des Systems $MnSO_4$-Cs_2SO_4-H_2O bei 25°C.

Literatur:

[1] A. Benrath (Z. Anorg. Allgem. Chem. **195** [1931] 247/54). — [2] A. A. Maksimenko, V. G. Shevchuk (Zh. Prikl. Khim. **47** [1974] 541/3; J. Appl. Chem. USSR **47** [1974] 542/4).

$Cs_2Mn(SO_4)_2 \cdot nH_2O$

8.6.31.1.29 $Cs_2Mn(SO_4)_2 \cdot n\,H_2O$ (n = 2 und 6)

$Cs_2Mn(SO_4)_2 \cdot 6H_2O$

8.6.31.1.29.1 $Cs_2Mn(SO_4)_2 \cdot 6\,H_2O$ (= $Cs_2SO_4 \cdot MnSO_4 \cdot 6H_2O$)

Die Darstellung erfolgt durch langsames Auskristallisieren aus kalten äquimolaren Lösungen der Komponenten [1] bzw. langsames Eindunsten bei Zimmertemperatur [2, 5]. — Die Hydratationswärme bei der Bildung aus dem Dihydrat beträgt bei 50°C 13300 cal je mol Wasserdampf und 260 cal je mol flüssiges Wasser [3].

Das Salz kristallisiert prismatisch oder pyramidal; beobachtete Formen s. Original [1]. Vollkommene Spaltbarkeit parallel ($\bar{2}01$) [4]. Nach ersten goniometrischen Untersuchungen ist es monoklin [1]. Röntgenographische Untersuchungen ergeben die Gitterkonstanten a = 9.425 ± 0.001, b = 12.976 ± 0.002, c = 6.389 ± 0.001 Å, β = 107°10′ ± 1′; Z = 2; Raumgruppe $P2_1/a\text{-}C_{2h}^5$ (Nr. 14) [2, 5]. Tabelle der d-Werte s. Original [5]. Die Struktur entspricht der von anderen Tutton-Salzen [2, 5].

Dichte D_4^{20} = 2.7375 g/cm³ [4], Röntgendichte 2.763 g/cm³ [2, 5].

Dampfdruck p bei der Abgabe des Kristallwassers:

t in °C	30	45	56	67	77	85	90	96	101
p in Torr . . .	2	7	90	171	264	362	446	563	676

Die Substanz ist nach der Messung stark zusammengeklumpt; der Beginn der Sinterung scheint schon unterhalb 60°C zu liegen [6]. Beim Dehydratationsgleichgewicht $Cs_2Mn(SO_4)_2 \cdot 6H_2O \rightleftharpoons Cs_2Mn(SO_4)_2 \cdot 2H_2O + 4H_2O$ gilt:

t in °C	28.5	36.4	43.8	51.7	55.8	65.4
p_{beob} in Torr	13.9	23.9	39.7	69.8	88.3	152.3
p_{ber} in Torr	12.8	23.9	40.6	67.0	87.7	151.0

Berechnung entsprechend der empirischen Formel $\lg p = 2.830 + 2236/T - 830860/T^2$. Bei der graphischen Auftragung der Ergebnisse von Ephraim, Wagner [6] zeigen sich Unregelmäßigkeiten, die später nicht beobachtet werden [3].

Für die Molsuszeptibilität χ_{mol} gilt das bereits bei der analogen Rb-Verbindung auf S. 227 Gesagte. Die entsprechenden Werte sind: $\psi = -12.5°$, $\chi_1 - \chi_2 = 7.0$, $\chi_1 - \chi_3 = 5.0$, $\bar{\chi}_{mol} = 13820$ [7], s. auch [8].

Das Salz bildet große, glänzende, durchsichtige, hell fleischfarbene Kristalle [1]. Sie sind optisch zweiachsig mit positiver Doppelbrechung. Die Achsen des optischen Ellipsoids (Indikatrix) liegen im spitzen Winkel der morphologischen Achsen a und c um 8°20′ zur Achse a geneigt (erste Mittellinie zwischen den optischen Achsen, Schwingungsrichtung entsprechend n_γ), im stumpfen Winkel zwischen a und c um 25°27′ zur Achse c geneigt (zweite Mittellinie entsprechend n_α), die dritte Schwingungsrichtung, entsprechend n_β, liegt parallel zur Symmetrieachse b. Der Winkel zwischen den optischen Achsen nimmt von 60°10′ bei 670.8 nm auf 59°28′ bei 486.1 nm ab. — Folgende Brechungsindizes n_α, n_β, n_γ sind nach der Prismenmethode bei Raumtemperatur bestimmt (in den Originalen sind keine λ-Werte, nur Spektrallinien angegeben):

λ in nm	n_α	n_β	n_γ
670.8	1.4918	1.4936	1.4995
656.3	1.4922	1.4940	1.4999
589.3	1.4946	1.4966	1.5025
535.0	1.4972	1.4991	1.5031
486.1	1.5003	1.5022	1.5083
434.0	1.5046	1.5066	1.5129

Daraus folgen der Mittelwert für die Na-D-Linie (λ = 589.3 nm) $n_D = (n_\alpha + n_\beta + n_\gamma)/3 = 1.4979$ und die Doppelbrechung $\Delta n_D = 0.0079$. Bei Temperaturerhöhung auf 70°C nehmen die Brechungsindizes um etwa 0.0018 ab [4, 9]. Neuere Untersuchungen in weißem Licht ergeben $n_\alpha = 1.495$, $n_\beta = 1.497$, $n_\gamma = 1.502$ [5].

Die Molrefraktionen $R = (M/d) \cdot (n^2 - 1)/(n^2 + 2)$ betragen $R_\gamma = 66.15$, $R_\beta = 65.48$, $R_\alpha = 65.29$ cm^3 für die H_α-Linie (λ = 656.3 nm), $R_\gamma = 67.60$, $R_\beta = 66.90$, $R_\alpha = 66.67$ cm^3 für die H_γ-Linie (λ = 434.0 nm). Die molaren Dispersionen ergeben sich demnach zu $R(H_\gamma) - R(H_\alpha) = 1.45, 1.42, 1.38$ cm^3 [10]; es sind gegenüber den früheren Ergebnissen [4, 9] korrigierte Größen (auf Grund verbesserter Dichtewerte). — Zur IR-Absorption s. S. 193.

Löslichkeit bei 25°C: 804 g wasserfreies Salz bzw. 1.570 mol je Liter H_2O [11].

Literatur:

[1] A. E. H. Tutton (Z. Krist. **21** [1893] 491/573, 525; J. Chem. Soc. **63** [1893] 337/423, 376). — [2] H. F. McMurdie, M. C. Morris, J. de Groot, H. E. Swanson (J. Res. Natl. Bur. Std. A **75** [1971] 435/9). — [3] R. M. Caven, J. Ferguson (J. Chem. Soc. **125** [1924] 1307/12). — [4] A. E. H. Tutton (Z. Krist. **27** [1897] 113/265, 165). — [5] H. E. Swanson, H. F. McMurdie, M. C. Morris, E. H. Evans (Natl. Bur. Std. [U. S.] Monograph Nr. 25, Sect. 7 [1969] 1/186, 20).

[6] F. Ephraim, P. Wagner (Ber. Deut. Chem. Ges. **50** [1917] 1088/110, 1109). — [7] K. S. Krishnan, S. Banerjee (Phil. Trans. Roy. Soc. [London] A **235** [1936] 343/66, 348, 352). — [8] K. S. Krishnan, S. Banerjee (Nature **135** [1935] 873). — [9] A. E. H. Tutton (J. Chem. Soc. **69** [1896] 344/525, 403/7). — [10] A. E. H. Tutton (Phil. Trans. Roy. Soc. [London] A **216** [1916] 1/62, 32).

[11] J. Locke (Am. Chem. J. **27** [1902] 455/81, 459).

8.6.31.1.29.2 $Cs_2Mn(SO_4)_2 \cdot 2\,H_2O$ (= $Cs_2SO_4 \cdot MnSO_4 \cdot 2\,H_2O$)?

$Cs_2Mn(SO_4)_2 \cdot 2\,H_2O$

Das Dihydrat soll auf Grund von Dampfdruckmessungen existieren (s. S. 230). Nach ersten Untersuchungen soll im System $MnSO_4$-Cs_2SO_4-H_2O außer dem Hexahydrat noch ein wasserärmeres Hydrat bestehen, s. S. 229.

8.6.31.1.30 $CsMn(SO_4)_2 \cdot 12\,H_2O$ (= $Cs_2SO_4 \cdot Mn_2(SO_4)_3 \cdot 24\,H_2O$)

$CsMn(SO_4)_2 \cdot 12\,H_2O$

Zur Darstellung werden 5.3 g $Mn(CH_3COO)_3$ in 30 ml und 3.6 g Cs_2SO_4 in 10 ml einer Mischung von 1 Vol H_2SO_4 und 3 Vol H_2O bei gewöhnlicher Temperatur gelöst und die Lösungen unter Umrühren gemischt. Nach längerem Stehen bei −2 bis −5°C, schneller bei tieferen Temperaturen, kristallisieren gut entwickelte oktaedrische Kristalle aus, die nach dem Auspressen zwischen porösen Porzellanplatten in verschlossenem Behälter aufbewahrt werden [1]. Nach gleicher Methode erfolgt die Kristallisation bei −5°C, wobei zur Beschleunigung des Kristallisationsbeginns zunächst die Lösung auf −25°C abgekühlt wird [2]. — Bei einem anderen Verfahren elektrolysiert man Lösungen gleicher Mengen $MnSO_4 \cdot 7\,H_2O$ und Cs_2SO_4 in 3 Vol H_2O + 1 Vol H_2SO_4 zwischen Pt-Elektroden (Anordnung s. Original) bei 15°C oder tieferen Temperaturen unter häufigem Umrühren mit 50 mA bis zur vollständigen Oxidation zum dreiwertigen Mn. Besser elektrolysiert man nur die $MnSO_4 \cdot 7\,H_2O$-Lösung, fügt dann nach vollständiger Oxidation die entsprechende Cs_2SO_4-Lösung hinzu und läßt das Salz unter Kühlen auskristallisieren [3]. Diese Methode ist später geprüft und bestätigt worden [1]. Man kann auch eine stark schwefelsaure Cs_2SO_4-Lösung zu einer elektrolytisch oxidierten, stark schwefelsauren $MnSO_4$-Lösung hinzufügen und mit festem CO_2 + Äther abkühlen [4]. Auf ähnliche Weise wird eine Lösung von $MnSO_4$ in 30%igem H_2SO_4 elektrolytisch zu einer $Mn_2(SO_4)_3$-Lösung bei 2 bis 6°C und 25 mA/cm^2 oxidiert (Dauer 6 h). Dann wird eine berechnete Menge einer Cs_2SO_4-Lösung gleicher Säurekonzentration hinzugefügt und die Mischung über Nacht bei −5°C stehengelassen, wobei sich kleine oktaedrische Kristalle ausscheiden, die nach Dekantieren der Mutterlauge zwischen Filterpapier getrocknet werden [5].

Der Alaun kristallisiert kubisch, muscheliger Bruch, keine Spaltbarkeit; beobachtete Formen s. Original [3]. — Die Farbe ist korallen- bis granatrot [1, 3, 4], purpurn [5]; die Kristalle sind durchsichtig [3].

CsMn-$(SO_4)_2 \cdot 12H_2O$

Eine Untersuchung der Temperaturabhängigkeit der magnetischen Suszeptibilität ergibt nach diamagnetischer Korrektur folgende Werte:

T in K	90	195	203	293	297
χ in 10^{-6} cm³/g	55.80	25.85	24.30	17.10	16.80
χ_{mol} in 10^{-6} cm³/mol	33300	15400	14500	10200	10000

Daraus ergibt sich für das effektive magnetische Moment (Mittelwert) $\mu_{eff} = 4.91\ \mu_B$. Das Curie-Weiss-Gesetz wird streng befolgt [2].

Optische Eigenschaften. Es werden d-d-Übergänge des Mn^{3+}-Ions beobachtet. Der Grundzustand $3d^4\ ^5D$ von Mn^{3+} spaltet in oktaedrischer Umgebung (O_h-Symmetrie) in die Zustände ^5E_g und $^5T_{2g}$ auf, vgl. „Mangan" B, S. 95, 191. Ein dynamischer Jahn-Teller-Effekt bewirkt eine Axialelongation des $Mn(H_2O)_6$-Oktaeders (D_{4h}-Symmetrie) und somit eine weitere Aufspaltung $^5E_g \rightarrow {}^5B_{1g} < {}^5A_{1g}$ und (geringer) $^5T_{2g} \rightarrow {}^5B_{2g} < {}^5E_g$. Im Absorptionsspektrum (Nujol- oder C_4Cl_6-Suspension) werden die Übergänge $^5B_{1g} \rightarrow {}^5A_{1g}$ bzw. $^5B_{2g}$ bei ≈ 9000 bzw. 20400 cm⁻¹, im Reflexionsspektrum an Einkristallen bei ≈ 9500 und 20400 cm⁻¹ beobachtet [6, 7]. Eine frühere Absorptionsmessung an Kristallen ergibt eine breite (≈ 5000 cm⁻¹) Absorptionsbande mit $\lambda_{max} = 475$ nm ($\triangleq 21000$ cm⁻¹) und dem molaren Extinktionskoeffizienten $\varepsilon_{max} = 5$ (Oszillatorenstärke $f = 1.1 \times 10^{-4}$) [8]. Diese Ergebnisse werden in einigen Untersuchungen [9 bis 11] über elektronische Spektren von Übergangsmetall-Ionen zum Vergleich herangezogen.

Der Brechungsindex beträgt im Li-Licht (671 nm) n = 1.483 [12]. Ältere Werte s. bei Piccini [3].

Das Salz beginnt sich bereits bei 33°C unter Schwarzfärbung zu zersetzen [6], bei Handwärme unter Braunfärbung [1]. Es schmilzt bei etwa 40°C in seinem Kristallwasser, oberhalb dieser Temperatur zersetzt es sich [3]. — Es zerfließt an feuchter Luft und wird durch H_2O unter Bildung von Manganoxidhydrat hydrolysiert [5]. H_2O zersetzt es unter Abscheidung von Mangan(III)-hydroxid [1] oder wie verdünnte Säuren unter Abscheidung von Mangandioxidhydrat [3]. Kalte Salzsäure löst es mit brauner Farbe unter Bildung von $MnCl_3$ [1]; konzentrierte Salzsäure entwickelt Chlor und gibt eine braungelbe Flüssigkeit, die beim Erwärmen farblos wird [3]. Verdünnte Schwefelsäure (1 Vol H_2SO_4 : 3 Vol H_2O) löst den Alaun mit weinroter [1, 3], beim Verhältnis 1 : 1 mit violettroter Farbe auf [1]. Konzentriertes HNO_3 bildet eine gelbbraune Lösung, aus der sich anschließend ein brauner Niederschlag ausscheidet [3]. Oxalsäure löst die Verbindung mit brauner Farbe, die bei Zusatz von K-Acetat in rot umschlägt. In Eisessig löst sich das Salz anscheinend nicht, wird aber beim Schütteln dunkelbraun. Nach einigen Stunden Stehenlassen in Eisessig, Filtrieren, Auswaschen mit Eisessig und Trocknen an der Luft nimmt es die Farbe von rotem Phosphor an und hat sich nach der Analyse chemisch vollständig verändert [1].

Literatur:

[1] O. T. Christensen (Z. Anorg. Allgem. Chem. **27** [1901] 320/40, 329/33). — [2] H. Bommer (Z. Anorg. Allgem. Chem. **246** [1941] 275/83, 281). — [3] A. Piccini (Z. Anorg. Allgem. Chem. **20** [1899] 12/5). — [4] J. Beltran Martinez, B. Rodrigez Rios (Anales Real Soc. Espan. Fis. Quim. [Madrid] B **45** [1949] 519/32, 529). — [5] J. Zernike (Rec. Trav. Chim. **71** [1952] 965/9).

[6] T. S. Davis, J. P. Fackler, M. J. Weeks (Inorg. Chem. **7** [1968] 1994/2002). — [7] T. S. Davis (Diss. Case Inst. Technol. 1967; Diss. Abstr. B **28** [1967] 2318/9). — [8] H. Hartmann, H. L. Schläfer (Z. Naturforsch. **6a** [1951] 760/3). — [9] O. G. Holmes, D. S. Clure (J. Chem. Phys. **26** [1957] 1686/94). — [10] A. S. Chakravarty (J. Phys. Chem. **74** [1970] 4347/60).

[11] J. Ferguson (Progr. Inorg. Chem. **12** [1970] 159/293, 236/7). — [12] A. N. Winchell, H. Winchell (The Microscopical Characters of Artificial Inorganic Solid Substances, Academic Press, New York-London 1964, S. 159). — [13] F. Ephraim, P. Wagner (Ber. Deut. Chem. Ges. **50** [1917] 1088/110, 1106).

8.6.31.2 Sulfate von Mangan und Metallen der 1. Nebengruppe

Sulfates of Manganese and Group Ib Metals

Wegen des Prinzips der letzten Stelle werden Verbindungen mit Cu, Ag und Au in den jeweiligen Elementbänden behandelt. Das System $MnSO_4$-$CuSO_4$-H_2O ist im Band „Kupfer" B, S. 1246/7 beschrieben. Zu einem Mn und Ag enthaltenden Sulfat s. „Silber" B4, S. 380. Im Band „Gold", der die Literatur bis 1949 berücksichtigt, sind keine entsprechenden Sulfate angegeben.

8.6.31.3 Systeme von Mangansulfat und Metallsulfaten der 2. Hauptgruppe

Systems of Manganese Sulfate and Group IIa Metal Sulfates

8.6.31.3.1 Das System $MnSO_4$-$BeSO_4$-H_2O

The $MnSO_4$-$BeSO_4$-H_2O System

Die nach der Restmethode bestimmte Löslichkeitsisotherme bei 25°C zeigt als Bodenkörper $BeSO_4 \cdot 4H_2O$, $MnSO_4 \cdot 5H_2O$ und metastabiles $MnSO_4 \cdot 4H_2O$. Die Bildung von Doppelsalzen oder Mischkristallen wird nicht beobachtet [1]. Schon Retgers [2] stellt fest, daß sich die von Klatzo [3] angenommenen Mischkristalle nicht bilden, sondern bei 25°C die einzelnen Salze getrennt auskristallisieren. — Ein Zweisalzpunkt (univariantes Gleichgewicht) bei 25°C mit den Bodenkörpern $BeSO_4 \cdot 4H_2O$ und $MnSO_4 \cdot 5H_2O$ liegt bei einer Lösung mit 17.29 Gew.-% $BeSO_4$ und 21.22 Gew.-% $MnSO_4$ vor, s. auch Figur im Original [1]. Bei 75°C liegt ein Zweisalzpunkt mit den Bodenkörpern $BeSO_4 \cdot 4H_2O$ und $MnSO_4 \cdot H_2O$ bei einer Lösung mit 26.77 Gew.-% $BeSO_4$ und 10.04 Gew.-% $MnSO_4$ vor [5]. — Dichte D gesättigter Lösungen bei 25°C (die Konzentrationsangaben beziehen sich nur auf das Verhältnis der beiden Sulfate):

Mol-% $MnSO_4$ . .	0	11.80	23.08	33.55	40.20	46.68	56.37	73.97	100
D_4^{25} in g/cm^3 . . .	1.279	1.316	1.358	1.384	1.407	1.430	1.455	1.476	1.500

Siehe auch Figur im Original [1].

Nach Ultraschallmessungen bei 3 bis 82.8 MHz in 0.1 bis 1.0 molaren Lösungen von Mischungen der Komponenten addiert sich die Ultraschallabsorption der Bestandteile [4].

Literatur

[1] O. I. Vorobyeva, L. R. Osanova (Zh. Obshch. Khim. **23** [1953] 1288/9; J. Gen. Chem. USSR **23** [1953] 1353/4). — [2] J. W. Retgers (Z. Physik. Chem. **20** [1896] 481/512, 508). — [3] G. Klatzo (J. Prakt. Chem. **106** [1869] 227/43, 237). — [4] G. Kurtze (Nachr. Akad. Wiss. Göttingen Math. Physik. Kl. IIa **1952** 57/79, 72). — [5] Nguyen Kieu Nga, L. P. Reshetnikova, A. V. Novoselova (VINITI Moscow USSR **1973** Dep. Nr. 6774-73, S. 1/9; C. A. **81** [1974] Nr. 111955).

8.6.31.3.2 Das System $MnSO_4$-$MgSO_4$-H_2O

The $MnSO_4$-$MgSO_4$-H_2O System

Das Auftreten von rhombischen und monoklinen Mischkristallen ist schon früh erkannt worden, s. dazu [1]. Erörterungen über Mischkristallbildung s. auch [2, 3]. — Löslichkeitsuntersuchungen zur Aufstellung der Polytherme mit Hilfe der Restmethode gestalten sich schwierig, da sich bei der Ausscheidung von Mischkristallen nicht vermeiden läßt, daß sich Kristallschichten wechselnder Zusammensetzung bilden. Es wird trotzdem angenommen, daß die gefundenen Werte in großen Zügen die tatsächlichen Verhältnisse wiedergeben. Die entstehenden stabilen Mischkristallreihen von $MgSO_4 \cdot 7H_2O$ (rhombisch), $MgSO_4 \cdot 6H_2O$ (monoklin) und $MgSO_4 \cdot H_2O$ (monoklin) werden mit Mg7, Mg6 bzw. Mg1, diejenigen von $MnSO_4 \cdot 7H_2O$ (monoklin), $MnSO_4 \cdot 5H_2O$ (triklin) und $MnSO_4 \cdot H_2O$ (monoklin) mit Mn7, Mn5 bzw. Mn1 bezeichnet. Instabile Formen und deren Mischkristallreihen sind nicht berücksichtigt worden. Tabellenwerte für Isothermen bei 0, 17.5, 23, 27, 37, 45, 50, 70 und 90°C sowie Figuren für Isothermen bei 0, 17.5, 50 und 90°C, Zusammensetzung der Lösungen in Gew.-% wasserfreies Salz und x-m-Darstellung, x = Mol-% $MnSO_4$ bezogen auf das wasserfreie Salzgemisch, m = mol H_2O je mol wasserfreies Salzgemisch s. Original. **Fig. 74**, S. 234, zeigt die x-t-Polytherme für das gesamte System; die Abgrenzung der Lösungsfelder ist ausgezogen, die der Mischkristallfelder gestrichelt gezeichnet und durch Extrapolation gewonnen. Zur Aufstellung der Fig. 74 wurde die Löslichkeitspolytherme des $MnSO_4$ von Cottrell [4] und diejenige des $MgSO_4$

The $MnSO_4$-$MgSO_4$-H_2O System

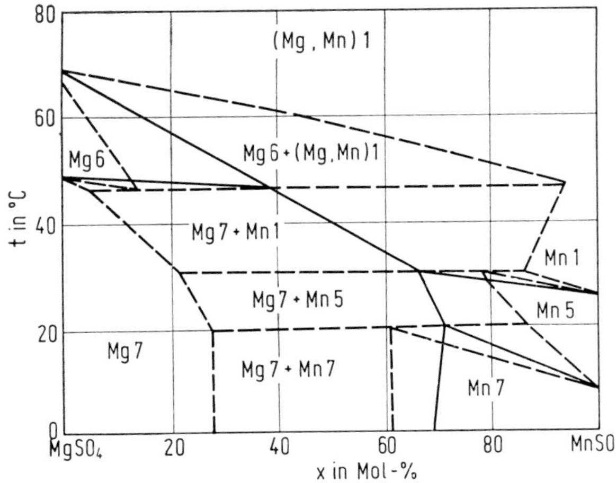

Fig. 74

x-t-Polytherme des Systems $MnSO_4$-$MgSO_4$-H_2O.

nach den von Schröder [5] zusammengestellten zuverlässigsten Werten herangezogen. Wegen ihrer verschiedenen Kristallsymmetrie weisen die Heptahydrate in ihren Mischkristallreihen eine Lücke auf. Die geringere Löslichkeit von Mn7 in Mg7 deutet darauf hin, daß ersteres auch im metastabilen Zustand nicht rhombisch vorkommt, wogegen Mg7 in Mn7 stärker löslich ist und metastabile monokline Kristalle zu bilden vermag. Je unähnlicher der Kristallwassergehalt der Salze ist, um so weniger bilden die Hydrate Mischkristalle. Völlig mischbar sind nur die Monohydrate oberhalb der Entstehungstemperatur des $MnSO_4 \cdot H_2O$ von etwa 68°C. Mit 3 Salzen gesättigte Lösungen (nonvariante Gleichgewichte), Zusammensetzung der Lösungen in x-m-Darstellung (s. auch Fig. 74):

t in °C	20	29.5	45.5
x	70.5	65.5	37.5
m	13.6	12.2	11.7
Bodenkörper	Mg7 + Mn7 + Mn5	Mg7 + Mn5 + Mn1	Mg7 + Mg6 + Mn1

Mit 2 Salzen gesättigte Lösungen (univariante Gleichgewichte, teilweise extrapolierte Werte):

t in °C	0	17.5	17.5	23
Gew.-% $MnSO_4$	23.1	30.83	27.5	28.5
Gew.-% $MgSO_4$	8.37	6.62	8.82	9.69
x	68.8	78.8	71.3	70.1
m	17.07	13.39	13.85	12.72
Bodenkörper	Mn7 + Mg7	Mn5 + Mn7	Mn7 + Mg7	Mn5 + Mg7

t in °C	27	37	45	50
Gew.-% $MnSO_4$	26.96	23.45	16.77	13.04
Gew.-% $MgSO_4$	10.95	15.23	21.8	24.8
x	66.25	55.1	38.1	29.5
m	12.79	12.08	11.69	11.78
Bodenkörper	Mn5 + Mg7	Mn1 + Mg7	Mn1 + Mg7	Mn1 + Mg6

Extrapolierte Mischkristallgrenzen, Zusammensetzung x′ der Bodenkörper in Mol-% $MnSO_4$, bezogen auf das wasserfreie Salzgemisch, m′ = mol H_2O je mol wasserfreier Mischkristall (s. dazu auch Fig. 74) [6]:

t in °C	0		17.5		17.5		23	
x′	27.5	61.0	27.5	60.0	68.5	90.0	25.0	83.0
m′	7	7	7	7	7	5	7	5
Bodenkörper .	Mg7	Mn7	Mg7	Mn7	Mn7	Mn5	Mg7	Mn5

t in °C	37		45		50	
x′	13.5	90.5	7.0	93.0	11.0	85.0
m′	7	1	7	1	6	1
Bodenkörper .	Mg7	Mn1	Mg7	Mn1	Mg6	Mn1

Löslichkeitsisothermen bei 25 und 100°C. In einer neueren Arbeit werden verschiedene Methoden zur Gleichgewichtseinstellung untersucht und folgende Methode als am besten geeignet angewendet: Die Mischungen der Ausgangssubstanzen $MnSO_4 \cdot H_2O$ und $MgSO_4 \cdot 7H_2O$ werden fein gemahlen, nach längerem Rühren mit der Mutterlauge die Kristalle abgetrennt, leicht getrocknet, wiederum (gewöhnlich nach 1d) nach gründlichem Mahlen in Kontakt mit der Mutterlauge 6 h gerührt. Dieses Verfahren wird wiederholt und dann der Verteilungskoeffizient D festgestellt. Die Festlegung der Isothermen erfolgt nach der Restmethode, durch chemische Analyse und Röntgenuntersuchungen. Bei 25°C treten drei Reihen begrenzter Mischkristalle auf, bei denen D annähernd konstant ist: 1) $(Mn, Mg)SO_4 \cdot 7H_2O$ (Epsomit($MgSO_4 \cdot 7H_2O$)-Typ, D(Mn/Mg) = 0.165 im Mittel) aus Lösungen mit (in Gew.-%) 0.038 bis 27.42 $MnSO_4$ und 26.70 bis 11.51 $MgSO_4$ ausfallend; 2) $(Mn, Mg)SO_4 \cdot 4H_2O$ (Ilesit ($MnSO_4 \cdot 4H_2O$)-Typ, D(Mg/Mn) = 0.416 im Mittel) aus Lösungen mit 28.10 bis 34.62 $MnSO_4$ und 10.90 bis 5.06 $MgSO_4$ ausfallend; 3) $(Mn, Mg) SO_4 \cdot H_2O$ (Szmikit($MnSO_4 \cdot H_2O$)-Typ, D(Mg/Mn) = 0.26 im Mittel) aus Lösungen mit 37.00 bis 38.90 $MnSO_4$ und 2.35 bis 0.42 $MgSO_4$ ausfallend. Mit 2 Salzen gesättigte Lösungen (univariante Gleichgewichte), Zusammensetzung der Lösungen in Gew.-% wasserfreies Salz bei 25°C:

Gew.-% $MnSO_4$	27.50	35.30
Gew.-% $MgSO_4$	10.96	3.62
Bodenkörper:	$(Mn, Mg)SO_4 \cdot 7H_2O + (Mn, Mg)SO_4 \cdot 4H_2O$	$(Mn, Mg)SO_4 \cdot 4H_2O + (Mn, Mg)SO_4 \cdot H_2O$

Bei 100°C treten drei Mischkristallbereiche mit definierter Struktur auf: 1) der schon bei 25°C auftretende Szmikit-Typ, aus Lösungen mit (in Gew.-%) 25.91 bis 15.78 $MnSO_4$ und 0.33 bis 15.38 $MgSO_4$ ausfallend, D(Mg/Mn) = 0.115 ± 0.005, 2) Mischkristalle, die auf einem hypothetischen Doppelsalz $MgSO_4 \cdot MnSO_4 \cdot 2H_2O$ basieren und aus Lösungen mit 15.03 bis 6.70 $MnSO_4$ und 17.82 bis 27.94 $MgSO_4$ ausfallen, D(Mg/Mn) = 0.18 ± 0.01, 3) der Kieserit ($MgSO_4 \cdot H_2O$)-Typ $(Mg, Mn) SO_4 \cdot H_2O$, aus Lösungen mit 6.71 bis 0.59 $MnSO_4$ und 27.90 bis 32.8 $MgSO_4$ ausfallend, D(Mg/Mn) = 0.31 ± 0.02, D(Mn/Mg) = 3.2 [7].

Untersuchungen der mechanischen Festigkeit bei Kompression von Mischungen der Monohydrate verschiedener Zusammensetzung führen zu keinen Schlußfolgerungen über Bindungseigenschaften [9].

Schallabsorption. Nach Ultraschallmessungen bei 3 bis 82.8 MHz an 0.1 bis 1.0 M Lösungen von Mischungen der Komponenten addiert sich die Absorption der Bestandteile [8].

Literatur:

[1] C. Rammelsberg (Ann. Physik Chem. [2] **91** [1854] 321/54, 342). — [2] W. Stortenbeker (Z. Physik. Chem. **17** [1895] 643/50, 650). — [3] R. Balló (Magy. Kem. Folyoirat **13** [1907] 17/21, 33/7, 49/51, 65/8, 81/5, 97/100 nach Z. Krist. **47** [1909] 298/9). — [4] F. G. Cottrell (J. Phys. Chem. **4** [1899/1900] 637/56, 651/4). — [5] W. Schröder (Z. Anorg. Allgem. Chem. **184** [1929] 63/76, 71).

[6] A. Benrath, A. Blankenstein (Z. Anorg. Allgem. Chem. **216** [1933] 41/8). — [7] B. J. Zhelnin, G. I. Gorshtein (Zh. Neorgan. Khim. **16** [1971] 3146/51; Russ. J. Inorg. Chem. **16** [1971]

1668/70). — [8] G. Kurtze (Nachr. Akad. Wiss. Göttingen Math. Physik. Kl. IIa **1952** 57/79, 72). — [9] D. P. Belotskii, A. S. Girenko (Nauchn. Eshegodnik Chernovitsk. Univ. **1** Nr. 2 [1956] 205/7; C. A. **1960** 6078).

The $MnSO_4$-$MgSO_4$-K_2SO_4 System

8.6.31.3.3 Das System $MnSO_4$-$MgSO_4$-K_2SO_4

Randsysteme: Zum System K_2SO_4-$MgSO_4$ s. „Kalium" Anhangbd., S. 99* und Anhangbd. Erg.-Bd., S. 68. — Zum System $MnSO_4$-K_2SO_4 s. S. 187. — Untersuchungen über das $MnSO_4$-$MgSO_4$-Schmelzdiagramm liegen nicht vor, da sich $MgSO_4$ und $MnSO_4$ schon unterhalb ihres Schmelzpunktes zersetzen.

Schmelzdiagramm. Thermographische Untersuchungen an 27 Schnitten zeigen weder ternäre eutektische Punkte noch ternäre Verbindungen, s. **Fig. 75**. Der Schnitt $K_2Mn_2(SO_4)_3$-$K_2Mg_2(SO_4)_3$ zeigt eine kontinuierliche Mischkristallreihe, deren Liquiduskurve keine Minima oder Maxima hat (s. Figur im Original). Die Schnitte $K_2Mn_2(SO_4)_3$-$MgSO_4$ und $K_2Mg_2(SO_4)_3$-$MnSO_4$ sind nicht stabil. Die Temperaturen der Verbindungslinien der Eutektika der Randsysteme fallen kontinuierlich von E_1 nach E_3 und von E_2 nach E_4. Unterhalb der Linie E_2E_4 existieren Mischkristalle, jedoch konnten Schmelzen mit weniger als 7 Mol-% K_2SO_4 wegen der Zersetzung des Mg- und Mn-Sulfats nicht erhalten werden, V. S. Ivanov, N. S. Martynova, M. P. Susarev, I. V. Krivousova (Tr. Mosk. Inst. Khim. Mashinostr. **1974** Nr. 55, S. 135/8; C. A. **83** [1975] Nr. 184329).

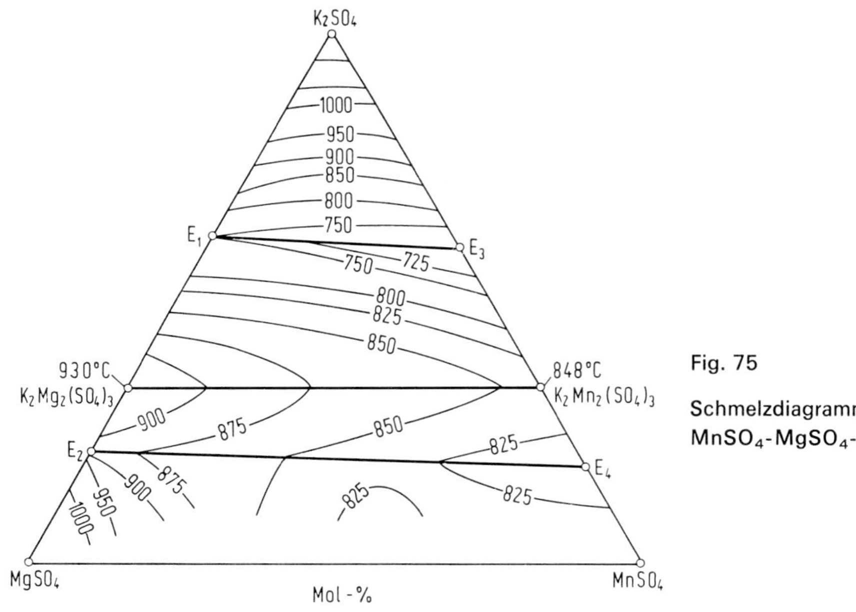

Fig. 75

Schmelzdiagramm des Systems $MnSO_4$-$MgSO_4$-K_2SO_4.

$2K_2SO_4 \cdot MgSO_4 \cdot MnSO_4 \cdot 12H_2O$

8.6.31.3.4 $2K_2SO_4 \cdot MgSO_4 \cdot MnSO_4 \cdot 12H_2O$

Die Darstellung erfolgt durch Mischen der wäßrigen Lösungen der 3 Komponenten und Eindunsten. Es entstehen farblose, zuweilen schwach rote große Tafeln und Säulen, H. Vohl (Liebigs Ann. Chem. **94** [1855] 57/77, 67, 70). Dieses Salz ist jedoch vermutlich als Mischkristall anzusehen, wie nach neueren Untersuchungen der entsprechenden NH_4-Mg-Mn-Sulfate zu erwarten ist (s. folgendes Kapitel).

8.6.31.3.5 Das System $(NH_4)_2Mn(SO_4)_2$-$(NH_4)_2Mg(SO_4)_2$-H_2O

The $(NH_4)_2$-$Mn(SO_4)_2$-$(NH_4)_2Mg$-$(SO_4)_2$-H_2O System

Nach Löslichkeitsbestimmungen tritt bei 40°C als Bodenkörper eine lückenlose Mischkristallreihe $(NH_4)_2(Mn, Mg)(SO_4)_2 \cdot 6H_2O$ vom Schönit-Typ ($K_2Mg(SO_4)_2 \cdot 6H_2O$) auf. Löslichkeit von $(NH_4)_2Mn(SO_4)_2 \cdot 6H_2O$ und $(NH_4)_2Mg(SO_4)_2 \cdot 6H_2O$ (L(Mn6) und L(Mg6)) sowie der $(NH_4)_2Mn(SO_4)_2 \cdot 6H_2O$-Anteil B(Mn6) am Bodenkörper (alle Angaben in Gew.-%) bei 40°C (ausgewählte Werte):

L (Mn6) . . .	0	8.26	14.84	19.28	23.00	27.39	32.17	46.10
L (Mg6) . . .	29.80	24.34	20.00	17.10	14.78	11.80	8.60	0
B (Mn6) . . .	0	8.99	18.00	24.97	29.42	38.92	50.28	100

Hieraus berechneter mittlerer Verteilungskoeffizient D(Mg/Mn) = 3.50 [1]. Außer bei 40°C tritt auch bei 25 und 45°C als Bodenkörper eine kontinuierliche Reihe von Mischkristallen auf. Löslichkeit, bezogen auf die kristallwasserfreien Salze $(NH_4)_2Mn(SO_4)_2$ und $(NH_4)_2Mg(SO_4)_2$ (L(Mn) und L(Mg)) sowie der wasserfreie $(NH_4)_2Mn(SO_4)_2$-Anteil B(Mn) am Bodenkörper in Gew.-% bei 25, 40 und 45°C:

bei 25°C

L (Mn) . .	0	4.31	7.71	9.93	12.70	15.97	19.63	22.12	27.80
L (Mg) . .	16.8	14.22	11.32	9.43	8.14	5.10	2.62	2.30	0
B (Mn) . .	0	10.56	18.78	27.60	36.45	52.42	71.88	80.60	100

bei 40°C

L (Mn) . .	0	5.84	9.77	13.96	17.01	20.32	23.44	27.91	36.20
L (Mg) . .	20.51	16.34	14.37	12.33	10.19	8.98	7.24	4.47	0
B (Mn) . .	0	12.22	20.29	30.65	40.73	45.62	56.80	73.31	100

bei 45°C

L (Mn) . .	0	5.32	9.91	13.43	19.82	22.50	27.84	34.01	37.75
L (Mg) . .	23.10	18.62	14.20	13.09	7.12	6.51	6.26	2.52	0
B (Mn) . .	0	9.57	19.51	26.78	51.63	59.10	66.60	83.81	100

Der aus obigen Daten berechnete Verteilungskoeffizient D(Mg/Mn) beträgt für 25, 40 und 45°C im Mittel 2.72, 2.57 bzw. 2.64 und stimmt mit dem aus experimentellen Löslichkeitsdaten für 0°C von Kuraś [2] durch Ozerova, Shchedrina [3] berechneten Wert 2.7 gut überein, unterscheidet sich aber beträchtlich von dem von Tret'yakov [1] angegebenen Wert 3.50. Es wird gefolgert, daß der Verteilungskoeffizient zwischen flüssiger und fester Phase bei den untersuchten Konzentrationsverhältnissen der isomorphen Komponenten konstant und unabhängig von der Temperatur zwischen 0 und 45°C ist [3]. — Ältere Angaben über Mischkristalle, die als ein Sulfat der Zusammensetzung $2(NH_4)_2SO_4 \cdot MgSO_4 \cdot MnSO_4 \cdot 12H_2O$ angesehen werden, s. [4].

Literatur:

[1] Yu. D. Tret'yakov (Zh. Neorgan. Khim. **6** [1961] 985/93; Russ. J. Inorg. Chem. **6** [1961] 501/5). — [2] J. Kuraś (Kosmos [Lvov] **52** [1927] 863/73 [polnisch]). — [3] M. I. Ozerova, A. P. Shchedrina (Zh. Neorgan. Khim. **8** [1963] 2608/10; Russ. J. Inorg. Chem. **8** [1963] 1365/6). — [4] H. Vohl (Liebigs Ann. Chem. **94** [1855] 57/77, 67, 70).

8.6.31.3.6 Das System $MnSO_4$-$CaSO_4$-H_2O

The $MnSO_4$-$CaSO_4$-H_2O System

Löslichkeitsuntersuchungen bei 25 und 75°C sowie mikroskopische Untersuchungen der festen Phasen ergeben ein einfaches eutonisches System. Die Gleichgewichtseinstellung erfolgt erst durch langes Schütteln der festen Phase mit der Lösung. Als Bodenkörper treten auf (Abkürzungen in Klammern): $MnSO_4 \cdot 5H_2O$ (Mn5), $MnSO_4 \cdot H_2O$ (Mn1), $CaSO_4 \cdot 2H_2O$ (Ca2) und $CaSO_4$ (Ca).

The $MnSO_4$-$CaSO_4$-H_2O System

Mit 2 Salzen gesättigte Lösungen (univariante Gleichgewichte, Zusammensetzung der Lösungen in Gew.-%) nach Korf, Fomina [1]:

Temp. in °C	25	75
Gew.-% $MnSO_4$	36.82	31.24
Gew.-% $CaSO_4$	0.16	0.14
Bodenkörper	Mn5 + Ca2	Mn1 + Ca

Bei weiteren Löslichkeitsuntersuchungen bei 0 bis 100°C und mikroskopischen Untersuchungen der festen Phasen erfolgt die Gleichgewichtseinstellung durch starkes Rühren (1500 upm des Rührers) der mit $CaSO_4 \cdot 2H_2O$ versetzten $MnSO_4$-Lösungen innerhalb 6 h. Unter diesen Bedingungen treten beim Auskristallisieren aus $MnSO_4$-Lösungen oberhalb 42°C nicht stabiles $CaSO_4$, sondern metastabiles $CaSO_4 \cdot 2H_2O$ (Ca2 met), außerdem bei 0°C noch $MnSO_4 \cdot 7H_2O$ (Mn7) als Bodenkörper auf. **Fig. 76** gibt die Löslichkeitsisothermen wieder, die zeigen, daß mit steigender Temperatur die Löslichkeit von $CaSO_4 \cdot 2H_2O$ in $MnSO_4$-Lösungen zunimmt. Mit steigendem $MnSO_4$-Gehalt

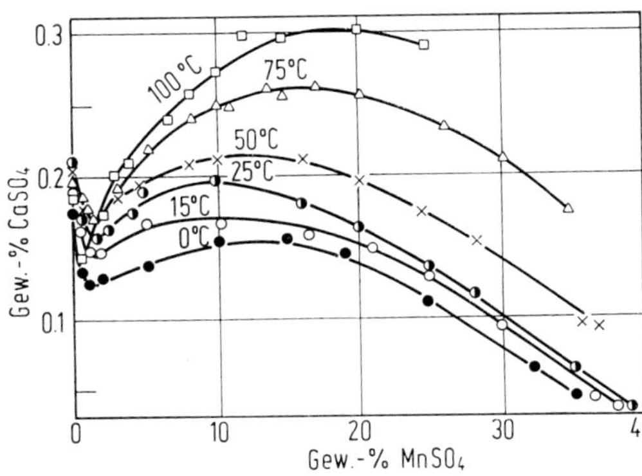

Fig. 76

Isothermen der Löslichkeit von $CaSO_4 \cdot 2H_2O$ in $MnSO_4$-Lösungen.

nimmt sie zuerst ab (z. B. bei 25°C und 0 bis 1.68 Gew.-% $MnSO_4$ von 0.21 auf 0.157 Gew.-% $CaSO_4$), dann bis zu einem flachen Maximum zu (z. B. bei 25°C und etwa 9.8 Gew.-% $MnSO_4$ auf 0.202 Gew.-% $CaSO_4$) und anschließend allmählich wieder ab (z. B. bei 25°C bei der Grenzkonzentration von 39.4 Gew.-% $MnSO_4$ auf 0.042 Gew.-% $CaSO_4$). Zweisalzpunkte bei verschiedenen Temperaturen:

Temp. in °C	0	15	25
Gew.-% $MnSO_4$	34.7	37.92	39.4
Gew.-% $CaSO_4$	0.048	0.044	0.042
Bodenkörper	Ca2 + Mn7	Ca2 + Mn5	Ca2 + Mn1

Temp. in °C	50	75	100
Gew.-% $MnSO_4$	36.38	32.55	25.55
Gew.-% $CaSO_4$	0.100	0.178	0.296
Bodenkörper	Ca2 + Mn1	Ca2 met + Mn1	Ca2 met + Mn1

Die Berechnung des durchschnittlichen Aktivitätskoeffizienten γ für $CaSO_4$ bei 25°C ergibt mit steigender $MnSO_4$-Konzentration (in mol/kg H_2O) zunächst einen starken, dann schwächer werdenden Abfall von γ bei 0 bis 1.22 $MnSO_4$ von 0.358 auf 0.040, um danach von 1.64 bis 4.31 $MnSO_4$ mit 0.031 bis 0.037 etwa konstant zu bleiben. Die entsprechenden γ-Werte für $MnSO_4$ liegen in der Nähe der $CaSO_4$-Werte, s. Tabelle und Figur im Original [2].

Löslichkeitsuntersuchungen bei 150 und 180°C: Übersättigte Lösungen mit 0 bis 4.81 Gew.-% $MnSO_4$ und 0 bis 0.07 Gew.-% $CaSO_4$ werden in verschlossenen Rohren unter magnetischem Rühren zur Einstellung des Gleichgewichts 6 bis 12 h erhitzt, die Lösungen analysiert und die festen Phasen kristalloptisch untersucht. Als Bodenkörper treten neben $MnSO_4 \cdot H_2O$ (Mn1) bei 150°C noch α-$CaSO_4 \cdot 0.5\,H_2O$ (α-Ca 0.5) und $CaSO_4$ (Ca), bei 180°C außer Mn1 nur α-Ca 0.5 auf. Die in reinem H_2O bei 150°C erst nach 12 h beginnende Umwandlung von α-$CaSO_4 \cdot 0.5\,H_2O$ in $CaSO_4$ ist in einer etwa 2%igen $MnSO_4$-Lösung schon nach 2 bis 3 h vollständig. Die Löslichkeit von α-$CaSO_4 \cdot 0.5\,H_2O$ nimmt bei 150 und 180°C mit steigendem $MnSO_4$-Gehalt der Lösung zuerst auf ein Minimum ab und steigt dann an (s. Tabelle im Original). Zweisalzpunkte nach Zhelnin, Gorshtein [3]:

Temp. in °C	150		180
Gew.-% $MnSO_4$	2.11	4.78	1.75
Gew.-% $CaSO_4$	0.030	0.054	0.070
Bodenkörper	α-Ca 0.5 + Ca	Ca + Mn1	α-Ca 0.5 + Mn1

Literatur:

[1] D. M. Korf, E. A. Fomina (Zh. Neorgan. Khim. **8** [1963] 1022/3; Russ. J. Inorg. Chem. **8** [1963] 528/9). — [2] B. I. Zhelnin, G. I. Gorshtein, L. Kh. Bezprozvannaya (Zh. Prikl. Khim. **46** [1973] 506/10; J. Appl. Chem. USSR **46** [1973] 534/7). — [3] B. I. Zhelnin, G. I. Gorshtein (Zh. Neorgan. Khim. **20** [1975] 261/2; Russ. J. Inorg. Chem. **20** [1975] 142/3).

8.6.31.4 Sulfate von Mangan und Metallen der 2. Nebengruppe

Sulfates of Manganese and Group IIb Metals

8.6.31.4.1 $Zn_xMn_{1-x}SO_4$

$Zn_xMn_{1-x}SO_4$

Über Bildung derartiger Mischkristalle s. 8.6.31.4.3, S. 241.

8.6.31.4.2 Das System $MnSO_4$-$ZnSO_4$-H_2O

The $MnSO_4$-$ZnSO_4$-H_2O System

Löslichkeitsuntersuchungen von 0 bis 38°C sind zuerst ausführlicher von Sahmen [1] unternommen worden, der Mischkristalle nach 4 bis 30 h Rühren aus übersättigten Lösungen auskristallisieren ließ. Dabei wurde übersehen, daß oberhalb 27°C nicht $MnSO_4 \cdot 4\,H_2O$, sondern $MnSO_4 \cdot H_2O$ beständig ist. Die Löslichkeitsuntersuchungen von 0 bis 60°C durch Benrath, Blankenstein [2] erfolgten daher in der Weise, daß das als Bodenkörper auftretende Salz möglichst fein gepulvert mit der Lösung unter Rühren eine bis mehrere Wochen in Berührung gehalten wurde, um möglichst homogene Mischkristalle und das sich aus dem instabilen $MnSO_4 \cdot 4\,H_2O$ nur langsam bildende stabile $MnSO_4 \cdot H_2O$ zu erhalten. Völlig homogene Mischkristalle sind nach beiden Arbeitsweisen nicht zu erhalten, und es bleibt offen, wie weit man an das wahre Gleichgewicht herangekommen ist. **Fig. 77**

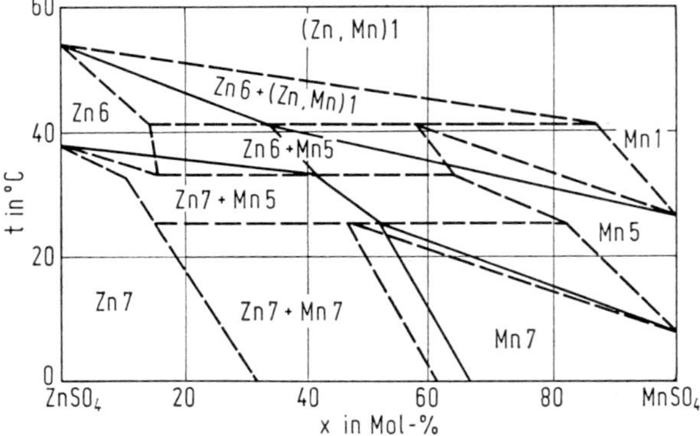

Fig. 77

x-t-Polytherme des Systems $MnSO_4$-$ZnSO_4$-H_2O.

The $MnSO_4$-$ZnSO_4$-H_2O System

(berichtigt auf Grund von Tabellenwerten) gibt die x-t-Polytherme wieder. Die stabilen Mischkristallreihen der $MnSO_4$- und $ZnSO_4$-Hydrate sind je nach H_2O-Gehalt mit Mn7, Mn5, Mn1, Zn7, Zn6 und Zn1 bezeichnet. Die Abgrenzung der Lösungsfelder ist ausgezogen, die der Mischkristallfelder gestrichelt. Völlig mischbar sind nur die Monohydrate oberhalb der Entstehungstemperatur des $ZnSO_4 \cdot H_2O$ bei 55.5°C. Die Daten der Löslichkeitspolytherme von $MnSO_4$ sind von Cottrell [3], diejenigen von $ZnSO_4$ von 0 bis 55°C von Cohen, Hetterschij [4] und oberhalb 55°C von Benrath [5] übernommen worden. Die Ergebnisse von Sahmen [1] sind, abgesehen von dem nicht gefundenen (Zn, Mn)1-Feld, ähnlich denjenigen von Benrath, Blankenstein [2] (s. Figuren im Original); zahlenmäßig sind jedoch große Abweichungen vorhanden. Mit 3 Salzen gesättigte Lösungen (nonvariante Gleichgewichte), Zusammensetzung der Lösungen in x = Mol-% $MnSO_4$ bezogen auf das wasserfreie Salzgemisch, m = mol H_2O je mol wasserfreies Salzgemisch nach [2]:

Temp. in °C	26	34	41
x	52.5	41.5 *)	36.0
m	12.10	11.65	10.90
Bodenkörper	Zn7 + Mn7 + Mn5	Zn7 + Zn6 + Mn5	Zn6 + Mn5 + Mn1

*) Der im Original angegebene Tabellenwert x = 63.5 ist auf Grund der Fig. 77, S. 239, berichtigt.

Mit 2 Salzen gesättigte Lösungen (univariante Gleichgewichte, teilweise extrapolierte Werte) nach [2]:

Temp. in °C	0	20	20	23	23	27.2
x	65.7	54.8	69.2	53.8	63.2	49.5
m	16.01	13.02	12.70	12.69	12.43	12.0
Bodenkörper	Zn7 + Mn7	Zn7 + Mn7	Mn7 + Mn5	Zn7 + Mn7	Mn7 + Mn5	Zn7 + Mn5

Temp. in °C	30	30	35	35	35	45
x	46.0	85	34.0	38.0	59.6	28.4
m	11.5	12.5	11.8	11.4	11.63	10.9
Bodenkörper	Zn7 + Mn5	Mn5 + Mn1	Zn7 + Zn6	Zn6 + Mn5	Mn5 + Mn1	Zn6 + Mn1

Extrapolierte Mischkristallgrenzen, Zusammensetzung der Bodenkörper in x′ = Mol-% $MnSO_4$ bezogen auf die wasserfreien Mischkristalle, m = mol H_2O je mol wasserfreier Mischkristall (s. auch Fig. 77, S. 239) nach [2]:

Temp. in °C	0		20		20		23	
x′	32.5	61.0	16	47.5	64	90	13.5	44.5
m	7	7	7	7	7	5	7	7
Bodenkörper	Zn7	Mn7	Zn7	Mn7	Mn7	Mn5	Zn7	Mn7

Temp. in °C	23		27.2		30		35	
x′	53	85	10	78	9	71	5.5	10.5
m	7	5	7	5	7	5	7	6
Bodenkörper	Mn7	Mn5	Zn7	Mn5	Zn7	Mn5	Zn7	Zn6

Temp. in °C	35		35		45	
x′	15	61	61	98	11	61
m	6	5	5	1	6	1
Bodenkörper	Zn6	Mn5	Mn5	Mn1	Zn6	Mn1

Neuere Untersuchungen der Isothermen bei 25 und 75°C werden nach der Restmethode durchgeführt. Die Einstellung des Gleichgewichts erfolgt durch 5tägiges starkes Durchmischen der Lösung mit dem überschüssigen Bodenkörper. Danach werden bei 25°C keine Mischkristalle gebildet. Der

Zweisalzpunkt (eutonischer Punkt) mit den Bodenkörpern Mn5 und Zn7 liegt bei der gesättigten Lösung mit 27.70 Gew.-% $MnSO_4$ und 20.45 Gew.-% $ZnSO_4$ sowie der pyknometrisch gemessenen Dichte D = 1.57 g/cm³. Die Änderungen der Dichte der gesättigten Lösungen mit der Konzentration der Salze (s. Tabelle im Original) stützt die Annahme, daß weder Doppelsalze noch Mischkristalle bei 25°C gebildet werden. Bei 75°C bilden sich durchgehend Mischkristalle der beiden Monohydrate; Verteilungskoeffizient D(Zn, Mn) ≈ 0.23. Röntgenuntersuchungen der festen Phase bestätigen die Ergebnisse, s. auch Figuren und Tabellen im Original [6].

Über begrenzte Mischkristallbildung bei 0°C von rhombischem $MnSO_4 \cdot 7H_2O$ und monoklinem $ZnSO_4 \cdot 7H_2O$ s. Kuraś [7], ferner Rammelsberg [8]. Erörterungen über Mischkristallbildung s. Stortenbeker [9]. Aus Lösungen bei 18°C erhaltene Mischkristalle mit 7 und 5 mol Kristallwasser s. Hollmann [10].

Literatur:

[1] R. Sahmen (Z. Physik. Chem. **54** [1906] 111/20). — [2] A. Benrath, A. Blankenstein (Z. Anorg. Allgem. Chem. **217** [1934] 170/4). — [3] F. G. Cottrell (J. Phys. Chem. **4** [1899/1900] 637/56, 651/4). — [4] E. Cohen, C. W. G. Hetterschij (Z. Physik. Chem. **115** [1925] 440/3). — [5] A. Benrath (Z. Anorg. Allgem. Chem. **202** [1931] 161/71, 161).

[6] Nguyen Kieu Nga, L. P. Reshetnikova, A. V. Novoselova (Vestn. Mosk. Univ. Khim. **27** [1972] 483/5; Moscow Univ. Chem. Bull. **27** Nr. 4 [1972] 91/2). — [7] J. Kuraś (Kosmos [Lvov] **52** [1927] 863/73 [polnisch]). — [8] C. Rammelsberg (Ann. Physik Chem. [2] **91** [1854] 321/54, 342/3). — [9] W. Stortenbeker (Z. Physik. Chem. **17** [1895] 643/50, 650). — [10] R. Hollmann (Z. Physik. Chem. **37** [1901] 193/213, 209).

8.6.31.4.3 Mischkristalle $(Zn,Mn)SO_4 \cdot nH_2O$ (n = 0, 1, 5, 6, 7)

(Zn, Mn)-$SO_4 \cdot nH_2O$ Solid Solutions

Über das Auftreten begrenzter Mischkristallreihen mit $ZnSO_4 \cdot 7H_2O$ und $MnSO_4 \cdot 7H_2O$ (Zn7 bzw. Mn7), $ZnSO_4 \cdot 6H_2O$ und $MnSO_4 \cdot 5H_2O$ (Zn6 bzw. Mn5) sowie einer lückenlosen Mischkristallreihe der Monohydrate $(Zn, Mn)SO_4 \cdot H_2O$ ((Zn, Mn)1) s. in Kapitel 8.6.31.4.2. — Bei der Abgabe des Kristallwassers von Heptahydrat-Mischungen durch Erhitzen unter Stickstoff erfolgt nach thermographischen und röntgenographischen Untersuchungen als Zwischenstufe die Bildung von Mischkristallen $(Zn, Mn)SO_4 \cdot H_2O$ mit vollständiger gegenseitiger Mischbarkeit. Sie sind monoklin, Raumgruppe A2/a-C^6_{2h} (Nr. 15, andere Aufstellung von C2/c). Bei weiterem Erhitzen auf 600°C erhält man einen Mischkristall $Zn_xMn_{1-x}SO_4$. Auf Grund kinetischer Untersuchungen der Reduktion eines Mischkristalls mit x = 0.49 im H_2-Strom bei 610 bis 620°C, die zu $Zn_xMn_{1-x}S$ führt, wird geschlossen, daß jenseits dieser Zusammensetzung (d. h. bei höheren $MnSO_4$-Konzentrationen) eine begrenzte Löslichkeit zwischen $MnSO_4$ und $ZnSO_4$ besteht und sich rhombische Mischkristalle vom Typ des β-$ZnSO_4$ (Raumgruppe Pbnm-D^{16}_{2h}, Nr. 62, andere Aufstellung von Pnma) bilden [1].

Dampfdruck p von Mischkristallen der Zusammensetzung w bei 20 ± 0.2°C [2]:

w in Gew.-% $MnSO_4$	0.0	1.9	4.9	10.2	15.8	23.3
p in Torr	10.5	10.4	10.3	10.2	10.2	10.3
Mischkristall	Zn7 rhombisch					
w in Gew.-% $MnSO_4$	35.6	45.6	57.4	66.4	69.4	
p in Torr	11.3	11.6	11.9	92.4	12.7	
Mischkristall	Mn7 monoklin					
w in Gew.-% $MnSO_4$	87.8	94.5	100.0			
p in Torr	12.6	13.1	13.4			
Mischkristall	Mn5 triklin					

Literatur:

[1] P. Courtine (Ann. Chim. [Paris] [14] **1** [1966] 303/57, 321, 324). — [2] R. Hollmann (Z. Physik. Chem. **37** [1901] 193/213, 209).

$2K_2SO_4 \cdot ZnSO_4 \cdot MnSO_4 \cdot 12H_2O$, $2(NH_4)_2SO_4 \cdot ZnSO_4 \cdot MnSO_4 \cdot 12H_2O$, and Solid Solutions

8.6.31.4.4 $2K_2SO_4 \cdot ZnSO_4 \cdot MnSO_4 \cdot 12H_2O$, $2(NH_4)_2SO_4 \cdot ZnSO_4 \cdot MnSO_4 \cdot 12H_2O$ und Mischkristalle

Diese Salze kristallisieren aus wäßrigen Lösungen der Komponenten nach Eindunsten als wasserhelle Tafeln und Säulen aus [1]. Sie sind, wie bei den NH_4-Mg-Mn-Sulfaten (s. S. 237) angegeben, als Mischkristalle anzusehen.

An Mischkristallen der Zusammensetzung $(NH_4)_{2(n+1)}Zn_nMn(SO_4)_{2(n+1)} \cdot 6\ (n+1)\ H_2O$ (n = 18, 23 und 88) untersuchen van der Marel u. a. [2] die paramagnetische Relaxation als Funktion der Frequenz bei He-Temperaturen und Magnetfeldern H_c zwischen 225 und 4500 Oe. Zur Angabe der Frequenzen, bei denen Dispersion und Absorption ausgeprägt sind, werden die Relaxationsparameter ρ_{disp} und ρ_{abs} eingeführt, die die reziproken Frequenzen sind, für die $\chi'/\chi_0 = 1 - F/2$ ist bzw. χ''/χ_0 seinen maximalen Wert hat. Mit abnehmender Mn-Konzentration nehmen die Relaxationsparameter zu. Die Temperaturabhängigkeit von ρ_{abs} und ρ_{disp} ist, mit Ausnahme des Salzes mit n = 23, nahezu unabhängig von der Konzentration [2].

An einem Mischkristall, der 3.5 Gew.-% des Mn-Salzes enthält, wird die paramagnetische Resonanzabsorption untersucht; aus dem Mn^{2+}-Resonanzspektrum werden die Feinstrukturkonstante D (> 0) und die Kopplungskonstante A (< 0) abgeleitet. Zur Temperaturmessung ist dieser Mischkristall bis 0.008 K geeignet (s. dazu S. 211) [3].

Literatur:

[1] H. Vohl (Liebigs Ann. Chem. **94** [1855] 57/77, 67/8). — [2] L. C. van der Marel, J. van den Broek, C. J. Gorter (Physica **24** [1958] 101/15). — [3] H. Abe, K. Koga (J. Phys. Soc. Japan **38** [1975] 99/106).

The $MnSO_4$-$ZnSO_4$-$BeSO_4$-H_2O System

8.6.31.4.5 Das System $MnSO_4$-$ZnSO_4$-$BeSO_4$-H_2O

Ternäre Randsysteme: $MnSO_4$-$ZnSO_4$-H_2O s. S. 239, $MnSO_4$-$BeSO_4$-H_2O s. S. 233 und $ZnSO_4$-$BeSO_4$-H_2O s. „Zink" Erg.-Bd., S. 1022.

Bei Löslichkeitsuntersuchungen erfolgt die Gleichgewichtseinstellung bei 25°C durch 5tägiges, bei 75°C durch 7tägiges Schütteln der gesättigten Lösungen mit dem Bodenkörper (Ausgangssalze $MnSO_4 \cdot 5H_2O$, $ZnSO_4 \cdot 7H_2O$ und $BeSO_4 \cdot 4H_2O$). Chemische, kristalloptische und röntgenographische Analysen ergeben die Löslichkeitsisothermen, die in **Fig. 78** a und b in Dreiecksprojektion wiedergegeben sind. Bei 25°C nimmt von den 3 Kristallisationsfeldern das $BeSO_4 \cdot 4H_2O$-Feld 45.5%, das $ZnSO_4 \cdot 7H_2O$-Feld 28.8% und das $MnSO_4 \cdot 5H_2O$-Feld 25.7% der Fläche ein. Bei 75°C bestehen 2 Kristallisationsfelder: ein kleineres $BeSO_4 \cdot 4H_2O$-Feld und ein großes Feld, das

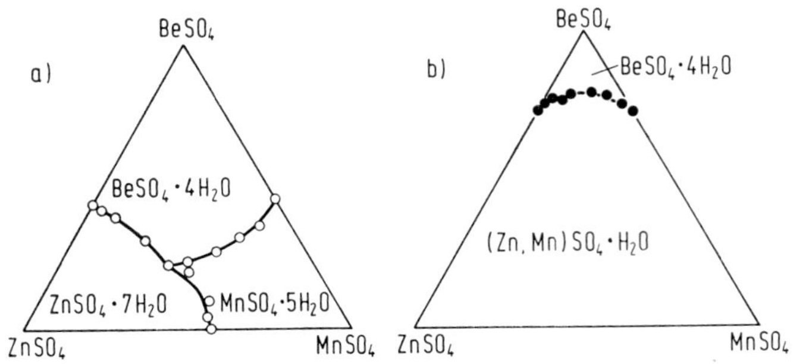

Fig. 78

Löslichkeitsisotherme bei 25°C (a) und 75°C (b) des Systems $MnSO_4$-$ZnSO_4$-$BeSO_4$-H_2O.

einer kontinuierlichen Mischkristallreihe zwischen $MnSO_4 \cdot H_2O$ und $ZnSO_4 \cdot H_2O$ entspricht, Ngyen Kieu Nga, L. P. Reshetnikova, A. V. Novoselova (Vestn. Mosk. Univ. Khim. **28** [1973] 111/3; Moscow. Univ. Chem. Bull. **28** Nr. 1 [1973] 78/9).

8.6.31.4.6 Das System $MnSO_4$-$CdSO_4$-H_2O

The $MnSO_4$-$CdSO_4$-H_2O System

Die nach der Restmethode aufgestellte Löslichkeitsisotherme bei 25°C zeigt einen Zweisalzpunkt (univariantes Gleichgewicht) bei 21.12 Gew.-% $CdSO_4$ und 20.11 Gew.-% $MnSO_4$ der gesättigten Lösung und als Bodenkörper $CdSO_4 \cdot {}^8/_3 H_2O + MnSO_4 \cdot 4 H_2O$ [1].

Löslichkeitsuntersuchungen bei 53 bis 99°C ergeben die in **Fig. 79** wiedergegebene x-t-Polytherme, in der GG_1 die Zweisalzlinie bedeutet, längs derer die beiden als Bodenkörper auftretenden und aus den beiden Monohydraten entstandenen Grenzmischkristalle mit der Lösung im Gleichgewicht stehen. Mn Mn_1 begrenzt die $MnSO_4$-reichen (Gr.-Mn), Cd Cd_1 die $CdSO_4$-reichen (Gr.-Cd) Mischkristalle. Mn Mn_1Cd_1Cd umgrenzt also die Mischungslücke. Die gestrichelte Linie bedeutet die m-t-Projektion der Zweisalzkurve GG_1; aus dem geradlinigen Verlauf dieser Projektion und der im untersuchten Temperaturbereich gleichmäßig breiten Mischungslücke wird geschlossen, daß die beiden Bodenkörper sich nicht umwandeln. Daher muß der bei einer früheren Untersuchung ge-

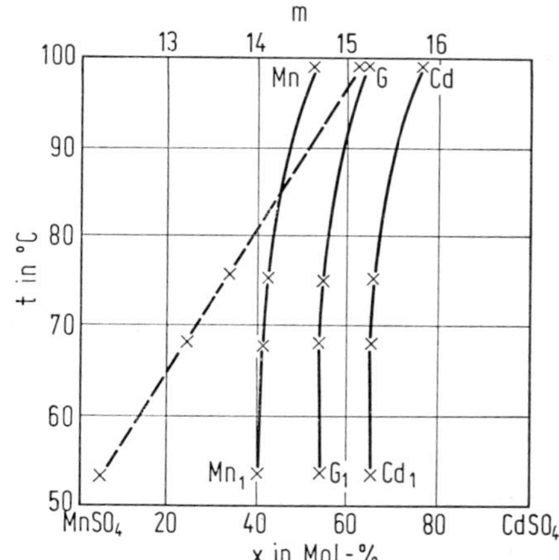

Fig. 79

x-t-Polytherme des Systems $MnSO_4$-$CdSO_4$-H_2O (m in mol H_2O je mol wasserfreies Salzgemisch).

fundene Knick in der Löslichkeitsisotherme von $CdSO_4$ bei 75°C wegfallen (s. dazu „Cadmium" Erg.-Bd., S. 617). Die oberhalb 75°C bestehende starke Krümmung der Begrenzungslinien der Lösungs- und Mischkristallfelder ist vielleicht auf eine Änderung der Lösung zurückzuführen. Mit 2 Salzen gesättigte Lösungen (univariante Gleichgewichte) sowie Zusammensetzung der Lösungen bzw. der Bodenkörper mit x(Cd) = Mol-% $CdSO_4$ bezogen auf das wasserfreie Salzgemisch (bzw. auf die wasserfreien Grenz-Mischkristalle Gr.-Mn und Gr.-Cd) und m = mol H_2O je mol wasserfreies Salzgemisch (bzw. wasserfreier Mischkristalle) nach Benrath, Thiemann (extrapolierte Werte) [2]:

t in °C	Lösung		Gr.-Mn		Gr.-Cd	
	x(Cd)	m	x(Cd)	m	x(Cd)	m
53	53.0	12.2	40.0	1	64.0	1
68	53.0	13.2	41.0	1	64.5	1
75	54.5	13.6	41.5	1	65.0	1
99	65.0	15.1	53.0	1	77.0	1

Literatur:

[1] A. S. Karnaukhov, T. P. Fedorenko, M. I. Vaisfel'd, M. K. Onishchenko, V. G. Shevchuk (Zh. Neorgan. Khim. **19** [1974] 1981/3; Russ. J. Inorg. Chem. **19** [1974] 1086/7). — [2] A. Benrath, W. Thiemann (Z. Anorg. Allgem. Chem. **221** [1935] 423/6).

$MnSO_4 \cdot 2HgO$

8.6.31.4.7 $MnSO_4 \cdot 2HgO$

Zur Darstellung der braunen Verbindung wird frisch gefälltes HgO mit einer $MnSO_4$-Lösung im Molverhältnis 1:5 und einem pH-Wert von 4.5 bis 5 etwa 1 h am Rückfluß gekocht. Röntgendiagramm s. Original [1].

Aus der Temperaturabhängigkeit der magnetischen Suszeptibilität χ ergibt sich, daß das effektive magnetische Moment von Mn^{2+} zwischen 293 und 83 K von 5.83 auf 5.35 μ_B abnimmt. Das Curie-Weiss-Gesetz gilt also nicht [2].

Anhand der Absorptionsspektren im UV, Sichtbaren, nahen [2] und fernen [3] IR wird gezeigt, daß $MnSO_4 \cdot 2HgO$ mit $HgSO_4 \cdot 2HgO$ isostrukturell ist, d. h. die Koordination der Mn^{2+}-Ionen findet über die O-Donatoratome der HgO-Ketten (nicht reguläre O_6-Oktaeder) und nicht über die SO_4^{2-}-Ionen statt. Im Spektrum der diffusen Reflexion zwischen 100 und 700 nm erscheinen auf der langwelligen Flanke der Charge-Transfer-Bande (≈ 250 nm) Schultern von extrem niedriger Intensität bei ≈ 300, 350 und 550 nm, von denen die langwelligste (bei 19150 cm^{-1}) dem d-d-Übergang $^6A_{1g} \rightarrow {}^4T_{1g}$ von Mn^{2+} in O_h-Symmetrie (vgl. S. 107) zugeordnet wird. Im nahen IR (900 bis 1500 cm^{-1}) erscheinen im Absorptionsspektrum (Nujolsuspensionen) die Streckschwingungen des gestörten SO_4^{2-}-Tetraeders (vgl. S. 89, 105): ν_1 = 965 cm^{-1}, ν_3 = 1065, 1100, 1140, 1170 cm^{-1} [2]. Im fernen IR werden unterhalb 700 cm^{-1} die Deformationsschwingungen von SO_4^{2-} und MnO_6-Schwingungen, ferner zwei HgO-Banden erwartet. Durch Vergleich mit Sulfaten von Co, Ni, Cu und den entsprechenden Selenaten werden ν = 577 und 462 cm^{-1} als HgO-Banden und die Bande zwischen 652 und 621 cm^{-1} als ν_4 von SO_4^{2-} identifiziert. Maxima bei 332 und 288 cm^{-1} werden der IR-aktiven Mn-O-Streckschwingung ν_3 des MnO_6-Oktaeders (vgl. S. 185, 193) zugeordnet. Unterhalb von 200 cm^{-1} liegen Gitterschwingungen (keine Zuordnung) und eine scharfe HgO-Bande bei 60 cm^{-1} [3].

Literatur:

[1] G. Denk, F. Leschhorn, T. Rosmer (Z. Anorg. Allgem. Chem. **319** [1962/63] 159/67). — [2] S. Balt (Z. Anorg. Allgem. Chem. **359** [1968] 326/32). — [3] G. F. Pothoff, S. Balt (Z. Anorg. Allgem. Chem. **377** [1970] 342/7).

Sulfates of Manganese and Group IIIa Metals

8.6.31.5. Sulfate von Mangan und Metallen der 3. Hauptgruppe

$Al_2Mn_5(SO_4)_8$

8.6.31.5.1 $Al_2Mn_5(SO_4)_8$ (=$Al_2(SO_4)_3 \cdot 5MnSO_4$)

Bei der Entwässerung von $Al_2Mn_5(SO_4)_8 \cdot 23H_2O$ (s. S. 246) entsteht bei 280°C das wasserfreie Salz, das bei 485°C einen Umwandlungspunkt hat, A. A. Maksimenko, V. G. Shevchuk (Ukr. Khim. Zh. **39** [1973] 680/3; C. A. **79** [1973] Nr. 108588).

The $MnSO_4$-$Al_2(SO_4)_3$-H_2O System

8.6.31.5.2 Das System $MnSO_4$-$Al_2(SO_4)_3$-H_2O

Solubility Isotherms

8.6.31.5.2.1 Löslichkeitsisothermen

25°C-Isotherme. Löslichkeitsuntersuchungen nach der Restmethode ergeben als Bodenkörper (Abkürzungen in Klammern): $MnSO_4 \cdot 5H_2O$ (Mn5), $MnSO_4 \cdot H_2O$ (Mn1), $Al_2(SO_4)_3 \cdot 18H_2O$ (Al18), das kongruent lösliche Doppelsalz $Al_2(SO_4)_3 \cdot MnSO_4 \cdot 22H_2O$ (AlMn22) und das inkongruent lösliche Doppelsalz $Al_2(SO_4)_3 \cdot 5MnSO_4 \cdot 23H_2O$ (Al5Mn23). Mit 2 Salzen gesättigte Lösungen (univariante Gleichgewichte), Zusammensetzung der Lösungen in Gew.-% (in Klammern Mol-%) wasserfreies Salz:

Gew.-% (Mol-%) $MnSO_4$ . .	38.29 (97.57)	31.12 (90.31)	7.58 (41.78)
Gew.-% (Mol-%) $Al_2(SO_4)_3$.	2.16 (2.43)	7.81 (9.69)	23.93 (58.22)
Bodenkörper	Mn1 + Al5Mn23	Al5Mn23 + AlMn22	AlMn22+Al18

Fig. 80 gibt die Löslichkeitsisotherme bei 25°C, **Fig. 81** den Verlauf der Dichte D in g/cm³, der Viskosität η in cP und des Brechungsindex n gesättigter Lösungen wieder [1]. An Stelle von Mn1 wird von Maksimenko, Shevchuk [2, 3] als Bodenkörper Mn5 angegeben.

Fig. 80

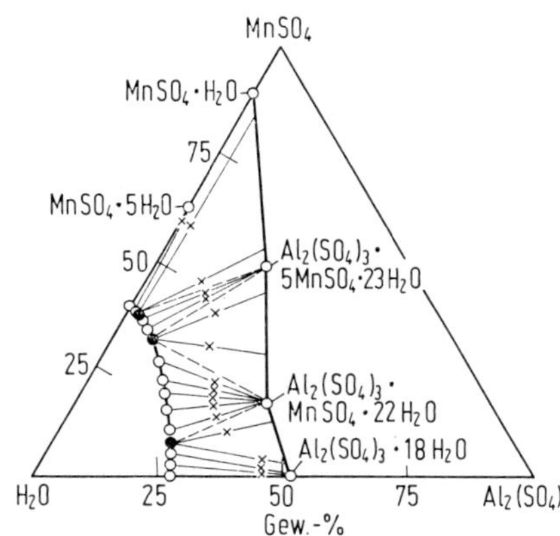

25°C-Isotherme des Systems $MnSO_4$-$Al_2(SO_4)_3$-H_2O.

Fig. 81

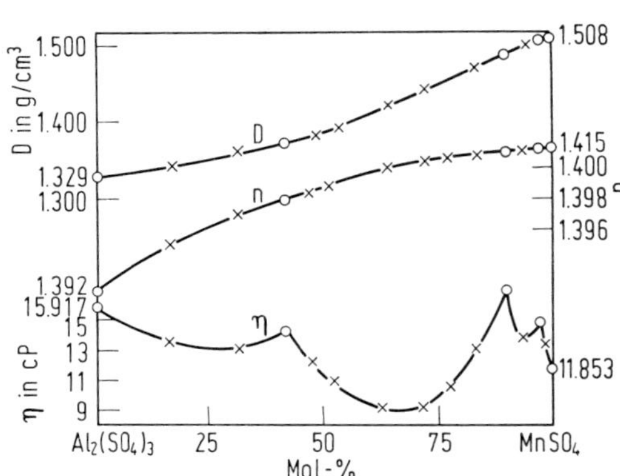

Dichte D, Brechungsindex n und Viskosität η von gesättigten $MnSO_4$-$Al_2(SO_4)_3$-Lösungen bei 25°C.

30°C-Isotherme. Löslichkeitsuntersuchungen (Restmethode) zeigen die Bildung des Doppelsalzes $Al_2(SO_4)_3 \cdot MnSO_4 \cdot 22\,H_2O$, Figur und Löslichkeitstabelle s. Original [4].

50°C-Isotherme. Löslichkeitsuntersuchungen nach der Restmethode; Gleichgewichtseinstellung 3 bis 30 d. Bodenkörper Mn1, Al18, AlMn22. Zweisalzpunkte, Zusammensetzung der Lösungen in Gew.-% (Mol-%):

Gew.-% (Mol-%) $MnSO_4$	15.77 (43.17)	13.89 (38.28)
Gew.-% (Mol-%) $Al_2(SO_4)_3$	20.76 (56.83)	22.40 (61.72)
Bodenkörper	Mn1 + AlMn22	AlMn22 + Al18

Das bei 25°C existierende Doppelsalz Al 5Mn23 tritt nicht mehr auf [5].

Literatur:

[1] A. A. Maksimenko, V. G. Shevchuk (Ukr. Khim. Zh. **39** [1973] 680/3; C. A. 79 [1973] Nr. 108588). — [2] A. A. Maksimenko, V. G. Shevchuk (Zh. Neorgan. Khim. **18** [1973] 1401/5; Russ. J. Inorg. Chem. **18** [1973] 741/4). — [3] A. A. Maksimenko, V. G. Shevchuk (Zh. Neorgan. Khim. **18** [1973] 561/3; Russ. J. Inorg. Chem. **18** [1973] 296/7). — [4] R. M. Caven, T. C. Mitchell (J. Chem. Soc. **127** [1925] 527/31). — [5] A. A. Maksimenko, V. G. Shevchuk (Zh. Neorgan. Khim. **19** [1974] 539/42; Russ. J. Inorg. Chem. **19** [1974] 291/3).

Aluminum Manganese Sulfate Hydrates

8.6.31.5.2.2 Aluminiummangansulfat-Hydrate

$Al_2Mn(SO_4)_4 \cdot 22H_2O$ (= $Al_2(SO_4)_3 \cdot MnSO_4 \cdot 22\,H_2O$)

Das Salz tritt noch bei 50°C im Zustandsdiagramm auf (s. oben). Dagegen ergeben dilatometrische Beobachtungen, Dichte- und Viskositätsmessungen gesättigter Lösungen, daß es nur unterhalb 31°C stabil ist und oberhalb dieser Temperatur zur Zersetzung neigt. Im Gegensatz zu analogen Doppelsalzen anderer 2-wertiger Metalle ist es aber auch unter 3°C stabil [1]. — Dichte D^{25} = 1.682 g/cm^3 [2].

$Al_2Mn_5(SO_4)_8 \cdot 23H_2O$ (= $Al_2(SO_4)_3 \cdot 5MnSO_4 \cdot 23H_2O$)

Dichte D^{25} = 2.086 g/cm^3 [2, 3]. Das Salz verliert bei 105°C 5 mol seines Kristallwassers, bei 130°C 5 weitere mol H_2O, bei 230°C 2 mol H_2O und bei 280°C den Rest von 11 mol H_2O [3].

Literatur:

[1] P. B. Sarkar, H. K. Saha (Sci. Cult. [Calcutta] **25** [1959/60] 543/4). — [2] A. A. Maksimenko, V. G. Shevchuk (Zh. Neorgan. Khim. **18** [1973] 561/3; Russ. J. Inorg. Chem. **18** [1973] 296/7). — [3] A. A. Maksimenko, V. G. Shevchuk (Ukr. Khim. Zh. **39** [1973] 680/3; C. A. **79** [1973] Nr. 108588).

$Al_4Mn_2(SO_4)_9$

8.6.31.5.3 $Al_4Mn_2(SO_4)_9$ (= $2Al_2(SO_4)_3 \cdot Mn_2(SO_4)_3$)

Zur Darstellung werden 2 mol $MnSO_4$ und 1 mol $Al_2(SO_4)_3$ in möglichst wenig H_2O unter Erwärmen gelöst und anschließend wird ein großer Überschuß von konzentriertem H_2SO_4 zugegeben. Die auf 250°C erhitzte Lösung wird zur Oxidation mit einem Gemisch gleicher Volumina H_2SO_4 und HNO_3 in kleinen Anteilen versetzt. Unter Entwicklung von Stickoxiden färbt sich die ursprünglich farblose Lösung violett und scheidet bei weiterem Erhitzen einen schönen blauen, kristallinen Niederschlag ab, der nach dem Dekantieren mit Eisessig ausgewaschen und bei 120°C getrocknet wird. Das Salz ist in H_2O schwer löslich, wird jedoch nach längerer Zeit darin allmählich zersetzt. Es löst sich in verdünnter HCl-Lösung beim Erwärmen unter Chlorentwicklung, A. Étard (Compt. Rend. **86** [1878] 1399/1402; Bull. Soc. Chim. France [2] **31** [1879] 200/4).

The $MnSO_4$-$Al_2(SO_4)_3$-Li_2SO_4-H_2O System

8.6.31.5.4 Das System $MnSO_4$-$Al_2(SO_4)_3$-Li_2SO_4-H_2O

25°C-Isotherme. Die zugehörigen ternären Randsysteme mit den ausgezeichneten Zweisalzpunkten s. bei $MnSO_4$-$Al_2(SO_4)_3$-H_2O (S. 244) und bei $MnSO_4$-Li_2SO_4-H_2O (S. 178). Der Zweisalzpunkt des Randsystems $Al_2(SO_4)_3$-Li_2SO_4-H_2O bei 25°C liegt (in Gew.-% (bzw. Mol-%) wasserfreies Salz der gesättigten Lösung) bei 18.42 (28.51) $Al_2(SO_4)_3$ und 14.84 (71.49) Li_2SO_4 mit den Bodenkörpern $Li_2SO_4 \cdot H_2O$ und $Al_2(SO_4)_3 \cdot 18H_2O$.

Die Untersuchungen erfolgen nach der Restmethode und mittels chemischer, mikroskopischer und thermographischer Analysen. Die Gleichgewichtseinstellung dauert 5 bis 7 d. Als Bodenkörper treten auf (Abkürzungen in Klammern): $Li_2SO_4 \cdot H_2O$ (Li 1), $Al_2(SO_4)_3 \cdot 18H_2O$ (Al18), $MnSO_4 \cdot 5H_2O$ (Mn5), $Al_2(SO_4)_3 \cdot MnSO_4 \cdot 22H_2O$ (AlMn22) und $Al_2(SO_4)_3 \cdot 5MnSO_4 \cdot 23H_2O$ (Al 5Mn23). **Fig. 82** gibt die 5 Kristallisationsfelder wieder. Mit 3 Salzen gesättigte Lösungen (univariante Gleichgewichte) und Zusammensetzung der Lösungen in Gew.-% (Mol-%) wasserfreies Salz nach [1]:

Gew.-%(Mol-%)$Al_2(SO_4)_3$	3.28 (3.36)	7.56 (8.31)	16.18 (22.59)
Gew.-%(Mol-%)$MnSO_4$.	26.13 (60.61)	21.05 (52.44)	6.94 (21.95)
Gew.-%(Mol-%)Li_2SO_4 . .	11.31 (36.03)	11.47 (39.25)	12.76 (55.46)
Bodenkörper	Mn5+Li1+Al5Mn23	Li1+Al5Mn23+AlMn22	Li1+AlMn22+Al18

50°C-Isotherme. Der Zweisalzpunkt des Randsystems $Al_2(SO_4)_3$-Li_2SO_4-H_2O bei 50°C mit den Bodenkörpern $Al_2(SO_4)_3 \cdot 18H_2O$ und $Li_2SO_4 \cdot H_2O$ liegt (in Gew.-% (bzw. Mol-%) wasser-

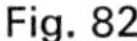

Fig. 82

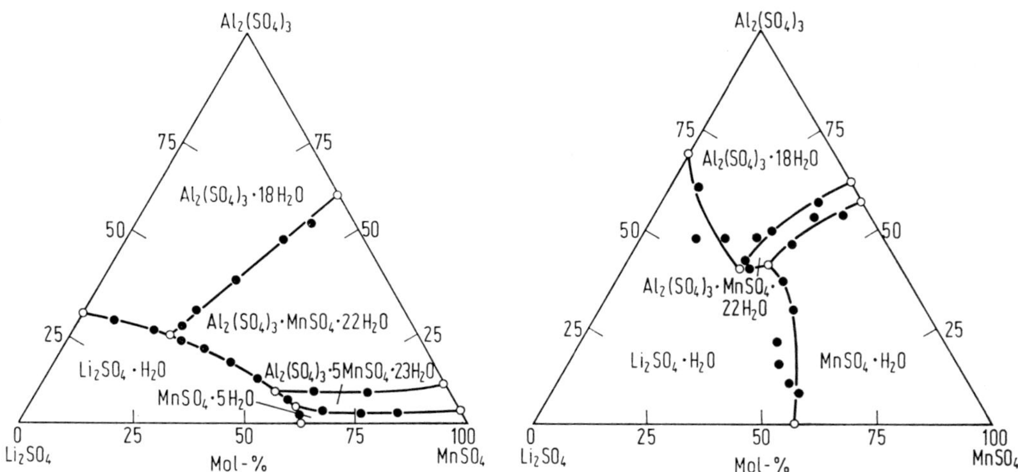

25°C-Isotherme (links) und 50°C-Isotherme (rechts) des Systems $MnSO_4$-$Al_2(SO_4)_3$-Li_2SO_4-H_2O.

freies Salz der gesättigten Lösungen) bei 12.16 (31.04) Li_2SO_4 und 23.59 (68.96) $Al_2(SO_4)_3$. Bei Löslichkeitsuntersuchungen nach der Restmethode erfolgt die Gleichgewichtseinstellung in 3 bis 30 d. Fig. 82 gibt die 4 Kristallisationsfelder wieder. Das bei 25°C noch vorhandene Doppelsalz $Al_2(SO_4)_3 \cdot 5MnSO_4 \cdot 23H_2O$ (Al5Mn23) tritt bei 50°C nicht mehr auf, und an Stelle von $MnSO_4 \cdot 5H_2O$(Mn5) existiert jetzt $MnSO_4 \cdot H_2O$ (Mn1). Mit 3 Salzen gesättigte Lösungen (univariante Gleichgewichte) und Zusammensetzung der Lösungen in Gew.-% (Mol-%) wasserfreies Salz nach [2]:

Gew.-% (Mol-%) $Al_2(SO_4)_3$	16.12 (40.77)	15.70 (39.06)
Gew.-% (Mol-%) $MnSO_4$	12.30 (31.11)	10.50 (26.11)
Gew.-% (Mol-%) Li_2SO_4	11.12 (28.12)	14.00 (34.83)
Bodenkörper	Mn1 + Li1 + AlMn22	AlMn22 + Al18 + Li1

Literatur:

[1] A. A. Maksimenko, V. G. Shevchuk (Zh. Neorgan. Khim. **18** [1973] 561/3; Russ. J. Inorg. Chem. **18** [1973] 296/7). — [2] A. A. Maksimenko, V. G. Shevchuk (Zh. Neorgan. Khim. **19** [1974] 539/42; Russ. J. Inorg. Chem. **19** [1974] 291/3).

8.6.31.5.5 $NaMMn(SO_4)_3$ (= $Na_2SO_4 \cdot M_2(SO_4)_3 \cdot 2MnSO_4$), M = Al, Ga, In, Cr

NaMMn-$(SO_4)_3$

Zur Darstellung von Salzen dieser Zusammensetzung werden die Mischungen der einzelnen Sulfate in stöchiometrischen Mengen fein zerrieben, im Vakuum bei 350°C dehydratisiert und in evakuierten Ampullen mehrere Tage bei 550°C gehalten. Sie kristallisieren rhomboedrisch im $Fe_2(SO_4)_3$-Typ, Z = 2, Raumgruppe $R\bar{3}$-C_{3i}^2 (Nr. 148). Mn und M besetzen die Lage 2c, Na die Lagen 1a und 1b, S und O die Lage 6f. Die Tabelle gibt die Gitterkonstanten bei rhomboedrischer und hexagonaler Indizierung wieder (zum isotypen $NaScMn(SO_4)_3$ s. S. 252):

NaMMn-$(SO_4)_3$

Verbindung	a_{rh} in Å	α_{rh}	a_h in Å	c_h in Å
$NaAlMn(SO_4)_3$	8.826	56°24′	8.342	22.190
$NaGaMn(SO_4)_3$	8.976	54°18′	8.195	22.882
$NaInMn(SO_4)_3$	9.058	57°21′	8.697	22.611
$NaCrMn(SO_4)_3$	8.988	54°30′	8.230	22.888
Standardabweichung	± 0.005	± 06′	± 0.004	± 0.010

Tabelle der d-Werte von $NaGaMn(SO_4)_3$ s. Original, R. Perret, A. Thrierr-Sorel, J. P. Peter, R. Masse (Bull. Soc. Franc. Mineral. Crist. **98** [1975] 103/6).

NH_4-(Al, Mn)-$(SO_4)_2\cdot 12H_2O$

8.6.31.5.6 $NH_4(Al,Mn)(SO_4)_2\cdot 12H_2O$

Von den in 30%igem H_2SO_4 gelösten Komponenten wird zuerst $Al_2(SO_4)_3$, dann $(NH_4)_2SO_4$ zu $Mn_2(SO_4)_3$ gegeben und gut gekühlt. Über Nacht bilden sich kleine oktaedrische Kristalle des Alauns, die mit zunehmendem Mn-Gehalt zart rosa bis purpurrot erscheinen. Aus Änderungen des Mn:Al-Verhältnisses in der Lösung und aus der Zusammensetzung der bei einer Kristallisationstemperatur von −5°C ausfallenden Mischkristalle wird auf eine Mischungslücke geschlossen. Messungen der magnetischen Suszeptibilität an Mischkristallen mit einem Anteil von 20.27 und 21.42 Gew.-% Mn-Alaun ergeben für die Molsuszeptibilität $\chi_{mol} = 10.4 \times 10^{-3}$ cm³/mol bei 20°C, für das magnetische Moment $\mu = 4.94\ \mu_B$ in guter Übereinstimmung mit dem für 4 ungepaarte Elektronen berechneten Wert von 4.90 μ_B [1].

Im Absorptionsspektrum von $NH_4(Al, Mn)(SO_4)_2\cdot 12H_2O$ werden wie bei dem analogen $CsMn(SO_4)_2\cdot 12H_2O$ (s. S. 232) die Übergänge $^5B_{1g}\rightarrow{}^5A_{1g}$ bzw. $^5B_{2g}$ bei $\nu_{max}\approx 11500$ cm^{-1} in Reflexion und $\nu_{max}\approx 21050$ cm^{-1} in Reflexion und Absorption beobachtet [2, 3].

Literatur:

[1] J. Zernike (Rec. Trav. Chim. **71** [1952] 965/9). — [2] T. S. Davis, J. P. Fackler, M. J. Weeks (Inorg. Chem. **7** [1968] 1994/2002). — [3] T. S. Davis (Diss. Case Inst. Technol. 1967; Diss. Abstr. B **28** [1967] 2318/9).

The $MnSO_4$-$Al_2(SO_4)_3$-Rb_2SO_4-H_2O System

8.6.31.5.7 Das System $MnSO_4$-$Al_2(SO_4)_3$-Rb_2SO_4-H_2O

Zur Löslichkeitsisotherme bei 25°C der ternären Randsysteme $MnSO_4$-Rb_2SO_4-H_2O s. S. 225, $MnSO_4$-$Al_2(SO_4)_3$-H_2O s. S. 244, $Al_2(SO_4)_3$-Rb_2SO_4-H_2O s. V. G. Shevchuk, A. A. Maksimenko (Zh. Neorgan. Khim. **17** [1972] 256/8; Russ. J. Inorg. Chem. **17** [1972] 133/4).

Die Untersuchungen des quaternären Systems erfolgen nach der Restmethode. Als Bodenkörper treten auf (Abkürzungen in Klammern): Rb_2SO_4 (Rb), $MnSO_4\cdot 5H_2O$ (Mn5), $Al_2(SO_4)_3\cdot 18H_2O$ (Al18), die Doppelsalze $Rb_2SO_4\cdot MnSO_4\cdot 6H_2O$ (RbMn6), $Al_2(SO_4)_3\cdot MnSO_4\cdot 22H_2O$ (AlMn22), $Al_2(SO_4)_3\cdot 5MnSO_4\cdot 23H_2O$ (Al5Mn23), $Rb_2SO_4\cdot Al_2(SO_4)_3\cdot 24H_2O$ (RbAl24) und begrenzte Mischkristalle $mRb_2SO_4\cdot nMnSO_4\cdot xH_2O$(MK). Mit 3 Salzen gesättigte Lösungen (univariante Gleichgewichte) und Zusammensetzung der Lösungen in Gew.-% (bzw. Mol-%) wasserfreies Salz:

Gew.-% (Mol-%) Rb_2SO_4	0.72 (2.22)	0.82 (2.04)	0.91 (2.22)
Gew.-% (Mol-%) $Al_2(SO_4)_3$	23.56 (72.63)	6.15 (15.33)	0.74 (1.81)
Gew.-% (Mol-%) $MnSO_4$	8.16 (25.15)	33.15 (82.63)	39.31 (95.97)
Bodenkörper	Al18 + AlMn22 + RbAl24	AlMn22 + Al5Mn23 + RbAl24	Al5Mn23 + Mn5 + RbAl24

Gew.-% (Mol-%) Rb_2SO_4	2.75 (6.60)	15.78 (43.70)	33.90 (89.33)
Gew.-% (Mol-%) $Al_2(SO_4)_3$	0.76 (1.83)	0.65 (1.80)	0.68 (1.80)
Gew.-% (Mol-%) $MnSO_4$	38.12 (91.57)	19.68 (54.50)	3.20 (8.87)
Bodenkörper	MK + Mn5 + RbAl24	MK + RbMn6 + RbAl24	RbMn6 + Rb + RbAl24

Das Doppelsalz $Rb_2SO_4 \cdot Al_2(SO_4)_3 \cdot 24\,H_2O$ tritt wegen seiner geringen Löslichkeit über einen weiten Konzentrationsbereich als Bodenkörper auf, s. auch Figur im Original, A. A. Maksimenko, V. G. Shevchuk (Zh. Neorgan. Khim. **18** [1973] 1401/5; Russ. J. Inorg. Chem. **18** [1973] 741/4).

8.6.31.5.8 $NaGaMn(SO_4)_3$ (= $Na_2SO_4 \cdot Ga_2(SO_4)_3 \cdot 2\,MnSO_4$)

NaGaMn-$(SO_4)_3$

Darstellung und kristallographische Eigenschaften s. Kapitel 8.6.31.5.5, S. 247.

8.6.31.5.9 $NaInMn(SO_4)_3$ (= $Na_2SO_4 \cdot In_2(SO_4)_3 \cdot 2\,MnSO_4$)

NaInMn-$(SO_4)_3$

Darstellung und kristallographische Eigenschaften s. Kapitel 8.6.31.5.5, S. 247.

8.6.31.5.10 Thalliummangan(II)-sulfate

Thallium Manganese (II) Sulfates

8.6.31.5.10.1 $Tl_2Mn(SO_4)_2$ (= $Tl_2SO_4 \cdot MnSO_4$)

$Tl_2Mn(SO_4)_2$

Die Darstellung erfolgt durch Zusammenschmelzen äquimolarer Mengen von $MnSO_4$ und Tl_2SO_4. Das Salz ist rötlich weiß (tetraederförmige Kristalle). Nach 4$^1/_2$ Monaten Lagern an der Luft absorbiert eine pulverisierte Probe höchstens 0.52 % Wasser, F. R. Mallet (J. Chem. Soc. **81** [1902] 1546/51).

8.6.31.5.10.2 $Tl_2Mn_2(SO_4)_3$ (= $Tl_2SO_4 \cdot 2\,MnSO_4$)

Tl_2Mn_2-$(SO_4)_3$

Die Verbindung tritt im System $MnSO_4$-Tl_2SO_4-H_2O als Bodenkörper auf, s. S. 250. — Die Darstellung gelingt durch Eindampfen von wäßrigen Lösungen der Komponenten im stöchiometrischen Verhältnis bei etwa 90°C und heißes Abfiltrieren (im Original irrtümlich für die Darstellung von $Tl_2Mn(SO_4)_2 \cdot 6\,H_2O$ angegeben) [1] bzw. bei 90°C [2] oder bei 120°C [3]. Man kann auch $Tl_2Mn(SO_4)_2 \cdot 6\,H_2O$ (s. S. 251) über P_2O_5 im Vakuum bei Zimmertemperatur (400 h) entwässern und anschließend bei etwa 50 bis 60°C tempern. Wahrscheinliche Bildungsreaktion: $2\,Tl_2Mn(SO_4)_2 \cdot 6\,H_2O \rightarrow Tl_2Mn_2(SO_4)_3 + Tl_2SO_4 + 12\,H_2O$ (das Tl_2SO_4 kann röntgenographisch in den Entwässerungsrückständen nachgewiesen werden). Die Verbindung entsteht auch, wenn das Hexahydrat sofort zwischen 50 und 60°C entwässert wird [4].

$Tl_2Mn_2(SO_4)_3$ kristallisiert kubisch im Langbeinit-Typ ($K_2Mg_2(SO_4)_3$), Raumgruppe $P2_13$-T^4 (Nr. 198); Z = 4 [1, 3]. Gitterkonstante a = 10.2236 [1], 10.229 ± 0.004 [3] und 10.223 ± 0.006 Å [2] (Pulveraufnahmen).

Röntgendichte D: 5.015 [1], 5.015 ± 0.009 [2], 5.006 g/cm³ [3].

Messungen der Dielektrizitätskonstanten nach der Brückenmethode (10 kHz) ergeben $\varepsilon = 14.7$ [5].

Die fleischfarbenen [3] Kristalle zeigen keine optische Aktivität [2]. — Der elektrooptische Effekt (vgl. S. 188) wird bei $\lambda = 453, 581, 642$ nm und U = 500, 1000, 1500 V untersucht und ergibt $n_0^3 \cdot r_{41} = (12.4 \pm 1.2) \times 10^{-10}$ cm/V. Mit dem geschätzten Brechungsindex $n_0 = 1.80$ folgt die Pockels-Konstante zu $r_{41} = (2.1 \pm 0.2) \times 10^{-10}$ cm/V [5].

Bei der Untersuchung einer Reihe von Kristallen isotyper Verbindungen (s. S. 189) werden an $Tl_2Mn_2(SO_4)_3$ die Schwingungen des SO_4-Tetraeders bei $\nu_1 = 990$, $\nu_2 = 455$, $\nu_3 = 1026, 1056, 1081, 1101$, $\nu_4 = 595, 613, 632$ cm^{-1} registriert; die MnO_6-Schwingungen liegen bei 252, 242, 202, 162, 100 cm^{-1} (zwei Zuordnungen sind möglich, s. S. 189) [6].

Literatur:

[1] H. F. McMurdie, M. C. Morris, J. de Groot, H. E. Swanson (J. Res. Natl. Bur. Std. A **75** [1971] 435/9). — [2] A. Zemann, J. Zemann (Acta Cryst. **10** [1957] 409/13). — [3] G. Gattow,

J. Zemann (Z. Anorg. Allgem. Chem. **293** [1958] 233/40). — [4] H. Hölemann (Z. Anorg. Allgem. Chem. **239** [1938] 257/72, 261). — [5] F. Emmenegger, R. Nitsche, A. Miller (J. Appl. Phys. **39** [1968] 3039/43).

[6] R. G. Brown, S. D. Ross (Spectrochim. Acta A **26** [1970] 1149/53).

The $MnSO_4$-Tl_2SO_4-H_2O System

8.6.31.5.11 Das System $MnSO_4$-Tl_2SO_4-H_2O

Die nach Löslichkeitsuntersuchungen aufgestellte x-m-Polytherme für 0 bis 100°C ist in **Fig. 83** wiedergegeben. Als Bodenkörper treten auf (Abkürzungen in Klammern): $MnSO_4 \cdot 7H_2O$ (Mn7), $MnSO_4 \cdot 5H_2O$ (Mn5), $MnSO_4 \cdot H_2O$ (Mn1), Tl_2SO_4 (Tl) sowie die Doppelsalze vom Schönit- und Langbeinit-Typ $Tl_2Mn(SO_4)_2 \cdot 6H_2O$ (Sch) bzw. $Tl_2Mn_2(SO_4)_3$ (L). Das schmale Feld des nicht

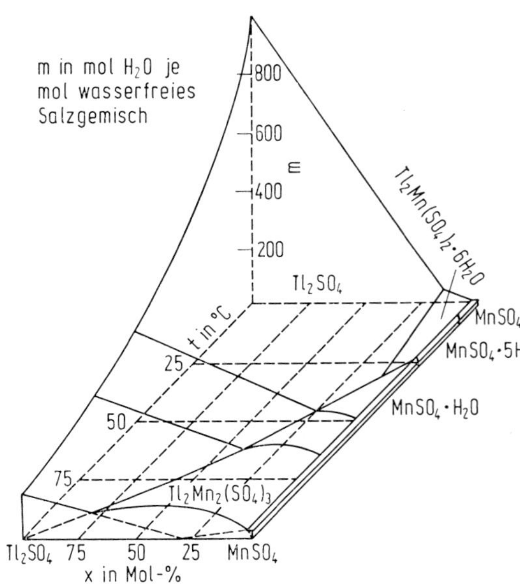

Fig. 83

x-m-Polytherme des Systems $MnSO_4$-Tl_2SO_4-H_2O.

kongruent löslichen Tl-Mn-Schönits verschwindet bei etwa 30°C und wird durch das Feld des Tl-Mn-Langbeinits abgelöst, der mit zunehmender Temperatur schwerer löslich wird und seinen Existenzbereich so stark ausbreitet, daß er oberhalb 66°C kongruent löslich ist. Mit 2 Salzen gesättigte Lösungen (univariante Gleichgewichte) sowie Zusammensetzung der Lösungen in Gew.-% wasserfreies Salz, x = Mol-% Tl_2SO_4 bezogen auf das wasserfreie Salzgemisch, und m = mol H_2O je mol wasserfreies Salzgemisch bei verschiedenen Temperaturen t:

t in °C	0	0	8	25	30	30	40
Gew.-% $MnSO_4$	3.88	34.4	14.2	38.6	27.14	38.42	21.85
Gew.-% Tl_2SO_4	9.85	3.26	6.0	3.2	11.08	2.52	13.05
x	11.3	2.77	11.2	2.44	10.85	1.93	15.16
m	65.3	14.75	41.8	12.3	17.0	12.65	21.21
Bodenkörper	Tl + Sch	Sch + Mn7	Tl + Sch	L + Mn5	Tl + L	L + Mn1	Tl + L

t in °C	40	50	50	66	66	100	100
Gew.-% $MnSO_4$	36.78	13.77	35.41	8.85	34.57	2.14	24.17
Gew.-% Tl_2SO_4	3.62	13.38	2.83	14.75	2.06	17.28	2.33
x	2.76	22.46	2.33	33.2	1.75	70.7	2.8
m	13.21	34.35	14.31	48.4	15.12	92.2	24.42
Bodenkörper	L + Mn1	Tl + L	L + Mn1	Tl + L	L + Mn1	L + Tl	Mn1 + L

Benrath [1]. 30°C-Isotherme s. auch Benrath [2].

Literatur:

[1] A. Benrath (Z. Anorg. Allgem. Chem. **195** [1931] 247/54). — [2] A. Benrath (Z. Anorg. Allgem. Chem. **151** [1926] 21/30, 24).

8.6.31.5.12 $Tl_2Mn(SO_4)_2 \cdot 6H_2O$ (= $Tl_2SO_4 \cdot MnSO_4 \cdot 6H_2O$)

$Tl_2Mn(SO_4)_2 \cdot 6H_2O$

Die Verbindung tritt im System $MnSO_4$-Tl_2SO_4-H_2O auf, s. S. 250. — Die Darstellung erfolgt aus äquimolaren Lösungen der Komponenten durch langsames Eindunsten bei Zimmertemperatur (im Original irrtümlich für die Darstellung von $Tl_2Mn_2(SO_4)_3$ angegeben) [1]. Nach Benrath [3] ist zur Herstellung aus einer bei etwa 50°C gesättigten Tl_2SO_4-Lösung ein mehr als 8facher Überschuß an leichter löslichem $MnSO_4$ nötig, um beim Abkühlen Kristalle von $Tl_2Mn(SO_4)_2 \cdot 6H_2O$ zu erhalten. Zum Zusammenhang zwischen Bildungstemperatur, Umwandlungsbereich (Schönit-Langbeinit, s. S. 250) und Überschuß der leichter löslichen Komponente s. Original.

Das Salz ist isotyp mit den Doppelsalzen $R_2XO_4 \cdot MXO_4 \cdot 6H_2O$ vom Schönit-Typ (R = einwertige Kationen K, NH_4, Rb, Cs, Tl; M = zweiwertige Kationen Mg, Zn, Cd, Mn, Ni, Co, Fe, Cu; X = S oder Se). Es kristallisiert monoklin; Spaltbarkeit parallel ($\bar{2}01$); beobachtete Formen s. Original [2]. Raumgruppe $P2_1/a$-C_{2h}^5 (Nr. 14); Z = 2 [1]. — Dichte D_4^{20} = 3.685 g/cm³ [2].

An einem Einkristall wird, wie bei den anderen Verbindungen dieser Kristallklasse (s. S. 227), eine schwache magnetische Anisotropie der Molsuszeptibilität χ_{mol} (in 10^{-6} cm³/mol) beobachtet. Bei 30°C ergibt sich $\psi = -16.5°$, $\chi_1 - \chi_2 = 8.9$, $\chi_1 - \chi_3 = 7.2$ und $\overline{\chi}_{mol} = 13910$ [4].

Optische Eigenschaften. Die blaßrosa gefärbten, durchsichtigen Kristalle [3] sind optisch zweiachsig mit negativer Doppelbrechung. Die Achsen des optischen Ellipsoids (Indikatrix) liegen im spitzen Winkel der morphologischen Achsen a und c um 14° 15′ zur Achse c geneigt (zweite Mittellinie, Schwingungsrichtung entsprechend n_γ), im stumpfen Winkel zwischen a und c um 30°37′ zur Achse a geneigt (erste Mittelinie entsprechend n_α). Die n_β entsprechende Schwingungsrichtung liegt parallel zur Symmetrieachse b. Der Winkel zwischen den optischen Achsen nimmt von 71°14′ bei 670.8 nm auf 71°59′ bei 486.1 nm zu. Folgende Brechungsindizes n_α, n_β, n_γ sind nach der Prismenmethode bei Raumtemperatur bestimmt (im Original keine λ-Werte, nur Spektrallinien angegeben):

λ in nm	n_α	n_β	n_γ
670.8	1.5820	1.5954	1.6041
656.3	1.5826	1.5960	1.6047
589.3	1.5861	1.5996	1.6084
535.0	1.5900	1.6035	1.6123
486.1	1.5927	1.6063	1.6152
434.0	1.5959	1.6096	1.6186

Daraus folgt der Mittelwert für die Na-D-Linie (589.3 nm) $n_D = (n_\alpha + n_\beta + n_\gamma)/3 = 1.5980$ und die Doppelbrechung $\Delta n_D = -0.0223$. — Die Molrefraktionen $R = (M/d) \cdot (n^2-1)/(n^2+2)$ betragen für die H_α-Linie (656.3 nm) $R_\alpha = 68.68$, $R_\beta = 69.69$, $R_\gamma = 70.79$ cm³ [2].

$Tl_2Mn(SO_4)_2 \cdot 6H_2O$

Im IR-Spektrum von Nujolsuspensionen und KBr-Preßlingen werden die Schwingungen der SO_4-Tetraeder (vgl. S. 193) bei ν_1 = 986, ν_2 = 465, ν_3 = 1053, 1099, 1105, 1128, ν_4 = 594, 615 cm^{-1} beobachtet [5].

Das Salz geht in H_2O schon bei 0°C inkongruent in Lösung [3].

Literatur:

[1] H. F. McMurdie, M. C. Morris, J. de Groot, H. E. Swanson (J. Res. Natl. Bur. Std. A **75** [1971] 435/9). — [2] A. E. H. Tutton (Proc. Roy. Soc. [London] A **118** [1928] 367/92, 367, 377/80). — [3] A. Benrath (Z. Anorg. Allgem. Chem. **151** [1926] 21/30, 24). — [4] K. S. Krishnan, S. Banerjee (Phil. Trans. Roy. Soc. [London] A **235** [1936] 343/66, 348, 352), vgl. auch K. S. Krishnan, S. Banerjee (Nature **135** [1935] 873). — [5] R. G. Brown, S. D. Ross (Spectrochim. Acta A **26** [1970] 945/53).

$TlMn(SO_4)_2 \cdot 12H_2O$

8.6.31.5.13 $TlMn(SO_4)_2 \cdot 12H_2O$ (= $Tl_2SO_4 \cdot Mn_2(SO_4)_3 \cdot 24H_2O$)

Das in derselben Weise wie die Alkali-Mangan-Alaune (s. S. 200, 223, 228, 231) aus Tl_2SO_4 und $Mn(CH_3COO)_3$ in H_2SO_4-Lösung bei niedriger Temperatur erhaltene Salz bildet ein korallenrotes Pulver. Eine schwefelsaure Lösung scheint das Salz nach und nach zu spalten unter Bildung von $MnSO_4$ und $Tl_2(SO_4)_3$, O. T. Christensen (Z. Anorg. Allgem. Chem. **27** [1901] 320/40, 336).

$Tl(NH_4)CdMn(SO_4)_3$

8.6.31.5.14 $Tl(NH_4)CdMn(SO_4)_3$ (= $0.5\,Tl_2SO_4 \cdot 0.5(NH_4)_2SO_4 \cdot CdSO_4 \cdot MnSO_4$)

Mischkristalle zwischen den einzelnen Endgliedern von Langbeiniten sind zu erwarten. Als Beispiel ist ein Langbeinit der Zusammensetzung $Tl(NH_4)CdMn(SO_4)_3$ hergestellt worden mit der Gitterkonstante a = 10.281 ± 0.007 Å und der Röntgendichte D = 4.143 g/cm^3. Ob in dieser Phase ein Mischkristall der Art $(Tl, NH_4)_2(Cd, Mn)_2(SO_4)_3$ mit statistischer Verteilung vorliegt oder ob die Kationen geordnet sind, kann aus Pulveraufnahmen nicht ohne weiteres ermittelt werden, weil bei einer Ordnung der Kationen in dieser speziellen Struktur keine Vervielfachung der Gitterkonstanten auftreten kann. Eine Entscheidung über die Art der Besetzung würde eine genaue Strukturuntersuchung erfordern, G. Gattow, J. Zemann (Z. Anorg. Allgem. Chem. **293** [1958] 233/40).

$NaScMn(SO_4)_3$

8.6.31.6 $NaScMn(SO_4)_3$ (= $Na_2SO_4 \cdot Sc_2(SO_4)_3 \cdot 2MnSO_4$)

Verbindungen des Typs $NaScM(SO_4)_3$ mit M = Mg, Mn, Co, Ni oder Zn werden durch etwa 20 h langes Glühen bei 450°C der Mischungen der einzelnen Sulfate in stöchiometrischen Mengen in verschlossenen, evakuierten Ampullen hergestellt. Sie kristallisieren wahrscheinlich wie $Fe_2(SO_4)_3$ (s. [1]) und $Sc_2(SO_4)_3$ (s. [2]) rhomboedrisch, Raumgruppe $R\bar{3}$-C_{3i}^2 (Nr. 148), Z = 2. Aus Pulveraufnahmen ergeben sich für die rhomboedrische Zelle von $NaScMn(SO_4)_3$ die Gitterkonstanten a = 9.058(5) Å, α = 57°30(6)′, bei hexagonaler Indizierung (Z = 6) a = 8.715(4), c = 22.596(10) Å. Mn und Sc besetzen 2c-Lagen, Na 1a- und 1b-Lagen. Tabelle der d-Werte s. Original [3]. Über isotype Verbindungen der Zusammensetzung $NaMMn(SO_4)_3$ s. S. 247.

Literatur:

[1] R. Masse, J. C. Guitel, R. Perret (Bull. Soc. Franc. Mineral. Crist. **96** [1973] 346/9). — [2] R. Perret, B. Rosso, J. Loriers (Bull. Soc. Chim. France **1968** 2698/9). — [3] R. Perret (Compt. Rend. C **280** [1975] 1415/7).

$SnMn(SO_4)_3$

8.6.31.7 $SnMn(SO_4)_3$ (= $Sn(SO_4)_2 \cdot MnSO_4$)

Zur Darstellung werden 20 ml einer durch Abrauchen von $SnCl_2$ mit konzentriertem H_2SO_4 hergestellten $Sn(SO_4)_2$-Lösung (0.12 g SnO_2 entsprechend) mit konzentriertem H_2SO_4 auf 50 ml gebracht und zur optimalen Ausbeute (50 bis 60%) mit 0.48 g wasserfreiem $MnSO_4$ erhitzt. Aus der zuerst klaren Lösung scheidet sich bei weiterem Erhitzen das hellgelbe Doppelsalz aus, das nach Filtrieren dreimal mit konzentriertem H_2SO_4, dann mit absolutem Alkohol gewaschen und bei 220 bis 230°C getrocknet wird [1]. Nach einer leicht abgewandelten Methode werden 0.01 mol

$SnCl_2 \cdot 2H_2O$ mit 40 ml konzentriertem H_2SO_4 auf 150°C erhitzt; zu der entstandenen $Sn(SO_4)_2$-Lösung wird nach Abkühlen 0.01 mol $MnSO_4$ gegeben und unter lebhaftem Umrühren auf 250 bis 270°C erhitzt, wobei das Doppelsalz sich bei 230°C abzuscheiden beginnt. Wird die Temperatur 2 h beibehalten, so ist die Kristallbildung besser. Nach Filtrieren, Waschen mit absolutem Alkohol und trocknem Äther wird der Niederschlag im Vakuum bei 250°C getrocknet; Ausbeute > 80% [2].

Das farblose Salz kristallisiert rhomboedrisch und ist isotyp mit den Sn-Doppelsulfaten von Mg, Zn, Cd, Ni und Co. Gitterkonstanten für die rhomboedrische Zelle: a = 9.08_9 Å, α = 54°09′, Z = 2, für die hexagonale Zelle: a = 8.27_4, c = 23.19_7 Å, Z = 6 [2]. — Die Konstitution als Doppelsalz wird durch Messungen der elektrischen Leitfähigkeit von Lösungen der Verbindung bestätigt [1].

Intensität, Form und Lage der SO_4^{2-}-Banden im IR-Absorptionsspektrum zwischen 400 und 1400 cm^{-1} werden durch die zweiwertigen Kationen (Mg, Zn, Cd, Mn, Co, Ni) nur wenig beeinflußt. Bei $SnMn(SO_4)_3$ beobachtete Banden (in cm^{-1}): ν_1 = 1000; ν_2 = 480, 492; ν_3 = 1040, 1158, 1196, 1273, 1331; ν_4 = 601, 612, 619 (S), 660, 681; (S = Schulter) [2].

Das Salz ist hygroskopisch, wird durch H_2O hydrolisiert [1, 2] und löst sich in Salzsäure [1].

Literatur:

[1] S. R. Patel (Proc. Indian Acad. Sci. A **37** [1953] 38/40). — [2] R. Perret, P. Couchot (Compt. Rend. C **276** [1973] 85/7).

8.6.31.8 Sulfate von Mangan und Metallen der 4. Nebengruppe

Sulfates of Manganese and Group IVb Metals

8.6.31.8.1 Titanmangansulfate

Titanium Manganese Sulfates

8.6.31.8.1.1 $TiMn(SO_4)_3$ (= $Ti(SO_4)_2 \cdot MnSO_4$)

$TiMn(SO_4)_3$

Die Verbindung bildet sich beim Erhitzen einer Lösung von 0.1 g TiO_2 in 40 ml H_2SO_4 (D = 1.8 g/cm³) mit überschüssigem $MnSO_4$ auf 285°C. Der entstehende gelbe Niederschlag wird bei 220°C getrocknet [1]. Die Darstellung ist auch möglich durch Erhitzen äquimolarer Mengen $MnSO_4$ und $Ti(SO_4)_2$ in konzentriertem H_2SO_4 auf etwa 250°C. Das gelbe Pulver wird im Vakuum bei 250°C getrocknet [2].

Röntgenuntersuchungen ergeben eine monokline Struktur, die mit den Ti-Doppelsulfaten von Mg, Zn, Cd, Ni, Co und Fe isotyp ist. Gitterkonstanten a = 8.44_0, b = 8.72_0, c = 11.86_4 Å, β = 90°46′; Z = 4; Raumgruppe $P2_1/n$-C_{2h}^5 (Nr 14) [2].

Intensität und Lage der SO_4^{2-}-Absorptionsbanden im IR-Spektrum zwischen 400 und 1300 cm^{-1} werden durch die zweiwertigen Kationen Mg, Zn, Cd, Mn, Co, Ni, Fe nur wenig beeinflußt. Bei $TiMn(SO_4)_3$ beobachtete Banden (in cm^{-1}): ν_1 und ν_3 = 940, 1030, 1050, 1140, 1160, 1265, 1310, ν_2 = 410 442, 458, 468, ν_4 = 595, 609, 635, 662, 672, 689 [2].

Das Salz ist hygroskopisch [1, 2]; in Mineralsäuren ist es löslich und wird durch H_2O zersetzt. Die thermische Zersetzung beginnt langsam bei 450°C. Zersetzungsgrad α in Abhängigkeit von der Temperatur t:

t in °C	600	650	700	750	800	850
α in %	65.1	67.8	70.2	73.0	88.3	98.7

Die Zersetzungsprodukte bestehen hauptsächlich aus SO_3 (neben Spuren von SO_2) und den Metalloxiden [1].

Literatur:

[1] S. M. Mehta, S. R. Patel (J. Am. Chem. Soc. **73** [1951] 224/6). — [2] R. Perret, P. Couchot (Compt. Rend. C **276** [1973] 507/9).

$TiMnO(SO_4)_2$

8.6.31.8.1.2 $TiMnO(SO_4)_2$ (= $TiOSO_4 \cdot MnSO_4$)

Diese Verbindung hinterbleibt beim Erhitzen der $TiMnO_2(SO_4)_2$ enthaltenden öligen Flüssigkeit (s. unten) auf 200 bis 230°C als gelber Rückstand; sie ist hygroskopisch und in verdünnten Mineralsäuren löslich, S. M. Mehta, R. P. Poncha (J. Am. Chem. Soc. **74** [1952] 3469/70).

$TiMnO_2$-$(SO_4)_2$

8.6.31.8.1.3 $TiMnO_2(SO_4)_2$ (= $TiO_2SO_4 \cdot MnSO_4$)

Zu 0.1 bis 0.5 g eisgekühltem $MnCO_3$ gibt man 2.5 ml einer eiskalten Ti-Sulfatlösung (hergestellt aus 20 g $TiCl_4$ und 50 ml konzentriertem H_2SO_4 durch Erhitzen bis zur Rauchentwicklung), fügt 1 ml eiskalte H_2O_2-Lösung (39%ig) hinzu und läßt bis zum Erreichen von Zimmertemperatur (etwa 28°C) stehen. Dann gibt man zur klaren Lösung 5 ml eiskaltes absolutes Äthanol und anschließend 10 bis 15 ml eiskalten Äther hinzu. Nach längerem Schütteln scheidet sich beim Stehen eine rote bis rötlichbraune ölige Flüssigkeit ab, die noch H_2O enthält, das durch wasserentziehende Mittel nicht entfernt werden kann, da dabei auch Sauerstoff frei wird und eine zähe Masse zurückbleibt. Nach analytischen Untersuchungen liegt in der öligen Flüssigkeit die genannte Verbindung vor, die bei längerem Stehen Sauerstoff abgibt. Beim Verdünnen mit Wasser entstehen gelborange Lösungen, die bei weiterem Verdünnen Niederschläge bilden, S. M. Mehta, R. P. Poncha (J. Am. Chem. Soc. **74** [1952] 3469/70).

$ZrMn(SO_4)_3$

8.6.31.8.2 $ZrMn(SO_4)_3$ (= $Zr(SO_4)_2 \cdot MnSO_4$)

Die Darstellung gelingt durch Erhitzen von Zr-Nitrat und Mn-Sulfat in konzentriertem H_2SO_4 ($D = 1.79\ g/cm^3$). Der nach dem Einengen entstehende Niederschlag wird durch Waschen mit absolutem Äthanol von anhängendem H_2SO_4 befreit und bei 230°C getrocknet; Ausbeute zwischen 60 und 75%. Die hellgelbe Verbindung ist in wenig Wasser löslich, wird aber beim Erhitzen mit viel Wasser hydrolysiert [1]. Nach Leitfähigkeitsmessungen von Lösungen dieser Verbindung (s. S. 161) liegt sie als Doppelsalz vor [2].

Literatur:

[1] S. R. Patel (J. Am. Chem. Soc. **73** [1951] 2958/9). — [2] S. R. Patel (J. Univ. Bombay A **20** [1951] 87/8).

The $MnSO_4$-$Th(SO_4)_2$-H_2O System

8.6.31.8.3 Das System $MnSO_4$-$Th(SO_4)_2$-H_2O

Löslichkeits- und mikroskopische Untersuchungen ergeben, daß zur Einstellung des Gleichgewichts bei 30°C bis zu 14 d Rühren notwendig sind. Als Bodenkörper treten auf $MnSO_4 \cdot 5H_2O$, $Th(SO_4)_2 \cdot 8H_2O$ und das Doppelsalz $ThMn(SO_4)_3 \cdot 7H_2O$. Mit 2 Salzen gesättigte Lösungen (univariante Gleichgewichte) und Zusammensetzung der Lösungen in g wasserfreies Salz je 100 g H_2O bei 30°C:

$Th(SO_4)_2$	$MnSO_4$	Bodenkörper
7.91	13.79	$Th(SO_4)_2 \cdot 8H_2O + ThMn(SO_4)_3 \cdot 7H_2O$
0.135	66.67	$ThMn(SO_4)_3 \cdot 7H_2O + MnSO_4 \cdot 5H_2O$

Der Bereich der Bildung des Doppelsalzes ist sehr ausgedehnt und liegt in den Grenzen $MnSO_4$:$Th(SO_4)_2$ = 5:1 und 1360:1 [1], s. auch [2].

Literatur:

[1] R. M. Caven (J. Chem. Soc. **1932** 2417/20). — [2] R. M. Caven (J. Roy. Tech. Coll. [Glasgow] **3** [1933] 36/46).

8.6.31.8.4 $ThMn(SO_4)_3 \cdot 7H_2O$ (= $Th(SO_4)_2 \cdot MnSO_4 \cdot 7H_2O$)

$ThMn(SO_4)_3 \cdot 7H_2O$

Das aus Lösungen nur bei großem Überschuß von $MnSO_4$ (s. S. 254) auskristallisierende Doppelsalz wird zweimal mit kaltem H_2O gewaschen und an der Luft auf einer porösen Platte getrocknet. Das Produkt ist ein farbloses, aus mikroskopisch kleinen Prismen bestehendes Pulver und verliert beim Erhitzen das gesamte Kristallwasser. Nach Glühen bei dunkler Rotglut und Abkühlen wird es blaßrosa, ist aber noch in H_2O löslich. Es kann aus wäßrigen Lösungen nicht umkristallisiert werden; beim Eindampfen hinterbleibt eine Mischung der Einzelkomponenten [1], s. auch [2].

Literatur:

[1] R. M. Caven (J. Chem. Soc. **1932** 2417/20). — [2] R. M. Caven (J. Roy. Tech. Coll. [Glasgow] **3** [1933] 36/46).

8.6.31.9 $Sb_2Mn(SO_4)_4$ (= $Sb_2(SO_4)_3 \cdot MnSO_4$)

$Sb_2Mn(SO_4)_4$

Zur Darstellung werden 0.5 g $MnSO_4$ und 0.25 bis 0.5 g Sb_2O_3 mit 50 ml H_2SO_4 (D = 1.8 g/cm^3) bis zum Rauchen erhitzt. Beim Abkühlen der erhaltenen klaren Lösung auf 28 bis 29°C entsteht ein farbloser Niederschlag, der nach Filtrieren mit H_2SO_4 (D = 1.8 g/cm^3) und anschließend mit absolutem Äthanol sulfatfrei gewaschen und bei 200 bis 230°C getrocknet wird; Ausbeute 50 bis 60%. Die Verbindung ist hygroskopisch und wird durch H_2O hydrolysiert. Elektrische Leitfähigkeitsmessungen weisen auf die Bildung eines Doppelsulfats der genannten Zusammensetzung hin (Messungen an Lösungen der Verbindung in siedendem H_2O nach Abfiltrieren des entstandenen Sb_2O_3-Hydrats wurden mit Messungen an $MnSO_4$-Lösungen und der durch die Hydrolyse zu erwartenden H_2SO_4-Konzentration verglichen), S. R. Patel (J. Am. Chem. Soc. **74** [1952] 1050/1).

8.6.31.10 $(VO)_2Mn(SO_4)_4$ (= $(VO)_2(SO_4)_3 \cdot MnSO_4$)

$(VO)_2Mn(SO_4)_4$

Die Darstellung erfolgt aus 0.5 g $MnSO_4$ und 0.25 bis 0.5 g V_2O_5 durch Erhitzen mit 50 ml konzentriertem H_2SO_4. Aus der zuerst entstehenden klaren Lösung scheidet sich bei weiterem Erhitzen ein gelber Niederschlag aus, der nach dem Abfiltrieren mit konzentriertem H_2SO_4, dann mit absolutem Äthanol sulfatfrei gewaschen und bei 220°C getrocknet wird; maximale Ausbeute 50 bis 60%. Die Verbindung ist hygroskopisch, wobei durch Absorption von Feuchtigkeit eine braune Flüssigkeit entsteht. Sie wird durch siedendes H_2O hydrolysiert. Elektrische Leitfähigkeitsmessungen von Lösungen der Verbindung zeigen, daß sie als Doppelsalz vorliegt, S. R. Patel (J. Univ. Bombay A **21** [1952] 11/3).

8.6.31.11 Chrommangansulfate

Chromium Manganese Sulfates

8.6.31.11.1 $Cr_2Mn_3(SO_4)_6$ (= $Cr_2(SO_4)_3 \cdot 3MnSO_4$)

$Cr_2Mn_3(SO_4)_6$

Die Verbindung entsteht beim Erhitzen von $Cr_2Mn_2(SO_4)_6 \cdot 2H_2SO_4$ (s. unten) an der Luft unter Reduktion als grünes Pulver, A. Étard (Compt. Rend. **86** [1878] 1399/1402).

8.6.31.11.2 $Cr_2(SO_4)_3 \cdot 1.6MnSO_4 \cdot xH_2SO_4$ (x = 0.7 oder 1)

$Cr_2(SO_4)_3 \cdot 1.6MnSO_4 \cdot xH_2SO_4$

Schwer lösliche Verbindungen (oder Mischkristalle) dieser Zusammensetzung entstehen beim Kochen von 1 mol basischem Cr^{III}-Sulfat mit 3 mol $MnSO_4$ in überschüssigem H_2SO_4, Y. Kato, R. Ikeno (J. Soc. Chem. Ind. Japan Suppl. **34** [1931] 311 B/312 B).

8.6.31.11.3 $CrMn(SO_4)_3$ (= $Cr_2(SO_4)_3 \cdot Mn_2(SO_4)_3$)

$CrMn(SO_4)_3$

Die Darstellung erfolgt wie bei $Al_4Mn_2(SO_4)_9$ (s. S. 246) angegeben, nur unter Verwendung von 2 mol CrO_3 statt 1 mol $Al_2(SO_4)_3$. Das kristalline, tief grüngelbe Salz wird durch Salzsäure unter Chlorentwicklung zersetzt, A. Étard (Compt. Rend. **86** [1878] 1399/402; Bull. Soc. Chim. France [2] **31** [1879] 200/4).

CrMn-$(SO_4)_3 \cdot$ H_2SO_4

8.6.31.11.4 $CrMn(SO_4)_3 \cdot H_2SO_4$ (= $Cr_2(SO_4)_3 \cdot Mn_2(SO_4)_3 \cdot 2H_2SO_4$)

Die Darstellung erfolgt wie bei $Al_4Mn_2(SO_4)_9$ (s. S. 246) beschrieben, nur unter Verwendung von 2 mol CrO_3 statt 1 mol $Al_2(SO_4)_3$; die sich zuerst bildende schwefelsaure Lösung wird abgekühlt, bevor sich Kristalle ausscheiden. Dabei erhält man braune, etwas zerfließliche, plättchenförmige Kristalle, die in H_2O unter Zersetzung löslich sind und mit Salzsäure Chlor entwickeln. Beim Erhitzen an der Luft entsteht unter Reduktion zuerst ein grünes Pulver der Zusammensetzung $Cr_2Mn_3(SO_4)_6$ (s. oben), dann ein weißes basisches Salz, A. Étard (Compt. Rend. **86** [1878] 1399/402; Bull. Soc. Chim. France [2] **31** [1879] 200/4).

NaCrMn-$(SO_4)_3$

8.6.31.11.5 $NaCrMn(SO_4)_3$ (= $Na_2SO_4 \cdot Cr_2(SO_4)_3 \cdot 2MnSO_4$)

Darstellung und kristallographische Eigenschaften s. Kapitel 8.6.31.5.5, S. 247.

Sulfates of Manganese and Group VIIb and VIIIb Metals

8.6.31.12 Sulfate des Mangans mit Metallen der 7. und 8. Nebengruppe

Wegen des Prinzips der letzten Stelle werden dieses Sulfate bei den entsprechenden Elementen behandelt. Einschlägige Angaben sind in den Bänden „Eisen" B, S. 1151/2, „Cobalt" A, Erg.-Bd., S. 880 und „Nickel" B 3, S. 1241 enthalten.

Manganese (II) Disulfate

8.6.32 Mangan(II)-disulfat MnS_2O_7

Die Verbindung bildet sich beim Erhitzen einer Mischung von $(NO)_2S_2O_7$ und $MnBr_2$ unter Feuchtigkeitsausschluß auf Temperaturen zwischen 50 und 215°C, wobei NOBr und dessen Dissoziationsprodukte entweichen. Sie entsteht auch beim Überleiten von SO_3 mittels N_2 über $MnBr_2$ nach $MnBr_2 + 3SO_3 \rightarrow MnS_2O_7 + Br_2 + SO_2$ bei 50°C oder beim Erhitzen von $MnSO_4$ mit flüssigem SO_3 auf 50°C [1]. Beim Erhitzen von $Mn(HSO_4)_2$ (s. S. 170) ist MnS_2O_7 nicht faßbar. Die thermodynamische Berechnung ergibt, daß es nur bei $p(H_2O) \approx 10^{-8}$ atm entstehen könnte. Die thermodynamischen Daten der Bildung werden zu $\Delta H^\circ_{298} = -368.4$ kcal/mol, $\Delta G^\circ_{298} = -321.9$ kcal/mol und $\Delta S^\circ_{298} = -155.9$ cal · mol^{-1} · K^{-1} berechnet [2]. Tabelle der d-Werte s. [1]. Die Wärmekapazität läßt sich zwischen 200 und 600 K durch $C_p = -4.92 + 0.195\,T - 9.23 \times 10^{-5}\,T^2$ wiedergeben; $S^\circ_{298} = 38.4$ cal · mol^{-1} · K^{-1} [2]. — Im IR- und Raman-Spektrum werden je 8 Banden beobachtet. Die Spektren sind ähnlich wie bei $Na_2S_2O_7$ (s. „Natrium" Erg.-Bd., S. 1160) und $K_2S_2O_7$. Versuch einer Zuordnung s. Original. — Die Verbindung zersetzt sich beim Erhitzen auf 220°C zu $MnSO_4$ und SO_3 in Umkehrung der Bildung. Bei 65°C und einem Wasserdampfdruck von 6 Torr wird sie zu $Mn(HSO_4)_2$ hydrolysiert. In eutektischer $NaNO_3$-KNO_3-Schmelze wird das Mangan zu Mn^{III} oxidiert [1].

Literatur:

[1] G. Palavit, S. Noël (Rev. Chim. Minerale **8** [1971] 1/10). — [2] G. Palavit, S. Noël (Bull. Soc. Chim. France **1975** 1040/2; Compt. Rend. C **278** [1974] 1099/101).

Manganese (II) Thiosulfate Pentahydrate

8.6.33 Mangan(II)-thiosulfat-pentahydrat $MnS_2O_3 \cdot 5H_2O$

Die Verbindung wird unter ständiger Kühlung mit einer Eis-Salz-Mischung bei allen Arbeitsgängen auf folgende Weise erhalten: Zu 10 ml einer 2 bis 2.5 N MnS_2O_3-Lösung (s. unten) werden 20 ml Aceton zugegeben. Die Mischung wird 15 min gerührt und nach 15 min Stehen wird die obere, ebenfalls Aceton enthaltende Schicht abgesaugt. Die Extraktion des Wassers aus der unteren, roten, öligen Schicht mit 20 ml Aceton wird viermal wiederholt. Beim letzten Arbeitsgang werden zunächst 40 bis 50 ml −10°C kalter, 95%iger Alkohol zugegeben, kurz gerührt und dann 40 bis 50 ml −10°C kalter, wasserfreier Äther zugefügt und kurz gerührt. Das dabei auskristallisierende Salz wird zur Rekristallisation in möglichst wenig kaltem Alkohol von −10°C gelöst, filtriert und zum Filtrat nach und nach wasserfreier Äther zugegeben, wobei das Salz auskristallisiert [1 bis 3]. Die nadelförmigen Kristalle zersetzen sich oberhalb 13.5°C ohne zu schmelzen zu Schwefel und $MnSO_3$ [2, 3]. — Ein schwach rosa gefärbtes Manganthiosulfat glauben v. Deines, Christoph [4] aus

Manganperchlorat und Kaliumtrithionat erhalten zu haben. Dies scheint nach den Untersuchungen von Meuwsen, Heinze [5] jedoch ein teilweise zersetztes Mangan(II)-trithionat gewesen zu sein.

Literatur:

[1] G. Vortmann, C. Padberg (Ber. Deut. Chem. Ges. **22** [1889] 2637/44, 2641). — [2] R. Uson Lacal (Anales Real Soc. Espan. Fis. Quim. [Madrid] B **47** [1951] 795/802; C. A. **1952** 5473). — [3] R. Uson Lacal (Rev. Acad. Cienc. Exact. Fis. Quim. Nat. Zaragoza [2] **5** Nr. 2 [1950] 77/162; C. A. **1953** 8479). — [4] O. v. Deines, E. Christoph (Z. Anorg. Allgem. Chem. **213** [1933] 209/39, 236). — [5] A. Meuwsen, G. Heinze (Z. Anorg. Allgem. Chem. **269** [1952] 86/91, 87).

8.6.34 Mangan(II)-thiosulfat-Lösungen

Manganese(II) Thiosulfate Solutions

Eine wäßrige Lösung von MnS_2O_3, die sich sehr schnell unter Abscheidung von MnS zersetzt, bildet sich bei der doppelten Umsetzung von BaS_2O_3 mit konzentrierter $MnSO_4$-Lösung [1 bis 3]. Über die Bildung durch Umsetzung von wäßriger $Mn(HSO_3)_2$- oder $MnSO_3$-Lösung mit Schwefel s. [4, 5]. MnS_2O_3 entsteht in Lösung neben $MnSO_3$ bei der Reaktion von SO_2 mit einer wäßrigen Suspension von MnS [6].

Die mittlere Dissoziationskonstante für MnS_2O_3 wird in wäßrigen BaS_2O_3-$MnCl_2$-Lösungen von 25°C zu 0.0112 berechnet [7]. In Lösungen von $Mn(NO_3)_2$ und $((CH_3)_4N)_2S_2O_3$ der Ionenstärke 0.5 und pH = 5 bilden sich bei 25°C Kontakt-Ionenpaare MnS_2O_3 (d. h. ohne dazwischen befindliche Lösungsmittelmoleküle). Aus kalorimetrischen Messungen ergeben sich folgende Daten für die Ionenpaarbildung bei 25°C: $\Delta H° = 0.50 \pm 0.01$ kcal/mol, $\Delta G° = -0.91$ kcal/mol und $\Delta S° = 4.7$ cal · $mol^{-1} \cdot K^{-1}$. Für die Reaktion $Mn^{2+} + S_2O_3^{2-} \rightarrow MnS_2O_3$ ist lg K = 0.67 [8].

MnS_2O_3 ist in Äthanol löslich, in wasserfreiem Äther und Aceton dagegen unlöslich [2, 3]. In alkoholischer Lösung sind drei Bereiche zu unterscheiden: in Äthanol unter 93.5% wird bei Zugabe von Äther ein Öl ausgeschieden; in Äthanol von 93.5 bis 95.5% erfolgt nach Ätherzugabe Kristallisation; in Äthanol über 95.5% werden Schwefel und $MnSO_3$ durch Ätherzusatz abgeschieden [3].

Literatur:

[1] G. Vortmann, C. Padberg (Ber. Deut. Chem. Ges. **22** [1889] 2637/44, 2641). — [2] R. Uson Lacal (Anales Real Soc. Espan. Fis. Quim. [Madrid] B **47** [1951] 795/802; C. A. **1952** 5473). — [3] R. Uson Lacal (Rev. Acad. Cienc. Exact. Fis. Quim. Nat. Zaragoza [2] **5** Nr. 2 [1950] 77/162; C. A. **1953** 8479). — [4] G. Matroff (Diss. Braunschweig T. H. 1930, S. 13/5, 27). — [5] E. Terres, H. Buscher, G. Matroff (Brennstoff-Chem. **35** [1954] 65/74, 113/20, 114; C. A. **1955** 11260).

[6] A. Sander, H. Krank (Z. Angew. Chem. **28** [1915] 9/12). — [7] T. O. Denney, C. B. Monk (Trans. Faraday Soc. **47** [1951] 992/8, 998). — [8] R. Aruga (J. Inorg. Nucl. Chem. **36** [1974] 3779/82).

8.6.35 $Na_4Mn(S_2O_3)_3 \cdot 16H_2O$ (= $2Na_2S_2O_3 \cdot MnS_2O_3 \cdot 16H_2O$)

$Na_4Mn(S_2O_3)_3 \cdot 16H_2O$

Zu einer kalten, konzentrierten $MnSO_4$-Lösung wird eine $Na_2S_2O_3$-Lösung zugegeben, aus der mit einem Gemisch von Äther und Alkohol (1 : 2) eine stahlblaue, ölige Füssigkeit ausfällt, die abgetrennt wird. Gibt man hierzu absoluten Alkohol, so kristallisieren kleine, stahlblaue Kristalle aus [1]. Bei späteren Arbeiten werden jedoch blaßrosa Kristalle erhalten [2]. Sie sind leicht löslich in Wasser und verdünntem Alkohol, dagegen unlöslich in wasserfreiem Alkohol. Sie zersetzen sich an der Luft bei gewöhnlicher Temperatur (schneller bei 40°C) unter Abscheidung von MnS. Die wäßrige Lösung zerfällt beim Kochen und bildet mit NH_3 oder KOH einen fleischfarbenen Niederschlag [1].

Literatur:

[1] P. Jochum (Diss. Berlin 1885, S. 42/3; C. **1885** 642). — [2] G. Vortmann, C. Padberg (Ber. Deut. Chem. Ges. **22** [1889] 2637/44, 2641).

Ammonium Manganese Thiosulfates

8.6.36 Ammonium-mangan-thiosulfate

In wäßriger Lösung wird je nach den Konzentrationen von Manganthiosulfat und Ammoniumthiosulfat die Bildung von zwei verschiedenen Verbindungen beobachtet. Bei 25°C tritt von 5.9 bis 6.3 Gew.-% MnS_2O_3 und 58.1 bis 57.9 Gew.-% $(NH_4)_2S_2O_3$ die farblose Verbindung $(NH_4)_6Mn(S_2O_3)_4 \cdot 3H_2O$ und von 11.5 bis 13.2 Gew.-% MnS_2O_3 und 49.0 bis 45.7 Gew.-% $(NH_4)_2S_2O_3$ die Verbindung $(NH_4)_2Mn(S_2O_3)_2 \cdot H_2O$ als Bodenkörper auf.

Farbloses $\mathbf{(NH_4)_6Mn(S_2O_3)_4 \cdot 3H_2O}$ (= $3(NH_4)_2S_2O_3 \cdot MnS_2O_3 \cdot 3H_2O$) kristallisiert in Form von Oktaedern aus. In Wasser zersetzt es sich zu $(NH_4)_2S_2O_3$ und $(NH_4)_2Mn(S_2O_3)_2$. Es ist leicht hygroskopisch.

$\mathbf{(NH_4)_2Mn(S_2O_3)_2 \cdot H_2O}$ (= $(NH_4)_2S_2O_3 \cdot MnS_2O_3 \cdot H_2O$) kristallisiert in rosaroten Blättchen. Es ist in Wasser unzersetzt löslich. Die Löslichkeit in Wasser steigt von 49.2 bei 0°C auf 53.4 g $(NH_4)_2Mn(S_2O_3)_2 \cdot H_2O$ je 100 g Lösung bei 60°C, G. Matroff (Diss. Braunschweig T. H. 1930, S. 27/9).

Manganese(II) Dithionates

8.6.37 Mangan(II)-dithionate $MnS_2O_6 \cdot nH_2O$ (n = 2, 3 (?), 4, 6)

Zur Herstellung von Mangandithionat eignen sich die höheren Manganoxide Mn_2O_3, Mn_3O_4 und besonders feinpulverisiertes MnO_2. Sie werden in wäßriger Suspension unter Kühlung mit SO_2 umgesetzt [1, 2]. Ausführlichere Angaben s. „Schwefel" B, S. 957/60 und „Mangan" C1, S. 95, 119, 307. Zur technischen Aufarbeitung von MnO_2 mit SO_2 in wäßriger Suspension über Mangandithionat s. [3 bis 9]. Da die Lösung neben Mangandithionat auch noch Mangansulfat enthält, wird mit einer $Ba(OH)_2$-Lösung das Sulfat und alles Mangan ausgefällt. Nach der Reinigung durch Umkristallisieren wird die Lösung des Bariumdithionats mit einer $MnSO_4$-Lösung versetzt und vom ausfallenden $BaSO_4$ abgetrennt [2], s. auch [19, 20].

Die wasserfreie Verbindung, für die nach kalorischen Messungen am Dihydrat eine Entropie von $S^\circ_{298} = 45$ cal · mol⁻¹ · K⁻¹ abgeschätzt wird, kann nicht durch thermische Entwässerung der Hydrate erhalten werden, weil sie sich in $MnSO_4$ und SO_2 zersetzen [2].

$\mathbf{MnS_2O_6 \cdot 6H_2O}$ kristallisiert bei Zimmertemperatur in mit Wasserdampf gesättigter Luft [10] in Form dünner Prismen [11]. Eine Neuberechnung der auf den Untersuchungen von Thomsen [12] (s. dazu [13]) fußenden Bildungsenthalpie ergibt den Wert $\Delta H^\circ_{298} = -751.0$ kcal/mol [14].

Die Verbindung soll nach goniometrischen Messungen triklin und mit $MgS_2O_6 \cdot 6H_2O$, $NiS_2O_6 \cdot 6H_2O$ und $ZnS_2O_6 \cdot 6H_2O$ isomorph sein [15], s. auch [11].

Dichte 1.757 g/cm³ [15]. — Aus kalorischen Messungen am Dihydrat geschätzte Standardentropie $S^\circ_{298} \approx 110$ cal · mol⁻¹ · K⁻¹ [2].

Die rosafarbigen Kristalle verwittern an trockener Luft [11]. Das Salz ist in bei 15°C mit Wasserdampf gesättigter Luft bis 29°C stabil, darüber wandelt es sich ins Tetrahydrat um [10]. Beim Erhitzen zerfällt es in SO_2 und $MnSO_4$ [11]. Die Lösungsenthalpie beträgt bei 18°C $\Delta H = -1.930$ kcal/mol (1 mol Hexahydrat in 394 mol H_2O) [16].

$\mathbf{MnS_2O_6 \cdot 4H_2O}$ wird aus dem Hexahydrat oberhalb 35°C gebildet [10]. Es kristallisiert aus wäßriger Lösung im Exsikkator über konzentriertem H_2SO_4 oder über P_2O_5. Die Dichte der farblosen Kristalle (pyknometrisch bei 25°C gemessen) beträgt 1.96 g/cm³ [17].

Beim Erhitzen in bei 15°C mit Wasserdampf gesättigter Luft geht es kurz unterhalb 63°C in das Dihydrat über [10], differentialthermoanalytisch werden 75°C gefunden [18]. Das Tetrahydrat gibt beim Erwärmen zunächst H_2O ab, wobei die Kristallformen anfangs noch erhalten bleiben. Beim weiteren Erhitzen entweicht SO_2, und es bleibt $MnSO_4$ wie beim Hexahydrat zurück. Das Tetrahydrat ist in H_2O und Methanol leicht, in Essigsäure schwerer löslich. In der zunächst farblosen Lösung in Propylalkohol zersetzt es sich. Es ist unlöslich in Butylalkohol, Amylalkohol, Eisessig, CCl_4, Äther, Benzol und Toluol [17].

$MnS_2O_6 \cdot 3H_2O$ (?) soll nach Kraut [19] beim Verdunsten der wäßrigen Lösung in Form rhombischer Kristalle anfallen. Es konnte jedoch bei systematischen Dehydratationsversuchen von Schreiber [10] nicht bestätigt werden.

$MnS_2O_6 \cdot 2H_2O$. Langsames Trocknen wasserreicherer Hydrate bei 35°C über konzentriertem H_2SO_4 und später über P_2O_5 und schließlich bei 45°C unter 10^{-4} Torr für einige Stunden führt zu einem nur wenig zersetzten Dihydrat [2], s. auch [10].

Auf Grund der Messungen von Kelley, Moore [2] beträgt die Wärmekapazität bei 298.16 K $C_p = 57.68\ cal \cdot mol^{-1} \cdot K^{-1}$ [13, 14]. C_p wächst zwischen 53.1 und 294.9 K folgendermaßen an (ausgewählte Werte):

C_p in $cal \cdot mol^{-1} \cdot K^{-1}$ . .	13.81	21.98	30.31	36.90	42.35	47.05	51.03	54.23	57.30
T in K	53.1	80.0	113.4	144.3	174.5	205.2	235.4	265.7	294.9

Daraus ergibt sich die Standardentropie zu $S^\circ_{298} = 66.7 \pm 1.0\ cal \cdot mol^{-1} \cdot K^{-1}$. Für den Meßbereich von 50.12 bis 298.16 K wird 59.51 ermittelt und für den Bereich von 0 bis 50.12 K wird S = 7.15 $cal \cdot mol^{-1} \cdot K^{-1}$ extrapoliert [2].

Das Dihydrat ist in bei 15°C mit Wasserdampf gesättigter Luft oberhalb 63 bis 70°C stabil. Bei 70°C ist jedoch schon ein SO_2-Verlust nachweisbar [11]. Nach differentialthermoanalytischen Untersuchungen soll bei 150°C die Entwässerung zu MnS_2O_6 erfolgen [18]. Versuche zur Entwässerung des Dihydrats führen aber bereits bei Temperaturen unterhalb 100°C zu stärkerer Zersetzung. Schon bei der Aufbewahrung in verschlossenem Gefäß ist der SO_2-Geruch bemerkbar, doch ist die Zersetzung bei Zimmertemperatur recht langsam [2]. Zwischen 86 und 108°C zersetzt sich das Dihydrat zu $MnSO_4 \cdot H_2O$ [10].

Für die **wäßrige Lösung** wird eine Bildungsenthalpie von $\Delta H^\circ_{298} = -332.7$ kcal/mol berechnet [13]. Die gesättigte wäßrige Lösung zersetzt sich oberhalb 63°C; verdünnte Lösungen sind bei dieser Temperatur stabil [6]. Grenzkonzentration und Dichte der gesättigten Lösung steigen von 43.9 Gew.-% MnS_2O_6 und D = 1.5341 g/cm^3 bei 25°C über 46.2 Gew.-% MnS_2O_6 und D = 1.5417 g/cm^3 bei 40°C auf 47.7 Gew.-% MnS_2O_6 und D = 1.5519 g/cm^3 bei 50°C [20]. Auf Grund kryoskopischer Messungen im Konzentrationsbereich von 0.00422 bis 0.08835 mol/kg werden unter Verwendung der beim Bariumdithionat berechneten Ionenabstände $d_1 = 13.9$, $d_2 = 8.6$ und $d_3 = 6.0$ Å die Dissoziationskonstanten $K_1 = 10 \times 10^{-3}$, $K_2 = 14 \times 10^{-3}$ und $K_3 = 37 \times 10^{-3}$ mol/kg erhalten [21]. — Die im IR-Gebiet auftretenden Banden bei 583, 989, 1095, 1210 und 1612 cm^{-1} lassen sich dem Dithionat-Ion zuordnen (s. „Schwefel" B, S. 964) [22]. — Durch H_2SO_4-Zugabe wird die Zersetzung zu SO_2 und SO_4^{2-} begünstigt [5].

Literatur:

[1] R. Pfanstiel, O. F. Hill, R. E. Barnhart, L. F. Audrieth (Inorg. Syn. **2** [1946] 167/72). — [2] K. K. Kelley, G. E. Moore (J. Am. Chem. Soc. **66** [1944] 293/5). — [3] P. Schächterle, W. Riecke (Metall Erz **25** [1928] 637/40). — [4] V. M. Kakabadze (Zh. Prikl. Khim. **24** [1951] 252/63, 681/7; J. Appl. Chem. USSR **24** [1951] 279/90, 775/84). — [5] J. Beneš, Z. Uhlíř (Chem. Prumysl **11** [1961] 285/7; C. A. **1961** 23947).

[6] M. R. Kim, D. H. Bang, L. S. Bak (Chosun Kwahakwon Tongbo Nr. 1 [1964] 40/3 nach C. A. **62** [1965] 9859). — [7] M. R. Kim, D. H. Bang (Chosun Kwahakwon Tongbo Nr. 4 [1964] 43/8 nach C. A. **62** [1965] 15745). — [8] M. R. Kim, D. H. Bang (Chosun Kwahakwon Tongbo Nr. 1 [1966] 45/7 nach C. A. **67** [1967] Nr. 57593). — [9] N. Sh. Gogishvili (Elektrokhim. Margantsa Akad. Nauk Gruz. SSR **3** [1967] 151/4; C. A. **68** [1968] Nr. 8745). — [10] J. Schreiber (Ann. Chim. [Paris] [11] **1** [1934] 88/180, 145/51).

[11] M. C. Marignac (Mem. Soc. Phys. Hist. Nat. Geneve **14** [1855] 201/88, 227/9). — [12] J. Thomsen (Thermochemische Untersuchungen, Barth, Leipzig 1882/86). — [13] F. D. Rossini, D. D. Wagman, W. H. Evans, S. Levine, I. Jaffe (Natl. Bur. Std. [U. S.] Circ. Nr. 500 [1952]

277). — [14] D. D. Wagman, W. H. Evans, V. B. Parker, I. Halow, S. M. Bailey, R. H. Schumm (Natl. Bur. Std. [U. S.] Tech. Note 270-4 [1969] 110). — [15] H. Topsöe (Sitz. Ber. Akad. Wiss. Wien Math. Naturw. Kl. **66** [1872] 5/46, 21).

[16] J. Thomsen (J. Prakt. Chem. [2] **17** [1878] 165/83, 177). — [17] A. Angoso, B. Alpanseque, M. M. Martin (Acta Salmanticensia Ser. Cienc. [2] **3** Nr. 2 [1962] 59/67; C. A. **57** [1962] 14683). — [18] E. Torikai, H. Maeda, Y. Kawami (Osaka Kogyo Gijutsu Shikensho Kiho **22** Nr. 2 [1971] 173/7 nach C. A. **76** [1972] Nr. 9993). — [19] K. Kraut (Liebigs Ann. Chem. **118** [1861] 95/9). — [20] B. N. Bez'yazykov, T. D. Lemets, E. S. Nenno (Zh. Neorgan. Khim. **18** [1973] 1398/400; Russ. J. Inorg. Chem. **18** [1973] 740/1).

[21] M. R. Christoffersen, J. E. Prue (Trans. Faraday Soc. **66** [1970] 2878/88). — [22] C. Duval, J. Lecomte (Bull. Soc. Chim. France [5] **11** [1944] 376/84).

8.6.38 Das System MnS_2O_6-CaS_2O_6-H_2O

The MnS_2O_6-CaS_2O_6-H_2O System

In diesem System treten im untersuchten Temperaturbereich von 25 bis 50°C als feste Phasen nur $MnS_2O_6 \cdot 6H_2O$ (s. S. 258) und $CaS_2O_6 \cdot 4H_2O$ (s. „Calcium" B, S. 793) auf. Die Löslichkeitsisothermen, s. **Fig. 84**, bestehen aus zwei Kristallisationsästen, die den beiden Hydraten entsprechen. Bei den Zweisalzpunkten haben die Lösungen folgende Zusammensetzungen und Dichten D:

$[MnS_2O_6]$ in Gew.-% . . .	28.1	41.2	45.3
$[CaS_2O_6]$ in Gew.-%	3.1	1.5	1.2
D in g/cm³	1.4211	1.5409	1.5514
t in °C	25	40	50

Tabellarische Wiedergabe der Dichte verschiedener Zusammensetzungen s. Original, B. N. Bez'yazykov, T. D. Lemets, E. S. Nenno (Zh. Neorgan. Khim. **18** [1973] 1398/400; Russ. J. Inorg. Chem. **18** [1973] 740/1).

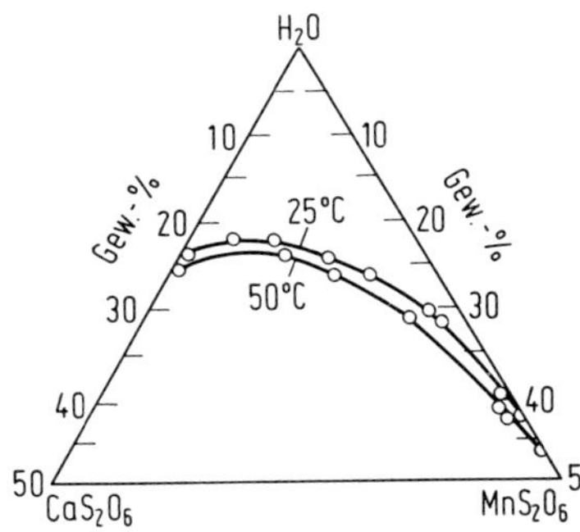

Fig. 84

Löslichkeitsisothermen im System MnS_2O_6-CaS_2O_6-H_2O bei verschiedenen Temperaturen.

8.6.39 Das System MnS_2O_6-$MnSO_4$-H_2O

The MnS_2O_6-$MnSO_4$-H_2O System

In diesem System treten im untersuchten Temperaturbereich von 20 bis 50°C als feste Phasen nur $MnSO_4 \cdot H_2O$, $MnS_2O_6 \cdot 6H_2O$ und bei 20°C zusätzlich $MnSO_4 \cdot 5H_2O$ auf. Die Löslichkeitsisothermen bei 20, 30 und 50°C, s. **Fig. 85**, haben Zweisalzpunkte, die von $MnSO_4 \cdot H_2O$ und $MnS_2O_6 \cdot 6H_2O$ gebildet werden, bei folgenden Zusammensetzungen und Dichten der Lösungen:

$[MnSO_4]$ in Gew.-%	13.74	9.58	2.23
$[MnS_2O_6]$ in Gew.-% . . .	37.50	40.31	46.85
D in g/cm³	1.4948	1.5013	1.4932
t in °C	20	30	50

Ein weiterer Zweisalzpunkt bei 20°C mit $MnSO_4 \cdot 5H_2O$ und $MnSO_4 \cdot H_2O$ existiert bei 27.25 Gew.-% $MnSO_4$ und 13.25 Gew.-% MnS_2O_6 in der Lösung, deren Dichte 1.5020 g/cm³ beträgt. In der

Fig. 85

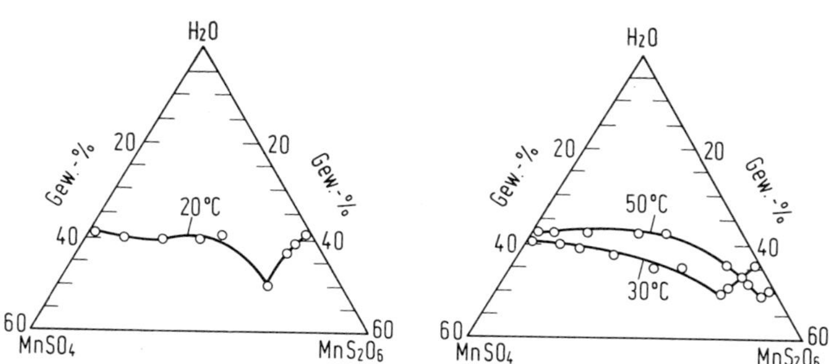

Löslichkeitsisothermen im System MnS_2O_6-$MnSO_4$-H_2O bei verschiedenen Temperaturen.

Lösung, die an $MnSO_4$ und MnS_2O_6 gesättigt ist, fällt die Gesamtkonzentration von 51.25 bei 20°C auf 49.08 Gew.-% Salz bei 50°C. Tabellarische Wiedergabe der Dichte verschiedener Zusammensetzungen s. Original, T. D. Lemets, E. S. Nenno (Zh. Neorgan. Khim. **18** [1973] 1678/81; Russ. J. Inorg. Chem. **18** [1973] 885/7).

8.6.40 Mangan(II)-polythionate

Manganese(II) Polythionates

Die Verbindungen sind hygroskopisch und zersetzen sich langsam in wäßriger Lösung. Alle Stufen der Darstellung werden unterhalb 27°C durchgeführt, da bereits bei 37°C thermische Zersetzung eintritt. Die Polythionate lösen sich leicht in Äthanol, Aceton, Acetophenon und verschiedenen Estern, wie Essigsäureäthyl- und Acetessigester, O. v. Deines, E. Christoph (Z. Anorg. Allgem. Chem. **213** [1933] 209/39, 238).

8.6.40.1 Mangan(II)-trithionat $MnS_3O_6 \cdot 4H_2O$

Manganese(II) Trithionate

Die Verbindung wird hergestellt, indem man zu 7.0 g (≙ 19.4 mmol) $Mn(ClO_4)_2 \cdot 6H_2O$, das in möglichst wenig Wasser gelöst ist, bei Zimmertemperatur eine frisch bereitete gesättigte Lösung von 5.5 g (≙ 20.4 mmol) $K_2S_3O_6$ unter Kühlung mit Eiswasser tropfenweise einrührt. Unter ständiger Kühlung auf 0°C wird vom ausgefallenen $KClO_4$ abfiltriert. Zum Filtrat gibt man 1 g $MnCO_3$ und dampft im Vakuum bei 20 bis 25°C zur Trockne ein. Der Rückstand wird unter Kühlung mit Eiswasser in wasserfreiem Aceton unter Ausschluß von Feuchtigkeit gelöst. Die Acetonlösung wird filtriert und das Aceton unter Feuchtigkeitsausschluß im Wasserstrahlvakuum abdestilliert. Das zurückbleibende, schwach rosafarbene, durchsichtige, zähe Öl wird mit einem Glasstab unter wasserfreiem Äther gerührt, bis nach mehrmaligem Wechsel des Äthers ein schwach rosastichiges Pulver erhalten wird. Es wird im evakuierten Exsikkator über konzentrierter Schwefelsäure, Ätzkali und Paraffinschnitzel getrocknet [1]. Dieses Verfahren folgt im wesentlichen dem von v. Deines, Christoph [2], doch war deren Produkt bereits teilweise zu Thiosulfat zersetzt. — Das Salz ist unter wasserfreiem Äther sowie im Exsikkator haltbar. Es ist in $CHCl_3$, CCl_4, CS_2, Essigsäureanhydrid und Kohlenwasserstoffen unlöslich [1].

Literatur:

[1] A. Meuwsen, G. Heinze (Z. Anorg. Allgem. Chem. **269** [1952] 86/91). — [2] O. v. Deines, E. Christoph (Z. Anorg. Allgem. Chem. **213** [1933] 209/39, 236).

8.6.40.2 Mangan(II)-tetrathionat $MnS_4O_6 \cdot 5H_2O$

Manganese(II) Tetrathionate

Zur Darstellung wird die wäßrige Lösung von 12 g $Mn(ClO_4)_2 \cdot 6H_2O$ und 10 g Kaliumtetrathionat bei 27°C zur Trockne eingedampft. Das feste Hydrat wird mit Aceton herausgelöst und

$MnS_4O_6 \cdot 5H_2O$

wegen der Zersetzungsgefahr sofort in Benzol filtriert. Der im Benzol abgeschiedene schwach rosafarbene Kristallbrei läßt sich unter Äther zu einem fast weißen Pulver entwässern, das in trockenem Zustand beständig ist. Es ist in Aceton und Wasser klar löslich und gibt mit Hg^{I}-Nitratlösung einen rein gelben Niederschlag. Die Verbindung zerfällt in alkoholischer Lösung und gibt dann mit Hg^{I}-Nitratlösung eine schwarze Fällung (Hinweis auf Trithionat oder Thiosulfat als Zersetzungsprodukte). Mit wäßrigem NaOH wird alles Mangan als Hydroxid gefällt, O. v. Deines, E. Christoph (Z. Anorg. Allgem. Chem. **213** [1933] 209/39, 227).

$Mn(HS_4O_6)_2$

8.6.40.3 $Mn(HS_4O_6)_2$

Zur Darstellung wird Wackenrodersche Flüssigkeit mit $MnCO_3$ neutralisiert. Zum Filtrat dieser Mischung wird das gleiche Volumen freier Tetrathionsäure zugesetzt, filtriert und im Vakuum bei niedriger Temperatur eingedampft. Dabei wird ein blaßrotes Kristallpulver erhalten [1]. Aus Wasser kristallisiert die Verbindung in Form von Nadelbüscheln, aus Alkohol in schwach rötlich gefärbten Täfelchen. Mit Wasser und Alkohol zerfließt das Kristallpulver [2]. Es ist in Wasser ohne Zersetzung löslich, die Lösung reagiert sauer. In trockenem Zustand kann es unverändert aufbewahrt werden. Mit steigender Temperatur zerfällt es jedoch schon unter 100°C in S, SO_2 und H_2S [1], s. auch [3].

Literatur:

[1] T. Curtius (J. Prakt. Chem. [2] **24** [1881] 225/39, 239). — [2] T. Curtius, F. Henkel (J. Prakt. Chem. [2] **37** [1888] 137/49, 148). — [3] O. v. Deines, E. Christoph (Z. Anorg. Allgem. Chem. **213** [1933] 209/39).

Manganese(II) Pentathionate

8.6.40.4 Mangan(II)-pentathionat $MnS_5O_6 \cdot 7H_2O$

Zur Darstellung werden 7.2 g $Mn(ClO_4)_2 \cdot 6H_2O$ und 7.0 g $K_2S_5O_6$ in wenig Wasser gelöst und zusammengegossen. Das beim Einengen ausfallende Hydrat wird in Alkohol gelöst und die alkoholische Lösung eingedampft. Der Eindampfrückstand wird verschiedene Male mit wasserfreiem Äther behandelt, wobei das wasserfreie Manganpentathionat in Form eines feinpulverigen, hellrosafarbenen Salzes anfällt. Nach Aufbewahren über flüssigem Paraffin im Vakuum ist es geruchlos und beständig. In Wasser und Alkohol ist das Salz klar löslich, O. v. Deines, E. Christoph (Z. Anorg. Allgem. Chem. **213** [1933] 209/39, 219).

Compounds of Manganese with S, N, and O Including Other Metals

8.7 Verbindungen des Mangans mit S, N und O einschließlich weiterer Metalle

Manganese(II) Amidosulfate

8.7.1 Mangan(II)-amidosulfat $Mn(SO_3NH_2)_2 \cdot nH_2O$ (n = 1.5, 3 bis 4)

Die Verbindung bildet sich in wäßriger Lösung bei der Einwirkung der freien Amidoschwefelsäure auf $MnCO_3$ [1, 2] oder bei der Reaktion von $Ba(SO_3NH_2)_2$ mit $MnSO_4$ [1], s. auch [3]. Blaßgelbe, blättchenförmige Kristallaggregate der Zusammensetzung $Mn(SO_3NH_2)_2 \cdot 4H_2O$ erhält Odehnal [2] beim Eindampfen unter vermindertem Druck bei 45 bis 50°C oder über konzentrierter Schwefelsäure und Capestan [1] beim Eindunsten bei 60°C, während Berglund [3] beim Eindampfen auf dem Wasserbad eine rosa kristalline Masse eines Trihydrats erhält (der angegebene Mn-Gehalt von 17.5% paßt jedoch besser zum Tetrahydrat (17.2%) als zum Trihydrat mit 18.3 Gew.-% Mn).

Aus magnetischen Untersuchungen an $Mn(SO_3NH_2)_2 \cdot 3H_2O$ schließen Perakis und Karantassis [4], daß das Mangan vorwiegend als Mn^{2+} vorliegt, da das magnetische Moment 5.75 μ_B beträgt. Zwischen 85 und 289 K gilt das Curie-Weiss-Gesetz mit C = 4.098 ± 0.022 $cm^3 \cdot K \cdot mol^{-1}$ und $\Theta = 0$ K.

Nach thermogravimetrischen Messungen wird $Mn(SO_3NH_2)_2 \cdot 4H_2O$ beim Erhitzen zwischen 100 und 150°C zu $Mn(SO_3NH_2)_2 \cdot 1.5H_2O$ entwässert. Dieses ist instabil und lagert sich bei etwa 200°C teilweise in $(NH_4)_2Mn(SO_4)_2$ (s. S. 200) um; der Rest verliert beim weiteren Erhitzen Kristallwasser. Zwischen 430 und 480°C wird das gesamte Gemisch in $MnSO_4$ umgewandelt [1], s. auch [3]. — Mangan(II)-amidosulfat ist in Wasser leicht löslich und in Alkohol unlöslich. Die wäßrige Lösung kann ohne Zersetzung bis zum Sieden erhitzt werden [3]. Angaben zur Viskosität und elektrischen Leitfähigkeit der wäßrigen Lösung s. Ishibashi u. a. [5].

Literatur:

[1] M. Capestan (Ann. Chim. [Paris] [13] **5** [1960] 207/34, 208, 225/7). — [2] M. Odehnal (Chem. Listy **49** [1955] 1571/3; C. A. **1956** 100). — [3] E. Berglund (Bull. Soc. Chim. France [2] **29** [1878] 422/6). — [4] N. Perakis, T. Karantassis (Compt. Rend. **240** [1955] 1407/9). — [5] S. Ishibashi, N. Shimozato, M. Orii, H. Yokoyama (Himeji Kogyo Daigaki Kenkyu Hokoku Nr. 8 [1958] 63/6 nach C. A. **1958** 16080).

8.7.2 Mangan(II)-hydrazidosulfat $Mn(SO_3NHNH_2)_2 \cdot 4H_2O$

Manganese(II) Hydrazidosulfate

Zur Darstellung werden 7.6 g $Ba(SO_3NHNH_2)_2 \cdot H_2O$ in 20 ml H_2O gelöst und mit einer Lösung von 3.02 g $MnSO_4$ in 30 ml H_2O umgesetzt. Das Filtrat wird zur Kristallisation eingeengt. Das Salz ist farblos und in Wasser sehr leicht löslich, A. Meuwsen, H. Tischer (Z. Anorg. Allgem. Chem. **294** [1958] 282/93, 288).

8.7.3 $K_4Mn(SO_3(NO)_2)_3 \cdot nH_2O$ (n = 0, 2)

$K_4Mn(SO_3(NO)_2)_3 \cdot nH_2O$

Zur Darstellung werden die Lösungen von 20 g $K_2(SO_3(NO)_2)$ in 300 ml Wasser und von 11 g $MnSO_4$ in 100 ml Wasser bei gewöhnlicher Temperatur zusammengegossen. Es fallen bündelartig geordnete hellgelbe Nadeln des Dihydrats aus, die abgesaugt und viermal mit Wasser und je zweimal mit Alkohol und wasserfreiem Äther gewaschen werden. Das Trocknen mit Alkohol und Äther ist notwendig, da sich die feuchte Verbindung im evakuierten Exsikkator über KOH zersetzt.

Beim Trocknen im Vakuumexsikkator über Schwefelsäure entsteht die wasserfreie Verbindung. Das Dihydrat zersetzt sich beim Erhitzen in Luft bei 144°C, in strömendem CO_2 bei 145°C. Dabei entweichen N_2O, NO, SO_2 und H_2O, während K_2SO_4, $MnSO_3$ und MnO im Rückstand nachweisbar sind. Im trockenen Zustand zersetzt sich die Verbindung bei gewöhnlicher Temperatur langsam unter N_2O-Verlust zu Sulfaten, ist aber beim Aufbewahren über KOH mehrere Wochen haltbar. Die wäßrige Lösung ist unbeständig, sie zersetzt sich schneller beim Erwärmen. Bei Zugabe von Säuren wird N_2O unter Aufbrausen abgegeben, H. Gehlen (Ber. Deut. Chem. Ges. **65** [1932] 1130/40), E. Weitz, F. Achterberg (Ber. Deut. Chem. Ges. **66** [1933] 1728/33, 1730).

8.8 Verbindungen des Mangans mit S und Halogenen einschließlich weiterer Metalle

Compounds of Manganese with S and Halogens Including Other Metals

8.8.1 Mangansulfidhalogenide

Manganese Sulfide Halides

$MnSCl_2$. Die Verbindung bildet sich in Form eines farblosen Pulvers beim Überleiten von trocknem Cl_2 über α- oder γ-MnS innerhalb 35 h; Tabelle der röntgenographischen d-Werte s. Original. Je nach dem Ausgangssulfid beträgt die Dichte D = 2.88 bzw. 2.87 g/cm³ und der Brechungsindex n_D = 1.596 bzw. 1.587. Die Verbindung ist in H_2O schwer löslich.

MnSBr. Zur Darstellung wird 30 h lang trocknes Brom über α- oder γ-MnS geleitet; d-Werte s. Original. In Abhängigkeit vom Ausgangssulfid wird D = 3.07 bzw. 2.78 g/cm³ und n_D = 1.69 ± 0.02 bzw. 1.589 gemessen. Die als farbloses Pulver anfallende Verbindung ist in H_2O schwer löslich.

MnSJ. Die Verbindung entsteht bei 50stündigem Erhitzen von α- oder γ-MnS mit überschüssigem Jod im geschlossenen Rohr auf 270 bzw. 175 bis 180°C; d-Werte s. Original. Das graue Pulver hat je nach dem Ausgangsmaterial eine Dichte von 2.65 bzw. 2.80 g/cm³. Aus α-MnS erhaltene Präparate haben die Brechungsindizes (λ = 589 nm) n_α = 1.544, n_β = 1.566, n_γ = 1.583, $\bar{n}$ = 1.564; der Mittelwert der aus γ-MnS hergestellten Präparate beträgt $\bar{n}$ = 1.595. Die Verbindung ist an der Luft

MnSI

bis 150°C stabil; sie ist in H_2O schwer löslich, in organischen Lösungsmitteln unlöslich, S. S. Batsanov, L. I. Gorogotskaya (Zh. Neorgan. Khim. **4** [1959] 62/70; Russ. J. Inorg. Chem. **4** [1959] 24/7).

$NaCl-MnS_2$ and $KCl-MnS_2$ Solid Solutions

8.8.2 $NaCl-MnS_2$- und $KCl-MnS_2$-Mischkristalle

Nach dem Ausgasen der Komponenten $MnCl_2$, S und NaCl bzw. KCl im Vakuum bei 600 bis 700°C werden die Kristalle nach der Bridgman-Stockbarger-Methode in evakuierten Quarzglasampullen gezüchtet [1, 2]. In den NaCl-Kristallen beträgt der Gehalt an Mn etwa 0.05 Atom-% und an Schwefel 0.03 bis 0.3 Atom-% [1]. In den KCl-Kristallen variiert Mn zwischen 0.08 und 0.45 Atom-% und S zwischen 0.4 und 0.6 Atom-% [2]. Aus paramagnetischen Resonanzmessungen wird auf „Komplexe" aus Mn^{2+} und S_2^{2-} geschlossen, deren Orientierung von der Temperatur beeinflußt wird. Oberhalb 480 K (in NaCl [1]) bzw. oberhalb 570 K (in KCl [2]) werden die Komplexe zerstört, bilden sich jedoch bei langsamem Abkühlen wieder zurück.

Literatur:

[1] M. I. Kornfel'd, Yu. N. Tolparov (Fiz. Tverd. Tela **9** [1967] 2047/51; Soviet Phys.-Solid State **9** [1967] 1607/10). — [2] M. I. Kornfel'd, Yu. N. Tolparov (Fiz. Tverd. Tela **11** [1969] 137/41; Soviet Phys.-Solid State **11** [1969] 100/3).

$Cd_2Mn_2SF_6$

8.8.3 $Cd_2Mn_2SF_6$

Zur Darstellung werden in einem geschlossenen Pt-Rohr CdF_2, CdS und MnF_2 in stöchiometrischer Menge eine halbe Stunde auf 1000°C erhitzt. Bei 700°C benötigt die vollständige Reaktion 4 d, bei 600°C verläuft die Reaktion sehr langsam. Das zusammengesinterte Reaktionsprodukt ist stets mit Spuren der Ausgangsstoffe verunreinigt. Es kristallisiert kubisch in der Struktur von Pyrochlor (s. „Niob" B 3, S. 104) mit a = 11.04 Å, Raumgruppe Fd3m-O_h^7 (Nr. 227); Z = 8, J. Pannetier, Y. Calage, J. Lucas (Mater. Res. Bull. **7** [1972] 57/62).

$Hg_2Mn_2SF_6$

8.8.4 $Hg_2Mn_2SF_6$

In Analogie zu $Cd_2Mn_2SF_6$ (s. oben) werden zur Darstellung stöchiometrische Mengen von HgF_2, HgS und MnF_2 in trockener Atmosphäre gemahlen und in einem geschlossenen Au-Rohr 10 h auf 450 bis 500°C erhitzt. Die pulverförmige Verbindung ist an der Luft stabil. Sie kristallisiert wie $Cd_2Mn_2SF_6$ kubisch im Pyrochlor-Typ mit a = 10.9549 ± 0.0031 Å. Der Parameter der F-Atome auf der Punktlage 48f (x, 1/8, 1/8 usw.) ergibt sich zu x = 0.3185(22); R = 4.86%. Die Atomabstände betragen (in Å): Hg-F = 2.776(5), Hg-S = 2.3717(7), Mn-F = 2.077(2), der Winkel Mn-F-Mn ist 137.6°, D. Bernard, J. Pannetier, J. Lucas (J. Solid State Chem. **14** [1975] 328/34).

Compounds of Manganese with S, Halogens, O, and Other Metals

8.9 Verbindungen des Mangans mit S, Halogenen, O sowie weiteren Metallen

$K_2MnF_3SO_4$

8.9.1 $K_2MnF_3SO_4$

Die purpurfarbigen Nadeln (gestreckt nach [100]) fallen bei der Herstellung von $K_2MnF_5 \cdot H_2O$ aus Lösungen mit hoher Mn^{III}-Konzentration als Verunreinigung an. Sie sind rhombisch, Gitterkonstanten: a = 7.26 ± 0.01, b = 8.45 ± 0.01, c = 10.77 ± 0.02 Å; Z = 4, Röntgendichte 2.87 g/cm³. Raumgruppe Pnab-D_{2h}^{14} (Nr. 60). Atomlagen:

Atom	Punktlage	x	y	z
Mn	4a	0	0	0
K	8d	0.1954(4)	0.3268(4)	0.1910(3)
F(1)	4c	0.25	0.1095(12)	0
F(2)	8d	−0.0245(11)	0.0557(8)	0.1619(7)
S	4c	0.25	−0.3108(5)	0
O(1)	8d	0.1085(13)	−0.2046(10)	0.0597(8)
O(2)	8d	0.3363(15)	−0.4051(13)	0.0982(10)

R = 6.4%. In dieser Struktur sind die Mn-Atome verzerrt oktaedrisch von 4F- und zwei O-Atomen umgeben: Mn-O(1) = 2.01 Å, Mn-F(1) = 2.04 Å, Mn-F(2) = 1.82 Å (je 2 ×). Die Mn-Atome sind über die F(1)-Atome zu Mn-F-Mn-Ketten (Winkel Mn-F-Mn = 126°) und durch zwei O-Atome von zwei verschiedenen SO_4-Gruppen zickzack-artig zu Bändern in der (001)-Ebene in Richtung [100] verbunden, s. **Fig. 86**. Der Abstand S-O(2) hat mit 1.465 Å die übliche Länge, während der Abstand zum Brücken-O(1) mit 1.507 Å länger ist. Die K-Atome bilden gewellte Schichten zwischen den Anionenketten senkrecht zu [001]. Jedes K-Atom ist unregelmäßig von fünf O-Atomen und drei F-Atomen im Abstand von 2.68 bis 3.17 Å umgeben. Weitere Atomabstände s. Original, A. J. Edwards (J. Chem. Soc. A **1971** 3074/6).

Fig. 86

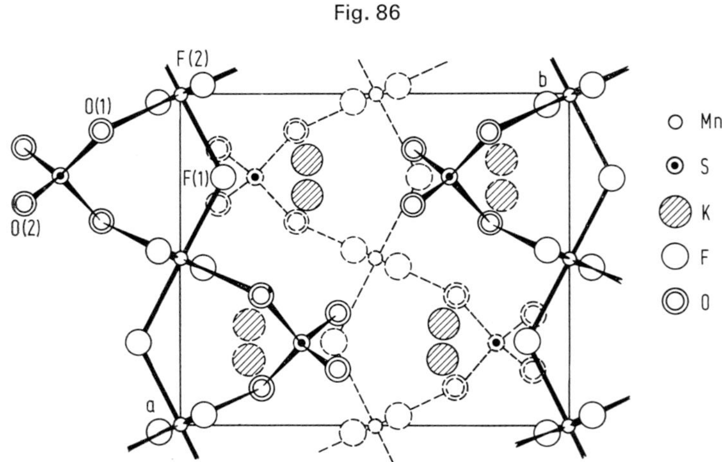

Projektion der Kristallstruktur von $K_2MnF_3SO_4$ entlang [001]. Die Atome bei z ≈ $^1/_2$ sind gestrichelt eingezeichnet.

8.9.2 Mangan(II)-fluorosulfat $Mn(SO_3F)_2$

Manganese(II) Fluorosulfate

Zur Darstellung wird wasserfreies Mangan(II)-acetat 2 h unter Feuchtigkeitsausschluß in Fluoroschwefelsäure, HSO_3F, am Rückfluß gekocht. Das farblose Reaktionsprodukt wird mit wenig HSO_3F, danach mit CH_2Cl_2 gewaschen und bei 1 bis 3 mTorr und 60 bis 80°C 3 h getrocknet. Als Ausgangssubstanz eignet sich auch Mangan(III)-acetat, das sich während der Umsetzung von braun über grün nach weiß verfärbt. Die Umsetzung von $MnSO_4$ ist unter diesen Bedingungen unvollständig [1].

Bei 23°C wird die Dichte in CCl_4 zu 2.64 ermittelt [1]. Das magnetische Moment von 5.84 μ_B deutet auf eine oktaedrische Anordnung der Sauerstoffatome um das Mn^{2+}-Ion. Die S-F-Schwingungsfrequenz wird bei 835 cm^{-1} gefunden [2].

Literatur:

[1] A. A. Woolf (J. Chem. Soc. A **1967** 355/8). — [2] D. A. Edwards, M. J. Stiff, A. A. Woolf (Inorg. Nucl. Chem. Letters **3** [1967] 427/9).

8.9.3 $MnOSO_3F$

$MnOSO_3F$

Die braunschwarze Verbindung wird hergestellt, indem man in einem geschlossenen Gefäß bei −183°C $S_2O_6F_2$ im Überschuß auf $MnCO_3$ kondensiert. Die Komponenten reagieren nach dem Erwärmen auf Zimmertemperatur in 3 bis 12 h nach $2\,MnCO_3 + S_2O_6F_2 \rightarrow 2\,MnOSO_3F + 2\,CO_2$. Die flüchtigen Produkte (außer $S_2O_6F_2$ und CO_2 auch $S_2O_5F_2$ und O_2 sowie Spuren von SiF_4)

$MnOSO_3F$

werden bei $-40°C$ abgepumpt. Bei der Reaktion mit angesäuerter KJ-Lösung werden je mol $MnOSO_3F$ 1.04 Äquivalente O_2 und J_2 frei, d. h. die Verbindung enthält Mn^{III}. — Das IR-Spektrum ist vermutlich infolge Reaktion mit dem verwendeten Nujol von schlechter Qualität. Es lassen sich S-F- und S=O-Valenzschwingungsbanden in Bereichen erkennen, die charakteristisch für Fluorosulfate sind, R. Dev, G. H. Cady (Inorg. Chem. **10** [1971] 2354/5).

The $MnSO_4$-$MnCl_2$ System

8.9.4 Das System $MnSO_4$-$MnCl_2$

Nach thermischen Untersuchungen ist dies ein einfach eutektisches System. Das Eutektikum liegt bei 604°C und 30 Mol-% $MnSO_4$, s. hierzu auch Fig. 87, D. S. Lesnykh, Z. M. Karmanova (Uch. Zap. Rostovsk. na Donu Gos. Univ. **25** Nr. 7 [1955] 19/23; C. A. **1959** 11974).

The $MnSO_4$-$MnCl_2$-H_2O System

8.9.5 Das System $MnSO_4$-$MnCl_2$-H_2O

Nach thermischen Untersuchungen und chemischer Analyse existieren in diesem System bei 25°C nur die beiden Bodenkörper $MnSO_4 \cdot H_2O$ und $MnCl_2 \cdot 4H_2O$, s. Fig. 88. $MnCl_2 \cdot 4H_2O$ kann bis zu 4.88 Gew.-% $MnSO_4$ und $MnSO_4 \cdot H_2O$ bis zu 14.86 Gew.-% $MnCl_2$ aufnehmen, ehe die andere Phase mit auskristallisiert. Am Zweisalzpunkt mit $MnSO_4 \cdot H_2O$ und $MnCl_2 \cdot 4H_2O$ als Bodenkörper besteht die Lösung aus 40.85 Gew.-% $MnSO_4$ und 4.81 Gew.-% $MnCl_2$; Dichte D = 1.552 g/cm³, Brechungsindex n = 1.454, EMK = 508 mV (gegen gesättigte Kalomelelektrode). Weitere Werte von D, n und EMK in Abhängigkeit von der Konzentration der Lösung s. Original.

Mangan(II)-chlorid und -sulfat hydrolysieren in Wasser. Der pH-Wert der $MnSO_4$-Lösung beträgt 1.95, der der $MnCl_2$-Lösung ist unter Null. Der Zusatz von $MnCl_2$ zur gesättigten $MnSO_4$-Lösung erhöht deren Acidität; z. B. wird bei einer Lösung von 37.08 Gew.-% $MnCl_2$ und 6.45 Gew.-% $MnSO_4$ ein pH von 0.15 erreicht, bei höherem $MnCl_2$-Gehalt (40.85 bis 43.60 Gew.-% sowie 4.81 bis 2.47 Gew.-% $MnSO_4$) liegt der pH-Wert unterhalb von Null, I. G. Druzhinin, V. N. Gorokhova (Izv. Vysshikh Uchebn. Zavedenii Khim. i Khim. Tekhnol. **4** [1961] 765/71; C. A. **56** [1962] 9477), s. auch V. N. Gorokhova, I. G. Druzhinin (Tr. Kirg. Gos. Univ. Ser. Khim. Nauk **1968** 86/94; C. A. **73** [1970] Nr. 92067).

The Mn^{2+}-Li^+-SO_4^{2-}-Cl^- Reciprocal System

8.9.6 Das reziproke System Mn^{2+}-Li^+-SO_4^{2-}-Cl^-

Thermische Untersuchungen ergeben das in **Fig. 87** wiedergegebene Schmelzdiagramm. Zu den Randsystemen $MnSO_4$-$MnCl_2$ s. oben, $MnCl_2$-LiCl s. „Mangan" C5, $MnSO_4$-Li_2SO_4 s. S. 178 und Li_2SO_4-LiCl s. „Lithium" Erg.-Bd., S. 486. Von den Diagonalschnitten hat der zwischen $MnCl_2$ und

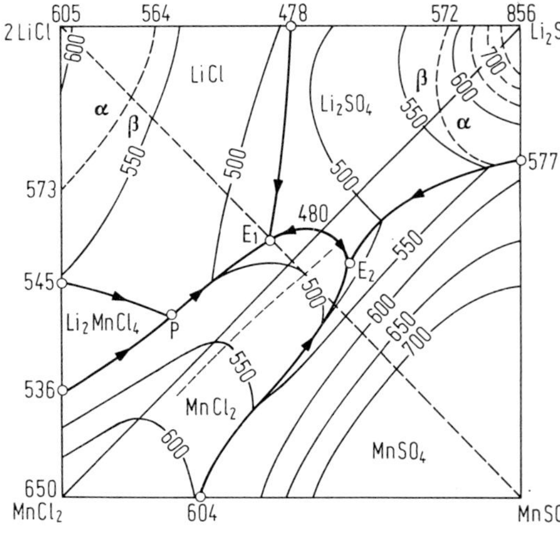

Fig. 87

Schmelzdiagramm des reziproken Systems Mn^{2+}-Li^+-SO_4^{2-}-Cl^- (Temperaturangaben in °C).

Li_2SO_4 den Charakter eines binären eutektischen Systems mit einem Eutektikum bei 480°C und 42.5 Mol-% $MnCl_2$. Für die Reaktion $2\,LiCl + MnSO_4 \rightarrow MnCl_2 + Li_2SO_4$ wird eine Enthalpie von 3.13 kcal/mol angegeben. Der Schnitt zwischen LiCl und $MnSO_4$ besteht aus 4 Ästen: α-LiCl, β-LiCl, $MnCl_2$ und $MnSO_4$, die bei 553°C und 15%, 474°C und 45% bzw. 490°C und 60% $MnSO_4$ die Diagonale schneiden. Die Schmelzkurve hat ein Maximum bei 500°C und 52.5 Mol-% $MnSO_4$. Eutektika liegen bei E_1 = 474 und E_2 = 478°C, ein Peritektikum bei P = 516°C. Das Temperaturmaximum im $MnCl_2$-Feld (gestrichelte Linie) ist gegenüber der Diagonalen um etwa 2.5% in Richtung zum $MnSO_4$ verschoben, was auf eine gewisse Reversibilität im System bei den Schmelztemperaturen hinweist, D. S. Lesnykh, Z. M. Karmanova (Uch. Zap. Rostovsk. na Donu Gos. Univ. **25** Nr. 7 [1955] 19/23; C. A. **1959** 11974).

8.9.7 Das reziproke System Mn^{2+}-Na^+-SO_4^{2-}-Cl^--H_2O

The Mn^{2+}-Na^+-SO_4^{2-}-Cl^--H_2O Reciprocal System

Nach Löslichkeitsuntersuchungen bei 25°C treten in diesem System folgende Bodenkörper auf: NaCl, Na_2SO_4, $Na_2SO_4 \cdot 10\,H_2O$, $MnSO_4 \cdot H_2O$ (s. S. 122), $MnCl_2 \cdot 4\,H_2O$ und $Na_2Mn(SO_4)_2 \cdot 2\,H_2O$ (s. S. 184) sowie Mischkristalle dieses Doppelsalzes mit $MnSO_4 \cdot H_2O$, s. **Fig. 88.** Lage der Dreisalzpunkte:

Punkt	Zusammensetzung der Lösung in Gew.-%				Bodenkörper
	NaCl	Na_2SO_4	$MnCl_2$	$MnSO_4$	
I	14.66	9.05	7.62	—	NaCl, Na_2SO_4, $Na_2Mn(SO_4)_2 \cdot 2\,H_2O$
II	7.67	18.52	4.63	—	Na_2SO_4, $Na_2SO_4 \cdot 10\,H_2O$, $Na_2Mn(SO_4)_2 \cdot 2\,H_2O$
III	—	7.13	7.54	25.26	$MnSO_4 \cdot H_2O$, $Na_2Mn(SO_4)_2 \cdot 2\,H_2O$, Mischkristalle dieser Phasen
IV	1.65	2.56	42.36	—	NaCl, $MnCl_2 \cdot 4\,H_2O$, $MnSO_4 \cdot H_2O$
V	3.45	2.93	39.17	—	NaCl, $Na_2Mn(SO_4)_2 \cdot 2\,H_2O$, $MnSO_4 \cdot H_2O$

Am Dreisalzpunkt V besteht starke Neigung zur Bildung metastabiler Zustände: Die Konzentrationsbereiche können beim NaCl 2.64 bis 4.63, beim Na_2SO_4 2.20 bis 3.30 und beim $MnCl_2$ 37.70 bis 41.19 Gew.-% betragen, V. N. Gorokhova, I. G. Druzhinin (Tr. Kirg. Gos. Univ. Ser. Khim. Nauk

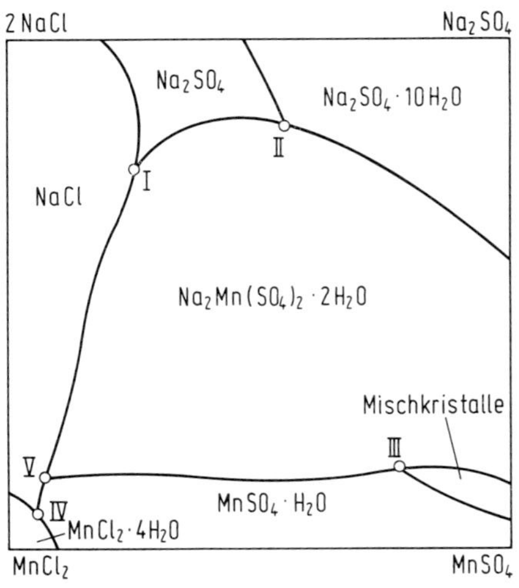

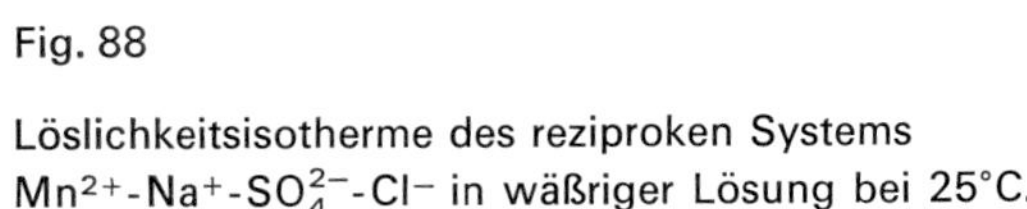
Fig. 88

Löslichkeitsisotherme des reziproken Systems Mn^{2+}-Na^+-SO_4^{2-}-Cl^- in wäßriger Lösung bei 25°C.

1968 86/94; C. A. **73** [1970] Nr. 92067), V. N. Gorokhova (Mater. Mezhvuz. 1st Nauchn. Teor. Konf. Nauchn. Pedagog. Rab. Aspir. Vyssh. Uchebn. Zavedenii Kirg. SSR Frunze Partii Kirgizii 1966, S. 165/6; C. A. **69** [1968] Nr. 5723).

Manganese(II) Chlorosulfate

8.9.8 Mangan(II)-chlorosulfat $Mn(SO_3Cl)_2$

Zur Darstellung wird wasserfreies $MnCl_2$ unter Feuchtigkeitsausschluß in Chloroschwefelsäure, HSO_3Cl, eingetragen. Nach vollendeter Reaktion wird abfiltriert und das Pulver mit SO_2 gewaschen.

Im IR-Spektrum treten Banden bei 532, 549, 560, 635, 876, 980, 1070, 1080, 1235 und 1302 cm^{-1} auf, die dem Anion zugeordnet werden können und gegenüber den entsprechenden Salzen von Ca und Sr nur wenig verschoben sind. — Die Verbindung ist bei Zimmertemperatur stabil, raucht aber an feuchter Luft. Die thermogravimetrisch untersuchte Zersetzung erfolgt zwischen 240 und 320°C nach $2Mn(SO_3Cl)_2 \rightarrow MnSO_4 + MnCl_2 + 2SO_3 + SO_2Cl_2$. Die wäßrige Lösung zeigt eine stärkere Acidität als theoretisch erwartet, S. Noël, G. Palavit, J.-C. Fischer (Compt. Rend. C **269** [1969] 1044/7).

The $MnSO_4$-$MnBr_2$-H_2O System

8.9.9 Das System $MnSO_4$-$MnBr_2$-H_2O

In diesem System werden die Löslichkeitsisothermen bei 0, 25 und 50°C ermittelt. Danach liegt ein einfaches, isotherm-invariantes System vor. Bei 0°C hat die Lösung am isotherm-invarianten Punkt die Zusammensetzung 55.13 Gew.-% $MnBr_2$ und 1.55 Gew.-% $MnSO_4$ über einem Bodenkörper aus $MnSO_4 \cdot 5H_2O$ und $MnBr_2 \cdot 4H_2O$; Dichte der Lösung D = 1.8635 g/cm^3, Viskosität η = 20.86 cP. Bei Lösungen mit weniger als 27.5 Gew.-% $MnBr_2$ und mehr als 10.4 Gew.-% $MnSO_4$ tritt als Bodenkörper $MnSO_4 \cdot 7H_2O$ auf. Bei 25°C hat die Lösung am isotherm-invarianten Punkt die Zusammensetzung 58.1 Gew.-% $MnBr_2$ und 2.48 Gew.-% $MnSO_4$ (D = 1.9389 g/cm^3, η = 13.34 cP) über einem Bodenkörper aus $MnSO_4 \cdot 4H_2O$ und $MnBr_2 \cdot 4H_2O$; bei 50°C entsprechend 63.5 Gew.-% $MnBr_2$ und 0.95 Gew.-% $MnSO_4$ (D = 1.9223 g/cm^3, η = 9.09 cP) über $MnSO_4 \cdot 4H_2O$ und $MnBr_2 \cdot 4H_2O$. Weitere Angaben über Dichte und Viskosität der Lösung im Original, A. I. Dzhabarov, A. I. Agaev, V. A. Aliev (Uch. Zap. Azerb. Gos. Univ. Ser. Khim. Nauk **1971** Nr. 2, S. 3/8; C. A. **78** [1973] Nr. 8444).

9 Mangan und Selen

Manganese and Selenium

Übersicht

Review in German

Mangan bildet mit Selen die Verbindungen MnSe und $MnSe_2$, deren physikalisch-chemische Eigenschaften sehr ähnlich wie bei den entsprechenden Sulfiden sind (s. S. 2, 35). Beide Verbindungen werden bei tiefen Temperaturen antiferromagnetisch. $MnSe_2$ ist thermisch stabiler als MnS_2.

Review in English

Review. Manganese and selenium form the compounds MnSe and $MnSe_2$, whose physicochemical properties are very similar to those of the corresponding sulfides (see page 2, 35). Both compounds become antiferromagnetic at low temperatures. $MnSe_2$ is thermally more stable than MnS_2.

9.1 Das System Mn-Se

The Mn-Se System

Mangan bildet mit Selen die beiden Verbindungen MnSe und $MnSe_2$, die bei 540°C innerhalb der röntgenographischen Nachweisgrenze (± 0.003 Å) stöchiometrisch zusammengesetzt sind [1]. Auch bei 650°C wird bei MnSe keine Abweichung von der Stöchiometrie beobachtet [2], s. auch [3]. Zu den Phasenumwandlungen von MnSe s. S. 271. — Die Modifikation γ-Mn kann etwas mehr als 5 Atom-% Se einbauen, während bei α-Mn die Se-Konzentration geringer ist [4]. In Selen, das bei 300 bis 500°C mit Mn dotiert wird, liegt das Mangan nach ESR-Messungen in Form von MnSe vor [5 bis 7].

Literatur:

[1] H. Wiedemeier, A. Sigai (High Temp. Sci. **1** [1969] 18/25). — [2] W. D. Johnston, R. R. Heikes (J. Am. Chem. Soc. **80** [1958] 5904/7). — [3] A. J. Jacobson, B. E. F. Fender (J. Chem. Phys. **52** [1970] 4563/6). — [4] E. M. Savitskii, Ch. V. Kopetskii (Izv. Akad. Nauk SSSR Otd. Tekhn. Nauk Met. i Toplivo **1962** Nr. 4, S. 157/61 nach C. A. **57** [1962] 16286). — [5] G. B. Abdullaev, N. I. Ibragimov, Sh. V. Mamedov, T. Ch. Dzhuvarly (Dokl. Akad. Nauk Azerb. SSR **21** Nr. 4 [1965] 13/6 nach C. A. **63** [1965] 14035).

[6] V. A. Dorin, V. V. Isaev-Ivanov, V. F. Masterov, K. F. Shtel'makh (Fiz. i Tekhn. Poluprov. **5** [1971] 751/3; Soviet Phys.-Semicond. **5** [1971] 660/1). — [7] G. B. Abdullaev, N. I. Ibragimov, Sh. V. Mamedov, Z. M. Abutalybova (Izv. Akad. Nauk Azerb. SSR Ser. Fiz. Tekhn. i Mat. Nauk **1968** Nr. 6, S. 76/84 nach C. A. **71** [1969] Nr. 76073).

9.2 Mangan(II)-selenid MnSe

Manganese(II) Selenide

9.2.1 Darstellung und Bildung

Formation. Preparation

Ähnlich wie bei MnS (s. S. 2) entsteht bei den trockenen Verfahren die stabile α-Modifikation, während die instabilen β- und γ-Modifikationen nur in Lösung gebildet werden.

Bei der Herstellung aus den Elementen werden stöchiometrische Mengen Mn und Se in evakuierten Quarzglasröhren zunächst vorsichtig erhitzt, bis die Reaktion an einer Stelle einsetzt. Unter Glühen schreitet sie dann durch den ganzen Ansatz fort [1, 2, 3]. Um Nebenreaktionen mit der Rohrwand zu vermeiden, werden die Ausgangssubstanzen in ein Korundschiffchen gefüllt [4] oder das Quarzrohr wird vorher innen graphitisiert [5]. Zur Homogenisierung der Präparate wird anschließend bei 600 bis 1200°C getempert [2, 3, 5 bis 8]. Die Reaktion kann auch mit einem Überschuß an Se von 50% durchgeführt werden, das anschließend im Vakuum bei 500°C entfernt wird [9]. In diesen Präparaten werden 0.04 [10] bis etwa 1 Gew.-% Sauerstoff nachgewiesen [11]. Reines MnSe entsteht beim Überleiten von Se-Dampf über Mn-Pulver bei 500 bis 600°C in H_2-Atmosphäre [11, 12, 13]. — Auf trockenem Wege kann MnSe außerdem durch Überleiten eines H_2S-N_2-Stroms über erhitztes $MnCl_2$ oder durch Reduktion von $MnSeO_4$ (s. S. 300) mit Zuckerkohle erhalten werden [14]. Die Präparate sind in kompakter Form grau bis schwarz [14], in feinverteilter braun [6, 12] bis gelblich [14].

Preparation of MnSe

Auf nassem Wege läßt sich MnSe durch Fällung einer wäßrigen Mn^{2+}-Salzlösung mit H_2Se [14] (möglichst unter Luftausschluß [15, 16]), Na_2Se [13], NaHSe [16] oder $(NH_4)_2Se$ [17] herstellen. Die Präparate enthalten meist Se [14, 18] und lassen sich nicht ohne Zersetzung trocknen [15]. Üblicherweise entsteht bei der Fällung α-MnSe, da sich die instabilen β- und γ-Modifikationen schnell in die stabile α-Modifikation umwandeln [13, 17]. Um β-MnSe zu erhalten, wird eine entgaste CH_3COONa-haltige $(CH_3COO)_2Mn$-Lösung bei Raumtemperatur in H_2Se-Atmosphäre von 0.5 atm stehen gelassen. Nach 12 h sind etwa 50% der theoretischen Ausbeute an β-MnSe in Form eines feinen braunen Pulvers ausgefallen. Mitgefälltes Se (bis 15 Gew.-%!) kann teilweise mit CS_2 herausgewaschen werden [17, 18]. Bei diesem Verfahren bilden sich auch Spuren von γ-MnSe, deren Menge durch Erhöhung der Mn-Konzentration etwas vergrößert werden kann [18]. γ-MnSe läßt sich auch durch Einwirkung von H_2Se und NH_3 auf eine siedende Lösung von $MnSO_4$ oder $MnCl_2$ herstellen [17]. — Bei einem weiteren nassen Verfahren wird eine ammoniakalische Lösung von $(CH_3COO)_2Mn$ mit ammoniakalischen Lösungen von SeO_2 und Hydraziniumsulfat versetzt. Beim Erwärmen auf dem Wasserbad fällt MnSe aus [19].

Einkristalle lassen sich aus stöchiometrischen Mengen der Elemente über Transportreaktionen in evakuierten Quarzampullen unter Jodzusatz (1 bis 3 mg Jod je cm^3 Rohrvolumen) im Temperaturgefälle 800 → 750°C [20], 875 → 840°C [21] oder 900 → 850°C [22] züchten, s. auch [10]. Werden die Quarzrohre vorher innen mit Salpetersäure, die 1 bis 5% HF enthält, 1 bis 2 min angeätzt, so entstehen hauptsächlich plättchenförmige Kristalle. Bei längerer Ätzdauer (etwa 5 min) bilden sich vorwiegend Oktaeder aus, während bei noch längerem Ätzen oder höheren HF-Konzentrationen nur polykristalline Präparate erhalten werden [21, 22]. Der Jodgehalt der Kristalle beträgt etwa 10^{-2} Gew.-% [22]. Einkristalle lassen sich auch aus polykristallinem Material im Gefälle 1000 → 600°C unter Zusatz von 6 mg Jod je cm^3 Rohrvolumen züchten [23]. — Zur Züchtung nach der Stockbarger-Technik im Graphittiegel, der sich in zwei ineinander geschobenen, evakuierten Quarzampullen befindet, s. [24].

Dünne, polykristalline Schichten lassen sich im Vakuum von 10^{-7} Torr auf Glas oder Quarzglas von 250°C aufsublimieren. Oberhalb 250°C entstehen auf Spaltflächen von NaCl, MgO oder CaF_2 einkristalline, epitaktische Schichten von α-MnSe (NaCl-Typ), deren kristallographische Orientierung der jeweiligen Spaltfläche entspricht. Schichten mit glatter Oberfläche erhält man, wenn auf das Glassubstrat von 250°C zunächst Mn aufgedampft wird, das dann im Vakuum mit Se oder mittels eines H_2Se-H_2-Stromes bei 250°C zu MnSe umgesetzt wird [10].

Thermodynamische Daten der Bildung. (Bildungsenthalpie ΔH° und freie Bildungsenthalpie ΔG° bei 298 K unter Standardbedingungen in kcal/mol.) Aus der Reaktion von MnSe mit Bromwasser ergibt sich $\Delta H^\circ = -37.7 \pm 0.4$ [25] in guter Übereinstimmung mit Sublimationsuntersuchungen von MnSe: $\Delta H^\circ = -37.4 \pm 2.5$ [20]. Diese Werte weichen deutlich von den älteren, auf Fabre [13] zurückgehenden mit $\Delta H^\circ = -28.0$, $\Delta G^\circ = -29.2$ ab [26], s. auch [27]. Wagman u. a. [28] geben sogar $\Delta H^\circ = -25.5$, $\Delta G^\circ = -26.7$ an. Für die Bildung von gasförmigem MnSe aus festem Mn und festem Se ist $\Delta H^\circ_{298} = -73.1 \pm 4$ [20].

Literatur:

[1] E. Wedekind, T. Veit (Ber. Deut. Chem. Ges. **44** [1911] 2663/70, 2667). — [2] W. D. Johnston, R. R. Heikes (J. Am. Chem. Soc. **80** [1958] 5904/7). — [3] J. J. Banewicz, R. F. Heidelberg, A. H. Luxem (J. Phys. Chem. **65** [1961] 615/7). — [4] H. Haraldsen, W. Klemm (Z. Anorg. Allgem. Chem. **220** [1934] 183/92, 185). — [5] V. G. Vanyarkho, V. P. Zlomanov, A. V. Novoselova, V. N. Fokin (Izv. Akad. Nauk SSSR Neorgan. Materialy **5** [1969] 1699/702; Inorg. Materials [USSR] **5** [1969] 1440/3).

[6] H. E. Swanson, M. I. Cook, E. H. Evans, J. H. de Groot (Natl. Bur. Std. [U.S.] Circ. Nr. 539, Bd. 10 [1960] 41). — [7] C. Mande, A. S. Nigavekar (Proc. Indian Acad. Sci. A **65** [1967] 376/82). — [8] A. J. Jacobson, B. E. F. Fender (J. Chem. Phys. **52** [1970] 4563/6). — [9] K. K. Kelley (J.

Am. Chem. Soc. **61** [1939] 203/7). — [10] D. L. Decker, R. L. Wild (Phys. Rev. [3] B **4** [1971] 3425/37).

[11] R. D. Archer, W. N. Mitchell (J. Chem. Phys. **39** [1963] 250/2). — [12] V. M. Goldschmidt (Geochem. Verteilungsgesetze der Elemente, Tl. VIII, Kristiania 1927, S. 1/156, 44). — [13] C. Fabre (Ann. Chim. Phys. [6] **10** [1887] 472/550, 523). — [14] Fonzes-Diacon (Compt. Rend. **130** [1900] 1025/6). — [15] L. Moser, K. Atynski (Monatsh. Chem. **45** [1925] 235/50, 239).

[16] M. C. Mehra, A. O. Gubeli (J. Less-Common Metals **22** [1970] 281/5). — [17] A. Baroni (Z. Krist. **99** [1938] 336/9). — [18] R. MacLaren Murray, B. C. Forbes, R. D. Heyding (Can. J. Chem. **50** [1972] 4059/61). — [19] R. Juza, A. Rabenau, G. Pascher (Z. Anorg. Allgem. Chem. **285** [1956] 61/9, 63). — [20] H. Wiedemeier, W. J. Goyette (J. Chem. Phys. **48** [1968] 2936/41).

[21] A. G. Sigai, H. Wiedemeier (J. Cryst. Growth **9** [1971] 244/8). — [22] H. Wiedemeier, A. G. Sigai (J. Cryst. Growth **6** [1969] 67/71). — [23] A. G. Rustamov, I. G. Kerimov, L. M. Valiev, S. Kh. Babaev (Izv. Akad. Nauk SSSR Neorgan. Materialy **6** [1970] 1339/40; Inorg. Materials [USSR] **6** [1970] 1176/7). — [24] P. G. Riewald, L. H. van Vlack (J. Am. Ceram. Soc. **52** [1969] 370/5). — [25] M. P. Morozova, T. A. Stolyarova (Vestn. Leningr. Univ. Fiz. Khim. **1964** Nr. 16, S. 150/3 nach C. A. **62** [1965] 2297).

[26] F. D. Rossini, D. D. Wagman, W. H. Evans, S. Levine, I. Jaffe (Natl. Bur. Std. [U.S.] Circ. Nr. 500 [1950] 278). — [27] A. D. Mah (U.S. Bur. Mines Rept. Invest. Nr. 5600 [1960] 1/34, 7). — [28] D. D. Wagman, W. H. Evans, V. B. Parker, I. Halow, S. M. Bailey, R. H. Schumm (Natl. Bur. Std. [U.S.] Tech. Note 270-4 [1969] 1/141, 110).

9.2.2 Kristallographische Eigenschaften

Crystallographic Properties

Polymorphie. Die Beziehungen zwischen den verschiedenen Modifikationen sind bei MnSe ähnlich wie bei MnS (s. S. 8). Kubisches α-MnSe ist die bei Normalbedingungen stabile Modifikation, die bis zum Schmelzpunkt keine Umwandlung erfährt (DTA-Untersuchungen) [1]. Beim Abkühlen zeigt die Gitterkonstante zwar schon bei 250 K einen Knick [2], aber eine zweite hexagonale Tieftemperaturmodifikation (vom NiAs-Typ) kann erst bei 225 [3] bis 160 K röntgenographisch nachgewiesen werden [2, 4]. Ihr Anteil beträgt bis hinunter zu 4.2 K maximal 38% [5]. Beim Erwärmen wandelt sich die hexagonale Modifikation bei 245 [5] bis 280 K reversibel in α-MnSe um [4]. Bei sehr tiefen Temperaturen soll die hexagonale Modifikation monoklin werden [3]. Die als zinkblendeähnlich bezeichnete Tieftemperaturmodifikation [6] ist wahrscheinlich ebenfalls die Modifikation vom NiAs-Typ [7]. Die verschiedenen Umwandlungen sind auch dilatometrisch nachweisbar [8, 9] und werden von Anomalien im Verlauf der Wärmekapazität (s. S. 274) und der Suszeptibilität (s. S. 276) begleitet. — Bei 25°C und etwa 90 kbar wandelt sich α-MnSe in eine Hochdruckmodifikation um, die ebenfalls im NiAs-Typ kristallisiert [10, 11]. — Die auf nassem Wege erhältlichen β- und γ-Modifikationen (s. S. 270) sind bei Raumtemperatur instabil und wandeln sich leicht, besonders beim Erwärmen, in α-MnSe um, s. beispielsweise [7, 12].

Spaltbarkeit, Gleiten. In Übereinstimmung mit den meisten Substanzen vom NaCl-Typ zeigt α-MnSe primäre Spaltbarkeit nach {100} und sekundäre nach {110}. Das primäre Gleitsystem dagegen ist {111} $\langle 1\bar{1}0 \rangle$ das sekundäre {110} $\langle 1\bar{1}0 \rangle$ im Gegensatz zu den meisten, vorwiegend ionischen Verbindungen vom NaCl-Typ und zu MnS (s. S. 9) [13].

Kristallstruktur. α-MnSe kristallisiert wie α-MnS (s. S. 9) im kubischen NaCl-Typ, Raumgruppe Fm3m-O_h^5 (Nr. 225); Z = 4 [14]. Die häufig bestimmten Gitterkonstanten liegen im Bereich der beiden ersten Bestimmungen (alle Werte in Å): a = 5.452 [15] (auf Grund der Neuauswertung von Swanson u. a. [16]) und a = 5.464 [14] (von kX in Å umgerechnet von Swanson u. a. [16]). Neuere Werte (in Auswahl): 5.451 ± 0.005 [1], 5.461 [17], 5.462 [16, 18], 5.463 [5, 13, 19]. Tabelle der d-Werte s. [16]. — Zwischen 250 und 450 K steigt die Gitterkonstante linear von a = 5.456 auf 5.475 Å [2].

Für die hexagonale, im NiAs-Typ kristallisierende Tieftemperaturmodifikation ergeben sich aus Neutronenbeugungsuntersuchungen an Pulverpräparaten bei 4.2 K die Gitterkonstanten

Crystallographic Properties of MnSe

a = 3.87, c = 6.30 Å [5]. Außerdem wird eine fehlgeordnete Modifikation mit a = 3.833, c = 18.88 Å bei 82 K gefunden [4], s. auch [2]. Die Extrapolation der Gitterkonstanten der MnSe-MnTe-Mischkristallreihe auf reines MnSe vom NiAs-Typ ergibt für Normalbedingungen a = 3.82, c = 6.23 Å [11].

Die ebenfalls im NiAs-Typ kristallisierende Hochdruckmodifikation hat bei 90 kbar und 25°C die Gitterkonstanten a = 3.62, c = 6.06 Å; d-Werte s. Original [10, 11].

β-MnSe kristallisiert wie β-MnS (s. S. 10) im kubischen Zinkblende-Typ mit a = 5.83 Å (von kX in Å umgerechnet) [12] bzw. a = 5.88 ± 0.01 Å; d-Werte s. Original. Der Mn-Se-Abstand beträgt 2.54 Å [7].

γ-MnSe kristallisiert hexagonal im Wurtzit-Typ wie γ-MnS (s. S. 10). Gitterkonstanten: a = 4.13, c = 6.73 Å (von kX in Å umgerechnet) [12]. Durch Extrapolation der Werte bei der Mischkristallreihe mit CdSe ergibt sich a = 4.173, c = 6.822 Å [20].

Chemische Bindung. Aus der Verschiebung der $K\beta_5$-Linie im Röntgenspektrum (s. „Mangan" B, S. 154) wird auf eine Resonanz zwischen den $4p^3$-Orbitalen von Mn und Se in α-MnSe geschlossen [21], s. auch [22]. Die Elektronendichte zwischen Mn und Se fällt in Richtung [100] auf ein Minimum von etwa 0.15 e/Å^3 im Abstand 1.2 Å von Mn, während sie zwischen den Mn-Atomen in Richtung [110] praktisch Null wird. Die effektive Ladung wird zu etwa 1.2 ± 0.2 e [23], die Ionizität zu 55% berechnet [24]. Aus Neutronenbeugungsuntersuchungen wird für Mn die Summe der Kovalenzparameter (s. S. 11) zu 6.2 ± 1.9% abgeleitet, die bei α-MnSe und der hexagonalen Tieftemperaturmodifikation etwa gleich ist [5]. Die Verschiebung des Bindungscharakters von vorwiegend ionisch (etwa bei MnS) zu mehr kovalent-metallisch bei α-MnSe wird auch aus dem Gleitsystem (s. S. 271) gefolgert [13].

Gitterenergie. Aus dem Born-Haber-Kreisprozeß werden die Werte U = 794 [25, 26] und 811 kcal/mol erhalten [27]. Mit Hilfe der Ionenradien werden U = 734 [25] und 762 kcal/mol [27] berechnet. Aus Ionenpotential und Elektronenaffinität ergibt sich U = 801 kcal/mol [25].

Literatur:

[1] V. G. Vanyarkho, V. P. Zlomanov, A. V. Novoselova, V. N. Fokin (Izv. Akad. Nauk SSSR Neorgan. Materialy **5** [1969] 1699/702; Inorg. Materials [USSR] **5** [1969] 1440/3). — [2] A. Taylor (Appl. Spectry. **14** [1960] 116/8). — [3] A. Taylor, B. Kagle, N. Doyle (Progr. and Abstr. A. C. A. Annual Meeting, Milwaukee, Wisc., 1958, S. 53 nach Structure Reports, Bd. 22, 1958, S. 164). — [4] A. F. Andresen, H. Røtterud (Acta Cryst. A **25** [1969] S 250). — [5] A. J. Jacobson, B. E. F. Fender (J. Chem. Phys. **52** [1970] 4563/6).

[6] N. N. Sirota, G. I. Makovetskii (Dokl. Akad. Nauk Belorussk. SSR **10** [1966] 542/5 nach C. A. **66** [1967] Nr. 32670). — [7] R. MacLaren Murray, B. C. Forbes, R. D. Heyding (Can. J. Chem. **50** [1972] 4059/61). — [8] G. I. Makovetskii, N. N. Sirota (Dokl. Akad. Nauk Belorussk. SSR **7** [1963] 740/2 nach C. A. **60** [1964] 7476). — [9] M. Murakami (Bull. Fac. Eng. Hiroshima Univ. **2** [1953] 67/72 nach C. A. **1954** 1747). — [10] L. Cemič, A. Neuhaus (High Temp.-High Pressures **6** [1974] 203/15, 211).

[11] L. Cemič, A. Neuhaus (High Temp.-High Pressures **4** [1972] 97/9). — [12] A. Baroni (Z. Krist. **99** [1938] 336/9). — [13] P. G. Riewald, L. H. van Vlack (J. Am. Ceram. Soc. **52** [1969] 370/5). — [14] V. M. Goldschmidt (Geochem. Verteilungsgesetze der Elemente, Tl. VIII, Kristiania 1927, S. 1/156, 44). — [15] E. Broch (Z. Physik. Chem. **127** [1927] 446/54, 451).

[16] H. E. Swanson, M. I. Cook, E. H. Evans, J. H. de Groot (Natl. Bur. Std. [U.S.] Circ. Nr. 539, Bd. 10 [1960] 41). — [17] D. L. Decker, R. L. Wild (Phys. Rev. [3] B **4** [1971] 3425/37, 3425). — [18] H. Wiedemeier, A. G. Sigai (High Temp. Sci. **1** [1969] 18/25, 20). — [19] A. G. Sigai, H. Wiedemeier (J. Cryst. Growth **9** [1971] 244/8). — [20] H. Wiedemeier, A. G. Sigai (J. Solid State Chem. **2** [1970] 404/9).

[21] C. Mande, A. S. Nigavekar (Proc. Indian Acad. Sci. A **65** [1967] 376/82). — [22] S. M Karal'nik, A. I. Bykov (Ukr. Fiz. Zh. **11** [1966] 1148/9 nach C. A. **66** [1967] Nr. 23806). — [23] N. N

Sirota, N. M. Olekhnovich, G. I. Makovetskii (Khim. Svyaz v Poluprov. i Tverd. Tela Inst. Fiz. Tverd. Tela i Poluprov. Akad. Nauk Belorussk. SSR **1966** 59/63 nach C. A. **68** [1968] Nr. 7230). — [24] J. Suchet (Compt. Rend. **253** [1961] 2490/2). — [25] K. B. Yatsimirskii (Zh. Neorgan. Khim. **6** [1961] 518/25; Russ. J. Inorg. Chem. **6** [1961] 265/9).

[26] K. B. Yatsimirskii (Zh. Neorgan. Khim. **3** [1958] 2244/52; Russ. J. Inorg. Chem. **3** Nr. 10 [1958] 26/36). — [27] J. Sherman (Chem. Rev. **11** [1932] 93/170, 154).

9.2.3 Mechanische und thermische Eigenschaften

Mechanical and Thermal Properties

9.2.3.1 Dichte D in g/cm³, thermische Ausdehnung

Density. Thermal Expansion

Aus den Gitterkonstanten 5.448 bzw. 5.462 Å (s. S. 271) ergibt sich D = 5.470 [1] bzw. 5.456 [2]. Pyknometrisch wird bei 15°C D = 5.59 erhalten [3]. Die beim Druck p ≈ 90 kbar bei 25°C sich bildende Hochdruckmodifikation vom NiAs-Typ hat die Röntgendichte 6.465. Volumenänderung beim Übergang α-MnSe (NaCl-Typ) → MnSe (NiAs-Typ): $\Delta V = -1\%$ [8].

Die erste Untersuchung des Ausdehnungskoeffizienten α im Bereich von 100 bis 700 K ergab, daß bei 140 bis 150 K ein steiles Maximum, bei 260 bis 270 K ein scharfes Minimum auftritt [4]. Der steile Anstieg oberhalb 260 K wird auch von Mamedov u. a. [5] gefunden, die später den Maximalwert von α bei 150 K auf 30.0×10^{-6} K^{-1} korrigieren [6]. Zwischen 94 und 450°C bzw. 450 und 710°C ist nach röntgenographischen Bestimmungen der Gitterkonstanten $\alpha = 24.5 \times 10^{-6}$ bzw. 14.3×10^{-6} K^{-1} [7]. — Zur Berechnung des magnetischen Beitrags zur thermischen Ausdehnung s. [9].

Literatur:

[1] E. Broch (Z. Physik. Chem. **127** [1927] 446/54). — [2] H. E. Swanson, M. I. Cook, E. H. Evans, J. H. de Groot (Natl. Bur. Std. [U.S.] Circ. Nr. 539, Bd. 10 [1960] 1/61 nach Structure Reports, Bd. 24, 1960, S. 244/5). — [3] Fonces-Diacon (Compt. Rend. **130** [1900] 1025/6). — [4] G. I. Makovetskii, N. N. Sirota (Dokl. Akad. Nauk Belorussk. SSR **7** [1963] 740/2 nach C. A. **60** [1964] 7476). — [5] T. A. Mamedov, I. G. Kerimov, N. G. Aliev (Dokl. Akad. Nauk Azerb. SSR **24** [1968] 15/20; C. A. **71** [1969] Nr. 7885).

[6] I. G. Kerimov, T. A. Mamedov, N. G. Aliev (Teplofiz. Svoistva Tverd. Tel **1971** 19/23 nach C. A. **76** [1972] Nr. 51868). — [7] H. Wiedemeier, A. K. Chaudhuri (Monatsh. Chem. **103** [1972] 326/32). — [8] L. Cemič, A. Neuhaus (High Temp.-High Pressures **6** [1974] 203/15, 212). — [9] N. G. Guseinov (Izv. Akad. Nauk Azerb. SSR Ser. Fiz. Tekhn. Mat. Nauk **1974** Nr. 4, S. 76/81; C. A. **82** [1975] Nr. 50748).

9.2.3.2 Kompressibilität

Compressibility

Die mittlere Kompressibilität von α-MnSe (NaCl-Typ) bei 25°C von 1 bis 90 kbar beträgt $\varkappa = 1.58 \times 10^{-3}$ kbar, L. Cemič, A. Neuhaus (High Temp.-High Pressures **4** [1972] 97/9).

9.2.3.3 Härte

Hardness

An Einkristallen von α-MnSe ergeben sich für die Knoop-Härte folgende Werte in kg/mm²: auf (100)-Flächen 65 in [010], 43 in [0$\bar{1}$1]; auf (011)-Flächen 73 in [010], 48 in [0$\bar{1}$1], 54 in [1$\bar{1}$1] und [112]; auf (111)-Flächen 57 in [0$\bar{1}$1] und [112], P. G. Riewald, L. H. van Vlack (J. Am. Ceram. Soc. **52** [1969] 370/5). — Mit steigender Temperatur (Messungen bis 900°C) fällt die (Vickers-) Härte, jedoch nicht so stark wie die des MnS; bei etwa 250°C sind beide Härten gleich, G. S. Mann, L. H. van Vlack (Met. Trans. **3** [1972] 2005/6).

Volatilization

9.2.3.4 Verflüchtigung

Dampfdruck p, Sublimationsenthalpie ΔH_S.

Der Dampf über MnSe besteht überwiegend aus Se_2-Molekülen (Dissoziationsgrad α) und Se-Atomen; die Konzentration von MnSe muß sehr gering sein [1]. Für p ergeben sich nach der Knudsen-Methode über stöchiometrischen, poly- und monokristallinen Proben die folgenden Werte (in Auswahl) [2]:

T in K	1414	1460	1487	1510	1532	1551	1569	1590	1610	1628
p in 10^{-6} atm . . .	2.20	5.22	8.27	12.64	18.78	26.66	34.70	49.98	63.76	89.50

In diesem Bereich ist $\alpha = 0.45$. Für die Verdampfung zu MnSe-Molekülen läßt sich $\Delta H_s = 110.5 \pm 4$ kcal/mol bei 298 K abschätzen, während die Enthalpieänderung bei der Reaktion $MnSe(s) \rightarrow Mn(g) + (1-\alpha)/2\ Se_2(g) + \alpha Se(g)$ 140.6 ± 2.5 kcal/mol (nach dem 3. Hauptsatz) oder 143.2 ± 3 kcal/mol (nach dem 2. Hauptsatz) beträgt [2]. Zusätzliche Untersuchungen nach der Langmuir-Methode ergeben bei 1408 K den Verdampfungskoeffizienten 0.49 ± 0.03, die Aktivierungsenthalpie der Vakuumsublimation $\Delta H = 83.8 \pm 2.6$ kcal/mol und die Aktivierungsentropie $\Delta S = 6.5 \pm 2.4\ cal \cdot mol^{-1} \cdot K^{-1}$ [3].

Literatur:

[1] R. Colin, P. Goldfinger (Condensation Evaporation Solids, Proc. Intern. Symp., Dayton, Ohio, 1962, S. 165/79). — [2] H. Wiedemeier, W. J. Goyette (J. Chem. Phys. **48** [1968] 2936/41). — [3] W. J. Goyette (Diss. Rensselaer Polytech. Inst. 1969; Diss. Abstr. Intern. B **30** [1971] 3587).

Melting Point

9.2.3.5 Schmelzpunkt t_f

Der (anscheinend auf Schätzungen beruhende) Wert $t_f = 1535°C$ [1] liegt deutlich über dem durch DTA erhaltenen Wert $t_f = 1510 \pm 10°C$ [2]. Durch Abschrecken findet Cook [3] $t_f = 1460 \pm 8°C$.

Literatur:

[1] J. M. Mehta, P. G. Riewald, L. H. van Vlack (J. Am. Ceram. Soc. **50** [1967] 164). — [2] V. G. Vanyarkho, V. P. Zlomanov, A. V. Novoselova, V. N. Fokin (Izv. Akad. Nauk SSSR Neorgan. Materialy **5** [1969] 1699/702; Inorg. Materials [USSR] **5** [1969] 1440/3). — [3] W. R. Cook (J. Am. Ceram. Soc. **51** [1968] 518/20).

Thermodynamic Functions. Characteristic Temperature

9.2.3.6 Thermodynamische Funktionen. Charakteristische Temperatur Θ

Notation und Einheiten s. S. 15.

Kalorimetrische Messungen ergeben für C_p zwischen 54.3 und 287.0 K den in **Fig. 89** dargestellten Verlauf mit (von der thermischen Vorbehandlung der MnSe-Proben abhängigen) Anomalien bei

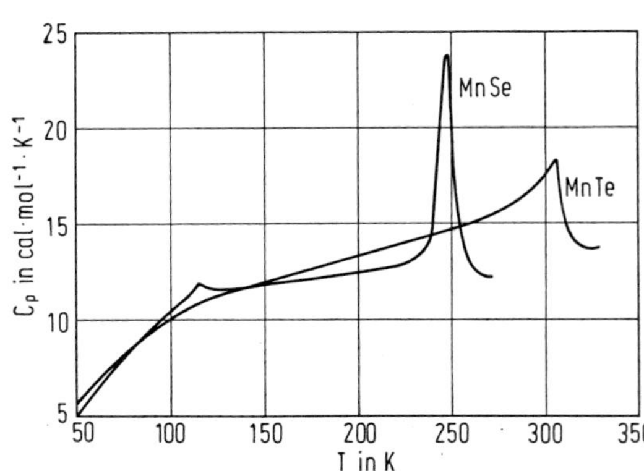

Fig. 89

Temperaturabhängigkeit der Wärmekapazität C_p bei MnSe und MnTe.

116 und 247 K. Nach Abschrecken von 273 auf 228 K verschwindet z. B. der Anstieg bei 247 K völlig (Plateau). Der Buckel bei 116 K kann mit Verunreinigung durch MnO allein nicht erklärt werden. Ausgewählte Meßwerte (in cal · mol^{-1} · K^{-1}):

T in K . . .	54.3	81.3	100.3	162.0	237.0	242.7	245.2	249.3	254.4	287.0
C_p	5.62	8.82	10.53	12.03	13.64	19.18	23.12	22.38	15.22	12.20

Extrapolation auf $T \rightarrow 0$ führt zu $S_{298.1} = 21.7 \pm 0.5$ cal · mol^{-1} · K^{-1}. Die Temperaturabhängigkeit dieser C_p-Werte entspricht zwischen 53 und 67 K der Summe der Debye-Funktion mit $\Theta_D = 176$ K und der Einstein-Funktion mit $\Theta_E = 206$ K [1]. Bei der Berechnung von C_p nach einem Bändermodell findet Tsuya [2] das Maximum bei 235 K.

Oberhalb 300 K liegen für $H^\circ - H^\circ_{298.15}$ nur geschätzte Werte vor (in Auswahl) [3]:

T in K	400	800	1000	1374	1410	1500
$H^\circ - H^\circ_{298.15}$	1.25	6.35	9.00	14.16	14.67	15.96
$S^\circ - S^\circ_{298.15}$	3.60	12.42	15.37	19.75	20.12	21.00

Literatur:

[1] K. K. Kelley (J. Am. Chem. Soc. **61** [1939] 203/7). — [2] N. Tsuya (J. Phys. Soc. Japan **3** [1948] 161/7). — [3] A. D. Mah (U.S. Bur. Mines Rept. Invest. Nr. 5600 [1960] 7).

9.2.4 Magnetische Eigenschaften

Magnetic Properties

9.2.4.1 Néel-Temperatur T_N

Néel Temperature

Das an α-MnSe bei 247 K gefundene Maximum der Wärmekapazität (s. oben) wird von einigen Autoren [1] irrtümlich der magnetischen Umwandlung zugeordnet. Tatsächlich liegt T_N unterhalb 180 K, s. dazu auch [11]. Die Temperatur, bei der die magnetische Ordnung einsetzt, liegt zwischen 180 und 160 K [2]. Das Maximum der Suszeptibilität, das bei 176 K [2], 160 K [3] oder — je nach Wärmebehandlung — bei 173 oder 153 K [4] gefunden wurde, tritt nach neueren Messungen erst bei 147 K [5] auf. Die Kernresonanzlinie verschwindet bei etwa 150 K [6], und die Anomalie des elektrischen Widerstandes wird bei 153 K [7] bis 143 K [8] gefunden. Dilatometrische Messungen [8, 9, 10] ergeben für T_N Werte von 150 bis 140 K.

Literatur:

[1] D. L. Decker, R. L. Wild (Phys. Rev. [3] B **4** [1971] 3425/37, 3429). — [2] A. J. Jacobson, B. E. F. Fender (J. Chem. Phys. **52** [1970] 4563/6). — [3] C. F. Squire (Phys. Rev. [2] **56** [1939] 922/5). — [4] R. Lindsay (Phys. Rev. [2] **84** [1951] 569/71). — [5] I. G. Kerimov, T. A. Mamedov (Fiz. Metal. i Metalloved. **26** [1968] 188/91; Phys. Metals Metallog. [USSR] **26** Nr. 1 [1968] 189/91).

[6] E. D. Jones (Phys. Rev. [2] **151** [1966] 315/24). — [7] E. Uchida, H. Kondo (Busseiron Kenkyu **59** [1953] 88/98 nach C. A. **1953** 5193/4). — [8] M. Murakami (Bull. Fac. Eng. Hiroshima Univ. **2** [1953] 67/72 nach C. A. **1954** 1747/8). — [9] I. G. Kerimov, T. A. Mamedov, N. G. Aliev (Teplofiz. Svoistva Tverd. Tel **1971** 19/23 nach C. A. **76** [1972] Nr. 51868). — [10] G. I. Makovetskii, N. N. Sirota (Dokl. Akad. Nauk Belorussk. SSR **7** [1963] 740/2 nach C. A. **60** [1964] 7476).

[11] R. MacLaren Murray, B. C. Forbes, R. D. Heyding (Can. J. Chem. **50** [1972] 4059/61).

9.2.4.2 Austauschwechselwirkung. Magnetische Struktur

Exchange Interaction. Magnetic Structure

Nach provisorischen Überlegungen [1] werden die Konstanten der Austauschwechselwirkung zu $J_1 \approx 6$ K, $J_2 \approx 13$ K abgeschätzt [2]. Die Auswertung neuerer Meßdaten (Suszeptibilitätsdaten) führt zu $J_1 = 7.9$ K, $J_2 = 18.2$ K [8]. Die Ergebnisse der ersten Strukturanalyse [3] werden von Li [4]

Magnetic Structure of MnSe

bezweifelt, aber auch bei weiteren Messungen wird die Modifikation, in der sich die magnetischen Momente ordnen, als kubisch angesehen [5]. Tatsächlich ist es aber eine hexagonale Tieftemperaturphase, die antiferromagnetisch wird. Innerhalb jeder (001)-Ebene sind die magnetischen Momente parallel ausgerichtet [6]; sie liegen jedoch wahrscheinlich nicht, wie zuerst angenommen [6], innerhalb dieser Schichten, sondern parallel zur c-Achse [7].

Literatur:

[1] T. N. Casselman, F. Keffer (Phys. Rev. Letters **4** [1960] 498/500). — [2] E. D. Jones (Phys. Rev. [2] **151** [1966] 315/24). — [3] C. G. Shull, W. A. Strauser, E. O. Wollan (Phys. Rev. [2] **83** [1951] 333/45). — [4] Yin-Yuan Li (Phys. Rev. [2] **100** [1955] 627/31). — [5] N. N. Sirota, G. I. Makovetskii (Dokl. Akad. Nauk Belorussk. SSR **10** [1966] 542/5 nach C. A. **66** [1966] Nr. 32670).

[6] A. F. Andresen, H. Røtterud (Acta Cryst. A **25** [1969] S 250). — [7] A. J. Jacobson, B. E. F. Fender (J. Chem. Phys. **52** [1970] 4563/6). — [8] R. Shanker, R. A. Singh (Indian J. Pure Appl. Phys. **12** [1974] 589/91).

Magnetostriction

9.2.4.3 Magnetostriktion

Bei MnSe ist die Feldabhängigkeit der transversalen Magnetostriktion $\lambda_\perp$ annähernd dieselbe wie bei MnS; der bei 78 K erreichte maximale Betrag (bei 20 kOe) ist etwa 5mal kleiner. Dagegen steigt $\lambda_\parallel$ nur bis etwa 12 bis 14 kOe an und wird in stärkeren Feldern wieder kleiner. Bei 134 K wird $\lambda_\parallel$ bei etwa 17 kOe negativ, I. G. Kerimov, T. A. Mamedov (Fiz. Metal. Metalloved. **26** [1968] 188/91; Phys. Metals Metallog. **26** Nr. 1 [1968] 189/91), T. A. Mamedov, I. G. Kerimov, N. G. Aliev (Dokl. Akad. Nauk Azerb. SSR **24** Nr. 1 [1968] 15/20; C. A. **71** [1969] Nr. 7885).

Magnetic Susceptibility

9.2.4.4 Magnetische Suszeptibilität

Spezifische Suszeptibilität χ in 10^{-6} cm^3/g, Molsuszeptibilität χ_{mol} in 10^{-6} cm^3/mol.

Die Temperaturabhängigkeit der Suszeptibilität von α-MnSe weist wegen einer Strukturumwandlung, die bei etwa 250 K einsetzt, aber nicht vollständig abläuft (s. S. 271), Hysterese auf, und das Maximum von χ am Néel-Punkt ist nicht scharf zu bestimmen. Außerdem hängt χ von der Feldstärke ab, so daß reproduzierbare Werte schwer zu erhalten sind.

Nach ersten Messungen zwischen 90 und 726 K [1] wird die Temperatur des Maximums erstmals von Squire [2] bestimmt (etwa 150 K). Bei weiteren Messungen oberhalb 77 K wird das Maximum ebenfalls in der Nähe von 150 K und im paramagnetischen Bereich das Curie-Weiss-Gesetz als gültig gefunden [3, 4]. Oberhalb gewöhnlicher Temperatur wurde χ im Bereich bis 550°C [5] und 1200 K [6] gemessen. Dabei ergeben sich für die Curie-Konstante C, das effektive Moment μ_{eff} und die paramagnetische Curie-Temperatur Θ_p folgende Werte:

C, μ_{eff} . . .	4.30, –	4.01, –	4.02, 5.67 μ_B
Θ_p in K . .	−435	−361	−297
Lit.	[3]	[5]	[6]

Neuere Messungen zwischen 303 und 433 K führen zu C = 3.89, μ_{eff} = 5.58 μ_B und Θ_p = −366 ± 7 K [7]; die Konstante C = 4.01 [5] wird korrigiert zu C = 3.94, so daß sich μ_{eff} = 5.62 μ_B ergibt [7]. Auch Schieber [8] übernimmt von Serres [5] nur Θ_p = −361 K, leitet aber aus den Meßdaten μ_{eff} = 5.58 μ_B ab. Die noch von Jacobson und Fender [9] beobachtete Hysterese wird von Kerimov und Mamedov [10] nicht registriert. — Aus der Temperaturabhängigkeit des Kernresonanzsignals leitet Jones [11] Θ_p = −500 ± 50 K ab. — Für den Wert Θ_p = −435 K [3] findet Ziman [12] eine Erklärung mit Hilfe der Spinwellentheorie.

Für die β-Modifikation (Zinkblende-Typ) gilt das Curie-Weiss-Gesetz bis mindestens 110 K hinunter; Θ_p = −444 ± 13 K, μ_{eff} = 5.40 μ_B [7].

Literatur:

[1] H. Haraldsen, W. Klemm (Z. Anorg. Allgem. Chem. **220** [1934] 183/92). — [2] C. F. Squire (Phys. Rev. [2] **56** [1939] 922/5). — [3] H. Bizette, B. Tsai (Compt. Rend. **212** [1941] 75/8), H. Bizette (Ann. Phys. [Paris] [12] **1** [1946] 233/334, 313/6). — [4] R. Lindsay (Phys. Rev. [2] **84** [1951] 569/71). — [5] A. Serres (J. Phys. Radium [8] **8** [1947] 146/51).

[6] J. J. Banewicz, R. F. Heidelberg, A. H. Luxem (J. Phys. Chem. **65** [1961] 615/7). — [7] R. MacLaren Murray, B. C. Forbes, R. D. Heyding (Can. J. Chem. **50** [1972] 4059/61). — [8] M. M. Schieber (Experimental Magnetochemistry, Amsterdam 1967, S. 434). — [9] A. J. Jacobson, B. E. F. Fender (J. Chem. Phys. **52** [1970] 4563/6). — [10] I. G. Kerimov, T. A. Mamedov (Fiz. Metal. i Metalloved. **26** [1968] 188/91; Phys. Metals Metallog. [USSR] **26** Nr. 1 [1968] 189/91; Izv. Akad. Nauk Azerb. SSR Ser. Fiz. Tekhn. Mat. Nauk **1968** Nr. 4, S. 3/6).

[11] E. D. Jones (Phys. Letters **18** [1965] 98/9; Phys. Rev. [2] **151** [1966] 315/24). — [12] J. M. Ziman (Proc. Phys. Soc. [London] A **66** [1953] 89/94).

9.2.4.5 Paramagnetische Resonanz

Electron Paramagnetic Resonance (EPR)

Wie bei MnO (s. „Mangan" C1, S. 47) wird die Absorptionslinie mit fallender Temperatur breiter. Dies gilt nicht nur oberhalb der Néel-Temperatur, sondern auch bis −150°C [1] und sogar bis −200°C [2]. Zwischen 20 und −130°C ist g = 1.99 bis 2.00 [1]. Oberhalb T_N gilt bei 9.3 GHz für die Linienbreite die Formel $\Delta H = 200\ [(T\text{-}T_N)/T_N]^{-\gamma}$ mit $\gamma = 0.60$ und $T_N = 132$ K; ferner ist g = 1.930 [3].

Literatur:

[1] L. R. Maxwell, T. R. McGuire (Rev. Mod. Phys. **25** [1953] 279/84). — [2] T. Okamura, Y. Torizuka, Y. Kojima (Sci. Rept. Res. Inst. Tohoku Univ. A **3** [1951] 209/13; Phys. Rev. [2] **82** [1951] 285/6). — [3] T. Grochulski, M. Gutowski, A. Pajaczkowska, W. Zbiranowski (Phys. Status Solidi A **23** [1974] K 97/8).

9.2.4.6 Kernmagnetische Resonanz

Nuclear Magnetic Resonance (NMR)

Die Breite ΔH der ^{55}Mn-Resonanzlinie in α-MnSe beträgt zwischen 300 und 150 K etwa 275 Oe, diejenige der ^{77}Se-Resonanzlinie etwa 30 Oe; hieraus ergeben sich die reziproken Relaxationszeiten $1/T_2 = 1.6 \times 10^6\ s^{-1}$ (Mn) bzw. $1.3 \times 10^5\ s^{-1}$ (Se). Die Frequenzverschiebung $\delta\nu/\nu$, deren Betrag mit steigender Temperatur abnimmt, beträgt bei Raumtemperatur $-(8.95 \pm 0.1)$% für Mn, (8.07 ± 0.05)% für Se. Die Hyperfeinkopplungskonstanten können hieraus nicht unmittelbar abgeleitet werden; indirekt wird $A = -(67.0 \pm 4.5) \times 10^{-4}\ cm^{-1}$ für ^{55}Mn bzw. $+(7.2 \pm 0.6) \times 10^{-4}\ cm^{-1}$ für ^{77}Se ermittelt [1]. In antiferromagnetischem MnSe ist zwischen 1.5 und 4.0 K für ^{55}Mn $\Delta H \approx 1$ kOe, und der korrigierte Wert für A liegt bei $-77 \times 10^{-4}\ cm^{-1}$ (Meßwert $-74.6 \pm 0.05\ cm^{-1}$) [2].

Literatur:

[1] E. D. Jones (Phys. Letters **18** [1965] 98/9; Phys. Rev. [2] **151** [1966] 315/24). — [2] E. D. Jones (Phys. Letters **19** [1965] 106/7).

9.2.5 Elektrische Eigenschaften

Electrical Properties

9.2.5.1 Dielektrizitätskonstante ε

Dielectric Constant

Die Dispersionsanalyse der Reststrahlenresonanz ergibt die in **Fig. 90**, S. 278, dargestellte Frequenzabhängigkeit des Realteils von ε. Bei kleinen Energien ist $\varepsilon_0 = 22.6$, zwischen 0.1 und 1.0 eV ist $\varepsilon_\infty = 8.0$. Im Bereich der Reststrahlenfrequenz (237 cm^{-1}) und bei hohen Energien wird auch der Imaginärteil gemessen, L. D. Decker, R. L. Wild (Phys. Rev. [3] B **4** [1971] 3425/37).

Dielectric Constant of MnSe

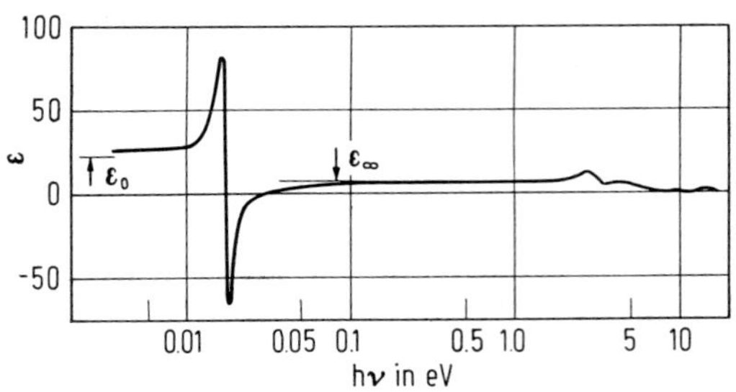

Fig. 90

Spektrale Abhängigkeit des Realteils der Dielektrizitätskonstante von α-MnSe.

Width of Energy Gap

9.2.5.2 Breite der Energielücke E_g

Aus der Temperaturabhängigkeit der elektrischen Leitfähigkeit ϰ ergibt sich für paramagnetisches MnSe E_g = 1.38 bis 1.40 eV [1]; an Sinterkörpern wird im Bereich bis 780 K der kleinere Wert 0.7 eV gefunden [2]. An Einkristallen (die sich im wesentlichen ähnlich wie polykristalline Proben verhalten), finden Rustamov u. a. [3] oberhalb der Néel-Temperatur T_N den auffallend kleinen Wert E_g = 0.14; unterhalb T_N ist E_g um 0.09 eV kleiner. In dieser Größenordnung liegen auch die älteren Werte E_g = 0.12 eV (25 bis −120°C), 0.05 eV (< T_N) [4]. Auch Palmer [5] leitet aus ϰ-T-Kurven für 2 paramagnetische Proben E_g = 0.125 bzw. 0.071 eV ab und beobachtet eine Abnahme unterhalb T_N. — Die aus Reflexions- und Absorptionsmessungen ermittelten Werte E_g = 2.0 bzw. 1.8 eV werden von Wiedemeier und Sigai [6] selbst als provisorisch bezeichnet.

Literatur:

[1] G. I. Makovetskii (Vestsi Akad. Navuk Belarusk. SSR Ser. Fiz. Mat. Navuk **1968** Nr. 5, S. 91/7 nach C. A. **70** [1969] Nr. 61780). — [2] G. I. Makovetskii, N. N. Sirota (Dokl. Akad. Nauk Belorussk. SSR **9** [1965] 15/7, 85/7 nach C. A. **63** [1965] 112). — [3] A. G. Rustamov, I. G. Kerimov, L. M. Valiev, S. Kh. Babaev (Izv. Akad. Nauk SSSR Neorgan. Materialy **6** [1970] 1339/40; Inorg. Materials [USSR] **6** [1970] 1176/7). — [4] E. Uchida, H. Kondo (Busseiron Kenkyu Nr. 59 [1953] 88/98 nach C. A. **1953** 5193). — [5] W. Palmer (J. Appl. Phys. **25** [1954] 125).

[6] H. Wiedemeier, A. G. Sigai (J. Electrochem. Soc. **117** [1970] 551/3).

Electrical Conductivity

9.2.5.3 Spezifische elektrische Leitfähigkeit ϰ in $\Omega^{-1} \cdot cm^{-1}$

An einem Einkristall wird die in **Fig. 91** dargestellte Temperaturabhängigkeit gefunden; am Néel-Punkt ist ein scharfer Knickpunkt der lg ϰ-1/T-Kurve festzustellen [1]. Polykristallines α-MnSe zeigt die gleiche Temperaturabhängigkeit; bei 293 K ist lg ϰ = −2.5 [2]. Auch an kleinen Kristallkörnern wird zwischen 90 und 330 K eine Zunahme von ϰ beobachtet [3]. Von T = 130 bis 800 K steigt an gesintertem MnSe ln ϰ von −12 auf −1, mit einem Knick der ln ϰ-1/T-Kurve bei 250 bis

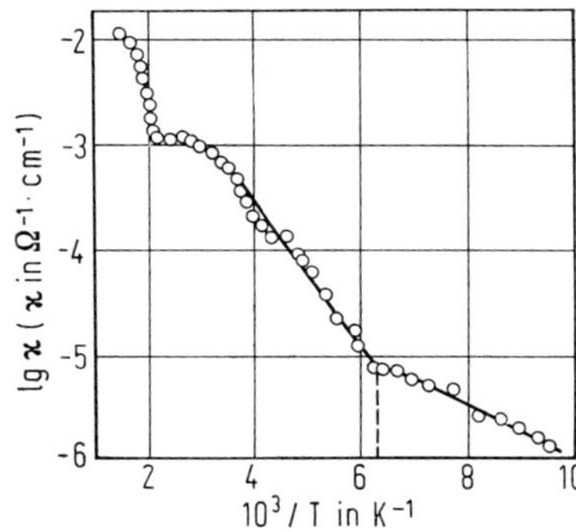

Fig. 91

Temperaturabhängigkeit der spezifischen elektrischen Leitfähigkeit ϰ bei α-MnSe-Einkristallen.

270 K und einem Plateau zwischen 370 und 390 K [4]. Nach Parker [5] hat MnSe, mit einem spezifischen elektrischen Widerstand $\rho = 10^5\ \Omega \cdot cm$ bei der Néel-Temperatur $T_N = 160$ K, einen mit I (römisch eins) bezeichneten Leitungstyp, d. h. linearen Verlauf von lg ρ gegen 1/T in einem Temperaturbereich, der T_N einschließt.

An einer Probe mit $\varkappa = 1\ \Omega^{-1} \cdot cm^{-1}$ bei gewöhnlicher Temperatur bleibt bei Se-Aufnahme, die in 16 h bei 800°C unter einem Se-Partialdruck von 0.1 bis 100 Torr erfolgt, $\varkappa$ unverändert [6].

Literatur:

[1] A. G. Rustamov, I. G. Kerimov, L. M. Valiev, S. Kh. Babaev (Izv. Akad. Nauk SSSR Neorgan. Materialy **6** [1970] 1339/40; Inorg. Materials [USSR] **6** [1970] 1176/7). — [2] I. G. Kerimov, A. G. Rustamov, L. M. Valiev (Izv. Akad. Nauk Azerb. SSR Ser. Fiz. Tekhn. Mat. Nauk **1967** Nr. 1, S. 69) nach [1]. — [3] W. Palmer (J. Appl. Phys. **25** [1954] 125). — [4] G. I. Makovetskii, N. N. Sirota (Dokl. Akad. Nauk Belorussk. SSR **9** [1965] 15/7 nach C. A. **63** [1965] 113). — [5] R. Parker (Phil. Mag. [8] **3** [1958] 853/61).

[6] W. D. Johnston (J. Electrochem. Soc. **109** [1962] 595/9).

9.2.5.4 Galvanomagnetische Effekte

Galvanomagnetic Effects

Bei gewöhnlicher Temperatur und bei −196°C wird der spezifische Widerstand durch ein Feld von 7.5 kOe um weniger als 20 ppm erhöht; der Hall-Koeffizient ist für eine genaue Messung zu klein, W. Palmer (J. Appl. Phys. **25** [1954] 125).

9.2.5.5 Thermokraft α in μV/K

Thermoelectric Power

An einem Einkristall wird in der Temperaturabhängigkeit von α am Néel-Punkt keine Unstetigkeit beobachtet, s. **Fig. 92**; bei 293 K ist $\alpha = 540$. Polykristalline Proben zeigen die gleiche Temperaturabhängigkeit, haben aber kleinere α-Werte, z. B. 350 bei 293 K [1]. Gesintertes MnSe zeigt von T = 130 bis 800 K einen etwas veränderten Temperaturverlauf [2]. Ein Meßwert von $\alpha = 500$ bei gewöhnlicher Temperatur bleibt unbeeinflußt von einer Se-Aufnahme, die in 16 h bei 800°C unter einem Se-Partialdruck von 0.1 bis 100 Torr erfolgt [3].

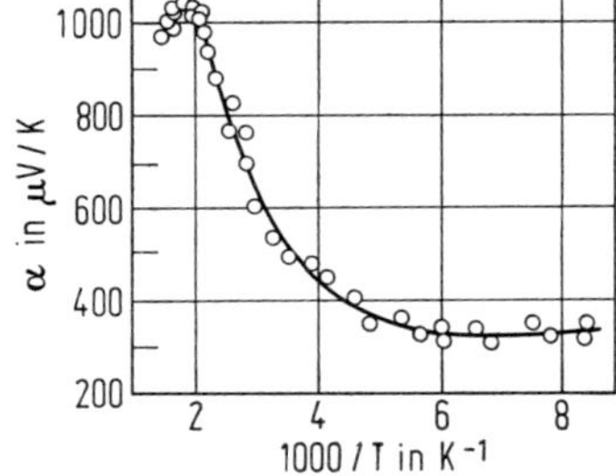

Fig. 92

Temperaturabhängigkeit der Thermokraft α eines α-MnSe-Einkristalls.

Literatur:

[1] A. G. Rustamov, I. G. Kerimov, L. M. Valiev, S. Kh. Babaev (Izv. Akad. Nauk SSSR Neorgan. Materialy **6** [1970] 1339/40; Inorg. Materials [USSR] **6** [1970] 1176/7). — [2] G. I. Makovetskii, N. N. Sirota (Dokl. Akad. Nauk Belorussk. SSR **9** [1965] 15/7 nach C. A. **63** [1965] 113). — [3] W. D. Johnston (J. Electrochem. Soc. **109** [1962] 595/9).

Optical Properties

9.2.6 Optische Eigenschaften

Zwischen 140 und 20 μm weisen der Extinktionskoeffizient k und der Brechungsindex n scharfe Maxima in der Nähe der Reststrahlenwellenlänge (71 μm) auf, s. **Fig. 93**. Im Bereich der Absorptionskante werden bei 79 K an einer 0.98 μm dicken Schicht drei einzelne Maxima deutlich, s. **Fig. 94**. Der Verlauf der optischen Konstanten α (Absorptionskoeffizient), R (Reflexionsvermögen), k und n ist in **Fig. 95** und **96** dargestellt [1]. Eine weitere Untersuchung des UV-Reflexionsspektrums bei 20°C im Bereich 1 bis 5 eV ergibt einen elektronischen Übergang bei 3.3 eV und möglicherweise auch einen bei 2.5 eV [2].

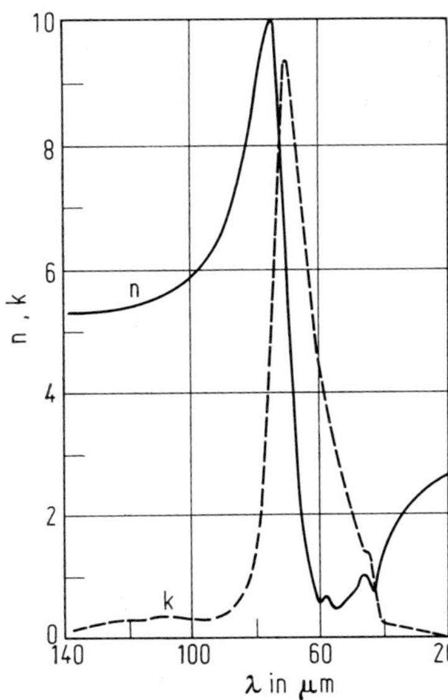

Fig. 93

Brechungsindex n und Extinktionskoeffizient k in Abhängigkeit von der Wellenlänge λ im Reststrahlenbereich bei α-MnSe.

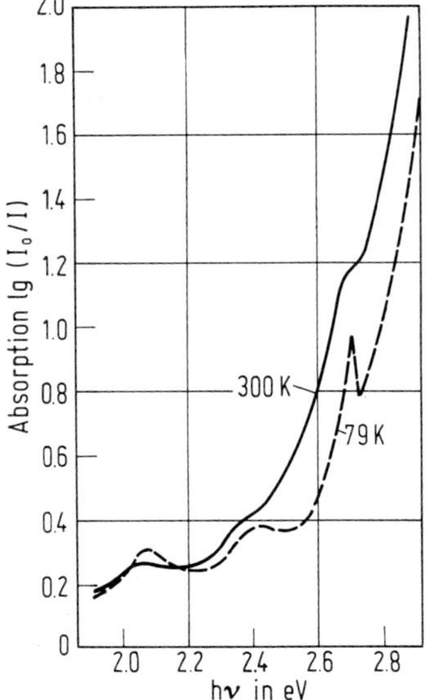

Fig. 94

Spektrale Abhängigkeit der Absorption in der Nähe der Absorptionskante bei monokristallinen α-MnSe-Schichten.

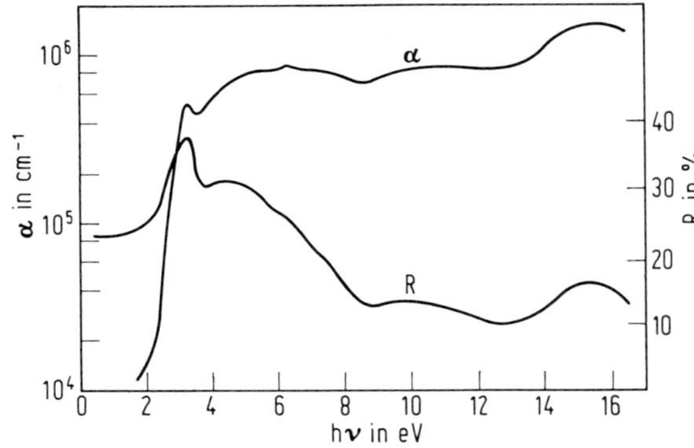

Fig. 95

Spektrale Abhängigkeit des Absorptionskoeffizienten α und des Reflexionsvermögens R von α-MnSe.

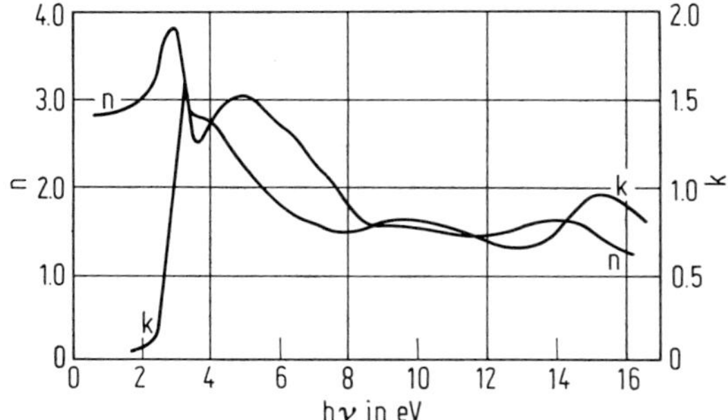

Fig. 96

Spektrale Abhängigkeit des Brechungsindex n und des Extinktionskoeffizienten k von α-MnSe im sichtbaren und UV-Bereich.

Literatur:

[1] L. D. Decker, R. L. Wild (Phys. Rev. [3] B **4** [1971] 3425/37). — [2] V. V. Sobolev (Issled. Slozhnykh Poluprovodnikov, Kishinev 1970, S. 190/6; C. A. **75** [1971] Nr. 114487).

9.2.7 Chemisches Verhalten

Chemical Reactions

Die frischen, glänzenden Bruchflächen von α-MnSe werden an feuchter Luft schnell matt [1]. Bei erhöhter Temperatur wird die Verbindung zu Mn_3O_4 oxidiert [2]. Gefälltes, nasses MnSe reagiert mit Luftsauerstoff zu Selenit [1]. Beim Erhitzen von Se-haltigem β-MnSe in evakuierter Ampulle entsteht $MnSe_2$ (während sich das übrige β-MnSe in die α-Modifikation umwandelt) [3]. — Mit Chlor reagiert α-MnSe unter Feuererscheinung zu $MnCl_2$ und $SeCl_2$ [2, 4]. Von Brom oder Bromwasser wird α-MnSe [1] und gefälltes MnSe in der Kälte ohne Entwicklung von H_2Se aufgelöst [5]. Bei vorsichtiger Halogenierung bei niedrigen Temperaturen mit den trockenen Elementen entstehen die Verbindungen MnSeCl, $MnSeBr_2$ und $MnSeJ_2$ (s. S. 307/8) [6]. — Geschmolzenes MnSe reagiert mit Graphit in Ar bei 1 atm Gesamtdruck zu Mangancarbid und Selen [7].

Bei der Einwirkung von HCl-Gas auf α-MnSe wird H_2Se freigesetzt [2]. — α-MnSe und gefälltes MnSe werden bereits in der Kälte von verdünnten Säuren unter Entwicklung von H_2Se aufgelöst [1, 2, 4], solange der pH-Wert der Lösung unterhalb 4 bleibt. Im Bereich von pH = 4 bis 6 fällt die Löslichkeit stark ab. Bei 25°C und der Ionenstärke 1 ist in diesem Bereich $pK_s = 12.10 \pm 0.31$ (bestimmt mit Hilfe von radioaktivem ^{54}Mn) [8] in guter Übereinstimmung mit thermodynamischen Berechnungen: $pK_s = 11.50$ [9]. Zwischen pH = 6 bis 14 ist die Löslichkeit konstant, wobei sich in der Lösung die komplexe Spezies [Mn(HSe)(OH)] bildet [8]. — Von rauchender Salpetersäure [5] und salzsaurer H_2O_2-Lösung wird MnSe unter Bildung von Selenat gelöst [2].

Literatur:

[1] C. Fabre (Ann. Chim. Phys. [6] **10** [1887] 472/550, 523). — [2] Fonzes-Diacon (Compt. Rend. **130** [1900] 1025). — [3] R. MacLaren Murray, B. C. Forbes, R. D. Heyding (Can. J. Chem. **50** [1972] 4059/61). — [4] E. Wedekind, T. Veit (Ber. Deut. Chem. Ges. **44** [1911] 2663/70, 2667). — [5] L. Moser, K. Atynski (Monatsh. Chem. **45** [1925] 235/50).

[6] S. S. Batsanov, L. I. Gorogotskaya (Izv. Sibirsk. Otd. Akad. Nauk SSSR **1959** Nr. 3, S. 42/8; C. A. **1959** 19655). — [7] P. G. Riewald, L. H. van Vlack (J. Am. Ceram. Soc. **52** [1969] 370/5). — [8] M. C. Mehra, A. O. Gubeli (J. Less-Common Metals **22** [1970] 281/5). — [9] E. A. Buketov. M. Z. Ugorets, A. S. Pashinkin (Zh. Neorgan. Khim. **9** [1964] 526/9; Russ. J. Inorg. Chem. **9** [1964] 292/4).

Manganese-(II) Diselenide

9.3 Mangan(II)-diselenid $MnSe_2$

9.3.1 Darstellung

Preparation

Stöchiometrische Mengen der Elemente werden bei 520 bis 550°C in evakuierten Quarzglasampullen umgesetzt. Bei 520°C ist eine Temperdauer von 10 d erforderlich, da sonst MnSe und Se als Nebenprodukte auftreten [1, 2]. Man kann auch MnSe mit einer entsprechenden Menge Se umsetzen [3]. — Auf hydrothermalem Wege entsteht $MnSe_2$ aus $MnSO_4$ und überschüssigem Kaliumpolyselenid in wäßriger Lösung, die in einem geschlossenen Pyrexglasrohr im Autoklaven 24 h auf 330°C erhitzt werden. Verunreinigungen durch Glas und Silicagel werden mit Flußsäure herausgelöst, das überschüssige Se wird im Vakuum bei 210°C abgedampft [3]. — Die Züchtung von Einkristallen über Transportreaktion mit Hilfe von Jod ähnlich wie bei MnSe (s. S. 270) ist bisher nicht gelungen [1].

Die Bildungsenthalpie wird mit Hilfe des Born-Haber-Kreisprozesses in Analogie zu $RuSe_2$ und $OsSe_2$ auf $\Delta H° = -96 \pm 8$ kcal/mol geschätzt [4].

Literatur:

[1] H. Wiedemeier, A. G. Sigai (High Temp. Sci. **1** [1969] 18/25, 20). — [2] N. Elliott (J. Am. Chem. Soc. **59** [1937] 1958/62). — [3] M. Avinor, G. de Pasquali (J. Inorg. Nucl. Chem. **32** [1970] 3959). — [4] J. J. Murray, R. D. Heyding (Can. J. Chem. **45** [1967] 2675/87, 2686).

Crystallographic Properties

9.3.2 Kristallographische Eigenschaften

Kristallstruktur. $MnSe_2$ kristallisiert wie MnS_2 (s. S. 36) im kubischen Pyrit-Typ [1]. Gitterkonstante a = 6.417 Å [1, 2] bzw. 6.430(10) Å [3]. Tabelle der d-Werte s. [1]. Der Parameter des Selens ergibt sich bei Raumtemperatur aus röntgenographischen Untersuchungen zu x = 0.393 ± 0.001 [1] und aus Neutronenbeugungsuntersuchungen zu x = 0.3954 ± 0.0008 bei Raumtemperatur [2] sowie x = 0.3949 ± 0.0005 bei 4.2 K [4]. Bei Raumtemperatur betragen die Abstände Mn-Se = 2.70 [1] bzw. 2.71 Å [2] und Se-Se = 2.38 ± 0.02 [1] bzw. 2.33 ± 0.02 Å [2]. Der Winkel Mn-Se-Mn ist 113.8° (Neutronenbeugung) [2].

Chemische Bindung. Aus den Verschiebungen der Linien im Röntgenspektrum wird abgeleitet, daß eine Bindung zwischen den hybridisierten $4sp^3d^2$-Orbitalen des Mangans und den $4sp^3$-Orbitalen des Selens besteht [5], was im wesentlichen mit den Vorstellungen von Suchet [6] übereinstimmt. Die Bindung ist überwiegend kovalent [5]. Aus Neutronenbeugungsuntersuchungen bei 4.2 K ergibt sich für das Mangan die Summe der Kovalenzparameter (s. S. 11) zu $A^2_{\sigma\pi s}$ = 7.8 ± 1.1%, woraus hervorgeht, das die Se-Se-Bindung nur geringen Einfluß auf die Bindung des Mangans hat [4].

Die Gitterenergie wird nach Born-Mayer zu U = 681.4 kcal/mol berechnet [7].

Literatur:

[1] N. Elliott (J. Am. Chem. Soc. **59** [1937] 1958/62). — [2] J. M. Hastings, N. Elliott, L. M. Corliss (Phys. Rev. [2] **115** [1959] 13/7). — [3] H. Wiedemeier, A. G. Sigai (High Temp. Sci. **1** [1969] 18/25, 20). — [4] A. J. Jacobson, B. E. F. Fender (J. Chem. Phys. **52** [1970] 4563/6). — [5] C. Mande, A. S. Nigavekar (Proc. Indian Acad. Sci. A **67** [1968] 166/74).

[6] J. P. Suchet (Crystal Chemistry and Semiconduction in Transition Metal Binary Compounds, Academic Press, New York-London 1971, S. 203). — [7] J. J. Murray, R. D. Heyding (Can. J. Chem. **45** [1967] 2675/87, 2686).

9.3.3 Weitere physikalische Eigenschaften

Other Physical Properties

Die thermische Ausdehnung verläuft bis zur beginnenden thermischen Zersetzung (s. unten) linear. Aus der Temperaturabhängigkeit der Gitterkonstante ($a = 6.491$ Å bei 522°C) ergibt sich der Ausdehnungskoeffizient zwischen 73 und 522°C zu $\alpha = 20.0 \times 10^{-6}\ K^{-1}$ [1].

Die Elektronenbänder sind in $MnSe_2$ ebenso angeordnet wie in MnS_2 (s. Fig. 11, S. 37); ob das E_5-Niveau der d-Elektronen oberhalb oder unterhalb E_v liegt, ist ungewiß [2]. Die Breite der Energielücke ergibt sich aus der Temperaturabhängigkeit der elektrischen Leitfähigkeit zu 0.2 eV [3] oder 0.15 eV [4]. — Die elektrische Leitfähigkeit steigt zwischen 300 und 700 K; Aktivierungsenergie 0.2 eV [3].

Bei 4.2 K ist $MnSe_2$ antiferromagnetisch; die magnetische Elementarzelle ist dreimal so groß wie die chemische und weist einen besonderen Ordnungstyp auf. Die paarweise antiparallel gerichteten Momente der Mn-Ionen haben zwei verschiedene Beträge [5]. Theoretische Erörterungen zur magnetischen Struktur s. auch bei Dimmock [6]. — Die magnetische Umwandlung erfolgt bei $T_N = 56$ K [7]. Bei 76 und 193 K beträgt die Molsuszeptibilität $10^6\ \chi_{mol} = 6600$ bzw. 6330 cm^3/mol, und zwischen 200 und 475 K steigt $1/\chi_{mol}$ linear an. Die paramagnetische Curie-Temperatur beträgt $\Theta_p = -483$ K, das effektive Moment 5.93 μ_B [5].

Literatur:

[1] H. Wiedemeier, A. K. Chaudhuri (Monatsh. Chem. **103** [1972] 326/32). — [2] J. B. Goodenough (J. Solid State Chem. **5** [1972] 144/52). — [3] F. Hulliger (Helv. Phys. Acta **32** [1959] 615/54, 635). — [4] U. Winkler (Helv. Phys. Acta **28** [1955] 633/66). — [5] J. M. Hastings, N. Elliott, L. M. Corliss (Phys. Rev. [2] **115** [1959] 13/7), L. M. Corliss, N. Elliott, J. M. Hastings (J. Appl. Phys. **29** [1958] 391/2), N. Elliott, L. Corliss, J. Hastings (16e Congr. Intern. Chim. Pure Appl., Paris 1957 [1958], Mem. Sect. Chim. Minerale, S. 263/5).

[6] J. O. Dimmock (Phys. Rev. [2] **130** [1963] 1337/44). — [7] L. M. Corliss, J. M. Hastings (J. Phys. [Paris] **25** [1964] 557/62).

9.3.4 Chemisches Verhalten

Chemical Reactions

$MnSe_2$ wird beim Erhitzen in evakuierter Ampulle bei 590°C in 2 bis 5 d teilweise zu MnSe und Se zersetzt; bei 675°C ist die Zersetzung vollständig [1]. Gegen Flußsäure ist $MnSe_2$ beständig [2].

Literatur:

[1] H. Wiedemeier, A. G. Sigai (High Temp. Sci. **1** [1969] 18/25). — [2] M. Avinor, G. de Pasquali (J. Inorg. Nucl. Chem. **32** [1970] 3959).

Compounds of Manganese with Selenium and Other Metals

Review in German

9.4 Verbindungen des Mangans mit Selen und weiteren Metallen

Übersicht

Die Verbindungen und Phasen, die neben Mangan und Selen auch noch andere Metalle enthalten, sind bisher nicht so intensiv erforscht worden wie die entsprechenden mit Schwefel (s. S. 39). Im wesentlichen treten hier jedoch die gleichen Verbindungstypen wie bei den Sulfiden auf. Im Gegensatz zu MnS können in MnSe meist größere Mengen Mangan durch andere Metalle substituiert werden. Bei vielen Verbindungen und Phasen sind die magnetischen Eigenschaften genauer untersucht.

Review in English

Review. Compounds and phases containing other metals besides manganese and selenium have not been as intensively investigated as those with sulfur (see p. 39). Essentially, there are the same types of compounds as with sulfides. In contrast to MnS larger amounts of manganese can be substituted by other metals in MnSe. The magnetic properties of many compounds and phases have been investigated in detail.

$Li_xMn_{1-x}Se$ Solid Solutions

9.4.1 $Li_xMn_{1-x}Se$-Mischkristalle (x = 0 bis 0.11)

Darstellung und kristallographische Eigenschaften

MnSe, Li_2Se (s. „Lithium" Erg.-Bd., S. 486) und Se werden im Graphit- oder MgO-Tiegel, der sich in einem geschlossenen Vycor-Rohr befindet, erst 12 h auf 550°C, dann 24 h auf 650°C erhitzt [1]. Man kann auch stufenweise von 500 auf 800°C erhitzen [2]. Der so erhaltene Mischkristallbereich erstreckt sich von x = 0 bis 0.11. Bei höheren Werten von x liegen $Li_{0.11}Mn_{0.89}Se$, Li_2Se und Se nebeneinander vor [1].

Die an der Luft stabilen Mischkristalle sind wie α-MnSe (s. S. 271) vom NaCl-Typ. Die Gitterkonstanten fallen linear mit wachsendem x bis auf a = 5.439 ± 0.0008 Å bei der Grenzzusammensetzung [1]. Diese Ergebnisse werden später bestätigt [2].

Magnetische und elektrische Eigenschaften

Beim Einbau von Li in α-MnSe, was zur Bildung von Mn^{3+}-Ionen führt, tritt zum antiferromagnetischen Zustand bei tiefen Temperaturen bei genügend hohem Li-Gehalt (x > 0.05) ein ferromagnetischer Bereich hinzu; er liegt offenbar über dem antiferromagnetischen Bereich. Der Einbau von Li ändert auch den Leitfähigkeitscharakter; er wird metallähnlicher.

Im paramagnetischen Bereich ergeben Suszeptibilitätsmessungen (bis 800 K, für x = 0.05 nur bis 300 K) einen Anstieg der paramagnetischen Curie-Temperatur Θ_p von −250 K bei x = 0.03 auf −53 K, −24 K und +55 K bei x = 0.05, 0.07 bzw. 0.10; das effektive Moment nimmt, da Mn^{3+} das Moment 0 hat, von 5.65 μ_B auf 5.08 μ_B (bei x = 0.05 und 0.07) und 4.76 μ_B (bei x = 0.10) ab [3]. Für den magnetisch geordneten Bereich werden magnetische Untersuchungen [1, 3, 4, 8] und Ergebnisse aus der Neutronenbeugung [5] bei McGuire und Heikes [4] zusammengefaßt. Danach fällt die Néel-Temperatur T_N von ≈110 K bei x=0 (vgl. S. 275) über 90 K, 83 K, 73 K bei x=0.03, 0.05 und 0.07 auf 70 K bei x = 0.10. Die T_N-Werte (aus elektrischen Messungen) von Rustamov u. a. [2] liegen etwas höher: T_N fällt von 150 K bei x = 0 über 134 K, 127 K bei x = 0.001 bzw. 0.01 auf 121 K bei x = 0.3.

Eine ferromagnetische Umwandlung ist sicher bei x = 0.10 vorhanden: T_C = 110 K [4]; auch aus der Neutronenbeugung ergibt sich, daß diese Verbindung bei 77 K ferromagnetisch ist. Nach früheren magnetischen Messungen [1] sind schon die Mischkristalle mit x = 0.05 und x = 0.07 bei 77 K ferromagnetisch und Kerimov u. a. [6] geben (aus Leitfähigkeitsmessungen) sogar für x = 0.03 eine Curie-Temperatur (T_C = 108 K) an, die unter dem Einfluß von einachsigem Druck auf 122 K bei p = 100 kg/cm² steigt ($dT_C/dp = 0.14\ K \cdot cm^2 \cdot kg^{-1}$). Nach Heikes u. a. [3] hat der Mischkristall mit x = 0.07 bei 20 K ein ferromagnetisches Moment.

Die Neutronenbeugungsuntersuchungen ergeben für x = 0.05 eine magnetische Ordnung 2. Art wie bei MnO und MnSe, für x = 0.07 bei T_N = 73 K eine antiferromagnetische Umwandlung gleicher Art wie bei x = 0.05 und bei 45 K eine sprunghafte Änderung der Spinachse aus einer Richtung ⊥ [111] in eine Richtung 32° zu [111], für x = 0.10 bei T_N = 71 K die Ausbildung einer antiferromagnetischen Struktur 3. Art (wie bei β-MnS mit Zinkblendestruktur) mit einer Spinrichtung 45° geneigt zur tetragonalen Achse (bei 4.2 K). Werte für das magnetische Moment μ je Metallatom bei 4.2 K: 4.45 ± 0.15 μ_B bei x = 0.05, 4.25 ± 0.10 μ_B bei x = 0.07, 4.15 ± 0.10 μ_B bei x = 0.10. Die Unterschiede zu MnSe können durch positive Doppelaustauschbindungen des Li entstehen [5]. Werte für das magnetische Moment (je Formeleinheit) auf Grund der Magnetisierungsmessungen: μ = 0.2 μ_B bei x = 0.05, 77 K und H = 7 kG; bei 4.2 K ist $\chi = 300 \times 10^{-6}$ cm^3/g und feldunabhängig, d. h. das bei 77 K vorhandene magnetische Moment ist verschwunden; μ = 0.6 μ_B bei x = 0.07 und 20 K; μ = 0.7 μ_B bei x = 0.10 und 71 K [4].

Die Umwandlung bei T_N zeigt thermische Hysterese, im äußeren Magnetfeld sinkt T_N linear mit der Feldstärke (x = 0.10) [4]. — Versuch einer theoretischen Erklärung der ferromagnetisch-antiferromagnetischen Umwandlung durch indirekte Austauschwechselwirkung mit den Ladungsträgern s. bei Karpenko, Berdyshev [7].

Nach Messungen an gesinterten $Li_xMn_{1-x}Se$-Proben (x = 0.001, 0.01, 0.03, 0.1) von T = 90 bis 600 K unter Vakuum steigt die Leitfähigkeit $\varkappa$ bei $T < T_N$ mit der Temperatur; für $T > T_N$ steigt $\varkappa$ nur noch geringfügig. Die Werte der Thermokraft α sind positiv und für $T < T_N$ praktisch konstant, oberhalb T_N wächst α zunächst bis T ≈ 200 K langsam, dann stark mit einem Maximum in der Nähe von T = 500 K. Die Hall-Konstante R_H fällt mit der Temperatur, für x = 0.1 besonders stark im oberen Temperaturbereich. Die Löcherleitung erfolgt nach dem Schema: $Li^+Mn^{3+}(3d^4)$ + $Mn^{2+}(3d^5) \rightarrow Li^+Mn^{2+}(3d^5) + Mn^{3+}(3d^4)$. Die Drift- und Hall-Beweglichkeiten μ_D bzw. μ_H der Ladungsträger zeigen unterschiedliche Temperaturabhängigkeit [2]. In nachstehender Tabelle sind, mit Vergleichswerten von MnSe, die Meßergebnisse für T = 300 K zusammengestellt (N_0 = Zustandsdichte, p = Konzentration freier Löcher); die Werte der Energielücke E_g gelten für $T < T_N$.

x	lg $\varkappa$ ($\Omega^{-1} \cdot cm^{-1}$)	α ($\mu V/K$)	E_g(eV)	lg μ_D ($cm^2 \cdot V^{-1} \cdot s^{-1}$)
0	−2.365	350	0.09	—
0.001	0.58	130	0.077	−0.68
0.01	1.67	90	0.045	−0.23
0.03	2.02	48	0.038	−0.21
0.1	2.65	20	0.01	0.029

x	lg μ_H ($cm^2 \cdot V^{-1} \cdot s^{-1}$)	N_0 (10^{20} cm^{-3})	p_{ber} (10^{20} cm^{-3})	p_{exp} (10^{20} cm^{-3})
0.001	−0.88	6	0.6	1.05
0.01	−0.48	19	6	4.88
0.03	−0.43	28.6	18	10.3
0.1	0.06	63	60	26.2

Für x = 0.001, 0.01, 0.03 steigt im Temperaturbereich von 96 bis 600 K die Beweglichkeit der Ladungsträger mit der Temperatur und erreicht ein Maximum bei T > 500 K; für x = 0.1 fällt die Beweglichkeit leicht mit der Temperatur [9].

Die Temperaturabhängigkeit des elektrischen Widerstandes ρ von Mischkristallen bis x = 0.110 nach Messungen von Kasaya [10] zeigt **Fig. 97**, S. 286. Im Gebiet bis x = 0.031 können drei Bereiche unterschieden werden: für T > 50 K ist ρ temperaturunabhängig, für 50 < T < 150 K ist ρ thermisch aktiviert, für T > 150 K zeigt ρ metallischen Charakter. Hier ist ρ umgekehrt proportional zum Li-

Electrical Properties of $Li_xMn_{1-x}Se$ Solid Solutions

Fig. 97

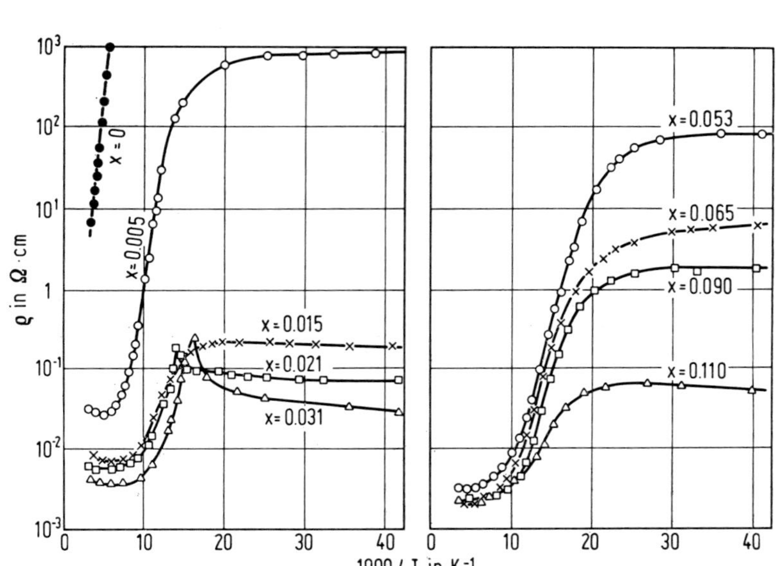

Temperaturabhängigkeit des elektrischen Widerstandes ρ von $Li_xMn_{1-x}Se$-Mischkristallen bei verschiedenen Werten von x.

Gehalt, während bei tiefen Temperaturen ρ um den Faktor 10^5 steigt, wenn der Li-Gehalt um einen Faktor 6 reduziert wird. Die Tieftemperaturleitfähigkeit ist offenbar Verunreinigungsleitung. Bei x = 0.031 bis 0.053 tritt im Gebiet der Verunreinigungsleitung eine anomale ρ(T)-Abhängigkeit auf; für x = 0.053 ist ρ 3000 mal so groß wie für x = 0.031 [10]. Bei x = 0.03 zeigt sich im Temperaturbereich von 4.2 bis 300 K keine Veränderung von ρ durch einachsigen Druck bis p = 100 kg/cm² [6].

Literatur:

[1] W. D. Johnston, R. R. Heikes (J. Am. Chem. Soc. **80** [1958] 5904/7). — [2] A. G. Rustamov, I. G. Kerimov, L. M. Valiev (Izv. Akad. Nauk SSSR Neorgan. Materialy **5** [1969] 40/4; Inorg. Materials [USSR] **5** [1969] 33/6). — [3] R. R. Heikes, T. R. McGuire, R. J. Happel (Phys. Rev. [2] **121** [1961] 703/7). — [4] T. R. McGuire, R. R. Heikes (J. Appl. Phys. **31** [1960] 276 S/277 S). — [5] S. J. Pickart, R. Nathans, G. Shirane (Phys. Rev. [2] **121** [1961] 707/14).

[6] I. G. Kerimov, A. G. Musaev, A. G. Rustamov, M. Sh. Mamedov, F. Yu. Aliev (Izv. Akad. Nauk Azerb. SSR Ser. Fiz. Tekhn. i Mat. Nauk **1968** 81/4 nach C. A. **70** [1969] Nr. 119243). — [7] B. V. Karpenko, A. A. Berdyshev (Fiz. Tverd. Tela **5** [1963] 3397/405; Soviet Phys.-Solid State **5** [1963] 2494/9). — [8] R. R. Heikes, T. R. McGuire, R. J. Happel (Bull. Am. Phys. Soc. [2] **4** [1959] 52). — [9] A. G. Rustamov, I. G. Kerimov, L. M. Valiev (Izv. Akad. Nauk Azerb. SSR Ser. Fiz. Tekhn. i Mat. Nauk **1968** 28/32 nach C. A. **70** [1969] Nr. 15171). — [10] M. Kasaya (Phys. Letters A **55** [1976] 365/7).

Compounds of Manganese with Selenium and Group Ib Metals

9.4.2 Verbindungen des Mangans mit Selen und Metallen der 1. Nebengruppe

Wegen des Prinzips der letzten Stelle werden diese Verbindungen und Phasen mit Kupfer, Silber und Gold bei den jeweiligen Elementen behandelt. In den bisher erschienenen Bänden sind lediglich die Mischkristalle $Ag_xMn_{1-x}Se$ in „Silber" B 4, S. 380 beschrieben.

9.4.3 $Mg_xMn_{1-x}Se$-Mischkristalle (x = 0.05, 0.1)

$Mg_xMn_{1-x}Se$ Solid Solutions

Zur Darstellung werden entsprechende Mengen der Elemente dreimal je 48 h im evakuierten Quarzglasrohr auf 850°C erhitzt. Die Mischkristalle sind kubisch und besitzen NaCl-Typ-Struktur wie α-MnSe (s. S. 271). Bei x = 0.1 beträgt die Gitterkonstante a = 5.4634 ± 0.0003 Å. Beim Abkühlen wandeln sich Proben mit x = 0.05 wie α-MnSe in eine hexagonale Tieftemperaturmodifikation um, während die Proben mit x = 0.1 bis 4.2 K kubisch bleiben. Bei diesen ergibt sich aus Neutronenbeugungsuntersuchungen die Summe der Kovalenzparameter (s. S. 11) für Mangan zu 7.5 ± 0.32%, A. J. Jacobson, B. E. F. Fender (J. Chem. Phys. **52** [1970] 4563/6).

9.4.4 Ba_2MnSe_3

Ba_2MnSe_3

Die orangefarbene Verbindung wird wie das isotype Ba_2MnS_3 (s. S. 44) aus BaSe, Mn und Se bei 850°C hergestellt. Sie kristallisiert rhombisch; Gitterkonstanten bei 25.0 ± 0.5°C: a = 9.135(2), b = 4.471(1), c = 17.736(2) Å. Die Atome besetzen die Punktlage 4c (x, $^1/_4$, z usw.) mit folgenden Parametern:

Atom	x	z
Ba(1)	0.4190(1)	0.7137(0.9)
Ba(2)	0.2589(1)	0.4571(0.9)
Mn	0.3738(4)	0.1331(2)
Se(1)	0.3172(3)	0.2732(1)
Se(2)	0.1241(2)	0.0722(1)
Se(3)	0.9967(3)	0.5989(1)

R = 5.8%. Die Abstände des Mangans zu endständigen Se-Atomen betragen 2.524 und 2.538 Å, während der Abstand zum Brückenatom Se(3) mit 2.601 Å länger ist. Innerhalb der Ketten haben die Mn-Atome einen Abstand von 4.471 Å. Ba(1) befindet sich im Zentrum eines trigonalen Prismas aus Se-Atomen mit einem zusätzlichen 7. Se-Atom in Richtung einer Prismenfläche. Die Ba(1)-Se-Abstände liegen zwischen 3.282 und 3.399 Å. Alle Se-Atome gehören zu zwei Mn-Se-Ketten. Ba(2) liegt zwischen 4 Ketten mit Ba(2)-Se-Abständen von 3.211 bis 3.473 Å.

Ba_2MnSe_3 ist eine Modellsubstanz für linearen Antiferromagnetismus. Das für ein Mn^{2+}-System modifizierte Heisenberg-Modell für linearen Antiferromagnetismus und ein „reduced spin"-Modell liefern für die Austauschwechselwirkung und den Landé-Faktor die Parameter J/k = −9.8 bzw. −9.6 K, g = 2.03 bzw. 2.02 in Übereinstimmung mit der von 50 bis 600 K gemessenen Temperaturabhängigkeit der magnetischen Suszeptibilität χ_{mol}. ESR-Messungen von R. W. Bene (unveröffentlicht) ergeben g = 2.011. Das effektive magnetische Moment ist μ_{eff} = 4.90 μ_B, die aus Meßwerten über 300 K (aus $\chi_{mol} = C/(T + \Theta_p)$) extrapolierte paramagnetische Curie-Temperatur ist Θ_p = 150 K, I. E. Grey, H. Steinfink (Inorg. Chem. **10** [1971] 691/6).

9.4.5 Verbindungen des Mangans mit Selen und Zink

Compounds of Manganese with Selenium and Zinc

9.4.5.1 Mischkristalle im System MnSe-ZnSe

Solid Solutions in the MnSe-ZnSe System

Zur Untersuchung des Mischkristallsystems werden entsprechende Mengen α-MnSe und ZnSe (vom Zinkblende-Typ, s. „Zink" Erg.-Bd., S. 967/8) in evakuierten Quarzglasampullen je nach Temperatur 10 h bis 60 d erhitzt und danach abgeschreckt [1, 2]. Mit Hilfe von Röntgenuntersuchungen ergibt sich das in **Fig. 98**, S. 288, wiedergegebene Zustandsdiagramm. Durch Extrapolation wird ein invarianter Punkt bei etwa 470°C und 48 Mol-% MnSe erhalten. Auf der Mn-reichen Seite sind unterhalb 900°C keine Mischkristalle von α-MnSe mit ZnSe nachweisbar. Bis 1100°C steigt die Mischbarkeit auf etwa 2 Mol-% ZnSe [1], s. auch [2].

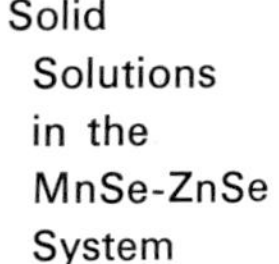
Solid Solutions in the MnSe-ZnSe System

Fig. 98

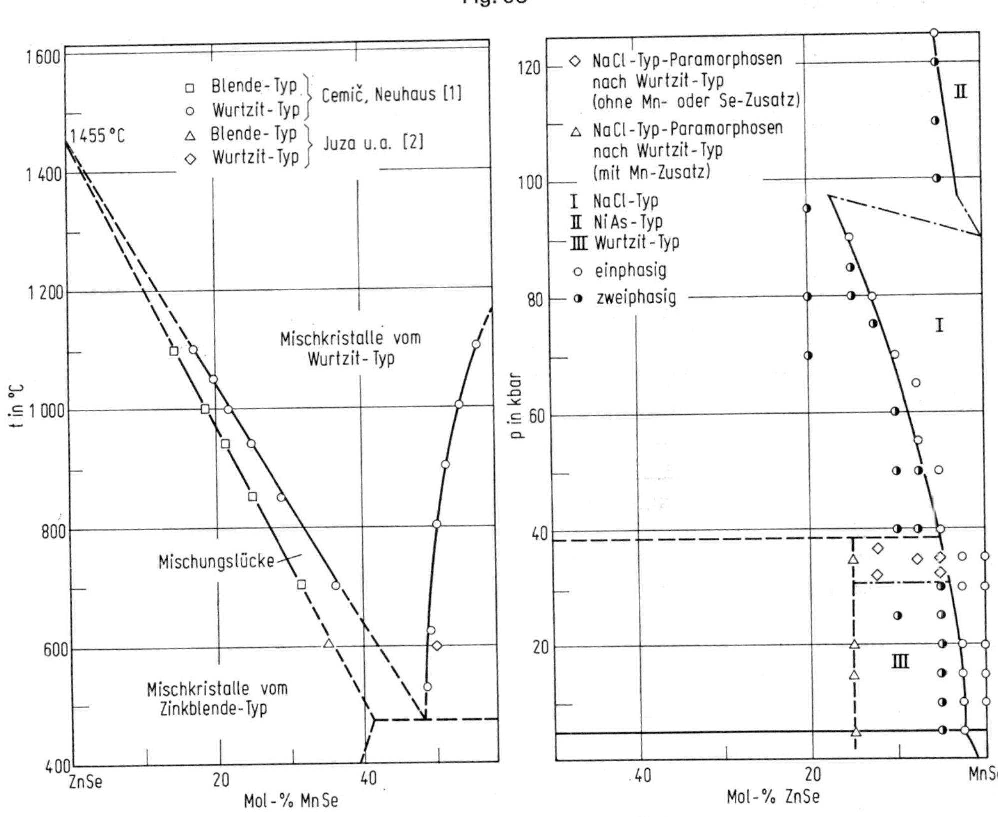

Zustandsdiagramm des Systems MnSe-ZnSe bei Normaldruck in Abhängigkeit von der Temperatur (links) und bei 800°C in Abhängigkeit vom Druck (rechts).

Mit steigendem Druck verschiebt sich die Mischkristallgrenze auf der ZnSe-Seite zu kleineren MnSe-Konzentrationen. Bei 800°C ist MnSe oberhalb 70 kbar nicht mehr mit ZnSe mischbar. Bei dieser Temperatur und der Eutektikalen von 5.5 kbar existieren Mischkristalle vom Zinkblende-Typ bis etwa 28 Mol-% MnSe und vom Wurtzit-Typ bei etwa 38 Mol-% MnSe. Aus Röntgenaufnahmen unter Druck und der Morphologie der abgeschreckten Präparate folgt das in Fig. 98 dargestellte Zustandsdiagramm für die MnSe-Seite. Die Mischkristalle der Felder II (NiAs-Typ) und III (Wurtzit-Typ) lassen sich nicht auf Normalbedingungen abschrecken; man erhält immer Präparate vom NaCl-Typ [1].

Die Gitterkonstanten der Mischkristalle vom Zinkblende-Typ steigen linear mit dem MnSe-Gehalt nach $a = 5.6677 + 0.002185\,z$, wobei z die MnSe-Konzentration in Mol-% darstellt. Bei einem bei 700°C dargestellten Mischkristall mit 31.5 Mol-% MnSe ist $a = 5.7365 \pm 0.0006$ Å. Für die Mischkristalle vom Wurtzit-Typ gilt: $a = 4.0018 + 0.001685\,z$ und $c = 6.656 + 0.00217\,z$. Bei 50 Mol-% MnSe (dargestellt bei 900°C) ist $a = 4.0861 \pm 0.0006$, $c = 6.674 \pm 0.001$ Å [1]. Die Werte stimmen mit früheren Messungen gut überein [2].

Die Röntgendichte fällt bei den Mischkristallen vom Zinkblende-Typ von 5.1661 bei 10 Mol-% MnSe auf 4.9620 g/cm³ bei 31.5 Mol-% MnSe und bei denen vom Wurtzit-Typ von 5.0685 bei 20 Mol-% MnSe auf 4.7869 g/cm³ bei 50 Mol-% MnSe [1].

Die elektrische Leitfähigkeit $\varkappa$ der Mischkristalle (Pulverpreßlinge, Preßdruck 5 t/cm^3) ist $< 10^{-8}\ \Omega^{-1} \cdot cm^{-1}$. Im Zweiphasengebiet erfolgt ein Anstieg auf den Wert $\varkappa = 0.016$ für MnSe [2].

Die Farbe dieser Mischkristalle ist im Gegensatz zu den orangeroten Mischkristallen im System ZnS-MnS mehr bräunlich; das liegt daran, daß die braune Wurtzitform des MnSe die farbbestimmende Komponente ist [3]. — Über die optischen Spektren und die Lumineszenz von mit Mn^{2+} aktiviertem ZnSe s. [6, 10, 12] bzw. [6, 9, 11]. Über die Ergebnisse der Untersuchungen bis etwa 1971 wird in „Mangan" B, S. 188 zusammenfassend berichtet.

Untersuchungen der Elektronenspinresonanz s. [6, 8, 13] und die zusammenfassende Darstellung der ESR von Mn^{2+} in ZnS, ZnSe u. a. in „Mangan" B, S. 113. Die Temperaturabhängigkeit der Hyperfeinstrukturkonstante A von Mn^{2+} in ZnSe, wo das Mn-Ion eine Tetraedersymmetrie vorfindet, wird von Koch [4] experimentell (aus ESR) bestimmt und später [5] auf der Basis eines phononeninduzierten nichtkubischen Zusatzfeldes theoretisch berechnet. Den Bindungszustand des Mn^{2+}-Ions in ZnSe berechnet Hamera [7] bei Erörterung des 17-Atome-clusters $MnSe_4Zn_{12}$.

An mit Mn aktiviertem ZnSe wird Photoleitfähigkeit und ein Photovoltaeffekt (maximale Empfindlichkeiten bei den Photonenenergien 2.6 bzw. 2.8 eV) beobachtet [11].

Literatur:

[1] L. Cemič, A. Neuhaus (High Temp.-High Pressures **6** [1974] 203/15). — [2] R. Juza, A. Rabenau, G. Pascher (Z. Anorg. Allgem. Chem. **285** [1956] 61/9). — [3] H. Woelk (Diss. Bonn 1953). — [4] B.-P. Koch (Phys. Status Solidi B **43** [1971] K45/K47). — [5] B.-P. Koch (Phys. Status Solidi B **68** [1975] 193/200).

[6] D. F. Crabtree (Phys. Status Solidi A **22** [1974] 543/52). — [7] M. Hamera (Phys. Status Solidi B **69** [1975] K 45/K 47). — [8] B. C. Cavenett (Proc. Phys. Soc. [London] **84** [1964] 1/9). — [9] G. Jones, J. Woods (J. Phys. D **6** [1973] 1640/59). — [10] S. Asano, N. Yamashita, M. Oishi, K. Omori (J. Phys. Soc. Japan **24** [1968] 1302/7).

[11] J. Apperson, Y. Vorobiov, G. F. J. Garlick (Brit. J. Appl. Phys. **18** [1967] 389/99). — [12] D. W. Langer, H. J. Richter (Phys. Rev. [2] **146** [1966] 554/7). — [13] R. S. Title (Phys. Rev. [2] **131** [1963] 2503/4).

9.4.5.2 $ZnMn_2Se_4$

$ZnMn_2Se_4$

Zur Darstellung werden stöchiometrische Mengen der Elemente [1] oder entsprechend ZnSe, Mn und Se [2] in evakuierten Quarzglasampullen langsam auf 550°C erhitzt und einige Tage bei dieser Temperatur getempert [1]. Durch Sublimation lassen sich bei dieser Temperatur Einkristalle von etwa 1 mm Durchmesser gewinnen [2].

Die Verbindung kristallisiert im kubischen Spinell-Typ mit der Gitterkonstante a = 10.9 Å. Die Struktur bleibt bis 113 K erhalten [1].

Die Temperaturabhängigkeit der magnetischen Suszeptibilität χ (gemessen von 4.2 bis 380 K) zeigt das Verhalten eines Antiferromagneten; Néel-Temperatur $T_N = 150$ K, paramagnetische Curie-Temperatur $\Theta_p = -560$ K. Zwischen 240 und 270 K wird ein plötzlicher Anstieg von χ beobachtet [1]. Die an einem Einkristall von 140 bis 450 K untersuchte paramagnetische Resonanz im X-Band besteht aus einer Einfachlinie mit $g \approx 2$, deren Breite stark temperaturabhängig und bei 180 K am geringsten ist [2].

Literatur:

[1] G. Matsumoto, K. Ohbayashi, K. Kohn, S. Iida (J. Phys. Soc. Japan **21** [1966] 2429). — [2] M. Berkowski, H. Szymczak, W. Zbieranowski (Acta Phys. Polonica A **46** [1974] 395/7).

Solid Solutions in the MnSe-CdSe System

9.4.6 Mischkristalle im System MnSe-CdSe

Durch Erhitzen von α-MnSe (NaCl-Typ) und CdSe (Wurtzit-Typ, s. „Cadmium" Erg.-Bd., S. 634/7) in evakuierten Quarzglasampullen wird ein ähnliches Zustandsdiagramm wie bei den entsprechenden Sulfiden (s. S. 49) erhalten, s. **Fig. 99** [4]. Nach neueren Untersuchungen reicht die Mischungslücke bei 500°C von 50.8 ± 2 bis 96.5 ± 0.5 Mol-% MnSe und bei 1100°C von 50.8 ± 5 bis 80.7 ± 1.0 Mol-% MnSe [2]. Bei den CdSe-reichen Phasen vom Wurtzit-Typ ist der Umwandlungsdruck in die Hochdruckphase vom NaCl-Typ gegenüber reinem CdSe erniedrigt. Beim Entspannen auf Normalbedingungen wandeln sich die Phasen vom NaCl-Typ in solche vom Zinkblende-Typ um. Bei den MnSe-reicheren Phasen an der Mischkristallgrenze tritt diese Umwandlung in den Zinkblende-Typ nicht auf [3].

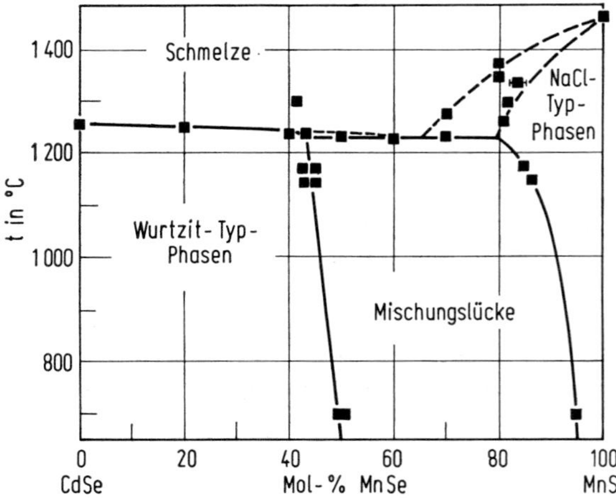

Fig. 99

Zustandsdiagramm des Systems MnSe-CdSe.

Einkristalle vom Wurtzit- und NaCl-Typ lassen sich über Transportreaktion aus polykristallinem Material im Temperaturgefälle 875 → 840°C unter Zusatz von 3 mg Jod je cm^3 Rohrvolumen züchten. Die Elemente oder binären Selenide sind als Ausgangsprodukte weniger gut geeignet [4]. Einkristalle vom Wurtzit-Typ werden auch durch Sublimation von polykristallinem Material bei 960°C in einem Temperaturgefälle von 10 bis 20 grd erhalten [4, 5]. Es entstehen Plättchen nach (0001) [5].

Die Gitterkonstanten sind innerhalb der Mischkristallbereiche linear von der Zusammensetzung abhängig: a = 4.173 + 0.124 z, c = 6.822 + 0.193 z bei den Wurtzit-Typ-Phasen und a = 5.462 + 0.202 z bei den NaCl-Typ-Phasen, wobei z den CdSe-Gehalt in Mol-% darstellt. An der nahezu temperaturunabhängigen Mischkristallgrenze der Wurtzit-Typ-Phasen werden die Werte a = 4.234, c = 6.916 Å bei 500 bis 1100°C [2] und a = 4.2326 ± 0.0007, c = 6.9018 ± 0.0015 Å bei 700°C gemessen [1]. Die Werte an der NaCl-Typ-Grenze steigen von a = 5.469 ± 0.001 Å bei 500°C über 5.501 ± 0.002 Å bei 1100°C [2] auf 5.5046 ± 0.0002 Å bei 1265°C [1]. Einzelwerte für verschiedene Zusammensetzungen s. [1, 2, 4, 5]. Aus den Mischungsentropien wird auf eine statistische Verteilung der Kationen in den Mischkristallen geschlossen [6], s. auch [2].

Die Breite der Energielücke an mikrokristallinem hexagonalem $Cd_xMn_{1-x}Se$ mit x = 0.5 bis 1.0 ergibt sich aus Reflexionsmessungen (bei x = 0.5 und 0.6 auch aus Durchlässigkeitsmessungen) bei gewöhnlicher Temperatur zu E_g (in eV) = 2.78 − 1.08 x [2, 5]; für kubische Mischkristalle von x = 0 bis 0.1 ändert sich E_g von 2.0 auf 1.94 eV. Einkristalle mit x = 0.50 und 0.60 sind, wie Thermokraftmessungen zeigen, n-leitend [5].

Literatur:

[1] W. Cook (J. Am. Ceram. Soc. **51** [1968] 518/20). — [2] H. Wiedemeier, A. G. Sigai (J. Solid State Chem. **2** [1970] 404/9). — [3] J. Corll (laut W. Cook [1]). — [4] A. G. Sigai, H. Wiedemeier (J. Cryst. Growth **9** [1971] 244/8). — [5] H. Wiedemeier, A. G. Sigai (J. Electrochem. Soc. **117** [1970] 551/3).

[6] A. G. Sigai, H. Wiedemeier (J. Chem. Thermodyn. **6** [1974] 983/91).

9.4.7 Verbindungen in den Systemen $MnSe$-M_2Se_3 (M = Sc, Dy, Yb, Lu)

Compounds in MnSe-M_2Se_3 Systems

9.4.7.1 $MnDy_4Se_7$

$MnDy_4Se_7$

Zur Darstellung werden entsprechende Mengen MnSe und Dy_2Se_3 in evakuierten Quarzglasampullen 1.5 h auf 1200°C erhitzt. Die rotbraune Verbindung entsteht auch durch Überleiten von H_2Se über ein Gemisch der Oxide oder Dy_2O_3 und Mangan bei 1200°C. Sie kristallisiert monoklin mit den Gitterkonstanten a = 13.19, b = 3.95, c = 11.99 Å, β = 105°30′ und ist mit $MnDy_4S_7$ (s. S. 58) isotyp. — Röntgendichte 6.94 g/cm³.

Im Meßbereich von −196 bis 400°C steigt die reziproke magnetische Suszeptibilität $1/\chi_{mol}$ linear; die paramagnetische Curie-Temperatur beträgt Θ_p = −10 K, das effektive magnetische Moment μ_{eff} = 21.7 μ_B, wenig mehr als für Mn^{2+} + 4 Dy^{3+} berechnet wird (21.5 μ_B), C. Souleau, M. Guittard, M. Wintenberger (Bull. Soc. Chim. France **1966** 1644/5).

9.4.7.2 Verbindungen der Zusammensetzung MnM_2Se_4 (M = Sc, Yb, Lu)

Compounds of the Composition MnM_2Se_4

Zur Darstellung von $MnYb_2Se_4$ werden stöchiometrische Mengen der Elemente in evakuierten Quarzglasampullen 1 d auf 800 bis 1000°C und nach erneutem Vermahlen nochmals 1 d auf 1150 bis 1200°C erhitzt [1]. Man kann auch entsprechende Mengen MnSe und Yb_2Se_3 unter gleichen Bedingungen 18 h auf 1100 bis 1200°C erhitzen [2]. Auf ähnlichem Wege werden vermutlich auch $MnSc_2Se_4$ und $MnLu_2Se_4$ hergestellt, s. hierzu [3].

Die Verbindungen kristallisieren kubisch und besitzen eine geordnete Spinell-Struktur $Mn(M_2)Se_4$:

Verbindung	Gitterkonstante	Dichte in g/cm³	Farbe
$MnSc_2Se_4$	11.11 ± 0.01 Å	5.07	rot
$MnYb_2Se_4$	11.42 ± 0.01 Å	7.30	braun
$MnLu_2Se_4$	11.40 ± 0.01 Å	7.37	braun

Der Se-Parameter beträgt bei $MnYb_2Se_4$ x = 0.379 [3]. Gitterkonstante und Farbe dieser Verbindung werden durch spätere Untersuchungen bestätigt [2].

Die magnetische Suszeptibilität von $MnYb_2Se_4$ gehorcht im untersuchten Bereich von 80 bis 300 K dem Curie-Weiss-Gesetz mit der molaren Curie-Weiss-Konstante C_m = 9.85 und der paramagnetischen Curie-Temperatur Θ_p = −23 K [2] bzw. C_m = 9.1 und Θ_p = −22 K [1]; theoretisch ergibt sich C_m = 9.50 (für Mn^{2+} + 2 Yb^{3+}) [1, 2]. — Der spezifische elektrische Widerstand von $MnYb_2Se_4$ bei gewöhnlicher Temperatur ist $\rho = 5 \times 10^7\ \Omega \cdot cm$. Die Verbindung hat Halbleitereigenschaften [1].

Literatur:

[1] S. Kainuma (J. Phys. Soc. Japan **30** [1971] 1205/6). — [2] L. Suchow, A. A. Ando (J. Solid State Chem. **2** [1970] 156/9). — [3] M. Guittard, C. Souleau, H. Farsam (Compt. Rend. **259** [1964] 2847/9).

$Mn_{0.2}Mg_{0.8}$-Er_2Se_4

9.4.7.3 $Mn_{0.2}Mg_{0.8}Er_2Se_4$

Zur Darstellung werden stöchiometrische Mengen der Elemente zunächst 1 d auf 800 bis 1000°C und nach erneutem Vermahlen 1 d auf 1150 bis 1200°C in evakuierten Quarzglasampullen erhitzt. — Die gemessene Curie-Konstante beträgt 23.0 im Vergleich zur berechneten von 23.83 unter der Annahme von Mn^{2+} und Er^{3+}; die paramagnetische Curie-Temperatur ist $\Theta_p = 8$ K, S. Kainuma (J. Phys. Soc. Japan **30** [1971] 1205/6).

Solid Solutions in the MnSe-PbSe System

9.4.8 Mischkristalle im System MnSe-PbSe

Untersuchungen des Systems ergeben das in **Fig. 100** wiedergegebene Zustandsdiagramm. Das Eutektikum liegt bei 30 Mol-% MnSe und 1025 ± 5°C [1]. Die Grenze der PbSe-reichen Mischkristalle erstreckt sich von 10 Mol-% MnSe bei 720°C [1, 2] über 17 Mol-% bei 930°C bis zu etwa 25 Mol-% MnSe bei der eutektischen Temperatur. Dagegen liegt der PbSe-Gehalt in α-MnSe bei dieser Temperatur unterhalb von 5 Mol-% [1]. Über die Eigenschaften von PbSe s. „Blei" C, S. 610/32.

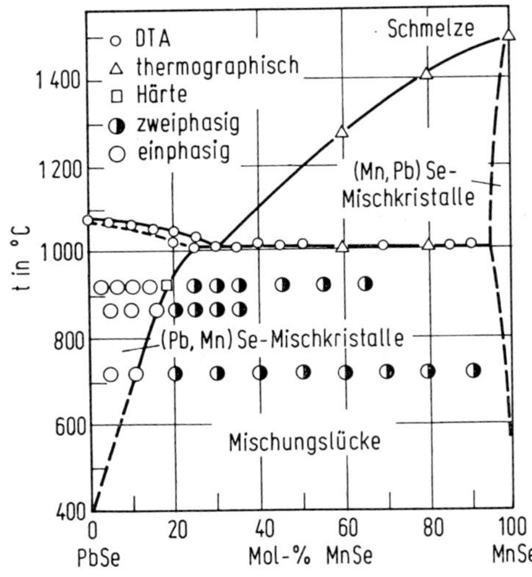

Fig. 100

Zustandsdiagramm des Systems MnSe-PbSe.

Zur Darstellung der Mischkristalle werden stöchiometrische Mengen der Elemente [3] oder der Selenide in evakuierten Quarzglasampullen, die innen graphitisiert sind, 130 h und länger erhitzt [1, 2], s. auch [3]. Bei Darstellungstemperaturen oberhalb des Schmelzpunktes werden die Substanzen in einen Graphit-Tiegel gefüllt, der sich im evakuierten Quarzglasrohr befindet [1].

Die Gitterkonstanten der PbSe-reichen Mischkristalle vom NaCl-Typ fallen linear mit steigendem MnSe-Gehalt, z. B. von a = 6.127 Å bei PbSe auf a = 6.092 Å bei 10 Mol-% MnSe an der Mischkristallgrenze bei 720°C [2]. Nach anderen Untersuchungen wird dieser Wert schon bei 5 Mol-% MnSe erreicht [3]. Einzelwerte für verschiedene Zusammensetzungen s. [4, 5]. — Auf Grund von magnetischen Messungen [6] wird gefolgert, daß das Mangan in den Mischkristallen als Mn^{II} vorliegt [4].

Mischkristalle mit 4 Mol-% MnSe haben eine pyknometrische Dichte von 8.16 ± 0.02 g/cm³ und eine Röntgendichte von 8.14 ± 0.02 g/cm³ [4].

Magnetische Eigenschaften. $Pb_{1-x}Mn_xSe$-Mischkristalle sind bis x = 0.015 diamagnetisch, darüber paramagnetisch. Für Proben mit x = 0.02 bis 0.08, undotiert und mit Pb + PbJ_2 dotiert, gehorcht die reziproke magnetische Suszeptibilität $1/\chi_{mol}$ (berechnet für Mn^{2+}) zwischen 300 und 650 K dem Curie-Weiss-Gesetz; bis 750 K treten Abweichungen von der Linearität auf.

Die paramagnetische Curie-Temperatur steigt linear mit dem MnSe-Gehalt von $\Theta_p = -20$ K bei $x = 0.02$ auf $+20$ K bei $x = 0.08$; $\Theta_p = 0$ K für $x = 0.05$. Das effektive magnetische Moment des Mn fällt von $\mu_{eff} = 6.0$ auf $4.9\ \mu_B$. Zwischen den Mn^{2+}-Ionen besteht indirekte Wechselwirkung über freie Ladungsträger [6].

Elektrische Eigenschaften. Die PbSe-reichen Mischkristalle ($x \leqq 0.1$) zeigen ähnliche Kennzeichen der Bandstruktur wie PbSe und $Pb_{1-x}Mn_xTe$ (s. S. 348): eine direkte Energielücke E_{gd}, die mit x steigt, und zwei Valenzteilbänder mit schweren (unteres Band) bzw. leichten Löchern, die durch eine Energielücke Δ voneinander getrennt sind und die mit x fällt. Aus der optischen Absorption ergibt sich für E_{gd} (in eV) bei 300 K: 0.32 bei $x = 0.01$, 0.3 bei $x = 0.03$ und ≈ 0.40 bei $x = 0.04$ (≈ 0.28 bei PbSe); Δ ist für diesen x-Bereich etwa 0.07 bis 0.09 eV (≈ 0.25 eV bei PbSe) [8]. Daß E_{gd} mit x steigt, steht im Widerspruch zu $dE_g/da = 3.5 \pm 0.1$ eV/Å (a = Gitterkonstante, die mit x fällt) nach Photoleitfähigkeitsmessungen [3] und ist möglicherweise durch eine Besonderheit am Absorptionsende („tail", s. unten) zu erklären [8].

Ausgehend von n-PbSe bleiben die Mischkristalle bis etwa $x = 0.05$ n-leitend und werden dann p-leitend [4]. Wie bei $x = 0.06$ gefunden wird, steigt die effektive Leitfähigkeitsmasse mit der Löcherkonzentration (von $\approx 0.15\ m_0$ bei $p = 1.9 \times 10^{19}\ cm^{-3}$ auf $\approx 0.44\ m_0$ bei $p = 4.8 \times 10^{20}\ cm^{-3}$ bei 77 K) [8]. n-leitende Mischkristalle ($x < 0.005$) zeigen im Temperaturbereich t = 25 bis 600°C einen ähnlichen Verlauf der Thermokraft α und der Leitfähigkeit $\varkappa$ wie reines PbSe. Für p-Mischkristalle mit $x = 0.01$ und 0.02 steigt α zwischen 25 und 200°C, $\varkappa$ fällt; anschließend sinkt α steil ab, wird bei 450 bzw. 400°C null und bis 625°C zunehmend negativ; $\varkappa$ steigt über 400°C leicht an [4]. — Bei einer zu PbSe analogen spektralen Verteilung verschieben Mn-Zusätze die Photoempfindlichkeit zu längeren Wellen. Optimale photoelektrische Eigenschaften haben $Pb_{0.982}Mn_{0.018}Se$-Filme mit einer Verschiebung von $\lambda_g = 0.5$ und 1.0 µm bei gewöhnlicher Temperatur bzw. −130°C [3].

Optische Eigenschaften. Absorption α ($h\nu = 0.05$ bis 0.45 eV) und Reflexion R ($\lambda = 1$ bis 20 µm) bei 77 und 300 K an n-leitenden Proben mit $x = 0.01$, 0.03 und 0.06 und p-leitenden Proben mit $x = 0.06$ werden von Nel'son u. a. [8] untersucht. Folgerungen hinsichtlich der Bandstrukturparameter s. oben. Nahe der Fundamentalbandkante wird eine zusätzliche Absorption aufgefunden, die Zustandsdichte-„tails" zugeschrieben wird. Aus R für $x = 0.06$ wird die Dielektrizitätskonstante $\varepsilon_\infty = 19 \pm 2$ extrapoliert [8].

Beim Erhitzen von $Pb_{0.96}Mn_{0.04}Se$ und $Pb_{0.92}Mn_{0.08}Se$ im Vakuum auf 650°C entsteht ein Kondensat von PbSe mit Spuren Mn. Der Rückstand besteht an der Oberfläche aus α-MnSe und darunter aus unverändertem Mischkristall [5]. Als Ätzmittel für die Mischkristalle eignet sich wie für PbSe [7] eine wäßrige Lösung von KOH, H_2O_2 und Glycerin [1].

Literatur:

[1] V. G. Vanyarkho, V. P. Zlomanov, A. V. Novoselova, V. N. Fokin (Izv. Akad. Nauk SSSR Neorgan. Materialy **5** [1969] 1699/702; Inorg. Materials [USSR] **5** [1969] 1440/3). — [2] V. G. Vanyarkho, V. P. Zlomanov, A. V. Novoselova (Izv. Akad. Nauk SSSR Neorgan. Materialy **3** [1967] 1276/7; Inorg. Materials [USSR] **3** [1967] 1127/8). — [3] B. V. Izvozchikov, I. A. Taksami (Fiz. i Tekhn. Poluprov. **1** [1967] 565/7; Soviet Phys.-Semicond. **1** [1967] 468/70). — [4] V. G. Vanyarkho, V. P. Zlomanov, L. D. Dudkin, A. V. Novoselova, A. G. Ob'edkov (Izv. Akad. Nauk SSSR Neorgan. Materialy **6** [1970] 1579/83; Inorg. Materials [USSR] **6** [1970] 1394/8). — [5] V. G. Vanyarkho, V. P. Zlomanov, V. G. Butkevich, A. V. Novoselova (Izv. Akad. Nauk SSSR Neorgan. Materialy **6** [1970] 1347; Inorg. Materials [USSR] **6** [1970] 1183/4).

[6] V. G. Vanyarkho, T. M. Shavishvili, V. I. Chechernikov, A. V. Novoselova, V. P. Zlomanov (Izv. Akad. Nauk SSSR Neorgan. Materialy **6** [1970] 2132/5; Inorg. Materials [USSR] **6** [1970] 1871/3). — [7] M. K. Norr (J. Electrochem. Soc. **109** [1962] 1113/4). — [8] I. V. Nel'son, I. A. Drabkin, Yu. Ya. Eliseeva, M. N. Vinogradova (Fiz. i Tekhn. Poluprov. **8** [1974] 881/5; Soviet Phys.-Semicond. **8** [1974] 568/70).

Compounds of Manganese with Selenium and Titanium

9.4.9 Verbindungen des Mangans mit Selen und Titan

MnTi$_2$Se$_4$

9.4.9.1 MnTi$_2$Se$_4$

Die Verbindung kristallisiert im Fe_3Se_4-Typ wie MnV_2S_4 (s. S. 66) und hat metallische Eigenschaften, F. Hulliger (Struct. Bonding [Berlin] **4** [1968] 83/229, 158).

(Mn,Ti)Se Solid Solutions

9.4.9.2 (Mn,Ti)Se-Mischkristalle

In α-MnSe kann bei 1150°C bis zu 7 Atom-% des Mn durch Ti ersetzt werden. Zur Darstellung der Mischkristalle werden entsprechende Mengen der Elemente in evakuierten Quarzglasampullen 48 h auf 1150°C erhitzt.

Die Gitterkonstante der Grenzzusammensetzung beträgt a = 5.456 Å (und ist damit praktisch unverändert gegenüber reinem α-MnSe). Die Analyse mit der Mikrosonde ergibt eine Zusammensetzung von $Mn_{0.88}Ti_{0.07}Se$, woraus geschlossen wird, daß Titan als Ti^{III} vorliegt, und daß sich Lücken im Kationengitter befinden müssen, R. Kiessling, B. Hässler, C. Westman (J. Iron Steel Inst. [London] **205** [1967] 531/4).

Compounds of Manganese with Selenium and Vanadium

9.4.10 Verbindungen des Mangans mit Selen und Vanadium

MnV$_2$Se$_4$

9.4.10.1 MnV$_2$Se$_4$

Die Verbindung kristallisiert wie MnV_2S_4 (s. S. 66) im Fe_3Se_4-Typ und hat metallische Eigenschaften, F. Hulliger (Struct. Bonding [Berlin] **4** [1968] 83/229, 158).

(Mn,V)Se Solid Solutions

9.4.10.2 (Mn,V)Se-Mischkristalle

In α-MnSe können bei 1150°C bis zu 21 Atom-% des Mn durch V substituiert werden. Die Mischkristalle lassen sich aus entsprechenden Mengen der Elemente in evakuierten Quarzglasampullen bei 1150°C in 48 h herstellen.

Gitterkonstante der Grenzzusammensetzung: a = 5.426 Å. Die Analyse (Mikrosonde) ergibt die Zusammensetzung $Mn_{0.73}V_{0.20}Se$. Danach befinden sich Lücken im Kationenuntergitter, und Vanadium liegt als V^{III} vor, R. Kiessling, B. Hässler, C. Westman (J. Iron Steel Inst. [London] **205** [1967] 531/4).

Mn$_x$NbSe$_2$

9.4.11 Mn$_x$NbSe$_2$ (x = 0 bis 0.5)

Zur Darstellung der schwarzgefärbten [1] Verbindungen werden entweder entsprechende Mengen der Elemente 48 h in evakuierten Quarzglasampullen auf 800°C [2], s. auch [3], oder Mangan mit 2s-$NbSe_2$ (s. „Niob" B1, S. 284/9) in innen graphitisierten Quarzglasampullen 5d auf 900°C erhitzt [1], s. auch [3]. Transportreaktionen unter Zusatz von Jod sind zur Einkristallzüchtung nicht geeignet [4].

Wie bei den analogen Verbindungen mit Schwefel (s. S. 66) besetzen auch hier die Mn-Atome die Oktaederplätze zwischen den Schichten von 2s-$NbSe_2$. Bei **$Mn_{0.25}NbSe_2$** sind sie weitgehend geordnet auf der Punktlage 2b (0, 0, 1/4; 0, 0, 3/4), bezogen auf die ursprüngliche Raumgruppe $P6_3/mmc-D^4_{6h}$ (Nr. 194) von 2s-$NbSe_2$. Dadurch wird die hexagonale Elementarzelle von $a_0 = 3.44_2$, $c_0 = 12.54$ Å bei reinem 2s-$NbSe_2$ aufgeweitet zu $a_0 = 3.46_2$, $c_0 = 12.89_9$ Å. Schwache Überstrukturreflexe deuten jedoch auf eine Verdopplung der Gitterkonstanten a_0 hin [2]: a = 6.942 ± 0.003, c = 13.042 ± 0.004 Å. Aus magnetischen Messungen geht hervor, daß das Mangan in $Mn_{0.25}NbSe_2$ als Mn^{II} vorliegt. — Die Verbindung wird bei $T_C \approx 25$ K ferromagnetisch. Magnetisches Moment im ferromagnetischen Zustand (aus der Magnetisierung) 4.7 μ_B, im paramagnetischen Zustand (aus der magnetischen Suszeptibilität) $\mu_{eff} = 5.99\ \mu_B$; paramagnetische Curie-Temperatur $\Theta_p = +27$ K [3].

Bei **$Mn_{0.33}NbSe_2$** ist die hexagonale Subzelle stärker aufgeweitet: $a_0 = 3.46_9$, $c_0 = 13.03_3$ Å [2]. Im Gegensatz zur entsprechenden Verbindung mit Schwefel hat jedoch die wahre Zelle die Abmessungen $a = 2a_0$, $c = c_0$ [2, 4].

$Mn_{0.33}NbSe_2$ hat das effektive magnetische Moment $\mu_{eff} = 4.90\ \mu_B$ [2, 4]; berechneter Wert für Mn^{3+}: $\mu_{eff} = 4.91\ \mu_B$ [2]. Die magnetische Suszeptibilität gehorcht von etwa 25 bis mindestens 300 K (Meßgrenze) dem Curie-Weiss-Gesetz $\chi_{mol} = C_m/(T - \Theta_p)$ mit $\Theta_p = 3$ K; bei 300 K ist $1/\chi = 8 \cdot 10^4$ g/cm³. Bei tiefer Temperatur tritt schwacher Ferromagnetismus auf; ferromagnetische Curie-Temperatur $T_C = 22$ K [4].

Die hexagonale Subzelle von **$Mn_{0.5}NbSe_2$** hat die Gitterkonstanten $a_0 = 3.76_6$, $c_0 = 13.16_5$ Å. Auf Grund der Überstrukturreflexe ist die wahre Zelle $a = a_0\sqrt{3}$, $c = c_0$ (wie sie bereits bei $Mn_{0.33}NbS_2$ beobachtet wird) [2].

Literatur:

[1] A. Meerschaut, M. Spiesser, J. Rouxel (Compt. Rend. C **270** [1970] 45/8). — [2] J. M. Voorhoeve, N. van den Berg, M. Robbins (J. Solid State Chem. **1** [1970] 134/7). — [3] F. Hulliger, E. Pobitschka (J. Solid State Chem. **1** [1970] 117/9). — [4] J. M. Voorhoeve, N. van den Berg, R. C. Sherwood (J. Phys. Chem. Solids **32** [1971] 167/73).

9.4.12 Verbindungen des Mangans mit Se und Cr einschließlich weiterer Metalle

Compounds of Manganese with Selenium and Chromium Including Other Metals

9.4.12.1 $MnCr_2Se_4$

$MnCr_2Se_4$

Zur Darstellung werden stöchiometrische Mengen der Elemente im evakuierten Quarzglasrohr auf 1150°C erhitzt [1]. MnSe und Cr_2Se_3 reagieren unter diesen Bedingungen bis 1000°C nur in geringem Umfang miteinander [2]. Der Pyridinkomplex $Mn(Py)_4Cr_2O_7$ läßt sich bei Temperaturen unterhalb 700°C im H_2Se-H_2-Strom zu $MnCr_2Se_4$ umsetzen [3].

Die Verbindung kristallisiert monoklin mit den Gitterkonstanten $a = 6.30_8$, $b = 3.64_9$, $c = 12.21_6$ Å, $\beta = 90°40'$. Sie besitzt eine defekte NiAs-Typ-Struktur [1], s. auch [4, 5].

Bei gewöhnlicher Temperatur ist der spezifische elektrische Widerstand $\rho = 0.14\ \Omega \cdot$ cm und die Thermokraft $\alpha = 168$ V/K. Der Gradient $d\rho/dT$ ist schwach negativ. Diskussion eines allgemeinen Bänderschemas ternärer Chrom-Chalkogenide s. Original [4].

Literatur:

[1] P. Gibart, M. Robbins, V. G. Lambrecht (J. Phys. Chem. Solids **34** [1973] 1363/8). — [2] H. Hahn, K. F. Schröder (Z. Anorg. Allgem. Chem. **269** [1952] 135/40). — [3] J. Descos, J. M. Pâris (Compt. Rend C **270** [1970] 706/8). — [4] W. Albers, G. van Aller, C. Haas (Colloq. Intern. Centre Natl. Rech. Sci. [Paris] Nr. 157 [1967] 19/29; C. A. **68** [1968] Nr. 16 908). — [5] F. Hulliger (Struct. Bonding [Berlin] **4** [1968] 83/229, 158).

9.4.12.2 (Mn,Cr)Se-Mischkristalle

(Mn,Cr)Se Solid Solutions

In α-MnSe können bei 1150°C bis zu 47 Atom-% des Mn durch Cr substituiert werden. Zur Darstellung werden entsprechende Mengen der Elemente in evakuierten Quarzglasampullen 48 h auf 1150°C erhitzt.

Gitterkonstante der Grenzzusammensetzung: $a = 5.417$ Å. Die Analyse mit der Mikrosonde liefert die Zusammensetzung $Mn_{0.48}Cr_{0.43}Se$. Daraus folgt, daß sich im Kationenuntergitter Lücken befinden und Chrom in Form von Cr^{III} vorliegt, R. Kiessling, B. Hässler, C. Westman (J. Iron Steel Inst. [London] **205** [1967] 531/4).

$Zn_{1-x}Mn_xCr_2Se_4$ Solid Solutions

9.4.12.3 $Zn_{1-x}Mn_xCr_2Se_4$-Mischkristalle

Zur Darstellung werden entsprechende Mengen der Elemente bei 1100°C in evakuierten Quarzglasampullen umgesetzt. Bei x = 0.05 und 0.1 wird bei 1.3 und 4.2 K eine Aufweitung der Spinell-Typ-Struktur infolge der Mangan-Substitution beobachtet (Neutronenbeugung). Die Mn-Atome besetzen Tetraederplätze [1].

Die Magnetisierung von polykristallinen Proben bei 4.2 K erhöht sich bei hohen äußeren Feldern (bis H =80 kOe untersucht) mit steigendem Mn-Gehalt [2]. Aus den Ergebnissen sowie aus Magnetisierungsuntersuchungen an einem $Zn_{0.98}Mn_{0.02}Cr_2Se_4$-Einkristall bei 1.8 bis 21.0 K (H||[001]) wird auf ferromagnetische Superaustauschwechselwirkung zwischen Mn^{2+}- und Cr^{3+}-Ionen geschlossen [1, 2]. Die Schrauben-Spin-Struktur wie bei $ZnCr_2Se_4$ bleibt erhalten [1].

Literatur:

[1] K. Siratori, J. Sakurai (J. Phys. Soc. Japan **38** [1975] 701/9). — [2] K. Siratori, A. Tasaki, H. Asada (Intern. J. Magn. **4** [1973] 273/5 nach C. A. **80** [1974] Nr. 126079).

$Cd_{1-x}Mn_xCr_2Se_4$ Solid Solutions

9.4.12.4 $Cd_{1-x}Mn_xCr_2Se_4$-Mischkristalle

Aus der Magnetisierung von polykristallinen Proben bei 4.2 K ergibt sich in Verbindung mit Untersuchungen an entsprechenden Zn-haltigen Proben (s. 9.4.12.3) ebenfalls eine ferromagnetische Superaustauschwechselwirkung zwischen Mn^{2+}- und Cr^{3+}-Ionen, K. Siratori, A. Tasaki, H. Asada (Intern. J. Magn. **4** [1973] 273/5 nach C. A. **80** [1974] Nr. 126079).

Phases of the Composition $Mn_xMo_3Se_4$

9.4.13 Phasen der Zusammensetzung $Mn_xMo_3Se_4$ (x = 0.5 bis 0.7)

Zur Darstellung werden Mischungen von MnSe, Mo und Se oder Mn und Mo_3Se_4 in evakuierten Quarzglasampullen auf 1000 bis 1200°C erhitzt. Die Phasen sind triklin. Ihre Struktur ist ähnlich wie beim nichtstöchiometrischen Mo_3Se_4 [1], wobei sich die Mn-Atome in den tunnelartigen Hohlräumen befinden. — Die magnetische Suszeptibilität folgt im Temperaturbereich von 80 bis 600 K dem Curie-Weiss-Gesetz. Aus der Curie-Weiss-Konstante ergibt sich, daß Mangan als Mn^{III} vorliegt [2].

Literatur:

[1] O. Bars, J. Guillevic, D. Grandjean (J. Solid State Chem. **6** [1973] 48/57). — [2] M. Sergent, R. Chevrel (Compt. Rend. C **274** [1972] 1965/7).

Compounds of Manganese with Selenium and Uranium

9.4.14 Verbindungen des Mangans mit Selen und Uran

MnU_8Se_{17}

9.4.14.1 MnU_8Se_{17}

Die Verbindung wird analog wie MnU_8S_{17} (s. S. 73) bei 800 bis 1000°C unter sorgfältigem Ausschluß von O_2 hergestellt. Sie fällt als grauschwarzes, feuchtigkeitsempfindliches Pulver an und kristallisiert monoklin wie das Sulfid. Gitterkonstanten: a = 14.026(9), b = 8.779(6), c = 11.007(9) Å, β = 102°3(6)′; Z = 2. Raumgruppe C2/m-C_{2h}^3 (Nr. 12). Pyknometrische Dichte 8.10, Röntgendichte 8.27 g/cm³, H. Noël (Compt. Rend. C **279** [1974] 513/5).

$MnUSe_3$

9.4.14.2 $MnUSe_3$

Zur Darstellung werden stöchiometrische Mengen der Elemente oder Selenide wie bei MnU_8Se_{17} (s. oben) bzw. MnU_8S_{17} (s. S. 73) umgesetzt. Einkristalle lassen sich über Transportreaktion unter Zusatz von Brom oder Jod züchten. Sie sind an der Luft stabil und besitzen rhombische Symmetrie. Gitterkonstanten: a = 3.929(3), b = 12.771(5), c = 9.194(3) Å; Z = 4. Pyknometrische Dichte 7.54, Röntgendichte 7.63 g/cm³, H. Noël (Compt. Rend. C **279** [1974] 513/5).

9.5 Verbindungen des Mangans mit Se und O einschließlich weiterer Elemente

Compounds of Manganese with Se and O Including Other Elements

Übersicht

Review in German

Mangan bildet verschiedene Selenite und Selenate, die zum Teil schon lange bekannt sind, wie z. B. die von Berzelius 1818 hergestellte Verbindung $MnSeO_3 \cdot 2H_2O$. Erwähnenswert sind ferner die beiden antiferromagnetischen Modifikationen des $MnSeO_4$. Mit Alkalimetallen, Ammonium und Thallium existieren Doppelselenate, die optisch näher untersucht sind. Bei den meisten Verbindungen besteht eine große Ähnlichkeit zu den entsprechenden Vertretern mit Schwefel.

Review in English

Review. Manganese forms various selenites and selenates, some of which have been known for a long time, e. g., $MnSeO_3 \cdot 2H_2O$ prepared by Berzelius in 1818. Worth mentioning are the two antiferromagnetic modifications of $MnSeO_4$. Double selenates are formed with alkali metals, ammonium, and thallium, whose optical properties have been investigated in more detail. With most compounds there exists a great similarity to the corresponding sulfur compounds.

9.5.1 Das System Mn-Se-O

The Mn-Se-O System

Mangan bildet mit Selen und Sauerstoff die Verbindungen $MnSeO_4$, $Mn(SeO_3)_2$, $MnSe_2O_5$ und $MnSeO_3$, zwischen denen folgende Beziehungen bestehen:

$$MnSeO_4 \underset{-SeO_2}{\overset{+SeO_2}{\rightleftarrows}} Mn(SeO_3)_2 \xrightarrow[-O_2]{T} MnSe_2O_5 \xrightarrow[-SeO_2]{T} MnSeO_3.$$

Versuche zur Darstellung von Oxidseleniden analog zu Oxidtellurid (s. S. 352) blieben bisher erfolglos [1]. In sauerstoffhaltigem Selen (in Form von SeO_2) reagieren selbst sehr geringe Mengen Mangan zu MnO (nach ESR-Messungen) [2].

Literatur:

[1] S. S. Batsanov, O. I. Ryabinina (Izv. Akad. Nauk SSSR Neorgan. Materialy **1** [1965] 1340/1; Inorg. Materials [USSR] **1** [1965] 1223/7). — [2] V. A. Dorin, V. V. Isaev-Ivanov, V. F. Masterov, K. F. Shtel'makh (Fiz. i Tekhn. Poluprov. **5** [1971] 751/3; Soviet Phys.-Semicond. **5** [1971] 660/1).

9.5.2 [Mn(HSe)(OH)]

[Mn(HSe)-(OH)]

Diese komplexe Spezies bildet sich in Lösungen mit pH-Werten oberhalb 6 über schwerlöslichem MnSe als Bodenkörper. Sie ist vom gesamten Se-Gehalt der Lösung unabhängig. Die Komplexbildungskonstante ergibt sich zu $p\beta_{11} = -8.02 \pm 0.20$, M. C. Mehra, A. O. Gubeli (J. Less-Common Metals **22** [1970] 281/5).

9.5.3 Manganselenite

Manganese Selenites

9.5.3.1 $MnSeO_3$

$MnSeO_3$

Zur Darstellung werden zunächst entsprechende Mengen MnO und SeO_2 bei etwa 700°C vorgetempert und dann bei 500 bis 1200°C und Drücken oberhalb 20 kbar (Tetraederpresse) umgesetzt [1,8]. $MnSeO_3$ entsteht auch bei der thermischen Zersetzung von $MnSeO_4$ (s. S. 300) oberhalb 330°C [2]. Als Nebenprodukt bildet sich $MnSeO_3$ bei der Synthese von $MnSe_2O_5$ (s. S. 300) aus MnO_2 und SeO_2 im geschlossenen Rohr bei 360 bis 380°C [3]. — Für die thermodynamischen Daten der Bildung werden empirisch folgende Werte für 298 K berechnet: $\Delta H° = -173.2$ kcal/mol, $\Delta G° = -153.3$ kcal/mol, $\Delta S° = -67.15$ cal · mol^{-1} · K^{-1} [4]. Aus der Lösungsenthalpie von amorphem $MnSeO_3$ in Schwefelsäure folgt $\Delta H^\circ_{298} = -165.9 \pm 0.15$ kcal/mol [5] und aus dem Löslichkeitsprodukt von $MnSeO_3 \cdot 2H_2O$ (s. S. 299) $\Delta G^\circ_{298} = -152.14$ kcal/mol [6].

MnSeO$_3$

Die Verbindung kristallisiert rhombisch mit den Gitterkonstanten a = 6.0945(4), b = 7.8656(8), c = 5.1460(4) Å [1, 8]; Z = 4, Raumgruppe Pnma-D_{2h}^{16} (Nr. 62). Die Atome besetzen folgende Punktlagen mit den entsprechenden Parametern:

Atom	Punktlage	x	y	z
Mn	4b	0	0	0.5
Se	4c	0.0257	0.25	−0.0172
O(1)	4c	0.0798	0.25	0.3089
O(2)	8d	0.1794	0.0836	0.8673

R = 3.4%. Die Mn-Atome sind oktaedrisch von Sauerstoff umgeben, mittlerer Mn-O-Abstand 2.235 Å. Das SeO_3^{2-}-Anion hat die Form einer trigonalen Pyramide mit einem mittleren Se-O-Abstand von 1.714 Å und O-Se-O-Winkeln von 103.5° und 95.3°. Jedes Mn-Atom ist mit 3 SeO_3-Gruppen verknüpft. Die Struktur läßt sich auch als verzerrter Perowskit-Typ ($CaTiO_3$) auffassen [8]. $MnSeO_3$ ist mit $MnTeO_3$ (s. S. 353) isotyp [1, 8]. — Die Gitterenergie errechnet sich nach Kapustinskii zu 671 kcal/mol [7]. — Empirisch wird eine Standardentropie von S_{298}° = 24.30 cal · mol^{-1} · K^{-1} berechnet [4].

Unterhalb T_N = 51 ± 1 K ist $MnSeO_3$ antiferromagnetisch, besitzt daneben aber auch einen schwachen Ferromagnetismus. Die Magnetisierung (H = 9.6 kOe) zeigt zwischen 4 K und Temperaturen oberhalb T_N bei steigender Temperatur ein anderes Verhalten als bei fallender. Die magnetische Suszeptibilität folgt oberhalb T_N dem Curie-Weiss-Gesetz, Θ = −80 K; μ_{eff} = 5.9 μ_B [1, 8].

Literatur:

[1] K. Kohn, S. Akimoto, K. Inoue, K. Asai, O. Horie (J. Phys. Soc. Japan **38** [1975] 587). — [2] M. A. Nabar, S. V. Paralkar (Thermochimica Acta **11** [1975] 187/96, 189). — [3] I. V. Yanitskii, V. I. Zelenkaite (Sb. Statei Obshch. Khim. Akad. Nauk SSSR **1** [1953] 19/27; C. A. **1954** 12 605). — [4] S. S. Bakeeva, E. A. Buketov, A. S. Pashinka (Tr. Khim. Met. Inst. Akad. Nauk Kaz. SSR **4** [1967] 3/13; C. A. **69** [1968] Nr. 62107). — [5] Z. L. Leshchinskaya, N. M. Selivanova (Izv. Vysshikh Uchebn. Zavedenii Khim. i Khim. Tekhnol. **9** [1966] 523/7; C. A. **66** [1967] Nr. 108978).

[6] E. A. Buketov (Vestn. Akad. Nauk Kaz. SSR **21** Nr. 8 [1965] 30/5; C. A. **64** [1966] 1417). — [7] T. V. Klushina, Z. L. Leshchinskaya, N. M. Selivanova (Izv. Vysshikh Uchebn. Zavedenii Khim. i Khim. Tekhnol. **16** [1973] 362/4; C. A. **78** [1973] Nr. 165093). — [8] K. Kohn, K. Inoue, O. Horie, S.-I. Akimoto (J. Solid State Chem. **18** [1976] 27/37).

MnSeO$_3$ · nH$_2$O

9.5.3.2 $MnSeO_3 \cdot nH_2O$ (n = 1, 2)

Die zuerst von Berzelius [1] hergestellte Verbindung $MnSeO_3 \cdot 2H_2O$ läßt sich aus einer wäßrigen Lösung von $MnSO_4$ mit einer Na_2SeO_3- [2, 3] oder $KHSeO_3$-Lösung fällen [4]. Eine quantitative Fällung wird durch einen Zusatz von 15 bis 40% Äthanol erreicht [5]. Man kann auch $MnCO_3$ mit einer wäßrigen Lösung von SeO_2 versetzen [6]. Der Niederschlag wird schon in der Kälte, schneller jedoch beim Erwärmen kristallin [3, 4]. Als Nebenprodukt bildet sich die Verbindung bei der Reduktion von Permanganaten mit SeO_2 in wäßriger Lösung [7]. Durch doppelte Umsetzung von $MnSO_4$ mit K_2SeO_3 soll das Monohydrat $MnSeO_3 \cdot H_2O$ entstehen [4]. — Aus der Lösungsenthalpie in Schwefelsäure (s. unten) ergibt sich die Bildungsenthalpie für das Dihydrat zu ΔH_{298}° = −306.9 ± 0.1 und die freie Bildungsenthalpie zu ΔG_{298}° = −265.7 ± 0.3 kcal/mol. Aus dem Löslichkeitsprodukt (s. S. 299) folgt für die Fällungsreaktion ΔG_{298} = −9.628 kcal/mol und eine Kristallisationsentropie von ΔS_{298} = 64.3 ± 1.5 cal · mol^{-1} · K^{-1} [8].

Bei den monoklinen Kristallen des Dihydrats sind besonders die Pinakoide {10$\bar{2}$} und {100} sowie die Prismenflächen {011} ausgeprägt. Gitterkonstanten: a = 6.65, b = 6.55, c = 10.93 Å, β = 76°, Z = 4, Raumgruppe P2$_1$/c-C_{2h}^5 (Nr. 14), d-Werte s. Original. — Pyknometrische Dichte 3.12, Röntgendichte 3.13 g/cm^3 [3].

Die durchsichtigen, schwach rosa gefärbten Kristalle sind optisch positiv mit $n_\alpha = 1.636 \pm 0.002$, $n_\beta = 1.674 \pm 0.002$, $n_\gamma = 1.720 \pm 0.005$, wobei n_α parallel zur kristallographischen b-Achse liegt. 2V wird zu 87° berechnet [3].

$MnSeO_3 \cdot 2H_2O$ schmilzt unter Zersetzung, wobei SeO_2 entweicht. Die Schmelze wirkt stark korrodierend auf Glas [1, 6]. Das Löslichkeitsprodukt beträgt $(1.2 \pm 0.4) \times 10^{-7}$ in wäßrigen Lösungen von 20°C [2]. Die Verbindung löst sich in Salz- [6] und Schwefelsäure [3, 8]. In Schwefelsäure (Molverhältnis $H_2SO_4 : H_2O = 1:30$) wird eine Lösungsenthalpie von $\Delta H_{298} = -5.43 \pm 0.03$ kcal/mol gemessen [8]. Beim Erwärmen mit SeO_2 und H_2O entsteht $MnSe_2O_5$ (s. S. 300) [4, 6], s. auch [1].

Literatur:

[1] J. J. Berzelius (Schweiggers J. Chem. Physik **23** [1818] 430/84, 456; Ann. Chim. Phys. [2] **9** [1818] 225/67, 266). — [2] V. G. Chukhlantsev, G. P. Tomashevskii (Zh. Analit. Khim. **12** [1957] 296/301; J. Anal. Chem. [USSR] **12** [1957] 303/9). — [3] W. G. R. de Camargo, A. M. Giesbrecht, C. R. Leite (Anais Acad. Brasil. Cienc. **38** [1966] 273/9; C. A. **69** [1968] Nr. 31056). — [4] L. F. Nilson (Bull. Soc. Chim. France [2] **21** [1874] 253/5, [2] **23** [1875] 353/9, 355). — [5] G. S. Deshmukh, O. P. Asthana, P. A. Rajan (Indian J. Chem. **1** [1963] 161/2; C. A. **59** [1963] 2153).

[6] S. Muspratt (J. Chem. Soc. **2** [1849] 52/70, 64; Liebigs Ann. Chem. **70** [1849] 274/6). — [7] K. Lal, M. S. Sohal (J. Sci. Ind. Res. [India] B **19** [1960] 162/5; C. A. **1960** 24075), K. Lal, S. Pahil (J. Indian Chem. Soc. **36** [1959] 467/72; C. A. **1960** 6379). — [8] Z. L. Leshchinskaya, N. M. Selivanova (Izv. Vysshikh Uchebn. Zavedenii Khim. i Khim. Tekhnol. **9** [1966] 523/7; C. A. **66** [1967] Nr. 108978).

9.5.3.3 $Mn(SeO_3)_2$

$Mn(SeO_3)_2$

Zur Darstellung wird eine salpetersaure Lösung eines Mn^{2+}-Salzes mit H_2SeO_3 versetzt und auf dem Wasserbad erhitzt. Dabei fällt die orangerote, kristalline Verbindung mit einer Ausbeute von über 90% bezogen auf Mn aus. Diese Präparate sind reiner als die über feste Phasen gewonnenen [1]. Auf ähnliche Weise gelang die erste Synthese [2], wobei frisch gefälltes MnO_2 mit einer wäßrigen Lösung von SeO_2 zum Sieden erhitzt wurde, s. auch [1]. MnO_2 reagiert mit einem geringen Überschuß SeO_2 im geschlossenen Rohr bei 250 bis 300°C in 2 h zu roten bis rötlichvioletten Kristallen von $Mn(SeO_3)_2$ (bei höheren Temperaturen entsteht jedoch infolge thermischer Zersetzung $MnSe_2O_5$, s. S. 300). $MnSeO_4$ (s. S. 300) ergibt unter diesen Bedingungen bereits bei 200°C mit SeO_2 oder festem H_2SeO_3 in reversibler Reaktion (s. unten) $Mn(SeO_3)_2$ [1]. Bei der Umsetzung von Mangan(IV)-oxidhydrat mit einer wäßrigen Lösung von SeO_2 im geschlossenen Rohr entsteht bei 140°C nicht wie ursprünglich angegeben $Mn_2O_3 \cdot 4SeO_2$ [3] sondern ebenfalls $Mn(SeO_3)_2$ [1]. Die Verbindung fällt auch bei der Oxidation von Se mit MnO_2 in schwefelsaurer Lösung aus [4], Einzelheiten s. Gmelin Handbuch „Mangan" C1, S. 301. Als Nebenprodukt bildet sie sich bei der Reduktion von Permanganatlösungen mit SeO_2 [5].

Im geschlossenen Rohr kann $Mn(SeO_3)_2$ ohne Zersetzung auf 320 bis 340°C erhitzt werden. Bei 400°C wird die Verbindung teilweise zu $MnSe_2O_5$ und O_2 zersetzt. Diese Reaktion findet in Gegenwart von überschüssigem SeO_2 schon bei etwa 200°C statt [1]. Im offenen Rohr sublimiert dagegen bei 400°C SeO_2 ab, wobei $MnSeO_4$ entsteht (Umkehrung der Bildungsreaktion, s. oben) [1, 2], s. auch [3]. — $Mn(SeO_3)_2$ ist in H_2O, verdünnter Salpeter- und Schwefelsäure schwer löslich. Mit konzentrierter Salzsäure entwickelt sich Cl_2 [2], s. auch [3]. Von Alkalihydroxid- und -carbonatlösungen wird die Verbindung zu Mangan(IV)-oxidhydrat und den entsprechenden Seleniten hydrolysiert [2]. Die Hydrolyse mit H_2O im geschlossenen Rohr bei 140°C ergibt H_2SeO_3 neben Mangan(IV)-oxidhydrat [1]. Die Verbindung oxidiert As^{III}-, Hg^{I}-, Cu^{I}- und Fe^{II}-Verbindungen sowie Oxalsäure [2]. Mit H_2SeO_3 oder einer konzentrierten Lösung der Säure reagiert $Mn(SeO_3)_2$ im geschlossenen Rohr unterhalb 350°C zu einem Produkt der Bruttozusammensetzung $MnSe_7O_{15}$, in dem das Mangan als Mn^{II} vorliegt [1].

Literatur:

[1] I. V. Yanitskii, V. I. Zelenkaite (Sb. Statei Obshch. Khim. Akad. Nauk SSSR **1** [1953] 19/27; C. A. **1954** 12605). — [2] L. Marino, V. Squintano (Atti Reale Accad. Lincei [5] **20** I [1911] 447/52; C. A. **1911** 3386). — [3] P. Laugier (Compt. Rend. **104** [1887] 1508/11; Bull. Soc. Chim. France [2] **47** [1887] 915/7). — [4] P. P. Tsyb, T. D. Shul'gina (Zh. Prikl. Khim. **45** [1972] 1442/6; J. Appl. Chem. USSR **45** [1972] 1504/8). — [5] K. Lal, M. S. Sohal (J. Sci. Ind. Res. [India] B **19** [1960] 162/5; C. A. **1960** 24075), K. Lal, S.S. Pahil (J. Indian Chem. Soc. **36** [1959] 467/72; C. A. **1960** 6379).

$(NH_4)_2$-$Mn(SeO_3)_2$

9.5.3.4 $(NH_4)_2Mn(SeO_3)_2$ (= $(NH_4)_2SeO_3 \cdot MnSeO_3$)

Zur Darstellung wird unter leichtem Erwärmen Manganselenit in einer wäßrigen Lösung von Ammoniumselenit, die reichlich CH_3COONH_4 enthält, gelöst. Beim Abkühlen kristallisiert die farblose Verbindung aus, F. L. Hahn, H. A. Meier, H. Siegert (Z. Anorg. Allgem. Chem. **150** [1925/26] 126/8).

Manganese Diselenites

9.5.4 Mangandiselenite $MnSe_2O_5 \cdot n\ H_2O$ (n = 0, 0.5, 5)

Die wasserfreie Verbindung entsteht aus MnO_2 und einem geringen Überschuß an SeO_2 im geschlossenen Rohr bei 340 bis 360°C, wobei O_2 frei wird. Man kann auch $Mn(SeO_3)_2$ (s. S. 299) unter Zusatz von etwas SeO_2 auf diese Temperatur erhitzen [1]. In Lösung bildet sich die Verbindung aus $MnSeO_3 \cdot 2\,H_2O$ (s. S. 298) und seleniger Säure in Form eines rötlichen Pulvers [2, 3], s. auch [4]. $MnSe_2O_5 \cdot 0.5\,H_2O$ soll beim Erhitzen einer Lösung von $MnCO_3$ in konzentrierter seleniger Säure auf 200°C im geschlossenen Rohr entstehen. Aus einer konzentrierten, mit $MnCO_3$ gesättigten H_2SeO_3-Lösung fällt in der Kälte das Pentahydrat, das schon oberhalb 15°C H_2O abgibt [5].

Beim Erwärmen auf Temperaturen oberhalb 340°C wird SeO_2 abgegeben unter Bildung von $MnSeO_3$ (s. S. 297) [1, 4]. $MnSe_2O_5$ löst sich leicht in Wasser [2, 4]. Es löst sich auch leicht in verdünnter Salpetersäure, aber beim Einengen kristallisiert $Mn(SeO_3)_2$ aus [1].

Literatur:

[1] I. V. Yanitskii, V. I. Zelenkaite (Sb. Statei Obshch. Khim. Akad. Nauk SSSR **1** [1953] 19/27; C. A. **1954** 12605). — [2] J. S. Muspratt (Liebigs Ann. Chem. **70** [1849] 274/6; J. Chem. Soc. **2** [1849] 52/70, 64). — [3] L. F. Nilson (Bull. Soc. Chim. France [2] **23** [1875] 353/9, 355). — [4] J. J. Berzelius (Schweiggers J. Chem. Physik **23** [1818] 430/84, 456; Ann. Chim. Phys. [2] **9** [1818] 225/67, 266). — [5] B. Boutzoureano (Bull. Soc. Chim. France [2] **48** [1887] 209/10; Ann. Chim. Phys. [6] **18** [1889] 289/351, 316).

Manganese Selenates

9.5.5 Manganselenate

$MnSeO_4$

9.5.5.1 $MnSeO_4$

Die wasserfreie braune Verbindung läßt sich durch thermische Dehydration der Hydrate $MnSeO_4 \cdot n\ H_2O$ (s. S. 302) bei 160 bis 330°C in 5 bis 8 h darstellen [1 bis 4, 12]. Sie entsteht auch in reversibler Reaktion bei der thermischen Zersetzung von $Mn(SeO_3)_2$ (s. S. 299) bei 400°C, wobei SeO_2 entweicht [5 bis 7]. — Für die thermodynamischen Daten der Bildung werden die Werte ΔH°_{298} = −183.5 [8] bzw. −186 ± 16 kcal/mol [9] und ΔG°_{298} = −155.0 kcal/mol berechnet [10].

Die Polymorphiebeziehungen bei $MnSeO_4$ sind ähnlich wie bei $MnSO_4$ (s. S. 83). Die bei Normaldruck erhaltenen Präparate bestehen aus der unterkühlten Hochtemperaturmodifikation β-$MnSeO_4$. Sie wandelt sich bei erhöhtem Druck reversibel in die abschreckbare Hochdruckphase α-$MnSeO_4$ um [11]. Die Phasengrenze verläuft linear etwa von 300°C und 8 kbar bis 630°C und 27 kbar gemäß t = 475 + 18.2 (p − 18), wobei t in °C und p in kbar einzusetzen sind, und dp/dt = 55 bar/grd mit einem Fehler von +6.5 und −5.5 bar/grd. Die Extrapolation auf Normaldruck führt zu einer Umwandlungstemperatur von 147 ± 36°C [12].

α-$MnSeO_4$ kristallisiert rhombisch mit den Gitterkonstanten a = 5.48, b = 8.18, c = 6.80 Å (alle Werte ± 0.01 Å) [11] bzw. a = 5.538 ± 0.002, b = 8.300 ± 0.004, c = 6.848 ± 0.002 Å [12], Raumgruppe Cmcm-D_{2h}^{17} (Nr. 63), Z = 4, d-Werte s. Original. Die Struktur ist vom $NiSO_4$-Typ (s. „Nickel" B, S. 681) [11]. Aus Röntgenbeugungsaufnahmen bei 293 K und Neutronenbeugungsaufnahmen bei 69 K (eingeklammert) ergeben sich folgende Atomparameter:

Atom	Punktlage	x	y	z
Mn	4a	0	0	0
Se	4c	0	0.361 (0.367)	0.25
O(1)	8f	0	0.254 (0.253)	0.047 (0.052)
O(2)	8g	0.262 (0.272)	0.470 (0.473)	0.25

Der R-Faktor beträgt 5.2 bzw. 5.1%. Der Mn-O-Abstand wird zu 2.16 Å, der Mn-O-Mn-Winkel zu 106.5° gefunden [12].

β-$MnSeO_4$ kristallisiert ebenfalls rhombisch mit den Gitterkonstanten a = 4.932 ± 0.004, b = 9.131 ± 0.006, c = 7.023 ± 0.005 Å [11], a = 4.960 ± 0.002, b = 9.219 ± 0.003, c = 7.027 ± 0.002 [3, 15] bzw. a = 4.966 ± 0.003, b = 9.230 ± 0.004, c = 7.033 ± 0.002 [12]. Raumgruppe Pbnm-D_{2h}^{16} (Nr. 62), Z = 4 [11], d-Werte s. Original [3, 11]. Die Struktur ist vom $ZnSO_4$-Typ (s. „Zink" Erg.-Bd., S. 940 und [13]) [11]. Röntgen- bzw. Neutronenbeugungsaufnahmen (Werte in Klammern) führen zu folgenden Atomparametern in der angegebenen Aufstellung der Raumgruppe:

Atom	Punktlage	x	y	z
Mn	4a	0	0	0
Se	4c	0.470 (0.463)	0.181 (0.180)	0.25
O(1)	4c	0.756 (0.781)	0.132 (0.129)	0.25
O(2)	4c	0.450 (0.449)	0.366 (0.362)	0.25
O(3)	8d	0.346 (0.327)	0.108 (0.126)	0.041 (0.049)

Der R-Faktor beträgt 7.02 bzw. 5.59% [3, 15]. Die Manganatome sind oktaedrisch von Sauerstoff in Abstand von 2.024 bis 2.38 Å umgeben [3], der Winkel Mn-O-Mn beträgt 94.9° und 107.1° [12]. Die Selenatome sind tetraedrisch von Sauerstoff im Abstand von 1.62 bis 1.67 Å umgeben; die Tetraederwinkel O-Se-O liegen zwischen 106.2° und 116.6° [3]. — Die Gitterenergie wird empirisch zu 678 kcal/mol berechnet [14].

Die Strukturen beider Modifikationen sind sehr ähnlich, da die Mn-Atome die gleichen Lagen besetzen und lediglich die SeO_4-Gruppen beim Phasenübergang leicht verdreht und verschoben werden. Diese Veränderungen spielen sich praktisch nur senkrecht zur z-Richtung ab, so daß sich die Gitterkonstante c relativ am wenigsten beim Phasenübergang ändert. Erwartungsgemäß ist die Struktur der α-Modifikation dichter gepackt [11], s. auch [12].

Die Röntgendichte von α-$MnSeO_4$ beträgt 4.175 [12] bzw. 4.311 g/cm³ [11], die von β-$MnSeO_4$ D = 4.077 [3, 12] bzw. 4.157 g/cm³ [11]. Die Standardentropie wird empirisch zu S°_{298} = 16.5 cal · mol⁻¹ · K⁻¹ berechnet [16]. Beim Phasenübergang β → α ist ΔS = −1.51 ± 0.16 cal · mol⁻¹ · K⁻¹ [12].

Beide Modifikationen sind bei tiefen Temperaturen antiferromagnetisch mit T_N = 20.5 ± 1 K bei α-$MnSeO_4$ [12] und 30.0 ± 0.5 K bei β-$MnSeO_4$ [12, 15]. Neutronenbeugungsuntersuchungen bei 5 und 69 K zeigen, daß die magnetischen Momente der Mn-Atome bei tiefen Temperaturen geordnet sind, und zwar bei α-$MnSeO_4$ parallel zur kristallographischen b-Achse [12], bei β-$MnSeO_4$ parallel zur a-Achse (Konfiguration A_x nach [17]) [12, 15]. Die magnetischen Momente von

MnSeO$_4$

4.76 ± 0.1 μ_B bei 5 K von α-MnSeO$_4$ [12] und 4.95 ± 0.1 μ_B bei β-MnSeO$_4$ [12, 15] sind in Übereinstimmung mit Mn^{II} in beiden Verbindungen [12].

β-MnSeO$_4$ ist hygroskopisch [11] und wird an feuchter Luft hydrolysiert [3]. Beim Erwärmen an der Luft wandelt es sich oberhalb 330°C ins Selenit um [4] und zerfällt bei 540 [1] bis 600°C [4] in SeO_2 und ein Gemisch der Oxide Mn_2O_3 und Mn_3O_4. In Umkehrung der Bildungsreaktion reagiert $MnSeO_4$ mit SeO_2 oder H_2SeO_3 im geschlossenen Rohr bei 200°C zu $Mn(SeO_3)_2$ [7]. Zur Reduktion mit Kohlenstoff zu MnSe s. S. 269.

Die Lösungsenthalpie von kristallinem β-MnSeO$_4$ in H_2O von 25°C bei unendlicher Verdünnung wird empirisch zu ΔH = −15.1 kcal/mol berechnet [8]. EMK-Messungen ergeben für die Assoziationskonstante K der Reaktion $Mn^{2+} + SeO_4^{2-} \rightleftharpoons MnSeO_4$ in wäßrigen Lösungen von 6 bis 15 molarer Ionenstärke mit der Temperatur ansteigende Werte: K = 2.205 ± 0.024 bei 10°C, K = 2.430 ± 0.012 bei 25°C und K = 2.603 ± 0.013 bei 45°C (lgK ist eine lineare Funktion von 1/T). Die thermodynamischen Daten der Assoziation betragen: ΔH° = 3.51 ± 0.3 kcal/mol, ΔG° = 3.31 ± 0.02 kcal/mol und ΔS° = 22.9 ± 1.1 cal · mol^{-1} · K^{-1} [18].

Literatur:

[1] A. Klein (Ann. Chim. [Paris] [11] **14** [1940] 263/317, 279). — [2] G. A. Zubova, L. A. Prymova, N. M. Selivanova (Izv. Vysshikh Uchebn. Zavedenii Khim. i Khim. Tekhnol. **8** [1965] 367/72; C. A. **63** [1965] 15820). — [3] H. Fuess, G. Will (Z. Anorg. Allgem. Chem. **358** [1968] 125/37). — [4] M. A. Nabar, S. V. Paralkar (Thermochimica Acta **11** [1975] 187/96, 189). — [5] P. Laugier (Compt. Rend. **104** [1887] 1508/11; Bull. Soc. Chim. France [2] **47** [1887] 915/7).

[6] L. Marino, V. Squintano (Atti Reale Accad. Lincei [5] **20** I [1911] 447/52; C. A. **1911** 3386). — [7] I. V. Yanitskii, V. I. Zelenkaite (Sb. Statei Obshch. Khim. Akad. Nauk SSSR **1** [1953] 19/27, 24; C. A. **1954** 12605). — [8] N. M. Selivanova (Zh. Neorgan. Khim. **8** [1963] 2024/8; Russ. J. Inorg. Chem. **8** [1963] 1055/7). — [9] D. E. Wilcox, L. A. Bromley (Ind. Eng. Chem. **55** Nr. 7 [1963] 32/9, 37). — [10] N. M. Selivanova (Zh. Neorgan. Khim. **8** [1963] 1826/30; Russ. J. Inorg. Chem. **8** [1963] 950/2).

[11] H. C. Snyman, C. W. Pistorius (Z. Krist. **120** [1964] 317/22). — [12] A. Kirfel, G. Will (Intern. J. Magn. **5** [1973] 197/202). — [13] P. A. Kokkoros, P. J. Rentzeperis (Acta Cryst. **11** [1958] 361/4). — [14] N. M. Selivanova, M. Kh. Karapet'yants (Izv. Vysshikh Uchebn. Zavedenii Khim. i Khim. Tekhnol. **6** [1963] 891/5; C. A. **61** [1964] 1332). — [15] H. Fuess, G. Will (J. Appl. Phys. **39** [1968] 628/30).

[16] N. M. Selivanova (Zh. Fiz. Khim. **37** [1963] 850/5; Russ. J. Phys. Chem. **37** [1963] 440/3). — [17] E. O. Wollan, W. C. Koehler (Phys. Rev. [2] **100** [1955] 545/63, 560), s. auch J. B. Goodenough, J. M. Longo (in: Landolt-Börnstein, Neue Serie, Gruppe III, Bd. 4, Tl. a, 1970, S. 126/314, 207). — [18] R. Ghosh, V. S. K. Nair (J. Inorg. Nucl. Chem. **32** [1970] 3041/51).

MnSeO$_4$ · nH_2O

9.5.5.2 $MnSeO_4 \cdot nH_2O$ (n = 1, 2, 5)

Aus gesättigten wäßrigen Lösungen von MnSeO$_4$, die durch Neutralisation von Selensäure mit $MnCO_3$ hergestellt werden, kristallisiert unterhalb Raumtemperatur die Verbindung $MnSeO_4 \cdot 5H_2O$ aus [1], die bei 60 [2] bis 75°C in das Dihydrat übergeht [1]. $MnSeO_4 \cdot 2H_2O$ kristallisiert auch aus einer eingeengten MnSeO$_4$-Lösung im Vakuum über P_2O_5 [3]. Das Dihydrat wird bei 110 [3] bis 150°C [1, 2] ins Monohydrat umgewandelt, s. auch [4]. $MnSeO_4 \cdot H_2O$ läßt sich auch aus einer MnSeO$_4$-Lösung von 100°C auskristallisieren [5]. Oberhalb etwa 160°C bildet sich wasserfreies MnSeO$_4$ (s. S. 300) [1, 2, 3]. Über erste Versuche im System MnSeO$_4$-H_2O s. beispielsweise [6].

Eine gesättigte wäßrige Lösung enthält bei 30°C etwa 36.8 und bei 60°C etwa 35.4 g MnSeO$_4$ in 100 g Lösung. An der Luft werden die neutralen Lösungen leicht unter Abscheidung von Mangan(IV)-oxidhydrat zersetzt [1].

$MnSeO_4 \cdot 5H_2O$ ist auf Grund der Morphologie triklin; Dichte 2.334 g/cm³ [7]. — Im IR-Reflexionsspektrum tritt ein scharfes Maximum bei 11.36 µm auf, das der SeO_4-Gruppe zugeordnet wird. Kleinere Maxima bei etwa 16 µm rühren vom Kristallwasser her [8].

$MnSeO_4 \cdot 2H_2O$ kristallisiert rhombisch [7]. An Kristallen, die durch Eindunsten einer mit $MnCO_3$ gesättigten Selensäurelösung erhalten wurden, werden die Gitterkonstanten a = 10.47, b = 10.51, c = 9.24 Å bestimmt; Raumgruppe Pbca-D_{2h}^{15} (Nr. 61); Z = 8. Die Kristallstruktur ist isotyp mit der von Skorodit, $FeAsO_4 \cdot 2H_2O$ (s. „Arsen" S. 79) [9]. Die Dichte der blaßrosa [3] gefärbten Verbindung ist D = 2.949 [7], Röntgendichte 3.037 g/cm³ [10]. Kristalloptische Untersuchungen s. [11].

$MnSeO_4 \cdot H_2O$. Für die thermodynamischen Daten der Bildung werden näherungsweise $\Delta H^\circ_{298} = -259.5$ kcal/mol [12] und $\Delta G^\circ_{298} = -210$ kcal/mol [13] berechnet.

Die blaßrosa gefärbte [3] monokline Verbindung hat die Gitterkonstanten a = 7.208 ± 0.003, b = 8.109 ± 0.003, c = 8.858 ± 0.003 Å, β = 116.4° ± 0.1° [5], die von älteren Bestimmungen etwas abweichen: $a = 7.24_4$, $b = 8.16_0$, $c = 7.95_6$, β = 118°2′ [4]. Tabelle der d-Werte s. bei [5]. Raumgruppe C2/c-C_{2h}^{6} (Nr. 15); Z = 4. Die Struktur ist isotyp mit der von Kieserit, $MgSO_4 \cdot H_2O$ (s. „Magnesium" A, S. 69/71) und $MnSO_4 \cdot H_2O$ (s. S. 124) [4, 5]. Die Atome haben auf Grund von Pulveraufnahmen folgende Parameter:

Atom	Punktlage	x	y	z
Mn	4c	0.25	0.25	0
Se	4e	0	0.092	0.25
O(1)	8f	0.16	−0.004	0.350
O(2)	8f	−0.011	0.188	0.071
O(H_2O)	4e	0	0.629	0.25

R = 9.6%. Von den Wassermolekülen wurde nur die Lage des O-Atoms bestimmt [5]. Die Röntgendichte beträgt 3.45_4 [4] bzw. 3.48 g/cm³ [5].

Im IR-Spektrum treten im Bereich von 250 bis 4000 cm⁻¹ die Banden $\nu_1 = 835$ (Schulter); $\nu_2 = 320, 340$; $\nu_3 = 865, 940$; $\nu_4 = 425, 465, 505$ cm⁻¹ auf, die vom SeO_4^{2-}-Ion herrühren. Eine zusätzliche Bande zwischen 630 und 670 cm⁻¹ ist vermutlich der Pendelschwingung des H_2O-Moleküls zuzuordnen [14].

Literatur:

[1] A. Klein (Ann. Chim. [Paris] [11] **14** [1940] 263/317, 279). — [2] G. A. Zubova, L. A. Prymova, N. M. Selivanova (Izv. Vysshikh Uchebn. Zavedenii Khim. i Khim. Tekhnol. **8** [1965] 367/72; C. A. **63** [1965] 15820). — [3] M. A. Nabar, S. V. Paralkar (Thermochimica Acta **11** [1975] 187/96, 189). — [4] H. R. Oswald (Helv. Chim. Acta **48** [1965] 590/600, 592). — [5] A. Kirfel, G. Nover, G. Will (J. Appl. Cryst. **7** [1974] 311), A. Kirfel, G. Will (Intern. J. Magn. **5** [1973] 197/202).

[6] E. Mitscherlich (Ann. Physik Chem. [2] **11** [1827] 323/32, 330). — [7] H. Topsoë (Diss. Kopenhagen 1870, S. 1/70, 19/22; Bull. Soc. Chim. France [2] **19** [1873] 245/7). — [8] C. Schaefer, M. Schubert (Z. Physik **7** [1921] 297/312, 299). — [9] P. Kokkoros (Prakt. Akad. Athenon **13** [1938] 337/44; Neues Jahrb. Mineral. I **1939** 252/3; C. A. **1940** 2228). — [10] J. D. H. Donnay, H. M. Ondik (Crystal Data, Determinative Tables, 3. Aufl., 1973, S. O-262).

[11] H. Topsoë, C. Christiansen (Ann. Chim. Phys. [5] **1** [1874] 5/99, 63). — [12] N. M. Selivanova (Zh. Neorgan. Khim. **8** [1963] 2024/8; Russ. J. Inorg. Chem. **8** [1963] 1055/7). — [13] N. M. Selivanova (Zh. Neorgan. Khim. **8** [1963] 1826/30; Russ. J. Inorg. Chem. **8** [1963] 950/2). — [14] R. G. Brown, S. D. Ross (Spectrochim. Acta A **26** [1970] 955/61).

$Na_2Mn(SeO_4)_2 \cdot nH_2O$

9.5.5.3 $Na_2Mn(SeO_4)_2 \cdot nH_2O$ (= $Na_2SeO_4 \cdot MnSeO_4 \cdot nH_2O$), n = 0, 2

Zur Darstellung des rosa gefärbten Dihydrats werden äquimolare Mengen Na_2SeO_4 (s. „Natrium" Erg.-Bd. 3, S. 1198) und $MnSeO_4 \cdot nH_2O$ in Wasser von 35°C gelöst. Mit H_2SeO_4 wird der pH-Wert auf 4 eingestellt, um Hydrolyse zu vermeiden. Die beim Abkühlen ausfallenden Kristalle werden mit Alkohol gewaschen. Sie sind unter Normalbedingungen stabil. Die wasserfreie, gelblich gefärbte Form entsteht beim Erhitzen an der Luft auf 145°C oder im Vakuum auf 135°C [1, 2]. Die deuterierte Verbindung (für spektroskopische Untersuchungen, s. unten) wird durch Umkristallisieren der wasserfreien aus D_2O gewonnen [3].

Das Dihydrat kristallisiert monoklin mit den Gitterkonstanten a = 5.921 ± 0.002, b = 13.309 ± 0.001, c = 5.691 ± 0.004 Å, β = 105.78° ± 0.07°. Raumgruppe $P2_1/c\text{-}C_{2h}^5$ (Nr. 14); Z = 2 [1, 2], d-Werte s. Original [1]. Die Struktur der wasserfreien Verbindung ist bisher nicht untersucht, d-Werte s. [1, 2]. — Pyknometrische Dichte des Dihydrats 3.250 ± 0.006, Röntgendichte 3.255 ± 0.009 g/cm³ [1].

Das Schwingungsspektrum des Dihydrats ist ähnlich wie beim analogen Sulfat (s. S. 184). Während die H_2O- und D_2O-Schwingungen im wesentlichen die gleichen sind, werden folgende Schwingungen (in cm^{-1}) des SeO_4-Tetraeders beobachtet (Bezeichnungen und Zuordnungen wie beim Sulfat):

	ν_1	ν_2	ν_3	ν_4	Lit.
IR	840	352, 344	950, 900, 860	450, 432, 425	[3]
IR	828	333	901, 896, 870, 847	415	[4]
Raman	844	352, 338	914, 892, 880 (sh)	—	[3]

Die Schwingungen des MnO_6-Oktaeders liegen bei folgenden Wellenzahlen (in cm^{-1}) [3]:

ν_1 (R)	ν_2 (R)	ν_3 (IR)	ν_4 (IR)	ν_5 (R)
300	250	394, 371	274, 253	172, 163, 149

Brown, Ross [4] beobachten Banden bei 375, 271 und 150 cm^{-1}. Die IR-Banden der Na-O-Schwingungen liegen bei 222 und 210 cm^{-1} [3]. Brown, Ross [4] finden eine Bande bei 220 cm^{-1}.

Die wasserfreie Verbindung zersetzt sich an der Luft ohne zu schmelzen bei 440°C zu Mn_3O_4 und Na_2SeO_4 [1, 2], im Vakuum schon bei 338°C [1].

Literatur:

[1] S. Peytavin, H. Chamchiri, L. Cot, C. Avinens, M. Maurin (Rev. Chim. Minerale **9** [1972] 323/36). — [2] H. Chamchiri, S. Peytavin (Compt. Rend. C **271** [1970] 1574/6). — [3] S. Peytavin, G. Brun, L. Cot, M. Maurin (Spectrochim. Acta A **28** [1972] 1995/2003). — [4] R. G. Brown, S. D. Ross (Spectrochim. Acta A **26** [1970] 945/53, 949, 952).

$K_2Mn(SeO_4)_2 \cdot nH_2O$

9.5.5.4 $K_2Mn(SeO_4)_2 \cdot nH_2O$ (= $K_2SeO_4 \cdot MnSeO_4 \cdot nH_2O$), n = 2, 4

Das Dihydrat kristallisiert aus Lösungen zwischen 4 und 70°C [1]. Bei 0°C wird das Tetrahydrat erhalten [2]. Auf Grund der Morphologie sind die Kristalle des Dihydrats triklin [1, 3], sie sind zum Teil verzwillingt [1]. Dichte 3.070 g/cm³ [3]. — Die Kristalle sind optisch negativ, 2E = 61° [1]. — Ähnlich wie beim Natriumsalz (s. oben) werden im IR-Spektrum folgende Schwingungsfrequenzen (in cm^{-1}) des SeO_4-Tetraeders gefunden:

ν_1	ν_2	ν_3	ν_4
828	336	909, 874, 865(sh), 846	442

Die Banden im fernen IR-Gebiet bei 377, 209, 163 und 122 cm^{-1} sind vermutlich ebenfalls den Schwingungen des MnO_6-Oktaeders zuzuordnen [3].

Literatur:

[1] G. Wyrouboff (Bull. Soc. Franc. Mineral. **14** [1891] 233/82, 249, 262). — [2] A. E. H. Tutton (Proc. Roy. Soc. [London] A **101** [1922] 225/45, 225). — [3] H. Topsoë (Diss. Kopenhagen 1870, S. 1/70, 35/7; Bull. Soc. Chim. France [2] **19** [1873] 245/7). — [4] R. G. Brown, S. D. Ross (Spectrochim. Acta A **26** [1970] 945/53, 949, 952).

9.5.5.5 $(NH_4)_2Mn(SeO_4)_2 \cdot 6H_2O$ (= $(NH_4)_2SeO_4 \cdot MnSeO_4 \cdot 6H_2O$)

$(NH_4)_2Mn$-$(SeO_4)_2 \cdot$ $6H_2O$

Zur Darstellung des Hexahydrats wird eine Lösung von $MnSeO_4$ (gewonnen durch Auflösen von $MnCO_3$ in Selensäure) mit einer äquimolaren Menge $(NH_4)_2SeO_4$ versetzt. Bei langsamem Eindampfen bei Raumtemperatur fällt die Verbindung in Form durchsichtiger, schwach rosa gefärbter Kristalle aus [1]. Ältere Angaben s. [2].

Das Hexahydrat ist auf Grund der Morphologie monoklin mit $\beta = 106°$ [1, 2]. Die Kristalle sind gut nach (010) spaltbar [1]. — Pyknometrische Dichte $D^{20} = 2.158$ [1], 2.123 [4] bzw. 2.093 [2].

Die mittlere magnetische Molsuszeptibilität des Hexahydrats beträgt $\chi_{mol} = 13.84 \times 10^{-6}$ cm³/mol bei 30°C. Die Differenz der beiden, in der (010)-Ebene liegenden Hauptrichtungen wird zu $|\Delta\chi| = 8.9 \times 10^{-6}$ cm³/mol gemessen. Die charakteristische Temperatur errechnet sich zu $\Theta_D = 0.10$ K [4].

Die Brechungsindizes in Natrium-Licht betragen $n_\alpha = 1.5160$, $n_\beta = 1.5202$, $n_\gamma = 1.5288$, $\bar{n}_D = 1.5217$. Beim Erwärmen von 15 auf 65°C nehmen die Werte um etwa 0.0010 ab. Die Kristalle sind optisch positiv, 2V = 70°23′ (Natrium-Licht). 2E fällt von 121°50′ bei 15°C auf 115°10′ bei 75°C. Werte von n und 2V bei anderen Wellenlängen s. Original [1]. — Im IR-Spektrum treten wie beim Na-Salz (s. S. 304) die Schwingungsfrequenzen des SeO_4-Tetraeders bei $\nu_1 = 832$, $\nu_2 = 338$, $\nu_3 = 895$, 880(sh), 868, 857(sh) und $\nu_4 = 413$ cm⁻¹ auf [5]. Die Bande ν_3 wird auch im IR-Reflexionsspektrum beobachtet [6]. Im fernen IR-Bereich werden die Metall-Sauerstoff-Schwingungen beobachtet: 396, 190, 130 und 92 cm⁻¹ [5].

Im Vakuum von 20 Torr zerfällt die Verbindung bei 100°C in $(NH_4)_2Mn_2(SeO_4)_3$ (s. unten), $(NH_4)_2SeO_4$ und H_2O [3]. — Über Mischkristalle mit dem entsprechenden Sulfat s. S. 310.

Literatur:

[1] A. E. H. Tutton (Proc. Roy. Soc. [London] A **101** [1922] 225/45, 235). — [2] H. Topsoë (Diss. Kopenhagen 1870, S. 1/70, 44/5). — [3] K. Kohler, W. Franke (Acta Cryst. **17** [1964] 1088/9). — [4] K. S. Krishnan, S. Banerjee (Phil. Trans. Roy. Soc. London A **235** [1935/36] 343/66, 348, 352, 360). — [5] R. G. Brown, S. D. Ross (Spectrochim. Acta A **26** [1970] 945/53, 949, 952).
[6] C. Schaefer, M. Schubert (Z. Physik **7** [1921] 297/308, 301).

9.5.5.6 $(NH_4)_2Mn_2(SeO_4)_3$ (= $(NH_4)_2SeO_4 \cdot 2MnSeO_4$)

$(NH_4)_2Mn_2$-$(SeO_4)_3$

Die Verbindung entsteht aus $(NH_4)_2Mn(SeO_4)_2 \cdot 6H_2O$ (s. oben) bei 100°C und 20 Torr. Das gleichzeitig gebildete $(NH_4)_2SeO_4$ wird mit absolutem Äthanol extrahiert. Sie kristallisiert kubisch mit der Gitterkonstanten $a = 10.53_3$ Å, d-Werte s. Original. Die Struktur ist vom Langbeinit-Typ ($K_2Mg_2(SO_4)_3$) wie beim entsprechenden Sulfat (s. S. 188), mit dem eine lückenlose Mischkristallreihe (s. S. 310) existiert, K. Kohler, W. Franke (Acta Cryst. **17** [1964] 1088/9).

9.5.5.7 $Rb_2Mn(SeO_4)_2 \cdot 6H_2O$ (= $Rb_2SeO_4 \cdot MnSeO_4 \cdot 6H_2O$)

Rb_2Mn-$(SeO_4)_2 \cdot$ $6H_2O$

Die Darstellung erfolgt analog zu den bei der Ammoniumverbindung (s. oben) angegebenen Verfahren [1].

Die schwach rosa gefärbten, durchsichtigen Kristalle sind auf Grund der Morphologie monoklin, $\beta = 105°9'$, und zeigen eine gute Spaltbarkeit [1]. Die Dichte beträgt 2.748 [2] bzw. 2.763 g/cm³ [1].

Rb$_2$Mn(SeO$_4$)$_2$ · 6H$_2$O

Bei 30°C wird eine mittlere magnetische Molsuszeptibilität von $\chi_{mol} = 13.98 \times 10^{-6}$ cm^3/mol gemessen. Die Differenz der in der (010)-Ebene liegenden Hauptrichtungen beträgt $|\Delta\chi| = 9.0 \times 10^{-6}$ cm^3/mol. Für die charakteristische Temperatur liefert die Rechnung wie beim Ammoniumsalz $\Theta_D = 0.10$ K [2].

In Natrium-Licht werden die Brechungsindizes $n_\alpha = 1.5094$, $n_\beta = 1.5140$ und $n_\gamma = 1.5258$, $\overline{n}_D = 1.5164$ bei 15°C bestimmt. Beim Erwärmen auf 65°C nehmen sie um etwa 0.0013 ab. Die Kristalle sind optisch positiv, 2V = 66°2′ (Natrium-Licht). Der Winkel 2E = 112°24′ bei 15°C nimmt beim Erwärmen auf 75°C um 3.5° ab. Werte von n und 2V bei anderen Wellenlängen s. Original [1]. — Die Schwingungsfrequenzen des SeO$_4$-Tetraeders zeigen im Vergleich zum Ammoniumsalz nur geringfügige Abweichungen, Werte s. Original. Bei den Metall-Sauerstoff-Schwingungen werden folgende Wellenzahlen beobachtet: 386, 275, 238 (Na-O ?), 186, 147, 122, 86 cm^{-1} [3].

Literatur:

[1] A. E. H. Tutton (Proc. Roy. Soc. [London] A **101** [1922] 225/45, 226). — [2] K. S. Krishnan, S. Banerjee (Phil. Trans. Roy. Soc. London A **235** [1935/36] 343/66, 349, 352, 360). — [3] R. G. Brown, S. D. Ross (Spectrochim. Acta A **26** [1970] 945/53, 949, 952).

Cs$_2$Mn(SeO$_4$)$_2$ · 6H$_2$O

9.5.5.8 $Cs_2Mn(SeO_4)_2 \cdot 6H_2O$ (= $Cs_2SeO_4 \cdot MnSeO_4 \cdot 6H_2O$)

Die Verbindung wird analog wie das entsprechende Ammoniumsalz (s. S. 305) hergestellt [1].

Die glänzenden, durchsichtigen, schwach rosa gefärbten Kristalle sind auf Grund der Morphologie monoklin, $\beta = 106°22'$, und besitzen eine perfekte Spaltbarkeit. Dichte $D^{20} = 3.008$ g/cm^3 [1].

Bei 15°C werden in Natrium-Licht die Brechungsindizes $n_\alpha = 1.5250$, $n_\beta = 1.5290$, $n_\gamma = 1.5338$, $\overline{n}_D = 1.5289$ gemessen. Bis 65°C fällt n_α um 0.0011 und n_γ um 0.0016. Bei den optisch positiven Kristallen beträgt 2V = 68°49′ (Natrium-Licht). 2E fällt von 120°22′ bei 15°C auf 115°5′ bei 70°C. Werte von n und 2V bei anderen Wellenlängen s. Original [1]. — Die Banden der Schwingungen des SeO$_4$-Tetraeders liegen bei annähernd gleichen Wellenzahlen wie bei den entsprechenden Ammonium- und Rubidiumsalzen, Werte s. Original. Bei den Metall-Sauerstoff-Schwingungen werden folgende Wellenzahlen gemessen: 392, 258, 224 (Na-O ?), 183, 158 cm^{-1} [2].

Literatur:

[1] A. E. H. Tutton (Proc. Roy. Soc. [London] A **101** [1922] 225/45, 230). — [2] R. G. Brown, S. D. Ross (Spectrochim. Acta A **26** [1970] 945/53, 949, 952).

Na$_2$Mn(SeO$_4$)$_2$ · 2H$_2$O-Na$_2$Mg(SeO$_4$)$_2$ · 2H$_2$O Solid Solutions

9.5.5.9 $Na_2Mn(SeO_4)_2 \cdot 2H_2O$-$Na_2Mg(SeO_4)_2 \cdot 2H_2O$-Mischkristalle

Im System $Na_2Mn(SeO_4)_2 \cdot 2H_2O$-$Na_2Mg(SeO_4)_2 \cdot 2H_2O$-$H_2O$ bilden sich Mn- und Mg-reiche Mischkristalle. Zwischen 25 und 75 Mol-% tritt eine Mischungslücke auf, S. Peytavin, H. Chamchiri, L. Cot, C. Avinens, M. Maurin (Rev. Chim. Minerale **9** [1972] 323/36, 325).

Tl$_2$Mn(SeO$_4$)$_2$ · 6H$_2$O

9.5.5.10 $Tl_2Mn(SeO_4)_2 \cdot 6H_2O$ (= $Tl_2SeO_4 \cdot MnSeO_4 \cdot 6H_2O$)

Die Darstellung gelingt nur in verdünnten Lösungen von Tl$_2$SeO$_4$ mit einem großen Überschuß an MnSeO$_4$. Die Lösungen müssen langsam über mehrere Tage eingedampft werden, da sonst Tl$_2$SeO$_4$ ausfällt [1], s. auch [2].

Auf Grund der Morphologie sind die Kristalle monoklin [1, 2], $\beta = 105°29'$, und besitzen eine gute Spaltbarkeit [1]. Die Dichte beträgt 3.524 [3] bzw. $D^{20} = 3.833$ g/cm^3 [1].

Bei 30°C wird eine mittlere magnetische Molsuszeptibilität von $\chi_{mol} = 14.29 \times 10^{-6}$ cm^3/mol bestimmt. Die magnetische Anisotropie in der (010)-Ebene ist $|\Delta\chi| = 10.2 \times 10^{-6}$ cm^3/mol. Wie beim analogen Ammonium- und Rubidiumsalz (s. S. 305) ergibt sich die charakteristische Temperatur zu $\Theta_D = 0.10$ K [3].

In Natrium-Licht werden die Brechungsindizes $n_\alpha = 1.6276$, $n_\beta = 1.6429$, $n_\gamma = 1.6531$, $\bar{n}_D = 1.6412$ gemessen. Die Kristalle sind optisch negativ, 2V beträgt bei Natrium-Licht 72°27′. Werte von n und 2V bei anderen Wellenlängen s. Original [1].

Literatur:

[1] A. E. H. Tutton (Proc. Roy. Soc. [London] A **118** [1928] 393/426, 394, 412). — [2] L. C. Lindsley, L. M. Dennis (J. Am. Chem. Soc. **47** [1925] 377/9). — [3] K. S. Krishnan, S. Banerjee (Phil. Trans. Roy. Soc. London A **235** [1935/36] 343/66, 349, 352, 360).

9.5.5.11 $MnSeO_4 \cdot 2HgO$

$MnSeO_4 \cdot$ 2HgO

Zur Darstellung wird eine wäßrige $MnSeO_4$-Lösung in eine Aufschlämmung von frisch gefälltem HgO bei 80°C im Verhältnis Hg : Mn = 1 : 10 unter Rühren zugetropft und anschließend 20 h bei dieser Temperatur gehalten [1]. Bei geringerem Mn-Überschuß entstehen weniger reine Präparate. Das unreine Produkt der wahrscheinlichen Zusammensetzung $MnSeO_4 \cdot HgO \cdot H_2O$, das aus konzentrierten Lösungen ausfällt [2], kann später nicht bestätigt werden [1].

Das Röntgen-Pulverdiagramm der stäbchenförmigen Kristalle ähnelt dem von $HgSO_4 \cdot 2HgO$ und $HgSeO_4 \cdot 2HgO$ (s. „Quecksilber“ B, S. 1023 bzw. 1102); Strichdiagramm s. Original [2].

Das effektive magnetische Moment unterscheidet sich nur wenig von dem des entsprechenden Sulfats (s. S. 244). Es steigt von 5.00 bei 83 K auf 5.33 μ_B bei 293 K und ist zwischen 2.5 und 6.0 kG feldunabhängig [1].

Das Reflexionsspektrum im sichtbaren und nahen IR-Bereich ist ähnlich wie beim Sulfat. Zuordnung und Ligandenfeldparameter s. Original. Die schwache Bande bei 835 und die starke bei 870 cm^{-1} werden den Schwingungen ν_1 bzw. ν_3 des SeO_4-Tetraeders [1], die bei 481 und 570 cm^{-1} den Hg-O-Schwingungen zugeordnet [3].

Beim Erhitzen an der Luft zersetzt sich die Substanz bei 420°C, wobei Oxide des Mangans zurückbleiben [2].

Literatur:

[1] G. F. Pothoff, S. Balt (Z. Anorg. Allgem. Chem. **362** [1968] 220/4). — [2] G. Denk, F. Leschhorn (Z. Anorg. Allgem. Chem. **342** [1966] 25/31). — [3] G. F. Pothoff, S. Balt (Z. Anorg. Allgem. Chem. **377** [1970] 342/7).

9.6 Manganselenidhalogenide

Manganese Selenide Halides

MnSeCl. Chlor reagiert mit (schwarzem) MnSe unter Volumenzunahme in 6 h vollständig zu grünem MnSeCl. Wasser zersetzt die Verbindung zu $MnCl_2$, MnSe und Se, in organischen Lösungsmitteln zerfällt sie in MnSe und Cl_2. An feuchter Luft bleibt MnSe als röntgenographisch nachweisbares Zersetzungsprodukt zurück. Im Vakuum reagiert MnSeCl bei 80 bis 90°C unter Cl_2-Austritt zu grauem $\mathbf{Mn_2Se_2Cl}$, das an der Luft und gegen organische Flüssigkeiten stabil ist. Dichte D = 4.39 g/cm^3, mittlerer Brechungsindex $\bar{n} = 1.738 \pm 0.004$ (nur leichte Anisotropie). Unter der Einwirkung von Röntgenstrahlung entweicht Chlor, und MnSe bleibt zurück.

$\mathbf{MnSeBr_2}$. Durch Reaktion von trockenem, gasförmigem Brom mit MnSe bildet sich in 9 bis 10 h unter Volumenzunahme braunes $MnSeBr_2$. In frischbereitetem Zustand wird es von H_2O zu $MnBr_2$ und Se zersetzt. Gealtertes $MnSeBr_2$ reagiert mit Wasser zu MnSe, Se, $MnBr_2$ und Br_2. In organischen Lösungsmitteln wird teilweise Brom abgespalten. Röntgendaten s. Original.

Beim Erhitzen auf 70°C oder durch Einwirkung von Toluol bildet sich aus $MnSeBr_2$ gelbgraues $\mathbf{Mn_2SeBr_2}$, das chemisch stabiler ist. Tabelle der d-Werte s. Original. Dichte D = 3.92 g/cm^3, mittlerer Brechungsindex $\bar{n} = 1.64 \pm 0.015$. Beim Erhitzen auf 100°C wird die Verbindung bei gleich-

Mn2SeBr2

bleibender Zusammensetzung unter starker Dichtezunahme bräunlich: D = 4.59 g/cm³, n_D = 1.68 ± 0.01. Diese Hochtemperaturphase von Mn_2SeBr_2 zersetzt sich an der Luft.

$MnSeJ_2$ bildet sich aus MnSe und flüssigem Jod nach 20 h bei 150 bis 170°C. Die Präparate sind dunkelgrau gefärbt, röntgenamorph und zerfließen ein wenig an der Luft; D = 3.83 g/cm³. Mittlerer Brechungsindex der optisch anisotropen Substanz $\bar{n}$ = 1.78 ± 0.01. Beim Lagern an der Luft, schneller jedoch beim Erwärmen oder unter Einwirkung von Alkohol wird die dunkelgraue Form in eine stabilere schwarze Modifikation umgewandelt. Das Röntgendiagramm ist kubisch mit a = 6.54 Å indizierbar, d-Werte s. Original. D = 4.48 g/cm³, n = 2.00, S. S. Batsanov, L. I. Gorogotskaya (Izv. Sibirsk. Otd. Akad. Nauk SSSR **1959** Nr. 3, S. 42/8; C. A. **1959** 19655).

Compounds of Manganese with Selenium and Sulfur

9.7 Verbindungen des Mangans mit Selen und Schwefel

MnSe-MnS Solid Solutions

9.7.1 MnSe-MnS-Mischkristalle

α-MnSe und α-MnS bilden im festen Zustand eine lückenlose Mischkristallreihe [1, 2]. Die Schmelzkurve hat bei etwa 10 Mol-% MnS und 1510°C ein Minimum, s. **Fig. 101** [1].

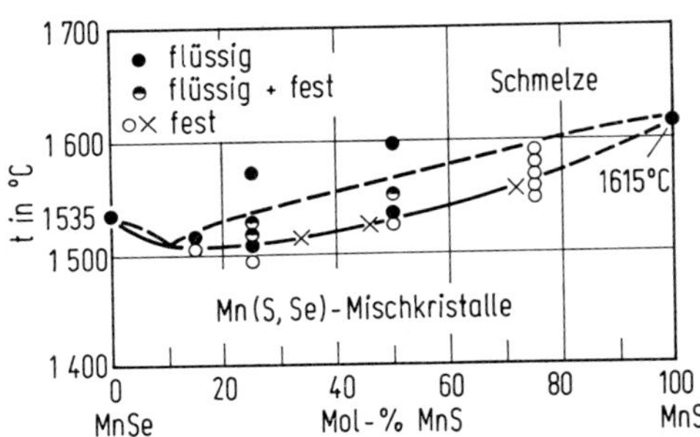

Fig. 101

Schmelzkurve des Systems MnSe-MnS.

Zur Herstellung der Mischkristalle kann man entweder entsprechende Mengen der Elemente [2], die sich in einem Graphittiegel [1] bzw. einer doppelwandigen Quarzglasampulle befinden [6], oder MnS und MnSe im evakuierten Quarzglasrohr [3] auf 600 [1] bis 1150 [2] oder 1200°C erhitzen [6]. Bei den MnSe-reichen Mischkristallen sind Temperzeiten von mehr als 7 d bei 800°C zur Gleichgewichtseinstellung erforderlich [3]. — Oktaederförmige Einkristalle lassen sich aus den Elementen über Transportreaktion unter Zusatz von 1 bis 3 mg Jod je cm³ Rohrvolumen im Temperaturbereich von 800 bis 900°C züchten. Die Kristalle werden von der heißen in die kalte Zone transportiert, wobei Temperaturdifferenzen von ΔT < 50 K günstig sind [3, 4].

Spaltbarkeit und Gleitung der Kristalle zeigen mit wachsendem S-Gehalt einen kontinuierlichen Übergang von den Verhältnissen bei α-MnSe zu denen bei α-MnS (s. S. 271 und 9) [5], s. auch [1]. Die Gitterkonstanten der kubischen Mischkristalle vom NaCl-Typ folgen der Regel von Vegard [2, 3, 6]. Bei $MnS_{0.5}Se_{0.5}$ ist a = 5.346 [3] bzw. 5.345 Å [6], s. auch [4]. Die starke Abweichung vom linearen Verlauf bei älteren Untersuchungen [1] ist vermutlich eine Folge der zu kurzen Temperzeiten von nur 1 h [3]. Aus dem Vergleich der pyknometrischen mit der Röntgendichte wird auf zunehmende Fehlordnung mit steigendem Se-Gehalt oberhalb 60 Mol-% MnSe geschlossen [6].

Die Vickers-Härte von Einkristallen bei gewöhnlicher Temperatur steigt von H_V = 47 kg/mm² bis zu einem Maximalwert $H_V \approx$ 165 kg/mm² bei etwa 75 Mol-% MnS und fällt dann auf H_V = 145 kg/mm² bei MnS. Die H_V-Werte für 135°C liegen tiefer, zeigen aber auch das Maximum ($H_V \approx$ 143 bei ≈75 Mol-% MnS), wohingegen bei −70°C H_V von ≈50 bei MnSe auf $H_V \approx$ 185 bei MnS kontinuierlich steigt. Auf den {001}-, {011}- und {111}-Flächen ergeben sich die gleichen Werte innerhalb eines experimentellen Fehlerbereiches von ±4%. Die Knoop-Härte der (001)-

Fläche ist hingegen anisotrop; während auf der MnSe-reichen Seite bis zu etwa 70 Mol-% MnS ⟨1$\bar{1}$0⟩ die weiche Richtung ist, ist es auf der MnS-reichen Seite die harte Richtung [5]. Nach Kiessling u. a. [2] ändert sich die Mikrohärte der Mischkristalle kontinuierlich zwischen 83 kg/mm^2 für MnSe und 170 kg/mm^2 für MnS.

Die Mischkristalle sind offenbar p-Leiter (aus qualitativen thermoelektrischen Messungen an Einkristallen) [4]. Die elektrische Leitfähigkeit ändert sich nicht linear mit der Zusammensetzung; ein Leitfähigkeitsmaximum wird bei $MnS_{0.2}Se_{0.8}$ und ein Leitfähigkeitsminimum bei $MnS_{0.95}Se_{0.05}$ beobachtet [7].

Literatur:

[1] J. M. Mehta, P. G. Riewald, L. H. van Vlack (J. Am. Ceram. Soc. **50** [1967] 164). — [2] R. Kiessling, B. Hässler, C. Westman (J. Iron Steel Inst. [London] **205** [1967] 531/4). — [3] H. Wiedemeier, A. G. Sigai (High Temp. Sci. **1** [1969] 18/25). — [4] H. Wiedemeier, A. G. Sigai (J. Cryst. Growth **6** [1969] 67/71). — [5] P. G. Riewald, L. H. Vlack (J. Am. Ceram. Soc. **52** [1969] 370/5).

[6] L. P. Karpenko, A. D. Vershinin (Uch. Zap. Ural'sk. Gos. Univ. Nr. 119 [1971] 82/6; C. A. **78** [1973] Nr. 89195). — [7] L. P. Karpenko, A. D. Vershinin (Uch. Zap. Ural'sk. Gos. Univ. Nr. 119 [1971] 87/90 nach C. A. **78** [1973] Nr. 77024).

9.7.2 Verbindungen des Mangans mit Se, S und weiteren Elementen

Compounds of Manganese with Se, S, and Other Elements

9.7.2.1 Die Systeme MnSe-ZnS und MnS-ZnSe

MnSe-ZnS and MnS-ZnSe Systems

Die Systeme sind durch einen mehr oder weniger vollständig verlaufenden doppelten Umsatz gekennzeichnet, wodurch sowohl die Sulfide als auch Selenide beider Metalle vorhanden sind. Auf der Seite des MnSe bzw. MnS existiert ein Zweiphasengebiet, in dem außer hexagonalen Mischkristallen (Zn, Mn) (S, Se) noch kubische, aus MnS und MnSe bestehende Mischkristalle auftreten. Die Wurzitform des ZnS bzw. ZnSe wird durch den Einbau von Mangan in Form von MnS als auch MnSe stabilisiert. ZnSe benötigt zur Stabilisierung einen höheren Mn-Gehalt als ZnS [1].

Untersuchungen der Photolumineszenz, optischen Absorption und Elektronenspinresonanz an bis zu 2 Mol-% Mn enthaltenden ZnS_ySe_{1-y}-Mischkristallen ($0 \leqq y \leqq 1$) ergeben eine ungleichförmige Gesamtverteilung des Mn (Bevorzugung bestimmter Kationenplätze). Jedes Mangan-Ion befindet sich in einem Tetraeder mit vier unmittelbaren Anionen an den Ecken [2]. Zur Elektronenspinresonanz von Mn^{2+} in ZnS_ySe_{1-y} s. auch [4], zu den optischen Spektren s. [3]. Vgl. auch,, Mangan" B, S. 113, 188.

Literatur:

[1] H. Woelk (Diss. Bonn 1953, S. 1/81). — [2] D. F. Crabtree (Phys. Status Solidi A **22** [1974] 543/52). — [3] S. Asano, N. Yamashita, M. Oishi, K. Omori (J. Phys. Soc. Japan **24** [1968] 1302/7). — [4] S. Asano, Y. Nakao, K. Omori (J. Phys. Soc. Japan **20** [1965] 1120/31).

9.7.2.2 $MnIn_2S_{4-x}Se_x$-Mischkristalle (x = 0 bis 1)

$MnIn_2S_{4-x}Se_x$ Solid Solutions

Zur Darstellung von Mischkristallen mit $0 < x \leqq 1.0$ werden stöchiometrische Mischungen der Elemente in evakuierten Quarzglasampullen jeweils auf 600 und 800°C erhitzt und anschließend 4 bis 15d bei 400°C getempert. — Sie kristallisieren im Spinell-Typ. Bei x = 0.2, 0.5 und 1.0 sind die röntgenographisch bestimmten Werte der Gitterkonstanten a = 10.746 ± 0.003, 10.787 ± 0.003 bzw. 10.830 ± 0.003 Å. — Die hydrostatisch bestimmte Dichte (eingeklammerte Werte aus obigen Gitterkonstanten berechnet) ist D = 4.49 ± 0.05 (4.51), 4.55 ± 0.05 (4.61) bzw. 4.73 ± 0.05 (4.79) g/cm^3.

Messung des spezifischen elektrischen Widerstandes ρ bei gewöhnlicher Temperatur an Preßkörpern vom Verdichtungsgrad 98 bis 99% ergibt Halbleitercharakter, $\rho > 10^5\ \Omega \cdot cm$. — Die rezi-

MnIn$_2$-$S_{4-x}Se_x$ Solid Solutions

proke magnetische Suszeptibilität ist linear von der Temperatur abhängig (Meßbereich für x = 0.2 und 0.5 von 77 bis 298 K, für x = 1.0 von 4.2 bis 298 K); Curie-Weiss-Konstante C_m = 4.00, paramagnetische Curie-Temperaturen Θ_p = −90 (x = 0.2), −100 (x = 0.5) und −108 K (x = 1). Der experimentelle und der berechnete Wert für das effektive magnetische Moment μ_{eff} beträgt 5.68 μ_B bzw. 5.92 μ_B. Die negativen Werte von Θ_p sind Ausdruck antiferromagnetischer Wechselwirkung, die aber durch herkömmlichen Superaustausch nicht erklärt werden kann, W. Schlein, A. Wold (J. Solid State Chem. **4** [1972] 286/91).

MnCr$_2$-$S_{4-x}Se_x$ Solid Solutions

9.7.2.3 $MnCr_2S_{4-x}Se_x$-Mischkristalle (x = 0 bis 2 und 3 bis 4)

Im Bereich 0 < x < 2 lassen sich aus entsprechenden Mengen der Elemente in evakuierten Quarzglasampullen bei 800°C in 48 h homogene Mischkristalle vom Spinell-Typ herstellen. Bei 2 < x < 3 entsteht ein Gemisch der Spinelle mit hexagonalen und monoklinen Phasen, die auch bei 1150°C nicht zu einem einheitlichen Produkt reagieren. Im Bereich 3 < x < 4 lassen sich bei 1150°C einheitliche, monokline Mischkristalle herstellen [1].

Die Gitterkonstante der Mischkristalle vom Spinell-Typ steigt linear von a = 10.11_6 Å bei $MnCr_2S_{3.9}Se_{0.1}$ über a = 10.22_0 Å bei $MnCr_2S_3Se$ auf a = 10.31_5 Å bei $MnCr_2S_2Se_2$. Bei monoklinem $MnCr_2SSe_3$ wird a = 6.24_6, b = 3.59_9, c = 12.09_7 Å, β = 90°29′ und bei $MnCr_2S_{0.5}Se_{3.5}$ a = 6.24_8, b = 3.63_2, c = 12.15_4 Å, β = 90°37′ gemessen. Diese Mischkristalle haben eine defekte NiAs-Typ-Struktur ähnlich wie MnV_2S_4 (s. S. 66) [1].

Die Spinelle sind (wie $MnCr_2S_4$, s. S. 69) ferrimagnetisch. Ferrimagnetische und paramagnetische Curie-Temperatur T_C und Θ_p verändern sich mit steigendem Se-Gehalt von 74 K und −27 K bei x = 0 über 72 und −23 (x = 0.1), 68 und −9 (x = 0.5), 63 und +12 (x = 1) auf 56 K und 50 K bei x = 2. Gleichzeitig nimmt das magnetische Moment (aus der Magnetisierung σ bei 1.5 K für H → 0) von 1.20 μ_B bei x = 0 bis auf 3.20 μ_B bei x = 0.5 zu und bei x > 0.5 bis zu 2.58 μ_B bei x = 2 ab, während dσ/dH im ganzen Bereich mit x steigt. Durch die Substitution von S durch Se werden offenbar sowohl die Wechselwirkungen zwischen Mn^{2+} auf tetraedrischen A-Plätzen (A-A) wie auch die zwischen Mn^{2+} auf A- und Cr^{3+} auf oktaedrischen B-Plätzen (A-B) geschwächt. Aus den experimentellen Ergebnissen ergibt sich für die Wechselwirkungskonstanten J_{AA}, J_{AB} und J_{BB} (alle in K): −1.8, −1.92, 2.70 bei x = 0; −1.8, −1.14, 3.71 bei x = 0.5; −0.81, −0.5, 3.94 bei x = 1.0 und −0.39, −0.30, 3.65 bei x = 2.0. Zunächst (0 < x < 0.5) ergibt sich eine Erniedrigung des resultierenden A-Platz-Moments, dann (x > 0.6) erfolgt eine Nichtkollinearität des B-Platz-Moments [1, 2].

Literatur:

[1] P. Gibart, M. Robbins, V. G. Lambrecht (J. Phys. Chem. Solids **34** [1973] 1363/8). — [2] M. Robbins, P. Gibart, L. M. Holmes, R. C. Sherwood, G. W. Hulmes (AIP [Am. Inst. Phys.] Conf. Proc. Nr. 10 [1972/73] 1153/7; C. A. **79** [1973] Nr. 11338).

(Mn,Cr)$S_{0.5}$-$Se_{0.5}$ Solid Solutions

9.7.2.4 (Mn,Cr)$S_{0.5}Se_{0.5}$-Mischkristalle

Bei 1150°C lassen sich bis zu 60 Atom-% Mn in $MnS_{0.5}Se_{0.5}$ (s. S. 308) durch Cr substituieren. Zur Darstellung werden entsprechende Mengen der Elemente in evakuierten Quarzglasampullen auf 1150°C erhitzt. Die kubischen Mischkristalle vom NaCl-Typ haben bei der Grenzzusammensetzung $Mn_{0.4}Cr_{0.6}S_{0.5}Se_{0.5}$ die Gitterkonstante a = 5.266 Å, R. Kiessling, B. Hässler, C. Westmann (J. Iron Steel Inst. [London] **205** [1967] 531/4).

$(NH_4)_2$Mn-$(SO_4,SeO_4)_2$ · 6H_2O and $(NH_4)_2Mn_2$-$(SO_4,SeO_4)_3$ Solid Solutions

9.7.2.5 $(NH_4)_2Mn(SO_4,SeO_4)_2 \cdot 6H_2O$- und $(NH_4)_2Mn_2(SO_4,SeO_4)_3$-Mischkristalle

$(NH_4)_2Mn(SeO_4)_2 \cdot 6H_2O$ (s. S. 305) bildet mit $(NH_4)_2Mn(SO_4)_2 \cdot 6H_2O$ (s. S. 203) eine lückenlose Mischkristallreihe. Durch Erhitzen auf 100°C bei 20 Torr entstehen die kubischen Mischkristalle $(NH_4)_2Mn_2(SO_4,SeO_4)_3$. Gleichzeitig gebildetes Ammoniumselenat und -sulfat wird mit absolutem Alkohol extrahiert. Die Gitterkonstanten dieser wasserfreien Mischkristalle folgen der Regel von Vegard. Bei 46.3 Mol-% Selenat wird z. B. a = 10.35_3 Å gemessen, K. Kohler, W. W. Franke (Acta Cryst. **17** [1964] 1088/9).

10 Mangan und Tellur

Manganese and Tellurium

Übersicht

Review in German

Mangan bildet mit Tellur die Verbindungen MnTe und $MnTe_2$ (analog wie mit Schwefel und Selen, s. S. 1 bzw. 269), die beide eine deutliche Phasenbreite besitzen. MnTe kristallisiert unter Normalbedingungen im NiAs-Typ wie die Hochdruckmodifikationen von MnS und MnSe und wandelt sich erst bei hohen Temperaturen in eine Modifikation vom NaCl-Typ um. Die Verbindung wird bereits bei Raumtemperatur antiferromagnetisch. $MnTe_2$ kristallisiert wie das entsprechende Sulfid und Selenid im Pyrit-Typ (FeS_2). Die Verbindung zersetzt sich erst kurz unterhalb des inkongruenten Schmelzpunkts. Sie wird bei höheren Temperaturen antiferromagnetisch im Vergleich zu MnS_2 und $MnSe_2$.

Review in English

Review. Manganese forms with tellurium the compounds MnTe and $MnTe_2$ (analogous to the corresponding compounds with sulfur and selenium, see page 1 and 269), which show a distinct range of homogeneity. Under normal conditions MnTe crystallizes with the NiAs structure similar to the high pressure modifications of MnS and MnSe and converts to the NaCl structure only at high temperatures. The compound becomes antiferromagnetic at room temperature. Similar to the corresponding sulfide and selenide $MnTe_2$ crystallizes in the pyrite structure (FeS_2). The compound decomposes shortly below the incongruent melting point. Compared to MnS_2 and $MnSe_2$ it becomes antiferromagnetic at higher temperatures.

10.1 Das System Mn-Te

The Mn-Te System

Auf Grund systematischer Untersuchungen bildet Mangan mit Tellur nur die beiden Verbindungen MnTe und $MnTe_2$ [1]. Die Modifikation γ-Mn löst bei 1100°C geringe Mengen Te [2]. Im Bereich zwischen Mn und MnTe werden im festen Zustand nur die Umwandlungen zwischen den Modifikationen von Mn und MnTe beobachtet [3, 4], s. **Fig. 102**, S. 312 [3]. Die monotektische Gerade, oberhalb der zwei nicht mischbare Schmelzen auftreten, wird bei 1108 ± 10 [3], etwa 1170 [5] bzw. 1230 ± 10°C gefunden [4]. Das Eutektikum zwischen Mn und MnTe liegt bei 58 Gew.-% (≙ 37 Atom-%) Te und 1056 ± 10°C [3] bzw. etwa 1145°C [5].

Die Phasenbreite von MnTe liegt bei 500°C unterhalb der röntgenographischen Nachweisgrenze (± 0.002 Å) [1]. Bei 600°C wird ein Bereich von 68.2 bis 70.7 Gew.-% (≙ 48 bis 51 Atom-%) Te gefunden [3]. Nach anderen Untersuchungen liegt dagegen der Homogenitätsbereich auf der Te-Seite relativ zur stöchiometrischen Zusammensetzung: $MnTe_{1.002}$ bis $MnTe_{1.013}$ bei 800°C [6], s. auch [5, 7]. Bei 1050°C erstreckt sich die Phasenbreite von 65.6 bis 71.6 Gew.-% (≙ 45 bis 52 Atom-%) Te [3]. Durch neuere Untersuchungen wird bestätigt, daß der schmale Phasenbereich mit steigender Temperatur wächst und sich mehr zur Mn-Seite hin verschiebt [4]. Über die polymorphen Umwandlungen bei MnTe s. S. 315. MnTe schmilzt kongruent bei etwa 1165°C [3, 8], s. auch S. 319. Dabei soll es sich jedoch um die Mn-reiche Schulter des Zustandsbereichs von MnTe handeln. Der maximale Schmelzpunkt Te-reicherer Zusammensetzung liegt bei 1243 ± 3°C, s. **Fig. 103**, S. 312 [5]. Nach anderen Untersuchungen schmilzt MnTe peritektisch bei 1155°C [4]. — Durch magnetische Messungen wird bestätigt, daß zwischen MnTe und $MnTe_2$ keine weiteren Verbindungen auftreten [9]. Zur Schmelzkurve in diesem Bereich s. [8].

Der Homogenitätsbereich von $MnTe_2$ reicht bei 400°C von 80.7 bis 82.3 Gew.-% (≙ 64.5 bis 66.0 Atom-%) Te [3], s. auch [1]. Er nimmt mit steigender Temperatur ab (s. Fig. 102, S. 312) [3]. $MnTe_2$ schmilzt peritektisch bei 735°C [10]. Der peritektische Punkt wird bei 730 ± 10°C und etwa 77 Atom-% Te gefunden [8]. — In unmittelbarer Nähe von reinem Te liegt ein entartetes Eutektikum, das auf eine geringe Löslichkeit von Mn in Te hindeutet [3].

Aus Sublimationsuntersuchungen und thermodynamischen Berechnungen ergibt sich das in **Fig. 104**, S. 313, wiedergegebene Druck-Temperatur-Diagramm [5].

The Mn-Te System

Fig. 102

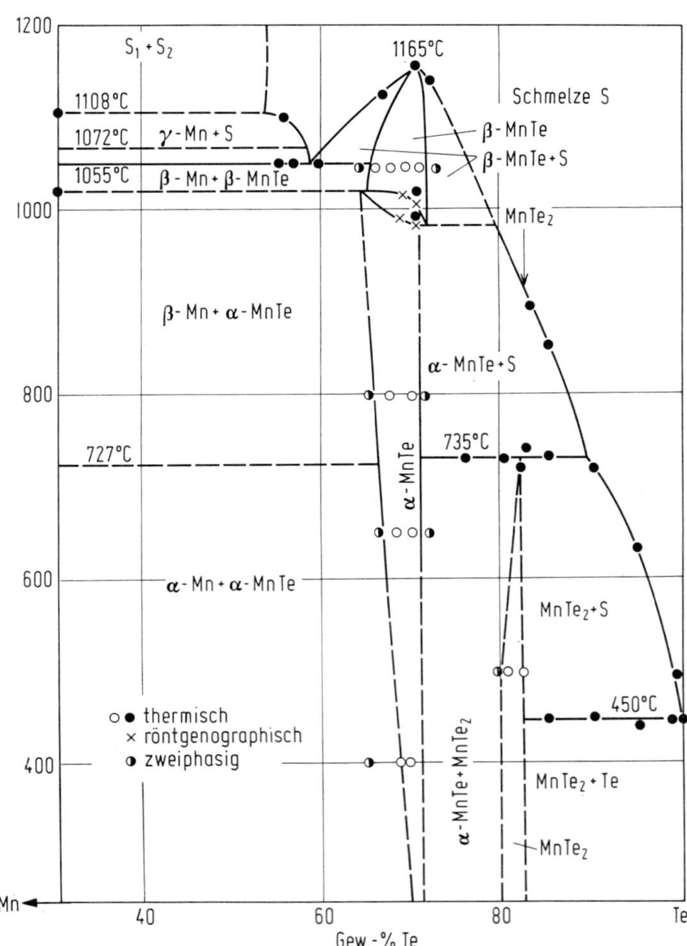

Ausschnitt aus dem Zustandsdiagramm des Systems Mn-Te.

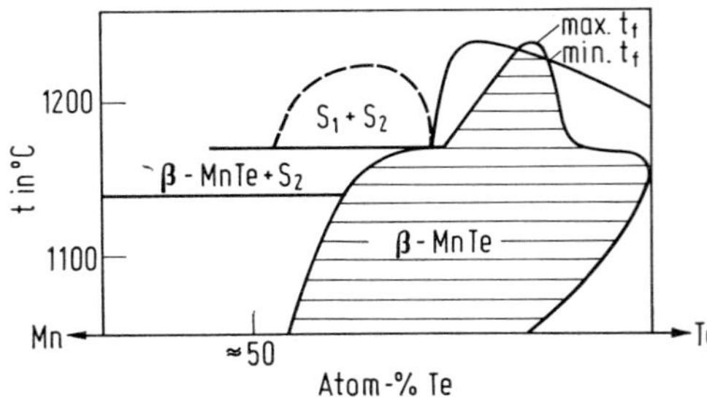

Fig. 103

Ausschnitt aus dem Zustandsdiagramm des Systems Mn-Te in der Umgebung der Verbindung MnTe.

Fig. 104

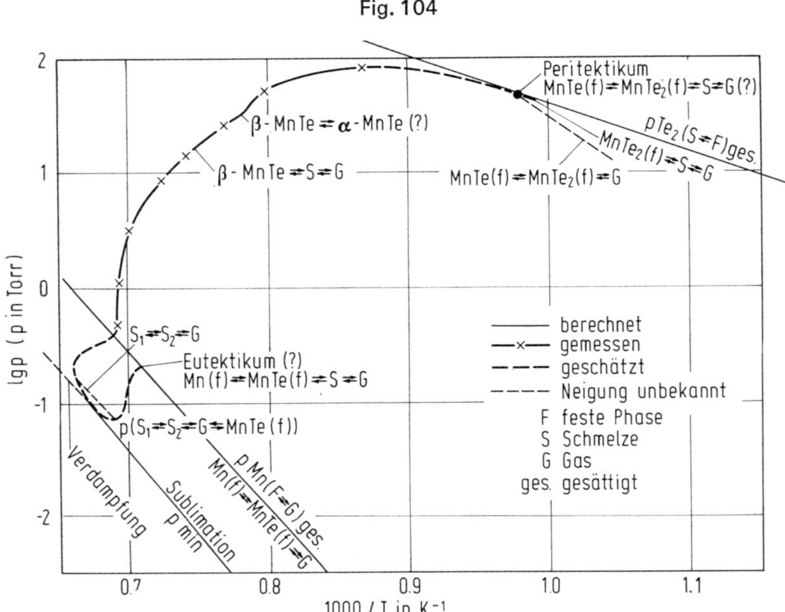

Temperaturabhängigkeit des Gesamtdampfdrucks im System Mn-Te.

Literatur:

[1] S. Furberg (Acta Chem. Scand. **7** [1953] 693/4). — [2] L. I. Topchiashvili (Tr. Inst. Prikl. Khim. i Elektrokhim. Akad. Nauk Gruz. SSR **1** [1960] 51/61, 59; C. A. **56** [1962] 1255). — [3] N.Kh. Abrikosov, K. A. Dyul'dina, V. V. Zhdanova (Izv. Akad. Nauk SSSR Neorgan. Materialy **4** [1968] 1878/84; Inorg. Materials [USSR] **4** [1968] 1638/42). — [4] V. G. Vanyarkho, V. P. Zlomanov, A. V. Novoselova (Izv. Akad. Nauk SSSR Neorgan. Materialy **6** [1970] 1257/9; Inorg. Materials [USSR] **6** [1970] 1102/4). — [5] J. van den Boomgaard (Philips Res. Rept. **24** [1969] 284/98).

[6] H. A. Johansen (J. Inorg. Nucl. Chem. **6** [1958] 344/5). — [7] R. T. Delves, B. Lewis, (J.Phys. Chem. Solids **24** [1963] 549/56, 551). — [8] D. Mateika (J. Cryst. Growth **13/14** [1972] 698/701). — [9] E. Uchida, H. Kondo, N. Fukuoka (J. Phys. Soc. Japan **11** [1956] 27/32). — [10] L. D. Dudkin, V. I. Vaidanich (Fiz. Tverd. Tela **2** [1960] 1526/32; Soviet Phys.-Solid State **2** [1960] 1384/90).

10.2 Mangan(II)-tellurid MnTe

Manganese-(II) Telluride

10.2.1 Darstellung und Bildung

Formation. Preparation

Die am meisten verwendete Methode ist die zuerst von Wedekind, Veit [1] eingeführte, bei der stöchiometrische Mengen der Elemente im evakuierten Gefäß erhitzt werden. Um eine heftige Reaktion zu vermeiden, empfiehlt es sich, zunächst langsam aufzuheizen [2 bis 5]. Meist werden die Elemente 20 bis 50 h bei 700 bis 800°C [4, 6 bis 10] oder 1000°C umgesetzt [11]. Statt im Vakuum kann man die Synthese auch in Ar-Atmosphäre von 0.25 atm bei 900°C in 30 h durchführen [12]. Bei höheren Temperaturen werden Vycor-Glas und Quarz angegriffen [4], wodurch die Ampullen beim Abkühlen reißen, so daß vorsorglich doppelwandige Rohre verwendet werden [4, 10, 13, 14]. Um die Reaktion mit der Rohrwand zu vermeiden, werden die Rohre vorher innen graphitisiert [12, 14, 15, 16], oder man verwendet Graphit-Schiffchen [2, 5, 17]. Bei der Synthese über die Schmelze werden die Elemente in Korundtiegel gefüllt [14], s. auch [18]. Um gleichzeitig entstehendes $MnTe_2$ (infolge der peritektischen Reaktion bei 735°C, s. S. 311) [3, 4, 9, 14] in MnTe überzuführen, wird

Preparation of MnTe

nach der Reaktion noch 7 h bis 60 d bei 500 bis 850°C im Vakuum [6, 10, 14] oder in Ar-Atmosphäre getempert [2, 5]. Man kann auch Mn mit überschüssigem Te bei 725°C umsetzen, das anschließend bei 730°C im Vakuum entfernt wird [19].

Mangan reagiert bei 1100°C mit SnTe oder PbTe innerhalb 15 h vollständig zu MnTe und Sn bzw. Pb [20]. — Aus einer alkalischen Te^{2-}-Lösung, die durch Reduktion von Te mit Zn hergestellt wird, läßt sich MnTe mit einem Mn^{2+}-Salz fällen [21].

Durch Zonenschmelzen läßt sich MnTe reinigen [17].

Einkristalle lassen sich nach der Bridgman-Methode aus der stöchiometrisch zusammengesetzten Schmelze, die sich in einem innen graphitisierten Quarzrohr [15] oder in einem Graphit-Tiegel befindet, im Vakuum züchten [22]. Wegen der Phasenumwandlung bei t_u = 1026°C (s. S. 315) haben die Kristalle jedoch keine besonders gute Qualität [16, 17, 23]. Um den Schmelzpunkt unter t_u zu senken, wird Te in einem Überschuß von etwa 6 Atom-% eingesetzt und die Schmelze gegen Verdampfungsverluste mit geschmolzenem B_2O_3 abgedeckt. Zur Homogenisierung läßt man den Graphit-Tiegel während des Abkühlens rotieren. Die Züchtung muß jedoch oberhalb der peritektischen Temperatur (730°C, s. S. 311) abgebrochen werden, um die Bildung von $MnTe_2$ zu vermeiden. Spuren dieser Verbindung werden durch Tempern der Einkristalle im Vakuum bei 900°C entfernt [16]. — In Form von Plättchen und Nadeln entsteht MnTe aus den Elementen über Transportreaktion im Temperaturgefälle 820 → 610°C unter Zusatz von Jod [24].

Thermodynamische Daten der Bildung. Bildungsenthalpie ΔH° und freie Bildungsenthalpie ΔG° für die Bildung von festem MnTe unter Standardbedingungen in kcal/mol; Bildungsentropie ΔS° in cal · mol^{-1} · K^{-1}.

Aus Verdampfungsmessungen wird $\Delta H^\circ_{298} = -26.2 \pm 0.8$ erhalten [24] in Übereinstimmung mit kalorischen Messungen: $\Delta H^\circ_{298} = -26.6 \pm 1.3$ [25]. Dagegen stimmt der elektrochemisch ermittelte Wert $\Delta H^\circ_{673} = -23.6$ [26] besser mit dem alten geschätzten Wert von $\Delta H^\circ_{298} = -22.5$ überein [27]. — Aus elektrochemischen Messungen folgt für die Temperaturabhängigkeit der freien Bildungsenthalpie zwischen 623 und 773 K: $\Delta G^\circ_T = -(25.600 + 4.36 \times 10^{-3}\ T)$; der Fehler beträgt ± 0.2 kcal/mol. Diese Messungen ergeben außerdem $\Delta S^\circ_{673} = 4.36$, während aus der Standardentropie [19] (s. S. 320) der Wert $\Delta S^\circ_{298} = 2.90$ abgeleitet wird [26, 28].

Literatur:

[1] E. Wedekind, T. Veit (Ber. Deut. Chem. Ges. **44** [1911] 2663/70, 2667). — [2] W. D. Johnston, D. E. Sestrich (J. Inorg. Nucl. Chem. **19** [1961] 229/36). — [3] R. T. Delves, B. Lewis (J. Phys. Chem. Solids **24** [1963] 549/56, 549, 551). — [4] N. Kunitomi, Y. Hamaguchi, S. Anzai (J. Phys. [Paris] **25** [1964] 568/74). — [5] N. Kh. Abrikosov, K. A. Dyul'dina, V. V. Zhdanova (Izv. Akad. Nauk SSSR Neorgan. Materialy **4** [1968] 1878/84; Inorg. Materials [USSR] **4** [1968] 1638/42).

[6] S. Furberg (Acta Chem. Scand. **7** [1953] 693/4). — [7] E. Uchida, H. Kondo, N. Fukuoka (J. Phys. Soc. Japan **11** [1956] 27/32). — [8] H. A. Johansen (J. Inorg. Nucl. Chem. **6** [1958] 344/5). — [9] N. P. Grazhdankina, D. I. Gurfel' (Zh. Eksperim. i Teor. Fiz. **35** [1958] 907/10; Soviet Phys.-JETP **8** [1959] 631/3). — [10] F. Grønvold, N. J. Kveseth, F. dos Santos Marques, J. Tichy (J. Chem. Thermodyn. **4** [1972] 795/806, 796).

[11] R. Juza, A. Rabenau, G. Pascher (Z. Anorg. Allgem. Chem. **285** [1956] 61/9, 63). — [12] B. B. Sharma (Indian J. Pure Appl. Phys. **6** [1968] 61/3). — [13] J. J. Banewicz, R. F. Heidelberg, A. H. Luxem (J. Phys. Chem. **65** [1961] 615/7). — [14] V. G. Vanyarkho, V. P. Zlomanov, A. V. Novoselova (Izv. Akad. Nauk SSSR Neorgan. Materialy **6** [1970] 1257/9; Inorg. Materials [USSR] **6** [1970] 1102/4). — [15] T. Komatsubara, M. Murakami, E. Hirahara (J. Phys. Soc. Japan **18** [1963] 356/64, 356).

[16] D. Mateika (J. Cryst. Growth **13/14** [1972] 698/701). — [17] P. G. Riewald, L. H. van Vlack (J. Am. Ceram. Soc. **53** [1970] 219/23). — [18] J. van den Boomgaard (Philips Res. Rept. **24** [1969] 284/98, 285). — [19] K. K. Kelley (J. Am. Chem. Soc. **61** [1939] 203/7). — [20] H. E. Bates, F. Wald, M. Weinstein (Advan. Energy Convers. **7** [1968] 275/87, 279).

[21] J. B. Conn, J. V. Magee, Merck & Co. Inc. (U. S. P. 3065048 [1959/62] nach C. A. **58** [1963] 4020). — [22] A. I. Zvyagin, L. V. Povstyanyi, R. M. Aref'eva (Fiz. Tverd. Tela **11** [1969] 3392/4; Soviet Phys.-Solid State **11** [1969] 2759/60; Izv. Akad. Nauk SSSR Ser. Fiz. **35** [1971] 1190/2; Bull. Acad. Sci. USSR Phys. Ser. **35** [1971] 1087/9). — [23] G. Zanmarchi (J. Phys. Chem. Solids **28** [1967] 2123/30, 2123). — [24] H. Wiedemeier, H. Sadeek (High Temp. Sci. **2** [1970] 252/8). — [25] M. P. Morozova, T. A. Stolyarova (Vestn. Leningr. Univ. Fiz. Khim. **1964** Nr. 16, S. 150/3 nach C. A. **62** [1965] 2297).

[26] G. M. Lukashenko, R. I. Polotskaya, N.Kh. Abrikosov, K. A. Dyul'dina (Khim. Svyaz Poluprov. Polumetallakh **1972** 333/8, 336; C. A. **79** [1973] Nr. 70776). — [27] O. Kubaschewski, E. L. Evans (Metallurgical Thermochemistry, Pergamon Press, London-New York-Paris-Los Angeles 1958, S. 256). — [28] G. M. Lukashenko, R. I. Polotskaya, K. A. Dyul'dina, N. Kh. Abrikosov (Izv. Akad. Nauk SSSR Neorgan. Materialy **7** [1971] 860/1; Inorg. Materials [USSR] **7** [1971] 753/4).

10.2.2 Kristallographische Eigenschaften

Crystallographic Properties

Polymorphie. Unter Normalbedingungen kristallisiert MnTe im NiAs(B8)-Typ [1] (im folgenden als α-MnTe bezeichnet). Die im NaCl-Typ kristallisierenden Verbindungen α-MnS und α-MnSe (s. S. 9 und 271) wandeln sich erst bei erhöhtem Druck in Modifikationen vom NiAs-Typ um. Da eine Temperaturerhöhung wie eine Druckerniedrigung wirkt, tritt folgerichtig die NaCl-Typ-Modifikation β-MnTe bei hohen Temperaturen auf [2]. Zur Beziehung zwischen diesen beiden Strukturtypen s. beispielsweise [3]. Die DTA zeigt jedoch im Umwandlungsbereich meist 2 Effekte: bei 1004 ± 4 und 1039 ± 4°C [2], 1000 und 1030°C [4] sowie 995 und 1026°C [5]. Bei genügend langsamer Temperaturänderung, z. B. 0.2 grd je Minute, verschwindet jedoch der Effekt bei niedrigerer Temperatur, so daß t_u = 1026 ± 3°C für die eigentliche Umwandlungstemperatur gehalten wird [5]. Dilatometrisch werden Umwandlungen bei 992 und 1023°C beobachtet [4]. Hochtemperatur-röntgenaufnahmen ergeben für stöchiometrisches MnTe beim Aufheizen t_u = 990 ± 3°C, beim Abkühlen 1020 ± 3°C [4], s. auch [2], während bei 68.2 Gew.-% (≙ 48 Atom-%) Te die Umwandlungstemperaturen höher liegen: 995 ± 3 bzw. 1029 ± 3°C [4], s. auch Fig. 102, S. 312. Gelegentlich werden sogar 3 Wärmeeffekte beobachtet: bei 955, 1020 und 1055°C [6]. Der Effekt bei 130°C [7] wird durch die Oxidation 2 MnTe + 0.5 $O_2 \rightarrow$ MnO + $MnTe_2$ vorgetäuscht. Das gebildete $MnTe_2$ wird bis 700°C thermisch zersetzt [8]. Dilatometrisch wird bei 408°C eine bisher ungeklärte Umwandlung beobachtet [4]. — Im Gegensatz zu MnS und MnSe ist bei MnTe keine Modifikation im Zinkblende-Typ bekannt. Aus den Gitterkonstanten von MnTe-ZnTe-Mischkristallen kann man für diese hypothetische Modifikation die Gitterkonstante a = 6.289 Å extrapolieren [9].

Spaltbarkeit, Gleitung. α-MnTe zeigt primäre Spaltbarkeit nach {0001} und sekundäre nach $\{10\bar{1}0\}$; daneben wird auch eine Spaltbarkeit entlang den Pyramidenflächen beobachtet. Bei plastischer Deformation tritt Zwillingsbildung nach $\{10\bar{1}2\}$, basale Gleitung entlang (0001) und Stäbchengleitung (pencil glide) mit $\langle 11\bar{2}0\rangle$ als Zonenachsen auf [10].

Kristallstruktur. Bei hexagonalem, im NiAs-Typ (s. „Nickel" B, S. 978) kristallisierendem α-MnTe werden die zuerst von Oftedal [1] bestimmten Gitterkonstanten a = 4.132 ± 0.004, c = 6.711 ± 0.004 Å (Neuberechnung von Greenwald [11]) wiederholt bestätigt (ausgewählte Werte, RT = Raumtemperatur):

a in Å	4.138	4.1429 ± 0.0005	4.1429	4.144 ± 0.005	4.146 ± 0.005	4.1475	4.150 ± 0.003	4.155 ± 0.005
c in Å	6.706	6.7031 ± 0.0005	6.7076	6.716 ± 0.005	6.709 ± 0.005	6.710	6.715 ± 0.005	6.711 ± 0.005
Temperatur in K	RT	293	293	RT	RT	298	RT	RT
Lit.	[10]	[11]	[12]	[13]	[4, 14, 15]	[2]	[16]	[6]

Lediglich die Werte von Grashdankina, Gurfel' [17] weichen davon etwas ab: a = 4.087 ± 0.001, c = 6.701 ± 0.002 Å. Tabelle der d-Werte s. [1].

Crystallographic Properties of MnTe

Mit steigender Temperatur wächst a linear von 4.130 Å bei 175 K [11] bis auf 4.1864 Å bei 823 K [12] bzw. 4.232 Å bei 1291 K [2], s. auch [17]. Die Gitterkonstante c wächst von etwa 6.672 Å bei 175 K [11] zunächst ebenfalls etwa linear mit der Temperatur, zeigt aber bei T_N (s. S. 322) einen Knick zu höheren Werten (etwa 6.715 Å) ohne Änderung der Symmetrie [11, 17]. Bei weiterer Temperatursteigerung nimmt c wieder linear bis auf 6.8156 Å bei 823 K [12] bzw. 6.94 Å bei 1291 K zu [2]. — Mit zunehmendem Te-Gehalt nehmen die Gitterkonstanten ab, z.B. bei 600°C von a = 4.192, c = 6.833 Å bei 68.2 Gew.-% (≙ 48 Atom-%) Te auf a = 4.182, c = 6.824 Å bei 70.7 Gew.-% (≙ 51 Atom-%) Te. Werte bei 400 und 800°C s. Original [4].

Mit steigendem Druck fallen die Gitterkonstanten homogen bis 130 kbar. Die Änderung kann durch $-\Delta a/a_0 = 5.52 \times 10^{-4}\,p - 1.18 \times 10^{-6}\,p^2$ und $-\Delta c/c_0 = 10.6 \times 10^{-4}\,p - 2.79 \times 10^{-6}\,p^2$ wiedergegeben werden (p in kbar). Das Verhältnis c/a fällt von 1.617 bei Normaldruck auf 1.550 bei 130 kbar [18].

Der Mn-Te-Abstand bei α-MnTe beträgt bei Raumtemperatur 2.912 [1] bzw. 2.923 Å [19].

Die Gitterkonstante der Hochtemperaturform β-MnTe, die im NaCl-Typ kristallisiert, steigt von a = 6.026 ± 0.004 Å bei 1353 K auf a = 6.037 ± 0.007 Å bei 1379 K [2].

Chemische Bindung. Aus magnetischen Messungen, die auf 5 ungepaarte Elektronen beim Mangan hinweisen, und der fehlenden Quadrupolaufspaltung im Mössbauer-Spektrum wird gefolgert, daß α-MnTe rein ionisch ist [20]. Andre Autoren beobachten dagegen eine Quadrupolaufspaltung von 0.3 cm/s und eine Isomerieverschiebung von −0.03 cm/s bei 82 K [24]. Auch der MnTe-Abstand (s. oben) entspricht eher der Summe der Ionenradien als etwa der metallischen [19]. Aus der elektrischen Leitfähigkeit wird zwar auf eine Deformation der Elektronenverteilung beim Mangan geschlossen, doch weisen Neutronenbeugungsuntersuchungen mehr auf eine kugelsymmetrische Verteilung [8]. Zur Erklärung der magnetischen und elektrischen (Halbleiter-)Eigenschaften wird angenommen, daß Mn und Te als einwertige Ionen vorliegen, die durch Resonanz der p^3-Elektronen gebunden sind (Bindungsordnung $^1/_2$) [21]. Im Gegensatz zu den meisten anderen im NiAs-Typ kristallisierenden Verbindungen bestehen beim MnTe keine direkten Wechselwirkungen der d-Orbitale des Mangans in Richtung der c-Achse, so daß die Verbindung keine metallischen Eigenschaften hat [22], s. auch [21]. Aus der Elektronenkonfiguration wird eine Ionizität von nur 38% abgeleitet [23].

Literatur:

[1] I. Oftedal (Z. Physik. Chem. **128** [1927] 135/53, 139). — [2] W. D. Johnston, D. E. Sestrich (J. Inorg. Nucl. Chem. **19** [1961] 229/36). — [3] A. J. Cornish (Acta Met. **6** [1958] 371/4). — [4] N. Kh. Abrikosov, K. A. Dyul'dina, V. V. Zhdanova (Izv. Akad. Nauk SSSR Neorgan. Materialy **4** [1968] 1878/84; Inorg. Materials [USSR] **4** [1968] 1638/42). — [5] D. Mateika (J. Cryst. Growth **13/14** [1972] 698/701).

[6] V. G. Vanyarkho, V. P. Zlomanov, A. V. Novoselova (Izv. Akad. Nauk SSSR Neorgan. Materialy **6** [1970] 1257/9; Inorg. Materials [USSR] **6** [1970] 1102/4). — [7] E. Uchida, H. Kondoh, N. Fukuoka (J. Phys. Soc. Japan **11** [1956] 27/32). — [8] N. Kunitomi, Y. Hamaguchi, S. Anzai (J. Phys. Soc. Japan **18** [1963] 744; J. Phys. [Paris] **25** [1964] 568/74, 569). — [9] R. Juza, A. Rabenau, G. Pascher (Z. Anorg. Allgem. Chem. **285** [1956] 61/9, 67). — [10] P. G. Riewald, L. H. van Vlack (J. Am. Ceram. Soc. **53** [1970] 219/23).

[11] S. Greenwald (Acta Cryst. **6** [1953] 396/8). — [12] F. Grønvold, N. J. Kveseth, F. dos Santos Marques, J. Tichy (J. Chem. Thermodyn. **4** [1972] 795/806, 802). — [13] V. G. Vanyarkho, V. P. Zlomanov, A. V. Novoselova (Izv. Akad. Nauk SSSR Neorgan. Materialy **6** [1970] 1534/5; Inorg. Materials [USSR] **6** [1970] 1352/3). — [14] B. B. Sharma (Indian J. Pure Appl. Phys. **6** [1968] 61/3). — [15] S. Furberg (Acta Chem. Scand. **7** [1953] 693/4).

[16] H. Wiedemeier, H. Sadeek (High Temp. Sci. **5** [1973] 16/24, 18). — [17] N. P. Grazhdankina, D. I. Gurfel' (Zh. Eksperim. i Teor. Fiz. **35** [1958] 907/10; Soviet Phys.-JETP **8** [1959] 631/3). —

[18] H. Nagasaki, I. Wakabayashi, S. Minomura (J. Phys. Chem. Solids **30** [1969] 329/37; Tech. Rept. ISSP A Nr. 322 [1968]), S. Minomura, H. Nagasaki, I. Wakabayashi (Natl. Bur. Std. [U. S.] Spec. Publ. Nr. 326 [1971] 159/66). — [19] F. Grønvold, O. Hagberg, H. Haraldsen (Acta Chem. Scand. **12** [1958] 971/82, 980). — [20] N. Shikazono (J. Phys. Soc. Japan **18** [1963] 925/35, 929).

[21] W. B. Pearson (Can. J. Phys. **35** [1957] 886/91). — [22] F. Hulliger (Struct. Bonding [Berlin] **4** [1968] 83/229, 143). — [23] J. Suchet (Compt. Rend. **253** [1961] 2490/2). — [24] C. E. Violet, R. Booth (Phys. Rev. [2] **144** [1966] 225/31).

10.2.3 Mechanische und thermische Eigenschaften

Mechanical and Thermal Properties

10.2.3.1 Dichte D in g/cm³, thermische Ausdehnung

Density. Thermal Expansion

Aus dem Volumen der (hexagonalen) Elementarzelle (99.70 Å³ bei 293 K [1], 100.0 Å³ bei 298 K [2]) ergibt sich D = 6.080 bzw. 6.062. Aus älteren Werten für die Gitterkonstanten wurde D = 6.14 abgeleitet [3].

Der Ausdehnungskoeffizient hat in der Nähe der Néel-Temperatur $T_N \approx 310$ K ein steiles Maximum. Für den räumlichen Ausdehnungskoeffizienten γ halten Grønvold u. a. [1] die Maximalwerte (bei 300 K) 108×10^{-6} [4], 138×10^{-6} [5] und $\approx 150 \times 10^{-6}$ K^{-1} [6] für wahrscheinlicher als den kleineren Wert $\gamma = 74.8 \times 10^{-6}$ K^{-1} [7]. Aus dem bei 310 K gemessenen linearen Ausdehnungskoeffizienten $\alpha = 18.0 \times 10^{-6}$ K^{-1} [8] ergibt sich $\gamma = 54.0 \times 10^{-6}$ K^{-1}. Der Befund, daß α zwischen 253 K und T_N einerseits, zwischen T_N und 358 K andererseits konstant ist [7], wird durch spätere Messungen nicht bestätigt, s. beispielsweise Fig. 105. — Zur theoretischen Deutung der Änderung von γ in der Nähe von T_N s. Gambhir u. a. [9].

Eine lineare Zunahme der Gitterkonstanten, also konstante α-Werte ($\alpha_a = 20.6 \times 10^{-6}$, $\alpha_c = 33.7 \times 10^{-6}$ K^{-1}) finden Johnston und Sestrich [2] im Bereich bis 1291 K; jedoch sind Messungen nur bei 744, 892, 1071 und 1291 K ausgeführt worden. Dilatometrisch ergibt sich an polykristallinem MnTe die in **Fig. 105** dargestellte Temperaturabhängigkeit von α; die Maxima bei 992 und 1023°C entsprechen den Phasenumwandlungen, die röntgenographisch bei 990 ± 3 bzw. 1020 ± 3°C gefunden werden (s. S. 315), während die Ursache des Maximums bei 408°C unklar ist [6]. Weder diese noch eine andere, bei 480 bis 500 K [5] gefundene Anomalie wird bei neueren Ausdehnungsmessungen [1] bestätigt; oberhalb 473 K ist jedenfalls γ wesentlich kleiner als zwischen 373 und 473 K [1]. — Zur Berechnung des magnetischen Beitrags zur thermischen Leitfähigkeit s. [10].

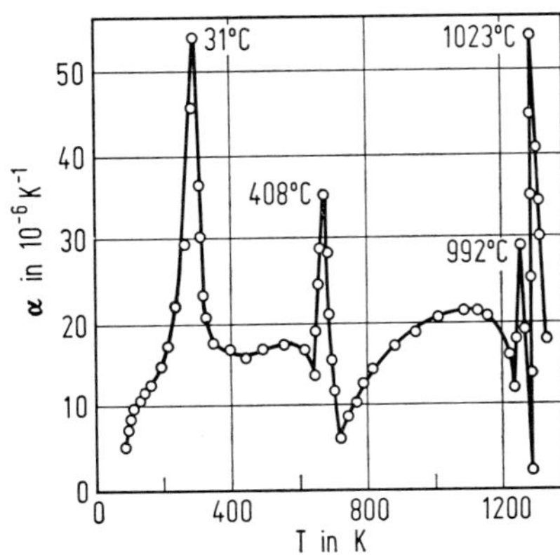

Fig. 105

Temperaturabhängigkeit des linearen thermischen Ausdehnungskoeffizienten α.

Literatur:

[1] F. Grønvold, N. J. Kveseth, F. dos Santos Marques, J. Tichy (J. Chem. Thermodyn. **4** [1972] 795/806). — [2] W. D. Johnston, D. E. Sestrich (J. Inorg. Nucl. Chem. **19** [1961] 229/36). — [3] I. Oftedal (Z. Physik. Chem. **128** [1927] 135/53). — [4] S. Greenwald (Acta Cryst. **6** [1953] 396/8). — [5] N. N. Sirota, G. I. Makovetskii (Dokl. Akad. Nauk Belorussk. SSR **6** [1962] 694/6; C. A. **58** [1963] 7462).

[6] N. Kh. Abrikosov, K. A. Dyul'dina, V. V. Zhdanova (Izv. Akad. Nauk SSSR Neorgan. Materialy **4** [1968] 1878/84; Inorg. Materials [USSR] **4** [1968] 1638/42). — [7] N. P. Grazhdankina, D. I. Gurfel' (Zh. Eksperim. Teor. Fiz. **35** [1958] 907/10; Soviet Phys.-JETP **35** [1958] 631/3). — [8] I. G. Kerimov, T. A. Mamedov, N. G. Aliev (Teplofiz. Svoistva Tverd. Tel **1971** 19/23 nach C. A. **76** [1972] Nr. 51 868); vgl. auch T. A. Mamedov, I. G. Kerimov, N. G. Aliev (Dokl. Akad. Nauk Azerb. SSR **24** [1968] 15/20; C. A. **71** [1969] Nr. 7885). — [9] R. D. Gambhir, S. N. Vaidya, E. S. R. Gopal (J. Indian Inst. Sci. **49** [1967] 48/60). — [10] N. G. Guseinov (Izv. Akad. Nauk Azerb. SSR Ser. Fiz. Tekhn. Mat. Nauk **1974** Nr. 4, S. 76/81; C. A. **82** [1975] Nr. 50748).

Compressibility

10.2.3.2 Kompressibilität

Aus der Abnahme der Gitterkonstanten bei Kompression werden für die Volumenverringerung folgende Werte abgeleitet (in Auswahl):

p in kbar .	10	20	30	40	50	60	80	100	130
V/V_0 . .	0.977	0.956	0.938	0.924	0.907	0.893	0.868	0.826	0.816

A. S. Minomura, H. Nagasaki, I. Wakabayashi (Natl. Bur. Std. [U. S.] Spec. Publ. Nr. 326 [1971] 159/66, 164).

Propagation of Sound

10.2.3.3 Schallausbreitung

Die Schallgeschwindigkeit u, gemessen bei 100 MHz, liegt oberhalb der Néel-Temperatur T_N bei 3.4 km/s; sie steigt zwischen 50 und 37°C um weniger als 0.1% an, fällt dann bis 33.3°C um rund 0.3% ab und steigt zwischen 33 und 13°C wieder um etwa 0.35% an [1]. Durch ein Magnetfeld wird u verringert; bei 40 kOe steigt u für Scherwellen zwischen 321 und 81 K von 1.73 auf 1.83 km/s und für Longitudinalwellen zwischen 306 und 82 K von 3.32 auf 3.42 km/s. Daraus ergibt sich, daß bei 60 K die magnetoelastische Konstante $b_1 = 8.5 \times 10^6$ erg/cm³ ist und auf 0 am Néel-Punkt abnimmt, und zwar oberhalb 200 K proportional zu $(T_N - T)^{0.445}$ [2]. Die Zunahme von u unterhalb T_N wird bei einer tieferen Temperatur T_{res}, bei der eine resonanzartige Dämpfung (s. unten) auftritt, durch eine Anomalie unterbrochen, bei 230 MHz beispielsweise bei 285 K [3].

Der Absorptionskoeffizient α weist am Néel-Punkt ein Maximum auf, dessen Intensität im Bereich von f = 50 bis 190 MHz proportional f^2 zunimmt; ein weiteres Maximum, das bei einer tieferen Temperatur T_{res} auftritt, nimmt etwa proportional f^4 zu. Für f = 190 MHz ist T_{res} = 21°C [1]. Diese Absorption ist durch kernakustische Resonanz bedingt [4]. Durch Ausdehnung des Frequenzbereichs bis 530 MHz und des Temperaturbereichs bis 4.2 K werden weitere Einzelheiten über die kernakustische Resonanz ermittelt; Näheres s. bei Walther [3]. Bei genaueren Messungen bei 4.2 und 2.1 K wird die Berechnung der Stärke des Hyperfeinfeldes korrigiert; es beträgt 437 kOe. Das Austauschfeld ergibt sich zu 3.3 MOe [5].

Literatur:

[1] K. Walther (Solid State Commun. **5** [1967] 399/403). — [2] K. Walther, K. H. Sarges (Phys. Letters A **36** [1971] 309/10). — [3] K. Walther (Phys. Rev. [3] B **4** [1971] 3873/85). — [4] K. Walther (Phys. Letters A **32** [1970] 201/2). — [5] K. Walther (Phys. Letters A **38** [1972] 149/50).

10.2.3.4 Härte

Hardness

Für MnTe-Einkristalle ergeben sich für die Vickers- und Knoop-Härte auf der Basisfläche (0001) 107 bzw. 115 kg/mm², auf der Prismenfläche (10$\bar{1}$0) 65 kg/mm² (graphischer Darstellung entnommen), P. G. Riewald, L. H. van Vlack (J. Am. Chem. Soc. **53** [1970] 219/23). — Die Temperaturabhängigkeit der Mikrohärte ermitteln N. Kh. Abrikosov, K. A. Dyul'dina, V. V. Zhdanova (Izv. Akad. Nauk SSSR Neorgan. Materialy **4** [1968] 1878/84; Inorg. Materials [USSR] **4** [1968] 1638/42) zwecks Klärung des Zustandsdiagramms.

10.2.3.5 Verflüchtigung

Volatilization

Dampfdruck p, Sublimationsenthalpie ΔH_S.

Unterhalb 1200 K findet Janssen [1], der den Dampfdruck über verschiedenen Proben mit Mn- oder Te-Überschuß bestimmt, über MnTe-Einkristallen folgende Werte:

T in K	850	900	950	1000	1050	1100	1150	1200
p in Torr	<1	2	7	20.5	39	47	47.5	45

Bei höheren Temperaturen wird über stöchiometrischem, mono- und polykristallinem MnTe nach der Knudsen-Methode folgender Anstieg des Dampfdrucks (Werte in Auswahl) gefunden:

T in K	1234	1273	1308	1351	1383	1407	1435
p in 10^{-6} atm	1.44	3.29	6.55	15.48	27.67	43.51	66.70

Wiedemeier, Sadeek [2]. Nach Effusionsmessungen an stöchiometrischem, mono- und polykristallinem MnTe bei 1234 bis 1435 K und 10^{-6} bis 10^{-4} atm verdampft MnTe kongruent nach der Reaktion $MnTe(s) \rightarrow Mn(g) + 0.17\ Te_2(g) + 0.66\ Te(g)$. Bei 298 K ergibt sich nach dem 3. bzw. 2. Hauptsatz $\Delta H_S = 135.5 \pm 2.0$ bzw. 135.1 ± 2.5 kcal/mol. Der Partialdruck von MnTe(g) ist vernachlässigbar, da MnTe sehr leicht dissoziiert (Dissoziationsenergie 34.8 kcal/mol). Für die freie Energie nach Gibbs ergeben sich folgende Werte (in Auswahl):

T in K	1234	1273	1308	1351	1383	1407	1435
ΔG°_T in kcal/mol	64.92	63.02	61.32	58.92	57.26	55.78	54.71

$\Delta S^\circ_{298} = 58.8 \pm 0.7$ cal · mol^{-1} · K^{-1}, berechnet aus dem Verdampfungskoeffizienten und Literaturdaten [2]. Auf Grund chemischer und röntgenographischer Untersuchungen der Sublimate unterschiedlicher Bodenkörper und Berechnungen des Dampfdrucks beschreibt van den Boomgaard [3] die Sublimation nach der Gleichung $MnTe(s) \rightarrow Mn(g) + {}^1/_2\ Te_2(g)$; zwischen 1000 und 1600 K gilt $\lg K_p = -23365/T + 9.60$ (K_p in atm$^{3/2}$). — Daß die Konzentration von MnTe(g) sehr gering ist, finden schon Colin und Goldfinger [4].

Literatur:

[1] C. J. G. F. Janssen (Diss. Utrecht 1965). — [2] H. Wiedemeier, H. Sadeek (High Temp. Sci. **2** [1970] 252/8). — [3] J. van den Boomgaard (Philips Res. Rept. **24** [1969] 284/98). — [4] R. Colin, P. Goldfinger (Condensation Evaporation Solids, Proc. Intern. Symp., Dayton, Ohio, 1962 [1964], S. 165/79).

10.2.3.6 Schmelzpunkt

Melting Point

Vgl. hierzu Fig. 102 und 103 auf S. 312. Nach Abrikosov u. a. [1] schmilzt MnTe kongruent bei $t = 1165 \pm 5$°C; auch die von anderen Autoren gemessenen Temperaturen 1165°C [2], 1167°C [3] und 1170 ± 10°C (unter Hochvakuum) [4] dürften für kongruentes Schmelzen gelten. Der höchste Schmelzpunkt von im Gleichgewicht mit seinem Dampf befindlichen MnTe liegt bei $t = 1243 \pm 3$°C; Andeutung von inkongruentem Schmelzen [5]. Eindeutig inkongruentes Schmelzen wird nur von Vanyarkhov u. a. [6] beobachtet; peritektische Temperatur $t_p = 1155 \pm 5$°C.

Literatur:

[1] N. Kh. Abrikosov, K. A. Dyul'dina, V. V. Zhdanova (Izv. Akad. Nauk SSSR Neorgan. Materialy **4** [1968] 1878/84; Inorg. Materials [USSR] **4** [1968] 1638/42). — [2] A. I. Zvyagin, L. V. Povstyanyi, R. M. Aref'eva (Izv. Akad. Nauk SSSR Ser. Fiz. **35** [1971] 1190/2; Bull. Acad. Sci. USSR Phys. Ser. **35** [1971] 1087/9). — [3] W. D. Johnston, D. E. Sestrich (J. Inorg. Nucl. Chem. **19** [1961] 229/36). — [4] H. Wiedemeier, H. Sadeek (High Temp. Sci. **2** [1970] 252/8). — [5] J. van den Boomgaard (Philips Res. Rept. **24** [1969] 284/98).

[6] V. G. Vanyarkhov, V. P. Zlomanov, A. V. Novoselova (Izv. Akad. Nauk SSSR Neorgan. Materialy **6** [1970] 1257/9; Inorg. Materials [USSR] **6** [1970] 1102/4).

Thermodynamic Functions. Characteristic Temperature

10.2.3.7 Thermodynamische Funktionen, charakteristische Temperatur Θ_D, Θ_E

Notation und Einheiten s. S. 15.

Kalorimetrische Messungen an polykristallinem MnTe ergeben bei tiefen Temperaturen folgende Werte (in Auswahl, s. auch Fig. 89, S. 274):

T in K	54.5	85.6	144.8	181.6	255.1	281.0	304.5	307.4	310.5	327.0
C_p	6.05	9.11	11.87	12.87	14.88	15.98	18.38	18.32	15.34	13.78

Durch Debye- und Einstein-Funktionen mit konstantem Θ lassen sich diese Werte nur unterhalb 67 K erfassen, und zwar ergibt sich $\Theta_D = 148$ K, $\Theta_E = 218$ K. Hiermit wird C_p bis T = 0 extrapoliert, so daß die Standardentropie $S^\circ_{298.1} = 22.4 \pm 0.5$ berechnet werden kann [1]. Für 10 und 25 K extrapoliert Mah [2] $C_p = 0.15$ bzw. 1.69. Ohne nähere Angaben leiten Kunitomi u. a. [3] aus den oben zitierten C_p-Werten [1] eine charakteristische Temperatur von 217 K ab, die sie noch bei 130°C als gültig ansehen. Auch bei neueren Messungen zwischen 80 und 400 K erweisen sich nur die C_p-Werte in einem engen Temperaturbereich (80 bis 100 K) als geeignet zur Berechnung von Θ_D(166 K); der Maximalwert von C_p liegt oberhalb 20 [4]. Das Maximum von C_p wird nicht bei der Néel-Temperatur selbst ($T_N \approx 320$ K, s. S. 322), sondern bei einer um 5 bis 10% tieferen Temperatur (etwa 305 K) erreicht. Der Maximalwert kann zwar für Einkristalle größer als für polykristalline Proben sein, jedoch liegen, wie Grønvold u. a. [5] bemerken, derartige Meßdaten von Zhuze u. a. [6] auch für CoO und NiO viel zu hoch; ihre Angabe für MnTe-Einkristalle ($C_p = 45$ bei $T \approx 310$ K) dürfte somit einen systematischen Fehler enthalten [5].

Die gesamte Wärmekapazität läßt sich zerlegen in Gitteranteil C_g, Elektronenanteil C_e und magnetischen Anteil C_m; C_m ist in der Nähe von T_N proportional $(T - T_N)^{-a}$ mit $a = 0.160 \pm 0.015$. Der magnetische Anteil der Entropie, der sich theoretisch zu 3.54 berechnen läßt, ergibt sich aus C_m zu $S_m = 3.44$ [4].

Aus Messungen oberhalb 300 K werden folgende Werte für C_p interpoliert und für H und S abgeleitet (in Auswahl):

T in K	300	360	420	480	540	620	700
C_p in $J \cdot mol^{-1} \cdot K^{-1}$	77.2	56.88	54.98	54.52	54.75	55.70	57.09
$H^\circ - H^\circ_{298.15}$ in kJ/mol	0.139	3.890	7.240	10.521	13.787	18.196	22.705
$S^\circ - S^\circ_{298.15}$ in $J \cdot mol^{-1} \cdot K^{-1}$	0.47	11.93	20.53	27.82	34.26	40.06	48.72

C_p fällt vom Maximum ($83\ J \cdot mol^{-1} \cdot K^{-1}$) bis 500 K (54.44) und steigt darüber nur langsam an; der magnetische Anteil fällt von 2.28 bei 400 K auf 2.03 bei 700 K, wenn der Gitteranteil mit den oben zitierten Werten $\Theta_D = 148$ K, $\Theta_E = 218$ K [1] berechnet wird [5].

Durch Na-Zusatz (1 Atom-%) wird die Temperatur, bei der C_p sein Maximum erreicht, nur wenig verringert, der magnetische Anteil der Entropie dagegen um 18% auf 2.82 [4].

Literatur:

[1] K. K. Kelley (J. Am. Chem. Soc. **61** [1939] 203/7); vgl. auch R. S. Dean u. a. (U. S. Bur. Mines Rept. Invest. Nr. 3419 [1938]). — [2] A. D. Mah (U. S. Bur. Mines Rept. Invest. Nr. 5600 [1960] 1/34, 8). — [3] N. Kunitomi, Y. Hamaguchi, S. Anzai (J. Phys. [Paris] **25** [1964] 568/74). — [4] E. D. Devyatkova, V. V. Tikhonov (Fiz. Tverd. Tela **12** [1970] 2698/701; Soviet Phys.-Solid State **12** [1970] 2168/70). — [5] F. Grønvold, N. J. Kveseth, F. dos Santos Marques, J. Tichy (J. Chem. Thermodyn. **4** [1972] 795/806).

[6] V. P. Zhuze, O. N. Novruzov, A. I. Shelykh (Fiz. Tverd. Tela **11** [1969] 1287/96; Soviet Phys.- Solid State **11** [1969] 1044/51).

10.2.3.8 Wärmeleitfähigkeit λ, Temperaturleitfähigkeit

Thermal Conductivity. Thermal Diffusivity

Der thermische Widerstand 1/λ steigt zwischen 310 ($\approx T_N$) und 480 K wesentlich steiler an als zwischen 100 und 200 K, s. **Fig. 106.** Bei vernachlässigbarer Elektronenleitfähigkeit λ_e ist für stöchiometrisches MnTe die Wärmeleitfähigkeit $\lambda \approx \lambda_g$ (λ_g = Gitterleitfähigkeit). Für Temperaturen $T \gg T_N$ ist die Wärmeleitfähigkeit allein durch Phononen bestimmt, für $T < T_N$ wird zusätzlicher Wärmetransport durch Magnonen (Spinwellen) angenommen. Für eine Probe MnTe + 1 Atom-% Na ist 1/λ bei $T < T_N$ größer als für stöchiometrisches MnTe [1]. Die Wärmeleitfähigkeit λ = 0.013 W · cm⁻¹ · K⁻¹ für stöchiometrisches MnTe (bei gewöhnlicher Temperatur) bleibt bei Ag-Zusätzen bis 1 Atom-% unverändert. Bis 600 K fällt der Wert sehr langsam [2]. Für $Na_{0.01}Mn_{0.99}Te$ fällt λ von 0.019 W · $cm^{-1} \cdot K^{-1}$ bei 400 K auf 0.0125 W · $cm^{-1} \cdot K^{-1}$ bei 1200 K [3].

Fig. 106

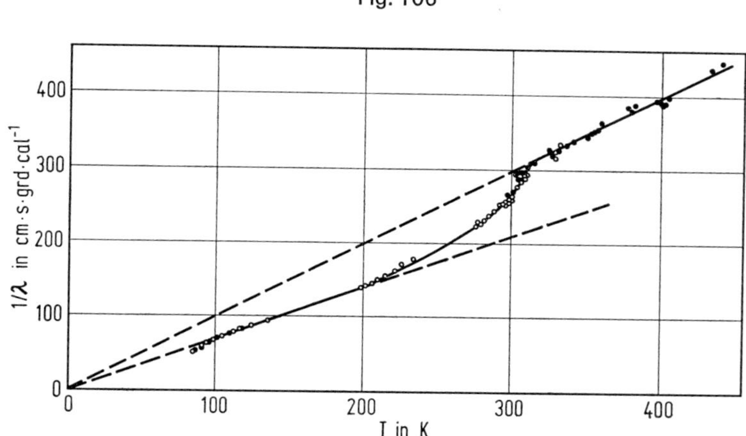

Temperaturabhängigkeit des thermischen Widerstands 1/λ zweier stöchiometrischer Proben von MnTe.

Temperaturleitfähigkeit. An Einkristallen wird bei Messungen zwischen 240 und 500 K ein scharfes Minimum bei 304 K beobachtet. Durch Zusatz von 1 Atom-% Na wird die Temperaturleitfähigkeit um 25 bis 30% verringert, und das Minimum liegt bei 300 K [4].

Literatur:

[1] E. D. Devyatkova, A. V. Golubkov, E. K. Kudinov, I. A. Smirnov (Fiz. Tverd. Tela **6** [1964] 1813/7; Soviet Phys.-Solid State **6** [1964] 1425/8). — [2] B. B. Sharma (Indian J. Pure Appl. Phys. **6** [1968] 61/3). — [3] R. R. Heikes, R. W. Ure (Thermoelectricity, Science and Engineering, New York-London 1961). — [4] V. P. Zhuse, O. N. Novruzov, A. I. Shelykh (Fiz. Tverd. Tela **11** [1969] 1287/96; Soviet Phys.-Solid State **11** [1969] 1044/51).

Magnetic Properties

10.2.4 Magnetische Eigenschaften

Néel Temperature

10.2.4.1 Néel-Temperatur T_N

Das Maximum der Suszeptibilität wird teils bei 310 K [1, 2, 3], teils bei 323 K [4, 5] gefunden. Bei 310 K weist auch der thermische Ausdehnungskoeffizient eine Anomalie auf [6, 7]. Aus der Änderung der Thermokraft in Magnetfeldern ergibt sich T_N = 307 K [8]. Aus der Verschiebung des Maximums des spezifischen Widerstandes ρ bei hohen Drücken läßt sich für p = 1 atm T_N = 33.6°C extrapolieren [9], und aus der Dämpfung von Ultraschallwellen wird T_N = 33.54 ± 0.2°C ermittelt [10]. Das steile Maximum der Wärmekapazität wird bei 305 K beobachtet [15]. — Eine unstetige Änderung der Gitterkonstante tritt erst bei 329 K auf [11]. — Durch Zusatz von 1 Atom-% Na wird T_N um 3.5 K verringert [12].

Die Temperatur, bei der ρ ein Maximum aufweist, verschiebt sich bei Drücken bis 10^4 kg/cm^2 um dT_N/dp = 2.60 mK · cm^2/kg [9]; frühere Messungen im Bereich bei 4400 kg/cm^2 ergaben dT_N/dp = 2.0 ± 0.4 mK · cm^2/kg [13]. — Für kleine Drücke ergibt sich aus der Änderung des Ausdehnungskoeffizienten und der Wärmekapazität dT_N/dp = 2.6 mK · cm^2/kg [6] und mit neueren Werten dT_N/dp = 4.0 K/kbar [14]. Auch Neutronenbeugungsuntersuchungen ergeben einen Anstieg der Umwandlungstemperatur vom antiferromagnetischen zum „paraferromagnetischen" Zustand mit steigendem Druck (bis 60 kbar gemessen) [16].

Literatur:

[1] C. F. Squire (Phys. Rev. [2] **56** [1939] 922/25). — [2] E. Uchida, H. Kondoh, N. Tukuoha (J. Phys. Soc. Japan **11** [1956] 27/32). — [3] T. Komatsubara, M. Murakami, E. Hirahara (J. Phys. Soc. Japan **18** [1963] 356/64). — [4] A. Serres (J. Phys. Radium [8] **8** [1957] 146/51). — [5] N. Kunitomi, Y. Hamaguchi, S. Anzai (J. Phys. Soc. Japan **18** [1963] 744).

[6] N. P. Grazhdankina, D. I. Gurfel' (Zh. Eksperim. i Teor. Fiz. **35** [1958] 907/10; Soviet Phys.-JETP **8** [1958] 631/3). — [7] I. G. Kerimov, T. A. Mamedov, N. G. Aliev (Teplofiz. Svoistva Tverd. Tel **1971** 19/23; C. A. **76** [1972] Nr. 51868). — [8] B. V. Avdeev, N. I. Varich, Yu. P. Krasheninin, M. A. Markman, E. L. Nagaev (Pis'ma Zh. Eksperim. i Teor. Fiz. **11** [1970] 241/4; JETP Letters **11** [1970] 153/5). — [9] K. Ozawa, S. Anzai, Y. Hamaguchi (Phys. Letters **20** [1966] 132/3). — [10] K. Walther (Solid State Commun. **5** [1967] 399/403).

[11] S. Greenwald (Acta Cryst. **6** [1953] 396/8). — [12] E. D. Devyatkova, V. V. Kikhonov (Fiz. Tverd. Tela **12** [1970] 2698/701; Soviet Phys.-Solid State **12** [1970] 2168/70). — [13] N. P. Grazhdankina (Zh. Eksperim. i Teor. Fiz. **33** [1957] 1524/5; Soviet Phys.- JETP **6** [1957] 1178/9). — [14] R. D. Gambhir, S. N. Vaidya, E. S. R. Gopal (J. Indian Inst. Sci. **49** [1967] 48/60). — [15] F. Grønvold, N. J. Kveseth, F. dos Santos Marques, J. Tichy (J. Chem. Thermodyn. **4** [1972] 795/806).

[16] N. N. Sirota, E. A. Vasil'ev, G. I. Makovetskii, G. A. Govor, V. M. Ryzhkovskii (Tr. Mezhdunar. Konf. Magn., Moscow 1973 [1974], Bd. 3, S. 497/500 nach C. A. **84** [1976] Nr. 53068).

Exchange Interaction. Magnetic Structure. Saturation Moment

10.2.4.2 Austauschwechselwirkung, magnetische Struktur, Sättigungsmoment

Die Art der Austauschwechselwirkung in Kristallen mit NiAs-Gitter wird von Goodenough [1] aus der Verteilung der 3d-Elektronen erschlossen; dadurch kann die beobachtete Ordnung der magnetischen Momente zwanglos erklärt werden. Die ersten Überlegungen [2] galten für ein hypothetisches MnTe mit NaCl-Struktur. Berechnung der Austauschwechselwirkung (Superaustausch durch die Te-Ionen) anhand von Untersuchungen der Spinwellendispersion bei [9].

Die magnetischen Momente sind innerhalb der (0001)-Ebenen ferromagnetisch gekoppelt und in je 2 aufeinander folgenden (0001)-Ebenen antiparallel gerichtet. Dieses Modell, nach dem schon Greenwald [3] die unstetige Änderung der Gitterkonstanten c am Néel-Punkt deutet, wird durch Neutronenbeugung bei 77 und 293 K bestätigt [4]. Es ist auch als einziges mit Suszeptibilitätsdaten von Einkristallen vereinbar [5]. Bei weiteren Neutronenbeugungsuntersuchungen, die die gleiche

Struktur ergeben, finden Kunitomi u. a. [6], daß das magnetische Moment der Mn-Ionen um 8% kleiner ist, als dem Spin $^5/_2$ entspricht. Zwischen der Néel-Temperatur und 120 K steigt es, wie in **Fig. 107** gezeigt, an [7].

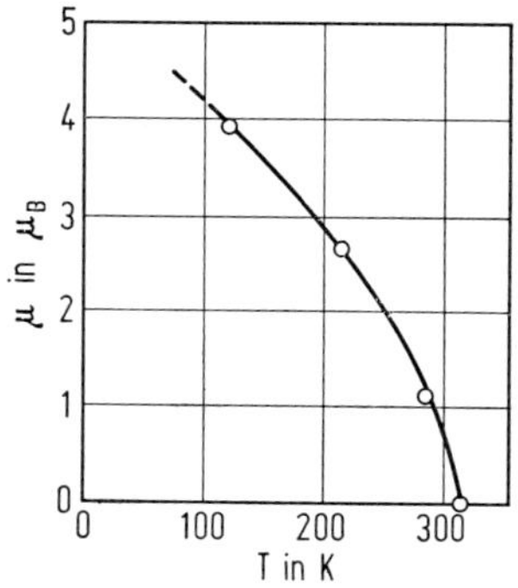

Fig. 107

Temperaturabhängigkeit des magnetischen Moments μ von Mn in MnTe.

Aus der Feld- und Temperaturabhängigkeit eines außergewöhnlichen Beitrags zum Hall-Effekt in einigen MnTe-Proben schließt Wasscher [8] auf eine Umwandlung vom antiferromagnetischen in einen schwach ferromagnetischen Zustand durch zwei aufeinanderfolgende Phasenübergänge 2. Ordnung bei 260 und etwa 250 K.

Literatur:

[1] J. B. Goodenough (Magnetism and the Chemical Bond, New York-London 1963, S. 276/9). — [2] J. B. Goodenough, A. L. Loeb (Phys. Rev. [2] **98** [1955] 391/408). — [3] S. Greenwald (Acta Cryst. **6** [1953] 396/8). — [4] A. V. Doroshenko, V. V. Klyushin, A. A. Loshmanov, B. I. Goman'kov (Fiz. Metal. i Metalloved. **12** [1961] 911/2; Phys. Metals Metallog. [USSR] **12** Nr. 6 [1961] 119/20). — [5] T. Komatsubara, M. Murakami, E. Hirahara (J. Phys. Soc. Japan **18** [1963] 356/64).

[6] N. Kunitomi, Y. Hamaguchi, S. Anzai (J. Phys. [Paris] **25** [1964] 568/74; Colloq. Intern. Centre Natl. Rech. Sci. [Paris] Nr. 126 [1964] 144/50). — [7] N. N. Sirota, G. I. Makovetskii (Dokl. Akad. Nauk SSSR **170** [1966] 1300/2; Soviet Phys.-Dokl. **11** [1966] 888/90). — [8] J. D. Wasscher (Solid State Commun. **3** [1965] 169/71; Colloq. Intern. Centre Natl. Rech. Sci. [Paris] Nr. 157 [1967] 465/71). — [9] S. Funahashi, Y. Hamaguchi (Tr. Mezhdunar. Konf. Magn., Moscow 1973 [1974], Bd. 5, S. 571/4 nach C. A. **84** [1976] Nr. 68682).

10.2.4.3 Magnetische Anisotropie

Magnetic Anisotropy

Aus Suszeptibilitätsmessungen an Einkristallen ergibt sich die Anisotropieenergie K innerhalb der Ebenen ⊥ c-Achse nach verschiedenen Methoden zu 8200 oder 4400 erg/cm³, T. Komatsubara, M. Murakami, E. Hirahara (J. Phys. Soc. Japan **18** [1963] 356/64, 362). Den auf Dipolwechselwirkung beruhenden Anteil zu K berechnet K. Adachi (J. Phys. Soc. Japan **16** [1961] 2187/206, 2202) zu 1.46×10^7 erg/cm³.

10.2.4.4 Magnetostriktion

Magnetostriction

Bei MnTe ist die Feldabhängigkeit der transversalen und der longitudinalen Magnetostriktion nahezu dieselbe wie bei MnS (s. S. 18), jedoch sind die bei 78 K erreichten maximalen Beträge um etwa den Faktor 1.5 bis 2 größer als bei MnS, T. A. Mamedov, I. G. Kerimov, N. G. Aliev (Dokl. Akad. Nauk Azerb. SSR **24** Nr. 1 [1968] 15/20; C. A. **71** [1969] Nr. 7885).

Molar Susceptibility

10.2.4.5 Molsuszeptibilität χ_{mol} in 10^{-6} cm^3/mol

Unterhalb der Néel-Temperatur ist χ_{mol} anisotrop. In Richtung der c-Achse hängt χ_{mol} weder von der Temperatur noch von der Feldstärke (gemessen bis 20 kOe) ab; senkrecht dazu fällt χ_{mol} mit abnehmender Temperatur um so stärker, je kleiner die Feldstärke ist. Zwischen 310 und 873 K nimmt χ_{mol}, ebenfalls an Einkristallen gemessen, gemäß $\chi_{mol} = 3.92/(T + 585)$ ab; daraus ergibt sich für das effektive Moment der sehr niedrige Wert $\mu_{eff} = 4.81$ μ_B [1].

An polykristallinen Proben bestätigt Serres [2] zwischen 91 und 772.5 K den schon früher zwischen 90 und 728 K [3] und zwischen 40 und 320 K [4] beobachteten, für antiferromagnetische Stoffe charakteristischen Verlauf der χ_{mol}-T-Kurve; am Néel-Punkt ist $\chi_{mol} = 4220$, und aus der Formel $\chi_{mol} = 4.59/(T + 690)$ ergibt sich $\mu_{eff} = 6.08$ [2]. Bei weiteren Messungen im paramagnetischen Bereich werden für die Curie-Temperatur Θ_p und μ_{eff} die Werte −650 K, 5.10 μ_B [5], −584 K, 6.00 μ_B [6], −605 K, 5.74 μ_B [7], −692 K, 5.97 μ_B [8] gefunden. Der Verlauf, der durch neuere Messungen nochmals bestätigt wird, kann mit der Aufspaltung des Grundterms $^6S_{5/2}$ durch das Ligandenfeld gut erklärt werden [9].

Literatur:

[1] T. Komatsubara, M. Murakami, E. Hirahara (J. Phys. Soc. Japan **18** [1963] 356/64). — [2] A. Serres (J. Phys. Radium [8] **8** [1947] 145/51). — [3] H. Haraldsen, W. Klemm (Z. Anorg. Allgem. Chem. **220** [1934] 183/92). — [4] C. F. Squire (Phys. Rev. [2] **56** [1939] 922/5). — [5] E. Uchida, H. Kondoh, N. Fukuoka (J. Phys. Soc. Japan **11** [1956] 27/32).

[6] J. J. Banewicz, R. F. Heidelberg, A. H. Luxem (J. Phys. Chem. **65** [1961] 615/7). — [7] H. Yadaka, T. Harada, E. Hirahara (J. Phys. Soc. Japan **17** [1961] 875/6). — [8] N. Kunitomi, Y. Hamaguchi, S. Anzai (J. Phys. Soc. Japan **18** [1963] 744). — [9] F. Grønvold, N. J. Kveseth, F. dos Santos Marques, J. Tichy (J. Chem. Thermodyn. **4** [1972] 795/806).

Electron Paramagnetic Resonance (EPR)

10.2.4.6 Paramagnetische Resonanz

Wie bei MnO (s. „Mangan" C1, S. 47) und MnSe (s. S. 277) wird die bei 3.5 kOe registrierte Absorptionslinie mit fallender Temperatur breiter, zwischen 125 und 50°C steigt die Halbwertsbreite ΔH von 2.1 auf 2.9 kOe; $g = 2.00$ [1]. Neuere Messungen ergeben $\Delta H = 1.4 + 0.9\,(T - T_N)^{-\gamma}$ mit $\gamma \approx 1$ und ebenfalls $g = 2$ [2].

Literatur:

[1] L. R. Maxwell, T. R. McGuire (Rev. Mod. Phys. **25** [1953] 279/84). — [2] K. Leibler, K. Checiński, R. R. Galazka, W. Giriat, H. Szymczak (Phys. Status Solidi B **47** [1971] K 127/K 129).

Electrical Properties

10.2.5 Elektrische Eigenschaften

Dielectric Constant

10.2.5.1 Dielektrizitätskonstante ε

Nach einer Dispersionsanalyse (Kramers-Kronig) des Reststrahlen-Reflexionsspektrums (35 bis 100 μm) von MnTe-Einkristallen im unpolarisierten Licht bei 30, 100 und 300 K ist bei gewöhnlicher Temperatur die Dielektrizitätskonstante $\varepsilon_0 = 19.3$ (Frequenz $f \to 0$) und $\varepsilon_\infty = 11.5$ ($f \to \infty$), L. V. Povstyanyi, V. I. Kut'ko, A. I. Zvyagin (Fiz. Tverd. Tela **14** [1972] 1561/3; Soviet Phys.-Solid State **14** [1972] 1346/7).

Electron Energy Bands

10.2.5.2 Elektronenenergiebänder

Für MnTe liegen nur qualitative Überlegungen über die Art der Elektronen im Valenz- und im Leitungsband vor, wobei die Bindung als rein heteropolar vorausgesetzt wird [1].

Die Breite der verbotenen Zone ergibt sich aus Leitfähigkeitsmessungen zu $E_g = 0.74$ eV [2] bis 0.8 eV [3, 4]. — Sowohl aus dem Reflexionsspektrum (10 bis 300 K [4]) als auch aus dem

Absorptionsspektrum (80 bis 300 K [5]) ergibt sich eine Abnahme von E_g von 1.35 auf 1.25 eV mit steigender Temperatur. E_g = 1.35 eV wird auch aus der spektralen Abhängigkeit der Photoleitfähigkeit bei 2 K abgeleitet [4].

Literatur:

[1] W. Albers, G. van Aller, C. Haas (Colloq. Intern. Centre Natl. Rech. Sci. [Paris] Nr. 157 [1967] 19/28, Diskussion S. 29; C. A. **68** [1968] Nr. 16908). — [2] G. I. Makovetskii, N. N. Sirota (Dokl. Akad. Nauk Belorussk. SSR **9** [1965] 85/7; C. A. **63** [1965] 113), G. I. Makovetskii (Vestsi Akad. Navuk Belarusk. SSR Ser. Fiz. Mat. Navuk **1968** Nr. 5, S. 91/7 nach C. A. **70** [1969] Nr. 61780). — [3] L. M. Valiev, A. G. Rustamov, I. G. Kerimov (Dokl. Akad. Nauk Azerb. SSR **22** [1966] 13/5; C. A. **67** [1966] Nr. 16080). — [4] A. I. Zvyagin, L. V. Povstyanyi, R. M. Aref'eva (Izv. Akad. Nauk SSSR Ser. Fiz. **35** [1971] 1190/2; Bull. Acad. Sci. USSR Phys. Ser. **35** [1971] 1087/9). — [5] G. Zanmarchi (J. Phys. Chem. Solids **28** [1967] 2123/30).

10.2.5.3 Konzentration und effektive Masse der Ladungsträger

Concentration and Effective Mass of Charge Carriers

Reflexionsmessungen bei 80 K an niederohmigem MnTe mit der hexagonalen c-Achse ⊥ und || zum elektrischen Vektor ergeben für die effektiven Massen $m^*_\perp$ = (0.25 ± 0.05) m_0 und $m^*_\parallel$ = (1.0 ± 0.2) m_0 (m_0 ist die Ruhemasse des freien Elektrons). Aus einer zusätzlichen Analyse des Reflexionsvermögens (in Abhängigkeit von der Wellenlänge und Temperatur, s. S. 330) ergibt sich für Na-dotiertes MnTe (p = 3.6 × 10^{19} cm^{-3}) die in **Fig. 108** dargestellte Temperaturabhängigkeit der effektiven Masse mit aus der Thermokraft berechneten Vergleichswerten. Bleibt die Konzentration der Ladungsträger oberhalb 80 K unverändert, so ist $m^* \approx 0.58\ m_0$ bei T = 283 K [1]. — Aus der Thermokraft einer Probe mit p = 5 × 10^{19} cm^{-3} ergibt sich zwischen 77 und 240 K m^* = 0.47 m_0 [2]. Für zwei MnTe-Einkristalle mit p = 2.5 × 10^{17} cm^{-3} bzw. 6 × 10^{18} cm^{-3} bei 100 K ist die effektive Masse m^* = 0.35 bzw. 0.30 m_0, berechnet aus Meßwerten der Thermokraft α und des spezifischen elektrischen Widerstands ρ [3].

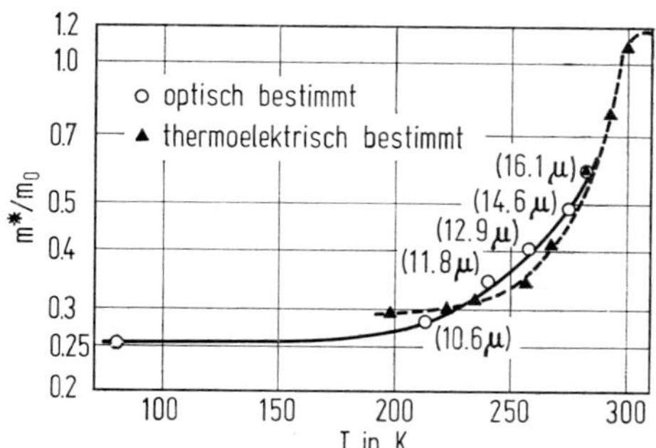

Fig. 108

Temperaturabhängigkeit der effektiven Masse m^* der Ladungsträger bei MnTe mit p = 3.6 × 10^{19} cm^{-3} (Wellenlängen der optischen Bestimmungen in Klammern).

Literatur:

[1] G. Zanmarchi (J. Phys. Chem. Solids **28** [1967] 2123/30). — [2] J. D. Wasscher, C. Haas (Phys. Letters **8** [1964] 302/4). — [3] C. J. G. Janssen (Diss. Utrecht 1965).

10.2.5.4 Leitungsmechanismus, Ladungsträgerbeweglichkeit μ in $cm^2 \cdot V^{-1} \cdot s^{-1}$

Conduction Mechanism. Mobility of Charge Carriers

Der stets vorhandene Te-Überschuß macht MnTe p-leitend. Die Ladungsträger bewegen sich in einem breiten Leitungsband [1].

Über die beim Stromtransport stattfindenden Streuprozesse gibt es widersprüchliche Ansichten. Das zunächst vorgeschlagene Modell, wonach die Ladungsträger vor allem an Spins, die sich nicht in die exakte antiferromagnetische Ordnung einfügen, gestreut werden („spin-disorder scattering")

Conduction Mechanism of MnTe

[2, 3], wird zwar von Haas [4] weiterentwickelt, jedoch sind nach Wasscher [5] die Voraussetzungen für dieses Modell nicht erfüllt. Daher ist eine Erweiterung dieses Modells erforderlich, insbesondere durch Berücksichtigung der Wechselwirkung mit Magnonen. Mit dem „magnon-drag" können nicht nur Beobachtungsdaten bei tiefen Temperaturen, sondern auch solche in der Nähe der Néel-Temperatur gedeutet werden [5]. Dies gilt auch für Meßdaten der Thermokraft, s. [11]. — Demgegenüber halten Povstyanyi u. a. [6, 7, 12] die Streuung an Phononen für mindestens ebenso wichtig; insbesondere kann der Einfluß des „magnon-drag" auf die Leitfähigkeit oberhalb 50 K vernachlässigt werden. Im paramagnetischen Bereich scheinen die Ladungsträger, wie an ihrer geringen Beweglichkeit zu erkennen ist, zwischen den lokalisierten d-Niveaus benachbarter Mn-Ionen überzuspringen [8].

Für μ ergibt sich aus Meßdaten für den Hall-Koeffizienten die in **Fig. 109** dargestellte Temperaturabhängigkeit [3]. Dadurch scheint die frühere Annahme [9], daß μ entweder zu $T^{-1/2}$ oder zu $\exp(-E/kT)$ proportional sei, widerlegt zu sein. An 3 Proben, in denen die Löcherkonzentration bei 77 K 10^{-18} p = 1, 36 bzw. 80 cm^{-3} betrug, war bei 77 K μ = 100, 250 bzw. 90, bei 307 K dagegen μ = 1.2, 7 bzw. 5 [10]. μ = 6 wird bei 310 K an einer Probe mit p = 5 × 10^{19} cm^{-3} beobachtet [2].

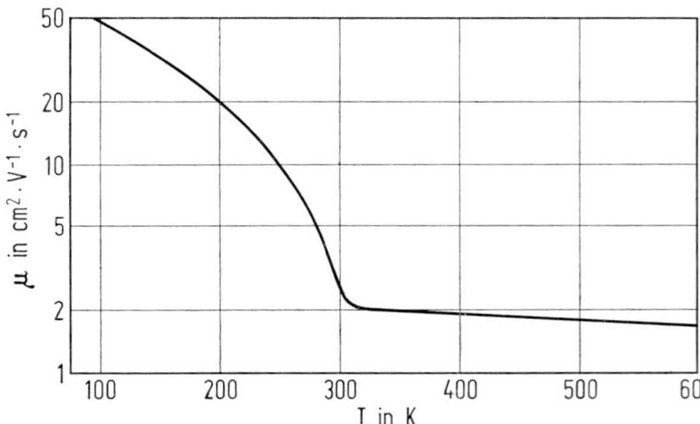

Fig. 109

Temperaturabhängigkeit der Beweglichkeit μ der Ladungsträger in MnTe.

Literatur:

[1] W. Albers, G. van Aller, C. Haas (Colloq. Intern. Centre Natl. Rech. Sci. [Paris] Nr. 157 [1967] 19/28, Diskussion S. 29; C. A. **68** [1968] Nr. 16908). — [2] J. D. Wasscher, C. Haas (Phys. Letters **8** [1964] 302/4; J. D. Wasscher, A. M. J. H. Seuter, C. Haas (Proc. 7th Intern. Conf. Phys. Semicond., Paris 1964, S. 1269/74, G. Zanmarchi, C. Haas (J. Appl. Phys. **39** [1968] 596/7; Philips Res. Rept. **23** [1968] 389/407). — [3] A. M. J. H. Seuter (Colloq. Intern. Centre Natl. Rech. Sci. [Paris] Nr. 157 [1967] 459/64; C. A. **68** [1968] Nr. 25012). — [4] C. Haas (Phys. Rev. [2] **168** [1968] 531/8). — [5] J. D. Wasscher (Philips Res. Rept. Suppl. **1969** Nr. 8, S. 1/82, 69).

[6] A. I. Zvyagin, L. V. Povstyanyi, R. M. Aref'eva (Fiz. Tverd. Tela **11** [1969] 3392/4; Soviet Phys.-Solid State **11** [1969] 2759/60). — [7] Yu. V. Pereverzev, L. V. Povstyanyi (Tr. Fiz. Tekhn. Inst. Nizk. Temp. Akad. Nauk Ukr. SSR Nr. 20 [1972] 94/101; C. A. **80** [1974] Nr. 41952). — [8] J. Suchet, P. Imbert (Compt. Rend. **260** [1965] 5239/42; J. Suchet, R. Dryuil, J. Loriers (Izv. Akad. Nauk SSSR Neorgan. Materialy **2** [1966] 796/804; Inorg. Materials [USSR] **2** [1966] 679/86).— [9] R. C. Miller laut R. R. Heikes, R. W. Ure (Thermoelectricity, Science and Engineering, New York-London 1961, S. 430/3). — [10] G. Zanmarchi (J. Phys. Chem. Solids **28** [1967] 2123/30).

[11] K. Sugihara (J. Phys. Chem. Solids **33** [1972] 1365/75, **34** [1973] 1727/36). — [12] L. V. Povstyanyi, V. I. Kut'ko, A. I. Zvyagin (Fiz. Tverd. Tela **14** [1972] 1561/3; Soviet Phys.-Solid State **14** [1972] 1346/7).

10.2.5.5 Spezifischer elektrischer Widerstand ρ in $\Omega \cdot cm$

Resistivity

Wie **Fig. 110** zeigt, haben Einkristalle einen höheren Widerstand (besonders bei tiefen Temperaturen) als polykristalline Proben. Na-Zusatz verringert ρ, während Cr-Zusatz ρ erhöht [1]. Ähnliche Werte für ρ werden auch von Zanmarchi [2] an einzelnen MnTe-Proben (teils mit Na, teils mit Cr dotiert, teils rein) gefunden; vgl. auch Seuter [3]. An einer Probe, deren Widerstand zwischen 50 und 100 K konstant ist (0.6), ergibt sich zwischen 4.2 und 20 K ein steiler Abfall von 340 auf 20; zwischen 100 und 200 K nimmt ρ proportional $T^{3/2}$ zu, darüber proportional T bis $\rho = 4$ bei $T = T_N = 307$ K [4]. Zuvor wird schon zwischen 100 und 200 K $\rho \sim T$ gefunden [5]. Das Maximum von ρ am Néel-Punkt (s. Fig. 110, Kurve 1) wird auch bei neueren Messungen an Einkristallen bestätigt [6]. Es tritt auch an einzelnen polykristallinen Proben auf (s. Fig. 110, Kurve 4), wie schon Uchida u. a. [7] bemerkten. Zum Anstieg von ρ zwischen 100 und 293 K s. ferner Palmer [8]. — Dicht unterhalb der Néel-Temperatur ist $(1/\rho)\,(d\rho/dT)$ proportional $(T_N - T)^{-0.8}$, dicht darüber proportional $(T - T_N)^{-0.5}$, wenn $p = 10^{18}\ cm^{-3}$ ist; ein Vorzeichenwechsel von $d\rho/dT$ tritt bei $p = 10^{20}\ cm^{-3}$ auf [9]. Oberhalb 440 K finden Valiev u. a. [10] eine thermische Hysterese der elektrischen Leitfähigkeit. p-leitende Einkristalle von stöchiometrischem MnTe sind eigenleitend über 200°C [11]. Über 500 K fällt lg ρ linear mit 1/T [12]. — Gesintertes MnTe erreicht nach 25 h Tempern bei 873 K einen konstanten Wert $\rho = 0.51 \pm 0.07$; Dotierung mit 1 Atom-% Ag verringert ρ auf 0.12 [13].

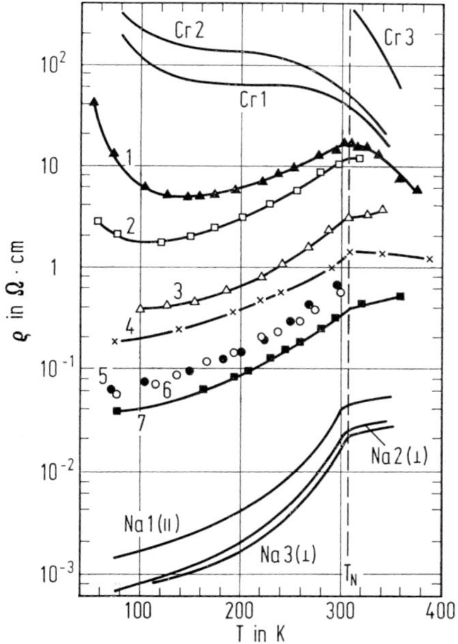

Fig. 110

Temperaturabhängigkeit des spezifischen elektrischen Widerstands ρ eines MnTe-Einkristalls parallel bzw. senkrecht zur c-Achse (1, 2), mehrerer polykristalliner MnTe-Proben (3 bis 7), zweier Einkristalle mit Na-Zusatz (Na 1, 2, 3) und Proben mit Cr-Zusatz (Cr 1, 2, 3).

Der Druckkoeffizient $(1/\rho) \cdot (d\rho/dp)$ liegt bei 16°C zwischen -4.0×10^{-5} und -4.5×10^{-5} und verringert sich bis 65°C auf den vom Druck (bis 5000 atm) unabhängigen Wert -1.8×10^{-5} [14]. Im Bereich bis 10000 atm finden Ozawa u. a. [15] bei 21.2°C lineare Abnahme des Widerstands.

Literatur:

[1] J. D. Wasscher (Philips Res. Rept. Suppl. **1969** Nr. 8, S. 1/82, 26). — [2] G. Zanmarchi (J. Phys. Chem. Solids **28** [1967] 2123/30). — [3] A. M. J. H. Seuter (Colloq. Intern. Centre Natl. Rech. Sci. [Paris] Nr. 157 [1967] 459/64; C. A. **68** [1968] Nr. 25012). — [4] A. I. Zvyagin,

L. V. Povstyanyi, R. M. Aref'eva (Fiz. Tverd. Tela **11** [1969] 3392/4; Soviet Phys.-Solid State **11** [1969] 2759/60). — [5] J. D. Wasscher, C. Haas (Phys. Letters **8** [1964] 302/4).

[6] A. I. Zvyagin, L. V. Povstyanyi, R. M. Aref'eva (Izv. Akad. Nauk SSSR Ser. Fiz. **35** [1971] 1190/2; Bull. Acad. Sci. USSR Phys. Ser. **35** [1971] 1087/9). — [7] E. Uchida, H. Kondo, N. Fukuoka (J. Phys. Soc. Japan **11** [1956] 27/32). — [8] W. Palmer (J. Appl. Phys. **25** [1954] 125). — [9] B. V. Avdeev, N. I. Varich, Yu. P. Krasheninin, M. A. Markman, E. L. Nagaev (Pis'ma Zh. Eksperim. i Teor. Fiz. **11** [1970] 241/4; JETP Letters **11** [1970] 153/5). — [10] L. M. Valiev, A. G. Rustamov, I. G. Kerimov (Dokl. Akad. Nauk Azerb. SSR **22** Nr. 11 [1966] 13/5 nach C. A. **67** [1966] Nr. 16080).

[11] H. Yadaka, T. Harada, E. Hirahara (J. Phys. Soc. Japan **17** [1962] 875/6). — [12] R. C. Miller laut R. R. Heikes, R. W. Ure (Thermoelectricity, Science and Engineering, New York-London 1961, S. 430/3). — [13] B. B. Sharma (Indian J. Pure Appl. Phys. **6** [1968] 61/3). — [14] N. P. Grazhdankina (Zh. Eksperim. i Teor. Fiz. **48** [1965] 1257/61; Soviet Phys.-JETP **21** [1965] 840/3). — [15] K. Ozawa, S. Anzai, Y. Hamaguchi (Phys. Letters **20** [1966] 132/3).

Galvanomagnetic Effects

10.2.5.6 Galvanomagnetische Effekte

Durch ein Magnetfeld von 7.5 kOe wird ρ bei gewöhnlicher Temperatur um 0.012%, bei −196°C um fast 0.04% vergrößert [1]. An einigen Proben wird von Wasscher [2] ein Extremwert von $\Delta\rho/\rho$ bei 260 K beobachtet.

Für einen Einkristall, fünf polykristalline Proben und zwei mit Na dotierte Proben ist die Temperaturabhängigkeit des Hall-Koeffizienten R_H in **Fig. 111** dargestellt [3]; für vorläufige Angaben von Wasscher u. a. [4] versucht Seuter [5] eine theoretische Deutung zu geben. Der Abfall von R_H zwischen −196°C (R_H = 2.6) und +20°C (R_H = 0.6) wird schon von Palmer [1] beobachtet. — Die Feldabhängigkeit der Hall-Spannung weist bei einigen Proben unterhalb 260 K Hysterese auf [2].

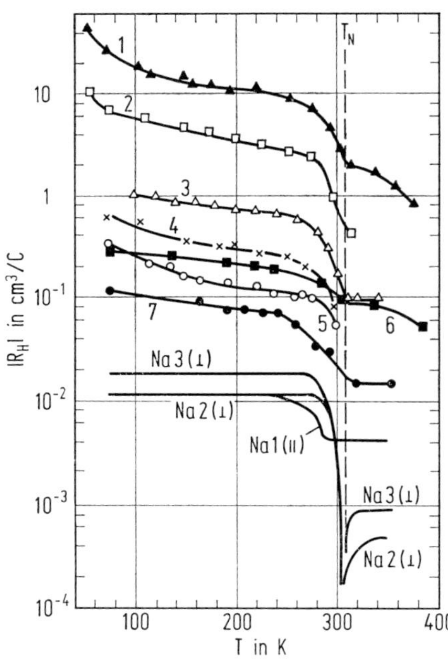

Fig. 111

Temperaturabhängigkeit des Hall-Koeffizienten R_H eines MnTe-Einkristalls parallel bzw. senkrecht zur c-Achse (1, 2), mehrerer polykristalliner MnTe-Proben (3 bis 7) sowie zweier Einkristalle mit Na-Zusatz (R_H negativ oberhalb 300 K bei Na 2 und Na 3).

Literatur:

[1] W. Palmer (J. Appl. Phys. **25** [1954] 125). — [2] J. D. Wasscher (Solid State Commun. **3** [1965] 169/71; Colloq. Intern. Centre Natl. Rech. Sci. [Paris] Nr. 157 [1967] 465/71]. — [3] J. D.

Wasscher (Philips Res. Rept. Suppl. **1969** Nr. 8, S. 1/82, 27). — [4] J. D. Wasscher, A. M. J. H. Seuter, C. Haas (Proc. 7th Intern. Conf. Phys. Semicond., Paris 1964, S. 1269/74). — [5] A. M. J. H. Seuter (Colloq. Intern. Centre Natl. Rech. Sci. [Paris] Nr. 157 [1967] 459/64; C. A. **68** [1968] Nr. 25012).

10.2.5.7 Thermokraft α in μV/K

Thermo-electric Power

Die Temperaturabhängigkeit von α ist für reines MnTe und einige dotierte Proben in **Fig. 112** dargestellt [1]. Zwischen 200 und 600 K fanden schon Uchida u. a. [2] einen ähnlichen Verlauf mit einem Maximum bei 323 K. Auch an einem Einkristall wird in der Nähe der Néel-Temperatur ein Maximum von α beobachtet [3]. Einzelwerte für α bei der (als 50°C angegebenen) Néel-Temperatur s. bei Johansen [4]. Sehr ähnlich wie die Kurve für MnTe mit 1 % Li oder Na in Fig. 112 verläuft die von Wasscher u. a. [5, 6] für eine Probe mit $p = 5 \times 10^{19}$ cm^{-3} (Verunreinigungen nicht angegeben) erhaltene Kurve; der Anstieg zwischen 220 und 310 K wird auf magnon-drag zurückgeführt. Weitere theoretische Überlegungen zeigen, daß sowohl weit unterhalb als auch in der Nähe von T_N die Temperaturabhängigkeit von α mit magnon-drag erklärt werden kann [7]. — Auch durch Ag-Zusatz wird α verringert, durch 1 Atom-% z. B. bei Raumtemperatur von 560 auf 140, bei 900 K von 300 auf 200 [8].

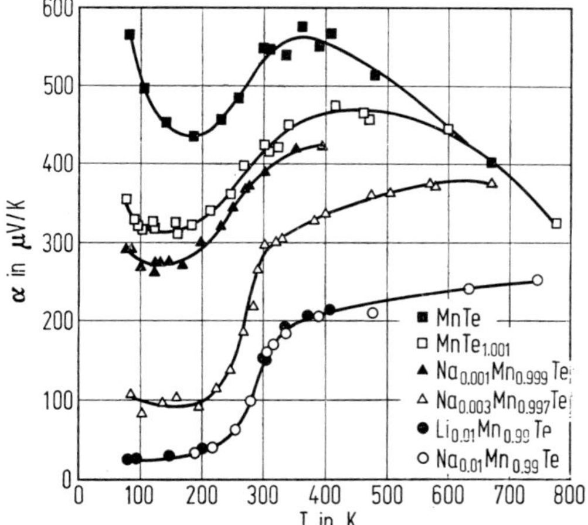

Fig. 112

Temperaturabhängigkeit der Thermokraft α von stöchiometrischem, nichtstöchiometrischem und dotiertem MnTe.

Literatur:

[1] R. C. Miller laut R. R. Heikes, R. W. Ure (Thermoelectricity, Science and Engineering, New York-London 1961, S. 430/3), vgl. auch Minnesota Mining and Manufg. Co., R. E. Fredrick, C. R. Manser (U. S. P. 2890260 nach C. A. **1959** 16716). — [2] E. Uchida, H. Kondo, N. Fukuoka (J. Phys. Soc. Japan **11** [1956] 27/32). — [3] A. G. Rustamov, I. G. Kerimov, L. M. Valiev, S. Kh. Babaev, P. G. Ibragimova (Dokl. Akad. Nauk Azerb. SSR **26** [1970] 19/21 nach C. A. **74** [1971] Nr. 69052). — [4] H. A. Johansen (J. Inorg. Nucl. Chem. **6** [1958] 344/5). — [5] J. D. Wasscher, C. Haas (Phys. Letters **8** [1964] 302/4).

[6] J. D. Wasscher, A. M. J. H. Seuter, C. Haas (Proc. 7th Intern. Conf. Phys. Semicond., Paris 1964, S. 1269/74). — [7] K. Sugihara (J. Phys. Chem. Solids **33** [1972] 1365/75; **34** [1973] 1727/36). — [8] B. B. Sharma (Indian J. Pure Appl. Phys. **6** [1968] 61/3).

Thermo-magnetic Effects

10.2.5.8 Thermomagnetische Effekte

Für einen von 500 K abgeschreckten MnTe-Einkristall ist der Nernst-Koeffizient $Q_N = 65 \times 10^{-4}$ $cm^2 \cdot s^{-1} \cdot K^{-1}$, berechnet mit der Hall-Beweglichkeit bei 100 K ($\approx$150 $cm^2 \cdot V^{-1} \cdot s^{-1}$). Der Ettingshausen-Koeffizient P_E bei 100 K ist 1.1 $cm^3 \cdot K \cdot J^{-1}$. Für die Ettingshausen-Seebeck-Spannung berechnet sich daraus 2.2×10^{-5} μV, ein zur Hall-Spannung vernachlässigbarer Wert, C. J. G. F. Janssen (Diss. Utrecht 1965).

Photoconductivity

10.2.5.9 Photoleitfähigkeit

Unterhalb 20 K wird die Leitfähigkeit bei Belichtung vergrößert, bei 2 K am stärksten durch Photonen von 1.35 eV, A. I. Zvyagin, L. V. Povstyanyi, R. M. Aref'eva (Izv. Akad. Nauk SSSR Ser. Fiz. **35** [1971] 1190/2; Bull. Acad. Sci. USSR Phys. Ser. **35** [1971] 1087/9).

Optical Properties

10.2.6 Optische Eigenschaften

Der Absorptionskoeffizient α von $\perp$ c polarisiertem Licht ist bei tiefer Temperatur ungefähr proportional λ^2 (Absorption durch freie Ladungsträger). Mit steigender Temperatur ändert sich die Steigung der Absorptionskurven, und für große Wellenlängen ist α praktisch konstant, s. **Fig. 113**. Die experimentellen Werte zeigen gute Übereinstimmung mit den nach eigener Formel aus einem Beitrag von magnon-drag zur komplexen Dielektrizitätskonstante berechneten Werten [1].

Fig. 113

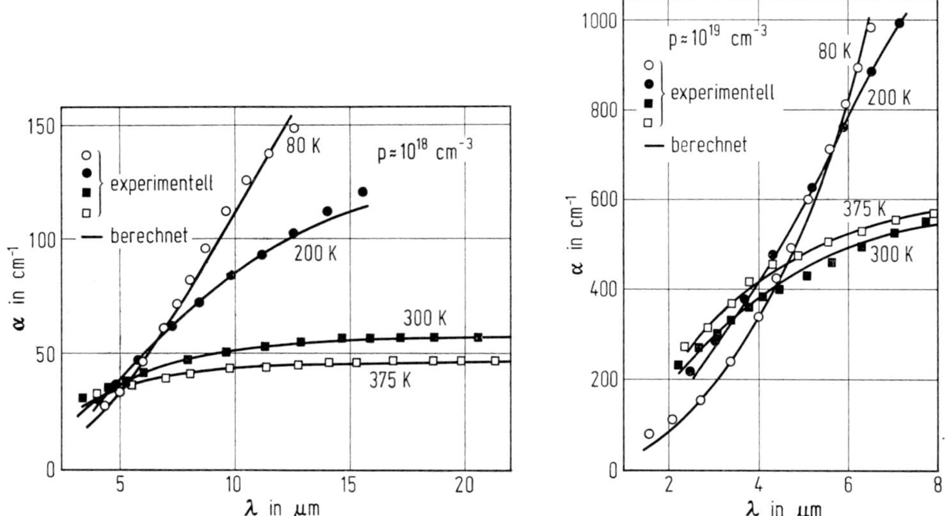

Abhängigkeit des Absorptionskoeffizienten α zweier MnTe-Proben von der Wellenlänge λ für $\perp$c polarisiertes Licht bei verschiedenen Temperaturen.

Das Reflexionsvermögen R von Proben mit $p = 5 \times 10^{17}$ cm^{-3} und $p = 4 \times 10^{19}$ cm^{-3}, ebenfalls mit $\perp$c polarisiertem Licht gemessen, hat die in **Fig. 114** dargestellte Wellenlängenabhängigkeit. Das Minimum der niederohmigen Probe ist typisch für Dispersion durch freie Ladungsträger; nahe der Bandkante steigt R stark an [1]; s. auch [3]. Bei 10 K steigt R von 15% bei hν = 1 eV über R = 35% bei hν = 1.5 eV auf R = 45% bei hν = 2 eV [2]. Eine Untersuchung des UV-Reflexionsspektrums bei 20°C im Bereich 1 bis 5 eV ergibt elektronische Übergänge bei 1.5, 2.4, 3.7 und 5 eV [6].

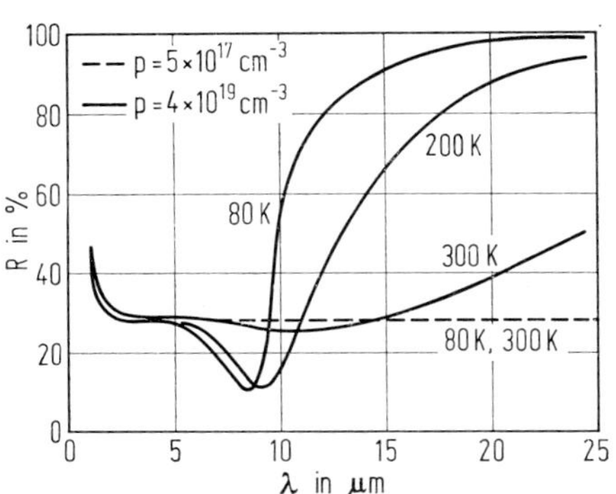

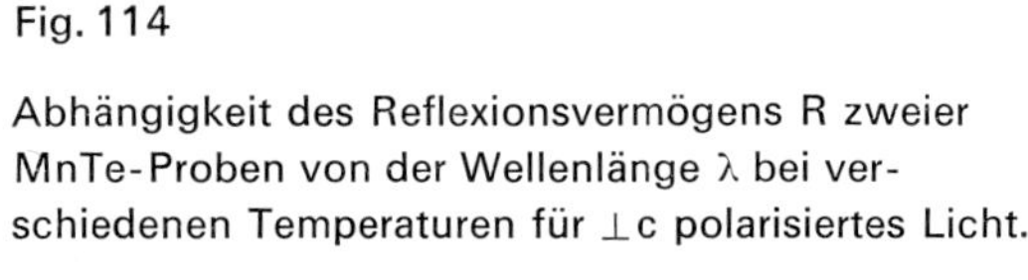

Fig. 114

Abhängigkeit des Reflexionsvermögens R zweier MnTe-Proben von der Wellenlänge λ bei verschiedenen Temperaturen für ⊥c polarisiertes Licht.

Der Brechungsindex für Licht, das sich entlang der c-Achse ausbreitet, ist nach Messungen zwischen 14 und 8 μm $n_0 = 3.24 \pm 0.10$ [3].

Im fernen IR wird bei Messung der Reflexion im Bereich 35 bis 100 μm ein sehr breites intensives Band beobachtet, das von der Anregung optischer Phononen herrührt. Die Wellenzahlen der longitudinalen und transversalen Phononen bei 30, 100 und 310 K sind ω_L = 196, 194 bzw. 184.5 cm^{-1}, ω_T = 152.3, 151.2 bzw. 141.8 cm^{-1} [4]. Im Absorptionsspektrum bleibt ω_T zwischen 380 und T_N = 307 K praktisch konstant (154 cm^{-1}) und steigt dann ab T_N zuerst rasch, dann etwas langsamer bis auf 161 cm^{-1} bei 80 K (Meßgrenze) an [5].

Literatur:

[1] G. Zanmarchi, C. Haas (J. Appl. Phys. **39** [1968] 596/7; Philips Res. Rept. **23** [1968] 389/407). — [2] A. I. Zvyagin, L. V. Povstyanyi, R. M. Aref'eva (Izv. Akad. Nauk SSSR Ser. Fiz. **35** [1971] 1190/2; Bull. Acad. Sci. USSR Phys. Ser. **35** [1971] 1087/9). — [3] G. Zanmarchi (J. Phys. Chem. Solids **28** [1967] 2123/30). — [4] L. V. Povstyanyi, V. I. Kut'ko, A. I. Zvyagin (Fiz. Tverd. Tela **14** [1972] 1561/3; Soviet Phys.-Solid State **14** [1972] 1346/7). — [5] S. Onari, T. Arai, K. Kudo (Solid State Commun. **14** [1974] 507/10).

[6] V. V. Sobolev (Issled. Slozhnykh Poluprovodnikov, Kishinev 1970, S. 190/6; C. A. **75** [1971] Nr. 114487).

10.2.7 Chemisches Verhalten

Chemical Reactions

MnTe läßt sich im Vakuum unzersetzt destillieren [1]. Beim Erhitzen in Gegenwart von O_2 beginnt die Oxidation bei etwa 130°C nach $2\,MnTe + 0.5\,O_2 \rightarrow MnO + MnTe_2$ [2], s. auch [3]. Mit Chlor reagiert MnTe unter Feuererscheinung [3]. — Das Löslichkeitsprodukt in H_2O wird aus thermodynamischen Daten zu 1.3×10^{-16} berechnet [4]. MnTe läßt sich in halbkonzentrierter Salpetersäure auflösen [5], s. auch [3]. Zum Anätzen der Oberfläche eignet sich eine wäßrige Lösung mit je 1% H_2SO_4, H_3PO_4 und $(COOH)_2$ [6].

Literatur:

[1] A. J. Panson, W. D. Johnston (J. Inorg. Nucl. Chem. **26** [1964] 705/10). — [2] N. Kunitomi, Y. Hamaguchi, S. Anzai (J. Phys. Soc. Japan **18** [1963] 744; J. Phys. [Paris] **25** [1964] 568/74, 569). — [3] E. Wedekind, T. Veit (Ber. Deut. Chem. Ges. **44** [1911] 2663/70, 2667). — [4] E. A. Buketov, M. Z. Ugorets, A. S. Pashinkin (Zh. Neorgan. Khim. **9** [1964] 526/9; Russ. J. Inorg. Chem. **9** [1964] 292/4). — [5] W. D. Johnston, D. E. Sestrich (J. Inorg. Nucl. Chem. **19** [1961] 229/36, 230).

[6] P. G. Riewald, L. H. van Vlack (J. Am. Ceram. Soc. **53** [1970] 219/23).

Manganese-(II) Ditelluride

10.3 Mangan(II)-ditellurid $MnTe_2$

Preparation. Formation

10.3.1 Darstellung und Bildung

Die Verbindung läßt sich aus stöchiometrischen Mengen der Elemente in gleicher Weise, wie bei MnTe (s. S. 313) beschrieben, herstellen. Ergänzend seien die zusätzlichen Arbeiten [1 bis 6] erwähnt, die sich speziell mit der Herstellung von $MnTe_2$ befassen, aber ebenfalls die genannten Verfahren benützen. — Von geringen Mengen O_2 wird MnTe oberhalb 130°C teilweise unter Bildung von $MnTe_2$ oxidiert: $2\,MnTe + 0.5\,O_2 \rightarrow MnTe_2 + MnO$ [7].

Aus Verdampfungsmessungen wird eine Bildungsenthalpie von $\Delta H^\circ_{298} = -26.4 \pm 2.0$ kcal/mol erhalten; sie ist also innerhalb der Fehlergrenze von gleicher Größe wie bei MnTe (s. S. 314) [6]. Elektrochemische Messungen ergeben $\Delta H^\circ_{673} = -19.3$ kcal/mol [8] sowie $\Delta G^\circ_T = -(28.870 + 3.97 \times 10^{-3}\,T)$ kcal/mol mit einem Fehler von ± 0.15 kcal/mol [8, 9]. Aus diesen Messungen wird außerdem $\Delta S^\circ_{673} = 2.64$ cal · mol^{-1} · K^{-1} berechnet, während aus der Standardentropie [5] (s. S. 333) $\Delta S^\circ_{298} = 2.2$ cal · mol^{-1} · K^{-1} folgt [8].

Literatur:

[1] N. Elliott (J. Am. Chem. Soc. **59** [1937] 1958/62). — [2] L. D. Dudkin, V. I. Vaidanich (Fiz. Tverd. Tela **2** [1960] 1526/32; Soviet Phys.-Solid State **2** [1960] 1384/90). — [3] W. D. Johnston, R. C. Miller, D. H. Damon (J. Less-Common Metals **8** [1965] 272/87). — [4] M. Pasternak, A. L. Spijkervet (Phys. Rev. [2] **181** [1969] 574/9). — [5] E. F. Westrum, F. Grønvold (J. Chem. Phys. **52** [1970] 3820/6).

[6] H. Wiedemeier, H. Sadeek (High Temp. Sci. **5** [1973] 16/24). — [7] N. Kunitomi, Y. Hamaguchi, S. Anzai (J. Phys. Soc. Japan **18** [1963] 744; J. Phys. [Paris] **25** [1964] 568/74, 569). — [8] G. M. Lukashenko, R. I. Polotskaya, N. Kh. Abrikosov (Khim. Svyaz Poluprov. Polumetallakh **1972** 333/8; C. A. **79** [1973] Nr. 70776). — [9] G. M. Lukashenko, R. I. Polotskaya, K. A. Dyul'dina, N. Kh. Abrikosov (Izv. Akad. Nauk SSSR Neorgan. Materialy **7** [1971] 860/1; Inorg. Materials [USSR] **7** [1971] 753/4).

Crystallographic Properties

10.3.2 Kristallographische Eigenschaften

$MnTe_2$ kristallisiert unter Normalbedingungen kubisch im Pyrit-Typ wie MnS_2 und $MnSe_2$ (s. S. 36 und 282) [1]. Aus der Druckabhängigkeit der Néel-Temperatur (s. S. 334) wird auf eine bisher nicht näher untersuchte Hochdruckmodifikation oberhalb 100 kbar geschlossen [2].

Die zuerst von Oftedal [1] bestimmte Gitterkonstante der Pyrit-Typ-Modifikation a = 6.957 Å (von kX in Å umgerechnet) wird später bestätigt:

a in Å	6.951 ± 0.002	6.952 ± 0.002	6.954 ± 0.001	6.958
Lit.	[3]	[4]	[5]	[6]

Innerhalb des Homogenitätsbereichs bei 400°C fällt a von 6.948 Å bei 80.7 Gew.-% (≙ 64.3 Atom-%) Te auf 6.942 Å bei stöchiometrischer Zusammensetzung [7]. Beim Abkühlen auf 4 K fällt a auf 6.931 Å [5]. Tabelle der d-Werte s. [1, 8]. — Der Parameter des Tellurs ergibt sich röntgenographisch zu x = 0.386 ± 0.002 [8] und aus Neutronenbeugungsuntersuchungen ebenfalls zu x = 0.386 ± 0.001 [9]. Daraus folgen die Abstände Mn-Te = 2.90 Å und Te-Te = 2.74 ± 0.03 [8, 9] bzw. 2.75 Å [10] sowie der Winkel Mn-Te-Mn zu 115.4° [9].

Chemische Bindung. Magnetische Messungen weisen wie bei MnTe (s. S. 316) auf 5 ungepaarte Elektronen bei $MnTe_2$, was für eine ionische Bindung zwischen Mn^{2+} und Te_2^{2-} spricht [11] in Übereinstimmung mit den beobachteten Radien [8] und Mössbauer-Untersuchungen an $Mn^{125}Te_2$ [12]. Im Anion sind die beiden Te-Atome kovalent entlang ihrer Achse gebunden und die äußere Konfiguration jedes einzelnen Te^- ist $5s^2 5p^5$. Das sechste p-Elektron befindet sich entlang der σ-Bindung [12, 13]. Auf Grund dieser ionischen Bindung müßte $MnTe_2$ ein n-Halbleiter sein, aber die Präparate sind vom p-Typ [11], s. auch [14]. Dies könnte erklärt werden, wenn wie beim $MnSe_2$ (s. S. 282) eine mehr kovalente sp^3d^2-Bindung angenommen wird [15, 16]. Solange nicht genau bekannt ist, in welchem Umfang sich an der Stelle des Te_2^{2-}-Anions auch Te^{2-}-Anionen oder Lücken befinden, ist ein Rückschluß auf die chemische Bindung aus physikalischen Eigenschaften unsicher [11]. — Aus Reflexions- und Absorptionsmessungen im IR-Bereich wird die effektive Ladung nach Szigeti [17] zu (0.62 ± 0.05) e berechnet [18].

Literatur:

[1] I. Oftedal (Z. Physik. Chem. **135** [1928] 291/9, 295). — [2] A. Sawaoka, S. Miyahara, S. Minomura (J. Phys. Soc. Japan **21** [1966] 1017/8). — [3] S. Furberg (Acta Chem. Scand. **7** [1953] 693/4). — [4] H. Wiedemeier, H. Sadeek (High Temp. Sci. **5** [1973] 16/24, 17). — [5] E. F. Westrum, F. Grønvold (J. Chem. Phys. **52** [1970] 3820/6).

[6] A. Sawaoka, S. Miyahara (J. Phys. Soc. Japan **20** [1965] 2087). — [7] N. Kh. Abrikosov, K. A. Dyul'dina, V. V. Zhdanova (Izv. Akad. Nauk SSSR Neorgan. Materialy **4** [1968] 1878/84; Inorg. Materials [USSR] **4** [1968] 1638/42). — [8] N. Elliott (J. Am. Chem. Soc. **59** [1937] 1958/62). — [9] J. M. Hastings, N. Elliott, L. M. Corliss (Phys. Rev. [2] **115** [1959] 13/7). — [10] S. Anzai, K. Watanabe, M. Iwama, A. Morita, S. Yanagisawa (Japan. J. Appl. Phys. **12** [1973] 1289/90).

[11] W. D. Johnston, R. C. Miller, D. H. Damon (J. Less-Common Metals **8** [1965] 272/87, 276). — [12] M. Pasternak, A. L. Spijkervet (Phys. Rev. [2] **181** [1969] 574/9). — [13] M. Pasternak (Phys. Rev. [2] **184** [1969] 523/7). — [14] F. Hulliger (Struct. Bonding [Berlin] **4** [1968] 83/229, 95, 190). — [15] L. D. Dudkin, V. I. Vaidanich (Fiz. Tverd. Tela **2** [1960] 1526/32; Soviet Phys.-Solid State **2** [1960] 1384/90).

[16] J. P. Suchet (Crystal Chemistry and Semiconduction in Transition Metal Binary Compounds, Academic Press, New York-London 1971, S. 203). — [17] B. Szigeti (Trans. Faraday Soc. **45** [1949] 155/66; Proc. Roy. Soc. London A **204** [1950] 51/62). — [18] S. Onari, T. Arai, K. Kudo (J. Phys. Soc. Japan **37** [1974] 1585/9).

10.3.3 Mechanische und thermische Eigenschaften

Mechanical and Thermal Properties

Die Dichte ergibt sich aus der Gitterkonstante a = 6.943 Å zu D = 6.15 g/cm³ [1].

$MnTe_2$ schmilzt peritektisch bei 735 ± 5°C [2, 3]; vgl. hierzu S. 311.

Die molare Wärmekapazität C_p steigt zunächst steil auf 17.52 cal · mol⁻¹ · K⁻¹ bei 83.0 K und nach sprungartiger Abnahme langsam weiter auf 18.68 cal · mol⁻¹ · K⁻¹ bei 350 K, s. **Fig. 115**, S. 334; ausgewählte Werte für C_p und die daraus abgeleitete Enthalpie $H°-H_0°$ (in cal/mol) und Entropie S° (in cal · mol⁻¹ · K⁻¹):

T in K	5	10	30	60	80	100	180	240	300
$H°-H_0°$	0.023	0.471	44.52	308.1	600.5	919.4	2264.6	3343.2	4450.8
C_p	0.019	0.228	4.829	12.391	16.97	15.54	17.66	18.25	18.62
S°	0.006	0.060	2.022	7.810	11.984	15.667	25.489	30.66	34.77

Interpolation ergibt $H_{298.15}°-H_0° = 4416$, $S_{298.15}° = 34.66$. Die Umwandlung bei 83.0 K ist mit einer Enthalpiezunahme um 41 cal/mol und einer Entropiezunahme um 0.55 cal · mol⁻¹ · K⁻¹ verbunden [4]. Eine Spitze in $C_p(T)$ nach adiabatischen Messungen bei 34°C (mit T_N gedeutet) finden hingegen Avdeev, Krashenin [8]. Der magnetische Anteil von C_p wird von Lin [5] ebenso wie für MnS_2 (s. S. 37) abgetrennt. — Zwischen 328 und 573 K nimmt C_p annähernd linear zu gemäß der Formel $C_p = 17.83 + 0.00123\,T$ [6].

Der Dampf über $MnTe_2$ besteht praktisch ausschließlich aus Te_2-Molekülen [6]; die mit der thermischen Zersetzung zusammenhängenden thermodynamischen Größen sind auf S. 336 angegeben.

Thermal Properties of $MnTe_2$

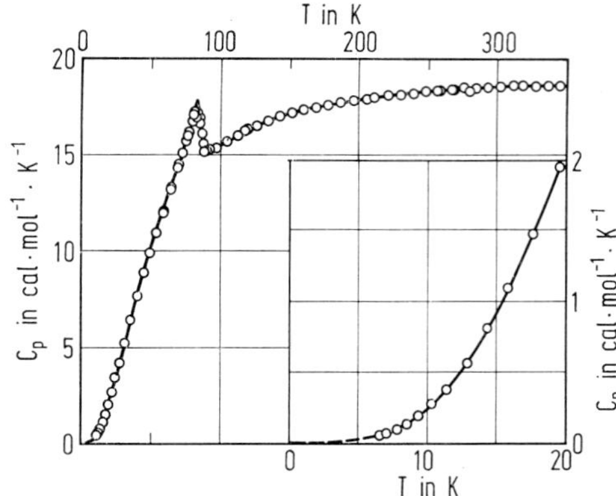

Fig. 115

Temperaturabhängigkeit der molaren Wärmekapazität C_p von $MnTe_2$.

Die Wärmeleitfähigkeit von Sinterkörpern (Verdichtungsgrad 90%) beträgt bei gewöhnlicher Temperatur $\lambda = 0.016\ W \cdot cm^{-1} \cdot K^{-1}$ [7].

Literatur:

[1] I. Oftedal (Z. Physik. Chem. **135** [1928] 291/9). — [2] N. Kh. Abrikosov, K. A. Dyul'dina, V. V. Zhdanova (Izv. Akad. Nauk SSSR Neorgan. Materialy **4** [1968] 1878/84; Inorg. Materials [USSR] **4** [1968] 1638/42). — [3] A. Sawaoka, S. Miyahara, S. Minomura (J. Phys. Soc. Japan **21** [1966] 1017/8). — [4] E. F. Westrum, F. Grønvold (J. Chem. Phys. **52** [1970] 3820/6). — [5] Mao-Shiu Lin (Diss. Univ. of Michigan 1964, S. 1/113; Diss. Abstr. **25** [1965] 7159).

[6] H. Wiedemeier, H. Sadeek (High Temp. Sci. **5** [1973] 16/24). — [7] W. D. Johnston, R. C. Miller, D. H. Damon (J. Less-Common Metals **8** [1965] 272/87). — [8] B. V. Avdeev, Yu. P. Krashenin (Fiz. Tverd. Tela **15** [1973] 3044/7; Soviet Phys.-Solid State **15** [1973] 2028/9).

Electrical and Magnetic Properties

10.3.4 Elektrische und magnetische Eigenschaften

Die Elektronenbänder sind in $MnTe_2$ ebenso angeordnet wie in MnS_2 (s. Fig. 11, S. 37); das E_5-Niveau der d-Elektronen liegt jedoch wahrscheinlich unter der oberen Kante des Valenzbandes [1]. Die Energielücke zwischen Valenz- und Leitungsband ist sehr klein. Die E_g-Werte 0.48 eV [2] und 0.2 eV [3], die aus $\rho(T)$ ermittelt sind (s. S. 335), sind nicht sehr genau.

Die Ordnung der Momente der Mn-Ionen ist bei 4.2 K, wie Neutronenbeugungsuntersuchungen ergeben, von der 1. Art, d. h. bei jedem Mn-Ion ist das Moment parallel zu denen bei den übernächsten Nachbarionen gerichtet [4]. Die Richtung der Momente in den verschiedenen Teilgittern scheint von der Temperatur abzuhängen. Am Ort jedes Te-Kerns bildet das innere Magnetfeld mit dem Gradienten des elektrischen Feldes einen konstanten Winkel, der dicht unterhalb der Néel-Temperatur 0° beträgt, mit abnehmender Temperatur jedoch auf etwa 30° wächst [5]. Hieraus folgt, daß die Momente der Mn-Ionen in der Nähe von T_N ebenso wie die Achsen der Te_2-Gruppen parallel [111] gerichtet sind, bei tieferen Temperaturen möglicherweise parallel zu den Flächendiagonalen [6]. — Die Austauschparameter ergeben sich nach der Molekularfeldtheorie zu $-J_1/k = 6.44$ K zwischen unmittelbar benachbarten Mn-Ionen und $-J_2/k = 1.20$ K zwischen zweitnächsten Nachbarionen [7].

Die Néel-Temperatur T_N ergibt sich aus Suszeptibilitätsmessungen zu 87.2 K [7], aus Widerstandsmessungen zu 87 K [8]. Die Untersuchung des Mössbauer-Effekts von ^{129}J (entstanden aus ^{129}Te) führt zu $T_N = 83.84 \pm 0.08$ K [9]. Bei Kompression steigt T_N bis p = 100 kbar um $dT_N/dp = 0.17 \times 10^{-3}$ K/bar, bei höheren Drücken infolge einer Phasenumwandlung etwas stärker an [10]. — Der hohe Wert $T_N = 34°C$ wird aus der spezifischen Wärme ermittelt. Bestätigung dieses Wertes auch durch Widerstandsmessungen [13].

Für die Suszeptibilität im paramagnetischen Bereich gilt das Curie-Weiss-Gesetz erst oberhalb 300 K, und zwar ist $\chi_{mol} = C_m/(T + 528)$ und $\mu_{eff} = 6.22\ \mu_B$ [4]. Bei neueren Messungen wird $\Theta_p = -472$ K und $\mu_{eff} = 5.84\ \mu_B$ gefunden, ferner die spezifische Suszeptibilität $\chi = 17.9 \times 10^{-6}\ cm^3/g$ bei 293 K [7]. Ältere Angaben für den Bereich von 100 bis 1000 K s. bei Uchida u. a. [11].

Die Temperaturabhängigkeit des spezifischen elektrischen Widerstandes ρ und der Thermokraft α von 4 verschieden behandelten Sinterkörpern ist in **Fig. 116** dargestellt. Diese Meßdaten sowie das positive Vorzeichen des Hall-Koeffizienten (bei 500 K ist $R_H \approx 1\ cm^3/C$) zeigen, daß $MnTe_2$ ein p-Halbleiter ist [12]. In Fig. 116 sind auch ältere Meßdaten anderer Autoren [2, 3] eingetragen. An einer kalt gepreßten Probe finden Sawaoka, Miyahara [8], daß zwischen 4.2 und 250 K für ρ die Formel $\rho = \rho_0 \cdot \exp(E/kT)$ gilt mit E = 11 meV für $T < T_N$ und E = 39 meV für $T > T_N$. — Das Maximum von ρ am Néel-Punkt wird bei Kompression zu höheren Temperaturen verschoben und verschwindet bei 160 kbar [10]. — Nach neueren Messungen des elektrischen Widerstandes ρ und der Thermokraft α zwischen −100 und 100°C an reinen und mit 1 Atom-% Ag dotiertem $MnTe_2$ hat bei 34°C (mit T_N gedeutet) $d\rho/dT = f(T)$ von reinem $MnTe_2$ einen Sprung und $\rho(T)$ von dotiertem $MnTe_2$ ein Maximum. Die Dotierung erniedrigt den Widerstand und die (positive) Thermokraft [13].

Fig. 116

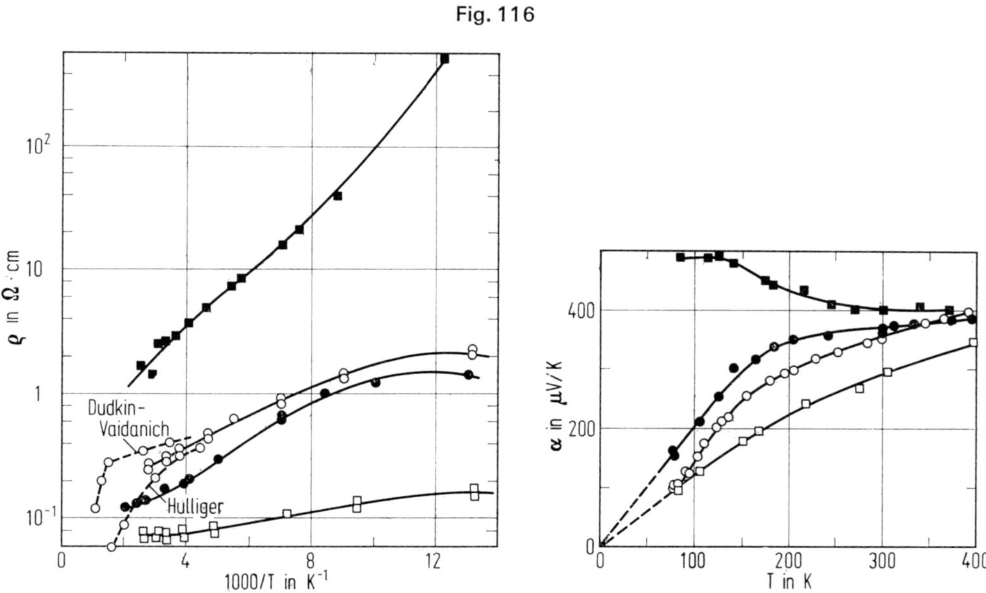

Spezifischer elektrischer Widerstand ρ (links) und Thermokraft α (rechts) von vier gesinterten $MnTe_2$-Proben in Abhängigkeit von der Temperatur (ρ im Vergleich mit Messungen anderer Autoren).

Literatur:

[1] J. B. Goodenough (J. Solid State Chem. **5** [1972] 144/52). — [2] L. D. Dudkin, V. I. Vaidanich (Fiz. Tverd. Tela **2** [1960] 1526/32; Soviet Phys.-Solid State **2** [1960] 1384/90). — [3] F. Hulliger (Helv. Phys. Acta **32** [1959] 615/54). — [4] J. M. Hastings, N. Elliott, L. M. Corliss (Phys. Rev. [2] **115** [1959] 13/7), L. M. Corliss, N. Elliott, J. M. Hastings (J. Appl. Phys. **29** [1958] 391/2). — [5] M. Pasternak, A. L. Spijkervet (Phys. Rev. [2] **181** [1969] 574/9).

[6] J. M. Hastings, L. M. Corliss, M. Blume, M. Pasternak (Phys. Rev. [3] B **1** [1970] 3209/10). — [7] M.-S. Lin, H. Hacker (Solid State Commun. **6** [1968] 687/9), Mao-Shiu Lin (Diss. Univ. of

Michigan 1964, 1/113; Diss. Abstr. **25** [1965] 7159). — [8] A. Sawaoka, S. Miyahara (J. Phys. Soc. Japan **20** [1965] 2087). — [9] M. Pasternak (Phys. Rev. [2] **184** [1969] 523/7). — [10] A. Sawaoka, S. Miyahara, S. Minomura (J. Phys. Soc. Japan **21** [1966] 1017/8).

[11] E. Uchida, H. Kondo, N. Fukuoka (J. Phys. Soc. Japan **11** [1956] 27/32). — [12] W. D. Johnston, R. C. Miller, D. H. Damon (J. Less-Common Metals **8** [1965] 272/87). — [13] B. V. Avdeev, Yu. P. Krashenin (Fiz. Tverd. Tela **15** [1973] 3044/7; Soviet Phys.-Solid State **15** [1973] 2028/9).

Optical Properties

10.3.5 Optische Eigenschaften

In der an gesintertem $MnTe_2$ von ν = 33 bis 330 cm^{-1} untersuchten IR-Reflexion und -Absorption zeigen sich vier optische Phononenbanden bei 140.5 (A), 150 (B), 159 (C) und 164 cm^{-1} (D); gruppentheoretisch werden fünf erwartet. **Fig. 117** zeigt das Reflexionsspektrum und die daraus (Kramers-Kronig-Analyse) berechneten Werte des Brechungsindex n und des Extinktionskoeffizienten k. Figuren mit der Absorption (auch bei 78 K) und dem Real- und Imaginärteil der Dielektrizitätskonstanten (ε_1, ε_2) s. im Original. Für $\nu \rightarrow \infty$ ergibt sich ε_∞ = 12.5, S. Onari, T. Arai, K. Kudo (J. Phys. Soc. Japan **37** [1974] 1585/9).

Fig. 117

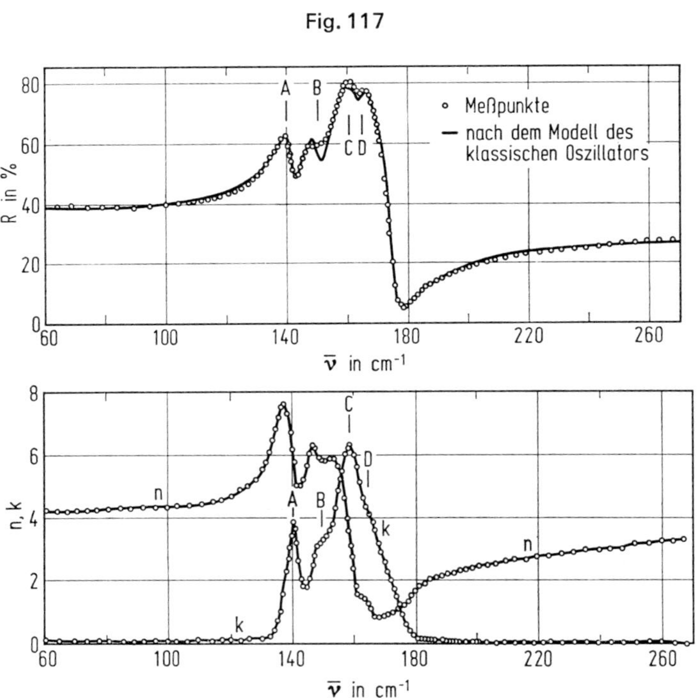

Spektrale Abhängigkeit des Reflexionsvermögens R, des Brechungsindex n und des Extinktionskoeffizienten k bei $MnTe_2$.

Chemical Reactions

10.3.6 Chemisches Verhalten

Beim Erwärmen zersetzt sich $MnTe_2$ in MnTe(fest) und Te_2(gas) [1]. Untersuchungen bei 551 bis 685 K und 10^{-4} bis 10^{-7} atm ergeben für die Reaktion $MnTe_2$(fest) → MnTe(fest) + 0.5 Te_2(gas) nach dem 3. Hauptsatz ΔH°_{298} = 20.0 ± 1.0 kcal/mol. Die Berechnung nach dem 2. Hauptsatz liefert übereinstimmend ΔH°_{298} = 20.1 ± 1.5 kcal/mol und ΔS°_{298} = 20.1 ± 1.7 cal · mol^{-1} · K^{-1} (aus

Werten der Literatur wird $\Delta S^{\circ}_{298} = 19.8 \pm 0.7$ cal · mol^{-1} · K^{-1} berechnet) [2]. — Zum Ätzen der Oberfläche eignet sich Salpetersäure von etwa 67% [3].

Literatur:

[1] N. Kunitomi, Y. Hamaguchi, S. Anzai (J. Phys. Soc. Japan **18** [1963] 744; J. Phys. [Paris] **25** [1964] 568/74, 569). — [2] H. Wiedemeier, H. Sadeek (High Temp. Sci. **5** [1973] 16/24). — [3] L. D. Dudkin, V. I. Vaidanich (Fiz. Tverd. Tela **2** [1960] 1526/32; Soviet Phys.-Solid State **2** [1960] 1384/90, 1386).

10.4 Verbindungen des Mangans mit Tellur und weiteren Metallen

Compounds of Manganese with Tellurium and Other Metals

Übersicht

Review in German

Außer der Verbindung $MnIn_2Te_4$ sind bisher nur Mischkristalle bekannt, die sich vom MnTe ableiten lassen. Sie liegen meist auf der Mn-armen Seite der Systeme, während in MnTe selbst nur wenig Mangan durch andere Metalle substituiert werden kann. Lediglich mit dem isotypen VTe existiert eine vollständige Mischkristallreihe. Bei vielen Mischkristallen sind besonders die magnetischen und elektrischen Eigenschaften untersucht worden. $MnTe_2$ bildet Mischkristalle mit $MgTe_2$ und CdTe.

Review in English

Review. Besides the compound $MnIn_2Te_4$ only solid solutions are known which can be derived from MnTe; these lie mostly on the Mn-poor side of the systems. In MnTe itself only small amounts of Mn can be substituted by other metals. Complete solid solubility exists only with the isostructural VTe. Electric and magnetic properties in particular have been investigated of many solid solutions. $MnTe_2$ forms solid solutions with $MgTe_2$ and CdTe.

10.4.1 $Li_xMn_{1-x}Te$- und $Na_xMn_{1-x}Te$-Mischkristalle (x = 0 bis 0.09 bzw. 0.01)

$Li_xMn_{1-x}Te$ and $Na_xMn_{1-x}Te$ Solid Solutions

Zur Herstellung werden entsprechende Mengen der Komponenten in Ar-Atmosphäre vermahlen, verpreßt und in einem Graphit-Tiegel in evakuierter Vycor-Ampulle bei 800°C in 16 h gemäß $^x/_2\ Li_2Te + (1-x)\ MnTe + {}^x/_2\ Te \rightarrow Li_xMn_{1-x}Te$ umgesetzt. Oxidativ gebildetes $MnTe_2$ (s. S. 332) wird im Vakuum bei 800°C thermisch zersetzt. Statt Li_2Te (s. „Lithium" Erg.-Bd., S. 486) kann auch Li_2O eingesetzt werden, da Sauerstoff nicht in die Mischkristalle eingebaut wird. Zur Herstellung von $Na_xMn_{1-x}Te$ wird lediglich Na_2Te (s. „Natrium" Erg.-Bd., S. 1203) an Stelle von Li_2Te eingesetzt. Die Grenzzusammensetzung liegt für Li bei x = 0.09 und für Na bei x = 0.01. Die Mischkristalle sind an der Luft unter Normalbedingungen stabil und kristallisieren wie α-MnTe (s. S. 315) im hexagonalen NiAs-Typ. Bis auf eine kleine Abweichung bei c im Gebiet kleiner x-Werte nehmen die Gitterkonstanten linear mit x ab: a = 4.139, c = 6.699 Å bei der Grenzzusammensetzung $Li_{0.09}Mn_{0.91}Te$. Als Ladungsausgleich für die einwertigen Alkali-Ionen liegt vermutlich eine entsprechende Menge des Mangans als Mn^{III} vor.

Die Thermokraft α hat in beiden Systemen bei gleicher Konzentration von Li bzw. Na den gleichen Wert; α fällt von MnTe aus linear ab bis zur Grenzzusammensetzung; dort ist α ≈ 60 μV/K bei Li und etwa 180 μV/K bei Na, A. J. Panson, W. D. Johnston (J. Inorg. Nucl. Chem. **26** [1964] 705/10).

10.4.2 Verbindungen des Mangans mit Tellur und Metallen der 1. Nebengruppe

Compounds of Manganese with Tellurium and Group Ib Metals

Wegen des Prinzips der letzten Stelle werden entsprechende Verbindungen und Phasen mit Kupfer, Silber oder Gold bei den einzelnen Elementen behandelt. In den bisher erschienenen Bänden ist lediglich die Verbindung $AgMnTe_2$ in „Silber" B 4, S. 380 beschrieben.

MnTe$_2$-MgTe$_2$ Solid Solutions

10.4.3 $MnTe_2$-$MgTe_2$-Mischkristalle

Die beiden isotypen Verbindungen $MnTe_2$ (s. S. 332) und $MgTe_2$ [1] bilden eine lückenlose Mischkristallreihe. Zur Herstellung werden entsprechende Mengen der Elemente in evakuierten Ampullen zunächst vorsichtig auf 400°C erhitzt, zur Homogenisierung 7 d bei 500°C getempert und danach abgeschreckt. Die Gitterkonstante folgt mit einer geringfügigen positiven Abweichung der Regel von Vegard (Gitterkonstante von $MgTe_2$: a = 7.025 Å [1]). Der Parameter des Tellurs steigt mit dem Mg-Gehalt linear an (bis auf x = 0.389 bei reinem $MgTe_2$ [1]). Der Abstand der Te-Atome beträgt unabhängig von der Zusammensetzung 2.75 Å. $Mn_{0.68}Mg_{0.32}Te_2$ ist halbleitend (wie $MgTe_2$ und $MnTe_2$). Aus der Temperaturabhängigkeit der Leitfähigkeit von Sinterproben ergibt sich als Aktivierungsenergie 0.48 eV, nahe dem Wert für $MnTe_2$, s. S. 334 [2].

Literatur:

[1] S. Yanagisawa, M. Tashiro, S. Anzai (J. Inorg. Nucl. Chem. **31** [1969] 943/6). — [2] S. Anzai, K. Watanabe, M. Iwama, A. Morita, S. Yanagisawa (Japan. J. Appl. Phys. **12** [1973] 1289/90).

Compounds of Manganese with Tellurium and Group IIb Metals

10.4.4 Verbindungen des Mangans mit Tellur und Metallen der 2. Nebengruppe

MnTe-ZnTe Solid Solutions

10.4.4.1 MnTe-ZnTe-Mischkristalle

Bei 600°C lassen sich durch Umsetzung von MnTe und ZnTe (s. „Zink" Erg.-Bd., S. 969) in evakuierten Quarzampullen Mischkristalle bis zu einem Gehalt von 86 Mol-% MnTe herstellen. Bei höheren Konzentrationen tritt reines α-MnTe als zweite Phase auf. Die Mischkristalle haben Zinkblende-Struktur. Ihre Gitterkonstante steigt linear mit dem Mn-Gehalt auf a = 6.262 Å (von kX in Å umgerechnet) bei der Grenzzusammensetzung.

Die spezifische elektrische Leitfähigkeit $\varkappa$ von Pulverpreßlingen ist für alle Mischkristalle in der Größenordnung der Leitfähigkeit von ZnTe ($5 \times 10^{-7}\ \Omega^{-1} \cdot cm^{-1}$) mit einem Maximum bei 5 und einem Minimum bei 40 Mol-% MnTe. Erst im Zweiphasengebiet erfolgt ein steiler Anstieg auf $\varkappa = 2\ \Omega^{-1} \cdot cm^{-1}$ für MnTe. — Alle untersuchten Mischkristalle gehorchen bis T = 90 K dem Curie-Weiss-Gesetz, R. Juza, A. Rabenau, G. Pascher (Z. Anorg. Allgem. Chem. **285** [1956] 61/9).

ZnMn$_2$Te$_4$

10.4.4.2 $ZnMn_2Te_4$

Zur Darstellung werden stöchiometrische Mengen der Elemente in evakuierten Quarzglasampullen zunächst langsam auf 550°C erhitzt und dann einige Tage bei dieser Temperatur getempert. Das Röntgendiagramm zeigt jedoch, daß die Präparate mit ZnTe und einer weiteren unbekannten Substanz verunreinigt sind. $ZnMn_2Te_4$ kristallisiert kubisch im Spinell-Typ mit der Gitterkonstanten a = 11.0 Å. Die Struktur bleibt bis 113 K erhalten.

Die von 4.2 bis 300 K gemessene magnetische Suszeptibilität χ zeigt das Verhalten eines typischen Antiferromagneten. Die Néel-Temperatur ist T_N = 120 K, die paramagnetische Curie-Temperatur $\Theta_p = -500$ K; χ ist nur wenig von der Temperatur abhängig, G. Matsumoto, K. Ohbayashi, K. Kohn, S. Iida (J. Phys. Soc. Japan **21** [1966] 2429).

The MnTe-MnTe$_2$-CdTe System

10.4.4.3 Das System MnTe-$MnTe_2$-CdTe

Zwischen 500 und 800°C bildet CdTe (s. „Cadmium" Erg.-Bd., S. 641) mit 72.5 [1] bis 75 Mol-% MnTe Mischkristalle [2] vom Zinkblende-Typ. Dagegen liegt der Gehalt an CdTe in MnTe bei 800°C unterhalb 2 Mol-%. Im Bereich der Mischungslücke tritt $MnTe_2$ als dritte Phase auf [1].

Bei 310 bis 500°C kann $MnTe_2$ maximal 13.5 Mol-% CdTe unter Mischkristallbildung aufnehmen, während CdTe innerhalb der Meßgrenzen kein $MnTe_2$ einbaut. Oberhalb 500°C geht das System $MnTe_2$-CdTe infolge der thermischen Zersetzung von $MnTe_2$ in MnTe und Te in das System MnTe-CdTe über [1].

Literatur:

[1] A. H. I. Sadeek (Diss. Rensselaer Polytech. Inst. 1971 nach Diss. Abstr. Intern. B **32** [1972] 5661). — [2] R. T. Delves, B. Lewis (J. Phys. Chem. Solids **24** [1963] 549/56, 555).

10.4.4.4 Phasen im System Mn-Hg-Te

Phases in the Mn-Hg-Te System

System. Durch Umsetzung von MnTe mit HgTe (s. „Quecksilber" B, S. 1113/65) bei 450°C werden einphasige Mischkristalle vom Zinkblende-Typ („α-Phase") wie reines HgTe bis zu 35 Mol-% MnTe erhalten. Bei höheren Konzentrationen tritt neben der α-Phase auch $MnTe_2$ auf, s. **Fig. 118**. Durch längeres Tempern bei Temperaturen oberhalb etwa 500°C nimmt die Menge an $MnTe_2$ zu und die α-Phase wird reicher an Hg. Vermutlich nimmt der Mn-Gehalt der α-Phase mit steigender Temperatur ab. Die α-Phase der Zusammensetzung $Mn_{0.1}Hg_{0.9}Te$ kann bei 450°C mehr als 2.5 Atom-% überschüssiges Te und 3 Atom-% überschüssiges Hg aufnehmen. Bei einem Überschuß von 1.8 Atom-% Hg zeigt die Liquiduskurve ein flaches Maximum bei 700°C. Durch Tempern in Quecksilberdampf bei 550°C nimmt mit steigendem Mn-Gehalt das Te-Defizit zu und erreicht maximal etwa 13 Atom-%, s. **Fig. 119**. $Mn_{0.5}Hg_{0.5}Te_{0.9}$ ist bis 770°C thermisch stabil [1].

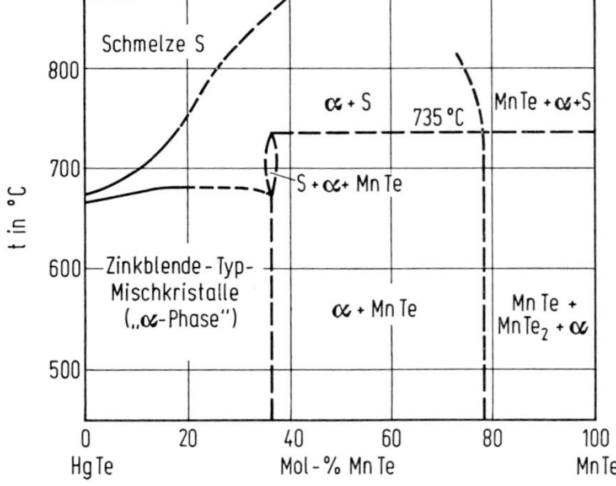

Fig. 118

Zustandsdiagramm des Systems MnTe-HgTe.

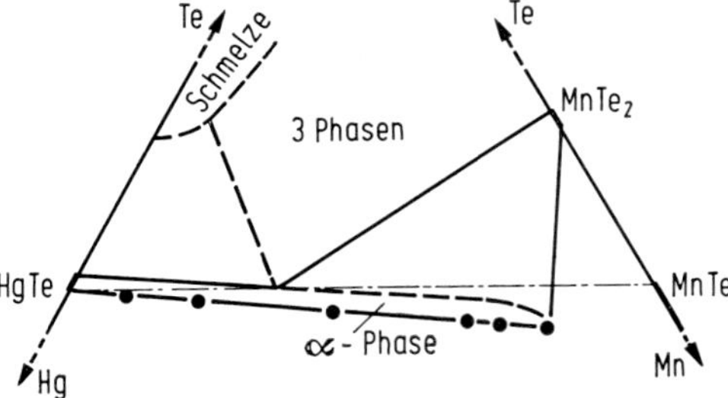

Fig. 119

Ausschnitt aus dem Zustandsdiagramm des Systems Mn-Hg-Te bei 550°C (die strichpunktierte Linie verknüpft die stöchiometrischen Verbindungen MnTe und HgTe).

Zur Darstellung werden entsprechende Mengen MnTe und HgTe in Ar-Atmosphäre vermahlen, verpreßt und 3 d in evakuierten Ampullen auf 450°C erhitzt. Anschließend wird kurz (etwa 1 d) bei 550 bis 700°C getempert, um Veränderungen der Zusammensetzung (s. oben) zu vermeiden [1]. — Einkristalle lassen sich aus der Schmelze züchten, und zwar in dem Bereich, wo 2 Schmelzen nebeneinander vorliegen (um Unterkühlung zu vermeiden): 10 bis 15 Mol-% MnTe und Überschuß an Te von 3 bis 10 Atom-% [2]. Im Bereich von 0 bis 30 Mol-% MnTe lassen sich Einkristalle auch

Phases in the Mn-Hg-Te System

nach der Bridgman-Stockbarger-Methode herstellen [3]. — Dünne Schichten lassen sich bei 8×10^{-5} bis 9×10^{-4} Torr auf Glimmer von t_s = 90 und 180°C unter Verwendung von Mischkristallen der ungefähren Zusammensetzung $Mn_{0.16}Hg_{0.84}Te$ und einer zusätzlichen Mn-Quelle aufdampfen. Die Schichten werden zunächst 2 h in einer Atmosphäre aus Ar und Hg-Dampf bei 280°C und dann 1 h in reinem Ar bei 140°C getempert. Schichten von 1.0 bis 1.5 μm Dicke sind einphasig, die Kristallitgröße liegt bei 0.4 bis 0.5 μm. Mn-ärmere Schichten ($Mn_{0.15}Hg_{0.85}Te$) bestehen aus größeren Kristalliten und zeigen weniger Defekte bei t_s = 180°C im Gegensatz zu Mn-reicheren ($Mn_{0.21}Hg_{0.79}Te$), nur schlecht kristallisierten, deren Qualität von t_s unabhängig ist [4].

Die Gitterkonstanten der Mischkristalle $Mn_{1-x}Hg_xTe$ fallen bis 35 Mol-% MnTe streng linear auf a = 6.421 Å. Vermutlich wird die Regel von Vegard auch bei höheren Gehalten an MnTe befolgt, obwohl die Werte stark streuen: a = 6.383 Å bei 65 Mol-% MnTe (Meßwert). Die Gitterkonstante von $Mn_{0.1}Hg_{0.9}Te$, a = 6.450 Å, wird durch einen Überschuß von 2.3 Atom-% Te auf a = 6.452_5 Å erhöht und durch einen Überschuß von 1.8 Atom-% Hg auf a = 6.443 Å erniedrigt. Die Gitterkonstanten der Te-ärmeren, in Hg-Dampf bei 550°C getemperten Mischkristalle fallen ebenfalls linear mit steigendem Mangan-Gehalt von a = 6.431 Å bei $Mn_{0.25}Hg_{0.75}Te_{0.973}$ auf a = 6.362 Å bei $Mn_{0.79}Hg_{0.21}Te_{0.88}$ [1]. Bei den dünnen Schichten wird bei x = 0.79 und 0.85 der Wert a = 6.4534 ± 0.0006 Å gefunden [4].

Die gemessene Dichte fällt von 8.12 g/cm³ für HgTe auf 7.85 g/cm³ für $Mn_{0.3}Hg_{0.7}Te$ [3].

Die magnetische Suszeptibilität χ (gemessen von 4.2 bis 300 K) zeigt, daß zwischen den Mn-Ionen antiferromagnetische Austauschwechselwirkung vorliegt, deren Einfluß mit steigendem x (bezogen auf $Hg_{1-x}Mn_xTe$) wächst und sich bei x ≈ 0.3 über makroskopische Kristallgebiete ausdehnt. Die aus den magnetischen Messungen bestimmte Mn-Ionenkonzentration stimmt befriedigend mit der aus der Mikrosonde erhaltenen überein [7]. Bei hohen Temperaturen folgt χ dem Curie-Weiss-Gesetz (Messungen für x = 0.05 bis x = 0.235; T bis 170 K), wobei die paramagnetische Curie-Temperatur und die effektive Anzahl der magnetischen Träger mit x steigen (bei genügend hohem x linear). Die Ergebnisse werden mit einem Cluster-Modell für kleine x und einem Molekularfeld-Modell bei großem x erklärt [8].

Elektrische Eigenschaften. Nach Messungen des Magnetowiderstandes und der magnetischen Feldstärkenabhängigkeit des Hall-Effekts bei 77 und 300 K an gesinterten $Hg_{1-x}Mn_xTe$-Mischkristallen (Verdichtungsgrad: 85%) mit 0 < x < 0.15 ist die Beweglichkeit der Löcher μ_p = 100 cm² · V⁻¹ · s⁻¹ und die effektive Masse $m_p = 0.3\ m_0$ für x < 0.2. Das Leitungsband, wahrscheinlich mit einem Minimum bei Γ, überlappt das Valenzband bei x < 0.13. Die Beweglichkeit der Elektronen ist bei 77 K μ_e = (2 bis 4) × 10⁴ cm² · V⁻¹ · s⁻¹, die effektive Masse $m_e = 0.005\ m_0$ bis 0.012 m_0. Die Mischkristalle mit x < 0.13 sind halbmetallisch, für x > 0.13 entwickelt sich eine Energielücke, für x > 0.15 ersetzt ein Leitungsband niedrigerer Beweglichkeit das Γ-Minimum. Für x > 0.25 existiert ausschließlich p-Leitung. Stöchiometrische Mischkristalle enthalten mindestens 10^{17} Akzeptoren/cm³. Te-Überschuß und Cu wirken als Akzeptoren, Hg-Überschuß wirkt als Donator für x < 0.05. Sauerstoffzusatz erhöht die Löcherzahl, die Energielücke scheint kleiner zu werden [5]. Weitere Messungen der galvanomagnetischen Effekte (Hall-Effekt, longitudinaler und transversaler Magnetowiderstand) an monokristallinem $Hg_{1-x}Mn_xTe$ mit x < 0.15 bei 4.2 und 77 K in Magnetfeldern bis 30 kG, s. [6].

Die Energielücke E_g = 0.13 eV für x = 0.2 steigt nach optischen Messungen auf E_g = 0.19 eV für x = 0.3. Auch aus den inneren Photoeffekten im nahen und mittleren IR-Bereich (1.5 und 10.6 μm) (sowohl thermischen Ursprungs als auch Quantenursprungs) bei 300, 77 und 14 K ergibt sich (aus dem Wechsel der Ursache) ein Übergang Halbmetall-Halbleiter bei etwa x = 0.13. Aus der Temperaturabhängigkeit der galvanomagnetischen Eigenschaften folgt, daß der Stromtransport durch Elektronen und Löcher erfolgt bei großem Unterschied der Beweglichkeiten. Folgende Tabelle zeigt den Hall-Koeffizienten R_H (in cm³/C) und die elektrische Leitfähigkeit $\varkappa$ (in $\Omega^{-1} \cdot cm^{-1}$) einiger typischer Einkristallproben bei 10, 77 und 300 K [3]:

	10 K		77 K		300 K	
x	R_H	$\varkappa$	R_H	$\varkappa$	R_H	$\varkappa$
0.05	540	110	−210	240	−210	190
0.20	350	230	− 30	19	− 72	48
0.30	490	82	−134	12	−390	7.2

Unter dem Einfluß von hydrostatischem Druck (bis p = 10 katm) steigt der Hall-Koeffizient $|R_H|$ (gemessen für Proben mit $x < 0.10$ bei 77 bis 300 K) und die Elektronenkonzentration n fällt. Die Ergebnisse sind deutbar mit den positiven Temperatur- und Druckabhängigkeiten $dE_g/dT = 5 \times 10^{-4}$ eV/K bzw. $dE_g/dp = 9 \times 10^{-6}$ eV/atm der Energielücke $E_g = E(\Gamma_6) - E(\Gamma_8)$. Diese steigt bei 300 K mit x linear von $E_g \approx -0.14$ eV bei x = 0 auf $E_g \approx 0.09$ eV bei x = 0.09 [10].

In den Mischkristallen mit x = 0.003 bis 0.09 wird (wegen der kleinen Energielücke und den vielen freien Ladungsträgern mit kleiner effektiver Masse und hoher Beweglichkeit) eine durch Helikonen angeregte paramagnetische Elektronenresonanz von Mn^{2+} beobachtet; sie liegt bei 12.46 kG ($\triangleq$ g = 2.0) [9].

Bei Untersuchung von dünnen aufgedampften Schichten (polykristallin, Korngröße 0.4 bis 0.5 μm) der Zusammensetzungen $Hg_{1-x}Mn_xTe$ mit x = 0.15 und 0.21 im Temperaturgebiet von 80 bis 300 K werden die besseren elektrischen Parameter bei x = 0.15 gefunden: R_H = 50 bis 60 cm^3/C, $\varkappa$ = 120 bis 300 $\Omega^{-1} \cdot cm^{-1}$, μ_H = 6600 bis 9000 $cm^2 \cdot V^{-1} \cdot s^{-1}$ bei 300 K [4].

Optische Eigenschaften. Die an einem Einkristall mit x = 0.3 bei 300 K ermittelte Frequenzabhängigkeit des optischen Absorptionskoeffizienten α (λ = 3 bis 8 μm) zeigt bei λ ≈ 5.7 μm ein Minimum (α ≈ 300 cm^{-1}), das E_g = 0.19 eV entspricht (s. oben) [3].

Literatur:

[1] R. T. Delves, B. Lewis (J. Phys. Chem. Solids **24** [1963] 549/56). — [2] R. T. Delves (Brit. J. Appl. Phys. **16** [1965] 343/51, 349). — [3] F. F. Kharakhorin, R. V. Lutziv, M. V. Pashkovskii, V. M. Petrov (Phys. Status Solidi A **5** [1971] 69/73). — [4] A. Milczarek, S. A. Ignatowicz (Electron Technol. **5** [1972] 47/56). — [5] R. T. Delves (J. Phys. Chem. Solids **24** [1963] 885/97).

[6] R. T. Delves (Proc. Phys. Soc. [London] **87** [1966] 809/24). — [7] D. G. Andrianov, F. A. Gimel'farb, P. I. Kushnir, I. E. Lopatinskii, M. V. Pashkovskii, A. S. Savel'ev, V. I. Fistul (Fiz. i Tekhn. Poluprov. **10** [1976] 111/15; Soviet Phys.-Semicond. **10** [1976] 66/8). — [8] H. Savage, J. J. Rhyne, R. Holm, J. R. Cullen, C. E. Carroll, E. P. Wohlfarth (Phys. Status Solidi B **58** [1973] 685/9). — [9] R. T. Holm, J. K. Furdyna (Solid State Commun. **15** [1974] 1459/62). — [10] J. Stankiewicz, W. Giriat, M. V. Bien (Phys. Status Solidi B **68** [1975] 485/90).

10.4.5 Verbindungen des Mangans mit Tellur und Indium

Compounds of Manganese with Tellurium and Indium

10.4.5.1 $In_2Mn_xTe_3$

$In_2Mn_xTe_3$

In In_2Te_3, das im Zinkblende-Typ mit Lücken im Kationenuntergitter kristallisiert, kann ein Teil der Lücken von Mangan besetzt werden. Dazu wird In_2Te_3 mit Mn im Graphit-Tiegel, der sich in einer evakuierten Quarzglasampulle befindet, erhitzt. Auf Grund der physikalischen Eigenschaften (s. unten) werden bei 450°C 8 Atom-% Mn, bei 550°C 10 Atom-% Mn und bei 600°C 7.5 Atom-% Mn in In_2Te_3 eingebaut [1] in guter Übereinstimmung mit theoretischen Berechnungen [2]. Röntgenographische Untersuchungen an $In_2Mn_{0.06}Te_3$ zeigen, daß zwischen 550 und 600°C der Übergang von der geordneten Tieftemperaturmodifikation in die ungeordnete Hochtemperaturmodifikation [1] ähnlich wie bei reinem In_2Te_3 [3] stattfindet.

Die Mikrohärte hat ein Maximum (etwa 180 kg/mm^2) bei etwa 10 Atom-% Mn. Der elektrische Widerstand steigt mit zunehmendem Mn-Gehalt rasch auf ln ρ (in $\Omega \cdot cm$) ≈ 6 bis 7 und fällt ab

$In_2Mn_xTe_3$ 8 bis 10 Atom-% Mn wieder ab. Dasselbe Verhalten zeigt die Thermokraft (Maximalwert $\alpha \approx 1200$ µV/grd) [1].

Literatur:

[1] E. E. Ovechkina (Monokrist. Tekhn. **1973** Nr. 1, S. 57/61; Ref. Zh. Met. **1973** Nr. 12 G 623). — [2] V. M. Koshkin, Yu. A. Freiman, L. V. Atroshchenko (Fiz. Tverd. Tela **9** [1968] 3120/5; Soviet Phys.-Solid State **9** [1968] 2460/4). — [3] A. I. Zaslavskii, V. M. Sergeeva (Fiz. Tverd. Tela **2** [1960] 2872/80; Soviet Phys.-Solid State **2** [1960] 2556/61).

$MnIn_2Te_4$

10.4.5.2 $MnIn_2Te_4$

Zur Darstellung werden stöchiometrische Mengen der Elemente in evakuierten Quarzglasampullen zunächst langsam auf 800°C erhitzt und anschließend 7d bei dieser Temperatur gehalten. Dabei fällt die hellgraue, unter Normalbedingungen stabile Verbindung polykristallin an. Durch längeres Tempern lassen sich auch Einkristalle gewinnen.

Sie kristallisieren tetragonal mit den Gitterkonstanten a = 6.191(2), c = 12.382(3) Å; Z = 2, Raumgruppe I42m-D_{2d}^{11} (Nr. 121). Tabelle der d-Werte s. Original. Die Strukturbestimmung ergibt, daß sich 0.67 Mn und 1.33 In auf die Punktlage 2a (0, 0, 0 usw.) sowie 1.33 Mn und 2.67 In auf die Punktlage 4d (0, $^1/_2$, $^1/_4$ usw.) statistisch verteilen. Die Te-Atome besetzen die Punktlage 8i (x, x, z usw.) mit x = 0.2745(1) und z = 0.1136(1); R = 9.2%. Sie bilden eine leicht verzerrte kubisch dichteste Kugelpackung, deren Tetraederlücken zu $^3/_8$ von den Metallatomen besetzt sind. Die Te-Tetraeder um die Punktlage 2a sind leicht in Richtung der c-Achse gestaucht, Abstand (Mn, In)-Te = 2.785 Å, Winkel Te-(Mn, In)-Te = 104.8° (4mal) und 119.3° (2mal), die um die Punktlage 4d sind in gleicher Richtung gedehnt, Abstand (Mn,In)-Te = 2.773 Å, Winkel Te-(Mn,In)-Te = 111.8° (4mal) und 104.9° (2mal). Die Abstände stimmen gut mit der Summe der Kovalenzradien überein: Mn-Te = 2.72 Å, In-Te = 2.76 Å. Die Te-Atome sind von 3 Metallatomen umgeben. Die Struktur läßt sich als spezielle Form des defekten Zinkblende-Typs mit geordneten Lücken auffassen, s. **Fig. 120**. Eine geordnete Verteilung der Metallatome läßt sich auch durch längeres Tempern selbst bei 200°C nicht erreichen.

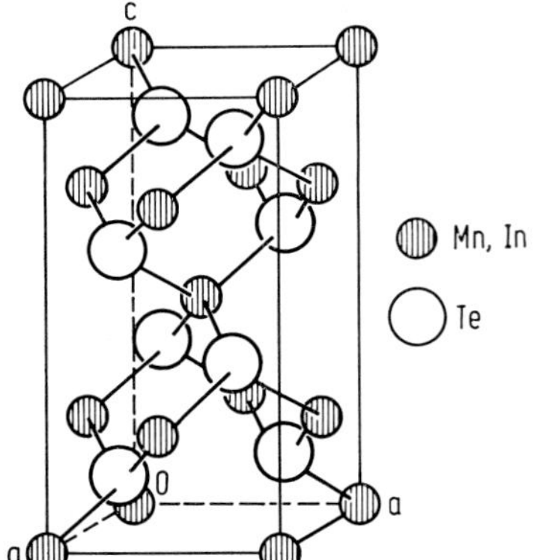

Fig. 120

Kristallstruktur von $MnIn_2Te_4$.

Pyknometrische Dichte 5.47, Röntgendichte 5.56 g/cm³, K.-H. Range, H.-J. Hübner (Z. Naturforsch. **30b** [1975] 145/8).

10.4.6 Verbindungen des Mangans mit Tellur und Metallen der 4. Hauptgruppe

Compounds of Manganese with Tellurium and Group IVa Metals

10.4.6.1 Mischkristalle im System MnTe-GeTe

Solid Solutions in the MnTe-GeTe System

Untersuchungen des Systems MnTe-GeTe ergeben das in **Fig. 121** dargestellte Zustandsdiagramm [1]. Die Soliduskurve stimmt mit der theoretisch berechneten gut überein [2]. Über die Eigenschaften von GeTe s. „Germanium" Erg.-Bd., S. 544/5.

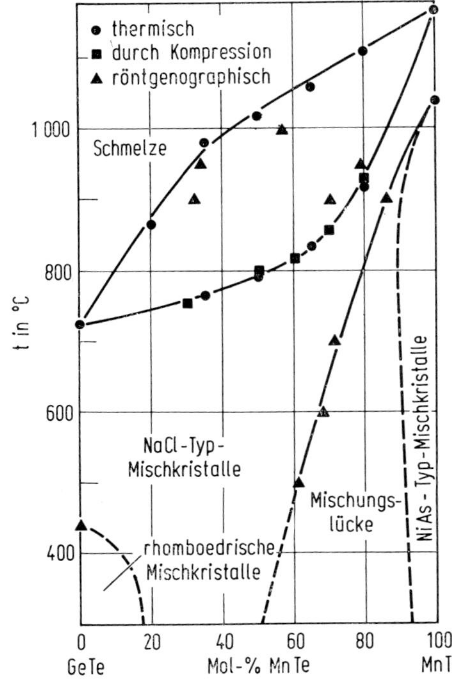

Fig. 121

Zustandsdiagramm des Systems MnTe-GeTe.

Zur Darstellung der Mischkristalle werden die Elemente in evakuierten Quarzglasampullen bis 950°C erhitzt. Dabei werden die Ampullen geschüttelt, um die Schmelze zu homogenisieren [3, 4]. Danach wird nach der Methode von Bridgman abgekühlt, wobei jedoch keine Einkristalle entstehen [3, 5]. Man kann auch auf gleiche Weise flüssiges GeTe mit Mn zur Reaktion bringen [5]. Bei MnTe und GeTe als Ausgangsmaterialien werden beide Telluride vermahlen, verpreßt und in einem Graphit-Tiegel, der sich in einem mit Ar gefüllten Vycor-Rohr befindet, 24 bis 48 h auf 700 bis 800°C erhitzt [1]. Homogene, einphasige Präparate entstehen aus GeTe- und MnTe-Pulver, die man zusammen dem Zonenschmelzen im Vakuum unterwirft [3].

Die Gitterkonstanten der GeTe-reichen rhomboedrischen Mischkristalle fallen von a = 5.979 Å bei reinem GeTe linear auf a = 5.944 Å bei $Mn_{0.166}Ge_{0.834}Te$, während α in diesem Phasenbereich nichtlinear von 88.22° auf 89.40° steigt. Bei 300°C sind die Mischkristalle oberhalb etwa 18 Mol-% MnTe unverzerrt kubisch [1], s. auch [4, 5]. Die Gitterkonstanten der Mischkristalle vom NaCl-Typ fallen linear von a = 5.930 Å bei $Mn_{0.2}Ge_{0.8}Te$ auf a = 5.881 Å bei $Mn_{0.7}Ge_{0.3}Te$. Der hexagonale Mischkristall $Mn_{0.95}Ge_{0.05}Te$ vom NiAs-Typ hat bei Raumtemperatur die Gitterkonstanten a = 4.153, c = 6.735 Å. Hochtemperaturaufnahmen ergeben bei 875°C a = 4.222, c = 6.900°C für $Mn_{0.9}Ge_{0.1}Te$. Diese Phase ist bei 935°C wieder kubisch (ähnlich wie bei reinem MnTe, s. S. 315) mit a = 6.003 Å [1].

Die Wärmeleitfähigkeit λ (in $mW \cdot cm^{-1} \cdot grd^{-1}$) der Mischkristalle mit x = 0.01 (Löcherkonzentration $p = 11.70 \times 10^{20}\ cm^{-3}$) und x = 0.05 ($p = 19.80 \times 10^{20}\ cm^{-3}$) im untersuchten

Physical Properties of MnTe-GeTe Solid Solutions

Temperaturbereich von etwa 2 bis 110 K ist kleiner als die von GeTe; beispielsweise ist bei 10 K $\lambda \approx 25$ bei x = 0, $\lambda \approx 10$ bei x = 0.01 und $\lambda \approx 6$ bei x = 0.05 und bei 100 K $\lambda \approx 100$ bei x = 0, $\lambda \approx 60$ bei x = 0.01, $\lambda \approx 35$ bei x = 0.05 (aus Figur des Originals). Die bei Abzug der Elektronenleitfähigkeit λ_e erhaltene Gitterleitfähigkeit wird ebenfalls mit wachsendem x geringer und weist zwischen 70 und 100 K ein breites Maximum mit $\lambda = 53$ (x = 0), 40 (x = 0.01) bzw. 20 (x = 0.05) auf [3].

Magnetische und elektrische Eigenschaften. Die $Ge_{1-x}Mn_xTe$-Mischkristalle sind entartete (etwa 10^{21} Ladungsträger je cm^3) magnetische Halbleiter. Im Gegensatz zu MnTe, das unter $T_N \approx 310$ K antiferromagnetisch wird, werden die bisher auf magnetische Eigenschaften untersuchten Proben mit $x \leqq 0.5$ ferromagnetisch. Die ferromagnetische Curie-Temperatur T_C steigt wie die paramagnetische Curie-Temperatur Θ_p bei kleinem x linear mit x; einige Werte (in K): $T_C = 2.3$, $\Theta_p = 3.3$ bei x = 0.01, $T_C = 25$, $\Theta_p = 44$ bei x = 0.1 und $T_C = 167$, $\Theta_p = 156$ bei x = 0.5 [7]. — Schon die ersten Untersuchungen magnetischer Suszeptibilität für Mischkristalle bis x = 0.20 zeigen zwischen 120 und 300 K Curie-Weiss-Verhalten, wobei Θ_p mit x steigt, und bei tiefen Temperaturen (4 K) Ferromagnetismus (spontane Magnetisierung). Im paramagnetischen Bereich sind die effektiven magnetischen Momente für x = 0.01, 0.03, 0.04, 0.10, 0.20: μ_{eff} = 5.7, 4.9, 4.9, 5.2, 5.0 μ_B, [4, 9]. Bei der Untersuchung einer ferromagnetischen $Ge_{0.91}Mn_{0.09}Te$-Probe ($p = 9 \times 10^{20}\ cm^{-3}$ und $\rho = 1 \times 10^{-4}\ \Omega \cdot cm$) bei 4.2 K wird aus der Magnetisierung das Moment $\mu = 5.8 \pm 0.6\ \mu_B$ je Mn-Ion abgeleitet. Die Koerzitivkraft ist ≈ 600 G bei 4.2 K und verschwindet bei ≈ 45 K. Der Magnetowiderstand hat eine negative Komponente, deren Wert sich bei 4.2 K und H > 25 kG nicht mehr ändert, während der Wert der positiven Komponente linear mit H^2 wächst (H = Feldstärke) [6]. Den negativen Magnetowiderstand untersuchen auch Cochrane u. a. [8] für x = 0.01. Die magnetischen Eigenschaften der $Ge_{1-x}Mn_xTe$-Mischkristalle sind für x < 0.15 gut mit der Ruderman-Kittel-Kasuya-Yosida (RKKY)-Theorie zu erklären. Als Austauschkonstante für die Austauschwechselwirkung zwischen den freien Ladungsträgern (Leitungselektronen) und den Mn-Ionen ergibt sich $J_{sd} = 0.9 \pm 0.09$ eV [7] in guter Übereinstimmung mit $J_{sd} = 0.8 \pm 0.08$ eV aus den Transporteigenschaften [8]. Bei x > 0.20 lassen sich die Ergebnisse durch dieses Modell nicht mehr erklären. — Das ESR-Spektrum einer Probe mit x = 0.09 zeigt bei 78 K eine Absorptionslinie bei g = 2.0, bei 4.2 K eine andere Linie bei g = 2.2 [6].

Der spezifische Widerstand ρ der $Ge_{1-x}Mn_xTe$-Mischkristalle steigt bei 300 K mit x in folgenden drei deutlich abgrenzbaren Bereichen, die nur angenähert mit den Kristallstrukturbereichen übereinstimmen: schwacher Anstieg bis x = 0.2, starker Anstieg bis x = 0.8, sehr starker Anstieg bei x > 0.8. Aus der Temperaturabhängigkeit von ρ für $x \leqq 0.1$ zwischen 4.2 und 400 K ergibt sich ein Betrag von s-d-Streuung der Ladungsträger ($\rho_{sd} \sim x^2$) zur normalen Streuung nach der Nordheim-Regel ($\rho_{ss} \sim x(1-x)$) [5]. Für x = 0.01 und x = 0.05 ($p = 11.70$ bzw. $19.80 \times 10^{20}\ cm^{-3}$) steigt ρ zwischen 4 und 100 K von 96 bis 130 bzw. 177 bis 200 $\mu\Omega \cdot cm$ [3].

Die Löcherbeweglichkeit bei 300 K ist $\mu_p = 30$ bzw. 14 $cm^2 \cdot V^{-1} \cdot s^{-1}$. Die (positive) Thermokraft α steigt mit der Temperatur (2.5 bis 350 K), wobei bei tiefen Temperaturen (etwa < 30 K) $\alpha(x = 0) \approx \alpha(x = 0.01) > \alpha(x = 0.05)$ und darüber $\alpha(x = 0.01) > \alpha(x = 0.05) > \alpha(x = 0)$ ist. Zur Erklärung wird der Einfluß des nicht vollständig besetzten Mn-d-Bandes auf den Diffusionsterm von α erörtert; der Gitteranteil von α zeigt die gleiche Temperaturabhängigkeit wie der Phonon-drag-Term in Metallen [3].

Literatur:

[1] W. D. Johnston, D. E. Sestrich (J. Inorg. Nucl. Chem. **19** [1961] 229/36). — [2] J. Steininger (J. Appl. Phys. **41** [1970] 2713/24, 2723). — [3] J. E. Lewis, H. Rodot, P. Haen (Phys. Status Solidi **29** [1968] 743/54). — [4] M. Chomentowski, H. Rodot, G. Villers, M. Rodot (Compt. Rend. **261** [1965] 2198/201). — [5] J. E. Lewis, M. Rodot (J. Phys. [Paris] **29** [1968] 352/6).

[6] F. T. Hedgcock, J. S. Lass, T. W. Raudorf (J. Phys. [Paris] **32** [1971] Suppl., S. C1-506/C1-507). — [7] R. W. Cochrane, M. Plischke, J. O. Ström-Olsen (Phys. Rev. [3] B **9** [1974] 3013/

21). — [8] R. W. Cochrane, F. T. Hedgcock, J. O. Ström-Olsen (Phys. Rev. [3] B **8** [1973] 4262/66). — [9] M. Rodot, J. Lewis, H. Rodot, G. Villers, J. Cohen, P. Mollard (J. Phys. Soc. Japan **21** Suppl. [1966] 627/30).

10.4.6.2 Mischkristalle im System MnTe-SnTe

Solid Solutions in the MnTe-SnTe System

Die thermische, mikroskopische und röntgenographische Untersuchung des Systems MnTe-SnTe ergibt das in **Fig. 122** dargestellte Zustandsdiagramm. Während auf der SnTe-Seite ein breiter, temperaturabhängiger Mischkristallbereich „α" (NaCl-Typ) auftritt, wird in MnTe bei 600°C weniger als 5 Mol-% SnTe eingebaut. Eine Reihe thermischer Effekte, die möglicherweise auf polymorphen Umwandlungen beruhen, sind provisorisch im Diagramm mit eingezeichnet (s. dazu auch die Umwandlungen bei MnTe, S. 315) [1]. Wegen des Te-Überschusses bei „SnTe" (s. „Zinn" C 2, S. 134) sind die Sn-reichen Mischkristalle genauer als $(Sn_{1-x}Mn_x)_{0.97}Te$ zu formulieren [2]. Die Abhängigkeit des Te-Gehalts von der Mn-Konzentration ist jedoch nicht untersucht.

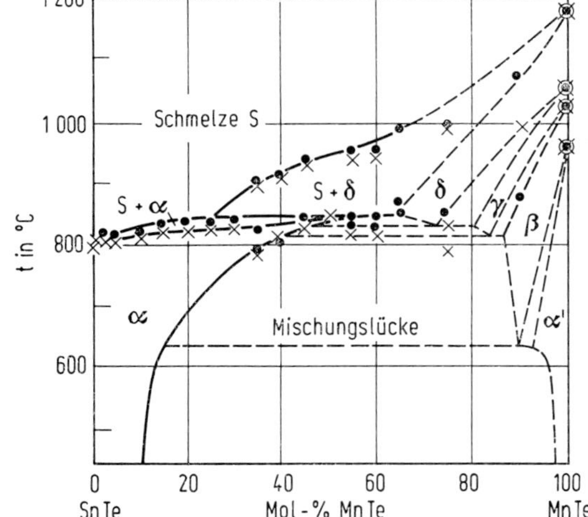

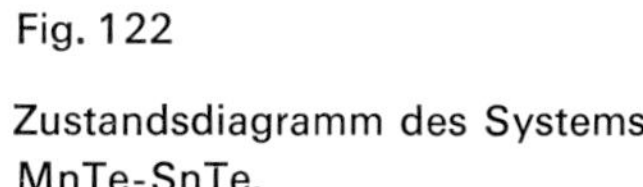

Fig. 122

Zustandsdiagramm des Systems MnTe-SnTe.

Zur Darstellung werden entsprechende Mengen der Elemente in evakuierten Quarzglasampullen, die innen graphitisiert sind, erhitzt [1]. Beim Abkühlen nach dem Verfahren von Bridgman entstehen jedoch inhomogene Produkte [3], außerdem dampft leicht Mangan aus der Schmelze ab [2]. Es ist zweckmäßig, die Elemente im Graphit-Tiegel unter inerter Atmosphäre in einem Induktionsofen aufzuschmelzen und unter elektromagnetischem Rühren erstarren zu lassen [2]. Homogene Proben entstehen auch durch Zonenschmelzen wie bei den entsprechenden Ge-haltigen Mischkristallen (s. S. 343) [3]. Kristalle mit sehr geringem Mn-Gehalt lassen sich nach der Methode von Bridgman züchten [4, 5].

Die Gitterkonstanten der Sn-reichen Mischkristalle vom NaCl-Typ fallen linear mit steigendem Mn-Gehalt [1, 2]; z. B. bei von 700°C abgeschreckten Proben bis auf a ≈ 6.21 Å bei 30 Mol-% MnTe [1].

Die Temperaturabhängigkeit der Wärmekapazität von $(Sn_{1-x}Mn_x)_{0.97}Te$ mit $x \leqq 0.10$ wird bei tiefen Temperaturen (gemessen bis etwa 25 K) durch die magnetischen Mn^{2+}-Ionen (Ordnung der magnetischen Spinsysteme) um einen mit x steigenden Beitrag C_M erhöht. Da C_M mit fallender Temperatur steigt, ergibt sich ein mit fallendem x schärfer werdendes Minimum der Gesamtwärmekapazität bei etwa 6 K [6]; s. auch [2].

Physical Properties of MnTe-SnTe Solid Solutions

Die thermische Leitfähigkeit λ fällt bei 300 K (wie die elektrische Leitfähigkeit) stark mit x bis zu einem Minimum bei $x \approx 0.15$; nach einem relativen Maximum bei $x \approx 0.20$ setzt sich der Abfall von λ mit x nicht mehr so stark fort. Die Gitterleitfähigkeit λ_g fällt nicht so stark mit x und ab x = 0.20 überhaupt nicht mehr [1].

Magnetische und elektrische Eigenschaften. Die Mischkristalle sind (wie die mit Ge, s. S. 344) ferromagnetische Halbleiter. Für kleine x (Löcherkonzentration $p \approx 10^{21}$ cm^{-3}) steigen ferromagnetische und paramagnetische Curie-Temperatur T_C und Θ_p linear mit x, und zwar T_C im Bereich $0.0089 < x < 0.159$ von 2.5 auf 33.5 K und Θ_p im Bereich $0.0048 < x < 0.10$ von 6 auf 16 K. Aus dem Curie-Weiss-Verhalten der paramagnetischen Suszeptibilität ergibt sich das effektive Moment zu $\mu_{eff} = 5.84$ μ_B (bei x = 0.0089) bis $\mu_{eff} = 5.52$ μ_B (bei x = 0.10) [3]. Weitere Suszeptibilitätsmessungen ($x \leqq 0.16$) bestätigen den linearen Anstieg von T_c und Θ_p mit x [2]. — Θ_p hängt auch von der Ladungsträgerkonzentration ab, was auf eine Austauschwechselwirkung zwischen lokalisierten magnetischen Momenten und Ladungsträgern schließen läßt [2]. Diese Art von Wechselwirkung bestätigen Elektronenspinresonanz-Untersuchungen von $Sn_{0.97-x}M_xTe$ (M = Mn, Eu oder Gd, mit x = 0.0005 bis 0.05) bei tiefen Temperaturen. Das Verhältnis der Austauschparameter zwischen Ladungsträgern und Mn- oder Eu-Ionen ist $|J_{Mn}/J_{Eu}| = 8 \pm 1.5$. Die ESR besteht bei M = Mn aus einer einzigen strukturlosen Linie bei $g = 1.99 \pm 0.01$ [11]. $g = 2.00 \pm 0.02$ (aus ESR), eine s-d-Wechselwirkung J_{sd} von der Größenordnung 1 eV und einen Mn-Spin von 2.5 μ_B (aus Magnetisierungsmessungen bei 8 Atom-% Mn) ermitteln Cochrane u. a. [12]. Die Transporteigenschaften zeigen einen spin-abhängigen Streumechanismus, der auch auf eine s-d-ähnliche Austauschkopplung führt; $J_{sd} \approx 0.4$ eV bei x = 0.054 [9]. — Zur ESR bei gewöhnlicher Temperatur s. [4].

Bei tiefen Temperaturen (4.2 bis 100 K) und kleinem x ($0.00001 < x < 0.10$; $p \approx 10^{23}$ cm^{-3}) steigt der elektrische Widerstand ρ mit T und x [7]. Der Anstieg von ρ mit x ist bis 4.2 K und x = 0.05 linear [12]. Allerdings tritt in der Nähe des magnetischen Ordnungspunktes T_C, bei x = 0.054 beispielsweise bei 7 K, ein Widerstandsmaximum auf, das beim Anlegen eines mäßig starken Magnetfeldes unterdrückt werden kann [9]. Ein Maximum von ρ um 4 K, das mit x ($\leqq 0.022$) zu höherer Temperatur steigt, beobachten auch Inoue und Yagi [13]. Nach Dudkin u. a. [1], die elektrische Messungen bei gewöhnlicher Temperatur bis x = 0.9 durchführen, wird der Anstieg von ρ mit x durch ein sich an ein Maximum bei x = 0.15 anschließendes Minimum bei x = 0.20 unterbrochen. Auch der Verlauf der Thermokraft $\alpha = f(x)$, die einen Anstieg bis zu einem Maximum bei x = 0.15 zeigt, ist schwer zu vereinbaren mit der Ladungsträgerkonzentration p, die von 1×10^{20} cm^{-3} bei x = 0 auf den ab x = 0.20 konstant bleibenden Wert 4×10^{20} cm^{-3} ansteigt [1]. — Der Hall-Effekt zeigt einen anomalen, d. h. magnetisierungsabhängigen Beitrag, der Schräg-Streuung (skew scattering) spinpolarisierter Stromträger zugeschrieben wird [9, 10]. — Der Magnetowiderstand ist negativ [12]. — Die Beweglichkeit μ der Ladungsträger fällt beträchtlich mit x [1]; bei $p > 5 \times 10^{20}$ cm^{-3} und gewöhnlicher Temperatur wird diese Abhängigkeit geringer [5]. Einen außerordentlichen Beitrag zu μ unterhalb einer Temperatur nahe T_C ($x \leqq 0.1$) finden Cohen u. a. [3].

Für $x < 0.0001$ wird Supraleitfähigkeit festgestellt mit einer Sprungtemperatur unterhalb der von supraleitendem $Sn_{0.97}Te$ ($T_c \approx 0.20$ K); bei Proben mit $0.0001 < x < 0.005$ ($p \approx 10^{21}$ cm^{-3}) wird oberhalb 0.02 K keine Supraleitfähigkeit beobachtet [2, 8].

Literatur:

[1] L. D. Dudkin, V. S. Gaidukova, L. M. Ostrovskaya (Izv. Akad. Nauk SSSR Neorgan. Materialy **7** [1971] 1503/6; Inorg. Materials [USSR] **7** [1971] 1332/4). — [2] M. P. Mathur, D. W. Deis, C. K. Jones, A. Patterson, W. J. Carr, R. C. Miller (J. Appl. Phys. **41** [1970] 1005/7). — [3] J. Cohen, A. Globa, P. Mollard, H. Rodot, M. Rodot (J. Phys. [Paris] **29** [1968] Suppl., S. C4-142/C4-144). — [4] M. Inoue, H. Yagi, Y. Kamino (J. Phys. Soc. Japan **34** [1973] 561). — [5] M. Inoue, H. Yagi, S. Morishita (J. Phys. Soc. Japan **34** [1973] 562).

[6] M. P. Mathur, D. W. Deis, C. K. Jones, A. Patterson, W. J. Carr (IBM J. Res. Develop. **14** [1970] 229/31). — [7] M. P. Mathur, D. W. Deis, C. K. Jones, A. Patterson, C. J. Carr (J. Appl. Phys. **42** [1971] 1693/4). — [8] M. P. Mathur, D. W. Deis, C. K. Jones, W. J. Carr (J. Phys. Chem. Solids **34** [1973] 183/8). — [9] A. Ghazali, M. Escorne, H. Rodot, P. Leroux-Hugon (AIP [Am. Inst. Phys.] Conf. Proc. Nr. 10 [1972/73] 1374/8; C. A. **79** [1973] Nr. 36113). — [10] M. Escorne, A. Ghazali, P. Leroux-Hugon (Proc. 12th Intern. Conf. Phys. Semicond., Stuttgart 1974, S. 915/19 nach C. A. **83** [1975] Nr. 36359).

[11] P. Urban, G. Sperlich (Solid State Commun. **16** [1975] 927/30). — [12] R. W. Cochrane, F. T. Hedgcock, A. W. Lightstone, J. O. Ström-Olsen (AIP [Am. Inst. Phys.] Conf. Proc. Nr. 24 [1975] 71/2; C. A. **83** [1975] Nr. 125079). — [13] M. Inoue, H. Yagi (Fukui Daigaku Kogakubu Hokoko **23** [1975] 99/104 [englisch] nach C. A. **83** [1975] Nr. 89346).

10.4.6.3 Mischkristalle im System MnTe-PbTe

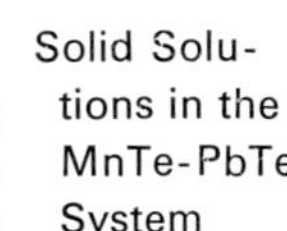

Thermische, mikroskopische und röntgenographische Untersuchungen führen zu dem in **Fig. 123** wiedergegebenen Zustandsdiagramm des Systems MnTe-PbTe. Wegen der Abweichung von der Stöchiometrie bei hohen Temperaturen ist es nur unterhalb 650°C quasibinär. Das Eutektikum liegt bei 900 ± 5°C. Auf der Mn-reichen Seite konnte die Schmelzkurve wegen der chemischen Agressivität der Schmelzen bisher nicht bestimmt werden. Aus den thermischen Effekten bei MnTe (s. S. 315) werden provisorisch einzelne Gebiete im Diagramm markiert. Die eutektoiden Punkte liegen bei 875 ± 10, 800 ± 10 und 650 ± 5°C [1]. Die Grenze der Mischkristalle σ auf der PbTe-Seite steigt von 3 Mol-% MnTe bei 500°C [2] über 10 Mol-% bei 600°C [3] und 12 Mol-% bei 720°C auf 20 Mol-% MnTe bei der eutektischen Temperatur. MnTe baut bei 720°C weniger als 5 Mol-% PbTe ins Gitter ein [1]. Über die Eigenschaften von PbTe s. „Blei" C 2, S. 648/78.

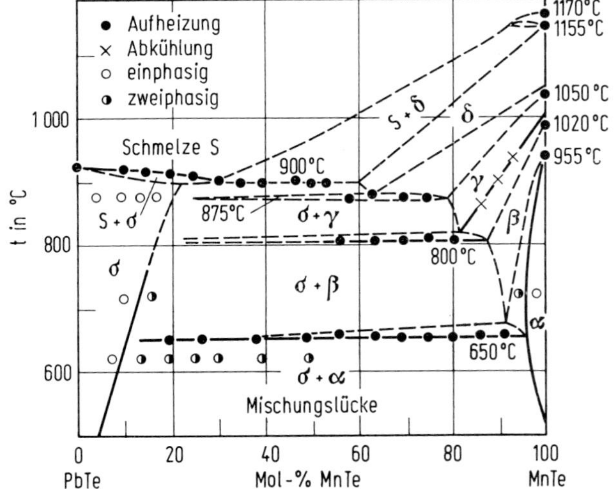

Fig. 123

Zustandsdiagramm des Systems MnTe-PbTe.

Zur Darstellung werden im Bereich bis 50 Mol-% MnTe die Elemente [2] oder MnTe und PbTe [1] in Quarzampullen [2] oder Graphit-Tiegeln im Vakuum [1] bei 950 bis 1000°C aufgeschmolzen, zur Homogenisierung geschüttelt und dann bei der gewünschten Temperatur getempert [1], s. auch [4]. Bei höheren MnTe-Konzentrationen erfolgt die Synthese zweckmäßig über Feststoffreaktion bei 880°C [1, 5], s. auch [6]. — Mischkristalle entstehen auch aus PbTe und Mn bei 1100°C neben metallischem Pb [7].

Die Gitterkonstanten der Pb-reichen Mischkristalle vom NaCl-Typ (wie PbTe) fallen linear mit zunehmendem Mn-Gehalt, z. B. auf a = 6.417 Å bei 8 Mol-% MnTe [5] und a ≈ 6.40 Å bei

Physical Properties of MnTe-PbTe Solid Solutions

12 Mol-% MnTe [1, 3]. Aus Mössbauer-Untersuchungen geht hervor, daß sich die Mn-Atome auf Pb-Plätzen befinden und daß sich die Wertigkeit des Tellurs durch die Substitution gegenüber PbTe nicht ändert [5].

Die für Mischkristalle vom Substitutionstyp aus den Gitterkonstanten berechneten Dichtewerte stimmen mit den gemessenen Werten D = 8.16 g/cm³ für $Pb_{0.95}Mn_{0.05}Te$ und D = 8.08 g/cm³ für $Pb_{0.92}Mn_{0.08}Te$ überein [5].

Magnetische und elektrische Eigenschaften. Die $Pb_{1-x}Mn_xTe$-Mischkristalle sind bis x = 0.015 diamagnetisch, bei höherem x paramagnetisch. Im Temperaturbereich von T = 300 bis 650 K gehorcht für x = 0.02 bis 0.08 die Suszeptibilität dem Curie-Weiss-Gesetz, bei höherem T (bis 750 K gemessen) weicht sie davon ab. Die paramagnetische Curie-Temperatur Θ_p steigt linear mit x von −32 K für x = 0.02 auf +16 K für x = 0.08; bei x = 0.06 ist $\Theta_p = 0$. Das effektive magnetische Moment des Mn^{2+} fällt hierbei von $\mu_{eff} = 5.1$ auf 4.9 μ_B. Mn^{2+} befindet sich im $^6S_{5/2}$-Zustand; zwischen den Mn^{2+}-Ionen besteht indirekte Wechselwirkung über freie Ladungsträger [8].

Für direkte Elektronenübergänge ist die bei gewöhnlicher Temperatur optisch ermittelte Breite der Energielücke $E_{gd} = 0.375$ eV für p- und n-leitendes $Pb_{0.95}Mn_{0.05}Te$ (p = 21.8 × 10^{17} cm^{-3}, n = 3.49 × 10^{17} cm^{-3}) und $E_{gd} = 0.490$ eV für p-leitendes $Pb_{0.9}Mn_{0.1}Te$ (p = 6.5 × 10^{17} cm^{-3}). E_{gd} steigt nicht linear mit x, doch ist E_{gd}/dx durchschnittlich 1.3 eV. Bei 120 K ist für x = 0.1 E_{gd} = 0.460 eV entsprechend einem Temperaturkoeffizienten $dE_{gd}/dT = 1.7 \times 10^{-4}$ eV/K (Vergleichswert für PbTe: 4.0 × 10^{-4} eV/K) [4]. Die Differenz ΔE zwischen direkten und indirekten Bandübergängen ist höher als in PbTe (0.03 eV) und steigt mit x: $\Delta E = 0.08$ eV bei x = 0.05 und 0.27 eV bei x = 0.1 [9]; s. auch [4]. — Bei kleinem x steigt E_g von 0.3 eV auf 0.47 eV bei x = 0.007 und bleibt dann bis x = 0.04 unverändert [5].

Die Zustandsdichtemasse m_d (aus elektrischen Messungen) steigt mit der Ladungsträgerkonzentration im Leitungsband von ≈ 0.18 m_0 bei n = 5 × 10^{18} auf ≈ 0.4 m_0 bei 7 × 10^{19} cm^{-3}. Aus dem IR-Reflexionsspektrum ergibt sich die effektive Leitfähigkeitsmasse zu $m_c = 0.081$ m_0 für n = 10^{19} cm^{-3} (x = 0.02, 0.04) und zu $m_c = 0.097$ m_0 für n = 5 × 10^{19} cm^{-3} (x = 0.02, 0.04, 0.06) in guter Übereinstimmung mit der effektiven Leitfähigkeitsmasse von PbTe. Aus den Ergebnissen geht hervor, daß trotz beträchtlicher Veränderung der Energielücke E_g die Struktur des Leitungsbandes von $Pb_{1-x}Mn_xTe$-Mischkristallen die gleiche ist wie bei PbTe [6]. Das Valenzband ist in zwei Teilbänder mit leichten und schweren Löchern aufgespalten, wobei das Leichtlöcherband unter dem Schwerlöcherband liegt und mit x weiter absinkt. Die effektive Löchermasse ($m_h^* \approx 0.3$ m_0) ist größer als die der Elektronen m_e^* und hängt nicht so stark von der Ladungsträgerkonzentration ab wie m_e^* [9]. — Die Ladungsträgerkonzentration von Mischkristallen mit x = 0.03 bis 0.09 läßt sich bei 300 K durch Na-Dotierung bis 2 Atom-% von p = 10^{18} bis 2 × 10^{20} cm^{-3} variieren. Zwischen 100 und 800 K ist die Zustandsdichtemasse solcher Mischkristalle $m_d \sim T^a$ und die Beweglichkeit der Ladungsträger $\mu \sim T^{-b}$. Mit ansteigendem p und x verringert sich a (b) von 1.2 (1.5) auf 0.4 (0.8) im Bereich tiefer Temperaturen und von 1.6 (3.1) auf 0.8 (1.6) im Bereich hoher Temperaturen [3].

Für $0.005 < x < 0.08$ fällt die elektrische Leitfähigkeit $\varkappa$ mit x, die Thermokraft α steigt mit x und die Hall-Konstante R_H bleibt konstant. Von 25 bis 600°C zeigen n-leitende Mischkristalle einen ähnlichen Verlauf für $\varkappa$ und α wie reines n-PbTe. Für p-leitende Mischkristalle mit x = 0.01 und 0.02 steigt α bis 200°C bei sinkendem $\varkappa$, dann fällt α steil ab, wird bei 380 bzw. 300°C Null und schließlich negativ, während $\varkappa$ oberhalb 300°C ansteigt. Mit PbJ_2 dotierte Proben (n = 10^{19} cm^{-3}) zeigen bis x = 0.12 für die Temperaturabhängigkeit von α und $\varkappa$ normales Verhalten. n-PbTe wird durch Zusätze von mehr als 0.5 Mol-% MnTe p-leitend [5].

Optische Eigenschaften. IR-Reflexions- und -Absorptionsmessungen ($\lambda \approx 2$ bis 25 μm) an p-Typ-Mischkristallen ($x \leqq 0.9$) bei 300 K ergeben, daß im Vergleich zu n-Typ-Kristallen, s. [4, 6], das Gebiet des Plasmaminimums im Reflexionsspektrum zu größeren Wellenlängen verschoben wird [9]. Aus der Reflexion und aus der Absorption gewonnene Ergebnisse hinsichtlich der Bandstruktur (besonders über die Energielücke) s. oben; Dielektrizitätskonstante $\varepsilon_\infty = 33$ [6].

Literatur:

[1] V. G. Vanyarkho, V. P. Zlomanov, A. V. Novoselova (Izv. Akad. Nauk SSSR Neorgan. Materialy **6** [1970] 1534/5; Inorg. Materials [USSR] **6** [1970] 1352/3). — [2] M. Chomentowski, H. Rodot, G. Villers, M. Rodot (Compt. Rend. **261** [1965] 2198/201). — [3] M. N. Vinogradova, N. V. Kolomoets, L. M. Sysoeva (Fiz. i Tekhn. Poluprov. **5** [1971] 218/21; Soviet Phys.-Semicond. **5** [1971] 186/9). — [4] I. A. Drabkin, G. F. Zakharyugina, I. V. Nel'son (Fiz. i Tekhn. Poluprov. **5** [1971] 325/7; Soviet Phys.-Semicond. **5** [1971] 277/8). — [5] V. G. Vanyarkho, V. P. Zlomanov, L. D. Dudkin, A. V. Novoselova, A. G. Ob'edkov (Izv. Akad. Nauk SSSR Neorgan. Materialy **6** [1970] 1579/83; Inorg. Materials [USSR] **6** [1970] 1394/8).

[6] I. A. Drabkin, Yu. Ya. Eliseeva, B. A. Efimova, V. I. Kaidanov, O. I. Kuznetsova, R. B. Mel'nik (Fiz. i Tekhn. Poluprov. **5** [1971] 2382/3; Soviet Phys.-Semicond. **5** [1971] 2095/6). — [7] H. E. Bates, F. Wald, M. Weinstein (Advan. Energy Convers. **7** [1968] 275/87, 279). — [8] V. G. Vanyarkho, T. M. Shavishvili, V. I. Chechernikov, A. V. Novoselova, V. P. Zlomanov (Izv. Akad. Nauk SSSR Neorgan. Materialy **6** [1970] 2132/5; Inorg. Materials [USSR] **6** [1970] 1871/3). — [9] M. N. Vinogradova, I. A. Drabkin, Yu. Ya. Eliseeva, I. V. Nel'son (Fiz. i Tekhn. Poluprov. **6** [1972] 1478/82; Soviet Phys.-Semicond. **6** [1972] 1283/6).

10.4.7 $MnBi_{1-x}Te_x$-Schichten

$MnBi_{1-x}Te_x$ Layers

Telluride, die außer Mangan auch Wismut enthalten, sind offensichtlich nur in Form dünner Schichten hergestellt worden. Dabei werden die Elemente im Vakuum auf Glassubstrate aufgedampft und anschließend bei 250 bis 350°C getempert [1, 2].

Die Schichten werden wegen ihres hohen Beugungswirkungsgrads (diffraction efficiency), d. i. Verhältnis von Faraday-Rotation F zu optischer Absorption α, als magnetooptische Elemente zur Holographie verwendet [2]. Mit zunehmendem Te-Gehalt fällt die Magnetisierung und verschwindet bei $x = 0.9$; gleichzeitig fällt F, aber die Lichtdurchlässigkeit steigt, besonders nahe $\lambda = 1.1$ μm. Bei $\lambda = 700$ nm ist F/α in derartigen Schichten (x bis 0.6) viel größer als für MnBi. Maximale Durchlässigkeit bei Schichten der Dicke 500 bis 1100 Å [4].

Die Temperaturcharakteristika (etwa 20 bis 400°C) der Magnetisierung und Koerzitivkraft sowie die magnetische Anisotropiekonstante von Schichten mit Mn : Bi : Te = 2 : 1 : x, x = 0 bis 0.8, werden von Tanaka u. a. [3] untersucht. Während bei Mn-Bi-Schichten die Temperaturabhängigkeit der Koerzitivkraft ähnlich wie bei der Anisotropiekonstante ist, haben die Mn-Bi-Te-Schichten eine Temperaturabhängigkeit der Koerzitivkraft, die nicht auf die Anisotropiekonstante allein zurückzuführen ist. — Eine 60 nm dicke $MnBi_{0.9}Te_{0.1}$-Schicht hat eine Curie-Temperatur von 400 bis 430°C und einen magnetooptischen Nutzeffekt wie eine reine Mn-Bi-Schicht [1].

Literatur:

[1] H. Goebel, H. Harms, Siemens A.-G. (Deut. Offenlegungsschrift 2312227 [1973/74] nach C. A. **82** [1975] Nr. 10665). — [2] Y. Nishimura, M. Tanaka, T. Ito, Fujitsu Ltd. (Japan. P. 7442632 [1970/74] nach C. A. **83** [1975] Nr. 50820). — [3] M. Tanaka, K. Kobayashi, Y. Nishimura (Fujitsu Sci. Tech. J. **10** [1974] 157/75 nach C. A. **81** [1974] Nr. 31192). — [4] M. Tanaka, T. Ito, Y. Nishimura (Fujitsu Sci. Tech. J. **8** [1972] 167/83 nach C. A. **77** [1972] Nr. 119988; IEEE Trans. Magn. **8** [1972] 523/5 nach C. A. **78** [1973] Nr. 129816).

10.4.8 MnTe-VTe-Mischkristalle

MnTe-VTe Solid Solutions

Die isotypen Verbindungen α-MnTe (s. S. 315) und VTe (s. „Vanadium" B 1, S. 317) bilden eine lückenlose Mischkristallreihe $Mn_{1-x}V_xTe$. Zur Darstellung werden entsprechende Mengen der Elemente in evakuierten Quarzglasampullen 3 d kurz unterm Schmelzpunkt gehalten, anschließend bei tieferen Temperaturen getempert und dann abgeschreckt [1].

Physical Properties of MnTe-VTe Solid Solutions

Die Mischkristalle sind alle vom hexagonalen NiAs-Typ. Die Gitterkonstante a weicht vom linearen Verlauf deutlich zu höheren Werten ab, während c bei $x < 0.5$ kleiner und bei $x > 0.5$ größer gegenüber der Regel von Vegard ist [1]. Bei dem mit CrTe (s. „Chrom" B, S. 342) isoelektronischen Mischkristall $Mn_{0.5}V_{0.5}Te$ ist a = 4.1138, c = 6.3813 Å [2]. Das c/a-Verhältnis beider Verbindungen ist mit 1.55 gleich, während sich die Gitterkonstanten deutlich unterscheiden [1]. Neutronenbeugungsuntersuchungen ergeben für $Mn_{0.5}V_{0.5}Te$ eine statistische Verteilung der Kationen, R = 8.8% [2, 3]. Mit steigender Temperatur wachsen bei niedrigen V-Gehalten die Gitterkonstanten a und c im Bereich von 77 bis 300 K kontinuierlich an, während bei hohen V-Gehalten a fällt und nur c nahezu linear zunimmt. Im dazwischen liegenden Konzentrationsbereich verlaufen beide Gitterkonstanten unregelmäßig, s. **Fig. 124** [1].

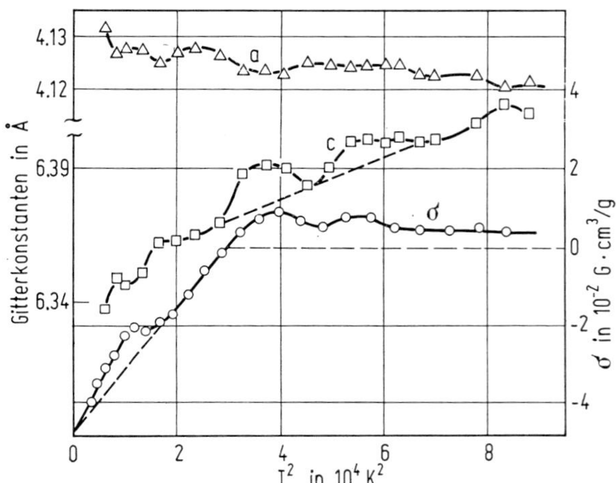

Fig. 124

Temperaturabhängigkeit der Gitterkonstanten a, c und des feldabhängigen Teils der Magnetisierung σ bei $Mn_{0.5}V_{0.5}Te$.

Auch die magnetische Suszeptibilität χ ergibt zwischen 54 und 310 K eine Unterteilung des gesamten Konzentrationsbereiches in etwa drei gleich große Gebiete unterschiedlicher Temperaturabhängigkeit. In jedem Gebiet läßt sich χ (für hohe Feldstärken) in einen vom Feld abhängigen und einen konstanten Anteil aufspalten. Beide Anteile befolgen eine T^2-Abhängigkeit, die auf eine Zusatzmagnetisierung schließen läßt. Die Magnetisierung σ ist vorwiegend negativ und von der Größenordnung 10^{-2} G · cm³ · g⁻¹ (außer für x = 0.5, s. Fig. 124) [1]. Das antiferromagnetische Verhalten des MnTe wird mit steigendem V-Gehalt zunächst beibehalten, jedoch verschiebt sich das Suszeptibilitäts-Maximum (bei 327 K bei x = 0) zu tieferen Temperaturen, bis es im Bereich um $x \approx 0.6$ verschwindet. Damit gleichlaufend beginnt mit größer werdendem x die Suszeptibilität bei weiter fallender Temperatur wieder anzusteigen. Für Proben mit $0 \leqq x \leqq 0.5$ kann jedoch bis herab zu 2.5 K eine ferromagnetische Curie-Temperatur nicht beobachtet werden; Diskussion dieses besonderen, für viele NiAs-Typ-Verbindungen zwischen Übergangsmetallen und Hauptgruppen-Elementen typischen magnetischen Verhaltens anhand des Doppelaustausches nach Zener über die freien und quasifreien d-Leitungselektronen s. Original [4]. Bestimmung der magnetischen Struktur von antiferromagnetschem $Mn_{0.5}V_{0.5}Te$ (Néel-Temperatur T_N = 205 K) durch Neutronenbeugung ergibt (analog zu reinem MnTe), daß ferromagnetische Schichten parallel (001) längs der c-Achse antiparallel verknüpft sind. Die Momentrichtung liegt senkrecht zur c-Achse. Die Magnetisierung folgt einer Brillouin-Abhängigkeit für ein S = 5/2-System (L = 0). Das Sättigungsmoment je Mn-Ion beträgt 4.8 μ_B [2], s. auch [3].

Literatur:

[1] U. Sondermann (Z. Angew. Physik **30** [1970/71] 41/5). — [2] W. Schäfer, G. Will (Intern. J. Magn. **5** [1973] 175/9). — [3] G. Will, W. Scharenberg, W. Schäfer, M. O. Bargouth (BMBW-FKB-72-2 [1972] 1/37, 14; C. A. **77** [1972] Nr. 170435, **81** [1974] Nr. 83674). — [4] U. Sondermann (Z. Angew. Physik **32** [1971] 135/8).

10.4.9 Mischkristalle im System MnTe-CrTe

Solid Solutions in the MnTe-CrTe System

Durch Erhitzen der verriebenen und verpreßten Elemente in evakuierten Quarzglasampullen auf 1000°C und anschließendes Abschrecken entstehen Mischkristalle vom NiAs-Typ (wie α-MnTe, s. S. 315, und CrTe, s. „Chrom" B, S. 342) im Bereich von 0 bis 35 Mol-% MnTe. Auf Grund röntgenographischer Untersuchungen sind sie homogen und einphasig, doch deuten magnetische Messungen auf das Vorliegen zweier Phasen. Bei langsamem Abkühlen auf Raumtemperatur werden im Bereich von 10 bis 25 Mol-% MnTe 2 Phasen vom NiAs-Typ beobachtet, deren Zusammensetzung nicht angegeben wird [1]. Auf der Mn-reichen Seite lassen sich Mischkristalle dieses Typs mit mindestens 5 Mol-% CrTe herstellen [2].

Die Gitterkonstanten der röntgenographisch einphasigen Cr-reichen Mischkristalle wachsen mit dem Mn-Gehalt geringfügig von a = 4.03, c = 6.29 Å bei 5 Mol-% MnTe auf a = 4.08, c = 6.39 Å bei 35 Mol-% MnTe an [1].

Im Bereich $0.05 \leqq x \leqq 0.35$ der $Cr_{1-x}Mn_xTe$-Mischkristalle ändert sich die ferromagnetische Curie-Temperatur des CrTe ($T_C \approx 340$ K, s. „Eisen" D, Erg.-Bd. 2, S. 337) praktisch nicht; die Sättigungsmagnetisierung (gemessen bei 20 K) fällt linear mit x [1]. — Die Temperaturabhängigkeit der magnetischen Suszeptibilitäten $\chi_\perp$ und $\chi_\parallel$ von Cr-haltigen (x = 0.95 bis 0.99) MnTe-Einkristallen weisen unterhalb der Néel-Temperatur einen Buckel auf. Werte für den elektrischen Widerstand ρ liegen bei 100 K zwischen 8×10^4 und 2×10^2 Ω · cm, bei 300 K in beiden Fällen bei 10 Ω · cm [2].

Literatur:

[1] F. K. Lotgering, E. W. Gorter (J. Phys. Chem. Solids **3** [1957] 238/49, 240, 246). — [2] H. Yadaka, T. Harada, E. Hirahara (J. Phys. Soc. Japan **17** [1962] 875/6).

10.4.10 $Mn_xV_xCr_{1-2x}Te$-Mischkristalle (x = 0 bis 0.5)

Mn_xV_x-$Cr_{1-2x}Te$ Solid Solutions

Diese Mischkristalle zwischen $Mn_{0.5}V_{0.5}Te$ und CrTe werden durch Sintern der Elemente in evakuierten Quarzglasampullen bei 1100 bis 1300°C hergestellt. Sie kristallisieren wie die Endglieder (s. S. 350 und oben) im hexagonalen NiAs-Typ. Auf der Cr-reichen Seite treten schwache Überstrukturreflexe im Röntgenbeugungsdiagramm auf. Die Gitterkonstanten sind verhältnismäßig stark von den Herstellungsbedingungen abhängig. Sie schwanken bei x = 0.2 zwischen a = 4.05 und 4.06 Å sowie c = 6.31 und 6.33 Å. Mit x steigen sie linear an bis auf den Bereich zwischen 0.2 und 0.4, wo der Anstieg flacher verläuft. Zwischen 80 und 295 K bleibt a im Bereich von x = 0.1 bis 0.3 praktisch konstant und nimmt bei größeren Werten von x mit steigender Temperatur ab. Bei c liegt der Anstieg bis x = 0.3 unter 0.5%, steigt darüber aber deutlich an bis etwa 1.2% bei x = 0.5.

Bei Messung der Magnetisierung bzw. magnetischen Suszeptibilität (bei Feldstärken bis zu 10.55 kOe) an $Mn_xV_xCr_{1-2x}Te$-Mischkristallen mit $0 \leqq x \leqq 0.5$ im Temperaturgebiet von 2 bis 295 K wird der Übergang vom ferromagnetischen CrTe ($T_C \approx 340$ K) zum isoelektronischen Antiferromagneten $V_{0.5}Mn_{0.5}Te$ ($T_N = 220$ K) untersucht. Ein magnetisches Phasendiagramm wird vorgeschlagen, in dem bei tiefen Temperaturen zwischen dem ferromagnetischen und dem antiferromagnetischen (af) Gebiet ein Bereich gekanteter Momente (w) auftritt. Grenzkonzentration af – w bei 0 K ist $x \approx 0.46$, J. Nösselt, U. Sondermann, W. Treutmann (Z. Angew. Physik **32** [1971/72] 66/9).

Compounds of Manganese with Tellurium and Oxygen

10.5 Verbindungen des Mangans mit Tellur und Sauerstoff

Review in German

Übersicht

Bei diesen Verbindungen fällt auf, daß im System MnO-TeO_2 fünf verschiedene Tellurate(IV) gebildet werden. Tellurate(VI) existieren von Mn^{II}, Mn^{III} und möglicherweise auch von Mn^{IV}. In Mn_3TeO_6 können zum Teil andere Metalle außer Mn enthalten sein. Von der nur in wäßriger Lösung stabilen, komplexen Säure $H_{14}Mn(TeO_6)_3$ lassen sich je ein Natrium- und Kaliumsalz isolieren.

Review in English

Review. These compounds are noteworthy by the fact that five different tellurates(IV) are formed in the MnO-TeO_2 system. Tellurates(VI) exist of Mn^{II}, Mn^{III} and possibly also of Mn^{IV}. Other metals besides Mn may be present in Mn_3TeO_6. One sodium and one potassium salt, respectively, may be isolated from the complex acid $H_{14}Mn(TeO_6)_3$, which is stable only in aqueous solutions.

The Mn-Te-O System

10.5.1 Das System Mn-Te-O

Mangan bildet mit Tellur und Sauerstoff die Verbindung MnOTe (s. unten). Im Teilsystem MnO-TeO_2 treten verschiedene Mangan(II)-tellurate(IV) auf (s. unten). Außerdem sind Tellurate(VI) bekannt, die zu Teilsystemen mit TeO_3 gehören s. S. 354). Eine ausführlichere Untersuchung des gesamten Systems Mn-Te-O liegt bisher nicht vor.

MnOTe

10.5.2 MnOTe

Die Reaktion von MnTe mit Luftsauerstoff beginnt bei 240°C. Die vollständige Umsetzung zu dunkelbraunem, pulverförmigem MnOTe läuft bei 350°C in 2 h ab. MnO und Te reagieren bei 450 bis 550°C innerhalb mehrerer Tage nur in sehr geringem Umfang miteinander (s. „Mangan" C1, S. 63). — Tabelle der d-Werte s. Original, Dichte 5.08 g/cm³. — Im IR-Spektrum von 400 bis 1800 cm^{-1} tritt eine breite Absorptionsbande zwischen 500 und 800 cm^{-1} auf, aus der auf das Vorliegen von Mn^{IV} geschlossen wird. — MnOTe bleibt beim Erhitzen an der Luft bis 500°C stabil. Es ist in H_2O, Laugen, Salz- und Salpetersäure schwer löslich, löst sich dagegen langsam in kochender konzentrierter Schwefelsäure, S. S. Batsanov, O. I. Ryabinina (Izv. Akad. Nauk SSSR Neorgan. Materialy **1** [1965] 1340/4; Inorg. Materials [USSR] **1** [1965] 1223/7).

Manganese(II) Tellurates(IV)

10.5.3 Mangan(II)-tellurate(IV)

$MnTe_6O_{13}$. Die bräunlich-rosafarbene Verbindung wird aus einem stöchiometrischen Pulvergemenge von MnO und TeO_2 in N_2 erhalten, das 12 h auf 580°C und anschließend auf 620°C erhitzt wird. $MnTe_6O_{13}$ entsteht röntgenographisch rein beim Molverhältnis 15 MnO : 85 TeO_2 (theoretisch: 14.3 : 85.7), während bei 14 : 86 noch TeO_2, bei 16 : 84 dagegen $MnTe_2O_5$ (s. unten) nachweisbar sind. Tabelle der d-Werte s. im Original. Die Verbindung beginnt sich bei 680°C unter Abscheidung von TeO_2 zu zersetzen und schmilzt bei etwa 700°C. Sie wird durch Luftsauerstoff bei Temperaturen oberhalb 600°C oxidiert [1].

$MnTe_2O_5$. Die rosafarbene Verbindung bildet sich aus stöchiometrischen Mengen von MnO und TeO_2 in N_2, wenn diese nacheinander 15 h auf 580, 650 und 680°C erhitzt werden. Tabelle der d-Werte s. im Original. Nach 15stündigem Erhitzen auf 750°C zerfällt die Verbindung in $MnTe_6O_{13}$ und $Mn_2Te_3O_8$. Sie schmilzt unter Zersetzung bei etwa 780°C (beim Abkühlen kristallisieren die Verbindungen $MnTe_6O_{13}$ und $Mn_2Te_3O_8$ aus) [1].

$Mn_2Te_3O_8$. Die rosa oder bräunlich gefärbte Verbindung wird durch 30stündiges Erhitzen stöchiometrischer, etwa 10 h bei 600°C vorerhitzter und zu Tabeletten gepreßter Proben in Goldblechhüllen auf 700 bis 720°C erhalten. Durch kurzzeitiges Erhitzen auf 750°C kann sie aufgeschmolzen werden. Beim Abkühlen kristallisiert die reine Verbindung. Sie ist monoklin und isotyp mit $Zn_2Te_3O_8$ [2]; Gitterkonstanten: a = 12.87, b = 5.39, c = 11.88 Å, β = 98.1°; Z = 4, Raumgruppe C2/c-C^6_{2h} (Nr. 15). Tabelle der d-Werte s. im Original. Die Verbindung wird von Luftsauerstoff zwischen 600 und 700°C unter Schwarzfärbung zu Produkten nicht identifizierter Art oxidiert [1], s. auch [11].

$MnTeO_3$. Als braunes Pulver bildet sich die Verbindung aus stöchiometrischen Mengen MnO und TeO_2, die in Goldfolie 30 h auf 650 bis 700°C und anschließend 10 h auf 720°C in N_2 erhitzt werden [1]. Transparente Präparate entstehen aus den bei 700°C vorerhitzten Oxiden bei 600 bis 950°C oberhalb 40 kbar (Tetraederpresse) [3, 12]. Für die thermodynamischen Daten der Bildung werden mit verschiedenen Näherungsmethoden folgende Werte abgeschätzt: ΔH°_{298} = 182.6 kcal/mol, ΔG°_{298} = 163.2 kcal/mol. Für die Standardentropie ergibt sich S°_{298} = 26.1 (nach der Methode von Kireev [4]) bzw. 31.1 cal · mol^{-1} · K^{-1} (nach der Methode von Kelley [5]) [6]. Tabelle der d-Werte der Normaldruckpräparate s. [1]. Die Hochdruckpräparate kristallisieren rhombisch, Gitterkonstanten a = 6.1443(4), b = 7.7866(7), c = 5.4408(4) Å, und sind mit $MnSeO_3$ (s. S. 297) isotyp. Sie sind bei tiefen Temperaturen antiferromagnetisch, T_N = 61 ± 1 K, und schwach ferromagnetisch. Paramagnetische Curie-Temperatur Θ_p = −130 K, effektives magnetisches Moment 6.2 μ_B. Zur Temperaturabhängigkeit der Magnetisierung und magnetischen Suszeptibilität s. Original [3, 12]. — In Goldfolie können die Normaldruckpräparate kurz auf 800°C erhitzt werden. Bei 850°C schmelzen sie unter Zersetzung [1].

$MnTeO_3 \cdot n\,H_2O$. Rein weißes $MnTeO_3 \cdot n\,H_2O$ entsteht, wenn luftfreie, mit Paraffin bedeckte Lösungen von Na_2TeO_3 und $MnCl_2$ umgesetzt werden. Beim Stehen an der Luft verfärbt sich der Niederschlag schnell nach braun. Ein getrocknetes Präparat hat nach drei Wochen an der Luft die Bruttozusammensetzung $3\,Mn_2O_3 \cdot 10\,MnO \cdot 16\,TeO_2 \cdot 10\,H_2O$. Die Niederschläge lassen sich in Salzsäure auflösen [7].

$Mn_4Te_3O_{10}$. Die Verbindung wird in Form eines bräunlichen Pulvers aus MnO-TeO_2-Gemengen in Mischungsverhältnissen >1 bei verhältnismäßig kurzem Erhitzen auf nicht zu hohe Temperaturen (z. B. 10 h, 650°C) erhalten. Bei längerem Erhitzen verlieren die Proben an Gewicht, und in den Röntgendiagrammen erscheinen in zunehmendem Maße die Reflexe von $MnTeO_3$ und Mn_3TeO_6. Es wird angenommen, daß die Verbindung nach $3\,Mn_4Te_3O_{10} \rightarrow 6\,MnTeO_3 + 2\,Mn_3TeO_6 + Te$ zerfällt. Tabelle der d-Werte s. im Original [1].

Tellurate(IV) mit Mangan und anderen Metallen. Bei allen hier besprochenen Verbindungstypen (außer $MnTeO_3$) besteht eine enge strukturelle Verwandtschaft mit den entsprechenden Telluraten(IV) der Elemente Mg, Zn, Co und Ni, doch sind künstliche Mischkristalle bisher nicht untersucht worden [1]. An Mineralien sind die Mischkristalle Denningit, (Mn, Ca, Zn)Te_2O_5, und Spiroffit, $(Mn,Zn)_2Te_3O_8$, bekannt, s. beispielsweise [8, 9, 10], die im später erscheinenden Band „Mangan" A ausführlicher beschrieben werden.

Literatur:

[1] M. Trömel, D. Schmid (Z. Anorg. Allgem. Chem. **387** [1972] 230/40). — [2] K. Hanke (Naturwissenschaften **53** [1966] 273). — [3] K. Kohn, S. Akimoto, Y. Uesu, K. Asai (J. Phys. Soc. Japan **37** [1974] 1169). — [4] V. A. Kireev (Sb. Rabot po Fiz. Khim. Akad. Nauk SSSR **1947**). — [5] K. K. Kelley (U. S. Bur. Mines Bull. Nr. 350 [1932]).

[6] E. A. Buketov, N. N. Poprukailo, V. P. Malyshev (Izv. Akad. Nauk Kaz. SSR Ser. Khim. **16** Nr. 4 [1966] 20/5; C. A. **66** [1967] Nr. 119502). — [7] V. Lenher, E. Wolesensky (J. Am. Chem. Soc. **35** [1913] 718/33, 728). — [8] J. A. Mandarino, S. J. Williams, R. S. Mitchell (Can. Mineralogist **7** [1962/63] 443/52). — [9] J. A. Mandarino, S. J. Williams, R. S. Mitchell (Am. Mineralogist **47** [1962] 196; Mineralog. Soc. Am. Spec. Paper Nr. 1 [1963] 305/9). — [10] J. Zemann (Z. Krist. **127** [1968] 319/26).

[11] K. Kohn, S. Shirai (Waseda Daigaku Rikogaku Kenkyusho Hokoku **65** [1974] 78/80 nach C. A. **84** [1976] Nr. 53266). — [12] K. Kohn, K. Inoue, O. Horie, S.-I. Akimoto (J. Solid State Chem. **18** [1976] 27/37).

Manganese Tellurates(VI)

10.5.4 Mangantellurate(VI)

Mn_3TeO_6

10.5.4.1 Mn_3TeO_6

Zur Darstellung der braun gefärbten Verbindung werden stöchiometrische Mengen MnO und TeO_2 vermahlen, verpreßt und zunächst 20 h bei 600°C [1] oder 47 h bei 780°C an der Luft erhitzt [2] und nach erneutem Mahlen und Verpressen 20 h bei 750 bis 800°C getempert [1, 2]. Die Verbindung entsteht auch in N_2-Atmosphäre, wobei das Tellur disproportioniert: $6\,MnO + 3\,TeO_2 \rightarrow 2\,Mn_3TeO_6 + Te$ [3]. Beim hydrothermalen Darstellungsverfahren wird eine verdünnte Tellursäurelösung mit einer Mn^{2+}-Salzlösung gefällt und der Niederschlag zusammen mit der Mutterlauge 24 h bei 300°C und 80 atm gehalten [4].

Die Verbindung kristallisiert rhomboedrisch mit nur geringer Abweichung von der kubischen Symmetrie. Gitterkonstanten a = 6.24 Å, α = 90°40′; Z = 2 (bei hexagonaler Achsenwahl: a_h = 8.875, c_h = 10.68 Å; Z = 6) [1, 5]. Die Struktur ist mit der von Mg_3TeO_6 [6] isotyp. Tabelle der d-Werte s. Original. Pyknometrische Dichte 5.19, Röntgendichte 5.31 g/cm³ [1].

ESR- und Suszeptibilitätsmessungen ergeben, daß Mn_3TeO_6 bei tiefen Temperaturen antiferromagnetisch ist, $T_N \approx 20$ K. Die magnetische Suszeptibilität χ folgt oberhalb etwa 100 K dem Curie-Weiss-Gesetz, $\Theta = -125 \pm 20$ K. Bei 295 K ist $\chi_{mol} = 29.3 \times 10^{-6}$ cm³/mol. Das gemessene effektive magnetische Moment von $5.74 \pm 0.28\ \mu_B$ stimmt gut mit dem von Mn^{2+} überein ($5.92\ \mu_B$) [2].

Literatur:

[1] G. Bayer (Z. Krist. **124** [1967] 131/5). — [2] P. R. Elliston, F. Habbal, G. E. Watson, N. Saleh (J. Phys. C **7** [1974] L220/L222). — [3] M. Trömel, D. Schmid (Z. Anorg. Allgem. Chem. **387** [1972] 230/40, 237). — [4] H. S. Sørensen, A. N. Christensen (Acta Chem. Scand. **23** [1969] 701/2). — [5] G. Bayer (Naturwissenschaften **55** [1968] 33).

[6] H. Schulz, G. Bayer (Acta Cryst. B **27** [1971] 815/21).

Mn_2TeO_6

10.5.4.2 Mn_2TeO_6

Zur Darstellung werden 2 l einer 1M $MnSO_4$-Lösung mit 2 l einer 0.5M H_6TeO_6-Lösung vereinigt, bei 25°C unter Rühren in einem Guß mit 2 l einer 2M NH_3-Lösung gefällt (pH = 7.0 bis 7.5) und die Suspension 30 min unter Einleiten von Luft (250 l/h) oxidiert. Der Niederschlag wird abfiltriert, gewaschen und bei 120°C an der Luft getrocknet. Das pulverisierte Produkt wird dann 16 h bei 600°C an der Luft getempert. Mn_2TeO_6 kristallisiert tetragonal in der Trirutilstruktur (wie die isotypen Verbindungen M_2TeO_6 mit M = Al, Ga, Cr, Fe [1]). Gitterkonstanten: a = 4.6079 ± 0.0002, c = 9.1144 ± 0.0004 Å; Z = 2. Die pyknometrisch bestimmte Dichte ist D^{20} = 5.69 ± 0.01, röntgenographisch ist D = 5.72 g/cm³ [2]. Über die Verwendung von Mn_2TeO_6 bei der Hydrothermalsynthese von ferromagnetischem CrO_2 s. [3].

Literatur:

[1] G. Bayer (Ber. Deut. Keram. Ges. **39** [1962] 535/54). — [2] F. Hund (Naturwissenschaften **58** [1971] 323). — [3] F. Hund, F. Rodi, J. Rademachers, C. H. Elstermann, G. H. Schulten, Farbenfabriken Bayer A.-G. (Deut. Offenlegungsschrift 2124812 [1971/72] nach C. A. **78** [1973] Nr. 49884).

$Mn(TeO_4)_2$ (?)

10.5.4.3 $Mn(TeO_4)_2$ (?)

Aus einer Telluratomanganatlösung (s. S. 355) in 0.5 bis 2.5M NaOH mit einem Telluratüberschuß von mindestens Te : Mn = 8 : 1 fällt beim Kochen ein roter Niederschlag aus. Die Mutterlauge wird mit Essigsäure auf pH ≈ 5 eingestellt, um mitgefälltes Natriumtellurat herauszulösen. Der Niederschlag wird schnell bei 70°C filtriert und mit 50%igem Alkohol gewaschen. Bei geringeren Konzentrationen an NaOH und Tellurat sowie bei längerem Stehen fällt Mangan(IV)-oxidhydrat mit aus [1].

Aus dem IR-Spektrum (Banden bei 680 sh, 690, 1080, 1110 und 1620 cm^{-1}) wird abgeleitet, daß die Te-Atome nur tetraedrisch von Sauerstoff koordiniert sind. Bei 3400 cm^{-1} tritt eine dem Wasser zugeordnete Bande auf, die nach 1stündigem Trocknen bei 100°C an Intensität verliert [2].

Die Löslichkeit in H_2O fällt linear von 4.36×10^{-5} bei 26°C auf 2.40×10^{-5} mol/l bei 80°C, woraus eine Lösungsenthalpie von $\Delta H = -3.43$ kcal/mol abgeleitet wird. In 0.1 M NaOH von 26°C beträgt die Löslichkeit 1.80×10^{-5} und in Acetatlösung von pH = 4.5 ist sie 2.40×10^{-5} mol/l [1].

Literatur:

[1] I. M. Issa, R. M. Issa, M. S. Abdelal (U. A. R. J. Chem. **14** [1971] 97/9; C. A. **77** [1972] Nr. 66808). — [2] I. M. Issa, R. M. Issa, M. S. Abdelall (U. A. R. J. Chem. **14** [1971] 25/35; C. A. **77** [1972] Nr. 66809).

10.5.5 $H_{14}Mn(TeO_6)_3$ und Telluratomanganat-Anionen

$H_{14}Mn(TeO_6)_3$ and Telluratomanganate Anions

Durch Behandlung einer Lösung von $Na_7H_7Mn(TeO_6)_3 \cdot 5H_2O$ [1] oder $K_6H_8Mn(TeO_6)_3 \cdot 5H_2O$ [2] (s. S. 356) mit $HClO_4$ kann eine Lösung der freien Säure hergestellt werden. Eine 0.002 M $H_{14}Mn(TeO_6)_3$-Lösung hat einen pH-Wert von 2.62. Das entspricht etwa der Bildung von $H_{12}Mn(TeO_6)_3^{2-}$ [2]. Die Werte von pK_1 und pK_2 sind annähernd gleich und betragen im Mittel 2.2 [1]. Die Werte von pK_3 bis pK_5 können nicht unterschieden werden, ihr Mittel ergibt sich zu 7.5. Für pK_6 liefert die Titrationskurve etwa 11.5 [1, 2].

Aus der analytischen Chemie ist seit längerem bekannt, daß bei der Oxidation von TeO_2 oder Telluraten(IV) mit $KMnO_4$-Lösung [3, 4] sowie bei der Titration von Reduktionsmitteln mit $KMnO_4$-Lösung in Gegenwart von Telluraten(VI) komplexe Telluratomanganat-Anionen mit Mangan(IV) entstehen [4], s. auch [5]. Die braunen [5] bis roten [6] Lösungen entstehen auch durch Oxidation von Mn^{2+}-Salzlösungen mit alkalischen H_2O_2-Lösungen in Gegenwart von Tellurat(VI)-Anionen [6, 7, 8] und sind zur kolorimetrischen Manganbestimmung geeignet, da im Konzentrationsbereich bis etwa 4×10^{-3} M das Beersche Gesetz gilt [6, 8]. Telluratomanganatlösungen in 2.5 M NaOH und einem 10fachen molaren Überschuß an Tellurat(VI) gegenüber Mangan, die 10 min auf 50 bis 60°C erwärmt wurden, zeigen eine starke Bande bei 460 nm. Die spektralphotometrische Auswertung führt zu einem Mn : Te-Verhältnis im komplexen Anion von 1 : 4 in Übereinstimmung mit früheren Untersuchungen [6]. Die Dissoziationskonstante ergibt sich zu $(2.60 \pm 0.55) \times 10^{-15}$. Das IR-Spektrum ist ähnlich wie beim Natriumtellurat mit Banden bei 680 sh, 695, 760 sh (γ_{TeO}), 1080, 1120 (δ_{TeOH}), 1628 (δ_{H_2O}), 2300 ($2\delta_{TeO}$), 3100 (γ_{TeOH}) und 3400 cm^{-1} (γ_{H_2O}) [8].

Alkalische Lösungen von $Na_7H_7Mn(TeO_6)_3 \cdot 5H_2O$ und $K_6H_8Mn(TeO_6)_3 \cdot 5H_2O$ mit überschüssigen Tellurat(VI)-Anionen (Mn : Te = 1 : 10) zeigen ebenfalls eine ausgeprägte Bande bei 470 nm, die bei geringerem Überschuß zu einer Schulter bei 450 nm abflacht. Die starke Bande wird jedoch auf das Anion $H_7Mn(TeO_6)_3^{7-}$ zurückgeführt, während das Anion $H_4Mn(TeO_6)_2^{4-}$ an dieser Stelle keine Absorption zeigt. Die Extinktionskoeffizienten dieser beiden Anionen betragen $\varepsilon_1 = 505$ bei 470 nm und $\varepsilon_2 = 290$ bei 420 nm bzw. $\varepsilon_1 = 365$ und $\varepsilon_2 = 1040$. Hauptsächlich läuft die Gleichgewichtsreaktion $H_7Mn(TeO_6)_3^{7-} + H_2O \rightleftharpoons H_4Mn(TeO_6)_2^{4-} + H_4TeO_6^{2-} + OH^-$ mit $K = 4 \times 10^{-5}$ bei 25°C ab [1, 2]. Die komplexen Anionen werden von Mohrschem Salz, KJ und SO_2 zersetzt, wobei Mn^{IV} zu Mn^{II} reduziert wird [1].

Literatur:

[1] M. W. Lister (Can. J. Chem. **39** [1961] 2330/5). — [2] M. W. Lister, Y. Yoshino (Can. J. Chem. **40** [1962] 1490/6). — [3] J. F. Norris, H. Fay (Am. Chem. J. **20** [1898] 278/83). — [4] O. Tomíček, O. Pročke, V. Pavelka (Collection Czech. Chem. Commun. **11** [1939] 449/58). — [5] I. M. Issa, S. E. Khalafalla, R. M. Issa (J. Am. Chem. Soc. **77** [1955] 5503/4).

[6] A. R. Tourky, I. M. Issa, I. F. Hewaidy (Anal. Chim. Acta **16** [1957] 151/4). — [7] I. M. Issa (Chemist-Analyst **44** [1955] 70/1). — [8] I. M. Issa, R. M. Issa, M. S. Abdelall (U. A. R. J. Chem. **14** [1971] 25/35; C. A. **77** [1972] Nr. 66809).

Tellurates(VI) of Manganese and Other Metals

10.5.6 Tellurate(VI) des Mangans und weiterer Metalle

In der Verbindung Mn_3TeO_6 (s. S. 354) kann das Mangan außer durch die im folgenden beschriebenen Metalle Ba, Cd und Pb auch bis zu 33 Atom-% durch Cu, Co und Ni substituiert werden, G. Bayer (Naturwissenschaften **55** [1968] 33).

$Na_7H_7Mn(TeO_6)_3 \cdot 5H_2O$

10.5.6.1 $Na_7H_7Mn(TeO_6)_3 \cdot 5\,H_2O$

Zur Darstellung wird eine schwach salpetersaure Lösung von $MnCl_2$ und H_6TeO_6 mit einer wäßrigen Lösung von NaOH und NaOCl vereinigt. Der nach Zusatz von Äthanol ausfallende Niederschlag wird wiederholt in verdünnter Natronlauge gelöst und wieder mit Äthanol gefällt. Die Verbindung wird dabei in Form dunkelroter Kristalle erhalten [1, 2], s. auch [3]. Sie sind in verdünnter Natronlauge schwerer löslich als in reinem Wasser [2], s. auch [4].

Literatur:

[1] M. W. Lister, Y. Yoshino (Can. J. Chem. **40** [1962] 1490/6). — [2] M. W. Lister (Can. J. Chem. **39** [1961] 2330/5). — [3] Y. Yoshino, T. Takeuchi, H. Kinoshita (Nippon Kagaku Zasshi **86** [1965] 978/96, 991, englische Zusammenfassung S. A 59; C. A. **64** [1966] 10738). — [4] I. M. Issa, R. M. Issa, M. S. Abdelall (U. A. R. J. Chem. **14** [1971] 25/35; C. A. **77** [1972] Nr. 66809).

$K_6H_8Mn(TeO_6)_3 \cdot 5H_2O$

10.5.6.2 $K_6H_8Mn(TeO_6)_3 \cdot 5\,H_2O$

Die dunkelrote, kristalline Verbindung wird wie $Na_7H_7Mn(TeO_6)_3 \cdot 5H_2O$ (s. oben) unter Verwendung von KOCl in Kalilauge hergestellt [1, 2], s. auch [3]. Quantitative Angaben s. Original [1].

Die magnetische Suszeptibilität beträgt bei 25.1°C $\chi_{mol} = 5230 \times 10^{-6}$ [1] bzw. 4850×10^{-6} cm^3/mol [2] und bei 39.6°C $\chi_{mol} = 4910 \times 10^{-6}$ [1] bzw. 4530×10^{-6} cm^3/mol [2]. In einer späteren Arbeit werden $\chi = 9.88 \times 10^{-6}$ cm^3/g und $\chi_{mol} = 8111 \times 10^{-6}$ cm^3/mol angegeben [3]. Das effektive magnetische Moment von 3.30 [1] bzw. 4.03 μ_B [2] stimmt mit dem theoretischen Wert für drei ungepaarte Elektronen, also mit Mangan in der Oxidationsstufe vier, hinreichend überein.

Literatur:

[1] M. W. Lister, Y. Yoshino (Can. J. Chem. **40** [1962] 1490/6). — [2] M. W. Lister (Can. J. Chem. **39** [1961] 2330/5). — [3] Y. Yoshino, T. Takeuchi, H. Kinoshita (Nippon Kagaku Zasshi **86** [1965] 978/96, 991, englische Zusammenfassung S. A 59; C. A. **64** [1966] 10738).

Ba_2MnTeO_6

10.5.6.3 Ba_2MnTeO_6

Zur Darstellung werden entsprechende Mengen Ba_2CO_3, MnO und TeO_3 je 6 bis 10 h zuerst auf 750 und dann auf 1100°C erhitzt. Die kubische Verbindung hat die Gitterkonstante a = 8.19 ± 0.01 Å. Die Struktur läßt sich vom Perowskit-Typ ($CaTiO_3$, s. „Titan" S. 427) ableiten, wobei die Verdopplung der Gitterkonstanten durch eine geordnete Verteilung der Kationen hervorgerufen wird. Die Curie-Temperatur der antiferroelektrischen Verbindung wird auf 140°C geschätzt, E. D. Politova, Yu. N. Venevtsev (Dokl. Akad. Nauk SSSR **209** [1973] 838/41; Soviet Phys.-Dokl. **18** [1973] 264/5).

Cd_2MnTeO_6 and $CdMn_2TeO_6$

10.5.6.4 Cd_2MnTeO_6 und $CdMn_2TeO_6$

Die Verbindungen werden durch Erhitzen von entsprechenden Mengen der Oxide MnO, CdO und TeO_2 auf 950 bis 1100°C in ähnlicher Weise wie Mn_3TeO_6 (s. S. 354) hergestellt. Sie sind mit der reinen Manganverbindung isotyp. Gitterkonstanten: $a_r = 6.36_7$ Å, $\alpha_r = 90°30'$, $a_h = 9.06$, $c_h = 10.95_5$ Å bei Cd_2MnTeO_6 und $a_r = 6.33_2$ Å, $\alpha_r = 90°36'$, $a_h = 9.00_3$, $c_h = 10.85_5$ Å bei $CdMn_2TeO_6$, G. Bayer (Naturwissenschaften **55** [1968] 33).

10.5.6.5 Pb_2MnTeO_6

Pb_2MnTeO_6

Die Verbindung wird analog wie Ba_2MnTeO_6 (s. S. 356) durch aufeinanderfolgendes Glühen von $PbCO_3$, MnO und TeO_3 während 6 bis 10 h bei 700 und 830°C erhalten. Die Gitterkonstante ist a = 8.06 ± 0.01 Å. Die Verbindung kristallisiert wie Ba_2MnTeO_6 in einer Überstruktur des Perowskit-Typs. Sie ist antiferroelektrisch; die Curie-Temperatur wird auf 170°C geschätzt [1]. Über die Verwendung als Zusatz zu $PbTiO_3$-$PbZrO_3$-Mischkristallen s. [2].

Literatur:

[1] E. D. Politova, Yu. N. Venevtsev (Dokl. Akad. Nauk SSSR **209** [1973] 838/41; Soviet Phys.-Dokl. **18** [1973] 264/5). — [2] N. Ichinose, H. Egami, K. Yokoyama, Y. Yamashita, Tokyo Shibaura Electric Co. Ltd. (B. P. 1281807 [1970/72] nach C. A. **77** [1972] Nr. 106759).

10.6 Verbindungen des Mangans mit Tellur und Halogenen

Compounds of Manganese with Tellurium and Halogens

10.6.1 $MnTeBr_6 \cdot 6H_2O$

$MnTeBr_6 \cdot 6H_2O$

Zur Darstellung werden 9 g $MnBr_2 \cdot 4H_2O$ in 50 ml 10%iger Bromwasserstoffsäure gelöst, mit 4 g pulverisiertem Te und soviel Br_2 versetzt, bis das Te vollständig reagiert hat. Dann wird die Lösung auf dem Wasserbad eingeengt. Im Vakuumexsikkator über H_2SO_4 bilden sich rötliche, hygroskopische Kristalle von $MnTeBr_6 \cdot 6H_2O$. Im Kontakt mit Luft spalten sie HBr ab. Beim Aufbewahren über P_2O_5 im Vakuumexsikkator wird HBr und H_2O abgegeben. Beim Erhitzen bilden sich Oxide von Mn und Te. Von Wasser wird die Verbindung hydrolysiert. Sie ist löslich in Methyl-, Äthyl- und Amylalkohol, nicht dagegen in Toluol, Benzol, Xylol, CS_2 und Glycerin, M. Gutierrez de Celis, J. Alvarez Quiros (Acta Salmanticensia Ser. Cienc. [2] **1** Nr. 6 [1956] 3/34; C. A. **1957** 16182).

10.6.2 $MnTeJ_6 \cdot 6H_2O$

$MnTeI_6 \cdot 6H_2O$

Bei der Darstellung wird eine Mischung von 4 g pulverisiertem Te, 16 g J_2 und 10 g MnJ_2 mit 20 ml Jodwasserstoffsäure (Dichte 1.7 g/cm³) und 10 ml Wasser versetzt. Aus der abfiltrierten und auf dem Wasserbad eingeengten Lösung bilden sich im Vakuumexsikkator schwarze Kristalle von $MnTeJ_6 \cdot 6H_2O$. Die Abtrennung von der Mutterlauge muß unter Ausschluß von Feuchtigkeit und CO_2 in der Kälte erfolgen, da die Kristalle durch Luft, Wasser und Hitze zerstört werden. Die Verbindung ist in Alkohol löslich, M. J. Garcia Zarza (Acta Salmanticensia Ser. Cienc. [2] **3** Nr. 1 [1961] 9/28; C. A. **57** [1962] 12092).

10.7 Das System MnTe-MnS

The MnTe-MnS System

Die DTA von MnTe-MnS-Gemischen ergibt das in **Fig. 125**, S. 358, dargestellte Zustandsdiagramm. Werden MnTe und MnS in Graphittiegeln, die sich in evakuierten Vycor-Ampullen befinden, auf 1250°C erhitzt und langsam abgekühlt, so läßt sich bei Raumtemperatur röntgenographisch keinerlei Mischkristallbildung feststellen, T. Y. Tien, R. J. Martin, L. H. van Vlack (Trans. AIME **242** [1968] 2153/4).

The MnTe-MnS System

Fig. 125

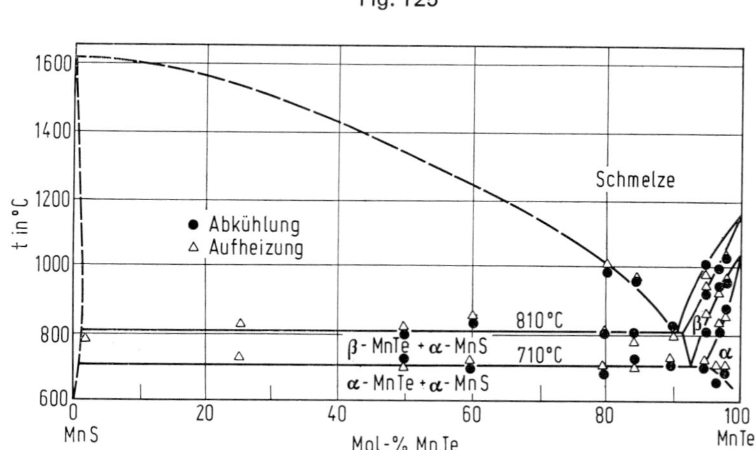

Zustandsdiagramm des Systems MnTe-MnS.

Compounds of Manganese with Tellurium and Selenium Including Other Metals

10.8 Verbindungen des Mangans mit Tellur und Selen einschließlich weiterer Metalle

Solid Solutions in the MnTe-MnSe System

10.8.1 Mischkristalle im System MnTe-MnSe

Röntgenographische und dilatometrische Untersuchungen des Systems MnTe-MnSe ergeben das in **Fig. 126** dargestellte Zustandsdiagramm [1]. Bei etwa 230°C reicht die Mischungslücke von 20 bis etwa 80 Mol-% MnTe [3]. Neuere Untersuchungen bei 700°C bestätigen die Mischkristallgrenze bei etwa 70 Mol-% MnTe auf der MnTe-reichen Seite [4]. Andere Autoren finden dagegen bei 650 bis 750°C keine Mischungslücke, sondern mit steigendem Te-Gehalt einen scharfen Übergang von den kubischen zu den hexagonalen Mischkristallen etwa bei der Zusammensetzung $MnTe_{0.55}Se_{0.45}$ [5].

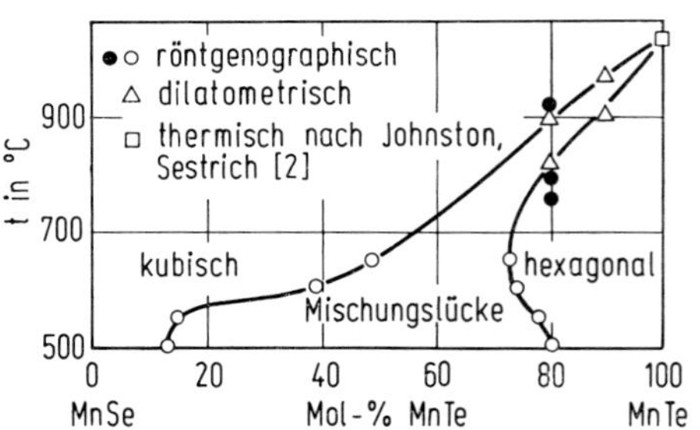

Fig. 126

Zustandsdiagramm des Systems MnTe-MnSe.

Zur Darstellung werden entsprechende Mengen der Elemente in evakuierten Quarzglasampullen stufenweise zwischen 400 und 1150°C erhitzt und anschließend 30 d bei 800°C getempert [6], s. auch [5]. Man kann auch MnTe und MnSe im Graphitschiffchen, das sich in einem evakuierten Vycor-Rohr befindet, 16 h auf 800°C erhitzen [1]. Einkristalle lassen sich mit der Bridgman-Technik züchten [7].

Die MnSe- bzw. MnTe-reichen Mischkristalle zeigen die gleiche Spaltbarkeit und die gleichen Gleitsysteme wie die reinen Verbindungen MnSe bzw. MnTe (s. S. 271 und 315) [7]. — Die Gitterkonstanten der MnSe-reichen Mischkristalle, die wie α-MnSe im kubischen NaCl-Typ kristallisieren, steigen mit dem MnTe-Gehalt linear an, und zwar bis a = 5.614 Å bei 30 Mol-% MnTe [6], a = 5.671 Å bei 49 Mol-% MnTe [1] bzw. a = 5.566 ± 0.002 Å bei 50 Mol-% MnTe [5]. Entsprechend fallen die Gitterkonstanten der MnTe-reichen Mischkristalle vom hexagonalen NiAs-Typ (wie α-MnTe) streng linear mit abnehmendem MnTe-Gehalt [4]: a = 4.070, c = 6.645 Å bei 73 Mol-% MnTe [1], a = 4.060 ± 0.002, c = 6.640 ± 0.002 Å bei 65 Mol-% MnTe [5] bzw. a = 4.005, c = 6.552 Å bei 60 Mol-% MnTe [6].

Die lineare thermische Ausdehnung der auf MnTe basierenden Mischkristalle (< 20 Mol-% MnSe) zeigt eine Anomalie bei 290 bis 310 K, die der Néel-Temperatur T_N zugeschrieben wird. Die thermische Ausdehnung der auf MnSe basierenden Mischkristalle (≦ 20 Mol-% MnTe) zeigt eine Anomalie bei 260 bis 270 K (beim Erhitzen) bzw. 180 bis 160 K (beim Abkühlen), die einer reversiblen polymorphen Umwandlung zugeschrieben wird [3].

MnSe-reiche Mischkristalle haben eine ähnliche Anisotropie der Knoop-Härte wie MnSe. Die Vickers-Härte 47 kg/mm² von MnSe steigt linear auf 82 kg/mm² bei 7 Mol-% MnTe und 115 kg/mm² bei 13 Mol-% MnTe. Die Vickers-Härte von MnTe steigt linear bis 19 Mol-% MnSe; die Werte auf der Basisfläche (0001) (108 kg/mm² bei MnTe) sind um 60% höher als die auf der Prismenfläche (10$\bar{1}$0) [7]. Bei polykristallinen Proben steigt die Mikrohärte linear von 94 kg/mm² für MnSe auf 223 kg/mm² bei 30 Mol-% MnTe, desgleichen von 100 kg/mm² für MnTe auf 208 kg/mm² bei 40 Mol-% MnSe. Bei 60 Mol-% MnSe ist H = 247 kg/mm² [6].

Magnetische und elektrische Eigenschaften. Die Temperaturabhängigkeit der magnetischen Suszeptibilität von kubischem $MnTe_{1-x}Se_x$ bei 80 bis 340 K zeigt zwei Extrema für x = 0.50 bis 1 und nur ein Extremum im hexagonalen Bereich x = 0.10 bis 0.35 [8]. In der hexagonalen Mischkristallreihe fällt die Néel-Temperatur T_N linear mit dem Abstand r(Mn-Mn) [10]. Alle untersuchten Mischkristalle sind antiferromagnetisch. T_N steigt von 178 K bei x = 1 über 210 K (x = 0.75), 248 K (x = 0.5), 280 K (x = 0.35), 302 K (x = 0.2), 304 K (x = 0.1) auf 308 K (x = 0). Die Austauschkonstante |J|/k steigt von 5.86 bei x = 1 über 6.000 (x = 0.75) auf 7.086 bei x = 0.5. Die Néel-Temperatur wächst mit der Polarisierbarkeit des Anions beim Übergang MnSe → MnTe [5].

Im Temperaturbereich T = 150 bis 780 K verlaufen die ϰ-T-Kurven (ϰ = spezifische elektrische Leitfähigkeit) für Mischkristalle mit 10, 20, 30 Mol-% MnSe und 10, 20, 30 Mol-% MnTe parallel zu denen von MnTe bzw. MnSe [9]. Neuere Leitfähigkeitsmessungen im Temperaturgebiet 80 bis 340 K, s. **Fig. 127**, ergeben einen abrupten Wechsel von ϰ(T) zwischen x = 0.35 und 0.5 (Übergang von kubischer zu hexagonaler Symmetrie). Bei x < 0.35 fällt ϰ unterhalb T_N sehr stark mit steigender Temperatur, während ϰ oberhalb T_N mit steigender Temperatur wächst (Halbleitercharakter). Verbindungen mit x ≧ 0.5 weisen bei allen Temperaturen (T ≷ T_N) Halbleitercharakter auf [5].

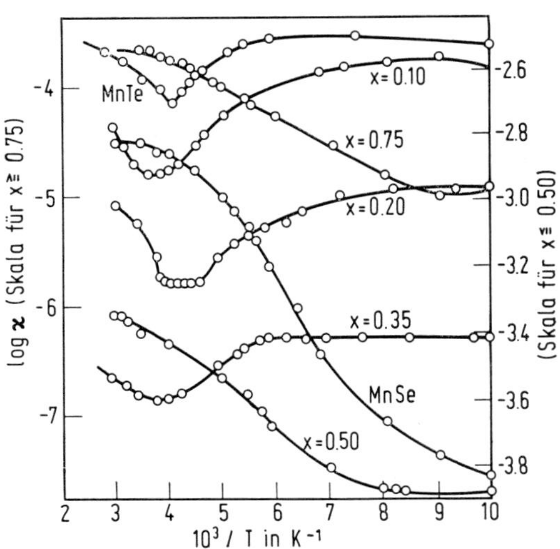

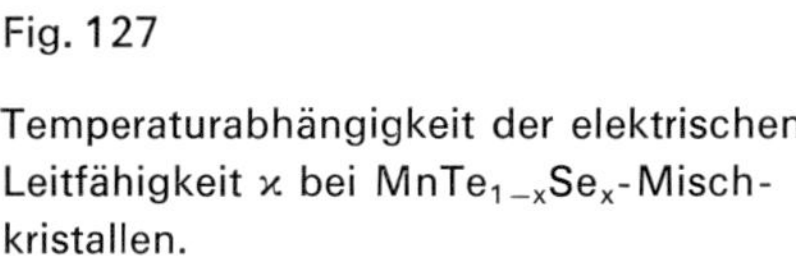

Fig. 127

Temperaturabhängigkeit der elektrischen Leitfähigkeit ϰ bei $MnTe_{1-x}Se_x$-Mischkristallen.

Electrical Properties of MnTe-MnSe Solid Solutions

Die Thermokraft α aller Mischkristalle ist positiv. Für solche mit 10 und 20 Mol-% MnSe ist bei 700 K $\alpha = 300$ bis 340 $\mu V/K$ bei einer zugehörigen elektrischen Leitfähigkeit $\varkappa$ von 20 bis 30 $\Omega^{-1} \cdot cm^{-1}$ [9]. — Die Breite der Energielücke E_g verändert sich linear von 1.38 bis 1.40 eV für MnSe auf 0.86 eV für Mischkristalle mit 30 Mol-% MnTe und nicht linear von 0.74 eV für MnTe auf 0.78 eV für Mischkristalle mit 20 Mol-% MnSe [3], ältere Werte s. [9].

Literatur:

[1] A. J. Panson, W. D. Johnston (J. Inorg. Nucl. Chem. **26** [1964] 701/3). — [2] W. D. Johnston, D. E. Sestrich (J. Inorg. Nucl. Chem. **19** [1961] 229/36). — [3] G. I. Makovetskii (Vestsi Akad. Navuk Belarusk. SSR Ser. Fiz. Mat. Navuk **1968** Nr. 5, S. 91/7 nach C. A. **70** [1969] Nr. 61780). — [4] L. Cemič, A. Neuhaus (High Temp.-High Pressures **4** [1972] 97/9). — [5] V. N. Kamat Dalal, H. V. Keer, A. B. Biswas (J. Inorg. Nucl. Chem. **33** [1971] 2839/45).

[6] G. I. Makovetskii, N. N. Sirota (Dokl. Akad. Nauk Belorussk. SSR **8** [1964] 289/91; C. A. **61** [1964] 8968). — [7] P. G. Riewald, L. H. van Vlack (J. Am. Ceram. Soc. **53** [1970] 219/23). — [8] V. N. Kamat Dalal, H. V. Keer, A. B. Biswas (Proc. 16th Nucl. Phys. Solid State Phys. Symp., Bombay, India, 1972, Tl. C, S. 633/7 nach C. A. **78** [1973] Nr. 153016). — [9] G. I. Makovetskii, N. N. Sirota (Dokl. Akad. Nauk Belorussk. SSR **9** [1965] 85/7 nach C. A. **63** [1965] 113). — [10] N. N. Sirota, G. I. Makovetskii (Tr. 10th Mezhdunar. Konf. Fiz. Nizkikh Temp., Moscow 1966 [1967], Bd. 4, S. 176/80 nach C. A. **70** [1969] Nr. 42341).

Li_xMn_{1-x}-$Te_{1-y}Se_y$ and Na_xMn_{1-x}-$Te_{1-y}Se_y$ Solid Solutions

10.8.2 $Li_xMn_{1-x}Te_{1-y}Se_y$- und $Na_xMn_{1-x}Te_{1-y}Se_y$-Mischkristalle
(x = 0 bis 0.09 bzw. 0.01, y = 0 bis 0.15)

Zur Darstellung werden die Komponenten in Ar-Atmosphäre gemischt, verpreßt und im Graphittiegel, der sich in einer evakuierten Vycor-Ampulle befindet, 16 h auf 800°C erhitzt:

$$^{x}/_{2}\,Li_2Te + (1 - x - y)\,MnTe + y\,MnSe + {}^{x}/_{2}\,Te \rightarrow Li_xMn_{1-x}Te_{1-y}Se_y.$$

Durch Oxidation gebildetes $MnTe_2$ (s. S. 332) wird im Vakuum bei 800°C thermisch zersetzt. Die Na-haltigen Mischkristalle werden analog unter Verwendung von Na_2Te hergestellt. Die Grenzzusammensetzung der an der Luft unter Normalbedingungen stabilen Mischkristalle ist vom Selengehalt im Bereich von y = 0 bis 0.15 praktisch unabhängig: $x \approx 0.09$ bei Li und $x \approx 0.01$ bei Na (s. auch S. 337). Die Gitterkonstanten der Mischkristalle vom hexagonalen NiAs-Typ fallen linear mit wachsendem Se-Gehalt, z. B. von a = 4.144, c = 6.708 Å bei $Li_{0.04}Mn_{0.96}Te$ auf a = 4.099, c = 6.660 Å bei $Li_{0.04}Mn_{0.96}Te_{0.85}Se_{0.15}$. Als Ladungsausgleich für die einwertigen Alkali-Ionen liegt vermutlich ein entsprechender Teil des Mangans als Mn^{III} vor.

Die Thermokraft α für 100°C fällt bis zur Grenzzusammensetzung mit x und bleibt dann mit $\approx 50\ \mu V/K$ bei Li und $\approx 170\ \mu V/K$ bei Na unabhängig von x, A. J. Panson, W. D. Johnston (J. Inorg. Nucl. Chem. **26** [1964] 705/10).

Manganese and Polonium

11 Mangan und Polonium

Die Bildungsenthalpie für **MnPo** wird aus den entsprechenden Werten von MnS, MnSe und MnTe zu $\Delta H \approx -15$ kcal/mol abgeschätzt, H. Wiedemeier, H. Sadeek (High Temp. Sci. **2** [1970] 252/8, 258).